ISBN 978-0-282-27354-5
PIBN 10338826

1 MONTH OF
FREE
READING

at

www.ForgottenBooks.com

By purchasing this book you are eligible for one month membership to ForgottenBooks.com, giving you unlimited access to our entire collection of over 1,000,000 titles via our web site and mobile apps.

To claim your free month visit:

www.forgottenbooks.com/free338826

Biochemie der Pflanzen.

Von

Dr. phil. et med. Friedrich Czapek
o. ö. Professor der Botanik in Prag.

Erster Band.

Verlag von Gustav Fischer in Jena
1905.

180?
99
1905
V. 1

Herrn

Professor Dr. Franz Hofmeister
in Straßburg

Herrn

Geh. Hofrat Prof. Dr. W. Pfeffe
in Leipzig

in Dankbarkeit zugeeignet.

Vorwort.

Das vorliegende Werk ist aus dem Wunsche des Verfassers, bei seinen physiologischen Studien eine möglichst vollständige und kritisch gesichtete Sammlung des pflanzenbiochemischen Tatsachenmaterials zu besitzen, entstanden. Es wendet sich auch in erster Linie wieder an diejemigen, welche auf dem Gebiete der chemischen Physiologie der Pflanzen wissenschaftlich tätig sind. Da verschiedene andere Wissenschaften, wie organische Chemie, Agrikulturchemie und Pflanzenbau, medizinische Physiologie und Bakteriologie, landwirtschaftliche und technische Mikrobiologie, Pharmacie mit der chemischen Pflanzenphysiologie durch zahlreiche Berührungspunkte verbunden sind, wird es auch anderweitig vielleicht Nutzen stiften. Es ist als bedeutsames Zeichen der Zeit mit Freude zu begrüßen, daß gegenwärtig die Vertreter der medizinischen Physiologie und Pathologie mit größter Aufmerksamkeit die Fortschritte der botanischen Physiologie verfolgen. In Erkenntnis der ungemein großen und wechselseitigen Bedeutung näherer Beziehungen zwischen Tier- und Pflanzenphysiologie war ich auch hier bemüht für den Botaniker die Wichtigkeit der tierphysiologischen Methoden und Tatsachen an allen geeigneten Stellen möglichst in den Vordergrund zu rücken.

Für den Anfänger auf dem Gebiete der botanischen Physiologie, als Lehrbuch, ist das Werk nicht gedacht. Es setzt die Kenntnisse in Botanik und Chemie, soweit sie in den theoretischen und praktischen Universitätsvorlesungen erworben werden, voraus, und soll besonders als Nachschlagebuch und Literaturrepertorium bei der Orientierung über spezielle Fragen dienen.

Der Grundgedanke meiner Arbeit war: Wie weit gelangt man in der Physiologie mit chemischen Methoden? Es wurde deswegen auf eine allseitige Erörterung größerer Probleme vielfach verzichtet und nur die chemische Seite derselben dargestellt. Dies konnte ich um so eher tun, als wir gegenwärtig in PFEFFERS Handbuch der Pflanzenphysiologie ein Werk besitzen, welches nicht nur umfassend alle ernährungsphysiologischen Probleme beleuchtet, sondern auf Dezennien hinaus die Richtschnur für die weitere einschlägige Forschung abgeben wird. Aus dem Gesagten ergibt sich auch die Abgrenzung des hier behandelten Stoffes von dem Inhalte der Handbücher der Physiologie.

Das Gebiet der Pflanzenbiochemie ist heute so wenig bearbeitet und so reich an empfindlichen Lücken, daß hier das Gefühl des Unbefriedigtseins bei der Zusammenstellung und Sichtung der bekannten Tatsachen lebhafter ist, als in irgend einem Teile der Botanik. Vielfach sind aber Probleme und Methoden schon heute unmittelbar gegeben, so daß es nur eine Sache des Arbeitseifers ist, unser Wissen erheblich zu bereichern. Die vielen Hinweise in dem vorliegenden Buche mögen daher zu rüstiger Arbeit anspornen.

Der ungewöhnliche Umfang der einschlägigen Literatur bringt es mit sich, daß ich nicht hoffen darf allerorts sämtliche wichtigen Arbeiten zitiert zu haben. Auch möge aus dem Unterbleiben mancher Zitate nicht auf eine Minderwertigkeit der betreffenden Arbeiten geschlossen werden. Die Bearbeitung eines an Kontroversen so reichen Gebietes bringt es leider mit sich, daß man manches Ding gegen die persönliche Überzeugung im Geiste der gegenwärtig allgemein angenommenen Anschauung darzustellen gezwungen ist, oder daß man sich objektiv referierend verhält wo man gern Kritik anbringen möchte. Vollständig ist die Literatur bis Juli 1904 berücksichtigt, doch sind auch später erschienene Arbeiten, so weit es möglich war, während des Druckes mit einbezogen worden. Trotz aller aufgewendeter Sorgfalt dürften irrtümliche Angaben an verschiedenen Stellen nicht fehlen. Je brauchbarer sich das Werk erweisen sollte, desto mehr bittet der Verfasser ihn brieflich oder durch Rezensionen auf Fehler und Lücken aufmerksam zu machen, damit letztere, später, etwa in einem Ergänzungshefte, so weit als möglich gut gemacht werden können.

Der Umfang des Buches ist bedeutend größer geworden, als ursprünglich in Aussicht genommen war. Der zweite Band, dessen Drucklegung eben begonnen hat, wird mit dem Abschlusse des Werkes die nötigen Sach- und Namenregister, sowie die Literaturnachträge bis Ende 1904 bringen.

Herrn Dr. GUSTAV FISCHER spreche ich für sein liebenswürdiges Entgegenkommen und seine Opferwilligkeit bei der Übernahme des Verlages und bei der Ausstattung des Buches meinen aufrichtigen Dank aus.

Prag, 1. November 1904.

F. Czapek.

Inhaltsverzeichnis.

Geschichtliche Einleitung.

Allgemeiner Teil.

Erstes Kapitel: Das Substrat der chemischen Vorgänge im lebenden Organismus.

Spezieller Teil.

Drittes Kapitel: Das Reservefett der Samen.

Geschichtliche Einleitung.

Die Lehre vom Stoffwechsel und der Ernährung der Pflanze steht durch ihre Methode naturgemäß in innigem Zusammenhang mit der Heranentwicklung der Chemie, als deren Bestandteil sie ja bis vor etwa 40 Jahren widerspruchslos angesehen werden durfte. Unter den antiken Naturwissenschaften existierte eine Pflanzenbiochemie noch nicht. Da die meisten biochemischen Tatsachen erst durch das Experiment aufgedeckt werden können und wohl die scharfe Beobachtung der spontan eintretenden Naturerscheinungen, nicht aber das Experimentieren bei den griechischen Forschern weitaus die bevorzugte Methode bildete, so war eine Entwicklung unserer Wissenschaft von vornherein unmöglich. In der Tat tritt die große Armut an empirischen Grundlagen in den uns erhaltenen Ansichten über Pflanzenernährung selbst dem bedeutendsten Naturforscher des klassischen Altertums, bei ARISTOTELES, deutlich zutage [1].

Was damals der Drang nach wissenschaftlicher Erkenntnis nicht vermochte, wurde aber durch die praktischen Bedürfnisse des Lebens und die hierdurch erweckten Bestrebungen vermittelt. Für Ernährungsphysiologie und Chemie waren es die Heilkunde und die Landwirtschaft, welche als fördernde Faktoren eintraten. Es scheint insbesondere das alte Ägypten mit seinem hochgebildeten ärztlichen Stande der Boden gewesen zu sein, auf dem die Chemie und die mit ihr zusammenhängenden Wissenschaften ihr erstes Gedeihen fanden. Leider sind uns hierüber nur Andeutungen erhalten geblieben [2].

Es ist auch hochwahrscheinlich, daß die bedeutenden chemischen und botanischen Kenntnisse zahlreicher arabischer Gelehrter der späteren Zeit ihre Wiege in Ägypten gehabt hatten. Bei den Arabern sowohl wie in den abendländischen Pflegestätten der Naturwissenschaften im Mittelalter war es fast ausschließlich die medizinische Nutzanwendung der Pflanzen, welche das Interesse an der Botanik noch erhielt. Es trachteten die damaligen Botaniker vor allem neue heilkräftige Pflanzen zu entdecken, ohne die Beschaffenheit derselben rein naturwissenschaftlich zu prüfen. Die damaligen Vertreter der Chemie, die Alchymisten,

[1] ARISTOTELES unterschied zuerst zwischen organischen und anorganischen Naturgebilden. Die auf die Ernährung der Pflanzen bezüglichen Stellen der Aristotelischen Schriften finden sich übersetzt in E. H. F. MEYERs Geschichte der Botanik, Bd. I. Königsberg 1854, p. 118—127. Über die antike Naturforschung auch STRUNZ, Naturbetrachtung und Naturerkenntnis im Altertum, 1904. — [2] SUIDAS von Byzanz (im 11. Jahrh.) berichtet, daß auf DIOKLETIANs Geheiß die besiegten ägyptischen Aufständischen im Jahre 296 ihre Bücher περὶ χημίαν χρυσοῦ καὶ ἀργυροῦ verbrennen mußten.

hatten kein Interesse an der Erforschung der chemischen Beschaffenheit von Pflanzen und Tieren [1]).

Die Vorstellungen, welche ALBERTUS MAGNUS, die hervorragendste Erscheinung unter den Ärzten und Naturforschern des Mittelalters, von der Pflanzenchemie besaß, waren durchaus der aristotelischen Philosophie entlehnt [2]).

Mit dem Beginn des 16. Jahrhunderts erlosch bei den Chemikern das Interesse an den fruchtlosen Versuchen, Gold künstlich zu gewinnen, und die Führung in Chemie wie Botanik ging an die Ärzte über. Aus der Verknüpfung von Medizin mit den theoretischen Naturwissenschaften in dieser iatrochemischen Periode erblühten aber die ersten Anfänge von Physiologie und Biochemie. Zeitlich fällt diese Periode zusammen, was bemerkenswert erscheint, mit der Grundsteinlegung unserer wissenschaftlichen Physik und Astronomie.

THEOPHRASTUS PARACELSUS, welcher in der Regel als erster unter den „Iatrochemikern" genannt wird, besitzt für die Biochemie keine größere Bedeutung. Er kannte bereits die Kohlensäure, hielt jedoch die ausgeatmete Kohlensäure für Luft, wie sie eingeatmet wird [3]).

Die Tätigkeit, welche zahlreiche bedeutende Männer dieser Zeit der Abfassung rein beschreibender Pflanzenbücher widmeten, bildet zum mindesten ein erfreuliches Zeugnis dafür, daß die peripatetische Anschauungsweise endlich aufgegeben war und man sich frei und froh dem Schauen in der Natur hingab. Von allen Botanikern des 16. Jahrhunderts kommt für die Ernährungslehre der Pflanzen nur ANDREA CAESALPINO (1519—1603) in Betracht, welcher im zweiten Kapitel des ersten Briefes seiner „De plantis libri XVI" (1583) unabhängiges physikalisches Denken auf das physiologische Problem der Nahrungsaufnahme und Saftbewegung in der Pflanze anwendete. Leider mangelte ihm das empirisch zu erwerbende Material an verwertbaren Tatsachen, und ein Experimentator war CAESALPINO noch nicht. Chemische Gesichtspunkte treten in seinen Schriften nicht hervor.

Deutschland besaß in dem Philosophen und Botaniker JOACHIM JUNGIUS (1587—1657) ein würdiges Gegenstück zu CAESALPINO, den er an naturwissenschaftlicher Bildung sogar bedeutend überragte. JUNGIUS ist wohl einer der ersten, welche im Gegensatze zu ARISTOTELES den pflanzlichen Stoffwechsel als aktiv tätigen Faktor auffaßten; er erkannte klar die Stoffaufnahme und Stoffabgabe als Wesenheit der Ernährung. Chemische Studien scheint aber JUNGIUS weiter nicht getrieben zu haben [4]).

In dem Zeitgenossen des ebengenannten Forschers, dem Belgier JOH. BAPT. VAN HELMONT (1577—1644), hat die experimentelle Biochemie entschieden einen ihrer Vorläufer zu erblicken. Seine klare Erkenntnis von den wissenschaftlichen Zielen der Chemie, seine Stellung-

---

1) ARNOLD BACHOUNE, genannt VILLANOVANUS (geb. 1235) besaß toxikologische Kenntnisse und gab sich mit der Destillation ätherischer Pflanzenöle ab. Vgl. KOPP, Geschichte der Chemie, Bd. I, p. 67. — 2) Hierzu MEYER, Gesch. d. Botan., Bd. IV, p. 59. — 3) Näheres über diesen merkwürdigen Mann findet man in den zitierten Werken von MEYER (Bd. IV, p. 424) und KOPP (Bd. I, p. 92). Auch sein (PARACELSUS übrigens an Begabung nicht erreichendes) Gegenstück: L. THURNEISSER ZUM THURN, hat für uns hier kein näheres Interesse. — 4) CAESALPIN und JUNGIUS' Verdienste um die pflanzliche Ernährungslehre sind ausführlich geschildert in J. SACHS' glänzend geschriebener Geschichte der Botanik (München 1875), p. 481 ff., welche von dieser Epoche an das wichtigste historische Kompendium für die Biochemie darstellt.

nahme gegen die Vier-Element-Theorie des ARISTOTELES sowohl als auch gegen die Annahme der drei alchymistischen „Urstoffe" (Schwefel, Salz, Quecksilber) als Elementarbestandteile des menschlichen Körpers sichert ihm für immer einen Ehrenplatz in der Geschichte der Chemie. Doch vermißt man bei ihm den nüchternen kritischen Geist, welcher seine großen Zeitgenossen GALILEI, STEVIN u. a. auszeichnet; die Möglichkeit, Gold zu erzeugen, die Existenz des lapis philosophorum sind für ihn feststehend. Die mystische Darstellungsweise eines PARACELSUS ist auch bei HELMONT noch vorhanden, ebenso phantastische Berichte, wie über die Erzeugung von Mäusen in einem Gefäße, worin man ein schmutziges Hemd mit Weizenmehl zusammengebracht hat.

HELMONT war aber der erste, der sich mit dem wissenschaftlichen Studium der Gase befaßte; seine Untersuchungen über die Kohlensäure, welche er Gas silvestre oder carbonum nannte, bezeugen, daß er ihre Entstehung beim Verbrennen von Kohle, bei der Alkoholgärung, bei der Einwirkung von Säuren auf Kalkstein kannte; er wußte, daß sie Tiere erstickt und ein Licht zum Verlöschen bringt.

HELMONT versuchte endlich auch bereits experimentell biochemische Probleme zu lösen. Ausgehend von der Frage, woher bei den Pflanzen die unverbrennlichen und verbrennlichen Bestandteile kommen, indem in der Natur nur der Regen die Gewächse zu ernähren scheint; ferner, woher die Fische im Wasser ihre Nahrung beziehen, kam HELMONT zur Anstellung des ersten quantitativen biochemischen Versuches, von welchem wir Kenntnis haben[1]). Wenn er darin zu dem Resultate kam, daß alle vegetabilischen und animalischen Stoffe durch Umwandlung aus dem Wasser entstehen, so ist daran nur die unzureichende Erfahrung schuld, zumal der einzige, offenbar möglichst sorgfältig angestellte Versuch wirklich derartige Resultate zu ergeben schien.

HELMONT gab in einen Topf eine abgewogene Menge Erde. Scharf getrocknet wog sie 200 Pfund. Ein Weidenzweig von 5 Pfund Gewicht wurde eingepflanzt. Der Topf wurde durch einen Deckel möglichst vor Staub geschützt und täglich mit Regenwasser begossen. Nach 5 Jahren wurde der Versuch abgebrochen. Die Weide war groß und stark geworden, hatte an Gewicht zugenommen, während die Erde im Topfe, wieder getrocknet, bis auf 2 Unzen Verlust genau das ursprüngliche Gewicht behalten hatte.

Die Anstellung dieses prinzipiell gänzlich neuen Versuches zeigt gewiß HELMONTS großes Talent, und seine irrigen Schlüsse werden wir ihm um so weniger zur Last legen, als es bekanntlich erst LAVOISIER vorbehalten war zu zeigen, daß der erdige Rückstand nach Abdestillieren von Brunnenwasser nicht durch Umwandlung des Wassers in Erde zu erklären ist. HELMONTS Versuch hatte auch die Konsequenz, daß die Chemiker bis auf LAVOISIER die erdigen Mineralstoffe für keine Elemente hielten. So griff die Pflanzenphysiologie in die Entwicklung der Chemie ein.

---

1) Dieser vielzitierte berühmte Versuch wird erwähnt p. 108 der Elzevirausgabe von HELMONTS Ortus medicinae vel opera et opuscula omnia (1648). Die gesammelten Werke sind erst nach Helmonts Tode durch seinen Sohn vollständig herausgegeben worden. Übrigens soll angeblich ein ähnlicher Versuch schon früher vom Kardinal DE CUSA angestellt worden sein. — Die Verdienste von Helmont finden sich ausführlich dargestellt in KOPP, Geschichte der Chemie. Bd. I, p. 117 ff.

HELMONTS wissenschaftlicher Nachfolger, DE LE BOË SYLVIUS (1614—1672), welcher entschieden HELMONT übertraf, und als erster echter medizinisch-chemischer Forscher genannt werden muß, suchte seine Probleme nicht auf botanischem Gebiete. Doch verdanken wir ihm interessante Beobachtungen über Gärung, welche er als Zersetzungsprozeß scharf vom Aufbrausen mit Säuren, wie es manche Stoffe zeigen, trennte. Auch stellte er kohlensaures Ammon aus Pflanzen (Cochlearia) dar. Von großer Bedeutung für unsere Wissenschaft war es, daß sich vom 17. Jahrhundert an hervorragende physikalische Talente für chemische und biochemische Studien interessierten, zumal bereits die Apparatentechnik nnd Experimentierkunst in der Physik hoch entwickelt war. Unter diesen Forschern ist ROB. BOYLE (1627—1691) namhaft zu machen, ein Mann von ganz hervorragendem experimentellen Genie, welcher auf allen physikalischen und chemischen Gebieten Bedeutendes leistete.

Bekannt ist sein großer Anteil an der Verbesserung der Luftpumpe (die Erfindung der Kompressionspumpe ist wohl ihm allein zuzuschreiben), ferner an der Erfindung des Manometers, und an der Entdeckung des Phosphors. Es ist aus BOYLES Schriften durchaus nicht zu erkennen, was ihm angehört und was er anderen entlehnt hat, indem er es nicht liebt Namen zu zitieren. Auch machte er die meisten Versuche, von denen er hörte, selbst nach, und machte sich die Resultate zu seinem geistigen Eigentum. Seine hervorragendste wissenschaftliche Tat ist entschieden die Auffindung der umgekehrten Proportionalität von Gasdruck und Volumen, ein Gesetz, welches lange Zeit irrigerweise MARIOTTE zugeschrieben worden ist.

Biochemische Versuche hat BOYLE in großer Zahl angestellt. Er untersuchte die Einwirkung verdünnter Luft auf das Leben der Tiere[1], machte den HELMONTschen Vegetationsversuch mit verschiedenen Pflanzen nach[2], studierte die Phosphoreszenz faulenden Holzes und fauler Fische, stellte durch trockene Destillation von Holz, Holzgeist und Holzessig dar, er erkannte, daß faulende Pflanzen Kohlensäure entwickeln etc. Seine Schriften stechen durch den klaren Ton höchst vorteilhaft von der absichtlich dunkel gehaltenen und geschraubten Darstellung in früheren chemischen Werken ab. BOYLE benutzte auch bereits das Verhalten von Pflanzenfarbstoffen zur Erkennung von Säuren und Alkalien. Der HELMONTschen Lehre über Verwandlung von Wasser in Erde pflichtete er bei.

Bei MARCELLO MALPIGHI, den man mit großem Rechte als den Vater der modernen Biologie ansehen darf, finden wir zwar ein näheres Eingehen auf chemische Fragestellungen nicht, doch sind überall bei der Unsumme biologischer Tatsachen, welche MALPIGHI behandelt und großenteils selbst entdeckt hat, wo immer es darauf ankommt, die rich-

---

1) Nova experimenta phys. mech. de vi aëris elastica (1677). p. 116 ff. Von Boyles Werken ist mir zur Hand die Sammlung unter dem Titel Robert Boyle Opera varia, Genevae 1677 (Quart). Im Anschlusse an diese Tierversuche untersucht er, worauf die Respirationswirkung beruht. und meint, daß von der Luft ein Teil für den Körper verwendet, während ein Teil unbrauchbar abgegeben werde (dem PARACELSUS entlehnt!). Daß CO_2 ein Abfallsprodukt der Atmung ist, wußte er noch nicht. — 2) Chymista scepticus vel dubia et paradoxa chymic. phys. (1677), p. 120.

tigen ernährungsphysiologischen Gesichtspunkte unstreitig erkannt. Ich erinnere an seine Abhandlung „De seminum vegetatione" und die darauf bezüglichen Darlegungen in den Opera posthuma, p. 63 ff., worin zahlreiche richtige Beobachtungen hinsichtlich der Keimungsphysiologie enthalten sind. Dasselbe gilt hinsichtlich der Wurzeln in der Abhandlung „De radicibus plantarum". Von besonderem Interesse ist eine Stelle in seiner Anatomes plantarum idea, wo er die Funktion der Laubblätter als Stätte der Stoffbildung ahnt [1]). In Frankreich war es der hervorragende Physiker EDM. MARIOTTE, welcher sich nicht nur um die Feststellung des lange Zeit nach ihm allein benannten Gasgesetzes, sondern auch um manche physiologische Probleme verdient gemacht hat. In seinen Oeuvres (1717) befindet sich eine Abhandlung „Sur le sujet des plantes" vom Jahre 1679, worin MARIOTTE geistvolle Anschauungen über Pflanzenbiochemie entwickelt [2]). In durchaus origineller Weise argumentiert MARIOTTE, daß die Pflanzen alle ihre zahlreichen Stoffe aus wenigen Stoffen, die sie aus der Erde aufnehmen, in ihrem Körper erst aufbauen, und daß nicht, wie ARISTOTELES annahm, alle Stoffe aus der Erde fertig aufgenommen werden. MARIOTTE hatte hinsichtlich der Mineralstoffaufnahme aus dem Boden eine klarere Vorstellung als seine Zeitgenossen.

Es ist bekannt, welchen großen Einfluß auf die Chemie die Lehren von G. E. STAHL (1660—1734) genommen haben. Seine Phlogistontheorie, wohl die einfachste, entschieden genial erdachte, Auffassung von der Verbrennung, hatte jedoch auf die Biochemie durchaus keinen fördernden Einfluß. Sehr hohe Bedeutung für uns besitzt aber STAHLs 1697 erschienenes Erstlingswerk: „Zymotechnia fundamentalis seu fermentationis theoria generalis". Die früheren Ansichten über Gärung waren im höchsten Grade verworren. Die Iatrochemiker, z. B. PARACELSUS, sahen in der Gärung nur einen hohen Grad von Zersetzung; sie bedienten sich der Fäulnis, welche sie für die stärkste Digestion hielten, um ihre medizinischen Präparate („per ventrem equinum"!) zu bereiten. Die Beobachtung, daß bei Gärung und Fäulnis Infektion durch Partikel eines bereits gärenden oder faulenden Stoffes erfolgen müsse, wurde zuerst von dem englischen Arzte TH. WILLIS (1621—1675) in seiner Diatribe de fermentatione (1659) gemacht und in ihrer Wichtigkeit von STAHL ebenfalls klar erkannt. WILLIS wie STAHL fassen die Gärungserregung als Bewegungsübertragung auf [3]), und vertraten im wesentlichen keinen anderen Standpunkt, als LIEBIG und NÄGELI im 19. Jahrhundert. Gärung und Fäulnis unterschied STAHL nicht.

---

[1]) Die bezügliche Stelle findet sich Opera omnia (Londini 1686, Folio), p. 14 und lautet: „Folia a Natura in hunc usum institui, ut in ipsorum utriculis nutritivus succus contentus a ligneis fibris delatus excoquatur". Er schloß dies aus dem Zugrundegehen von Kürbiskeimlingen, denen die ölreichen Kotyledonen genommen worden waren. Wie wenig diese Gedanken zu MALPIGHIs Zeit beachtet wurden, erhellt aus dem Werke von NEH. GREW, Anatomy of plants, II^d Edition (1682), p. 33; dort ist sonst MALPIGHI sehr fleißig benützt worden. — Die kleineren Schriften von GREW, unter dem Titel: Several lectures, 1682 mit der Anatomy, p. 221 ff. abgedruckt, beschäftigen sich teilweise mit biochemischen Themen, haben aber keine größere Bedeutung. — [2]) Ausführlich berichtet über MARIOTTE und seine pflanzenphysiologischen Anschauungen SACHS, Geschichte der Botanik, p. 499 ff. — [3]) STAHL sagt: „Die Fermentation ist eine, durch eine wässerichte Flüssigkeit verursachte, zusammenstoßende und reibende Bewegung unzähliger aus Saltz, Oehl und Erde in gewissem Maße mit einander verknüpfter Theilchen."

Bezüglich der Pflanzenstoffe nahm STAHL an, daß sie dieselbe Zusammensetzung, dieselben Elemente haben müssen, wie die unorganischen Stoffe, weil die Pflanzen ihre Nahrung aus der Erde zögen. Nur obwalte bei den Pflanzen- (und Tier-) stoffen das wässerige Element und das Phlogiston vor. Die meisten organischen Stoffe beständen aus salzigen Teilchen, Wasser und Phlogiston; die beiden ersteren seien oft zu Öl vereinigt. STAHL kannte das Vorkommen von Kalisalpeter in manchen Pflanzen.

Wie wenig empirisches Material und wie viel theoretischer Ballast und Vorurteile in der Biochemie zum Ausgange des 17. Jahrhunderts vorhanden waren, erhellt aus Zusammenstellungen, wie bei DODART und JOHN RAY[1]. Doch zeigen andererseits Schriften eines CHRISTIAN WOLFF[2], daß der Geist der Wissenschaft ein ganz anderer war, wie zu Beginn des 17. Jahrhunderts.

Wir können aber das 17. Jahrhundert nicht verlassen, ohne der merkwürdigen Erscheinung des englischen Arztes JOHN MAYOW (1645 —1679) zu gedenken, eines Mannes, welcher der Entdeckung des Sauerstoffs und Stickstoffs in der atmosphärischen Luft näher gekommen war, als irgend einer vor PRIESTLEY und LAVOISIER, und welcher wohl zuerst den Gedanken gefaßt hatte, daß beim Verbrennen und bei der Tieratmung derselbe Bestandteil der Luft konsumiert werde: „Credendum est animalia ignemque particulas ejusdem generis ex aëre exhaurire"[3].

Bis zum Zeitalter der Entdeckung des Sauerstoffes waren die Fortschritte auch im 18. Jahrhundert nicht groß. Der berühmte H. BOERHAVE (1668—1738) riet eifrig zu Zerlegung der Pflanzen nach chemischen Methoden.

In seinen „Elementa chemiae" (1732) nennt er als nähere Bestandteile der Pflanzen: spiritus rector (das Aroma); oleum princeps hujus spiritus vera sedes; sal acidus; sal neuter; sal alcalinus fixus vel volatilis; oleum sali mixtum saponis in modum, indeque ortus succus saponaceus; oleum tenacissime terrae inhaerens, neque inde temere separandum; terra denique sincera firma basis omnium. Die geistige Gärung hielt BOERHAVE von der Fäulnis wohl auseinander.

Auf dem Gebiete der Pflanzenaschenstoffe erfolgten nun die ersten kleinen Fortschritte. Früher hatte man überhaupt von Alkalien nur das „fixe Alkali" der Pflanzen gekannt. STAHL scheinen die ersten Mutmaßungen gekommen zu sein, daß dem Kochsalz ein differentes Alkali zugrunde liege. H. S. DUHAMEL DE MONCEAU (1700—1781) zeigte 1736 in einer Abhandlung über die Basis des Seesalzes, daß diese in Verbindung mit Säuren andere Eigenschaften hat, als das fixe

---

1) DODART, Mémoires pour servir à l'histoire des plantes, 1676; in JOHN RAYs Historia plantarum, Bd. I (1686) die Kapitel de nutritione plantarum (p. 31) und de chymica plantarum Analysi (p. 55). — 2) CHR. WOLFF, Vernünftige Gedanken von den Wirkungen der Natur, 1723. — 3) Diese Stelle findet sich in der Abhandlung „de sal nitro et spiritu nitro aëro" der Tractatus V medico-physici (1669). Diese Abhandlung ist jüngst in der bekannten Sammlung der Klassiker der exakten Wissenschaften von Ostwald durch G. F. DONNAN neu herausgegeben worden (No. 125 der Sammlung). MAYOW wußte, daß ein Stoff in der Luft existiere, der mit der Salpetersäure in Beziehung stehe, und ein anderer, welcher zur Bildung der Salpetersäure beiträgt und zugleich jener ist, welcher die Verbrennung unterhält.

Pflanzenalkali. Er fand diese Basis auch in der Asche von Strandpflanzen auf und machte später die Beobachtung, daß bei Kultur solcher Pflanzen im Binnenlande die Menge der Kochsalzbasis oder Soda abnimmt und das Pflanzenalkali zunimmt. MONTET fand 1762 auch in Salicornia viel Natron. Da damals Pottasche nur aus vegetabilischen Aschenrückständen bekannt war, so benannte MAROGRAF das Kali „fixes Gewächslaugensalz", das Natron als „mineralisches Laugensalz". Diese Unterscheidung fiel erst, als der tüchtige Mineralchemiker KLAPROTH 1797 das Kali im Leucit, später auch in anderen Mineralen nachwies [1]). Sein Vorschlag, die Stoffe einfach Kali und Natron zu nennen, drang sodann durch. A. S. MAROGRAF (1709—1782), der berühmte Entdecker des Zuckers in der Runkelrübe, hat auch das Verdienst, im Jahre 1743 Phosphor zuerst aus Pflanzen (Senf, Kressensamen, Weizen) dargestellt zu haben [2]). Er leitet sein Vorkommen in tierischen Stoffen von der pflanzlichen Nahrung ab.

Die Atmung blieb damals noch ganz unverstanden. BOERHAVE dachte sich die tierische Wärme durch die Reibung des Blutes an den Gefäßwänden verursacht; die Atmung habe den Zweck, das Blut in den Lungen abzukühlen. STEPH. HALES (1677—1761) sieht in seinem berühmten Werke „Statical essays" (1727) die Luft als einheitlichen Stoff an; er wußte, daß sie beim Atmen nicht ganz verbraucht wird. HALES ist auch dort, wo seine Ansichten Mängel an empirischer Begründung und an vorsichtiger Berücksichtigung von Eventualitäten aufweisen, ein großer Forscher, welcher den Geist NEWTONS in seiner ursprünglichen Frische besitzt. Folgenreich hätten vielleicht seine Versuche über die Entwicklung gasförmiger Stoffe bei der trockenen Destillation von Pflanzensubstanz werden können. HALES war gewiß der erste, welcher die Frage aufwarf, ob nicht luftförmige Stoffe zu Bildung von Pflanzensubstanz verwendet werden und nicht nur flüssige und gelöste Stoffe [3]).

In der Mitte des 18. Jahrhunderts folgen nun eine Reihe Forschungen, die den Gaswechsel bei Atmung und Gärung bedeutend aufklärten. JOS. BLACK (1728—1799) erwies in seinen grundlegenden Arbeiten über die Kohlensäure (1757), daß die Luftart, welche durch Säuren aus kohlensaurem Alkali entwickelt wird, identisch ist mit jener, die bei Verbrennung, Atmung oder Gärung entsteht. Er nannte sie „fixed air", und meinte, daß beim Atmen die atmosphärische Luft in „fixe Luft" verwandelt werde. Seine Untersuchungen über Kaustizität der Alkalien führten dazu, daß er der erste Gegner der Phlogistonlehre wurde, weil beim Erhitzen jener Stoffe nicht Feuerstoff, sondern fixed air aus ihnen entweicht. Im Jahre 1764 entdeckte D. MACBRIDE die Bildung von fixed air bei Gärungs- und Fäulnisprozessen; CAVENDISH beobachtete 1766, daß bei manchen Fäulnisvorgängen Wasserstoff auftritt.

Ein neues Zeitalter der Biochemie hebt nun an mit der gelungenen Zerlegung der Luft, der Entdeckung des Sauerstoffs und der glücklichen Auffindung der Sauerstoffausscheidung durch grüne Pflanzen im Lichte durch JOS. PRIESTLEY (1733—1804), einem der originellsten Köpfe unter den vielen, großen Naturforschern seiner britischen Heimat.

---

1) KLAPROTH, Crells Annalen, 1797, Bd. I, p. 90. — 2) MAROGRAF, Chymisch. Schriften, Teil I, p. 72 (1761). — 3) HALES, Statick der Gewächse, Halle 1748, p. 177.

Schon früher hatte zwar BONNET beobachtet, daß sich unter Wasser getauchte Blätter im Sonnenlichte mit Luftbläschen überziehen; doch war die Sache unverstanden und unbeachtet geblieben. PRIESTLEY hat das Verdienst, entdeckt zu haben, daß Sauerstoffabgabe unter solchen Bedingungen stattfindet. Er ging 1772 von der Beobachtung aus, daß die durch Atemholen entstandene, zum weiteren Atmen unbrauchbare fixe Luft durch grüne Gewächse ihre Tauglichkeit zur Veratmung wiedergewinnt[1]). Dafür wurde ihm von Sir J. FRINGLE die goldene Medaille überreicht. Alsbald fand PRIESTLEY auch, daß man den veratembaren Luftbestandteil mit Stickoxyd quantitativ bestimmen kann. Nachdem in den Jahren 1773—1774 die ersten erfolgreichen Versuche der Darstellung des Sauerstoffes aus Salpeter und Quecksilberoxyd unternommen worden waren, fand PRIESTLEY 1778, daß die Luft „in den Blasen des Seegrases" viel „reiner" war, als die der Atmosphäre; ebenso fand er, daß die Luft, in welcher Pflanzen im Lichte gewachsen waren, weit „reiner" war, als die äußere Luft. Gegen Ende des Jahres 1778 konstatierte er, daß Luftblasen aus der im Wasser einiger Kulturgefäße entstandenen grünen Materie aufsteigen; bei der Untersuchung dieser Luft ergab es sich, daß sie „sehr dephlogistisierte Luft" enthielt. Die Erzeugung dieser Luft hörte bei Lichtentziehung sofort auf.

Es gebührt PRIESTLEY die unbestrittene Priorität der Entdeckung des Sauerstoffs sowohl als der Sauerstoffausscheidung durch grüne Pflanzen im Lichte. Dies ist bei LAVOISIER [2]) nicht gebührend hervorgehoben, wo gesagt wird, daß PRIESTLEY, SCHEELE und LAVOISIER gleichzeitig die Entdeckung gemacht hätten. Auch bei INGENHOUSS wird die Priorität PRIESTLEYs in bezug auf die Sauerstoffproduktion durch Pflanzen nicht erwähnt.

SCHEELEs Entdeckung des Sauerstoffes reicht bis 1774—75 zurück, wurde aber erst 1777 publiziert[3]). Sie geschah gänzlich selbständig,

---

1) PRIESTLEY selbst lieferte im Jahre 1803 (Crells Annalen, 1803, Bd. II, p. 123) eine anziehende Skizze der Geschichte seiner Entdeckung. Dort äußerte er sich, seine Priorität gegenüber INGENHOUSS verteidigend, folgendermaßen: „Diese Versuche, welche ich INGENHOUSS nebst mehreren anderen sehen ließ, waren diesem sehr auffallend, nur stritt er sich mit mir, ob die grüne Materie vegetabilischen Ursprunges sei. Dies bewog mich, die Prüfung der Wirkung verschiedener Pflanzen auf das Wasser zu beschließen, und ich führte zur den Entschluß bei nächstem Sonnenschein aus und vervollständigte so die Entdeckung. Indessen kam mir INGENHOUSS durch den Druck seiner Versuche zuvor, welches ich unter solchen Umständen an seiner Stelle nicht getan haben würde." PRIESTLEY war bis nahe vor seinem Tode ein unerschütterlicher Anhänger der Phlogistonlehre. Er hielt den Sauerstoff für reine phlogistonfreie („dephlogistisierte") Luft. In der gewöhnlichen Luft sei sie neben der phlogistisierten Luft enthalten. Er verteidigte noch 1796 (vgl. Crells Annalen, 1798, Bd. II, p. 308, 376) und 1800 (The doctrine of Phlogiston established and the composition of water refuted. Northumberland 1800) tapfer die Stahlsche Theorie. Damals war in Deutschland nach langem Kampfe das Phlogiston bereits abgetan. Erst 1803 (l. c.) schwenkte auch der greise PRIESTLEY in das „antiphlogistische" Lager über. — 2) Vgl. LAVOISIERS Traité élémentaire de Chimie (1789), abgedruckt in Oeuvres de Lavoisier, Tome I, Paris 1864, p. 38. LAVOISIER scheint die Sauerstoffentdeckung nicht so unabhängig von PRIESTLEY gemacht zu haben, wie es bei Scheele der Fall ist. Bis 1774 war LAVOISIER nur zum Schlusse gelangt, daß bei der Verbrennung Gewichtszunahme erfolgt durch Absorption von atmosphärischer Luft, wobei er noch an eine homogene Beschaffenheit der Luft dachte. Erst nachdem PRIESTLEY an LAVOISIER von seinen Versuchen 1774 persönlich Mitteilung gemacht hatte, wurde LAVOISIER bestimmter und kam zum Ergebnisse, daß die Luft aus zwei Gasen zusammengesetzt sein müsse (1775). — 3) SCHEELEs Abhandlung von der Luft und dem Feuer; auch aufgenommen in „Ostwalds Klassiker". Bekanntlich gewann SCHEELE seine „Feuerluft" durch

Methoden. um die Grundstoffe der organischen Verbindungen quantitativ zu bestimmen, und dadurch eine genaue Charakteristik der organischen Stoffe zu ermöglichen. Alle diese Substanzen galten als spezifische Produkte der Organismen. BERZELIUS[1]) schrieb: „Ihre Bildung ist der organischen Natur vorbehalten und scheint der chemische Zweck der Organisation zu sein." Gerechtes Aufsehen mußte es daher erregen, als 1828 durch WÖHLER[2]) die Möglichkeit gezeigt wurde, Harnstoff synthetisch darzustellen. Es war dies die erste der vielen überraschenden Synthesen, welche der Chemie des 19. Jahrhunderts gelangen.

Nicht zu verwundern ist es, daß das Studium der Pflanzenaschenstoffe eine Zeitlang in den Hintergrund trat. Erst das erwachende Interesse an chemischen Stoffwechselversuchen brachte auch hier Fortschritte mit sich, und so konnten die alten unklaren Vorstellungen der sogenannten „Humustheorie" aus der Ernährungsphysiologie nach und nach verbannt werden.

Stoffwechselversuche an keimenden Samen verdanken wir schon einigen älteren Forschern, wie CHAPTAL, CRUIKSHANK, ferner SAUSSURE[3]). Systematisch sehen wir später diese bedeutungsvollen Bestrebungen gepflegt von J. BOUSSINGAULT, einem der verdienstreichsten Biologen des 19. Jahrhunderts. BOUSSINGAULT[4]) ging aus von Analysen der Futtermittel und der Düngerstoffe. Daran schlossen sich die ersten Stoffwechseluntersuchungen an Haustieren und die ersten Untersuchungen über die Zusammensetzung von Kulturpflanzen in verschiedenen Lebensstadien. Dadurch gewann die Pflanzenchemie erst wieder biologisches Interesse und biologischen Geist. Im Jahre 1824 trat JUSTUS LIEBIG auf den Plan der wissenschaftlichen Arbeit, und schnell gelang es seiner

---

1) BERZELIUS, Gilberts Ann., Bd. XLII. p. 37 (1812). — 2) F. WÖHLER, Über künstliche Bildung des Harnstoffs, Poggendorffs Annalen der Phys. u. Chem., Bd. XII. p. 253 (1828). „Eine auch insofern merkwürdige Tatsache, als sie ein Beispiel von der künstlichen Erzeugung eines organischen, und zwar sogenannten animalischen Stoffes aus unorganischen Stoffen darbietet" (WÖHLER l. c.). Wie weit die Auffassung der Dinge wenige Jahre später gediehen war, zeigt eine interessante Äußerung von DUMAS aus dem Jahre 1836 [Handbuch d. angew. Chemie, Bd. V; Journ. f. prakt. Chem., Bd. VII, p. 298 (1836)]. „Es drängt sich mir die Überzeugung auf, daß die organische Chemie von der unorganischen durchaus nicht wohl getrennt werden kann. Denn man wird doch nicht im Ernst behaupten wollen, daß das Cyan und der Kohlenwasserstoff, welche beide einzig und allein immer nur bei der Zersetzung organischer Stoffe zum Vorschein kommen, der Mineralchemie angehörende Produkte seien, während die Sauerkleesäure, der Alkohol, der Äther, die Schwefelweinsäure, der Harnstoff organische Substanzen wären? Ich suche vergebens nach einem Unterschied, welcher diese Körper voneinander zu trennen vermöchte, finde aber durchaus keinen. Meiner Meinung nach gibt es keine eigentlichen organischen Stoffe. Ich erblicke nur in den organisierten Wesen sehr langsam wirkende Apparate, welche auf Stoffe in dem Momente ihrer Entstehung einwirken und auf solche Weise aus wenigen Elementen sehr verschiedene unorganische Verbindungen erzeugen." — 3) CHAPTAL, Ann. de Chim., Tom. LXXIV. p. 317 (1810), studierte die Veränderungen im Öl- und Stärkegehalt während der Keimung, sowie CO_2-Abgabe und O-Aufnahme. Er fand den Quotienten $\frac{CO_2}{O_2} = 1$. N. CRUIKSHANK, Crells Ann., 1800, Bd. II, p. 195, hatte schon früher die Zuckerbildung und Sauerstoffatmung bei der Keimung der Gerste sowie das Ausbleiben der Zuckerbildung bei Sauerstoffmangel aufgefunden. — 4) J. BOUSSINGAULT, Die Menge des Stickstoffes in Futtermitteln, Annal. de Chim. et Physiqu. (2). Tom. LXIII, p. 225 (1836) und (2) Tom. LXVII, p. 408 (1838); Düngeruntersuchungen, Stoffwechseluntersuchungen, ibid. (3) Tom. XV, p. 97 (1845); Entwicklung der vegetabilischen Stoffe in der Kultur des Weizens, ibid. (3) Tom. XVII, p. 162 (1846).

glänzenden Begabung, sich den ersten Platz unter Deutschlands Chemikern zu sichern. In der ersten Periode seines überaus fruchtbaren Schaffens beschäftigten ihn außerordentlich zahlreiche, trefflich ausgeführte Elementaranalysen pflanzlicher Substanzen. Er schlug vor, die einzelnen Verbindungen, welche im Organismus vorkommen, in ihren Veränderungen und Verwandlungen Schritt für Schritt durch die Elementaranalyse zu verfolgen, um so ein Verständnis für die chemischen Vorgänge des Lebens zu gewinnen[1]. Die Entdeckung der Erscheinung der Isomerie bei organischen Substanzen, ferner die ersten Studien über Esterbildung, Hydrolyse und Fermente, welche sich an LIEBIGS berühmte Amygdalinarbeit anknüpften, und im weiteren Verlaufe bis zu den ersten Versuchen, Eiweißstoffe durch Hydrolyse abzubauen, führten, schufen wichtige Erweiterungen der biochemischen Auffassung und begründeten wohl die moderne Biochemie überhaupt. Wir sehen weiter LIEBIG, gleichzeitig mit BOUSSINGAULTS Wirken in Frankreich, landwirtschaftlich-chemischen Fragen zugewendet: er ist es, welcher klar erkennt, welche Nährstoffe die Kulturpflanzen dem Boden entnehmen, und wie eine rationelle Düngung vorzunehmen ist. Trotz mancher Irrtümer, welche hierbei unterliefen (wir werden im speziellen Teile des Buches mehrfach darauf zurückzukommen haben), bleibt es LIEBIGS unvergängliches Verdienst, die bereits von SAUSSURE klar erkannten Grundzüge der pflanzlichen Ernährung zu allgemeiner Kenntnis und Anerkennung zu bringen. Aus LIEBIGS Anregungen und Ideen wuchs die von SACHS, KNOP, NOBBE und anderen Forschern von 1860 an ausgebildete Methode der Wasserkultur hervor, welche noch mehr als die älteren Versuche von WIEGMANN und POLSTORFF (1842), sowie vom Fürsten zu SALM-HORSTMAR[2]) geeignet waren, die Funktion der Wurzeln als Mineralstoffe aufnehmendes Organ der Pflanzen zu demonstrieren, und auf deren Durchbildung unsere heutigen biochemischen Kenntnisse von den Aschenstoffen der Pflanze beruhen.

Im Jahre 1833 gelang es PAYEN und PERSOZ[3]), in der Malzdiastase das erste Enzym aufzufinden und dessen Eigenschaften und Wirkungen zu studieren. Kurz danach wurde das Emulsin durch LIEBIG entdeckt. BERZELIUS[4]) war es, welcher die Eigentümlichkeiten der Enzymwirkungen schon seit 1836 klar erkannte und den Begriff der Katalyse aufstellte. MITSCHERLICH[5]), welcher diese Wirkungen „Kontaktwirkungen" nannte, erkannte die Bedeutung der Oberflächenwirkung bei diesen Erscheinungen. Dies waren die ersten Wurzeln einer biochemischen Forschungsrichtung, welche in den letzten Jahren des 19. Jahrhunderts namentlich durch die Schule W. OSTWALDS ihre exakte chemische Begründung erhielt und wahrscheinlich bestimmt ist, die weitgehendsten Konsequenzen für die Auffassung der chemischen Lebensvorgänge mit sich zu bringen.

---

1) Vgl. LIEBIG, Poggendorffs Annal. d. Phys. u. Chem., Bd. XXXIV, p. 570 (1835). — 2) A. F. WIEGMANN und L. POLSTORFF, Über die anorganischen Bestandteile der Pflanzen, Braunschweig 1842; FÜRST ZU SALM-HORSTMAR, Versuche und Resultate über die Nahrung der Pflanzen, Braunschweig 1856. — 3) PAYEN et PERSOZ, Mémoire sur la Diastase. Annal. de Chim. et de Phys., Sér. 2, Tom. LIII, p. 73 (1833). — 4) J. BERZELIUS, Einige Ideen über eine bei der Bildung organischer Verbindungen in der lebenden Natur wirksame, aber bisher nicht bemerkte Kraft. BERZELIUS, Jahresber. üb. d. Fortschr. i. d. phys. Wiss., Jahrg. XV, p. 237 (1836). — 5) E. MITSCHERLICH, Poggendorffs Annal., Bd. LV, p. 209 (1842).

Im Jahre 1837 zeigte Th. Schwann[1]) in seinen berühmt gewordenen Versuchen, daß Weingärung und Fäulnis durch Luft, welche stark erhitzt worden ist, nicht übertragen wird, und sprach die Bierhefe, die bis dahin als auf chemischem Wege entstandenes Sediment betrachtet worden war, als einen Pilz an. Fast gleichzeitig (1838) äußerte sich Cagniard Latour[2]) dahin, daß die Hefekügelchen organisiert seien und dem Pflanzenreiche angehörten. Kützing[3]), welcher übrigens in bezug auf die Entstehung der Mikroben, wie fast alle damaligen Forscher, im Gegensatze zu Schwann sehr unkritische Ansichten vertrat, fand gleichzeitig die Essigbakterien auf. Sehr genaue und kritische Versuche über die Entstehung mikroskopischer Organismen veröffentlichte zu dieser Zeit F. Schulze[4]). 1841 fanden Boutron und Frémy[5]) die Milchsäuregärung des Zuckers auf, Pélouze und Gélis[6]) 1844 die anaërobe Buttersäuregärung.

Diese Arbeiten, deren Resultate von den maßgebenden Chemikern dieser Zeit, wie Berzelius und Liebig, als unbefriedigend angesehen und nicht gut aufgenommen wurden, waren der erste Anfang der heutigen Mikrobenphysiologie, und es ist bekannt, daß ihre Blütezeit in der zweiten Hälfte des 19. Jahrhunderts sich an die glänzenden Erfolge von L. Pasteur anschloß, welcher der Wissenschaft klare Vorstellungen über Verbreitung der Mikrobe und Infektion brachte, die Prinzipien der Ernährung der Mikroorganismen auffand, die außerordentlich wichtige Tatsache des Lebens ohne Sauerstoff entdeckte und sicherstellte, so daß heute die Biochemie der kleinsten Lebewesen eines der bestdurchgearbeiteten Gebiete unserer Wissenschaft darstellt. Die wichtigsten Entdeckungen des letzten Vierteljahrhunderts auf biochemischem Gebiete: die Salpeterbildung, die Bindung des Stickstoffes durch die Leguminosen und durch Bodenbakterien schließen sich an die Forschungen der Pasteurschen Schule an.

Nachdem die Botaniker Dezennien hindurch, das neugewonnene Hilfsmittel der verbesserten Mikroskope benützend, an den Grundlagen der mikroskopischen Anatomie gearbeitet hatten (mit welchem Erfolge, zeigen uns um die Mitte des Jahrhunderts die Werke eines Mohl und Schleiden), brach von 1860 an eine neue Blütezeit der experimentellen Physiologie an, die, von Julius Sachs mit glänzenden Mitteln begonnen und besonders von W. Pfeffer fortgeführt, alle die vielen Erfolge gebracht hat, deren wir uns heute erfreuen.

Es steht zu erwarten, daß die experimentell chemische Arbeitsrichtung immer mehr an Einfluß gewinnen wird und die lange Zeit hindurch in der Botanik vielleicht viel zu einseitig getriebene mikrochemische Methodik in kurzem jenen Platz einnehmen wird, der ihr gebührt: als wichtige Bestätigung von Analysenresultaten und als Mittel zur Verfolgung der Vorgänge in der lebenden Zelle.

---

1) Th. Schwann, Vorläufige Mitteilung, betreffend Versuche über die Weingärung und Fäulnis. Poggend. Ann., Bd. XLI. p. 184 (1837). Weil die Weingärung in seinen Versuchen nicht durch Strychnosextrakt, wohl aber durch Arsenit aufgehoben wurde, meinte er, der Erreger sei kein Tier, sondern eine Pflanze. — 2) Cagniard-Latour, Annal. d. Chim. et de Phys. (2), Tom. LXVIII, p. 206 (1838). p. 209 sagt er: „On peut donc regarder comme fort probable que les globules de la levure sont organisés, et qu'ils appartiennent au règne végétal". — 3) F. Kützing, Mikroskop. Untersuchungen über die Hefe und die Essigmutter. Journal f. prakt. Chem., Bd. XI. p. 385 (1837). — 4) F. Schulze, Pogg. Ann., Bd. XXXIX. p. 487 (1836). — 5) Boutron et E. Frémy, Annal. d. Chim. et d. Phys. (3), Tom. II. p. 257 (1841). — 6) Pélouze et Gélis, ibid. (3), Tom. X, p. 434 (1844).

Die moderne Chemie bedenkt die Biologen überreichlich mit neuen
Methoden und Problemen. Ein weites Gebiet zu biochemischer Arbeit
brachten die Studien über das asymmetrische Kohlenstoffatom und die
sterische Konfiguration der Kohlenstoffverbindungen von VAN T' HOFF
WISLICENUS, E. FISCHER. Die Biochemie der Zucker und ihrer Derivate, wie sie FISCHER selbst inauguriert hat, zeigt am besten, was hier
geleistet wurde und wie viel noch der Arbeit offen steht. Das letzte
Dezennium mit seiner rapiden Entwicklung der allgemein-chemischen,
gewöhnlich als „physikalisch-chemischen" bezeichneten Methoden und
Anschauungen schuf für die Biochemie eine heute noch nicht entfernt
zu übersehende Fülle von Anregungen und neuen Fragestellungen. Mit
Recht äußerte sich W. OSTWALD [1]. dem die neueste biochemische Richtung so vielfache Förderung verdankt, daß die physiko-chemischen Errungenschaften der jüngsten Zeit der Biochemie eine Entwicklung pro-
gnostizieren lassen, welche an Bedeutung der von LIEBIG angeregten
Entwicklung nicht nachstehen wird.

Aber auch die Tierbiochemie brachte der pflanzlichen Ernährungslehre in den letzten Jahren ein reiche Zahl von Anregungen, Methoden
und Anschauungen. Dürfen wir ja glauben, daß biologische Theorien
im allgemeinen um so näher an die Wahrheit heranrücken, je allgemeiner
sie im Pflanzen- und Tierreiche entsprechende Anwendung finden können:
die Grundgesetze aller Organismen scheinen dieselben zu sein. HOPPE-
SEYLERS Forschungen über das Chlorophyll und andere Arbeiten hervorragender Zoochemiker zeigen, wie auch auf der anderen Seite das
Interesse für phytochemische Probleme bei weit blickenden Forschern
rege erhalten worden ist. Die von KÜHNE und seiner Schule erfolgreich angebahnte, von F. HOFMEISTER, A. KOSSEL, E. FISCHER und
vielen anderen Forschern mit großem Glücke weiter bearbeitete Chemie
der Eiweißsubstanzen hat auch für die Pflanzenbiochemie viele wichtige
Ergebnisse gebracht, und bleibt eines der wichtigsten Gebiete für die
Arbeit des angebrochenen Jahrhunderts. Die Enzymforschung ist
namentlich durch die von SCHMIEDEBERG zuerst angewendete, sodann
besonders im HOFMEISTERschen Laboratorium technisch hochausgebildete
Methodik der aseptischen Autolyse mächtig gefördert worden. Wir
sind hierdurch in den Stand gesetzt, zahlreiche Prozesse im Organbrei
chemisch zu verfolgen, und ihre Unabhängigkeit vom übrigen Lebens-
getriebe zu erweisen. Die durch A. CROFT HILL zuerst in Angriff
genommene Frage, ob synthetische Wirkungen von Enzymen im Organismus eine Rolle spielen, wird auf diese Art weiter bearbeitet werden
können. Es schließen sich die von E. BUCHNER ausgebildeten Methoden, Organpreßsäfte zu bereiten und ihre Wirkungen zu studieren,
an diese Versuche an.

So sehen wir heute den Fortschritt der Pflanzenbiochemie allenthalben in vollem Flusse, und zahlreiche, kaum erschlossene Hilfsquellen
bieten Erfolge und Verheißungen. Auch die praktischen Anwendungen,
welche Landwirtschaft, Gärungstechnik, Zuckerfabrikation, medizinische
Bakteriologie und viele andere Disziplinen aus der theoretischen Biochemie geschöpft haben, werden mit reichlichem Zins das Entlehnte
zurückerstatten. Ich erinnere nur an die kaum noch hinreichend ge-
würdigte Bedeutung, welche die genaue Untersuchung der von der Groß-

---

1) W. OSTWALD, Zeitschr. f. physikal. Chem., Bd. XXIII. p. 708 (1897).
Verhandl. der Gesellsch. deutsch. Naturf. u. Ärzte; 73. Vers. zu Hamburg, Teil I,
p. 200 (1902).

industrie in großen Massen gelieferten Produkte für die theoretische Wissenschaft hat; viele im Pflanzenorganismus in relativ verschwindend kleiner Menge vorhandene Substanzen, Zwischenprodukte des Stoffwechsels, welche im Laboratoriumsversuch der minimalen Quantität halber kaum zu fassen sind, werden auf diesem Wege der Untersuchung zugänglich. Ich erinnere auch an die emporblühende Kenntnis von Antistoffen, Präzipitinen, Lysinen, mit welchen die moderne Mikrobiologie der Mediziner arbeitet, und die auch in der Pflanzenbiochemie noch große Erfolge zu erringen bestimmt ist.

Die Biochemie ist weit entfernt von den einstigen Träumen der Chemiker und Physiologen, eine künstliche Zelle zu erzeugen, oder das chemische Gesetz, welches allein alle Lebensvorgänge diktiert, ausfindig zu machen. Die besonnene Forschung von heute kann nur das Ziel verfolgen, Vergleichsmomente zu finden zwischen chemischen Vorgängen außerhalb des Organismus, und den Prozessen im lebenden Organismus selbst. Die Auffindung gleichartiger Verhältnisse in bestimmten Fällen dient der Vereinfachung unserer Vorstellungen, der „Ökonomie des Denkens" (E. MACH). Im Hinblick auf das Ideal der biologischen Forschung, die Lebensvorgänge zu verstehen und alle ihre wechselseitigen Beziehungen aufzudecken, ist auch die Biochemie nur ein Mittel von vielen, allerdings eine der mächtigsten Waffen, die wir besitzen.

Allgemeiner Teil.

Erstes Kapitel: **Das Substrat der chemischen Vorgänge im lebenden Organismus.**

§ 1.

Das Protoplasma und seine Stoffe.

So wie der Chemiker an seinen Untersuchungsmaterialien einerseits die dem Objekte veränderungslos gegebenen Eigenschaften: Aggregatzustand, Farbe, Lichtbrechung, Dichte etc. studiert, andererseits aber experimentell Bedingungen aufzufinden trachtet, unter welchen sich diese Eigenschaften ändern, und dann die Gesetze dieser Änderungen zu fixieren sucht, so hat auch die Biologie bei der chemischen Erforschung der Lebenserscheinungen zu Werke zu gehen. Unsere erste Aufgabe bildet daher die Untersuchung des Substrates, in welchem sich die Lebensvorgänge abspielen. Mit OSTWALD[1]) können wir auch von den „Zustandseigenschaften" des Lebenssubstrates sprechen, wenn wir dessen beständige Eigenschaften im Auge haben.

Während aber der Chemiker bei der Feststellung der „Zustandseigenschaften" seiner Objekte selten eine Störung erfährt, arbeitet der Biologe mit Dingen, welche oft unter seinen Händen andere Eigenschaften annehmen. Bei jeder Untersuchung erfährt er, daß er es mit Objekten zu tun hat, in welchen ohne Unterbrechung sich langsame oder rasche Veränderungen der chemischen Eigenschaften vollziehen, Veränderungen, die man in der unorganischen Natur nicht findet, und welche einen hervorragenden Charakterzug des lebenden Organismus bilden. Diese Veränderungen fallen unter den Begriff der „chemischen Reaktionen" oder der „Vorgangseigenschaften" (OSTWALD). Daß sie in mannigfacher Erscheinung ohne unser Zutun an lebenden Objekten erfolgen, bedingt manche Besonderheit der biochemischen Arbeitsmethodik. Die Chemie, welche meist erst experimentelle Erzeugung von Reaktionen zu deren Studium nötig hat, liefert uns wenige methodische Anhaltspunkte in dieser Richtung.

Für die Biochemie sind sowohl experimentell hervorgerufene als freiwillig an dem lebenden Substrate ablaufende Reaktionen von großer Bedeutung. Wir können einmal Vergleiche ziehen zwischen Reaktionen verschiedener Stoffe außerhalb des Organismus und Prozessen, welche

---

1) W. OSTWALD, Die wissenschaftl. Grundlagen d. analyt. Chem. (1894), p. 5.

sich im lebenden Organismus abspielen. Dabei treten Analogien und
Differenzen zutage, auf Grund deren wir mit verschieden großer Wahrscheinlichkeit Rückschlüsse auf die Natur der betreffenden Lebensvorgänge ziehen dürfen. Eine andere Methode ist die, mit dem Lebens-
substrate selbst zu arbeiten und zu versuchen, wie es sich beim Zusammenbringen mit gewissen Stoffen oder bei der Herstellung bestimmter
Bedingungen verhält. Hierbei sind jedoch die Schwierigkeiten zu über-
winden, welche sich aus der Veränderlichkeit des Materials ergeben,
und erst in neuerer Zeit, seit man imstande ist, die Beteiligung anderer
Lebewesen an den Prozessen im Untersuchungsmaterial sicher auszuschalten, sind hier größere Erfolge erzielt worden.

Aus dem Gesagten geht hervor, daß es eine Abstraktion ist, vom
Substrate der Lebensvorgänge zu sprechen, ohne die darin stattfindenden
chemischen Reaktionen zu berücksichtigen. Es ist ferner zuzugestehen,
daß sich die Zustandseigenschaften biologischer Objekte nie so vollkommen untersuchen lassen wie an chemischen Objekten, weil eben in
den Organismen sich stetig Veränderungen unbekannter Natur vollziehen.
Doch bleibt noch immer genug übrig, um reichlich Anregung zum
Studium dieser Eigenschaften zu finden.

Seit der Forschungsepoche von MOHL und SCHLEIDEN[1]) ist in
der Botanik die Erkenntnis fest begründet, daß das Protoplasma der
Zellen pflanzlicher Organismen der Träger der Lebenserscheinungen sei,
und daß das Leben erlischt, sobald die Zellen ihr Protoplasma verlieren.
FERD. COHN[2]) erklärte 1850 zuerst das pflanzliche Protoplasma und
die tierische Sarkode für übereinstimmende Gebilde. Das Protoplasma
mit seinen chemischen Eigenschaften bildet daher das erste und vor-
nehmste Studienobjekt für die Biochemie.

Erwähnt muß werden, daß eine Reihe von Beobachtungen ergeben
hat, daß sich im Organismus chemische Veränderungen verschiedener
Art auch an Stellen regelmäßig vollziehen, welche vom Protoplasma der
Zellen räumlich völlig getrennt sind. Solche „Fernwirkungen" des
Protoplasmas sind namentlich an Zellhäuten verschiedentlich bekannt
geworden[3]) und haben in ebenso begreiflicher als bezeichnender Weise
zur Meinung Anlaß gegeben, daß, wenigstens in manchen Fällen, Protoplasma auch in der Zellmembran enthalten sei[4]). Diese, übrigens noch
unzureichend aufgehellten, Vorkommnisse legen nahe, daß auch die extra-
plasmatischen Teile des pflanzlichen Organismus ebenso wie das Protoplasma selbst einem genauen biochemischen Studium unterzogen werden
müssen.

1) H. v. MOHL, Botan. Ztg., 1846, p. 73; Vegetabil. Zelle (1851), p. 42;
M. J. SCHLEIDEN, Grundzüge der wissensch. Botanik, 4. Aufl. (1861), p. 136; auch
N. PRINGSHEIM, Bau und Bildung der Pflanzenzelle (1854). [Ges. Abhandl.,
Bd. III, p. 33.] — 2) F. COHN, Nov. Act. Leop., Bd. XXII, p. 605 (1850);
M. SCHULZE, Das Protoplasma d. Rhizopoden (1863). — 3) Chemische Verände-
rungen der Mittellamelle in verschiedenen Lebensstadien der Zelle: L. MANGIN,
Journ. de Botanique, 1893; CH. E. ALLEN, Bot. Gaz., Vol. XXXII, p. 1 (1901).
Selbständiges Wachstum der Zellmembran: E. STRASBURGER, Wachst. veget. Zellhäute,
Jena 1889, und Jahrb. f. wiss. Bot., Bd. XXXI. p. 511 (1898); C. E. CORRENS, Jahrb.
wiss. Botan., Bd. XXVI. p. 587 (1894); Botan. Ztg., 1898, Abt. II. p. 219; H. FITTING,
Botan. Ztg., 1900, Abt. I. p. 131. — 4) Allgemeines Vorkommen von Protoplasma
in Zellmembranen nimmt besonders J. WIESNER an (Elementarstruktur und das
Wachstum der lebenden Substanz [1892], p. 149), zumindest so lange, als die Zell-
haut wächst (Anatom. u. Phys. d. Pfl., 4. Aufl. [1898], p. 27). Vgl. auch F. O.
BOWER, Rep. Meet. Brit. Ass. 1883, p. 535.

J. v. HANSTEIN [1]) schlug vor, den Protoplasmaleib der Zelle, sobald man ihn als organisches aktives Ganzes hinstellen will, als „Protoplast" zu bezeichnen, während er „die hypothetische Stoffverbindung" des Protoplasmas mit dem Namen „Protoplastin" belegen wollte. Mit dieser Unterscheidung des Apparates vom Stoff im Zellplasma war die Bahn betreten, welche in den letzten Dezennien zur Aufstellung der modernen „Maschinentheorie" des Protoplasmas geführt hat. Diese Theorie steht im Gegensatze zu einer anderen Auffassung, welche aus den stofflichen Eigenschaften des Protoplasmas seine Fähigkeiten und Tätigkeiten erklären will. Die erste Ansicht hat besonders in J. REINKE [2]) einen Vertreter gefunden, die zweite Anschauung wird beispielsweise von O. LOEW [3]) bevorzugt.

Hier ist es nicht unsere Sache, zu untersuchen, wie weit ein vollkommenes Verständnis der Lebenserscheinungen mit Hilfe der einen oder der anderen Theorie erreichbar erscheint. Naturgemäß hat sich die Biochemie aber an die Eigenschaften der Stoffe zu halten und zu erforschen, wie weit eine wissenschaftliche Erkenntnis durch das Studium stofflicher Eigenschaften möglich ist.

Daß die Substanz des Protoplasmas kolloidalen Charakter hat und daß wesentlich Eiweißstoffe an ihrer Zusammensetzung beteiligt sind, ist bereits das Ergebnis der ersten eingehenden Studien über das Zellplasma gewesen. Die kolloidale Beschaffenheit des Myxomycetenplasmas wurde von DE BARY und von CIENKOWSKI [4]) studiert. Der Eiweißgehalt wurde seit 1862 insbesondere durch J. SACHS und W. HOFMEISTER hervorgehoben. Letzterer [5]) charakterisiert das Protoplasma, wie folgt: „Zähflüssige Beschaffenheit, reichlich Wasser enthaltend, von leichter Verschiebbarkeit seiner Teile; quellungsfähig, in hervorragender Weise die Eigenschaften einer Kolloidsubstanz besitzend — ein Gemenge verschiedener organischer Substanzen, unter denen eiweißartige Stoffe und solche der Dextrinreihe nie fehlen, von der Konsistenz eines mehr oder minder dicklichen Schleimes, mit Wasser nur langsam und nicht in jedem beliebigen Verhältnisse mengbar: das Protoplasma."

HANSTEIN [6]) faßte sein „Protoplastin" direkt als „ein einheitliches Albuminat oder eine Gesellschaft von Albuminaten" auf. Ähnlich hatte sich bereits SCHLEIDEN [7]) geäußert.

Die erste eingehende quantitative Analyse eines vorwaltend aus Protoplasma bestehenden Materials war die bekannte Untersuchung des Plasmodiums von Fuligo varians (Aethalium septicum) durch REINKE [8]) (1880). Das Material enthielt über 27 % der Trockensubstanz an Kal-

---

1) JOH. v. HANSTEIN, Botan. Abhandl., Bd. IV, 2. Heft (1880), p. 9. — 2) J. REINKE, Untersuch. a. d. botan. Inst. z. Göttingen, Heft 2 (1881), zuletzt in der „Einleitung in die theoret. Biologie" (1901); vgl. auch bes. W. PFEFFER, Pflanzenphysiol., Bd. I, 2. Aufl. (1897), p. 3 u. 52. — 3) O. LOEW, Die chemische Ursache des Lebens (1881) und viele spätere im folgenden zitierte Schriften dieses Forschers. 4) BARY (Mycetozoen [1864]) hält das Plasma für eine Substanz, die an verschiedenen Punkten wechselnde Kohäsion besitzt. CIENKOWSKI, Jahrb. wiss. Botan., Bd. III (1863) meint, das Plasma der Myxomyceten bestehe aus einer hyalinen zähen Grundmasse und einer körnerführenden Flüssigkeit. — 5) HOFMEISTER, Pflanzenzelle (1867), p. 1. — 6) J. v. HANSTEIN, Das Protoplasma (1880), p. 25. — 7) M. J. SCHLEIDEN, Grundzüge, 4. Aufl. (1861), p. 136. — 8) J. REINKE, Botan. Ztg., 1880, p. 815; REINKE und RODEWALD, Unters. a. d. bot. Inst. zu Göttingen, Heft 2 (1881); REINKE und KRÄTSCHMAR, ebenda Heft 3 (1883); auch REINKE, Einleit. i. d. theoret. Biologie (1901), p. 232; vgl. auch FÜRTH, Vergl. Physiologie d. nied. Tiere (1903), p. 36.

ziumkarbonat. Nach Abrechnung dieses Bestandteiles stellt sich das Analysenergebnis REINKES wie folgt:

Phosphorhaltige Proteide (wenig Nuklein, viel „Plastin") .	40,0	Proz.
Eiweiß und Enzyme	15,0	„
Xanthinbasen, kohlensaures Ammon, Asparagin, Lecithin .	2,0	„
Kohlenhydrate (Zucker und Glykogen)	12,0	„
Fett	12,0	„
Harz	1,5	„
Cholesterin	2,0	„
Calciumformiat, -acetat und -oxalat	0,5	„
Kali und andere anorganische Salze, Phosphorsäure . .	6,5	„
Unbestimmte Stoffe	6,5	„

Im Hinblick auf die seitdem weit vorgeschrittene chemische Technik und unsere heutigen Kenntnisse in der Eiweißchemie wären neuerliche Analysen von Schleimpilzen und anderer geeigneter Objekte von großem Interesse. Von einschlägiger Bedeutung ist eine Studie von SOSNOWSKI [1]) über die Bestandteile des Paramaecium caudatum.

Aus den Angaben von REINKE und RODEWALD ist übrigens zu ersehen, daß 50—75 % der Protoplasmatrockensubstanz aus Stoffen der Eiweißklasse im weiten Sinne angehören dürften, während von den übrigen Substanzen ungefähr die Hälfte Fett und Kohlenhydrate sein können. REINKES „Plastin" ist viel zu unvollkommen bekannt (ebenso sein Äthalium-Myosin und Äthalium-Vitellin), als daß ein bestimmtes chemisches Urteil über die Substanz möglich wäre. Doch geht man kaum fehl, wenn man es als ein Gemenge komplexer Proteide ansieht. Über ähnliche Stoffe aus Paramaecium berichtet auch SOSNOWSKI. Die genuinen Eiweißstoffe treten nach den bisherigen Erfahrungen im Protoplasma nur in relativ kleiner Menge auf. In den Bereich der plastinartigen Proteide zählen auch die von F. SCHWARZ [2]) als Linin, Paralinin etc. bezeichneten Stoffe, deren namentliche Unterscheidung jedoch kaum empfehlenswert erscheint. ETARD [3]) hat diese konstituierenden Proteide des Plasmas als „Protoplasmide" bezeichnet.

Es wird sich z. B. auch bei der Analyse embryonaler Gewebe, welche mit Samenembryonen oder Wurzelspitzen ganz gut durchführbar wäre, voraussichtlich herausstellen, daß ähnlich wie bei Leukocyten Nukleoproteide einen sehr erheblichen Anteil am Aufbau des Protoplasma (Zellkern) haben können. Andere Differenzen sind bei Samenfäden vorauszusehen, welche vielleicht wie tierische Spermatozoen reichlich Protamine oder Histone enthalten [4]).

REINKE hat das Verdienst, darauf hingewiesen zu haben, daß Eiweißstoffe nicht die einzigen wichtigen Protoplasmabestandteile sind, sondern eine Reihe anderer organischer Verbindungen, wie Lecithin, Cholesterin, Aminosäuren. Kohlenhydrate zum Bestande des Ganzen

---

1) J. SOSNOWSKI, Centralbl. f. Physiol., Bd. XIII, p. 267 (1899). Die Hypothese von HERRERA (Ref. Botan. Centr., Bd. XCII, p. 513, Bd. XCIII, p. 210 [1903] und Biochem. Centr., 1903, Ref. No. 917), wonach das natürliche Protoplasma als ein „anorganisches, von mancherlei Substanzen durchsetztes Metaphosphat" aufzufassen sei, entbehrt jeder Begründung. — 2) F. SCHWARZ, Die morphol. u. chem. Zusammensetzung des Protoplasma. COHNS Beiträge z. Biolog. d. Pfl., Bd. V, Heft 1 (1887). — 3) A. ETARD, Ann. Inst. Pasteur, T. XV, p. 398 (1901); T. XVII, p. 74 (1903). — 4) Versuche in dieser Richtung bei E. ZACHARIAS, Ber. bot. Ges., Bd. XI, p. 293 (1893) [Zellkern]; ibid. Bd. XIX, p. 377 (1901) [Samenfäden].

voraussichtlich ebenfalls nötig sind. Den hervorragend wichtigen Anteil, welchen die kolloidalen Eiweißstoffe des Protoplasmas an der Struktur des Protoplasten nehmen, haben aber REINKE und RODEWALD dadurch anerkannt, daß sie dem Plasma die Natur eines festeren schwammartigen Gerüstes zuschrieben, welches aus äußerst feinen und zahlreichen anastomosierenden Platten und Fäden bestehe und in seinen Hohlräumen Flüssigkeit (HANSTEINS „Enchylema") enthalte. Damit war auch die Bedeutung kolloidaler Strukturen für die Verhältnisse der lebenden Zelle anerkannt; wir werden sehen, daß sich hieraus manche fruchtbare Anschauungen für die Biochemie ergeben.

Ehe wir aber auf die Plasmastrukturen und ihre biochemische Bedeutung eingehen, seien noch einige allgemeinere Darlegungen bezüglich der Kolloide nach dem heutigen Stande der allgemeinen Chemie vorausgeschickt.

§ 2.
Allgemeine Betrachtungen über Kolloide[1]).

Es ist eine lange bekannte Tatsache, daß „kolloidale" Stoffe in der Organismenwelt eine weitaus größere Rolle spielen als in der unorganischen Natur. Die Biologie, welche aus diesem Grunde eindringlich auf das Studium dieser Substanzen hingewiesen wurde, kann es daher mit Freude begrüßen, daß in den letzten Jahren das Thema der kolloidalen Stoffe auf die Tagesordnung der modernen Chemie gesetzt worden ist, und daß ausgezeichnete Forscher mit Erfolg auf diesem Gebiete derzeit beschäftigt sind.

Bekanntlich ist der Begriff „Kolloid" 1861 zuerst von GRAHAM[2]) aufgestellt worden. Er schied alle Substanzen in zwei Klassen: „Kristalloide" welche leicht kristallisierbar sind und schnell durch Membranen diffundieren; „Kolloide", welche nicht kristallisieren und nicht durch Dialysiermembranen hindurchpassieren. Ihm erschienen beide Gruppen wie zwei verschiedene Welten der Materie. Heute jedoch dürfen wir die Meinung als begründet hinstellen, daß die Differenzen zwischen Kolloiden und Kristalloiden nur graduelle sind. Eine Reihe von sonst typisch kolloiden Stoffen, wie Eieralbumin, Amylodextrin, sind zum Kristallisieren gebracht worden, und bezüglich des Diffusionsvermögens bestehen viele Abstufungen von kaum merklicher Dialyse bis zu mäßig rascher Diosmose durch Membranen, wie zuerst die genauen Versuche PFEFFERS gezeigt haben[3]).

Die Kolloide, als deren typischer Repräsentant der Leim gelten kann, sind in fester und flüssiger Form bekannt. GRAHAM nannte

---

1) Orientierung über diesen Gegenstand findet man in einer Reihe von neueren Werken, bes. bei G. BREDIG, Anorgan. Fermente (1901), p. 10; W. OSTWALD, Wissensch. Grundlagen d. analyt. Chemie, 2. Aufl. p. 25; NERNST, Theoret. Chemie, 2. Aufl., p. 383; OSTWALD, Grundr. d. allg. Chem., 3. Aufl. (1899), p. 196; DAMMER, Handbuch d. anorg. Chemie, Bd. IV (1903), p. 48; R. HÖBER, Physikal. Chem. d. Zelle (1902), p. 146; A. LOTTERMOSER, Anorgan. Kolloide, Stuttgart 1901 (Samml. chem. u. chem.-techn. Vorträge, Bd. VI); Biologische Bedeutung der Kolloide: W. PAULI, Ergebnisse d. Physiol., Jahrg. I (1902), Bd. I, p. 1; Naturwiss. Rundschau, 1902, p. 313; Bibliographie der Kolloide: A. MÜLLER, Zeitschr. anorgan. Chem., Bd. XXXIX, . 122 (1904); MÜLLER, Theorie der Kolloide. 1903. — 2) GRAHAM, Lieb. Annal.p Bd. CXXI, p. 1 (1861). — 3) W. PFEFFER, Osmot. Untersuchungen (1877), p. 72; Über Diosmose von kolloiden Lösungen vgl. auch K. SPIRO, Hofmeisters Beiträge, Bd. V, p. 292 (1904).

kolloidale Flüssigkeiten (z. B. Leimlösung) „Sole", kolloidale Gallerten von verschiedener Konsistenz „Gele". Man spricht von „Hydrosol", „Hydrogel". wenn es sich um Wasser als Lösungs- resp. Quellungsmittel handelt; es sind auch „Alkoholgele", „Organosole" von bestimmten Kolloiden bekannt.

Echte Kolloide sind aber nicht nur aus der organischen Welt gewinnbar, wie die biochemisch so bedeutungsvollen Gruppen der Kohlenhydrate, Eiweißstoffe, Enzyme u. a., sondern wurden auch in großer Zahl unter unorganischen Stoffen aufgefunden. Eines der bekanntesten nichtorganischen Kolloide ist das Kieselsäurehydrat, welches bereits GRAHAM als Hydrogel und Hydrosol studierte; man kennt ferner viele kolloidale Metallhydroxyde als Hydrosole (Aluminium, Mangan, Eisen, Chrom etc.) zum Teil gleichfalls schon von GRAHAM näher behandelt. Als Kolloide kennt man weiter eine Reihe von Metallsulfiden. Arsensulfid u. a. Es zählen endlich hierher die merkwürdigen „kolloidalen Metalllösungen", welche man durch kräftige Reduktion von Metallsalzlösungen erhält, z. B. kolloidales Silber oder Kollargol, Quecksilber. Gold u. a.[1]). Eine treffliche Methode zur Herstellung kolloidaler Metalllösungen oder „Metallsolen" durch Zerstäubung von Metalldrähten im elektrischen Lichtbogen hat BREDIG[2]) angegeben, und es sind so kolloidale Lösungen von Platin, Kadmium und anderen Metallen zugänglich geworden.

Die braunen oder roten (Au) Lösungen, welche man auf diese Weise erhält, lassen sich bei gehöriger Bereitung durch Papier und Tonfilter klar filtrieren und sind haltbar.

Die bisher über Kolloide angestellten Untersuchungen erstrecken sich hauptsächlich auf Hydrosole. Kolloide Lösungen besitzen eine Reihe von Eigentümlichkeiten. durch welche sie sich von echten Lösungen meist scharf unterscheiden lassen. Man bezeichnet sie deswegen auch als Pseudolösungen. Wie PFEFFER zuerst gezeigt hat, ist der osmotische Druck kolloider Lösungen (Dextrin, Gummi) im Vergleiche zu

---

[1]) Näheres über derartige Lösungen bei A. LOTTERMOSER und E. v. MEYER, Journ. prakt. Chem. (2), Bd. LVI, p. 241 (1897); E. A. SCHNEIDER, Zeitsch. anorg. Chem., Bd. VII, p. 339 (1894); C. BARUS, Amer. J. Science. Vol. XLVIII, p. 451 (1894); DAMMER, Handb. d. anorg. Chem., Bd. II, 2. Teil, p. 759 (1894). Bd. IV, p. 597 (1903); CAREY LEA, Amer. J. Scienc.. Vol. XXXVII, p. 476, Vol. XXXVIII, p. 47 (1889); M. KLIMMER, Centr. f. Physiol., 1900, p. 515; H. KUNZ-KRAUSE, Chem. Centr., 1901, Bd. II, p. 441; F. KÜSPERT, Ber. chem. Ges., Bd. XXXV, p. 2815, 4066 (1902); A. LOTTERMOSER, Journ. prakt. Chem. (2), Bd. LVII, p. 484 (1898); J. BILLITZER, Ber. chem. Ges., Bd. XXXV, p. 1929 (1902); P. SCHOTTLÄNDER, Chem. Centr., 1894, Bd. II, p. 409; R. ZSIGMONDY, Zeitschr. Elektrochem., Bd. IV, p. 546 (1898); Lieb. Ann., Bd. CCCI, p. 29 (1898); Ztschr. physikal. Chem., Bd. XXXIII. p. 63 (1900); Ztschr. analyt. Chem., Bd. XL, p. 697 (1901); Verhandl. Ges. Deutsch. Naturforsch., 73. Vers. zu Hamburg. Bd. II, 1, p. 168 (1902); A. GUTBIER, Ztschr. anorg. Chem., Bd. XXXII, p. 347 (1902); BILTZ, Ber. chem. Ges., Bd. XXXV, p. 4431 (1902); (GARBOWSKI, ibid. Bd. XXXVI. p. 1215 (1903); HENRICH, ibid. p. 609; DANLOS u. COTHEREAU, Biochem. Centr., 1903, Ref. No. 536; HANRIOT, Compt. rend., T. CXXXVI, p. 680, 1448. T. CXXXVII, p. 122 (1903) hat die Natur des Kollargol als reines Metallsol (wie es scheint, mit Unrecht) in Zweifel gezogen; vgl. auch CHASSEVANT u. POSTERNAK, Compt. rend. soc. biol., Tom. LV, p. 433; Bull. soc. chim. (3) Tom. XXIX, p. 543 (1903); LOTTERMOSER, Journ. prakt. Chem., Bd. LXVIII, p. 357 (1903); BLAKE, Chem. Centr., 1903, Bd. II, p. 1311; KHOLODNY, ibid. 1904, Bd. I, p. 634; PAAL und AMBERGER, Ber. chem. Ges., Bd. XXXVII, p. 124 (1904). — 2) G. BREDIG, Zeitschr. f. Elektrochem., Bd. IV, p. 514 (1898); Anorgan. Fermente (1901), p. 21; Zeitschr. physikal. Chem., Bd. XXXII, p. 126 (1900). Die gefärbten Gläser sind wahrscheinlich ebenfalls kolloidale Metalllösungen.

Lösungen krystalloider Stoffe relativ sehr klein. Später hat man gefunden, daß kolloide Lösungen nur eine minimale Gefrierpunkternied-
rigung zeigen, so daß man außer stande ist, auf kryoskopischem Wege
das Molekulargewicht der meisten typischen Kolloide zu bestimmen.
Vielleicht ist sogar in vielen Fällen selbst diese geringe Gefrierpunkt-
erniedrigung durch Spuren beigemengter Kristalloide verursacht, welche
aus kolloidalen Lösungen nur sehr schwierig ganz vollständig entfernt
werden können.   Auch wird der Siedepunkt kolloidaler Lösungen nicht
höher als der Siedepunkt reinen Wassers gefunden.

Da Gefrierpunktserniedrigung und Siedepunktserhöhung in ihren
Werten um so kleiner ausfallen, je größer das Molekulargewicht der
gelösten Substanz ist, so hat man aus dem Verhalten kolloidaler
Lösungen vielfach auf ein sehr hohes Molekulargewicht und sehr
große Moleküle für Kolloide schließen wollen [PATERNÒ, SABANEJEFF[1])].
Nach letzterem Autor beträgt das Molekulargewicht des in wässeriger
Lösung kolloidalen Charakter tragenden Tannin 1322, für Eieralbumin
ist es kaum weniger als 15 000; für die Stärke wurde über 30 000[2]),
für das Kieselsäurehydrosol von SABANEJEFF sogar mehr als 49 000 als
Molekulargewicht angegeben.   Auch die Eigenschaft von Pseudolösungen,
durch tierische Membranen zurückgehalten zu werden, hat man früher
für die Annahme großer Moleküle bei den Kolloiden zu verwerten gesucht
[„Porentheorie" der semipermeablen Membranen von TRAUBE[3])].   In
neuerer Zeit hat es C. BARUS[4]) unternehmen wollen, die Dimensionen
der Teilchen kolloider Lösungen durch Hindurchpressen durch Membranen von bekannter Porenweite zu bestimmen.   Da die angewendeten
Methoden nur unsicher sind, so kann den erwähnten Werten für Molekulargewicht und Molekulargröße keine allzugroße wissenschaftliche Bedeutung zugeschrieben werden.   Überdies kann man bezüglich der Annahme so enormer Molekulargewichte verschiedener Meinung sein.

Kolloidale Lösungen zeigen sehr häufig das sogenannte „Tyndall-
Phänomen, d. h. sie zerstreuen einfallendes Licht, und das zerstreute
Licht ist polarisiert. Daraus darf man schließen, daß das Licht an kleinen
in der Flüssigkeit vorhandenen Teilchen reflektiert wird; die Pseudolösungen sind also keine homogenen Gebilde[5]). Erhöhtes Interesse hat
das Tyndall-Phänomen in neuester Zeit durch die schönen Versuche
von SIEDENTOPF und ZSIGMONDY[6]) erhalten, welche gezeigt haben,

1) E. PATERNÒ, Chem. Centr., 1890, Bd. I, p. 75; A. SABANEJEFF, Chem.
Centr., 1891, Bd. I, p. 10. — 2) BROWN-MILLAR, J. Chem. Soc., T. LXXV,
p. 331 (1898); RODEWALD u. KATTEIN, Ztschr. physikal. Chem., Bd. XXXIII,
p. 579 (1900). — 3) M. TRAUBE, Archiv f. Anat. u. Physiol., 1867, p. 87. —
— 4) C. BARUS, Amer. J. Scienc., Vol. XLVIII, p. 451 (1895). Über Trennung
von Kolloiden und Krystalloiden durch Hindurchpressen durch Chamberlandkerzen:
C. J. MARTIN, Journ. of Physiol., Vol. XX, p. 364 (1896). — 5) Hierzu S. E.
LINDER u. H. PICTON, Journ. Chem. Soc., Tom. LXI, p. 148 (1902); PRANGE,
Rec. trav. chim. Pays-B., Tom. VI; C. A. LOBRY DE BRUYN, ibid., Tom. XIX,
p. 251 (1900) benützte die Erscheinungen, um die Größe der Licht reflektierenden
Teilchen zu bestimmen; ferner F. EHRENHAFT, Annal. Physik, 1903 (4), Bd. XI,
p. 489. Völlig von suspendierten Partikeln freie Flüssigkeiten sind „optisch leer".
Über die Herstellung von solchen: W. SPRING, Rec. trav. chim. Pay-Bas, Tom. XVIII,
p. 153 (1899). — 6) SIEDENTOPF u. ZSIGMONDY, Annal. d. Phys., 1903, p. 1; Berichte
physikal. Gesellsch., 1903, No. 11; COTTON u. MOUTON, Compt. r., Tom. CXXXVI,
p. 1657 (1903); RAEHLMANN (Münchn. med. Wochenschr., 1904, p. 58; Berlin.
klin. Wochenschr., 1904, p. 186) gibt an, ultramikroskopische Glykogenpartikel,
Eiweißteilchen, ja selbst ultramikroskopische Mikroben nachgewiesen zu haben.

daß man durch Leuchtendmachen der Teilchen im reflektierten Lichte noch ultramikroskopisch kleine Partikel für das Auge sichtbar machen kann. BREDIG[1]) hält es neuestens für wahrscheinlich, daß alle kolloidalen Lösungen als Suspensionen ultramikroskopisch kleiner Teilchen aufzufassen seien. Dementgegen hält QUINCKE[2]) an der Annahme fest, daß die in kolloidalen Lösungen vorhandenen Teilchen nicht fest, sondern flüssig seien und die Hydrogele daher als homogene Systeme zu gelten hätten. Übrigens scheint es zwischen wahrscheinlich homogenen und sicher inhomogenen Pseudolösungen viele Zwischenstufen zu geben. Es ist ferner für viele Kolloidlösungen gezeigt worden, zuerst von PICTON und LINDER[3]), daß ihre „gelösten" Teilchen beim Durchleiten eines elektrischen Stromes durch die Flüssigkeit zur Anode oder Kathode wandern und an den Elektroden sich ansammeln oder abscheiden. Diese Erscheinung ist identisch mit der für Suspensionen feiner Teilchen charakteristischen „Kataphorese", welche nach HELMHOLTZS und QUINCKES Untersuchungen dadurch zustande kommt, daß die suspendierten Teilchen gegenüber dem Medium eine entgegengesetzte elektrische Ladung annehmen[4]). HÖBER[5]) hat neuestens in sehr anziehender Weise geschildert, wie die Kataphorese unter der Annahme der Entstehung von elektrischen Potentialdifferenzen in den Zellen durch ungleiche Ionendurchlässigkeit semipermeabler Membranen bei der Resorption im Organismus eine bedeutsame Rolle spielen könnte.

Die letzterwähnte Erscheinung hat ebenfalls vielfach zur Ansicht geführt, daß die Hydrosole überhaupt als Suspensionen aufzufassen sind [BARUS und SCHNEIDER, LINEBARGER, STOEKL und VANINO[6])]. Andererseits hatten wieder G. BREDIG und COEHN, sowie ZSIGMONDY[7]) die Homogenität kolloidaler Lösungen betont. In seinen letzten Studien kam aber auch BREDIG auf den Standpunkt, daß die meisten kolloidalen Flüssigkeiten zweiphasige Gebilde mit enormer Oberflächenentwicklung des Kolloids gegen das Medium repräsentieren und Suspensionen ultramikroskopischer Teilchen von verschiedenen Größenordnungen darstellen dürften. Ob es berechtigt ist, mit MÜLLER[8]) die Kolloide in Suspensionen und in Lösungen hochmolekularer Verbindungen einzuteilen halte ich für zweifelhaft, da man scharfe Grenzen zwischen beiden Gruppen kaum aufzustellen vermag. Abstufungen zwischen solchen Gebilden und wirklichen Lösungen sind gewiß vorhanden, und in manchen Fällen auch schon nachgewiesen[9]).

1) BREDIG, Zeitschr. Elektrochem., Bd. IX, p. 738 (1903). — 2) G. QUINCKE, Annal. Physik (4), Bd. XII, p. 1165 (1903). — 3) PICTON u. LINDER, Journ. Chem. Soc., Tom. LXI, p. 160 (1892). — 4) Hierzu bes. A. COEHN, Wiedemanns Ann., Bd. LXVII, p. 217 (1898); Zeitschr. f. Elektroch., Bd. IV, p. 63 (1897); ZSIGMONDY, ibid., p. 546; G. BREDIG, Zeitschr. angew. Chem., 1898, p. 454; Zeitschr. Elektrochemie, Bd. IX, p. 738 (1903); H. FREUNDLICH, Zeitschr. physik. Chem., Bd. XLIV, p. 129 (1903); HARDY, Journ. of Physiol., Vol. XXIX, p. XXVI (1903). — 5) R. HÖBER, Pflüg. Arch., Bd. CI, p. 607 (1904); Hofmeist. Beitr., Bd. V, p. 432 (1904). — 6) C. BARUS und E. A. SCHNEIDER, Zeitschr. physikal. Chem., Bd. VIII, p. 278 (1891); Chem. Centr., 1891, Bd. II, p. 743. C. E. LINEBARGER, Chem. Centr., 1892, Bd. I, p. 845. K. STOEKL und L. VANINO, Zeitschr. physikal. Chem., Bd. XXX, p. 98 (1899); Bd. XXXIV, p. 378 (1900). BRUNI und PAPPADA, Chem. Centr., 1900, Bd. II, p. 236. — 7) G. BREDIG u. A. COEHN, Zeitschr. physikal. Chem., Bd. XXXII, p. 129 (1900). R. ZSIGMONDY, ibid., Bd. XXXIII, p. 63 (1900). — 8) A. MÜLLER, Zeitschr. anorgan. Chem., Bd. XXXVI, p. 340 (1903). — 9) BREDIG, Anorgan. Fermente (1901), p. 11; ZSIGMONDY, Zeitschr. f. Elektrochem., Bd. VIII, p. 684 (1902). Über Abstufungen kolloidaler Eigenschaften, PICTON u. LINDER, Journ. Chem. Soc., Tom. LXVII, p. 63 (1895). Mit dem ge-

Elektrische Leitfähigkeit kommt manchen Hydrosolen zu, andere sind so gut wie Nichtleiter. Die kolloidalen Metalllösungen zeigen nur äußerst geringe Leitfähigkeit. Die kolloidalen Seifenlösungen sind ganz gute Leiter; auch Eiweißlösungen leiten Elektrizität in meßbarem Grade.

Die Pseudolösungen zeigen in hohem Grade die Eigentümlichkeit den „gelösten" Stoff durch geringfügige Anlässe ausfallen zu lassen (Koagulation, Ausflockung). So koaguliert Eiweislösung durch anhaltendes Schütteln, kolloidale Lösung von Tonerde kann man ohne Koagulierung nicht aus einem Glase in ein anderes gießen. In anderen Fällen wird Gerinnung durch geringe Temperaturerhöhung, durch Gegenwart kleiner Salzmengen veranlaßt. Beim Gefrieren scheidet sich der gelöste Stoff als schwammiges Gebilde aus, z. B. Kleister[1]). Besonders die Erscheinung der Ausflockung durch den Zusatz gewisser Stoffe hat für die Theorie der Kolloide in letzterer Zeit Bedeutung gewonnen. Sehr feine Suspensionen von Ton werden durch Salze und Säuren ausgeflockt[2]). BODLÄNDER, sowie schon früher BARUS[3]), haben darauf aufmerksam gemacht, daß die Klärung von Kaoliususpension nur durch Elektrolyten, und zwar schon durch sehr geringe Mengen derselben, bewirkt wird. Nichtelektrolyten hingegen unwirksam sind. Hydrosole von Metallen zeigen nun verschiedenen Beobachtern zufolge die gleiche Erscheinung[4]), und es ist im Verhältnis zum gefällten Kolloid meist nur eine sehr geringe Menge des ausflockenden Elektrolyten nötig. Daß der Zusatz des Elektrolyten die Ausflockung des Kolloids durch Gasblasenbildung bedingt, wie STARK annahm, hat sich nicht bestätigt, indem die Fällung auch in gasfreien Flüssigkeiten erfolgt[5]). Es spielen bei diesen Vorgängen vielmehr die elektrischen Eigenschaften von Kolloid und Flockungsmittel eine Rolle. In der Tat hat W. B. HARDY[6]) nachgewiesen, daß Kolloide, welche bei Durchleitung eines elektrischen Stromes zur Anode wandern, d. h. negative Ladung annehmen (z. B. Mastix, Arsensulfid) durch die Kationen der zugesetzten Elektrolyten ausgeflockt werden; hingegen positiv geladene Kolloide, wie Eisenhydroxyd, durch Anionen ausgefällt werden. Stets sind aber nach HARDY einwertige Ionen am wenigsten fällend wirksam, zweiwertige stärker und dreiwertige Ionen am meisten wirksam. Es kommt also auf die Größe der Ladung der

---

wöhnlichen Mikroskope sichtbar wären noch Teilchen von 0,14 μ Durchmesser, während das Ultramikroskop von SIEDENTOPF u. ZSIGMONDY noch Teilchen zwischen den Grenzen 6×10^{-6} und $2,5 \times 10^{-4}$ mm nachweisen läßt. Zur Frage, ob die Kolloide zweiphasische oder einphasische Gebilde darstellen, vgl. auch V. HENRI u. A. MAYER, Compt. r., Tom. CXXXVIII, p. 757 (1903).
    1) Über Gefrieren von Kolloiden: H. AMBRONN, Königl. sächs. Gesellschaft d. Wiss., Sitzungsb. v. 2. Febr. 1891. — 2) W. H. BREWER, Chem. Centr., 1885, p. 242. — 3) BARUS, Amer. d. Science, Vol. XXXVII, p. 122 (1889); G. BODLÄNDER, Chem. Centralbl., Bd. II (1893), p. 905. — 4) BARUS und SCHNEIDER, Zeitschr. physikal. Chem., Bd. VIII, p. 278 (1891). v. MEYER u. LOTTERMOSER, Journ. prakt. Chem. (2), Bd. LVI, p. 241. ZSIGMONDY, Lieb. Ann., Bd. CCCI, p. 34. BREDIG, Zeitschr. angew. Chem., 1898. Für Sulfide, vgl. E. PROST, Chem. Centr., 1888, Bd. I, p. 32. S. E. LINDER u. H. PICTON, Zeitschr. physik. Chem., Bd. XVII. p. 184 (1894); Chem. News, Vol. LXX, p. 59 (1894). — 5) STARK, Wiedem. Ann., Bd. LXVIII, p. 117, 618 (1899). Hingegen G. BREDIG u. A. COEHN, Zeitschr. physikal. Chem., Bd. XXXII, p. 129 (1900). Auch die von SPRING (Rec. trav. chim. Pays-Bas, Tom. XIX, p. 204 [1900]) gegebene Erklärung der Ausflockung begegnet vielen Einwänden. — 6) W. B. HARDY, Zeitschrift physikal. Chem., Bd. XXXIII, p. 385 (1900). Proc. Roy. Soc., Vol. LXVI, p. 110 (1900).

Ionen an [1]). So sind z. B. Al^{+++} und SO$_4^{--}$ ausgezeichnete Fällungs-mittel für negativ resp. positiv geladene Kolloide[2]).

Zur Erklärung dieser Erscheinungen hatte bereits HARDY ange-nommen, daß bei der Fällung eine Neutralisation der elektrischen Ladungen stattfinde. Besonders deutlich wird dies für jene Fälle, in welchen das Kolloid auch Ionen liefert, und unter diesen Fällen ist wieder das Ei-weiß sehr instruktiv, welches, wie HARDY beobachtete, in angesäuertem Wasser elektropositiv geladen ist, in alkalischem Wasser hingegen nega-tiv elektrisch ist[3]). Neutralisiert man das Alkali in letzterer Lösung, wo das Eiweiß Anionen bildet, so tritt Ausflockung ein. Die Ausflockung erfolgt also am besten, wenn die Potentialdifferenz gegen das Lösungs-mittel gleich Null geworden ist. Später hat BREDIG daran erinnert, daß wir aus den Untersuchungen über die LIPPMANNschen kapillarelektri-schen Erscheinungen wissen, daß die Oberflächenspannung des Queck-silbers gegen die Elektrolytlösung am größten ist, wenn die Potential-differenz beider Phasen gleich Null ist. Er hat ferner darauf hingewiesen, daß die Oberflächenspannung zweier Medien gegeneinander, weil sie eine Funktion ihrer Potentialdifferenz ist, auch durch Zufügung be-stimmter Ionen erheblich geändert werden kann[4]). Damit sind die von HARDY beobachteten Ausflockungserscheinungen an Kolloiden durch bestimmte Ionen ganz analog. Wir können nun nach BREDIG auch an der Oberfläche der Kolloidpartikel eine elektrische Doppelschicht an-nehmen. Wird Isoelektrizität hergestellt, so hat die Oberflächenspannung an den Kolloidteilchen ihr Maximum, die Berührungsfläche mit dem Medium ist am kleinsten, und es sind die günstigsten Bedingungen zur Scheidung von Kolloid und Flüssigkeit geboten. Fügt man zur isoelek-trisch gemachten Eiweißlösung noch weiter H−Ionen zu, so tritt Um-ladung ein, das Eiweiß wird positiv geladen und es bildet sich eine neue Doppelschicht an der Kolloidoberfläche in entgegengesetztem Sinne wie früher. Eine verwandte Erklärung, jedoch ohne Benützung der HELMHOLTZschen elektrischen Doppelschicht, hat BILLITZER[5]) zu liefern gesucht.

FREUNDLICH[6]), welcher die dargelegte theoretische Auffassung der Ausflockungserscheinungen durch seine Untersuchungen neuerdings voll bestätigte, wies auch nach, wie sehr die fällende Wirkung von der Geschwindigkeit abhängt, mit welcher die fällende Lösung zur Kolloid-lösung hinzugefügt wird.

Es sind natürlich nicht nur elektrische Vorgänge denkbar als Oberflächenspannung vermindernde und fällende Agentien, sondern auch chemische Vorgänge, wie FREUNDLICH und auch J. DUCLAUX[7]) näher ausgeführt haben.

---

1) H. SCHULZE, Journ. prakt. Chem., Bd. XXV, p. 431 (1882); Bd. XXVII, p. 320 (1883). Vgl. auch die Darstellung bei R. HÖBER, Physikal. Chemie der Zelle, (1902) p. 160. Ferner W. R. WHITNEY u. J. E. OBER, Journ. Amer. Chem. Soc., Vol. XXIII, p. 842 (1901). W. BILTZ, Ber. chem. Ges., Bd. XXXV, p. 4431 (1902). — 2) Baryumsulfat als Kolloidreagens: L. VANINO, Ber. chem. Ges., Bd. XXXV, 1, p. 662 (1902). — 3) Über das amphotere Verhalten der Eiweißstoffe: BREDIG, Zeitschr. Elektrochem., Bd. VI, p. 33 (1899). — 4) Vgl. hierzu auch F. v. LERCH, Ann. d. Phys. (4), Bd. IX, p. 434 (1902). — 5) J. BILLITZER, Zeit-schrift physikal. Chem., Bd. XLV, p. 307 (1903). Auch Verhandl. Naturforsch.-Vers., Karlsbad 1902, p. 19. Vgl. auch J. PERRIN, Compt. r., Tom. CXXXVII, p. 564 (1903). — 6) H. FREUNDLICH, Zeitschrift physikal. Chem., Bd. XLIV, p. 129 (1903). — 7) JACQ. DUCLAUX, Compt. r., Tom. CXXXVIII, p. 144 (1904).

Wie man mit Hilfe des Tyndall-Phänomens oder kolorimetrisch oder durch andere Methoden den Fortgang der Fällung verfolgen kann, haben HENRI und LALOU[1]) näher angegeben. Radium-β-Strahlen sollen nach HENRI und MAYER[2]) die Wirkung von ungenügendem Elektrolytzusatz auf Kolloide unterstützen.

PAULI und RONA[3]) haben kürzlich Fälle angegeben, in welchen Nichtelektrolyte eine hemmende Wirkung auf die Ausflockung von Kolloiden durch Elektrolyte ausüben können, z. B. Harnstoff.

Aber auch Kolloide vermögen auf andere Kolloide Wirkungen auszuüben. Schon GRAHAM beobachtete, daß manche Kolloide andere kolloidale Lösungen ausflocken können. In letzter Zeit stellten NEISSER, FRIEDEMANN und BECHOLD[4]) dies wiederum fest und entdeckten, daß Kolloide und Suspensionen entgegengesetzter elektrischer Ladung, in bestimmtem Verhältnis zusammengebracht, sich gegenseitig ausflocken. Bei Überschuß des einen Kolloides findet keine Fällung mehr statt. Besonders klar hat aber BILTZ[5]) diese Verhältnisse dargestellt. Aus seinen schönen Untersuchungen geht hervor, daß sich entgegengesetzt geladene Hydrosole auch ohne Elektrolytzusatz tatsächlich als gemischte Gele ausfällen, während gleichsinnig geladene Hydrosole aufeinander nicht einwirken. Zur gegenseitigen Ausfällung ist jedoch die Einhaltung bestimmter optimaler Mengenverhältnisse nötig; ein Zuviel oder Zuwenig verhindert die Ausfällung. Diese Fällungen kann man zu den Adsorptionserscheinungen rechnen; chemische Verbindungen oder chemische Affinitäten liegen hier nicht vor. Man mag hier mit BILTZ den Ausdruck „Zustandsaffinität" gebrauchen. Diese Kolloidwirkungen, die BILTZ als Wirkungen von Fällungskolloiden, Schutzkolloiden und indifferenten Kolloiden bezeichnet, sind voraussichtlich im Leben der Zelle von außerordentlicher Wichtigkeit, und es liegt sehr nahe, an Beziehungen zu den Wechselwirkungen zwischen Enzymen und ihren Hemmungsstoffen, zwischen Toxin und Antitoxin, bei der Agglutinierung etc. zu denken. Ist gleichzeitig gegenseitige Kolloidausfällung und Ausflockung durch einen Elektrolyt möglich, so superponieren sich die Wirkungen. Elektrolytwirkung und Wirkung von Fällungskolloiden dürften nicht immer leicht zu trennen sein, und letztere dürfte vielfach noch übersehen worden sein. Auch das Mitreißen von Mineralstoffen durch ausgefällte Kolloide[6]) spielt sich vielfach herein, indem Mineralstoffe oft teilweise in kolloidalen Verbindungen zugegen sind.

Große Konzentrationen von Neutralsalzen pflegen Kolloide zu fällen. Aussalzbar sind die meisten organischen Kolloide: Eiweißstoffe, Kohlenhydrate, Seifen etc. Als sehr wirksame Salze sind bekannt Ammonsulfat, Zinksulfat, Bittersalz, die auch sehr allgemein verwendbar sind[7]).

---

1) V. HENRI, LALOU, MAYER u. STODEL, Compt. r. soc. biol., Tom L.V, p. 1666 (1903). — 2) HENRI u. MAYER, ibid., Bd. LVI, p. 229 (1904). — 3) W. PAULI u. P. RONA, Hofmeisters Beiträge z. chem. Phys., Bd. II, p. 1 (1902); ibid., Bd. II, p. 225 (1902). — 4) M. NEISSER, U. FRIEDEMANN, Münch. mediz. Wochenschr., Bd. LI, No. 11 (1904). — 5) W. BILTZ, Ber. chem. Ges. Bd. XXXVII, p. 1095 (1904). Auch die von A. MÜLLER, ibid. p. 11, berührten Erscheinungen gehören zum Teil hierher. — 6) Vgl. hierüber u. a. J. DUCLAUX, Compt. r., Tom. CXXXVIII, p. 571 (1904). — 7) Hierzu F. HOFMEISTER, Arch. exp. Pathol., Bd. XXIV, p. 247 (1887); Bd. XXV, p. 1 (1888). J. LEWITH, ibid., Bd. XXIV, p. 1 (1887). W. KÜHNE, Zeitschr. f. Biol., Bd. XX, p. 11 (1884); Bd. XX, p. 423 (1886); Bd. XXIX, p. 1 (1892). Für Kohlehydrate J. POHL, Zeitschrift physiol. Chem. Bd. XIV, p. 151 (1889).

Die Abscheidung kann je nach dem Kolloid, dem fällenden Salz und seiner Konzentration, der Temperatur etc. vollständig oder unvollständig sein. Konzentrierte Ammonsulfatlösung ist eines der sichersten Mittel zur Abscheidung von zahlreichen Kolloiden. Hier spielt die elektrische Ladung der Kolloidpartikel wohl kaum eine Rolle. Eher könnte man den Vorgang mit der Verteilung eines löslichen Stoffes zwischen zwei nicht mischbaren Lösungsmitteln vergleichen. In der Tat haben neuestens Untersuchungen von SPIRO [1]) über die Quellung von Kolloiden zu dieser Auffassung geführt.

In allen diesen Fällen ist die ausgefällte Substanz häufig in reinem Wasser unverändert wieder in Lösung zu bringen; der Prozeß ist also umkehrbar. In anderen Fällen von Hydrogelbildung ist das ursprüngliche Sol nicht wieder herzustellen; warum, ist bisher häufig nicht zu erklären. Mit dieser Eigenschaft, beim Ausfällen einer irreversiblen Zustandsänderung zu unterliegen, hängt wohl die häufige Eigentümlichkeit von kolloiden Lösungen zusammen, von selbst ganz langsam ihre Viskosität, ihre optischen Eigenschaften etc. zu ändern; es war dies schon GRAHAM aufgefallen. Bei höherer Temperatur wird das Zustandekommen derartiger irreversibler Änderungen begünstigt. Auch die von VAN BEMMELEN [2]) eingehend untersuchte „Hysteresis" der Kolloide, d. h. Ausbildung von Eigenschaften, welche von Dauer einer Vorwärmung des Kolloids, von seinem Alter etc. abhängen, gehört in den Komplex der erwähnten Eigentümlichkeiten der Kolloide.

Mit der Anschauung, daß Kolloide in ihren Solen zweiphasige Gebilde mit sehr großer Oberflächenentwicklung darstellen, steht die in der Regel hoch ausgebildete Eigenschaft der Adsorption gut im Einklange. So wird das ausflockende Ion häufig mit dem Kolloidniederschlag mitgerissen (HARDY). Die Verhältnisse beim Mitreißen gelöster Stoffe durch ausfallende Kolloide hat besonders VAN BEMMELEN [3]) sehr eingehend studiert. Von physiologischen Vorkommnissen, die sich daran anschließen, ist zu erinnern an die Fixation von Metallen durch Zellhäute [DEVAUX [4])], und die Absorption von Lösungen durch tierische und pflanzliche Membranen [5]). Vielleicht hängt auch die von HATCHER [6]) beobachtete Verminderung der Giftigkeit des Strychnins durch Kolloide damit zusammen.

Daß Kolloidlösungen kolloide Membranen, wie Pergamentpapier. Tierblase nicht zu passieren vermögen, sondern in der Regel zurückgehalten werden, steht ebenfalls oft mit der Adsorption im Zusammenhange; ebenso die bei Verarbeitung von Pflanzenmaterial häufig zu beobachtende Tatsache, daß Niederschläge, die man in kolloidhaltigen Extrakten erzeugt. sich nicht absetzen und unfiltrierbar sind [7]). Nach

1) K. SPIRO, Hofmeisters Beitr. chem. Phys., Bd. V, p. 276 (1904). — 2) VAN BEMMELEN, Zeitschr. anorg. Chem., Bd. XIII, p. 233; Bd. XVIII. p. 100. Rec. trav. Pays-Bas, Tom. VII, p. 37 (1888). Einschlägige Darlegungen für Gelatine ferner bei P. v. SCHRÖDER, Zeitschr. physikal. Chem., Bd. XLV, p. 75 (1903). — 3) VAN BEMMELEN, Zeitschr. anorg. Chem., Bd. XXIII, p. 360 (1900). — Üb. Adsorption ferner: G. C. SCHMIDT, Zeitschr. physik. Chem., Bd. XV. p. 56 (1894). L. J. BRIGGS, Naturwiss. Rundschau, 1902, p. 177. — 4) H. DEVAUX, Compt. rend., Tom. CXXXVIII, p. 58 (1901). Dabei spielen aber auch chemische Wechselwirkungen mit den Zellmembransubstanzen mit (komplexe organische Metallverbindungen). — 5) Hierzu G. FLUSIN, Naturwiss. Rundsch., 1901, p. 295. — 6) R. A. HATCHER, Americ. Journ. Pharm., Vol. LXXIV, p. 283 (1902). — 7) Hierzu C. A. LOBRY DE BRUYN, Rec. trav. chim. P.-B., Tom. XIX, p. 236 (1900); Ber. chem. Ges., Bd. XXXV, p. 3079 (1902). BREDIG, Anorg. Fermente (1901) p. 29.

Tellurdarreichung sind die tierischen Gewebe von kolloidal gelöstem
Tellur schwärzlich gefärbt [1]). Unter Benützung von Gelatine hat
LOBRY DE BRUYN eine große Reihe von Stoffen in kolloidaler Lösung
dargestellt. Hydrosole von Arsensulfid geben an Tierkohle das ganze
Sulfid ab (LINDER und PICTON, l. c.).

Die relative Diffusionsgeschwindigkeit von Elektrolyten in Pseudolösungen oder Gallerten wurde in wiederholten Untersuchungen als die
gleiche wie in Wasser ohne Kolloidzusatz gefunden. In PRINGSHEIMS
Versuchen [2]) hing die absolute Diffusionsgeschwindigkeit in einem
U-Rohr mit Gallertpfropf sehr stark von der Länge des Pfropfens und
von der Temperatur ab. Diffusion von Gasen durch Agargallerte wurde
von HÜFNER [3]) untersucht. Nach den Angaben von G. LEVI [5]) zeigt
die Geschwindigkeit der Rohrzuckerinversion durch Salzsäure die Leitfähigkeit und die Gefrierpunktdepression von Elektrolyten keine Beeinflussung durch gleichzeitige Anwesenheit kolloidal gelöster Stoffe.

Die Gele werden meistens wie die Hydrosole als zweiphasige
Systeme aufgefaßt. Neuestens hat jedoch W. PAULI [4]) versucht, die Annahme eines zweiphasigen Zustandes für dieselben als unnötig zu erweisen. Sie wurden früher häufig als chemische Verbindungen zwischen
Lösungsmittel und Kolloid betrachtet, und man hielt die Hydrogele
speziell für Hydrate der Kolloide. Die Erfahrungen von VAN BEMME-
LEN [6]) über den Prozeß der Entwässerung und Wiederwässerung
von Hydrogelen stehen jedoch mit dieser Meinung im Widerspruche.
Sprünge in der Dampftension, wie sie z. B. beim Entfernen von Kristallwasser vorkommen, ließen sich nicht feststellen, sondern es sank die
Tension bei der Entwässerung des Kolloides kontinuierlich ab. BEM-
MELEN betrachtet die Gelbildung des Kieselsäurehydrates als Trennung
der Pseudolösung in ein Gewebe von Kieselsäure, welches Wasser absorbiert hält, und in Wasser, das im Gewebe eingeschlossen ist. In
jenen Fällen, in denen das Kolloid wie Dextrin oder Gelatine in Wasser
Pseudolösungen jeder Konzentration bildet, kann man nach BEMMELEN
das ausgeschiedene Gel betrachten als ein festeres Gerüst, welches aus
einer Lösung von Wasser im Kolloid besteht, und welches die zweite
Phase, bestehend aus Wasser, in welchem das Kolloid gelöst ist, als
Flüssigkeit eingelagert hält.

Es bestehen gewisse Ähnlichkeiten mit Systemen aus zwei Flüssigkeiten, welche in begrenztem Maße ineinander löslich oder miteinander
mischbar sind, z. B. Äther und Wasser. Die das Gel imbibierende
Flüssigkeit läßt sich, falls das Gel für eine andere Flüssigkeit permeabel
ist, durch die letzteren ersetzen; so kann man ein Hydrogel ohne Strukturänderung in ein Alkoholgel überführen, wie dies GRAHAM für unorganische, BÜTSCHLI für organische Hydrogele mehrfach gezeigt hat.

1) F. CZAPEK u. J. WEIL, Arch. exp. Path., Bd. XXXII, p. 451 (1893). —
2) N. PRINGSHEIM, Jahrb. wiss. Botan., Bd. XXVIII, p. 1 (1895). Zeitschr.
physikal. Chem., Bd. XVII, p. 473 (1895). Vgl. auch H. W. MORSE und PIERCE,
Zeitschr. physikal. Chem. Bd. XLV, p. 589 (1903). — 3) G. HÜFNER, Zeitschr.
physikal. Chem., Bd. XXVII, p. 227 (1898). — Versuche über Farbstoffdiffusion
in Gelatine noch bei S. LEDUC, Compt. rend. Tom. CXXXII, p. 1500 (1901).
CALUGAREANU u. V. HENRI, Compt. r. soc. biol., Tom. LIII, p. 579 (1901). —
4) W. PAULI, Naturwiss. Wochenschr., 1902, p. 313. — 5) G. LEVI. Gazz. chim
ital., Vol. XXX, 2, p. 64 (1900). — 6) J. M. VAN BEMMELEN, Zeitschr. f. anorgan. Chem., Bd. XIII, p. 233 (1897); Bd. XIV, p. 98 (1898); Bd. XX, p. 185
(1899); Bd. XXXVI, p. 380 (1903).

Eine bekannte Erscheinung ist das Ausstoßen von Wasser bei der Gelbildung aus manchen Hydrosolen (Agar).

Wie erwähnt, geschieht der Wasserverlust beim Eintrocknen von Hydrogelen ganz allmählich. Wenn hierbei die Struktur unverändert bleibt, so nimmt das Gel bei Wasserzufuhr und Aufquellung ganz dieselben Eigenschaften wieder an, welche es anfangs hatte. Man spricht dann von reversiblen Hydrogelen. Viele reversible Gele können durch Erwärmen auf eine bestimmte Temperatur verflüssigt werden und gehen in Hydrosol über. Andere Gele quellen wenig oder gar nicht (Fe-Hydroxyd, Eiweißhydrogel) und sind nicht umkehrbar. Mitunter läßt sich die Reversion durch anhaltendes Kochen der Substanz mit Wasser oder durch Zusatz einer dritten Substanz noch erzwingen, z. B. bei Kieselsäurehydrogel durch schwache Kalilauge.

Die Quellung von Hydrogelen geschieht unter großer Kraftentfaltung. Ein Teil der geleisteten Arbeit ist in der Regel als Temperaturerhöhung nachweisbar [1]). Nach PARKS [2]) beträgt die Wärmetönung beim Benetzen von feinverteilten festen Körpern pro qcm annähernd 0,00105 Kal., wenn die Temperatur nahe 7° C ist. Nach RODEWALD [3]) ist der Maximaldruck, mit welchem trockene Stärke Wasser anzieht, 2073 kg pro qcm. Die Quellungsenergie ist übrigens vom physiologischen Standpunkte aus seit HALES viel untersucht worden, und man findet alles Wichtige hierüber in PFEFFERS Pflanzenphysiologie in präziser Zusammenstellung [4]).

Von biochemischem Interesse ist die Untersuchung der Gleichgewichtszustände zwischen Hydrogelen und umspülenden Lösungen. HOFMEISTER [5]) und später besonders SPIRO haben dieselben an dünnen Leimplatten studiert, welche in Farbstofflösung gestellt wurden. Es ergab sich als allgemeines Gesetz, daß der Farbstoff zwischen Wasser und dem mit Wasser durchtränkten Kolloid sich nach einem bestimmten Faktor verteilt, ganz analog wie sich ein löslicher Körper in zwei nicht mischbaren Lösungsmitteln verteilt (Verteilungssatz von NERNST). In dem System: Leim + wässeriger Kochsalzlösung herrschen aber andere Verhältnisse als im System: Leim + Wasser u. s. f., was SPIRO experimentell bestätigen konnte. Der Quotient zwischen Farbstoffkonzentration im Kolloid und Farbstoffkonzentration in der umgebenden Flüssigkeit ist für jedes System eine andere Konstante.

VAN BEMMELEN [6]) hat auch die Einwirkung von hohen Temperaturen auf die Hydrogelstruktur bei Kieselsäure untersucht und gefunden, daß das Absorptionsvermögen allmählich aufgehoben wird; das Gewebe wird für Flüssigkeiten undurchdringlich.

BÜTSCHLI [7]) hat gezeigt, daß sehr viele Gallerten mikroskopisch eine Wabenstruktur erkennen lassen. Wenn solche Strukturen in anderen Fällen nicht sichtbar sind, so mag dies auf den Lichtbrechungsver-

1) Wärmeentwicklung bei der Wasseraufnahme durch Kolloide: E. WIEDEMANN, Chem. Centr., 1885, p. 141. — 2) G. J. PARKS, Naturwiss. Rundsch., 1902, p. 647. — 3) H. RODEWALD, Zeitschr. physikal. Chem., Bd. XXIV, p. 193 (1897). Über Quellung, ibid., Bd.p XXXIII, p. 593 (1900). — 4) W. PFEFFER, Pflanzenphysiol., Bd. I, 2. Aufl., . 59—64 (1897). — 5) F. HOFMEISTER, Arch. exp. Pathol., Bd. XXVIII, p. 210 (1891). K. SPIRO, Üb. physikal. und physiol. Selektion. Straßburg 1897. (Habil.-Schrift). — 6) VAN BEMMELEN, Archiv. Néerland. (2). Tom. VI, p. 607 (1901). — 7) BÜTSCHLI, Unters. üb. mikroskop. Schäume (1892).

hältnissen beruhen. Nach HARDY [1]) treten beim Erstarren von Kolloidlösungen zuerst Tröpfchen auf, welche bei gegenseitiger Berührung alsbald zu Netzen verkleben.

Bei der Ausscheidung des Kolloids aus konzentrierter Lösung
erscheinen nach HARDY zuerst nicht Gelatinetröpfchen, sondern es
scheidet sich Wasser-Gelatinelösung als Tröpfchen aus (die flüssige Phase
des Hydrogels), um welche herum die gelatinereiche Phase sich ansam-
melt und ein Erstarren des Ganzen in Wabenstruktur bewirkt.

Hier, wo es nur auf kurze Darstellung der auf Kolloide bezüglichen Tatsachen ankam, kann nicht auf ein Referieren der mannigfachen Theorien eingegangen werden, welche hinsichtlich kolloider Gebilde aufgestellt worden sind. Viele dieser Hypothesen besitzen überdies
wenig realen Hintergrund [2]). KEKULÉ [3]) hat 1878 wohl zuerst den
Gedanken ausgesprochen, daß sich in kolloidalen Stoffen die Einzel-
molekel zu netz- oder schwammartigen Massen vereinigen. QUINCKE [4])
vertritt auch gegenwärtig die Ansicht, daß Hydrosole aus unsichtbaren
Schaumkammern mit flüssigen Schaumwänden, Hydrogele aus Kammern
mit erstarrten Schaumwänden bestehen. Hinzuweisen ist ferner darauf,
daß irgendwie zustande kommende ultramikroskopische Gitterstrukturen
nach BRAUN [5]) mit den bisher als wahre Doppelbrechung bei Zellmembranen etc. gedeuteten Erscheinungen kausale Beziehungen haben
könnten. NÄGELI [6]) unterschied die echten Lösungen von den kolloidalen
als „Molekularlösungen“ von „Mizellarlösungen“, und nahm in den letzteren
die Existenz von Mizellarverbänden an. Die älteren Anschauungen von
NÄGELI [7]), der früher in der Erkenntnis der eminenten Bedeutung von
Kolloidstrukturen für das Wesen der Organismen einfach die quellungs-
und intussuszeptionsfähigen Stoffe als „organisierte“ den „durchdring-
baren unorganischen Stoffen“ gegenüberstellte, sind schon lange aufgegeben, und wir bezeichnen nach BRÜCKES Vorgang als „Organisation“
den Begriff von den gesamten für das Leben unentbehrlichen Struktur-
verhältnissen [8]).

§ 3.
Protoplasmastrukturen und ihre biochemische Bedeutung.

In Pflanzenzellen läßt das Protoplasma, sobald die Zelle ihre
Jugendstadien überschritten hat, zwei Schichten unterscheiden: eine
innere, anscheinend durch feine Körnchen getrübte voluminöse Schicht,
für welche NÄGELI [9]) die Bezeichnung „Polioplasma“ vorgeschlagen
hat, und eine dünne, der Zellwand anliegende homogen erscheinende
Schicht, welche gewöhnlich nach PFEFFERS [10]) Vorgange als „Hyalo-

---

1) HARDY, Journ. of. Physiol., Bd. XXIV, p. 158 (1899). — 2) U. a. die
Theorien von F. KRAFFT, Ber. chem. Gesellsch., Bd. XXIX, p. 1334 (1896). F.
G. DONNAN, Chem. Centr., 1901, Bd. II, p. 85. POSTERNAK, Ann. Inst. Pasteur,
Tom. XV (1901). [Hierzu G. WYROUBOFF, Bull. soc. chim. (3), Tom. XXV.
p. 1016.] P. D. ZACHARIAS, Zeitschr. physik. Chem., Bd. XXXIX, p. 468 (1902).
— 3) KEKULÉ, Die wissensch. Ziele u. Leistungen d. Chemie, 1878, p. 22. —
4) G. QUINCKE, Sitz.-Ber. Berlin. Akad., 1904, p. 258. Auch H. GARRETT,
Philosoph. Magaz. (6), Bd. VI, p. 374 (1903). — 5) F. BRAUN, Sitz.-Ber. Berlin.
Akad., 1904. — 6) C. V. NÄGELI, Theorie der Gärung, p. 98, 1879. — 7) NÄGELI,
Stärkekörner, (1858) p. 332. — 8) Hierzu PFEFFER, Energetik, p. 158 (1892),
Pflanzenphysiologie, 1. Aufl., (1880) Bd. I, p. 13; 2. Aufl., (1897) Bd. I, p. 59. —
9) NÄGELI, Theorie der Gärung, p. 154, 1879. — 10) PFEFFER, Osmotische Unter-
suchungen, p. 123, 1877.

plasma" oder Hautschicht bezeichnet wird. NÄGELI sowie PFEFFER[1]) hatten das trübe Aussehen des Polioplasma auf Suspension äußerst zahlreicher winziger Vakuolen und auch fester Partikel zurückgeführt. Den Gedanken, das Protoplasma als eine Emulsion von mehr oder weniger leichtflüssiger Konsistenz zu betrachten, hat späterhin besonders BERT-HOLD[2]) gründlich bearbeitet; auch die Ausführungen von SCHWARZ[3]) gingen von dem Standpunkte aus, daß es sich im Plasma um eine Emulsion oder Mischung handle. Die Bedeutung trennender Membranen, welche in schaumartigen Emulsionen vorhanden sein müssen, hat BERT-HOLD auf Grund der von PFEFFER gewonnenen Anschauungen gleich-falls berücksichtigt.

Etwa von 1880 an finden wir bei einer ganzen Reihe von Forschern [HANSTEIN, SCHMITZ, FROMMANN, REINKE, STRASBURGER[4])] An-näherungen an die Meinung, daß das Protoplasma aus einer netzartigen Gerüstsubstanz, mit einer flüssigen Füllmasse („Enchylema" HANSTEINS) bestehe.

Ihre wissenschaftliche Ausbildung hat diese theoretische Richtung bekanntlich erst durch die ausgedehnten und genauen Forschungen BÜTSCHLIS erhalten, welcher als der Begründer der Lehre vom netz-wabigen Bau des Plasmas anzusehen ist[5]), und auch eingehende Stu-dien über den wabigen Charakter von Kolloidstrukturen angestellt hat. Selbst bei voller Würdigung der von der Kritik[6]) beigebrachten Ge-sichtspunkte darf man die Wabenstruktur für eine Reihe von lebenden Objekten als nachgewiesen betrachten. Derartige Fälle haben außer BÜTSCHLI auch andere Forscher [E. CRATO[7])] beschrieben. In neuerer Zeit haben sich nicht nur von morphologischer Seite, sondern auch von chemischer und physiologischer Seite die Theorien, welche der „Waben-lehre" verwandt sind, vermehrten Anklanges erfreut. So hat HOF-MEISTER[8]) jüngst die Tatsachen zusammengestellt, welche für den

---

1) PFEFFER, Planzenphysiologie, 1. Aufl., Bd. I (1881), p. 32. — 2) G. BERT-HOLD, Protoplasmamechanik (1886), p. 64. — 3) F. SCHWARZ, Morphol. und chem. Zusammensetzung des Protoplasmas (1887). Cohns Beitr. z. Biolog. d. Pfl., Bd. V. — 4) J. v. HANSTEIN, Das Protoplasma als Träger d. Lebensverrichtungen (1880), p. 38; Botan. Abhandl., Bd. IV, Heft 2 (1880), p. 9; SCHMITZ, Sitzungsber. Niederrhein. Gesellsch., 1880; C. FROMMANN, Beobacht. üb. Strukt. u. Bewegungs-ersch. d. Protoplasma (1880); C. HEITZMANN, Mikroskop. Unters. d. Tierkörp., 1883; J. REINKE, Unters. a. d. botan. Inst., Göttingen 1881; vereinzelte Andeut-ungen in ähnlichem Sinne schon bei älteren Forschern (MOHL, BRÜCKE); W. FLEM-MING (Zellsubstanz, Kern u. Zellteilung, 1882) hatte die Existenz fädiger Elemente ohne netzförmigen Zusammenhang angenommen; vgl. auch WALDEYER, Deutsch. mediz. Wochenschr., 1895, No. 43/44. — 5) O BÜTSCHLI, Verhandl. nat.-med. Ver. Heidelberg, N. F., Bd. IV, Heft 3, p. 423, 441 (1889); Botan. Centr., Bd. XLIII, p. 191 (1890); Verhandl. Deutsch. zoolog. Ges., 1891, p. 14; Biolog. Centr., Bd. VIII, p. 161 (1888); Verh. Heidelberg, 1890, N. F., Bd. IV; Mikroskop. Schäume, Leip-zig 1892; Verb. Heidelberg, Bd. V, p. 28 u. 42 (1893); Botan. Centr., Bd. LXII, p. 387 (1895); Abhandl. kgl. Ges. d. Wiss. Göttingen, Bd. XL (1895), Botan. Centr. (1896), Bd. LXVI, p. 349; Bau der Bakterien, Leipzig 1890; Weitere Ausführ. üb. d. Bau d. Cyanophyceen, Leipzig 1896; Herstellung künstl. Stärke: Bot. Centr., Bd. LXVIII, p. 213 (1896); auch A. ZIMMERMANNS Sammelref., Beihefte bot. Centr., Bd. III, p. 211 (1893); BÜTSCHLI, Untersuch. üb. Strukturen etc., Leipzig 1896; Arch. f. Entwicklungsmechan., Bd. XI, p. 499 (1901). — 6) Be-sonders A. FISCHER, Fixierung. Färbung und Bau des Protoplasmas, Jena 1899, und Arch. f. Entwicklungsmechanik, Bd. XIII, 1. u. 2. Heft (1901). — 7) E. CRATO, Cohns Beiträge z. Biolog., Bd. VII, Heft 3 (1896) p. 407.; Botan. Ztg. 1893, Bd. I, p. 157 (für Braunalgen, Cladophora); Ber. bot. Ges., Bd. X, p. 451 (1892). — 8) F. HOFMEISTER, Die chem. Organisat. d. Zelle, Braunschweig 1901; auch W. OSTWALD sieht solche Auffassungen vom allgemein-chemischen Standpunkt aus als begründet an, z. B. Zeitschr. physikal. Chem., Bd. XXVIII, p. 574 (1899).

Biochemiker das Bestehen zahlreicher kolloider Scheidewände, d. h. schaumartige Strukturen, sehr wahrscheinlich machen. L. RHUMBLER[1]) hat in sehr ausführlicher Weise den Nachweis geliefert, daß die Annahme einer alveolären Struktur im Protoplasma, d. h. einer Wabenstruktur oder „Schaummischung" am besten den am lebenden Zellinhalte zu beobachtenden Tatsachen entspricht. Es scheint derzeit die von BÜTSCHLI begründete Theorie der Plasmastrukturen, wenn wir auch noch nicht wissen, wie weit ihre Gültigkeitssphäre reichen kann, großen Wert als Arbeitshypothese zu besitzen[2]).

Zwischen der Annahme von emulsionsartigen Strukturen im Sinne der älteren Anschauungen und der Wabennetztheorie besteht natürlich in vieler Hinsicht nur eine graduelle Differenz, da jede Emulsion einen Schaum mit trennenden kolloiden Membranen darstellt[3]). Doch haben die früheren Arbeiten nicht ausreichend berücksichtigt, daß das Alveolennetz an verschiedenen Stellen „verschiedene Schaumspannung" (RHUMBLER) und überhaupt total verschiedene Eigenschaften vorübergehend oder dauernd besitzen kann. Für die Art des Zustandekommens von trennenden Oberflächenhäutchen haben die eingehenden Untersuchungen von RAMSDEN[4]) zahlreiche Aufklärungen erbracht.

Die in neuerer Zeit besonders von ALTMANN[5]) vertretene „Granulatheorie" geht von Voraussetzungen aus, welche heute einer exakten biochemischen Bearbeitung unzugänglich sind, und entzieht sich daher an dieser Stelle weiteren Erörterungen.

In dem zitierten Vortrage HOFMEISTERs findet man auch in trefflichster Weise ausgeführt, wie die vielen kolloidalen Trennungsmembranen im Protoplasma für die Separation der zahlreichen gleichzeitig in der Zelle nebeneinander verlaufenden chemischen Vorgänge als zweckentsprechende Einrichtung fungieren. So stößt es denn auf keine Schwierigkeit, auch dort, wo wir im Protoplasma keine gesonderten Organe durch mikroskopische Beobachtung erkennen können, wie sie z. B. Chromatophoren, Elaioplasten, Zellkern, Tonoplasten darstellen, spezifisch wirkende Apparate, die unserem direkten Nachweise nicht zugänglich sind, anzunehmen. Anscheinend gleich aussehende Plasmateile mögen im Dienste der Zelle höchst verschiedenen Aufgaben dienen, und ganz ungleiche chemische Verrichtungen haben. So ist es nicht ausgeschlossen, daß die Chromosomen des sich teilenden Zellkerns, welchen BOVERI[6]) und andere Forscher in neuester Zeit die Bedeutung von individualisierten Zellbestandteilen zuschreiben, mit ungleichen Funktionen in irgend einer Richtung betraut sind. Wir kommen also auch vom biochemischen Standpunkte zur Einsicht, daß das Protoplasma der Zelle eine hochdifferenzierte chemische Organisation besitzt, und nicht in allen Teilen

---

1) L. RHUMBLER, Verworns Zeitschr. f. allg. Physiol., Bd. I, Heft 3 u. 4, p. 279 (1902), Bd. II, p. 183 (1902). — 2) Daran ändern auch wohl verschiedene Streitpunkte auf dem großen Gebiete nichts. Vgl. die Darlegungen von K. PURIEWITSCH, Ber. bot. Ges., Bd. XV. p. 239 (1897); A. MEYER, Botan. Ztg., 1896, Abteil. II, p. 328; P. KLEMM, Jahrb. wiss. Botan.. Bd. XXVIII, p. 685 (1895); auch W. PAULI, Naturwiss. Rundsch., 1902, p. 313. Eine umfassende Behandlung des Gegenstandes gab W. PFEFFER, Pflanzenphysiologie, 2. Aufl., Bd. II, p. 714 ff. (1904). — 3) Über die Verwandtschaft von Emulsionen und Schäumen vgl. F. G. DONNANs Untersuchungen über die Natur von Seifenemulsionen. Zeitschr. physikal. Chem., Bd. XXXI, p. 42 (1899). — 4) W. RAMSDEN, Zeitschr. physikal. Chem., Bd. XLVII, p. 336 (1904); Proceed. Roy. Soc., Vol. LXXII, p. 156 (1903). — 5) R. ALTMANN, Die Elementarorganismen (1890); hierzu bes. A. FISCHER, Fixierung etc. (1899), p. 295. — 6) BOVERI, Chromat. Substanz d. Zellkerns, 1904, p. 9; O. ROSENBERG, Flora, 1904, p. 251.

gleichwertig ist: die hypothetischen Elementarorgane des Plasmas,
„Pangene", „Biogene", „Biophoren", „Plasome" oder wie immer sie
genannt werden, stellen auch für die Biochemie keine gleichwertigen
Gebilde dar [1]).

Daß zwischen vorübergehend sich bildenden Kolloidstrukturen und
den hierdurch ermöglichten chemischen Leistungen und zeitlebens dauernd
erhaltenen Kolloidstrukturen der Zelle alle möglichen Übergänge realisierbar
sind, mag noch anschließend hervorgehoben werden. Insofern werden
ausschließende Gegensätze zwischen mehr morphologischen und mehr
chemischen Erklärungsversuchen, wie sie z. B. bezüglich der Befruch-
tungsvorgänge geäußert wurden, in Wirklichkeit vielleicht weniger bestehen, als es derzeit den Anschein hat.

Mit der besprochenen Auffassung der Protoplasmastrukturen er-
ledigt sich wohl auch die alte Streitfrage bezüglich des Aggregatzustandes des Protoplasma. Schon BRÜCKE (l. c.) äußerte sich hierüber
1861 treffend: „Für uns ist der Zelleninhalt ein komplizierter Aufbau
aus festen und flüssigen Teilen. Wenn man uns fragt, ob wir den
Zelleninhalt nicht als Flüssigkeit anerkennen, glauben, daß er fest sei;
so antworten wir: Nein, und wenn wir gefragt werden, ob er denn
doch flüssig sei, so antworten wir wieder: Nein. Die Bezeichnungen
fest und flüssig, wie sie in der Physik Geltung haben, finden auf die
Gebilde, mit denen wir es hier zu tun haben, in ihrer Gesamtheit keine
Anwendung." NÄGELI und SCHWENDENER [2]) gebrauchen für das
Protoplasma das Beiwort „halbflüssig"; sie betonen als wesentlich für
seine Organisation einen bestimmten Wassergehalt, was für den halb-
flüssigen Gummischleim nicht zutreffe. Später haben sich VELTEN und
BERTHOLD [3]) mit dem Aggregatzustande des Protoplasma beschäftigt,
sodann besonders PFEFFER, neuestens noch JENSEN, SCHENCK und
RHUMBLER [4]). In der Arbeit des letztgenannten Autors findet man die
Schwierigkeiten und Unsicherheiten bei der Anwendung der Begriffe
„fest", „flüssig" auf die kolloiden Gebilde des lebenden Plasmas. sowie
die Eigenschaften, welche das Protoplasma mit Flüssigkeiten teilt, ausführlich abgehandelt. Auch die Erscheinungen der Verschiebbarkeit der
Teilchen bei der Plasmaströmung [5]), auf die hier nicht weiter einzugehen ist, finden sich bei RHUMBLER berücksichtigt.

1) Über die jetzt von den meisten hervorragenden Forschern angenommenen
Organelemente des Plasmas vgl. PFEFFER, Physiologie, Bd. I, 2. Aufl. (1897) p. 41.
Übrigens äußert sich schon 1861 E. BRÜCKE (Die Elementarorganismen, Sitzber.
Wien. Ak., Bd. XLIV, p. 385) wie folgt: „Ich kann mir auch nicht wohl denken,
daß irgend ein Mikrograph im Ernste glaube, unsere mikroskopischen Bilder gäben
eine auch nur annähernd vollständige Übersicht über den Bau der Zellen, und
wenn gesagt wird: die Zellmembran ist strukturlos, das Protoplasma ist eine homogene Masse etc., so soll dies wohl nichts anderes heißen als: die Zellmembran erscheint uns strukturlos, das Protoplasma erscheint uns als eine homogene Masse."
— 2) NÄGELI u. SCHWENDENER, Das Mikroskop, 2. Aufl. p. 548 (1877). — 3)
W. VELTEN, Wien. Akad., Bd. LXXIII, p. 138 (1876); G. BERTHOLD, Protoplasmamechanik (1886); W. PFEFFER, Plasmahaut und Vakuolen (1890), p. 253; Pflanzenphysiol., Bd. I, 2. Aufl. (1897), p. 38. — 4) P. JENSEN, Pflüg. Arch., Bd. LXXX,
p. 176 (1900); Bd. LXXXIII, p. 172 (1901); F. SCHENCK, Pflüg. Arch., Bd.
LXXXI, p. 584 (1901); L. RHUMBLER, Zeitschr. f. allg. Phys., Bd. I, p. 279; Bd. II,
p. 183 (1902). — 5) Bezüglich Plasmaströmung: H. DE VRIES, Botan. Ztg., 1885, p. 1;
F. KIENITZ-GERLOFF, Botan. Ztg., 1893, Bd. I, p. 36; Hemmungen derselben:
G. LOPRIORE, Jahrb. wiss. Bot., Bd. XXVIII, p. 531 (1895). Ihre mutmaßliche
Bedeutung für den Chemismus der Pflanze als Mittel zur Stoffmischung hat zuerst
W. PFEFFER hervorgehoben. Die letzten umfassenden Untersuchungen über Plasma-
strömung stammen von EWART, Protoplasmic streamings in plants, 1903.

An die Erörterung des „flüssigen" Aggregatzustandes des Protoplasma schließt sich auch der Hinweis auf die vielen Wirkungen und Erscheinungen an, welche man auf Oberflächenhäutchen und Oberflächenspannung der plasmatischen Organe zurückgeführt hat. Die amöboide Bewegung wurde von BERTHOLD, BERNSTEIN[1]) und anderen Forschern hiermit in Zusammenhang gebracht, die Gestaltung des Zellnetzes, selbst Reizkrümmungsmechanismen von ERRERA[2]) u. s. f. Auch die Vakuolenfrage schließt sich an, wobei zu berücksichtigen ist, daß PFEFFER Neubildungen von Vakuolen im Protoplasma direkt beobachtet hat, und die Meinung von WENT, daß sich Vakuolen nur durch Teilung vermehren, in ihrer Allgemeinheit nicht zutreffend ist[3]). In PFEFFERS Studien findet sich überdies die physikalische Erscheinung bei der Aufnahme und Ausgabe ungelöster fester Körper durch das Protoplasma näher analysiert.

So interessant die manchmal frappante Ähnlichkeit zwischen Protoplasmaströmung in lebenden Zellen oder amöboider Zellbewegung mit den experimentell bei unorganischen Emulsionen, Quecksilbertropfen etc. hervorzubringenden Erscheinungen ist, so müssen wir uns doch hüten, für die komplizierten Phänomene im Plasmakörper mit ihrer tausendfachen Abhängigkeit von anderen Vorgängen in der Zelle ebenfalls derartige relativ einfache Verhältnisse als parallele Vorkommnisse zu betrachten. Dieselben Bedenken gelten auch für die vielen sinnreichen und schönen Versuche, mit welchen BÜTSCHLI und andere Forscher die Erscheinungen der Karyokinese, Zentrosphärenbildung u. a. m. nachzuahmen suchten[4]). Wenn auch z. B. das Zellnetz äußerlich den Gesetzen der bekannten Gleichgewichtsfiguren von Flüssigkeitshäutchen zu gehorchen scheint, so ist es doch auf einem Wege zustande gekommen, welcher uns gänzlich unbestimmbar ist, wenn wir nicht alle Gesetze des lebenden Protoplasma kennen[5]). Manche Erscheinungen, wie das Zerfließen von Protoplasma in Wasser[6]) oder das Ausstoßen von Wasser aus dem Protoplasma unter dem Einflusse gewisser gasförmiger Narkotika [DUBOIS[7])], sind noch ganz unzureichend bekannt. Ob die Unterschiede in den elektromotorischen Eigenschaften, welche WALLER[8]) bei lebenden und toten Samen fand, mit Veränderungen im Protoplasma zusammenhängen, wissen wir ebenfalls nicht. Es ist aber wahrscheinlich, daß

1) BERTHOLD, l. c., 1886; J. BERNSTEIN, Die Kräfte d. Bewegung i. d. leb. Substanz, 1902; BERNSTEIN, Pflüg. Arch., Bd. LXXX, p. 628 (1900); E. CRATO, Ber. bot. Ges., Bd. X, p. 295 (1892), will auch in Phanerogamenzellen amöboid bewegliche plasmatische Gebilde annehmen („Physoden"). Kritik über die d. Oberflächenspannung zugeschriebenen Wirkungen bei PFEFFER, Plasmahaut u. Vakuolen (1890), p. 273. — 2) L. ERRERA, Bull. Soc. belg. Microsc., 1886 u. 1887. Zur biochem. Bedeutung der Oberflächenspannung, Bildung von Schaumzellen ferner bes. G. QUINCKE, Annal. d. Phys., N. F., Bd. LIII (1894), p. 593; (4) Bd. IX, p. 1 (1902). — 3) C. WENT, Botan. Ztg., 1887, p. 76; Jahrb. wiss. Bot., Bd. XIX, p. 295 (1888); Bot. Ztg. 1889, p. 197; Jahrb. wiss. Bot., Bd. XXI, p. 299 (1890); G. KLEBS, Bot. Ztg., 1890, p. 549; W. PFEFFER, Plasmahaut und Vakuolen, 1890. — 4) Hierzu A. FISCHER, Fixierung etc. des Protoplasma (1899). p. 202; G. QUINCKE, Ann. d. Phys. (4), Bd. VII, p. 701 (1902), konnte an Schäumen selbst positiven Heliotropismus auffinden. — 5) Vgl. bes. PFEFFER, Plasmahaut und Vakuolen (1890), p. 273. — 6) Hierzu K. KÖLSCH, Zoolog. Jahrb. (Anatom. u. Ontogen.), XVI, p. 273 (1902). Die Desorganisationserscheinungen des Plasma durch verschiedene Einflüsse finden sich behandelt bei P. KLEMM, Jahrbüch. wiss. Botan., Bd. XXVIII, Heft 4 (1895). — 7) R. DUBOIS, Compt. rend., Tom. CII, p. 1300 (1886). — 8) A. D. WALLER, Proc. Roy. Soc., Vol. LXVIII, p. 79 (1901).

die Keimungsunfähigkeit alter Samen teilweise auf Änderungen der
kolloidalen Plasmastrukturen zurückzuführen ist, wie sie beim Aufbewahren von Kolloiden allmählich meist einzutreten pflegen.

Plasmastrukturen und Diosmose. Schon älteren Forschern[1])
war es bekannt, daß die Natur der Trennungsmembran von hoher Bedeutung für die osmotischen Vorgänge ist. Die berühmte Lösungs-
theorie von VAN t' HOFF konnte erst formuliert werden, nachdem es
PFEFFER in genialer Weise erreicht hatte, die Druckmessung bei leicht
diosmierenden Stoffen durch besonders hergestellte Trennungsmembranen,
welche selbst von solchen Stoffen in nicht merklicher Weise durchdrungen werden, zu bewerkstelligen.

Bei den osmotischen Prozessen im Protoplasma stellen die Trennungsmembranen nach der hier vertretenen Ansicht ein System kolloider
Lamellen dar, welche von jedem eindringenden Stoffe passiert werden
müssen. Die leitenden Gesichtspunkte bei der Beurteilung, wie die
Membranen hierbei wirken, verdanken wir den Arbeiten von NERNST,
HOFMEISTER und SPIRO[2]). Wir haben Grund, anzunehmen, daß für
das Passieren der kolloiden Membranen die Lösungsverhältnisse der
diffundierenden Substanzen im Membrankolloid, also „Lösungsaffinitäten"
eine hervorragende Rolle spielen. NERNST hat diese Erscheinung durch
einen einfachen und schönen Versuch illustriert, indem er die Membran
durch eine Flüssigkeitsschicht ersetzte, welche sich in den beiden gegeneinander diffundierenden Flüssigkeiten (Äther und Benzol) nicht löst;
das System besteht also aus Äther — Wasser als trennende Membran —
Benzol. Das Wasser wird hierbei in Tierblase eingelagert. Die Membran ist hier nun für Äther leicht durchlässig, für Benzol aber „semipermeabel", und man kann durch diesen Versuch mittelst Benzol
eine Druckentwicklung hervorrufen, wie sie etwa durch Zuckerlösung
gegen Wasser bei Anwendung von Pergamentpapier zustande kommt.
Nach BROWN[3]) kann man eine Kalziumnitratlösung zwischen Phenol
und Wasser ohne Einlagerung in eine Membran mit gutem Erfolge als
trennende semipermeable Schicht verwenden. Der NERNSTsche Versuch
führt somit die Wirkung der Membran, ihre „Semipermeabilität", auf
Lösungsverhältnisse zurück, und wir können in der Tat auch auf diese
Verhältnisse das „Teilungsprinzip" anwenden. Das in den schon erwähnten Versuchen HOFMEISTERs eruierte Gesetz von der Aufnahme
gelöster Stoffe in Kolloidplatten gilt ebenso für die Diffusionserschei-
nungen: es bleibt das Verhältnis zwischen Konzentration der äußeren
Lösung und Konzentration der vom Kolloid aufgenommenen Substanz
konstant. SPIRO hat auf die hohe biologische Bedeutung dieser Erscheinungen ausführlich hingewiesen. Für die diosmotische Stoffaufnahme ist es also Grundbedingung, daß die aufzunehmende Substanz
in den kolloidalen Plasmamembranen löslich ist. Sehr zahlreiche An-

---

1) Vgl. CH. MATTEUCCI u. A. CIMA, Annal. de Chim. et de Phys. (3),
Tom. XIII, p. 63 (1845). — 2) W. NERNST, Zeitschr. physikal. Chemie, Bd. VI,
p. 37 (1890); F. HOFMEISTER, Arch. exper. Pathol., Bd. XXVIII, p. 210 (1891);
K. SPIRO, Physikal. u. physiolog. Selektion, Habilit.-Schrift, Straßburg 1897; G.
FLUSIN, Compt. rend., Tom. CXXXI, p. 1308 (1901). Die ersten Untersuchungen
über Aufteilung zwischen verschiedenen nicht mischbaren Lösungsmitteln stammen
von M. BERTHELOT und JUNGFLEISCH, Annal. Chim. phys. (4), Tom. XXVI, p.
396 (1872). — 3) C. BROWN, Zeitschr. Elektrochem., Bd. VI, p. 531 (1900). Zum
NERNSTschen Versuch vgl. auch die Ausführungen von KISTIAKOWSKI, Chem.
Centr. 1899, Bd. I, p. 89, für Gase.

gaben über Diffusion verschiedener Substanzen durch Tierblase hat HEDIN [1]) auf Grund seiner experimentellen Ermittlungen geliefert.

OVERTON [2]) hat in einer Reihe ausgezeichneter Studien dieses Prinzip benützt, um etwas Näheres über die chemische Natur der Plasmahaut zu erfahren. Er fand, daß von Kohlenstoffverbindungen nur solche rasch aufgenommen werden, welche in Äther, fettem Öl und ähnlichen Medien besser löslich sind als in Wasser. Am schnellsten diffundierten einwertige Alkohole, Aldehyde, Ketone, einwertige Säureester, Alkaloide; langsamer Glykole, Amide; noch langsamer Glyzerin, Erythrit; am trägsten die Hexite, Hexosen, Aminosäuren und Salze von organischen Säuren. Die letztgenannten Stoffe rufen daher am leichtesten Plasmolyse hervor. OVERTON schließt daraus, daß fettartige Substanzen, wie Cholesterin, Lecithin bei der Zusammensetzung der Plasmahaut eine hervorragende Rolle spielen. Schon früher hatte QUINCKE [3]), auf anderen Gründen fußend, an ein „Ölhäutchen“ des Protoplasmas gedacht. OVERTON fand auch, daß von Anilinfarbstoffen, deren Eindringen in die lebende Zelle zuerst von PFEFFER [4]) festgestellt worden ist, nur jene aufgenommen werden können, welche in geschmolzenem Lecithin und Cholesterin löslich sind. Die Theorie OVERTONs erklärt allerdings, wie NATHANSOHN [5]) dargelegt hat, in ihrer einfachen Form nicht ausreichend, wie eine Regulation der Durchlässigkeit für lipoidlösliche Stoffe erfolgen kann und wie so gleichzeitig mit der Durchlässigkeit für fettlösliche Substanzen die leichte Durchdringbarkeit für Wasser bestehen kann. Man wird daher auch bei Anerkennung der von OVERTON entdeckten Momente nicht umhin können, der Plasmahaut eine kompliziertere Struktur als die eines Lipoidhäutchens zuzuteilen.

Wie sehr die Natur des Kolloidsystems der Plasmahaut die Diosmose beeinflußt, geht einerseits aus den Erfahrungen HOFMEISTERS an Leimplatten hervor, andererseits aus Versuchen OVERTONS, welcher zeigen konnte, daß 7 % wässerige Saccharoselösung so wenig in lebende Zellen diosmiert, daß sie Plasmolyse hervorruft, hingegen 7 % Rohrzuckerlösung + 3 % Methylalkohol keine Plasmolyse erzeugt und somit die Plasmahaut viel leichter passieren muß. Dies beruht wahrscheinlich darauf, daß Rohrzucker im System: Plasmakolloide + Wasser + Methylalkohol stärkere Lösungsaffinitäten findet, als im System Plasmakolloide + Wasser. Änderungen der Semipermeabilität der Plasmahaut für bestimmte Stoffe sind daher voraussichtlich sehr leicht durch verschiedene Faktoren zu erzielen, und im Leben der Zelle sind solche Veränderungen im diosmotischen Verhalten schon durch Salzkonzentrationsänderungen und ähnliche Einflüsse mit Sicherheit zu erwarten. Welche Bedeutung solche Eigenschaften für die Regulierung des Stoffaustausches haben müssen, braucht wohl nicht erst ausgeführt zu werden. NATHANSOHN [6]) hat in lehr-

---

1) S. G. HEDIN, Pflüg. Arch., Bd. LXXVIII, p. 205 (1899). Über den „Teilungskoeffizienten“, vgl. auch die interessanten Darlegungen von TAMMANN, Zeitschr. physik. Chem., Bd. XXII, p. 481 (1897). — 2) E. OVERTON, Vierteljahrschr. d. naturf. Gesellsch. Zürich, Bd. XL, p. 1 (1895); Bd. XLIV, p. 88 (1899); Zeitschr. physikal. Chem., Bd. XXII, p. 189 (1897); Jahrb. wissensch. Bot., Bd. XXXIV, p. 669 (1900); Studien über Narkose. 1901; Pflügers Arch., Bd. XCII, p. 115 (1902). — 3) G. QUINCKE, Annal. d. Phys., N. F., Bd. XXXV. p. 630 (1888). 4) W. PFEFFER, Untersuch. a. d. botan. Inst. zu Tübingen, Bd. II, p. 179 (1886). — 5) NATHANSOHN, Jahrbüch. wiss. Bot., Bd. XXXIX, p. 638 (1904). — 6) A. NATHANSOHN, Jahrbüch. wissensch. Botan., Bd. XXXVIII, p. 241 (1902); Ber. bot. Ges., 1901, p. 509. Durch das Intercellularsystem des Codiumthallus kommen allerdings gewisse Ungenauigkeiten der Resultate zustande, welche

reichen Versuchen an Codium tomentosum gezeigt, daß durch diese Alge aus der umgebenden Salzlösung ($NaNO_3$) anfangs mehr NO_x-ionen aufgenommen werden, aber bald ein konstantes vermindertes Passieren durch Regulierung der osmotischen Verhältnisse der Plasmahaut erreicht wird. Ganz analoge Verhältnisse ergaben sich für den Austritt von Cl-ionen nach Einbringung der Algen in verdünntes Seewasser.

Bei NATHANSOHN findet sich auch ausgeführt, wie sich auf Grund der Erfahrung, daß die Plasmahaut ihre diosmotische Wirkung beim Wechseln der umspülenden Lösungen ändern kann, die Aussichten stellen bei lebenden Zellen einseitige Durchlässigkeit der Plasmamembranen („Intrapermeabilität" und „Extrapermeabilität") nachzuweisen. Die von JANSE[1]) in dieser Richtung angestellten Versuche waren noch nicht ganz ausreichend [PFEFFER[2])].

Durch die dargelegten Auffassungen kann man sich auch Speicherungen von bestimmten Stoffen im Plasma verständlich machen, wie schon von F. HOFMEISTER gezeigt wurde. Speicherung aus umgebenden Lösungen muß immer erfolgen, wenn die Lösungsaffinität des Stoffes zum Lösungsmittel geringer ist als die Lösungsaffinität zum Plasmakolloid unter den gegebenen Verhältnissen. Permeabilitätsänderungen des Protoplasma durch Temperatureinflüsse hat RYSSELBERGHE[3]) beschrieben.

Wenn auch sowohl auf physikochemischem als biologischem Gebiete inbezug auf die Membrandurchlässigkeit noch mancher Punkt seiner Klärung harrt, so ist durch die von NERNST und von TAMMANN[4]) angebahnten Ideen doch wohl ein Teil der Wechselwirkungen unserem Verständnisse zugänglich, welche sich zwischen der lebenden Substanz und den gelösten Stoffen abspielen. PFEFFER gebührt das Verdienst, zuerst auf die Unzulänglichkeit der 1867 von TRAUBE[5]) aufgestellten „Siebtheorie" oder „Porentheorie" für die Membrandurchlässigkeit hingewiesen zu haben, wonach die Größe der intermizelaren Zwischenräume der Membran und die Molekülgröße des gelösten Stoffes entscheidenden Einfluß auf die Diffusion haben sollte. Von chemischer Seite hat vor allem TAMMANN[6]) die Unhaltbarkeit der Porentheorie dargetan. Die Änderungen in den maßgebenden Wechselwirkungen zwischen Protoplasma und diosmierender Substanz, welche mit dem Tode der Zelle erfolgen und durch den bekannten Versuch der Farbstoffexosmose aus durch Chloroform getöteten roten Rüben auffällig demonstriert werden [W. HOFMEISTER, DE VRIES[7])], sind bislang noch so gut wie unbekannt. Strukturveränderungen der Plasmahaut lassen sich nach Chloroformtötung nicht mikroskopisch nachweisen, und auch GALEOTTI[8]) konnte solche Änderungen des Baues für tierische Membranen nicht finden. Ob es Stoffe gibt, welche als wesentliche Funktion

aber die Versuche nicht so stark beeinträchtigen, wie von manchen Seiten angenommen wurde; vgl. JOST, Vorles. üb. Pflanzenphysiol. (1904), p. 27; Botan. Ztg., 1904, Bd. II, p. 131.

1) J. M. JANSE, Botan. Centralbl., 1888, Bd. II, p. 10. — 2) PFEFFER, Plasmahaut und Vakuolen (1890), p. 289. — 3) Fr. VAN RYSSELBERGHE, Recueil de l'Inst. Botan. Bruxelles, Tom. V, p. 209 (1902). — 4) G. TAMMANN, Zeitschr. physikal. Chem., Bd. X, p. 255 (1892). — 5) M. TRAUBE, Arch. f. Anatom. u. Physiol., 1867, p. 87. — 6) TAMMANN, l. c., 1892. Auch M. FÜNFSTÜCK, Ber. bot. Ges., Bd. XI, p. 80) (1893). — 7) W. HOFMEISTER, Pflanzenzelle, (1867) p. 4. H. DE VRIES, Arch. Néerland., T. VI, p. 117 (1871). — 8) G. GALEOTTI, Zeitschr. physikal. Chem., Bd. XL, p. 481 (1902). Vgl. ferner bezüglich Differenzen im lebenden und toten Plasma, GALEOTTI, Biochem. Centr., Ref. No. 538 und 1385, 1903.

die Aufrechterhaltung und Steigerung des Zellturgors besitzen (DE VRIES hatte früher den Pflanzensäuren eine derartige Bedeutung zugeschrieben), ist noch näher festzustellen. Bei Schimmelpilzen scheint nach den Untersuchungen v. MAYENBURGS[1]) die Turgorregulation bei der Anpassung an Salzlösungen durch Produktion von leicht oxydablen den Kohlenhydraten nahestehenden Säuren zu geschehen.

OVERTON hatte angegeben, daß Elektrolyte die unversehrte Hyaloplasmahaut nicht merklich passieren. Daß dies aber kein unumstößliches Gesetz ist, geht aus den Erfahrungen NATHANSOHNS über die Regulationen im Salzaustausche von Codium hervor, wobei es wohl ausgeschlossen ist, daß nur die nichtdissoziierten Salzmoleküle die Plasmahaut durchwandern konnten. Wenn Ionen von Salzen in die lebende Zelle in bestimmten Fällen nicht eindringen können, so kann man hierfür mit HÖBER[2]) eine geringe dissoziierende Wirkung der Plasmahaut gegenüber der äußeren wässerigen Lösung ins Treffen führen und sagen, daß die Dielektrizitätskonstante des Wassers gegenüber jener der Plasmahaut sehr groß ist. Doch wird der Wert solcher Vorstellungen wohl nicht unbeeinträchtigt gelassen durch die große Variabilität in den diosmotischen Eigenschaften der Plasmahaut.

Die Bedeutung der elektrolytischen Dissoziation für die osmotischen Erscheinungen bedarf übrigens noch weiterer Aufklärungen. Daß die Ionenbildung, nämlich der Durchtritt von bestimmten Ionen bei der Osmose eine hohe allgemeine Bedeutung hat, geht aus den Untersuchungen von OSTWALD, TAMMANN und WALDEN[3]) hervor, und man kann Durchtreten und Zurückhalten bestimmter Ionen durch Trennungsmembranen experimentell beweisen. Auch hat die Wanderungsgeschwindigkeit der Ionen, dort wo sie sehr groß ist, wie bei den H-ionen, großen Einfluß (WALDEN[4])). Weil die Plasmahaut nicht chemisch indifferent ist und bald den Charakter einer Säure, bald den einer Base haben kann, so sind Wechselwirkungen zwischen ihr und Kationen resp. Anionen vorauszusehen, und dadurch kann es zur Zurückhaltung bestimmter Ionen kommen. Daß alle diese Verhältnisse zur Scheidung bestimmter Ionen führen können mit allen Konsequenzen: Bildung von freien Säuren und Alkalien, Entstehung von elektrischen Potentialdifferenzen, ist leicht verständlich, und es sind bereits hoffnungsreiche Ansätze da, um einschlägigen wichtigen und auffälligen physiologischen Tatsachen auf diesem Wege ein näheres Verständnis abzugewinnen[5]). Hinsichtlich der Rolle der Ionen bei der Diffusion von Elektrolyten ist aber, wie z. B. WALDENS Erfahrung zeigt, daß gewisse Membranen wohl für Natriumchlorid und Oxalsäure, nicht aber für Natriumoxalat permeabel sind, manches wohl noch weiterer Untersuchung bedürftig.

---

1) O. HEINSIUS v. MAYENBURG, Jahrbüch. f. wiss. Botan., Bd. XXXVI. p. 381 (1901). — 2) R. HÖBER, Physikal. Chem. d. Zelle, (1902) p. 112. — 3) W. OSTWALD, Zeitscht. physikal. Chem., Bd. VI. p. 71 (1890). G. TAMMANN, ibid., Bd. X. p. 255 (1892). P. WALDEN, ibid., Bd. X. p. 699 (1892). — 4) WALDEN, l. c. Vgl. auch bereits F. HINTEREGGER, Ber. chem. Ges., Bd. XII. p. 1619 (1879). — 5) Über Salzsäurebereitung im Magen, Nierensekretion, vgl. SPIRO, Physikal. u. physiolog. Selektion, p. 59, 1897. Über elektrische Erscheinungen: OSTWALD, l. c., 1890. Auf die Bedeutung von „Konzentrationsketten" als Quelle der elektrischen Ströme in lebenden Organismen wies zuerst J. LOEB hin. Sehr ausführlich hat BERNSTEIN die Entstehung von Zellströmen durch osmotische Vorgänge behandelt: Pflügers Arch., Bd. LXLII (1902). Naturwiss. Rundschau, 1904, p. 197. Auch OKER BLOOM, Pflügers Arch., Bd. LXXXIV (1901). Über Elektrolyse durch semipermeable Membranen, ferner B. MORITZ, Zeitschr. physikal. Chem. Bd. XXXIII. p. 513 (1900).

Oberflächenschicht. Eine weitere Folge der Theorie vom schaumartigen Aufbau des Protoplasma aus kolloiden Lamellen ist die Annahme, daß die Erfahrungen, die man bezüglich der Oberflächenschicht wässeriger Lösungen besitzt, hier eine bedeutsame Anwendung finden dürften. ZAWIDZKI[1]) hat für verdünnte Säuren (Essigsäure, Salzsäure) nach Erzeugung der nötigen Oberfläche durch Zusatz von Saponin und Schaumbildung direkt nachzuweisen vermocht, daß Konzentrationsdifferenzen in Schaum und darunterstehender Flüssigkeit existieren. Im Protoplasma, wo allem Anscheine nach enorm große Oberflächen für chemische Reaktionen zwischen zwei sich berührenden Flüssigkeiten oder Gasen geboten werden können, hat die gesteigerte Konzentration in den Oberflächenschichten von aneinandergrenzenden Lösungen wohl entschieden eine wichtige Rolle für die Beschleunigung verschiedener Reaktionen in der Zelle inne, ebenso für die Bildung von Membranen.

Schlußbetrachtungen. Daß das Protoplasma nicht nur in morphologischem, sondern auch in biochemischem Sinne einen „Organismus" darstellt, wurde ziemlich gleichzeitig von verschiedenen Forschern ausgesprochen, besonders deutlich von DRECHSEL[2]) und REINKE[3]) (1881). In jüngster Zeit hat vor allem F. HOFMEISTER diese Idee in geistreichen Ausführungen erläutert[4]). Solche Vorstellungen schließen aber nicht aus, daß wichtige Lebensverrichtungen auch nach anscheinend völliger Zertrümmerung des Plasmas weiter vor sich gehen. So erfolgt in feinst zerriebenen Wurzelspitzen die physiologische Oxydation der Homogentisinsäure genau so wie in intakten Spitzen, und die durch geotropische Reizung veranlaßte Hemmung dieser Oxydation ist im Spitzenbrei ebenso kräftig wie in normalen Wurzelspitzen. Der 1881 von REINKE zuerst gezogene vielzitierte Vergleich der Vernichtung der Lebensfunktionen beim Zertrümmern des Protoplasten mit der Vernichtung des Mechanismus einer Taschenuhr nach deren Zertrümmerung ist also nur bis zu einer gewissen Grenze richtig. Im Autolysengemisch gehen gewiß noch weit mehr vitale Prozesse von statten, als wir heute ahnen.

Auch ist es eine Konsequenz der hier vertretenen Anschauungsweise, mit J. SACHS[5]) ein Nebeneinandergehen morphologischer Differenzen und stofflicher Verschiedenheiten zu fordern, wenn auch in den „blütenbildenden" und „wurzelbildenden" Stoffen wohl eine allzugrobe Versinnlichung dieses Zusammenhanges gegeben wurde. F. HOFMEISTER (l. c. S. 23) hat sehr fein die Formbestimmung durch stoffliche Beziehungen gekennzeichnet und auf die Unterschiede hingewiesen, welche schon geringfügige strukturelle Differenzen in kolloidalen Gebilden nach sich ziehen können. Man braucht nicht erst verschiedene Eiweißstoffe für die einzelnen Tier- und Pflanzenarten anzunehmen. Für einschlägige Abhängigkeitsverhältnisse bieten z. B. die Stärkekörner ein lehrreiches Beispiel, welche in der Regel die genau gleiche chemische Zusammensetzung, aber eine häufig genug für Familie oder Gattung sehr charakteristische Form haben, und bei einer Pflanzenart in allen Or-

1) J. v. ZAWIDZKI, Zeitschr. physikal. Chem., Bd. XXXV, p. 77 (1900);
Bd. XLII, p. 612 (1903). — 2) DRECHSEL, Die fundamentalen Aufgaben d. physiolog. Chemie, 1881, p. 8. — 3) J. REINKE, Studien über das Protoplasma, Berlin 1881, p. 122. — 4) F. HOFMEISTER, Die chem. Organisation d. Zelle (1901), p. 25 ff. — 5) J. SACHS, Arbeiten des botan. Inst. i. Würzburg, Bd. II. p. 452. 699 (1882); Flora, 1895, Ergänz.-Bd., p. 409. GOEBEL, Organographie der Pflanzen, 1901, p. 38.

ganen: Blatt, Samen, Wurzel dieselben morphologischen Eigentümlichkeiten zeigen. Dies ist durch die Differenzen in der Amyloplastenarbeit
bedingt, die nicht allein auf der Struktur, sondern in der ganzen Tätigkeit dieser Organe beruhen. Analoge Dinge mögen sich im Getriebe
des Protoplasmalebens vielleicht oft abspielen.

Die einseitige Berücksichtigung der chemischen Bestandteile („Stoff-
theorien") des Protoplasmas dürfte wohl kaum zum gewünschten Verständnisse der Lebenserscheinungen führen. Die Bestrebung, den Mechanismus des Protoplasten als alleinwirkend zu betrachten, wie sie in
REINKES Dominantentheorie [1]) zutage tritt, war eine Gegenreaktion auf
die früher besonders begünstigte „Stofftheorie" des Protoplasmas.

Manche Plasmatheorien sind unstreitig zu sehr von phantastischen
molekulartheoretischen Vorstellungen beeinflußt, als daß sie eine brauchbare Stütze für die Forschung abgeben könnten. Dies gilt sowohl von
der PFLÜGERschen Vorstellungsweise, das Protoplasma als ein „Riesen-
molekül" anzusehen [2]), eine Lehre, welche HÖRMANN [3]) in wenig glücklicher Weise zu erneuern versuchte; als von der DETMERschen „Disso-
ziationshypothese", wonach durch „lebhafte intramolekulare Bewegung
der Atome der lebendigen Eiweißmoleküle" fortdauernde Selbstzersetzung
derselben stattfinden solle [4]), von der Biogenhypothese VERWORNS [5]) als auch
von den seitens O. LOEW und BOKORNY [6]) entwickelten Anschauungen.

Letztere Hypothese, welche wiederholt Kritik erfahren hat [7]),
behauptet, daß das Protoplasma aus einem (eventuell mehreren) Pro-
teiden bestehe („aktives Albumin") dessen „Labilität" auf der Gegenwart von Aldehydgruppen beruhe; wahrscheinlich handele es sich um
ein Kondensationsprodukt des Asparaginsäurealdehydes. Es bestehen
aber bezüglich der angewendeten Methoden (Reduktion sehr verdünnter
alkalischer $AgNO_3$-Lösung; intracelluläre Niederschläge mit sehr verdünnten Basen) große Unsicherheiten hinsichtlich der Deutung der
Resultate; andererseits erscheinen mir gewisse Vorstellungen der beiden

---

1) J. REINKE, Die Welt als Tat, 1899. Biol. Centr., Bd. XIX, p. 81 (1899);
Bd. XXI, p. 593 (1901); Bd. XXII, p. 23 (1902); Einleit. i. d. theoret. Biol., 1901.
— 2) PFLÜGER, Pflügers Arch., Bd. X, p. 307 (1875). — 3) G. HÖRMANN, Kontinuität d. Atomverkettung, Jena 1899. — 4) W. DETMER, Landwirtsch. Jahrb.,
Bd. X, p. 731 (1881). WOLLNYs Forsch. a. d. Geb. d. Agrik.-Phys., Bd. V, Heft 3
u. 4 (1881). Physiol. d. Keimprozess., (1883) p. 155. Pflanzenphysiologie, (1883)
p. 153. Jahrb. f. wiss. Bot., Bd. XII; Ber. bot. Ges., Bd. X, p. 433 (1892).
— 5) M. VERWORN, Allgemeine Physiologie, 3. Aufl. (1901). — 6) O. LOEW, u.
TH. BOKORNY, D. chem. Ursache d. Lebens, 1881. Pflüg. Arch., Bd. XXV,
p. 150 (1881). Ber. chem. Ges., Bd. XIV, p. 2508 (1881), ibid. Bd. XV, p. 695
(1882); Pflügers Arch., Bd. XXVI, p. 50 (1882); Botan. Zeitung, 1882, No. 48;
Die chem. Kraftquelle im lebenden Protoplasma, 1882; Pflüg. Arch., Bd. XXX,
p. 348 (1883); Bd. XXXII, p. 113 (1884); Bd. XXXV, p. 509 (1884). Botan. Ztg.,
1884, No. 8. BOKORNY, Jahrb. wiss. Bot., Bd. XVII, p. 347 (1886); LOEW und
BOKORNY, Bot. Ztg., 1887, p. 849. Journ. prakt. Chem., 1887, p. 272. Jahrb. wiss.
Bot., Bd. XVIII, p. 194, (1887); ibid., Bd. XIX, p. 206 (1888). Ber. chem. Ges.,
Bd. XXI, p. 1848 (1888). Bot. Cent., Bd. XXXVIII, p. 581 (1889). Jahrb. wiss.
Bot., Bd. XX, p. 427 (1889). Biolog. Centr., Bd. VIII, p. 1 (1888). Bot. Centr.,
Bd. XXXIX, p. 369 (1889); Bd. XL, p. 161 (1889); Pflüg. Arch., Bd. XLV.,
p. 199, (1889). Ber. bot. Ges., Bd. VIII, p. 99 (1890); Bd. X, p. 619 (1892); Biolog.
Centr. Bd. XI, p. 5 (1891). Flora, Erg.-Bd., 1892, p. 117. Pflüg. Arch., Bd. LV.
p. 127 (1893). Biol. Centr., Bd. XIII, p. 271 (1893). Flora, 1895, p. 68, 90 (DAI-
KAHURA). Bull. Coll. Agric. Tokyo, Vol. II, No. 2, (1895). Pflüg. Arch., Bd.
LVIII, p. 257 (1901). BOKORNY, Chem. Ztg., 1896, p. 1022. — 7) Besonders durch
E. BAUMANN, Pflüg. Arch., Bd. XXIX, p. 400 (1882). W. PFEFFER, Flora, 1889,
p. 46. P. KLEMM, Ber. Botan. Gesellsch., Bd. X, p. 237 (1892). Flora, 1892,
p. 395. Botan. Cent., Bd. LVII, p. 193 (1894).

genannten Forscher, vor allem ihre Auffassungen über den Bau des Eiweißmoleküls und über die (noch in keinem Eiweißstoff nachgewiesenen) angeblichen Aldehydgruppen desselben sehr zweifelhaft. Auch werden „Atomschwingungen" und ähnliche Vorstellungen zu Hilfe genommen, die nichts als Phantasiegebilde sind, und es erscheinen die einer exakten Untersuchung zugänglichen Eigenschaften des Plasmas, wie sie in unseren Darlegungen auseinandergesetzt wurden, nicht berücksichtigt.

Es sind auch von einigen Seiten [ERRERA, SESTINI [1])] Überlegungen angestellt worden, inwiefern die in den Organismen vorhandenen Grundstoffe mit den vitalen Eigenschaften zusammenhängen könnten, ohne daß sich jedoch daraus Anhaltspunkte für Experimentalarbeiten bisher ergeben hätten.

Die extreme Verfolgung der Maschinentheorie scheint mir zum Teil noch zu wenig die physikalisch chemischen Eigenschaften des Substrates der Lebensvorgänge zu berücksichtigen; sie verzichtet wenigstens auf eine nähere Analyse dieser Eigenschaften, wenn „der Organismus ein vom Gesetz seiner Form beherrschter energetischer Prozeß [2]) sein soll. Doch ist natürlich in anderer Hinsicht eine derartige Vorstellungsweise in der Biologie durchaus zu billigen, falls man damit eine Vereinfachung des Denkens erreicht und die Übersicht erleichtert.

NEUMEISTER [3]) hat demgegenüber in jüngster Zeit die Auffassung verfochten, daß für das Plasma nicht die Form, sondern der Stoff das Charakteristische sei; das Protoplasma bestehe wahrscheinlich aus mehreren und zwar chemisch verschiedenen Molekülen, welche derart in Wechselwirkung stehen, daß zwischen ihnen ein Austausch von Atomgruppen, sowie eine Umformung zu neuen Molekularverbänden eintreten kann. Einen positiven Fortschritt in der Auffassung vermag ich jedoch in den interessanten Ausführungen NEUMEISTERS nicht zu erblicken.

Zweites Kapitel: **Die chemischen Reaktionen im lebenden Pflanzenorganismus.**

§ 1.

Über die Reaktionsbedingungen.

Im Gegensatze zur unorganischen Natur ist bei lebenden Organismen fortwährend die lebhafteste Wechselwirkung mit den Stoffen der äußeren Umgebung im Gange. Die verschiedensten alltäglichen Beobachtungen an unserem eigenen Körper, an Tieren und Pflanzen überzeugen uns davon, daß im Inneren aller lebenden Organismen eine Unzahl chemischer Reaktionen ablaufen muß, welche durch den Kontakt mit den Stoffen der Außenwelt bedingt sind. Es genügt in der Regel auch nur einen Teil dieser Wechselwirkungen im Experimente aufzuheben, um den Organismus in kürzerer oder längerer Zeit dem Tode anheimfallen zu sehen. Wir kennen eine ganze Reihe von Stoffen,

1) L. ERRERA, Biolog. Centr., 1887/88, p. 22. SESTINI, Chem. Centr., 1887. — 2) REINKE, Theoret. Biologie (1901), p. 175. — 3) B. NEUMEISTER, Betrachtungen über das Wesen der Lebenserscheinungen, Jena 1903.

deren stete Darreichung von außen für alle Lebewesen so nötig ist,
daß die Weglassung eines einzigen von ihnen in experimenteller Ernährung von Pflanze oder Tier genügt, um das Leben zu zerstören.
Dahin gehören vor allem Sauerstoff und Verbindungen von Wasserstoff,
Stickstoff, Schwefel, Phosphor, Kali, Magnesium. Aber nicht nur Stoff-
zufuhr spielt eine lebenerhaltende Rolle, sondern ebensosehr die un-
gestörte Fähigkeit Stoffe abzugeben. Es genügt die Körperoberfläche
eines Tieres oder einer Pflanze mit einem gasdichten Firnisüberzuge
zu überkleiden, um trotz gleichzeitig gestatteter Nahrungsaufnahme das
Weiterleben unmöglich zu machen. Die Aufnahme und Abgabe von
Stoffen, die wir als Stoffwechsel der Organismen mit der Außenwelt zusammenfassen, birgt also eine Summe chemischer Reaktionen in
sich, welche eine unerläßliche Notwendigkeit für den Weiterbestand
des Lebens bilden und eines der für das Wesen lebenden Organismen
am meisten charakteristischen Merkmale ausmachen. Einen unorganischen Kristall, selbst eine bei Sauerstoffzutritt leicht verwitternde
Substanz kann man hingegen im zugeschmolzenen evakuierten Glasrohr
unbegrenzt lange Zeit aufbewahren, ohne daß sich auch nur eine
Eigenschaft des Stoffes ändert. Selbst jene Fälle, in welchen Organismen
im lufttrockenen Zustande viele Jahre hindurch aufbewahrt werden
können, ohne ihre Lebensfähigkeit zu verlieren (Moossporen, Bakterien,
manche Samen, encystierte niedere Tiere) statuieren keine Ausnahme,
indem auch sie wahrscheinlich einen minimalen Stoffwechsel (Atmung) unterhalten und ihre Lebensfähigkeit nachgewiesenermaßen doch einmal ein Ende
hat. Die relativ sehr zählebigen Getreidesamen verlieren nach BURGER-
STEIN[1]) ihre Keimkraft nach 20 Jahren, und alle aus alten Funden
stammenden Getreidekörner waren keimungsunfähig. Das Studium der
im Stoffwechsel mit der Außenwelt stattfindenden Reaktionen ist eine
der Hauptaufgaben der Biochemie. Eine weitere Quelle für chemische
Reaktionen in der lebenden Zelle bildet das Zusammentreffen der vom
Organismus produzierten Stoffe miteinander. Alle diese Reaktionen
lernen wir auf verschiedenen Wegen, aber immer nur unvollständig
kennen. Wir operieren mit den aus dem Organismus isolierten Stoffen,
bringen dieselben außerhalb des Organismus mit beliebigen anderen
Stoffen zusammen; wir isolieren mehrere Stoffe aus demselben Material
und suchen durch ihr Zusammenbringen in vitro Reaktionen, welche
von der Zelle her bekannt sind, zu wiederholen; wir kontrollieren Aufnahme und Abgabe von Stoffen durch den Organismus; wir ändern
Temperatur, Licht und andere Einflüsse ab, um die Reaktionen in
der lebenden Zelle zu modifizieren. Weiter bemüht man sich in
neuester Zeit mit Erfolg, alle löslichen Stoffe der Zelle durch sehr
starken Druck und geeignete Filtration als „Preßsaft" zu gewinnen und
die in diesem Preßsafte mit oder ohne Zusatz fremder Stoffe unter
sorgfältiger Asepsis vor sich gehenden Veränderungen zu studieren
(Methode der „Autolyse"). Auch mittelst flüssiger Luft gelang es, den
Zellinhalt von Bakterien zu gewinnen [MACFADYEN und ROWLAND[2])].
Von der Vermehrung und Verbesserung dieser Methoden hängt wesentlich der Fortschritt der Biochemie ab, welche, solange sie rein präparativ
betrieben wurde, nur relativ wenig leisten konnte.

1) A. BURGERSTEIN, Verhandl. zool. botan. Ges. Wien, 1895, p. 414. —
2) MACFADYEN u. ROWLAND, Proc. Roy. Soc., Vol. LXXI, p. 77, 351 (1903). Zeitschr.
f. allgemein. Physiol., Bd. III, p. 303 (1903). Centralbl. Bakteriol. (I), Bd.
XXXV, No. 4 (1904). Chem. News, Vol. LXXXVIII, p. 193 (1903).

Die Art und der quantitative Effekt der Reaktionen im lebenden Organismus hängen ab von der Natur der aufeinander treffenden Stoffe, sowie von den Bedingungen, unter ,welchen das Zusammentreffen stattfindet. Diese Bedingungen sind höchst verschiedenartig; Temperatur, Aggregatzustand, Trennung und Mischung spielen eine große Rolle. Diese Faktoren sind im Organismus entweder konstant erhalten oder sie variieren: beides geschieht entweder passiv durch äußere Einflüsse oder aktiv durch Selbststeuerung in der lebenden Zelle. Die Temperatur z. B. wird bei der Pflanze nur sehr selten in meßbarer Weise durch aktive Tätigkeit abgeändert; die Pflanzen haben sich vielmehr ihren klimatischen Verhältnissen angepaßt. Dies tritt nicht nur in morphologischen Merkmalen hervor, sondern auch in chemischen. So ist das Fett bei tropischen Pflanzen regelmäßig von höherem Erstarrungspunkt als das Fett der gemäßigte Klimate bewohnenden Pflanzen. Die Lebensvorgänge finden allgemein ohne Störung und in bestimmter quantitativer Abhängigkeit von der Temperatur gewöhnlich innerhalb eines weiten Intervalls von rund 20^0 ($10—30^0$ C) statt; darunter und darüber können Störungen bereits in bestimmten Fällen vorkommen, so „erfrieren" Tropenpflanzen schon bei etwa $+5^0$ C [1]). Aktive Temperaturänderung durch Selbstregulierung sehen wir in der Temperatursteigerung nach Verwundungen und in der manchmal sehr starken Wärmeerzeugung durch „thermophile Bakterien", durch atmende Samen und Blüten. Bei den warmblütigen Tieren spielen bekanntlich diese Prozesse eine äußerst wichtige Rolle zur Erhaltung des Gleichgewichtes der Lebensvorgänge. Die Erscheinung, daß in einer gleichförmigen Lösung Konzentrationsverschiebungen auftreten, wenn ein Teil der Flüssigkeit eine andere Temperatur annimmt als die übrige Lösung, bezeichnet man als „LUDWIGsches Phänomen". Sehr schön kann man dasselbe in dem von ABEGG [2]) angegebenen Apparat demonstrieren. Hierbei spielt einmal der höhere osmotische Druck in der wärmeren Partie eine Rolle, dann aber auch das Verteilungsgesetz.

Der bedeutende Einfluß des Aggregatzustandes der reagierenden Stoffe auf Eintritt und Verlauf von Reaktionen ist eine sehr alte chemische Erfahrung. Lösungen herzustellen, wenn ein Stoff in Reaktion treten soll, ist auch für den Organismus ein wichtiges Hilfsmittel, von welchem der ausgiebigste Gebrauch gemacht wird. Andererseits ist Herstellung von Verbindungen festen Aggregatzustandes, von unlöslichen Stoffen oft das beste Mittel, wenn Stoffe aus dem Reaktionsgetriebe ausgeschaltet werden sollen. Auf letzterem Wege lagert die Pflanze ebensowohl Reservematerial zu künftiger Benützung ab (Stärke, Fett) als auch „Sekrete" wie Harze, Terpene, die niemals wieder in den Stoffwechsel eintreten, wie auch Giftstoffe, z. B. Oxalsäure als unlösliches Kalksalz. In Lösung bieten einander zwei Stoffe gleichsam ideal große Oberfläche dar. Eine Annäherung an diesen Fall bildet die möglichst feine Emulsion von nicht mischbaren Flüssigkeiten, welche z. B. bei der Fettresorption im Organismus eine wichtige Rolle spielt.

Die biochemische Bedeutung von Trennungsprozessen wird uns wirksam durch die eben erwähnte Herstellung unlöslicher Verbindungen in der Zelle in verschiedenen Fällen illustriert. Filtrationen,

1) H. MOLISCH, Unters. ü. d. Erfrieren d. Pflanz. (1897), p. 55. Sitzungsber. Wien. Ak., Bd. CV, I (1896). — 2) R. ABEGG, Zeitschr. f. physikal. Chem., Bd. XXVI, p. 161 (1898).

die der Chemiker so häufig zur Trennung fester Stoffe von Flüssigkeiten anwendet, finden wir auch in der lebenden Pflanze als wichtiges
Hilfsmittel für Reaktionen tätig. Auch die Filtration befördernden Mittel,
wie Herstellung einer großen Filterfläche, vollkommene Benetzbarkeit
der Filtermembran, sind im Organismus benutzt, wo die vielen Systeme
kolloider Trennungsmembranen im Zellplasma, wie zuletzt F. HOFMEISTER
anziehend geschildert hat, höchst wirksame Einrichtungen darstellen.
Der Organismus leistet aber noch mehr. Die in Frage kommenden
Trennungsmembranen sind, wie es PFEFFER[1]) in seinen denkwürdigen
osmotischen Untersuchungen darlegte, „semipermeabel"; sie vermögen,
wie bereits oben näher auseinandergesetzt wurde, selbst zwischen gelösten Stoffen auszuwählen und so Abtrennungen von Stoffen zu erreichen. Dergleichen geschieht schon bei der Stoffaufnahme durch die
Wurzeln im Boden. Zudem ist die Beschaffenheit und Wirkung der
Membranen keine konstante, sondern eine variable. Für Gase, die in
den Zellflüssigkeiten gelöst sind, gelten dieselben Gesichtspunkte, und
es kann Trennung derselben durch semipermeable Membranen voraussichtlich ebenfalls bewerkstelligt werden. Da die Filtermembranen im
Zellplasma auch starke Adsorptionswirkungen äußern, so werden endlich auch Abtrennungen durch Zurückhaltung von Stoffen in der Filtermembran zu erwarten sein. Ist eine vollständige Undurchlässigkeit der
Membranen für bestimmte Stoffe nicht vorhanden, so wird häufig die
verschieden große Filtrationsgeschwindigkeit von Gasen und Flüssigkeiten Konzentrationsdifferenzen und partielle Scheidung erzielen können.

Aber auch Mischungsprozesse sind für Reaktionen innerhalb
der Zelle sicher von großer Bedeutung. Mit Recht hat PFEFFER[1]) die
Protoplasmaströmungen als voraussichtlich wichtiges physiologisches Hilfsmittel in dieser Richtung in Anspruch genommen. Sonst wird auch
jeder Diffusionsstrom im Zellsaft, jede aktive oder passive Ortsveränderung
von Zellorganen, ungleiche Temperaturen etc. mehr oder weniger als
Hilfsmittel für die Mischung von Stoffen innerhalb der Zelle dienen
können.

§ 2.
Ionenreaktionen in der lebenden Zelle.

Die zahlreichen Stoffe, welche im Innern der Zelle enthalten sind
und sich an den zum Lebensprozeß gehörenden chemischen Reaktionen
beteiligen, sind teils Elektrolyten, teils Stoffe, welche eben noch meßbar
dissoziiert[2]) oder solche, die nicht nachweisbar dissoziiert sind, und
welche deshalb als Nichtleiter betrachtet werden. Es fehlt nicht an
Versuchen in Organsäften, die Menge der ionisierten Stoffe zu bestimmen.
So hat DE FOREST[3]) die elektrische Leitfähigkeit des aus Wurzeln,

---

1) W. PFEFFER, Studien zur Energetik (1892), p. 270. — 2) Daß z. B.
Zucker den Charakter schwach dissoziierter Säuren haben, zeigen die Versuche von
E. COHEN, Zeitschr. physikal. Chem., Bd. XXXVII, p. 69 (1901), über Beeinflussung
der NaOH-Verseifung von Äthylacetat durch Zuckerzusatz. Mannit ist wirkungslos.
Rohrzucker, mehr noch Invert- und Traubenzucker, verringern die katalytische
Wirkung der OH⁻ionen durch partielle Neutralisation derselben. Vgl. über Disso-
ziation von Zucker auch H. EULER, Ber. chem. Ges., Bd. XXXIV, II, p. 1508
(1901); TH. MADSEN, Zeitschr. physikal. Chem., Bd. XXXVI, p. 290 (1901); KULL-
GREN, ibid., Bd. XLI, p. 407, Bd. XLIII, p. 701 (1903). — 3) FR. DE FOREST,
Science, p. 457 (1902).

Blättern und Stengeln verschiedener Pflanzen ausgepreßten Saftes gemessen und gefunden, daß die Säfte relativ gute Leiter sind, Stengelsäfte im allgemeinen bessere als Wurzelsäfte. Es wurde auch der hervorragende Anteil der gelösten Mineralstoffe an dem elektrischen Leitungsvermögen konstatiert. Analoge Ergebnisse erhielt auch HEALD[1]). Bequemer ist es, für diese Versuche sich der kryoskopischen Methode[2]) zu bedienen, welche in der Tierphysiologie in passenden Modifikationen bereits viel verwendet wird[3]). MAQUENNE[4]) hat auch die Verhältnisse während der Samenkeimung auf diese Weise studiert. Bei der Deutung der erzielten Ergebnisse hat man allerdings die Möglichkeit einer nachträglichen Änderung des Ionengehaltes der ausgepreßten Säfte zu berücksichtigen.

Es ist wohl bekannt, daß sich in der Zelle zahlreiche Ionenreaktionen abspielen und zu den notwendigen Vorgängen im Lebensprozeß gehören. Ausfällungserscheinungen. wie die Bildung von Kalkoxalat oder Kalkphosphat, viele Lösungserscheinungen zählen dahin. Offenbar hat man auch in manchen Fällen das Verschwinden bestimmter Ionen nach der Aufnahme in den Organismus, wie das Ausbleiben der Reaktionen auf die Kationen K^+, Fe^{++}, Fe^{+++} im Zellsaft trotz der allgemeinen Gegenwart von Kali und Eisen in lebenden Zellen („Maskierung") auf die Bildung komplexer Ionen zu beziehen.

Aus ihrem Bodensubstrate nehmen die Pflanzen eine große Menge ionisierter Stoffe auf, da die wichtigen Nährsalze in der verdünnten Bodenlösung meist so gut wie vollständig elektrolytisch dissoziiert sind. Es handelt sich um die Kationen Ka^+, Na^+. Ca^{++}, Mg^{++}, Fe^{+++}, Mn^{+++}, Al^{+++}, um die Anionen SO_4^{--}, NO_3^-, HPO_4^{--}, Cl^-. wozu noch eine geringe Menge von H^+ und OH^-ionen kommt. Die Kohlensäure der Luft, welche die Pflanzen aufnehmen und verarbeiten, entspricht, im wässerigen Zellsafte gelöst, wahrscheinlich der Säure H_2CO_3, welche fast nur die Anionen HCO_3^- liefert, die sodann der Reduktion im Chlorophyllapparate anheimfallen. Es scheint ferner, daß der Luftsauerstoff nach seiner Aufnahme ebenfalls bald in Ionen übergeht und zur Bildung von OH^-ionen Anlaß gibt.

Durch zahlreiche Reaktionen werden ferner im Organismus Ionen neugebildet. So entstehen bei der Oxydation von Alkoholen, Aldehyden zu Säuren zahlreiche Wasserstoffionen und Säureanionen. Bei manchen Säuren, welche die Pflanze bildet, ist sehr starke Ionisation in wässeriger Lösung vorhanden, z. B. bei Oxalsäure[5]). Aber auch viele andere Wege führen zu reichlicher Neubildung von Ionen, so z. B. der Übergang der minimal dissoziierten Aminosäuren in Ammoniak und Fettsäuren, wie bei Asparagin → Ammoniumsuccinat. Auch bei der Bildung organischer Basen entstehen aus Nichtleitern oft stark ionisierte Substanzen[6]). Besondere Erwähnung verdient die physiologische Bildung

1) F. D. HEALD, Botan. Gaz., Vol. XXXIV, p. 81 (1902). — 2) Über die Methode: F. M. RAOULT, Zeitschr. physikal. Chemie, Bd. XXVII, p. 617 (1898). — 3) Vgl. über praktische Anwendung in der Physiologie: H. FRIEDENTHAL, Centralbl. f. Physiol., Bd. XIV, p. 157 (1900). — 4) L. MAQUENNE, Compt. rend., Tome CXXV, p. 576 (1897). — 5) Über die biochemisch sehr beachtenswerten Dissoziationsverhältnisse organischer Säuren bes. W. OSTWALD, Zeitschr. physikal. Chem., Bd. III, p. 170 (1889); P. WALDEN, ibid., Bd. VIII, p. 433 (1891). Über die wichtige Tatsache der stufenweisen Dissoziation mehrbasischer Säuren: W. A. SMITH, Zeitschr. physikal. Chem., Bd. XXV, p. 144 (1898); R. WEGSCHEIDER, Monatshefte f. Chem., Bd. XXIII, p. 599 (1902). — 6) Über Affinitätsgrößen der Basen: G. BREDIG, Zeitschr. physikal. Chem., Bd. XIII, p. 289 (1894).

von Substanzen, welche sowohl H-Ionen als OH-Ionen bilden, daher gleichzeitig Säuren und Basen sind, wie die Aminosäuren. BREDIG[1]) hat solche Stoffe als „amphotere Elektrolyte" bezeichnet. Auch viele Eiweißstoffe sind den amphoteren Elektrolyten beizuzählen. Bei Aminosäuren werden mehr H-Ionen als OH-Ionen gebildet. Von sonstigen amphoteren Elektrolyten sind Metallhydroxyde, Diazoniumhydrat, sowie der bekannte Indikator Methylorange zu nennen. Es ist auch zu berücksichtigen, daß die Dissoziation schwacher Säuren durch Zusatz von Neutralsalzen erheblich gesteigert werden kann [ARRHENIUS[2])]. Wenn zu einer Essigsäurelösung ein stark dissoziiertes Salz, wie NaCl, zugefügt wird, so entstehen mehr undissoziierte Acetatmoleküle (Na-Salz) als undissoziierte Chloridmoleküle, woraus ein Überschuß an H-Ionen resultiert.

Obzwar die Dissoziation des Wassers nur sehr gering ist (die obere Grenze liegt nach OSTWALD[3]) bei einer Konzentration von 1 g H-Ionen in 2 Millionen Liter Wasser), so kommt sie für die Verhältnisse im Organismus doch sehr in Betracht, weil sie gegenüber vielen schwach dissoziierten Stoffen erheblich ins Gewicht fällt. Wir wissen, daß Salze schwacher Säuren (z. B. KCN, Na_2CO_3) durch Wasser ziemlich stark hydrolysiert werden, und damit hängt das Auftreten alkalischer Reaktion in solchen Lösungen zusammen; ja Trinatriumphosphat dürfte kaum in Lösung existieren, sondern so gut wie vollständig nach dem Schema $Na_3PO_4 + H \cdot OH = Na_2 HPO_4 + Na OH$ hydrolysiert sein[4]). Analog muß das Wasser auf viele organische Salze einwirken, und wahrscheinlich ist die normale Alkaleszenz des Protoplasmas auf dergleichen Verhältnisse zurückzuführen. Dadurch, daß das Wasser auch OH-Ionen liefert, kann es in ähnlicher Weise auf Basen hydrolysierend wirken; es kann also gewissermaßen Säure und Base sein[5]).

Überhaupt laufen vielleicht die allermeisten Reaktionen im Organismus auf Wirkung und Beteiligung der Ionen des Wassers hinaus: Hydratation, Wasserabspaltung in ihren vielen Erscheinungsformen, vielleicht selbst Oxydationsprozesse zählen hierher. Wenn wir dem Gedanken Raum geben, daß wir theoretisch auch die „Nichtleiter" als unmeßbar wenig elektrolytisch dissoziiert betrachten können, so wird sich die Bedeutung der Ionisierung des Wassers noch erhöhen. Das Wasser beansprucht auch wegen seiner relativ sehr hohen Dielektrizitätskonstante unser Interesse, indem deswegen die Stoffe in wässerigen Lösungen relativ sehr stark dissoziiert sind gegenüber den Lösungen in anderen Medien[6]). In einer Flüssigkeit von höherer Dielektrizitätskonstante als das Wasser, könnte Wasser möglicherweise in seine Ionen zerfallen [WHETHAM[7])].

---

1) BREDIO u. WINKELBLECH, Zeitschr. f. Elektrochem., Bd. VI, p. 33 (1899). Auch J. WALKER, Proc. Roy. Soc., London, Vol. LXXIII, p. 155 (1904). — 2) Sv. ARRHENIUS, Zeitschr. physikal. Chem., Bd. XXXL p. 199 (1899). — 3) W. OSTWALD, Zeitschr. physikal. Chem., Bd. XI, p. 521 (1893); G. BREDIG, ibid., p. 828, fand als Dissoziationskonstante des Wassers 0.6×10^{-6}; W. NERNST, ibid., Bd. XIV, p. 155 (1894) 0.8×10^{-7}. Der Wert erhöht sich auch durch einen Zusatz von Säuren oder Basen nicht: Sv. ARRHENIUS, Zeitschr. physikal. Chem., Bd. XI, p. 824 (1893). — 4) Hierzu bes. J. SHIELDS, Zeitschr. physikal. Chem., Bd. XII, p. 167 (1893). — 5) Diese Wirkungen waren im Prinzip schon von H. ROSE, Poggendorffs Ann., Bd. LXXXIII, p. 132 u. 417 (1851) erkannt worden. — 6) Vgl. H. C. JONES, Americ. chem. Journ., Vol. XXV, p. 232 (1901). — 7) W. C. D. WHETHAM, Philos. Magaz. (5), Vol. XLIV, p. 1 (1897).

Nach NERNST [1]) liefert das Wasser nicht nur H + und OH −ionen, sondern daneben noch in sehr kleiner Menge die Ionen H + und O − −. Die ältere Ansicht, daß bei der Entstehung von wässerigen Lösungen Hydratbildung eine Rolle spielt, ist nicht aufrecht zu halten, indem nach den Feststellungen von NERNST und dessen Schülern [2]) Hydratation gelöster Stoffe nur sehr geringfügig vorhanden sein kann.

Die Bedeutung der Ionisation für osmotische Vorgänge wurde bereits berührt. Hier sei nur beigefügt, wie sehr z. B. in bestimmten Fällen der Übergang gewisser Ionen in komplexe organische Ionen den Einstrom neuer Ionen derselben Art in die Zelle· modifizieren kann. Auch brauchen, wie OSTWALD ausgeführt hat, nicht beide Ionen eines Salzes die Membran zu passieren. In solchen Fällen diffundiert das Salz überhaupt nicht nachweisbar, da auf der anderen Seite der Membran freie Elektrizitätsladung auftreten müßte. Man kann aber durch Zusatz eines Salzes, welches mit dem ersten ein Ion gemeinsam hat, die Diffusion des passierbaren Ions tatsächlich ermöglichen [3]).

Auf die Bedeutung der Produktion der als Katalysatoren sehr wirksamen H-Ionen werden wir noch zurückzukommen haben.

§ 3.
Reaktionsgeschwindigkeit [4]).

Ionenreaktionen verlaufen bekanntlich mit unmeßbar großer Geschwindigkeit. und sie müssen auch in der lebenden Zelle momentan erfolgen, sobald die betreffenden Ionen im Stoffwechsel gebildet werden, oder nach ihrer Aufnahme im Organismus zusammentreffen. Das kolloide Medium, in welchem die Reaktionen innerhalb der Zelle meist vor sich gehen, setzt die Reaktionsgeschwindigkeit nicht herab. Nach VOIGTLÄNDER [5]) wird die Diffusionsgeschwindigkeit durch Agargallerte verschiedener Konzentration nicht beeinflußt. Doch spielt nach den Erfahrungen von ARRHENIUS [6]) die innere Reibung eines Nichtelektrolyten, welcher das Wasser als Lösungsmittel eines Elektrolyten teilweise ersetzt, eine Rolle, indem das Leitvermögen der Lösung nachweisbar vermindert wird; dies ist für wenig dissoziierte Stoffe jedenfalls in Rücksicht zu ziehen und fällt auch bei der Beurteilung der physikalisch chemischen Verhältnisse der lebenden Zelle mit in die Wagschale. Ein gallertiges Medium hat auch bei Vorgängen, welche nicht zu den Ionenreaktionen gehören. soweit sie bekannt, keinen nachweisbaren Einfluß auf die Reaktionsgeschwindigkeit. So verläuft nach REFORMATSKY [7])

---

1) W. NERNST, Berichte chem. Ges., Bd. XXX, p. 1547 (1897). — 2) NERNST, Nachricht. kgl. Ges. Göttingen, 1900, p. 68; H. LOTMAR, ibid., p. 70; GARRARD u. OPPERMANN, ibid., p. 86. — 3) Über wässerige Lösungen von zwei Salzen mit einem gleichnamigen Ion vgl. C. HOITSEMA, Zeitschr. physikal. Chem., Bd. XXIV, p. 577 (1897). Den Betrag, um welchen die Wechselwirkungen der Jonenladungen den osmotischen Druck vermindern, hat TURIN (Zeitschr. physikal. Chem., Bd. XXXIV, p. 403 [1900]) rechnerisch ermittelt. — 4) Bezüglich der einschlägigen für die Biochemie überaus wichtigen allgemein-chemischen Untersuchungen sei außer auf OSTWALDs Grundriß d. allg. Chemie, dessen ausführliches Lehrbuch, Bd. II, 2. Teil (vgl. auch Zeitschr. physikal. Chem., Bd. XVII. p. 433 [1895]), besonders auf BREDIGs Darstellung in den „Ergebnissen der Physiologie", Jahrg. I (1902), Bd. I, p. 146 verwiesen. — 5) F. VOIGTLÄNDER. Zeitschr. physikal. Chem., Bd. III, p. 316 (1889). — 6) Sv. ARRHENIUS, Zeitschr. physikal. Chem., Bd. IX, p. 487 (1892). — 7) S. REFORMATSKY, Zeitschr. physikal. Chem., Bd. VII, p. 34 (1891).

die Katalyse von Methylacetat durch Salzsäure in 1,25 % Agargallerte gerade so schnell wie in reinem Wasser.

Im Organismus spielen nun Prozesse, welche mit meßbarer Geschwindigkeit verlaufen und nicht Reaktionen zwischen Ionen darstellen, eine außerordentlich wichtige Rolle. Der erste Fall, welchen man auf diesem Gebiete kennen lernte, war die Überführung der Stärke in Zucker durch Malzextrakt, nachdem KIRCHHOFF [1]) bereits 1811 gezeigt hatte, daß man durch Kochen mit verdünnten Säuren die Stärke in Zucker verwandeln könne.

Es ist daher von großer Bedeutung für die Physiologie, die Geschwindigkeit biochemischer Prozesse zu messen und die Gesetze der Reaktionsgeschwindigkeit in jedem Falle möglichst genau zu bestimmen. Man versteht in der chemischen Kinetik unter „Reaktionsgeschwindigkeit" die in der Zeiteinheit (als welche 1 Minute angenommen wird) erfolgende Konzentrationsänderung im Reaktionsgemisch oder die in einer Minute umgewandelte Stoffmenge gemessen in Molen pro Liter. Zu ihrer Feststellung hat man demnach die Zeit in Minuten zu messen und zu gemessenen Zeiten Proben auf passendem Wege (Polarisation, Titrierung etc.) zu analysieren. In der Regel ist die Reaktionsgeschwindigkeit keine gleichförmige, sondern sie nimmt mit sinkender Konzentration des Ausgangsstoffes ab. Es hat sich durch zahlreiche Untersuchungen ergeben (die erste derselben war die von WILHELMY [2]) 1850 angestellte Messung der Geschwindigkeit der Säurehydrolyse des Rohrzuckers), daß die Reaktionsgeschwindigkeit bei konstanter Temperatur während des ganzen Reaktionsverlaufes einer ganzen Potenz der jeweilig noch vorhandenen Konzentration des in Umwandlung begriffenen Stoffes proportional ist. Ändert nur ein Stoff bei der Reaktion seine Konzentration, wie es bei der Rohrzuckerhydrolyse der Fall ist, wo die Menge der Säure und des Wassers, die außer Zucker gleichzeitig zugegen sind, sich nicht meßbar ändert, so ist die Reaktionsgeschwindigkeit der jeweiligen Zuckerkonzentration einfach proportional. Dies fand WILHELMY für die Rohrzuckerhydrolyse; die Maltosehydrolyse folgt demselben Gesetze [SYMOND [3])], die Salicinspaltung durch Säuren gleichfalls [NOYES und HALL [4])]. Man nennt solche Reaktionen monomolekulare Reaktionen oder Reaktionen erster Ordnung. Bei solchen Reaktionen sind die Zeiten gleicher prozentischer Umsetzung gleich, wenn auch die Anfangskonzentrationen verschieden sind. Theoretisch erreichen solche Reaktionen niemals ein Ende; für unsere Meßinstrumente ist jedoch der Vorgang sehr bald so gut wie vollständig abgelaufen. Die Endkonzentration ist bereits kleiner als 0,001 der Anfangskonzentration, wenn das Zehnfache der zur halben Umsetzung erforderlichen Zeit verflossen ist.

Ändern zwei Stoffe gleichzeitig bei einer Reaktion ihre Konzentration, z. B. Säureester und verseifendes Alkali, so haben wir es mit einer bimolekularen Reaktion oder einer Reaktion zweiter Ordnung zu tun. Hier ist die Reaktionsgeschwindigkeit dem Quadrate

1) Über KIRCHHOFFS erste Entdeckung: J. C. SCHRADER, Schweigg. Journ. f. Chem. u. Phys., Bd. IV. p. 108 (1812); NASSE, ibid., p. 111. Über die Wirkung des Malzextraktes auf Stärke: CONST. KIRCHHOFF, Schweigg. Journ., Bd. XIV, p. 389 (1815). — 2) L. WILHELMY, Poggendorffs Ann., Bd. LXXXI (1850). Neuausgabe in Ostwalds Klassik. d. exakt. Wiss., Bd. XXIX (1891). — 3) A. v. SYMOND, Zeitschr. physikal. Chem.. Bd. XXVII. p. 385 (1898). — 4) A. NOYES u W. J. HALL, Zeitschr. physikal. Chem., Bd. XVIII, p. 240 (1895).

der jeweils vorhandenen Stoffkonzentration proportional. Auch solche Vorgänge finden sich sehr häufig im Organismus. Reaktionen dritter und höherer Ordnung kommen vorläufig für die Biochemie nicht in Betracht. Bei bimolekularen Reaktionen verhalten sich die Zeiten gleicher prozentischer Umsetzung umgekehrt wie die Anfangskonzentrationen.

Die chemischen und biologischen Erfahrungen lehren, daß alle die in Rede stehenden Reaktionen nicht nur in der Richtung der Spaltung des zusammengesetzten Stoffes in einfachere, sondern auch in der Richtung der Bildung des ersteren Stoffes aus den einfacheren verlaufen. Besonders gut ist dies für die bimolekularen Reaktionen bei Säureestern studiert[1]). Man deutet die „Umkehrbarkeit" der Reaktion durch das Zeichen $\rightleftarrows$ an, z. B.

$$H_2O + C_2H_5 \cdot C_2H_3O_2 \rightleftarrows C_2H_3O_2 \cdot H + C_2H_5OH.$$

Für dasjenige Stadium der Esterspaltung, in welchem eine weitere Spaltung nicht mehr nachgewiesen werden kann, ist anzunehmen, daß die Geschwindigkeit der Spaltung nicht Null geworden ist, sondern der gegenläufige Prozeß vermöge der erreichten Konzentration der Spaltungsprodukte eine Geschwindigkeit erreicht hat, welche der Geschwindigkeit des gleichzeitig noch vor sich gehenden Spaltungsprozesses gleichkommt. Spaltung und Rückbildung des Esters sind im Gleichgewichte. Wenn im System nichts weggenommen wird, so ist das Verhältnis der „Produkte der aktiven Mengen", in obigem Falle von Essigsäure und Alkohol einerseits und von Essigester und Wasser andererseits im Gleichgewichte für die betreffende Reaktion eine charakteristische Größe. Werden aber die Spaltungsprodukte stetig durch einen zweiten Prozeß aus dem Wege geschafft, so schreitet der Spaltungsprozeß immer weiter fort, je vollständiger die Reaktionsprodukte verschwinden.

Das Gleichgewicht wird verschoben, die Reaktionsgeschwindigkeit jedoch, weil sie nur von der jeweilig vorhandenen Konzentration des zu spaltenden Stoffes abhängt, in ihrem Gesetze nicht geändert. Solche Vorgänge sind von großer biologischer Bedeutung. Durch Verhinderung der Abfuhr oder Verarbeitung der gebildeten Reaktionsprodukte sehen wir biochemische Prozesse, wie die Kohlensäureassimilation nach Verbinderung der Stärkeentleerung durch Abschneiden der Blätter, oder die Stärkehydrolyse in Endospermen nach Entfernung des zuckerkonsumierenden Embryos zum Stillstand kommen. Man kann aber, wie HANSTEEN und PFEFFER[2]) gezeigt haben, speziell in letzterem Falle auch an isolierten Endospermen Entleerung herbeiführen, wenn man für einen genügend raschen Diffusionsstrom sorgt, welcher den gebildeten Zucker entfernt. Anscheinend wird in dem komplizierten Spiel der in der Zelle nebeneinander verlaufenden Reaktionen äußerste Sorgfalt darauf verwendet, die gebildeten Produkte auf passendem Wege zu entfernen. Viele Reaktionen der organischen Synthese im Laboratorium geben nur deswegen schlechte Ausbeute, weil die Reaktionsprodukte dem Prozesse ein vorzeitiges Ende bereiten. Doch liegen sowohl in der Zelle wie in letzterem Falle die Verhältnisse so einfach nicht, als das eine Gleichgewichtsverschiebung im erwähnten Sinne allein für den Effekt ver-

---

[1]) Über die Reaktionsgeschwindigkeit bei Esterbildung: E. PETERSEN, Zeitschr. physikal. Chem., Bd. XVI, p. 385 (1895). — [2]) HANSTEEN, Flora 1894, Erg.-Bd. p. 419; PFEFFER, Berichte Sächs. Ges. d. Wiss. 1893, p. 422.

antwortlich zu machen wäre, weil nicht nur „Gegenwirkungen", sondern auch „Nebenreaktionen" mit in Betracht kommen.

Einen sehr hohen Einfluß auf die Reaktionsgeschwindigkeit hat die Temperatur. Die meisten Reaktionen verlaufen 2—3 mal schneller, wenn man die Temperatur um 10⁰ steigert (VAN 'T HOFF). Bei höheren Temperaturen nimmt allerdings die Steigerung allmählich ab. Die biologische Erfahrung überzeugt uns hundertfältig, daß ähnliche Verhältnisse auch für die Geschwindigkeit der Reaktionen im lebenden Organismus gelten. Komplizierte Lebenserscheinungen, wie Trockensubstanzneubildung, Längenwachstum, Atmung, Resorption von Nährstoffen zeigen analoge Abhängigkeit von der Temperatur. Speziell für die Entwicklungsgeschwindigkeit der Hefe wurde die Analogie mit der VAN 'T HOFFschen Regel von HERZOG [1]) betont. Es ist Aufgabe der speziellen Biochemie, die Einzelvorgänge möglichst gesondert in ihrer Beziehung zur Temperatur darzustellen.

Andere Einflüsse, welche die Reaktionsgeschwindigkeit ändern können, hat man in bestimmten Zusätzen gefunden. So wird nach OSTWALD [2]) die Einwirkung von Mineralsäuren auf Ca- und Zinkoxalat durch Zusatz von Alkalisalzen beschleunigt. Nach ARRHENIUS [3]) erniedrigen andererseits Neutralsalze die Verseifungsgeschwindigkeit von Äthylacetat durch Basen. Die Saccharoseinversion wird, wie SPOHR [4]) und ARRHENIUS [5]) gezeigt haben, durch Neutralsalze wiederum beschleunigt. Lösungsmittel vermögen aber außer einer Änderung der Reaktionsgeschwindigkeit [6]) auch Änderungen des schließlichen Gleichgewichtszustandes herbeizuführen. Hierbei ist wesentlich der Einfluß auf die elektrolytische Dissoziation, und auf die Molekulargröße bei Stoffen, welche als Doppelmoleküle auftreten können. Auch derartige Erscheinungen sind für die Biochemie von hervorragendem Interesse.

Erhöhter Druck hat nur relativ sehr geringe Änderungen der Reaktionsgeschwindigkeit zur Folge [7]), sobald es sich um Flüssigkeiten handelt. Bei Gasen steigert der Druck die Konzentration (Dichte) und erhöht dadurch die Reaktionsgeschwindigkeit.

In der Zelle pflegen sich die Reaktionen nicht in homogenen Systemen, sondern in heterogenen Gebilden abzuspielen, welche aus kolloidalen Membranen verschiedener Durchlässigkeit, Hydrosolen, Salzlösungen etc. bestehen. Deswegen kommt für die Reaktionsgeschwindigkeiten noch der Einfluß der Begrenzungsoberflächen in Betracht. Schon C. F. WENZEL, der erste Chemiker welcher sich um die Erforschung der chemischen Kinetik bemühte, fand 1777 daß die lösende Wirkung von Säuren auf Metalle unter sonst gleichen Bedingungen der Berührungsfläche proportional ist. Im Protoplasma, dem wir eine feinschaumige oder netzwabige Struktur zuschreiben, gehen nun alle Reaktionen an einer relativ enorm großen Oberfläche vor sich, und dieser reaktion-

---

[1]) HERZOG, Zeitschr. physiol. Chem., Bd. XXXVII (1903). — [2]) OSTWALD, Journ. prakt. Chem., Bd. XXIII. p. 209. — [3]) SV. ARRHENIUS, Zeitschr. p s . Chem., Bd. I, p. 110. — [4]) SPOHR, Zeitschr. physikal. Chem., Bd. II, p. 194. — [5]) SV. ARRHENIUS, Zeitschr. physikal. Chem., Bd. IV. p. 226. — [6]) Hierzu noch: G. GENARRI, Zeitschr. physikal. Chem., Bd. XIX, p. 436 (1896); N. MENSCHUTKIN, ibid., Bd. XXXIV, p. 157 (1900); E. COHEN, ibid., Bd. XXVIII, p. 145 (1899), f. Rohrzuckerinversion in Alkohol-Wasser; G. BUCHBÖCK, ibid., Bd. XXXIV, p. 229 (1900). — [7]) Hierzu: A. BOGOJAWLENSKY u. G. TAMMANN, Zeitschr. physikal. Chem., Bd. XXIII, p. 13 (1897), und bes. V. ROTHMUND, ibid., Bd. XX, p. 168 (1896).

beschleunigende Faktor ist gewiß von höchster Bedeutung für den Ablauf der chemischen Reaktionen in der Zelle. Dazu kommt noch, daß wir den Hydrosolen selbst, wie die Untersuchungen BREDIGS an kolloidalen Metalllösungen gelehrt haben, Oberflächenwirkungen in analogem Sinne zuzuschreiben haben.

In heterogenen Systemen ist, wie NERNST [1]) näher ausgeführt hat, für die nicht an der Grenzfläche der reagierenden Substanzen befindlichen Anteile die Diffusionsgeschwindigkeit der Stoffe der hauptsächlich regelnde Faktor. Deshalb lassen sich die VANT HOFFschen Grundsätze von der Reaktionsordnung nicht ohne weiteres auf heterogene Systeme übertragen.

Ein fernerer biologisch äußerst wichtiger Faktor, welcher die Geschwindigkeit chemischer Reaktionen zu ändern vermag, ist in den sogenannten katalytischen Wirkungen zu suchen, welche im folgenden Paragraphen ihrer Wichtigkeit entsprechend selbständig abgehandelt werden sollen.

§ 4.

Katalyse.

Es ist eine ganz allgemein zu beobachtende Erscheinung, daß verschiedene chemische Reaktionen auf Zusatz von gelösten Stoffen, besonders Säuren oder Alkalien, oder in Berührung mit festen Körpern, fein verteilten Metallen rascher ablaufen. Dahin gehört auch der oben erwähnte Einfluß von Neutralsalzen und Lösungsmitteln auf Reaktionsgeschwindigkeit, wo wir zugleich sehen, daß der Einfluß mancher Stoffe kein beschleunigender, sondern ein verzögernder sein kann. Nach OSTWALDS Vorgang fassen wir alle diese Einflüsse als Katalyse von Reaktionen zusammen. OSTWALD [2]), welcher sich mit seinen Schülern, vor allem BREDIG, um das rasche Aufblühen dieses hochinteressanten Kapitels der allgemeinen Chemie, welches für die Biochemie einen der hoffnungsreichsten und wichtigsten Zweige chemischer Forschung darstellt, die größten Verdienste erworben hat, formuliert den Begriff einer katalytisch wirkenden Substanz oder eines Katalysators derart, daß er sagt: Katalysatoren ändern das Tempo der Reaktion, verschieben niemals (falls der Katalysator unverändert bleibt) den endlichen Gleichgewichtszustand der katalysierten Reaktion, wirken bereits in sehr kleinen Mengen in sehr energischer Weise und erscheinen niemals in den Endprodukten der Reaktion. Letztere sind vielmehr dieselben, als wenn der Katalysator nicht vorhanden gewesen wäre.

Beispiele von Katalysen kennt man schon lange; 1811 entdeckte KONST. KIRCHHOFF die Katalyse der Stärkespaltung durch Säuren, was allseitig bestätigt werden konnte. SCHRADER [3]) verglich schon damals

---

[1]) W. NERNST, Zeitschr. physik. Chem., Bd. XLVII, p. 52 (1904); E. BRUNNER, ib., p. 56; F. HABER, Zeitschr. Elektrochem., Bd. X, p. 156 (1904); H. GOLDSCHMIDT u. MESSERSCHMIDT, Zeitschr. physik. Chem., Bd. XXXL p. 235 (1899). — [2]) OSTWALD, Zeitschr. f. physikal. Chem., Bd. II, p. 139 (1888); Bd. XV, p. 706 (1894); Bd. XIX, p. 160 (1896); Bd. XXIX, p. 190 (1899); Grundriß d. allg. Chem., 3. Aufl., p. 514 (1899); Lehrb. d. allg. Chem., 2. Aufl., Bd. II, 2. Abt., p. 262 (1897); Verhandl. Ges. Deutsch. Naturf. Hamburg 1901, p. 185 (1902). Sodann G. BREDIG, Anorgan. Fermente, Leipzig 1901; Ergebn. d. Physiol., 1. Jahrg., Bd. I, p. 134 (1902). — Auch L. S. SIMON, Bull. soc. chim., Bd. XXIX—XXX, p. 1 (1903). — [3]) J. C. SCHRADER, Schweigg. Journ. Chem., Bd. IV, p. 108 (1812); NASSE, ibid., p. 111; DAVY. Elem. d. Agrikulturchem. (1814), p. 146.

diese Säurewirkung sehr richtig mit der Rolle der Schwefelsäure bei der Ätherbildung. DAVY konstatierte gleichfalls, daß die Säure hierbei nicht zersetzt wird. 1815 fand KIRCHHOFF [1]) die gleiche Wirkung auf Stärke beim Stehenlassen mit Weizenkleber ohne Säurezusatz. MIT-SCHERLICH [2]) nannte die Wirkung der Schwefelsäure bei der Äther-bildung „Kontaktwirkung" (1834); er erkannte auch bereits klar die Wirkung der großen Oberfläche der „Kontaktsubstanzen" (1842). Von derartigen Stoffen war durch DÖBEREINER und DAVY schon das feinver-teilte Platin studiert worden in seiner Wirkung auf Knallgas. 1836 schlug BERZELIUS [3]) vor, alle derartigen Wirkungen als „Katalyse" zu bezeichnen (im Gegensatz zu „Analyse") und als Ursache eine hypo-thetische katalytische Kraft anzunehmen. Eine Erklärung der Erschei-nungen wollte BERZELIUS damit nicht liefern. Später machte besonders SCHOENBEIN eine große Zahl von katalytischen Vorgängen bekannt. REISET und MILLON [4]) lenkten die Aufmerksamkeit auf die Tatsache, daß organische Stoffe in Gegenwart von Platinmohr schon bei auffallend niederer Temperatur vollständig verbrennen. Die spätere Chemie hat außerordentlich viele einschlägige Fakta auf unorganischem wie organi-schem Gebiete kennen gelehrt, und wie wir sehen werden, sind die Enzyme der Tiere und Pflanzen ebenfalls nichts anderes als Kataly-satoren.

Die Katalyse ist nicht zu verwechseln mit Auslösungserscheinungen. Die letzteren veranlassen den Eintritt einer Reaktion, welche ohne Zwischentreten des auslösenden Agens nicht erfolgt wäre; ferner steht die Quantität des auslösenden Agens oder der Arbeitsleistung im aus-lösenden Vorgange in keinem bestimmbaren Zusammenhange mit der Größe der Wirkung. So kann ein Fingerdruck auf einen elektrischen Taster die Arretierung einer Dampfmaschine außer Tätigkeit setzen, wodurch viele Pferdekräfte Arbeit verfügbar werden. Ein Katalysator beschleunigt immer nur, wie bereits vielfach experimentell sichergestellt wurde [5]), eine Reaktion, welche auch sonst (wenn auch sehr langsam) ohne Ka-talysatorzusatz abläuft [6]). Es hängt ferner die erzielte Reaktionsge-schwindigkeit sehr deutlich von der Menge des angewendeten Kataly-sators ab. Man kann also einen (beschleunigenden) Katalysator mit OSTWALD und BREDIG eher einem Schmiermittel der Dampfmaschine im obigen Bilde vergleichen, welches die Reibungswiderstände stark vermindert. Es ist sehr nützlich, derartige Vorstellungen festzuhalten gegenüber der aus älterer Zeit stammenden, zuerst von LIEBIG [7]) aus-

1) CONST. KIRCHHOFF, Schweigg. Journ., Bd. XIV, p. 389 (1815). — 2) E. MITSCHERLICH, Pogg. Ann., Bd. XXXI, p. 273 (1834); Annal. Chim. Phys. (2), Tome LVI, p. 433 (1834); Pogg. Ann., Bd. LV, p. 209 (1842). — 3) J. BERZELIUS, Einige Ideen über eine bei der Bildung organischer Verbindungen in der lebendigen Natur wirksame, aber bisher nicht bemerkte Kraft. Berzelius' Jahresber. phys. Wiss., Bd. XV, p. 237 (1836). Auch Pogg. Ann., Bd. XXXVII, p. 66 (1836); Annal. Chim. Phys. (2), Tome LXI, p. 146 (1836). — 4) J. REISET u. E. MILLON, Annal. Chim. Phys. (3), Tome VIII, p. 280 (1843). — 5) Z. B. WYS, Zeitschr. phy-sikal. Chem., Bd. XI, p. 492; Bd. XII, p. 514 (1893); v. MEYER u. RAUM, Ber. chem. Ges., Bd. XXVIII, p. 2804 (1895); BREDIG, Ergebnisse, p. 138 (1902). — 6) Schon J. MUNK, Zeitschr. physiol. Chem., Bd. I, p. 357 (1878), betonte, daß Wasser bei hoher Temperatur dieselben Vorgänge vollzieht, wie die fermentativen Spaltungen, hatte also richtigen Blick für die katalytische Natur der Fermente als Reaktionsbeschleuniger. BERTHELOT, Ber. chem. Ges., Bd. XII, p. 2083 (1879), sprach bereits die Rolle der Säuren bei der Ätherifikation „als Beschleunigung eines auch ohnehin langsam vor sich gehenden Prozesses" an. Rohrzuckerinversion durch Wasser: RAYMAN u. SULC, Chem. Centr. 1897, Bd. II, p. 476. — 7) J. LIEBIG, Pogg. Ann., Bd. XLVIII, p. 106 (1839).

gesprochenen Anschauung, daß sich bei gärungserregenden Stoffen die
Bewegung, in welcher sich deren Atome befinden, den Atomen der
spaltbaren Substanz mitteile, wodurch die Spaltungen eingeleitet würden.
Besonders war es auch NÄGELI [1]), welcher derartige Vorstellungen über
Fermentwirkung vertrat und den „Schwingungen von Atomgruppen"
eine ausschlaggebende Wirkung zusprach. Auch bei neueren Biologen
stößt man vielfach auf diese Anschauungsweise. Abgesehen davon, daß
diese Theorie von unbewiesenen Voraussetzungen ausgeht und sich überdies, wie OSTWALD mit Recht hervorgehoben hat, gänzlich unfruchtbar
gezeigt hat, verstößt sie gegen die Grundgesetze der Energetik, weil
sie darauf hinausläuft, daß der Katalysator ohne Energiezufuhr freie
Energie liefert, d. h. ein perpetuum mobile herbeiführen müßte.

Die Katalyse kann die Reaktionsgeschwindigkeit vermehren oder
vermindern, also den Reaktionsablauf beschleunigen oder verzögern.
Bis in die neueste Zeit waren nur die in der Regel viel auffälligeren
Reaktionsbeschleunigungen bekannt: „positive" Katalysen. Wir kennen
aber jetzt bereits eine ganze Reihe von Fällen sehr ausgeprägter kata-
lytischer Reaktionsverzögerungen, „negativer" Katalysen, von denen besonders die sehr merkwürdige Herabsetzung der Oxydationsgeschwindig-
keit von Natriumsulfit durch Spuren von Mannit, Benzolderivaten,
Glyzerin etc. [BIGELOW [2])] und die Verlangsamung der Oxydation von
Zinnchlorür durch Alkaloide [YOUNG [3])] namhaft gemacht werden sollen.

BREDIG unterscheidet die negative Katalyse von den verzögernden
Wirkungen, welche bestimmte Stoffe auf die Wirksamkeit positiver
Katalysatoren entfalten. Solche Wirkungen haben insbesondere BREDIG
und seine Mitarbeiter hinsichtlich der Katalysen durch Metallsole bekannt gemacht. Spuren von Blausäure, Jod, Schwefelwasserstoff vermögen die Wirksamkeit von Platinsol auf die Wasserstoffsuperoxyd-
spaltung stark herabzusetzen. Man kann diese „Giftstoffe" als „Antikatalysatoren" oder „Paralysatoren" bezeichnen. Nach den Untersuchungen von TITOFF [4]) über die negative Katalyse der Oxydation von
Natriumsulfit könnte man daran denken, daß die Wirkung von Mannit etc.
darauf beruht, daß die im destillierten Wasser vorhandenen, enorm
stark katalytisch beschleunigend wirkenden Cu-Spuren durch den negativen Katalysator gebunden werden. Jedenfalls wird es in den einzelnen Fällen genau zu prüfen sein, ob eine Hemmung eines positiven
Katalysators oder eine reine Verzögerung durch einen echten negativen
Katalysator vorliegt.

Die Messung der durch Katalysatoren bedingten Änderungen der
Geschwindigkeit des Reaktionsverlaufes geschieht nach dem von OST-
WALD angebahnten Verfahren, daß man die Zeiten gleichen Umsatzes
im Reaktionsgemisch mit und ohne Katalysator vergleicht. Diese Zeiten
verhalten sich umgekehrt wie die Geschwindigkeitskonstanten der katalysierten und nichtkatalysierten Reaktion [5]). OSTWALD teilt die gegenwärtig bekannten Kontaktwirkungen in 4 Gruppen ein: 1. Erstarrungs-
erscheinungen bei übersättigten Lösungen durch Spuren fester Substanz, wie sie z. B. ausgezeichnet an übersättigten Salol- oder Natrium-

---

1) C. v. NÄGELI, Theorie der Gärung (1879), p. 29. — 2) S. L. BIGELOW,
Zeitschr. physikal. Chem. Bd. XXVI. p. 493 (1898). — 3) S. W. YOUNG, Journ.
Amer. chem. Soc., Vol. XXIII. p. 119 (1901); Vol. XXIV, p. 297 (1902). Auch
BREDIG, Ergebnisse (1902), p. 142, wo weitere Fälle zitiert sind. 4) A. TITOFF,
Zeitschr. physikal. Chemie, Bd. XLV, p. 641 (1903). — 5) Näheres hierüber bei
BREDIG, Ergebnisse (1902), p. 158.

sulfatlösungen beobachtet werden können [1]); 2. Katalysen in homogenen Systemen: 3. Katalysen in heterogenen Systemen; 4. Enzymwirkungen. Letztere sollen im nächsten Paragraphen selbständige Besprechung erfahren.

In allen Fällen wirkt der Katalysator noch in minimalen Mengen. So wirkt die Schwefelsäure bei der Ätherbildung auf praktisch nicht begrenzte Mengen Alkohol ein. Bei der Rohrzuckerinversion ist nach SMITH[2]) noch eine katalytische Wirkung von 0,00000008 g Wasserstoffionen pro ccm bei der Anwendung saurer Salze erkennbar. Nach MAYER[3]) vermag noch 0,0000001 g Eisensulfat die Oxydation von Jodkalium (mit Stärkelösung als Indikator für Jod) zu katalysieren. Nach BREDIG wirkt noch bis $1/_{300000}$ mg kolloidales Platin auf die mehr als millionenfache Menge H_2O_2 nachweisbar ein. OSTWALD stellte fest, daß noch ein Hunderttausendmillionstel Gramm schweres Kristallstäubchen von Natriumthiosulfat genügt, um eine übersättigte Lösung dieses Salzes zum Erstarren zu bringen. Nach TITOFF vermag Kupfersulfat sogar noch in der Konzentration von ein Milliardstel Mol im Liter die Oxydation von Natriumsulfit erheblich zu beschleunigen. Interessant ist der Nachweis von BREDIG und WEINMAYR, daß eine eben noch katalytisch wirksame Quecksilberhaut nur $1,5 \times 10^{-7}$ cm dick zu sein braucht. Diese Schichtdicke entspricht der Größenordnung der Molekulardurchmesser. Die negativen Katalysatoren, sowie die Antikatalysatoren wirken nach den Erfahrungen von BIGELOW und BREDIG ebenfalls noch in verschwindend kleinen Mengen auf die von ihnen beeinflußten Reaktionen ein.

Bei variierender Menge des zugesetzten Katalysators hat sich häufig herausgestellt, daß die Beschleunigung der Reaktion der Konzentration des Katalysators proportional läuft. So ist bei den Säuren die katalytische Wirksamkeit mit großer Annäherung proportional der Konzentration der Wasserstoffionen[4]). Man hat daher in der Messung der katalytischen Wirksamkeit ein gutes Mittel, um die Menge einer freien Säure in biologischen Versuchen zu bestimmen. Auch die katalytische Wirkung von Basen ist sehr angenähert proportional dem Gehalte der Lösung an freien Hydroxylionen. Der Katalysatorkonzentration ist aber auch noch in anderen Fällen die katalytische Wirkung proportional gefunden worden. Doch fehlt es nicht an zahlreichen Abweichungen. ERNST[5]) fand die katalytische Wirkung von Platinsol auf Knallgas mit der absoluten Menge des verwendeten Platins proportional. Wichtig ist die von ARRHENIUS[6]) besonders studierte beträchtliche Steigerung der katalytischen Wirkung von Säuren durch gleichzeitig anwesende Neutralsalze. So steigert 0,4 normal NaCl die Geschwindigkeit der Saccharoseinversion durch Säuren um 26 %.

---

1) Vgl. OSTWALD, Zeitschr. physikal. Chem., Bd. XXII, p. 289 (1897). Verh. deutsch. Naturforsch. u. Ärzte, Hamburg 1901, p. 185. G. JAFFÉ, Zeitschr. phys. Chem., Bd. XLIII, p. 565 (1903). — 2) W. A. SMITH, Zeitschr. physikal. Chem., Bd. XXV, p. 144 (1898). — 3) O. MAYER, Chemikerztg., Bd. XXVII, p. 662 (1903). — 4) Zur Kenntnis der kleinen Abweichungen von diesem Gesetze vgl. W. PALMAER, Zeitschr. physik. Chem., Bd. XXII, p. 492 (1897). — 5) ERNST Zeitschr. physikal. Chem., Bd. XXXVII, p. 464 (1901); ferner M. BODENSTEIN, ibid., Bd. XLVI, p. 725 (1904). — 6) ARRHENIUS, Zeitschr. physikal. Chem., Bd. IV, p. 237 1889). — Nach V. HENRI, Journ. de Physiol., Tome II, p. 933 (1900) kann Saccharose-Säureinversion auch in konzentrierter Glyzerinlösung schneller verlaufen als in wässeriger Lösung.

Sind mehrere Katalysatoren gleichzeitig anwesend, so können sich ihre Wirkungen einfach addieren, oder es tritt eine Wirkung ein, welche auffallend größer oder kleiner ist als die Summe der Einzelwirkungen [1]). Wenn man denselben Katalysator erst bei zwei Einzelprozessen, dann in der Mischung beider Prozesse beobachtet, so findet nach HENRI und LARGUIER [2]) in letzterem Falle bei reinen Katalysen einfache Addition der Reaktionsgeschwindigkeiten statt.

Es kommt auch vor, daß während des Ganges einer Reaktion eine Substanz, welche die Reaktion katalysiert, durch diese Reaktion selbst entsteht. Daher nimmt die Geschwindigkeit dieser Reaktion fortwährend mehr und mehr zu. So löst Salpetersäure, welche schon etwas Kupfer gelöst hat, vermöge der hierbei entstandenen kleinen Menge von HNO_2, das Metall viel rascher als reine Salpetersäure. OSTWALD [3]) hat derartige Erscheinungen als „Autokatalyse" bezeichnet. Sie mögen auch im lebenden Organismus gefunden werden. Hierher gehört vielleicht auch die Beobachtung von TRILLAT [4]), daß metallisches Kupfer nach längerem Gebrauche für katalytische Reaktionen besser geeignet ist als anfangs.

Wir kennen Katalysatoren, welche sehr allgemein auf Reaktionen verschiedener Art einwirken, und solche, deren Wirkungssphäre beschränkt ist. Wasserstoffionen, auch Aluminiumchlorid [5]) zeigen eine sehr ausgedehnte Befähigung, auf differente Reaktionen beschleunigend einzuwirken. Katalysatoren, welche einen enger begrenzten Wirkungskreis haben, wie die auf Oxydationen und Reduktionen wirkenden Schwermetallkationen, wirken häufig auf verschiedene Stoffe verschieden intensiv ein. So katalysieren Ferrosalze und Chromate die Oxydation von Jodwasserstoff durch Chlorsäure oder Bromsäure stark, nicht jedoch die entsprechende Oxydation durch Jodsäure [SCHILOW [6])]. Man hat daher in jedem Falle den passenden Katalysator empirisch ausfindig zu machen. Die interessanten Untersuchungen von BREDIG und BROWN [7]) über die chemische Kinetik der bekannten Kjeldahl-Analyse zeigen, wie wichtig solche Versuche für die analytische Praxis sind.

Nach WALKER [8]) scheint es auch eine katalytische Spaltung razemischer Verbindungen zu geben, wie für die Einwirkung von kleinen Mengen Alkali anf Amygdalin wahrscheinlich gemacht wurde.

Wenn der Katalysator sich während der Reaktion nicht ändert und nicht etwa in so großer Menge zugegen ist, daß seine Bedeutung als Lösungsmittel nicht mehr zu vernachlässigen ist, so darf man es als nachgewiesen betrachten, daß die Gleichgewichtskonstante der Reaktion nicht geändert wird.

Außer anderweitigen Arbeiten haben dies namentlich die kritischen Studien von KOELICHEN [9]) über die chemische Dynamik der Azeton-

---

1) Hierüber bes. BRODE, Zeitschr. physikal. Chem., Bd. XXXVII, p. 257 (1901). — 2) HENRI u. LARGUIER DES BANCELS, Compt. rend. soc. biol., Tome LV, p. 864 (1903). — 3) Über Autokatalyse: OSTWALD, Bericht. sächs. Ges. Wiss., 1890, p. 189. Lehrb. allg. Chem., Bd. II, (2) p. 275 (1897). Verb. Ges. Deutsch. Naturforsch. Hamburg 1901, p. 196; an letzterem Orte ist eine geistvolle Parallele zur physiologischen Erscheinung der Gewöhnung gezogen. — 4) TRILLAT, Bull. chim. (3), Tome XXIX, p. 939 (1903). — 5) Bezüglich der interessanten Katalysen mit Hilfe von organischen AlCl₃-Verbindungen vgl. GUSTAVSON, Compt. rend., Tome CXXXVI, p. 1065 (1903). — 6) N. SCHILOW, Zeitschr. physikal. Chem., Bd. XXVII, p. 513 (1898). — 7) BREDIG u. J. W. BROWN, Zeitschr. physikal. Chem., Bd. XLVI, p. 502 (1903). — 8) J. W. WALKER, Proceed. chem. Soc., Vol. XVIII, p. 198 (1902). — 9) K. KOELICHEN, Zeitschr. physikal. Chem., Bd. XXXIII, p. 129 (1900).

kondensation durch Basen und von TURBABA[1]) über das Gleichgewicht
von Aldehyd und Paraldehyd bewiesen. Das Gleichgewicht darf bei
konstanter Temperatur in verdünnten Lösungen als von der Katalysatormenge unabhängig angesehen werden.

Damit ist nicht ausgeschlossen, daß das Gesetz des zeitlichen Ab-
laufes einer Reaktion durch den Katalysator geändert werden kann und
z. B. eine Reaktion, welche ohne Katalysator nach dem Geschwindigkeitsgesetze monomolekularer Reaktionen abläuft, in der Katalyse einem
anderen Zeitgesetze gehorcht. BRODE hat tatsächlich einen solchen Fall
bei der Katalyse der Reaktion zwischen Hydroperoxyd und Jodwasserstoff durch Molybdänsäure aufgefunden und es wahrscheinlich gemacht,
daß Zwischenreaktionen hierbei beteiligt sind. Analoge Erscheinungen
sind die von WAGNER[2]) als „Pseudokatalysen“ benannten Reaktionsbeschleunigungen durch Vermittlung schneller verlaufender Zwischenreaktionen. HENRI und LARGUIER DES BANCELS[3]) meinen, „reine Katalysen“ von „mittelbaren Katalysen“ durch das Merkmal trennen zu können,
daß nur die letzteren durch Zwischenstufen zum Endprodukt führen.

Eine ganz allgemein geltende Erklärung[4]) der katalytischen Wirkungen ist wohl kaum zu erwarten. Von den bis heute aufgestellten
Erklärungsversuchen hat entschieden die „Theorie der Zwischenprodukte“[5])
die weitgehendste Anwendbarkeit; weniger gilt dies von der Ionenhypo-
these EULERS. Für heterogene Systeme sind die Adsorptionswirkungen
gewiß von Bedeutung. Daß die alte LIEBIGsche Atomschwingungstheorie
heute unhaltbar geworden ist, wurde oben bereits bemerkt. Schon 1806
haben CLÉMENT und DÉSORMES die katalytische Beschleunigung der
Schwefelsäurebildung im Bleikammerprozeß durch intermediäre Oxydation
und Reduktion des Stickoxyds zu erklären versucht. Später haben
TRAUBE und SCHÖNBEIN in analoger Weise die physiologische Oxydation
durch Vermittlung von Wasserstoffperoxyd resp. Ozon erklären wollen.
In neuerer Zeit hat speziell für die Oxydationen und deren katalytische
Beschleunigung im Organismus BACH[6]) die Entstehung von Peroxyden
als Zwischenprodukte angenommen und dieselbe mit Hilfe einiger qualitativer Reaktionen nicht nur bei physiologischen Verbrennungen, sondern
auch bei sehr vielen unorganischen und organischen Oxydationen nachgewiesen. Ähnliche Anschauungen sind auch von ENGLER und seinen
Mitarbeitern[7]) aufgestellt worden. Es ist übrigens auch gezeigt worden
[VAN T' HOFF, JORISSEN[8])], daß bei Oxydationen so viel Sauerstoff „aktiviert“ wird, als von der oxydablen Substanz aufgenommen wird. Natürlich ist mit dem qualitativen Nachweise der Zwischenprodukte für die
Begründung einer Theorie des katalytischen Vorganges noch nicht viel

1) TURBABA, Zeitschr. physik. Chem., Bd. XXXVIII, p. 505 (1901). —
2) J. WAGNER, Zeitschr. physikal. Chem., Bd. XXVIII, p. 33 (1899). Auch C.
ENGLER u. L. WÖHLER, Zeitschr. anorg. Chem., Bd. XXIX, p. 1 (1902). — 3) HENRI
u. LARGUIER DES BANCELS, Compt. r. soc. biol., Tome LV, p. 804 (1903). — 4) Hierzu die Zusammenstellungen von BREDIG, Ergebnisse, (1902), p. 177; . BODENSTEIN,
Chemikztg., Bd. XXVI, p. 1075 (1902). Vorlesungsversuche: AM A. NOYES u.
G. V. SAMMET, Zeitschr. physikal. Chem., Bd. XLI, p. 11 (1902). — 5) Die
neuesten von RIEDEL, Zeitschr. anorg. Chem., Bd. XVI, p. 492 (1903) gegen diese
Theorie erhobenen Einwände hat BREDIG u. HABER, ibid., p. 557 widerlegt. —
6) A. BACH, Compt. rend., Tome CXXIV, p. 951 (1897). — 7) C. ENGLER u. M.
WILD, Ber. chem. Ges., Bd. XXX, p. 1669 (1897). — ENGLER u. J. WEISSBERG,
Ber., Bd. XXXI. p. 3046 (1898). Auch S. TANATAR, Zeitschr. physikal. Chem.,
Bd. XL, p. 475 (1902). — 8) J. H. VAN t' HOFF, Zeitschr. physikal. Chem.,
Bd. XVI, p. 411 (1895); W. P. JORISSEN, ibid., Bd. XXII, p. 34 (1897); Bd. XXIII,
p. 667 (1897).

geschehen. Man hat vielmehr den ganzen Prozeß in seinen Teilvorgängen nach den Regeln der chemischen Kinetik zu untersuchen, und den Nachweis zu erbringen, daß wirklich der Weg über die Zwischenprodukte mit dem Katalysator eine größere Reaktionsgeschwindigkeit zustande bringt, als die nicht katalysierte Reaktion sie besitzt. Dazu werden sich besonders langsamer verlaufende Reaktionen eignen, und es hat in letzter Zeit FEDERLIN [1]) eine derartige Untersuchung bereits unternommen. Die für die Biochemie sehr wichtige ausführliche Bearbeitung dieses Gebietes steht noch aus. Ob die „Theorie der Zwischenprodukte" sich auf negative Katalysen anwenden läßt, ist mindestens noch fraglich. Für manche Fälle ist diese Theorie direkt unwahrscheinlich [2]). An die Zwischenprodukttheorie schließen sich auch die Ausführungen von WEGSCHEIDER [3]) über die katalytischen Umlagerungen des Cinchonins an.

EULER [4]) geht, um die katalytischen Wirkungen zu erklären, von der Annahme aus, daß alle chemischen Verbindungen als Elektrolyte angesehen werden können, und auch Nichtleiter nie absolut undissoziiert in Lösung gehen. Katalysatoren sollen nun die Ionenkonzentration steigern und hierdurch die Reaktionsgeschwindigkeit vermehren. Mit OSTWALD kann man eine Schwierigkeit für diese Anschauung in der Tatsache finden, daß zwei gleichzeitig wirkende Katalysatoren eine viel größere Beschleunigung der Reaktion erzielen können, als die Summe der Einzelwirkungen beträgt.

Die Katalysen in heterogenen Systemen sind viel weniger genau bekannt, als die katalytischen Vorgänge in homogenen Gemischen, obzwar die katalytische Wirkung fein verteilten Platins auf Knallgas bereits 1820 durch DÖBEREINER [5]) entdeckt worden war. Die Zerlegung von H_2O_2 durch fein verteilte Edelmetalle hatte THÉNARD [6]) bereits 1818 entdeckt. DÖBEREINER fand auch die Oxydation von Alkohol zu Essigsäure durch Platinmohr. Später fügte SCHÖNBEIN hinzu, daß auch andere Oxydationen (Pyrogallol) durch Platinmohr katalysiert werden; TRAUBE konstatierte es für Zucker, LÖW für Ammoniumnitritbildung aus Ammoniak [7]). Bemerkenswert ist unter den vielen anderen Angaben der Befund von GLADSTONE und TRIBE [8]), daß die Nitratreduktion durch Wasserstoff von fein verteiltem Platin katalysiert wird, und die Erfahrung, daß Platinmohr auch die Saccharoseinversion katalysiert [RAYMAN und SULC [9])]. Fein verteiltes Au, Ag, Pd, Ir, Rhodium, Ruthenium wirken

---

1) W. FEDERLIN, Zeitschr. physik. Chem., Bd. XLI. p. 565 (1902). — 2) Vgl. TAFEL, Zeitschr. physik. Chem., Bd. XIX, p. 592 (1896). — 3) R. WEGSCHEIDER, Zeitschr. phys. Chem. Bd. XXXIV, p. 290 (1900). — 4) H. EULER. Zeitschr. physikal. Chem., Bd. XXXII, p. 348 (1900); Bd. XXXVI, p. 641 (1901); C. ZENGELIS, Ber. chem. Ges., Bd. XXXIV, 1, p. 198 (1901). Auch die „Dissoziationskatalyse" von O. RUFF, Ber. chem. Ges., Bd. XXXV, p. 4453 (1902) ist eine verwandte Idee. — 5) J. DÖBEREINER. Gilb. Ann., Bd. LXXII, p. 193 (1822); Bd. LXXIV, p. 269 (1823); Pogg. Ann., Bd. XXXVI, p. 308 (1835); Bd. LXIV, p. 94 (1845). — 6) THÉNARD, Mém. Ac. Scienc., Tome III, p. 385 (1818). — 7) SCHOENBEIN, Journ. prakt. Chem., Bd. LXXXIX, p. 31. Bleichung von Indigosulfosäure durch H_2O_2 und Bläuung von Guajak durch H_2O_2 werden mittelst Pt katalysiert: Journ. prakt. Ch., Bd. LXXV, p. 79; Bd. LXXVIII, p. 90; M. TRAUBE, Ber. chem. Ges., Bd. VII, p. 115 (1874); O. LOEW, Ber. chem. Ges., Bd. XXIII, p. 1447, 3018 (1890). Zerfall von Calciumformiat: DEVILLE u. DEBRAY, Compt. rend., Tome LXXVIII, p. 1782 (1874); HOPPE-SEYLER, Zeitschr. physiol. Chem., Bd. V, p. 395; Bd. XI, p. 566; Pflüg. Arch., Bd. XII, p. 1. Oxydation von Oxalsäure: O. SULC, Zeitschr. physikal. Chem., Bd. XXVII, p. 719 (1899). — 8) GLADSTONE u. TRIBE, Ber. chem. Ges., B. XII, p. 390 (1879). — 9) B. RAYMANN u. O. SULC, Zeitschr. physikal. Chem.d Bd. XXI, p. 481 (1896); FR. PLZAK u. HUŠEK, ibid., Bd. XLVII, p. 733 (1904).

nach der allgemeinen Erfahrung ganz analog wie Platinmohr, ebenso
Uran, Manganperoxyd und andere Metalle und Metallsauerstoffverbin-
dungen. Man hat die Okklusion von Gasen durch das Platinmohr mit
diesen Katalysen in Beziehung setzen wollen. MOND und RAMSAY nehmen
an, daß bei Oxydationskatalysen eine oberflächliche Oxydation des fein
zerteilten Metalles erfolge, aber keine physikalische Kondensation oder
Verflüssigung in den Poren, und daß das entstehende Platinoxydulhydrat
bei der Katalyse beteiligt sei[1]). Auch periodische Effekte von Katalysen
kennt man bereits[2]). Ungleich bedeutendere Erfolge als auf dem Gebiete dieser Katalysen ergaben sich bei dem durch BREDIG und seine
Schüler[3]) angebahnten Studium der Katalyse durch Metallsole, welche
durch elektrische Zerstäubung von Metalldrähten unter reinem Wasser
erhalten wurden. Solche Kolloidlösungen sind in ihrer Wirksamkeit
recht beständig und bilden ein treffliches Untersuchungsmaterial. Platinsol (höchstens 1 Gramm-Atom Platin auf 1000 Liter Wasser enthaltend) zerlegt Hydroperoxyd kräftig, bläut Guajakharz auch ohne
H_2O_2-Zusatz, beschleunigt deutlich die Reduktion von Nitrit durch Wasserstoff zu Ammoniak. Diese Katalysatoren sind ebenso leicht dosierbar.
wie lösliche Stoffe, und es hat BREDIG näher ausgeführt, wie interessante
Vergleichspunkte sich zwischen diesen Kolloiden und den Enzymen er-
öffnen, welche wir ja heute am besten ebenfalls als kolloide Katalysatoren von spezifischer Wirkungssphäre auffassen. Besonders die H_2O_2-
Katalyse durch Platinsol ist durch BREDIG eingehend untersucht worden.
Die Wirkung ist noch nachweisbar in einer Verdünnung von 1 Gramm-
atom Platin auf 70 Millionen Liter Wasser auf die mehr als millionfache
Menge H_2O_2. In nahezu neutraler oder schwach saurer Lösung ver-
laufend, stellt die Platinkatalyse des H_2O_2 eine Reaktion erster Ordnung
dar; sie ist praktisch vollständig zu Ende zu führen. Hydroxylionen
steigern die Platinwirkung erheblich, doch nur bis zu einer gewissen
Konzentration (z. B. $1/_{64}$ normal NaOH); konzentriertere Laugen verzögern die Reaktion. Vermindert man die Konzentration des Platinsol
in geometrischer Progression, so sinkt auch die Geschwindigkeitskon-
stante der Peroxydkatalyse in geometrischer Progression. Höhere Temperatur fördert die Reaktion stark, ohne daß sich ein Optimum ergeben
würde. Gegen Erhitzen sind diese Katalysatoren wenig empfindlich.
Die Katalyse des H_2O_2 durch kolloidales Palladiumsol folgt nach BREDIG
und FORTNER[4]) denselben Gesetzen mit geringen Modifikationen.

Von größtem biochemischen Interesse sind die Erfahrungen BRE-
DIGS über die Hemmung dieser Katalysen durch Spuren von H_2S (noch
0,000 003 Mol im Liter wirkt stark verzögernd), Blausäure, Jod, Phosphor, Sublimat und einigen anderen Stoffen. Diese Wirkungen erklärt

---

1) Lit. hierüber: A. BERLINER, Annal. d. Phys., Bd. XXXV, p. 781 (1888);
L. MOND, W. RAMSAY u. J. SHIELDS, Zeitschr. physikal. Chem., Bd. XIX, p. 24
(1896); Bd. XXV, p. 657 (1898); auch B. VONDRAČEK, Zeitschr. anorgan. Chem.,
Bd. XXXIX, p. 24 (1903). — 2) BREDIG u. WEINMAYR, Zeitschr. physik. Chem.,
Bd. XLII, p. 601 (1903). — 3) Literatur: G. BREDIG u. R. MÜLLER v. BERNECK,
Zeitschr. physikal. Chem., Bd. XXXI, p. 258 (1899); BREDIG u. K. IKEDA, ibid.,
Bd. XXXVII, p. 1 (1901); BREDIG u. W. REINDERS, ibid., Bd. XXXVII, p. 323
(1901); BREDIG, Anorgan. Fermente (1901); MAC INTOSH, Journ. Physic. Chem.,
Vol. VI, p. 15 (1901); vgl. auch LOEWENHART u. KASTLE, Amer. chem. Journ.,
Bd. XXXIX, p. 397 (1903); H. NEILSON u. BROWN, Americ. journ. Physiol., Vol. X,
p. 225 (1903); MOUTON, Annal. Inst. Pasteur, Tome XIV, p. 571 (1900); L. LIEBER-
MANN, Ber. chem. Ges., Bd. XXXVII, p. 1519 (1904). — 4) BREDIG u. M. FORTNER,
Ber. chem. Ges., Bd. XXXVII, p. 798 (1904).

man mit BREDIG am besten durch die Annahme, daß der hemmende
Stoff die wirksame Oberfläche des Platins chemisch verändert, z. B.
durch Bildung von Sulfid oder Cyanür. Nach längerer Zeit „erholt"
sich das Platin von der „Vergiftung" und wird neuerlich wirksam, indem
sich durch Verbrennung der Blausäure die wirksame Oberfläche wieder
herstellt. Blausäure „vergiftet" übrigens nur Platinsol, nicht aber auch
Platinmohr. Da wir in den Enzymen relativ sehr empfindliche und leicht
veränderliche Katalysatoren kennen, so sind die Hemmungserscheinungen
an den „anorganischen Fermenten" eine bemerkenswerte Parallele. Allerdings wissen wir heute noch nicht, wie weit die tatsächliche Analogie
geht. Jedenfalls sind die Platinhemmungsstoffe „Antikatalysatoren" im
Sinne BREDIGS und beeinflussen den Reaktionseffekt durch eine Wirkung auf den Katalysator[1]).

Eine Theorie der Metallsolkatalysen läßt sich zurzeit ebensowenig
aufstellen wie auf den anderen Gebieten der Katalyse. Doch neigt man
sich auch hier den oben auseinandergesetzten Anschauungen zu, daß
Zwischenprodukte hierbei eine maßgebende Rolle spielen und es sich
um Stufenreaktionen handle. BREDIG selbst (1901) hält die HABERsche
Anschauung, daß die Platinkatalyse des Hydroperoxyds in einer stufenweisen Reduktion und Oxydation nach den Gleichungen:

$$y\,H_2O_2 + n\,Pt = Pt_nO + y\,H_2O$$
$$Pt_nOy + y\,H_2O_2 = n\,Pt + y\,H_2O + y\,O_2$$

für die einwandfreieste Darstellung des Vorganges. Über die anderen
bisher aufgestellten Theorien findet man bei BREDIG l. c. nähere Darlegungen. Die Knallgaskatalyse durch Platin ist durch ERNST, sowie
durch A. v. HEMPTINNE[2]) studiert worden. Ersterer arbeitete mit
BREDIGschem Platinsol, letzterer mit Platinmohr.

§ 5.
Allgemeine Chemie der Enzyme[3]).

Der scharfsinnige Beurteiler der katalytischen Wirkungen BER-
ZELIUS[4]) erkannte bereits klar, daß es sich bei den sogenannten „Fermentwirkungen" im Wesen nur um „Kontaktwirkungen" handle, und

---

1) Die gegenteilige Ansicht von R. RAUDNITZ, Zeitschr. physikal. Chem.,
Bd. XXXVII, p. 551 (1901), ist durch BREDIG widerlegt worden, ib., Bd. XXXVIII,
p. 122 (1901). — 2) ERNST, Zeitschr. physikal. Chem., Bd. XXXI, p. 266 (1899);
Bd. XXXVII, p. 448 (1901); A. v. HEMPTINNE, ibid., Bd. XXVII, p. 429 (1898);
Bull. Acad. roy. Belg. (3), Vol. XXXVI, p. 155 (1898). — 3) Enzymliteratur:
Außer den in Anm. 2, p. 55 zitierten Schriften von OSTWALD und BREDIG, welche
nicht nur die Katalyse behandeln, sondern auch die Enzymwirkungen in ausge-
zeichneter Weise zur Darstellung bringen, sei auf folgende Werke verwiesen: E.
DUCLAUX, Traité de Microbiologie, Tome II, Paris 1899; J. EFFRONT, Die
Diastasen, deutsch v. Bücheler, Leipzig 1900; G. v. BUNGE, Lehrb. d. phys. u.
path. Chemie, 4. Aufl. (1898); J. R. GREEN, Die Enzyme, deutsch v. Windisch,
Berlin 1901; C. OPPENHEIMER, Die Fermente und ihre Wirkungen (1900), 2. Aufl.
1904; EMMERLING, Die Enzyme in Roscoe Schorlemmer, Ausführl. Lehrb. d.
Chemie, Bd. IX, p. 332 (1901); F. HOFMEISTER, Die chemische Organisation d. Zelle
(1901); R. HÖBER, Physikal. Chemie der Zelle (1902), p. 272. — Die physikalisch-
chemische Seite des Gegenstandes findet sich jedoch nicht überall berücksichtigt; in
einzelnen Werken sind die entwickelten Anschauungen nicht zu billigen. Zur ersten
Orientierung ist vor allem BREDIGs Referat in den „Ergebnissen der Physiologie",
1. Jahrg., trefflich geeignet. — 4) J. BERZELIUS, Lehrbuch, 3. Aufl., Bd. VI, p. 22.

er stand nicht an, in richtiger Vorahnung zu schreiben, daß vielleicht
Tausende von katalytischen Vorgängen sich im lebenden Organismus
abspielen. Von den Physiologen war es wohl zuerst C. LUDWIG[1],
welcher die hohe Bedeutung der Katalysen im Organismus würdigte.
Sein Ausspruch, daß es leicht dahin kommen dürfte, daß die physiologische Chemie ein Teil der katalytischen würde, wird treffend illustriert,
wenn wir einen der hervorragendsten zeitgenössischen Biochemiker,
F. HOFMEISTER[2], in folgenden Worten vernehmen: „So gelangen wir
zur Vorstellung, daß die Träger der chemischen Umsetzung in der Zelle
Katalysatoren von kolloider Beschaffenheit sind, einer Vorstellung, die
mit anderweitig direkt ermittelten Tatsachen in bester Übereinstimmung
steht. Denn was sind die Fermente des Biochemikers anderes als Katalysatoren von kolloider Natur? Daß man den Fermenten noch bestimmte Eigenschaften zuschreibt, wie Zerstörbarkeit durch Hitze, Fällbarkeit durch Alkohol u. dgl., welche katalytischen Agentien an sich
nicht zuzukommen brauchen, erklärt sich zum Teil aus der kolloiden
Natur derselben und betrifft zum Teil akzidentelle Eigenschaften, welche
mit ihrer chemischen Leistung nichts zu tun haben.“

In der Tat läßt die OSTWALDsche Charakterisierung der Katalysatoren als Stoffe, welche in minimalen Mengen bereits wirksam die
Geschwindigkeit von Reaktionen ändern und in den Endprodukten der
Reaktion nicht auftreten, klar erkennen, daß gerade diese Merkmale
auch das bilden, was uns an den Fermenteu der lebenden Zelle am
meisten auffallen muß. Alle anderen Merkmale, welche für die Enzyme
als charakteristisch gelten: die beschränkte, oft ganz spezifisch eingeengte Wirkungssphäre, die Hemmung durch Gifte, die Unbeständigkeit bei höherer Temperatur etc. hat man bereits mehr oder weniger
ausgeprägt bei unorganischen Katalysatoren ebenso gefunden, und sie
bilden keinen Unterscheidungspunkt zwischen letzteren und den Enzymen, wenn sie auch bei den „Katalysatoren der Zelle“ besonders ausgeprägt aufzutreten pflegen.

Die so auffälligen Wirkungen der Enzyme waren auch viel früher
bekannt als die stofflichen Eigenschaften dieser Substanzen. Von der
Alkoholgärung abgesehen, wurden zunächst bekannt die eiweißlösende
Wirkung des Magensaftes durch SPALLANZANI[3], die Stärke verzuckernde
Wirkung (diastasehaltigen) frischen Klebers durch KIRCHHOFF und DU-
BRUNFAUT[4] und die Rohrzuckerinversion durch Hefeflüssigkeit durch
MITSCHERLICH. Das Verdienst, ein pflanzliches Enzym so weit als möglich
rein dargestellt und seine wesentlichen Eigenschaften studiert zu haben,
erwarben sich zuerst PAYEN und PERSOZ bezüglich der Malzdiastase[5].
Wenig später war hinsichtlich des Magenpepsins EBERLE und TH.
SCHWANN[6] ein ähnlicher Erfolg beschieden, und fast gleichzeitig ent-
deckten LIEBIG und WÖHLER[7] das Amygdalin spaltende Enzym der
bitteren Mandeln, welches von ihnen als „Emulsin“, von ROBIQUET[8]

1) C. LUDWIG, Journ. prakt. Chem. (2), Bd. X, p. 156; Lehrb. d. Physiol.,
2. Aufl., Bd. I, p. 50. — 2) HOFMEISTER, Org. d. Zelle (1901), p. 14. — 3) LAZZ.
SPALLANZANI, Versuche üb. d. Verdauungsgeschäft., Leipzig 1785. — 4) C. KIRCH-
HOFF, Schweigg. Journ., Bd. XIV, p. 389 (1815); DUBRUNFAUT, Mém. sur la
saccharification. Soc. Agricult., Paris 1823. — 5) PAYEN et PERSOZ, Ann. Chim.
Phys. (2), Bd. LIII, p. 73 (1833); Bd. LX, p. 441 (1835). — 6) EBERLE, Physiologie d. Verdauung (1834); TH. SCHWANN, Müllers Arch., 1836, p. 90. — 7) F.
WÖHLER u. LIEBIG, Pogg. Ann., Bd. XLI, p. 345 (1837). — 8) ROBIQUET, Ber-
zelius' Jahresber., Bd. XIX, p. 471 (1840).

als „Synaptase“ benannt wurde. 1840 entdeckte Bussy das „Myrosin“. In die 50er Jahre fällt die Entdeckung der Oxydasen durch Schoen-bein, sowie des Erythrozym durch Schunck, Hefeinvertin wurde erst 1860 von Berthelot als Rohpräparat dargestellt, alle übrigen Enzyme sind in den letzten Dezennien des 19. Jahrhunderts entdeckt worden. Diese Erfolge brachten es mit sich, daß man die abtrennbaren Enzyme von jenen Fermenten, welche untrennbar mit der lebenden Zelle ver-bunden schienen, als „ungeformte Fermente“ im Gegensatze zu Hefen und Bakterien als „geformten Fermenten“ unterschied. Die heutige Benennung „Enzyme“ rührt von Kühne[1]) her und wird nach dem Vorschlage Hansens[2]) auf die „ungeformten“ Fermente beschränkt.

Als sicher rein dargestellt ist bisher wohl kaum irgend ein Enzym zu betrachten. Es hat den Anschein, als ob alle oder mindestens die allermeisten Enzyme kolloidale, stickstoffhaltige Stoffe aus der Klasse der Proteide in weitem Sinne wären. Wenigstens haben sich bisher anders laufende Angaben, wie jene von Landwehr und Hirschfeld[3]) bezüglich der Kohlehydratnatur der Diastasen, und jene von Donath[4]) über das Hefeinvertin, als nicht stichhaltig erwiesen. Die besten Diastase-präparate, über welche man jetzt verfügt [Wroblewski[5]), Osborne[6])], lassen vermuten, daß es sich hier um einen den Proteosen verwandten Stoff handelt. Für das Magenpepsin haben die Untersuchungen von Pekelharing[7]) und Nencki[8]) eine hochkomplizierte Zusammensetzung ergeben, vielleicht ist es den Nukleoproteiden zuzurechnen. Frieden-thal[9]) ist so weit gegangen, alle Enzyme als Nukleoproteide zu be-trachten. Da es außerordentliche, vielfach noch nicht überwundene Schwierigkeiten bietet, Kolloide von ähnlicher Beschaffenheit zu trennen, so ist es nicht zu verwundern, wenn es so schwer gelingt, die Enzyme von ihren Begleitstoffen zu scheiden. Theoretisch ist es übrigens nicht einmal notwendig, den Enzymen Eiweißnatur zuzusprechen, wenn es auch wahrscheinlich ist, daß die Zelle in ihrem reichen Vorrate an solchen Stoffen viele Katalysatoren erhält; ja es ist möglich, daß es „Katalysatoren der lebenden Zelle“ geradeso aus den verschiedensten Stoffklassen gibt, wie die anorganischen Katalysatoren heterogener Natur sind. Von einschneidender Bedeutung scheint ausschließlich der kolloi-dale Zustand der Enzyme zu sein, welcher viele Eigenschaften, vor allem die leichte Veränderlichkeit dieser Substanzen und ihrer Wirksamkeit, bestimmt. Aus allen diesen Gründen soll in dieser allgemein gehaltenen Charakteristik der Enzyme von den bisher vorhandenen Elementarana-

---

1) W. Kühne, Untersuch. a. d. phys. Instit. Heidelberg, Bd. I, p. 291 (1878). — 2) A. Hansen, Arbeiten d. bot. Instit. in Würzburg, Bd. III, p. 253 (1885). Bietet eine anziehende historische Skizze über Enzymlehre. — 3) Hirschfeld u. Landwehr, Pflüg. Arch., Bd. XXXIX, p. 499. — 4) Donath, Ber. chem. Ges., Bd. VIII, p. 795 (1875). Ebenso ist wohl der Bericht von Cl. Fermi (Lo speri-mentale, 1896, p. 245) über N-freie Enzyme nur mit großer Vorsicht aufzunehmen. — 5) Wroblewski, Zeitschr. physiol. Chem., Bd. XXIV, p. 173. Auch O. Loew, Pflüg. Arch., Bd. XXVII, p. 203 (1882) hält die Enzyme für „peptonartige“ Stoffe. — 6) Osborne u. Campbell, Journ. Amer. Chem. Soc., Vol. XVIII (1896). — 7) C. A. Pekelharing, Zeitschr. physiol. Chem., Bd. XXXV, p. 8 (1902). — 8) M. Nencki u. N. Sieber, Ztschr. physiol. Chem., Bd. XXXII, p. 291 (1901); Arch. sc. biol. Pétersbourg, Tome IX, p. 47 (1902). — 9) H. Friedenthal, Arch. Anat. Physiol., 1900, p. 181; auch Th. Bokorny, Pharm. Centralhalle, Bd. XLII, p. 681 (1901). Zur Kritik dieser Ansicht: P. A. Levene, Journ. Americ. Chem. Soc., Vol. XXIII, p. 505 (1901).

lysen[1]) etc. derselben abgesehen werden, und das Wichtigste hiervon wird bei den Einzeldarstellungen der speziellen Biochemie referiert werden.

Die große Unbeständigkeit der Enzyme trägt auch die Schuld, daß es in zahlreichen Fällen bisher gar nicht gelungen ist, ein bestimmte Wirkungen erzielendes Enzym von den produzierenden Zellen zu trennen. Daß aber fortgeschrittene Versuchstechnik auf diesem Gebiete unerwartete Erfolge herbeiführt, lehren die schönen Untersuchungen von BUCHNER über die Isolierung des Alkohol aus Zucker abspaltenden Hefeenzyms. Gerade die letzte Zeit verspricht für die nahe Zukunft noch manche Errungenschaften in dieser Hinsicht. Daraus dürfen wir wohl auch den Schluß ableiten, daß es nicht berechtigt ist, wie es noch manche Autoren der jetzigen Zeit für notwendig halten[2]), „Enzymwirkungen des Plasmas" für jene Fälle anzunehmen, wo Abscheidung von entsprechend wirksamen Enzymen noch nicht gelungen ist. Übrigens kennen wir, wie BUNGE[3]) mit Recht bemerkt hat, auch von den übrigen Enzymen kaum mehr als die Wirkung: „die Fermente hat wahrscheinlich noch niemand gesehen". Die Darstellungsmethodik[4]) der Enzyme hat in der neuesten Zeit weniger Ausbildung erfahren, als man vielleicht vordem erwartet hätte. Man hat sich vielmehr auf die früher gar nicht bearbeitete physikalisch-chemische Untersuchung der Enzymwirkungen verwiesen gesehen, und tatsächlich wird wohl auf keinem anderen Gebiete der Biochemie den physikochemischen Ergebnissen und Methoden eine größere Zahl von hervorragenden Leistungen beschieden sein, als in der Lehre von den Enzymen, wo wir es eigentlich nur mit „Kräften" zu tun haben. Schon NASSE[5]) hatte richtig die Verbreitung und hohe Bedeutung der fermentativen Vorgänge in der Zelle, sowie die Schwierigkeit, Fermente vom Plasma gesondert zu gewinnen, betont. Die Tierphysiologen sahen ein, daß nicht nur in den Sekreten des

---

1) Elementaranalysen von Enzymen finden sich übrigens zusammengestellt in den zitierten Werken von DUCLAUX (p. 109) und EFFRONT (p. 23). — 2) Z. B. GREEN-WINDISCH, Die Enzyme, p. 343; vgl. auch die Litt. über BUCHNERs Zymase, welche von vielen Forschern (ABELES, BEYERINCK) als „Protoplasma" hingestellt wird. Die Enzyme als „Protoplasmasplitter" zu bezeichnen, wie es öfters geschah, wird wohl kaum einen Fortschritt in der Erkenntnis bedeuten. — 3) BUNGE, Lehrbuch d. phys. Chemie, 4. Aufl., p. 171 (1898). M. ARTHUS, Contr. f. Physiol., Bd. X, p. 225 (1896) ging so weit, zu sagen, daß die Enzyme überhaupt keine Stoffe, sondern Eigenschaften seien! — 4) Die älteste Methode bestand darin, das wässrige Organextrakt einfach mit Alkohol zu fällen, den Niederschlag in Wasser zu lösen und neuerdings mit Alkohol zu fällen etc. (PAYEN u. PERSOZ, BERTHELOT u. a. Forscher). v. WITTICH, Pflüg. Arch., Bd. II, p. 193 (1869); Bd. III, p. 339 (1870) führte die vielverwendete Glyzerinextraktionsmethode ein, wodurch man oft sehr haltbare Enzymlösungen erhält. BRÜCKE, Wien. Ak. Sitzber., Bd. XLIII, p. 601 (1861) benützte das Mitreißen der Enzyme durch Niederschläge zur Isolierung des Magenpepsins, was späterhin in mannigfacher Abänderung bei verschiedenen Enzymen wiederholt wurde. z. B. COHNHEIM, Virch. Arch., Bd. XXVIII, p. 242 (1863); DANILEWSKI, Virch. Arch., Bd. XXV, p. 279 (1862) [Kollodium]. Auch die Adsorption an andere Kolloide wurde zur Isolierung und Enzymauffindung verwendet, z. B. Speicherung von Proteasen durch Fibrinflocken: A. WURTZ, Compt. rend., T. XCIII, p. 1104 (1881); WITTICH, l. c.; R. NEUMEISTER, Zeitschr. Biolog., Bd. XXX, p. 453 (1894). Viele Enzyme verlieren im Laufe der Reinigungsprozesse an Wirkungskraft. O. LOEW schlug zur „Reinigung" die Fällung der Enzyme durch Bleiacetat vor (Pflüg. Arch., Bd. XXVII, p. 203), eine Methode, welche kaum besondere Vorteile bietet. Rationell ist hingegen, das Aussalzen mit Ammonsulfat zur Enzymdarstellung auszunützen (z. B. OSBORNE u. CAMPBELL, Ber. chem. Ges., Bd. XXIX, p. 1156 (1896); N. KRAWKOW, Journ. russ. phys. chem. Ges., 1887. Bd. I, p. 272). — 5) O. NASSE, Chem. Centr., 1889, Bd. I, p. 440.

Organismus spaltende Enzyme eine Hauptrolle spielen, sondern auch die
Umsetzungen in der Zelle durch Enzyme zustande kommen, welche nicht
vom Plasma abgetrennt werden können; man hat letztere als „intracelluläre Fermente" bezeichnet[1]). Bei dem Studium der Wirkungen
der letzteren hat die Ausbildung der „aseptischen Autolyse" eine große
Rolle gespielt. Man verzichtet auf die Abtrennung der Enzyme behufs
Studium ihrer Wirkungen und hält den fein zerteilten Organbrei oder
Preßsaft bei strenger Abhaltung von Mikroben[2]) und konstanter gün-
stiger Temperatur längere Zeit in Berührung mit jenen Substanzen,
deren Spaltung untersucht werden soll. Allerdings hat diese Methode
den Nachteil, daß wir über die Wirkungssphäre der Einzelenzyme nichts
Bestimmtes erfahren. Doch dürfen wir angesichts der vielgestaltigen
katalytischen Wirkungen, welche besonders die Arbeiten der Schule
HOFMEISTERS für den Haushalt der Zelle entrollt haben, mit großer
Wahrscheinlichkeit annehmen, daß ein ganzes Arsenal von differenten
Katalysatoren in der lebenden Zelle in Verwendung steht. Gelang es
doch, für die Leberzellen die Koexistenz von zehn verschiedenen „intra-
cellulären Fermenten" bereits jetzt sicherzustellen. Für die Pflanzenzellen scheinen, wie die eigenen Erfahrungen des Verfassers über die
Enzyme der Wurzelspitze lehren, analoge Verhältnisse zu erwarten zu
sein[3]). Von großem Interesse bezüglich der Haltbarkeit von Enzymen
durch sehr lange Zeiträume hindurch ist der Nachweis von SEHRT[4]),
daß Mumienmuskel im Verein mit Pankreas auf Traubenzucker noch
eine sehr bedeutende glykolytische Wirkung ausübt.

Hinsichtlich der spezifischen Wirksamkeit der Enzyme und
der Einschränkung der Wirkung eines Enzyms auf bestimmte Stoffe
und Reaktionen huldigt man gegenwärtig eher der Annahme, für jede
beobachtete Katalyse einen speziellen Katalysator anzunehmen, als
mehrere Wirkungen einem und demselben Enzym zuzuschreiben. So
nimmt man für die Alkoholoxydation, Phenoloxydation, Hydroperoxyd-
katalyse, Indophenolreaktion und Guajakbläuung verschiedene Oxydasen an, ohne irgend ein Enzym isoliert zu haben. Andererseits
ist man bei der Hydrolyse komplizierter Stoffe, wie bei der Stärke, in
der Versuchung, ein Zusammenwirken mehrerer Enzyme (Dextrinase
und Maltase) anzunehmen, zumal es wirklich gelingt, Bedingungon zu
finden, unter denen ein bestimmter Teil der Katalyse beeinträchtigt ist,
während sich hinsichtlich der anderen Phasen der Reaktion keine Unterschiede gegen früher zeigen (Hemmung der Maltosebildung nach Erwärmen der Diastaselösung). Für manche Fälle, wie für die Guajakreaktion von Diastasepräparaten, wo JACOBSOHN[5]) direkt zeigen konnte,
daß man dem Präparate die Fähigkeit, Guajak zu bläuen, nehmen kann,

[1]) Vergl. das Referat von M. JACOBY, Ergebn. d. Physiol., I. Jahrg. (1902),
Bd. I, p. 213; ferner JACOBY, Beiträge chem. Physiol., Bd. III, p. 446 (1903).
— [2]) Dies geschieht seit den Arbeiten von A. MUNTZ, Ber. chem. Ges., Bd. VIII,
p. 776 (1875); BOUSSINGAULT, Agronomie, Bd. VI, p. 137 (1878), durch Chloroformzusatz. E. FISCHER schlug vor, Toluol anzuwenden, was weniger schädlich ist,
doch als spezifisch leichtere Flüssigkeit dort, wo Sauerstoffzutritt nötig ist, nicht
angewendet werden kann. KONING (Chem. Centr., 1900, Bd. II, p. 1279) und
BEYERINCK nennen das Absterben lebender Zellen unter Vernichtung des Plasmas
und Erhaltenbleiben der Enzyme „Nekrobiose". — [3]) Die von SCHMIDT-NIELSEN
(Biochem. Centralbl., 1903, Ref. No. 73) gegen die gleichzeitige Wirksamkeit mehrerer
Enzyme in der Zelle vorgebrachten Bedenken scheinen mir nicht stichhaltig zu sein.
— [4]) E. SEHRT, Berlin. klin. Wochenschr., 1904, No. 19. — [5]) J. JACOBSOHN,
Zeitschr. f. physiol. Chem., Bd. XVI, p. 340 (1892).

ohne seine Wirksamkeit auf Stärke zu schädigen, ist es unstreitig naheliegend, eine Beimengung von Oxydase zur Amylase anzunehmen. Die
hervorragendsten Stützen zur Lehre von der Spezifität der Enzyme
haben jedoch die von E. FISCHER [1]) sichergestellten Tatsachen hinsichtlich der Kohlenhydrat spaltenden Enzyme abgegeben. Hier spielt die
sterische Konfiguration des spaltbaren Stoffes eine so augenfällige Rolle,
daß sie nicht übersehen werden kann, und FISCHER hat in seinem berühmt gewordenen Vergleiche, daß das Enzym ebenso zur spaltbaren
Substanz passen müsse, wie der Schlüssel zum Schloß, den geistvollen
Schluß auf die Notwendigkeit einer entsprechenden sterischen Konfiguration des Katalysators gezogen. Besonders wichtig war, daß es gelang, die spezifische Wirksamkeit von Hefeenzym und Emulsin auf die
beiden Methylglykoside festzustellen. Übrigens darf auf diesem Gebiete
die Aufdeckung vieler wichtiger Gesichtspunkte noch erwartet werden.
Auffällig ist es andererseits, wie verschiedenartige Eiweißstoffe durch
dasselbe Trypsinpräparat aufgespalten werden können. Offenbar hat
der Organismus sowohl allgemeiner wirksame Katalysatoren als auch
spezifische Werkzeuge, und jedes derselben dort, wo er es braucht.

Zur vorläufigen Orientierung über die bisherigen Kenntnisse von
den Enzymwirkungen sei eine Übersicht über die bekannten Fermentwirkungen angeschlossen. In nomenklatorischer Hinsicht sei bemerkt,
daß ich mit DUCLAUX es für den rationellsten Vorgang halte, zur Benennung der Enzyme den Wortstamm des Namens der katalysierten Substanz mit der Endung „-ase" zu wählen. LIPPMANN [2]) schlug dagegen
vor, Doppelworte zu bilden aus dem katalysierten Stoff und dem Produkt mit der Endung -ase; z. B. für ein Enzym, welches aus Maltose
Traubenzucker bildet, „Malto-Glykase" u. s. f. An einigen selbst erfun-
denen Bezeichnungen wolle man sich nicht stoßen, da ich damit nur
eine kürzere Ausdrucksweise angestrebt habe. Die in den Klammern
beigefügten Stoffe werden von den betreffenden Enzymen gespalten.
Die Fragezeichen sollen ausdrücken, daß die spezifische Natur des betreffenden Enzyms noch in Schwebe ist.

Gruppe I. Hydratisierende Enzyme.

A. Kohlenhydratenzyme. Hierher: Invertase (Saccharose), Maltase (Maltose), Trehalase? (Trehalose). Laktase (Milchzucker). Meli-
hiase? (Melibiose). Raffinase (Abgrenzung vom Invertin unsicher)
(Raffinose). Melezitase (Melizitose). — Inulase (Inulin). Glykogenase? (Glykogen). Amylase (Stärke zu Dextrin, vielleicht zu Maltose abbauend). Dextrinase? (Dextrin in Maltose spaltend). Cytase
oder Seminase (Reservecellulose). Cellulase (Cellulose). Pektase
(Pektin). Amylokoagulase bedingt Koagulierung von Stärkelösungen.

B. Glykosidspaltende Enzyme: Emulsin (Amygdalin u. a. Glykoside; Milchzucker?). Myrosin (Myronsäure). Rhamnase (Xanthor-
rhamnin). Erythrozym (Rubierythrinsäure). Gaultherase (Gaultheria-
glykosid). Hadromase? (Hadromalester der Kohlenhydrate verholzter
Zellmembranen). Indoxylase (Indoxylglykosid).

C. Fettsäureester spaltende Enzyme: Lipasen (Pflanzen- und Tierfette; Glyzerinester niederer Fettsäuren).

1) E. FISCHER, Zeitschr. physiol. Chem., Bd. XXVI, p. 60 (1898). Die ersten
Angaben hierüber: Ber. chem. Ges., Bd. XXVII, III, p. 2985 (1894); Bd. XXVIII,
II, p. 1429 (1895). — 2) LIPPMANN, Ber. chem. Ges., Bd. XXXVI, p. 331 (1903).

D. Eiweißspaltende (proteolytische) Enzyme: Pepsine (Eiweiß rasch bis zu Pepton spaltend, langsam Aminosäuren bildend). Trypsine (Eiweiß rasch bis zu Aminosäuren spaltend). Chymosin (Milchkaseïn). Nukleasen (Nukleïne spaltend). Erepsin (Albumosen spaltend).

E. Ammoniak abspaltende Enzyme: Amidasen (Säureamide verseifend und Aminosäuren in oxyfettsaures Ammon überführend. Hierher auch die harnstoffspaltende Urase.

Gruppe II. Enzyme, welche ohne Sauerstoffaufnahme Kohlensäurebildung verursachen.

A. Auf Hexosen einwirkend: Zymase (spaltet Traubenzucker in Äthylalkohol $+ CO_2$). Ein hierher zählendes, noch nicht näher untersuchtes Enzym fand HAHN in Arumkolben.

B. Auf Säuren wirkend (Karboxylasen): Tyrosinase (bei der Homogentisinsäurebildung aus Tyrosin erfolgt CO_2-Abspaltung). Hierher ferner die von EMERSON sichergestellte Bildung von Oxyphenyläthylamin aus Tyrosin.

Gruppe III. Oxydierende Enzyme oder Oxydasen.

Hierher sind außerordentlich mannigfaltige Enzymwirkungen zu zählen: Alkoholasen oxydieren Alkohole zu Aldehyd oder zu Säure, z. B. das Enzym der Essigbakterien. — Aldehydasen: oxydieren Aldehyde zu Säuren, z. B. Zucker zu Hexonsäuren oder Oxyhexonsäuren. — Phenolasen auf mehrwertige Phenole wirkend, u. a. die Guajakharz bläuenden, Indophenolreaktion erzeugenden Enzyme und Lakkase.

Peroxydasen; Katalase. — Nitrase? (bildet Salpetersäure aus HNO_2).

Gruppe IV. Reduzierende Enzyme, Reduktasen oder Hydrogenasen.

Reduzierende Wirkungen der verschiedensten Art. Noch wenig bekannt. Hierher das fragliche „Philothion", welches Schwefelwasserstoff aus Schwefel bildet, u. a.

Gruppe V. Enzym der Milchsäuregärung.

Da man meist nur die katalytischen Wirkungen allein kennt, so läßt sich noch nicht im entferntesten angeben, wie viele gleichartig wirkende Enzyme jeder der genannten Untergruppen oder Enzymspecies entsprechen.

Temperatureinflüsse. Wie so viele andere Kolloide, so sind auch die Enzyme gegen längere Zeit hindurch einwirkende höhere Temperaturen in wässeriger Lösung sehr empfindlich. Die Hefezymase geht sogar bei Zimmertemperatur ziemlich rasch, noch schneller bei Brutofentemperatur zugrunde. Oberhalb 60° C. verlieren die meisten Enzyme mehr oder weniger rasch an Wirksamkeit. Temperaturen nahe an 100° vernichten die Enzyme gewöhnlich sehr schnell; konzentrierte Lösungen sind viel beständiger. In exsikkator-trockenem Zustande vertragen Enzyme, wie HÜFNER und HUEPPE[1]) fanden, viel höhere Temperaturen als 100°, doch zeigen sie eine deutliche Schwächung ihrer Wirksamkeit, wenn man sie nachher in Lösung bringt (Hysteresis).

1) HÜFNER, Journ. prakt. Chem., Bd. XVII; Pflüg. Arch., Bd. XL; F. HUEPPE, Chem. Centr., 1881, p. 745; auch E. SALKOWSKI, Virch. Arch., Bd. LXX, LXXI LXXXI, p. 552; Ber. chem. Ges., Bd. XIV, p. 114 (1881). — Über Schwächung von Enzymwirkungen durch höhere Temperaturen ist noch zu vergleichen E. BOURQUELOT, Ann. Inst. Pasteur, T. I, p. 337 (1887) (Diastase); Cl... FINZI und L. PERNOSSI, Centr. f. Bakt., Bd. XV, p. 229 (1894); M. BEYERINCK, Zeitschr. physikal. Chem., Bd. XXXVI, p. 508 (1901), f. Indigoferment.

Eine merkwürdige noch näher zu untersuchende Erscheinung ist die Schützung von Enzymen durch gewisse Stoffe bei höheren Temperaturen. So wird Diastase erheblich geschwächt, wenn sie, in reinem Wasser gelöst, auf 63^0 C erwärmt wird, nicht aber bei Gegenwart von Stärkekleister[1]). Dasselbe gilt für Invertase, welche sich nach O'SULLIVAN und TOMPSON[2]) verschieden resistent zeigt, wenn man sie mit Zucker oder ohne Zucker höheren Temperaturen aussetzt. Setzt man die Enzymwirkung bei 15^0 gleich 100, so erhält man (nach DUCLAUX Umrechnung) die Werte:

ohne Zucker	100	91,7	76,5	30,0	20,0	0,0	0,0	0,0	0,0	0,0
mit Zucker	100	100	100	100	100	100	100	88	34	0,0
Temperatur	15^0	35^0	40^0	45^0	50^0	55^0	60^0	65^0	70^0	75^0

Den Einfluß der Vorwärmung auf die Wirkung der Urase illustriert MIQUEL[3]) durch folgende Zahlen; die Vorwärmung auf x" dauerte je $2^1/_2$ Stunden, worauf bei 49^0 die binnen 2 Stunden auf $4^0/_0$ Harnstofflösung entfaltete Wirkung festgestellt wurde.

Temperatur der Vorwärmung	14^0	40^0	$46,5^0$	$51,5^0$
Umgesetzter Harnstoff g	13,9	13,3	12,7	6,4

Bei 10 Minuten Vorwärmung auf	64^0	66^0	70^0	75^0
wurden umgesetzt an Harnstoff	13,6	6,1	3,6	0,0 g

SELMI[4]) hat gezeigt, daß schon unter dem Eispunkt eine Wirkung von Emulsin auf Amygdalin nach 1—2 Stunden nachgewiesen werden kann. Auch MÜLLER-THURGAU[5]) fand noch bei 0^0 deutliche Diastasewirkung. Bis 20^0 stieg die Wirkung auf das 5-fache, von da bis 40^0 aber auf das 20-fache. Hefeinvertase bildet in einer Stunde in 20-proz. Rohrzuckerlösung folgende Mengen Invertzucker bei steigender Temperatur[6]):

	0^0	5^0	10^0	15^0	20^0	30^0	40^0	50^0	60^0
Invertzucker in g	—	0,05	0,11	0,18	0,35	0,40	1,65	2,20	2,21

KJELDAHL[7]) fand bei 15 Minuten langer Einwirkung von Malzdiastase auf Stärkekleister folgende Werte für die Reduktionskraft:

Temperatur	$18,5^0$	35^0	54^0	63^0	$66,5^0$	68^0	70^0 C
Reduktionskraft	17,5	40,5	41,5	42	34	29	18

Als Einfluß der Vorwärmung fanden KJELDAHL und BOURQUELOT bei Diastase, daß die Dextrinbildung gesteigert, aber die Maltosebildung herabgesetzt wird. Erhitzte man Malzaufguß 10 Minuten lang auf

63^0
68^0 ⎬ so erhielt man ⎨ Maltose $63^0/_0$ Dextrin $37^0/_0$
70^0 „ $65^0/_0$ „ $65^0/_0$
                   „ $17,4^0/_0$ „ $82,6^0/_0$

---

1) Hierzu E. R. MORITZ und T. A. GLENDINNING, Journ. chem. Soc., 1892, Bd. I, p. 689. Die Angabe, daß die Wirksamkeit von Invertin-Rohrzuckerlösung durch Vorwärmen auf 40—43° gesteigert wird (HENRI und POZERSKI), hat S. P. BEEBE, Amer. Journ. Physiol., Vol. VII, p. 295 (1902) nicht bestätigen können. — 2) O' SULLIVAN u. TOMPSON (vgl. DUCLAUX, l. c. p. 186), Journ. chem. Soc., 1890, p. 834. — 3) MIQUEL, Annal. Micrograph., Vol. VII, p. 895. — 4) F. SELMI, Monit. scientif. (3), Tome XI, p. 54 (1881). Nach D'ARSONVAL, Compt. rend. soc. biol., Tome XLIV, p. 808 (1892) wird Invertase erst bei — 100° C unwirksam; — 50° C schädigen sie noch nicht. — 5) H. MÜLLER-THURGAU, Landw. Jahrb., Bd. XIV, p. 795 (1885). — 6) EFFRONT, Diastasen, p. 62. — 7) Zit. nach EFFRONT, l. c. p. 118.

Dies wurde zugunsten der Ansicht verwertet, daß die Diastase kein einheitliches Enzym sei.

Die Enzymwirkungen zeigen ein ausgesprochenes „Temperaturoptimum", welches zwischen 40—60° C zu liegen pflegt. Eine Zusammenstellung einer Reihe diesbezüglicher Resultate ist bei DUCLAUX [1]) zu finden. Das Optimum schwankt übrigens selbst bei Enzymen derselben Species (Invertase aus Ober- und Unterhefe; Pepsin von Warm- und Kaltblütern) bezüglich der Höhenlage. Das Vorhandensein eines Temperaturoptimums ist nichts Charakteristisches für die Enzymwirkungen; ERNST[2]) hat auch für die Knallgaskatalyse des Platinsol ein Temperaturoptimum konstatieren können. Das Temperaturoptimum der Enzymwirkungen bildet sich offenbar durch Superposition zweier Vorgänge, der Steigerung des Enzymzerfalls (Enzymverminderung) und der Geschwindigkeitszunahme der Enzymreaktion mit zunehmender Temperatur heraus. Sobald der Effekt der Enzymzerstörung so bedeutend ist, daß er durch den Effekt der Reaktionsgeschwindigkeitszunahme nicht mehr gedeckt werden kann, tritt der Wendepunkt der Kurve ein und das Optimum der Enzymwirkung ist überschritten[3]). Eine experimentelle Stütze finden wir hierbei auch in den Feststellungen TAMMANNS[4]) über die Abhängigkeit des Endpunktes der Emulsin-Amygdalinkatalyse von der Temperatur. Die Reaktion ist bei keiner Temperatur vollständig. Bei niederen Temperaturen dauert es länger, ehe der Endzustand erreicht ist, es wird bei kleiner Anfangsgeschwindigkeit begonnen und die Wirkung längere Zeit fortgesetzt. Bei höheren Temperaturen ist die Anfangsgeschwindigkeit größer, das Geschwindigkeitsmaximum wird bald erreicht und es erfolgt rasch ein Abfall. Man kommt praktisch mit der Enzymwirkung am weitesten, wenn man bei niederer Temperatur und mit größeren Enzymmengen arbeitet. Will man in kurzer Zeit möglichst hohen Umsatz erzielen, so ist die Anwendung höherer Temperatur zu empfehlen.

Starke Belichtung pflegt Enzymlösungen rasch zu zerstören[5]). Da im Vakuum diese zerstörende Wirkung des Lichtes aufgehoben erscheint, so dürfte es sich um Oxydationsvorgänge handeln. Nach DUCLAUX soll Invertase sogar im Dunklen noch geschädigt werden, wenn man sie in einer vorher belichteten Flüssigkeit auflöst. Für Diastase hat GREEN[6]) die ultravioletten Strahlen am stärksten schädigend gefunden. Reine Enzymlösungen sind lichtempfindlicher als solche, die durch andere Stoffe stark verunreinigt sind. SCHMIDT-NIELSEN[7]) hat die Ergebnisse von GREEN mit vervollkommneten Versuchsmitteln völlig bestätigen können. Interessant sind die Erfahrungen von TAPPEINER[8]) und seiner Schüler, daß fluoreszierende Substanzen, z. B. Eosin, auf verschiedene Enzyme stark wirken. Radiumstrahlen, und zwar die durch

1) DUCLAUX, l. c. p. 180. — 2) ERNST, Zeitschr. physikal. Chem. (1901), Bd. XXXVII, p. 476. — 3) Vergl. hierzu besonders die schöne (auch graphisch gegebene) Darstellung bei DUCLAUX, l. c. p. 194. -- 4) TAMMANN, Zeitschr. physikal. Chem., Bd. XVIII, p. 426 (1895). — 5) Litt. hierzu: DOWNES u. BLUNT, Proc. Roy. Soc., Vol. XXVI (1877); XXVIII (1878); DUCLAUX, Traité, Tome II, p. 221 (1899); FERNBACH, Ann. Inst. Pasteur, Tome III, p. 473 (1889); CL. FERMI u. L. PERNOSSI, Zeitschr. Hyg., Bd. XVIII, p. 83 (1894); Centr. Bakt., Bd. XV. p. 229 (1894); O. EMMERLING, Ber. chem. Ges., Bd. XXXIV, III, p. 3811 (1901); Lichteinfluß auf Säurekatalyse der Rohrzuckerinversion: H. GILLOT, Bull. Ac. roy. Belg., Tome XL, p. 863 (1900). — 6) J. R. GREEN, Phil. Trans., Vol. CLXXXVIII, p. 167 (1897). — 7) S. SCHMIDT-NIELSEN, Hofmeist. Beiträge, Bd. V, p. 355 (1904). — 8) H. v. TAPPEINER, Ber. chem. Ges., Bd. XXXVI, p. 3035 (1903).

Glas durchgehenden β- und γ-Strahlen, beeinflussen Enzyme nach den Versuchen von HENRI und MAYER, sowie SCHMIDT-NIELSEN[1]) deutlich, aber nur schwach hemmend.

Bezüglich des Einflusses von Elektrizität auf Enzyme sei auf DUCLAUX[2]) verwiesen.

In bezug auf Alkoholzusatz scheinen sich Enzymlösungen verschieden zu verhalten[3]). Diastase wirkt noch in 20% Alkohol. Nach DASTRE[4]) ist eine Reihe von Enzymen noch in 50—60% Alkohol löslich.

Chemische Hemmungen der Enzymwirkungen: Paralysatoren, Enzymgifte, Antikatalysatoren[5]). Enzymwirkungen können durch sehr verschiedene Stoffe oft schon in minimalen Dosen stark gehemmt oder selbst ganz aufgehoben werden. So ist es eine bekannte Tatsache, daß Quecksilberchlorid, Schwefelwasserstoff, Blausäure, Hydroxylamin, Phenol, Formaldehyd heftige „Enzymgifte" darstellen. Darunter sind manche Stoffe, welche BREDIG auch als Hemmungssubstanzen der Platinkatalyse kennen lernte. Man kann deswegen nicht mehr mit SCHAER die Abschwächung durch Cyanwasserstoff als charakteristische Eigenschaft der Enzymwirkungen bezeichnen[6]). Die Wasserstoffsuperoxydkatalyse ist gegen Blausäure besonders empfindlich. Daß alle Eiweiß fällenden und „denaturierenden" Stoffe, wie Schwermetallsalze, stärkere Säuren und Basen, die Enzymwirkungen leicht stören, ist begreiflich. MERESHKOWSKY[7]) fand auch eine Reihe von Anilinfarbstoffen auf Invertase hemmend wirksam. Borsäure vermag nach den Erfahrungen von CRIPPS[8]) und anderer Forscher hingegen keine nennenswerte Wirkung auszuüben. Nikotin hemmt die Wirkung von Invertin und Emulsin [MORAT[9])]. Arseniksaure Salze haben nach BUCHNER[10]) eine inkonstante Hemmungswirkung auf Zymase. Chloroform, welches so häufig als angeblich unschädlicher Zusatz bei Enzymversuchen dient, ist nicht ganz ohne hemmenden Einfluß auf Enzymwirkungen[11]). Auch anorganische Salze vermögen hemmend zu wirken. So wurde für Kalksalze durch MORACZEWSKI[12]) eine solche Wirkung auf Diastase, von BOURQUELOT und HÉRISSEY[13]) dieselbe auf Invertin beobachtet. Besonders eingehend ist der Effekt von Elektrolyten auf Enzymreaktionen durch COLE[14]) studiert worden. Es liegt sehr nahe,

1) V. HENRI u. A. MAYER. Compt. r. soc. biol., Tome LVI, p. 230 (1904); SCHMIDT-NIELSEN, l. c., p. 398. — 2) DUCLAUX, l. c., p. 216—20. — 3) Hierzu TH. BOKORNY, Ref. Centr. Bakt., II. Abt., 1901, p. 851. — 4) A. DASTRE, Compt. rend., Tome CXXI, p. 899 (1895); üb. Alkoholeinfluß noch E. THIBAULT, Journ. Pharm. Chim. (6), Tome XV, p. 161 (1902); auch BOKORNY, Biochem. Centr., 1903, Ref. No. 178. — 5) Zusammenstellungen diesbezüglich noch bei CL. FERMI u. L. PERNOSSI, Centr. Bakt., Bd. XV, p. 229 (1894); Zeitschr. Hyg., Bd. XVIII, No. 1 (1894); TH. BOKORNY, Chemik.-Ztg., Bd. XXIV, p. 1113. 1136 (1900); Bd. XXV, p. 365 (1901); Pflüg. Arch., Bd. LXXXV, p. 257 (1901); Zeitschr. Spiritusindustr., Bd. III (1901); J. EFFRONT, Bull. soc. chim. (3), Tome IX, p. 151 (Diastase) (1894); W. DETMER, Landw. Jahrb, Bd. X, p. 731 (1881). — 6) E. SCHAER, Chem. Centr., 1891, Bd. I, p. 671; über Hemmung durch Blausäure auch FIECHTER, Dissert. Basel, 1875; JACOBSOHN, Zeitschr. physiol. Chem., Bd. XVI, p. 367 (1892); R. RAUDNITZ, Zeitschr. Biol., Bd. XLII, p. 100 (1901). — 7) S. MERESHKOWSKY, Centr. Bakter. (II), Bd. XI, p. 33 (1903). — 8) R. A. CRIPPS, Chem. Centr., 1897, Bd. II, p. 500. — 9) P. MORAT, Compt. rend. soc. biol., 1893, p. 116. — 10) E. BUCHNER u. R. RAPP, Ber. chem. Ges., Bd. XXXI, I, p. 209 (1898). — 11) Hierzu: FOKKER, Centr. f. mediz. Wiss., 1891, p. 454; DUBS, Virch. Arch., Bd. CXXXIV, p. 519 (1893). Hemmung durch Glyzerin: H. BRAEUNING, Zeitschr. physiol. Chem., Bd. XLII, p. 70 (1904). — 12) W. v. MORACZEWSKI, Pflüg. Arch., Bd. LXIX, p. 32 (1897). — 13) BOURQUELOT u. HÉRISSEY, Compt. r. soc. biol., T. LV, p. 176 (1903). — 14) S. W. COLE, Journ. of Physiol., Vol. XXX, p. 202 u. 281 (1903).

an die ausflockenden Wirkungen auf Kolloide als Parallelerscheinung zu denken, doch ist dies noch nicht hinreichend experimentell verfolgt worden.

Besonderes biochemisches Interesse haben diejenigen Antikatalysatoren, welche durch Hitze zerstörbar sind, augenscheinlich in ihrer chemischen Natur den Enzymen analog sind und sich vor allem durch ihre spezifische Wirkung auf bestimmte Enzyme auszeichnen. Diese bisher besonders auf Einverleibung von verschiedenen Enzymen in den Tierleib im Blutserum, aber auch als normale Körpersubstanzen beobachteten Hemmungsstoffe hat man als Antifermente oder Antienzyme bezeichnet[1]). Solche Antienzyme treten aber auch bei verschiedenartigen Reizvorgängen in Wurzelspitzen, Hypokotylen, Pilzen etc. allgemein verbreitet auf[2]), und zwar handelt es sich um Antioxydasen, welche die fermentative Oxydation der Homogentisinsäure hemmen.

Nachfolgende Tabelle zeigt, wieviel ccm $^1/_{10}$ norm. AgNO$_3$-Lösung von je 5 ccm eines Autolysengemisches bestehend aus 100 zerriebenen Wurzelspitzen $+$ 10 ccm Wasser $+$ 50 ccm wässerige Homogentisinsäurelösung (Liter 10 ccm $=$ 4 ccm $^1/_{10}$ norm. AgNO$_3$) verbraucht werden mit und ohne vorhergehender geotropischer Reizung:

Datum	ungereizt	gereizt	
21. April	3,2 ccm	3,6 ccm	AgNO$_3$ $^1/_{10}$ norm.
26. April	2,5 „	3,5 „	
1. Mai	1,8 „	3,2 „	
5. Mai	1,3 „	2,75 „	
10. Mai	1,1 „	2,3 „	

Die Antioxydasen sind spezifisch wirksam, und wirken nur bei nahe systematisch verwandten Pflanzenarten wechselseitig auf die Oxydasen der gleichnamigen Organe, die Maisantioxydase wirkt jedoch z. B. nicht auf Lupinusoxydase. Bei 62° C wird wohl die Antioxydase, nicht aber die Oxydase unwirksam. Es läßt sich also die Antiwirkung in Gemischen durch Erwärmen aufheben. Daraus folgt, daß das Antienzym das Enzym nicht vernichtet, sondern wahrscheinlich durch Bindung unwirksam macht. Darin sind die Antienzyme den Toxinen analog. In der Stoffwechselregulation kommt wahrscheinlich solchen Antikatalysatoren eine äußerst wichtige Rolle zu.

1) Antiemulsin: H. HILDEBRANDT. Virch. Arch., Bd. CXXXI, p. 5 (1893). Antichymosin: J. MORGENROTH, Centr. Bakt. (1), Bd. XXVI, p. 349 (1899); Bd. XXVII, p. 721 (1900); E. FULD u. K. SPIRO, Zeitschr. physiol. Chem., Bd. XXXI p. 133 (1900). Antiurase: L. MOLL, Hofmeist. Beitr. z. chem. Physiol., Bd. II, p. 344 (1902). Antitrypsin: CL. FERMI u. L. PERNOSSI, Centr. Bakt., Bd. XXII, p. 1 (1897); P. ACHALME, Ann. Inst. Pasteur, T. XV (1901), p. 737. Antityrosinase: C. GESSARD, Compt. rend. soc. biol., T. LIV, p. 551 (1902). Antilaccase: GESSARD, ibid., Bd. LV, p. 227 (1903). Antipepsin: H. SACHS, Chem. Centr., 1903, Bd. I, p. 244; Antilab: KORSCHUN, Zeitschr. physiol. Chem., Bd. XXXVI, p. 141; Bd. XXXVII, p. 366 (1903). Auf normales Vorkommen von Antifermenten hat WEINLAND, Zeitschr. Biolog., Bd. XLIV, p. 1 u. 45 (1902), Bd. XLV, p. 119 (1903) zuerst aufmerksam gemacht. Die Unangreifbarkeit der Magenschleimhaut durch das Pepsin des Magensekretes wird auf Antipepsin resp. Antitrypsin zurückgeführt. Vgl. auch HENSEL, Biochem. Centr., 1903, Ref. 864; HÄNSEL, ibid., Bd. II, Ref. 817 (1904); DASTRE u. STASSANO, Compt. rend. soc. biol., T. LV, p. 130 (1903). Über die antitryptische Wirkung des Blutes: GLAESSNER, Beitr. chem. Physiol., Bd. IV, p. 79 (1903); ASCOLI u. BEZZOLA, Centr. Bakter., (I), Bd. XXXIII, No. 10 (1903): DELEZENNE u. POZERSKI, Compt. rend. soc. biol., Tome LV, p. 327 (1903). Antifermin: A. SCHÜTZE, Deutsche mediz. Wochenschr., 1904, No. 9—10. — 2) F. CZAPEK, Ber. bot. Ges., Bd. XX, p. 464 (1902), Bd. XXI, Heft 4 (1903).

Chemische Stoffe als Beförderer von Enzymwirkungen: Hilfsstoffe, Zymoexcitatoren. Für viele Enzyme ist es eine alte Erfahrung, daß ein kleiner Zusatz von Säure die Enzymwirkung sehr deutlich begünstigt. Für Diastase hat dies DETMER[1]) festgestellt, für Invertase KJELDAHL, sowie O'SULLIVAN und TOMPSON.

Die letzteren Autoren geben für den Einfluß von Schwefelsäure auf Invertinwirkung folgende Zahlen an:

Milligramm SO_3 in 100 g Flüssigkeit
0   0,5   1,0   1,5   2,0   6,0

Zahl der Minuten für gleich starke Inversion
66   48   46   47   50   108

Für das Magenpepsin ist die fördernde Wirkung freier Säuren ebenfalls altbekannt. Die verschiedenen Säuren entsprechen in ihrer Wirksamkeit vollständig ihrer Affinitätskonstante, es hängt somit die in Rede stehende Beeinflussung von der Konzentration der Lösung an Wasserstoffionen ab. So kommt es auch, daß Kohlensäure unter höherem Drucke, wie MÜLLER-THURGAU fand, die Diastasewirkung erheblich zu fördern vermag[2]). Die Empfindlichkeit der Enzyme gegen obere Grenzkonzentrationen der Säuren ist spezifisch verschieden. In anderen Fällen wirkt ein geringer Gehalt der Lösung an Hydroxylionen günstig auf die Enzymwirkung, wie bei Trypsinen aus dem Pflanzen- und Tierreiche. JACOBSOHN erhielt für die H_2O_2-Katalyse durch Mandelenzym folgende Wirkungen bei Zusatz verschieden starker Kalilösung:

Kalimenge

$$\frac{1}{\infty} \quad \frac{1}{130} \quad \frac{1}{70} \quad \frac{1}{40} \quad \frac{1}{30} \quad \frac{1}{25} \quad \text{normal KHO}$$

Zur Entwicklung von 170 ccm Sauerstoff erforderliche Zeit:
30'   3'   6'   15'   30'   vielmehr als 30 Minuten

Es sei daran erinnert daß sich ganz ähnliche Resultate bezüglich der fördernden Wirkung von schwach alkalischer Reaktion für die Superoxydkatalyse durch Platinsol (BREDIG) ergeben haben. Auch Salze sind als „Zymoexcitatoreu" bekannt. Nach HÉRISSEY[3]) fördert 1,5% NaFl die Hydrolyse der Reservekohlenhydrate durch die Cytase der Leguminosensamen. So wie für anorganische Oxydationskatalysen vielfach Förderung durch Schwermetallsalze beobachtet wurde[4]), so ist auch für Enzymkatalysen eine Reihe derartiger Angaben vorhanden, insbesondere für die Oxydasen die Förderung durch Mangansalze (BERTRAND[5]); für die Labwirkung hat MORACZEWSKI[6]) dem Kalk eine analoge Bedeutung zugeschrieben. Manche hierher gehörige Angaben,

1) W. DETMER, Zeitschr. physiol. Chem., Bd. VII, p. 1 (1882). Pflanzenphysiol. Untersuch. üb. Fermentbildung, Jena 1884. Zur Litt. über den Gegenstand besonders DUCLAUX, l. c. p. 233, und die verschiedenen Kapitel der speziellen Biochemie in diesem Buche. P. PETIT, Compt. r., Tome CXXXVIII, p. 1003 (1904). — 2) Über Kohlensäurewirkung auch M. BASWITZ, Ber. chem. Ges., Bd. XI, p. 1443 (1878). — 3) H. HÉRISSEY, Compt. rend., Tome CXXXIII, p. 49 (1901). — 4) PRICE, Zeitschr. physikal. Chem., Bd. XXVII, p. 474 (1898); E. SCHAER, Lieb. Annal., Bd. CCCXXIII, p. 32 (1902). — 5) BERTRAND, Compt. r., Tome CXXIV, p. 1032, 1355 (1897). — 6) MORACZEWSKI, Pflüg. Arch., Bd. LXIX, p. 32 (1897).

wie insbesondere jene SACHAROFFS[1]) über die Rolle des Eisens bei Enzymreaktionen, sind durchaus problematischer Natur.

Einfluß der Enzymmenge. — Schon bei dem Studium der Diastase, des ersten isolierten Enzyms, nahmen PAYEN und PERSOZ wahr, daß 1 Teil dieses Stoffes 2000 Teile Stärke umzuwandeln vermochte. Spätere Enzympräparate waren noch viel wirksamer. O'SULLIVANS Invertase wirkte noch im Verhältnisse 1 : 200 000, HAMMARSTENS Labpräparat 1 : 800 000, TAMMANNS Mandelemulsin 1 : 25 000. Es wirken demnach auch noch ganz minimale Mengen in nachweisbarem Grade. BRÜCKE hat zuerst für die Fibrinproteolyse durch Magenpepsin festgestellt, daß die Reaktion durch Verwendung größerer Enzymmengen namhaft beschleunigt wird. Alle folgenden Experimentaluntersuchungen haben dies für die verschiedensten Enzyme bestätigt. KJELDAHL hat gezeigt, daß es nicht auf die absolute Menge des vorhandenen Enzyms ankommt, sondern auf die Enzymkonzentration. Dieselbe Enzymmenge wirkt in verdünnter Lösung langsamer als in konzentrierterer Lösung (bis 12 Proz.) auf die gleiche Menge Maltose ein.

Beim Vergleiche der Wirkung verschiedener Enzymkonzentrationen hat man sich an den Grundsatz zu halten, die zu gleichem Umsatze in verschiedenen Versuchen erforderlichen Zeiträume zu messen, was leider in vielen vorhandenen Untersuchungen nicht beachtet worden ist. Für zahlreiche Fälle ist behauptet worden, daß Enzymkonzentration und Wirkung miteinander in proportionalem Verhältnisse stehen. Durch neuere Untersuchungen weiß man jedoch, daß diese Beziehung angenähert nur für geringe Enzymkonzentrationen gilt. Nach DUCLAUX[2]) existiert für das Labenzym ein derartiges Wirkungsgesetz, und es gilt auch für die Invertase, wie früher bereits KJELDAHL, AD. MAYER[3]), sowie O'SULLIVAN und TOMPSON angenommen hatten. Für Invertase gilt Proportionalität nur so lange, bis 10—20% des Rohrzuckers hydrolysiert sind, und nur für sehr kleine Enzymmengen. Für Diastase war Proportionalität zwischen Enzymkonzentration und Wirkung schon von PASCHUTIN[4]) angegeben, und sie ist später durch die schöne Arbeit KJELDAHLS genau bekannt geworden. Als Beispiel für das Ansteigen der Wirkung mit vermehrter Enzymmenge diene folgender Versuch KJELDAHLS:

Malzauszug:	1	3	5	10	15	20	30 ccm
Gebildete Maltose g	0,1	0,31	0,49	0,82	1,1	1,1	1,2 g

Auf der Erfahrung, daß bei der Einwirkung von verschiedenen Mengen desselben Malzextraktes auf eine bestimmte gleiche Menge einer Stärkelösung bei bestimmter Temperatur die Reduktionskraft der Stärkelösung proportional der Malzauszugmenge ist, hat KJELDAHL seine bekannte Methode der Diastasebestimmung begründet. Dabei darf das Reduktionsvermögen von 100 g Trockensubstanz nicht größer sein, als das Reduktionsvermögen von 30 g Traubenzucker oder 45 g Maltose. Nach A. MEYER[5]) arbeitet man am sichersten bei 60°. MEDWEDEW[6])

1) N. SACHAROFF, Das Eisen als das tätige Prinzip der Enzyme, Jena 1902; vgl. auch Centr. Bakt. (2), Bd. X, p. 578 (1903); ib. (1), Bd. XXIV, p. 661 (1898); Bd. XXV, p. 346 (1898); Bd. XXVI, p. 189 (1899). — 2) DUCLAUX, l. c., p. 162. — 3) A. MAYER, Enzymologie 1882. — 4) PASCHUTIN, Dubois' Arch. 1871, p. 359. — 5) A. MEYER, Stärkekörner, Jena 1895. p. 65. — 6) A. MEDWEDEW, Pflüg. Arch., Bd. LXV, p. 249 (1896).

fand bei Untersuchung der Leberaldehydase ebenfalls die Oxydations-
geschwindigkeit von Salicylaldehyd der Fermentkonzentration proportional. KASTLE und LOEVENHART[1]) dehnten diese Beziehung auch auf
das Gebiet der Lipasen aus. Für das Pepsin wurde hingegen von
verschiedenen Seiten (E. SCHÜTZ, BORISSOW, J. SCHÜTZ[2]) angegeben, daß
die in einer bestimmten Zeit gelöste Eiweißmenge innerhalb bestimmter
Grenzen den Quadratwurzeln der relativen Pepsinmenge proportional ist.
Dies kann man nach METT sehr hübsch durch das verschieden starke
Abschmelzen anfangs gleich hoher Eiweißsäulchen zeigen.

Auf derartigen Erfahrungen basieren die gegenwärtig vorhandenen
Bestimmungsmethoden für Enzyme. Genaueres über diese Methoden
wird bei Behandlung der verschiedenen Enzyme im speziellen Teile berichtet.

Unwirksamwerden der Enzyme während der Reaktion.
Die Unvollständigkeit der Fermentreaktionen. — Für manche
Fälle hat sich die bei so vielen Katalysen nachgewiesene Eigenschaft,
daß sich die Katalysatormenge während der Reaktion nicht ändert,
auch auf dem Gebiete der Enzyme wiederfinden lassen, wie für das
Pepsin bei der Eiweißhydrolyse [BRÜCKE[3])]. Doch ist es unzweifelhaft nachgewiesen, für die Hefeinvertase durch O'SULLIVAN[4]), für das
Mandelemulsin durch TAMMANN[5]), daß Enzyme während der Reaktion
allmählich unwirksam werden und die Fermentreaktion bei keiner Temperatur ganz zu Ende zu bringen ist; es bleibt stets ein Rest unge-
spaltener Substanz zurück. Das Unwirksamwerden erfolgt um so
schneller, je höher die Temperatur ist. TAMMANN hält es mit Recht
für unwahrscheinlich, daß das Enzym durch seine Katalysatorwirkung
geschwächt wird und meint, die Ansicht sei begründet, daß der Verlust
der Wirksamkeit ein von der katalytischen Wirkung unabhängiger
Prozeß ist. Wie man derartige Erscheinungen in der chemischen Kinetik bereits erfolgreich in Arbeit nehmen kann, hat jüngst BREDIG in
äußerst interessanter Weise dargelegt[6]). TAMMANN zeigte für Emulsin,
daß dieses Enzym, auch als Trockenpräparat aufbewahrt, binnen längerer
Zeit bedeutend an Wirksamkeit einbüßt. Worin dieses Unwirksamwerden besteht, konnte für das Emulsin noch nicht festgestellt werden.
Der Stillstand der Reaktion durch das Zugrundegehen des Katalysators in
Nebenreaktionen kann als ein „falsches Gleichgewicht" bezeichnet werden.
BREDIG hat darauf hingewiesen, daß analoge Erscheinungen auch bei
unorganischen Katalysatoren vorkommen, insbesondere bei der Knallgaskatalyse durch Platinsol und der H_2O_2-Katalyse durch kolloidales
Silber. Bei TAMMANN finden sich auch interessante Beobachtungen
über die Gesetze der Geschwindigkeit des Enzymzerfalls.

Die Lage des „falschen Gleichgewichtes" kann bei verschiedenen
Enzymen und verschiedenen Versuchsbedingungen mehr oder weniger
weit vom idealen Endzustande der vollständigen Spaltung entfernt

---

1) KASTLE u. LOEVENHART. Amer. Chem. Journ., Vol. XXIV. p. 491 (1900).
— 2) E. SCHÜTZ, Zeitschr. physiol. Chem., Bd. IX, p. 577 (1885); BORISSOW,
zit. bei SSAMOILOW, Arch. d. scienc. biol., Tome II, p. 705; J. SCHÜTZ, Zeitschr.
physiol. Chem., Bd. XXX, p. 1 (1900); F. HOFMEISTER (vgl. die letzterwähnte Arbeit
von J. Schütz) hat hierzu einen interessanten Erklärungsversuch geliefert. — 3) E.
BRÜCKE, Sitz. Wien. Akad., Bd. XXXVII, p. 131. — 4) O'SULLIVAN, Chem.
Journ., 1890, Tome I, p. 834. — 5) G. TAMMANN, Zeitschr. physikal. Chemie,
Bd. XVIII, p. 426 (1895). — 6) BREDIG, Ergebnisse d. Physiologie 1902, p. 201.

liegen. Beim Emulsin war es schon LIEBIG und WÖHLER [1]) aufgefallen, wie entfernt die Wirkung auf das Amygdalin von einer vollständigen Spaltung bleibt. Hingegen gab PIRIA [2]) an, daß Salicin durch Emulsin vollständig gespalten wird. Labenzym spaltet das Kasein, Invertase die Saccharose wenigstens bei höheren Temperaturen praktisch vollständig. Auch bei der tryptischen Verdauung fanden KUTSCHER [3]) und andere Forscher selbst die letzten Reste der Albumosen in Aminosäuren aufgespalten. Weniger weit geht die Stärkehydrolyse durch Diastase.

Nun ist aber nach den Erfahrungen TAMMANNs [4]) die Enzymzerstörung nicht die einzige Ursache einer gefundenen Lage des falschen Gleichgewichtes. Einmal hängt der Endzustand von der Temperatur ab. Eine bei niederer Temperatur zum Stillstande gelangte Emulsinkatalyse kann man durch Temperaturerhöhung wieder in Gang bringen und bis zu dem der neuen Temperatur entsprechenden neuen „falschen Gleichgewichte" wieder fortsetzen. TAMMANN fand ferner, daß man bei Vermehrung der Amygdalinmenge bei derselben Enzymquantität die absolute Menge der Amygdalinspaltungsprodukte größer findet. So wurden gespalten von 0,51 g 0,11 g, von 1,02 g 0,15 g, von 2,04 g Amygdalin 0,24 g. Die relativen Mengen der Spaltungsstoffe sind geringer, wenn mehr Amygdalin verwendet wird. Setzt man Amygdalin zu einer bereits im Endzustande befindlichen Lösung zu, so kommt die Reaktion neuerlich in Gang. Von Interesse ist ferner, daß das Ausäthern der Spaltungsprodukte bei der Glykosidkatalyse des Emulsins das falsche Gleichgewicht ebenfalls verschiebt und die Reaktion sehr merklich der Vollständigkeit näher bringt. Andererseits kann man durch absichtlichen Zusatz von Spaltungsprodukten ein früheres Eintreten eines falschen Endzustandes erzielen. Für die Alkoholgärung wurde bereits durch BOUSSINGAULT [5]) gezeigt, daß Entfernung der bereits gebildeten Kohlensäure- und Alkoholmengen den Reaktionsfortgang stark befördert. Hierher zählen ferner die biologischen Beobachtungen von PFEFFER und HANSTEEN über die Endospermentleerung von Samen und jene von SAPOSCHNIKOFF über die Stärkeentleerung der Laubblätter. Der Einfluß der Spaltungsprodukte auf die Enzymwirkung erfährt auch eine wirksame Illustration durch die Beobachtung TAMMANNs, daß Emulsin nach Erreichung des falschen Gleichgewichtes in Amygdalinlösung auf Salicin noch einzuwirken imstande ist. Endlich läßt sich das Gleichgewicht durch Verdünnen der Lösung nachträglich verschieben.

In Verbindung mit der bereits besprochenen Tatsache, daß die Enzymreaktionen auch durch Vermehrung der Enzymmenge weiter getrieben werden können, legen die erwähnten Erfahrungen die Erwägung nahe, daß das Enzym selbst und zwar in umkehrbarer Weise, an den „falschen Gleichgewichten" beteiligt ist.

Substratkonzentration und die Geschwindigkeit der Enzymreaktionen. — Die großen Analogien der Enzymwirkungen mit unorganischen Katalysen forderten schon seit längerer Zeit dazu auf, das Zeitgesetz der Enzymwirkungen näher festzustellen. O'SULLIVAN

---

1) LIEBIG u. WÖHLER, Lieb. Annal., Bd. XXII, p. 19 (1837). — 2) PIRIA, Lieb. Ann., Bd. LVI, p. 36 (1845). — 3) KUTSCHER, Die Endprodukte der Trypsinverdauung, Straßburg 1899. — 4) TAMMANN, Zeitschr. physikal. Chem., Bd. III, p. 25 (1889); Zeitschr. physiol. Chem., Bd. XVI, p. 271 (1892). — 5) BOUSSINGAULT, Compt. rend., Tome XCI, p. 373 (1880).

und TOMPSON hatten für die Invertinkatalyse des Rohrzuckers einen
ähnlichen Verlauf angenommen, wie für die Säurekatalyse, also dem
WILHELMYschen Gesetze entsprechend. DUCLAUX [1]) betonte aber bereits,
daß eine Proportionalität der Reaktionsgeschwindigkeit zur jeweiligen
Rohrzuckerkonzentration nicht immer vorhanden sei. Sodann hat TAM-
MANN auf die wesentlichen Differenzen zwischen beiden Vorgängen hingewiesen. Zuletzt hat HENRI [2]) gezeigt, daß der Verlauf der Invertinwirkung bis zur Inversion von 20 Proz. der Anfangsmenge des Rohrzuckers durch eine gerade Linie dargestellt werden kann, dann aber
anderen Gesetzen gehorcht. Die Invertinwirkung erwies sich nur von
der Konzentration des noch vorhandenen Rohrzuckers und des gebildeten Invertzuckers abhängig, und nicht vom Zustande des Fermentes.
Bezüglich interessanter Vergleichspunkte der von HENRI gefundenen
Gleichung für die Invertinkatalyse mit Autokatalysen, ist die Darstellung
BREDIGS [3]) einzusehen. H. T. BROWN und GLENDINNING [4]) fanden für
die Stärkehydrolyse durch Diastase ganz ähnliche Verhältnisse. Auch
hier handelt es sich nicht um den einfach logarithmischen Verlauf einer
Reaktion erster Ordnung. Bis zur Hydrolyse von 30—40 Proz. der
vorhandenen Stärke (in 3-proz. Lösung), war die umgewandelte Stärkemenge annähernd eine lineare Funktion der Zeit, weiterhin ist das Ab-
hängigkeitsverhältnis fast logarithmisch. Auch die Untersuchungen von
HERZOG [5]), welche unter BREDIGS Leitung über das Zeitgesetz der
Zymasewirkung angestellt wurden, haben teilweise Resultate geliefert,
welche mit HENRIS Erfahrungen über das Anwachsen der Geschwindigkeitskonstanten bei Fermentreaktionen gut übereinstimmen. In einer
neueren Arbeit hat HERZOG [6]) angedeutet, wie man auch die Erfahrungen
über die Reaktionsgeschwindigkeit in heterogenen Systemen (in solchen
finden ja die Enzymreaktionen statt) für die Ausmittelung des Zeit-
gesetzes der Enzymwirkungen erfolgreich heranziehen kann. Über
Maltase hat TERROINE [7]) neuestens einige Mitteilungen gemacht. Im
übrigen muß man weitere Bearbeitung des Geschwindigkeitsgesetzes der
Enzymreaktionen als sehr wünschenswert ansehen, zumal es an Angaben
nicht fehlt, welche über abweichende Ergebnisse berichten [8]).

Umkehrbarkeit von Enzymwirkungen. — Da Katalysatoren
nur auf die Geschwindigkeit der von ihnen beeinflußten Reaktionen
wirken, und den Endzustand nicht ändern, so müssen umkehrbare Reaktionen auch nach der entgegengesetzten Richtung katalysiert werden können.

1) E. DUCLAUX, Annal. Inst. Pasteur, Tome XII, p. 196 (1898); vgl. auch schon
BARTH, Ber. chem. Ges., Bd. XI, p. 474 (1878); ferner A. J. BROWN, Proc. chem.
Soc., Tome XVIII. p. 41 (1902). — 2) V. HENRI, Zeitschr. physikal. Chem.,
Bd. XXXIX, p. 194 (1901); Compt. rend., Tome CXXXIII, p. 891 (1901); Tome
CXXXV, p. 916 (1902). Über Trypsinwirkung, welche Ähnlichkeiten hiermit auf-
weist: HENRI u. LARGUIER DES BANCELS, Compt. rend. soc. biol., Tome LV, p. 563,
866 (1903). Emulsin: HENRI u. LALOU, Compt. rend., Tome CXXXVI, p. 1693
(1903). Maltase: HENRI, PHILLOCHE u. TERROINE, Compt. rend. soc. biol., Tome
LVI, p. 494 (1904). HENRI, Lois génér. de l'action des diastases, Thèse Paris, 1903. —
— 3) BREDIG, Ergebnisse, l. c., p. 186. — 4) H. T. BROWN u. T. A. GLENDINNING,
Journ. chem. Soc., Tome LXXXI, p. 388 (1902). — 5) HERZOG, Zeitschr. physiol. Chem.
Bd. XXXVII, p. 149 (1902). — 6) R. O. HERZOG, ibid., Bd. XLI, p. 416 (1904).
Vgl. ferner die interessanten Ausführungen desselben Forschers (Akad. Amsterdam,
Sitzungsber., 31. Okt. 1903), wonach man das Gesetz der Emulsinwirkung bei An-
nahme einer negativen Autokatalyse (durch die entstehenden Spaltungsprodukte)
durch die Formel monomolekularer Reaktionen ausdrücken kann. — 7) E. F. TER-
ROINE, Compt. rend., Tome CXXXVIII, p. 778 (1904); vgl. auch CH. PHILOCHE,
ibid., p. 779. — 8) Vgl. u. a. E. FULD, Hofmeisters Beitr. z. chem. Phys., Bd. II,
p. 185 (Labferment) (1902).

In der organischen Chemie sind derartige Fälle für die Säurekatalyse von Esterverseifung und Esterbildung schon lange bekannt und werden praktisch ausgenutzt [1]). Für Zuckerarten ist Spaltung und Reversion durch Säuren katalytisch beschleunigt gefunden worden [2]). Sind nun die Enzyme wirklich nur Katalysatoren, so darf man aus theoretischen Gründen vermuten, daß sie nicht nur Spaltungen, sondern auch Synthesen zu katalysieren vermögen. Zuerst wurde dies von VAN 'T HOFF [3]) ausgesprochen. Die gegenteilige Ansicht, daß Enzyme nur exothermale Spaltungen bedingen können, und auf die umgekehrte Reaktion nicht einzuwirken vermögen [4]), beruht auf älteren unrichtigen thermodynamischen Vorstellungen, und wurde übrigens in den letzten Jahren bereits durch eine ganze Reihe von Experimentaluntersuchungen direkt widerlegt. A. CROFT HILL [5]) zeigte zuerst, daß Hefemaltase in genügend konzentrierten Traubenzuckerlösungen Bildung von Maltose hervorruft, während sie umgekehrt in konzentrierteren Maltoselösungen die Traubenzuckerbildung katalysiert. FISCHER und ARMSTRONG [6]) vermochten durch Kefirlaktase aus Glukose und Galaktose ein „Isolaktose" genanntes Disaccharid zu erhalten. M. CREMER [7]) fand, daß glykogenfreier Hefepreßsaft, mit 30 Proz. Fruktose versetzt, nach etwa 3 Tagen Glykogenreaktion gibt. Sodann ist EMMERLING [8]) die schöne Entdeckung gelungen, daß Hefemaltase in konzentrierter Lösung von Mandelsäurenitrilglykosid und Traubenzucker tatsächlich Amygdalin bildet. Auch für Lipasen ist bereits Glyzerinesterkatalyse nachgewiesen worden [HANRIOT, KASTLE und LOEVENHART [9])]. Voraussichtlich wird sich die Reihe der Enzymsynthesen rasch erweitern [10]). Es sei nur der Hinweis

---

1) Zur Theorie dieser Vorgänge: O. KNOBLAUCH, Zeitschr. physikal. Chem., Bd. XXII, p. 268 (1897). — 2) „Dextrinbildung" aus Traubenzucker gab zuerst durch Einwirkung von Schwefelsäure F. MUSCULUS Bull. soc. chim, 1872, Tome II, p. 67 an. Auch GAUTIER ibid., 1874, Tome II, p. 145. Ferner F. MUSCULUS u. A. MEYER, Zeitschr. physiolog. Chem., Bd. V, p. 122 (1881); E. FISCHER, Ber. chem. Ges., Bd. XXIII, 3687 (1890); Bd. XXVIII, p. 3024 (1895), fand, daß man aus Traubenzucker Isomaltose erhält. Über „Reversionsdextrine" auch A. WOHL, Ber. chem. Ges., Bd. XXIII, p. 2084 (1890). Für die Eiweißchemie von Interesse sind die 1878 von F. HOFMEISTER beobachteten proteinartigen Stoffe, welche beim Erhitzen von Pepton im geschlossenen Rohre entstehen. — 3) J. VAN'T HOFF, Zeitschr. anorg. Chem., Bd. XVIII, p. 1 (1898). — 4) C. OPPENHEIMER, Die Fermente (1900) p. 55. In der 2. Auflage (1904) wurde übrigens diese Ansicht wieder aufgegeben. Auch W. VAUBEL, Qual. Bestimmung organ. Verbindungen (1901), Bd. II, p. 490. Auch bei NÄGELI, Wärmetönung bei Fermentwirkungen, Sitzungsber. Akad. München 1880, begegnen wir nicht dem nötigen Widerspruch gegen allzuweitgehende Anwendung des BERTHELOTschen „principe du travail maximum". Die zutreffende Anschauungsweise ist hingegen von HERZOG, Zeitschr. physiol. Chem., Bd. XXXVII, p. 383 (1903) entwickelt. — 5) A. CROFT HILL, Journ. Chem. Soc., Tome LXXIII, p. 634 (1898); DUCLAUX, l. c., p. 516. EMMERLINGs Ansicht (Ber. chem. Ges., Bd. XXXIV, 1, p. 600, 2206, [1901]), daß hierbei nicht Maltose, sondern Isomaltose entsteht, dürfte durch HILL, ibid., Bd. XXXIV, 2, p. 1380 (1901), widerlegt worden sein. Über Maltosebildung durch „Takadiastase" (Enzym v. Aspergillus oryzae) vgl. HILL, Proc. chem. Soc., T. XVII, p. 184 (1901). Außer Maltose entsteht nach A. C. HILL durch Hefeenzym aus Traubenzucker noch eine neuentdeckte Biose, die Revertose, Proc. Roy. Soc., Tome XIX, p. 99 (1903); Journ. chem. soc., Tome LXXXIII, p. 578 (1903). — 6) E. FISCHER u. E. F. ARMSTRONG, Ber. chem. Ges., Bd. XXXV, p. 3144 (1902); ARMSTRONG, Chem. News, Vol. LXXXVI, p. 166 (1902). — 7) M. CREMER, Ber. chem. Ges., Bd. XXXII, p. 2062 (1899) — 8) O. EMMERLING, Ber. chem. Ges., Bd. XXXIV, 3, p. 3810 (1901). — 9) HANRIOT, Compt. rend., Tome CXXXII, p. 212 (1901); KASTLE u. LOEVENHART, Amer. chem. Journ., Vol. XXIV, p. 491 (1900); auch POTTEVIN, Compt. rend., Tome CXXXVI, p. 1152 (1903). — 10) Ob die Entstehung unlöslicher Produkte („Plasteïn") aus Eiweiß und Peptonlösungen durch Labferment (DANILEWSKY, LAWROW u. SALASKIN, Zeitschr. physiolog. Chem., Bd. XXXVI, p. 277 (1902) und Papayotin (D. KURAJEFF, Hofmeist. Beitr. z. chem.

gegeben, daß im Falle eines allgemeinen Vorkommens von reversiblen Enzymreaktionen zahlreiche biochemische Probleme der höchsten Wichtigkeit, wie Bildung von Stärke, Eiweiß, mit einem Schlage verständlich gemacht würden.

Aus allen Darlegungen geht hervor, daß wir derzeit keinen Grund haben, die Enzyme als etwas anderes anzusehen, als kolloide Katalysatoren, welche wahrscheinlich zur Klasse der Eiweißsubstanzen im weitesten Sinne (wenigstens überwiegend) zuzuzählen sind. Bisher ist wohl keine Eigenschaft der Enzyme bekannt, welche nicht bei anderen Katalysatoren ebenfalls zu beobachten wäre.

Sich Vorstellungen über die Art der Wirkung von Enzymen auf die katalysierte Substanz zu bilden, ist noch viel weniger möglich als bezüglich der Wirkung anderer Katalysatoren. Auch hier ist aber vielleicht gegenwärtig die Theorie der Zwischenreaktionen am wahrscheinlichsten. Möglicherweise handelt es sich um vorübergehende Verbindungen zwischen Substrat und Enzym, wie HANRIOT [1]) für die Wirkung der Lipason angenommen hat. O. NASSE [2]) stellte die Ansicht auf, daß die Enzyme durch Vermehrung der freien Ionen wirken; es bleibt noch unentschieden, wie weit man berechtigt ist, an derartige Vorgänge zu denken. Für die Meinung von LOEW [3]), daß die Enzyme labile Atomgruppen besitzen, welche sich bei der „Tötung‘‘ umlagern und die Hauptrolle bei der Enzymwirkung spielen, gelten dieselben Bedenken, welche oben gegen die Anschauungen von LIEBIG und NÄGELI geltend gemacht worden sind. Die Darlegungen von POZZI-ESCOT [4]) über die Wirkungsweise der Enzyme als „labile Substanzen‘‘ bringen keinen Fortschritt in diesem schwierigen Gebiete. Nach LAMBERT [5]) sollen lösliche Enzyme während der Dauer ihrer Funktion n-Strahlen aussenden, was noch weiterer Untersuchung bedarf.

Produktion der Enzyme im Organismus. Profermente oder Zymogene. Viele Enzyme, insbesondere tryptische, diastatische, invertierende, scheinen so allgemein vorzukommen, daß man jedem tierischen und pflanzlichen Protoplasten dieselben als fast nie fehlende Bestandteile zusprechen kann. In anderen Fällen handelt es sich nicht um weit verbreitete Zellbestandteile; die Beschränkung der Maltose spaltenden Wirkung bei manchen Heferassen zeigt deutlich, wie stark biologische Anpassungen auf Enzymproduktion Einfluß nehmen können. Auch haben PFEFFER und KATZ [6]) für die Diastaseproduktion durch Aspergillus, sowie die Erfahrungen von WENT [7]) an Monilia gezeigt, daß unter Umständen die Enzymproduktion sehr deutlich regulatorisch ver-

Physiol., Bd. I, p. 121 (1901); Bd. II, p. 411 (1902), mit ähnlichen Prozessen zusammenhängt, ist noch unbekannt.
1) M. HANRIOT, Compt. r., Tome CXXXII, p. 146 (1901). Die von H. KASTLE, Chem. Centr. 1902, Bd. II, p. 392, aufgestellte Meinung, daß Enzyme ionisierte Stoffe nicht spalten, trifft so allgemein gewiß nicht zu. Hierzu M. SLIMMER, Ber. chem. Ges., Bd. XXXV, p. 4100 (1902). — 2) O. NASSE, Rostocker Zeitung 1894. Ref. Zeitschr. physikal. Chem., Bd. XVI, p. 748 (1895). — 3) O. LOEW, Journ. prakt. Chem., Bd. XXXVII, p. 101 (1888); auch W. N. HARTLEY, Journ. chem. Soc. 1887, Tome I, p. 58; O. LOEW, Pflüg. Arch., Bd. CII, p. 95 (1904); Aso, Bull. Agric. Coll. Tokyo, Vol. VI, p. 58 (1904). — 4) E. POZZI-ESCOT, Chem. Centr. 1904, Bd. I, p. 819. — 5) LAMBERT, Compt. rend., Tome CXXXVIII, p. 196 (1904). — 6) W. PFEFFER, Ber. sächs. Gesellsch. Wiss. 1896, p. 513; Pflanzenphysiologie, Bd. I, 2. Aufl. (1897), p. 506; J. KATZ, Jahrb. wiss. Bot., Bd. XXXI, p. 599 (1898). — 7) F. A. C. WENT, Jahrb. wiss. Bot., Bd. XXXVI, p. 611 (1901).

mehrt und vermindert werden kann. Da es sichergestellt ist, daß Enzyme auch sich selbst in iber eigenen Zersetzung katalysieren können [Papayotin; WURTZ[1])] und manche Enzyme einander gegenseitig zerstören können [WROBLEWSKI[2])], so dürfen wir auch Einrichtungen im Organismus erwarten, welche solche Vorgänge regeln, beziehungsweise zu verhindern vermögen.

Verschiedene tierphysiologische Untersuchungen haben zu Substanzen geführt, welche leicht und glatt durch geringe Einwirkungen (z. B. verdünnte Säuren) wirksame Enzyme liefern, ohne daß ihnen selbst direkt Enzymwirkungen zukämen. Man nennt solche Stoffe Profermente oder Zymogene. So fand HAMMARSTEN[3]) ein Labzymogen (Prochymosin), EBSTEIN und GRÜTZNER[4]) ein Propepsin in der Magenschleimhaut. HEIDENHAIN[5]) fand ein Protrypsin, GOLDSCHMIDT[6]) ein Proptyalin, LANGLEY[7]) zeigte, daß 0,5—1.0 Proz. Na_2CO_3 das ausgebildete Pepsin rasch zerstört, Propepsin aber intakt läßt. Dadurch lassen sich Enzym und Zymogen trennen. Das Propepsin, mit dem sich zuletzt besonders GLAESSNER[8]) beschäftigt hat, ist eine N-haltige Substanz, doch ist sein Eiweißcharakter zweifelhaft; es wird leicht von verschiedenen Stoffen absorbiert, diffundiert nicht durch tierische und pflanzliche Membranen. Sublimat (0,1 Proz.) und 1 Proz. Phenol zerstören das Propepsin.

Von pflanzlichen Proenzymen[9]) ist die Existenz eines Protrypsin durch VINES[10]) und durch S. FRANKFURT[11]), sowie die einer Proinulase durch GREEN[12]) wahrscheinlich gemacht worden. Durch Behandlung von zerriebenen Keimlingen oder Nepentheskannen mit verdünnter Säure, vermag man die proteolytischen Wirkungen sehr beträchtlich zu steigern.

Daß, wie DETMER[13]) für Diastase fand und wie es voraussichtlich auch bei anderen Enzymen sehr häufig der Fall ist, die Fermentbildung im Gegensatze zur Fermentwirkung von Sauerstoffgegenwart abhängt, kann nicht überraschen, nachdem sowohl die Enzymbildung aus Zymogen als auch die Zymogenproduktion ihrerseits an derartige oxydative Stoffwechselvorgänge gebunden sein kann.

Die Aktivierung von Enzymen kann auch durch besondere Enzyme bewirkt werden. PAWLOW hat gezeigt, daß frischer Pankreassaft nicht tryptisch wirkt, sondern erst durch ein in der Duodenalschleimhaut enthaltenes Enzym aktiviert wird, die Entero-

1) A. WURTZ, Compt. rend., Tome XCI, p. 787. — 2) A. WROBLEWSKI, B. BEDNARSKI u. M. WOJCZYNSKI, Beitr. z. chem. Physiol., Bd. I, p. 289 (1901). Die erste Beobachtung derartiger Vorgänge war die von KÜHNE (1876) über die Verdauung des Trypsin durch Pepsin. — 3) HAMMARSTEN, Malys Jahresber. Tierchem., Bd. II, p. 118 (1872); später besonders LÖRCHER, Pflüg. Arch., Bd. LXIX. p. 141. — 4) EBSTEIN u. GRÜTZNER, Pflüg. Arch., Bd. VIII, p. 122, 617 (1874). — 5) HEIDENHAIN, Pflüg. Arch., Bd. X, p. 557 (1875); nach HEKMA, Biochem. Centr. 1903, Rf. 1420, fördern Säuren die Trypsinbildung aus Protrypsin nicht; über Pankreaszymogene auch VERWORN, Centr. Physiol., Bd. XVI, p. 642 (1902). — 6) GOLDSCHMIDT, Zeitschr. physiol. Chem., Bd. X, p. 273 (1886). — 7) J. N. LANGLEY, Journ. of Physiol., Vol. III, p. 246 (1881). — 8) K. GLAESSNER, Beiträge z. chem. Phys., Bd. I, p. 1 (1901); ferner PODWISSOTZKY, Journ. Pharm. Chim. (5), Vol. XIV, p. 518 (1886); LANGLEY u. EDKINS, Journ. of Physiol., Vol. VII, p. 371 (1887). Trypsin- und Steapsinzymogen: LINTWAREW, Biochem. Centr., 1903, Ref. No. 201. — 9) Über Proenzyme vgl. auch die Darstellungen bei DUCLAUX, l. c. p. 340; GREEN-WINDISCH, Enzyme, p. 388. — 10) S. VINES, Journ. Linn. Soc., Vol. XV, p. 427 (1877); Ann. of. Bot., Vol. XI (1897). — 11) S. FRANKFURT, Landw. Versuchsst., Bd. XLVII, p. 449 (1897). — 12) Fr. GREEN, Ann. of Botan., Vol. VII, p. 121 (1893). — 13) W. DETMER, Bot. Ztg., 1883, p. 601.

kinase[1]): es ist dies also gleichsam ein Enzym eines Enzyms. Von der Kinase durchaus verschieden ist der durch Bayliss und Starling[2]) entdeckte, die Pankreassaftsekretion anregende Stoff, das Sekretin, welches nicht zu den Enzymen zu rechnen ist. Kinase ist auch bereits im Pflanzenreiche nachgewiesen. Delezenne und Mouton[3]) fanden, daß Hutpilzextrakte (z. B. Amanita) inaktiven Pankreassaft kräftig aktivieren. Nach Malfitano[4]) besteht auch das Anthraxenzym aus inaktivem Trypsin und Kinase.

Das Verhältnis zwischen Kinase und Trypsin korrespondiert in bemerkenswerter Weise mit den zu schildernden Verhältnissen bei den komplexen Hämolysinen. Die Kinase entspricht den hämolytischen „Ambozeptoren" Ehrlichs, das Trypsin aber Ehrlichs „Komplementen"[5]).

Die aus früherer Zeit stammenden Angaben über „künstliche Darstellung" von Enzymen aus anderen Eiweißstoffen sind wohl sämtlich teils aus der Beimengung kleiner Enzymmengen, die an andere kolloide Stoffe adsorbiert sind, teils durch Bakterienwirkung zu erklären. Hierzu zählt die „künstliche Diastase" von Reychler und Selmi[6]), die Bildung von glykolytischem Enzym aus Diastase [Lépine[7])], auch die angeblich beim Schütteln von Eiweiß auftretenden tryptischen Wirkungen, die Chalféjeff[8]) angab. Die künstliche Herstellung von Enzymen ist noch ebensowenig gelungen, wie die Synthese wahrer Eiweißsubstanzen.

§ 6.
Cytotoxine und andere Stoffe, die sich an die Enzyme anreihen lassen[9]).

Pflanzliche und tierische Organismen produzieren eine große Menge von Stoffen, welche mit den Enzymen die Eigentümlichkeiten teilen, daß sie anscheinend eiweißartiger Natur sind, durch Hitze leicht zerstört werden, bereits in minimalen Mengen außerordentlich intensive Wirkungen zeigen und auch das Schicksal mit den Enzymen gemein haben, daß man von ihnen meist nur die Wirkungen kennt, die Stoffe selbst jedoch nicht rein dargestellt hat. Auch die in der neueren Pa-

---

1) Litt.: Hallion u. Carrion, Bull. gén. Thérap., Tome CXLV, p. 53 (1903); Delezenne, Compt. r. soc. biol., Tome LV, p. 455, 693 (1903); Dastre u. Stassano, ibid., p. 317, 319; Hamburger u. Hekma [Akad. Wetensch. Amsterdam, 1902, p. 733] meinen übrigens, die Enterokinase sei kein Enzym und schlagen für sie den Namen „Zymolysin" vor. — 2) Bayliss u. Starling, Journ. of Physiol., Vol. XXVIII, No. 5 (1902), Vol. XXIX, No. 2 (1903), Vol. XXX, No. 1 (1904); Fleig, Centr. Physiol., Bd. XVI, p. 681 (1902); Camus, Biochem. Centr., 1903, Ref. 381. — 3) Delezenne u. Mouton, Compt. r. soc. biol., Tome LV, p. 27 1903), Compt. rend., Tome CXXXVI, p. 167 (1903). — 4) Malfitano, ibid., p. 964. — 5) Vgl. Delezenne, ibid., p. 171. Man kennt auch bereits eine Antikinase: Delezenne, ibid., p. 132, 935. Nach Dastre und Stassano beruht die Nichtangreifbarkeit von Darmparasiten (Ascaris) durch die Sekrete des Wirtes nicht auf Produktion von Antitrypsin (Weinland), sondern auf Gegenwart von Antikinase in Ascariden: Compt. rend. soc. biol., Tome LV, p. 254, 588, 633, 635 (1903). — 6) Selmi, ref. Ber. chem. Ges., Bd. XV, p. 386 (1882). — 7) Lépine, widerlegt durch O. Nasse u. F. Framm, Pflügers Archiv, Bd. LXIII, p. 203 (1896). — 8) Chalféjeff, ref. Centr. Physiol., 1901, p. 200. — 9) Zur Orientierung auf diesem für die Biologie in kurzer Zeit so wichtig gewordenen Gebiete können folgende Werke dienen: Deutsch u. Feistmantel, Impfstoffe und Sera, 1903, Oppenheimer, Toxine und Antitoxine, 1904; H. Sachs, Biochem. Centr., Bd. I, p. 573 (1903); Oppenheimer, Die Fermente, 2. Aufl. (1904), p. 161.

thologie und Hygiene vielstudierten „Antikörper", welche auf Einverleibung solcher Stoffe in den Tierleib im Blute gefunden werden, erinnern sehr in ihrer Wirkung an die Paralysatoren bei Enzymen. Zu den Cytotoxinen zählen die von Bakterien häufig, seltener von höheren Organismen erzeugten Giftstoffe: Toxalbumine, Lysine; ferner die Agglutinine und Präzipitine. Da man von den stofflichen Eigenschaften dieser Substanzen so gut wie gar nichts weiß, reiht sich ihre Besprechung am besten an die Abhandlung der chemischen Reaktionen im Organismus an. Die Sammelbenennung „Cytotoxine" rührt von E. METCHNIKOFF [1]) her. ARTHUS [2]) hat neuerdings vorgeschlagen, diese Substanzen als „Enzymoide" zusammenzufassen.

I. Bakterientoxine. Der Begriff der Bakteriotoxine hat im Laufe der Zeit Verschiebungen und Einschränkungen erfahren. Nachdem zuerst SELMI [3]) das regelmäßige Auftreten giftiger N-haltiger Stoffe, welche Alkaloidreaktionen geben („Ptomaine"), bei der Fäulnis von Tierkadavern kennen gelernt hatte, gelang es den ausgedehnten Untersuchungen BRIEGERS [4]), eine große Anzahl von „Fäulnisbasen" analysenrein darzustellen und zu beweisen, daß es sich teilweise um einfach gebaute organische Verbindungen handelt, teils um komplizierte Stickstoffverbindungen. Von ersteren wurden viele als Abbauprodukte des Eiweißmoleküls erkannt (Kadaverin, Putrescin u. a.) und gehören heute in den Bereich der Eiweißchemie. Auch von den besonders stark giftigen Fäulnisbasen, welche BRIEGER als „Toxine" zusammenfaßte, sind einige, wie Neurin, Muskarin, heute als Spaltungsprodukte von Lecithinen erkannt. GAUTIER [5]) hatte angenommen, daß auch der normale tierische Stoffwechsel solche toxinartige Stoffe produziere, welche als „Leukomaine" zusammenzufassen wären.

Eine sehr reichliche Ausbeute an Toxinen ergab sich bei der Untersuchung von Bakterienkulturen, die BRIEGER seit 1886 in Angriff genommen hatte und seither von sehr zahlreichen Forschern fortgesetzt worden ist. Hier stellte sich bei einer ganzen Reihe von Toxinen neben außerordentlich starker Giftwirkung Hitzeunbeständigkeit und eiweißähnlicher Charakter heraus. Sie wurden als „Toxalbumine" bezeichnet. NENCKI [6]) sprach von ihnen als „labilen Eiweißstoffen". Doch ist mehrfach wieder der Eiweißcharakter in Zweifel gezogen worden. Diese Stoffe sind es, die man heute als Bakteriotoxine im eigentlichen Sinne zusammenfaßt. Der Tetanusbacillus lieferte vier Toxine, darunter das vielstudierte Tetanotoxin [BRIEGER [7])]. Diese Substanz wurde von VAILLARD und VINCENT als ein von den Bakterien produziertes Enzym angesehen [8]), COURMONT [9]) meinte, daß der Gift-

---

1) E. METCHNIKOFF, Annal. Inst. Pasteur. Vol. XIV, p. 369 (1900). — 2) M. ARTHUS, Botan. Centr., Bd. XCV, p. 423 (1904). — 3) SELMI, Ber. chem. Ges., 1878, Bd. XI. — 4) L. BRIEGER, Zeitschr. physiol. Chem., Bd. VII, p. 274 (1883), Berl. klin. Wochenschr., 1886, p. 281, 1887, p. 469; ferner OECHSNER DE CONINCK, Compt. rend., Tome CX, p. 1339. Zusammenfass. auch bei J. JACQUEMART, Justs Jahresber., 1890, Bd. I, p. 728. — 5) A. GAUTIER, Bull. soc. chim., Bd. XLIII, p. 158 (1885), Journ. Pharm. Chim. (6), Tome XIII, p. 401 (1886). — 6) NENCKI, Chem. Centr. 1891, Bd. II, p. 554. Litt. über Toxalbumine: FLÜGGE, Mikroorganismen, 3. Aufl., I. Teil (1896), p. 187. — 7) BRIEGER, Deutsche med. Wochenschr., Bd. XIII, p. 303 (1887); ferner S. KITASATO, u. TH. WEYL, Zeitschr. Hyg., Bd. VIII, p. 404 (1890); KITASATO, ibid., Bd. X, p. 267 (1891). Neuerdings das Sammelreferat in ROSCOE-SCHORLEMMERS ausf. Lehrbuch d. Chemie, Bd. IX, p. 497 (1901). — 8) VAILLARD u. H. VINCENT, Chem. Centr. (1891), Bd. I, p. 674. — 9) COURMONT, Hyg. Rundsch., Bd. III, p. 547 (1893).

stoff nicht in den Tetanuskulturen, sondern erst im Organismus des
Tieres entstünde. BRIEGER und COHN[1]) bemühten sich, den Stoff rein
darzustellen; er wird durch Ammonsulfat gefällt, nicht aber durch andere
Salze, gibt keine eigentliche Biuretreaktion, und es wurde deshalb seine
Proteidnatur als dubiös betrachtet. Trypsin, sowie Oxydasen zerstören
das Tetanotoxin jedoch[2]). HAYASHI[3]) machte es neuerdings wahr-
scheinlich, daß der Stoff Albumosencharakter hat. Dasselbe wurde
schon früher vom Tuberkulin behauptet [R. KOCH[4])], ebenso vom
„Mallein" der Rotzbacillen [KRESLING[5])]. Vom Erreger der asiatischen
Cholera gab SCHOLL[6]) ein Choleratoxopepton und ein Choleratoxoglobulin an.
Eiweißnatur kommt nach den bisherigen Angaben auch dem von ROUX und
YERSIN[7]) entdeckten relativ widerstandsfähigen Diphtheriegift zu. Ziemlich
empfindlich scheint nach GRASSBERGER und SCHATTENFROH[8]) das Toxin des
Rauschbrandbacillus zu sein, welches bei 50° in einer Stunde zerstört
wird. Das Milzbrandtoxin wird nach MARMIER[9]) durch Erhitzen auf
110° nicht völlig unwirksam, Typhotoxin sah PFEIFFER[10]) durch ein-
stündiges Erhitzen auf 54° noch nicht vernichtet werden, während die
Bacillen selbst diese Temperatur nicht mehr vertragen. Durch Oxydasen werden die Toxine zerstört [SIEBER[11])]. In letzter Zeit wurden
Reindarstellungsversuche und Bestimmungen der chemischen Natur der
Toxine kaum mehr unternommen, da wenig Aussicht besteht, durch die
vorhandene Methodik wesentliche Fortschritte zu erzielen. Erwähnt sei,
daß ARRHENIUS und MADSEN[12]) den interessanten Versuch machten,
durch Bestimmung der Diffusionsgeschwindigkeit der Toxine Rückschlüsse
auf das Molekulargewicht des Diphtherietoxins und Antitoxins zu ziehen.
Die Diffusionsgeschwindigkeit des Toxins war viel größer als jene des
Antitoxins. Die Diffusionsgeschwindigkeiten sind aber der Quadrat-
wurzel der Molekulargewichte umgekehrt proportional. RÖMER[13]) untersuchte Tetanus- und Diphtherietoxinlösungen mit dem Ultramikroskop
von SIEDENTOPF-ZSIGMONDY, sowie die Kataphorese in diesen kolloidalen
Lösungen.

1) L. BRIEGER u. G. COHN, Zeitschr. Hyg., Bd. XV, p. 1 (1893); BRIEGER,
ibid., Bd. XIX, p. 101 (1893); ferner BRIEGER u. BOER, Deutsche med. Wochenschrift, 1896, No. 49; MACFADYEN u. ROWLAND, Proc. Roy. Soc., Vol. LXXI,
p. 77, 351 (1903) gewannen das Typhotoxin durch Verreiben der Bakterien bei der
Temperatur der flüssigen Luft. — 2) Vgl. CL. FERMI u. L. PERNOSSI, Centr. Bakt.,
Bd. XV, p. 303 (1894); N. SIEBER, Zeitschr. physiol. Chem., Bd. XXXII, p. 573
(1901); SIEBER u. SCHUMOFF, ibid., Bd. XXXVI, p. 244 (1902). — 3) H. HAYASHI,
Chem. Centr., 1901, Bd. I, p. 411; Arch. exper. Pathol., Bd. XLVII, p. 9 (1901). —
4) R. KOCH, Deutsche med. Wochenschr., Bd. XVII, p. 1189 (1891); über
Tuberkulin auch NITTA, Bull. Coll. Agricult. Tokyo, Vol. V, 2 (1902), p. 119;
FLÜGGE, l. c., p. 191. — 5) K. KRESLING, Arch. sc. biol., Tome I, p. 711 (1893);
hier Elementaranalysen des Malleïn; A. BABES, Chem. Centr., 1892, Bd. II, p. 794,
hatte das Rotzbacillentoxin als „Morvin" bezeichnet. — 6) H. SCHOLL, Chem.
Centr., 1892, Bd. II, p. 795; FLÜGGE, l. c., p. 193. — 7) ROUX u. YERSIN, Annal.
Inst. Pasteur, 1888, p. 629; 1889, p. 273; BRIEGER u. FRÄNKEL, Berl. klin.
Wochenschr., 1890, No. 11; LÖFFLER, Deutsche med. Wochenschr., 1890, p. 109;
A. WASSERMANN u. B. PROSKAUER, Chem. Centr., 1891, Bd. I, p. 1078. BELFANTI,
Biochem. Centralbl., Bd. II, Ref. No. 1917 (1904). Sonstige Toxalbumine:
Typhotoxin: BRIEGER, Chem. Centr., 1889, Bd. I, p. 523; Anthraxgift: HANKIN
u. WESBROOK, Annal. Inst. Pasteur, Tome VI, p. 633 (1892); Staphylotoxin:
M. NEISSER u. F. WECHSBERG, Zeitschr. Hyg., Bd. XXXVI, p. 299 (1901); Toxin
von Bac. subtilis: C. J. VAN HALL, Centr. Bakt. (II), Bd. IX, p. 649 (1902). —
8) GRASSBERGER u. SCHATTENFROH, Das Rauschbrandgift, 1904. — 9) MAR-
MIER, Ann. Inst. Pasteur, Tome IX, p. 532 (1895). — 10) R. PFEIFFER, Deutsche
med. Wochenschr., 1894, No. 48. — 11) N. SIEBER, Arch. scienc. biol. Pétersb.,
Tome IX, p. 151 (1903). — 12) ARRHENIUS u. MADSEN, Ref. Biochem. Centr.,
1903; Ref. No. 479. — 13) P. RÖMER, Berl. klin. Wochenschr., 1904, No. 9.

Gewöhnlich werden die Kulturflüssigkeiten der Bakterien als Toxinlösungen untersucht. Ob bei Bakterieninfektionen die auftretenden Giftwirkungen tatsächlich von Stoffen aus den Bakterienzellen selbst erzeugt werden, ist natürlich in jedem speziellen Falle zu entscheiden [1]). Seit den Untersuchungen von BUCHNER sowie PASTEUR [2]) über Milzbrand ist es bekannt, daß Toxine nicht unter allen Verhältnissen von infektiösen Bakterien erzeugt werden, und daß es gelingt, durch bestimmte Kulturbedingungen abgeschwächte Virulenz und gänzliche Unwirksamkeit zu erzielen. Fortgesetzte Kultur auf künstlichen Nährböden vernichtet die Virulenz der meisten Infektionsträger in nicht zu langer Zeit [3]).

Zahlreiche pathogene Bakterien bilden toxinartige Stoffe, welche, manchmal noch während des Lebens des erkrankten Tieres, immer aber schon kurze Zeit nach dem Tode, „Hämolyse" erzeugen, d. h. unter Lösung des Hämoglobins die roten Blutzellen angreifen. Diese Bakterienhämolysine [4]) sind ebenfalls durch Hitze leicht zerstörbare Körper von enzymartigem Charakter. Dasviel studierte Pyocyanolysin vom Bacillus pyocyaneus ist nach WEINGEROFF [5]) nicht mit dem Toxin dieses Spaltpilzes identisch. Das Staphylolysin aus Staphylokokken stellten NEISSER und WECHSBERG dar [6]). Aureuslysin und Albuslysin sind identisch, beide vom Tetanolysin bestimmt verschieden. H. SCHUR [7]) versuchte darzutun, daß das Staphylolysin als Katalysator der auch spontan in aseptisch gehaltenem Blute auftretenden Hämolyse wirkt und sich daher in seinem Wirkungscharakter den Enzymen anreiht. Nach KAYSER [8]) wird auf zuckerreichem Nährboden weniger Staphylolysin von den Bakterien produziert. Hämolytische Wirkungen sind übrigens nicht allein bei bakteriellen Produkten, sondern auch von fremden Blutbeimischungen und Organextrakten bekannt [9]).

Auf die von PFEIFFER [10]) am Choleraimmunserum zuerst aufgefundene Wirkung von Immunsera Bakterien aufzulösen, sei hier nur

---

1) CONRADI, Zeitschr. Hyg., Bd. XXXI, p. 287 (1899), hält dafür, daß Bacillus anthracis kein extracellulär nachweisbares Gift im Tierorganismus produziert. Über Pestgift: KOLLE, Festschr. f. R. Koch, 1903. — 2) PASTEUR, CHAMBERLAND, ROUX, Compt. rend., Tome XCII, p. 429. — 3) Nach den Feststellungen von H. KAYSER: Zeitschr. Hyg., Bd. XL, p. 21 (1902), für Staphylococcus pyogenes ist besonders der Einfluß der Traubenzuckerdarreichung für den Verlust der Virulenz maßgebend. — 4) Literatur hierüber bei L. ASCHOFF, Verworns Zeitschr. f. allg. Physiol., Bd. I, p. 142 (1902); über Bakteriohämolysine sodann noch R. VOLK, Centr. Bakt., Bd. XXXIV, p. 843 (1903); Streptokokkenhämolysin: RUEDIGER, Biochem. Centr., Bd. II (1903); Ref. Nr. 422; SCHLESINGER, Zeitschr. Hyg., Bd. XLIV, p. 428 (1904); Konstitution des Tetanolysins: H. SACHS, Berlin. klin. Wochenschr., 1904, No. 16. — 5) L. WEINGEROFF, Centr. Bakt. (I), Bd. XXIX, p. 777; auch W. BULLOCH u. W. HUNTER, ibid. (I), Bd. XXVIII, p. 865 (1901); CHARRIN u. GUILLEMONAT, Compt. rend., Tome CXXXIV, p. 1240 (1902); O. LOEW u. Y. KOZAI, Bull. Coll. Agricult. Tokyo, Vol. IV, p. 323 (1902); Preßsaft von Pyocyaneus P. KRAUSE, Centr. Bakt. (1), Bd. XXXI (1902), Heft 14; M. BREYMANN, ibid., Heft 11. — — 6) M. NEISSER u. F. WECHSBERG, Zeitschr. Hyg., Bd. XXXVI, p. 299 (1901); auch C. LUBENAU, Centr. Bakt. (I), Bd. XXX, p. 356 (1901). — 7) H. SCHUR, Hofmeisters Beitr., Bd. III, p. 89 (1902). — 8) H. KAYSER, Zeitschr. Hyg., Bd. XL, p. 21 (1902). Weitere Literatur üb. Bakterienhämolysine: Colilysin: KAYSER, ibid., Bd. XLII, p. 118 (1903); BAUMGARTEN, Berlin. klin. Wochenschr., 1902, p. 997; BELFANTI, Biochem. Centr., 1903, Ref. No. 588; LANDAU, Ann. Inst. Past., Tome XVII, p. 52 (1903); CASAGRANDI, Biochem. Centr., 1903, Ref. No. 782; ARRHENIUS u. MADSEN, l. c. — 9) Organextrakte: METCHNIKOFF, Ann. Inst. Past., Tome XIII, No. 10; KORSCHUN u. MORGENROTH, Berl. klin. Woch., Bd. XXXIX, p. 37 (1902); Blut: ASCHOFF, l. c., p. 128. — 10) PFEIFFER u. VAGEDES, Centr. Bakt. (I), Bd. XIX, p. 385 (1896); R. PFEIFFER, Zeitschr. Hyg., Bd. XIX (1895);

kurz hingewiesen, nachdem es sich um spezielle Schutzstoffe des Tier-
körpers handelt. Auch diese Wirkungen sind streng spezifisch. Man
bezeichnet jene bakterienlösenden Stoffe als Bakteriolysine. Hiervon
gewiß verschieden sind die in alten Bakterienkulturen auftretenden Lösungserscheinungen an Bakterienzellen, welche seit EMMERICH und LOEW [1])
mehrfach studiert worden sind. Diese Forscher hielten die zelllösenden
Agentien für Nukleoproteide angreifende Enzyme (Nukleasen). Das
von Bacill. pyocyaneus produzierte Agens wurde als Pyocyanase bezeichnet. Heute nennt man die hierher gehörenden noch wenig bekannten Stoffe Autolysine.

Ebenso wie im Tierleib auf intravenöse Darreichung von Enzymen
Antienzyme als enzymartige Paralysatoren der betreffenden Enzymwirkung
gebildet werden, so entstehen, wie 1890 BEHRING und KITASATO [2]) im
Blutserum der gegen Diphtherie und Tetanus immunisierten Tiere zuerst
fanden, Antikörper der betreffenden Toxine oder Antitoxine.

BRIEGER [3]), sowie PRÖSCHER [4]) versuchten Antitoxine rein darzustellen und meinten, daß Diphtherie- und Tetanusantitoxin vielleicht
als nicht eiweißartige Stoffe anzusehen seien. Nach E. PICK [5]), welcher
lehrte, daß sich die Antitoxine durch Ammonsulfat aussalzen und so
isolieren lassen, sind die Antitoxine doch als proteinartige Substanzen
aufzufassen. Im Laufe des letzten Dezenniums sind nun die Verhältnisse der Toxine zu den Antitoxinen zu außerordentlich hoher Bedeutung
für die Theorie der Toxinwirkungen überhaupt gelangt, und wir verdanken namentlich EHRLICH [6]) und seinen zahlreichen Schülern den Haupt-
anstoß zum erfolgreichen Studium dieses interessanten Gebietes.

Die Auffassung, welche sich EHRLICH von den Toxinen und ihren
Wirkungen gebildet hat, ist heute allgemein unter dem Namen der ,,Seiten-
kettentheorie‘‘ bekannt, und greift in ihren Ideen besonders auf die
durch E. FISCHER angebahnten Vorstellungen über die sterischen Konfigurationen und deren Bedeutung für die Enzymwirkungen zurück. EHR-
LICH [7]) ging von der Tatsache aus, daß Diphtheriegiftlösung bei längerem
Stehen an Wirksamkeit verliert, wobei die Toxine nach EHRLICH mehr
oder weniger vollständig in ,, Toxoide‘‘ übergeben. Die Toxoide vermögen aber noch immer die Bildung von Antitoxin im Blute zu vermitteln. Diese Veränderung betrifft nach EHRLICH einen besonderen
Komplex im Toxinmolekül, welcher als Träger der Giftwirkung anzusehen ist, und als ,,toxophore Gruppe‘‘ bezeichnet wurde. Wenn das
Toxin durch das spezifische Antitoxin paralysiert wird, so findet die
Reaktion nach EHRLICH nicht an der toxophoren Gruppe statt, sondern

PFEIFFER u. PROSKANER, Centr. Bakt., Bd. XIX, p. 191 (1896). Versuche, die
bakteriolytischen Stoffe abzuscheiden: PICK, Hofm. Beitr., Bd. I. p. 365 (1902).

1) R. EMMERICH u. O. LOEW, Zeitschr. Hyg., Bd. XXXVI, p. 9 (1901);
EMMERICH u. KORSCHUN, Cent. Bakt, Origin. 1902, p. 1; über Pyocyanase: LOEW
u. KOZAI, Bull. Coll. Agricult. Tokyo, Vol. V, p. 449 (1903); Vol. VI. p. 81 (1904).
— 2) E. BEHRING, Deutsche med. Wochenschr., 1890; KITASATO, ibid., Tetanusantitoxin auch TIZZONI u. CATTANI, Centr. Bakt., Bd. X, p. 33 (1891). — 3) BRIEGER
u. BOER, Zeitschr. Hyg., Bd. XXI, p. 259 (1896). — 4) PRÖSCHER, München. med.
Wochenschr., Bd. XLIX, No. 28 (1903); vergl. auch PFEIFFER u. PROSKAUER, Centr.
Bakt. (I), Bd. XIX, p. 19 (1896). — 5) E. PICK, Hofmeisters Beitr., Bd. I, p. 351
(1902); zur Eiweißnatur der Antitoxine auch A. WOLFF, Centr. Bakt. (I), Bd. XXXIII.
p. 703 (1903). — 6) P. EHRLICH, Die zahlreichen Arbeiten dieses Forschers sind zusammenfassend referiert bei ASCHOFF, Zeitschr. allg. Physiol., Bd. I, p. 142 (1902);
auch EHRLICH, Verhandl. Naturf.-Vers., Hamburg, 1901, p. 250; Münch. med.
Wochenschr., 1903, No. 33, als Erwiderung auf GRUBER u. v. PIRQUET, ibid.,
No. 28 u. 29. — 7) EHRLICH, Deutsche med. Wochenschr., Bd. XXIV (1898).

an einem anderen Komplex im Toxinmolekül: dies ist die „haptophore
Gruppe" des Toxins. Die haptophore Gruppe ist auch in den Toxoiden
erhalten. Indem das Antitoxin an diesem Komplex das ganze Toxinmolekül an sich verankert, leitet es auch die toxophore Gruppe von dem
lebenden Substrate ab. Die toxophore Gruppe ist weniger resistent als
die haptophore, wahrscheinlich komplizierter gebaut, und entfaltet ihre
Wirkung erst in der Wärme, während die haptophore Gruppe schon bei
niederen Temperaturen wirksam ist. EHRLICH nimmt an, daß der Diph-
theriebacillus nicht nur ein einziges Toxin, sondern mehrere Giftsubstanzen von verschieden intensiver Wirkung produziert. Insbesondere
lassen sich zwei Gruppen der Giftstoffe, die beide Antikörper binden
können, unterscheiden: Toxine und Toxone. Bei beiden ist wohl die
haptophore Gruppe identisch, die toxophore Gruppe ist hingegen bei
den Toxonen viel schwächer und abweichend wirksam. Im wesentlichen
stimmen auch die von MADSEN[1]) früher vertretenen theoretischen Anschauungen mit den Grundsätzen EHRLICHs überein, während andere
Autoren, wie DANYSZ, SWELLENGREBEL, BORDET[2]) die Toxone als partiell abgesättigte Toxine ansehen. Nach BORDET würde das Toxinmolekül mehrere haptophore Gruppen besitzen und könnte Antitoxin in va-
riablen Proportionen binden. Auch ARRHENIUS und MADSEN haben in
letzter Zeit die Existenz der Toxone angezweifelt. Die Paralysierung
der Toxine durch die Antitoxine kann nun, wie bereits seit längerer
Zeit durch die Arbeiten von BUCHNER, CALMETTE, WASSERMANN und
anderer bekannt ist, nicht auf einer Zerstörung des Toxins durch das
Antitoxin beruhen, sondern muß in einer gegenseitigen Bindung beider
Stoffe gesucht werden. Durch bestimmte höhere Temperaturen läßt sich
nämlich das weniger resistente Antitoxin in der Verbindung zerstören
und das Stoffgemisch wird neuerlich wirksam.

Die interessante Frage, wie die Bindung zwischen Toxinen und
Antitoxinen aufzufassen ist, bewegt sich gegenwärtig in vollem Flusse.
Man hat die Wahl, physikalische oder chemische Bindungen anzunehmen.
Die Mehrzahl der Forscher neigt zu der letzteren Eventualität. In der
Tat sind die Versuche von ZANGGER[3]), eine physikalische Bindungs-
theorie zu begründen, nicht eben glücklich gewesen; eher dürfte man
an Wechselwirkungen zwischen Kolloiden im Sinne der von BILTZ aufgedeckten Tatsachen (vgl. p. 30) denken, doch fehlen noch experimentelle Prüfungen dieser Möglichkeit. Bei der überaus großen Veränderlichkeit der Toxine bietet das Studium der Absättigungserscheinungen
zwischen Toxinen und Antitoxinen sehr große Schwierigkeiten. EHRLICH
ist der Ansicht, daß die Absättigung in der Weise erfolgt, daß zuerst
die am stärksten giftig wirkenden Toxine, dann die schwächer wirksamen (Deutero-, Tritotoxin), dann die Toxone und zuletzt die ungiftigen
Toxoide durch das Antitoxin gebunden werden. Nach EHRLICH[4]) besitzt der erste Toxinanteil (Prototoxin), welcher später durch Veränderung der toxophoren Gruppe (die haptophore Gruppe bleibt in allen
Fällen ungeändert) in „Prototoxoid" übergeht, die größte Avidität zum
Antitoxin, das Deutero-, und Tritotoxin successive geringere; bei der
Toxoidbildung selbst soll eine Aviditätsänderung nicht stattfinden. In
überaus interessanter Weise haben nun neuestens ARRHENIUS und MAD-

1) T. MADSEN, Annal. Inst. Pasteur, Tome XIII, p. 568 (1899). — 2) J. DANYSZ,
ibid., p. 581; SWELLENGREBEL, Centralbl. Bakt. (I), Bd. XXXV, p. 42 (1904); BORDET,
Ann. Inst. Pasteur, 1903, No. 3; auch EISENBERG, Centr. Bakt. (I), Bd. XXXIV. p. 3.
— 3) H. ZANGGER, Centr. Bakt. (I), Bd. XXXIV, p. 428 (1903). — 4) Vergl. EHR-
LICH, Berl. klin. Wochenschr., 1903, No. 35.

SEN[1]) für das Tetanolysin dargetan, daß die Absättigung mit Antitoxin große Analogien mit der Sättigung einer nicht zu schwachen Base mit einer schwachen Säure, wie Ammoniak durch Borsäure bietet. In beiden Fällen braucht man von dem Neutralisationsmittel (Antitoxin resp. Borsäure) einen bedeutenden Überschuß. Borsäure in der Menge 1 zu NH_3 hinzugefügt, neutralisiert etwa die Hälfte, in der Menge 2 etwa $^2/_3$, in der Menge 3 etwa $^3/_4$, in der Menge 4 etwa $^4/_5$ des NH_3 u. s. f. Dies macht genau den Eindruck, als ob in einem Gemische mehrerer Stoffe zuerst derjenige mit der stärksten Affinität abgesättigt würde, sodann successive die Stoffe mit schwächerer Affinität, wie beim Toxin. Wenn tatsächlich diese Analogie besteht, so wird aber die Annahme mehrerer Giftstoffe in der Lösung (Toxine, Toxone) überflüssig. Entsprechend der Gleichung $NH_3 \times$ Borsäure $= k \cdot$ (Ammoniumborat)^2 ist das Gesetz der Wirkung von Antitoxin auf Toxin nach ARRHENIUS und MADSEN durch den Ausdruck:

$$\frac{\text{Freies Toxin}}{\text{Volum}} \cdot \frac{\text{Freies Antitoxin}}{\text{Volum}} = K \cdot \left(\frac{\text{Toxin-Antitoxin}}{\text{Volum}}\right)^2$$

gegeben, und 1 Molekel Toxin muß mit 1 Molekel Antitoxin 2 Molekel der Toxin-Antitoxinverbindung geben. Die ermittelte Gleichung für die Reaktionsgeschwindigkeit ist

$$\frac{1}{A - x_2} - \frac{1}{A - x_1} = K \cdot (t_2 - t_1),$$

wenn x die zur Zeit t vorhandenen Toxin-Antitoxinverbindung und A die Anfangsmenge des Toxins ist; die anfängliche Menge des Antitoxins ist einflußlos.

Die Versuche, auch bei anderen Infektionskrankheiten als Diphtherie und Tetanus durch Einverleibung von Serum aus immunisierten Tieren Immunität zu erzielen, sind nun keineswegs geglückt. So zeigte PFEIFFER, daß das Serum von choleraimmunen Tieren oder menschlichen Cholera-Rekonvaleszenten keineswegs antitoxisch wirken kann, indem es mit Choleragift gemischt nicht imstande ist, den Tod der mit der Mischung injizierten Tiere zu verhindern. Auch auf lebende Choleravibrionen wirkt dieses Serum nicht bakterizid ein. Wenn man aber das Immunserum zusammen mit lebenden Choleravibrionen einem Tiere in die Bauchhöhle bringt, so gehen die Bakterien sehr rasch zugrunde. Dasselbe erfolgt auch nach Einbringen der Vibrionen in die Bauchhöhle eines choleraimmunen Tieres. [Phänomen von PFEIFFER[2])]. Daraus geht hervor, daß die Immunitätserzeugung durchaus nicht einfach auf eine Bildung von Antitoxin nach Einverleibung von Toxin zurückgeführt werden kann. Von großer Bedeutung war nun ferner die Entdeckung von BORDET[3]), daß ganz frisches Immunserum auch im Reagenzglase kräftig bakterizid wirkt, daß man diese Wirkung durch Erwärmen auf 56° aufheben kann, und daß Zusatz von normalem Serum die Wirksamkeit wieder herstellt. In Verbindung mit den von PFEIFFER aufgedeckten Tatsachen erfährt

---

1) ARRHENIUS u. MADSEN, Zeitschr. physikal. Chem., Bd. XLIV, p. 7 (1903); MADSEN, Centr. Bakt., Bd. XXXIV, p. 630 (1903). Auch EISENBERG, Anz. Akad. Krakau, 1903, p. 260. MADSEN u. WALBUM, Centr. Bakt. (I), Bd. XXXVI, Heft 2 (1904). W. NERNST, Zeitschr. f. Elektrochem., Bd. X, p. 377 (1904). Über Toxin-Antitoxinbindung auch WASSERMANN u. BRUCK, Deutsch. med. Wochenschr., 1904, No. 21. — 2) R. PFEIFFER, Zeitschr. Hyg., Bd. XVIII, p. 1 (1894); Deutsch. med. Wochenschr., 1896, No. 7; vergl. auch das Sammelreferat über Choleraimmunität von A. WOLFF, Biochem. Centr., Bd. II, No. 16/17 (1904). — 3) J. BORDET, Ann. Inst. Pasteur, Tome X, p. 193 (1895); ib., Tome XIV, p. 257 (1900); Tome XV, p. 289 (1901).

man daraus, daß die bakterizide Wirkung durch zwei gemeinsam tätige Stoffe bedingt ist, von denen der eine nur im Immunserum vorkommt und wärme-beständig ist, während der andere auch im normalen Serum sich findet und gegen Erhitzen empfindlich ist. BORDET nannte die erstere Substanz „substance sensibilatrice", oder „préventive", die zweite „la substance bactéricide". Letztere ist offenbar auch identisch mit den von BUCHNER[1]) schon viel früher beschriebenen Alexinen: leicht zerstörbaren, auf Bakterien toxisch wirkenden Stoffen, welche im normalen Blutserum enthalten sind. EHRLICH und MORGENROTH konnten alsbald die wesentlichen Momente dieser Entdeckungen bestätigen, und nach den zahlreichen Arbeiten von EHRLICH besteht kein Zweifel darüber, daß die Hämolysine, Bakteriolysine, aber auch die anderen Cytotoxine komplexe Giftsubstanzen darstellen. Nach EHRLICHs Vorgang bezeichnet man die wärmebeständige, erst bei der Immunisierung (Einverleibung körperfremder Zellen) entstehende Substanz als „Ambozeptor", die durch Erwärmen unwirksam werdenden, schon im normalen Serum vorkommenden Stoffe als „Komplemente". Letztere werden beim Erwärmen nicht zerstört, sondern gehen in die unwirksamen „Komplementoide" über. Als Komplemente können aber anscheinend verschiedene Substanzen fungieren. KYES[2]) führt den interessanten Nachweis, daß Lecithin imstande ist, den Kobragift-Ambozeptor zu aktivieren, und auch die übrigen Schlangengifte nach ausreichendem Lecithinzusatz hämolytisch wirken. Es geht übrigens aus den Erfahrungen von EHRLICH[3]) hervor, daß der Ambozeptor imstande ist, sich mit einer ganzen Reihe von Komplementen zu verbinden; die mit den Komplementen in Verbindung tretenden Gruppen wurden als „komplementophile" bezeichnet, während die Gruppe, mit welcher der Ambozeptor an der Zelle verankert ist, als „cytophile" benannt wurde; die spezifische Wirkung des Giftes wurde auf die „zymotoxische Gruppe" des Komplementes zurückgeführt, während eine haptophore Gruppe das Komplement an den Ambozeptor fesselt.

Toxine höherer Pilze. CENI und BESTE[4]) bringen mit der Ätiologie der Pellagra Toxine von Aspergillus fumigatus und flavescens in Zusammenhang, doch ist über diese Gifte nichts Näheres bekannt. Auf eiweißartigen Toxinen beruht aber wohl sicher mindestens teilweise die Giftwirkung mancher Agaricineen. KOBERT[5]) gelang es, aus Amanita phalloides außer einem Alkaloid ein hämolytisch wirkendes Toxin, das Phallin, darzustellen, und neuestens hat HARMSEN[6]) für Amanita muscaria gezeigt, daß außer dem toxischen Muskarin noch ein hitzeunbeständiges Pilztoxin vorhanden ist. Die „Mykozymase" ist nach

1) E. BUCHNER, Centralbl. med. Wissensch., 1889, p. 602; F. NISSEN, Zeitschr. Hyg., Bd. VI, p. 487 (1889); R. BITTER, ibid., Bd. XII, p. 329 (1892); EMMERICH u. TSUBOI, Centr. Bakter., Bd. XII, p. 364 (1892); H. SCHOLL, Arch. Hyg., Bd. XVII, p. 535 (1893); E. BUCHNER, ibid., p. 112, 138; Centr. Physiol., Bd. VII, p. 193 (1893); Münch. med. Wochenschr., 1893, No. 24. Den Versuch A. FISCHERS (Zeitschr. Hyg., Bd. XXXV [1900]), die Existenz der Alexine zu leugnen und den Untergang der Bakterien im normalen Serum durch osmotische Wirkungen zu erklären, halte ich nicht für geglückt; vergl. auch BAUMGARTEN, Berl. klin. Wochenschr., 1900, No. 7; WALZ, Bakterizide Eigenschaften des Blutserums, Tübingen 1899. A. HEGELER, Zeitschr. Hyg., Bd. XXXVII, p. 115 (1901); v. LINGELSHEIM, ibid., p. 131; ferner M. WILDE, Arch. Hyg., 1902, Bd. XLIV, p 1; TROMMSDORFF, Arch. Hyg., Bd. XXXIX, p. 31 (1901); LINGELSHEIM, Zeitschr. Hyg., Bd. XLII, Heft 2 (1903); HAMBURGER, Wien. klin. Wochenschr., 1903, No. 4; WECHSBERG, ibid., No. 5. — 2) P. KYES, Berlin. klin. Wochenschr., 1903, No. 42; 1904, No. 19. — 3) Vergl. EHRLICH, Festschr. f. Rob. Koch, 1903, p. 509. — 4) CENI u. BESTE, Centralbl. allg. Pathol., 1902, No. 23. — 5) R. KOBERT, Chem. Centr., 1892, Bd. II, p. 929; 1899, Bd. II, p. 781. — 6) E. HARMSEN, Arch. exp. Pathol., Bd. L, p. 361 (1903).

DUPETIT[1]) angeblich ein enzymartiger Giftstoff von Boletus edulis und anderen Hutpilzen.

Toxine bei höheren Pflanzen. Wie bei den höheren Tieren toxinartige Stoffe im normalen Leben nur sehr vereinzelt auftreten (Arachnolysin der Kreuzspinne, Skorpiongift, Schlangengifte, Ichthyotoxin des Aalblutes[2]), so sind auch bei höheren Pflanzen Toxine keine häufigen Befunde. Wahrscheinlich zählen u. a. die Giftstoffe der Brennhaare (Urtica, Loasa u. a.) hierher. Wenigstens fand HABERLANDT[3]), daß das Nesselgift durch kurzes Aufkochen zerstörbar ist; es ist in Wasser und Glyzerin löslich und durch Alkohol fällbar. Ich halte es nicht für wahrscheinlich, daß die bekannten entzündlichen Wirkungen auf der Haut durch die in den Brennhaaren vorgefundenen organischen Säuren erzeugt werden. GORUP BESANEZ[4]) gab für die Nessel Ameisensäure an, TASSI[5]) für Loasahaare Essigsäure, HOOPER[6]) für Girardinia palmata Ameisensäure. Relativ gut erforschte Toxine („Phytotoxine") kennen wir von einigen Samen. Die intensiv wirkende Substanz der „Jequirity"samen (Abrus precatorius), welche WARDEN[7]) für eine stickstoffhältige Säure gehalten hatte, wurde von MARTIN[8]) als Proteid erkannt; er fand in den Abrussamen ein toxisches Globulin und eine Toxalbumose. Neuerdings hat HAUSMANN[9]) gezeigt, daß Abrin gegen proteolytische Enzyme recht widerstandsfähig ist; es gelang ihm durch eine kombinierte Trypsinaussalzungsmethode zu Präparaten zu kommen, welche keine Biuretreaktion mehr geben, jedoch unveränderte Giftigkeit besitzen. Das Toxin aus den Samen von Ricinus communis wurde von KOBERT und H. STILLMARK[10]) zuerst näher untersucht und für ein Proteid von toxalbuminartigem Charakter angesehen. Es ist nach STILLMARK von Albumosencharakter, löslich in 10% Chlornatrium. EHRLICH[11]) zeigte zuerst, daß man durch Einverleibung von Ricin Immunität der Versuchstiere gegen Ricin geradeso wie bei Bakteriotoxinen erzielen kann, und es waren diese Versuche für den Ausbau der „Seitenkettentheorie" von hoher Bedeutung. JACOBY[12]) bewies, daß man durch Trypsineinwirkung toxische Ricinpräparate erhalten kann, welche aber

---

1) DUPETIT, Chem. Centr., 1889, Bd. I, p. 695. — 2) Vergl. FÜRTH, Vergl. chem. Physiol. d. nied. Tiere (1903), p. 304. Arachnolysin: H. SACHS, Hofmeist. Beitr. chem. Phys., Bd. II, p. 125 (1902). Aalblut: MOSSO, Chem. Centr., 1888, p. 1104: 1899, Bd. II, p. 605. Über andere Fischgifte: BRIOT, Journ. de Phys. et Path. gén., 1903. Nach BOEHM, Arch. exp. Path., Bd. XXXVIII, p. 424 (1897) enthalten die Larven des Käfers Diamphidia locusta ein Toxin. Ob die Gifte der Aktinientakeln (RICHET, Compt. rend. soc. biol., Tome LV, p. 240 [1903]) Toxine sind, ist unbekannt. Über Schlangengift besond. CALMETTE, Ann. Inst. Pasteur. Tome XI, p. 214 (1897). — 3) G. HABERLANDT, Sitzber. Wien. Akad., 1886, Bd. XCIII. Die neuere Untersuchung von E. GIUSTINIANI, Gazz. chim. ital., Vol. XXVI, I, p. 1 (1896), gibt keine merkliche Menge eines Alkaloides, aber ein leicht zersetzliches Glykosid der Nessel an, ohne Bestimmtes über den Giftstoff zu sagen. — 4) GORUP BESANEZ, Journ. prakt. Chem., Bd. XLVIII, p. 191 (1849). — 5) F. TASSI, Justs botan. Jahresber., 1886, Bd. I, p. 220. — 6) D. HOOPER. Pharm. Journ., Bd. XVII, p. 322 (1887). — 7) C. J. H. WARDEN, Amer. Journ. Pharm., Vol. LIV, p. 251 (1882). — 8) S. MARTIN, Proc. roy. Soc., Vol. XLII, p. 331 (1887), Vol. XLVI, p. 100 (1889). — 9) W. HAUSMANN, Hofmeisters Beitr. z. chem. Phys., Bd. II, p. 134 (1902). Über Einwirkung der Verdauungsfermente auf Abrin ferner S. K. DZIERZGOWSKI und N. O. SIEBER-SCHOUMOFF, Arch. sc. biol. Pétersb., Tome VIII, p. 461 (1902). — 10) H. STILLMARCK, Chem. Centr., 1889, Bd. II, p. 978. Neuestens OSBORNE u. MENDEL, Americ. Journ. Physiol., Vol. X, p. 36 (1903). — 11) EHRLICH, Deutsche med. Wochenschr., 1891, No. 44. — 12) M. JACOBY, Hofmeist. Beitr. z. chem. Physiol., Bd. I, p. 51 (1902), Bd. II, p. 535 (1902). Eine gute Literaturübersicht über Phytotoxine findet sich bei JACOBY, Biochem. Centr., 1903, No. 8. L. BRIEGER. Festschr. f. R. Koch, 1903.

II. Eine sehr merkwürdige Wirkung vieler Immunsera, aber auch
mancher Toxine ist die Fähigkeit, klumpiges Zusammenballen von Bakterien,
Blutzellen u. a. Zellen zu veranlassen. Man hat diese Erscheinung als
Agglutination beschrieben und die sie verursachenden hypothetischen
Stoffe als „Agglutinine" bezeichnet. GRUBER[1]), beobachtete zuerst
die Agglutination beim Typhusbazillus und Cholerabakterien. KOBERT[2])
hat nachgewiesen, daß die Phytotoxine, Abrin, Ricin und Krotin, stark
die roten Blutzellen zum Verkleben und Ausfallen bringen: sie sind
typische „Blutagglutinine". Auf Hefezellen wirken sie nicht. Übrigens
gibt es nach LANDSTEINER[3]) im normalen Blutserum auch „Autoagglu-
tinine". Auch die Agglutinine wirken streng spezifisch. Davon läßt
sich unter Umständen praktischer Gebrauch machen, um die nahe Verwandtschaft von Mikrobenformen zu zeigen. SCHÜTZE[4]) gelang es z. B.
nicht, obergärige, untergärige Hefemassen mit Hilfe der Agglutinations-
reaktion (Hefeimmunserum) als verschiedene Arten zu erweisen.

ARRHENIUS[5]) hat auf Grund der von EISENBERG und VOLK[6])
ausgeführten quantitativen Versuche über Bindung zwischen Agglutinin
und Bakterien gezeigt, daß bei konstanter Bakterienmenge zwischen
freiem (B) und gebundenem Agglutinin (C) das Gesetz besteht: $C = $ konst.
$B^{1/3}$. Wenn die Bakterienzahl A variiert, besteht die Beziehung:
$C = $ konst. $B^{2/3} \cdot A$. Die Erscheinung, daß die ersten Agglutininmengen
fast völlig verbraucht werden, was man bisher durch die Annahme von
Agglutininen verschiedener Avidität verständlich zu machen trachtete,
erklärt ARRHENIUS damit, daß die Anzahl der Agglutininteile im gebundenen und freien Agglutininmolekül nicht gleich ist, sondern sich
wie 2:3 verhält. Dann besteht das Gesetz $C:B = $ konst. $C^{-1/2}$ für das
Absorptionsverhältnis: d. h. das Absorptionsverhältnis ist der Quadrat-
wurzel aus der gebundenen Agglutininmenge umgekehrt proportional.
Über die Wirkungsweise der Agglutinine ist eine ganze Reihe von
Theorien[7]) aufgestellt worden, ohne daß man sich heute für eine derselben bestimmt entscheiden könnte. BORDET[8]) fand, daß das Zustandekommen der Agglutination von der Gegenwart von Mineralsalzen abhängt, was auch von FRIEDBERGER und von JOOS[9]) bestätigt worden
ist. Für das Ricin hat JACOBY[10]) nachgewiesen, daß es nach Behandlung mit Pepsin-HCl zwar ungeschwächt giftig ist, jedoch seine
agglutinierende Wirkung stark abgenommen hat. Hingegen lief die
antiagglutinierende und antitoxische Immunserumwirkung parallel. Das

---

1) M. GRUBER u. DURHAM, Münchn. med. Wochenschr. 1896, p. 285; 1899,
p. 1329; Centr. Bakt. (I), Bd. XIX, p. 579 (1896). — 2) R. KOBERT, Chem. Centr.,
1900, Bd. II, p. 201; Apothekerztg. (1900), Bd. XV, p. 559. Verwendung des
GRUBERschen Phänomens zum Einfangen von Bakterien bestimmter Art: ALTSCHÜLER,
Centr. Bakt. (I), Bd. XXXIII, p. 741 (1903). — 3) LANDSTEINER, Münch. med.
Wochenschr., 1903, No. 42. — 4) A. SCHÜTZE, Zeitschr. Hyg., Bd. XLIV, p. 423
(1904). Ferner über das Agglutinationsphänomen: ASAKAWA, ibid., Bd. XLV, p. 93
(1904). BRUNS u. KAYSER, ibid., Bd. XLIII, p. 401 (1903). FORD, ibid., Bd. XL,
p. 363 (1902). RODET, Compt. r. soc. biol., Tome LV, p. 1626 (1903). LÖWIT,
Centr. Bakt., Bd. XXXIV, p. 2 (1903). Temperaturoptimum: E. WEIL, Prag. med.
Wochenschr., 1904, p. 234. — 5) Sv. ARRHENIUS, Zeitschr. physikal. Chem.,
Bd. XLVI, p. 415 (1904). Biochem. Centr., Bd. II, Ref. 1029 (1903). — 6) EISEN-
BERG u. VOLK, Zeitschr. Hyg., Bd. XL, p. 155. — 7) Vgl. ASCHOFF, Zeitschr. allg.
Physiol., Bd. I, Sammelref., p. 186 (1902). O. BAIL, Zeitschr. Hyg., Bd. XLII,
p. 307 (1902). — 8) J. BORDET, Ann. Inst. Past., Tome XIII, p. 225; ibid., 1898,
p. 688. C. LEVADITI, Compt. r. soc. biol., Tome LI, p. 757. — 9) E. FRIEDBERGER,
Centr. Bakt. (I), Bd. XXX, p. 336 (1901). A. JOOS, Zeitschr. Hyg., Bd. XXXVI,
p. 422 (1901); Bd. XL, p. 203 (1902). — 10) S. Note 12, p. 90.

Abrin HAUSMANNS, welches keine Biuretreaktion mehr gab, war nicht nur unverändert toxisch, sondern agglutinierte ebenso intensiv, wie ungereinigtes Abrin. Es ist ferner mehrfach gelungen, die Immunserum-Agglutinine durch Aussalzen auszufällen [1]). BAIL [2]) hat neuerdings gezeigt, daß man Typhusimmunserum-Agglutinin durch Erwärmen auf 75° in einen spezifisch wirksamen Teil („Agglutiniphor") und in einen für sich allein unwirksamen Anteil („Hemiagglutinin") getrennt werden kann. Diese Beobachtungen erinnern an die für Hämolysine von EHRLICH festgestellten Verhältnisse. Zu untersuchen bleibt noch, ob nicht, wie BILTZ [3]) annimmt, Ausfällungen, wie sie bei Kolloiden entgegengesetzter elektrischer Ladung bei bestimmten Mengenverhältnissen vorkommen, mit der Agglutination etwas zu tun haben. Interessant ist die Angabe von LANDSTEINER und JAGIČ [4]), wonach kolloidale Kieselsäure Agglutinationserscheinungen hervorrufen kann. Mit den weiter unten zu besprechenden Präzipitinreaktionen besitzt die Agglutination gewisse Beziehungen [5]).

III. Eine weitere hier anzureihende Erscheinung ist die von R. KRAUS [6]) zuerst festgestellte Niederschlagsbildung in sterilen Filtraten von Typhus- und Cholerabakterienkulturen auf Zusatz der betreffenden Immunsera. Die Wirkung ist ebenfalls eine scharf spezifische. Man hat die wirksamen Stoffe als Koaguline bezeichnet. Nach E. PICK ist die wirksame Substanz aus Typhusbouillonkulturen weder eine Albumose, noch ein Pepton, noch ein Nukleoproteid. Auch ist das Typhuskoagulin vom Typhusagglutinin bestimmt verschieden. Während die Bakterienkoaguline von PICK keine Eiweißreaktionen gaben, sind den Serumkoagulinen solche eigen. Auch scheint eine geringe Menge Bakterienkoagulin auf eine große Menge Serumkoagulin in den Niederschlägen zu kommen. Man hat sich vorzustellen, daß die Bakteriokoaguline bei der Immunisierung im Serum die Bildung der Serumkoaguline als spezifische Antikörper veranlassen [7]). PICK hat übrigens auch konstatiert, daß Typhusimmunserum beim Erwärmen die Fähigkeit gewinnt, die Niederschlagsbildung zwischen frischem Immunserum und Bakterienfiltrat zu verhindern, also eine „koagulinhemmende Substanz" entstehen läßt. Eigenschaften von Fermenten konnte PICK bei den Bakteriokoagulinen nicht nachweisen. Im Gegensatze zu Enzymen, werden die Koaguline bei der Reaktion vollständig aufgebraucht. Dies ist nach GRUBER auch bei den Serumagglutininen der Fall. Gegenwart von Mineralsalzen ist für die Koagulination ebenso nötig, wie für die Agglutination.

Man hat weiter gefunden, daß das Blutserum von Tieren nach Einverleibung von bestimmten Eiweißstoffen die Fähigkeit gewinnt, mit diesen Proteinen spezifische Fällungsreaktionen zu geben, d. h. Antikörper zu diesen Proteinen erzeugt. Der erste derartige Stoff wurde von TCHISTOVICH [8]) bei der Aalblutimmunisierung entdeckt, worauf

1) WIDAL u. SICARD, Ann. Inst. Past., Tome XI, p. 353. WINTERBERG, Zeitschr. Hyg., Bd. XXXII, p. 375 (1900). E. PICK, Hofmeist. Beitr., Bd. I, p. 371, 464 (1902), wo auch über die Frage, ob die Agglutinine Proteinstoffe darstellen, diskutiert wird. — 2) O. BAIL, Zeitschr. Hyg., Bd. XLII, p. 307 (1902). WASSERMANN, ibid., p. 267 (1903). Joos, Centr. Bakter., Bd. XXXIII, p. 762 (1903). — 3) W. BILTZ, Ges. Wiss. Göttingen, 1904, Heft 2. Auch H. BECHHOLD, Naturforsch.-Vers., Kassel 1903, II, 2, p. 487. — 4) LANDSTEINER u. JAGIČ, Wien. klin. Wochenschr. 1904, p. 63. — 5) Vergl. hierzu PALTAUF, Deutsche med. Wochenschr., 1903, No. 50. — 6) R. KRAUS, Wien. klin. Wochenschr., 1897, No. 16, 32. — 7) Über Bakteriokoaguline auch PH. EISENBERG, Anz. Akad. Krakau, 1902, p. 289. — 8) TH. TCHISTOVICH, Ann. Inst. Pasteur, Tome XIII, p. 413 (1899).

BORDET[1]) die Bildung eines Ziegenmilch fällenden Stoffes im Blute von Kaninchen nach intravenöser Darreichung von Ziegenmilch auffand. Man hat diese Antikörper als „Präzipitine" bezeichnet. Ihre Bildung ist, wie WASSERMANN, MYERS, UHLENHUTH[2]) und andere zeigten, nach Injektion verschiedener Eiweißstoffe zu beobachten. Nur gegen die eigenen Körpereiweißstoffe bilden die Tiere keine Präzipitine; bei nahe verwandten Tiergattungen konnte man auf diesem Wege eine ähnliche Beschaffenheit der Serumeiweißstoffe konstatieren, z. B. Anthropoiden und Mensch. Auch existieren bereits Versuche, diese Erfahrungen zur Unterscheidung pflanzlicher Eiweißstoffe zu benutzen (KOWARSKI, SCHÜTZE[3]), so daß auch pflanzenbiochemische Tatsachen von großem Interesse auf diesem Gebiete erschlossen werden dürften. Durch Pepsinsalzsäure verdaute Eiweißstoffe werden nach MICHAËLIS[4]) und OPPENHEIMER durch das auf das unveränderte Eiweiß wirksame Präzipitin nicht mehr gefällt, doch geht nach OBERMAYER und PICK[5]) die Reaktion noch bis zu Polypeptiden ohne Biuretreaktion. Auch die Präzipitine werden bei der Reaktion quantitativ verbraucht, sind somit keine Enzyme.

---

1) BORDET, Ann. Inst. Pasteur, Tome XIII, p. 240 (1899). — 2) WASSERMANN u. SCHÜTZE, Zeitschr. Hyg., Bd. XXXVI (1901); MYERS, Centr. Bakt., Bd. XXVIII, p. 237 (1900); UHLENHUTH, Deutsche med. Wochenschr., 1900, p. 734. Nach neueren Untersuchungen von UHLENHUTH (Festschrift f. Koch, 1903, p. 49) kann man bis zu einem gewissen Grade selbst Eiweißstoffe desselben Organismus mit Hilfe der Präzipitin-Antiserumreaktion unterscheiden. Bindungsverhältnisse bei der Präzipitinreaktion: DUNGERN, Centr. Bakt., Bd. XXXIV, No. 4 (1903). Einfluß von Salzen: NICOLAS u. VALLÉE, Biochem. Centr., 1903, Ref. No. 1786. ALKAN, ibid., Ref. No. 209. Temperatur: v. HORN, ibid., Ref. No. 208. Zustandsänderungen: OBERMAYER u. PICK, Wien. klin. Wochenschr., 1903, H. 22. — 3) KOWARSKI, Deutsche med. Wochenschr., 1901, No. 27, p. 442. A. SCHÜTZE, Zeitschr. Hyg., Bd. XXXVIII, p. 487 (1901). OTTOLENGHI, Biochem. Centr., 1903, Ref. No. 1435. BERTARELLI, Centr. Bakt. (II), Bd. XI, p. 8 (1903). — 4) MICHAËLIS, Deutsche med. Wochenschrift, 1902, No. 41. MICHAËLIS u. OPPENHEIMER, Arch. f. Anatom. u. Physiol., Phys. Abt., Suppl. 1902. C. OPPENHEIMER, Hofmeist. Beitr., Bd. IV, p. 259 (1903). Auch ROSTOSKI, Sitzber. phys. med. Ges. Würzburg, 1902. Hemmungen der Präzipitinreaktion: MICHAËLIS, Hofmeist. Beitr., Bd. IV, p. 59 (1903). Über „Normalpräzipitierungsserum" und „Präzipitierungseinheit": WASSERMANN u. SCHÜTZE, Deutsche med. Wochenschr., Bd. XXIX, p. 192 (1903). — 5) F. OBERMAYER u. E. P. PICK, Wien. med. Wochenschr., 1904, p. 265.

Spezieller Teil.

Drittes Kapitel: **Das Reservefett der Samen.**

§ 1.
Vorkommen und Bedeutung.

Die Fette stellen unter den stickstofffreien Reservestoffen der Samen das häufigste Vorkommnis dar. Nach NÄGELIS eingehenden Untersuchungen[1]) dürfte bei etwa $\frac{4}{5}$ aller natürlichen Phanerogamengruppen Fett als Hauptbestandteil des Samennährgewebes vorliegen. Fett und Kohlenhydrate schließen sich übrigens in ihrem Vorkommen nicht gegenseitig aus; man kann vielfach finden, daß in Stärkesamen der Embryo reichlich Fett enthält (Gräser), oder es kommt Fett neben Stärke oder Reservecellulose in den Nährgewebszellen selbst gemeinsam vor (Myristica, manche Papilionaceen u. a.). Für viele Gattungen, Unterfamilien und Familien ist der Fettgehalt des Samennährgewebes recht charakteristisch; in anderen Fällen herrschen wieder stark wechselnde Verhältnisse, was aber wohl das seltenere Vorkommnis bildet.

Bei NÄGELI finden sich diesbezüglich zahlreiche auf ausgedehnten mikroskopischen Beobachtungen fundierte Angaben, auf welche ich hier verweise. Es seien nur einige Hauptsachen kurz erwähnt. Unter den Gymnospermen sind die Koniferen (ausschließlich Gingko) mit Ölsamen typisch ausgerüstet. Bei den Monokotyledonen ist Fettgehalt des Embryos die Regel, auch wenn das Endosperm Stärke führt; häufig, wie bei der ganzen Liliiflorenreihe und den Palmen, führt das Endosperm Fett und Reservecellulose. Unter den Archichlamydeen ist Fettnährgewebe weitaus vorherrschend in der Verwandtschaft der Salicales, Fagales etc.; die Centrospermae führen im Embryo Fett und haben Stärkeendosperm; die Ranales haben größtenteils Fettnährgewebe; bei den Leguminosen wechselt Stärke mit Fett stark ab, die übrigen Gruppen haben meist Fettsamen. Bei den Sympetalen gehört Stärke im Nährgewebe geradezu zu den Ausnahmen.

Experimentell Bedingungen herzustellen, unter welchen ein sonst Stärke führendes Nährgewebe Fett speichert (und vice versa), ist bisher nicht gelungen. Nach NÄGELI kommt es aber bei keimungsunfähigen Gramineensamen mitunter vor, daß statt des normalen Stärkeendosperms

---

1) NÄGELI, Die Stärkekörner (1858), p. 467 ff.

ein Fettnährgewebe ausgebildet ist (z. B. Phragmites, Anthoxanthum, Alopecurus).

Die fetthaltigen Zellen der Samennährgewebe pflegen ein ganz anderes Bild darzubieten, als es im tierischen Fettgewebe gefunden wird. Große Fetttropfen oder Fettvakuolen sind in intakten Endospermzellen wohl nie nachgewiesen worden. Handelt es sich um Fette von hohem Schmelzpunkt, so sieht man bei Untersuchung bei 15—20° C Zimmertemperatur ansehnliche Kristallbündel oder Einzelkristalle in den Nährgewebszellen, wie es von Theobroma, Myristica, Bertholletia, Elaeis sehr bekannt ist. Am häufigsten ist aber das Fett so fein im Protoplasma emulgiert, daß einzelne Tröpfchen auch bei stärkster Vergrößerung nicht nachgewiesen werden können, vielleicht ist das Fett auch wirklich gelöst. Tschirch[1]) hat für diesen Zellinhalt den Ausdruck „Ölplasma" gebraucht. Nach Wakker[2]) sind morphologisch differenzierte Ölbildner in Fettendospermen nicht vorhanden. Deutliche Tröpfchen sind immer erst bei Erzeugung eines pathologischen Quellungszustandes des Zellinhaltes bei ruhenden Samen im Fettendosperm wahrzunehmen. Mir gelang es ferner nie, durch Anwendung sehr hoher Zentrifugalkraft ein Herausschleudern und Sichtbarmachen von Fetttröpfchen durch Zusammenfließen kleinerer Tröpfchen zu erzielen.

Quantitative Verhältnisse. — Bei den größtenteils zu rein praktischen Zwecken vorgenommenen Fettbestimmungen in Samen wurde in der Regel nur das „Rohfett", d. h. die Gesamtmenge aller in Äther löslicher Stoffe bestimmt; auch beziehen sich die Angaben vielfach auf ungeschälte Samen oder Schließfrüchte. Für biochemische Zwecke wäre daher die Untersuchung zahlreicher isolierter Nährgewebe mit Feststellung des Reinfettes ganz erwünscht. Bei der gebräuchlichen „Rohfettbestimmung" werden 5 g möglichst fein zerriebenen Materials in eine fettfreie gewogene Papierhülse „Schleicher und Schüll 80×33 mm" eingefüllt, bei 90° getrocknet und gewogen. Samenpulver mit reichlichen Mengen oxydabler Fettstoffe („trocknender Öle") wird in Leuchtgasatmosphäre getrocknet. Hierauf wird das Material in einem der gebräuchlichen Extraktionsapparate[3]) 6 Stunden lang mit reinem absoluten Äther erschöpft. Das Ätherkölbchen war vorher austariert worden und wird nach vollzogener Extraktion und Abdunsten des Äthers zurückgewogen. Die Gewichtszunahme ist das „Rohfett". Seine Menge ist um mehrere Trockengewichtsperzente größer als jene des „Reinfettes". Die in vielen Fällen durch die Gegenwart von Eiweiß und anderen Kolloiden stark behinderte Vollständigkeit der Extraktion wurde mehrfach durch vorherige Digerierung der Probe mit Pepsin-HCl zu erreichen gesucht[4]). L. Pouget[5]) schlug vor, das Fett aräometrisch

1) A. Tschirch, Ber. pharm. Ges., Bd. X, p. 214; Kritzler, Aleuronkörner, Dissert. Bern, 1900. — 2) Wakker, Jahrb. wiss. Bot., Bd. XIX, p. 455, 473, 487. — 3) Über zweckmäßige Apparate zum gleichzeitigen Verarbeiten vieler Untersuchungsproben: J. König, Untersuch. landwirtsch. u. gewerbl. wicht. Stoffe, 2. Aufl. (1898), p. 206. Anwendung der Kugelmühle bei der Extraktion: C. Lehmann, Pflüg. Arch., Bd. XCVII, p. 419 (1903); W. Völtz, ibid., p. 606. — 4) Vgl. C. Dormeyer, Pflüg. Arch., Bd. LXV, p. 90 (1896); C. Berger, Chemik.-Ztg., 1902, p. 112; Kumagawa u. Suto, Hofmeist. Beitr., Bd. IV, p. 185 (1903). Anwendung von Petroläther zur Extraktion: W. Glikin, Pflüg. Arch., Bd. XCV, p. 107 (1903). CCl₄: Bryant, Journ. Amer. Chem. Soc., Vol. XXVI, 568 (1904). Kombinierte Anwendung von Alkoholextraktion: E. Bogdanow, ibid., Bd. LXVIII, p. 431 (1897). Zur Kritik auch M. Jahn, Zeitschr. öffentl. Chem., Bd. VII, p. 137 (1901). — 8) L. Pouget, Monit. scient. (4), Bd. XVI, II, p. 651 (1902).

aus der Dichtenänderung des Extraktionsmittels zu bestimmen. LIEBER-
MANN und SZÉKELY [1]) schlugen vor, die Fettmenge durch Bestimmung
der Fettsäuren zu eruieren: das Fett wird zunächst mit Kali verseift,
die Seife mit Säure zerlegt und die Fettsäuren durch Extraktion und
Wägung bestimmt. Bei fettreichen Endospermen beträgt der Fettgehalt
meist 50—70 % der Trockensubstanz, und kann selbst bis gegen 80 %
steigen. In der diesem Kapitel anhangsweise beigefügten Übersicht
über die Eigenschaften und Bestandteile der bisher untersuchten Samenfette finden sich zahlreiche Einzelangaben. Es hat sich ergeben, daß
fettreiche Samen im allgemeinen auch reicher an Eiweiß sind, als
Kohlenhydrat führende Nährgewebe. Dies ist aus nachfolgenden, dem
bekannten Werke von KÖNIG [2]) entlehnten Zahlenwerten deutlich zu ersehen:

	Kohlenhydrate	Fett	Eiweiß in Proz. d. Trockensubst.
A. Kohlenhydratsamen:			
Triticum vulgare	68,65 Proz.	1,85 Proz.	12,04 Proz.
Fagopyrum esculentum	71,73 „	1,90 „	10,18 „
Pisum sativum	52,68 „	1,89 „	23,15
Chenopodium Quinoa	47,78 „	4,81 „	19,18
Aesculus Hippocastanum	68,25 „	5,14 „	6,83
Castanea vesca	43,71 „	2,49 „	3,80
Quercus pedunculata	46,83 „	3,08 „	3,26
B. Fettsamen:			
Linum usitatissimum	23,23 Proz.	33,64 Proz.	22,57 Proz.
Brassica Rapa	24,41 „	33,53 „	20,48 „
Papaver somniferum	18,72 „	40,79 „	19,53
Cannabis sativa	21,06 „	32,58 „	18,23
Amygdalus communis	7,84 „	53,02 „	23,49
Aleurites moluccana	4,88 „	61,74 „	21,38
Cocos nucifera	12,44 „	67,00 „	8,88 „

Ausnahmen, wie Pisum, Faba, Cocos, gehören zu den seltenen
Fällen. Die Bedeutung dieses Verhältnisses ist noch unbekannt.

Für die ökonomischen Vorteile der Fettspeicherung ist
die doppelte Eignung der Fette als Substanzen von hohem Kohlenstoffgehalt und Wärmewert einerseits und als Stoffe, welche mit den Mitteln
des lebenden Organismus leicht oxydabel sind, andererseits wichtig.
Hierbei kommt natürlich die Hauptbedeutung den Fettsäuren selbst zu,
von denen drei hochwertige Moleküle mit 1 Molekül Glyzerin in ein
Fettmolekül zusammentreten. Bei Trioleinbildung z. B. geben 92 Gewichtsteile Glyzerin (10,4 Proz. des Trioleins) mit 846 Gewichtsteilen
Ölsäure, 884 Gewichtsteile Triolein und 54 Gewichtsteile Wasser.
284 g oder 1 Mol. Stearinsäure enthält ebensoviel Kohlenstoff, wie
594 g oder 3 Mol. Hexose; Stearinsäure hat 76 Proz., Traubenzucker
36,3 Proz. Kohlenstoff. Fett ist demnach eine weitaus kompendiösere
Form der Kohlenstoffspeicherung. Freilich ist eine intensive Sauerstoffaufnahme zu ihrer Ausnutzung erforderlich, und es ist bemerkenswert, daß intramolekulare Atmung im sauerstofffreien Raume bei Fettsamen fast gänzlich fehlt. also eine Energiegewinnung ohne Sauerstoffaufnahme aus Fett dem Organismus nicht in der Weise möglich ist,

---

1) L. LIEBERMANN u. S. SZÉKELY, Pflüg. Arch., Bd. LXXII, p. 360; TANGL
u. WEISER, ibid., p. 367 (1898). — 2) J. KÖNIG, Chemie der Nahrungs- u. Genußmittel, 3. Aufl., 1. Teil (1889).

wie aus Zucker[1]). Die Verbrennungswärme von Fetten ist sehr hoch und erreicht fast jene der kohlenstoffreichsten Pflanzenstoffe, wie Wachs und Terpene, die jedoch nicht als Oxydationsmaterial ausgenutzt werden können.

Die Wärmewerte von Fettstoffen im Vergleiche zu anderen Bau- und Abfallstoffen des Pflanzenorganismus betragen nach den Untersuchungen von STOHMANN[2]) und LONGUININ[3]) in kleinen Kalorien:

Kaprylsäure	1138,7	cal. für 1 Mol Substanz (LONGUININ)
Laurinsäure	1759,7	„
Myristinsäure	2061,8	„
Palmitinsäure	2371,8	„
Trilaurin	5707,7	„
Trimyristin	6607,9	„

Für je 1 g verbrannte Substanz nach STOHMANN in cal.:

Leinöl	9323	Myricatalg	8974	Glyzerin	4317
Olivenöl	9328	Carnaubawachs	10091	Traubenzucker	3692
Mohnöl	9442	Cetylalkohol	10348	Rohrzucker	3866
Rüböl I	9489	Terpentinöl	10852	Cellulose	4146
Rüböl II	9619			Inulin	4070
Kaprinsäure	8463			Stärke	4123
Palmitinsäure	9226			Eiweiß	5567
Myristinsäure	9004			Asparagin	3428
Stearinsäure	9429			Bernsteinsäure	3019
Japantalg	8999				

Das Auftreten der Fettsäuren als Glyzerinester spielt bei diesen Verhältnissen eine sehr geringfügige Rolle, da bei der Bildung der Fette aus Säuren und Glyzerin und bei der Verseifung der Fette nur ein relativ kleiner Energieumsatz stattfindet.

Historisches. Die chemische Erforschung der Pflanzenfette begann 1784 mit der Entdeckung des Glyzerins als Fettbestandteil durch SCHEELE[4]) und den gleichzeitig angestellten Verbrennungsanalysen von Fetten durch LAVOISIER. FOURCROY unterschied erstarrende und trocknende Öle[5]). Die Bedeutung der Öle als Reservestoffe wurde, wie SENEBIERS[6]) Darstellung zeigt, damals noch nicht erkannt, und noch DE CANDOLLE[7]) war bezüglich der Bedeutung der Pflanzenfette als Reservestoffe unsicher. Bestimmter tritt die richtige Anschauung bezüglich der biochemischen Rolle der Fette erst bei TREVIRANUS und besonders bei MEYEN[8]) auf. Durch die zahlreichen glänzenden Arbeiten CHEVREULS[9])

---

1) Vergl. GODLEWSKI u. POLSZENIUSZ, Über die intramolekulare Atmung u. Alkoholbildg. (1901), p. 256. — 2) F. STOHMANN, Journ. prakt. Chem., Bd. XIX, p. 115 (1879); Bd. XXXI, p. 273 (1885); Zeitschr. Biol., Bd. XIII, p. 364 (1894). — 3) W. LONGUININ, Compt. rend., Tome CII, p. 1240 (1886); ferner auch H. C. SHERMAN u. J. F. SNELL, Chem. Centr., 1901, Bd. I, p. 1179. — 4) SCHEELE, Crells Annal., 1784, Bd. 1, p. 99; auch J. D. BRANDIS, Commentatio de oleorum natura (1785), wies Glyzerin in allen Pflanzenfetten nach. — 5) Vergl. auch CORNETTE, Crells Annal., 1786, Bd. II, p. 437. — 6) J. SENEBIER, Physiolog. végét. (1800), Tome II, p. 370. — 7) A. P. DE CANDOLLE, Pflanzenphysiologie, deutsch v. Röper, Bd. I (1833), p. 268. — 8) L. CHR. TREVIRANUS, Physiol. d. Gewächse, Bd. II (1838), p. 46; F. J. F. MEYEN, Neues System d. Pflanzenphysiol., Bd. II (1838), p. 293. — 9) CHEVREUL, Annal. de Chim. (1), Tome LXXXVIII, p. 225 (1815); Schweigg. Journ. Chem. Phys., Bd. XIV, p. 420 (1815); Annal. de Chim. et d. Phys. (2), Tome II, p. 339 (1816); Tome VII, p. 155 (1817); Tome XVI, p. 197 (1821); Tome XXIII, p. 16 (1823); Schweigg. Journ., Bd. XXXIX, p. 172 (1823).

wurde gezeigt, daß in den Fetten das Glyzerin an eine Reihe von Säuren gebunden ist, von welchen er die Ölsäure, Margarinsäure und Stearinsäure unterschied. Die zweitgenannte wurde erst viel später durch HEINTZ[1]) als ein Gemenge von Stearinsäure mit der im Palmöl durch FRÉMY entdeckten Palmitinsäure erkannt. CHEVREUL verdankt man auch die Kenntnis von der Natur und den Eigenschaften der fettsauren Alkalien oder Seifen; er lehrte endlich noch die Eigenschaften der Buttersäure, Kapronsäure und Kaprinsäure kennen.

§ 2.
Das Reinfett und seine Beimengungen. Physikalische Eigenschaften der Fette.

Das Ätherextrakt aus Fettendospermen enthält außer dem „Reinfett" eine große Menge verschiedener Stoffe, worunter wohl stets Lecithine, Phytosterine und eine geringe Menge von Fettfarbstoffen (Lipochrom) zu finden sind, außerdem mehr oder weniger verbreitet: Terpene, Harze, Benzolderivate, Glykoside, Pyridinderivate und andere Pflanzenalkaloide, Purinbasen, organische Säuren, Farbstoffe, auch mitunter Chlorophyll, ferner sehr geringe Mengen anderweitiger stickstoffhaltiger Substanzen, worunter VAN KETEL[2]) Enzyme (Emulsin) nachwies. Die Gesamtmenge dieser Beimengungen übersteigt, soweit bekannt, nicht 3 Proz. des Extrakttrockengewichtes. Man vermindert das „ätherlösliche Nichtfett" merklich, wenn man nach DRAGGENDORFFs Vorschlag[3]) zuerst Petroläther (Kp unter 45° C) als Extraktionsmittel anwendet, welcher viele harzartige ätherlösliche Stoffe ungelöst läßt; das Petrolätherextrakt kann man überdies noch mit Wasser ausschütteln.

Wichtig ist für die Fettanalyse die Abscheidung aller unverseifbaren Stoffe durch Anwendung einer geeigneten Verseifungsmethode. Damit eliminiert man die Phytosterine, Fettalkohole, Alkaloide, Lipochrome und andere Beimengungen. Die Gesamtmenge der unverseifbaren Stoffe eruiert man nach der von KÖNIG[4]) gegebenen Vorschrift folgendermaßen:

10 g Substanz werden in einer Porzellanschale mit 5 g KOH und 50 ccm Alkohol 15 Minuten auf dem kochenden Wasserbade erhitzt; man verdünnt hierauf die Lösung mit dem gleichen Volumen Wasser und schüttelt mit Petroläther (Kp unter 80°) aus. Der Petroläther wird mit Wasser gewaschen, verdunstet, und der Rückstand als „unverseifbar" in Rechnung gestellt.

Im verseifbaren Anteile des Rohfettes begegnen wir außer den Fettsäuren und Fettsäureglyzeriden selbst den Lecithinen und Harzsäuren. Zur Abtrennung der Harze und Harzsäuren kann man die Eigenschaft vieler dahin gehöriger Stoffe benützen, sich aus kaltem 70% Alkohol durch Zusatz von verdünnter Salzsäure abzuscheiden[5]).

Der Verseifungsprozeß wird meist durch heiße alkoholische Natronlauge vollzogen. KÖNIG gibt folgende Vorschrift: 3—4 g Fett sind in

---

1) W. HEINTZ, Poggendorffs Ann., Bd. LXXXVII, p. 553 (1852); Bd. LXXXIX, p. 579 (1853). — 2) B. A. VAN KETEL, Chem. Centr., 1895, Bd. II, p. 549. — 3) DRAGGENDORFF, Qualit. u. quant. Analyse von Pflanzen (1882), p. 7. — 4) J. KÖNIG, Unters. landwirtsch. wicht. Stoffe (1898), p. 400. — 5) Über Trennung von Fettsäuren und Harzen: BARFOED, Zeitschr. analyt. Chem., Bd. XIV, p. 20 (1875); DRAGGENDORFF, l. c. p. 109. Zum Nachweis von Harzen empfiehlt MALACARNE, Chem. Centr., 1903, Bd. I, p. 1440 die LIEBERMANNsche Cholestolprobe.

einer Porzellanschale von etwa 10 cm Durchmesser mit 1—2 g NaOH
und 50 ccm Alkohol zu versetzen und unter öfterem Umrühren 15—30
Minuten auf dem Wasserbade bis zur vollständigen Verseifung zu erwärmen. Weniger gut ist die Verseifung durch längeres Stehen in der
Kälte[1]). Trefflich für biochemische Untersuchungen geeignet ist die
zuerst von Kossel und Obermüller[2]) vorgeschlagene Verseifung mit
Natriumäthylat. Nach der von Kossel und Krüger[3]) herrührenden
Vorschrift werden 5 g Fett mit 10 ccm absolutem Alkohol auf dem
Wasserbade gelöst, hierauf 10 ccm einer 5% Lösung von metallischem
blanken Natrium in absolutem Alkohol (frisch bereitet!) hinzugefügt und
eingedunstet. Der Prozeß ist nach 12 Minuten beendet und alles Fett
verseift. Auch für mikrochemische Untersuchungen läßt sich diese Methode nach eigener Erfahrung ausgezeichnet verwenden. Zur Abscheidung der Seifen aus wässeriger Lösung wendet man Aussalzung an.

Die zu den nicht verseifbaren Anteilen des Rohfettes gehörenden
gelben und rotgelben Fettfarbstoffe oder Lipochrome sind in der Regel
in viel zu kleiner Menge vorhanden, als daß sie sich leicht isolieren
ließen. Manche Palmenfette sind lebhaft orangegelb gefärbt, ferner ist
von Schrötter[4]) reichliches Vorkommen von kristallisierbarem Lipochrom im Arillarfett der Samen von Intsia (Afzelia) cuanzensis (Leguminosae) angegeben worden; es scheint sich hier um eine Substanz der
Karotingruppe zu handeln, welche, abweichend vom gewöhnlichen Vorkommen, nicht an Chromatophoren gebunden, sondern im Fett gelöst
reichlich auftritt.

Die meisten Nährgewebsfette sind bei 15—20° C visköse Flüssigkeiten, im Gegensatze zu der Mehrzahl der Tierfette, welche bei Zimmertemperatur salbenartige bis feste Konsistenz besitzen. Bekanntlich hängt
dies mit dem reichlichen Gehalte der Pflanzenfette an ungesättigten
Fettsäuren zusammen, was schon Chevreul angegeben hatte. Doch
fehlt es auch nicht an pflanzlichen Fetten, welche bei 15—20° C feste
Massen bilden. Im allgemeinen kommen Fette mit höherem Erstarrungspunkt und Schmelzpunkt nur in Samen tropischer Gewächse vor.
Samenfett von niedrigem Schmelzpunkt enthalten Pflanzen gemäßigter
Klimate ebensowohl wie solche aus heißen Klimaten. Bisher ist noch
nicht untersucht worden, ob eine direkte Anpassung in der genannten
Hinsicht bei Kultur einer Pflanzenart in gemäßigtem und heißem Klima
möglich ist.

Beispiele für das Gesagte sind in der Übersicht im Anhange
dieses Kapitels enthalten, woraus ich als bemerkenswerte Daten folgende
entnehme:

Nicht tropische Samenfette

	F		
Lallemantia iberica	—34°	bis	—35°
Pinus silvestris	—30°		
Juglans regia	—26°	,,	—28°
Cannabis sativa	—25°	,,	—28°

1) R. Henriques, Zeitschr. angew. Chem., 1895, p. 721; 1896, p. 221; 1897,
p. 366; D. Holde, Chem. Centr., 1896, Bd. II, p. 142. — 2) A. Kossel u. K.
Obermüller, Zeitschr. physiol. Chem., Bd. XIV, p. 599 (1890). — 3) Kossel u.
M. Krüger, Zeitschr. physiol. Chem., Bd. XV, p. 321 (1891): Henr. Bull, Chem.-
Ztg., Bd. XXIII, p. 1043 (1899); Bd. XXIV, p. 814 (1900). — 4) H. v. Schrötter-
Kristelli, Botan. Centr., Bd. LXI, p. 33 (1895). Sitzber. Wiener Akad., 1893.

$$F$$

Nicotiana tabacum	-25^0		
Papaver somniferum	$-17{,}7^0$	bis	-20^0
Helianthus annuus	-16^0	„	$-18{,}7^0$
Linum usitatissimum	-12^0	„	$-27{,}5^0$
Vitis vinifera	-11^0	„	-17^0
Amygdalus communis	-10^0	„	-25^0
Cucurbita pepo	-15^0		
Brassica rapa	-10^0	„	-1^0
Olea europaea	-6^0	„	$+4^0$

Tropische Samenfette

$$F$$

Aleurites cordata	unter		-17^0
Croton tiglium	-16^0		
Thea sinensis	-5^0	bis	-13^0
Arachis hypogaea	$-2{,}5$	„	-7^0
Bertholletia excelsa	-1^0		
Sesamum indicum	0^0	„	-5^0
Gossypium herbaceum	$+2^0$	„	-2^0
Aleurites moluccana	0^0		
Telfairia pedata	$+7^0$		
Carapa guyanensis	$+10^0$		
Cocos nucifera	$+20^0$	„	$+28^0$
Theobroma Cacao	$+30^0$	„	$+34{,}5^0$
Allanblackia Stuhlmanni	$+40^0$		
Myristica fragans	$+45^0$	„	$+51^0$

Der Erstarrungspunkt der verflüssigten Fette liegt in der Regel tiefer als der Schmelzpunkt des erstarrten Fettes; der Unterschied ist um so größer, je höher der relative Gehalt des Fettes an Stearin und Palmitin ist. Für Kakaobutter z. B. beträgt die Differenz zwischen E und F mindestens 5^0 C. Manche Fette zeigen die merkwürdige Eigenschaft, doppelten Schmelzpunkt zu besitzen[1]). Bezüglich der Methoden zur Schmelzpunkt- und Erstarrungspunktbestimmung bei Fetten sei besonders auf die Zusammenstellungen von KÖNIG[2]) hingewiesen. Man hat bei flüssigen Fetten auch vielfach zu praktischen Zwecken Viskositätsbestimmungen ausgeführt, über deren Resultate und Methodik das bekannte Werk von BENEDIKT und ULZER Auskunft gibt[3]).

Das spezifische Gewicht der Samenfette wird bei 15^0 C meist zu etwa 0,92 gefunden; es sinkt selten unter 0,9 und erreicht niemals 1,0. Die höchsten Werte besitzen stearinreiche Fette, worunter Theobroma Cacao bis 0,976, Myristica fragrans bis 0,995 erreicht. Näheres in der angefügten Übersichtstabelle und in den Werken von KÖNIG und von BENEDIKT-ULZER.

Das optische Verhalten der Fette ist in bezug auf Brechungsindex im verflüssigten Zustande und in bezug auf optische Aktivität von

---

1) Vgl. H. KREIS u. HAFNER, Zeitschr. Untersuch. Nahr. Genußm., Bd. V, p. 1122 (1902). — 2) KÖNIG, Untersuchung etc., p. 387—88; ferner das Werk von R. BENEDIKT (Analyse der Fette, 3. Aufl. [1897]); C. REINHARDT, Zeitschr. analyt. Chem., Bd. XXV, p. 11 (1886); J. JACHZEL, Chem. Centr., 1902, II, p. 472. Zur Bestimmung des Erstarrungspunktes: A. A. SHUKOFF, Chem.-Ztg., Bd. XXV, p. 1111 (1901). — 3) R. BENEDIKT u. ULZER, l. c. Über Viskosimetrie auch C. KILLING, Zeitschr. angew. Chem., 1894, p. 643; 1895, p. 102.

Interesse. Die meisten Samenfette haben einen Brechungsindex von
1,42—1,49 [1]). Eine Wirkung auf die Schwingungsebene polarisierten
Lichtes ist bei Fetten meist sicherzustellen [2]). Einige Öle, wie Rizinusöl ($a_D = +40,7°$) und Krotonöl ($a_D + 42,65°$) sind stark rechtsdrehend. Die meisten Fette drehen nur schwach rechts oder links.
Ihre optische Aktivität dürfte wohl sehr häufig mit ihrem Gehalte an
Phytosterin zusammenhängen.

§ 3.
Die chemischen Eigenschaften der Fette.

Trotz der oft sehr differenten physikalischen und chemischen Eigenschaften der Pflanzen- und Tierfette schwankt deren prozentische Zusammensetzung aus Kohlenstoff, Wasserstoff und Sauerstoff in relativ
engen Grenzen. Nach den Zusammenstellungen KÖNIGS [3]) finde ich den
relativ niedrigsten Kohlenstoffgehalt beim Rizinusöl (74,0 Proz.), welches
zugleich das sauerstoffreichste Pflanzenfett darstellt (15,71 Proz. O), den
höchsten Kohlenstoffgehalt bei der stearinreichen Kakaobutter (78,01 Proz.),
welche nur 9,66 Proz. O enthält. Die Zahlen für Wasserstoff bewegen
sich zwischen 10,26 Proz. (Rizinus) und 13,36 Proz. (Brassica Rapa).
Der Sauerstoffgehalt schwankt von 9,43 Proz. (Brassica Rapa) bis
15,71 Proz. (Rizinus). Für tierische Fette gibt KÖNIG 76,5 bis 76,61
Proz. C, 11,90 bis 12,03 Proz. H und 11,36 bis 11,59 Proz. Sauerstoff an.

Den Hauptbestandteil von Pflanzenfetten bilden bekanntlich in der
Regel Ester des Glyzerins mit Fettsäuren. Eine sehr auffallende, noch
näher zu prüfende Angabe bildet jene von HÉBERT [4]) über natürliches
Vorkommen von ölsaurem Kali im Safte der Frucht von Musa para-
disiaca. Sonst sind Seifen oder fettsaure Salze als natürliche Pflanzenstoffe noch nicht nachgewiesen. Bei den Glyzeriden handelt es sich
meist um einheitlich gebaute Verbindungen mit einer einzigen Fettsäure.
Doch haben neuere Untersuchungen gelehrt, daß gemischte Fettsäureglyzeride vielleicht recht verbreitet in Pflanzenfetten vorkommen. HEISE [5])
wies Oleodistearin bei Allanblackia Stuhlmanni und Garcinia indica nach.
HOLDE und STANGE [6]) machten die Existenz einer kleinen Menge Oleo-
dimargarin im Olivenöl wahrscheinlich, KLIMONT [7]) gab für Kakaobutter
ein Palmitinsäure-Ölsäure-Stearinsäure-Triglyzerid an, während FRITZ-
WEILER [8]) darin 6 Proz. Oleodistearin konstatierte. Nach KLIMONT [9])
ist Dipalmitin-Ölsäureglyzerid in erheblichen Mengen im Fett von Sapium
sebiferum (Stillingia) zugegen. Jedenfalls dürfte die Konstitution der
Fette mannigfaltiger sein, als sie bisher dargestellt wurde. Unbekannt
ist es, ob auch ungesättigte Glyzeride in natürlichen Fetten vorkommen.

---

1) Brechungsexponenten von fetten Ölen: F. STROHMER, Chem. Centr., 1889,
Bd. II, p. 213. — 2) Hierüber: W. BISHOP, Hilgers Vierteljahrschr. ü. d. Fortschr.
d. Chem. d. Nahr. u. Genußm., Bd. II. p. 528 (1887); PÉTER, Bull. soc. chim.,
Tome XLVIII, p. 483 (1887). — 3) KÖNIG, Chemie d. menschl. Nahr. u. Genußmittel, 3. Aufl., Bd. II, p. 384. — 4) HÉBERT, Bull. soc. chim., 1896, p. 17. —
5) R. HEISE, Arbeit. kais. Gesundheitsamt Berlin, Bd. XII, p. 540 (1896); Bd. XIII
p. 302 (1897). Chem. Centr., 1899, Bd. I, . 1271. Bestätigt durch HENRIQUES
u. KÜNNE, Ber. chem. Ges., Bd. XXXII, pp 387 (1899). — 6) D. HOLDE u. M.
STANGE, Ber. chem. Ges., Bd. XXXIV, p. 2402 (1901); D. HOLDE, Chem. Centr.,
1902, Bd. I, p. 177; Ber. chem. Ges., Bd. XXXV, p. 4306 (1902). — 7) J. KLIMONT,
Ber. chem. Ges., Bd. XXXIV, p. 2636 (1901); Monatshefte f. Chem., Bd. XXIII.
p. 51 (1902). — 8) R. FRITZWEILER, Arbeit. Kais. Gesundheitsamt, Bd. XVIII,
p. 371 (1902). — 9) J. KLIMONT, Monatshefte Chem., Bd. XXIV, p. 408 (1903).

Von altem Rüböl haben REIMER und WILL Dierucin angegeben. Die Angabe von KASSNER[1]), daß das fette Öl der Hirse kein Glyzerid sei, bedarf jedenfalls noch bestätigender Nachuntersuchungen.

Basen und Säuren spalten die Glyzerinfettsäureester schon in der Kälte und sehr rasch in der Hitze. Wie später eingehender dargelegt werden wird, verfügt der Pflanzenorganismus auch über fettspaltende Enzyme (Lipasen). Ebenso schnell erfolgt die Fettspaltung durch Wasser allein bei 200°. Triolein ist schwerer verseifbar als die anderen Glyzeride. Man nimmt an, daß der Verseifungsprozeß successive unter Bildung aller Glyzeride neben freiem Glyzerin erfolgt, so daß die Konzentration des Triglyzerides stets abnimmt, während die Konzentration des Glyzerins fortwährend steigt[2]). Bei der Verseifung mit Natriumäthylat entsteht zunächst Glyzerinnatrium und Fettsäureäthylester, welche sich sodann mit Wasser in NaOH, Glyzerin, Äthylalkohol und Fettsäure umsetzen[3]). Die Alkaliseifen werden bereits durch Wasser hydrolytisch gespalten in freies Alkali und Säure. Sie sind gute Elektrolyten trotz ihrer ausgeprägt kolloidalen Eigenschaften[4]). Aus ihren Komponenten können die Fettsäureglyzeride auch synthetisch gewonnen werden, indem man die Fettsäure mit Glyzerin in entsprechenden Mengenverhältnissen auf 2—300° erhitzt. Man kann so sowohl die ungesättigten als die gesättigten Ester künstlich darstellen[5]).

Abgesehen von den bekannten organischen Fettlösungsmitteln, wie Äther, Petroläther, Ligroin, Schwefelkohlenstoff u. a. darf auch Eisessig bei Siedetemperatur als Solvens für fast alle Fette angesehen werden. In kaltem Eisessig sind nicht alle Fette leicht löslich. Rizinusöl, Krotonöl, Olivenkernöl lösen sich darin gut[6]).

Pflanzenfette enthalten fast regelmäßig außer den Glyzerinestern noch größere oder kleinere Mengen freier Fettsäuren. Die Fettsäureglyzeride werden als „Neutralfett" bezeichnet. Beim Aufbewahren von Fetten nimmt übrigens der Gehalt an freien Fettsäuren stark zu. Der Säuregehalt frischer Öle stellt sich (bei reifen Samen) nach VON RECHENBERGS Ermittlungen[7]) folgendermaßen:

---

1) G. KASSNER, Arch. Pharmac. (3), Bd. XXV, p. 1081 (1887). — 2) Hierzu: A. C. GEITEL, Journ. prakt. Chem., Bd. LV, p. 429 (1897); Bd. LVII, p. 113 (1898); J. LEWKOWITSCH, Ber. chem. Ges., Bd. XXXIII p. 89 (1900), ibid., Bd. XXXVI p. 3766 (1903). Eine andere Ansicht vertritt BALBIANO, ibid., p. 1571: Verseifung von Rizinolsäuretriglyzerid: BOGAJEWSKY, Chem. Centr., 1897, Bd. II, p. 335. — 3) KOSSEL u. KRÖGER, Zeitschr. physiol. Chem., Bd. XV, p. 321 (1891); CLAISEN, Ber. chem. Ges., Bd. XX, p. 646; K. OBERMÜLLER, Zeitschr. physiol. Chem., Bd. XVI, p. 152 (1892). Für Verseifung mit alkoholischer NaOH: R. HENRIQUES, Zeitschr. angew. Chem., 1898, p. 338. — 4) Zur physikal. Chemie der Seifen: L. KAHLENBERG u. O. SCHREINER, Zeitschr. physikal. Chem., Bd. XXVII, p. 552 (1898). Die von F. KRAFFT entwickelten Vorstellungen über die Natur der Seifenlösungen entbehren experimenteller Beweisbarkeit. Über Elektrolyse der Seifen: J. PETERSEN, Zeitschr. physik. Chem., Bd. XXXIII, p. 99, 295 (1900); A. SMITS, ibid. Bd. XLV, p. 608 (1903). — 5) Herstellung der Palmitinsäureglyzeride: R. H. CHITTENDEN und H. E. SMITH, Amer. chem. Journ., Vol. VI, p. 217 (1885). Eingehende Untersuchungen rühren von SCHEIJ her: Rec. trav. chim. Pays-Bas, Tome XVIII, p. 169 (1896). Ferner H. KREIS und HAFNER, Ber. chem Ges., Bd. XXXVI, p. 1123 u. 2766 (1903); F. GUTH, Zeitschr. Biolog., Bd. XLIV, p. 78 (1902), benutzte die Chlorhydrine und fettsauren Natronsalze bei der Synthese von Fetten. — 6) Über Trübungstemperatur bei Gemischen aus gleichen Teilen Fett und Eisessig (VALENTAS Essigsäureprobe): CHATTAWAY, JONES, Chem. Centr., 1894, Bd. II, p. 457. — 7) v. RECHENBERG, Ber. chem. Ges., Bd. XIV, p. 2216 (1881); Journ. prakt. Chem., Bd. XXIV, p. 512 (1881).

	Zur Neutralisation der freien Säuren von 100 g Fett sind erforderlich:	Auf Prozente an freier Ölsäure von mir umgerechnet:
Brassica Rapa	0,036 g KOH	0,3286 Proz.
„ Napus	0,032 „ „	0,2900 „
Camelina sativa	0,324 „ „	2,9576
Linum usitatissimum . .	0,053 „ „	0.4838
Rhaphanus sativus oleiferus	0,142 „ „	1,296 „

SCHMIDT und ROEMER [1] fanden in den als Drogen käuflichen Kokkelskörnern, Muskatbutter und Lorbeerfett erhebliche Mengen freier Fettsäuren. Nach NOERDLINGER [2] war im Petrolätherextrakte von frischen Samen an freier Säure (noch GEISSLER als Ölsäure berechnet) vorhanden:

Rüböl	0,77— 1,10 Proz.	käufl. Baumwollöl	0,42—0,50 Proz.
Mohnöl	2,15— 9,43 „	Olivenöl	1,66 „
Erdnuß	0,95— 8,85 „	Rizinusöl	0,62—5,52 „
Sesam	2,62— 9,71 „	Leinöl, techn.	0,41—4,19 „
Palmkernöl	4,17—11,42 „	Kokosfett	1,0 —6,31 „
Lophira alata 14,4 —34,72 „		Bikuhybafett techn. 18,55	„

Die Bestimmung der freien Säuren geschieht am besten in alkoholischer oder ätherischer Lösung durch Titrierung mit alkoholischer Natronlauge und Phenolphthalein als Indikator [3].

Daß sich aber trotz mancher Veränderungen Pflanzenfette sehr lange Zeit erhalten können, haben Untersuchungen von Salbölen aus altägyptischen und altrömischen Grabstätten gezeigt [4].

Qualitative Fettreaktionen. — Zur Entscheidung, ob in einem Äther- oder Petrolätherextraktionsrückstand Fette enthalten sind, dient am besten die weiter unten zu beschreibende Akroleinentwicklung bei trockener Destillation von Glyzerin und seiner Ester. Auch der Nachweis des Glyzerins selbst durch dessen Reaktionen (§ 5), sowie der Nachweis flüchtiger Fettsäuren nach Verseifung mit verdünnter Schwefelsäure, endlich die Untersuchung ausgeschiedener fester Fettsäuren dient in vielen Fällen der Diagnose. Ölsäure ist an der „Elaidinreaktion" zu erkennen, bei welcher Probe einige Fette auch gewisse Farbenreaktionen zeigen [5]. Linoleïn verrät sich oft durch starke Temperaturerhöhung beim Vermischen mit konzentrierter Schwefelsäure (Probe von MAUMENÉ [6]). Eine Reihe von Farbenreaktionen hat man mit molybdänschwefelsaurem Natron beobachtet [7]. Damit färben sich schwarzbraun: Mandelöl, Baumwollöl, Lein-, Nuß-, Mohn-, Rüböl, Bucheckeröl; purpurrot: Erdnußöl; schön grün: Kürbisöl; olivgrün: Sesamöl etc. Sesamöl gibt Rotfärbung mit Salzsäure und Traubenzucker [8], blauschwarze Farbe

---

1) E. SCHMIDT u. H. ROEMER, Arch. Pharm., Bd. CCXXI, p. 34 (1883). — 2) H. NOERDLINGER, Zeitschr. analyt. Chemie, Bd. XXVIII, p. 183 (1889). — 3) Hierzu KÖNIG, Untersuchung etc., p. 206, 390; W. WALTKE, Chem.-Ztg., Bd. XX, p. 480 (1896); HOLDE, Hilgers Vierteljahrschr. Chem. Nahr. u. Genußm., 1889, p. 435; F. STOHMANN, Journ. prakt. Chem., Bd. XXIV, p. 506 (1881); K. ZULKOWSKY, Ber. chem. Ges., Bd. XVI, p. 1140 (1883). — 4) Hierzu C. FRIEDEL, Compt. rend., Tome CXXIV, p. 648 (1897). — 5) MASSIE, Journ. pharm. chim., Vol. XII, p. 13 (1869); DRAGGENDORFF, Analyse (1882), p. 99. — 6) Zur Maumenéschen Probe: H. DROOP RICHMOND, Chem. Centr., 1895, Bd. I, p. 813; MITCHELL, Beckurts Jahresber. Nahr. Genußm., 1901, p. 36. — 7) VAN ENGELEN, Chem.-Ztg., Bd. XX, p. 440; Chem. Contr., 1897, Bd. II, p. 225; K. DIETERICH, Pharm. Centralhalle, Bd. XXXVII, p. 609 (1896). — 8) TAMBON, Journ. pharm. Chim. (6), Tome XIII, p. 57 (1901).

mit Formalin $+ H_2SO_4$ [1]), violettblaue Färbung mit Resorcin (in Benzol gelöst) und HNO_3 [1]), violettrote Färbung mit HCl und aromatischen Aldehyden [2]), rote Färbung mit Zucker (oder Furfurol) $+$ HCl (BAUDOUIN, modifiziert von VILLAVECCHIA und FABRIS [3]) u. a. Baumwollöl reduziert Silbernitrat (BECCHI [4]); es gibt beim Erhitzen mit Amylalkohol und Schwefelkohlenstoff, welcher 1% Schwefel enthält, orangerote Färbung [HALPHEN [5])]. Trocknende Öle geben nach HALPHEN [6]) Trübung oder Niederschlag mit einem Reagens, bestehend aus 28 Vol.-Teilen Eisessig, 4 Vol.-Teilen Nitrobenzol und 1 Vol.-Teil Brom. Die mikroskopische Erkennung von Fetttröpfchen im Zellinhalte bezw. ihre Unterscheidung von anderen mit Wasser nicht mischbaren Inhaltsflüssigkeiten ist im allgemeinen schwierig. Wo angängig, wird man sich an die Regel halten, die analytisch chemische Untersuchung des Materials zu Hilfe zu ziehen. Ist dies nicht tunlich, so kann man durch Löslichkeitsverhältnisse zu Wahrscheinlichkeitsschlüssen geführt werden. Die Mehrzahl der fetten Öle löst sich nicht in kaltem Alkohol, Eisessig, Chloralhydrat, während viele aromatische Öle, Terpene etc. in Alkohol leichter löslich sind, besonders bei Gegenwart von etwas Alkali. Beim Erwärmen auf $120-130°$ bleiben die Fette zurück, während sich viele ähnlich lichtbrechende Tröpfchen von ätherischen Ölen etc. verflüchtigen. Vielfach hat sich die mikroskopische Verseifungsprobe, besonders in der Modifikation von MOLISCH und in der in meinem Laboratorium erfolgreich angewendeten Natriumalkoholatmethode bewährt; dies ist eines der sichersten Kennzeichen für Fette; die in absolutem Alkohol zu untersuchenden Präparate zeigen im Polarisationsapparate auch sehr kleine Mengen von Seifenkristallen an. Man hat ferner Farbenreaktionen angewendet, worunter die sehr vieldeutige, doch allgemein verwendete Schwärzung der Fetttropfen durch Reduktion von Überosmiumsäure zu erwähnen ist. Fette speichern endlich eine Anzahl von Farbstoffen, wie Alkannin, Cyanin, Chlorophyll, Dimethylamidoazobenzol, Sudan III oder Amidoazobenzolazo-β-naphthol, Scharlach R und andere [7]).

1) J. BELLIER, Just. botan. Jahresber., 1899, Bd. II, p. 6. — 2) F. BREINL, Chem.-Ztg., 1899, No. 63. Weitere Reaktionen von Sesamöl: UTZ, Chem. Rev. Fett- u. Harzindustr., Bd. IX, p. 177 (1902); H. KREIS, Chem.-Ztg., Bd. XXVI, p. 1014 (1904); E. MAILLIAU, Chem. Centr., 1894, Bd. I, p. 440. — 3) BAUDOUINs Reaktion: V. VILLAVECCHIA u. G. FABRIS, Zeitschrift angew. Chem., 1893, p. 505; Chem. Centr., 1897, Bd. II, p. 773. — 4) BECCHI, Chem.-Ztg. 1887, p. 1328. — 5) G. HALPHEN, Journ. pharm. chim. (6), Tome VI, p. 390 (1897); P. SOLTSIEN, Zeitschr. öff. Chem., Bd. V, p. 106 (1899); E. WRAMPELMEYER, Zeitschr. Untersuch. Nahrungs- u. Genußm., Bd. IV, p. 25 (1901). Ferner P. SOLTSIEN, Pharm. Ztg., Bd. XLVIII, p. 19 (1903); FULMER, Chem. Centr., 1903, Bd. I, p. 363; STEINMANN, Beckurts Jahresber. Nahr. Genußm., 1901, p. 41. — 6) G. HALPHEN, Journ. pharm. chim. (6), Tome XIV, p. 359 (1901). — 7) Zur Mikrochemie der Fette: A. MEYER, Das Chlorophyllkorn (1883); ZIMMERMANN, Botan. Mikrotechnik, 1892, p. 69; H. MOLISCH, Histochemie der pflanzlichen Genußmittel (1891), p. 10, Anmerk.; RANVIER, Techn. Lehrb. d. Histolog. (1888), p. 97; DADDI, Arch. ital. de Biolog., Tome XXIV, p. 142; C. HANDWERCK, Zeitschr. wiss. Mikr., Bd. XV, p. 177 (1898). [Die Reduktion von OsO_4 soll danach vom Olein, nicht aber von Palmitin und Stearin bewirkt werden.] A. MEYER, Flora, 1899, p. 431; BUSCALIONI, Botan. Centr., Bd. LXXVI, p. 398 (1898); COLASSAK, Arch. Entwickl.mechan., Bd. VI, p. 453 (1898). [Nach vorhergegangener Chromatbeizung schwärzt OsO, wohl noch Fett, nicht aber Lecithin.] A. SATA, Zeitschr. wiss. Mikr., Bd. XVIII, p. 67 (1901). G. HERXHEIMER und ferner L. MICHAELIS, ibid., Bd. XIX, p. 66 ff. (1902); C. HARTWICH u. W. UHLMANN, Arch. Pharm., Bd. CCXL, p. 471 (1902) [Verseifungsprobe] und ibid., Bd. CCXLI, p. 111 (1903). W. UHLMANN, Dissert. Zürich, 1902; Zeitschr. wiss. Mikr., Bd. XX, p. 104 (1903); B. FISCHER, ibid., p. 198 (Färbung mit Sudan III und Scharlach R.).

§ 4.

Die Fettsäuren der Samenfette.

Wenn auch gewisse Säuren, besonders solche mit 18 Atomen Kohlenstoff, auffallend häufig fettbildend auftreten, so ist dennoch das Gesamtbild der Zusammensetzung der Pflanzenfette sehr mannigfaltig, und man darf überdies annehmen, daß noch wertvolle Funde ihrer Entdeckung harren. Man kennt bisher nur einbasische Säuren, doch dürften mehrbasische Fettsäuren hier und da vielleicht noch aufgefunden werden. Die bisher bekannten Fettsäuren sind teils gesättigte, teils ungesättigte Verbindungen.

Von gesättigten Säuren, der Reihe der Essigsäure angehörend, sind bisher in natürlichen Fetten nachgewiesen worden:

Ad: $C_2H_4O_2$: Essigsäure [1]).

$C_3H_6O_2$: Propionsäure.

$C_4H_8O_2$: Normalbuttersäure und Isobuttersäure.

$C_5H_{10}O_2$: Isovaleriansäure.

$C_6H_{12}O_2$: Isobutylessigsäure.

$C_7H_{14}O_2$: Önanthylsäure ist fraglich.

$C_8H_{16}O_2$: Kaprylsäure [2]).

$C_9H_{18}O_2$: Pelargonsäure ist fraglich [3]).

$C_{10}H_{20}O_2$: Kaprinsäure [4]).

$C_{12}H_{24}O_2$: Laurinsäure [5]).

$C_{14}H_{28}O_2$: Myristinsäure [6]).

$C_{15}H_{30}O_2$: Isocetinsäure [bedarf wohl der Bestätigung [7])].

$C_{16}H_{32}O_2$: Palmitinsäure [8]).

$C_{17}H_{34}O_2$: Margarinsäure [9]) und Daturasäure [10]).

$C_{18}H_{36}O_2$: Stearinsäure.

$C_{20}H_{40}O_2$: Arachinsäure [11]).

$C_{24}H_{48}O_2$: Lignocerinsäure.

---

1) Die biochemisch nicht unwichtigen Dissoziationskonstanten der hierher gehörigen Säuren finden sich bei J. BILLITZER, Monatsb. f. Chem., Bd. XX, p. 666 (1899). Oxydation der Fettsäuren: R. MARGULIES, Mon. Chem., Bd. XV, p. 273 (1894). Essigsäureglyzerid im Evonymusöl entdeckt von SCHWEIZER, Lieb. Ann., Bd. LXXX, p. 288 (1851). Butyrin in Sapindusfrüchten: GORUP BESANEZ, Journ. prakt. Chem., Bd. XLVI, p. 151 (1849). — 2) Charakteristik der Kaprylsäure und der nächststehenden Säuren: CAHOURS u. DEMARÇAY, Ber. chem. Ges., Bd. XII, p. 2257 (1879). — 3) Nonylsäuren: FR. BERGMANN u. SCHMIDT, Arch. Pharm., Bd. XXII, p. 331 (1884). — 4) Im Kokosfett zuerst von GÖRGEY, Lieb. Ann., Bd. LXVI, p. 291 (1848) gefunden. — 5) Laurinsäure: F. KRAFFT, Ber. chem. Ges., Bd. XII, p. 1664 (1879); CH. E. CASPARI, Amer. chem. Journ., Bd. XXVII, p. 303 (1902). Das „Laurostearin" von MARSSON, Lieb. Ann., Bd. XLI, p. 329 (1842), war ein Gemenge. — 6) Myristinsäure: F. MASINO, Liebigs Annal., Bd. CCII, p. 172 (1880); E. LUTZ, Ber. chem. Ges., Bd. XIX, p. 1433 (1886); H. NÖRDLINGER, ibid., Bd. XIX, p. 1893 (1886); H. THOMS u. C. MANNICH, Ber. pharm. Ges., Bd. XI, p. 263 (1901). Entdeckt v. PLAYFAIR, Lieb. Ann., Bd. XXXVII, p. 152 (1841), in Muskatbutter. — 7) Angegeben für Jatropha Curcas-Fett von BOUIS, Jahresber. Chem., 1854, p. 462. Über n-Pentadecylsäure vgl. F. KRAFFT, Ber. chem. Ges., Bd. XII, p. 1668 (1879). — 8) Reine Palmitinsäure: CHITTENDEN u. H. E. SMITH, Ber. chem. Ges., Bd. XVIII. Ref. p. 62 (1885). Entdeckt v. FRÉMY [Journ. prakt. Chem., Bd. XXII, p. 120 (1841)] im Palmöl; im Japanwachs von STHAMER, Lieb. Ann., Bd. XLIII, p. 335 (1842). — 9) Bisher nur v. HOLDE, Ber. chem. Ges., Bd. XXXV, p. 4306 (1902), für Olivenöl angegeben. Eigenschaften: F. KRAFFT, Ber. chem. Ges., Bd. XII, p. 1668 (1879). — 10) Daturasäure: E. M. GÉRARD, Ann. chim. phys. (6), Tome XXVII. p. 549 (1890); Compt. rend., Tome CXX, p. 565 (1895). — 11) Arachinsäure: G. TASSINARI, Ber. chem. Ges., Bd. XI, p. 2031 (1878); M. BACZEWSKI, Monatsh. f. Chem., Bd. XVII, p. 528 (1896). Entdeckt v. GÖSSMANN, Lieb. Ann., Bd. LXXXIX, p. 1 (1854), im Arachisöl.

Eine Anzahl ist sehr fraglich. Zahlreiche ältere Angaben über in dieser Übersicht nicht enthaltene Säuren sind widerlegt, wie die „Umbellulsäure $C_{11}H_{22}O_2$"[1]), die Theobrominsäure $C_{64}H_{128}O_2$ u. a.

Von gesättigten Oxysäuren kennt man nur:

$C_{18}H_{36}O_4$: Dioxystearinsäure[2]).

Von ungesättigten Säuren aus der Reihe der Ölsäure (mit einer Doppelbindung) sind bisher nachgewiesen:

Ad: $C_5H_8O_2$: Tiglinsäure oder Methylkrotonsäure[5]).
$C_{16}H_{30}O_2$: Hypogäasäure[4]).
$C_{18}H_{34}O_2$: Ölsäure[3]).
$C_{21}H_{40}O_2$: Gynocardiasäure[6]) (ist noch fraglich).
$C_{22}H_{42}O_2$: Erukasäure[7]).

Aus der Reihe der Leinölsäure (zwei Doppelbindungen) kennt man bisher:

$C_{17}H_{30}O_2$: Elaeomargarinsäure[8]). (Nach KAMETAKA[9]) ist die Formel $C_{18}H_{32}O_2$).
$C_{18}H_{32}O_2$: Linolsäure[10]) und Taririsäure[11]), sowie Telfairiasäure[12]), und Chaulmoograsäure[13]).

Aus der Reihe der Linolensäure mit drei Doppelbindungen:

$C_{18}H_{30}O_2$: Die Linolensäure, die Isolinolensäure[14]) und die Eläostearinsäure[15]).

---

1) Vergl. J. M. STILLMANN u. E. C. O'NEILL, Chem. Centr., 1902, Bd. II, p. 1302). — 2) P. JUILLARD, Bull. soc. chim. (3), Tome XIII, p. 238 (1895). — 3) Vgl. FRANKLAND u. DUPPA, Lieb. Annal., Bd. CXXXVI, p. 9; E. SCHMIDT u. J. BERENDES, Lieb. Ann., Bd. CXCI, p. 94. — 4) Hypogäasäure entdeckt v. A. GÖSSMANN u. SCHEVEN, Lieb. Ann., Bd. XCIV, p. 230 (1855); CALDWELL, ibid., Bd. XCIX, p. 305 (1856); Bd. CI, p. 97 (1857). — 5) Über Ölsäuredarstellung: E. C. SAUNDERS, Pharm. J. Tr., Vol. XI, p. 113 (1880). Ferner ad Ölsäure: A. SAYTZEW, Ber. chem. Ges., Bd. XIX, Ref. 20 (1886). Journ. prakt. Chem., Bd. XXXI, p. 541 (1885), Bd. XXXIII, p. 300 (1886); A. SABANJEW, Ber. chem. Ges., Bd. XIX, Ref. 239 (1886); P. DE WILDE u. A. REYCHLER, Bull. soc. chim. (3), Tome I, p. 295 (1888); Konstitution der Ölsäure: F. G. EDMED, Journ. chem. soc. London, Vol. LXXIII, p. 627 (1898). — 6) J. SCHINDELMEISER, Ber. deutsch. pharm. Ges., Bd. XIV, p. 164 (1904). — 7) Erukasäure: C. L. REIMER u. W. WILL, Ber. chem. Ges., Bd. XIX, p. 3320 (1886); K. HAZURA u. A. GRÜSSNER, Mon. Chem., Bd. IX, p. 947 (1888); M. FILETI u. G. PONZIO, Journ. prakt. Chem., Bd. XLVIII, p. 323 (1893); STÄDELER, Lieb. Ann., Bd. LXXXVII, p. 133 (1853). — 8) Eläomargarinsäure: S. CLOËZ, Ber. chem. Ges., Bd. IX, p. 1934 (1876); L. MAQUENNE, Compt. rend., Tome CXXXV, p. 696 (1902). — 9) T. KAMETAKA, Journ. chem. soc. Lond., Vol. LXXXIII, p. 1042 (1903). — 10) Leinölsäure: A. BAUER u. K. HAZURA, Mon. Chem., Bd. VII p. 216 (1886); K. PETERS, ibid., p. 552; L. M. NORTON u. H. A. RICHARDSON, Ber. chem. Ges., Bd. XX, p. 2735 (1887); Bd. XXI, Ref. 245 (1888); K. HAZURA, Mon. Chem., Bd. VIII, p. 260 (1887); K. HAZURA u. A. FRIEDREICH, Mon. Chem., Bd. VIII, p. 156 (1887); HAZURA, Mon. Chem., Bd. IX, p. 180, 198 (1888). Zeitschr. angew. Chem., 1888, p. 312; HAZURA u. GRÜSSNER, Mon. Chem., Bd. IX, p. 944 (1889); B. BENEDIKT u. HAZURA, Sitzber. Wien. Akad., Bd. XCVIII, II b, p. 503 (1890); HAZURA, ibid., p. 181, 312; A. REFORMATZKY, Journ. prakt. Chem., Bd. XLI, p. 529 (1890); F. SACC, Lieb. Ann., Bd. LI, p. 213 (1844); E. SCHÜLER, ibid., Bd. CI, p. 252 (1857). — 11) Taririsäure: B. GRÜTZNER, Chem.-Ztg., Bd. XVII, p. 879 (1893); ARNAUD, Ber. Chem. Ges., Bd. XXV, Ref. 109. Compt. rend., Tome CXXII, p. 1000 (1896). — 12) Telfairiasäure: H. THOMS, Arch. Pharm., Bd. CCXXXVIII, p. 48 (1900). — 13) Chaulmoograsäure: F. B. POWER u. F. H. GORNALL, Proceed. chem. soc., Tome XX, p. 135 (1904); soll nur eine Äthylenbindung enthalten, und einen geschlossenen Kohlenstoffring. — 14) Linolensäure und Isolinolensäure: A. BAUER u. HAZURA, Mon. Chem., Bd. IX, p. 459 (1888). — 15) Eläostearinsäure: L. MAQUENNE, Compt. rend., Tome CXXXV, p. 696 (1902).

Von Oxyölsäuren:

$C_{18}H_{34}O_3$: Die Ricinolsäure und die isomere Ricinisolsäure ferner die Rapinsäure [1]).

Die „Isansäure" von HÉBERT [2]) soll eine ungesättigte Säure der Zusammensetzung $C_{14}H_{20}O_2$ sein, hätte somit vier Doppelbindungen.

Eine Fettsäure mit einer dreifachen C-Bindung ist nach BARUCH [3]), die Behenolsäure $C_{22}H_{40}O_2$ oder $C_5H_{17} \cdot C \equiv C \cdot (CH_2)_{11} \cdot COOH$.

In der zitierten Literatur ist das Wichtigste der derzeitigen chemischen Kenntnisse von den genannten Säuren enthalten. Auf eine nähere Zusammenfassung der chemischen Eigenschaften dieser häufig schwer isolierbaren Stoffe soll nicht weiter eingegangen werden. Über die Häufigkeit des Vorkommens der einzelnen Säuren gibt die am Schlusse des Kapitels angefügte Übersichtstabelle Aufschluß. Man findet leicht, daß die gesättigten und ungesättigten Säuren mit C_{18}, sowie ihre nächstbenachbarten Glieder entschieden bei der Zusammensetzung der Pflanzenfette prävalieren. Von den übrigen Säuren sind die Glieder mit gerader Kohlenstoffatomzahl bevorzugt. Gegenüber den tierischen Fetten tritt bei den Samenfetten das Vorherrschen ungesättigter Säuren auffällig in den Vordergrund, doch hat man in neuerer Zeit bei genauerem Nachsuchen auch in Tierfetten Linolsäure und Linolensäure hie und da nachzuweisen vermocht [4]).

Manche Pflanzenfamilien sind durch charakteristische Zusammensetzung des Samenfettes ausgezeichnet; so kommt das (übrigens ganz allgemein verbreitete) Linolein besonders reichlich vor bei Koniferen, Juglandaceen, Moraceen, Labiaten, Kompositen; Laurin besonders bei den Lauraceen und nahestehenden Gruppen; Erucin und Behenin bei Kruziferen etc. Stearin und Palmitin finden sich besonders reichlich im Fette tropischer Pflanzensamen und sind die Ursache des oft hochgelegenen Schmelzpunktes solcher Fette.

Die Glyzeride der gesättigten Säuren sind die luftbeständigsten Fettbestandteile. Ihre niedersten Glieder sind flüssig (Triacetin); Trimyristin schmilzt schon bei 55^0, Tripalmitin bei $66,5^0$, Stearin in einer der beiden bekannten Modifikationen bei $71,6^0$. Alle diese festen Glyzeride sind gut kristallisierende Stoffe.

---

1) Ricinolsäure, Konstitution und Eigenschaften: F. GANTTER u. C. HELL, Ber. chem. Ges., Bd. XVII, p. 2212 (1884); A. CLAUS u. HASSENCAMP, ibid., Bd. IX, p. 1916 (1876); W. DIEFF u. A. REFORMATSKY, ibid., Bd. XX, p. 1211 (1887); F. KRAFFT, ibid., Bd. XXI, p. 2730 (1888); A. G. GOLDSOBEL, ibid., Bd. XXVII, III, p. 3121 (1894); P. WALDEN, ibid., Bd. XXVII, III, p. 3471 (1894); C. MANGOLD, Mon. Chem., Bd. XV, p. 307 (1894); O. BEHREND, Ber. chem. Ges., Bd. XXIX, I, p. 806 (1896), ibid., Bd. XXVIII, p. 2248 (1895); P. JUILLARD, Bull. soc. chim. (3), Tome XIII, p. 240 (1895); P. WALDEN, Ber. chem. Ges., Bd. XXXVI, p. 781 (1903). Zuerst unterschieden von L. SAALMÜLLER, Lieb. Ann., Bd. LXIV, p. 108 (1848); SVANBERG u. KOLMOOIN, Journ. prakt. Chem., Bd. XLV, p. 431 (1848). Ricinisolsäure: K. HAZURA u. A. GRÜSSNER, Mon. Chem., Bd. IX, p. 475 (1888). Rapinsäure: C. L. REIMER u. W. WILL, Ber. chem. Ges., Bd. XX, p. 2385 (1887); J. ZELLNER, Mon. Chem., Bd. XVI, p. 309 (1896). — 2) A. HÉBERT. Compt. rend., Tome CXXII, p. 1550. Bull. soc. chim., Tome XV. p. 941 (1896). — 3) BARUCH, Ber. chem. Ges., Bd. XXVI, p. 1807 (1893); Bd. XXVII, p. 172 (1894). Sonst. Lit.: VÖLCKER, Lieb. Ann., Bd. LXIV, p. 342 (1848); HAZURA, Monatshefte Chem., Bd. IX, p. 469 (1888); SPIECKERMANN, Ber. chem. Ges., Bd. XXIX, p. 810 (1896); FILETI, Gazz. chim. ital., Tome XXVII, II, p. 298 (1897); HAASE u. STUTZER, Ber. chem. Ges., Bd. XXXVI, p. 3601 (1903). — 4) Vgl. K. AMTHOR u. J. LINK, Zeitschr. analyt. Chem., Bd. XXXVI, p. 1 (1897).

Die Glyzeride aller ungesättigten Säuren sind bei gewöhnlicher Temperatur Flüssigkeiten. Triolein erstarrt bei —6° C.; ist im Vakuum ohne Zersetzung destillierbar. Die Mischester von Ölsäure und Stearinsäure, wie das Oleodistearin sind feste kristallisierbare Substanzen (Oleodistearin F = 45—46°). Oleine wie Linoleine verändern sich (ohne daß hierbei Mikrobentätigkeit nötig wäre) an der Luft in charakteristischer Weise.

Die Ölsäureglyzeride werden „ranzig", ändern Farbe und Geruch und nehmen merklich an Gewicht zu. Offenbar sind hierbei Oxydationsprozesse im Spiele. DUCLAUX[1]) nimmt an, daß bei der unterlaufenden Spaltung Oxysäuren entstehen; als Ursache kämen nicht so sehr Mikroben, als der Luftsauerstoff und Lichteinfluß in Betracht. Den bekannten auffallenden Geruch und Geschmack ranziger Fette führt SCALA[2]) auf Entstehung von Önanthaldehyd $CH_3 \cdot (CH_2)_5 \cdot COH$ zurück. Außer Ameisensäure, Essigsäure, Buttersäure, Önanthsäure wurden in ranzigen Fetten auch Azelainsäure, Sebacinsäure und Dioxystearinsäure nachgewiesen. Im übrigen ist das Ranzigwerden der Fette [besonders viel studiert wurde der Prozeß an der Butter[3])], ein kausal nicht völlig klar erkannter Prozeß, bei welchem Lufteinfluß, Mikroben, Enzyme und physikalische Faktoren in noch nicht näher bestimmter und vielleicht wechselnder Intensität beteiligt sind. Zum chemischen Nachweise der Veränderungen beim Ranzigwerden kann man nach SCHMID[4]) das Fett im Dampfstrom destillieren und in der Vorlage mittelst frisch bereitetem 1-proz. Metaphenylendiaminchlorhydrat auf Aldehyde und Ketone prüfen (gelbe oder braune Färbung.)

Die Glyzeride der zweifach und mehrfach ungesättigten Fettsäuren werden an der Luft rasch dickflüssig und trocknen unter Bildung harzartiger Oxydationsprodukte ein. Besonders in dünner Schicht auf Glasplatten ausgestrichen werden Öle, welche Linol- und Linolensäure enthalten, bald fest. Nach BAUER und HAZURA[5]) ist hierbei vor allem Linolensäure wirksam. Es entstehen nach diesen Autoren beim Trocknen einerseits gesättigte Säuren, andererseits auch Oxysäuren. Das Hauptprodukt dürften die Glyzeride mehrerer Oxysäuren ($C_{18}H_{30}O_7$?) sein, mit welchen wohl MULDERS „Linoxyn" identisch ist und welche feste Stoffe darstellen[6]).

Bestimmung und Trennung der Fettsäuren. — Außer der Wägung der nach Verseifung des Fettes mit Äther extrahierten freien Fettsäuren gewährt auch die zur vollständigen Verseifung nötige Kalimenge Anhaltspunkte zur Beurteilung der Menge und Molekulargröße der vorhandenen Fettsäuren. In der Praxis spielt daher die „Ver-

---

1) E. DUCLAUX, Compt. rend., Tome CII, p. 1077 (1886). Annal. Inst. Pasteur, 1888. — 2) A. SCALA, Chem. Centr., 1898, Bd. I, p. 439. — 3) Literaturübersicht bei R. REINMANN, Centr. Bakt. (II), 1900, Bd. VI, p. 131; ferner: M. GRÖGER, Zeitschr. angew. Chem., 1889, p. 62; E. RITSERT, Dissert. Bern, 1890; V. v. KLECKI, Dissert. Leipzig, 1894; D. SIGISMUND, Kochs Jahresbericht, 1894, p. 222; O. FRANKE, Dubois Archiv, 1894, p. 51; E. SPAETH, Zeitschr. analyt. Chem., Bd. XXXV, p. 471 (1896); O. JENSEN, Centr. Bakt. (II), Bd. VIII, p. 11 (1902); J. A. MJOEN, Forsch.-Ber. Lebensmitt., Bd. IV, p. 195 (1897); A. J. SWAVING, Chem. Centr., 1898, Bd. II, p. 1278; K. AMTHOR, Zeitschr. analyt. Chem., Bd. XXXVIII, p. 10 (1899); EICHHOLZ, Centr. Bakt. (II), Bd. X, p. 474 (1903); RITTHAUSEN u. FALK, Journ. Americ. chem. soc., Vol. XXV, p. 711 (1903). — 4) A. SCHMID, Zeitschr. analyt. Chem., Bd. XXXVII, p. 301. — 5) A. BAUER u. K. HAZURA, Mon. Chem., Bd. IX, p. 459 (1888). — 6) Über Oxydation trocknender Öle: SAUSSURE, Ann. chim. phys. (2), Tome XLIX, p. 225 (1832); Pogg. Ann., Bd. XXV, p. 364 (1832); LIVACHE, Arch. Pharm., 1886, p. 942.

seifungszahl" oder KÖTTSDORFERsche Zahl"[1]) (x mg KOH verseifen
1 g Fett) eine wichtige Rolle zur Charakterisierung der natürlichen
Fette.

Die niederen Glieder der Essigsäurereihe sind leicht zu isolieren,
indem man das verseifte Fett mit verdünnter Schwefelsäure destilliert,
wobei die flüchtigen Säuren bis zur Laurinsäure mit den Wasser-
dämpfen übergehen (REICHERT-MEISSLsche Zahl = x ccm $^1/_{10}$ normal
NaOH neutralisieren die flüchtigen Fettsäuren aus 5 g Fett unter bestimmten Bedingungen[2]). Von ungesättigten Säuren würde nur die
Tiglinsäure des Krotonöls mit übergehen. Zur Trennung der Ameisen-
und Essigsäure einerseits und der höheren Säuren im Destillat dient
die Herstellung der Kalk- und Barytsalze, welche vom Propionat aufwärts schwer löslich sind. Ameisensäure erkennt man durch die starke
Reduktion von Ag- und Hg-Salzen, der Kalomelbildung beim Kochen
mit HgCl$_2$ [quantitative Bestimmung nach SCALA[3])] und der Bildung
des arrakartig riechenden Äthylesters beim Kochen mit Alkohol und
H$_2$SO$_4$. Essigsäure wird erkannt an der rotbraunen Färbung mit FeCl$_3$
(beim Kochen Niederschlag von basischem Acetat), an ihrem schwer
löslichen Agsalze und dem charakteristischen Geruche von Äthylazetat,
welches beim Erhitzen von Essigsäure mit Alkohol und Schwefelsäure
entsteht. Von der Buttersäure angefangen sind die Säuren mit wässerigen Neutralsalzlösungen nicht mehr mischbar[4]).

Zur Abtrennung der nicht flüchtigen gesättigten Säuren von den
ungesättigten benutzt man das Löslichkeitsverhältnis der Bleisalze; die
Bleisalze der höheren gesättigten Säuren sind in Äther sehr wenig löslich, während die ölsauren und linolsauren Bleiseifen in den Äther übergehen. Zur Ausführung wird das Verseifungsgemisch mit Essigsäure
neutralisiert, die Seifen in siedendem Wasser gelöst und mit Bleiazetat
gefällt. Der gewaschene und getrocknete Niederschlag wird mit Äther
extrahiert. FARNSTEINER empfiehlt hierzu Benzol[5]). Nach Zerlegung
des Bleiniederschlages extrahiert man die gesättigten Säuren mit Äther.
In der Praxis findet zur Beurteilung der unlöslichen Fettsäuren in
natürlichen Fetten die „HEHNERsche Zahl" Anwendung: x Gramm un-

1) J. KÖTTSDORFER, Zeitschr. analyt. Chem., Bd. XVIII, p. 199 (1879);
E. VALENTA, Dingl. polyt. Journ., Bd. CCXLIX, p. 270 (1883); KÖNIG, Untersuch.
etc., p. 390. Über Verseifungszahl der einzelnen natürl. Fette vergl. die Übersichts-
tabelle. Ferner HEFELMANN u. P. MANN, Chem. Centr., 1895, Bd. I, p. 1094;
H. BREMER, ibid., 1896, Bd. I, p. 332. — 2) REICHERT, Zeitschr. analyt. Chem.,
Bd. XVIII, p. 68 (1879); E. MEISSL, Dingl. pol. Journ., Bd. CCXXXIII, p. 231;
Vorschrift bei KÖNIG, l. c., p. 391; WECHSLER, Mon. Chem., Bd. XIV, p. 462
(1893); A. CROSSLEY, Proc. chem. Soc., Vol. CLXXIV, p. 21 (1897); KÖNIG u.
HART, Zeitschr. analyt. Chem., Bd. XXX, p. 292 (1891). — 3) SCALA, Gazz.
chim. ital., Tome XX, p. 393 (1890), A. LIEBEN, Mon. Chem., 1893; F. CZAPEK,
Jahrb. wissensch. Bot., Bd. XXIX, p. 336 (1896). — 4) Weitere Angaben über
Trennung dieser Gruppe: DRAGGENDORFF, Pflanzenanalyse (1882), p. 116. Butter-
säure: WILCOX, Chem. News, Vol. LXXII, p. 289 (1895). Valeriansäure: ZAVATTI
u. SESTINI, Zeitschr. analyt. Chem., Bd. VIII, p. 388 (1869); S. HOLZMANN,
Arch. Pharm., Bd. CCXXXVI, p. 409 (1898); DUCLAUX, Mikrobiologie, Bd. IV,
p. 680 (1901); H. DROOP RICHMOND, Chem. Centr., 1895, Bd. II, p. 847, 949;
Titrierung hochmolekularer Fettsäuren: A. KANITZ, Ber. chem. Ges., Bd. XXXVI,
p. 400 (1903). Stearinsäurebestimmung: H. KREIS u. HAFNER, Zeitschr. Untersuch.
Na r. Genußm., Bd. VI, p. 22 (1903). — 5) K. FARNSTEINER, Chem. Centr., 1899,
Bdh II, p. 392; 1899, Bd. I, p. 545; 1903, Bd. I, p. 898. Zur Bleimethode und
L. DE KONINGH, Hilgers Vierteljahrsschr., 1892, p. 415. Anwendung von alkoho-
lischem Magnesiumacetat zur Fällung: HOLZMANN, l. c. S. BOUVEAULT, Anwendung
zur Charakterisierung und Trennung der Fettsäuren die Tetrachlorkohlenstoffe,
Compt. rend., Tome CXXIX, p. 53 (1899).

lösliche Säuren in 100 g Fett[1]). Zur quantitativen Trennung der einzelnen höheren Säuren existieren keine vollkommenen Methoden. Man fraktioniert mit alkoholischem Pb-, Mg- oder Ba-Acetat (HEINTZ), oder destilliert im Vakuum fraktioniert (bei 100 mm Luftdruck Palmitinsäure F 268°, Stearinsäure 287°). Andere Methoden haben HOLZMANN, sowie HEBNER und MITCHELL[2]) angegeben.

Für alle ungesättigten Säuren ist das Vermögen charakteristisch, für jede Doppelbindung je 2 Atome Jod oder Brom anzulagern, wobei sie in Halogenderivate der entsprechenden gesättigten Säure übergehen. So gibt

Ölsäure: 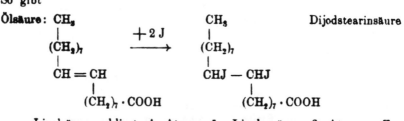 Dijodstearinsäure

Linolsäure addiert 4 Atome J, Linolensäure 6 Atome. Zur praktischen Verwendung dieser Eigenschaft dient das bekannte HÜBL-sche Verfahren[3]), wonach das Jodreagens im Überschusse zu einer in Chloroform gelösten bestimmten Menge Fett zugefügt wird und nach längerem Stehen der noch vorhandene Jodüberschuß austitriert wird. Als Jodlösung wird nach WALLER eine Lösung von 25 g Jod und 30 g HgCl$_2$ in 1000 Teilen 95% Alkohol + 5% rauchender HCl (D 1,19) verwendet. Die „Jodzahl" ist die vom Fett absorbierte Jodmenge in Prozenten der Fettmenge. Es sind auch Schwefeladditionsprodukte der ungesättigten Säuren bekannt geworden, die jedoch noch wenig erforscht sind[4]).

Die Glieder der Ölsäurereihe gehen bei Einwirkung von salpetriger Säure in statu nascendi leicht in stereoisomere Säuren von viel höherem Schmelzpunkt über [„Elaidinprobe"[5])]. Ölsäure liefert hierbei Elaidinsäure:

---

1) HEHNER, Zeitschr. analyt. Chem., Bd. XVI, p. 145 (1877); KÖNIG, l. c., p. 396. — 2) HOLZMANN, l. c.; A. HEHNER u. A. MITCHELL, Chem. Centr., 1897, Bd. I, p. 339; ferner J. DAVID, Compt. rend., Bd. LXXXVI, p. 1416 (1878); A. PARTHEIL u. FERIÉ, Arch. Pharm., Bd. CCXLI, p. 545 (1903): PAHRION, Zeitschr. angewandte Chem., Bd. XVI, p. 1193 (1903). — 3) HÜBL, Dingl. polyt. Journ., Bd. CCLIII. p. 281 (1884). Modifikationen: WALLER, Chem.-Ztg., 1895, p. 1831; O. EICHHORN, Zeitschr. analyt. Chem.. Bd. XXXIX, p. 640 (1900). Reaktionsmechanismus: H. INGLE, Chem. Centr., 1902, Bd. I, p. 1401; WALLER, l. c.; WIJS, Zeitschr. angew. Chem., 1898, p. 291, Zeitschr. analyt. Chem., Bd. XXXVII, p. 277 (1898), Chem. Centr., 1898, Bd. II, p. 563, 1899, Bd. I, p. 391; J. EPHRAIM, Zeitschr. angew. Chem., 1895, p. 254; SCHWEITZER u. LUNGWITZ, Chem. Centr., 1896, Bd. I, p. 515; PELGRY, ibid., 1897, Bd. I, p. 722; WELMANS, ibid., 1900, Bd. I, p. 926; FORTUNATI, Biochem. Centr., 1903, Ref. No. 330; HARVEY, Chem. Centr., 1903, Bd. I, p. 256; TEYCHENÉ, Journ. pharm. chim. (6), Vol. XVII, p. 371 (1903); KITT, Chem. Centr., 1903, Bd. I, p. 1281; HANUS, Zeitschr. Untersuch. Nahr. Genußm., Bd. IV, p. 913 (1901). Vorschrift: KÖNIG, l. c., p. 395. „Jodzahl" verschied. Fette bei HÜBL, l. c., H. T. VULTÉ u. L. LOGAN, Chem. Centr., 1901, Bd. I, p. 1179 und in der Übersichtstabelle. Bromaddition: O. HEHNER, Chem. Centr., 1895, Bd. I, p. 813; 1897, Bd. I, p. 775; HEHNER u. MITCHELL, Chem. Centr., 1895, Bd. II, p. 467; JENKINS, ibid., 1897. Bd. I, p. 1180; PARKER MAC JLHINEY, ibid., 1903, Bd. I, p. 204. — 4) Hierzu: J. ALTSCHUL, Pharm. Centralhalle, Bd. XXXVI, p. 605 (1895). Zeitschr. angew. Chem., 1895, p. 535; R. HENRIQUES, Zeitschr. angew. Chem., 1895, p. 691. — 5) Entdeckt von F. BOUDET, Schweigg. Journ. Chem., Bd. LXVI, p. 186 (1832). Ferner hierüber A. LAURENT, Ann. chim. phys. (2), Vol. LXV, 149; Vol. LXVI, 154 (1837).

$$CH_3 - (CH_2)_7 \Big\rangle C = C \Big\langle^{H}_{(CH_2)_7 \cdot COOH} \longrightarrow CH_3 - (CH_2)_7 \Big\rangle C : C \Big\langle^{(CH_2)_7 \cdot COOH}_{H}$$
$$\substack{H} \qquad\qquad\qquad\qquad\qquad F\ 44{-}45^0\ C.$$

Erukasäure gibt Brassidinsäure [1]) (F 56—60⁰).

$$\begin{array}{ccc} C_{19}H_{39}{-}C{-}H & & C_{19}H_{39}{-}C{-}H \\ \| & \longrightarrow & \| \\ H{-}C{-}COOH & & COOH{-}C{-}H \end{array}$$

und Hypogäasäure Gaidinsäure (F 39⁰). Schwefelsäureeinwirkung bedingt bei Ölsäure und Elaidinsäure Bildung derselben Oxystearinsäure [2]). Mit alkalischer Permanganatlösung erhielt aber SAYTZEW [3]) verschiedene Dioxystearinsäuren aus beiden Isomeren. Die Elaidinprobe stellt man an durch Zusatz einer konzentrierten KNO_2-Lösung und verdünnter Schwefelsäure, oder durch Schütteln des Öls mit HNO_2 und etwas Quecksilber. Das Festwerden ölsäurereicher Fette ist nach 1—3 Stunden eingetreten. Etwa vorhandene Linoleine scheiden sich aus der festen Masse als darüberstehende Ölschicht aus [4]).

Die Glieder der Ricinolsäurereihe zeigen ein analoges Verhalten. Ricinolsäure geht mit HNO_2 über in die stereoisomere Ricinelaidinsäure (F 53⁰).

Hingegen geben die Säuren mit zwei und mehr Doppelbindungen die Elaidinreaktion nicht. Hier ist nach HAZURAS Untersuchungen [5]) jedoch die Trennung und Charakterisierung der Säuren durch ihre Oxydationsprodukte mit alkalischem Permanganat möglich. Ölsäure bildet bei dieser Oxydation Dioxystearinsäure:

$$CH_3 - (CH_2)_7 \Big\rangle C : C \Big\langle^{H}_{(CH_2)_7 \cdot COOH} \xrightarrow{+O_2} CH_3 \cdot (CH_2)_7 \cdot (CHOH)_2 \cdot (CH_2)_7 \cdot COOH$$

und zwar gleichzeitig zwei isomere Dioxystearinsäuren als Hauptprodukt, dann Azelainsäure, Pelargonsäure und Oxalsäure [6]). Linolsäure gibt Sativinsäure oder Tetraoxystearinsäure: $C_{17}H_{31} \cdot (OH)_4 \cdot COOH$. Aus Linolensäure entsteht analog Linusinsäure oder Hexaoxystearinsäure. Isolinolensäure liefert nach HAZURA die isomere Isolinusinsäure (F 173—5⁰). Über die Eigenschaften dieser Oxysäuren findet man Näheres in der zitierten Arbeit von HAZURA. Rizinusöl liefert mit alkalischem $KMnO_4$ zwei Trioxystearinsäuren von differentem Schmelzpunkt, weswegen HAZURA und GRÜSSNER [7]) im Rizinusöl die Existenz zweier isomerer Säuren

---

1) Vgl. A. HOLT, Ber. chem. Ges., Bd. XXV, p. 961 (1892); A. ALBITZKY, Chem. Centr., 1903, Bd. I, p. 318. — 2) TSCHERBAKOFF u. SAYTZEFF, Journ. prakt. Chem., Bd. LVII, p. 27 (1898); SHUKOFF u. SCHESTAKOFF, Chem. Centr., 1903, Bd. I, p. 825. Journ. prakt. Chem., Bd. LXVII, p. 414 (1903). — 3) A. SAYTZEFF, Jahresber. Agr.-chem., 1886, p. 297; ferner ALBITZKY, ref. Chem. Centr. 1899, Bd. 1, p. 1068; HOLDE u. MARCUSSON, Ber. chem. Ges., Bd. XXXVI, p. 2657 (1903); MARCUSSON, Chem. Centr., 1903, Bd. II, p. 1418. Oxydation von Stearinsäure: MARIE, Journ. pharm. chim. (6), Vol. 3, p. 53 (1896). — 4) Zur Elaidinreaktion ferner: FINKENER, Dingl. pol. Journ., Bd. CCLXVII, p. 47 (1886); G. VULPIUS, Arch. Pharm., Bd. CCXXIV, p. 59 (1886); C. WELLMANN, Landw. Versuchst., Bd. XXXVIII, p. 447 (1891); J. LEBEDEW, Chem. Centr., 1893, Bd. I, p. 638; LIDOW, ibid., 1895, Bd. I, p. 867. — 5) K. HAZURA, Mon. Chem., Bd. IX, p. 180 u. 198 (1888). — 6) Hierzu F. EDMED, Journ. Chem. Soc., T. LXXIII, p. 627 (1898). — 7) HAZURA u. GRÜSSNER, Mon. Chem., Bd. IX, p. 475 (1888). Über Konstitution, Neigung zur Polymerisierung und die sonstigen merkwürdigen Eigenschaften der Ricinolsäure vergl. GOLDSOBEL, Ber. chem. Ges., Bd. XXVII, p. 3121 (1894); WALDEN, ibid., p. 4371; H. MEYER, Arch. exp. Path., Bd. XXXVIII, p. 336

(Ricinol- und Ricinisolsäure) annahmen. Die dritte natürlich vorkommende Oxyölsäure, die Rapinsäure, läßt sich nach den Angaben ihrer Entdecker nicht in Ricinelaidinsäure überführen [1]).

Praktische Anhaltspunkte für die Ermittlung des Gehaltes der Fette an Oxysäuren gewährt die Bestimmung der „Acetylzahl" nach BENEDIKT und ULZER [2]), d. h. der Differenz zwischen den Verseifungszahlen der freien Fettsäuren vor und nach Acetylierung, ausgedrückt in mg KOH pro 1 g Fett.

Bemerkt sei noch, daß unter der Annahme, es sei von ungesättigten Säuren nur Ölsäure zugegen (was allerdings bei tierischen Fetten der Wirklichkeit weit öfter näher kommt als bei Pflanzenfetten), sich der Prozentgehalt des Fettes an Ölsäure auch dadurch ermitteln läßt, indem man die „Jodzahl" mit dem Faktor 1,163 multipliziert.

§ 5.
Das Glyzerin der Samenfette.

Das Glyzerin, dessen chemische Eigenschaften hier als bekannt vorausgesetzt werden [3]), kann in größerer Menge aus Fetten leicht gewonnen werden, indem man nach Verseifung die Seifen aus der wässerigen Lösung aussalzt, vom Niederschlage abfiltriert, das Filtrat vorsichtig eindampft und den Rückstand mit Ätheralkohol extrahiert. Das Glyzerin bleibt nach Verdunsten des Extraktionsmittels als Syrup zurück. Qualitativ wird das Glyzerin gut erkannt durch seine Eigenschaft, bei trockener Destillation oder mit wasserentziehenden Agentien Akrolein oder Akrylaldehyd zu liefern:

$$\begin{array}{ccc}
CH_2OH & CH_2 & \\
\cdot & \| & \\
CHOH & = & CH & + 2\,HO_2. \\
\cdot & | & \\
CH_2OH & COH &
\end{array}$$

Man vermischt zur Anstellung der „Akroleinprobe" [4]) am besten die Substanz mit der doppelten Menge von feingepulvertem KHSO₄, füllt

---

(1896); Arch. Pharm., Bd. CCXXXV, p. 184 (1897); L. G. BOGAJEVSKY, Chem. Centr., 1897, Bd. II, p. 335; P. JUILLARD, Bull. soc. chim., T. XIII, p. 238 (1895), gibt Dioxystearinsäure als native Säure des Rizinusöls an.

1) Vergl. C. L. REIMER u. W. WILL, Ber. chem. Ges., Bd. XX, p. 2385 (1887); nach J. ZELLNER, Mon. Chem., Bd. XVI, p. 309 (1896), ist die Rapinsäure der Ölsäure isomer, gibt aber keine Elaidinprobe. — 2) BENEDIKT u. ULZER, Mon. Chem., Bd. VIII, p. 41 (1887); Vorschrift bei KÖNIG, l. c., p. 398. Ferner besonders LEWKOWITSCH, Chem. Centr., 1890, Bd. II, p. 855; ibid., 1897, Bd. II, p. 395. — 3) Das von SCHEELE, entdeckte „Ölsüß" wurde von J. PELOUZE, Ann. chim. Phys. (2), Tome LXIII, p. 19 (1836), neuerlich studiert. In kristallisiertem Zustand schmilzt es bei 13—15° (Chem. Centr., 1891, Bd. II, p. 374). Mit schmelzendem Ätzkali liefert es Wasserstoff, Essigsäure, Ameisensäure (beide aus der intermediär auftretenden Akrylsäure stammend), Buttersäure und Milchsäure: E. HERTER, Ber. chem. Ges., Bd. XI, p. 1167 (1878). Die wichtige und interessante Oxydation von Glyzerin mit H₂O₂ und etwas Ferrosulfat liefert Dioxyaceton und Glyzerinaldehyd: H. FENTON u. H. JACKSON, Chem. Centr., 1898, Bd. II, p. 1011. Die Annahme von WANKLYN u. W. FOX (Chem. News, Vol. XLVIII, p. 49 [1883]), daß in den natürlichen Fetten auch Ester eines isomeren „Isoglyzerin" vorkommen, wurde nicht bestätigt. — 4) Hierzu GRÜNHUT, Zeitschr. analyt. Chem., Bd. XXXVIII, p. 37 (1898). Anwendung von Borsäure statt H₂SO₄ bei der Reaktion: WOHL u. NEUBERG, Ber. chem. Ges., Bd. XXXII, p. 1352 (1899). Entdeckung der Reaktion durch BRANDES: REDTENBACHER, Lieb. Ann., Bd. XLVII, p. 113 (1843).

die Substanz in ein Röhrchen, durch dessen Kork ein gebogenes Glasrohr führt, welches in einem gekühlten Reagenzglas mündet, und erhitzt
auf dem Sandbade bis zum lebhaften Schäumen. In der Kühlvorlage
findet sich das Akrolein kondensiert. Es hat einen eigentümlichen
stechenden Geruch, reduziert sehr s'tark in der Kälte ammoniakalische
AgNO$_3$-Lösung und gibt mit Piperidin $+$ Nitroprussidnatrium eine
blaue Färbung [1]).

Borax mit Glyzerin befeuchtet, gibt eine grüne Flammenfärbung [2]).
Eine weitere Reaktion ist die „Glyzereinprobe" nach REICHEL [3]). Dieselbe ist schon bei Anwendung von zwei Tropfen fetten Öles deutlich.
Man erwärmt die Probe vorsichtig mit der gleichen Menge Phenol und
konzentrierter Schwefelsäure, bis die Bildung einer festen Masse in der
Schmelze auftritt, schüttelt vorsichtig mit etwas kaltem Wasser aus
und setzt zum Rückstand einige Tropfen Ammoniak zu: es tritt Rotfärbung
ein. Quantitative Methoden zur Glyzerinbestimmung sind in größerer
Zahl angegeben [4]). Die älteste Methode, welche sich des Eindunstens
der Seifenmutterlauge (nach Aussalzen der Seifen) und der Auslaugung
des Verdampfungsrückstandes mit Atheralkohol bediente, dürfte wohl
auf Genauigkeit keinen Anspruch machen können. DIEZ [5]) wendete mit
Erfolg Benzoylierung zur Glyzerinbestimmung an. BENEDIKT und ZSIG-
MONDY [6]) verseiften mit methylalkoholischem KOH, zerlegten die Seifen
mit HCl, nach vorhergehendem Zusatze von Wasser, filtrierten von den
ausgeschiedenen Fettsäuren ab, und setzten zum Filtrate festes KOH
und KMnO$_4$ zu. Beim Kochen wird das Glyzerin quantitativ zu Oxalsäure oxydiert; letztere fällt man mit CaCl$_2$ und bestimmt sie wie gewöhnlich. O. HEHNER [7]) oxydierte das Glyzerin mit Chromsäuremischung
und titrierte das überschüssige Bichromat zurück. Eine andere Bichro-
matmethode hat GANTTER [8]) angegeben. BULLNHEIMERS [9]) Vorschlag,
das Glyzerin in vergorenen Flüssigkeiten durch die Reduktion alkalischer Silberlösung zu bestimmen, ist für Fette bisher noch nicht geprüft worden. Die Lösung von Cu(OH)$_2$ durch Glyzerin ist mehrfach [10])
zur Glyzerinbestimmung herangezogen worden, eignet sich jedoch nach
meinen Erfahrungen nicht hierzu. LECCO [11]) schlug vor, 10 ccm der zu
prüfenden Substanz mit 1 g getrocknetem gepulvertem Ca(OH)$_2$ gut zu
mischen, 10 g Quarzsand zuzusetzen und auf dem Wasserbade fast bis

---

1) L. LEWIN, Ber. chem. Ges., Bd. XXXII, III, p. 3388 (1899). — 2) A. SENIER
u. J. G. LOEW, Ber. chem. Ges., Bd. XI, p. 1268 (1878). — 3) Vgl. E. DONATH u.
J. MAYRHOFER, Zeitschr. analyt. Chem., Bd. XX, p. 379 (1882); ferner A. MEYER,
Flora 1899, . 436; MERKLING, Chem. Centr., 1888, Bd. II, p. 1244. — 4) PASTEUR,
Lieb. Annalp Bd. CLVIII, p. 330 (1864); REICHARDT, Arch. Pharm., Bd. CCX,
p. 408; Bd. CCXI, p. 242 (1877); NEUBAUER u. BORGMANN, Zeitschr. analyt. Chem.,
Bd. XVIII, p. 442 (1878); GRIESSMEYER u. CLAUSNITZER, Ber. chem. Ges., Bd. XI,
p. 292 (1878); FITZ, ibid., Bd. VI, p. 57 (1873); CLAUSNITZER, Zeitschr. analyt.
Chem., Bd. XX, p. 58. — 5) R. DIEZ, Zeitschr. physiolog. Chem., Bd. XI, p. 472
(1887). — 6) BENEDIKT u. ZSIGMONDY, Chem.-Ztg., Bd. IX, p. 975. Zur Permanganat-
methode ferner F. FILSINGER, Chem. Centr., 1897, Bd. I, p. 888; HERBIG, ibid.,
1903, Bd. I, p. 364. — 7) O. HEHNER, Ber. chem. Ges., Bd. XXII, Ref. 605 (1889);
F. W. RICHARDSON u. A. JAFFÉ, Chem. Centr., 1808, Bd. II, p. 135. — 8) F. GANTTER,
Zeitschr. analyt. Chem., Bd. XXXIV, p. 421 (1895). — 9) F. BULLNHEIMER,
Forschber. Lebensmitt., Bd. IV, p. 31 (1897). — 10) MUTER, Ber. chem. Ges.,
Bd. XIV, p. 1011 (1881); F. DARWIN u. ACTON, Practical Physiol. of Plants, 2. ed.
(1895), p. 264. — 11) M. T. LECCO, Ber. chem. Ges., Bd. XXV, p. 2074 (1892).
Weitere Glyzerinbestimmungsmethoden: J. LEWKOWITSCH, The Analyst, Vol. XXVI,
p. 35 (1901) (Unbrauchbarkeit der Methode von LABORDE); S. ZEISEL u. R. FANTO,
Zeitschr. landwirtsch. Versuchswes. Österr., Bd. V, p. 729 (1902); A. CHAUMEIL,
Bull. soc. chim. (3), Tome XXVII, p. 629 (1902).

zum Eintrocknen zu verdampfen. Der Rückstand wird mit heißem absoluten Alkohol 4—5 mal extrahiert und der Auszug in einen 100 ccm fassenden Kolben filtriert. Das Filtrat wird eingedampft, der Rückstand in 5 ccm absolutem Alkohol gelöst, 10 ccm Äther zugesetzt, der Kolben gut verkorkt, einige Stunden zur Klärung stehen gelassen. Die klare Lösung wird nun abgegossen, eingedampft, getrocknet und gewogen. Sehr kleine Glyzerinmengen bestimmt Nicloux[1]), indem er 5 ccm der zu untersuchenden Flüssigkeit mit 5—7 ccm konzentrierter H_2SO_4 mengt und so lange $K_2Cr_2O_7$-Lösung (19 g pro Liter) aus einer Bürette zufließen läßt, bis die Flüssigkeit zum Sieden erhitzt aus blaugrüner Färbung nach gelbgrün umschlägt. Lösungen, die über 0,1 % Glyzerin enthalten, sind zu verdünnen. Buisine[2]) versucht die Zerlegung des Glyzerins durch Ätzalkalien zur quantitativen Bestimmung auszunützen.

Anhang: Übersicht der näher untersuchten natürlichen Samenfette und ihrer Eigenschaften[3]).

Cycadeae: Cycas revoluta: Im Samenkorn 0,13 %, im Fruchtfleische 4 % Fett. Th. Peckolt, Chem. Centr. 1887, p. 804.

Coniferae: Picea excelsa Lk: Geschälte Samen 35,13 % Fett: Harz, Samenkunde (1889), Bd. I, p. 444. Ungeschält 21,2 %: L. Jahne, Just Jahrber. 1881, Bd. I, p. 44.

Pinus silvestris L. 30,25 % Fett: L. Jahne l. c.

Pinus Cembra L. Geschälte Samen 49,26 % Fett: E. Schulze u. Rongger Versuchstat., Bd. LI, p. 188 (1899); 41,41 %: N. C. Schuppe, Arch. Pharm., Bd. CCXVII, p. 460 (1880). Dichte 0,93. Hehnersche Zahl 91,97. Verseifungszahl 191,8. Jodzahl 159,2. Säurezahl 3,25. Freie Fettsäuren 1,6 %. Glyzerin 10,31 %. Flüchtige Säuren 3,77 %. Gesamtmenge der Fettsäuren 95,74 %. Mittleres Molekulargewicht derselben 280. Unverseifbar 1,3 %. Enthält hauptsächlich Linolsäure, sehr wenig Linolensäure, etwas Ölsäure: L. v. Schmölling, Chem.-Ztg. 1900, p. 815. Kryloff, Chem. Centr., 1899, Bd. I, p. 592 gibt an Palmitin, Linolein, wenig Olein. Nach älteren Angaben auch 6 % Trimyristin.

Larix decidua. 10,98 % Fett: Jahne l. c.
Torreya nucifera geschält: 72,62 %. O. Kellner, Jahresber. Agr. chem. 1886, p. 357.

Gramineae: Zea Mays L. Keim: 32.94 % Fett: Haberlandt, Wien. landwirtsch. Ztg. 1873, No. 5. Ganze Frucht 4,29 % (Mittelwert). König, Chemie d. Nahrungs- u. Genußmittel, Bd. I, p. 559. Keim 16,46—17,36 %: Moser, Jahresber. Agr. chem. 1878, p. 750. Hopkins, Smith und East (Chem. C. 1904, Bd. I, p. 106) fanden an Fettgehalt bei 3 untersuchten Maissorten in Prozenten der trockenen Substanz:

		I	II	III	
	in Spitzenkappe	1,16	2,30	1,99	Proz.
	Hülle	0,92	0,89	0,76	,,
(Kleberschicht)	Hornige Schicht	4,00	6,99	4,61	,,
	Hornige Stärke	0,16	0,24	0,22	,,
weiße Stärke {	Bodenstärke	0,19	0,17	0,52	,,
	Spitzenstärke	0,29	0,39	1,36	,,
	Keim	36,54	34,84	33,71	,,
	ganzes Korn	4,20	4,33	5,36	,,

---

1) M. Nicloux, Bull. soc. chim. (3). Tome XVII, p. 455 (1897); Tome XXIX, p. 245 (1903). Vgl. auch Compt. r. soc. biol., Tome LV, p. 221, 282 (1903); Bordas u. de Raczkowski, Compt. r., Tome CXXIII, p. 1071 (1896). 2) A. Buisine, Compt. r., Tome CXXXVI, p. 1082, 1204 (1903). — 3) Ausführlicheres in den Werken v. R. Benedikt u. Ulzer, Analyse der Fette, 3. Aufl. (1897); G. Negri u. G. Fabris, Die Öle. Nach dem italienischen Original bearbeitet von D. Holde, Zeitschr. analyt. Chem., 1894, p. 547; Schaedler, Technologie der Fette, 2. Aufl. (1892); G. Bornemann, Die fetten Öle (1889); Wiesner, Rohstoffe des Pflanzenreiches, 2. Aufl., Bd. I, p. 461 (1900) [bearbeitet von Mikosch].

Dichte 0.92. E. —12°. Verseifungszahl 198,8—203. Jodzahl 122,55. F der Fettsäuren 18°: E. B. SHUTTLEWORTH, Just 1886, Bd. 1, p. 197. J. CR. SMITH, Chem. Centr. 1892, Bd. II, p. 317. W. DULIÈRE, Just 1897, Bd. II, p. 16. MOR-PURGO und GOETZI, Just 1900, II, 49. Nach ROKITIANSKI, Chem. Centr. 1895, I, 22 enthält Maisöl Ameisen-, Kapron-, Kapryl-, Kaprin-, Ölsäure und Oxysäuren. HOPKINS (Chem. C. 1899, I, 412) fand keine flüchtigen Säuren, und von nicht flüchtigen Säuren 3,66%, Stearinsäure, 44,85% Ölsäure und 48,19% Linolsäure.

Oryza sativa L. enthülst: 0,88%, KÖNIG l. c., 559; im Keim 15% (C. A. BROWNE J., Chem. C. 1903, Bd. II, p. 1292). Nach G. CAMPANI, Just 1883, Bd. I, p. 119 Fettsäuren 95,54%; Glyzerin 4,46%; F der Fettsäuren 36°. Palmitinsäure nachgewiesen. Nach BROWNE dürften auch Säuren, wie Arachin-, Behen- oder Lignozerinsäure zugegen sein.

Sorghum haleppense 2,77%
„   tataricum 3,82%   } KÖNIG l. c., 572.
„   saccharatum 3,36% (KÖNIG l. c.); 6,17% nach O. KELLNER, Versuchstat., Bd. XXX, p. 42.

Sorghum vulgare 3,79%: KÖNIG l. c.

Setaria italica ganze Frucht: 3,03—3,87% Fett: KÖNIG l. c., p. 571.

Panicum miliaceum L. ungeschält 3,89%, geschält 4,26%, KÖNIG l. c. Enthält nach einigen Angaben besonders Linolein. Nach KASSNER Arch. Pharm. (3), Bd. XXV, p. 1081 (1890) eine eigentümliche „Hirseölsäure", $C_{26}H_{26}O_3$.

Phleum pratense ganze Frucht 4,18—4,64%. BREIHOLZ, Centr. Agr. chem. 1879, p. 756.

Anthoxanthum odoratum L. 17,13% Fett: A. ZÖBL, Haberlandts wissensch. prakt. Unters., Bd. I, p. 142 (1875).

Holcus lanatus ganze Frucht 15,7%. BREIHOLZ l. c.

Koeleria cristata 26%: ZÖBL l. c.

Arrhenatherum elatius P. B. 7,18—7,93%. BREIHOLZ l. c.

Avena sativa L. ganze Frucht 1,6%, Keim 22,71%, HABERLANDT l. c. Enthält Ölsäure und Erukasäure: MOLJAWSKO und WISOTZKI, Just 1894, Bd. II, p. 422, Chem. C. 1894, Bd. II, p. 918.

Bromus mollis L. 0,82—0,97%. BREIHOLZ l. c.

Secale cereale L. ganze Frucht 2,0%, Keim 12,37% Fett: HABER-LANDT l. c. Kein Stearin: H. RITTHAUSEN, Versuchstat., Bd. XX, p. 412 (1877).

Triticum vulgare L. ganze Frucht 2,3%: HABERLANDT l. c. Keim 13,51%, FRANKFURT, Versuchstat., Bd. XLVII, p. 449 (1896); 15,5% G. DE NEGRI, Chem.-Ztg., Bd. XXII (1898), p. 967. Dichte 0,925. E = —15°. F der Fettsäuren 39,5°. E der Fettsäuren 29,7°. Verseifungszahl 182,81. Jodzahl 115,17. Säurezahl auf Ölsäure ber. 5,65. (NEGRI l. c.); FRANK-FORTER und HARDING, Chem. C. 1899, Bd. II, p. 629.

Lolium perenne L. ganze Frucht 1,49—1,65%. BREIHOLZ l. c.

Hordeum sativum L. ganze Frucht 2,5%; Keim 22,42% Fett: HABER-LANDT l. c.

Palmae: Phoenix dactylifera L. 8—9% Fett: STORER, Jahresber. Agr. Chem. 1879, p. 340. GEORGES, Journ. pharm. chim. (5) Bd. III, p. 632 (1881). Dichte 0,908. E = —1° C.

Copernicia cerifera Mart. 10,57% Fett (J. KÖNIG, Just bot. Jahresb. 1892, Bd. II, p. 397.

Elaeis guinensis L. 47,4—50,9% Fett: NÖRDLINGER, Jahresber. Agr. Chem. 1895, p. 382. Hehnersche Zahl 95,6. Verseifungszahl 202 bis 202,5. Reichert-Meißlsche Zahl 0,5. Jodzahl 51,5. F = 27—42,5. D_{15} = 0,945. Enthält 26,6% Olein, 33% Stearin + Palmitin, ferner Myristin, Laurin, Kaprin, Kaprylin, Kaproin. H. NÖRDLINGER, Zeitschr. angew. Chem. 1892, p. 110. Ztschr. analyt. Chem. 1895, p. 19. OUDEMANS, Journ. prakt. Chem., Bd. XI, p. 393. Nach FENDLER (Ber. pharm. Ges., Bd. XIII, p. 115 [1903]) enthält das Fruchtfleisch bis 66,5%, die Samen bis 49,2% Fett. Sehr hoch ist der Gehalt des frisch extrahierten Öles an freien Fettsäuren: in Proz. freier Ölsäure berechnet 54—57,18%.

Maximiliana Maripa Dr. Fett untersucht von VAN DER DRIESSEN-MAREEUW (Chem. C. 1900, Bd. II, p. 637): F 26,5—27°.

Cocos nucifera L. im Endosperm 67—70% Fett. KUKEL, Just 1885, Bd. I, p. 63. KÖNIG l. c., p. 612. KIRKWOOD, Chem. Centr. 1902, Bd. II, p. 1365. F = 20—28°, E = 16—20,5, D_{15} = 0,925. Verseifungszahl 261,3.

Reichert-Meißl: 7,5. Jodzahl 8,9. Enthält sehr viel Myristin, Laurin, Palmitin; etwas Triolein, dann die Glyzeride der Kaprin-, Kapryl-, Kapron- und Valeriansäure.

Cocos acrocomioides, Fett untersucht v. NIEDERSTADT, Ber. pharm. Ges., Bd. XII, p. 143 (1902).

Acrocomia sclerocarpa (Mokayaöl). 60°/₀ Fett, dem Kokosöl ähnlich: WIESNER, Rohstoffe, 1. Aufl., p. 198. NEGRI u. FABRIS, Just 1896, Bd. II, p. 491.

Astrocaryum vulgare Mart. 22—39°/₀ Fett. F = + 15°. E = + 4°. Bactris (Guilielma) speciosa Mart. 31,4°/₀ Fett: WIESNER l. c.

Juncaceae: Juncus compressus Jacq. 3,33°/₀ Fett: STORER, Jahresber. Agr. chem. 1879, p. 340.

Liliaceae: Sabadilla officinalis 13,7°/₀ Fett: FLÜCKIGER, Pharmakognos. (3. Aufl.), p. 1006. Enthält 50°/₀ Ölsäure, 36,3°/₀ Palmitinsäure, 4,12°/₀ Cholesterin, 9,55°/₀ Glyzerin. E. OPITZ, Arch. Pharm., Bd. CCXXIX, p. 265. E — 2°; $D_{15} = 0{,}931$; Jodzahl 75,8; Verseifungszahl 193: DE NEGRI u. FABRIS, Chem. C. 1896, Bd. I. p. 1209.

Colchicum autumnale L. 6,6—8,4°/₀ Fett: FLÜCKIGER l. c., 1003.

Asparagus officinalis L. 15,3°/₀ Fett in den Samen: W. PETERS, Arch. Pharm., Bd. CCXL, p. 53 (1902. $D_{15} = 0{,}928$; Jodzahl 137. Enthält Palmitin- und Stearinsäure.

Zingiberaceae: Elettaria Cardamomum White et Mat. 1,14°/₀, KÖNIG, l. c., p. 746.

Juglandaceae: Juglans regia L. 57,43°/₀ Fett: KÖNIG l.c., p. 607. Nach BARTHE u. BOUTINEAU, Just 1897, II, 83 ist $D_{15} = 0{,}9266$. E — 27,5°. Verseifungszahl 196. Jodzahl 145—145,7. F der Fettsäuren 20°. E der Fettsäuren 16°. Enthält 80°/₀ Linolsäure, 13°/₀ Linolen- und Isolinolensäure, 7°/₀ Ölsäure, Myristin, Laurin (HAZURA).

Juglans nigra L. Nach BARTHE und BONDINEAU l. c., $D_{15} = 0{,}929$. E — 30°. Säurezahl 4,12. Verseifungszahl 195. Jodzahl 135,5. Flüchtige Säuren als Essigsäure gerechnet 0,6°/₀. Nach STONE (Chem. Centr. 1895, I, 22) 9°/₀ flüchtige Säuren. Palmitin, Olein. Vgl. auch KEBBS, Just. bot. J. 1901, II, 58.

Juglans cinerea L. 55°/₀ Fett: STONE l. c.

Betulaceae: Corylus Avellana L. 58,82°/₀ Fett: KÖNIG p. 608. Ölsäure und wenig Palmitinsäure: A. SCHÖTTLER, Chem. Centr. 1896, II, 417. 85°/₀ Triolein, 10°/₀ Palmitin, 1°/₀ Stearin: J. HANUS, Chem. Centr. 1899, II, 557. Corylus tubulosa W. 66,47°/₀ Fett: KÖNIG l. c. Betula alba: 18,25°/₀ Samenfett: L. JAHNE, Just 1881, I, 44.

Fagaceae: Fagus silvatica L. geschälte Samen: 21,26°/₀ KÖNIG l. c. 52,84°/₀ der trockenen Samen, 30,05°/₀ der Nüsse: LA WALL, Just 1896, II, 491. $D_{15} = 0{,}9225$. E — 16,5 bis — 17,5°. F der Säuren 24°, E 17°. Hehnersche Z. 95,16. Köttsdorf. Z. 196,25. Jodzahl 111,2. Enthält Olein, sehr wenig Palmitin und Stearin.

Castanea vulgaris Lam. 3°/₀ Fett: P. MALERBA, Just 1882, I, 99. 1883, I, 119. 5,14°/₀: KÖNIG, p. 614.

Quercus sessiliflora Sm. 3,05°/₀ Fett: KÖNIG, p. 615.

Moraceae: Humulus japonicus Sieb. et Zucc. 15,95°/₀ Samenfett: O. KELLNER, Jahresber. Agr. chem. 1886, p. 357.

Cannabis sativa L. 32,58°/₀ KÖNIG, p. 606. 30,4—34°/₀. PLODOWSKY, Just 1887, II, 522. D 0,9319. E —15°: H. BETZ, Just 1881, I, 259. Olein, wenig Stearin, D 0,934. Säuren: F 19°, E 15°. Verseifungszahl 193,1. Jodzahl 143. Ölsäure 95,88°/₀, feste Säuren 8,02°/₀, flüchtige Säuren 0,08°/₀. Glyzerin 10,03°/₀. Cholesterin 0,64°/₀, PRIBYLEW, Just 1885, I, 63. Nach HAZURA: 70°/₀ Linolsäure, 15°/₀ Linolen- und Isolinolensäure, 15°/₀ Ölsäure.

Olacaceae: Coula edulis Baill 32,88°/₀ Fett. HARMS in ENGLERS Pflanzenwelt Ostafrikas, p. 468.

sp. ignota „J'Sano"-samen: 15°/₀ Ölsäure, 75°/₀ Linolsäure, 10°/₀ Isansäure A. HÉBERT, Compt. rend., Tome CXXII, p. 1150. Bull. soc. chim., Tome XV, p. 941 (1896).

Polygonaceae: Fagopyrum esculentum Mnch. geschält 1,9°/₀. KÖNIG, p. 577.

Chenopodiaceae: Beta vulgaris L. 5,54%. PELLET und LIEBSCHÜTZ, Compt. rend., Tome XC, p. 1363.
Chenopodium album L. 6,97%. G. BAUMERT u. K. HALPERN, Arch. Pharm., Bd. CCXXXI, p. 641 (1893).
Chenopodium Quinoa W. 4,5%: KÖNIG, p. 613.

Amarantaceae: Celosia cristata. Samenfett: E — 10°, Jodzahl 126,3. Verseifungszahl 190,5. NEGRI und FABRIS, Chem. C., 1896, Bd. I, p. 1285.

Caryophyllaceae: Agrostemma Githago L. 7,09% Fett. K. B. LEHMANN und MORI, Arch. Hyg. 1889, p. 257.
Spergula arvensis L. 10,23%. LÖBE, Jahresber. Agr. chem., 1890, p. 443.

Magnoliaceae: Michelia Champaca L. Butterartiges Samenfett, F 44—45°, D 0,903, 70%, Triolein, 30% Tripalmitin. J. SACK, Chem. C., 1903, Bd. I, 980.
Illiciumanisatum L. Nach F. OSWALD, Just 1889, Bd. I, p. 40, enthält das Samenfett Triolein, Stearin (Cholesterin und Lecithin).

Anonaceae: Monodora Myristica Dun. Samen 50% Fett, Verseifungszahl 160,7. H. THOMS, Ber. pharm. Ges., Bd. XIV, p. 24 (1904).

Myristicaceae: Dialyanthera Otoba (Humb. et Bonpl.) Warb. Fett F 38°. Enthält Myristicin und den (noch näher zu untersuchenden) kristallisierenden Otobit. E. URICOECHEA, Lieb. Annal., Bd. XCI, p. 369 (1854).
Virola venezuelensis Warb. 47,5% Fett. Fast reines Trimyristin. kein Olein. H. THOMS u. C. MANNICH, Ber. pharm. Ges., Bd. XI, p. 263 (1901).
Virola Bicuhyba (Schott.) Warb., 73,7%. H. NOERDLINGER, Ber. chem. Ges., Bd. XVIII, p. 2617 (1885). VALENTA, Just 1889, Bd. II p. 373. F 42,5—43%, E 32—32,5%. Verseifungszahl 219—220, Hehner: 93,4 Jodz. 9,5. 8,8% freie Säure. 90% Myristin, 10% Olein.
Virola surinamensis (Rol.) Warb. 73% Fett: Myristin; 6,5%: freie Myristinsäure. F 45°. REIMER u. WILL, Ber. chem. Ges., Bd. XVIII. p. 2011 (1885).
Myristica fragrans Houtt. 34,27% Fett. Nach BUSSE (Arbeit. kais. Gesundheitsamt, Bd. XI, p. 390 (1895). 31—40,5% Fettgehalt. KÖNIG. p. 745, 3—4% freie Säure. E. SCHMIDT u. H. ROEMER, Arch. Pharm. Bd. CCXXI, p. 34 (1883). D$_{15}$ 0,945—0,995. F 38,5° bis 51°. E 41 bis 42°. Jodzahl 31,0. Verseifz. 154—161. Wesentlich Myristin, wenig Stearin.

Menispermaceae: Anamirta Cocculus (L.) 23,6% Fett. SCHMIDT u. ROEMER l. c. 9,2% freie Säure. Enthält Olein, Palmitin, Stearin, etwas Buttersäure, Essigsäure. Ameisensäure.

Lauraceae: Umbellularia californica (Hook. et Arn.) Nutt. Laurinsäure und nahestehende Säuren, keine „Umbellulsäure". J. M. STILLMANN u. E. C. O'NEILL, Chem. Centr. 1902, Bd. II, p. 1302.
Nectandra Puchury major. Nees enthält Laurin (Lieb. Ann., Bd. LIII, 390).
Litsea sebifera Bl. Fett enthält 14% Olein, 85% Laurin. VAN GORKOM; J. SACK, Chem. C. 1903, Bd. I, p. 980.
Lindera Benzoin (L.) Meissn. Nach CH. E. CASPARI, Chem. Centr., 1902, Bd. I, p. 1303. Kaprinsäure, Ölsäure und besonders Laurinsäure enthaltend.
Laurus nobilis L. F 44—45°. Sehr wenig freie Säure. Glyzeride der Essigsäure, Laurin-, Myristin-, Palmitin-, Stearin-, Öl- und Leinölsäure. SCHMIDT u. ROEMER l. c., A. STAUB, Diss. Erlangen, 1879. Das früher als „Laurostearin" beschriebene Trilaurin wurde von H. SCHIFF, Ber. chem. Ges., Bd. VII, p. 781 (1874) richtig erkannt.

Papaveraceae: Glaucium corniculatum (L.) Curt. 32% Fett nach BORNEMANN, l. c. p. 264.
Papaver somniferum L. 40,79%. KÖNIG, p. 405. Weißer indischer Mohn 30,2%, A. PASQUALINI, Chem. Centr., 1888, Bd. II, p. 1640. Russischer Mohn 38,46%. PLODOWSKY, Just 87, Bd. II, p. 522. 41—54,6%. WIESNER, Rohstoffe, 2. Aufl., Bd. II, p. 715. D$_{15}$ = 0,925. E —20°. F der Fettsäuren 20,5°. Hehnersche Z. 95,38. Verseifungsz. 194,6. Jodzahl 136. Enthält 65% Linolein, 30% Olein, 5% Linolensäure und Isolinolensäure. Litt. OUDEMANS Jahresber. Chem. 1858, p. 304. MULDER, Chemie d. austrockn. Öle (1867). HAZURA u. FRIEDRICH, Mon. Chem., Bd. VIII, p. 147 (1887). OUDEMANS Jahresber., 1863, p. 159.

Cruciferae: Thlaspi arvense L. 22,85%/₀ Fett. Jahresber. Agr. chem., 1895, p. 375.

Lepidium sativum, Verseifungsz. 185,6; Jodzahl 139,1. WIJS, Chem. C., 1903, Bd. II, p. 315.

Sinapis alba L. 22%/₀. J. GADAMER, Just 1896, Bd. II, p. 464. 25,56—27,51%/₀. C. H. PIESSE u. L. STANSELL, Just 1880, Bd. I, p. 428. D_{15} 0,9145. E —8 bis —16°. F der Säuren 15°. Enthält Stearin, Behenin, Oleïn und Erucin (GADAMER); Verseifungszahl 174,6; Jodzahl 103,0. WIJS, Chem. C., 1903, Bd. II, p. 315.

Brassica Rapa L. 33,53%/₀. KÖNIG, p. 604. 20,5%/₀ PASQUALINI, l. c. D_{15} 0,9112—0,9175. E —2 bis —10°. F der Säuren 20 bis 21°. E 16°. Hehners Z. 95,1. Verseifungsz. 178,7. Reichert-Meißl 0,25. Jodz. 100. Enthält Oleïn, Stearin, Dierucin, Rapinsäure. REIMER u. WILL, Zeitschr. analyt. Chem., 1889, p. 183.

Brassica Napus L. 42,23%/₀. KÖNIG, p. 604. Maximum 49,44%/₀. WOLLNY, Just 1875, p. 867, 37,3—43,96%/₀. PLODOWSKY, Just 1887, Bd. II, p. 522. Enthält 49%/₀ Erukasäure, 50%/₀ Rapinsäure, 0,4%/₀ Arachinsäure, keine Behensäure nach G. PONZIO, Gazz. chim. it., Bd. XXIII, p. 595 (1893, wenig Behensäure nach REIMER u. WILL, Ber, chem. Ges., Bd. XX, p. 2385 (1887).

Brassica ramosa 6,8%/₀ Fett. Jahresber. Agr. chem., 1895, p. 375.

Br. nigra (L.) Koch 25,54%/₀. C. H. PIESSE u. L. STANSELL, l. c. 23%/₀. GADAMER, l. c. D_{15} 0,917. F —17,5. F der Säuren 16°. E 15,5°. Enthält Stearin, Behenin, Oleïn, u n. (GADAMER, l. c.. G. GOLDSCHMIDT, Wien. Ak. Sitzber., Bd. LXX, 2Ep.d61.) Verseifungsz. 175,8; Jodzahl 122,3; WIJS, Chem. C., 1903, Bd. II, p. 315.

Br. dichotoma Roxb. 12,52%/₀. Jahresber. Agr. chem., 1895, p. 375. Br. glauca Rxb. 14,72%/₀ ibid.

Br. juncea Hook et Thoms. 8%/₀ ibid.

Rhaphanus sativus L. oleiferus 46,13%/₀. KÖNIG, p. 605. Stearin, Erucin, Oleïn. Verseifungsz. 179,4; Jodzahl 112,4. WIJS, Chem. C., 1903, Bd. II, p. 315.

Rh. Rhaphanistrum L. 30,0—35%/₀. E. VALENTA, Dingl. pol. J., Bd. CCXLVII, p. 36 (1883). D_{15} 0,9175.

Camelina sativa (L.) Fr. 29,86%/₀. KÖNIG, p. 607.

Resedaceae: Reseda Luteola L. 30%/₀ Fett. BORNEMANN, p. 264.

Moringaceae: Moringa oleïfera Lam. 25%/₀ Fett. BORNEMANN, p. 246. Enthält Oleïn, Behenin, Myristin, Palmitin, Stearin. „Moringasäure" = Ölsäure. K. ZALESKI, Ber. chem. Ges., Bd. VII, p. 1013 (1874). D_{15} 0,9127; Jodzahl 72,2. LEWKOWITSCH, Chem. C., 1904, Bd. I, p. 306.

Moringa arabica Pers. Behenin, Stearin, Palmitin. A. VÖLKER, Lieb. Ann., Bd. LXIV, p. 342 (1848).

Rosaceae: Cydonia vulgaris Pers. D_{15} 0,922. E —13,5°, Säurezahl 31,7, Köttsdorf. Z. 181,75, Jodz. 113, Reichert-Meißl 0,508, Hebner 95,2. Enthält Myristinsäure, eine ungesättigte Säure $C_{16}H_{30}O_2$, 4,1%/₀ Glyzerin. R. HERRMANN, Arch. Pharm., Bd. CCXXXVII, p. 358 (1899).

Pirus communis L. 12—15%/₀. BORNEMANN, p. 243.

P. Malus L. dto.

Mespilus germanica L. 2,55%/₀. W. BERSCH, Versuchsst., Bd. XLVI, p. 471, (1895).

Prunus armeniaca L. D_{15} 0,9204. TH. MABEN, Ph. J. Tr., Bd. XVI, p. 797 (1886). D_{15} 0,915—0,9211. E —14 bis 20°. Säurezahl 3,534—3,604. Verseifz. 193,1—215,134. Jodz. 100—108,67. K. DIETERICH, Verhandl. Naturf. Ges., 1901, p. 165.

P. domestica L. 20%/₀ Öl. BORNEMANN, p. 243.

P. Amygdalus Stok. 53,02%/₀. KÖNIG, p. 608. D_{15} 0,915—0,921. E —10 bis —20°. Verseifungsz. 187,9—192. Jodz. 93,0—99,2. Hebner 96,6° F der Fettsäuren 14°. E 5°. DIETERICH, l. c. Oleïn und wenig Linoleïn. HAZURA, Mon. Chem., Bd. X, p. 248 (1889).

P. Persica (L.) 32—35%/₀. BORNEMANN, p. 243. D_{15} 0,9232. MABEN, l. c. E unter —20°. Säurezahl 5,46—6,53. Verseifungsz. 163—192,5. Jodz. 92,5 —109,7. DIETERICH, l. c. und Chem. C., 1897, Bd. I, p. 269. Oleïn, etwas Palmitin und Stearin.

P. Avium L. 25—30%/₀ BORNEMANN, p. 243.

P. serotina 5%/₀ Fett. D 0,906. E —9°. H. BETZ, Just 1878, Bd. I, p. 256.

Leguminosae: Adenanthera pavonina L. 35 % Fett. SCHAEDLER, l. c., p. 511.

Pussetha scandens (L.) 30 %. SCHAEDLER, l. c.

Parkia biglandulosa Br. 18 % ibid.

Pentaclethra macrophylla Bth. (Owala Öl) 45,18 % Fett im Embryo. F 24,8°. E. HECKEL. Chem. Centr., 1892, Bd. II. p. 978.

Caesalpinia Bonducella Roxb. Fett untersucht von NIEDERSTADT. Ber. pharm. Ges., Bd. XII. p. 143 (1902).

Tamarindus indica L. Samen 20 % Fett. SCHÄDLER, l. c., p. 525.

Bauhinia variegata L. } 30 % ibid.
„   candida Roxb. }

Cassia occidentalis L. 2,55 %. J. MOELLER, Just 1880, Bd. I, p. 463.

Gleditschia triacanthos L. 2,96 %. J. MOSER, Centr. Agrchem., 1879, p. 388.

Lupinus hirsutus L. 7,99 %. KÖNIG, p. 591.

„   angustifolius L. 6,16 %. KÖNIG, l. c. 7,38 % Reinfett nach M. MERLIS, Versuchstat., Bd. 48, p. 419 (1897).

Lupinus luteus L. 1,82—7,52 %. KÖNIG, p. 588.

„   Termis Forsk. 10,87 %. KÖNIG, p. 591.

„   perennis L. 11,64 %. KÖNIG, l. c.

Robinia Pseudacacia L. 10,71 %. L. JAHNE, Just 1881, Bd. I. p. 44. 13,3 % Fett. JONES, Chem. C., 1903, Bd. II, p. 1333. Verseifz. 192,4; Jodzahl 161,0; enthält 37 % Stearinsäure und Erucasäure, Linolsäure, Ölsäure, Linolensäure.

Caragana arborescens. Nach JONES, l. c. 12,4 % Fett. Verseifz. 190,6. Jodzahl 128,9. Enthält Linolsäure, Ölsäure, 8 % Palmitin-, Stearin- und Erucasäure.

Trifolium pratense 11,1 % Fett. Verseifz. 189,9, Jodzahl 124,3. Enthält Ölsäure, Linolsäure, Palmitin-, Stearinsäure. JONES, l. c.

Trifolium repens 11,8 %. Enthält mehr Olein als das vorige. JONES, l. c.

Arachis hypogaea L. 54,54 %. O. KELLNER, Jahresber. Agrchem., 1886, p. 357, 34,1 %. A. PASQUALINI, Chem. Centr., 1888, Bd. II, p. 1640. D_{15} 0,918. E —4 bis —7 %. Fettsäuren F 27,7 %. E 23,8 %. Hehner 95,86. Köttsdorfer 191,3. Hübl. 103. Enthält Olein, Linolein, Hypogäin, HAZURA u. GRÜSSNER. Mon. Chem., Bd. X, p. 242 (1889). Arachin, Lignocerin (PH. KREILING, Ber. chem. Ges., Bd. XXI, p. 880 [1888]). Litt. auch: L. SCHÖN, Ber. chem. Ges., Bd. XXI, p. 878 (1888); Lieb. Ann., Bd. CCXLIV, p. 253 (1888). ARCHBUTT, Chem. Centr., 1898, Bd. I, p. 473.

Coronilla scorpioides (L.), KOCH, 4,3 % Fett. Olein, Stearin, Palmitin, Arachin, Cholesterin, Lecithin. SCHLAGDENHAUFFEN u. REEB, Just 1896, Bd. II, p. 466; 1897, Bd. I, p. 148.

Galedupa pinnata (L.) Taub. „Pongamöl" 33 % Samenfett, untersucht von LEWKOWITSCH, Chem. Centr., 1904, Bd. I, p. 306.

Toluifera Pereirae (Klotsch) Baill. Stearin, Palmitin, Olein im Samenfett: HERMANN, Just 1896, Bd. II, p. 467.

Cicer arietinum L. 6,7 %. KÖNIG, p. 595.

Vicia monanthos Desf. 1,3 %, ibid.

„   Ervilia Willd. 1,33 %, ibid.

„   Faba L. 0,81—3,29 %, KÖNIG, p. 583.

Lathyrus sativus L. 2,38 %. KÖNIG, p. 595.

Pisum sativum L. 0,64—5,53 %, ibid., p. 579.

„   arvense L. 1,39 %, ibid., p. 583.

Abrus precatorius L. W. TICHOMIROW, Botan. Centr., Bd. XVIII, p. 189 (1884).

Coumarouna odorata Aubl. 25 % Fett. SCHAEDLER l. c., p. 324.

Canavalia incurva DC. 1,48—1,76 %. KÖNIG, p. 587; O. KELLNER, Versuchstat., Bd. XXX, p. 42.

Phaseolus vulgaris L. 1,96 %. KÖNIG, p. 588.

„   radiatus 1,06 %, ibid.

Glycine (Soja) hispida Max. 14,03—1768 %. KÖNIG, p. 595; 18,63 %. A. LIPSKY, Just 1890, Bd. II, p. 420.

Dolichos sp. 1,82 %. KÖNIG, p. 600.

Tropaeolaceae: Tropaeolum majus L. Jodzahl 73—74,5. Enthält Trierucin. 1 % Phytosterin. J. GADAMER. Arch. Pharm., Bd. CCXXXVII, p. 471 (1899).

Linaceae: Linum usitatissimum L. 20,39—40,36 %. KÖNIG, p. 601. Südamerikan. u. indischer Lein: 40 % DEY u. COWIE, Just 1895, Bd. II, p. 377.

23,2%, PASQUALINI, Chem. Centr., 1888, Bd. II, p. 1640. Russischer Lein: 32,5%, PLODOWSKY, Just 1887, Bd. II, p. 522. Nach WOLLNY, Just 1880, Bd. I, p. 468, enthält Schlaglein aus St. Petersburg 34,9% Fett und 23,6% Eiweiß; Kalkutta: 40,6% Fett und 17,5% Eiweiß; Archangel: 35,1%, Fett und 20,1% Eiweiß; Bombay: 39,6% Fett und 18,1%, Eiweiß; Taganrog: 37,2% Fett und 25,2% Eiweiß; D_{15} 0,935, Fettsäuren F 17°, E 13,3°. Verseifz. 189—195, Jodzahl im Mittel 182 (A. KATZ, Chem. Centr., 1895. Bd. II, p. 463; WILLIAMS. ibid., 1896, Bd. I, p. 225. Ölsäure 95,75%, feste Säuren 7,18%, flücht. Säuren 0,1%, Glyzerin 9,87%, Cholesterin 0,82%. PRIBYLEW, Just 1885, Bd. I, p. 63. Enthält nach Hazura 15% Linolensäure. 65% Isolinolensäure, 15% Linolsäure, 5% Ölsäure. Nach FOKIN, Chem. Centr., 1902, Bd. II, p. 601, 22—25% Linolensäure, wenig (5%) feste Säuren, sonst Linolsäure.

Rutaceae: Citrus medica L. Subspec. Limonum Risso, Samenfett untersucht von PETERS und FRERICHS, Arch. Pharm., Bd. CCXL, p. 659 (1902). D_{15} 0,9. Jodzahl 109,2; Verseifungsz. 188,35; besteht aus den Glyzeriden der Ölsäure. Linol-, Palmitin-, Stearin-, Linolen- und Isolinolensäure.

Simarubaceae: Samadera indica Gärtn. 63% Fett, 87,7% Olein, 8,41% Palmitin, 3,89% Stearin. J. L. B. VAN DER MARCK, Chem. Centr., 1900, Bd. II, p. 1124.
Irvingia gabonensis Baill. (Dikafett) 65—66%. Jodzahl 30,9—31,3. Myristin, Laurin, kein (?) Olein: OUDEMANS, Journ. prakt. Chem., Bd. LXXXI, p. 356.
Irvingia Oliveri Pierre. 20—22%, F 38°, E 35°. Olein. Just 1897, Bd. II. p. 99.
Picramnia Camboita Engl. Taririsäure-triglycerid. B. GRÜTZNER, Chem. Ztg., Bd. XVII, p. 879 (1893).
Brucea sumatrana Roxb. 20% Fett, bestehend aus Triolein, Linolein, Stearin, Palmitin: F. P. POWER und J. LEES, Pharm. J. Tr. (4), Bd. XVII, p. 183 (1903).

Meliaceae: Carapa moluccensis Lam. 40—50% Samenfett. F 30,7°. D_{15} 0,912. Viel Stearin: MILLIAN, Just 1897, Bd. II, p. 45.
Carapa guyanensis Aubl. 70% F 10° und höher. E 18°. Verseifungszahl 239. Jodzahl 72,1. Olein, Palmitin, Stearin: H. GANE, Just 1895, Bd. II, p. 390.
Melia Azedarach L. F 35°. HANAUSEK, Zeitschr. österr. Apotheker-Vereins, Bd. XVI, p. 111 (1878).
Azadirachta indica A. Juss. (Margosaöl). Buttersäure, etwas Valeriansäure, Laurinsäure, Ölsäure: C. J. H. WARDEN, Chem. Centr., 1888, Bd. II, p. 1548. Die Konstanten sind angegeben bei LEWKOWITSCH, Chem. C., 1904, Bd. I, p. 306.

Polygalaceae: Polygala butyracea Heck. 17,5%. F 35°. Enthält: 31,5% Olein, 57,5% Palmitin, 6,2% Myristin, 4,8% freie Palmitinsäure. E. HECKEL u. Fr. SCHLAGDENHAUFFEN, Chem. Centr., 1889, Bd. II, 557.

Euphorbiaceae: Croton Tiglium L. 35—45%. BORNEMANN, p. 258, D_{15} 0,9437. Verseifungszahl 215,6. E der Fettsäuren 16,4 - 16,7°. Reichert-Meißl 12,1. Jodzahl 100,37—101,91. Jodzahl d. Fettsäuren 111,23—111,76. Acetylzahl 38,64: W. DULIÈRE, Just 1899, Bd. II, p. 17. Enthält Ameisensäure, Essigsäure, Isobuttersäure, Valeriansäure (Isopropylessigsäure), Methylkroton- od. Tiglinsäure, Laurin-, Stearin-, Palmitin-, Krotonolsäure. E. SCHMIDT, Ber. chem. Ges., Bd. X, p. 835 (1877). Lieb. Ann. Bd. CXCI, p. 94. Vgl. auch bereits SCHLIPPE, Lieb. Annal., Bd. CV, p. 1 (1858).
Ricinus communis L. Mittel: 51,37%, KÖNIG, p. 609. D_{15} 0,9613—9763. E —17° bis —18°. Fettsäuren F 13°, E 3,0°, Verseifungszahl 181,0—181,5. Acetylzahl 153,4—156. Jodzahl 84,4. Enthält Ricinol- und Ricinisolsäure (HAZURA u. GRÜSSNER), 1% Dioxystearinsäure: P. JUILLARD, Bull. soc. chim. (3). Tome XIII, p. 238 (1895). H. MEYER, Arch. Pharm., Bd. CCXXXV, p. 184 (1897).
Aleurites moluccana (L.) W. (triloba Forst.). Bankul- od. Candlenutöl 61,5%: P. CHARLES, Jahresber. Agrchem., 1879, p. 106. 62,18% CORENWINDER, Arch. Pharm., Bd. CCVIII, p. 554 (1875). 58,6%: J. LEWKOWITCH, Chem. Centr., 1901, Bd. II. p. 665. D_{15} 0,926. Verseifungszahl 192,6. Jodzahl 163,7. Acetylzahl 0,21. Enthält 3,01% Glyzerin, 16,52% gesättigte, 85,95% ungesättigte Säuren: L. MUTSCHLER u. C. KRAUCH, Centr.

Agrikchem, 1879, p. 71. Eläomargarinsäure od. a-Eläostearinsäure L. MA-QUENNE, Compt. rend., Tome CXXXV, p. 696 (1902). 30%, Linolsäure, Olein, Stearin, Palmitin, Myristin.

Aleurites cordata (Thunb.) Müll. Argov. (Holzöl, Woodoil, Tungöl) 53,25%. NEGRI u. SBURLATI, Chem. Centr., 1897, Bd. I, p. 25. D_{40} 0,9413. Verseifungszahl 190,7. Jodzahl 158,4. Unlösliche Säuren 82%. Eläomargarinsäure, Ölsäure. CLOEZ, Chem. Centr., 1876, p. 324. A. KITT, Chem.-Ztg. 1899, Nr. 3. Vgl. auch JENKINS, Chem. C., 1897, Bd. I, p. 1180.

Jatropha Curcas L. 30—40%. BORNEMANN, p. 258 D 0,9199—0,9210. Palmitin, Stearin, Olein, Linolein, Ricinolein, Myristin (?): O. KLEIN, Zeitschrift angew. Chem., 1898. Isocetinsäure $C_{15}H_{30}O_2$: BOUIS, Jahresber. Chem., 1854, p. 462.

Omphalea diandra L. F 12°. HANAUSEK, Zeitschr. österr. Apoth.-Ver., Bd. XVI, p. 111 (1878).

Sapium sebiferum (L.) Rxb. Endosperm 12,27% Fett: HOBEIN, Chem. Centr., 1895, Bd. II, p. 620. F. 39,4—44,1°. E 27,2—31,1° Fettsäuren F 53,0—56,9°, E 45,2—47,9°, Verseifungszahl 198,5—202,3. Verseifungszahl der Fettsäuren 202,0—209,5. Jodzahl 28,5—37,74. Jodzahl der Fettsäuren 30,31—37,0: G. DE NEGRI u. SBURLATI, Chem. Centr., 1897, Bd. I, p. 347. Enthält Palmitin: E. BURI, Arch. Pharm., Bd. XIV, p. 403. Ölsäure. Vgl. auch ZEY u. MUSCIACCO, Chem. C., 1903, Bd. II, p. 223. Fernere Angaben bei TORTELLI u. RUGGERI, Chem. C., 1900, Bd. II, p. 1295; L. M. NASH, ibid., 1904, Bd. I, p. 1528. KLIMONT (Monatsheft Chem., Bd. XXIV, p. 408 [1903]) fand im Sapiumfett erhebliche Mengen von Dipalmitinölsäureglyzerid.

Joannesia princeps Vell. Fett untersucht v. NIEDERSTADT, Ber. pharm. Ges., Bd. XII, p. 143 (1902).

Euphorbia Lathyris L. 42%. O. ZANDER, Arch. Pharm., Bd. CCXII, p. 211 (1878). 46%, KÖNIG, p. 610.

Euphorbia dracunculoides Lam. 25%. SCHAEDLER, p. 669.

Anacardiaceae: Buchanania latifolia Roxb. 40—50%. SCHAEDLER, p. 668.

Anacardium occidentale L. 40—50%. BORNEMANN, p. 241. Fett untersucht von NIEDERSTADT, Ber. pharm. Ges., Bd. XII, p. 143 (1902).

Rhus glabra: 22,36% Rohfett, bei —24° erstarrend. FRANKFORTER u. MARTIN, Americ. Journ. pharm., Vol. LXXVI, p. 151 (1904).

Celastraceae: Evonymus europaea L. 28—29%. Triacetin, Olein, Palmitin, Stearin.

Aceraceae: Acer campestre L. 29,23%. L. JAHNE, Just 1881, Bd. I, p. 44.

Hippocastanaceae: Aesculus Hippocastanum L. 5,14°. KÖNIG, p. 613, 0,123%. J. STOLLAR, Just 1879, Bd. I, p. 399.

Sapindaceae: Schleichera trijuga W. (Makassarfett), 70,5%. J. A. WYS, Zeitschr. physikal. Chem., Bd. XXXI, p. 255 (1899). 68%. K. THÜMMEL u. W. KWASNICK, Arch. Pharm., Bd. CCXXIX, p. 182 1891). F. 22°. 70°, Ölsäure, 25% Arachinsäure, 5% Palmitinsäure, etwas Buttersäure u. Essigsäure (WYS).

Nephelium lappaceum L. Nach M. BACZEWSKI, Mon. Chem, Bd. XVI, p. 868 (1895). 35,07% Fett und 3% ätherlösliches Nichtfett. 45,52% Arachin und Olein, Stearin.

Ungnadia speciosa Endl. 22% Palmitin und Stearin, 78% Olein. K. SCHÄDLER, Chem. Centr., 1889, Bd. II, p. 101.

Blighia sapida Kön. Fett (Akeeöl) des Arillus F 25—35°, Verseifungszahl 194,6; Jodzahl 49,1. HOLMES u. GARSED, Just bot. J., 1901, Bd. I, p. 57.

Paullinia trigona Vell. Fett untersucht von NIEDERSTADT, Ber. pharm. Ges., Bd. XII, p. 143 1902).

Vitaceae: Vitis vinifera L. 15—18%. A. FITZ, Ber. chem. Ges., Bd. IV, p. 442, 910 (1871). Enthält Palmitin, Stearin, Erucin.

Tiliaceae: Apeiba Tibourbou Aubl. $D_{17,8}$ 0,908. T. HANAUSEK, Just 1877, p. 659.

Tilia parvifolia 58%. C. MÜLLER, Ber. bot. Ges., Bd. VIII, p. 373 (1890).

Malvaceae: Gossypium herbaceum L. entschält Mittel: 24,33%; ungeschält 19,91%. KÖNIG, p. 611; 22,2%. A. PASQUALINI, Chem. Centr., 1888, Bd. II,

p. 1640. D_{17} 0,923; E. Scheibe, Chem. Centr., 1881, p. 703. E 0° bis —1°. Fettsäuren F 38,3°, E 35,5; Hehner Z. 95,87. Verseifungszahl 195; Jodzahl 106; Linolein, Palmitin, Olein. $AgNO_3$ reduzierender Stoff (Bechi).

Bombacaceae: Ceiba pentandra (L.) Gärtn. 23,5%. De Negri u. Fabris, Chem. Centr., 1896, Bd. I. p. 1209. 24,2°. Philippa, Chem. Centr., 1902, Bd. II, p. 1280. Palmitin und Oleïn. Dem Baumwollöl sehr ähnlich. Henriques, Chem.-Ztg., 1893, p. 1283. Vgl. auch G. H., Chem. C. 1903, Bd. I, p. 41; Durand u. Baud ibid., 1903, Bd. II, p. 959.
Chorisia Peckoltiana Mart. Fett untersucht von Niederstadt, Ber. pharm. Ges., Bd. XII, p. 143 (1902).

Sterculiaceae: Theobroma Cacao L. geschält 51,78%. König, p. 1020. 48,2 bis 50,2%. H. Cohn, Zeitschr. physiolog. Chem., Bd. XX, p. 1 (1894). Bis 55,7%: H. Beckurts. Arch. Pharm., Bd. CCXXXI, p. 687 (1893). F 34 bis 35°. P. Walmans, Chem. Centr., 1901, Bd. 1, p. 194. E 21,5—23°. D_{15} 0,95—0,952. Hehner Z. 34,59; Verseifungszahl 192—202; Reichert-Meißl Z. 1,6; Säurezahl 1,0; Jodzahl 34—38. Nach J. Klimont, Mon. Chem., Bd. XXIII, p. 51 enthält es Tristearin, Oleostearopalmitin, Oleomyristopalmitin, kein Arachin. P. Graf, Arch. Pharm. (3), Bd. XXVI, p. 830, fand auch Buttersäure, Essigsäure, Ameisensäure. Von Kingzett, Ber. chem. Ges., Bd. X, p. 2243 (1877) wurde Laurinsäure und Theobrominsäure, von Traub, Arch. Pharm., Bd. CCXXI, p. 19 (1893) Arachinsäure angegeben.
Sterculia foetida L. 25% Fett. Schaedler, p. 577.

Ochnaceae: Ouratea-Arten: „Batiputaöl" F 30—32°; Jodzahl 51,5; Verseifungszahl 212,4; freie Säure 1,4%. De Negri u. Fabris, Chem. Centr., 1896, Bd. I, p. 1210.

Caryocaraceae: Caryocar tomentosum Cuv. 63°'₀. F 29,5—35,5°. J. Lewkowitsch, Proc. chem. Soc., 1889, p. 69.

Theaceae: Thea sinensis L. 22,9%. Hooper, Just 1895, Bd. II, p. 376. 75% Olein, 25% Stearin: Bornemann, p. 240. Verseifungszahl 188,3; Jodzahl 88,9: Wijs, Chem. C., 1903, Bd. II, p. 315.
Thea japonica (L.) Nois. 72,18%. O. Kellner, Jahresber., Agrcbem., 1886, p. 357.
Thea drupifera (Lour.) Pierre. 28—35%. D_{15} 0,98. M. Pottier, Just 1900, Bd. II, p. 52.

Guttiferae: Caraipa fasciculata Camb. enthält Kapryl- und Buttersäure. F. Pfaff, Arch. Pharm., Bd. CCXXXI, p. 522.
Calophyllum Inophyllum L. 60% festes Fett. Wiesner (1. Aufl.), p. 712.
Allanblackia Stuhlmanni Engl. (Mkanifett) 67,84%. Heise, Chem. Centr., 1896, Bd. I, p. 608. D_{15} 0,9298; F 42°; Säurezahl 11,6; Verseifungszahl 186,6; Jodzahl 41,0. Enthält Oleodistearin: Heise l. c., R. Henriques u. J. Künne, Ber. chem. Ges., Bd. XXXII, I, p. 387 (1899). Tropenpflanzer, 1899, p. 203.
Garcinia indica Chois (Kokumbutter). 80% Oleodistearin: B. Heise. Arbeit. kaiserl. Gesundheitsamt, Bd. XIV, p. 302 (1897). Henriques und Künne l c.
Pentadesma butyraceum Don. 32,5% Fett, 82% Stearin, 18% Olein.
Symphonia fasciculata 56% Fett. J. Regnauld u. Villejean, Journ. pharm. chim. (5), Bd. X, p. 12 (1884). F 27°, E 23,2°, 49° Oleïn, 45.14% Stearin und Palmitin.

Dipterocarpaceae: Shorea stenoptera Burck (Borneotalg, Minjak Tangkawang) A. C. Geitel, Journ. prakt. Chem., Bd. XXXVI, p. 515 (1890). F 35—36°, E 53,5—54°; 0,5% freie Säure; Mol. gew. der freien Säure 283,7. 66% Stearinsäure, 34% Ölsäure.
Vateria indica L. (Pineytalg). 49,21%. F. v. Höhnel und J. F. Wolfbauer, Just 1884, Bd. I, p. 171; 1885, Bd. I, p. 91. D_{16} 0,915; F 36,5°; E 30,5°. Fettsäuren F 56,6°; E 54,8. Verseifungszahl 191,9; 19% freie Säuren; 75% Palmitin, 25% Olein. G. Dalsie, Ber. chem. Ges., Bd. X, p. 1381 (1877).

Flacourtiaceae: Gynocardia odorata B. Br. (Chaulmoograöl). 30,12%. E. Heckel u. Schlagdenhauffen, Journ. pharm. chim. (5) Bd. XI, p. 359 (1885). D 0,930, F 42°. Enthält 63% Palmitinsäure, 4% Hypogäasäure,

11,7 °$_0$ Gynocardiasäure. J. Moss, Just 1879, Bd. I, p. 349. J. Schindel-meyer, Ber. deutsch. pharm. Ges., Bd. XIV, p. 164 (1904). Nach F. Power u. F. H. Gornall stammt das Chaulmoograöl nicht von Gynocardia sondern von Taraktogenos Kurzii King ab. (Proceed. chem. soc., Tome XX, p. 135 [1904]). Die genannten Autoren isolierten hieraus eine neue Säure: Chaulmoograsäure.
Carpotroche brasiliensis. Fett untersucht von Niederstadt, l. c., 1902.

Caricaceae: Carica Papaya. Fett: Niederstadt, l. c.

Lecythidaceae: Lecythis Zabucajo Aubl. 50—51 % Fett. G. de Negri. Chem.-Ztg., 1898, No. 90. E 4° bis 5°, D 0,895. Fettsäuren F 37,6°; Verseifungs zahl 173,63; Jodzahl 71,64; Fettsäurenjodzahl 72,33; Acetylzahl 44,06.
Lecythis vernigera Mart. Fett untersucht von Niederstadt, Ber. pharm. Ges., Bd. XII, p. 143 (1902).
Bertholletia excelsa Humb. u. Bonpl. 67,65 %. König, p. 612; Caldwell, Lieb. Ann., Bd. XCVIII, p. 120 (1856) fand Oleïn, Stearin. Palmitin; Konstanten bei Niederstadt, l. c., 1902.

Combretaceae: Terminalia Catappa L. 51 °$_{/0}$ Fett. 54 °;, Oleïn, 46 °/$_0$ Palmitin und Stearin.

Umbelliferae: Pimpinella Anisum L. 8,36 °/$_0$ Fett. König, p. 746.
Petroselinum sativum L. Oleïn, Palmitin, Stearin. E. Vonge-richten, Ber. chem. Ges., Bd IX, p. 1121 (1876).
Carum carvi 17,3 %. König, p. 746.
Coriandrum sativum L. 19,13 %. ibid.

Sapotaceae: Butyrospermum Parkii (Don.) Kotsch. (Sheabutter). D 0,953 bis 0,955. F 28—29°, E 21—22°. Fettsäuren F 39,5°. E 38°. Verseifungs-zahl 192,3; Jodzahl 56,2—56,9. Enthält 70 % Stearin, 30 % Oleïn.
Illipe Malabrorum, König (Bassia longifolia L.) 51,54 % Fett. E. Valenta, Dingl. pol. Journ., Bd. CCLI, p. 461 (1884). F 23,5°, D$_{15}$ 0,9175. Verseifungszahl 188,4; Jodzahl 50,1, 63,49 °/$_0$ Ölsäure, 36,51 °/$_0$ Palmitin-säure. Viel freie Fettsäure; Stearin. C. Deite, Dingl. pol. Journ., Bd. CCXXXI, p. 168 (1879). H. Becker, Chem. C., 1898, Bd. I, p. 129.
Argania Sideroxylon Röm. u. Schult. 66 °/$_0$ festes Fett. S. Cotton. Journ. pharm. chim. (5), Bd. XVIII, p. 298 (1888).

Oleaceae: Olea europaea L. 12 °/$_0$ Samenfett. Bornemann, p. 246. D$_{15}$ 0,9177. Fettsäuren F 26—28°, E 21—22°. Verseifungszahl 191.8. Hehner Z. 95,43. Reichert-Meißl Z. 0,3; Jodzahl 82.8. Enthält 72—75 °/$_0$ Oleïn, 6 °/$_0$ Linolein. Hazura u. Grüssner, Mon. Chem., Bd. IX, p. 944. Dipalmitostearin. D. Holde, Chem. Centr., 1902, Bd. I, p. 177. Auch Arachin ist angegeben. Fraxinus excelsior L. 26,61 °/$_0$ Samenfett. L. Jahne, Just 1881, Bd. I, p. 44.

Loganiaceae: Strychnos Nux vomica L. 3,1—4,1 °/$_0$ Samenfett. Flückiger, Pharmakognosie, 3. Aufl., p. 1019. F. Meyer, Arch. Pharm., Bd. CCII. p. 137, fand Buttersäure darin.

Apocynaceae: Thevetia neriifolia Juss. geschälte Samen 35,5 °/$_0$ Fett. J. E. de Vrij, Ber. chem. Ges., Bd. XV, p. 253 (1882). F 13°, 63 °;, Triolein, 37 °/$_0$ Tripalmitin.
Strophanthus hispidus P. DC. Oleïn, Palmitin. J. A. Mjoen, Arch. Pharm. Bd. CCXXXIV. p. 283.

Convolvulaceae: Pharbitis Nil L. 13,5 °/$_0$. Kromer, Chem. Centr., 1896, Bd. II, p. 631. Triolein, Palmitin, Stearin, wenig Triacetin.

Solanaceae: Datura Stramonium L. 25 °/$_0$ Fett. Gerard, Ann. chim. phys., Tome XXVII, p. 549 (1892) 16,7 °/$_0$. D. Holde, Chem. Centr., 1902, Bd. II. p. 1417. D$_{15}$ 0,9175, Jodzahl 113. Verseifungszahl 186. Enthält Datura-säure. Gerard, Compt. rend., Bd. CX, p. 305, 565.
Hyoscyamus niger L. D 0,929, Oleïn, Palmitin. J. A. Mjoen, Arch. Pharm., Bd. CCXXXIV, p. 286 (1896). H. Schwanert, ibid., Bd. CCXXXII, p. 130. Buttersäureester. Gerard, Just 1883, Bd. I, p. 93.
Nicotiana Tabacum L. 30—35 °/$_0$ Fett. Bornemann, p. 277.
Solanum tuberosum L. 25 °/$_0$ Fett. de Vries, Landw. Jahrb., Bd. VII, p. 19 (1878).
Capsicum longum 24,34 °/$_y$. B. v. Bittó, Versuchstat., Bd. XLII, p. 369 (1894). Triolein, sehr wenig Palmitin und Stearin.

Verbenaceae: Aegiphila obducta Vell. Fett untersucht von NIEDERSTADT, l. c., 1902.

Labiatae: Lallemantia iberica Fisch u. Mey. 29,56 $^o/_o$. E. WILDT, Centr. Agrchem. (1879), Bd. VIII, p. 292; 30,53 $^o/_o$. KÖNIG, p. 612. Viel Linolein. Perilla ocymoides 22,76 $^o/_o$. O. KELLNER, Jahresber. Agrchem., 1886, p. 357. J. A. WIJS, Chem. Centr., 1903, Bd. II, p. 315.

Pedaliaceae: Sesamum indicum L. 52,75 $^o/_o$. HEBEBRAND, Versuchstat., Bd. LI, p. 52 (1899); 44,6 $^o/_o$. A. PASQUALINI, Chem. Centr., 1888, Bd. II, p. 1640. D_{15} 0,9235, E — 5°. Fettsäuren F 26°, E 22,3°. Hehner Z. 95,86. Verseifungszahl 190. Reichert-Meißl Z. 0,35. Jodzahl 106. Enthält 76 $^o/_o$ Olein, Linolein (K. HAZURA u. GRÜSSNER, Mon. Chem., Bd. X, p. 242 (1889). Myristin, Stearin, Palmitin. Farbenreaktion v. Sesamöl mit Diazonaphthionsäure und Alkali: H. KREIS, Chem. Centr., 1903, Bd. II, p. 1214.

Bignoniaceae: Pithecoctenium echinatum K. Schum. Bignonia flava Vell. Fett untersucht von NIEDERSTADT, l. c., 1902.

Plantaginaceae: Plantago lanceolata L. 26,12 $^o/_o$. HOLDEFLEISS, Jahresber. Agrchem., 1880, p. 409; 5 $^o/_o$. KROCKER, Centr. Agrchem., Bd. X, p. 208, (1880).

Plantago major L. 9,8 $^o/_o$. KROCKER, l. c.

Rubiaceae: Coffea arabica L. 8,15—14 $^o/_o$. HERZFELDT u. STUTZER, Zeitschr. angew. Chem., 1895, p. 469. Enthält Olein, Palmitin, Stearin, 7 $^o/_o$ freie Ölsäure. A. HILGER, Chem. Centr., 1894, Bd. I, p. 200. SPÄTH, Chem. Centr., 1895, Bd. II, p. 624.

Caprifoliaceae: Sambucus racemosa L. D_{15} 0,907. E —8°. Fettsäuren F 38°. Verseifungszahl 209,3; Jodzahl 80,44; Hehner Z. 91,75. Reichert-Meißl 1,54 Freie Säure 6,65 $^o/_o$. Enthält 22 $^o/_o$ Palmitin, 92,2 $^o/_o$ Olein, 7,8 $^o/_o$ Linolein, 3 $^o/_o$ Caprin, Caproin, Caprylin, 0,66 $^o/_o$ unverseifbare Stoffe. H. G. BYERS u. P. HOPKINS, Journ. Americ. chem. Soc., Vol. XXIV, p. 771 (1902). J. ZELLNER (Monatshefte Chem., Bd. XXIII, p. 937 [1903]) fand darin $^1/_3$ Ölsäure, Linolsäure, Palmitin- und Arachinsäure.

Cucurbitaceae: Cucurbita Pepo L. ungeschält 33,6 $^o/_o$. MILLER, Just 1892, Bd. II, p. 408. Geschält 51,89 $^o/_o$. BARBIERI, Journ. prakt. Chem., Bd. XVIII, p. 102 (1878). II. STRAUSS, Chemik.-Ztg., Bd. XXVII, p. 527 (1903), Nach A. SCHATTENFROH, Chem. Centr., 1894, Bd. II, p. 518. D_{20} 0,9226; E —16°. Fettsäuren F 25—27°, 1,52 $^o/_o$ unverseifbar; Säurezahl 1,27. Verseifungszahl 188,7; Ätherzahl 187,3. Reichert-Meißl Z. 9,24; Hehner Z. 96,2; Acetylzahl 27,2; Jodzahl 113,4; 80,9 $^o/_o$ flüssige Säuren; 15,3 $^o/_o$ feste Säuren, 8 $^o/_o$ Glyzerin. Enthält Olein, Linolein. MERCKLING; Hilgers Vierteljahrschrift, 1886, p. 209. Über Eigenschaften auch W. GRAHAM, Just bot. Jahr., 1901, Bd. II, p. 38.

Cucurbita maxima Duch. 20—25 $^o/_o$ Fett. C. SLOG, Just 1881, Bd. I, p. 157.

Citrullus vulgaris Schrad. Samen 21,4 $^o/_o$ Fett, E —20°, D_{15} 0,925; Köttsdorfersche Z. 198; Jodzahl 111,5. WOINAROWSKAJA u. NAUMOWA, Chem. C, 1903, Bd. I, p. 41. WIJS, ibid., 1903, Bd. II, p. 315.

Cucumis Melo L. 43,8 $^o/_o$ Fett; E —5°. Verseifungszahl 193,3; Jodzahl 101,5. G. FENDLER, Zeitschr. Untersuch. Nahr.-Genußm., Bd. VI, p. 1025 (1903).

Telfairia pedata Hook. fil. 36,02 $^o/_o$ Fett. Just 1892, Bd. II, p. 409. 64,71 $^o/_o$. THOMS. Chem. Centr., 1899, Bd. I, p. 73. 33 $^o/_o$. II. THOMS, Arch. Pharm., Bd. CCXXXVIII, p. 48 (1900). Enthält Stearin- und Palmitinsäure, Telfairiasäure, ungesättigte Oxysäuren.

Trichosanthes Kadam Miq. Samen 68,1 $^o/_o$ Fett, bestehend aus 80 $^o/_o$ Triolein und 20 $^o/_o$ Tripalmitin. F 21°, D 0,919. J. SACK, Chem. C., 1903, Bd. I, p. 1313.

Compositae: Guizotia oleifera (L. fil.) Cass. 43,08 $^o/_o$. KÖNIG, p. 611. D_{15} 0,9242, E —10°. Verseifungszahl 189—191; Jodzahl 132,9. Enthält Linolein, Olein, Myristin, wenig Palmitin, Stearin.

Madia sativa Mol. 38,44 $^o/_o$. KÖNIG, p. 606. Geschält 56 $^o/_o$. Just 1881, Bd. II, p. 684. Enthält Linolein, Palmitin, Stearin, Olein.

Helianthus annuus L. 26—28 $^o/_o$. HOLDE, Chem. Centr., 1894, Bd. II, p. 79. Enthülst 49,62 $^o/_o$. KOSUTANY, Versuchstat., Bd. XLIII, p. 254

(1894). Indische Samen 25,69 %. Jahresber. Agrikchem., 1886, p. 357.
29,21 %, Rohfett. CANELLO, Chem. C., 1903, Bd. I, p. 93. 13,3 %. A.
PASQUALINI, Chem. Centr., 1888, Bd. II, p. 1640. Nach PRIBYLEW, Just
1885, Bd. I. p. 63. D 0,925, Ölsäure 76,29 %, feste Säuren 24,29 %,
flüchtige Säuren 0,1 %, Glyzerin 9,04, Spur Cholesterin. Nach HOLDE, l. c.,
D₁₇ 0,924, Jodzahl 135; Verseifungszahl 193; Säuregehalt 5,6 % Ölsäure;
E −17°. Nach JEAN, Chem. Centr. 1901, Bd. I. p. 1378. D₁₅ 0,925.
Verseifungszahl 192; Jodzahl 124; Fettsäuren F 22°; freie Säure 3,102 %,
Enthält Linolein, wenig Olein (HAZURA, Mon. Chem., Bd. X, p. 190). Pal-
mitin, etwas Arachin.

Carthamus tinctorius L. 30—35 %. BORNEMANN, p. 276. H. RON-
DEL DE SUEUR, Chem. C., 1900, Bd. I, p. 857, gibt als Bestandteile an:
Linolein, Olein, Palmitin, Stearin.

Echinops sphaerocephalus L. Fett. PEASE, Just 1888, Bd. I. p. 57.

Onopordon Acanthium L. 30—35 % Fett. BORNEMANN, p. 276.

Arctium Lappa L. 15,4 % Fett. H. TRIMBLE u. MACFARLAND, Just
1885, Bd. I, p. 81.

Echinops Ritro: Fett untersucht von J. A. WIJS, Zeitschr. Nahr.-
Genußm., Bd. VI, p. 492 (1903).

Viertes Kapitel: **Die Resorption der Fette bei der Samenkeimung.**

§ 1.
Der Fortgang des Resorptionsprozesses.

Es ist bereits von SAUSSURE [1]), MEYEN [2]), LETELLIER und BOUS-
SINGAULT [3]) hervorgehoben worden, daß das Fett beim Keimen von Ölsamen aus den letzteren verschwindet und so seinen Charakter als Reservestoff bekundet. Später hat eine ganze Reihe von Experimentaluntersuchungen diesen Vorgang sowohl analytisch, als mikroskopisch
verfolgt. Insbesondere hat SACHS [4]) das Verdienst, die anatomische
Seite der Frage zuerst gründlich untersucht zu haben.

Bei der Keimung von Cucurbita, deren Kotyledonen hierzu, wie
jene von Helianthus, gute Studienobjekte darstellen, beobachtet man
etwa am 4.—5. Keimungstage deutliche Veränderungen im Zellinhalte
des fettführenden Gewebes. Das Plasma ist grobschaumig geworden
und in seinen Strängen und Platten sind zahlreiche Öltropfen sichtbar.
Es macht den Eindruck, als ob das Fett anfänglich in kolloidaler
Lösung im nicht vakuolisierten Plasma vorhanden gewesen wäre und
bei Erreichung eines bestimmten Quellungszustandes des Protoplasten
eine Entmischung erfolgen würde. Die Öltropfen nehmen nun an Zahl
allmählich deutlich ab, je weiter die Keimung fortschreitet. Es nimmt
also das Fett im keimenden Samen die Form einer Emulsion an.

HELLRIEGEL [5]) untersuchte Rapssamen in fünf Entwicklungsperioden
mit folgenden Ergebnissen:

---

1) SAUSSURE, Frorieps Notizen, Bd. XXIV, No. 16. — 2) MEYEN, Neues
System der Pflanzenphysiol., Bd. II (1838), p. 293. — 3) LETELLIER, Journ. prakt.
Chem., 1855, p. 94; BOUSSINGAULT, Die Landwirtschaft, Deutsch v. Graeger, Bd. I
(1851), p. 203. — 4) J. SACHS, Bot. Ztg., 1859, No. 20, 21, p. 177. Von neuerer
Literatur zu erwähnen E. MESNARD, Compt. rend., Tome CXVI, p. 111 (1893).
— 5) HELLRIEGEL, Dissert. Journ. prakt. Chem., 1855, p. 94; NOBBE (Same-
kunde, p. 158) erwähnt noch ältere Untersuchungen von BOUSSINGAULT, BRETON,
und M. SIEWERT. Letzterer fand für Raps nach 10 tägiger Keimung eine Fett-

	Ruhende Samen	I	II	III	IV	V
Fettes Öl in Proz. der Trockensubstanz:	47,09	47,76	43,77	41,0	38,66	36,22
Zucker, Bitterstoff, organische Säuren:	7,69	8,68	10,52	12,36	13,67	15,41
Eiweiß, Legumin:	5,22	2,58	2,58	1,77	1,78	1,81

PETERS [1]) ermittelte für normal am Licht gedeihende Kürbiskeimlinge folgende Zahlen in Prozenten der Trockensubstanz gerechnet.

	Total	Kotyledonen	Hypokotyl	Wurzel
Ungekeimt	49,51			% Fett
I. Kotyledonen farblos; keine Nebenwurzeln	51,67	40,48	6,36	4,83
II. Kotyledonen ergrünend; Nebenwurzeln vorhanden	33,43	26,40	3,93	3,10
III. Kotyledonen ausgewachsen; die ersten Blätter in Entwickl.	12,71	7,2	2,68	2,83

MUNTZ [2]) ermittelte für andere Objekte ähnliche Resultate.

Keimung von Rhaphanus sativus im diffusen Lichte:

5 g ungekeimte Samen	1,750 g Fett
5 g 2-tägige Keimlinge	1,635 g „
5 g 3-tägige „	1,535 g
5 g 4-tägige „	0,790 g „

Papaver somniferum im Dunklen:

20 g Samen ungekeimt	8,915 g Fett
20 g 2-tägige Keimlinge	6,815 g „
20 g 4-tägige „	3,900 g „

Raps im Dunklen:

20 g Samen ungekeimt	8,540 g Fett
20 g 3-tägige Keimlinge	5,235 g „
20 g 5-tägige „	3,700 g „

Für Cannabis sativa macht DETMER [3]) folgende Angaben (Dunkelkeimlinge:

Die Zahlen bedeuten Gewichtsteile des ruhenden Samens.

	Ruhender Samen	Nach 7 Tagen	Nach 10 Tagen
Gesamttrockensubstanz	100	96,91	94,03
Fett	32,65	17,09	15,20
Stärke	—	8,64	4,59
Eiweiß	25,06	23,99	24,50

verlust von 20,3 %, nach weiteren 4 Tagen von 70,4 %. Das schließlich ausgebrachte Öl reagierte sauer. Fernere Analysen bei FLEURY, Ann. chim. phys. (4), Tome I, p. 38 (1865), für Ricinus, Amygdalus und Euphorbia Lathyris.
1) PETERS, Versuchstat., Bd. III, p. 1 (1861). Vgl. auch N. LASKOWSKY, ibid., Bd. XVII, p. 240 (1874). — 2) A. MUNTZ, Ann. chim. phys. (4), T. XXII, p. 472 (1871); BOUSSINGAULT, Agronom., Bd. V, p. 50 (1874). — 3) W. DETMER, Phys.-chem. Untersuchung über die Keimung ölhaltiger Samen, Leipzig 1875, p. 40 (Habilitationsschrift).

Von weiteren Untersuchungen sind zu erwähnen jene von LECLERC DU SABLON[1]) über die Keimung von Ricinus, Cannabis und Juglans, von WALLERSTEIN[2]) über die Keimung der Gerste, von FRANKFURT[3]) über jene von Cannabis und Helianthus, von MERLIS[4]) über Lupinus: endlich die Untersuchungen von MAQUENNE[5]) über Arachis und Ricinus, welchen ich nach nachstehende Daten entnehme:

	Fett	Saccharifizierbare Substanz als Rohrzucker berechnet	N-haltige Stoffe als Albuminoide berechnet
Arachis ungekeimt:	51,39	11,55	24,83
Nach 6 Tagen	49,81	8,35	23,40
„ 10 „	36,19	11,09	23,96
„ 12	29.0	12,52	25,20
„ 18 „	20,45	12,34	24,31
„ 28 „	12,16	9.46	24,87
Ricinus ungekeimt:	51,40	3,46	18,36
Nach 6 Tagen	33,71	11,35	18,71
„ 10 „	5,74	24,14	18,32
„ 12	6,48	19,51	16,69
„ 18 „	3,08	8,35	17,50

Bei der Keimung der Olive sah SANI[6]) in der ersten Woche den Fettgehalt von 42 Proz. auf 6,23 Proz. herabgehen, was eine relativ starke Abnahme wäre. v. FÜRTH[7]) konnte in vierwöchentlichen Kulturen von Helianthus bei Zimmertemperatur noch 7,5 Proz. Fett nachweisen; bei Ricinus war nach 9-tägiger Keimung bei Bruttemperatur noch 11,7 Proz. Fett vorhanden.

Diese Analysen dürften hinreichend das fortschreitende Verschwinden des Fettes bei der Keimung illustrieren. Wenn in den Angaben von HELLRIEGEL, PETERS und DETMER im Anfange der Keimung eine kleine Steigerung des Fettgehaltes gefunden wurde, so dürfte dies auf Versuchsfehler zurückzuführen sein, indem die Fettextraktion bei dem gekeimten Material leichter vollständig gelingt als bei dem trockenen Samenmaterial. Vielleicht zerfallen auch im Keimungsbeginn komplexere Verbindungen (Lecithalbumine?) unter Bildung von ätherlöslichen Substanzen[8]).

Unzweifelhaft erfolgt ferner mit Verminderung des Fettvorrates eine beträchtliche Bildung freier Fettsäuren, was zuerst von SIEWERT erwähnt wird. MUNTZ[9]) fand bei Rhaphanus, der im diffusen Licht gekeimt hatte, nach zwei Tagen 54,62 Proz. freie Fettsäuren, während ungekeimte Samen hiervon 10,17 Proz. enthielten, nach 3 Tagen war der Säuregehalt auf 79,25 Proz., nach 4 Tagen auf 95,06 Proz.

1) LECLERC DU SABLON, Compt. rend., Tome CXVII. p. 524 (1893), Tome CXIX, p. 610 (1894). Rev. gén. Bot., Tome IX, p. 313 (1897). — 2) M. WALLERSTEIN, Chem. Centr., 1897, Bd. I, p. 63. — 3) S. FRANKFURT, Versuchst., Bd. XLIII, p. 143 (1894). — 4) M. MERLIS, Versuchst., Bd. XLVIII, p. 419 (1897). — 5) L. MAQUENNE, Compt. rend., Tome CXXVII, p. 625 (1898). — 6) G. SANI, Chem. Centr., 1900, Bd. I, p. 773. — 7) O. v. FÜRTH, Hofmeist. Beitr., Bd. IV, p. 430 (1903). — 8) Die einschlägigen Beobachtungen von J. NERKING, Pflüg. Arch., Bd. LXXXV, p. 330 (1901), gehören wohl ebenfalls hierher, doch halte ich die dort vertretene Meinung von der Existenz von „Fetteiweißverbindungen" für unerwiesen. — 9) S. Anm. 2, p. 127.

freie Fettsäuren gestiegen. Ähnlich stellten sich die Verhältnisse bei
der Keimung von Mohn und Raps im Dunklen, wo ebenfalls nach
4—5 Tagen fast die gesamten Säuren des Fettes als freie Säure vor-
lagen. Auffällig sind in den MUNTZschen Versuchen die hohen An-
fangswerte: 10—11 Proz. freie Säure im ruhenden Samen. Auch LECLERC
DU SABLON und WALLERSTEIN wiesen eine starke Vermehrung der freien
Fettsäuren während der Keimung nach. Die Fette nahmen ranzigen unan-
genehmen Geruch, braune Färbung und visköse Beschaffenheit hierbei an.

Es ist demnach Spaltung der Fette in ihre Esterkomponenten bei
der Samenkeimung eine kaum abzuweisende Annahme. GREEN[1]) äußert
sich dahin, daß bei der Keimung von Ricinus das Fett so rasch gespalten werde, daß nach wenigen Tagen viel mehr freie Fettsäuren vorhanden seien, welche dann successive weiterverarbeitet würden. Es ist
aber nun noch sehr zweifelhaft, ob die oben mitgeteilten hohen Säure-
werte immer vorhanden sein müssen. v. FÜRTH erhielt als Säurezahl
beim Öl aus ungekeimten Helianthussamen 3,5; als Verseifungszahl
190,9, während beim Öl aus vierwöchentlichen Keimlingen die Saure-
zahl 35,5, die Verseifungszahl 203 betrug. In diesen späten Keimungsstadien muß daher noch relativ viel Neutralfett vorhanden sein. Möglich, daß in den frühen Stadien, die v. FÜRTH nicht untersuchte, die
Fettsäuren sich stärker anhäufen, als in den späten Keimungsstadien.

§ 2.
Fettspaltende Enzyme (Lipasen) in keimenden Samen.

Eine Reihe neuerer Erfahrungen hat es wahrscheinlich gemacht,
daß die Fettspaltung bei der Keimung von Samen von Enzymen spezifischer Wirkung katalysiert wird, so wie es von der tierischen Fettver-
danung und der Wirkung des Pankreassaftes seit CLAUDE BERNARDS
Arbeiten [1849[2])] bekannt ist. Nachdem sich KRAUCH[3]) vergeblich
bemüht hatte, solche Enzyme in Pflanzen aufzufinden, gewann zuerst
SIGMUND[4]) Anhaltspunkte für die Existenz pflanzlicher „Lipasen" oder
„Steapsine" indem er zeigte, daß man mit Hilfe der WITTICHschen
Methode aus keimenden Samen Präparate erhält, welche auf Fettemul-
sion spaltend einwirken, und daß auch in Chloroformwasserautolyse die
Enzymwirkung vor sich geht. Später wies GREEN[1]) in keimenden
Ricinussamen eine Lipase nach und gab zugleich ein Lipozymogen des
ruhenden Samens an, welches, mit schwacher Säure erwärmt, Lipase

---

1) F. R. GREEN, Annal. of. Botan., Vol. IV, (1890); Proc. Roy. Soc., Vol.
XLVII, p. 146; Vol. XLVIII, p. 370 (1891). — 2) CL. BERNARD, Annal. chim.
phys. (3), Tome XXV, p. 474 (1849). — 3) KRAUCH, Versuchst., Bd. XXIII, p. 103
(1879). — 4) W. SIGMUND, Sitzber. Wien. Akad., Bd. XCIX, I, Juli 1890, p. 407;
Bd. C, I, Juli 1891, p. 328; Bd. CI, I, Mai 1892, p. 549. Die in den letzten Arbeit
aufgestellte Behauptung, daß auch dem Senfmyrosin und Mandelemulsin fettspaltende Wirkungen zukommen, war etwas zweifelhaft, nachdem Senf und Mandel
Lipasen enthalten und SIGMUNDs Enzympräparate wohl nicht lipasenfrei waren;
doch haben auch neuere Versuche von K. BRAUN und BEHRENDT (Ber. chem. Ges.,
Bd. XXVI, p. 1142, 1900, p. 3003 (1903) eine ganz geringe spaltende Wirkung von
Emulsin und Myrosin bei Fetten ergeben. Die Meinung der letztgenannten Autoren,
daß das „Ricin" der Ricinussamen, das „Abrin" der Abrussamen und das „Krotin"
fettspaltend wirken, dürfte wohl auf einem Mißverständnis beruhen, da das lipo-
lytische Enzym mit den erwähnten Phytotoxinen nichts zu tun hat. Gegen die
Versuche von PASTROVICH und ULZER (Ber. chem. Ges., Bd. XXXVI. p. 209 [1903]),
welche die fettspaltende Wirkung verschiedener reiner Eiweißstoffe dartun sollen,
sind manche Bedenken zu erheben. Vgl. auch P. PASTROVICH, Monatsheft. Chem.,
Bd. XXV, p. 355 (1904).

liefert. Dieser Befund wurde von C. Lumia[1]) für Ricinus, Cucurbita und Kokosnuß bestätigt. Neuerdings haben Connstein, Hoyer und Wartenberg[2]) gezeigt, daß die Lipasewirkung sehr abhängig ist von der Gegenwart einer gewissen Säuremenge; besonders reich an Lipase sind den genannten Autoren zufolge Euphorbiaceensamen (Ricinus u. a.). Einige Gramm entölten Ricinussamenpulvers spalteten bei Zimmertemperatur und Zusatz von 5 g $^1/_{10}$ Normal-H_2SO_4 binnen vier Tagen 25 g der verschiedensten Pflanzenfette vollständig. Pulver aus ruhendem Samen ist diesen Untersuchungen zufolge ebenfalls stark fettspaltend wirksam. Glyzeride höherer Fettsäuren scheinen leichter spaltbar zu sein als die Ester niederer Fettsäuren. Fokin[3]) fand die höchste fettspaltende Wirksamkeit bei Chelidoniumsamen; zahlreiche andere geprüfte reife Samen waren viel schwächer lipolytisch wirksam. Nach Pozzi-Escot[4]) verseifen vegetabilische Lipasen aliphatische Fettsäureester sehr leicht, Phenolester aber sehr wenig. Wenn inaktiver Mandelsäureäthylester durch Lipase gespalten wird, so wird zuerst interessanterweise der d-Mandelsäureester vorwiegend hydrolysiert [Dakin[5])].

Physikalisch-chemische Untersuchungen über die Wirkung pflanzlicher Lipasen stehen noch fast gänzlich aus, hingegen haben die einschlägigen tierphysiologischen Untersuchungen bereits eine Reihe bemerkenswerter Resultate gezeigt. Hanriot[6]), welcher die Blutlipase („Serolipase") studierte, fand als Temperaturoptimum für dieses Enzym 50°; 60° wirkt anfangs sehr günstig, zerstört aber bei längerer Einwirkung das Enzym. Diese Lipase wirkt am besten bei schwach alkalischer Reaktion. Es soll hier eine Proportionalität zwischen Enzymmenge und Wirkung bestehen, worauf Hanriot und Camus eine Bestimmungsmethode für Serolipase begründeten. Doch haben Stade[7]) sowohl wie Benech und Guyot[8]) für die Magenlipasewirkung gezeigt, daß hier die Schütz-Borissowsche Regel gilt: die Verdauungsprodukte verhalten sich wie die Quadratwurzeln aus den Enzymmengen. Nach Kastle[9]) hingegen soll die hydrolytische Spaltung von Äthylbutyrat durch Lipase (aus Schweineleber) sicher eine Reaktion erster Ordnung darstellen. Nach Pottevin[10]) befördern Ca-Salze sehr kräftig die Wirkung der Pankreaslipase, weniger Mg- und Na-Salze, am wenigsten Kalisalze. Hanriot beobachtete auch eine synthetisierende Wirkung der Serolipase, indem das Enzym mit Buttersäure, Glyzerin und Wasser bei 37° zusammengebracht, Tributyrin in gewisser Menge erzeugt. Zur Erklärung der

1) C. Lumia, Staz. sperim. agrar. ital., Vol. XXXI, p. 397 (1898). — 2) W. Connstein, E. Hoyer u. H. Wartenberg, Ber. chem. Ges., Bd. XXXV, p. 3988 (1902); Hoyer, ibid. Bd. XXXVII. p. 1436 (1904). Über Ricinuslipase u. M. Nicloux, Compt. r., Tome CXXXVIII, p. 1175, 1288 (1904). — 3) S. Fokin, Chem. Centr., 1903, Bd. II. p. 1451; 1904, Bd. I, p. 1365. — 4) Pozzi-Escot, Compt. r., Tome CXXXVI, p. 1146 (1901). — 5) H. D. Dakin, Proceed. chem. soc., Vol. XIX, p. 161 (1903). — 6) Hanriot, Compt. rend., Tome CXXIII, p. 753, 833 (1896). Tome CXXIV, p. 235, 778 (1897); Compt. rend. soc. biolog. 1896 und 1897; Zeitschr. physikal. Chem., Bd. XXIX, p. 361 (1899); Compt. rend., Tome CXXXII, p. 146, 212, 842 (1901); Compt. rend. soc. biol., Tome LIII, p. 367 (1901); Compt. rend., T. CXXXIV, p. 1363 (1902). Dovon u. Morel, Compt. rend., T. CXXXIV, p. 1254 (1902), haben die Existenz der Serolipase ohne ausreichende Gründe in Zweifel gezogen. Vgl. auch Duclaux, Traité Microbiol., Tome II (1899), p. 538 und J. Effront, Die Diastasen, Bd. I (1900), p. 277—282. — 7) W. Stade, Hofmeist. Beitr., Bd. III, p. 311 (1902). — 8) Benech u. Guyot, Compt. rend. soc. biol., Tome LV, p. 719, 994 (1903). — 9) J. H. Kastle, M. E. Johnston u. E. Elvove, Americ. Chem. Journ., Bd. XXXI, p. 521 (1904). Bei der Leberlipase scheint nach R. Magnus [Zeitschr. physiol. Chem., Bd. XLII, p. 149 (1904)] ein „Coferment" eine Rolle zu spielen. — 10) H. Pottevin, Compt. rend., Tome CXXXVI, p. 767 (1903).

Lipasenwirkung nimmt HANRIOT an, daß lockere Verbindungen des Enzyms mit Fettsäuren als intermediäre Produkte auftreten, welche sich sodann zersetzen. Bemerkenswert sind Beobachtungen, welche zeigen, daß Salze von Fe, Al und Zirkonsesquioxyd ebenfalls Fettspaltung katalysieren. Eine Bestätigung der synthetisierenden Wirkung bei Pankreas-, Leber- und Darmlipase hat BERNINZONE [1]) geliefert. KASTLE und LOEVENHART [2]) empfehlen zum Nachweise von Lipasen den leicht hydrolysierbaren Buttersäureäthylester; Lipasen wurden so in vielen tierischen Organen nachgewiesen. Durch wiederholte Filtration bei gewöhnlichem Druck kann man die Lipasen fast gänzlich aus der Lösung entfernen. Temperaturoptimum ist 40^0. Bei $60—70^0$ wird das Enzym zerstört. Natriumfluorid, Säuren hemmen die Enzymwirkung. Die Geschwindigkeit der Verseifung durch Lipase ist auch nach KASTLE und LOEVENHART fast proportional der Enzymkonzentration, nicht aber der Estermenge. Auch diese Autoren konnten sich von der Reversibilität der Lipasewirkung überzeugen und stellten die Katalyse der Athylbutyratbildung durch Lipase fest. LOEVENHART [3]) zieht daraus den Schluß, daß durch Lipase die Fettsynthese im Körper vollzogen wird. Erwähnt sei noch, daß nach KASTLE [4]) neutrale Ester zweibasischer Säuren durch Lipase leicht hydrolysiert werden, während saure Ester ungespalten bleiben; der Grund hierfür wird darin gesucht, daß sich Lipase nur mit nicht dissoziierten Molekülen, nicht aber mit Ionen zu den leichtzersetzlichen Intermediärprodukten vereinigen kann.

§ 3.
Weiteres über Fettspaltung und Fettresorption. Umwandlungsprodukte der Fette.

Sowohl auf pflanzenphysiologischem als auf tierphysiologischem Gebiete ist es zur Zeit noch strittig, welche Bedeutung dem Verseifungsprozesse durch Enzyme bei der Fettresorption zukommt. Grundlegend in mancher Hinsicht waren für botanische Objekte die experimentellen Erfahrungen von R. H. SCHMIDT [5]) und PFEFFER, welche zeigten, daß man künstlich Aufnahme von fein emulgiertem Fett in das Innere von Pflanzenzellen veranlassen kann. Die Fettröpfchen, welche mit Alkanna (nach meinen eigenen Erfahrungen auch mit Chlorophyll) gefärbt werden können, treten somit unstreitig als feinste Körperchen durch Zellmembranen und Plasmahaut hindurch. Bei solchen Vorgängen wirken alle Faktoren unterstützend, welche die Bildung möglichst feiner Emulsionen erleichtern. Man weiß, daß die Bildung äußerst feiner Seifenhäutchen um die Fetteilchen bei der Zerstäubung und dauernden Erhaltung des emulgierten Zustandes die wesentlichste Rolle spielt. Die Bildung der Seifen wird einmal durch die Gegenwart freier Fettsäuren, andererseits durch die Gegenwart kleiner Alkalimengen sehr leicht in ausreichendem Maße gewährleistet [6]). SCHMIDT erklärt

---

1) M. R. BERNINZONE, Centr. Bakt. (II), Bd. VIII, p. 312 (1902); ebenso POTTEVIN, Compt. rend., 11. Mai 1903, T. CXXXVIII, p. 378 (1904). — 2) J. H. KASTLE u. A. S. LOEVENHART, Amer. chem. Journ., Vol. XXIV. p. 491 (1900). — 3) LOEVENHART, Amer. journ. Physiol., Vol. VI, p. 331 (1902). — 4) J. H. KASTLE, Americ. chem. Journ., Vol. XXVII, p. 481 (1902). Über Lipase auch O. MOHR, Wochenschr. Brauerei, Bd. XIX. p. 588 (1902). NEILSON, Amer. Journ. Physiol., Vol. X, p. 191 (1903), zog Vergleiche mit der katalytischen Wirkung von Platinmohr auf Äthylbutyrat. — 5) R. H. SCHMIDT, Flora, 189 . — 6) Über Emulgierung von

auch die Möglichkeit des Durchtrittes durch Zellmembranen mittelst der
Benetzung der Zellhäute durch wasserlösliche Seifen. Da auch SCHMIDT
bei der Keimung den Säuregehalt des Fettes wesentlich höher fand
(10—30 %) als im ruhenden Samen, so würde der enzymatischen Fettspaltung auch bei der Annahme, daß die Fettresorption vollständiger
Verseifung des Fettes nicht bedarf, eine wichtige Rolle im Hinblick auf
die Erzeugung der nötigen Fettsäuren zuzusprechen sein.

Auf tierphysiologischem Gebiete hat für die Fettresorption im
Darm besonders MUNK [1]) die Ansicht vertreten, daß die Verseifung bei
der Fettresorption nur partiell erfolgt und ein Teil in feinster Tröpf-
chenform resorbiert wird. Bemerkt sei, daß der Durchtritt künstlich
mit Alkanna und anderen Farbstoffen gefärbter Fette, den SCHMIDT
und HOFBAUER [2]) an verschiedenen Objekten konstatierten, nichts für
oder gegen stattgefundene Fettspaltung beweist, weil die genannten
Farbstoffe auch in Fettsäuren löslich sind und bei nachträglich wieder
erfolgter Fettsynthese einfach gelöst bleiben könnten [3]). Wohl können
solche Erfahrungen aber beweisen, daß nicht das gesamte Fett quantitativ in neutrale Seifen bei der Resorption gespalten wird, weil sonst
eine Farbenänderung des Alkannins sichtbar sein müßte. Die Ansicht
von PFLÜGER [4]), daß vollständige Verseifung Vorbedingung zur Resorption darstellt, ist wohl eine zu weitgehende. Überdies wird in den
Ausführungen PFLÜGERS der Umstand nicht hinreichend betont gefunden,
daß es nicht so auf Bildung wasserlöslicher Produkte und Hydrodiffusion
bei der Resorption ankommt, als auf die Bildung von Stoffen, welche
in der Plasmahaut löslich sind; gerade in dieser Hinsicht sind aber
die Beobachtungen von OVERTON über die Leichtigkeit, mit welcher
lipoidlösliche Stoffe in die lebende Zelle eindringen, auch für die Fettresorption von weitgehender, noch näher experimentell zu verfolgender
Bedeutung.

Während es in den Versuchen von HANSTEEN und von PURIE-
WITSCH [5]) bei Stärkeendospermen gelang, durch künstliche Absaugevor-
richtungen auch bei isolierten Endospermen ohne Mitwirkung des Embryo
starke Entleerung der Reservekohlenhydrate zu erzielen, konnte bei Fett-
nährgeweben in den Versuchen HANSTEENS mit Helianthuskotyledonen
und jenen von PURIEWITSCH mit Ricinus- und Pinus Pinea-Endosper-
men der gleiche Erfolg nicht erreicht werden, ohne daß man bisher
weiß, weshalb. Daß isolierte Ricinusendosperme ohne Embryo wachsen
und ihr Fett selbst resorbieren, hat übrigens bereits VAN TIEGHEM [6])

Fetten vgl. GAD, DUBOIS Arch., 1878, p. 181; LOEWENTHAL, ibid., 1897, p. 258;
E. DIETERICH, Chem. Centr., 1896, Bd. II, p. 399. Über die abweichenden Ver-
hältnisse in der tierischen Milch: SOXHLET, Versuchstat., Bd. XIX, p. 118 (1876).
— 1) J. MUNK, Centr. Physiolog., Bd. XIV, p. 121 (1900). — 2) L. HOFBAUER,
Pflüg. Arch., Bd. LXXXI, p. 263 (1900); SCHMIDT, l. c., Flora, 1891. — 3) Hierzu:
H. FRIEDENTHAL, Centr. Physiol., Bd. XIV, p. 258 (1900); J. NERKING, Pflüg.
Arch., Bd. LXXXII, p. 538 (1900); HOFBAUER, ibid., Bd. LXXXIV, p. 619 (1901);
S. EXNER, ibid., p. 628. — 4) E. PFLÜGER, Pflüg. Arch., Bd. LXXX, p. 131 (1900),
Bd. LXXXI, p. 375 (1900); V. HENRIQUES u. C. HANSEN, Centr. Physiol., Bd. XIV,
p. 313 (1900); O. FRANK, Zeitschr. Biolog., Bd. XXXVI, p. 568 (1898); PFLÜGER,
Pflüg. Arch., Bd. LXXXV, p. 1 (1901), Bd. LXXXVIII, p. 299 (1902), ibid., p. 431,
Bd. LXXXIX, p. 211, Bd. XC, p. 1 (1902); vgl. aber auch KISCHENSKY, Beitr.
pathol. Anat., Bd. XXXII (1902); LOMBROSO u. SAN PIETRO, Biochem. Centr., 1903,
Ref. No. 1315. — 5) B. HANSTEEN, Flora 1894, Erg.-Bd., p. 424; K. PURIEWITSCH,
Jahrbüch. wiss. Botan., Bd. XXXI, p. 17 (1897). — 6) VAN TIEGHEM, Compt.
rend., Tome LXXXIV, p. 578 (1877). Annal. sc. nat. (6), Tome IV, p. 180 (1876).

gezeigt: hier läßt sich der Prozeß auch durch Austrocknen hemmen und durch geeignete Bedingungen neuerlich wachrufen.

Glyzerin konnte trotz vieler dahin gerichteter Bemühungen als Produkt der Fettspaltung bei der Samenkeimung noch nicht gefunden werden: offenbar wird dieser Stoff, welcher ohnehin nur 8—10% des Gesamtfettes zu bilden pflegt, sehr rasch im Verlaufe des Resorptionsvorganges weiter verändert und verbraucht. Überdies sind die Methoden zur Auffindung sehr kleiner Glyzerinmengen nicht alle hinreichend scharf.

Was aus den bei der Fettspaltung entstehenden und allmählich verschwindenden Fettsäuren zunächst wird, ist gänzlich unbekannt. Das, was man bei fortschreitender Keimung von Fettsamen anatomisch und chemisch sicher nachweisen kann, ist die Entstehung einer ansehnlichen Menge von Kohlenhydraten (Stärke, Rohrzucker, Traubenzucker), worauf zuerst SACHS hingewiesen hat. Auch ist beachtenswert, daß im sauerstofffreien Raume die Fettumwandlung unterbleibt, wogegen Stärkenährgewebe Alkoholgärung zeigen und reichlich Kohlenhydrate verlieren [1]). Es ändert sich endlich im Keimungsverlaufe das Verhältnis der ausgeatmeten Kohlensäure zum verbrauchten Sauerstoff, welches anfänglich kleiner als 1 ist, später jedoch, wenn Kohlenhydrate die Stelle des verbrauchten Fettes eingenommen haben, dem Werte 1 gleichkommt. Jedenfalls hat der Komplex dieser chemischen Prozesse den Charakter von Oxydationsvorgängen. Doch ist heute ein chemischer Übergang von Fetten oder Fettsäuren in Zucker noch nicht bekannt geworden, und wir besitzen auch für etwaige Zwischenprodukte nicht die mindesten Anhaltspunkte. Die Vermutung von MAQUENNE [2]), daß nur ungesättigte, nicht aber gesättigte Fettsäuren in Kohlenhydrate übergeführt werden können, ist durch die Resultate von v. FÜRTH recht unwahrscheinlich geworden, da keine entsprechende Abnahme der Jodzahl festgestellt werden konnte. MAZÉ [3]) schien besonders interessante Versuchsergebnisse erzielt zu haben, als es ihm gelang, in der Autolyse von Ricinussamenbrei Vermehrung reduzierenden Zuckers aufzufinden. Da jedoch eine entsprechende Fettabnahme nicht klar bewiesen werden konnte, liegt der Verdacht nahe, daß der Zucker aus Reservecellulose oder Stärke durch Enzyme gebildet wurde. Auch konnte v. FÜRTH die Abstammung dieser Zuckervermehrung aus Fett nicht bestätigen. Zwischenprodukte zwischen Fett und Zucker, wie Oxysäuren, konnte v. FÜRTH nicht auffinden. Um eine der bekannten Oxydationen von Fett wird es sich kaum handeln. Nach HANRIOT [4]) kann Fett bis zu 15% aktiven Sauerstoffes binden, wobei als Oxydationsprodukte u. a. Essigsäure und Buttersäure beobachtet wurden; es entstehen hierbei aber weder Ameisensäure noch Oxalsäure, noch irgend ein Zucker oder ein Kohlenhydrat. LECLERC DU SABLON [5]) hat gezeigt, daß die Zuckerbildung bei der Keimung von Ölsamen eine sehr reichliche ist. Während ungekeimter Ricinussamen 0,4% reduzierenden Zucker (als Traubenzucker berechnet) enthielt, stieg der Glukosengehalt im keimenden Samen bis auf 20%.

1) GODLEWSKI u. POLZENIUSZ, Über die intramolekul. Atmung v. Samen. Krakau, 1901, p. 256; CHUDJAKOW, Landw. Jahrb., Bd. XXIII (1894). — 2) MAQUENNE, Compt. rend., Tome CXXVII, p. 625 (1898). — 3) MAZÉ, Compt. rend., Tome CXXX, p. 424 (1900); p. CXXXIV, p. 309 (1902). — 4) HANRIOT, Compt. rend., Tome CXXVII, p. 561 (1898). — 5) Vgl. LECLERC DU SABLON, Compt. rend., Tome CXVII, p. 524 (1893); Bd. CXIX, p. 610 (1894); Rev. gén. Bot., Tome IX, p. 313 (1897).

Ob die Erfahrungen der Tierphysiologie für die Möglichkeit eines Überganges von zugeführtem Fett in Zucker verwertbar sind, liegt noch auf dem Gebiete der Kontroversen[1]).

Fünftes Kapitel: Die Fettbildung bei reifenden Samen und Früchten.

Bezüglich der Vorgänge der Fettbildung in reifenden Ölsamen (die mehrfach studierte Fettbildung im Fruchtfleische der Olive sei hier im Einschlusse mitbehandelt) sind unsere Kenntnisse noch äußerst unbefriedigend. Daß unreife Ölsamen reichlich Stärke enthalten, war schon den älteren Autoren, wie MEYEN[2]), und MULDER[3]) bekannt. Wir wissen auch heute wenig mehr, als daß alle Fettsamen im unreifen Zustande in ihrem Nährgewebe anfangs verschiedene Kohlenhydrate und Zucker, nicht aber Fett enthalten und daß nach und nach ein steigender Gehalt an Fett auftritt, während sich der Gehalt an Kohlenhydraten und Zucker bis auf einen geringen Betrag vermindert. Wenn man sich dahin ausdrückt, daß die Kohlenhydrate sich in Fett umwandeln, so ist der Prozeß damit natürlich nicht chemisch präzisiert und nur die Resultante aller hierbei mitspielender Vorgänge allgemein gekennzeichnet. Der Stoffwechsel ändert während der Samenreife seine Richtung. Hat das Nährgewebe anfänglich die Tendenz, seine Reservestoffe in derselben Form zu speichern, wie Amyloplasten in Blatt und Stamm, so ändert sich im Laufe der Reifung die Art der Speicherung, indem der zugeführte Kohlenstoff in Form von Fett abgelagert wird.

Selbst in anatomischer Hinsicht sind noch manche Punkte hinsichtlich der Fettbildung aufzuklären, insbesondere wird noch der Entstehungsort der Fetttröpfchen und die Möglichkeit einer Wanderung des Fettes von Zelle zu Zelle näher zu studieren sein. Derzeit geht die Meinung der Autoren dahin, daß das Fett in den Zellen des Nährgewebes selbst entstehe und das Rohmaterial in Form von Zucker in das Nährgewebe einströme[4]). Über die Entstehung der Fetttropfen im Plasma sind sichere Tatsachen noch nicht bekannt.

Äußerlich gibt sich der Umschwung des Stoffwechsels reifender Ölsamen schon in der Änderung des respiratorischen Koeffizienten zu erkennen. Wie die Arbeiten von GERBER[5]) gezeigt haben, ist das Verhältnis der produzierten CO_2 zum aufgenommenen Sauerstoff, solange die Samen (Rizinus) noch weich und grün sind. kleiner als 1.

---

1) Lit. hierzu: A. CHAUVEAU, Compt. rend., Tome CXXII, p. 1098 (1896); ibid., p. 1163; BERTHELOT, Ann. chim. phys. (7), Tome XI, p. 555 (1897) liefert eine treffende Kritik dieser Arbeiten; HARTOGH und O. SCHUMM, Arch. exp. Path., Bd. XLV, p. 11 (1900); O. LÖWI, ibid., Bd. XLVII, p. 68 (1901); ABDERHALDEN u. RONA, Zeitschr. physiol. Chem., Bd. XLI, p. 303 (1904). — 2) MEYEN, Neues System d. Pflanzenphysiologie, Bd. II (1838), p. 293. — 3) MULDER, Physiolog. Chemie (1844—51), p. 269, wo allerdings irrigerweise ein ursächlicher Zusammenhang zwischen Fettbildung und Sauerstoffabgabe angenommen wird. — 4) Bezüglich der Olive vertritt diese Ansicht G. SPAMPANI, Boll. soc. bot. Ital., 1899, p. 139; ferner C. HARTWICH u. W. UHLMANN, Arch. Pharm., Bd. CCXL, p. 471 (1902); MESNARD, Bull. soc. bot., 1894, p. 14. Ann. sc. nat. (7), Bd. XVIII (1894). — 5) C.. GERBER, Compt. rend., Tome CXXV, p. 658, 732 (1897).

d. h. es wird mehr Sauerstoff verbraucht als CO_2 abgegeben; hierbei ist der Zuckergehalt des Samens groß, der Fettgehalt noch ganz gering. Während der Samen fester wird und die Testa sich färbt, wird der respiratorische Koeffizient größer als 1, es wird mehr CO_2 abgegeben als Sauerstoff verbraucht. Ist der Samen völlig ausgereift, so wird $\frac{CO_2}{O_2}$ wieder kleiner als 1. Ganz ähnliche Resultate ergaben sich auch für die Reifung der Oliven, welche im unreifen Zustande Mannit enthalten.

Nach LECLERC DU SABLON [1]) ist die fortschreitende Verminderung besonders beim Traubenzuckergehalt ausgeprägt, welcher in jungen Samen von Juglans und Amygdalus recht bedeutend ist und während der Reife rasch absinkt. Saccharose und Stärke zeigten in den von LECLERC DU SABLON untersuchten Fällen eine schwache Zunahme bis zur Reife, haben übrigens ihrer geringen Menge wegen keine große Bedeutung.

Aus den zahlreichen Untersuchungen, welche das Auftreten des Fettes während der Samenreife analytisch verfolgt haben, seien zur Illustrierung des Fortganges dieses Prozesses einige charakteristische Beispiele angeführt.

Bei der Reifung der Oliven fand A. ROUSILLE [2]) neben Vermehrung des Fettgehaltes Abnahme an Mannit und an Eiweiß:

	Rohfett:	Eiweißgehalt:
Am 30. Juni	1,397 Proz.	
„ 30. Juli	5,490 „	
„ 30. August	29,19 „	14,619 Proz.
„ 30. September	62,304 „	4,189 „
„ 30. Oktober	67,213 „	4,411 „.
„ 25. November	68,573 „	4,829 „

Später haben FUNARO [3]) und ZAY [4]) mit ähnlichen Ergebnissen die Fettbildung bei der Olivenreifung studiert. Die Beziehungen des Mannits zur Fettbildung bilden aber nach FUNARO noch eine offene Frage. Nach HARTWICH und UHLMANN läßt sich eine nennenswerte Vermehrung des Ölgehaltes der unreifen Olive erst im Juli konstatieren; bis Mitte August enthält die Frucht 5,02 Proz. Fett, bis Ende Oktober aber schon 21,33 Proz.; von Januar an (Mitte Januar 22,85 Proz. Öl) bis zum Februar geht der Ölgehalt etwas zurück.

Die Natur des Fettbildungsprozesses ist noch ganz unaufgeklärt. Nach den Feststellungen von RECHENBERG [5]) und von LECLERC DU SABLON [1]) macht der unreife Samen ein Stadium durch, in welchem er sehr reich an freien Fettsäuren ist. So fand RECHENBERG an freien Säuren (in Prozent der Gesamtfettmenge).

1) LECLERC DU SABLON, Compt. rend., Tome CXXIII, p. 1084 (1896). Über Saccharose in den Amygdalussamen auch C. VALLÉE, Compt. rend., Bd. CXXXVI, p. 114 (1904). — 2) A. ROUSILLE, Compt. rend., Tome LXXXVI, p. 610 (1878). Biedermanns Centr., 1879, p. 131. Von älteren Angaben vgl. auch P. WAGNER, Just 1874, Bd. II, p. 853. — 3) A. FUNARO, Lavori del Labor. Chim. Pisa, 1879. Versuchstat., Bd. XXV, p. 52 (1880). — 4) C. E. ZAY. Staz. sperim. agrar. ital., Vol. XXXIV, p. 1080 (1901). — 5) v. RECHENBERG, Ber. chem. Ges., Bd. XIV, p. 2216 (1881).

	Unreife Samen	Unr. Sam. in off. Schale lieg. gelass.	Halbreife Samen	Vorjähr. voll- reife Samen
Brassica Rapa	0,133 Proz.	0,074 Proz.	0,036 Proz.	0,087 Proz.
„ Napus	2,137 „	0,138 „	0,032 „	0,87 „
Camelina sativa	2,070 „	—	0,324 „	0,313 „

Es ist danach anzunehmen, daß zunächst Fettsäuren entstehen, worauf erst deren Esterifizierung zu Fett nachfolgt. Da Fette in konzentrierter Zuckerlösung löslich sind und stark emulgiert werden (besonders bei Gegenwart freier Ölsäure)[1], darf man das erste Auftreten von Fett nicht nach dem mikroskopischen Augenschein beurteilen. Eine experimentelle Möglichkeit, den Prozeß zu hemmen oder zu ändern. z. B. Stärkeansammlung statt Fettbildung zu erzeugen, hat sich bisher noch nicht ergeben. Wenn die Pflanze in den assimilierenden Teilen kräftig Kohlenhydrate bildet, z. B. in warmem Klima, bei vermehrtem Lichtgenuß, so ist auch die Fetterzeugung in den reifenden Samen eine reichere. In kausaler Hinsicht ist dem allerdings nichts zu entnehmen. Eine Beobachtung von LOEW[2] zeigte, daß beim Stehen von Zuckerlösung mit Platinmohr ein ranziger Geruch auftritt. Es ist nicht weiter verfolgt worden, inwiefern hier Ähnlichkeiten mit Fettsäurebildung aus Zucker vorhanden sind.

Dasselbe Problem harrt übrigens, wie bekannt, auch in der Tierphysiologie seiner Lösung, wo eine reichliche Fettbildung durch Kohlenhydratzufuhr derzeit mehrfach sicher gestellt worden ist[3]). MAGNUS-LEVY[4] hat sicher gestellt, daß bei Leber-Autolyse viel Buttersäure und wenig Essigsäure und Capronsäure entsteht. Er meint, daß zunächst aus Zucker Milchsäure. und aus dieser CO_2, H_2 und $CH_3 \cdot COH$ entstehen. Durch Kondensation des Acetaldehydes könnten Buttersäure, Kapronsäure gebildet werden. Für die Fettbildung aus Zucker sollen nach dem genannten Autor analoge Prozesse in Frage kommen. So könnten $9\,C_3H_6O_3 \rightarrow 9\,C_2H_4O + 9\,H_2 + CO_2$ liefern und $9\,C_2H_4O + 7\,H_2 \rightarrow C_{18}H_{36}O_2 + 7\,H_2O$ geben. Beweise für diese Anschauungen sind aber noch nicht geliefert worden.

Vielleicht könnte zum Verständnisse der Fettbildung aus Kohlenhydraten ein Vergleich mit Fettsäuren formierenden Bakterien beitragen. Bildung von Glyzerin sowohl als Bildung von Buttersäure, Kapronsäure ist bei Bakterien, die mit Zucker ernährt werden, eine sehr verbreitete Erscheinung[5]. Selbst Palmitinsäurebildung wurde an Bacillus butylicus von EMMERLING[6] beobachtet. Doch sind diese Prozesse alle zu wechselnd und auch zu wenig bekannt, als daß man sich ein Urteil über deren

---

1) Vgl. DRAGGENDORFF, Analyse etc. (1882). p. 9; TH. PACHT, Centr. Physiol. 1889, S. 688. — 2) O. LOEW, Ber. chem. Ges., Bd. XXIII, p. 865 (1890). — 3) Vgl. K. B. LEHMANN u. E. VOIT, Zeitschr. Biolog., Bd. XLII, p. 619 (1901). W. LUMMERT, Pflüg. Arch., Bd. LXXI, p. 176 (1898). Ältere Literatur bei C. VOIT, ibid., Bd. V, p. 79 (1869). BUNGE, Physiol. Chem., 4. Aufl. (1898), p. 398. Dort auch Näheres über die Frage der Fettbildung aus Eiweiß; vgl. auch NENCKI, Ber. chem. Ges., Bd. X, p. 1033 (1877). SIEBER, Journ. prakt. Chem., Bd. XXI, p. 203 (1879) (Roquefort Käse). — 4) A. MAGNUS-LEVY, Arch. Anat. Physiol., Phys. Abt., 1902, p. 365. — 5) Vgl. FITZ, Ber. chem. Ges., Bd. IX, p. 1348 (1876). Glyzerinbildung: UDRANSZKY, Zeitschr. physiol. Chem., Bd. XIII, p. 539 (1889); KULISCH, Zeitschr. angew. Chem., 1896, p. 418; KAUSCHKE, Hilgers Vierteljahrsschr., 1897, p. 68. — 6) O. EMMERLING, Ber. chem. Ges., Bd. XXX, p. 451 (1897). Die Angaben von TAVERNE [Chem. Centr., 1897, Bd. II, p. 48] über Palmitinsäurebildung bei Alkoholhefe sind mehrdeutig.

Analogien zur Fettsäurebildung aus Kohlenhydraten bei höheren Organismen erlauben dürfte. Jedenfalls liegt aber eine direkte Reduktion der Kohlenhydrate und des Zuckers in dem einen Falle ebensowenig vor wie in dem anderen, sondern ein komplizierter Spaltungsvorgang, an welchen sich wieder Synthesen anschließen, über deren Natur wir heute noch nicht das mindeste wissen.

Sechstes Kapitel: Reservefett in Achsenorganen und Laubblättern.

§ 1.
Fett als Reservestoff von unterirdischen Stämmen, Zwiebeln, Knollen und Wurzeln.

Größere Mengen von Reservefett kommen in unterirdischen Speicherorganen nur in relativ seltenen Fällen vor; fast immer finden sich ausschließlich Kohlenhydrate als stickstofffreies Reservematerial vor. Erhebliche Mengen von Fett sind bekannt von den Wurzelknollen einiger Cyperaceen [Cyperus esculentus[1]), auch Kyllinga monocephala Roxb.[2])]. Cyperusknollen enthalten bis zu 28 % der lufttrockenen Substanz an Fett. Nägeli[3]) gibt auf Grund mikroskopischer Untersuchung von Bupleurum stellatum L. ziemlich viel Fett, von Parnassia palustris und Androsaemum officinale viel Fett in den Rhizomen an. Kleine Mengen Fett dürften aber auch in unterirdischen Speicherorganen nur selten fehlen.

Angaben aus der Literatur sind im nachfolgenden zusammengestellt; Rohfett und Kohlenhydratgehalt in Prozenten der Trockensubstanz ausgedrückt.

	Wasser-gehalt Proz.	Roh-fett Proz.	Kohlen-hydrate Proz.	
Polystichum Filix mas	—	6	—	Lück, zit. in Flückiger, Pharm., p. 316 (3. Aufl.).
Cyperus esculentus	—	28,06	43,07	R. y Luna l. c.
Colocasia antiquorum	81,71	1,03	80,77	Kellner, Jahresber. Agr. chem. 1884, p. 409.
Alocasia indica	—	0,89	—	
Alocasia macrorrhiza	—	1,01	—	
Xanthosoma violaceum	—	1,24	—	Peckolt, Just Jahresber. 1893, Bd. II, p. 472.
Xanthosoma sagittifolium	—	1,60	—	
Conophallus Konjaku	91,76	0,98	75,16	Kellner, Versuchsstat., XXX, p. 42.

1) R. y Luna, Lieb. Ann., Bd. LXXVIII, p. 370 (1851), gibt 28,06 % an; C. Hell und S. Twerdomedoff, Ber. chem. Ges., Bd. XXII, p. 1742 (1889) fanden 27,1 %. — 2) Wahlenberg cit. in Treviranus, Physiologie, Bd. II, p. 47 (1838). — 3) Nägeli, Stärkekörner, p. 559, 563, 567 (1858).

	Wasser-gehalt Proz.	Roh-fett Proz.	Kohlen-hydrate Proz.	
Erythronium Dens canis	—	0,135	—	DRAGGENDORFF, Arch. Pharm., CCXIII, p. 7 (1878).
Lilium tigrinum, Zwiebel	71,46	0,83	75,69	KELLNER 1884, l. c.
Allium Cepa, Zwiebel	88,55	2,08	76,54	Jahresber. Agr.-chem. 1887. p. 421.
Iris germanica Rhiz.	—	9,62	57,04	PASSERINI, Jahresber. Agr.-chem. 1892, p. 178.
Dioscorea japonica	80,74	0,84	22,13	KELLNER l. c.
Dioscoreaknollen		— 0,158 bis 0,3 —		J. M. MAISCH, Just 1893, p. 464.
Dioscoreaknollen, Brasilien		— 0,02 bis 1,18 —		PECKOLT, Just 1885, I, p. 77.
Nelumbo nucifera	85,84	1,44	78,79	KELLNER l. c.
Beta vulgaris	91,76	1,82	56,76	Jahresber. Agr.-chem. 1887 l. c.
Zuckerrübe	86,97	0,61	69,74	Jahresber. Agr.-chem. 1887 l. c.
Manihot Aipi, ge- schälte Knollen	61,30	0,17	30,98	EWELL u. WILEY, Jahresber. Agr.-chem 1894, p. 213.
Daucus carota, Wurzel	87,76	3,82	65,28	Jahresber. 1887 l. c.
PeucedanumCanbyi, Wurzelknollen	—	2,12	27,68	TRIMBLE, Just 1890, I, p. 91.
Cicuta maculata L.	—	0,54	—	BLACKSMANN, Just 1893, II, p. 454.
Ipomoea Batatas	75,01	1,16	81,27	KELLNER l. c.
Solanum tuberosum	75,90	0,46	83,05	Jahresber. 1887 l. c.
Stachys tuberifera	78,83	0,18	16,57	PLANTA, Versuchsstat., XXXV, p. 478 (1888).
Cichorium Intybus	77,3	0,20	17,30	A. MAYER, Jahresber. Agr.-chem. 1883, p. 352.
Arctium Lappa	73,68	0,82	69,13	KELLNER l. c.

Dem Werke von KÖNIG [1]) seien noch nachstehende Daten ent-nommen; der Fettgehalt ist hier in Prozenten der Frischsubstanz aus-gedrückt; die Zahlen sind Mittelwerte.

	Wassergehalt	Fettgehalt
Solanum tuberosum	74,98 Proz.	0,09—0,19 Proz.
Helianthus tuberos.	79,24 „	0,14 „
Brassica Napus escul.	87,80 „	0,21
„ Rapa	90,78	0,22
Beta vulgaris	87,50	0,14
Zuckerrübe	82,25	0,12
Jatropha Manihot	67,65	0,40
Rhaphanus sativ.	93,34	0,15
Cochlearia Armorac.	76,72 „	0,35
Allium Cepa	85,99	0,10
„ Porrum	87,62	0,29
„ sativum	64,66	0,06
Chaerophyllum bulbos.	65,34 „	0,32
„ Prescottii	76,00 „	0,60 „

1) KÖNIG, Chemie der Nahrungs- und Genußmittel, Bd. I, p. 641 ff.

	Wassergehalt	Fettgehalt
Daucus Carota	86,79 Proz.	0,30 Proz.
Pastinaca sativa	82,05 „	0,55 „
Apios tuberosa	57,60	0,80
Boussingaultia baselloid.	85,10 „	0,27
Sagittaria sagittifol.	66,86 „	0,55
Scorzonera hispanic.	80,39 „	0,50
Apium graveolens	84,09 „	0,39 „

Von den wenigen vorhandenen Angaben über die Zusammensetzung des Fettes aus unterirdischen Speicherorganen sei hervorgehoben, daß KATZ [1]) im Fett des Filixrhizoms die Glyzeride von Ölsäure, Palmitinsäure und Cerotinsäure, ferner Spuren von Buttersäure auffand. Die „Filixolinsäure" von LUCK (1881) ist nur Ölsäure. FARUP [2]) fand im fetten Öle aus dem Rhizome von Polystichum spinulosum als Hauptbestandteil Triolein, 4 % Linolein, wahrscheinlich auch Isolinolensäure und geringe Mengen fester Fettsäuren. Das Öl aus Cyperusknollen enthält nach HELL und TWERDOMEDOFF [3]) hauptsächlich Oleïn, dann Myristin, Palmitin und Stearin. Trimyristin wurde auch im Irisrhizom von FLÜCKIGER [4]) konstatiert. Oxymyristinsäure $C_{14}H_{28}O_3$ (F 51[0]) ist von R. MÜLLER [5]) für die Archangelikawurzel angegeben worden. Die Wurzel von Paeonia Moutan enthält nach der Angabe von MARTIN [6]) Kaprinsäure; in der Wurzel von Scopolia carniolica fanden DUNSTAN und CHASTON [7]) Arachinsäure. Das Fett aus Kartoffelknollen enthält nach EICHHORN [8]) freie Fettsäuren. Untersuchungen über Fettbildung und Fettresorption fehlen für unterirdische Speicherorgane noch ganz.

§ 2.
Fett als Reservestoff von Stamm und Zweigen bei Holzgewächsen.

Bis in die neuere Zeit herrschte die Annahme, daß im oberirdischen Stamme von Holzpflanzen nur Kohlenhydrate als stickstofffreie Reservestoffe vorkommen, woselbst sie im Herbst abgelagert werden, den Winter über ruhen und im Frühling auszuwandern beginnen. RUSSOW [9]) hat aber 1882 zuerst gezeigt, daß in den meisten Holzpflanzen während der Winterruhe eine mehr oder weniger reichliche Bildung von Fett auf Kosten des Vorrates an Kohlenhydraten (Stärke) erfolgt. Vom September bis Dezember ·nimmt bei den Holzgewächsen Nord- und Mitteleuropas die Stärke ganz allmählich ab, während sich Fett ablagert. Fett ist daher auch für die Stämme der Holzpflanzen als typischer Reservestoff nachgewiesen. BARANETZKY und GREBNITZKY [10]) bestätigten die Richtigkeit jener Befunde vollkommen, und es hat sodann A. FISCHER [11])

---

1) J. KATZ, Arch. Pharm., Bd. CCXXXVI, p. 665 (1898). — 2) P. FARUP, Arch. Pharm., Bd. CCXLII, p. 17 (1904). — 3) S. Anm. 1, p. 137. — 4) FLÜCKIGER, Arch. Pharm., Bd. CCVIII, p. 481 (1876). — 5) R. MÜLLER, Dissert., Breslau 1880. — 6) G. MARTIN, Arch. Pharm., Bd. CCXIII, p. 335 (1878). — 7) W. R. DUNSTAN u. A. E. CHASTON, Pharm. Journ. Trans., 1889, p. 461. — 8) H. EICHHORN, Pogg. Annal., Bd. LXXXVII, p. 227 (1852). — 9) E. RUSSOW, Dorpat. Naturforsch. Gesell., Bd. VI, p. 492 (1882). — 10) BARANETZKY, Botan. Centr., Bd. XVIII, p. 157 (1884). Über Tiliafett ferner F. G. WIECHMANN, Amer. chem. Journ., Vol. XVII (1895). — 11) ALFRED FISCHER, Jahrb. wissensch. Botan., Bd. XXII, p. 73 (1890).

diese merkwürdige Stoffwechselerscheinung einer ausführlichen Untersuchung gewürdigt. Nach BARANETZKY sind 9—10 % der Trockensubstanz an Fett in Tiliazweigen während der Winterruhe vorhanden.
TRUMAN[1]) gab für die Stamm- und Wurzelrinde von Juglans cinerea
sogar 50 % fettes Öl an. Es fehlt auch nicht an Angaben über das
Vorkommen von Fett in Stammorganen tropischer Pflanzen, z. B. Zuckerrohr[2]). Für Farnstengel hat ROSTOWZEW Fett als Reservestoff nachgewiesen[3]). Auch wurde neuerdings das Fett verschiedener Objekte
chemisch untersucht. Das Fett aus Rinde, Splint und Kernholz der Eiche
besteht nach METZGER[4]) aus Olein, Palmitin und Stearin. F. GRÜTTNER[5])
fand im Rindenfett von Hamamelis virginica L. Olein und Palmitin
als Hauptbestandteile. Im unangenehm ranzig riechenden Holze von
Goupia tomentosa fanden DUNSTAN und HENRY[6]) Ameisensäure. Isovaleriansäure, n-Kapronsäure und Laurinsäure.

FISCHER fand, daß bei manchen Bäumen die Stärke während der
Winterruhe gänzlich schwindet und an deren Stelle massenhaft Fett
auftritt, während bei anderen Baumarten nur relativ geringe Stärke-
abnahme und Fettbildung zu konstatieren ist. Die ersteren („Fett-
bäume" FISCHERS, z. B. Tilia, Betula, Pinus silvestris) sind in der
Regel weichholzig, im Gegensatze zu den oft hartholzigen „Stärkebäumen", wie Quercus, Corylus, Ulmus, Platanus, Pirus, Fraxinus u. a.
Übergangsglieder zwischen beiden Typen sind die meisten Koniferen
und Evonymus europaea.

Die Umwandlung der Stärke beginnt nach FISCHER Ende Oktober
und Anfang November, dauert ungefähr vier Wochen und ist (in Mittel-
europa) spätestens Mitte Dezember vollendet. Das Fett bleibt drei
Wintermonate hindurch (bis Ende Februar) liegen. Ende Februar beginnt die Regeneration der Stärke, an welche sich im Frühling der
Transport der saccharifizierten Kohlenhydrate anschließt. Die Fettbildung beginnt zuerst in den chlorophyllhaltigen jungen Rindenteilen.
Im Holze schreitet sie nach FISCHER von der Markgrenze zentrifugal
nach dem jüngeren Holze zu fort. Die Ersetzung der Stärke durch Fett
läuft lokal in den Zellen des Speicherparenchyms von Rinde und Holz
ab, und ist mit keiner Translozierung von Reservematerial aus Zelle zu
Zelle verbunden. Ein ganz geringer Rest von Stärke scheint meist,
auch bei sehr reichlicher Fettbildung, in den Zellen zurückzubleiben.
Kurz nach FISCHER beobachtete auch SUROŽ[7]) die Erscheinung mit
ganz ähnlichen Ergebnissen. Nach diesem Autor scheinen zurzeit der
Fettbildung die Stärkekörner in winzige Körnchen zu zerfallen, zwischen
welchen allmählich Fetttropfen verschiedener Größe auftreten. Bei
Betula und Prunus soll hingegen die Stärke in sehr große kleisterähn-
liche Tropfen von unregelmäßiger Form übergehen, welche schließlich
keine Jodreaktion mehr geben und sich mit Osmiumsäure intensiv
schwarzen. Bei Betula werden sie alsbald durch kugelige Öltropfen
ersetzt, während sie bei Prunus den Winter unverändert überdauern
und nur vorübergehend eine geringe Zahl kleiner Öltröpfchen formieren.

1) E. D. TRUMAN, Just Jahresber., 1894, Bd. II, p. 401. — 2) F. SZYMANSKI,
W. LENDERS u. W. KRÜGER, Botan. Centr., Bd. LXVII, p. 196 (1896). Festes Fett
und Lecithin. — 3) ROSTOWZEW, Just Jahresber., 1894, Bd. I, p. 179 (Ophioglossum).
— 4) P. METZGER, Dissert. München, 1896. — 5) F. GRÜTTNER, Arch. Pharm.,
Bd. CCXXXVI, Heft 1 (1898). — 6) W. R. DUNSTAN u. T. A. HENRY, Just
Jahresber., 1898, Bd. II, p. 16. — 7) SUROŽ, Botan. Centr., Beihefte, 1891, p. 342.
Auch VANDEVELDE, Chem. Centr., 1898, Bd. I, p. 466.

Diese mikroskopischen Befunde bedürfen wohl noch genauerer Kontrolle. Die Umwandlung in Fett beginnt in den älteren Zweigen und setzt sich auf die jüngeren fort. Nach Suroż beginnt der Prozeß in Rußland bei allen untersuchten Räumen fast gleichzeitig im September und hat mit Erreichung des Fettmaximums im November sein Ende erreicht. Dann aber soll eine Fetteinwanderung aus den jüngeren Zweigen in die älteren Stammteile erfolgen, welche bis zu völligem Verschwinden des Fettes in den dünnen Zweigen führt. FISCHER beobachtete eine solche Translokation nicht.

Diese Fettbildungsvorgänge sind der Fettbildung in reifenden Samen ganz analog und mit der letzteren wenigstens physiologisch, wenn nicht auch chemisch identisch. Ob die Ansicht berechtigt ist, daß die winterliche Fetteinlagerung bei Holzpflanzen eine Art Kälteschutz darstellt[1]), ist mir sehr zweifelhaft.

Die Rückverwandlung des Fettes in Kohlenhydrate (Fettresorption) beginnt in unseren Breiten nach FISCHER durchschnittlich Anfang März, also zu einer Zeit, wo wenigstens in den Mittagsstunden im Sonnenschein bereits höhere Temperaturen geboten sind. Schon RUSSOW konnte zeigen, daß man bereits im Januar oder Februar bei abgeschnittenen stärkefreien Zweigen verschiedener Baumarten durch Einstellen in Wasser bei 17° im Laboratorium binnen 24 Stunden reichliche Stärkebildung in den Rindenparenchymzellen hervorrufen kann. Im Kalthause bei 1—5° R dauert die Stärkeregeneration hingegen einige Tage. Man kann selbst durch Wiederabkühlen in Rindenstücken eine neue Rückverwandlung der Stärke in Fett, allerdings sehr langsam, erzielen. FISCHER sah die genannten Veränderungen sogar an dickeren mikroskopischen Schnitten beim Aufbewahren in der feuchten Kammer auftreten. Allenthalben scheint es sich um einen in der Zelle lokalisiert auftretenden Vorgang zu handeln, und die Stärke erscheint dort wieder, wo sie im Spätherbste in Fett übergegangen war. In der Rinde und an der Markgrenze beginnt die Fettresorption gleichzeitig, und sie schreitet im Holze zentrifugal gegen das Cambium hin fort. Nach Suroż setzt der Prozeß in den allerjüngsten Trieben ein und pflanzt sich auf die älteren Zweige fort. JONESCU[2]) hat aber im Holze von Fagus silvatica noch in der zweiten Hälfte des Mai viel Fett konstatieren können, nachdem in den beiden Vormonaten daselbst nur Stärke in reichlicher Menge gefunden worden war. Dabei gehört die Buche zu den typischen „Stärkebäumen" im Sinne FISCHERS, d. h. sie bildet während des Winters nur relativ wenig Fett aus. Dieses Verhalten bleibt noch aufzuklären.

Für die Knospen der Holzgewächse dürfte nach FISCHER ebenfalls winterliche Fettbildung anzunehmen sein, so daß sich auch diese Organe den übrigen Reservestoffbehältern in ihrem Verhalten anschließen. Für unterirdische Speicherorgane allein stehen einschlägige Beobachtungen völlig aus, und es ist ungewiß, ob auch da Fettbildungsvorgänge in der Winterruhe vorkommen können.

---

1) Vgl. FISCHER, l. c. p. 124. Auch LIDFORSS, Botan. Centr., Bd. LXVIII, p. 48 (1896); VANDEVELDE, l. c. — 2) JONESCU, Ber. botan. Ges., Bd. XII, p. 134 (1894).

§ 3.
Fettauftreten bei Laubblättern.

In ähnlicher Weise wie in den Achsenorganen zu Beginn der Winterruhe Fett aus Kohlenhydraten formiert wird, kommt auch in den wintergrünen Laubblättern nach mehrfachen Feststellungen eine Fettbildung bis zu einem gewissen Grade zustande, so daß auch für Laubblätter das Vorkommen von Reservefett sichergestellt ist. Die Untersuchungen von MER, SCHULZ, LIDFORSS, MIYAKÉ, CZAPEK[1]) haben übereinstimmend ergeben, daß (in unseren Breiten Ende Oktober) mit Eintritt der Winterruhe die Stärke der immergrünen Blätter zu schwinden pflegt und Fetttropfen in den Blattparenchymzellen auftreten. Nie ist jedoch die Umwandlung der Kohlenhydrate so reichlich zu beobachten wie im Stamm, und das Endprodukt der Stärkelösung ist meist Zucker. Es wird noch näher darzulegen sein, daß dieser als Kältewirkung zu betrachtende Vorgang im wesentlichen darauf hinausgeht, daß das Zellplasma die Fähigkeit gewonnen hat, Zucker in erhöhtem Maße zu speichern („Erhöhung der Zuckerkonzentrationsstimmung“). Warum jedoch die Fettbildung auf Kosten des Zuckers eintritt, ist noch nicht aufgeklärt. Von einschlägigem Interesse ist auch der Umstand, daß wintergrüne Blätter, wie BONNIER und MANGIN[2]) fanden, in der Dunkelheit zur Winterzeit weniger CO_2 ausatmen, als sie O_2 aufnehmen.

Der respiratorische Koeffizient $\dfrac{CO_2}{O_2}$ wird dadurch während des Winters kleiner als 1 und man kann die Atmung der Blätter im Winter mit der Atmung keimender Fettsamen analogisieren.

Ob es Laubblätter gibt, welche bei normaler Außentemperatur Fett als normalen Reservestoff bilden, ist nicht bekannt. Einzelne Beobachtungen wären wohl in dieser Richtung weiter zu verfolgen[3]). Auf die Frage, ob Chloroplasten Fett statt Stärke als Speicherungsprodukt führen können, wird an anderer Stelle einzugehen sein.

Siebentes Kapitel: Fett als Reservestoff bei Thallophyten, Moosen, Farnen, Pollenkörnern.

§ 1.
Fett bei Bakterien.

Fetttropfen sind in Bakterienzellen häufig zu beobachtende Inhaltskörper. In einzelnen Fällen gelingt es, wie A. MEYER[4]) für die bei

1) E. MER, Bull. soc. bot. France, Tome XXIII. p. 231 (1876); E. SCHULZ, Flora. 1898, p. 223, 248; B. LIDFORSS, Botan. Centr. Bd. LXVIII. p. 33 (1896); K. MIYAKÉ, Botan. Magaz. Tokyo, Bd. XIV. No. 158 (1900); Botan. Gaz. Vol. XXXIII. p. 321 (1902); F. CZAPEK, Ber. Bot. Gesellsch. Bd. XIX. p. 120 (1901). — 2) BONNIER u. MANGIN, Compt. rend. Bd. C, p. 1902 (1885). — 3) Z. B. L. RADLKOFER, Sitzungsber. Akad. München Bd. XX. p. 105 (1890), wo angegeben wird, daß die Blätter von Cordiaceen, Combretaceen, Cinchonen im Parenchym kristallinisches Fett in keulenartigen optisch doppelbrechenden Massen führen. Hingegen betreffen die Vorkommnisse, welche N. A. MONTEVERDE (Just Jahresber. 1888. Bd. I. p. 673) beschreibt, wohl andere Stoffe als Fettsäureglyceride. Vgl. auch die Beobachtungen von BYWOSKI, Ber. botan. Ges. Bd. XV. p. 195 (1897). — 4) A. MEYER, Flora, 1899, p. 431; Centr. Bakter. (I), Bd. XXIX. p. 809

Bacillus tumescens kurz vor der Sporenbildung auftretenden Tröpfchen im Zellinhalte und für andere Vorkommnisse zeigen konnte, ihre Fettnatur direkt chemisch nachzuweisen. Doch führen nicht alle Bakterien Fett als Reservestoff. Fett läßt sich nach MEYER [1]) in Bakterienzellen auch mittelst Naphtholblanfärbung nachweisen. Die Reaktion wird angestellt mit Dimethyl-p-Phenylendiamin und α-Naphthol bei schwach alkalischer Reaktion.

In vielen Fällen hat man den Fettgehalt der Bakterien durch Untersuchung des Ätherextraktes nachweisen können. Die Quantität desselben vermag, wenn auch andere Stoffe häufig in nicht geringer Quantität beigemengt erscheinen, bereits als ungefähres Maß des Fettgehaltes der Bakterienmassen zu dienen. Bestimmungen des Ätherextraktes von verschiedenen Bakterienkulturen liegen bereits in größerer Zahl vor: von NENCKI und SCHAFFER [2]) für Fäulnisbakterien (noch keine Reinzucht) (6—7 % Fett in der Trockensubstanz), von BOVET [3]) für Bac. erythematis nodosi (8,97 %), von KAPPES [4]) für Prodigiosus (4,83 %) und Xerosebacillus (8,06 %), von HAMMERSCHLAG [5]) für Tuberkelbacillen (26,2 und 28,2 %), von DZIERZGOWSKI und REKOWSKI [6]) für Diphtheriebacillen (1,62 %), ferner von CRAMER [7]), welcher bei verschiedener Ernährung von Spaltpilzen folgende Werte für Ätherextrakt erhielt:

	auf 1 % Pepton	5 % Pepton	5 % Traubenzucker
Pfeiffers Bacillus	17,7 Proz.	14,63 Proz.	24,0 Proz.
Wasserbacillus No. 28 [8])	16,9 „	17,83 „	18,4 „
Pneumoniebacillus	10,3 „	11,28 „	22,7
Rhinosklerombacillus	11,1 „	9,06 „	20,0 „

SCHWEINITZ und DORSET [9]) geben für Rotzbacillen 39,29 %, für Tuberkelbacillen in Bouillon gezüchtet 37,57 % Ätherextrakt an. LYONS [10]) fand (ähnliches geht auch aus den obenstehenden Zahlen CRAMERS hervor), daß bei steigendem Traubenzuckergehalte des Substrates eine Vermehrung des Bakterien-Ätherextraktes eintritt. Das Maximum wird aber schon bei 5 % Glykose erreicht.

Die chemischen Eigenschaften der Bakterienfette sind besonders beim Ätherextrakte des Tuberkelbacillus näher studiert worden. SCHWEINITZ und DORSET geben an, daß sich darin Palmitin, Laurinsäure- und Arachinsäureglycerid nachweisen ließ. ARONSON [11]) fand darin 17 % freie Fettsäuren und 83 % eines hochwertigen Alkohols. Ähnliche Ergebnisse erzielte später RUPPEL [12]), welcher Olein, Palmitin und Stearinsäure und wahrscheinlich Ceryl-, vielleicht auch Myricylalkohol als Be-

---

(1901). A. GRIMME, ebenda, Bd. XXXII, p. 1 (1902). A. SATA, Centr. allgem. Pathol., 1900, p. 97 [Nachweis mit Sudan III].
1) A. MEYER, Centr. Bakter. (I), Bd. XXXIV, p. 578 (1903). — 2) M. NENCKI u. F. SCHAFFER, Ber. chem. Ges., Bd. XII, p. 2386 (1879). — 3) V. BOVET, Mon. Chem., Bd. IX, p. 1152 (1888). — 4) H. C. KAPPES, Kochs Jahresber. (Gährorg., 1890, p. 28. — 5) HAMMERSCHLAG, Centr. klin. Mediz., 1891, No. 1. — 6) DZIERZGOWSKI u. REKOWSKI, Kochs Jahresber., 1892, p. 65. — 7) E. CRAMER, Arch. Hyg., Bd. XVI, p. 151 (1892). — 8) Hierzu auch NISHIMURA, Arch. Hyg., Bd. XVIII, p. 330 (1893). — 9) E DE SCHWEINITZ u. M. DORSET, Journ. Americ. chem. Soc., Vol. XVII, p. 605 (1895); Vol. XVIII, p. 449 (1896); Vol. XXV, p. 354 (1903). Desgleichen BULLOCH u. MACLEOD, Journ. of Hygiene, 1904, p. 1; Biochem. Centr., 1903, Ref. No. 1197. — 10) LYONS, Arch. Hyg., Bd. XXVIII, p. 30 (1897). — 11) ARONSON, Berl. klin. Wochenschr. (1898), p. 484. Vgl. auch R. KOCH, Deutsche med. Wochenschr., 1897. — 12) W. G. RUPPEL, Zeitschr. physiol. Chem., Bd. XXVI, p. 218 (1898). Die Proteine (1900) p. 90.

standteile des Fettes angibt. KRESLING [1]) gewann aus Tuberkelbacillen 38,95 % Fettsubstanzen. F war 46 °. Säuregehalt 23,08. Reichert-Meißlsche Zahl 2,007. Hehnerzahl 74,236. Verseifungszahl 60,70, Ätherzahl 36,62, Jodzahl 9,92, freie Fettsäuren 14,38 %, aus den Estern abgeschiedene Alkohole 39,1 % mit F 43,5 — 44 °. Es scheinen also hier höhere Alkoholfettsäureester vorzuliegen. Für das Fett aus Rotzbacillen gaben SCHWEINITZ-DORSET Olein und Palmitin als Bestandteile an. Auch KRESLING [2]) fand Olein. Nach EMMERLING [5]) scheint Bacillus butyricus auf Traubenzuckerlösung Palmitinsäure zu bilden.

Über den Chemismus der Fettbildung bei Bakterien besitzen wir gar keine Kenntnisse. Das geeignetste Material scheint nach obigen Erfahrungen Zucker und Kohlenhydratnahrung zu sein, doch können gewiß auch Eiweißstoffe Material zur Fettbildung abgeben. So erfolgt bei der Reifung verschiedener Käsesorten nach den letzten Arbeiten von JACOBSTHAL [4]) und WINDISCH [5]) tatsächlich im Sinne älterer Angaben von BLONDEAU (1847) eine Vermehrung von Fett auf Kosten des Eiweißes. Ebenso ist es wohl bei der Bildung des Leichenwachses (Adipocire).

Fettspaltung und Fettresorption bei Bakterien ist durch eine Reihe von Untersuchungen näher studiert worden. SOMMARUGA [6]) fand, daß nicht alle Bakterien Fett zu spalten vermögen, einige, wie Pyocyaneus und Tetragenus, sind jedoch sehr energisch auf Olivenöl oder Rinderfett wirksam. DUCLAUX konstatierte Spaltung von Glyzerinbutyrat bei Käsereifung. Vielleicht gehört auch die von IWANOW [7]) beobachtete Bildung von Fettsäuren durch Anthraxbacillen in Milch hierher. Dieser Organismus wird auch durch Zusatz von Fett zum Nährboden in seiner Virulenz geschwächt [MANFREDI [8])]. Organismen aus der Gruppe des Subtilis und Mesentericus wurden von KÖNIG [9]) als Fettspalter auf Baumwollsaatmehl beobachtet. Von großem Interesse sind die Untersuchungen von RUBNER [10]) über die Fettresorption durch Bodenbakterien. Besonders Ölsäureglyzeride scheinen im Laufe der Zeit aufgezehrt werden zu können. LAXA [11]) fand Milchsäurebakterien, sowie Tyrothrix auf Butterfett ohne Wirkung, hingegen übte Bac. fluorescens liquefaciens deutliche Wirkung aus. Auch JENSEN [12]) fand den letztgenannten Spaltpilz, sowie Prodigiosus sehr stark fettspaltend. SCHREIBER [13]) bestätigte diese Ergebnisse ebenfalls und stellte fest, daß bei Sauerstoffabschluß nur eine geringe Fettspaltung, nie aber Fettzehrung stattfindet. Die Verarbeitung von Fetten scheint daher auch bei Bakterien innig mit Sauerstoffatmung und anaërobem Leben verknüpft zu sein. EIJKMANN [14])

---

1) K. KRESLING, Centr. Bakt. (I), Bd. XXX, p. 897 (1901). Arch. sc. biol. Pétersbourg, Tome IX, p. 359 (1903). — 2) KRESLING, Kochs Jahresber., 1892, p. 67. — 3) O. EMMERLING, Ber. chem. Ges., Bd. XXX, p. 451 (1897). — 4) H. JACOBSTHAL, Arch. gesamt. Physiol., Bd. LIV, p. 484 (1893). — 5) K. WINDISCH, Arbeit. kais. Gesundheitsamt, Bd. XVII (1900); ferner G. ROSENFELD in Ergebnisse d. Physiologie, 1. Jahrg., Bd. I, p. 655 ff. — 6) E. v. SOMMARUGA, Zeitschr. Hyg., Bd. XVIII, p. 441 (1894); DUCLAUX, Mikrobiologie, Bd. IV, p. 704 (1901). — 7) JWANOW, Annal. Inst. Pasteur, 1892, p. 131. — 8) L. MANFREDI, Just Jahresber., 1887, Bd. I, p. 111. — 9) J. KÖNIG, A. SPIECKERMANN u. W. BREMER, Zeitschr. Untersuch. Nahr. Genußm., Bd. IV, p. 721 (1901); S. KÖNIG, Fühlings Landw. Zeitg., 1903, Heft 9. — 10) M. RUBNER, Arch. Hyg., Bd. XXXVIII, p. 67 (1900). — 11) O. LAXA. Arch. Hyg., Bd. XLI, p. 119 (1901). — 12) O. JENSEN, Centr. Bakt. (II), Bd. VIII, p. 250 (1902). — 13) K. SCHREIBER, Arch. Hyg., Bd. XLI, p. 328 (1902). — 14) C. EIJKMAN, Centr. Bakt. (I), Bd. XXIX, p. 841 (1901).

wies durch Kultur auf Fettagarplatten bei einigen Bakterienarten Fettspaltung nach.

Eine Lipase ist bisher aus Bakterien nicht isoliert worden. Anhaltspunkte für die Existenz von Bakteriolipasen gewähren die Autolysenversuche von LEVY und PFERSDORFF[1]) mit Agarkulturen von Bakterien.

Die Verarbeitung des Glyzerins als Fettspaltungsprodukt sei anschließend nur kurz erwähnt, da die meisten Einzelheiten über Glyzerinverarbeitung anderer Kapiteln dieses Buches angehören. Als Stoffwechselprodukte .nach Glyzerindarreichung bei Bakterien wurden beobachtet: Äthylalkohol, Ameisensäure, Essigsäure, Buttersäure, Bernsteinsäure[2]).

Anhangsweise sei bezüglich der Myxomyceten darauf hingewiesen, daß REINKE und RODEWALD[3]) aus den Plasmodien von Fuligo varians Ölsäure, Palmitinsäure, Stearinsäure und Glyzerin gewinnen konnten. Der Gehalt an Fettsäuren betrug 4% der lufttrockenen Substanz.

§ 2.
Fett bei Hefen.

In kräftig vegetierender Hefe dürfte nach den Ermittelungen von PAYEN[4]). NÄGELI[5]) und DUCLAUX[6]) der Fettgehalt etwa 2—5 Proz. der Trockensubstanz betragen. Alte Hefezellen sind nach DUCLAUX sehr fettreich. Der Fettgehalt steigt auf 10—13 Proz., in 15 Jahre lang in Bier aufbewahrter Hefe war in einem Falle der Fettgehalt auf 52 Proz. angewachsen. Nach WILL[7]) stellen die Fetttropfen in den Dauerzellen der Hefe keine homogenen Öltropfen dar, sondern besitzen ein Eiweißgerüst. Vielleicht tragen diese Verhältnisse die Schuld. daß man, wie NÄGELI fand, nach Zerstörung der Zellwände mit konzentrierter HCl 2—3mal mehr Fettsäuren erhält, als bei direkter Ätherextraktion.

DUCLAUX meint, daß das Hefefett viel Oxysäuren enthalten dürfte. GÉRARD und DAREXY[8]) fanden bei ihrer Untersuchung des Hefefettes freie Fettsäuren und Neutralfett. Von Säuren waren zugegen gleiche Mengen von Palmitin- und Stearinsäure, sowie etwas Buttersäure. HINSBERG und ROOS[9]) erhielten andere Resultate; sie betrachten als einigermaßen sichergestellte Säuren des Hefefettes zwei Säuren der Ölsäurereihe: $C_{12}H_{22}O_2$ und $C_{18}H_{34}O_2$, sowie einer gesättigten . Säure $C_{15}H_{30}O_2$ vom Schmelzpunkte $56°$; in neueren Untersuchungen geben aber auch diese Forscher Palmitinsäure als Hauptbestandteil des Hefefettes an.

Hier sei auch kurz der Produktion von Glyzerin durch Alkoholgärungshefe gedacht. Es ist bekannt, daß zuerst PASTEUR[10]) darauf

---

1) F. LEVY u. PFERSDORFF, Deutsche med. Wochenschr., Bd. XXVIII, p. 879 (1902). — 2) Hierzu: E. BUCHNER, Botan. Centr., 1885, I. Quartal, p. 348, 385; P. F. FRANKLAND u. J. FOX, Proc. roy. Soc. London, Vol. XLV, p. 345 (1890); O. EMMERLING, Ber. chem. Ges. (1896), p. 2726. — 3) J. REINKE u. RODEWALD, Untersuch. a. d. botan. Instit. Göttingen, Heft 2 (1881). — 4) PAYEN, Mémoir. sav. étrang., Tome IX, p. 32. — 5) NÄGELI u. O. LOEW, Lieb. Annal., Bd. CXCIII, p. 322 (1878), Journ. prakt. Chem., Bd. XVII, p. 403; NÄGELI, Fettbildung bei niederen Pilzen, Kgl. bayr. Akad., 3. Mai 1879, p. 289. — 6) DUCLAUX, Traité de Microbiolog., Tome III, p. 151. Vgl. auch W. HENNEBERG, Ztschr. Spiritusindustr., Bd. XXVII, p. 96 ff (1904). — 7) H. WILL, Zeitschr. allg. Brauwes., 1895, No. 27 u. 28; Centr. Bakt. (II), Bd. II, p. 766 (1895). — 8) E. GÉRARD u. P. DAREXY, Bull. soc. mycol. de France (1897), Tome XIII, p. 183; Journ. pharm. chim. (6), Bd. V. p. 275 (1897). — 9) O. HINSBERG u. ROOS, Zeitschr. physiol. Chem., Bd. XXXVIII. p. 1 (1903); Bd. XLII, p. 189 (1904). — 10) L. PASTEUR, Ann. chim. phys. (3), Tome LVIII, p. 323 (1860).

aufmerksam gemacht hat, daß bei der alkoholischen Gärung außer
Bernsteinsäure (0.4 – 0,7 Proz.) regelmäßig auch Glyzerin neben den
Hauptgärungsprodukten auftritt, und zwar 2,5—3,6 Proz. des Gewichtes
des vergorenen Zuckers. PASTEUR war der Ansicht, daß beide Stoffe
Produkte der Zuckerspaltung bei der Gärung seien, und stellte auch
eine entsprechende Gärungsgleichung auf. Diesbezüglich darf man
jedoch begründete Zweifel hegen. Es hat UDRANSZKY[1]) mit Recht
hervorgehoben, daß das Glyzerin wie die Bernsteinsäure Stoffwechselprodukte ohne näheren Zusammenhang mit dem Zerfall des Zuckers in
Alkohol und CO_2, darstellen dürften. Die Glyzerinmengen sind nach
den Gärungsbedingungen sehr schwankend[2]). Bei niederer Temperatur
wird die Bernsteinsäurebildung nicht, wohl aber die Glyzerinbildung
gehemmt. Nährstoffzusatz vermehrt die Bildung der Bernsteinsäure
nicht, wohl aber die Glyzerinbildung [RAU[3])]. Nach EFFRONT[4]) soll
aber auch bei Mangel an Nährstoffen mehr Glyzerin auftreten, und
auch mehr Bernsteinsäure. NÄGELI[5]) hat zuerst gezeigt, daß die
Hefezellen Glyzerin enthalten. UDRANSZKYS Bestimmungen ergaben,
daß im Zellinhalte von Bierhefe 0,053 Proz. Glyzerin vorhanden war,
während käufliche Preßhefe 0,017 Proz. Glyzerin ergab. Nach UDRANSZKY
nimmt der Glyzeringehalt der Hefe bei langem Stehen von Hefe-
aufschwemmungen beträchtlich ab. Vielleicht entsteht es auch aus
Lecithinzerfall. In methodischer Hinsicht stehen diese Versuche allerdings nicht mehr auf der Höhe der Zeit. Die normale Glyzerinbildung
bei Alkoholgärung ist jedoch nicht, wie BREFELD[6]) annahm, ausschließlich mit dem Absterben von Zellen in Beziehung zu setzen, vielmehr
wird übereinstimmend angegeben, daß, je kräftiger die Hefe wächst
und je günstiger die Lebensbedingungen sind, auch die gebildete
Glyzerinmenge steigt[7]). In kausaler Hinsicht erfahren wir dadurch
allerdings nichts. DELBRÜCK[8]) vermutet, daß das Glyzerin wahrscheinlich durch Lipasewirkung aus dem Hefefett entsteht. Über die Möglichkeit, Saccharomyceten mit Fett zu ernähren, liegen keine Erfahrungen
vor. VAN TIEGHEM[9]) fand, daß mit Ausnahme einer als neue Art (S. olei)
beschriebenen Hefe kein Saccharomyces auf Fettnährboden zur Entwicklung zu bringen war. ROGERS[10]) isolierte eine fettspaltende Torulahefe
aus Büchsenbutter, deren Wirksamkeit allerdings nur gering war.

§ 3.

Fett bei Pilzen.

Fett ist bei höheren und niederen Pilzen als Reservestoff in jungen
Fruchtkörpern, Dauermycelien, Sklerotien, Sporen, Konidien sehr verbreitet. Den zahlreichen bei KÖNIG[11]) zusammengestellten Daten über

---

1) L. v. UDRANSKY, Zeitschr. physiol. Chem., Bd. XIII, p. 542 (1889). —
2) THYLMANN u. HILGER, Arch. Hyg., Bd. VIII, p. 451; A. RAU, ibid., Bd. XIV,
p. 225 (1892). — 3) RAU, l. c. Hier auch eine Methode zur Glyzerinbestimmung
in Hefenährflüssigkeit beschrieben. — 4) J. EFFRONT, Compt. rend., Tome CXIX,
p. 92 (1894). — 5) S. Anm. 5, p. 145. — 6) O. BREFELD, Landw. Jahrb., Bd. III,
p. 65 (1874); Bd. IV, p. 405 (1875). — 7) Vgl. KULISCH, Zeitschr. angew. Chem.,
1896, p. 418; KAUSCHKE, Hilgers Vierteljahrschr. z. Chem. Nahr. Genußm., 1897,
p. 66; RAU, l. c. — 8) DELBRÜCK, Wochenschr. Brauerei, 1903, No. 7. — 9) VAN
TIEGHEM, Bull. soc. bot. France, Tome XXVIII, p. 137 (1881). — 10) L. A. ROGERS,
Centr. Bakt. (II), Bd. X, p. 381 (1903); ibid., Bd. XII, p. 388 (1904). — 11) KÖNIG,
Chemie d. Nahr.- u. Genußm., Bd. I, p. 747 ff.

Fettgehalt bei Hutpilzen ist zu entnehmen, daß der Fettgehalt der frischen Pilzsubstanz 0,2 bis 5,8 Proz. zu betragen pflegt; da der Wassergehalt der Agaricineenfruchtkörper meist zwischen 80 und 90 Proz. beträgt, so beziffert sich der auf Trockensubstanz umgerechnete Wert meist auf etwa das 10fache der obigen Zahlen. Die sorgfältig an ausgesuchtem Material von MARGEWICZ[1]) angestellten Analysen ergaben für die untersuchten Hymenomyceten Zahlen zwischen 5,34 und 7,37 Proz. Der Fettgehalt des jungen Hymeniums war bedeutend größer als der Fettgehalt im oberen Teile des Hutes:

	Hymenium	Oberer Teil des Hutes	Stiel	
Boletus scaber Bull.	5,81 Proz.	4,07 Proz.	3,51 Proz.	Fett der
„ edulis Bull.	7,97 „	5,82 „	4,41 „	Trocken-
„ aurantiacus Schäff.	8,53 „	4,79 „	6,82 „	substanz

Merulius lacrymans enthält nach GOEPPERT[2]) 13,08 Proz. Fett. Das Sklerotium von Claviceps purpurea Tul. enthält nach FICINUS[3]) bis 30 Proz. Fett, und es kann der Fettgehalt nach FLÜCKIGER[4]) selbst bis auf die Hälfte des Trockengewichtes ansteigen.

Die reifen Konidien von Penicillium crustaceum enthalten nach CRAMER[5]) 7,3 Proz. Rohfett. Im Mycol von Schimmelpilzen, welche auf Peptonfleischextraktbouillon mit 2 Proz. Glykose und 1 Proz. Weinsäure kultiviert worden waren, fand MARSCHALL[6]) bei Aspergillus niger 4,7 Proz., Penicillium glaucum 4,1 Proz. und bei Mucor stolonifer 7,0 Proz. Rohfett. In den Konidien von Aspergillus oryzae sind nach ASO[7]) nur 0,377 Proz. der Trockensubstanz an Ätherextrakt vorhanden.

Im Gegensatze zu den höheren Pflanzen sieht man bei den Pilzen in fettreichen Geweben das Fett oft in großen Tropfen, welche das ganze Hyphenlumen erfüllen, ähnliche Bilder wie in tierischen Fettzellen darbietend, z. B. im Mutterkorn.

Die nähere chemische Erforschung der Pilzfette ist bisher nur in einzelnen Fällen unternommen worden, doch fehlt es bereits nicht an interessanteren Befunden. Das Mutterkornfett enthält nach HERMANN und MJOEN[8]) als Hauptbestandteile Triolein und Tripalmitin, auch Oxyfettsäuren; D = 0,9254. F der Fettsäuren: 39,5° bis 42°. Es enthält auch etwas Buttersäure- und Essigsäureglyzeride. In Lactarius piperatus konstatierte BISSINGER[9]), dessen Resultate von CHODAT und CHUIT[10]) bestätigt wurden, eine Säure vom F 69—70° und der Zusammensetzung $C_{15}H_{30}O_2$. Sie wurde als „Laktarsäure" bezeichnet und bildet angeblich 7,5 % der Pilztrockensubstanz. Außerdem werden von Lactarius angegeben Butyrin, Ameisensäure und Essigsäure, Olein und Stearin [GÉRARD[11])]. Von Polyporus officinalis gab SCHMIEDER[12]) eine der Ricinol-

---

1) MARGEWICZ, Just botan. Jahresber., 1885, Bd. I, p. 85—86. — 2) GOEPPERT, Der Hausschwamm (1885), p. 20. — 3) O. FICINUS, Arch. Pharm., Bd. CCIII, p. 219 (1873). — 4) FLÜCKIGER, Pharmakognosie, 3. Aufl., p. 295. — 5) E. CRAMER, Arch. Hyg., Bd. XX, p. 197 (1894). Über Schimmelpilze auch MARSCHALL, ibid., Bd. XXVIII, p. 16 (1897). — 6) MARSCHALL, Arch. Hyg., Bd. XXVIII, p. 16 (1897). — 7) K. ASO, Bull. Agric. Coll. Tokyo, Vol. IV, p. 81 (1900). — 8) HERMANN, zit. b. ZOPF, Die Pilze (1891), p. 408; J. A. MJOEN, Arch. Pharm., Bd. CCXXXIV, p. 278 (1896). — 9) TH. BISSINGER, Arch. Pharm. (1883), p. 321. — 10) R. CHODAT u. PH. CHUIT, Chem. Centr., 1889, Bd. II, p. 144; CHUIT, Bull. soc. chim. (3), Tome II, p. 153 (1889). — 11) E. GÉRARD, Bull. soc. Mycol. France, Bd. VI, p. 115 (1890). — 12) J. SCHMIEDER, Arch. Pharm., Bd. CCXXIV, p. 641 (1886).

säure isomere Oxyölsäure an, ferner eine Fettsäure $C_{14}H_{24}O_2$ und Cetyl-alkohol. Im Fett von Amanita pantherina und Boletus luridus fand OPITZ[1]) Olein und Palmitin, ferner die Hälfte der Fettsauren als freie Säuren. R. FRITSCH[2]) gab vom Fett von Polysaccum pisocarpium Öl-säure, Buttersäure, Essigsäure, Ameisensäure und höhere Säuren an.

Die Bildung des Fettes bei Pilzen ist bisher noch sehr wenig untersucht worden. Wir wissen noch nicht einmal, ob auch hier, wie bei höheren Pflanzen, der Fettbildung eine Anreicherung der Organe an Mannit, Zucker oder Kohlenhydraten vorangeht. Die Angabe von BELZUNG[3]), daß unreifes Mutterkorn Amylum enthält, beruht wohl auf Täuschungen. Auch die bisherigen Bemühungen, durch Darreichen ver-schiedener Nährstoffe bei kultivierten niederen Pilzen die Fettbildung irgendwie zu beeinflussen, hatten keinen Erfolg. NÄGELI[4]) erfuhr nur, daß bei sonst günstigen Ernährungsbedingungen auch die Fettbildung bei niederen Pilzen eine Förderung erfährt.

Das Wachstum verschiedener Pilze auf Fettnährböden, insbesondere bei Schimmelpilzen, sowie die Fettresorption durch diese Organismen ist etwas genauer bekannt geworden. VAN TIEGHEM[5]) sah auf Olivenöl Ge-deihen von Verticillium cinnabarinum, Mucor, Penicillium, von Askomy-ceten, in Lein- oder Rüböl wuchs aber das Verticillium nicht. KIRCHNER[6]) fand auf Mohnöl außer Bakterien einen Sproßmycel bildenden Pilz, wel-chen er Elaeomyces olei nannte. Das Wachstum von Schimmelpilzen auf Fettnährböden ist sodann durch RITTHAUSEN[7]) und in letzter Zeit durch die Arbeiten von KÖNIG und SPIECKERMANN, SCHREIBER, HANUS, LAXA[8]) näher bekannt geworden. BIFFEN[9]) studierte das Wachstum einer auf Cocosendosperm spontan aufgetretenen Hypocreacee sehr sorg-fältig.

Es scheint keinem Zweifel zu unterliegen, daß die Produktion fett-spaltender Enzyme bei Schimmelpilzen auf Fettnährboden eine regel-mäßige Erscheinung bildet. So gewann CAMUS[10]) aus Penicillium einen deutlich fettspaltenden Wasserextrakt, ebenso aus Aspergillus niger. GÉRARD[11]) bestätigte dies und wies die Lipase von Penicillium durch Glyzerinbutylesterspaltung nach. Emulsin ist auf dieses Glyzerid ohne Wirkung. GARNIER[12]) fand bei Aspergillus fumigatus und flavus wenig Lipase, mehr bei Asp. glaucus. Lipasen wurden noch von BIFFEN, SPIECKERMANN, LAXA und anderen Forschern bei Schimmelpilzen nachge-wiesen. Wenn Pilze nicht feine Emulsionen, sondern größere zusammen-

1) E. OPITZ, Arch. Pharm., Bd. CCXXIX, p. 290 (1891). — 2) R. FRITSCH, Arch. Pharm. (3), Bd. XXVII, p. 193 (1889). — 3) BELZUNG, Just. Jahresber., 1890, Bd. II, p. 312. — 4) NÄGELI, Fettbildung bei niederen Pilzen. Sitzungsber. königl. bayerisch. Akad. Wiss., 3. Mai 1879, p. 287. — 5) VAN TIEGHEM, Bull. soc. bot. Fr., T. XXVII, p. 353 (1880); T. XXVIII, p. 137 (1881). — 6) O. KIRCHNER, Ber. bot. Ges., Bd. VI, p. CI (1888). — 7) RITTHAUSEN u. BAUMANN, Versuchstat., Bd. XLVII, p. 389 (1896). — 8) J. KÖNIG, A. SPIECKERMANN u. W. BREMER, Zeitschr. Untersuch. Nahr. u. Genußm., Bd. IV, p. 721 (1901); SPIECKERMANN u. BAEMER, Landw. Jahrb., Bd. XXXI, p. 81 (1901); K. SCHREIBER, Arch. Hyg., Bd. XLI, p. 328 (1902); O. LAXA, ibid., Bd. XLI, p. 119 (1901); HANUS u. STOCKY, Zeitschr. Unters. Nahr. u. Genußm., Bd. III, p. 606 (1900); DUCLAUX, Mikrobiologie, Bd. IV, p. 691 (1901); W. BREMER, Centr. Bakt. (II), Bd. X, p. 156 (1903). — 9) R. H. BIFFEN, Annals of Botany, Vol. XIII, p. 373 (1899). Hier auch Lite-raturangaben über das natürliche Vorkommen von Pilzen auf fettreichen Substraten. 10) L. CAMUS, Compt. rend. soc. biolog., 1897, p. 192, 230. — 11) E. GÉRARD, Compt. rend., Tome CXXIV, p. 370 (1897); Bull. soc. Mycol., Tome XIII, p. 182. — 12) CH. GARNIER, Compt. rend. soc. biol., Tome LV, p. 1490, 1583 (1903).

hängende Fettmassen zu verarbeiten haben, kommt der spaltenden Wirkung von Lipasen gewiß eine große Bedeutung zur Herstellung einer feineren Verteilung des Fettes, Emulgierung desselben vermittelst partieller Verseifung zu. Da BIFFEN erwähnt, daß im Mycel des von ihm kultivierten Pilzes reichlich fettes Öl in Tropfenform auftritt, scheinen die Verhältnisse wesentlich so zu liegen wie bei der Fettresorption im Darm, wo in den Lymphwegen das resorbierte Fett als solches ebenfalls reichlich wiedererscheint. Ob man das Recht hat, eine vollständige Verseifung des Fettes bei der Resorption durch Pilze vermittelst Lipasen als Vorbedingung zur Aufnahme anzunehmen, unterliegt hier ebensoschwerwiegendenBedenken,wie bei anderenFettresorptionsvorgängen. Zu prüfen ist ferner noch, ob die Pilze auch bei Abwesenheit von Fett in ihrem Substrate stets ebensoviel Lipasen produzieren wie auf fettreichem Nährboden, oder ob gewisse Stoffwechselregulationen mitspielen.

§ 4.
Andere Vorkommnisse von Fett bei Kryptogamen.

Flechten. Hier scheint (die diesbezüglich angestellten Untersuchungen sind allerdings noch wenig zahlreich) der Fettgehalt sehr zu variieren. LACOUR[1]) gibt für die Lecanora esculenta nur 0,73 % Ätherextrakt (Fett und Wachs) an; nach FÜNFSTÜCK[2]) geht hingegen der Fettgehalt bei Kalkflechten hoch hinauf, und soll bei Verrucaria calciseda sogar 80 % der Trockensubstanz betragen. Bei Kalkflechten findet sich Fett in eigentümlich blasenartige Auftreibungen der Hyphen eingeschlossen [„Ölhyphen", „Sphäroidzellen" von ZUKAL[3])]. ZUKAL hielt die Substanz für Reservefett. Nach FÜNFSTÜCKS Untersuchungen sind besonders Kalkflechten durch reichliches Vorkommen von Ölhyphen ausgezeichnet, und es scheint die Ansicht von ZUKAL über die biologische Bedeutung dieser Inhaltsstoffe zum mindesten noch nicht hinlänglich erwiesen zu sein. Die Fettabscheidungen der Kalkflechten bedürfen also noch wiederholter Untersuchung[4]).

Algen. Für die verschiedenen Algengruppen ist die Bedeutung des hier und da sicher konstatierten Fettes ebenfalls noch sehr wenig erforscht. Diatomeen, wie Peridineen führen im Zellinhalte regelmäßig Fett. Bei den ersteren kommt Fett nach PFITZER[5]) allgemein verbreitet in größeren oder kleineren Tropfen, dem Plasma eingebettet, oder auch im Zellsafte vor; die Peridineen besitzen nach SCHÜTT[6]) tafelförmige Inhaltskörper von verschiedener Größe, welche mit Osmiumsäure sich schwärzen („Fettplatten"). Auf diese Inhaltskörper niederer (auch grüner) Algen, hat man auch die Bildung des Erdöls zurückzuführen versucht, was allerdings noch weiterer Beweise bedarf[7]). In Cyanophyceenzellen wies KOHL[8]) Fetttropfen mit Sudanlösung nach. „Elaioplasten" bei

1) E. LACOUR, Ref. Just. 1880, Bd. I, p. 463. — 2) M. FÜNFSTÜCK, Beitr. z. wissensch. Bot., Bd. I, p. 157 (1895). Festschrift für Schwendener (1899) p. 341. — 3) H. ZUKAL, Botan. Ztg., 1886, p. 761. — 4) Vgl. auch E. LANG, Fünfstück Beitr. wiss. Bot., Bd. V, p. 162 (1903). — 5) E. PFITZER, Schenks Handbuch d. Botanik, Bd. II, p. 425. — 6) F. SCHÜTT, Sitz.-Ber. Berlin. Akad., 1892, p. 377. — 7) Hierzu: GES. KRAEMER, Ber. chem. Ges., Bd. XXXII, p. 2940 (1899); Bd. XXXV (1), p. 1212 (1902); ENGLER, Ber. chem. Ges., Bd. XXXIII, p. 7 (1900), ferner besonders WINDAUS, ibid., Bd. XXXVII, p. 2028 (1904), [Cholesterin!]. — 8) F. G. KOHL, Organisation u. Physiologie d. Cyanophyceenzelle, Jena 1903.

Florideen hat GOLENKIN [1]) angegeben. Endlich ist der ölartigen Einschlüsse in den Chloroplasten von Vaucheria und anderen Siphoneen zu gedenken, welche BORODIN als Assimilationsprodukt ansah, SCHIMPER und FLEISSIG [2]) als Reservestoff betrachten, KLEBS hingegen als Degenerationsprodukt hingestellt hatte. FLEISSIG hat zuletzt Gründe beigebracht, welche in der Tat für die Auffassung dieser Inhaltsstoffe als Reservematerial sprechen.

Nach LOEW und BOKORNY [3]) enthalten Spirogyren und andere Fadenalgen 6—9 % der Trockensubstanz an Fett. SESTINI [4]) gab als Fettgehalt einiger mariner Algen folgende Zahlen an:

Ulva latissima	29,75 Proz. Wassergehalt	0,21 Proz. Fett
Valonia Aegagropila	7,62 „ „	0,15 „ „
Gracilaria confervoides	20,01 „	0,11 „ „
Fucus vesiculosus	27,11 „	0,67 „ „
Vaucheria Pilus	20,50 „ „	2,94 „ „

Moose. Angaben über den Fettgehalt verschiedener Leber- und Laubmoose haben Arbeiten von TREFFNER [5]) sowie JÖNSSON und OLIN [6]) geliefert. Die letztgenannten Autoren erhielten aus manchen Species ansehnliche Mengen Ätherextrakt, so von Bryum roseum bis 18,05 %, wovon ein großer Teil aus Fettsäureglyzeriden bestand. Bei Bryum brevifolium und turbinatum ist das Fett nach den Angaben JÖNSSONS kristallinisch in Stamm- und Blattzellen ausgeschieden anzutreffen. Auch wird der Schmelzpunkt des Ätherextraktes oft sehr hoch angegeben. Wie viel vom Ätherextrakt auf Wachs und andere ätherlösliche Stoffe (Chlorophyll etc.) abzurechnen ist, ist noch nicht bestimmt worden. JÖNSSON und OLIN meinen, daß die Zellmembranen vielfach von Fett imbibiert seien. LOHMANN [7]) fand an Rohfett in der Trockensubstanz einiger Lebermoose Zahlen zwischen 2,3 % und 4,3 %.

Die Ölkörper der Lebermoose sind nach den angestellten Untersuchungen nicht zu Reservefett zu zählen [8]). Sie bestehen aus einem protoplasmatischen wabigen Stroma, in welches Öltröpfchen eingelagert sind. Sie entstehen stets durch Neubildung, und lassen sich auch im Dunklen zur Entwicklung bringen. Nach KÜSTER haben sie mit den Elaioplasten, zu welchen sie von WAKKEE und RACIBORSKI gezählt wurden, nichts gemein, und verhalten sich physiologisch wie ein Exkret. LOHMANN meint, daß auch das in vielen Lebermoosen vorhandene ätherische Öl in den Ölkörpern lokalisiert sei und betrachtet die Ölkörper wesentlich als Schutzorgane gegen Angriffe von Tieren. Die Entwicklung der Ölkörper wurde in neuerer Zeit durch GARJEANNE [9]) genau verfolgt; sie entstehen aus Vakuolen.

Pteridophyten. Hier sei das näher untersuchte Fett der Sporen von Lycopodium clavatum kurz erwähnt. Nach LANGER [10]) enthalten die

1) M. GOLENKIN, Bull. soc. nat., Moscou 1894, p. 257. — 2) P. FLEISSIG, Dissert. Basel, 1900. Hier die übrige Literatur zitiert. — 3) LOEW u. BOKORNY, Journ. prakt. Chem., 1887. — 4) SESTINI, BOMBOLETTI u. DEL TORRE, Centr. Agrikchem., 1878, p. 875. — 5) E. TREFFNER, Dissert. Dorpat, Just Jahresber., 1881, Bd. I, p. 157. — 6) B. JÖNSSON u. E. OLIN, Lunds Univers. Arsskrift. Bd. XXXIV, (1898). — 7) LOHMANN, Beihefte botan. Centr., Bd. XV, p. 248 (1903). — 8) Über Ölkörper der Lebermoose: PFEFFER, Flora, 1874, p. 2; WAKKER, Jahrbüch. wissensch. Botanik, Bd. XIX, p. 482; ZIMMERMANN, Botan. Mikrotechnik (1892), p. 205; Beihefte Botan. Centr., Bd. IV, p. 167 (1894); RACIBORSKI, Anzeig. Akad. Krakau, 1893, p. 259; W. v. KÜSTER, Dissert. Basel, 1894. — 9) A. GARJEANNE, Flora, Bd. XCII, p. 457 (1903). — 10) A. LANGER, Arch. Pharm. (3), Bd. XXVII, p. 241, 625 (1889).

Bärlappsporen 49,34 % Fett. Das Fett enthält freie Fettsäuren. 80 bis 86 % ist eine flüssige Ölsäure, welche LANGER als α-Decyl-β-Iso-propylakrylsäure (Lycopodiumölsäure) $\dfrac{CH_2}{CH_3}{>}CH - CH = C{<}\dfrac{COOH}{(CH_2)_9 \cdot CH_3}$, BUKOWSKI als gewöhnliche Ölsäure ansieht. Außerdem werden Laurin- und Myristinsäure als Bestandteile des Sporenfettes angegeben.

§ 5.
Fett bei Pollenkörnern; Elaioplasten.

Das Fett von Angiospermenpollen ist mehrfach bestimmt und ana-lysiert worden. BRACONNOT[1]) gibt vom Pollen der Typha latifolia L. 3,6 % Fett (Stearin und Olein) an. PLANTA[2]) fand im Haselpollen 4,2 % Fettsäuren, im Kiefernpollen 10,63 %. In dem letztgenannten Pollen konstatierte KRESLING[3]), welcher ebenfalls 10 % Fettgehalt an-gibt. Triolein, Tripalmitin und (offenbar aus dem Wachsüberzug der Cuticula stammend) Myricylalkohol und Cerotinsäure. Der Pollen der Zuckerrübe enthält nach STIFT[4]) 3,18 % Fett und 23,7 % Kohlen-hydrate. Das Fett wird höchstwahrscheinlich beim Keimen des Pollens rasch verbraucht.

Elaioplasten und Elaiosphären. Als „Elaioplasten" oder Öl-bildner hat WAKKER[5]) stark lichtbrechende runde Inhaltskörper der Epidermiszellen von Vanillablättern beschrieben, welche ein plasmatisches Stroma besitzen und reichlich Fett enthalten. In alten ausgewachsenen Blättern ist von Elaioplasten nichts mehr zu sehen, sondern dieselben finden sich nur in wachsenden Geweben. ZIMMERMANN[6]) fand analoge Gebilde, häufig von gelappter amöbenartiger Form in Blättern vieler anderer Monokotyledonen, ebenso RACIBORSKI[7]). Ihre Bedeutung ist noch näher festzustellen.

„Elaiosphären" hat LIDFORSS[8]) Inhaltskörper des Mesophylls und der Epidermis von Laubblättern genannt, welche aus fettem Öl bestehen, sphärische Form haben, im Plasma eingeschlossen sind und sich in or-ganischen Solventien lösen. Sie werden bei verdunkelten Blättern nicht resorbiert und finden sich auch in absterbenden und toten Blättern noch vor. Ihre Bedeutung ist scheinbar nicht diejenige von Reservestoffen. Sie sind im Pflanzenreiche weit verbreitet; spärlich sind sie bei Sukku-lenten und Wasserpflanzen. Vielleicht gehören auch die „fat bodies" von M. WARD[9]) hierher. Hingegen sind die „Ölplastiden" bei Potamogeton, welche LUNDSTRÖM[10]) beschrieben hat, nach LIDFORSS[11]) ganz anders zusammengesetzte Inhaltskörper (aromatische Aldehyde enthaltend).

1) BRACONNOT, Annal. chim. phys. (2), Bd. XLII, p. 91 (1829). — 2) A. VON PLANTA, Versuchstat., Bd. XXXI, p. 97 (1884); Bd. XXXII, p. 215 (1885). — 3) H. KRESLING, Arch. Pharm., Bd. CCXXIX, p. 389 (1891). — 4) STIFT, Sitz.-Ber. Wien. Akad., 1895. — 5) J. H. WAKKER, Zeitschr. wissensch. Mikroskop., Bd. VII, p. 392 (1890); Jahrb. wiss. Botan., Bd. XIX, p. 482. — 6) A. ZIMMER-MANN, Beitr. Morph. Physiol. d. Pflanzenzelle, Heft 3, p. 185 (1893). — 7) M. RACIBORSKI, Anzeig. Akad. Krakau, 1893, p. 259. — 8) B. LIDFORSS, Acta Lund., Bd. XXIX (1893). — 9) M. WARD, Nature, Vol. XXVIII, p. 580 (1883). — 10) A. N. LUNDSTRÖM, Botan. Centr., Bd. XXXV, p. 177 (1888). — 11) B. LID-FORSS, ibid. Bd. LXXIV, p. 305 (1898).

Achtes Kapitel: Die pflanzlichen Lecithine.

§ 1.

Vorkommen und chemische Natur der Lecithine.

Die Lecithine sind kolloidale. fettähnliche, doch in Wasser quellbare Substanzen, welche sich durch ihren Gehalt an Stickstoff und
Phosphor auszeichnen und, wie wir heute wissen, im Pflanzen- und Tierreiche ebenso verbreitet auftreten, wie Eiweißstoffe und Zucker. in allen
möglichen Organen und in jeder Zelle.   Man kann nicht umhin, den
Lecithinen eine außerordentlich wichtige Rolle im Haushalte der Organismen zuzuschreiben, wenn man auch noch keine sicheren Anhaltspunkte dafür besitzt, in welcher Richtung ihre Hauptbedeutung zu
suchen ist. W. Koch [1]) schlug als Gruppenbezeichnung für die lecithinartigen Stoffe, wozu auch das tierische Kephalin, Myelin usw. zählen, den
Namen „Lecithane" zu gebrauchen.

Nachdem bereits Vauquelin [2]) und andere ältere Chemiker phosphorhaltige fettartige Stoffe aus Gehirnsubstanz isoliert hatten, gewann
Gobley [3]) aus Eidotter eine phosphorhaltige Substanz, die er Lecithin
nannte; die reine unzersetzte Substanz wurde jedoch aus Eidotter erst
viel später durch Hoppe-Seyler [4]) isoliert. In Pflanzensamen wurde
Lecithin zuerst von Knop [5]) aufgefunden (1860) und an seinem Phosphor-
gehalte. als ein Analogon zu den Substanzen des tierischen Eigelb und
Gehirnes erkannt. Töpler [6]) stellte das allgemeine Vorkommen solcher
Stoffe in Pflanzensamen fest. Später hat Jacobsohn [7]) unter den Ver-
seifungsprodukten von Pflanzenfetten ein Zersetzungsprodukt des tierischen
Lecithin, das Cholin, ebenfalls aufgefunden. Heckel und Schlagdenhauffen [8]) gelang es, Gegenwart von Lecithin in zahlreichen Samen
wahrscheinlich zu machen. Von hohem Interesse war ferner der zuerst
von Hoppe-Seyler geführte Nachweis, daß auch der Chlorophyllfarbstoff
in die Reihe der lecithinartigen Substanzen zählen dürfte. Man fand
ferner Lecithin in Pilzen, Hefe (Hoppe-Seyler), Bakterien, wo immer
man danach suchte.

Die Lecithine sind in Äther löslich, doch findet man meist, daß
einfache Ätherextraktion dem Material nicht das ganze Lecithin entzieht;
erst eine nachfolgende Behandlung mit kochendem Alkohol pflegt annähernd das gesamte Lecithin in Lösung zu bringen. Hoppe-Seyler
meinte deshalb, daß das Eidotterlecithin sich in einer leicht zerstörbaren
Vitellinverbindung nativ vorfinde. Ebenso fanden Schulze und Steiger [9]).
daß der Phosphorgehalt des Ätherextraktes von Samen nicht immer gleich
hoch ausfällt und konstante Werte erst erhalten werden, wenn man eine

---

1) W. Koch, Zeitschr. physiol. Chem., Bd. XXXVII, p. 181 (1902). —
2) Vauquellin, Annal. chim., Tome LXXXI, p. 37 (1812); Gilberts Annal., Bd. XLI,
p. 355 (1812); Schweigg. Journ., Bd. VIII, p. 430 (1813). — 3) Gobley. Compt.
rend., Tome XXI, p. 766 (1845); Lieb. Ann., Bd. LX, p. 275 (1846). — 4) Hoppe-
Seyler, Mediz. chem. Unters., Heft 2, p. 216. — 5) W. Knop, Versuchstation.
Bd. I, p. 26 (1860). — 6) Töpler, Versuchstation., Bd. III, p. 85 (1861). —
7) H. Jacobsohn, Zeitschr. physiol. Chem., Bd. XIII, p. 32 (1899). Schon
1830 hatte A. Buchner, Schweigg. Journ. Chem., Bd. LX, p. 255 (1830), in Buch-
eckern Cholin aufgefunden, und es als ein dem Koniin nahestehendes Alkaloid
„Fagin" beschrieben. — 8) E. Heckel u. Fr. Schlagdenhauffen, Journ. pharm.
chim., Tome XV, p. 213 (1886). — 9) E. Schulze u. E. Steiger, Zeitschr. physiol.
Chem., Bd. XIII, p. 365 (1889).

Erschöpfung mit heißem absoluten Alkohol nachfolgen läßt. Die Eiweiß-
verbindungen der Lecithine oder Lecithoproteïne, Lecithalbumine hat später
LIEBERMANN [1]) aus verschiedenen tierischen Organen darzustellen versucht; sie sollen gegen verdünnte Alkalien recht resistent sein und durch
Auskochen mit Alkohol nur teilweise gespalten werden. Über pflanzliche Lecithalbumine fehlen noch Untersuchungen. Bemerkenswert ist
auch die Mitteilung von BING [2]), wonach es Lecithin-Kohlenhydratver-
bindungen, Lecithin-Glykosidverbindungen und Lecithin-Alkaloidverbin-
dungen gibt, die sich künstlich herstellen lassen.

Aus gepulverten Samen (Lupinen) stellt man nach SCHULZE [3]) Lecithin dar durch sukzessive Extraktion mit absolutem Äther und heißem
absoluten Alkohol. Die ätherischen und alkoholischen Extrakte werden
in einer Schale vereinigt, eingedunstet, mit Äther aufgenommen; der
Ätherextrakt wird filtriert, eingedunstet und nun zur Lecithinbestimmung
in dem bei 95⁰ getrockneten Rückstand der Phosphorgehalt bestimmt.
Der prozentische P-Gehalt war bei den Präparaten SCHULZES 3,67 bis
3,69 ⁰/₀. Kristallisiert kennt man Samenlecithine noch nicht. SCHULZES
Präparate waren amorph, gelblich gefärbt, in Wasser quellbar, löslich
in Äther und in warmem Alkohol. Für pflanzliche Lecithine wurde
auch die Ausfällung des Alkoholauszuges mit Cadmiumchlorid [BERGELL [4])]
durch SCHULZE und WINTERSTEIN mit Erfolg angewendet.

Die Lecithine quellen, wenn man sie als lufttrockene Massen mit
Wasser in Berührung bringt, zu den von zerstörten Nervenmarkscheiden
bekannten „Myelinformen" auf. Sie lassen sich in viel Wasser zu trüben
filtrierbaren Pseudolösungen zerteilen, aus welchen sie nach Art anderer
Kolloide und Suspensionen durch mehrwertige Ionen (Ca, Sr, Ba) als
gelatinöse Fällungen langsam abzuschneiden sind [5]). Nach LOISEL [6]) gibt
es eine Anzahl von Farbstoffen (Karmin, Gentianaviolett, Säurefuchsin,
Methylgrün, Hämatoxylin), welche wohl Lecithin, nicht aber Fett färben.
Zum mikrochemischen Lecithinnachweis wird Formalinhärtung, Alaun-
beize, Waschen mit Alkohol und Aceton, und Färbung mit einem jener
Farbstoffe empfohlen.

Mit verdünnten Säuren oder Alkalien erhitzt zerfallen die Lecithine
in Glyzerin, Phosphorsäure, Fettsäure und Cholin.

Das 1862 von STRECKER aus Galle isolierte Cholin wurde 1868
von WURTZ [7]) aus Trimethylamin und Äthylenoxyd synthetisch darge-

---

1) L. LIEBERMANN, Pflüg. Arch., 1893, p. 54, 573. Über Verbindungen
des Lecithins im Eidotter, vgl. E. LAVES, Naturforscher-Vers. Kassel, 1903, II,
1, p. 94. — 2) H. J. BING, Skandinav. Arch. f. Physiol, Bd. XI, p. 166 (1901).
— 3) E. SCHULZE u. E. STEIGER, Zeitschr. physiol. Chem., Bd. XIII, p. 365
(1889); SCHULZE u. A. LIKIERNIK, Ber. chem. Ges., Bd. XXIV. p. 71 (1891); Zeitschrift physiol. Chem., Bd. XV, p. 405 (1891); SCHULZE u. FRANKFURT, Landwirtsch. Versuchst., Bd. XLIII. p. 307 (1894); SCHULZE, Zeitschr. physiol. Chem.,
Bd. XX, p. 225 (1894); B. v. BITTÓ, ibid. Bd. XIX, p. 488 (1894); SCHULZE, Versuchstat., Bd. XLIX, p. 203 (1897); SCHULZE u. WINTERSTEIN, Zeitschr. physiol.
Chem., Bd. XL, p. 101 (1903). Ferner ist zu vergleichen F. BORDAS u. S. DE
RACZKOWSKI, Compt. rend., Tome CXXXIV, p. 1592 (1902) [Lecithinbestimmung
in Milch]. Gehirnlecithin: G. ZUELZER, Zeitschr. physiol. Chem., Bd. XXVII,
p. 255 (1899); H. JAECKLE, Zeitschr. Untersuch. Nahr. Genußm., Bd. V, p. 1062
(1902). — 4) F. BERGELL, Ber. chem. Ges., Bd. XXXIII, p. 2584 (1900); C. ULPIANI
(1901), Atti accad. Lincei (5), T. X, p. 368 (1901). — 5) W. KOCH, Ztschr. physiol.
Chem., Bd. XXXVII, p. 183 (1903). — 6) LOISEL, Compt. r. soc. biol., Tome LV,
p. 703 (1903). Vielleicht ist die WELMANNsche Reaktion mit Natriumphosphat-
molybdat bei Fetten auf Lecithin zu beziehen (SEILER u. VERDA, Chem. C., 1903,
Bd. I, p. 736). — 7) WURTZ, Compt. rend., Tome LXV, p. 1015 (1868); ferner
M. KRÜGER u. BERGELL, Ber. chem. Ges., Bd. XXXVI, p. 2901 (1903).

stellt. Es hat die Konstitution eines Oxyäthyl-Trimethylammonium-hydroxyds und ist eine vom Glykol ableitbare Ammoniumbase:

$$CH_2OH$$
$$|$$
$$CH_2 - N \cdot (CH_3)_3$$
$$|$$
$$OH$$

Es zerfällt in wässeriger Lösung gekocht in Glykol und Trimethylamin. Nach den vorhandenen Erfahrungen kommt es in verschiedenen Pflanzen-organen auch frei, neben Lecithin vor, ohne daß es jedesmal als Lecithin-spaltungsprodukt aufgefaßt werden müßte [1]. Von Cholinverbindungen, die in jedem Zellplasma vorkommen, unterscheidet STRUVE [2] außer dem ätherlöslichen Lecithin noch wasserlösliche Cholinverbindungen und ferner in Äther, Alkohol, Wasser unlösliche Cholineiweißverbindungen, deren Existenz bei Pflanzen übrigens noch nachzuweisen bleibt. Vielfach ist die Gegenwart einer dem Cholin nahestehenden, von LIEBREICH [3] aus dem Cholin künstlich dargestellten Base: Betain oder Oxyneurin, kon-statiert worden [4]. Betain ist Trimethylaminoessigsäure:

$$COO$$
$$|\qquad \searrow$$
$$CH_2 - N(CH_3)_3$$

und entsteht aus Cholin durch Oxydation und Wasserverlust. Es er-hielt seinen Namen nach dem ersten Fundort, der Zuckerrübe. Cholin wird mit Hilfe seines Goldchloriddoppelsalzes isoliert. Man extrahiert nach SCHULZE das Material mit Alkohol, dampft den Alkoholextrakt ein, nimmt den Rückstand mit Wasser auf und fällt die Lösung mit Blei-essig. Das Cholin ist im Filtrate vom Bleiniederschlage zu finden. Das Filtrat wird entbleit, eingedampft; den Rückstand nimmt man mit HCl-haltigem Alkohol auf, filtriert und fällt mit $HgCl_2$. Hier wird das Cholin gefällt. Man extrahiert nun den Hg-Niederschlag mit heißem Wasser (wobei das Cholinsalz in Lösung geht), zerlegt das Filtrat mit SH_2, filtriert vom HgS ab, engt ein und fällt nun mit $AuCl_3$. Die Cholingoldchloridverbindung hat 44,43 % Au. Auch mit Kaliumwismut-jodid läßt sich Cholin gut ausfällen [JAHNS [5]]. Cholin ist sehr hygro-skopisch und eine ziemlich starke Base.

In den Lecithinen ist das Cholin nachweislich gebunden an einen Phosphorsäurerest, welcher andererseits mit Glyzerin verbunden ist (Gly-zerinphosphorsäure). Nach Spaltung dieser Bindung läßt sich Cholin auch durch die FLORENCEsche Reaktion [6] nachweisen [Entstehung brann-

1) E. SCHULZE, Zeitschr. physiol. Chem., Bd. XII, p. 414 (1888); Bd. XVII, p. 140, 193 (1892); BOEHM, Arch. exp. Pathol., Bd. XIX, p. 60; P. GRIESS u. G. HARROW, Ber. chem. Ges., Bd. XVIII, p. 717; JAHNS, ibid. p. 2520. Zur Chemie d. Cho-lins: G. NOTHNAGEL, Arch. Pharm., Bd. 232, p. 261 (1894); E. SCHMIDT, Arch. Pharm., Bd. CCXXIX, p. 467 (1891). — 2) H. STRUVE, Lieb. Ann.. Bd. CCCXXX, p. 374 (1903). — 3) O. LIEBREICH, Ber. chem. Ges., Bd. II, p. 13 (1869), ib. p. 167; Bd. III, p. 761 (1870). — 4) Betain: C. SCHEIBLER, Ber. chem. Ges., Bd. III, p. 155 (1870); LIEBREICH, ibid. p. 161; HUSEMANN, Arch. Pharm., Bd. III, p. 216 (1875), zeigte die Identität des Lycin aus Lycium mit Betain; E. SCHULZE u. A. URICH, Versuchstat., Bd. XVIII, p. 409 (1875); R. FRÜHLING u. J. SCHULZ, Ber. chem. Ges., Bd. X, p. 1070 (1877); H. RITTHAUSEN u. F. WEGER, Journ. prakt. Chem., Bd. XXX, p. 32 (1884); V. STANEK, Chem. Centr., 1902, Bd. I, p. 1050; 1903, Bd. II, p. 24; WILLSTÄTTER, Ber. chem. Ges., Bd. XXXV, p. 2700 (1902). Darstellung von Betain aus Melasse: K. ANDRLIK, Chem. C., 1904, Bd. II, p. 309. Über das im Pflanzenreich noch nicht gefundene nahestehende Neurin, vgl. bes. WL. GULEWITSCH, Ztschr. physiol. Chem., Bd. XXVI, p. 175 (1898). — 5) E. JAHNS, Arch. Pharm., Bd. CCXXXV, p. 161 (1897). — 6) Hierzu: H. STRUVE, Zeitschr. analyt. Chem., Bd. XXXIX, p. 1 (1900).

schwarzer feiner Kriställchen beim Behandeln einer auf dem Objekt-
träger eingetrockneten Probe mit starker Jodkalilösung (2 T. Jod, 6 T.
KJ, 100 H_2O)]. Auch Neurin, Betaïn, Muskarin, ferner aber auch
Purinbasen geben diese Reaktion.

Die Glyzerinphosphorsäure, der Paarling des Cholins im Lecithin-
molekül, wird durch alkoholische Laugen, Natriumalkoholat, Barytwasser,
aus Lecithinen leicht erhalten und kann durch Erhitzen von Glyzerin
mit Phosphorsäure auf 180° auch synthetisch dargestellt werden[1]). Sie
hat die Konstitution: $CH_2OH — CHOH — CH_2 \cdot O \cdot PO_3H_2$. Sie stellt
eine sirupöse Flüssigkeit dar, wird schon beim Erhitzen mit Wasser in
Glyzerin und H_3PO_4 gespalten; ihr Kalksalz ist in heißem Wasser
schwerer löslich als in kaltem, und scheidet sich beim Kochen in glänzenden Blättchen aus. Das Zinksalz enthält 15,97 % Zink.

An das Glyzerin sind nun in den Lecithinen noch zwei Säurereste
geknüpft. SCHULZE und LIKIERNIK[2]) wiesen in ihren Lecithinpräpa-
raten Ölsäure und feste Fettsäuren nach; letztere dürften teils Palmitin-,
teils Stearinsäure sein. Ob in den pflanzlichen Lecithinen Mischglyzeride
oder Dioleyl-, Dipalmityl- und Distearyllecithine vorliegen, bleibt noch
festzustellen. Dioleyllecithin verlangt theoretisch 3,86 % P, Dipalmi-
tyllecithin 4.12 % und Distearyllecithin 3,84 % P. Ausgeschlossen ist
es nicht, daß noch andere Fettsäuren als Konstituenten von Lecithinen
sichergestellt werden. Nach dem Cadmiumverfahren gelang es ULPIANI[3]),
aus Eigelb ein Lecithin zu gewinnen, dessen Fettsäuren zu 91,5 % aus
Ölsäure bestanden; es soll sich hier ferner aber auch um ein Oleo-
distearyllecithin handeln. COUSIN[4]) isolierte aus dem Eidotterlecithin
außer Ölsäure (33 %) und Stearinsäure (14,2 %) noch Palmitinsäure
(28,5 %) und Linolsäure (24 %).

Als Konstitutionsschema für die Lecithine kann das Distearyllecithin dienen:

$$CH_2 — O — CO \cdot C_{17}H_{35} \qquad OH$$
$$|$$
$$CH — O — CO \cdot C_{17}H_{35} \qquad CH_2N(CH_3)_3$$
$$|$$
$$CH_2 — O — PO \cdot OH — O — CH_2$$

DIAKONOW[5]) hatte in seiner verdienstvollen Arbeit über die Lecithine angenommen, daß das Lecithin ein Cholinsalz darstelle. HUNDES-
HAGEN[6]) gelang es, das saure distearylglyzerinphosphorsaure Cholin synthetisch darzustellen und zu zeigen, daß diese Substanz vom Lecithin

M. VERTUN, Centr. Physiol., Bd. XIV, p. 169 (1900); D. DAWIDOW, Zeitschr.
wissensch. Mikr., Bd. XVIII, p. 81 (1900); N. BOCARIUS, Zeitschr. physiol. Chem.,
Bd. XXXIV, p. 339 (1901); M. RICHTER, Wien. klin. Wochenschr., 1897, No. 24.
1) Über Glyzerinphosphorsäure: PORTES u. PRUNIER, Journ. pharm. chim.
(5), Tome XXIX, p. 393 (1894); DELAGE u. GAILLARD, Chem. Centr., 1896, Bd. II,
p. 125; ADRIAN u. TRILLAT, Journ. pharm. chim., (6), Tome VI, p. 481 (1897);
Tome VII, p. 163 (1898), p. 225; Bull. soc. chim. (3), Tome XIX, p. 263 (1898);
Compt. rend., Tome CXXVI, p. 1215 (1898); IMBERT u. BELUGOU, Compt. rend.,
Tome CXXV, p. 1040 (1897); A. ASTRUC, Journ. pharm. chim. (6), Tome VII, p. 5
(1898); FALIÈRES, ibid. p. 234; A. LUMIÈRE u. PERRIN, Compt. rend., Tome
CXXXIII, p. 643 (1901); CARRÉ, Compt. r., Tome CXXXVIII, p. 47 (1904). —
2) E. SCHULZE u. A. LIKIERNIK, Zeitschr. physiol. Chem., Bd. XV, . 413 (1891).
— 3) C. ULPIANI, Atti accad. Lincei (5), Vol. X, p. 421 (1901). — 4) H. COUSIN,
Compt. r., Tome CXXXVII, p. 68 (1903). — 5) DIAKONOW, Centr. med. Wissensch.,
1868, p. 434; Med. m. Unters. (HOPPE-SEYLER), 1868, p. 405. — 6) HUNDES-
HAGEN, Journ. prakt. Chem., Bd. XXVIII, p. 219 (1883).

verschieden ist. Das Lecithin ist daher, wie schon STRECKER [1]) sich
geäußert hatte, als Cholinester aufzufassen, was GILSON [2]) zuletzt bestätigt hat. Verdünnte Schwefelsäure spaltet das Lecithin langsam nach
Esterart unter Bildung freier Phosphorsäure. Hierbei geht das Cholin
leicht über in Neurin oder Trimethylvinylammoniumhydroxyd:

$$CH_2 = CH$$

$$N \cdot (CH_3)_3$$

$$OH$$

eine toxisch wirksame, bei der Fäulniß beobachtete Substanz, welche
jedoch in Pflanzen sonst noch nicht gefunden wurde [3]). Die obige
STRECKERsche Lecithinformel hat auch eine weitere Stütze durch die
Feststellung ULPIANIs erfahren, daß Dotterlecithine optisch aktiv (rechtsdrehend) sind: das C-Atom der mittleren Kette ist also in der Tat ein
asymmetrisches Kohlenstoffatom.

Wenn wir auch Grund zur Vermutung haben, daß die Lecithine
sehr wichtige Plasmabestandteile darstellen dürften, so können wir doch
noch wenig bestimmte Funktionen für diese Stoffe namhaft machen.
Möglich ist es, daß die Lecithine, wie OVERTON [4]) näher dargelegt hat,
hervorragenden Anteil an der Zusammensetzung und den osmotischen
Eigenschaften der Plasmahaut nehmen und so die merkwürdige von
OVERTON aufgefundene gesetzmäßige Auswahl unter den diosmierenden
Substanzen bewirken. Die Lecithine dürften ferner in Beziehung zur
Chlorophyllbildung stehen [STOKLASA [5])] und somit auch für die Kohlen-
säureassimilation große Bedeutung haben.

Hingegen kann die Annahme von LOEW [6]), daß die Verbrennung
der höheren Fettsäuren in Form von Lecithin stattfinden und daß die
Hauptbedeutung der Lecithine im Atmungsprozesse liege, nach dem
bisher Bekannten nicht als sicher angesehen werden. Nach den Eest-
stellungen MAXWELLS [7]) und STOKLASAS vermehrt sich das Lecithin bei
der normalen Keimung am Licht stetig mit dem Heranwachsen der
Pflanzen, und ein Verbrauch läßt sich im Gegensatz zu den Fetten
nicht nachweisen.

§ 2.
Lecithine in Samen.

Im Samen haben sich Lecithine allenthalben nachweisen lassen.
Besonders SCHULZE und seinen Schülern [8]) verdankt man eine große
Zahl von Lecithinbestimmungen.

1) STRECKER, Lieb. Annal., Bd. CXLVIII, p. 77 (1868). — 2) E. GILSON,
Zeitschr. physiol. Chem., Bd. XII, p. 585 (1888). — 3) Über Neurin bes. W. GULE-
WITSCH, Zeitschr. physiol. Chem., Bd. XXVI, p. 175 (1898). — 4) OVERTON, Viertel-
jahrschr. naturforsch. Ges. Zürich, Bd. XLIV, p. 88 (1899); Jahrb. wiss. Bot.,
Bd. XXXIV, p. 669 (1900); Zeitschr. physikal. Chem., Bd. XXII, p. 189 (1897). —
5) J. STOKLASA. Ber. chem. Ges., Bd. XXIX, III, p. 2761 (1896); Zeitschr. physiol.
Chem., Bd. XXV, p. 398 (1898); Sitzungsber. Wien. Ak., Bd. CIV, I, Okt. 1896, Bd.
CIV, I, Juli 1895. Die in der letztgenannten Arbeit angeführten Versuche, welche die
Resorption von Lecithin durch Wurzeln in Wasserkultur beweisen sollen, sind nicht
einwandfrei, indem die Resorption von Spaltungsprodukten (Glyzerinphosphorsäure,
Phosphorsäure) nicht ausgeschlossen ist. — 6) O. LOEW, Biolog. Centr., Bd. XI,
p. 269 (1891). — 7) W. MAXWELL, Just. 1890, Bd. I, p. 46; Americ. chem. Journ.,
Vol. XIII, p. 16 u. 428 (1891). — 8) SCHULZE u. FRANKFURT, Landw. Versuchstat.,
Bd. XLIII, p. 307 (1894); MERLIS u. SCHULZE, Versuchstat., Bd. XLVIII, p. 305 (1897).

Man erhält die Lecithinmenge durch Bestimmung der ätherlöslichen Phosphorsäure als Pyrophosphat und Multiplikation der gefundenen Pyrophosphatmenge mit dem Faktor 7,2703. Von diesen Resultaten seien nachstehende Zahlen (in Prozenten der Trockensubstanz ausgedrückte Lecithinmengen) angeführt:

Lupinus luteus	1,55—1,59 Proz.
Glycine hispida	1,64 „
Vicia sativa	1,22—0,74 „
Pisum sativum	1,23
„ „ unreif	0,50
Lens esculenta	1,20
Vicia Faba	0,81
Cannabis sativa	0,88
Cucurbita Pepo geschält	0,43
Sesamum indicum	0,56
Triticum vulgare	0,65
„ Keim allein	1,55
Secale cereale	0,57
Hordeum distichum	0,74
Zea mays gelb	0,25
„ „ weiß	0,28
Fagopyrum esculentum geschält .	0,47
Linum usitatissimum	0,88
Helianthus annuus geschält . . .	0,44
Papaver somniferum	0,25

MERLIS gab folgende Werte an:

Blaue Lupine geschält I	2,19 Proz.	Mais	0,25 Proz.
II	2,20 „	Buchweizen . . .	0,53 „
Gelbe Lupine . . .	1,64 „	Lein	0,73 „
Wicke	1,09 „	Hanf	0,85 „
Erbse	1,05 „	Kiefer	0,49 „
Weizen	0,43 „	Fichte	0,27 „
Gerste	0,47 „	Weißtanne . . .	0,11 „

v. BITTO[1]), welcher das Material oftmals mit Methylalkohol auskochte, gibt teilweise höhere Zahlen an:

Capsicum annuum .	1,85 Proz.	Triticum vulgare . .	0,49 Proz.
Vicia sativa . . .	1,78 „	Secale cereale . . .	0,68 „
Lupinus luteus . .	2,09 „	Hordeum vulgare . .	0,68 „
Glycine hispida . .	2,03 „	Zea Mays gelb . .	0,48 „

Man kann die Lecithinbestimmung auch dazu benutzen, um das Fett durch Abzug des berechneten Lecithins „lecithinfrei" in Rechnung zu stellen[2]), was angesichts der nicht unbedeutenden Lecithinmengen empfehlenswert erscheint, besonders bei fettarmen Samen. So liefert z. B. Faba oder Erbse 2 Proz. Ätherextrakt und enthält dabei 1,2 bis 1,3 Proz. Lecithin.

---

1) B. v. BITTÓ, Zeitschr. physiol. Chem., Bd. XIX, p. 489 (1894). Vergl. ferner auch die Bestimmungen von HECKEL u. SCHLAGDENHAUFFEN, Compt. rend., Tome CIII, p. 388; SCHLAGDENHAUFFEN u. REEB, Compt. rend., Tome CXXXV, p. 295 (1902); auch A. STELLWAG, Versuchstat., Bd. XXXVII, p. 135 (1890), wo jedoch auffällig hohe Werte angegeben werden. — 2) SCHULZE u. LIKIERNIK, l. c.; MAXWELL, Chem. Centr., 1891, Bd. I, p. 374.

Aus den angeführten Daten ist zu ersehen, daß mit höherem Fettgehalte des Nährgewebes kein höherer Lecithingehalt verbunden ist. Es ist jedoch in weiteren Analysen darauf Bedacht zu nehmen, daß Keimling und Endosperm gesondert zu untersuchen wären. So enthält der Weizenkeim mehr als doppelt so viel Lecithin als das Weizenendosperm. Man darf daraus vielleicht den Schluß ziehen, daß das Lecithin in den plasmatischen Organen besonders reichlich zu finden ist und nicht diffus in Gemeinschaft mit dem Fett in den Nährgewebszellen vorkommt.

STOKLASAS Meinung [1]), daß der Lecithingehalt eiweißreicher Samen größer sei, als der Lecithingehalt eiweißärmerer Samen, ist im allgemeinen richtig:

	Fett	Lecithin	Eiweiß
Triticum vulgare	1,85	0,65	12,04
Zea Mays	4,36	0,28	9,12
Fagopyrum esculentum geschält	1,90	0,47	10,18
Pisum sativum	1,89	1,23	28,15
Vicia Faba	1,68	0,81	25,81
Lupinus luteus	4,38	1,59	38,25
Glycine hispida	14,03	1,64	32,18
Linum usitatissimum . . .	33,64	0,88	22,57
Papaver somniferum . . .	40,79	0,25	19,53
Cannabis sativa	32,58	0,88	18,23
Helianthus annuus . . .	32,26	0,44	14,22

Ein bestimmter Schluß läßt sich daraus jedoch nicht ziehen.

Cholin, das Spaltungsprodukt der Lecithine, sowie das nahe verwandte Betaïn sind mehrfach in Samen nachgewiesen. Das „Fagin" der Buchensamen der älteren Autoren [HERBERGER [2])] ist mit Cholin identisch. Cholin ist u. a. aufgefunden in Fagus, Gossypium [BOEHM [3])], Strophanthus [THOMS [3])], Hopfen [GRIESS und HARROW [3])], in den Köpfchen von Artemisia Cina [JAHNS [3])]; in Lupinen, Soja, Kürbis und Vicia wurde Cholin durch SCHULZE [3]) nachgewiesen; in Hanf und Trigonella foenum graecum fand JAHNS [3]) Cholin; auch bei Areca, Arachis, Lens, Robinia, Lathyrus, Pimpinella Anisum wies JAHNS Cholin nach. In Malz und in Weizenkeimen entdeckten es SCHULZE und FRANKFURT [4]). Betaïn fand sich bei Artemisia Cina, in Viciasamen, bei Lathyrus sativus und Cicer arietinum, in Gossypiumsamen [RITTHAUSEN [5])]. Es sei auch erwähnt, daß SCHLAGDENHAUFFEN und REEB [6]) in der Asche des Petrolätherextraktes von Samen häufig etwas Ca und Mn-Phosphat fanden; möglicherweise gibt es komplexe Lecithine, welche das Cholin teilweise durch Ca oder Mn substituiert haben. Daß Cholin und Betaïn

1) STOKLASA, Sitzungsber. Wien. Akad., Bd. CIV, I, p. 617 (1896). — 2) HERBERGER, Berzelius' Jahresbericht, Bd. XII, p. 273 (1833). — 3) BOEHM, Arch. exp. Pathol., Bd. XIX, p. 60, 87; H. THOMS, Ber. chem. Ges., Bd. XXXI, Heft 3 (1898); P. GRIESS u. G. HARROW, Ber. chem. Ges., Bd. XVIII, p. 717 (1885); E. JAHNS, Ber. chem. Ges., Bd. XXVI, II, p. 1493 (1893); E. SCHULZE, Zeitschr. physiol. Chem., Bd. XI, p. 365 (1887); Bd. XII, p. 405, 414 (1888); Bd. XVII, p. 193 (1892); Ber. chem. Ges., Bd. XXII, p. 1827 (1889); Landw. Versuchsstat., Bd. XLVI, p. 383 (1895); JAHNS, Ber. chem. Ges., Bd. XVIII, p. 2590 (1887); Bd. XXIII, p. 2972 (1890): Arch. Pharm., Bd. CCXXXV, p. 151 (1897). — 4) SCHULZE u. FRANKFURT, Ber. chem. Ges., Bd. XXVI, p. 2151 (1893); SCHULZE, FRANKFURT u. WINTERSTEIN, Landw. Versuchsstat., Bd. XLVI, Heft 1 (1895). — 5) RITTHAUSEN u. WEGER, Journ. prakt. Chem., Bd. XXX, p. 32 (1884); MAXWELL, Americ. chem. journ., Vol. XCIII, p. 469. — 6) S. Ann. 1, p. 237.

nicht erst beim Verarbeiten des Samenmaterials entstehen, sondern präformiert vorkommen, hat SCHULZE[1]) speziell gezeigt.

Während der Samenreife vermehrt sich der Lecithingehalt der Samen. In unreifen Erbsen fanden SCHULZE und FRANKFURT[2]) 0,5 % Lecithin, in reifen Samen 1,23 %.

Bei der normalen Keimung im Lichtgenusse vermehrt sich, wie zuerst MAXWELL[3]) feststellte, der Lecithingehalt noch weiter. Bei Phaseolus stellte sich das Verhältnis des Lecithins in ungekeimten Samen zu Keimlingen wie 100 : 159. STOKLASA[4]) fand in ungekeimten Rübensamen 0,45 % Lecithin, während 5tägige Keimlinge in nährstofffreier Sandkultur 5,22 % enthielten. Das Lecithin ist daher durchaus kein Reservestoff. Für keimende Gerste konnte WALLERSTEIN[5]) ebenfalls erhebliche Lecithinvermehrung in den späteren Entwicklungsstadien sicherstellen. Nach 9 Tagen war die Lecithinmenge von 3,06 % der Fettmenge auf 5,04 % gestiegen. In den isolierten Keimen betrug die Lecithinmenge 11,99 %. Weitere Versuche von STOKLASA ergaben für ruhende Betasamen 0,45 % der Trockensubstanz Lecithin, nach 9 Tagen Keimung (Kotyledonen noch in der Samenschale verborgen) 1,78 %. Für Buchweizen wurde gefunden: ruhende Samen 0,51 %, 8tägige (nicht grüne) Keimlinge 1,03 %.

Bei Entwicklung der Keimlinge unter Lichtentziehung wird der Lecithingehalt in den Keimpflanzen vermindert. Nach SCHULZE und FRANKFURT enthalten Wickensamen 0,74—1,22 % Lecithin, etiolierte junge Wickenpflanzen 0,86 %. STOKLASA fand für 10tägige Betakeimlinge: etiolierte Pflanzen 0,84 % Lecithin; grüne Pflanzen 1,47 % Lecithin. Für Erbsenkeimlinge war der Lecithingehalt bei etiolierten 0,38 %, bei grünen Keimlingen 0,69 %. Bei etiolierter Vicia fand PRIANISCHNIKOFF[6]) die Abnahme des Lecithin in folgender Progression:

	Ungekeimter Samen	10tägige	20tägige Keimlinge
% Lecithin	1,08	0,58	0,54

MERLIS[7]) verfolgte die absolute Verminderung des Lecithins in etiolierten Keimlingen von Lupinus angustifolius und fand in 15tägigen Keimlingen 1,14 % Lecithin, während ungekeimte Samen 2,20 % enthielten. Auch ZALESKI[8]) sowie IWANOFF[9]) kamen zu analogen Ergebnissen. Mit diesem Lecithinzerfall steht wohl die von SCHULZE nachgewiesene reichliche Gegenwart von Cholin in etiolierten Keimlingen im Zusammenhange.

Im Gegensatze zu allen diesen Befunden steht die von FRANKFURT[10]) beobachtete Lecithinvermehrung in etiolierten Helianthuskeimlingen gegenüber ungekeimten Samen.

1) E. SCHULZE, Zeitschr. physiol. Chem., Bd. XV. p. 140 (1891). — 2) S. Anm. 8, p. 156. — 3) S. Anm. 7, p. 156. — 4) S. Anm. 5, p. 156. — 5) M. WALLERSTEIN, Chem. Centr., 1897, Bd. I, p. 63. — 6) PRIANISCHNIKOFF, Eiweißzerfall bei der Keimung (1895), russisch. — 7) MERLIS, Landw. Versuchstat., Bd. XLVIII (1897); vgl. auch SCHULZE u. WINTERSTEIN, Zeitschr. physiol. Chem., Bd. XL. p. 116 (1903). — 8) ZALESKI, Ber. bot. Ges., Bd. XX, p. 426 (1902). — 9) IWANOFF, zit. bei Zaleski. — 10) FRANKFURT, Landw. Versuchstat., Bd. XLIII. p. 175 (1894).

§ 3.
Lecithine in anderen Teilen von Phanerogamen.

Daß Lecithine nicht nur in Samen, sondern auch in anderen Organen höherer Pflanzen regelmäßig vorkommen dürften, wird durch viele Befunde wahrscheinlich gemacht.

Sie sind in unterirdischen Reservestoffbehältern mehrfach konstatiert: in der Zuckerrübe von LIPPMANN[1]), in der Althaeawurzel von ORLOW[2]). Das Cholin ist aufgefunden in der Ipecacuanhawurzel [KUNZ[3])], Belladonnawurzel [KUNZ[4])], Kalmusrhizom [KUNZ[5])]; ferner in Kartoffelknollen [SCHULZE[6])]. Das Betaïn wurde im Rübensaft durch SCHEIBLER[7]) überhaupt zum ersten Male aufgefunden; v. PLANTA[8]) fand es in den Knollen von Stachys tuberifera, ORLOW[9]) in der Wurzel von Althaea.

Eine merkwürdige mit dem Betaïn verwandte Base fanden PLANTA und SCHULZE[10]) in den Stachysknollen zuerst auf: das Stachydrin. JAHNS[11]) entdeckte dieselbe Substanz in den Blättern von Citrus vulgaris. In den Arbeiten der genannten Forscher ist das Nähere über die Darstellungsweise dieses betaïnartigen Stoffes nachzusehen. Stachydrin $C_7H_{13}NO_2 + H_2O$ spaltet mit konzentrierter Lauge gekocht Dimethylamin ab, und dürfte nach JAHNS die Konstitution $C_4H_6 \cdot N(CH_3)_2 \cdot COOH$ besitzen; es wäre dann ein Derivat der Angelikasäure.

Auch in Laubsprossen und Laubknospen sind mehrfach Lecithine nachgewiesen. SHOREY[12]) isolierte Lecithin aus Zuckerrohr. In Knospen fand bereits HOPPE-SEYLER[13]) Lecithin auf, und nach STOKLASA[14]) enthalten die Laubknospen von Aesculus 0,46 % der Trockensubstanz an Lecithin (entwickelte Blätter 0,94 %), die Fraxinusknospen 0,32 % (entwickelte Blätter 0,78 %).

Nach HANAI[15]) verlieren die alten Theablätter im Frühling einen Teil ihres Lecithins, während die jungen Blätter während ihres Wachstums an Lecithingehalt zunehmen. Auch in der Rinde von Prunus Cerasus soll im Frühling Lecithinverminderung erfolgen. Die Vermutung HANAIS, daß das Lecithin als Reservestoff aufzufassen ist, wird durch diese Tatsachen noch nicht unmittelbar bewiesen.

Cholin wurde als Lecithinspaltungsprodukt von JAHNS[16]) außerordentlich verbreitet in Stengeln, Blättern, Blüten, Rinden, Früchten verschiedener Pflanzen nachgewiesen. Auch ist nach diesem Forscher das von BOMBELON in Capsella bursa pastoris gefundene Alkaloid „Bursin" nichts anderes als Cholin. STRUVE[17]) fand Cholin in den Blattstielen

---

1) E. O. v. LIPPMANN, Ber. chem. Ges., Bd. XX, p. 3201 (1887). — 2) N. ORLOW, Just, 1900, Bd. II, p. 49. — 3) KUNZ, Arch. Pharm. (3), Bd. XXV, Heft 11. — 4) H. KUNZ, Arch. Pharm. (3), Bd. XXIII, p. 721 (1886). — 5) KUNZ, Arch. Pharm., Bd. CCXXVI, p. 529 (1888). — 6) SCHULZE, FRANKFURT u. WINTERSTEIN, Landw. Versuchstat., Bd. XLVI, Heft 1. — 7) C. SCHEIBLER, Ber. chem. Ges., Bd. II, p. 292 (1869); FRÜHLING u. J. SCHULTZ, ibid., Bd. X, p. 1071 (1877); SCHULZE u. URICH, Landw. Versuchstat., Bd. XVIII, p. 296 (1875); ANDRLIK, VELICH u. STANĚK, Biochem. Centr., 1903, Ref. No. 648. — 8) v. PLANTA, Ber. chem. Ges., Bd. XXIII, p. 1699 (1890). — 9) ORLOW, Just, 1897, Bd. II, p. 102; Chem. Centr., 1898, Bd. I, p. 37. — 10) A. v. PLANTA u. E. SCHULZE, Ber. chem. Ges., Bd. XXVI, p. 939 (1893); Bd. XXIII, p. 1699 (1890). — 11) E. JAHNS, ibid., Bd. XXIX, p. 2065 (1896). — 12) E. C. SHOREY, Journ. Americ. chem. soc., Vol. XX, p. 113 (1898). — 13) HOPPE-SEYLER, Med.-chem. Untersuch., l. c. — 14) STOKLASA, Sitzungsber. Wien. Akad., Bd. CIV, I, p. 620 (1896). — 15) T. HANAI, Bull. Agric. Coll. Tokyo Vol., II, p. 503 (1897). — 16) JAHNS, Arch. Pharm., CCXXXV, p. 151 (1897). — 17) STRUVE, Zeitschr. analyt. Chem., Bd. XLI, p. 544 (1903).

von Vitis, KUNZ-KRAUSE[1]) in Holz und Blättern von Fabiana imbricata, sowie in den Blättern von Ilex paraguayensis.

Betaïn fand NAYLOR[2]) in der Cascarillarinde auf.

Im Pollen wurde Lecithin durch STOKLASA[3]) nachgewiesen. Apfelbaumpollen enthält nach diesem Autor 5,16 %, Betapollen 6,04 % Lecithin. Demnach wäre der Pollen auffallend reich an Lecithin.

Trimethylamin, welches sich bei vielen Pflanzen durch den Geruch verrät: Chenopodium Vulvaria [DESSAIGNES[4])] Pomaceenblüten (Crataegus[5]), Pirus, Sorbus) Fagussamen, Arnica montana, Mercurialis annua u. a. ist wohl kaum anders aufzufassen, als ein Zersetzungsprodukt des Cholins, wenn es in diesen Fällen frei in den Pflanzen vorkommt. Andere Amine (Äthylamin, Dimethylamin), die man in faulenden Pflanzen fand, entstammen vielleicht bakteriellem Eiweißabbau. Methylamin kommt hingegen nativ vor in Beta und Mercurialis [SCHMIDT[6])]. Bei der Destillation von Camphorosma monspeliaca mit Kalilauge wurde Propylamin erhalten[7]).

Noch zu untersuchen ist die Ursache des spermaartigen Geruches der männlichen Blüten von Castanea vesca, welche wohl auch in einer Base aus der Cholingruppe zu suchen sein dürfte.

§ 4.
Lecithine bei Pilzen und Bakterien.

Die Gegenwart von Lecithinen darf auch für die höheren Pilze als verbreitet nachgewiesen gelten. Die vorhandene Menge scheint mit den bei Phanerogamen gefundenen Verhältnissen übereinzustimmen. SCHULZE und FRANKFURT[8]) geben für Psalliota campestris 0,32 %, für Boletus edulis 1,94 % Lecithin an. Für Penicillium, Aspergillus und Mucor hat SIEBER[9]) das Vorhandensein von Lecithin wahrscheinlich gemacht. FRITSCH[10]) wies Lecithin auch in Polysaccum pisocarpium nach. Cholin ist ebenfalls nicht selten sichergestellt worden. Im Mutterkorn wurde es von BRIEGER[11]) konstatiert; das daselbst vorkommende Trimethylamin dürfte wohl ein Zersetzungsprodukt des Cholin sein. Nach einer älteren Angabe [WENZELL[11])] kommt auch Propylamin im Mutterkorn vor: doch ist dies wohl eine Verwechslung mit dem früher für Propylamin gehaltenen Trimethylamin. Ferner fand BOEHM[12]) in Boletus luridus und Amanita pantherina Cholin (0,1 % der Trockensubstanz), BOEHM und KÜLZ[13]) auch in Helvella esculenta. Mit Cholin ist das von BOEHM[14]) früher angegebene „Luridocholin" aus Boletus luridus identisch, ebenso das Amanitin aus Fliegenpilz[15]).

1) H. KUNZ-KRAUSE, Arch. Pharm., Bd. CCXXXI, p. 613 (1893); Bd. CCXXXVII, p. 1 (1899). — 2) NAYLOR, Pharm. J. Tr., 4. Ser., 1898, No. 1447. — 3) S. Anm. 1, p. 158. — 4) DESSAIGNES, Compt. rend., Tome XXXIII, p. 358; Bd. XLIII, p. 670; Lieb. Ann., Bd. LXXXI, p. 106 (1852). — 5) W. WICKE, Lieb. Ann., Bd. XCI, p. 121 (1854). — 6) SCHMIDT, Lieb. Ann., Bd. CXCIII, p. 73 (1877) (= „Mercurialin"). — 7) SCHIMMEL, Chem. Centr., 1902, Bd. II, p. 1207. — 8) S. Anm. 8, p. 156. — 9) N. SIEBER, Journ. prakt. Chem., Bd. XXIII, p. 412 (1881). — 10) R. FRITSCH, Arch. Pharm. (1889), p. 193; über Pilzlecithin auch A. LIETZ, Dissert., Dorpat, 1893. — 11) L. BRIEGER, Zeitschr. physiol. Chem., Bd. XI, p. 184 (1887); WENZELL, Jahresber. Chem., 1864, p. 14. — 12) R. BOEHM, Arch. exp. Pathol., Bd. XIX, p. 60 (1885). — 13) BOEHM u. KÜLZ, ebenda, p. 403. 14) BOEHM, Arch. Pharm., Bd. CCXXII, p. 159 (1884). — 15) SCHMIEDEBERG u. HARNACK, Arch. exp. Path., Bd. VI, p. 101 (1876).

Mit dem Cholin in naher Beziehung steht auch das giftige Alkaloid des Fliegenschwammes, das Muskarin, welches SCHMIEDEBERG und HOPPE[1]) darzustellen gelehrt haben. BÖHM[2]) fand es auch in Amanita pantherina und Boletus luridus in kleiner Menge auf. HARNACK[3]) zeigte, daß Muskarin beim Erhitzen Trimethylamin liefert und ein Atom Sauerstoff mehr hat als Cholin. SCHMIEDEBERG und HARNACK[4]) stellten das Muskarin auch durch Oxydation des Cholin dar; am besten behandelt man zu diesem Zwecke Cholinplatinchlorid mit konzentrierter Salpetersäure. Muskarin wird gewöhnlich betrachtet als Aldehyd:

$$\begin{array}{l} CHO \\ | \\ CH_2 - N(CH_3)_3 \quad (= C_5H_{15}NO_3.) \\ \\ OH \end{array}$$

Es ist auch wieder zu Cholin reduzierbar. Freies Muskarin ist eine starke Base, an der Luft rasch zerfließlich.

In Hefe wurde Lecithin zuerst von HOPPE-SEYLER aufgefunden[5]). 81 g Bierhefe lieferten ihm 0,2545 g Lecithin. Es wurde daraus auch Glyzerinphosphorsäure und Cholin dargestellt. Nach KOCH[6]) scheint das Hefelecithin Ähnlichkeit mit dem Kephalin aus Gehirn zu haben:

	P %	CH$_2$ %	Verhältnis P : CH$_2$
Lecithin aus Eiern	3,9	5,8	1 : 3,1
Lecithine aus Gerste	2,4	3,7	1 : 3,1
„ „ Malz	2,3	3,2	1 : 2,9
„ „ Hefe	3,6	2,4	1 : 1,3
Kephalin aus Gehirn	3,8	1.7	1 : 1,0

Zuletzt wurde das Hefelecithin durch SEDLMAYR[7]) ausführlich untersucht und nachgewiesen, daß es sich hier um ein Dipalmityl-Cholinlecithin handelt. SEDLMAYR hält es für wahrscheinlich, daß in der Hefe Lecithalbumine präformiert sind. Bei der Hefeautolyse wird das Lecithin gespalten [KUTSCHER[8])]; welche Enzyme die Lecithinspaltung zu vollziehen vermögen, ist noch genauer festzustellen.

In Bakterien wurde Lecithin ebenfalls bereits mehrfach nachgewiesen. NISHIMURA[9]) wies es zuerst in einem Wasserbacillus nach (0,68 % der Trockensubstanz); KRESLING fand es in Rotzbacillen auf[10]).

Die Spaltung des Lecithin durch Bakterien wurde von RUATA und CANEVA[11]) näher studiert. Bacillus mesentericus und prodigiosus spalten

---

1) O. SCHMIEDEBERG u. HOPPE, Das Muskarin (1869); Literatur über Muskarin bei HUSEMANN u. HILGER, Die Pflanzenstoffe (2. Aufl.), Bd. I, p. 288 (1882). Ferner J. BERLINERBLAU, Ber. chem. Ges., Bd. XVII, p. 1139 (1884); H. LOCHERT, Bull. soc. chim. (3), Bd. III, p. 858; PARRY, Chem. Centr., 1893, Bd. I, p. 34; G. NOTHNAGEL, Ber. chem. Ges., Bd. XXVI, p. 801 (1893); E. HARMSEN, Arch. exp. Pathol., Bd. L, p. 361 (1903). — 2) S. Anm. 12, p. 161. — 3) HARNACK, Arch. exp. Path., Bd. IV, p. 168. — 4) SCHMIEDEBERG u. HARNACK, Arch. exp. Path., Bd. VI, p. 101 (1876). — 5) HOPPE-SEYLER, Med.-chem. Untersuchungen, Heft 1, p. 140 (als Protagon!); Zeitschr. physiol. Chem., Bd. II, p. 427 (1879); Bd. III, p. 374 (1879); O. LOEW, Pflüg. Arch., Bd. XIX, p. 342 (1879). — 6) W. KOCH, Zeitschr. physiol. Chem., Bd. XXXVII, p. 188 (1903). — 7) Th. SEDLMAYR, Zeitschr. gesamt. Brauwes., Bd. XXVI, p. 381 (1903). — 8) F. KUTSCHER u. LOHMANN, Zeitschr. physiol. Chem., Bd. XXXIX, p. 159 (1903); hier auch früher Literaturangaben. — 9) NISHIMURA, Arch. Hyg., Bd. XVIII, p. 390 (1893). — 10) KRESLING, Kochs Jahresber., 1892, p. 67. — 11) G. Q. RUATA u. G. CANEVA, Ann. d'igiene sperim., Bd. XI, p. 341 (1901). Vgl. auch E. SCHMIDT, Arch. Pharm., Bd. CCXXIX, p. 467 (1891), über Cholin in Gegenwart von Bacillus subtilis.

Eidotterlecithin in Cholin, Glyzerinphosphorsäure und Fettsäuren. Auch Choleravibrionen wirkten spaltend. Auf Lecithin wirksame Enzyme wurden noch nicht isoliert.

Neuntes Kapitel: Die Phytosterine.

§ 1.
Allgemeines.

Die pflanzlichen Cholesterine führen ihre Bezeichnung nach dem tierischen Cholesterin, dem schon von den älteren Chemikern studierten, von CHEVREUL benannten gut kristallisierenden Bestandteil der Galle, der meisten Gallensteine, der Gehirnsubstanz und anderer tierischer Organe. Das tierische Cholesterin entspricht in kristallisiertem Zustande der Formel $C_{27}H_{44}O + H_2O$ und verhält sich wie ein einwertiger sekundärer Alkohol.

Pflanzenstoffe, welche dem Cholesterin sehr ähnlich sind, hat zuerst F. W. BENEKE [1]) in verschiedenen Samen und fetten Ölen aufgefunden und auch ihre cholesterinartige Natur bereits hervorgehoben. Die späteren Untersuchungen von LINDENMEYER [2]), KNOP [3]), RITTHAUSEN [4]), HOPPE-SEYLER [5]), LINTNER [6]) haben die weite Verbreitung der Phytosterine in Samen bestätigt; HESSE [7]) entdeckte Phytosterin auch in Physostigma. Die Samenphytosterine wurden sodann von SCHULZE und dessen Schülern gründlich studiert.

HESSE hat die pflanzlichen und tierischen Cholesterine zuerst verglichen und unterschieden. Er erhielt das Phytosterin aus Calabarbohnen aus Chloroform oder Äther in wasserfreien seidigen Nadeln von F 132—133° und der Zusammensetzung $C_{26}H_{44}O + H_2O$; es war linksdrehend: $[\alpha]_D - 34,2°$. Cholesterin aus Gallensteinen hatte F 145° bis 146°, $[\alpha]_D - 36,41°$, seine Formel wurde als $C_{25}H_{42}O$ bestimmt. OBERMÜLLER [8]) hat jedoch gezeigt, daß beiden aus dem Tierreiche bekannten (im Lanolin nebeneinander vorkommenden) Cholesterinen die Zusammensetzung $C_{26}H_{44}O$ zukommt. Die Formel wurde in neuerer Zeit in $C_{27}H_{44}O$ abgeändert. Das Cholesterin und Isocholesterin, welche SCHULZE [9])

---

1) F. W. BENEKE, Studien über die Verbreitung von Gallenbestandteilen etc., Gießen 1862; Lieb. Annal., Bd. CXXII, p. 249; Bd. CXXVII, p. 105 (1862). Die spätere Angabe desselben Autors (Marburger Sitzungsber. 1878, No. 2) vom Vorkommen einer Cholsäure in Pflanzen beruht auf Täuschung. Von der älteren Cholesterinliteratur außer CHEVREULs Arbeiten noch zu erwähnen: PELLETIER u. CAVENTOU, Ann. chim. phys. (2), Tome VI, p. 401 (1817); L. GMELIN, Schweigg. Journ., Bd. XXXV, p. 347 (1822); REICHENBACH, ibid., Bd. LXII, p. 273 (1831); W. HEINTZ, Pogg. Ann., Bd. LXXIX, p. 524 (1850); L. SCHWENDLER u. E. MEISSNER, Lieb. Ann., Bd. LIX, p. 107 (1846); C. ZWENGER, ibid., Bd. LXVI, p. 5 (1848). — 2) LINDENMEYER, Journ. prakt. Chem., Bd. XC, p. 321 (1863). — 3) KNOP, Chem. Centr., 1862, p. 819. — 4) RITTHAUSEN, Journ. prakt. Chem., Bd. LXXXV, p. 212; Bd. LXXXVIII, p. 145; Bd. CII, p. 321. — 5) F. HOPPE-SEYLER, Med.-chem. Untersuch. (1866). — 6) LINTNER, Neu. Rep. Pharmac.; auch LERMER, Dingl. pol. Journ., Bd. CLXXIX, p. 71. — 7) O. HESSE, Lieb. Annal., Bd. CXCII, p. 175. — 8) K. OBERMÜLLER, Zeitschr. physiol. Chem., Bd. XV, p. 97 (1890). — 9) E. SCHULZE, Ber. chem. Ges., Bd. V, p. 1075 (1872); Bd. VI, p. 252 (1873). Über Trennung von Isocholesterin und Cholesterin aus Lanolin: A. KOSSEL u. K. OBERMÜLLER, Zeitschr. physiol. Chem., Bd. XIV, p. 600 (1890).

zuerst unterschieden hat, differieren nur im Schmelzpunkt (Isocholesterin 138,5°, Gallencholesterin 145°) und in dem entgegengesetzten Drehungsvermögen; Isocholerin dreht rechts, Cholesterin ist linksdrehend.

Zur Unterscheidung der pflanzlichen und tierischen Cholesterine ist man vor allem auf den Schmelzpunkt hingewiesen, sowie auf Kristallform und auf das optische Verhalten. Cholesterin ist aus Ätheralkohol leicht als perlmutterglänzende Kristallblättchen zu erhalten; auch die Phytosterine krystallisieren gut. Die Phytosterine gehen mit den Fetten gemeinsam heim Extrahieren mit Äther in Lösung. Man kann sie von den Fetten durch die verschiedenen Verseifungsmethoden abtrennen, indem sie nicht, wie die Fettseifen, in wässerigen Alkalien löslich sind; sie lassen sich durch Ausziehen des unverseifbaren Rückstandes mit heißem Alkohol oder mit Äther gewinnen. Zur Reinigung empfiehlt sich häufig die Überführung in Benzoylester [OBERMÜLLER [1]), REINITZER [2]), SCHULZE [3])]. Benzoylcholesterin ist dadurch interessant, daß seine Lösungen, wie REINITZER zuerst beobachtet, doppeltbrechend sind („flüssige Kristalle"). Die reinen Phytosterine sind in Wasser unlöslich, löslich in heißem Alkohol, Äther, Petroläther, Chloroform [4]).

Von Cholesterinen und Phytosterinen kennt man eine Anzahl praktisch verwendbarer Farbenreaktionen:

HESSES [5]) Probe: Eine Lösung von Phytosterin in Chloroform mit dem gleichen Volumen Schwefelsäure (1,76 sp. Gew.) geschüttelt, wird blutrot gefärbt.

LIEBERMANNS Cholestolprobe [6]): Eine (wenn auch sehr verdünnte) Lösung von Phytosterin in Essigsäureanhydrid wird tropfenweise mit reiner konzentrierter H_2SO_4 unter Kühlung versetzt: zuerst tritt Violettfärbung ein, welche bald in ein sattes Grün übergeht. Gegenwart von Wasser ist zu vermeiden. Die Farbenerscheinungen weichen jedoch bei einer Anzahl phytosterinartiger Stoffe von diesem typischen Verhalten ab.

MACHsche Reaktion [7]): Eine kleine Menge Phytosterin wird mit 3 ccm konzentrierter Salzsäure und 1 ccm $FeCl_3$ eingedampft, mit Wasser gewaschen. Der Rückstand ist violettrot bis blauviolett gefärbt.

Cholesterinprobe nach TSCHUGAEFF [8]): Cholesterin in Eisessig gelöst, gibt nach Zufügung von Acetylchlorid im Überschuß und einigen Stückchen Zinkchlorid nach fünf Minuten langem Erwärmen eine Rotfärbung mit eosinartiger Fluoreszenz.

Cholesterinreaktion von HIRSCHSOHN [9]): Verflüssigte Trichloressigsäure (9 Teile Säure, 1 Teil Wasser) färbt Cholesterin (1 mg + 10 Tropfen Reagens) nach 1 Stunde hellviolett, nach 12 Stunden intensiv rotviolett, Erhitzen oder Zufügen Salzsäure abspaltender Stoffe oder von HCl selbst beschleunigt die Reaktion.

1) K. OBERMÜLLER, Zeitschr. physiol. Chem., Bd. XV, p. 42 (1890). — 2) F. REINITZER, Mon. Chem., Bd. IX, p. 421. — 3) E. SCHULZE, Zeitschr. analyt. Chem., Bd. XVII, p. 173 (1878). — 4) Zum Phytosterinnachweis vgl. auch A. FORSTER u. R. RIECHELMANN, Chem. Centr., 1897, Bd. I, p. 563; A. BÖMER, ibid., 1898, Bd. I, p. 466; JUCKENACK u. HILGER, Arch. Pharm., Bd. CCXXXVI, p. 367 (1898); H. KREIS u. O. WOLF, Chem.-Ztg., Bd. XXII, p. 805 (1898); KREIS u. E. RUDIN, ib., Bd. XXIII, p. 986 (1899); O. FOERSTER, ibid., p. 188 (1899). Die im Texte erwähnte Methode stammt in ihren Grundzügen von E. SALKOWSKI, Zeitschr. analyt. Chem., Bd. XXVI, p. 557 (1887). — 5) O. HESSE, Lieb. Ann., Bd. CCXI, p. 273 (1878). — 6) C. LIEBERMANN, Ber. chem. Ges., Bd. XVIII, p. 1803 (1885). — 7) MACH, Mon. Chem., Bd. XV, p. 627 (1895). — 8) TSCHUGAEFF, Zeitschr. angew. Chem., 1900, No. 25. — 9) E. HIRSCHSOHN, Pharm. Centralhalle, Bd. XLIII, p. 357 (1902).

Alle Cholesterine liefern verschiedene Ester unter Bindung eines Säurerestes, verhalten sich also wie einwertige Alkohole. Die Phytosterinester sind zuletzt von BÖMER und WINTER [1]) in zusammenfassender Darstellung behandelt worden. Von früheren Publikationen [2]) sei besonders die Mitteilung OBERMÜLLERS [3]) erwähnt, wo das merkwürdige Farbenspiel des Cholosterylpropionsäureesters beim Schmelzen und Erkalten beschrieben wurde, welches auch zu einer empfindlichen Cholesterinprobe Verwendung finden kann. Im tierischen Wollfette kommen beide Cholesterine als Fettsäureester vor. Bisher hat man im Pflanzenreiche solche Verbindungen sehr selten konstatiert und fast immer nur freie Phytosterine vorgefunden. LENDRICH [4]) berichtet von Fettsäurecholesterinester in Menyanthes trifoliata. HESSE fand Palmitylcholesterinester in der Wurzel von Aristolochia argentea, und HORST [5]) gab Ölsäurephytosterinester neben freiem Phytosterin von Polygonum Persicaria an. Erwähnt sei, daß manche gelbe Blütenfarbstoffe von HILGER und seinen Schülern als Cholesterinester aufgefaßt worden sind. Auch Alkaliverbindungen sind von Cholesterinen dargestellt. Die Phytosterine sind ungesättigte Kohlenstoffverbindungen. Sie addieren zwei Atome J, Br oder Cl und enthalten demnach eine Doppelbindung.

Durch Behandlung von Cholesterin mit Natrium bei 150° hat WALITZKY [6]) zuerst einen Kohlenwasserstoff von der Zusammensetzung $C_{27}H_{44}$ erhalten, welchen er „Cholesten" nannte. Es handelt sich vielleicht um eine dem Stammkohlenwasserstoff der Cholesterine nahestehende Substanz. Der Stammkohlenwasserstoff selbst wäre als Cholestan $C_{27}H_{46}$ zu bezeichnen. Für die Erforschung der Cholesterinkonstitution waren bisher besonders verschiedene Oxydationsprozesse wichtig, welche MAUTHNER und SUIDA, WINDAUS, DIELS und ANDERHALDEN [7]) eingehend untersuchten. MAUTHNER und SUIDA kamen zum Ergebnisse, daß die Cholesterine Abkömmlinge von Kohlenwasserstoffen seien, die gesättigte zyklische Kerne enthalten. Das Cholesterylchlorid gibt, mit HNO_3 behandelt, kein echtes Nitroderivat, sondern gesättigte Nitrosoverbindungen. WINDAUS zeigte, daß bei der Oxydation des Cholesterins mit heißer rauchender HNO_3 Dinitro-Isopropan $\frac{CH_3}{CH_3}{>}C{<}\frac{NO_2}{NO_2}$ und Bernsteinsäure entstehen. Cholesterin muß daher die Gruppe $\frac{CH_3}{CH_3}{>}C{<}$ enthalten. DIELS und ABDERHALDEN gewannen aus Cholesterin durch Oxydation mit alkalischer Bromlösung eine kristallinische Säure $C_{20}H_{32}O_3$, welche die Doppelbindung und das sekundäre Hydroxyl des Cholesterins nicht mehr enthält; wahrscheinlich zerfällt bei dieser Reaktion das Cholesterin am Orte der Doppelbindung, und es wäre die Cholesterinformel zu schreiben: $C_{20}H_{32}:C_7H_{12}O$. Die Gruppe $C_7H_{12}O$

---

1) A. BÖMER u. K. WINTER, Zeitschr. Untersuch. Nahr. Genußm., Bd. IV, p. 865 (1901). — 2) W. LÖBISCH, Ber. chem. Ges., Bd. V, p. 510 (1872); LINDENMEYER, l. c., REINITZER, l. c.; J. MAUTHNER u. W. SUIDA, Mon. Chem., Bd. XV, p. 362 (1894). — 3) OBERMÜLLER, l. c. — 4) K. LENDRICH, Arch. Pharm., Bd. CCXXX, p. 38; O. HESSE, Arch. Pharm., Bd. CCXXXIII, p. 684 (1895). — 5) P. HORST, Chem.-Ztg., Bd. XXV, p. 1055 (1901). — 6) W. E. WALITZKY, Compt. rend., Tome XCII, p. 195. — 7) J. MAUTHNER u. W. SUIDA, Mon. Chem., Bd. XV, p. 85 (1894); Bd. XVII, p. 29 (1896); ib., p. 579 (1896); ib. Bd. XXIV, p. 175 (1903); Bd. XXIV, p. 648 (1903); auch H. SCHRÖTTER, ib., p. 220; PICKARD u. YATES, Proceed. chem. soc., Tome XIX, p. 147 (1903); A. WINDAUS, Über Cholesterin, 1903; Chem. Centr., 1903, Bd. I, p. 814, Ber. chem. Ges., Bd. XXXVI, p. 3752 (1903); Bd. XXXVII, p. 2027 (1904); O. DIELS u. ABDERHALDEN, ib., Bd. XXXVI, p. 3177 (1903).

scheint einen reduzierten Ring mit einem sekundären Hydroxyl zu enthalten, und zwar handelt es sich nach WINDAUS um einen Pentamethylenring. Mit Chromsäuremischung oxydiert, gibt Cholesterin ein Diketon $C_{27}H_{42}O_2$: Cholestandion, welches weiterhin Cholestanondisäure $C_{27}H_{42}O_5$ liefert, ganz analog der Bildung von Kampfersäure aus Kampfer. Überhaupt bestehen manche Ähnlichkeiten zwischen Cholesterin und Terpenen.

Man hat Grund, anzunehmen, daß die „Karotine", die im Pflanzen- und Tierreiche allgemein verbreitet vorkommende Klasse gelber und orangeroter Farbstoffe Kohlenwasserstoffe sind, welche leicht durch Oxydation in cholesterinartige ungefärbte Produkte übergehen. Deshalb werden die Karotine auch am besten im Anschluß an die Phytosterine ihre Behandlung finden.

LIEBERMANN und HESSE machten auf eine Reihe von Substanzen in Rinden aufmerksam, welche die Farbenreaktionen der Cholesterine sehr schön geben. LIEBERMANN bezeichnete deswegen das Oxychinoterpen als einen Begleiter des Chinovins, $C_{30}H_{48}O_2$, in Chinarinden als „Cholestol". Beziehungen zu Terpenen haben sich sodann mehrfach ergeben, insbesondere zu den kristallisierbaren Stoffen der Elemiharze (Amyrin), worüber BURI, VESTERBERG und LIKIERNIK[1]) berichtet haben. Von besonderem Interesse ist in dieser Hinsicht das Verhalten der Abietinsäure $C_{19}H_{28}O_2$, welche ebenfalls die Cholestolreaktion gibt [SEIFERT[2]), MACH[3])]. Nach MACH ist die Harzsäure des Kopaivabalsams, die Metakopaivasäure $C_{19}H_{28}(OH)$ dem LIEBERMANNschen Cholestol sehr ähnlich. MACH nannte sie deshalb Metacholestol und betrachtete sie als das Anfangsglied der Cholesterinreihe. Andere Stoffe, welche die Cholestolprobe geben, sind z. B. das Urson $C_{19}H_{16}O$[4]), das verwandte Gentiol[5]), das Vitin[3]). Über die Beziehungen der Harze zu den Cholesterinen hat zuletzt TSCHIRCH[6]) ausführlich und kritisch referiert. Jedenfalls wissen wir trotz Kenntnis dieser interessanten Tatsachen chemisch nichts Bestimmtes über die Beziehungen der Phytosterine zu verschiedenen anderen Pflanzenstoffgruppen, und ob es ein Vorteil ist, mit THOMS[7]) alle hochmolekularen Alkohole ungesättigten Charakters, welche die Farbenreaktionen des Cholesterins geben, in eine Gruppe zusammenzufassen, sei dahingestellt. Auch in physiologischer Hinsicht kann es sich um Stoffe sehr verschiedener Entstehung und sehr verschiedener Funktion und Bedeutung handeln. Man weiß darüber ebenfalls nichts Sicheres. Da phytosterinartige Stoffe so weit verbreitet vorkommen und vielleicht keiner lebenden Zelle fehlen, so könnte man versucht sein, anzunehmen, daß sie mit Prozessen, die zu lebenswichtigen Vorgängen in der Zelle gehören, zusammenhängen. OVERTON denkt in seinen mehrfach erwähnten interessanten Untersuchungen über das Eindringen gelöster organischer Stoffe in lebende Zellen daran, daß die Durchlässigkeit der Plasmahaut für fettlösliche Substanzen mit dem Vorkommen von Cholesterin (und Lecithin) zusammenhänge.

1) E. BURI, Buchn. Rep. Pharm., Bd. XXV, p. 193; A. VESTERBERG, Ber. chem. Ges., Bd. XXIV, p. 3834 (1891); A. LIKIERNIK, ibid., p. 2709 (1891). Beziehungen zu Terpenen ferner betont von WALITZKY, Ber. chem. Ges., Bd. IX, p. 1310 (1876), Bd. XVIII, p. 1808; LATSCHINOFF, Ber. chem. Ges., Bd. XII, p. 1526. — 2) SEIFERT, Mon. Chem., Bd. XIV, p. 726 (1893). — 3) H. MACH. Mon. Chem., Bd. XV, p. 627 (1893). — 4) W. H. GINTL, Mon. Chem., Bd. XIV, p. 255 (1893). — 5) G. GOLDSCHMIEDT u. JAHODA, Sitzungsber. Wien. Ak., Bd. C, p. 2. — 6) A. TSCHIRCH, Die Harze, p. 105—106 (1899). — 7) H. THOMS, Arch. Pharm., Bd. CCXXXV, p. 39 (1896).

Quantitative Methoden zur Cholesterinbestimmung sind mehrfach angegeben worden. SCHULZE und BARBIERI[1]) verseiften den Ätherextrakt aus dem Untersuchungsmaterial mit alkoholischer Kalilauge, verjagten den Alkohol, nahmen mit Wasser auf und schüttelten das Cholesterin mit Äther aus. Die Rückstände der Ätherausschüttelung wurden in sehr wenig heißem Alkohol gelöst, aus dem beim Erkalten das kristallinische Phytosterin ausfiel. Nach E. RITTER[2]) ist es von Vorteil, die zu extrahierenden Seifenmassen mit Kochsalz gut zu vermengen. OBERMÜLLER[3]) empfahl hierbei die Natriumalkoholat-Verseifungsmethode anzuwenden und schlug eine andere Methode vor, welche auf der Fähigkeit der Cholesterine beruht, 2 Atome Brom zu addieren. LEWKOWITSCH[4]) schlug vor, Cholesterin mit Essigsäureanhydrid vollständig zu acetylieren und durch Feststellung der Verseifungszahl des Acetylproduktes das Cholesterin zu bestimmen; ein anderer Vorschlag geht dahin, die HÜBLsche Jodadditionsmethode auf Cholesterin anzuwenden (Jodzahl ist 68,3).

§ 2.
Phytosterine in Samen und Keimlingen.

Im Nährgewebe scheint eine geringe Quantität Phytosterine stets vorzukommen, ebenso im Keimling; auch in den Samenschalen wurden phytosterinähnliche Stoffe mehrmals aufgefunden. SCHULZE und BARBIERI[1]) fanden im ungekeimten geschälten Samen von gelber Lupine 0,137 % Phytosterin. RAUMER[5]) erhielt aus Baumwollsamen 0,79 %. aus Sesamsamen 1,32 % kristallisiertes Phytosterin. HOPKINS gibt vom Maisöl 1,33 bis 1,4 % Gehalt an Phytosterin an. Das allgemeine Vorkommen von Phytosterinen in Samen zeigten ferner HECKEL und SCHLAGDENHAUFFEN[6]), sowie BURCHARD[1]).

HESSE[7]) welcher zuerst das Phytosterin aus Physostigma venenosum und Pisum sativum-Samen darstellte und als „Phytosterin" vom tierischen Cholesterin unterschied, gab für seine Präparate als Schmelzpunkt 132 bis 133°. als Drehungsvermögen $(a_D) - 36,41°$ an. Die Angaben über das Phytosterin aus Colchicumsamen von PASCHKIS[8]) differieren nicht sehr hiervon: $a_D - 32,7°$. Das Phytosterin aus Lupinus luteus, welches SCHULZE und BARBIERI untersuchten, stimmte in Zusammensetzung, Kristallform, Kristallwassergehalt, Verhalten gegen Schwefelsäure und gegen eisenchlorhaltige Salzsäure mit HESSES Phytosterin überein, hatte aber etwas höheren Schmelzpunkt (136—137°); $(a)_D$ war — 36,4; der Benzylester unterschied sich vom Cholesterylbenzoat durch die Kristallform. BÖMER fand für die Schmelzpunkte der Phytosterine aus ver-

---

1) E. SCHULZE u. J. BARBIERI, Journ. prakt. Chem., Bd. XXV, p. 159 (1882). Ein von H. BURCHARD (Dissert. Rostock, 1889) auf die Cholestolreaktion begründetes kolorimetrisches Verfahren ist nach SCHULZE (Zeitschr. physiol. Chem., Bd. XIV, p. 491 [1890]) nicht zu empfehlen. BÖMER, Zeitschr. Untersuch. Nahr. Genußm., Bd. I, p. 21 (1898), empfahl die Verseifung zweimal vorzunehmen. — 2) E. RITTER, Zeitschr. physiol. Chem., Bd. XXXIV, p. 430 (1902); Chem.-Zeitg., Bd. XXV, p. 872 (1901). — 3) K. OBERMÜLLER, Zeitschr. physiol. Chem., Bd. XVI, p. 143 (1892). — 4) J. LEWKOWITSCH, Ber. chem. Ges., Bd. XXV, p. 65 (1892). — 5) E. v. RAUMER, Zeitschr. angew. Chem., 1898, p. 555. — 6) E. HECKEL u. SCHLAGDENHAUFFEN, Compt. rend., Tome CII, p. 1317 (1886). — 7) O. HESSE, Lieb. Annal., Bd. CXCII, p. 175 (1878). — 8) H. PASCHKIS, Zeitschr. physiol. Chem., Bd. VIII, p. 356 (1884).

schiedenen Samenfetten im Minimum 135,5 bis 136°, im Maximum 137,5 bis 138,8°. Das Cholesterin aus Bohnen in JACOBSOHNs Präparaten[1] schmolz bei 131,5 bis 132,5° und hatte $[\alpha]_D$ —32,39 bis —31,95°. Die Phytosterine der Weizenkeime haben jüngst durch BURIAN[2] und RITTER[3] ein sehr eingehendes Studium erfahren. Es ließen sich zwei Phytosterine auffinden, welche als Sitosterin und Parasitosterin benannt worden sind. Sitosterin schmilzt bei 136,5° und hat in Chloroformlösung bei 20° $(\alpha)_D$ = —33,91°. Seine Zusammensetzung dürfte nach RITTER entweder der Formel $C_{26}H_{43} \cdot OH + H_2O$ oder $C_{27}H_{45} OH + H_2O$ entsprechen. Das Phytosterin aus Mais, ist nach GILL und TUFTS[4] mit Sitosterin völlig identisch. Das Phytosterin aus Olivenöl wurde in neuerer Zeit von SANI, sowie GILL und TUFTS[5] untersucht; das Sesamölphytosterin von VILLAVECCHIA und FABRIS sowie CANZONERI[6]; ein Phytosterin aus den Samen von Cycas circinalis von VAN DONGEN[7]; aus den Samen der Rutacee Casimiroa edulis gewann BICKERN[8] das Casimirol $(C_{27}H_{45}O_2?$; F 207°); in den Samen von Brucea sumatrana Roxb. kommt nach POWER und LEES[9] ein cholesterinartiger Stoff $C_{20}H_{44}O$ vom F 130—133 und α_D = —37,7 vor. Alle diese Stoffe sind miteinander gewiß sehr nahe verwandt, wohl auch teilweise miteinander identisch. Sie kristallisieren aus heißem Alkohol in perlmutterartig glänzenden dünnen Blättchen mit 1 Molekül Kristallwasser, aus Äther umkristallisiert in feinen wasserfreien Nadeln.

In den Samenschalen verschiedener Leguminosen wurden mehrfach cholesterinartige Stoffe aufgefunden, welchen schwer trennbare Fettalkohole (JACOBSOHN gibt von Lupinensamenschalen etwas Carylalkohol an) anhaften. Das Lupeol, welches LIKIERNIK[10] aus den Samenschalen von Lupinus luteus isolierte, hat die Zusammensetzung $C_{26}H_{43} \cdot OH$, schmilzt bei 265° und ist rechtsdrehend: $[\alpha]_D + 27,06°$. Ein anderer Stoff, welchen LIKIERNIK in Erbsensamenschalen auffand, stimmte im Schmelzpunkte mit HESSEs Phytosterin überein. In Bohnensamenschalen konnte LIKIERNIK zwei cholesterinartige Stoffe unterscheiden: das Paraphytosterin: F 149—50°, linksdrehend: $[\alpha]_D$ — 44,1°, der Zusammensetzung $C_{24}H_{40}O$ oder $C_{25}H_{42}O$ entsprechend; das Benzoat hatte F = 142°. Ferner das rechtsdrehende Phasol mit den Konstanten F = 189—90° und $[\alpha]_D + 30,6°$. Das Lupeol färbt sich mit Essigsäureanhydrid und Schwefelsäure versetzt violettrot; wenn man seine Chloroformlösung mit H_2SO_4 schüttelt, so färbt sich die Probe nach einiger Zeit braun. Das Phytosterin aus Erbsensamenschalen gibt die normale Cholestolprobe und HESSEs Reaktion. Beide Proben treten auch beim Paraphytosterin schön ein. Das Phasol gibt die Reaktionen weit schwächer.

Über die Phytosterine in ihrem Verhalten in unreifen Samen und während der Samenreife fehlen Untersuchungen aus neuerer Zeit. LIN-

1) H. JACOBSOHN, Zeitschr. physiol. Chem., Bd. XIII, p. 32 (1889). — 2) R. BURIAN, Mon. Chem., Bd. XVIII, p. 551 (1897). — 3) E. RITTER, Zeitschr. physiolog. Chem., Bd. XXXIV, p. 461 (1902). — 4) A. H. GILL u. Ch. G. TUFTS, Journ. Amer. chem. soc., Vol. XXV, p. 251, 254 (1903). — 5) G. SANI, Chem. Centr., 1903, Bd. I, p. 93; GILL u. TUFTS, Journ. Americ. chem. soc., Vol. XXV, p. 498 (1903). — 6) VILLAVECCHIA u. FABRIS, Chem. Centr., 1897, Bd. II, p. 772; CANZONERI u. PERCIABOSCO, ibid., 1904, Bd. I, p. 45. — 7) J. VAN DONGEN, Chem. Centr., 1903, Bd. I, p. 1313. — 8) W. BICKERN, Arch. Pharm., Bd. CCXLI. p. 166 (1903). — 9) F. POWER u. F. LEES, Pharm. J. Tr. (4), Tome XVII, p. 183 (1903). — 10) A. LIKIERNIK, Ber. chem. Ges., Bd. XXIV, p. 183, 2709 (1891); Zeitschr. physiol. Chem., Bd. XV, p. 415 (1891). Korrekturen bei E. SCHULZE, ibid., Bd. XLI, p. 474 (1904).

DENMEYER [1]) gab an, daß bei Erbsen der Cholesteringehalt mit zunehmender Reife steigt.

Bei der Samenkeimung nimmt den Untersuchungen von SCHULZE und BARBIERI [2]) zufolge die Quantität der Cholesterine zu und es treten in den Keimpflanzen von Lupinus luteus Phytosterine von höherem Schmelzpunkt auf. In ungekeimten Samen von Lupinus luteus war der Phytosteringehalt 0,137 %. in etiolierten Keimlingen 0,20 %. Etiolierte Keimpflanzen von Triticum und Lolium perenne enthielten mehr als doppelt soviel Phytosterine als das ungekeimte Material.

Für die einzelnen Teile der etiolierten Lupinenkeimlinge im Vergleiche zu ungekeimten Samen geben die genannten Autoren folgende Cholesterinmengen in Prozenten der Trockensubstanz an:

	I.	II.
Ungekeimte Samen	0,152 Proz.	0,135 Proz.
Keimlinge	0,306 „	0,324 „
Kotyledonen der letzteren	0,392 „	0,391 „
Die übrigen Teile	0,227 „	0,258 „

In grünen am Lichte erzogenen Keimlingen soll nach SCHULZE und BARBIERI nur sehr wenig Cholesterin vorkommen. Wie diese Differenz zu erklären ist, ist noch unbekannt. Das Phytosterin aus den Kotyledonen war nur sehr wenig verschieden von dem Phytosterin der ungekeimten Samen. Hingegen ließ sich aus Hypokotyl und Wurzel ein abweichender Stoff vom Schmelzpunkt 158—159° isolieren, welcher von SCHULZE als Kaulosterin unterschieden wurde. Kaulosterin ist linksdrehend: $[\alpha]_D$ — 49,6°. Für das Kotyledonenphytosterin ergab sich F 136—137° und $[\alpha]_D$ — 36,4°. Kaulosterin gibt die HESSEsche Probe.

§ 3.
Phytosterine und ihnen verwandte Stoffe in anderen Teilen von Phanerogamen.

Befunde von Cholesteringehalt sind bereits von den meisten Pflanzenorganen bekannt geworden, besonders von Wurzeln und Rinden.

In der Zuckerrübe hat LIPPMANN Phytosterin nachgewiesen [3]): das erste von ihm gewonnene Präparat hatte F = 134° und $[\alpha]_D^{20°}$ — 34,8°; ein später dargestelltes Betaphytosterin F 145° und a_D — 40,23°, und die Zusammensetzung $C_{26}H_{44}O$. Nach RUMPLER [4]) ist das Zuckerrübencholesterin von allen anderen Cholesterinen verschieden, soll vor allem optisch inaktiv sein, bei 117° schmelzen und einige Abweichungen in den Farbenreaktionen zeigen. Die Zusammensetzung des Betasterin ist auch nach RUMPLER $C_{26}H_{44}O$.

Ferner ist nach THOMS [5]) das Onocerin aus der Wurzel von Ononis spinosa, $C_{26}H_{44}O_2$, (Onokol) ein zweisäuriger sekundärer Alkohol aus der Gruppe der Cholesterine. Phytosterine sind ferner aus der Wurzel von Hydrastis canadensis, Aristolochia argentea, Hygroptila

1) O. LINDENMEYER, Beitr. z. Kenntn. des Cholesterins, Dissert. Tübingen, 1863, zit. bei HOPPE-SEYLER, Physiolog. Chem., Bd. I. p. 82 (1877). — 2) S. Anm. 1, p. 167. — 3) E. O. v. LIPPMANN, Ber. chem. Ges., Bd. XX, p. 3201 (1888); Bd. XXXII, (II), p. 1210 (1899). — 4) A. RUMPLER, Ber. chem. Ges., Bd. XXXVI, p. 975 (1903). — 5) H. THOMS, Ber. chem. Ges., Bd. XXIX (III), p, 2985 (1896).

spinosa angegeben [1]). Es ist auch das Hydrokarotin [2]) der Wurzel von Daucus carota mit Phytosterin identisch. Nach BRIMMER [3]) stimmt auch das „Angelicin" der Wurzel von Archangelica officinalis mit Hydrokarotin und Phytosterin überein.

Von Blättern ist Phytosterin früher relativ selten angegeben worden, ist aber wohl überall vorhanden. In den Blättern von Erythroxylon hypericifolium fanden es E. HECKEL und SCHLAGDENHAUFFEN [4]). TSCHIRCH [5]) stellte aus Grasblättern ein Phytosterin vom Schmelzpunkt 138,5 und der Zusammensetzung $C_{24}H_{44}O + H_2O$ dar und erhielt das gleiche Phytosterin noch aus den verschiedensten Pflanzen. Phytosterin ist demnach auch in Pflanzenblättern allenthalben verbreitet. Schon früher hatte REINKE [6]) Cholesterin in Blättern nachgewiesen.

Bezüglich der Phytosterine in Blüten sei erwähnt, daß MARINO ZUCCO [7]) in den Blüten des Chrysanthemum cinerariifolium (Insektenpulver liefernd) einen zweiwertigen Alkohol $C_{28}H_{47}O(OH)_2$ angab, welcher ein höheres Homologon des Cholesterin darstellen würde. Er schmolz bei 170 bis 176°. KLOBB [8]) isolierte aus den Blütenköpfchen von Anthemis nobilis das Anthesterin $C_{28}H_{48}O$ oder $C_{29}H_{50}O$, bei 221—223° schmelzend, rechtsdrehend ($a_D = + 48,3°$), aus den Blüten von Arnica montana das (gleichfalls farblose) Arnisterin $C_{25}H_{46}O_2 + H_2O$, bei 250° schmelzend, etwas stärker rechtsdrehend. (Weiteres über Blütencholesterine vgl. den Abschnitt über gelbe Blütenfarbstoffe.)

Endlich sind zahlreiche kristallisierende Stoffe aus verschiedenen Rinden bekannt geworden, welche Cholesterinreaktionen geben, und deswegen vielfach als nahe Verwandte der Phytosterine betrachtet werden. Hierher das schon erwähnte Cholestol oder Oxychinoterpen $C_{30}H_{46}O_2$ von LIEBERMANN [9]) aus Chinarinden beschrieben. Es schmilzt bei 139°, kristallisiert aus absolutem Alkohol in schönen langen Nadeln; man kann es aber durch Umkristallisieren aus starkem Alkohol in cholesterinartigen Blättchen erhalten. Es gibt sowohl die Probe von HESSE als die Cholestolreaktion. HESSE [10]) rechnet ferner eine Anzahl wachsartiger Stoffe aus Chinarinden: Kupreol, Quebrachol, Cinchol in die Nähe der Cholesterine. Sie sind isomer: $C_{20}H_{34}O$. Vielleicht ist aber doch das Cinchol mit dem Oxychinoterpen und Cinchocerotin (HELM) zusammenfallend. Die große Zahl von Harzstoffen, Terpenen, auch Bestandteilen von Milchsäften (Cynanchol, Laktucerol), welche die Reaktionen der Cholesterine aufweisen, findet sich zusammengestellt in den Arbeiten von VESTERBERG, TSCHIRCH und REINITZER [11]). Einiges hierüber wurde auch schon oben mitgeteilt. Für das Amyrin aus Elemiharz fand BURI [12])

---

1) KERSTEIN, Arch. Pharm., Bd. CCXXVIII, p. 52 (1890); O. HESSE, ibid., Bd. CCXXXIII, p. 684 (1895); J. H. WARDEN, Ber. chem. Ges., Bd. XXV, Ref. 685 (1892). — 2) Hydrokarotin: FROEHDE, Journ. prakt. Chem., Bd. CII, p. 7; HUSEMANN, Arch. Pharm., Bd. CXXIX, p. 30; F. REINITZER, Mon. Chem., Bd. VII, p. 598; A. ARNAUD, Compt. rend., Tome CII, p. 1319. — 3) C. BRIMMER, Lieb. Annal., Bd. CLXXX, p. 269 (1876). — 4) E. HECKEL u. SCHLAGDENHAUFFEN, Compt. rend., Tome CII, p. 1317. — 5) A. TSCHIRCH, Ber. botan. Ges., Bd. XIV, p. 82 (1896). — 6) J. REINKE, Ber. botan. Ges., Bd. III, p. LV (1885); vgl. auch A. HANSEN, Arbeit. d. botan. Inst. Würzburg, Bd. III, p. 123 (1884). — 7) F. MARINO ZUCCO, Gazz. chim. ital., Vol. XIX, p. 209 (1889); Rend. accad. Lincei (4), Tome V (I), p. 527 (1889). — 8) T. KLOBB, Bull. soc. chim. (3), Tome XXVII, p. 1229 (1902); Compt. r., Tome CXXXVIII, p. 763 (1904). — 9) C. LIEBERMANN, Ber. chem. Ges., Bd. XVIII, p. 1803 (1885). — 10) O. HESSE, Lieb. Annal., Bd. CCXXVIII, p. 288 (1885). — 11) VESTERBERG, Kemiska studier öfver några hartser, Upsala 1890; TSCHIRCH, Die Harze (1900), p. 318, 327; REINITZER, Mon. chem., Bd. VII, p. 598 (1886). — 12) E. BURI, Buchn. Rep. f. Pharm., Bd. XXV, p. 193.

Eigenschaften, welche jenen der Cholesterine recht ähnlich sind. Es bildet seidig glänzende Nadeln; seine Lösung ist rechtsdrehend. Nach VESTERBERG [1]) besteht es aus zwei isomeren Alkoholen $C_{30}H_{49}(OH)$, a- und β-Amyrin, ersteres hat F 180—181°, das zweite 193—194°. HESSE [2]) beschrieb noch ein Ikacin aus demselben Harz: $C_{47}H_{77}(OH)$. VESTERBERG stellte aus Amyrin auch Kohlenwasserstoffe von der Zusammensetzung $C_{30}H_{48}$ dar (Amyrilene). Bemerkt sei noch, daß von WEYL [3]) die MACHsche Probe der Cholesterine mit eisenhaltiger Salzsäure mit der RIBANschen Probe des Terpendihydrochlorids mit starkem Eisenchlorid verglichen wurde.

Cholesterine wurden ferner angegeben von Condurangorinde: „Conduransterin" [CARRARA [4])]; hier soll es teilweise als Zimmtsäureester vorkommen. BRÄUTIGAM [5]) fand Phytosterin in der Rinde von Tilia und Sambucus; DÜNNENBERGER [6]) in der Alcornocorinde von Bowdichia virgilioides H. B. K. das Alcornol: $C_{22}H_{33}(OH)$, F 205°, rechtsdrehend: $[a]_D + 33,83$.

§ 4.
Phytosterine bei Pilzen und Bakterien.

Phytosterine sind auch bei Pilzen bereits verbreitet nachgewiesen. In Boletus luridus und Amanita pantherina fand sie BOEHM [7]). Eine rote Färbung mit H_2SO_4 in Chloroformlösung trat bei diesem Cholesterinpräparate nicht ein; mit Salpetersäure eingedampft und mit Ammoniak befeuchtet, gab es keine rote, sondern unr eine schmutzig orangegelbe Farbe. In Polysaccum pisocarpium wies FRITSCH [8]) Cholesterin nach.

Gut studiert ist das „Ergosterin" aus Mutterkorn [TANNET [9])]. Es schmilzt bei 154°, hat die Zusammensetzung $C_{26}H_{39}(OH) + H_2O$ in kristallisiertem Zustande. GÉRARD [10]) hat die Gegenwart von Phytosterin auch für Mucor mucedo und Sticta pulmonaria dargetan, sowie das von NÄGELI 1878 entdeckte Phytosterin der Hefe neuerlich dargestellt. Das Hefecholesterin wurde mit Äther extrahiert und von den Fetten und Fettsäuren durch Verseifung derselben getrennt. Es schmilzt bei 135—36°, ist linksdrehend: $[a]_D$—105°. Mit konzentrierter Schwefelsäure gibt es eine rote Lösung; auf Wasserzusatz entsteht ein grüner Niederschlag, welche in Tetrachlorkohlenstoff mit grüner Farbe löslich ist. HINSBERG und ROOS [11]) fanden den Schmelzpunkt des Hefecholesterins bei 159° und die Zusammensetzung entsprechend der Formel $C_{26}H_{44}O$: vielleicht enthält die Hefe zwei cholesterinartige Stoffe.

Aus dem Plasmodium von Fuligo varians isolierten REINKE und RODEWALD [12]) ein Cholesterin, welches als Paracholesterin bezeichnet

---

1) A. VESTERBERG, Ber. chem. Ges., Bd. XX, p. 1242 (1887); Bd. XXIII, p. 3186 (1890); Bd. XXIV, p. 3834 (1891). — 2) O. HESSE, Lieb. Annal., Bd. CXCII, p. 170 (1878). — 3) TH. WEYL, Dubois Archiv. 1886; Physiol. Abteil., p. 182. 4) G. CARRARA, Gazz. chim. ital., Vol. XXI, p. 204 (1891). — 5) W. BRÄUTIGAM, Pharm. Ztg., Bd. XLIII, No. 105 (1898). — 6) E. DÜNENBERGER, Botan. Centr., Bd. LXXXVII, p. 216 (1901); C. HARTWICH u. DÜNENBERGER, Arch. Pharm., Bd. CCXXXVIII, p. 341 (1900). — 7) R. BOEHM, Arch. expet. Pathol., Bd. XIX, p. 60 (1885). — 8) R. FRITSCH, Just 1889, Bd. I, p. 39. — 9) C. TANRET, Journ. pharm. chim. (5), Tome XIX, p. 225 (1889); Compt. rend., Tome CVIII, p. 98 (1889). — 10) E. GÉRARD, Compt. rend., Tome CXIV, p. 1544 (1892); Tome CXXI, p. 723 (1895); Journ. pharm. chim. (6), Bd. I, p. 601 (1895). — 11) O. HINSBERG u. E. ROOS, Zeitschr. physiol. Chem., Bd. XXXVIII, p. 12 (1903). — 12) J. REINKE u. H. RODEWALD, Lieb. Annal., Bd. CCVII, p. 229 (1881).

wurde. Es bildet seidenglänzende Nadeln von $F = 134 - 135,5^0$. ist
linksdrehend ($[a]_D - 27,24^0$ bis $28,08^0$), hat die Zusammensetzung
$C_{26}H_{44}O + H_2O$; sein Monobenzoylester schmilzt bei 127^0. HESSE [1])
erklärte es als von seinem Phytosterin verschieden. Es gibt, in Chloroform gelöst, mit konzentrierter Schwefelsäure Rotfärbung.

Auch von Bakterien sind Cholesterine einigemal angegeben worden.
NISHIMURA [2]) fand Cholesterin in einem Wasserbazillus, KRESLING [3])
in Rotzbazillen.

§ 5.
Karotine. Allgemeines [4]).

Die Karotine, welche man nach dem derzeitigen Stande der Wissenschaft am besten in die Nähe der cholesterinartigen Pflanzenstoffe
stellt, haben ihre Benennung nach dem Vorkommen eines typischen
Repräsentanten dieser Farbstoffgruppe in der Möhrenwurzel erhalten. Zu
den karotinartigen Stoffen sind wohl die meisten gelben und orangeroten Pigmente tierischer und pflanzlicher Gewebe zu rechnen: vor
allem die Farbstoffe oder Lipochrome [5]), welche tierische und pflanzliche
Fette mehr oder weniger stark gelb färben. Auf zoologischem Gebiete [6])
gehören ferner in diese Farbstoffklasse die Pigmente der „Augenflecke"
von Protozoen, viele Pigmente der Spongien, der Cölenteraten und
Echinodermen, ferner der interessante blaue Farbstoff der Krustaceen-
panzer (Hummer, Flußkrebs), das „Cyanokrystallin", welches sehr leicht
(z. B. beim Kochen der Panzer in Wasser) in das orangerot gefärbte
„Crustaceorubin" übergeht, die roten Flügeldeckenfarbstoffe der Käfer
und andere ähnlich aussehende Insektenpigmente, die Farbstoffe des
Eidotters, des Blutserums, der nackten Hautstellen bei Vögeln („Tetron-
erythrin") u. s. f. Bei Pflanzen sind wohl alle orangeroten Farbstoffe
der niederen und höheren Gruppen hierher zu zählen, und man hat auch
dort, wo das Auge die Existenz derartiger Stoffe nicht direkt wahrnehmen kann, Karotine gefunden, z. B. in den Chlorophyllkörnern. Mit
dem Begriffe der „Lipochrome" deckt sich Karotin nicht, da es wohl
häufig mit Fetten zusammen, aber ebenso oft auch ohne Gesellschaft
von fettartigen Stoffen vorkommt.

Der zuerst isolierte Stoff der Karotingruppe war das Möhrenkarotin, welches von WACKENRODER [7]) 1826 als „Karotin" benannt wurde,
sodann von diesem Autor, von VAUQUELIN und BOUCHARDAT [8]) und besonders von ZEISE [9]) studiert worden ist. Der letztgenannte Forscher
erhielt es zuerst kristallisiert. BLEY [10]) untersuchte zuerst den analogen

---

1) O. HESSE, Lieb. Annal., Bd. CCXI, p. 283 (1882). — 2) NISHIMURA,
Arch. Hyg., Bd. XVIII, p. 330 (1893). — 3) K. KRESLING, Kochs Jahresb., 1892,
p. 67. — 4) Als Zusammenfassung der umfangreichen Karotinliteratur ist vor allem
anzuführen F. G. KOHL, Untersuch. über d. Karotin (1902); ferner T. TAMMES,
Flora, 1900, p. 205. — 5) Über Lipochrome: R. NEUMEISTER, Lehrb. d. physiol.
Chem., 2. Aufl. (1897), p. 89; O. v. FÜRTH, Vergl. chem. Physiolog. d. nied. Tiere
(1903), p. 83, 509; NEUMANN, Virch. Arch., Bd. CLXX, p. 363 (1903). — 6) Vgl.
bes. v. FÜRTH, l. c., p. 509 ff. Dort die gesamte einschlägige zoolog. Lit. behandelt.
— 7) WACKENRODER, Dissertatio de Anthelminticis, Göttingen 1826. — 8) VAU-
QUELIN u. BOUCHARDAT, Schweigg. Journ. Chem., Bd. LVIII, p. 95 (1830); WACKEN-
RODER, Geigers Magaz., Bd. XXXIII, p. 144; Berzelius Jahresber., Bd. XII, p. 177
(1833). — 9) W. C. ZEISE, Journ. prakt. Chem., Bd. XL, p. 297 (1847); Lieb.
Annal., Bd. LXII, p. 380 (1847); Annal. chim. phys. (3), Tome XX, p. 125 (1847).
— 10) L. F. BLEY, Journ. prakt. Chem., Bd. VI, p. 294 (1835).

Farbstoff der Aprikosenfrüchte. ZEISE gab ihm die Formel C_5H_{10} oder $10(C_5H_8)$. Später stellte HUSEMANN[1]) das Möhrenkarotin dar; er fand jedoch in seinem Präparate 6 Proz. Sauerstoff und teilte dem Karotin die Formel $C_{13}H_{24}O$ zu. Das „Hydrokarotin" $C_{18}H_{30}O$, welches nach HUSEMANN in kleiner Menge das Karotin begleitet, dürfte nach der Nachuntersuchung von ARNAUD, wie schon erwähnt[2]), ein mit Karotin verunreinigtes Phytosterinpräparat gewesen sein. Ausgezeichnete Untersuchungen über das Möhrenkarotin verdanken wir schließlich ARNAUD[3]), welcher feststellte, daß es sich doch um einen, allerdings sehr leicht oxydablen Kohlenwasserstoff handle, von der Form $C_{26}H_{38}$, und er schlug infolgedessen vor, den Namen in „Karoten" umzuändern.

Es ist bekannt, daß das Möhrenkarotin in den Parenchymzellen der Möhre in stab- oder dreieckförmigen verzogenen kristallähnlichen Gebilden vorkommt. Dieselben sind nach SCHIMPER[4]) in der Tat Kristalle, welche durch ihren Zusammenhang mit den Leukoplasten. in welchen sie ausgeschieden worden sind, abnorme Formverhältnisse (Zwang- oder Hemmungsbildungen) erfahren haben. Es gelingt, durch verschiedene Darstellungsmethoden ganz reines Karotin in gut kristallisiertem Zustande zu gewinnen.

Methoden zur Darstellung von Karotin haben HUSEMANN[1]), KÜHNE[5]), REINITZER[6]), HANSEN[7]), ARNAUD[3]), KOHL[8]) angegeben. Man gewinnt das Karotin zugleich mit den Fetten bei Extraktion des Materials mit Äther, Petroläther oder Schwefelkohlenstoff und kann es durch Verseifen des Extraktes mit alkoholischer Natronlauge, Aufnehmen der Seifen mit Wasser und Ausschütteln des unverseifbaren Rückstandes mit Äther oder Schwefelkohlenstoff mit den Phytosterinen gewinnen. Von letzteren trennt man es durch Umkristallisieren aus kochendem Aceton und Methylalkohol: beim Erkalten bleibt Karotin in Lösung (REINITZER). ARNAUD fällte den Möhrenpreßsaft mit Bleiacetat, wobei der Farbstoff mitgerissen wird, und zog den getrockneten Niederschlag mit Schwefelkohlenstoff aus; den Extraktionsrückstand wusch er behufs Entfernung der Fette mit kaltem Petroläther. Den Preßrückstand behandelt ARNAUD ähnlich. Das Verfahren liefert ein reines kristallisiertes Karotinpräparat, die Ausbeute ist jedoch gering (10 kg Möhren lieferten 3 g Karotin). HANSEN zog den verseiften Ätherextrakt mit Äther-Petroläther aus und gewann auch so kristallisiertes Karotin. Das von REINITZER verwendete Verfahren scheint kein kristallisierendes Präparat zu liefern. KOHL extrahierte das mit Wasser ausgekochte, abgepreßte und noch mit kaltem Alkohol gewaschene Material mit Tetrachlorkohlenstoff oder Äther, verseifte den Extraktrückstand mit alkoholischer Lauge, dampfte nach vorherigem Einleiten von Kohlensäure ein und zog den Rückstand mit Chloroform aus. Aus dieser Lösung kann man durch reichlichen Zusatz von kaltem absoluten Alkohol das Karotin kristallinisch erhalten.

---

1) A. HUSEMANN, Lieb. Annal., Bd. CXVII, p. 200 (1860). — 2) S. Anm. 2, p. 170. — 3) A. ARNAUD. Compt. rend., Tome CII, p. 1119, 1319 (1886); Journ. pharm. chim., Tome XIV, p. 149 (1886); vgl. auch H. IMMENDORFF, Landwirtsch. Jahrb., Bd. XVIII, p. 506 (1889), wo ARNAUDs Karotinformel bestätigt wird. — 4) A. F. W. SCHIMPER, Jahrb. wiss. Botan. (1885). — 5) KÜHNE, Beiträge z. Optochemie, p. 198. — 6) F. REINITZER, Mon. Chem., Bd. VII (1886). — 7) A. HANSEN, Sitz.-Ber. Würzburg. med.-chem. Ges., 1883. Die Farbstoffe des Chlorophylls (1889), p. 69. — 8) KOHL, l. c., p. 53.

Karotin kristallisiert übrigens nach KOHL auch direkt aus dem einge-
engten Ätherextrakt aus. Die Hauptschwierigkeit bei der Karotin-
darstellung liegt in der Trennung von den Phytosterinen und in der
Oxydierbarkeit des Karotins bei längerer Einwirkung von Licht, höheren
Temperaturen und Luftzutritt.

Krystallisiertes Karotin läßt sich durch Einwirkung verdünnter
Säuren (TSCHIRCH[1]) und FRANK, TAMMES) oder durch starke Kalilösung
in verdünntem Alkohol [MOLISCH[2])] auch in den Zellen, wo es reichlicher vorkommt, unschwer zur Abscheidung bringen, und man kann
z. B. so sehr schön den Karotingehalt von Chloroplasten demonstrieren.
TSWETT[3]) erreichte durch konzentrierte Resorcinlösung Karotinaus-
scheidung.

Karotin bildet kleine dunkelrote rhombische Täfelchen von starkem
Pleochroismus[4]), besitzt (besonders beim Erwärmen) Veilchengeruch
oder Krokusgeruch; es schmilzt bei 168—169°. Karotin ist unlöslich
in Wasser, verdünnten Alkalien, Säuren; löslich in Äther und Chloroform, leicht löslich in Benzol, fetten und ätherischen Ölen, Schwefelkohlenstoff. Die Formel $C_{26}H_{38}$, welche ihm ARNAUD[5]) gab, ist besonders begründet durch die Untersuchung seines Jodadditionsproduktes
$C_{26}H_{38}J_2$. Es handelt sich also um einen gefärbten Kohlenwasserstoff.

ZOPF[6]), den vorhandenen Angaben über die verschiedenen Karotine
Rechnung tragend, hat vorgeschlagen, zwei Gruppen von Karotinen zu
unterscheiden: 1. Karotinine: wahrscheinlich Sauerstoff enthaltend,
Alkaliverbindungen liefernd; 2. Eukarotine: Kohlenwasserstoffe, keine
Alkaliverbindungen gebend. Die von ihm früher vorgenommene Ein-
teilung in gelbe und rote Karotinfarbstoffe (Lipoxanthine und Liporhodine
hat ZOPF selbst später zurückgezogen[7]). HILGER und seine Schüler
WIRTH, PABST, KIRCHNER, EHRING, SCHÜLER[8]) haben bezüglich der
Natur der karotinartigen Farbstoffe die Meinung aufgestellt, daß es sich
um Cholesterinfettsäureester und Kohlenwasserstoffe in Gemenge handle.
So besteht das Karotin der Calendulablüten nach HILGER aus einem
zweiatomigen Cholesterin $C_{26}H_{42}(OH)_2$ (F 229—230°, a_D — 35,71°) in
Esterbindung mit Laurinsäure, Myristinsäure, Pentadecylsäure, Palmitin-
und Stearinsäure; ferner einem Kohlenwasserstoff von F = 63° und
85,61 Proz. C, 14,53 Proz. H. Eine kritische Würdigung dieser Arbeiten steht noch aus. Ausgeschlossen ist es nicht, daß in manchen
Fällen tatsächlich wesentlich derartige Verhältnisse obwalten, wenn man
auch gefärbte Kohlenwasserstoffe im Sinne ABNAUDS als sehr verbreitete
Vorkommnisse annehmen muß.

Von großem Interesse ist die Umwandlung des Karotins in phytosterinartige Stoffe durch Oxydation. Durch Licht und Luft bleichen

---

1) A. TSCHIRCH, Untersuch. üb. d. Chlorophyll (1884); B. FRANK. Botan.
Centr., Bd. X (1882). — 2) H. MOLISCH, Ber. bot. Ges., Bd. XIV, p. 18 (1896).
— 3) TSWETT, Botan. Centr., Bd. LXXXI. p. 83 (1900). — 4) Über die krystallo-
graphischen Verhältnisse des Karotins ausführliche Angaben bei KOHL, l. c., p. 32.
— 5) S. Anm. 3, p. 173. — 6) W. ZOPF, Biol. Centr., Bd. XV, p. 417 (1895).
— 7) W. ZOPF, Beitr. z. Morphol. u. Physiol. nied. Organ., Heft 1 (1892), p. 30.
— 8) A. HILGER, Botan. Centr., Bd. LVII, p. 375 (1894); C. EHRING, Botan. Centr.,
Bd. LXIX, p. 154 (1897); TH. PABST, Arch. Pharm., Bd. CCXXX, p. 108 (1892);
K. LENDRICH, ibid. p. 38 (1892); A. KIRCHNER, Dissert. Erlangen, 1893; F. WIRTH,
Dissert. Erlangen, 1891; O. SCHÜLER, Dissert. Erlangen, 1899.

Karotinkristalle bald aus; nach ARNAUD kann Karotin bis 21 Proz. Sauerstoff aufnehmen [1]). Nach manchen Beobachtungen, welche sich bei KOHL (l. c. p. 25) zusammengestellt finden, können alte gebleichte Karotinproben auch die HESSEsche Cholesterinreaktion zeigen; der Schmelzpunkt solcher Präparate liegt sehr tief (115—126° C, KOHL). Dieser Zusammenhang zwischen Karotin und Phytosterin ist jedoch noch völlig problematisch und bedarf eingehender Untersuchung, ebenso die angebliche Entstehung karotinartiger Kohlenwasserstoffe aus Phytosterin beim Behandeln des letzteren mit konzentrierten Mineralsäuren.

Bekannt ist die tief indigoblaue Reaktion der Karotine mit konzentrierter Schwefelsäure oder Salpetersäure. Salzsäure in Gegenwart von Phenol oder Thymol erzeugt ebenfalls tiefblaue Färbung (MOLISCH [2]). Jodjodkali färbt Karotin grün. Das spektroskopische Verhalten des Karotins findet sich bei KOHL ausführlich geschildert. Das Karotinspektrum ist durch drei Absorptionsbänder charakterisiert. In ätherischer Lösung liegen sie nach KOHL: I: λ 490—495; II: 455—445; III: 430—418. Daucus-Karotin ist linksdrehend. $(\alpha)_D$ ist in Chloroformlösung bei 15° — 30,17° (KOHL).

Die früher mehrfach geäußerte Ansicht, die Karotinkristalle seien Phytosterin, welches etwas Farbstoff gespeichert hätte, ist wohl in allen Fällen irrig und dürfte auf falsche Deutung der Entfärbung des Karotins am Lichte und Verwechslung des Karotins mit Phytosterin in Mischpräparaten zurückzuführen sein. KOHL hat zuletzt diese älteren Meinungen eingehend widerlegt.

ARNAUD [3]) hat zur quantitativen Karotinbestimmung in Pflanzenorganen den kolorimetrischen Vergleich vorgeschlagen. Das Material wird im Vakuum getrocknet und mit benzinfreiem Petroleum in der Kälte extrahiert. Der eingedunstete Extraktrückstand wird mit CS_2 aufgenommen und diese Lösung kolorimetrisch geprüft. So fand ARNAUD im Kraute von Spinacia 76,5 und 79,5 mg, von Urtica dioica 95 mg, von Gräsern 71 mg in 100 g trockenen Blättern.

Die Bedeutung der Karotine im Stoffwechsel ist noch nach keiner Richtung aufgehellt. Weder die Ansicht, daß das Karotin in vielen Fällen (Algen- und Pilzsporen, Möhre) einen Reservestoff darstelle (KOHL), noch die für das Karotin vindizierte Rolle als Sauerstofffixierer und Sauerstoffüberträger ist hinlänglich bestimmt und noch kaum diskutierbar. Auf die Anschauung, daß Karotin auch bei der Kohlensäureassimilation eine Bedeutung besitzt, wird noch in dem betreffenden Kapitel zurückzukommen sein.

In den Arbeiten von TAMMES und KOHL finden sich zahlreiche Angaben über die weite Verbreitung der Karotine, welche man wohl bereits in allen Pflanzengruppen und in den verschiedensten Organen nachgewiesen hat [4]). Hier seien nur wichtigere und interessantere Vorkommnisse besser untersuchter Karotine besprochen.

---

1) Über Oxydation der Karotine auch M. GERLACH. Zopfs Beiträge. Bd. II, p. 49 (1892). — 2) S. Anm. 2, p. 174. — 3) A. ARNAUD, Compt. rend., Tome CIV, p. 1293 (1887); Tome CIX, p. 911, (1889); G. VILLE, ibid., Tome CIX, p. 397, 628 (1889). — 4) SCHMIED (Österr. botan. Zeitschr., Bd. LIII, p. 313 [1903]) wies nach, daß die Gelbfärbung mancher Dracaeneenwurzeln auf Karotingehalt der Peridermzellen beruht.

§ 6.

Karotin in Blütenteilen; gelbe Blütenfarbstoffe fraglicher Natur.

Eine Untersuchung über den Farbstoff der gelben Narzisse liefert bereits CAVENTOU (1817)[1]). SCHÜBLER und FRANK[2]) unterschieden eine Reihe gelber Blütenfarbstoffe und eine Reihe blauer Farbstoffe, welche sie unbegründeterweise als oxydierte und desoxydierte Reihe benannten. CANDOLLE[3]) sprach von xanthischen und cyanischen Farben. Von MARQUART [1835][4]) rühren die Bezeichnungen „Anthoxanthin" und „Anthocyan" her. Die von HOPE und von MACAIRE vertretene Ansicht, daß der gelbe Farbstoff durch Säureeinfluß aus dem blauen entstehe, wurde bereits von MEYEN[5]) verworfen. Durch MARQUART war es auch bereits bekannt geworden, daß gelbe Blütenfarben eine tiefblaue Färbung mit konzentrierter Schwefelsäure geben, doch wurde dies irrigerweise auf Ähnlichkeiten mit Chlorophyll bezogen (MEYEN). Man wurde auch darauf aufmerksam, daß es gelbe Blütenfarbstoffe gibt, welche in Wasser unlöslich sind, und solche, welche sich in Wasser lösen. FRÉMY und CLOEZ[6]) nannten die in Alkohol löslichen Farbstoffe „Xanthin", die in Wasser löslichen (Dahlia) „Xantheïn". FRÉMY[7]) erkannte sodann die Differenzen seines Phylloxanthin aus Chlorophyll von diesen Farbstoffen. KRAUS[8]) machte auf die Ähnlichkeit des Spektrums der Blütenfarbstoffe mit dem Spektrum des aus Blätterextrakt gewonnenen gelben Farbstoffes aufmerksam. PRINGSHEIMS[9]) Vermutung über genetischen Zusammenhang zwischen Chlorophyll und Anthoxanthin beruhte wohl auf Täuschungen durch beigemengte Chlorophyllspuren.

HANSEN[10]) äußerte sich 1883 dahin, daß sich in den Blüten relativ wenige Arten von Farbstoffen finden: er erkannte die Lipochromnatur der gelben Blütenpigmente und erhielt diese Farbstoffe in einzelnen Fällen kristallisiert; desgleichen IMMENDORFF[11]). Es ist in der Tat nach den späteren Feststellungen, die sich in KOHLS Werk zusammengefaßt finden, kein Zweifel, daß Karotin weit verbreitet in Blumenblättern von gelber und roter Färbung vorkommt. Besonders TAMMES hat viele neue Vorkommnisse angegeben. In Pollenkörnern wurde Karotin von BERTRAND und POIRAULT nachgewiesen[12]). HILGER und KIRCHNER[13]) haben, wie schon erwähnt, den Farbstoff der Calendulablüten als Cholesterinfettsäureester beschrieben. Wahrscheinlich handelt es sich dort, wo der Farbstoff an Chromatophoren gebunden auftritt[14]), stets um karotinartige Farbstoffe.

---

1) CAVENTOU, Annal. chim. phys. (2), Tome IV, p. 321 (1817); Journ. pharm., Bd. II, p. 540. — 2) G. SCHÜBLER u. C. A. FRANK, Untersuch. über die Farben der Blüten, Tübingen 1826. — 3) DE CANDOLLE, Physiologie, Bd. II. p. 716. — 4) CL. MARQUART, Die Farben der Blüten, Bonn 1835. — 5) HOPE, L'Institut, 15. fèvr. 1835; MEYEN, Neu. Syst. d. Pflanzenphys o., Bd. II, p. 445. — 6) FRÉMY u. CLOEZ, Journ. chim. pharm. (3), Tome XXV, lp. 249 (1854). — 7) FRÉMY (1865), Compt. rend., Tome LXI, p. 190; FILHOL, Compt. rend., Tome LI. p. 373. — 8) G. KRAUS, Zur Kenntn. d. Chlorophyllfarbstoffe (1872). — 9) N. PRINGSHEIM, Mon.-Ber. Berl. Akad., 1874; Gesam. Abhandl., Bd. IV, p. 12. — 10) HANSEN, Sitz.-Ber. d. Würzb. phys.-med. Gesellsch., 1883. Auf die Ähnlichkeit des Spektrums tierischer Lipochrome mit dem Blütenfarbstoffspektrum machte bereits THUDICHUM, Proc. Roy. Soc., Vol. XVI. p. 253 (1869), aufmerksam. 11) IMMENDORFF, Landwirtsch. Jahrbüch., Bd. XVIII, p. 506 (1889). — 12) G. BERTRAND u. G. POIRAULT, Compt. rend., Tome XXV, p. 828 (1892). — 13) A. HILGER, Bot. Centr., Bd. LVII, p. 354 (1894); A. KIRCHNER, Diss. Erlangen, 1892. — 14) Über die Chromatophoren gelber Blüten: A. F. W. SCHIMPER, Jahrbüch.

Noch nicht hinreichend bekannt ist die Natur der wasserlöslichen gelben Blütenpigmente, welche von PRANTL [1]) als „Anthochlor" bezeichnet wurden, und welche TSCHIRCH [2]) als Anthoxanthin benannte. TSCHIRCH hat auch auf die Schwierigkeiten hingewiesen, welche sich bei der Spektraluntersuchung der verschiedenen „Anthoxanthine" durch kleine Chlorophyllbeimengungen ergeben. Der im Zellsaft mancher Blumenblätter auftretende, nicht an Chromatophoren gebundene Farbstoff (in blaßgelben Blüten, aber auch in Zitronenschalen), wurde von HANSEN [3]) ebenfalls als Anthochlor bezeichnet. Weitere Angaben über solche Pigmente machten SCHIMPER, DENNERT und A. WEISS [4]).

In noch ungeklärten Beziehungen zu den Karotinen steht der gelbe wasserlösliche Farbstoff des Safrans, welcher gleichfalls die tiefblaue Farbenreaktion mit konzentrierter Schwefelsäure gibt. Dieses Verhalten war bereits den ersten Untersuchern des Krokusnarbenpigmentes bekannt: BOUILLON-LAGRANGE und VOGEL [5]), welche den Farbstoff als „Polychroit" bezeichneten, und ihn für eine Verbindung eines färbenden Bestandteils mit flüchtigem Öl hielten. ROCHLEDER und MAYER [6]) fanden die Spaltung in Zucker und „Crocetin" bei Hydrolyse. WEISS [7]) gab dem Farbstoff die Formel $C_{48}H_{60}O_{18}$, KAYSER [8]): $C_{44}H_{70}O_{28}$, beide Autoren gaben verschiedene Spaltungsgleichungen an. SCHUNCK und MARCHLEWSKI [9]) meinen, daß die Spaltungsprodukte des Crocins (wie das Krokuspigment jetzt meist genannt wird) Traubenzucker und $C_{15}H_{20}O_4$ (Crocetin) seien. Es soll überdies noch ein farbloses Glykosid im Safran („Pikrocrocin") vorkommen, welches bei der Spaltung Terpenkohlenwasserstoff und Zucker liefert. O. SCHÜLER [10]) faßt das Crocin als Palmityl- und Stearylphytosterinester auf. Die Ansichten über das Safranpigment bedürfen nach allem dringend einer Klärung. KOHL erhielt aus Safrannarben keine Karotinkristalle.

§ 7.
Karotine in Früchten und Samen.

Mit Ausnahme der leicht kenntlichen roten Fruchtfarbstoffe aus der Gruppe des Anthokyans, dürften wohl die meisten roten Pigmente von Früchten zu den Karotinen gehören. Mit Karotinen sind die von den älteren Autoren verschieden benannten Fruchtpigmente identisch: die von HARTSEN [11]) dargestellten Pigmente aus den Beeren von Solanum dulcamara, Tamus, Asparagus, das „Rubidin" von NEGRI [12]), MILLARDETS [13])

---

wissensch. Botan., Bd. XVI, (1885); COURCHET, Recherch. sur les chromoleucites (1888); p. 82; M. MOEBIUS, Botan. Centr. Bd. XXIV, p. 115 (1885); R. HOLLSTEIN, Botan. Ztg., 1878, p. 25.
   1) PRANTL. Botan. Ztg., 1871, p. 426. — 2) A. TSCHIRCH, Untersuch. üb. d. Chlorophyll (1884), p. 97. — 3) A. HANSEN, Verhandl. phys.-med. Gesellsch., Würzburg. Bd. XVIII (1884). — 4) SCHIMPER, l. c., 1885; E. DENNERT, Bot. Centr., Bd. XXXVIII, p. 430 (1889); A. WEISS, Sitz.-Ber. Wien. Akad., Bd. XC (I), p. 109 (1884). — 5) VOGEL u. BOUILLON-LAGRANGE, Annal. chim., T. LXXX, p. 188 (1811); Journ. Pharm., Sept. 1821, p. 397. — 6) ROCHLEDER u. MAYER, Journ. prakt. Chem., Bd. LXXIV, p. 1. — 7) WEISS, Journ. prakt. Chem., Bd. CI, p. 65. — 8) R. KAYSER, Ber. chem. Ges., Bd. XVII. p. 2228 (1884). — 9) SCHUNCK u. MARCHLEWSKI, Lieb. Annal., Bd. CCLXXVIII, p. 349. — 10) O. SCHÜLER, Dissert. München, 1899; Botan. Centr., Bd. LXXXVII, p. 152 (1901). — 11) M. HARTSEN, Compt. rend., 1873, Tome I, p. 385. — 12) A. u. G. DE NEGRI, Ber. chem. Ges., Bd. XII, p. 2369 (1879). — 13) E. MILLARDET, Just Jahresb., 1876, Bd. 1, p. 368; Bd. II, p. 783.

Solanorubin aus Tomaten u. a. Die Identität der an Chromatophoren
gebundenen roten Pigmente aus Fruchtfleisch, äußeren Fruchthüllen mit
Karotinen wurde von ARNAUD, IMMENDORFF, TAMMES, KOHL in deren
zitierten Schriften gezeigt. SCHRÖTTER[1]) hat Karotin im Kürbis nachgewiesen. DESMOULIÈRE[2]) in Aprikosen. EHRING[3]) gab an, daß es
sich im Tomatenkarotin um ein Gemenge von Estern eines zweiwertigen
Phytosterins und Kohlenwasserstoffen handle.

Hier und da sind auch wasserlösliche gelbe Farbstoffe in Früchten
gefunden. Auf das „Anthochlor" der Zitronenschalen wurde schon aufmerksam gemacht. MACCHIATI[4]) fand in Fichtenzapfen unter drei verschiedenen Pigmenten einen in Wasser löslichen orangeroten Farbstoff.
Ein anderes in goldgelben Kristallen erhältliches Pigment („Gardenin")
enthalten die „Gelbschoten" von Gardenia grandiflora, welches nach
STENHOUSE und GROVES[5]) mit Crocin identisch sein soll. Crocin wurde
auch von Fabiana indica angegeben[6]).

Lebhaft gelb und rot gefärbte Samenarillen enthalten ebenfalls
Karotin. COURCHET[7]) zeigte dies von den Arillargebilden bei Evonymus.
Taxus und anderen Pflanzen, SCHRÖTTER[3]) von Afzelia (Intsia) cuanzensis. Abweichende Befunde erhielt HELD[9]) bei der Untersuchung des
gelbroten Macisfarbstoffes, welcher Phenolcharakter haben soll.

§ 8.
Karotinfarbstoffe bei Algen.

Die große Verbreitung karotinähnlicher Pigmente bei Algen ist
durch eine Anzahl neuerer Untersuchungen ebenfalls außer Zweifel gestellt worden. Die Chloroplasten chlorophyllgrüner Algen führen nach
den Beobachtungen von T. TAMMES, der es gelang, die Karotinkristalli-
sation durch die Kalimethode an vielen Objekten zu erzielen, ebenso
Karotin wie die Chlorophyllkörner der Phanerogamen. Daß auch Braunalgen Karotin enthalten, zeigte bereits HANSEN[10]) für Fucus vesiculosus.
Andere Angaben für Phäophyceen finden sich in der Arbeit von TAMMES,
wo auch Karotin in Florideen, Diatomeen, Cyanophyceen nachgewiesen
erscheint.

Ferner sind die roten Pigmente, welche bei Dauerzuständen von
Algen so häufig auftreten, wohl mit Karotin identisch. Schon DE BARY[11])
beobachtete die blaue Schwefelsäurereaktion bei den rotgefärbten Sporen
von Bulbochaete. Derselbe Fall liegt vor bei Sphaeroplea, Botrydium u. a.
F. COHN[12]) beschrieb vom Augenfleck der Euglena viridis Blaufärbung
mit Jod; er fand ähnliches Verhalten beim roten Farbstoffe vieler Algen-

1) H. v. SCHRÖTTER-KRISTELLI, Verh. zool.-bot. Ges., Bd. XLIV, p. 298
(1895). — 2) A. DESMOULIÈRE, Chem. Centr., 1902, Bd. II, p. 1001. — 3) C.
EHRING, Just, 1897, Bd. I, p. 153. — 4) L. MACCHIATI, Just, 1889, Bd. I, p. 53.
— 5) J. STENHOUSE u. C. E. GROVES, Journ. chem. Soc., Tome XXXV, p. 688;
Ber. chem. Ges., Bd. X, p. 911 (1877), Just, 1879, Bd. I, p. 364; STENHOUSE,
Lieb. Ann., Bd. XCVIII, p. 316 (1856). — 6) FILHOL, Compt. rend., Tome L,
p. 1184. — 7) COURCHET, Annal. sc. nat. (7), Tome VII, p. 263 (1888). — 8) H.
v. SCHRÖTTER-KRISTELLI, Botan. Centr. Bd. LXI, p. 33 (1895). — 9) FR. HELD,
Dissert. Erlangen, 1893. — 10) A. HANSEN, Arbeit. botan. Instit. Würzburg, Bd. III,
p. 296 (1885). — 11) DE BARY, Bericht. naturf. Ges., Freiburg 1856. — 12) F. COHN,
Nov. Act. Leop., Vol. XXII, p. 645 (1850); Arch. mikrosk. Anatom., Bd. III,
p. 44 (1867).

dauersporen, ferner bei Chlamydococcus pluvialis. Cohn nannte das Pigment „Hämatochrom", und glaubte an genetische Beziehungen desselben zu Chlorophyll. Zu „Hämatochrom" rechnete Klebs[1]) den orangeroten Farbstoff von Phyllobium dimorphum. Ebenso wie Cohns Hämatochrom, so fällt auch Rostafinskis[2]) „Chlororufin" aus Trentepohlia unter den Begriff der Karotine. Zopf[3]) hat das Trentepohliakarotin zuletzt dargestellt und seine Analogie mit den übrigen Karotinen erwiesen. Beziehungen zum Chrysenchinon, wie sie Rostafinski der blauen H_2SO_4-Reaktion wegen annahm, bestehen nicht.

Von Pigmenten niederer Algen sind ebenfalls einige als Karotine erkannt. Es darf dies wohl auch vom Augenfleckpigment der Euglenen behauptet werden [Klebs[4])]. Schön kristallisierendes Karotin gewann Zopf[5]) aus Polycystis flos aquae Wittr. Es ist so wie das Trentepohliakarotin ein „Eukarotin" im Sinne Zopfs. Auf Grund spektroskopischer Differenzen unterscheidet Zopf[5]) das „Polycystin" vom Möhrenkarotin als spezielles Karotin. Nach Gaidukow[6]) enthält Chromulina Rosanoffii (Wor.) wahrscheinlich ein Karotin, welches er als „Chrysoxanthophyll" bezeichnete.

§ 9.
Karotin bei Pilzen und Bakterien.

Die größte Mehrheit der orangegelb und rot gefärbten Pilze scheint Farbstoffe aus der Reihe der Karotine zu enthalten. Bachmann[7]) wies Karotin als Färbungsursache der Uredineen in einer Reihe von Fällen nach. Zopf[8]) identifizierte den Farbstoff der Calocera viscosa (Tremellineae) mit Karotin; Dacrymyces stellatus enthält einen sehr ähnlichen Farbstoff. Ebenso ist das Pigment von Polystigma, Nectria cinnabarina, verschiedenen Pezizaceen den genannten Autoren zufolge[8]) zur Karotingruppe gehörig. Von Flechtenpigmenten ist nach Bachmann der Farbstoff des Baeomyces roseus „ein Lipochrom".

Nach Zopf[9]) ist ferner der gelbrote Farbstoff, welcher hier und da bei Phykomyceten auftritt, ein Karotin (z. B. bei Pilobolus, Mucor u. a.) Bei den Pilzen tritt das Karotin in der Regel in ölartigen Tröpfchen gelöst auf; ob das Lösungsmittel (wie wahrscheinlich) Fett ist, und ob in allen Fällen ein fettes Öl, ist nicht näher untersucht. Das „Fezizaxanthin" welches Sorby[10]) von Aurelia Aurantia beschrieb, ist wohl mit Karotin identisch. In einer späteren Arbeit gab Zopf[11]) an, daß die aus Hypocreaceen (Polystigma, Nectria) ausziehbaren Karotine mit Dauouskarotin nicht übereinstimmen. Polystigma rubrum enthält nach Zopf zwei Pigmente, davon ein rotes in reichlicher Menge. Polystigma

---

1) G. Klebs, Botan. Ztg., 1881, p. 271. — 2) J. Rostafinski, Botan. Ztg., 1881, p. 461. — 3) W. Zopf, Beiträg. Morph. u. Physiol. nied. Organism., Hft. 1 (1892), p. 30. Ältere Literatur über Trentepohlia-Carotin: Caspary, Flora, 1858, No. 38; A. B. Frank, Cohns Beitr. z. Biolog., Bd. II, p. 160; Hildebrand, Botan. Zeit., 1861, p. 82. Ferner G. Karsten, Annal. jard. bot. Buitenzorg, Bd. X, p. 38 (1890); Zopf, Biol. Centr., Bd. XV, p. 425 (1895). — 4) G. Klebs, Untersuch. a. d. botan. Inst. Tübingen, Bd. I, p. 261 (1883). Über Euglenafarbstoff auch A. G. Garcin, Journ. Botan., Bd. III, p. 189 (1889). — 5) W. Zopf, Berichte botan. Ges., Bd. XVIII, p. 461 (1900). — 6) N. Gaidukow, Ber. botan. Ges., Bd. XVIII, p. 333 (1900). — 7) E. Bachmann, Spektroskop. Untersuchung von Pilzfarbstoffen (1886). — 8) W. Zopf, Die Pilze (1890), Schenks Handbuch der Botanik, Bd. IV, p. 414; Flora, 1889, p. 353. — 9) Zopf, l. c. und Beitr. z. Physiol. u. Morphol. nied. Org., H. 2 (1892), p. 3. — 10) Sorby, Proc. roy. Soc. (1873), Vol. XXI, p. 457. — 11) Zopf, Beiträge etc., Heft 3 (1893), p. 26.

ochraceum Wahlenb. enthält einen hiervon abweichenden gelben kristallisierenden Karotinfarbstoff. Die Konidienform der Nectria cinnabarina
enthält einen gelben und einen roten Farbstoff; der rote wurde „Nektriin"
genannt. Der Farbstoff von Ditiola radicata ist mit dem Calocera-
karotin identisch. Die gelben Karotine bezeichnete ZOPF später als
„Lipoxanthine", die roten als „Liporhodine". Es ist noch ungewiß, ob
dem Farbenton tatsächlich chemische Differenzen zugrunde liegen, oder ob
partielle Zersetzung (Oxydation?) die Farbendifferenzen verursachen kann.
In neuerer Zeit gliedert ZOPF[1]) das Polystigmin und Nektriin den „Karo-
tininen" oder sauerstoffhaltigen Karotinen an.

    Bei Myxomyceten hat ZOPF[2]) ebenfalls mehrfach Karotine nachge-
wiesen, so bei Arten von Stemonitis und Lycogala. Der Farbstoff von
Lycogala besitzt nach ZOPF[3]) vier Absorptionsbänder im Spektrum und
gehört in die „gelbe Reihe" der Karotine. Nach der Bänderzahl im
Spektrum unterschied ZOPF Di-, Tri-, Tetralipoxanthine. Da durch geringe Beimengungen anderer Farbstoffe sowie durch Zersetzung der
Präparate Differenzen im Karotinspektrum leicht herbeigeführt werden
können und auch zwischen verschiedenen Forschern bezüglich des Spektrums der bestbekannten Karotine[4]) Differenzen herrschen, so wird es
noch durch künftige Forschungen zu entscheiden sein, ob diese Einteilung
der Karotine gerechtfertigt ist oder nicht.

    Orangegelb tingierte Bakterienkolonien wurden bereits in zahl-
reichen Fällen als karotinhaltig erkannt. ZOPF[5]) gab als karotinprodu-
zierende Bakterien zuerst Staphylococcus rhodochrous, Micrococcus
superbus, stellatus u. a. an. Wenn man einige Tropfen des Petrolätherextraktes aus diesen Bakterien auf dem Objektträger eindunsten läßt
und konzentrierte Schwefelsäure zufließen läßt, so entstehen nach ZOPF[6])
kleine dunkelblaue Kristallchen („Lipocyanreaktion"). Der zugrunde
liegende chemische Vorgang ist noch nicht bekannt. Die Reaktion gelingt übrigens mit allen Karotinen. ZOPF gab sodann noch Bacterium
egregium[6]) und Micrococcus Erythromyxa[7]) als Karotinbildner an, ferner
die Cladotricheae Sphaerotilus roseus[8]). SCHRÖTTER[8]) fand Karotin in
Sarcina aurantiaca und Staphylococcus pyogenes aureus. Nach ZOPF
wird bei Micrococcus Erythromyxa der Farbstoff durch die lebenden
Bakterienzellen ausgeschieden und lagert sich kristallinisch ab. Dieses
Pigment sowie der Farbstoff von Micrococcus rhodochrous wird von
ZOPF zu den „Liporhodinen" gerechnet; der Farbstoff von Bacterium
egregium, B. Chrysogloia und Staphylococcus aureus zu den „Lipoxan-
thinen". Das Liporhodin der erstgenannten Mikrokokken soll späteren
Angaben ZOPFs zufolge zu der Gruppe der „Karotinine" oder sauerstoffhaltigen Karotine gehören. Wie sonst, wird auch noch hier der exakte
Nachweis der abweichenden Konstitution dieser „Karotinine" zu erbringen sein.

    1) ZOPF, Ber. bot. Geseil., Bd. XVIII (1900), p. 466. — 2) ZOPF, Flora.
1889, S. 353; Beiträge etc., Heft 2 (1892). — 3) ZOPF, Ber. botan. Ges., Bd. IX,
p. 27 (1891). — 4) Vgl. KOHL, l. c., p. 39. — 5) ZOPF, Zeitschr. wissensch. Mikro-
skopie, Bd. VI, p. 172 (1889). — 6) Botan. Ztg., 1889, p. 53; ferner A. OVER-
BECK, Kochs Jahresber., 1891, p. 85. — 7) ZOPF, Beitr. z. Morph. u. Phys., Heft 2
(1892), p. 32. — 8) H. v. SCHRÖTTER-KRISTELLI, Centr. Bakter. (I), Bd. XVIII
p. 781 (1895).

Zehntes Kapitel: **Die Produktion von Wachs**[1].

§ 1.
Vorkommen.

Der typische Repräsentant der Wachsarten ist das Bienenwachs[2]. Es besteht hauptsächlich aus freier Cerotinsäure und aus Palmitylester des Myricylalkohols. Der Gehalt an hochwertigen Fettsäurealkoholen und an hohen Fettsäuren ist für alle typischen Wachsarten charakteristisch: er bedingt ihren hohen Schmelzpunkt, die schwierige Verseifbarkeit, wodurch sich die Wachsarten von den Fetten vor allem unterscheiden. Im Pflanzenreich wird Wachs als physiologisches Produkt an der Außenfläche krautiger Sprosse, an Unterseite und Oberseite der Laubblätter, als Überzug von Früchten sehr häufig erzeugt. Seltener und auch noch unzureichend untersucht ist das Vorkommen „wachsartiger" Stoffe im Inneren von Zellen. Bei der „Wachsablagerung" in den Parenchymzellen des Fruchtfleisches japanischer Rhusarten (Rhus succedanea, vernicifera, silvestris, „Japanwachs") bildet das „Wachs" nach den Untersuchungen von A. MEYER[3] und von MÖBIUS[4] einen gleichmäßigen dicken Belag der Zellmembran im Innern von Zellen, manchmal fast das ganze Zelllumen einnehmend. Vielleicht hängt hier die biologische Bedeutung des „Wachses" damit zusammen, daß die Früchte 1—2 Jahre hindurch auf dem Baume hängen bleiben. Bei der Keimung der Samen wird das Wachs nicht verwendet. Nach BURI[5] besteht die Substanz zum größten Teile aus freier Palmitinsäure mit kleinen Beimengungen höher schmelzender Säuren. Nach EBERHARDT[6] soll wahrscheinlich eine zweibasische Säure der Form $C_{18}H_{86}(COOH)_2$ zugegen sein. GEITEL und VAN DER WANT[7] fanden, daß diese Säure der Formel $C_{20}H_{40}(COOH)_2$ entspricht und bei 117° schmilzt; sie nannten sie Japansäure. Da in der wässerigen Lösung nach Verseifung Glyzerin gefunden wird, entspricht das „Japanwachs" in seinem Charakter entschieden mehr den Fettarten und ist besser als „Japantalg" zu bezeichnen. Über die Eigenschaften dieses merkwürdigen Fettes hat auch AHRENS und HETT[8] berichtet. Die manchmal als „Wachs" angeführte Substanz in den Parenchymzellen mancher Balanophoraceen (Balanoph. elongata, Langsdorffia hypogaea) ist vielleicht ein harzartiger Stoff[9]. Der Wachsüberzug an den Luftorganen von Landpflanzen stellt teils einen mehr oder weniger dichten Überzug von öfters charakteristischen morphologischen Eigenschaften dar, teils bildet er Einlagerungen in die äußeren Wandschichten der Epidermis (Cuticula). welche durch Ätherextraktion leicht herausgelöst werden können. Die Wachsüberzüge können zusammenhängende Membranen bilden, oder sie bestehen aus zarten, dicht-

---

1) Über Pflanzenwachs ist zu vergleichen: R. BENEDIKT u. ULZER, Analyse der Fette und Wachsarten, 3. Aufl. (1897); WIESNER, Rohstoffe, 2. Aufl. (1900), Bd. I, p. 522. — 2) Die Chemie des Bienenwachses wurde zuletzt dargestellt von O. v. FÜRTH, Vergleich. chem. Physiologie d. nied. Tiere (1903), p. 407. — 3) A. MEYER, Arch. Pharm. (1879), Bd. CCXXXIV, p. 15. — 4) M. MÖBIUS, Ber. botan. Ges., Bd. XV, p. 435 (1897). — 5) E. BURI, Arch. Pharm., Bd. CCXLIII. p. 403 (1879); Japanwachs: J. B. TROMMSDORFF, Journ. prakt. Chem., Bd. I, p. 151 (1834). — 6) L. A. EBERHARDT, Dissert. Straßburg, 1888. — 7) A. C. GEITEL u. G. VAN DER WANT, Journ. prakt. Chem. (2), Bd LXI. p. 151 (1900). — 8) C. AHRENS u. HETT, Zeitschr. angew. Chem., 1901, p. 684. — 9) Vgl. hierzu: WIESNER, Rohstoffe, l. c., p. 542; T. SUDA, Bull. Agricult. Coll. Tokyo, Bd. V, p. 263 (1902).

gestellten Stäbchen oder aus größeren oder kleineren Körnchen [DE BARY[1])]. WIESNER[2]) wies die optische Anisotropie der Wachsauflagerungen nach. Die Entwicklungsgeschichte wurde von DE BARY studiert. Bei unterirdischen und submersen Organen fehlen Wachsüberzüge, doch beobachtete TITTMANN[3]) selbst bei einer Wasserpflanze (Myriophyllum proserpinacoides) an den auftauchenden Teilen eine vorübergehende Wachsbildung.

Regulatorische Einflüsse machen sich bei der Wachsbildung häufig geltend, indem feuchte Luft die Wachsausscheidung vermindert (TITTMANN). Bei verkorkten Membranen sind Wachsinkrustationen bisher nur vom Weidenkork bekannt [HÖHNEL[4])]. WILHELM[5]) lieferte den biologisch interessanten Nachweis, daß die Vorhöfe der Koniferenspaltöffnungen mit feinkörnigem Wachs erfüllt sind, welches als Transpirationsschutz fungiert. Über die Beziehungen zwischen Stomata und Reifüberzug bei Blättern hat ferner DARWIN[6]) berichtet.

Die als „Wachsausscheidungen" gehenden Sekrete der Haare der „Gold- und Silberfarne" [Gymnogramme, Notochlaena, Cheilanthes[7])] haben wohl mit Wachs nichts zu tun. BLASDALE[8]) gibt an, daß das Sekret von Gymnogramme triangularis sphärische Massen nadelförmiger Krystalle bildet und aus zwei verschiedenen Stoffen besteht; das Ceropten bildet schöne hellgelbe trikline Krystalle von F 135°, ist ein Benzolderivat der Zusammensetzung $C_{15}H_{16}O_4$, leicht löslich in Alkohol, Äther, Chloroform; die andere Substanz ist weiß, amorph, unlöslich in Äther.

Wachssezernierende Papillen sind von der Unterseite junger Blätter des Caladium violaceum Desf. durch FENIZIA[9]) angegeben worden.

Daß sich der Wachsüberzug bei Früchten auch nach mehrmaligem Abbürsten regeneriert, war bereits DE CANDOLLE[10]) bekannt. Nach TITTMANN ist jedoch die Regenerationsfähigkeit des Wachsüberzuges nicht bei allen Pflanzen zu konstatieren. Wahrscheinlich können die Epidermiszellen nur so lange Wachs produzieren, als sie lebendes Plasma enthalten. Untersucht ist dies aber noch nicht, ebenso noch nicht, ob chloroformierte Blätter ihr Wachs regenerieren; man weiß ferner nicht, ob ein Zusammenhang mit dem Membranwachstum besteht.

Wie das verbreitete Vorkommen starker Wachsüberzüge bei succulenten Blättern, bei den an trockenen Standorten lebenden „glauken" Varietäten von Gräsern und anderen Pflanzen lehrt, steht die Ausbildung der Wachsschichten mit der Anpassung an xerophytische Lebensweise in Zusammenhang. Dies wird auch durch die Beobachtungen an Meerstrandgewächsen bestätigt. In manchen Fällen wird wohl kein Wachs produziert, sondern andere dem gleichen Zwecke dienliche Stoffe. So besteht nach VOLKENS[11]) der lackartige Überzug der Blattflächen vieler Xerophyten nicht aus Wachs, sondern aus Harz. Nach KNUTH[12]) soll bei Crambe maritima und anderen Strandpflanzen der Überzug der

1) DE BARY, Botan. Ztg., 1871, p. 128, 566; Vergleich. Anatom. (1877), p. 87. — 2) J. WIESNER, Botan. Ztg., 1871, p. 769. — 3) H. TITTMANN, Jahrbücher wissensch. Botan., Bd. XXX, p. 128 (1897). — 4) F. v. HÖHNEL, Sitz.-Ber. Wien. Akad., Bd. LXXVI (I), p. 507. — 5) K. WILHELM, Ber. botan. Ges., Bd. I, p. 325 (1883); ferner TH. WULFF, Österr. botan. Zeitschr., 1899. — 6) FR. DARWIN, Journ. Linn. Soc., Vol. XXII, p. 99 (1886). — 7) Hierzu: GÖPPERT, Nov. Act. Leop., Vol. XVIII, Suppl. I, p. 260 (1844); KLOTZSCH, Bot. Ztg., 1852, p. 200; BARY, ibid. 1871, p. 131; WIESNER, ibid. 1876, p. 236. — 8) W. C. BLASDALE, Just, 1893, Bd. I, p. 317. — 9) C. FENIZIA, Just, 1896, Bd. I, p. 479. — 10) A. P. DE CANDOLLE, Pflanzenphysiologie, Bd. I, p. 198 (1833). — 11) G. VOLKENS, Ber. botan. Ges., Bd. VIII, p. 120 (1890). — 12) P. KNUTH, Just Jahresb., 1889, Bd. I, p. 47.

Blattoberfläche nicht aus Wachs, sondern aus Fett bestehen; dies bleibt noch zu bestätigen.

Was für eine Bedeutung die in manchen Milchsäften beobachteten wachsartigen Stoffe haben, ist ebenfalls noch unbekannt. Durch Boussingault[1]) ist eine solche Substanz vom Milchsafte des Brosimum galactodendron bekannt geworden; sie schmilzt schon bei 50°, hat die prozentische Zusammensetzung: 79,28 % C, 11,7 % H, 9,02 % O, nähert sich also im Kohlenstoffgehalte den Fetten; näher untersucht ist dieses „Wachs" in neuerer Zeit nicht. Hingegen konnten Greshoff und Sack[2]) von dem Wachs aus dem Milchsafte von Ficus ceriflua Jungh. bestätigen, daß es sich um sehr hoch schmelzende Verbindungen handelt. Für das Wachs aus dem Opium, in welchem Hesse[3]) die Cerylester der Palmitin- und der Cerotinsäure angab, ist es zweifelhaft, ob es (wie seine Zusammensetzung vermuten läßt) von der wachsreichen Epidermis der Mohnkapseln oder aus dem Milchsafte stammt.

Auch bezüglich der von Kraft[4]) aus Filixrhizom gewonnenen Wachssubstanz ist die Lokalisation und die Natur unsicher.

§ 2.
Chemie der Wachsarten.

Die pflanzlichen Wachssubstanzen waren schon den älteren Biochemikern wohlbekannt und finden sich bereits bei Senebier[5]) in ihren wesentlichen Eigenschaften geschildert. Die älteren Autoren hielten sie irrigerweise für im wesentlichen identisch mit Bienenwachs [Treviranus[6])]. Proust[7]) wies Wachs im Blütenstaube nach, Fauré[8]) isolierte wachsartige Stoffe aus der Rinde von Buxus. Über das Karnaubawachs berichtete zuerst Brande[9]). Auch das Myricawachs zählt zu den lange bekannten Wachsarten (Cadet [1803][10]). Über das durch Humboldt bekannt gewordene Palmenwachs von Ceroxylon andicola berichten Boussingault[11]) und Bonastre[12]). Die ältere Literatur ist auch bei de Candolle referiert[13]). Den Reif der Früchte von Benincasa cerifera untersuchten Nees und Marquart[14]).

Unter der Reihe von Elementaranalysen über Wachsarten befinden sich neben den Untersuchungen über das Bienenwachs von Saussure, Oppermann, Hess, Mulder[15]) auch viele Angaben bezüglich Pflanzen-

1) J. Boussingault, Agronom., Bd. VII, . 195. — 2) M. Greshoff u. J. Sack, Rec. trav. chim. Pays-Bas, Tome XX, pp 65 (1901). Ältere Angaben bei Fr. Kessel, Ber. chem. Ges., Bd. XI, p. 2112 (1878) und Just Jahresb., 1878, Bd. I, p. 259. — 3) O. Hesse, Ber. chem. Ges., Bd. III, p. 637 (1870). — 4) F. Kraft, Schweiz. Wochenschr. f. Chem. u. Pharm., Bd. XXXIV (1896). — 5) J. Senebier, Physiol. végét., Tome II, p. 424 (1800); dort von älteren Autoren zitiert Boucher (1798), Tingry. — 6) L. Chr. Treviranus, Physiologie, Bd. II, p. 42 (1838). — 7) Proust. Journ. de physique, Tome LVI, p. 87. — 8) Fauré, Journ. pharm., Tome XVI, p. 435 (1830). — 9) Th. Brande, Gilberts Annal., Bd. XLIV, p. 287 (1813); J. Virey, Journ. Pharm., Tome XX, p. 112 (1834). — 10) Ch. L. Cadet, Annal. chim., Tome XLIV, p. 140 (1803); ferner J. Bostock, Gehlens Journ., Bd. VI. p. 645 (1806); J. F. Dana, Schweigg. Journ., Bd. XXXII, p. 338 (1821). — 11) J. B. Boussingault, Annal. chim. phys. (2), Tome XXIX, p. 330 (1825); Tome LIX, p. 19 (1835). — 12) Bonastre, Journ. pharm., Tome XIV, p. 349 (1828). — 13) S. Anm. 10, p. 182. — 14) Nees von Esenbeck u. Cl. Marquart, Buchners Rep. Pharm., Bd. LI, p. 313 (1835) — 15) Th. de Saussure, Ann. chim. phys. (2), Tome XIII, p. 339 (1820); Ch. Oppermann, ibid. (2), Bd. XLIX,

wachs. MULDER, welcher übrigens lange Zeit irrige Vorstellungen über einen genetischen Zusammenhang zwischen Wachs und Chlorophyll hegte, berechnete für Pflanzenwachs die Formel $C_{40}H_{64}O_{10}$. Das Ceroxylonwachs analysierte BOUSSINGAULT[1]), das Wachs der Zuckerrohrstengel DUMAS[2]) und AVEQUIN.

Ceroxylon　81,6 Proz. C,　13,3 Proz. H,　5,1 Proz. O
Saccharum　81,4　„　„　14,1　„　„　4,5　„　„　(F 82°)

Nach einer langen Reihe von Arbeiten über die Konstitution des Bienenwachses, worunter besonders die Studien von LEWY[3]) und von GERHARDT[4]) Erwähnung verdienen, gelang es erst BRODIE[5]), die Natur der alkohollöslichen und unlöslichen Fraktion des Bienenwachses („Cerin" und „Myricin") zu ergründen, und zu zeigen, daß die erstere im wesentlichen aus der freien Cerotinsäure $C_{27}H_{54}O_2$, letztere aus dem Palmitinsäureester des Melissyl- oder Myricylalkohols besteht.

Im Karnaubawachs fand MASKELYNE[6]) Cerotinsäure und Melissylalkohol.

Es kann nun heute kein Zweifel daran bestehen, daß die Zusammensetzung aller oder doch der meisten Pflanzenwachsstoffe vom Bienenwachs abweicht, und es hat WIESNER mit Recht darauf hingewiesen, daß verschiedene Stoffe, die den Fettsubstanzen ferner stehen, in Wachs weit verbreitet vorkommen. Die Vermutung dieses Forschers, daß Fettsäureglyzeride in Wachsarten sehr verbreitet vorkommen, ist bisher in bezug auf ihre Tragweite noch nicht geprüft worden. Man hat jedoch harzartige Substanzen, ferner zusammengesetzte Kohlenwasserstoffe, endlich hochwertige Alkohole, welche dem Phytosterinen nahe zu stehen scheinen, bereits wiederholt aus Wachsüberzügen von Pflanzen kennen gelernt, so daß wir den Begriff „Pflanzenwachs" mehr als biologische Bezeichnung als als chemische Gruppenbenennung auffassen müssen. Die meisten Verhältnisse sind jedoch, wie aus den folgenden Darlegungen hervorgeht, einer weiteren Klärung noch dringend bedürftig.

Wachsüberzüge von Blättern. Das meiststudierte Blätterwachs ist das der Palme Copernicia cerifera Mart. (Karnaubawachs) aus Brasilien.

Die Analysen von LEWY[7]) über Karnaubawachs ergaben als Zusammensetzung: 80,32 % C, 13,07 % H, 6,61 % O. MASKELYNE[6]) wies im Karnaubawachs Melissylalkohol und Cerotinsäure nach. STÜRCKE[8]) gab als Bestandteile des Karnaubawachses an: einen Kohlenwasserstoff (F 59°); einen Alkohol $C_{26}H_{33} \cdot CH_2OH$ von 76° F; Melissylalkohol; einen zweiwertigen Alkohol $C_{25}H_{46}(CH_2OH)_2$ von F 103,5°; ferner Karnaubasäure, welche der Lignocerinsäure isomer ist; eine der Cerotin-

---

p. 240 (1832); H. HESS, Poggend. Annal., Bd. XLIII, p. 382 (1838); Journ. prakt. Chem., Bd. XIII, p. 411 (1838); MULDER, Berzelius Jahresb., Bd. XXV, p. 508 (1846); Journ. prakt. Chem., Bd. XXXII, p. 172 (1844); Versuch allg. physiol. Chem. (1844), p. 276; B. COLLINS BRODIE, Lieb. Ann., Bd. LXVII. p. 180 (1848); Bd. LXXI, p. 144 (1849); Journ. prakt. Chem., Bd. XLV, p. 335 (1848); Bd. XLVIII, p. 385 (1849).

1) S. Anm. 11, p. 183. — 2) DUMAS, Annal. chim. phys. (2), Tome LXXV, p. 222 (1841); AVEQUIN, Lieb. Ann., Bd. XXXVII, p. 170 (1841). — 3) B. LEWY, Annal. chim. phys. (3), Bd. XIII, p. 438 (1845). — 4) CH. GERHARDT, ibid. (3), Bd. XV, p. 236 (1845). — 5) BRODIE, Phil. Mag., Vol. XXXIII, p. 217; Berzelius Jahresber., Bd. XXIX, p. 365 (1850). — 6) MASKELYNE, Ber. chem. Ges., Bd. II, p. 44 (1869). — 7) LÉWY, zit. Boussingault Agronomie, Bd. VII, p. 100. — 8) H. STÜRCKE, Lieb. Annal., Bd. CCXXIII, p. 283 (1883).

säure isomere Säure von F 79 °; endlich eine γOxysäure resp. ihr inneres Anhydrid. PIEVERLING [1]) hatte schon früher ebenfalls Melissylalkohol im Karnaubawachs gefunden, ferner eine kleine Menge eines Alkohols, der wahrscheinlich mit Cerylalkohol identisch war. Der Myricylalkohol aus Karnaubawachs, welcher nochmals von GASCARD [2]) studiert worden ist, kommt darin teils frei, teils als Säureester vor. Er kristallisiert aus Äther in kleinen Nadeln, F 88; Zusammensetzung: $C_{30}H_{62}O$. Der Cerylalkohol ist $C_{27}H_{56}O$; nach HENRIQUES [3]) soll er die Formel $C_{26}H_{54}O$ haben. Die Cerotinsäure, für deren Existenz im Karnaubawachs eine Bestätigung noch wünschenswert ist, hat nach MARIE [4]) die Zusammensetzung $C_{25}H_{50}O_2$, nach HENRIQUES [3]) $C_{26}H_{52}O_2$. Palmitinsäure scheint im Karnaubawachs zu fehlen. TESCHEMACHER [5]) untersuchte das Wachs von Chamaerops.

Vom Wachs der Gramineen haben KÖNIG [6]) sowie KÖNIG und KIESOW [7]) Myricylalkohol, Melissinsäure und einen Kohlenwasserstoff „Ceroten" $C_{27}H_{54}$ als Hauptbestandteile angegeben.

Beim Wachs der Musablätter handelt es sich nach GRESHOFF [8]), und GRESHOFF und SACK [9]) um Myricylalkohol-Fettsäureester. Die Fettsäure hat nach GRESHOFF zwar die Zusammensetzung der Cerotinsäure, jedoch einen viel niedrigeren Schmelzpunkt. Das Wachs von Eucalyptusblättern enthält nach HARTNER [10]) vielleicht Cerylalkohol. Das Wachs von Buxusblättern soll nach BARBAGLIA [11]) aus dem Palmitinsäureester des Myricylalkohols bestehen. Das Wachs der Blätter von Vaccinium vitis Idaea besteht nach OELZE [12]) aus freier Cerotinsäure und den Cerotinsäure-, Melissinsäure-, Palmitinsäure- und Myristinsäureestern des Myristyl- und Cerylalkohols. Palmitat und Myristinat finden sich jedoch nur sehr spärlich; endlich wurde ein bei 56° schmelzender Alkohol gefunden. In Tabakblättern findet sich nach KISSLING [13]) 0,14 Proz. Wachs, welches wahrscheinlich Myristylalkohol-Melissinsäureester ist. THORPE und HOLMES [14]) geben an, daß es sich um einen Kohlenwasserstoff handelt. HESSE [15]) wies in den Blättern von Drimys granatensis einen einwertigen Wachsalkohol $C_{28}H_{58}O_2$ nach („Drimol").

Aus dem Wachsüberzuge der Epidermis stammen vielleicht auch die festen Kohlenwasserstoffe, welche ABBOT und TRIMBLE [16]) aus Phlox caroliniana und Rhamnus Purshiana durch Petrolätherextraktion darstellten. Die Stoffe schmolzen über 196° und entsprachen der Zusammensetzung $(C_{11}H_{18})x$.

Rinden. — Das Rindenwachs der Tamariscinee Fouquiera splendens, welches angeblich in Bastfasermembranen enthalten ist, soll dem

---

1) L. v. PIEVERLING, Lieb. Ann., Bd. CLXXXIII, p. 344 (1876). — 2) A. GASCARD, Journ. pharm. chim. (5), Tome XXVIII, p. 49 (1893). — 3) R. HENRIQUES, Ber. chem. Ges., Bd. XXX (II), p. 1415 (1897). — 4) T. MARIE, Compt. rend., Tome CXIX, p. 428 (1894). Trennung von Melissinsäure: Ann. chim. phys. (7), Tome VII, p. 145 (1896). Derivate: Bull. soc. chim. (3), Tome XV, p. 590 (1896). — 5) J. E. TESCHEMACHER, Journ. prakt. Chem., Bd. XXXIX, p. 220 (1846). — 6) J. KÖNIG, Ber. chem. Ges., Bd. III, p. 566 (1870). — 7) J. KÖNIG u. J. KIESOW, Ber. chem. Ges., Bd. VI, p. 500 (1873). — 8) M. GRESHOFF, Just 1899, Bd. II, p. 24. — 9) S. Anm. 2, p. 183. — 10) P. A. HARTNER, Ber. chem. Ges., Bd. IX, p. 314 (1876). — 11) G. A. BARBAGLIA, Just 1884, Bd. I, p. 153. — 12) F. OELZE, Dissert. Erlangen, 1890. — 13) R. KISSLING, Ber. chem. Ges., Bd. XVI, p. 2432 (1883); ferner Chem.-Ztg., Bd. XXV, p. 684 (1901). — 14) T. E. THORPE u. J. HOLMES, Proc. chem. Soc., Vol. XVII, p. 170 (1901). — 15) O. HESSE, Lieb. Ann., Bd. CCLXXXVI, p. 369 (1895). — 16) H. C. DE ABOTT u. H. TRIMBLE, Ber. chem. Ges., Bd. XXI (II), p. 2598 (1888); Amer. chem. Journ., Vol. X, p. 439 (1889).

Karnaubawachs ähnlich sein, wurde jedoch noch nicht weiter untersucht[1]). Die wachsartigen Stoffe aus der Rinde von Ilexarten haben
mehrfaches Studium erfahren. In der einheimischen Ilex Aquifolium
hatte PERSONNE[2]) einen Alkohol der Zusammensetzung $C_{25}H_{44}O$ (F 175°)
gefunden, welchen er Ilicylalkohol nannte. SCHNEEGANS und BRON-
NERT[3]) beschrieben von der Rinde der Frühjahrstriebe derselben Pflanze
einen Kohlenwasserstoff „Ilicen“ der Zusammensetzung $C_{35}H_{60}$. DIWERS
und KAWAKITA[4]) untersuchten die wachsartigen Stoffe der Rinde der
japanischen Ilex integra Thunb. (japanischer Vogelleim „Tori-mochi“)
und fanden einen dem Ilicylalkohol entsprechenden Stoff der Zusammensetzung $C_{22}H_{38}O$ und Schmelzpunkt 172°, außerdem noch einen
anderen neuen Alkohol „Mochylalkohol“ der Formel $C_{26}H_{46}O$ von F =
234°. Beide Alkohole finden sich als Palmitinsäureester. Ihre Konstitution ist unbekannt. In die Fettreihe dürften sie kaum gehören;
ihre Zusammensetzung ist vielmehr jener der Phytosterine sehr ähnlich.
Sie werden von einer noch nicht hinreichend untersuchten Säure begleitet. Aus dem Wachs von Linumstengeln (gewonnen durch Auskochen von Flachs mit Alkohol: 3—4 Proz. Ausbeute) stellten CROSS und
BEVAN[5]) durch Verseifen mit alkoholischer Natronlauge Cerylalkohol
dar. Aus dem Abfallsstaub der Flachsspinnereien konnte C. HOFF-
MEISTER[6]) etwa 10 Proz. einer wachsartigen bei 61,5° schmelzenden Substanz gewinnen, welche Kohlenwasserstoffe (dem Ceresin recht ähnlich),
ferner Cerylacetat und wahrscheinlich Phytosterinacetat außer Stearinsäure, Palmitinsäure, Ölsäure, Linolsäure, Linolen- und Isolinolensäure
enthält. Wie viel von allen diesen Stoffen als Bestandteile des Wachsüberzuges der Leinstengel gelten kann, läßt sich bei dem leider nicht
näher kontrollierbaren Untersuchungsmaterial nicht feststellen.

Pathologische Wachsausscheidungen von Holzgewächsen sind gleichfalls untersucht worden. So entsprach ein von FLÜCKIGER[7]) untersuchter
Wachsüberzug auf Buchenrinde (wahrscheinlich durch Insektenstich entstanden) in seiner Zusammensetzung $C_{27}H_{54}O_2$ und Schmelzpunkt 81—82°
der Cerotinsäure; doch reagierte die alkoholische Lösung nicht sauer.
Ist es hier fraglich, ob Pflanze oder Tier das Wachs produziert hat,
so muß die Wachsproduktion auf der chinesischen Esche als ausschließlich tierischer Natur gelten. Das wachsproduzierende Insekt ist hier
Coccus ceriferus; das „chinesische Wachs“ besteht nach BRODIE[8]) aus
Cerotinsäure-Cerylester. Hierüber wie über die anderen Wachsproduk-
tionen durch pflanzenbewohnende Insekten (Cochenillewachs, Psyllawachs)
findet man bei v. FÜRTH (l. c.[9]) das Wissenswerte sorgfältig zusammengestellt.

Früchte. — Öfterer Untersuchung ist besonders das Wachs der
Traubenbeeren unterzogen worden. Es schmilzt bei 70—73°. Nach
WEIGERT[10]) macht es 1,55 Proz. des Gewichtes der feuchten ausgepreßten

---

1) Vgl. H. ABOTT, Arch. Pharm. (1886), p. 862; E. SCHAER, Just 1888,
Bd. 1, p. 45. — 2) J. PERSONNE, Compt. rend., Tome XCVIII, p. 1585 (1884). —
3) A. SCHNEEGANS u. E. BRONNERT, Arch. Pharm., Bd. CCXXXII, p. 532 (1895);
Bd. CCXXXI, p. 582 (1894). — 4) E. DIWERS u. M. KAWAKITA, Journ. chem.
Soc., 1888, Tome I, p. 268. — 5) C. F. CROSS u. J. E. BEVAN, Chem. News.,
Tome LX, No. 1567 (1889). — 6) C. HOFFMEISTER, Zeitschrift „Flachs und Leinen“,
No. 101, September 1902; Ber. chem. Ges., Bd. XXXVI, p. 1047 (1903). — 7) F.
A. FLÜCKIGER, Arch. Pharm., Bd. IV, p. 8 (1875). — 8) B. C. BRODIE, Journ.
prakt. Chem., Bd. XLVI, p. 30 (1849). — 9) S. Anm. 2, p. 181. — 10) WEIGERT,
Die Weinlaube, 1887, p. 328.

Schalen aus. ETARD[1]) untersuchte seine Bestandteile näher. Er fand im Schwefelkohlenstoffauszug der Weinbeerenschalen freie Palmitinsäure, einen an diese gebundenen neuen Alkohol „Oenocarpol" der Formel $C_{26}H_{59}(OH)_2 \cdot H_2O$. Der freie Alkohol schmilzt bei 304 ^{0}, der Ester bei 272 ^{0}. Es sei anschließend erwähnt, daß ETARD den wachsartigen Stoff der Vitisblätter als „Vitol" $C_{17}H_{34}O$, und „Vitoglykol" $C_{23}H_{44}O_2$ beschrieb; von Medicago und Bryonia wurde ein „Medikagol" $C_{20}H_{41} \cdot OH$ und ein „Bryonan" $C_{20}H_{42}$ angegeben. SEIFERT[2]) stellte aus dem Wachs-überzüge amerikanischer Weinbeeren einen krystallinischen Stoff $C_{20}H_{32}O_2$ „Vitin" dar, und fand, daß auch bei anderen Früchten: Apfel, Birne, Pflaume, Heidelbeere, die Wachssubstanzen dem Vitin recht ähnlich sind. Die Stoffe haben schwach saure Eigenschaften, sind in alkoholischer Natronlauge löslich, geben, mit Wasser versetzt, eine weißliche Trübung, mit Metallsalzen dicke Fällungen. Das Vitin enthält eine Hydroxylgruppe. Wichtig ist der von SEIFERT geführte Nachweis, daß das Vitin die für cholesterinartige Stoffe charakteristische Cholestol-probe: Grünfärbung mit Essigsäureanhydrid und konzentrierter Schwefel-säure gibt; die HESSEsche Reaktion zeigt das Vitin nicht. Außerdem wurden im Traubenwachs Stoffe beobachtet, welche dem Ceryl- und Myricylalkohol, und solche, welche der Palmitin- und Cerotinsäure nahe-stehen. Nach BLÜMML[3]) sollen im Traubenreif Fettsäureglyzeride vor-liegen.

Das Wachs vom Olivenepikarp schmilzt nach MINGIOLI[4]) bei 98—100 ^{0}.

Ob die von GUTZEIT[5]) in jungen Heracleumfrüchten gefundenen Kohlenwasserstoffe dem Wachsüberzuge entstammen, ist ungewiß; sie könnten auch in den Sekretbehältern enthalten sein.

Der Wachsüberzug der Früchte von Myrica cerifera soll älteren Untersuchungen zufolge[6]) hauptsächlich aus freier Palmitinsäure, dann etwas Myristinsäure und Stearinsäure bestehen, und auch Glyzeride dieser Säuren enthalten. Die Konstanten des „Myrtle"wachses wurden in neuerer Zeit durch SMITH und WADE[7]) bestimmt. Der Hauptbestand-teil ist nach diesen Forschern Palmitin.

Es sei schließlich noch bemerkt, daß bei den Wachsarten geradeso wie bei Fetten Säurezahl, Verseifungszahl, Jodzahl, Hehnersche Zahl etc. als Konstanten bestimmt zu werden pflegen, hauptsächlich zu praktischen Zwecken. Näheres hierüber in den zitierten Werken von BENEDIKT-ULZER, SCHAEDLER, WIESNER.

Bildung der Wachsarten. — Es ist eine offene Frage, ob die Wachsüberzüge aus Bestandteilen der Zellmembranen gebildet werden oder ob die in den Überzügen enthaltenen Substanzen im Protoplasma entstehen und an ihrer endgültigen Stelle zur Ausscheidung gelangen. Der ersterwähnte Fall ist nicht unmöglich, indem die Entstehung von Wachs aus Kohlenhydraten im Leibe der Biene durch Fütterungsver-suche von ERLENMEYER und v. PLANTA[8]) nachgewiesen worden ist. Da

---

1) A. ETARD, Compt. rend., T. CXIV, p. 231, 364 (1892). — 2) W. SEIFERT. Versuchstat., Bd. XLV, p. 29 (1894); Mon. Chem., Bd. XIV, p. 719 (1894). — 3) E. K. BLÜMML, Chem. Centr., 1898, Bd. I, p. 1178. — 4) E. MINGIOLI, Ber. chem. Ges., Bd. XV, p. 381 (1882). — 5) H. GUTZEIT, Ber. chem. Ges., Bd. XXI, p. 2881 (1888). — 6) MOORE, Chem. Centr., 1862, p. 779. — 7) W. R. SMITH u. F. B. WADE, Journ. Americ. chem. soc., Vol. XXV, p. 629 (1903). — 8) E. ERLENMEYER u. A. v. PLANTA-REICHENAU, Malys Jahresb., Tierchemie, Bd. VIII, p. 294; Bd. IX, p. 265; Bd. X, p. 366 (1880).

für die Pflanzen noch keine Experimentaluntersuchung vorliegt, kann
man sich nach keiner Richtung hin entscheiden.

Elftes Kapitel: Die pflanzlichen Zuckerarten[1].

§ 1.
Allgemeine Orientierung.

Der Traubenzucker mit einigen seiner nächsten Verwandten und
einer Reihe von Derivaten wird in bezug auf vielseitige Bedeutung für
das organische Leben kaum von irgendwelchen anderen Kohlenstoffverbindungen überragt.
Die Pflanzen erhalten die Baustoffe aus der Zuckergruppe entweder fertig in ihrer Nahrung geboten, oder sie bilden Zucker durch
eigene Tätigkeit, sei es durch bloße Spaltung komplizierterer Verbindungen, sei es durch Aufbau aus einfacheren Stoffen. Eine Fülle
biologischer Erfahrungen zeigt uns, welche imposante Mittel von allen
pflanzlichen Organismen aufgeboten werden, um sich den nötigen Zuckervorrat zu verschaffen.   Keimpflanzen, saprophytische Pilze, Parasiten
aus niederen und höheren Pflanzengruppen verfügen über ein erstaun-
lich reichhaltiges Arsenal von Enzymen und anderen chemischen Apparaten, um sich den Zucker aus Kohlenhydraten, aber auch aus anderen
Kohlenstoffverbindungen durch Spaltung und Synthese zu bereiten. Die
großartige Erscheinung der Kohlensäureverarbeitung durch Chlorophyll
führende Pflanzenorgane im Lichte läuft im wesentlichen auf Zuckersynthese hinaus.   Ein ähnlicher, derzeit noch kaum zu überblickender
Aufwand an Mitteln wird nur noch bei der Bildung und Gewinnug
von Eiweißstoffen im Pflanzenkörper entfaltet. Von der Bedeutung der
Traubenzuckergruppe als Baustoffe verschafft uns auch die Erfahrung
eine Vorstellung, daß selbst bei dem saprophytischen Aspergillus niger
alle anderen Kohlenstoffverbindungen an Nährerfolg weit hinter der
Wirkung des Traubenzuckers zurückstehen, und der genannte Pilz, wie
PFEFFER ermittelte, aus 100 Teilen Traubenzucker 33—43 Teile Pilztrockensubstanz aufbauen kann.

Zucker spielt aber nicht nur im Baustoffwechsel der Pflanze, sondern auch im Betriebsstoffwechsel der Organismen eine Hauptrolle
und erweist sich bei Energiebeschaffung unter den verschiedensten Verhältnissen für die Bedürfnisse des Pflanzenorganismus als unersetzliches
Material. So stehen die Zuckerstoffe in der Sauerstoffatmung als ergiebige, leicht ausnutzbare Energiequelle zur Verfügung, während sie
andererseits auch ohne Sauerstoffzutritt durch äußerst mannigfache
Spaltungen Energie zu liefern imstande sind: Alkoholgärung, Milchsäuregärung, Buttersäuregärung, Valeriansäuregärung[2] zählen hierher.

1) Von zusammenfassenden Werken über die Zucker sind anzuführen: E. O.
v. LIPPMANN, Die Chemie d. Zuckerarten, 3. Aufl. (1904); B. TOLLENS, Kurzes
Handbuch d. Kohlenhydrate, 2. Bde., 2. Aufl. (1898); vgl. auch E. FISCHER, Synthesen i. d. Zuckergruppe. Naturwiss. Rundsch., 1903, No. 14. Die ältere Litt. findet
bei R. SACHSSE, Chem. u. Physiol. d. Farbstoffe, Kohlenhydrate und Proteïn-
stanzen, Leipzig 1877; W. WISLICENUS, Chem. Centr., 1889, Bd. II,
2) E. WEINLAND, Zeitschr. Biolog., Bd. XLIII, p. 112 (1902) für Ascaris lumbricoides.

und wahrscheinlich ist mit den bisher bekannten Vorgängen der Zuckerspaltung ohne Sauerstoffaufnahme die Reihe dieser Prozesse noch nicht
erschöpft. In dieser Richtung reichen weder Fette noch Eiweißkörper
an die Zuckerarten heran.

Ein bedeutsamer Fortschritt war eröffnet, als es E. FISCHER gelungen war, festzustellen. wie innig die verschiedensten Prozesse im
Organismus, in vorderster Reihe die Enzyme der Pflanze und ihre
Wirkungen, mit der Konfiguration des Traubenzuckers in Beziehung
stehen [1]), so daß die Chemie der Zelle mit der Chemie des Traubenzuckers unlösbar verknüpft erscheint.

Deshalb erscheint es auch nötig, die wichtigsten Grundzüge der
allgemeinen Zuckerchemie der speziellen biochemischen Darlegung vor-
auszuschicken, soweit es für die Zwecke des Verständnisses der Verhältnisse im Organismus nötig ist.

Die Chemie der Zuckerarten ist ein Kind der jüngsten Zeit, und
die Geschichte der früheren Kenntnisse ist bald erschöpft. Dem früher
bereits bekannten Rohrzucker (1747 von MARGGRAF auch in der Zuckerrübe nachgewiesen) und Milchzucker reihte 1806 PROUT[2]) den Traubenzucker an, welchen er kristallisiert aus Weinbeeren gewann und als
besondere Zuckerart unterschied. Durch KIRCHHOFFs Entdeckung der
Säurehydrolyse der Stärke (1815) erhielt man eine ergiebige neue Quelle
zur Traubenzuckergewinnung. Der ebenfalls schon zu dieser Zeit bekannte und von PROUST, THÉNARD, BOUILLON LAGRANGE[3]) studierte
Mannit galt als weitere, jedoch nicht gärfähige Zuckerart. Nach Anstellung von Elementaranalysen durch zahlreiche ausgezeichnete Chemiker[4]) eruierten LIEBIG[5]) und BERZELIUS[6]) die wahre empirische Formel
des wasserhaltigen und wasserfreien Traubenzuckers und des Mannits.
Man lernte hierauf die Natur des Malzzuckers [Dubrunfaut 1847[7])] und
die Zusammensetzung des Rohrzuckers kennen [DUBRUNFAUT, PÉLIGOT,
SOUBEIRAN u. a.[8])], und kam durch die Zerlegung des letzteren zur
Kenntnis der Fruktose (1847, DUBRUNFAUT). Den Dulcit (Melampyrit)
entdeckte 1836 HÜNEFELD[9]), die Sorbose 1852 PELOUZE[10]) und den Erythrit 1852 LAMY[11]). Da man außer dem süßen Geschmack und der Gär-

---

1) Außer den zu zitierenden zahlreichen Spezialuntersuchungen dieses ausgezeichneten Forschers sei besonders auf die für den Biochemiker äußerst wichtige
Arbeit FISCHERs über die Bedeutung der Stereochemie für die Physiologie. Zeitschr.
physiol. Chem., Bd. XXVI, p. 60 (1898), hingewiesen. — 2) J. DE PROUT, Annal.
de chim., Tome LVII, p. 131, 225 (1806). — 3) BOUILLON-LAGRANGE, Ann. chim.
phys. (2), Tome IV, p. 398 (1817). — 4) Z. B.: BERTHOLLET, Schweigg. Journ.,
Bd. XXIX, p. 490 (1820); W. PROUT, Ann. chim. phys. (2), Tome XXXVI, p. 366
(1827); Rohrzucker wurde seit LAVOISIER schon früher oft und genau analysiert.
— 5) LIEBIG, Poggend. Ann., Bd. XXXI, p. 339 (1834); LIEBIG u. PELOUZE,
Ann. chim. phys. (2), Tome LXIII, p. 136 (1836). — 6) BERZELIUS, Jahresber.
phys. Wissensch., Bd. XIX, p. 449 (1840). — 7) DUBRUNFAUT, Annal. chim. phys.
(3). Tome XXI, p. 178 (1847) erkannte die Maltose als zusammengesetzt aus zwei
Molekülen Traubenzucker. Die Eigenart der Maltose war schon früher von PAYEN
und PERSOZ, sowie von LÜDERSDORFF, Schweigg. Journ., Bd. LXIX, p. 201 (1833)
behauptet worden. — 8) PERSOZ, Schweigg. Journ., Bd. LXIX, p. 83 (1833); Pogg.
Ann., Bd. XXXII, p. 207 (1834); E. PÉLIGOT, Ann. chim. phys. (2), Tome LXVII,
p. 113 (1838); DUBRUNFAUT, ibid. (3), Bd. XXI, p. 169 (1847), Compt. rend.,
Tome XXIX, p. 51 (1849); SOUBEIRAN, Berzelius' Jahresber., Bd. XXVII, p. 384
(1848). — 9) HÜNEFELD, Journ. prakt. Chem., Bd. VII, p. 233 (1836); Bd. IX, p. 47,
(1836). In Manna aus Madagaskar als „Dulcose" angegeben von A. LAURENT,
Compt. rend., Tome XXX, p. 41 (1850). — 10) J. PELOUZE, Ann. chim. phys.
(3). T. XXXV, p. 222 (1852); Lieb. Ann., Bd. LXXXIII, p. 47 (1852). — 11) A.
LAMY, Ann. chim. phys. (3), Tome XXXV. p. 129 (1852).

fähigkeit kein Merkmal der Zuckerarten kannte, blieb der Zuckerbegriff lange Zeit ein unbestimmter. Die Reduktion alkalischer Metallsalz-lösungen[1]), sowie die Eigenschaft, bei Oxydation Säuren zu liefern, führte zu der Vermutung, der Traubenzucker sei als Aldehyd aufzufassen (KEKULÉ, 1860), und 1870 wurde von BAEYER[2]) die heute allgemein angenommene Zuckerkonstitutionsformel $CH_2OH—(CHOH)_4—COH$ für den Traubenzucker aufgestellt. Die Isomerie der Zucker blieb jedoch unerklärt[3]). In die Folgezeit fallen die verdienstvollen Arbeiten von TOLLENS und seinen Schülern[4]) über die Bildung von Lävulinsäure oder β-Acetylpropionsäure: $CH_3 \cdot CO \cdot CH_2 \cdot CH_2 \cdot COOH$ aus Zucker und Kohlen-hydraten bei Einwirkung starker Mineralsäuren. 1880 wurde KILIANI[5]) darauf aufmerksam, daß bei der Oxydation von Trauben- und Frucht-zucker mit Silberoxyd nicht dieselben Produkte entstehen. Trauben-zucker liefert viel weniger Glykolsäure als Fruchtzucker. Bei Oxy-dation mit Brom liefert, wie verschiedene Forscher schon früher gefunden hatten[6]), Traubenzucker Glukonsäure, während Inulin und Fruktose Oxalsäure und Glykolsäure geben. KILIANI schloß daraus, daß man diese Differenz am einfachsten durch die Annahme erklären könne, daß die Fruktose nicht die Aldehydformel, sondern die entsprechende Keton-formel besitzt: $CH_2OH \cdot CO \cdot (CHOH)_3 \cdot CH_2OH$.

Von Wichtigkeit war die fernerhin erfolgte Auffindung der d-Ga-laktose unter den Hydratationsprodukten von Kohlenhydraten in Samen durch MUNTZ[7]), wodurch die Existenz der Komponente des tierischen Milchzuckers im Pflanzenreiche erwiesen war.

In das Jahr 1883 fällt der Beginn der erfolgreichsten Forschungs-periode der Zuckerchemie mit der Darstellung der Phenylhydrazinver-bindungen der Zucker durch E. FISCHER[8]). Die Methode erwies sich

---

1) Entdeckt von VOGEL, Schweigg. Journ. Chem., Bd. XIII, p. 162 (1815); ferner BEQUEREL, Ann. chim. phys. (2), Tome XLVII, p. 13 (1831). — 2) A. VON BAEYER, Ber. chem. Ges., Bd. III, p. 67; FITTIG, Zeitschr. Ver. Rübenzucker-industrie, Bd. XXI, p. 270. Die älteren Formeln von ROCHLEDER, HLASIWETZ u. HABERMANN, KOLBE, KOLLI sind angeführt in LIPPMANN, l. c., 2. Aufl., p. 986. — 3) Versuche z. B. bei TH. ZINCKE, Lieb. Annal., Bd. CCXVI, p. 286 (1883). — 4) A. v. GROTE u. TOLLENS, Journ. f. Landwirtsch., 1873, p. 373; Ber. chem. Ges., Bd. VII, p. 1375 (1874); Journ. Landwirtsch., Bd. XXIII, p. 202 (1875); BENTE, Ber. chem. Ges., Bd. VIII, p. 416 (1875); Bd. IX, p. 1157 (1876). Vorschrift zur Lävulinsäuredarstellung bei GROTE u. TOLLENS, Ber. chem. Ges., Bd. X, p. 1441 (1877). Konstitution: M. CONRAD, Ber. chem. Ges., Bd. XI, p. 2177 (1878); Lieb. Ann., Bd. CLXXXVIII, p. 223; TOLLENS, Ber. chem. Ges., Bd. XII, p. 334 (1879); KEHRER u. TOLLENS, Lieb. Ann., Bd. 206, p. 233 (1880); WEHMER u. TOLLENS, Ber. chem. Ges., Bd. XIX, p. 707 (1886); Landw. Versuchst., Bd. XXXIX, p. 405 (1893); P. RISCHBIETH, Ber. chem. Ges., Bd. XX, p. 1773 (1887); BERTHELOT u. ANDRÉ, Compt. rend., Tome CXXIII, p. 567 (1896). — 5) H. KILIANI, Lieb. Annal., Bd. CCV, p. 191 (1880). — 6) Gluconsäure dargestellt von HLASIWETZ und HABERMANN, Ber. chem. Ges., Bd. III, p. 486 (1870); O. GRIES-HAMMER, Arch. Pharm., Bd. XII, p. 193; HÖNIG, Sitz.-Ber. Wien. Ak., Bd. LXXVIII (II), p. 704 (1878). Konstitution festgestellt von A. HERZFELD, Lieb. Annal, Bd. CCXX, p. 335 (1883). — 7) A. MUNTZ, Compt. rend., Tome XCIV, p. 453 (1882); BOUSSIN-GAULT, Agronom, T. VIII, p. 161; Compt. rend., Tome CII, p. 624, 681 (1886). Die Angabe von C. BOUCHARDAT, Compt. rend., Tome LXXIII, p. 462 (1873), über das Vorkommen von Milchzucker im Fruchtsafte von Achras Sapota ist unbe-stätigt geblieben. Ältere Litt. über den tier. Milchzucker: BOUILLON-LAGRANGE u. VOGEL, Schweigg. Journ. Bd. II, p. 342 (1811), erkannten die Verschiedenheit vom Rohrzucker. Gewinnung von Traubenzucker daraus nach Säurehydrolyse: VOGEL, Schweigg. Journ., Bd. V, p. 87 (1812); DÖBEREINER, ibid. Bd. VI, p. 219 (1812). Isolierung der d-Galaktose: H. FUNDAKOWSKI, Ber. chem. Ges., Bd. VIII, p. 599 (1875); Bd. IX, p. 42 (1876); Bd. XI, p. 1069 (1878). — 8) E. FISCHER, Ber. chem. Ges., Bd. XVI, p. 572 (1883); Bd. XVII, p. 579 (1884); Bd. XX, p. 821 (1887).

trefflich geeignet zur Gewinnung sehr reiner Zuckerderivate und trug
sehr bald eine Reihe wertvoller Früchte; FISCHER selbst zeigte für
eine Reihe von Glykosidzucker (Krokose, Phlorose u. a.) die Identität
mit Traubenzucker und lehrte in Gemeinschaft mit TAFEL [1]), daß der
„Isodulcit" kein sechswertiger Alkohol sein könne, sondern weil er ein
Osazon liefert, als Methylderivat eines fünfwertigen Aldehydzuckers anzusehen sei. Kurz zuvor hatte KILIANI [2]) durch die Untersuchung des
Arabinosazons die bedeutsame Entdeckung gemacht, daß die Arabinose [3]) eine fünfgliedrige Kohlenstoffkette enthält und daß sie als erster
Repräsentant einer Gruppe fünfwertiger Zucker anzusehen sei. Ein
weiteres großes Verdienst KILIANIS war die Anwendung der WINKLER-
schen Synthese von Oxysäuren aus Aldehyden auf die Zuckerchemie.
KILIANI [4]) zeigte, daß Traubenzucker mit Blausäure leicht ein Cyan-
hydrin oder Nitril einer Glukosekarbonsäure durch Blausäureanlagerung
liefert. Nach FISCHERS Vorgang werden heute diese Säuren als Glyko-
heptonsäuren bezeichnet. KILIANI bewies hierdurch das Vorhandensein
einer normalen Kohlenstoffkette bei fünf- und sechswertigen Zuckern.
Von höchster Bedeutung war die spätere Feststellung FISCHERS [5]), daß
bei der Blausäureanlagerung gleichzeitig die Nitrile zweier isomerer
Glukoheptonsäuren entstehen, deren Laktone gut kristallisieren.

Eine fernere Erweiterung des Forschungsgebietes kam von der
Entdeckung der Mannose, welche fast gleichzeitig von FISCHER [6]) als
Oxydationsprodukt des natürlichen Mannit, und von REISS [7]) als Hy-
dratationsprodukt der Reservecellulose von Samen aufgefunden wurde.
Sie ist der zum Mannit gehörende Aldehyd.

Es traten aber auch erfolgreiche Ansätze zur Zuckersynthese
schon seit 1885 mehrfach hervor. 1886 hatte O. LOEW [8]) gezeigt, daß
aus Formaldehyd beim Stehen mit Kalkmilch zuckerähnliche Konden-

---

1) FISCHER, Ber., Bd. XXI, p. 988 (1888); FISCHER u. J. TAFEL, Ber.,
Bd. XX, p. 1089 (1887). — 2) KILIANI, Ber., Bd. XX, p. 282 (1887). — 3) Arabinose, entdeckt von SCHEIBLER, war von P. CLAESSON, Ber. chem. Ges., Bd. XIV,
p. 1270 (1881) als verschieden von Galaktose erkannt worden. — 4) KILIANI, Ber.
chem. Ges., Bd. XIX, p. 767, 1128 (1886); Bd. XX, p. 339 (1887). — 5) FISCHER,
Lieb. Ann., Bd. CCLXIV, p. 64; FISCHER u. HIRSCHBERGER, Ber. chem. Ges.,
Bd. XXII, p. 372 (1889). — 6) F. FISCHER, Ber. chem. Ges., Bd. XX, p. 821 (1887);
FISCHER u. J. HIRSCHBERGER, Ber., Bd. XXI, p. 1805 (1888). Kristallisiert stellte
erst W. A. VAN EKENSTEIN, Rec. trav. Pays-Bas, Tome XIV, p. 320; Tome XV,
p. 221 (1896), die Mannose dar. Vgl. auch DUYVENÉ DE WITT, Chem. Centr.,
1895, Bd. II, p. 862. Über kristallisierte i-Mannose: C. NEUBERG u. P. MAYER,
Zeitschr. physiol. Chem., Bd. XXXVII, p. 545 (1903). — 7) R. REISS [Ber.
chem. Ges., Bd. XXII, p. 609 (1889); Ber. botan. Ges., Bd. XXII, p. 322, Dissert.
Erlangen, 1889] nannte sein Zuckerpräparat „Seminose". FISCHER u. HIRSCH-
BERGER, Ber. chem. Ges., Bd. XXII, p. 1155 (1889), stellten die Identität der
Seminose mit ihrer Mannose fest. Vgl. auch l. c., p. 3218. — 8) Formose:
O. LOEW, Habilit.-Schrift München, 1886; Ber. chem. Ges., Bd. XIX, p. 141
(1886); Bd. XX, p. 141, 3039 (1887); Botan. Zeitg., 1887, p. 813; Ber. chem. Ges., Bd.
XXI, p. 270 (1888); Journ. prakt. Chem., Bd. XXXVII, p. 203 (1888); C. WEHMER,
Bot. Zeitg., 1887, p. 713; WEHMER u. TOLLENS, Lieb. Ann., Bd. CCXLIII, p. 334
(1888); LOEW, Ber. chem. Ges., Bd. XXII, p. 470 (1889) [Methose]; Versuchstat.,
Bd. XLI, p. 131 (1892); Chem.-Ztg., Bd. XXI, p. 231 (1897); Bd. XXXIII, p. 542
(1899); Chem. C., 1899, Bd. II, p. 282. Zuckersynthese aus Trioxymethylen:
SEYEWETZ u. GIBELLO, Compt. r., T. CXXXVIII, p. 150 (1904); Bull. soc. chim.
(3); Bd. XXXI, p. 434 (1904). In histor. Hinsicht ist zu erwähnen, daß A. BUTT-
LEROW, Lieb. Ann., Bd. CXX, p. 295, durch Erhitzen von Dioxymethylen mit
Kalilauge eine zuckerähnliche, nicht gärungsfähige, optisch inaktive Substanz:
„Methylenitan": $C_6H_{12}O_6$ erhalten hatte. Osazone aus Formose: FISCHER, Ber. chem.
Ges., Bd. XXI, p. 988 (1888). Über Gegenwart einer Pentose im Formosezucker-
gemisch. FISCHER, Ber. XXI, p. 990 (1888); NEUBERG, Bd. XXXV, p. 2632 (1902).

sationsprodukte von der Zusammensetzung der Hexosen entstehen. Es
wurden von LOEW zwei Zucker angegeben. Formose und Methose.
FISCHER[1]) konnte durch Einwirkung von kaltem Barytwasser auf Akro-
leinbromid zu einem Zucker kommen. welchen er als „Akrose" bezeichnete. Da die Vermutung bestand, daß bei dieser Reaktion Glyzerinaldehyd als Zwischenglied auftritt, von welchem zwei Moleküle nach
Art von Aldolen sich zu Hexose kondensieren, so wurde nach Entdeckung eines erfolgreichen Verfahrens, Glyzerinaldehyd zu bereiten[2]),
der Versuch wiederholt unter Anwendung von „Glyzerose". Die auf
diese Weise ebenfalls erhaltene „Akrose" stellte sich später als Gemisch von i-Mannose und i-Fruktose heraus. Erwähnt sei, daß bereits
GORUP BESANEZ[3]) aus Mannit durch Oxydation ein Zuckergemisch
erhalten hatte: „Mannitose". in welcher DAFERT[4]) die Anwesenheit von
Fruktose und FISCHER Mannose nachgewiesen haben. Übrigens ist es
auch möglich, vom Glykolaldehyd aus durch Kondensation Akrose zu
erhalten, wie FENTON und JACKSON[5]) gezeigt haben.

Zu der Synthese des natürlich vorkommenden optisch aktiven
Zuckers wurde jedoch der Weg von einer anderen Seite eröffnet. Es
war dies die wichtige Entdeckung FISCHERS[6]), daß das Lakton der
Mannonsäure und das Lakton der Arabinosekarbonsäure sich zu einer
inaktiven Substanz vereinigen und daher ebenso zusammengehören wie
d- und l-Weinsäure: als d-Mannonsäure (von der natürlichen Mannose),
l-Mannonsäure (= Arabinosekarbonsäure) und i-Mannonsäure. Es stellte
sich auch heraus, daß das Reduktionsprodukt einer Fraktion der Akrose:
a-Akrit identisch ist mit i-Mannit. Die l-Mannose wurde als der erste
in der Natur nicht vorkommende synthetische Zucker durch Reduktion
des Arabinosekarbonsäurelakton zugänglich. FISCHER zeigte, daß die
i-Mannose sowohl durch Darstellung der in Alkohol ungleich löslichen
Strychninsalze, als mittelst elektiver Verarbeitung durch Penicillium gespalten werden kann. Hefe sowohl wie Schimmelpilze verarbeiten nur
die d-Mannose unter Rücklassung der l-Mannose. Dies war der erste
schöne Beweis dafür, wie bedeutungsvoll sterische Differenzen bei isomeren Zuckern hinsichtlich ihrer biochemischen Eigenschaften sind.

Eine zweite Akrosefraktion, β-Akrose, hinterließ bei der elektiven
Verarbeitung durch Pilze einen Ketonzucker, welcher als l-Fruktose zu
benennen war. Es war damit auch die Trias der Fruktosen: d-, l- und
i-Fruktose festgestellt.

Den Weg zum Traubenzucker öffnete die glückliche Entdeckung,
daß Glykonsäure bei 150° und Gegenwart von Chinolin Umlagerung
in Mannonsäure erfährt und auch der umgekehrte Prozeß durchführbar
ist. Nun war aber Mannonsäure von der Akrose und somit auch vom

1) FISCHER u. TAFEL, Ber. chem. Ges., Bd. XX, p. 2566 (1887); vgl. auch
C. A. LOBRY DE BRUYN, Rec. trav. Pays-Bas, Tome IV, p. 231 (1885). —
2) Glyzerinaldehyd: E. GRIMAUX, Compt. rend., Tome CIV, p. 1276 (1886);
Tome CV, p. 1175 (1887); FISCHER u. TAFEL, Ber., Bd. XX, p. 3383 (1887); Bd.
XXI, p. 2634 (1888); FONZES-DIACON, Bull. soc. chim. (3), Tome XIII, p. 862
(1895). Das erhaltene Produkt enthielt viel Dioxyaceton und wenig Glyzerin-
aldehyd, nach neueren Untersuchungen von A. WOHL u. C. NEUBERG, Ber. chem.
Ges., Bd. XXXIII (III), p. 3095 (1900) nur Dioxyaceton, Darstellung von reinem
Glyzerinaldehyd: WOHL, Ber. chem. Ges., Bd. XXXI, p. 1796, 2394 (1898). —
3) GORUP. BESANEZ, Lieb. Ann.. Bd. CXVIII, p. 257. — 4) DAFERT. Ber. chem.
Ges., Bd. XVII, p. 227 (1884). — 5) H. FENTON, Proceed. chem. soc., 1896—97,
No. 176, p. 63; FENTON u. JACKSON, Chem. News, Vol. LXXX, p. 177 (1899);
JACKSON, Proc. chem. soc., Vol. XV, p. 238 (1899). — 6) FISCHER, Ber. chem.
Ges., Bd. XXIII, p. 370 (1890).

Glyzerin zugänglich und die totale Synthese des Traubenzuckers daher glücklich vollzogen [FISCHER 1890 [1])]. Die Säuren der sechswertigen Zucker benutzte FISCHER [2]), um durch Blausäureanlagerung zu Säuren siebenwertiger Zucker (Heptosen) zu gelangen, welche Zucker man durch Reduktion der Glykoheptonsäurelaktone ohne weiteres erhielt. Erwähnenswert ist, daß sich die Identität des Heptits aus Mannoheptose mit dem natürlich vorkommenden Perseit ergab. Durch Wiederholung des Vorganges konnte FISCHER [3]) aus Heptosen Oktosekarbonsäure und Oktose, aus Oktosen Nonosokarbonsäure und Nonose gewinnen. Von biochemischem Interesse ist, daß Heptosen und Oktosen nicht gärungsfähig waren, die Mannonose aber nach FISCHER von Hefe vergoren wird.

Die l-Glukose und i-Glukose konnte FISCHER [4]) durch Vermittlung der l-Mannonsäure (Arabinosekarbonsäure) durch Umlagerung des Säurelaktons erreichen und auf diese Weise auch die Trias der Glukosen vervollständigen. l-Glukose wird auch durch elektive Hefegärung aus i-Glukose erhalten.

Mittlerweile war durch KOCH die Xylose aus Holzgummi dargestellt und durch WHEELER und TOLLENS als Pentose erkannt worden. Sie eröffnete durch Herstellung der Xylosekarbonsäure den Weg zur Darstellung einer gänzlich neuen, in der Natur nicht vorkommenden Zuckergruppe, der d-, l- und i-Gulose [FISCHER und STAHEL [5])]. Gleichzeitig erreichten FISCHER und PILOTY [6]) die Gulosegruppe auch vom Zuckersäurelakton und von der Glykuronsäure aus, also von dem Traubenzucker ausgehend. Während die Glykuronsäure aber bei ihrer Reduktion d-Gulonsäure und d-Gulose liefert, erhält man bei Anlagerung von Blausäure an Xylose Derivate der l-Gulose. l-Gulose gab bei Reduktion l-Sorbit, während Traubenzucker und d-Zuckersäure d-Sorbit liefern.

Wenn man Fruktose reduziert, so hat man, wie FISCHER [7]) hervorhob, wegen des Asymmetrischwerdens des Kohlenstoffes der Ketongruppe von vornherein die Entstehung zweier stereoisomerer Hexite zu erwarten:

$$
\begin{array}{ccccc}
CH_3 & & CH_2OH & & CH_2OH \\
| & \longrightarrow & | & \text{oder} & | \\
CO & & OH-C--H & & H-C-OH \\
| & & | & & |
\end{array}
$$

In der Tat werden d-Sorbit und d-Mannit in annähernd gleicher Menge gefunden. Die analoge Überlegung gilt auch für die Entstehung der Hexonsäuren durch Blausäureanlagerung bei Pentosen. Arabinose liefert sowohl l-Mannonsäure als l-Glukonsäure. Daraus folgt der wichtige Schluß, daß es gerade das der Karboxylgruppe benachbarte Kohlenstoffatom ist, welches durch seine Asymmetrie den Unterschied der Mannose- und Glukosegruppe bedingt. So kam FISCHER [8]) zu bestimmteren Vorstellungen über die „Konfiguration" des Moleküls der bis dahin bekannten Zuckerarten.

---

1) FISCHER, Ber. chem. Ges., Bd. XXIII, p. 799 (1890). — 2) FISCHER, ibid., p. 930. — 3) FISCHER u. F. PASSMORE, ibid., p. 2226 (1890); FISCHER, Lieb. Annal., Bd. CCLXX, p. 64 (1892); Lieb. Annal., Bd. CCLXXXVIII, p. 139 (1895). — 4) FISCHER, Ber., Bd. XXIII, p. 2611 (1890). — 5) E. FISCHER u. B. STAHEL, ibid., Bd. XXIV, p. 528 (1891). — 6) FISCHER u. PILOTY, ibid., p. 521 (1891). — 7) FISCHER, ibid., Bd. XXIII, p. 3684 (1890). — 8) FISCHER, ibid., Bd. XXIV, p. 1836, 2683 (1891).

Auch die Gruppe der Galaktose wurde durch die Arbeiten von FISCHER und HERTZ [1]) vollständig bekannt, indem es gelang, das Schleimsäurelakton durch Reduktion in eine einbasische Säure überzuführen, welche mit Hilfe der Strychninsalze in d-Galaktonsäure und l-Galaktonsäure spaltbar ist. Auch elektive Vergärung der i-Galaktonsäure führt zur Gewinnung der l-Säure. l-Galaktose gibt bei ihrer Reduktion Dulcit, bei Oxydation wieder Schleimsäure. Es muß daher das Molekül von Dulcit und Schleimsäure symmetrisch gebaut sein und kann nicht optisch aktiv sein [2]).

Umlagerung durch Erhitzen mit Chinolin bedingt bei der Arabonsäure, wie FISCHER und PILOTY [3]) fanden, Entstehen einer neuen Pentonsäure, Ribonsäure, aus welcher durch Reduktion die erste in der Natur nicht vorkommende Pentose, die Ribose, erhalten wurde. Der Alkohol der Ribose ist jedoch identisch mit dem von MERCK [4]) in Adonis vernalis gefundenen Adonit.

Wie erwähnt, war die Rhamnose von FISCHER als Methylpentose erkannt worden. Eine weitere Methylpentose ergab sich nun [FISCHER und LIEBERMANN [5])] in der Chinovose aus Chinovin. Die Untersuchung der Rhamnose durch FISCHER und MORREL [6]) ergab, daß sie ein Derivat der l-Mannose oder der l-Gulose sein kann.

Weitere Arbeiten eröffneten unter Benutzung der Chinolin- oder Pyridinumlagerungsmethode zwei neue Triaden von Hexosen: die Gruppe der Talonsäuren und Talosen durch Umlagerung der d-Galaktonsäure [FISCHER [7])]; die Gruppe der Idonsäuren und Idosen durch Umlagerung der d- und l-Gulonsäure [FISCHER und FAY [8])].

Von hohem biochemischen Interesse sind die Beobachtungen von LOBRY DE BRUYN und VAN EKENSTEIN [9]) über die wechselseitige partielle Umwandlung von Traubenzucker, Mannose und Fruktose unter dem Einflusse verdünnter Alkalien. Besonders Fruktose geht leicht in Glukose und Glukonsäure über. Man kann auf diese Weise den Übergang von Rohrzucker in Stärke in der Pflanzenzelle leichter verständlich finden.

Den genannten holländischen Chemikern gelang es aber auch, auf diesen Beobachtungen fußend, den bewunderungswürdigen Aufbau der Chemie der Aldehydzucker durch FISCHER in glücklicher Weise durch die Auffindung einer größeren Zahl gänzlich neuer Ketonzucker zu ergänzen [10]). Sie erhielten aus Galaktose außer Talose zwei neue kristallisierende Ketosen: Tagatose und Pseudotagatose, ferner die

---

1) FISCHER u. J. HERTZ, ibid., Bd. XXV, p. 1247 (1892). Über Dulcit auch A. W. CROSSLEY, ibid., p. 2564. — 2) Über die interessanten Verhältnisse optischer Inaktivität trotz Vorhandensein „asymmetrischer C-Atome" vgl. GUYE u. GOUDET, Compt. rend., Tome CXXII, p. 932 (1896). L. MARCHLEWSKI, Ber. chem. Ges. Bd. XXXV, p. 4344 (1902). — 3) FISCHER u. PILOTY, ibid., Bd. XXIV, p. 4214 (1891). — 4) MERCK, Chem. Centr., (1893). Bd. I, p. 344; FISCHER, Ber. chem. Ges., Bd. XXVI, p. 633 (1893). — 5) FISCHER u. C. LIEBERMANN, ibid., Bd. XXVI, p. 2415 (1893). — 6) FISCHER u. R. S. MORRELL, ibid., Bd. XXVII, p. 382 (1894). — 7) FISCHER, ibid., Bd. XXIV, p. 3622; Bd. XXVII, p. 1524 (1894) (Talit). — 8) FISCHER, ibid., Bd. XXVII, p. 3203 (1894); FISCHER u. J. W. FAY, ibid., Bd. XXVIII, II, p. 1975 (1895). — 9) A. C. LOBRY DE BRUYN u. W. ALBERDA VAN EKENSTEIN, Ber. chem. Ges., Bd. XXVIII, III, p. 3078 (1895). Rec. trav. Pays-Bas, Tome XIV, p. 156, 203 (1895); Tome XV, p. 92 (1896); Tome XVI, p. 282 (1897); H. SVOBODA, Chem. Centr., 1896, Bd. I, p. 772. Zu den Erklärungsversuchen vgl. auch E. FISCHER, Zeitschr. physiol. Chem., Bd. XXVI, p. 86 (1898). — 10) L. DE BRUYN u. A. VAN EKENSTEIN, Rec. trav. Pays-Bas, T. XVI. p. 257, 262, 274 (1897).

syrupöse Galtose. Alle drei sind nicht gärfähig. Aus Traubenzucker ließ sich Pseudofruktose und die nicht gärfähige Glutose gewinnen. Pseudotagatose wurde durch Bakterien verarbeitet. Weitere Studien der genannten Forscher[1]) haben ergeben, daß die Pseudotagatose der optische Antipode der natürlichen Sorbose (d-Sorbose) ist, die l-Sorbose, und es gelang auch, die Konfiguration der Sorbosen sicherzustellen.

Das Gebiet der Pentosen wurde ferner erweitert durch die Entdeckung der Gruppe der Lyxose, welche FISCHER und BROMBERG[2]) von der l-Xylonsäure aus durch Pyridinumlagerung erreichten. WOHL und LIST[3]) zeigten, daß sich Lyxose auch von d-Galaktose aus darstellen läßt. Von großer Wichtigkeit war die Entdeckung von WOHL[4]), daß man vom Traubenzucker durch Behandlung seines Oxims mit konzentriertem Alkali und Blausäureabspaltung aus dem vorübergehend entstandenen Glukonsäurenitril zu Pentosen gelangen kann. So wurde vom Traubenzucker aus die d-Arabinose zugänglich, welche in der Natur nicht vorkommt. Das gleiche Ziel wurde sodann von RUFF[5]) auf anderen Wegen erreicht, und FISCHER und RUFF[6]) stellten unter Benutzung dieser Methoden auch die d-Xylose, den Antipoden der natürlichen Xylose, dar.

Die erste künstliche Tetrose wurde von FISCHER und LANDSTEINER[7]) durch Kondensation von Glykolaldehyd mit Natronlauge dargestellt. Die erwähnten Abbaumethoden von WOHL und RUFF ließen sich auch auf Pentosen anwenden, und so gelang es RUFF[8]), von l-Arabinose zur l-Erythrose zu kommen und aus der l-Xylose die neue l-Threose darzustellen.

Das so rasch und vollständig ausgebaute Gebiet der Zuckerchemie sei durch die nachfolgende Übersicht veranschaulicht, welche eine weitere Fortführung der 1894 von FISCHER[9]) selbst gegebenen Tabelle enthält. Die natürlich vorkommenden Verbindungen sind durch den Druck hervorgehoben. In den Strukturbildern sind, wie vielfach üblich, die mittelständigen C-Atome weggelassen. Über eine andere Darstellungsweise der stereochemischen Zuckerformeln vergleiche man die Ausführungen von LOBRY DE BRUYN[10]).

---

1) L. DE BRUYN u. ALBERDA VAN EKENSTEIN, Rec. trav. chim. Pays-Bas, Tome XIX, p. 1 (1899). — 2) FISCHER u. O. BROMBERG, Ber. chem. Ges., Bd. XXIX, I, p. 581 (1896). — 3) A. WOHL u. E. LIST, ibid., Bd. XXX, III, p. 3101 (1897). Über Lyxonsäure und Lyxit: G. BERTRAND, Bull. soc. chim. (3), Tome XV, p. 593 (1896). d-Lyxose: O. RUFF u. G. OLLENDORFF, Ber. chem. Ges., Bd. XXXIII, II, p. 1798; FISCHER u. BUFF, ibid., p. 2146 (1900). — 4) WOHL, Ber. chem. Ges., Bd. XXVI, p. 730 (1893). — 5) O. RUFF, Ber. chem. Ges., Bd. XXXII, I, p. 550 (1899); Bd. XXXI, p. 1573 (1898) stellte aus d-Glukonsäure d-Arabinose dar durch Einwirkung von basischem Eisenacetat auf d-glukonsauren Kalk im Sonnenlichte oder bei Gegenwart von H_2O_2: Oxydationsmethode von FENTON u. HORSTMANN (Chem. News, Vol. LXXIII, p. 194, Chem. Centr., 1896, Bd. I, p. 1226); ferner durch Einwirkung von Brom auf das in Wasser gelöste Kalksalz bei Anwesenheit von Bleikarbonat. — 6) E. FISCHER u. O. RUFF, Ber. chem. Ges., Bd. XXXIII, II, p. 2145 (1900). — 7) FISCHER u. K. LANDSTEINER, ibid., Bd. XXV, p. 2549 (1892). — 8) RUFF, ibid., Bd. XXXIV, II, 1362 (1901). — 9) FISCHER, ibid., Bd. XXVII, III, p. 3189 (1894). — 10) L. DE BRUYN, Chem.-Ztg., Bd. XIX, p 1682 (1895).

	Zuckeralkohol	Zucker	Einbasische Säure	Zweibasische Säure
Zwei-wertige Reihe („Biosen")	Glykol CH_2OH | CH_2OH	Glykolaldehyd COH | CH_2OH	Glykolsäure $COOH$ | CH_2OH	Oxalsäure $COOH$ | $COOH$
Dreiwertige Reihe („Triosen")	Glyzerin CH_2OH | $CHOH$ | CH_2OH	Glyzerin-aldehyd COH | $CHOH$ | CH_2OH	Glyzerinsäure $COOH$ | $CHOH$ | CH_2OH	Tartronsäure $COOH$ | $CHOH$ | $COOH$

Dioxyaceton

CH_2OH
|
CO
|
CH_2OH

Vierwertige Reihe („Tetrosen")	d- und l-Erythrit CH_2OH | $(CHOH)_2$ | CH_2OH	d-Erythrose	Erythrit-säure $COOH$ | $(CHOH)_2$ | CH_2OH	Die vier Weinsäuren $COOH$ | $(CHOH)_2$ | $COOH$

d-Erythrose

$$\overset{OH\ OH}{COH - | - - | - CH_2OH}$$
$$H\ \ H$$

i-Erythrit
$$\overset{OH\ OH}{OH \cdot CH_2 - | - - | - CH_2OH}$$
$$H\ \ H$$

l-Erythrose
$$\overset{H\ \ H}{COH - | - - - CH_2OH}$$
$$OH\ OH$$

l-Threose
$$\overset{H\ \ OH}{COH - - - | - - CH_2OH}$$
$$OH\ H$$

d-Erythrulose
$CH_2OH \cdot CHOH \cdot CO \cdot CH_2OH$

Fünf-wertige Reihe („Pentosen")	Gruppen des:	Nur Aldosen rein dargestellt. Gruppen der:		
	Arabit	Arabinose	Arabonsäuren	l-Trioxyglutar-säure
	Xylit	Xylose	Xylonsäuren	Xylotrioxyglu-tarsäuren
	Adonit	Ribose	Ribonsäuren	Ribotrioxyglu-tarsäure
	Lyxit	Lyxose	Lyxonsäuren	

Struktur der **l-Arabinose**:
$$\text{COH}-\overset{\text{H}}{\underset{\text{OH}}{|}}-\overset{\text{OH}}{\underset{\text{H}}{|}}-\overset{\text{OH}}{\underset{\text{H}}{|}}-\text{CH}_2\text{OH}$$

„   „ d-Arabinose:
$$\text{COH}-\overset{\text{OH}}{\underset{\text{H}}{|}}-\overset{\text{H}}{\underset{\text{OH}}{|}}-\overset{\text{H}}{\underset{\text{OH}}{|}}-\text{CH}_2\text{OH}$$

„   „ **l-Xylose**:
$$\text{COH}-\overset{\text{H}}{\underset{\text{OH}}{|}}-\overset{\text{OH}}{\underset{\text{H}}{|}}-\overset{\text{H}}{\underset{\text{OH}}{|}}-\text{CH}_2\text{OH}$$

„   „ l-Ribose:
$$\text{COH}-\overset{\text{OH}}{\underset{\text{H}}{|}}-\overset{\text{OH}}{\underset{\text{H}}{|}}-\overset{\text{OH}}{\underset{\text{H}}{|}}-\text{CH}_2\text{OH}$$

Ketopentosen: d-Arabinoketose, i-Xyloketose, i-Riboketose.

Sechswertige Reihe	Hexite: d, l, i:	Aldosen: d, l, i:	d, l, i:	d, l, i:
(„Hexosen") u. („Methylpentosen")	**Mannit**	**Mannose**	Mannonsäure	Mannozuckersäure
	Sorbit	**Glukose**	Glukonsäure	Zuckersäure
	Talit	Talose	Talonsäure	Taloschleimsäure
	Dulcit	**Galaktose**	Galaktonsäure	Schleimsäure (nur i!)
		Gulose	Gulonsäure	
		Idose	Idonsäure	Idozuckersäure

Ketosen: d-, l-, i-Fruktose, d-, l-Sorbose, Pseudofruktose, Tagatose, Galtose, Glutose.

Methylpentosen: **Rhamnose, Chinovose, Fukose**. Zur Rhamnose gehört Rhamnit und Rhamnonsäure.

Strukturformeln:

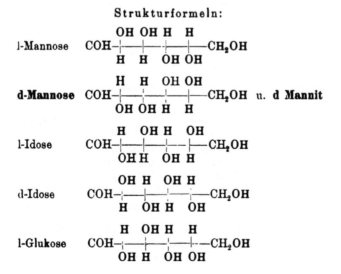

l-Mannose
$$\text{COH}-\overset{\text{OH}}{\underset{\text{H}}{|}}-\overset{\text{OH}}{\underset{\text{H}}{|}}-\overset{\text{H}}{\underset{\text{OH}}{|}}-\overset{\text{H}}{\underset{\text{OH}}{|}}-\text{CH}_2\text{OH}$$

d-Mannose
$$\text{COH}-\overset{\text{H}}{\underset{\text{OH}}{|}}-\overset{\text{H}}{\underset{\text{OH}}{|}}-\overset{\text{OH}}{\underset{\text{H}}{|}}-\overset{\text{OH}}{\underset{\text{H}}{|}}-\text{CH}_2\text{OH} \quad \text{u. d Mannit}$$

l-Idose
$$\text{COH}-\overset{\text{H}}{\underset{\text{OH}}{|}}-\overset{\text{OH}}{\underset{\text{H}}{|}}-\overset{\text{H}}{\underset{\text{OH}}{|}}-\overset{\text{OH}}{\underset{\text{H}}{|}}-\text{CH}_2\text{OH}$$

d-Idose
$$\text{COH}-\overset{\text{OH}}{\underset{\text{H}}{|}}-\overset{\text{H}}{\underset{\text{OH}}{|}}-\overset{\text{OH}}{\underset{\text{H}}{|}}-\overset{\text{H}}{\underset{\text{OH}}{|}}-\text{CH}_2\text{OH}$$

l-Glukose
$$\text{COH}-\overset{\text{H}}{\underset{\text{OH}}{|}}-\overset{\text{OH}}{\underset{\text{H}}{|}}-\overset{\text{H}}{\underset{\text{OH}}{|}}-\overset{\text{H}}{\underset{\text{OH}}{|}}-\text{CH}_2\text{OH}$$

$$\text{l-Gulose} \quad COH {\overset{\text{OH OH H OH}}{\underset{\text{H H OH H}}{\mid\ \mid\ \mid\ \mid}}} CH_2OH$$

$$\textbf{d-Glukose} \quad COH {\overset{\text{OH H OH OH}}{\underset{\text{H OH H H}}{\mid\ \mid\ \mid\ \mid}}} CH_2OH \quad \text{u. } \textbf{d-Sorbit}$$

$$\text{d-Gulose} \quad COH {\overset{\text{H H OH H}}{\underset{\text{OH OH H OH}}{\mid\ \mid\ \mid\ \mid}}} CH_2OH$$

$$\text{l-Galaktose} \quad COH {\overset{\text{H OH OH H}}{\underset{\text{OH H H OH}}{\mid\ \mid\ \mid\ \mid}}} CH_2OH$$

$$\textbf{d-Galaktose} \quad COH {\overset{\text{OH H H OH}}{\underset{\text{H OH OH H}}{\mid\ \mid\ \mid\ \mid}}} CH_2OH \quad \text{u. } \textbf{Dulcit}$$

$$\text{d-Talose} \quad COH {\overset{\text{H H H OH}}{\underset{\text{OH OH OH H}}{\mid\ \mid\ \mid\ \mid}}} CH_2OH$$

$$\text{l-Fruktose} \quad CH_2OH \cdot CO {\overset{\text{OH H H}}{\underset{\text{H OH OH}}{\mid\ \mid\ \mid}}} CH_2OH$$

$$\textbf{d-Fruktose} \quad CH_2OH \cdot CO {\overset{\text{H OH OH}}{\underset{\text{OH H H}}{\mid\ \mid\ \mid}}} CH_2OH$$

$$\textbf{d-Sorbose} \quad CH_2OH {\overset{\text{OH H OH}}{\underset{\text{H OH H}}{\mid\ \mid\ \mid}}} CO \cdot CH_2OH$$

$$\text{l-Sorbose} \quad CH_2OH {\overset{\text{H OH H}}{\underset{\text{OH H OH}}{\mid\ \mid\ \mid}}} CO \cdot CH_2OH$$

$$\textbf{Rhamnose} \quad COH {\overset{\text{OH OH H}}{\underset{\text{H H OH}}{\mid\ \mid\ \mid}}} CHOH \cdot CH_3$$

Siebenwertige Reihe		Aldoheptosen:	
(Heptosen und Methylhexosen)	Mannoheptit **(Perseit)**	d-, l-, i-Manno-heptose	Heptonsäuren
	Glukoheptit	Glukoheptose	
	Galaheptit	Galaheptose	
	Volemit	Volemose	
		Methylhexosen:	Rhamnohexon-säure
		α-Rhamnohexose	

Achtwertige Reihe: Mannooktose, α-Glukooktose, Galaoktose.
Methylheptose: Rhamnoheptose.
Alkohole: Mannooktit, α-Glukooktit.

Neunwertige Reihe: Mannononose, Glukononose.
Glukononit.
Mannonononsäure, Glukonononsäure.

§ 2.
Kurze Charakteristik der natürlichen Zuckerarten und Zucker-alkohole. Methodische Hinweise.

Da man nun die Mehrzahl aller theoretisch möglichen Zucker-arten kennt, ist es besonders auffällig, wie wenige dieser Verbindungen in den Pflanzen natürlich gebildet werden und vorkommen. Eigentlich ist es nur die d-Glukose und d-Fruktose, welche in größeren Mengen frei in der Pflanze gefunden werden, während andere Zucker, wie d-Mannose, d-Galaktose, von Pentosen die l-Arabinose und l-Xylose an-scheinend nur in Kondensationsprodukten auftreten, oder wie die Rham-nose als Ester vieler aromatischer Pflanzenstoffe. Doch ist es nicht ausgeschlossen, daß wenigstens einige dieser Zucker ebenfalls noch in geringer Menge frei in Pflanzen gefunden werden dürften. Die Zucker-alkohole sind im allgemeinen die seltener auftretenden Stoffe; Mannit ist der verbreitetste Hexit. Bemerkenswert ist es, daß auch Heptite und Oktite natürlich vorkommend beobachtet wurden, während Hep-tosen und Oktosen noch nicht nachgewiesen werden konnten.

So läuft die Charakteristik der natürlich in Pflanzen vorkommen-den Zuckerarten wesentlich auf die Charakteristik des Trauben- und Fruchtzuckers hinaus. Da jedoch die anderen Hexosen und Pentosen dem Biochemiker bei seinen Arbeiten mit Pflanzenstoffen häufig als Abbaustoffe verschiedener Materialien in die Hände kommen, so seien auch diese Stoffe in die folgende Darstellung miteinbezogen.

Es liegt natürlich fern, eine erschöpfende Schilderung der chemi-schen Eigenschaften der Zucker zu geben, welche in den Rahmen der reinen Chemie fällt und deren ungeheures Tatsachenmaterial in den Werken von LIPPMANN, TOLLENS und den Handbüchern der organischen Chemie mehrfach in ausgezeichneter Weise zur Darstellung gekommen ist. Doch sind genug Gesichtspunkte auf diesem Gebiete vorhanden, welche weitgehendes Interesse für die Biochemie besitzen, so daß wenig-stens kurze Hinweise auch hier geboten erscheinen.

A. Die in Pflanzen vorkommenden Aldohexosen.

Hier kommt der Typus der Zucker überhaupt, der Trauben-zucker vor allem in Betracht, welcher wohl als Bestandteil jedes Zell-plasmas betrachtet werden darf. Er ist identisch mit einer großen Zahl früher als spezielle Zuckerarten beschriebener Glykosen: Phlorose, Cro-kose, dem Zucker des Populin, Salicin und vieler anderer Glykoside[1].

Wie alle natürlichen Zucker, ist der Traubenzucker optisch aktiv; er ist stark rechtsdrehend[2]. Bis zu 14 Proz. Konzentration kann man

---

1) Vgl. E. SCHUNCK u. MARCHLEWSKI, Ber. chem. Ges., Bd. XXVI, p. 942; Lieb. Ann., Bd. CCLXXVIII, p. 349 (1893); J. KASTNER, Chem. Centr., 1902, Bd. II, p. 383 (Crocose); LIPPMANN, Chemie d. Zuckerarten, p. 82. — 2) Die theoretisch verlangte Hemimorphie der Traubenzuckerkristalle wurde von J. BECKE, Mon. Chem., Bd. X, p. 231 (1889), als tatsächlich, wie bei den aktiven Wein-säuren, bestehend nachgewiesen. BIOT, Annal. chim. phys. (2), Tome IV, p. 90 (1817), entdeckte an Traubenzuckerlösungen die Drehung der Polarisationsebene durch gelöste Substanzen.

nach LANDOLDT den SOXHLETschen Wert für die spezifische Drehung
$[a]_D = +52,85^0$ als konstant ansehen. Glukose zeigt auch sehr ausgeprägt die Eigenschaft vieler Zucker, daß eine frisch auf kaltem Wege
hergestellte Lösung viel stärker die Polarisationsebene ablenkt, als alte
oder aufgekochte Lösungen: Multirotation [DUBRUNFAUT 1846[1])]. Nach
LEVY[2]) ist die Multirotation ein sehr empfindliches Reagens auf OH-
Ionen, welche den Vorgang sehr stark katalytisch beschleunigen. Der
Rückgang der Drehung darf als Reaktion erster Ordnung gelten, seine
Geschwindigkeit ist annähernd der Konzentration an Hydroxylionen proportional[3]); Wasserstoffionen wirken viel weniger. Es ist noch unsicher,
welche Deutung der Erscheinung der Multirotation (Birotation) beizulegen
ist. FISCHER[4]), dem sich auch JACOBI, LEVY und andere Forscher anschließen, nahm an, daß der Zucker in der Lösung durch Wasseranlage-
rung in den siebenwertigen Alkohol $C_6H_{14}O_7$ übergehe, welcher die end-
gültige Drehung besitzt („Hydrattheorie"); TANRET[5]) nahm zur Erklärung
der Birotation drei ineinander leicht überführbare Modifikationen der d-Glukose von verschiedener spezifischer Drehung an. Nach PERKIN[6]) wäre
auf Grund der für Traubenzucker bestimmten magnetischen Drehung anzunehmen, daß der gelöste Zucker einen oxyd- oder laktonartigen Charakter besitze. Auch nach ARMSTRONG[7]) ist eine laktonartige Struktur
der Glykose anzunehmen; in der Lösung existiert ein Gemisch zweier
stereoisomerer Laktone, und wenn Glukose eine Änderung des Drehungs-
vermögens erleidet, so zeigt dies an, daß die eine oder die andere
Laktonform in ein Gemisch beider Formen übergeht.

In Lösung hat Zucker den Charakter schwach dissoziierter Säuren[8]),
ist also als Elektrolyt anzusehen. Adsorptionserscheinungen sind bei
Zuckerlösungen vorhanden. Knochenkohle absorbiert etwa 0,7 Proz.
ihres Gewichtes an Zucker.

Bei manchen Reaktionen verhält sich Traubenzucker rein als mehrwertiger Alkohol. In seinem Pentaacetylderivat zeigt er keine Aldehydeigenschaften; auch in der Rubierythrinsäure enthält die Glukose nach
SCHUNCK und MARCHLEWSKI[9]) keine Aldehydgruppe; man vermutet, daß
Pentaacetylglukose und die Glykoside Ester eines siebenwertigen Alko-

1) DUBRUNFAUT, Compt. rend., Tome XXIII, p. 38; Tome XLII, p. 228.
— 2) A. LEVY, Zeitschr. physikal. Chem., Bd. XVII, p. 301 (1895). Auch
TOLLENS, u. SCHULZE, Versuch., Bd. XL, p. 367 (Ammoniakwirkung); TOLLENS,
Ber. chem. Ges., Bd. XXVI, p. 1799 (1893). — 3) Y. GSAKA. Zeitschr. physikal.
Chem., Bd. XXXV, p. 661 (1900); P. TH. MÜLLER, Compt. rend., Tome CXVIII,
p. 425 (1894). — 4) E. FISCHER, Ber. chem. Ges., Bd. XXIII, p. 2626; JACOBI,
Lieb. Annal., Bd. CCLXXII, p. 170; LEVY, l. c., LIPPMANN, l. c., p. 125. —
5) C. TANRET, Compt. rend., Tome CXX, p. 1060 (1895); Bull. soc. chim.,
(3), Tome XIII, p. 625 (1895); BERTHELOT, Compt. rend., Tome CXX, p. 1019
(1895); BÉCHAMP, Bull. soc. chim. (3), Tome IX, p. 401 (1893). — 6) W. H.
PERKIN sen., Proc. chem. soc., Tome XVII, p. 256 (1901); Journ. chem. soc.,
Tome LXXXI, p. 177 (1902). Über Multirotation ferner: H. J. BROWN u. PICKE-
RING, Journ. chem. soc., Tome LXXI, p. 756 (1897); LOWRY, Proceed. chem.
soc., Tome XIX, p. 156 (1903); E. ROUX, Annal. chim. phys. (7), Tome XXX,
p. 422 (1903); H. TREY, Zeitschr. physikal. Chem., Bd. XLVI, p. 620 (1904).
— 7) E. FR. ARMSTRONG, Journ. chem. Soc. Lond., Bd. LXXXIII, p. 1305
(1903); R. BEHREND u. P. ROTH, Lieb. Ann., Bd. CCCXXXI, p. 359 (1904).
Über stereoisomere Glukosen ferner: E. F. ARMSTRONG u. P. S. ARUP, Proceed. Chem.
Soc., Tome XX, p. 169 (1904). — 8) Vgl. E. COHEN, Zeitschr. physikal. Chem.,
Bd. XXXVII, p. 69 (1901); H. EULER, Ber. chem. Ges., Bd. XXXIV (II), p. 1568
(1901); TH. MADSEN, Zeitschr. physikal. Chem., Bd. XXXVI, p. 290 (1901). Über
Beeinflussung der Löslichkeit des Zuckers durch anwesende lösliche Neutralsalze:
J. SCHUKOW, Chem. Centr., 1900, Bd. I, p. 1044. — 9) E. SCHUNCK u. MARCH-
LEWSKI, Chem. Centr., 1894, Bd. I, p. 554; MARCHLEWSKI, Chem. News, Vol.
LXVII, p. 209 (1893); vgl. auch Z. SKRAUP, Mon. Chem., Bd. X, p. 405.

hols darstellen. Bei Reduktion mit Natriumamalgam gibt er rein sechswertigen Alkohol: d-Sorbit, verhält sich also nach Art der Aldehyde [1]). Sehr mannigfach sind die Oxydationserscheinungen des Traubenzuckers, welche auch für die Biochemie hohe Bedeutung haben. Bei höherer Temperatur in wässeriger Lösung, besonders leicht in Gegenwart von OH-Ionen, erfolgt bereits partielle Oxydation unter Gelb- und Braunfärbung. Diese Eigenschaft wird in der bekannten Probe von MOORE und HELLER [2]) zum Zuckernachweise benutzt. Oxydation mit Brom, Chlor in verdünnter Lösung führt Traubenzucker glatt in die einbasische d-Glukonsäure über. Wie BOUTROUX [3]) konstatierte, oxydiert Micrococcus oblongus Traubenzucker ebenfalls zu Glukonsäure. Ein anderer Mikrobe vermag Glukonsäure noch weiter zu Oxyglukonsäure zu oxydieren. Katalyse der Oxydation von Zuckerlösung durch Platinmohr ergibt nach einigen Beobachtungen auch tiefergehende Spaltungen. TRAUBE [4]) fand bei Einwirkung von Platinmohr bei 150—160° Bildung von Kohlensäure und einer die LIEBENsche Jodoformprobe gebenden Substanz. LOEW [5]) fand bei Platinkatalyse der Zuckeroxydation auch Glykon- und Zuckersäure. DUCLAUX [6]) gelang es unter Luftabschluß Zuckerlösung durch Sonnenlicht bei Gegenwart von Alkali in Alkohol und Kohlensäure zu spalten. Dieser Vorgang, wie die von NENCKI und SIEBER [7]) festgestellte reichliche Bildung von Milchsäure beim Erhitzen von Zuckerlösung bei Gegenwart von Alkalien bieten interessante Parallelen zur mikrobischen Alkohol- und Milchsäuregärung.

Kalkhydratlösung löst Dextrose reichlich auf. Bei längerem Stehen färbt sich die Flüssigkeit braun. Es entsteht neben anderen Produkten Saccharin, wahrscheinlich ein γ-Lakton der Saccharinsäure [8]):

$$CH_3 \quad CO\text{————}O$$
$$C(OH) - CHOH - CH - CH_2OH$$

Salpetersäure oxydiert Traubenzucker zur zweibasischen d-Zuckersäure, deren gut kristallisiertes γ-Lakton zur Identifizierung der d-Glukose Verwendung findet [9]). Reduktion des Laktons gibt nach BOUTROUX [10]) eine Ketonsäure $C_{12}H_{10}O_{14}$. Zwischen Glukonsäure und Zuckersäure steht eine biochemisch interessante Aldehydsäure, die Glykuronsäure, welche

---

1) Reduktion des Traubenzuckers: FISCHER, Ber. chem. Ges., Bd. XXIII, p. 2133; J. MEUNIER, Compt. rend., Tome CXI, p. 49 (1890). — 2) J. MOORE, Lancet, Vol. II, p. 26 (1844); F. HELLER, 1844; nach EMMERLING u. LOGES, Pflüg. Arch., Bd. XXIV, p. 184 (1881), entsteht dabei Acetol: $CH_2OH - CO - CH_3$. — 3) BOUTROUX, Compt. rend., Tome CII, p. 924 (1886); Tome CIV, p. 369 (1887); Tome CXXVII, p. 1224 (1898); O. RUFF, Ber. chem. Ges., Bd. XXXII, p. 2269 (1899). — 4) M. TRAUBE, Ber. chem. Ges., Bd. VII, p. 115. — 5) O. LOEW, Ber. chem. Ges., Bd. XXIII, p. 678. — 6) E. DUCLAUX, Annal. Inst. Pasteur, T. X, p. 168 (1896). Vgl. auch H. ZIKES, Centr. Bakter. (II), Bd. XII, p. 292 (1904), wo über etwas abweichende Ergebnisse berichtet wird. — 7) M. NENCKI u. N. SIEBER, Journ. prakt. Chem., Bd. XXIV, p. 498 (1881); Bd. XXVI, p. 1 (1882); H. KILIANI, Ber., Bd. XV, p. 136 (1882); DUCLAUX gibt an, daß Fruktose mit Alkali im Sonnenlichte 50 %, l-Milchsäure, Traubenzucker nur d-Milchsäure gibt. (Ann. Inst. Pasteur, Tome VIII (1894)). — 8) Saccharin: SCHEIBLER, Ber. chem. Ges., Bd. XIII, p. 2212 (1880); KILIANI, ibid., Bd. XV, p. 2953 (1882); Lieb. Annal., Bd. CCXVIII, p. 361 (1883); LIEBERMANN u. SCHEIBLER, Ber., Bd. XVI, p. 1821 (1883); VOTOČEK, Biochem. Centr., 1903, Ref. No. 472; Chem. Centr., 1903, Bd. II, p. 792. — 9) Zuckersäuredarstellung: GANS, STONE u. TOLLENS, Ber., Bd. XXI, p. 2148 (1888); SOHST, GANS u. TOLLENS, Versuchst., Bd. XXXIX, p. 408 (1891). — 10) L. BOUTROUX, Compt. rend., Tome CXI, p. 185 (1890).

im Harn vorkommt, im Pflanzenreiche wahrscheinlich noch gefunden
werden dürfte. Sie paart sich leicht mit vielen organischen Stoffen, besonders solchen der aromatischen Reihe, aber auch der Fettreihe. Sie
und manche ihrer Verbindungen reduzieren Kupferlösung; alle sind
linksdrehend. Mit Salzsäure gekocht, liefert Glykuronsäure Furfurol [1]).

Traubenzucker reduziert leicht eine große Zahl von Kohlenstoffverbindungen; insbesondere ist dies von der Entfärbung vieler Farbstoffe
bekannt und auch praktisch benutzt. So wird Safranin von alkalischer
Traubenzuckerlösung beim Kochen entfärbt [2]), ebenso Methylenblau [3]) und
Indigotin. Man kann andererseits auch die Entstehung von Indigotin
bei der Reduktion von o-Nitrophenylpropiolsäure bei Gegenwart von
Na₂CO₃ als Zuckernachweis verwenden [4]). Pikrinsäure wird zur rotgefärbten Pikraminsäure reduziert.

An die Oxydationen des Traubenzuckers und die damit zusammenhängenden Reaktionen reihen sich Farbenreaktionen an, welche man
meist als „Furfurolreaktion“ des Traubenzuckers betrachtet. FOERSTER [5])
hat festgestellt, daß die Ursache der Rotfärbung von Fuselöl mit
Anilin-HCl durch Gegenwart von Furfurol bedingt ist. Er fand auch
Bildung von Furfurol bei Destillation von Zucker und Kohlenhydraten
mit Säuren, was GUYARD [6]) bestätigte. SCHIFF [7]) gab zum Furfurol-
nachweise eine Mischung von Xylidin und Eisessig und etwas Alkohol
an. MYLIUS [8]) zeigte, daß die bekannte PETTENKOFERsche Gallensäure-
reaktion [9]) mit Rohrzucker und Schwefelsäure auf eine Farbenreaktion
des aus dem Zucker abgespaltenen Furfurols hinausgeht. UDRANSZKY [10])
lieferte ein umfangreiches Verzeichnis jener Stoffe, welche Farbenreaktionen mit Furfurol und Schwefelsäure geben. Die von IHL [11]) und
MOLISCH [12]) angegebene kirschrote Reaktion von Zucker und Zuckerderivaten mit α-Naphthol (oder Thymol) und konzentrierter Schwefelsäure
schließt sich nach UDRANSZKY hier an. Die Reaktion nach IHL-MOLISCH
ist von Wert bei der Feststellung von Zuckerresten in zusammengesetzten
organischen Verbindungen, z. B. Eiweißstoffen. Sie gelingt nach NEU-
BERG [13]) auch mit Glykolaldehyd, Glyzerinaldehyd, Dioxyaceton, l-Erythrose,

---

1) Glykuronsäure: M. FLÜCKIGER, Zeitschr. physiol. Chem., Bd. IX, p. 321
(1885); H. THIERFELDER, ibid., Bd. XI, p. 388 (1887); FISCHER u. PILOTY, Ber.
chem. Ges., Bd. XXIV, p. 521; SCHMIEDEBERG u. H. MEYER, Zeitschr. physiol.
Chem., Bd. III, p. 422 (1879). Bestimmung durch Furfuroldestillation: F. MANN
u. TOLLENS, Chem. Centr., 1894, Bd. II, p. 83; NAIDUS, Dissert. Petersburg, 1903,
Biochem. C., 1903, Ref. No. 529; EMBDEN, Hofmeist. Beitr., Bd. II, p. 591 (1903);
BIAL u. HUBER, ibid., p. 532; BIAL, ibid., p. 528; P. MAYER, Zeitschr. klin. Med.,
Bd. XLVII, p. 1 (1903); Berlin. klin. Wochenschr., 1903, No. 13; Biochem. Centr.,
Bd. I, No. 10 (1903). E. C. VAN LEERSUM, Hofmeist. Beiträge, Bd. V, p. 510
(1904). — 2) Safraninprobe: L. CRISMER, Chem. Centr., 1888, Bd. II, p. 1510; CURT-
MANN, ibid., 1890, Bd. I, p. 299. — 3) Methylenblau: A. WOHL, Chem. Centr.,
1888, Bd. I, p. 739; N. WENDER, ibid., 1893, Bd. II, p. 670. — 4) Reduktion
von Indigotin schon durch J. FRITZSCHE, Journ. prakt. Chem., Bd. XXVIII, p. 193
(1843), angegeben. Reduktion von o-Nitrophenylpropiolsäure: v. BAEYER, Ber.,
Bd. XIV, p. 1741 (1880); HOPPE-SEYLER, Zeitschr. physiol. Chem., Bd. XVII,
p. 83; F. v. GEBHARDT, Centr. Physiolog., Bd. XV, p. 179 (1901); ARNOLD, Chem.
Centr., 1902, Bd. II, p. 232. — 5) K. FOERSTER, Ber. chem. Ges., Bd. XV,
p. 230, 322 (1882). — 6) A. GUYARD, Bull. soc. chim., Tome XLI, p. 289 (1887). —
7) H. SCHIFF, Ber. chem. Ges., Bd. XX, p. 540 (1887). — 8) H. MYLIUS, Zeitschr.
physiol. Chem., Bd. XI, p. 492 (1887). — 9) M. PETTENKOFER, Lieb. Ann., Bd. LII,
p. 90 (1844). — 10) L. v. UDRANSZKY, Zeitschr. physiol. Chem., Bd. XII, p. 358
(1888). — 11) A. IHL, Chemik.-Ztg., 1885, p. 231, 451, 485; IHL u. A. PECH-
MANN, Bericht. österr. Gesellsch. Förder. chem. Industr., 1884, p. 106. — 12) H.
MOLISCH, Mon. Chem., Bd. VII, p. 198 (1886); Dingl. Polytechn. Journ., Bd. CCLXI,
p. 135 (1886). Die Reaktion wird heute meist als „Reaktion von MOLISCH“ benannt.
— 13) C. NEUBERG, Zeitsch. physiol. Chem., Bd. XXXI, p. 564 (1901). Über die
Reaktion auch B. REINBOLD, Pflüg. Arch., Bd. CIII, p. 581 (1904).

i-Tetrose, d-Lyxose, d-Oxyglukonsäure, Aldehydschleimsäure und Formose. Nach NEUBERG gibt α-Naphthol eine Farbenreaktion mit Furfurol, nicht aber Phloroglucin, Resorcin, welche wenigstens mit manchen Zuckerarten Farbenreaktionen liefern. IHL hatte huminartige Stoffe als Ursache der Naphtholprobe hingestellt, eine Meinung, welche in NEUBERG neuerdings wieder einen Vertreter fand.

Zuckeroxydation durch unorganische sauerstoffhaltige Stoffe ist ebenfalls vielfach möglich und hat in der Reduktion von Metalloxydsalzen hervorragende praktische Bedeutung. Die Rötung beim Eindampfen mit arsensauren Salzen [1]), die Schwärzung alkalischer Wismutlösungen oder von Suspensionen basischen Wismutnitrates [2]) sind bekannte Erscheinungen. Auch Bleisalze, Molybdat wurden zum Zuckernachweise angewendet [3]). Silberlösung reduziert Traubenzucker rasch, sowie andere Aldehyde; Goldchlorid wird mit violetter Farbe reduziert; alkalische Quecksilbersalzlösung wird grau gefällt. SACHSSE [4]) hat zur quantitativen Zuckerbestimmung eine Qucksilbermethode ausgearbeitet. Eisenchlorid unter Zusatz von Soda und Natriumtartrat fällt beim Kochen mit Zucker mit dunkelbrauner Farbe [LOEWENTHAL [5])]. Auch alkalische Nickel- oder Kobaltlösung läßt sich zum Zuckernachweise brauchen [6]).

Das wichtigste Reagens ist jedoch alkalische Kupferlösung, deren Reduktion durch Zucker 1815 von VOGEL [7]) entdeckt wurde. TROMMER [8]) stellte fest, daß Traubenzucker reduziert, nicht aber Rohrzucker. A. BARRESWIL [9]) erfand den Zusatz von weinsaurem Salz zur Verhütung des Hydroxydniederschlages. FEHLING [10]) verdanken wir die Empfehlung des Seignettesalzes, sowie die ersten Grundlagen zur quantitativen Anwendung. SACHS wendete die „Trommersche Probe" bei seinen mikrochemischen Untersuchungen an. Eine gute Modifikation der FEHLINGschen Probe zu mikroskopischen Zwecken gab A. MEYER [11]).

Als Oxydationsprodukte entstehen beim Erhitzen des Traubenzuckers mit alkalischer Kupferlösung nach HABERMANN und HÖNIG [12]): Kohlensäure, Ameisensäure, Glykolsäure und andere nicht näher festgestellte Säuren.

Unter den zahlreichen Abänderungen der Kupfermethode seien als methodisch beachtenswert hervorgehoben, die Anwendung von Kupferacetat [BARFOED [13]), WORM-MÜLLER [14])] und Kupferkarbonat [SOLDAINI [15]), OST [16])].

1) L. ELSNER, Schweigg. Journ., Bd. LXI, p. 350 (1831). — 2) BÖTTGER, Journ. prakt. Chem., Bd. LXX, p. 432; Quantitative Methode von E. NYLANDER: Zeitschr. physiol. Chem., Bd. VIII, p. 175 (1884). — 3) Bleizucker als Zuckerreagens: M. RUBNER, Zeitschr. Biolog., Bd. XX, p. 397 (1885); Molybdänsaures Ammon und Nitrobenzol: VENTRE: Chem. Centr., 1902, Bd. II, p. 1155. — 4) R. SACHSSE, Sitz.-Ber. Naturforsch. Gesellsch., Leipzig, Bd. IV, p. 22 (1877); auch H. HAGER, Zeitschr. analyt. Chem., Bd. XVII, p. 380 (1878); KNAPP, Lieb. Annal., Bd. CLIV, p. 252. — 5) LOEWENTHAL, Journ. prakt. Chem., Bd. LXXIII, p. 71. Über die Reduktion von Eisenalaun durch Zucker: J. H. LONG, Chem. Centr., 1897, Bd. II, p. 894. — 6) T. SOLLMANN, Centr. Physiolog., Bd. XV, p. 34, 129 (1901); PAPASOGLI u. DUPONT, Chem. C., 1895, Bd. II, p. 663. — 7) S. Anm. 1, p. 190. — 8) TROMMER, Lieb. Annal., Bd. XXXIX, p. 360 (1841). — 9) A. BARRESWIL, Journ. Pharm. Chim. (3), Tome VI, p. 301 (1844). — 10) H. FEHLING, Lieb. Annal., Bd. LXXII, p. 106 (1849); Bd. CVI, p. 75 (1858). Es gibt auch zum Nachweise der Cu-Reduktion in der Kälte geeignete Methoden, z. B. GAWALOWSKI, Zeitschr. allg. österr. Apothek.-Ver., Bd. XLI, p. 1147 (1903). — 11) A. MEYER, Ber. bot. Ges., Bd. III, p. 332 (1885). — 12) J. HABERMANN u. M. HOENIG, Wien. Akad., Bd. LXXXVI (II), p. 571 (1880); Mon. Chem., Bd. V, p. 208 (1884) [Maltose]. — 13) C. BARFOED, Zeitschr. analyt. Chem., Bd. XII, p. 27 (1873); SJOLLEMA, Chem.-Ztg., Bd. XXI, p. 739 (1897). — 14) WORM-MÜLLER, Pflüg.

SOXHLET[1]) zeigte 1878, daß die alte Annahme, 1 Äquivalent Traubenzucker oder Invertzucker reduziere 10 Äquivalente CuO, unrichtig ist; es reduziert vielmehr 1 Gewichtsteil Zucker je nach dem Kupferreichtum der Lösung ganz verschiedene Mengen CuO. 1880 gab SOXHLET die Vorschrift zu der jetzt am häufigsten angewendeten Titriermethode, welche in allen analytischen Handbüchern sich ausführlich dargestellt findet. Wir verdanken SOXHLET endlich den Nachweis, daß nicht alle Zuckerarten gleich stark reduzieren. In neuerer Zeit bestimmt man sehr häufig das ausgeschiedene Kupferoxydul gewichtsanalytisch [ALLIHN[2])]. Gewöhnlich wird es zu Kupfer reduziert; man kann aber nach FREYER[3]) unter bestimmten Verhältnissen das Cu_2O auch nach Waschen mit Ätheralkohol direkt trocknen und wägen. Ferner ist elektrolytische Bestimmung des im ausgeschiedenen Oxydul enthaltenen Kupfers empfohlen [FORMANEK[4])]. Eine Reihe von Methoden bestimmt den in der Lösung außer Cu_2O noch vorhandenen Überschuß an Kupfer [LEHMANN[5]), MAQUENNE[6])], was in den angegebenen Modifikationen sehr praktische Bestimmungsverfahren abgibt. KJELDAHL[7]) schlug vor, das durch Oxydation von 1 Mol. Zucker gebildete Säureäquivalent jodometrisch zu bestimmen. Diese Methode ist theoretisch und praktisch äußerst beachtenswert.

Von den Aldehydreaktionen des Traubenzuckers ist vor allem seine Fähigkeit wichtig, sich mit Phenylhydrazin zu verbinden. Seine Verbindung: 1 Äquiv. Zucker + 1 Äquiv. Phenylhydrazin (Hydrazon) ist leicht löslich, die Verbindung mit 2 Äquiv. Phenylhydrazin ist auch in der Wärme sehr wenig löslich. Das d-Glukosazon entsteht sehr leicht mit freiem Phenylhydrazin oder dessen Salzen bei höherer Temperatur. Man hat auch quantitative Methoden unter Benutzung der Osazondarstellung angegeben[8]). Nach dem Verfahren von MAQUENNE erhält man aus 1 g Traubenzuckeranhydrid genau 0,32 g Osazon. Mit der Osazonprobe lassen sich noch 0,03 Proz. Traubenzucker sicher erkennen. Das in sternförmig geordneten feinen Nadeln kristallisierende d-Glukosazon schmilzt bei 205°.

NEUBERG[9]) fand, daß sich die Osazone merklich in Aminosäuren, Säureamiden, heterocyklischen Verbindungen lösen. Wichtig ist die Untersuchung der optischen Eigenschaften der Osazonlösungen; hierbei

Arch., Bd. XVI, p. 551 (1878). — 15) A. SOLDAINI, Ber. chem. Ges., Bd. IX. p. 1126 (1876). — 16) H. OST. Ber. chem. Ges., Bd. XXIII, p. 1035 (1890); T. B. WOOD u. BERRY, Chem. Centr., 1903, Bd. I, p. 1378.

1) F. SOXHLET, Chem. Centr., 1878, p. 219, 236; Journ. prakt. Chem., Bd. XXI, p. 227 (1878); ULBRICHT, Chem. Centr., 1878, p. 392. — 2) ALLIHN, Journ. prakt. Chem., Bd. XXII, p. 55; vgl. auch PFLÜGER, Pflüg. Arch., Bd. LXIX. p. 399 (1898); G. SONNTAG, Arbeit. Kais. Gesundheitsamt, Bd. XIX, p. 447 (1903); F. DUCHAČEK, Chem. C., 1903, Bd. II, p. 807 (Centrifugieren). — 3) F. FREYER, Zeitschr. landwirtsch. Versuchswes. Österr., Bd. II, p. 30 (1899). — 4) J. FORMANEK, Zeitschr. Untersuch. Nahr. Genußm., 1898, p. 320. — 5) K. B. LEHMANN, Chem. Centr., 1897, Bd. II, p. 233. — 6) L. MAQUENNE, Bull. soc. chim. (3), Tome XIX, p. 926 (1898); Chem. Centr., 1899, Bd. I, p. 66; vgl. auch H. LEY u. DICHGANS, Chem. C., 1903, Bd. II, p. 772; RIEGLER, Chem. C., 1895, Bd. II, p. 322. — 7) J. KJELDAHL, Carlsberg Laborat. Med., 1895, p. 4; Chem.-Ztg., Bd. XIX, Rep. 218; R. WOY, Zeitschr. öffentl. Chem., Bd. VI, p. 514 (1900); G. BRUHNS, Chem. C., 1898, Bd. II, p. 903; JESSEN-HANSEN, Carlsberg Laborat., 1899, p. 193. Über Bestimmung des Zuckers mit alkalischer Jodlösung und Rücktitrierung (Fruktose wird fast gar nicht angegriffen!): G. ROMIJN, Zeitschr. analyt. Chem., Bd. XXXVI, p. 349. (1897). — 8) LINTNER u. KRÖBER, Jahresber. Agrikultchem., 1895, p. 609; Chem. C. 1895, Bd. II, p. 66; MAQUENNE, Compt. rend., Tome CXII. p. 799. — 9) C. NEUBERG, Zeitschr. physiol. Chem., Bd. XXIX, p. 274 (1900).

empfiehlt sich Pyridin-Alkohol als Lösungsmittel [1]). Mit salzsaurem Phenylhydrazin, Natriumacetat und Alkali erhitzt, gibt Zucker rotviolette Färbung [2]). Kalte konzentrierte Salzsäure, aber auch Benzaldehyd spaltet die Phenylosazone der Zuckerarten in Phenylhydrazin und Glukosone [FISCHER [3])]. d-Glukoson ist ein Aldehyd der Fruktose

$$CH_2OH \cdot (CHOH)_3 \cdot CO \cdot COH.$$

Auch zur mikrochemischen Zuckerprobe läßt sich die Darstellung von Glukosazon verwenden [SENFT [4])].

Zur qualitativen Erkennung des Traubenzuckers neben Fruktose eignet sich nach STAHEL [5]) das durch Fällen der alkoholischen Lösung mit Äther gut abschneidbare Diphenylhydrazid des Traubenzuckers, nach WOHL [6]) auch das Traubenzuckerbenzhydrazid.

Man hat gefunden, daß noch besser als Phenylhydrazin dessen Substitutionsprodukte: Benzylphenylhydrazin, Allylphenylhydrazin, ferner auch Naphthylhydrazin zur Abscheidung und Reingewinnung von Zuckerderivaten sich eignen. Viele Angaben hierüber haben besonders LOBRY DE BRUYN und A. VAN EKENSTEIN [7]) veröffentlicht.

Traubenzucker gibt auch die Aldehydreaktion mit Diazobenzolsulfosäure [8]). 1 Teil Diazobenzolsulfosäure in 60 Teilen kaltem Wasser gelöst, mit ein wenig NaOH-Zusatz bildet das Reagens. Man fügt die mit verdünntem Alkali vermischte Substanz und einige Körnchen Natriumamalgam hinzu und läßt die Probe stehen; nach 10—20 Minuten tritt rotviolette Färbung ein.

Traubenzucker und Fruktose geben hingegen die Aldehydreaktion mit Fuchsin und schwefliger Säure nicht.

Traubenzucker liefert ferner mit Phenylisocyanat ein Pentaphenylurethan: $C_6H_7O_6 \cdot (CONHC_6H_5)_5$. Zur Darstellung dieser Verbindung sind die Angaben von MAQUENNE und GOODWIN [9]) zu vergleichen.

Auf den Zuckernachweis mit Hilfe der polarimetrischen Methode kann hier nicht näher eingegangen werden; ebenso sei auf die bekannte approximative Bestimmungsmethode mit Hilfe von Alkoholgärung in empirisch geeichten Apparaten nur kurz hingewiesen, wie denn hier überhaupt angesichts der Überfülle an Einzelheiten die allgemeiner bekannten Methoden kein näheres Eingehen erfahren können. Das hier Angeführte sollte hauptsächlich über wichtige methodische Neuerungen, die in der Biochemie einer Anwendung fähig sind, in größter Kürze referieren.

d-Mannose wurde in kleinen Mengen hie und da frei in Pflanzen gefunden, so von TSUKAMOTO [10]) in den Stengeln von Hydrosme Rivieri

1) NEUBERG, Ber. chem. Ges., Bd. XXXII, p. 3384 (1899). — 2) E. RIEGLER, Centr. Physiolog., Bd. XV, p. 180 (1901). Anwendung von Phenylhydrazinsulfosäure: OPFER, Chem. Centr., 1901, Bd. I, p. 646. Phenylhydrazinoxalat: RIEGLER, Chem. C., 1903, Bd. II, p. 149. — 3) Osone: FISCHER, Ber., Bd. XXI, p. 2631 (1888); Bd. XXII, p. 87 (1889); FISCHER u. FR. ARMSTRONG, ib., Bd. XXXV, p. 3141 (1902). — 4) E. SENFT, Chem. Centr., 1902, Bd. II, p. 663; 1904, Bd. I, p. 1373. — 5) STAHEL, Lieb. Annal. Bd. CCLVIII, p. 242. — 6) WOHL, Ber. chem. Ges., Bd. XXVIII, p. 160. — 7) C. A. LOBRY DE BRUYN u. A. VAN EKENSTEIN, Rec. trav. chim. Pays-Bas, T. XV, p. 97, 227 (1896). Über Naphthylhydrazone ferner: HILGER, Ber. chem. Ges., Bd. XXXV, p. 1841, 4444 (1902). Spaltung der gewonnenen Hydrazone mittelst Erwärmen mit Formaldehyd: RUFF u. OLLENDORF, Ber. chem. Ges., Bd. XXXII (III), p. 3234 (1899). Vgl. VOTOČEK, Chem. C., 1903, Bd. II, p. 792; C. NEUBERG, Ber. chem. Ges., Bd. XXXVI, p. 1192 (1903). — 8) F. PENTZOLDT u. E. FISCHER, Ber. chem. Ges., Bd. XVI, p. 657 (1883). — 9) L. MAQUENNE u. GOODWIN, Compt. r., Tome CXXXVIII, p. 633 (1904). — 10) M. TSUKAMOTO, Coll. Agricult. Tokyo Bull., Tome II, p. 406 (1897).

var. Konjaku (= Conophallus Konjaku), von FLATAU und LABBÉ [1]) in Orangenschalen, von EASTERFIELD und ASTON [2]) aus den Früchten der Anacardiacee Corynocarpus laevigata. Vor allem kennt man sie aus verschiedenen Kondensationsprodukten: Mannanen aus vielen Reservecellulose führenden Endospermen, in vielen Holzarten, den Knollen von Conophallus Konjaku, von der Zellmembran der Hefe, worauf an anderen Stellen näher einzugehen ist. Zweifelhaft sind die mannoseartigen Spaltungsprodukte von Convolvulaceenglykosiden [3]).

Mannose ist der Aldehyd des natürlichen Mannits und geht bei Reduktion in denselben glatt über. Mit Bromwasser oxydiert, gibt sie d-Mannonsäure, Salpetersäure führt schließlich zur zweibasischen d-Mannozuckersäure. Mannoselösungen sind rechtsdrehend: $[a]_D{}^{10} + 13{,}5^0$ [TOLLENS und JACKSON [4])]; Mannose reduziert Kupferlösung langsamer als Traubenzucker. 1 ccm FEHLING-SOXHLETscher Lösung = 4,307 mg Mannose. Mannose ist nach REISS [5]) die einzige Zuckerart, welche in neutraler wässeriger Lösung durch Bleiessig gefällt wird; praktisch verwendbar ist jedoch diese Eigentümlichkeit selten. Hingegen ist sehr wichtig die Herstellung des in kaltem Wasser unlöslichen Hydrazons: farblose Kristalle, die bei 186—188⁰ schmelzen. Hierdurch wird Mannose diagnostiziert [6]). Fuchsinschweflige Säure wird von Mannose nicht gerötet. Mannosazon ist identisch mit d-Glukosazon.

d-Galaktose ist als freie Hexose in Pflanzen noch nicht nachgewiesen, dürfte aber in kleiner Menge wenigstens vorübergehend neben Traubenzucker vorkommen. Ihre Derivate sind die sehr verbreiteten „Galaktane" [7]) der Samennährgewebe und Gummiarten; manche Glykoside, wie das Digitonin, liefern bei der Hydrolyse Galaktose. Aus Reservecellulose ist sie schwierig zu gewinnen, besser aus Gummiarten. Nach NEUBERG [8]) stellt man vorteilhaft aus dem natürlich vorkommenden Alkohol der Galaktose, dem Dulcit, sowohl d- als l-Galaktose her.

Galaktose ist in Alkohol ziemlich löslich. Zu ihrer Erkennung kann ihre charakteristische Kristallisation in sechseckigen Sternchen dienen. Drehungsvermögen nach MEISSL [9]):

$$a_D = + 83{,}88^0 + 0{,}0785 \, p - 0{,}209 \, t.$$

Ihr Hauptprodukt bei der Reduktion mit Natriumamalgam ist Dulcit [BOUCHARDAT [10])]. Mit Bromwasser oder Silberoxyd oxydiert, gibt sie quantitativ d-Galaktonsäure. Mit Kalkmilch behandelt, gibt Galaktose das dem Saccharin isomere Metasaccharinsäurelakton und Parasaccharinsäurelakton [11]). Oxydation mit Salpetersäure liefert die 1780 von SCHEELE bei der Oxydation des Milchzuckers entdeckte Schleimsäure. Schleim-

1) J. FLATAU u. LABBÉ, Bull. soc. chim. (3), Tome XIX, p. 408 (1898). — 2) T. H. EASTERFIELD u. ASTON, Proceed. chem. soc., Tome XIX, p. 191 (1903). — 3) KROMER, Chem. Centr., 1903, Bd. I, p. 311, 428. — 4) TOLLENS u. JACKSON, Zeitschr. analyt. Chem., Bd. XLI, p. 896. — 5) REISS, Landw. Jahrbüch., Bd. XVIII, p. 753. — 6) FISCHER u. HIRSCHBERGER, Ber. chem. Ges., Bd. XXII, p. 609; TOLLENS, LINDSAY u. JACKSON, Versuchstat., Bd. XXXIX, p. 422 (1891); F. H. STORER, Chem. Centr., 1902, Bd. II, p. 1155. Anwendung zur quantit. Mannosebestimmung: BOURQUELOT u. HÉRISSEY, Compt. rend., Tome CXXIX, p. 339 (1899). — 7) Verbreitung von Galaktosederivaten: A. MUNTZ, Compt. r., T. CII, p. 624, 681. — 8) C. NEUBERG u. J. WOHLGEMUTH, Zeitschr. physiol. Chem., Bd. XXXVI, p. 219 (1902). — 9) F. MEISSL, Journ. prakt. Chem., Bd. XXII, p. 97 (1880). — 10) BOUCHARDAT, Compt. rend., Tome LXXIII, p. 199. — 11) KILIANI, Ber. chem. Ges., Bd. XVI, p. 2625; KILIANI u. H. NÄGELI, Ber., Bd. XXXV, p. 3528 (1902); KILIANI, ibid., Bd. XXXVII, p. 1196 (1904).

säurebildung ist ein treffliches Erkennungsmittel für die Gegenwart von Galaktose. Eine Vorschrift zur Darstellung gaben KENT und TOLLENS [1]); Schleimsäure ist optisch inaktiv, ein in Wasser sehr wenig lösliches kristallinisches Pulver, bei 225° schmelzend. Sie gibt bei der trockenen Destillation oder beim Erhitzen mit Wasser auf 180° viel Furfurandikarbonsäure (Brenzschleimsäure); ihr Ammonsalz liefert Pyrrol [2]).

Das Osazon ist vom Glukosazon ganz verschieden, bildet derbe gelbe Nadeln von F 171—174° [3]); es zeigt selbst in 4-proz. Eisessiglösung keine wahrnehmbare Drehung. Über die quantitative Galaktosebestimmung mit FEHLINGscher Lösung hat STEIGER [4]) Angaben gemacht.

B. Ketohexosen.

d-Fruktose oder Lävulose ist wohl ebenso verbreitet wie Traubenzucker, und vielleicht ebenso wie dieser als Bestandteil jedes Zellprotoplasmas anzusehen. In Verbindung mit dem Traubenzucker als Saccharose und dessen Hydratationsprodukt, dem Invertzucker, hat sie eine ebenso enorme Verbreitung. Sie ist ferner Bestandteil von Tri- und Polysacchariden, als deren wichtigster Repräsentant das Inulin gelten kann. Kristallisiert erhielten sie zuerst JUNGFLEISCH und LEFRANC [5]). Lävulose ist in Ätheralkohol von allen Zuckerarten am meisten löslich. Sie ist linksdrehend; das Drehvermögen ändert sich sehr mit der Temperatur und ist für 14—15° etwa $[a]_D = -100{,}00°$.

Reduktion mit Natriumamalgam führt zu annähernd gleichen Mengen d-Mannit und d-Sorbit. Bei der Oxydation erhält man Glykolsäure, Trioxybuttersäure, entsprechend der Konstitution der Fruktose [6]). Mit Salpetersäure oxydiert, gibt Fruktose viel Oxalsäure und auch i-Weinsäure. Das Osazon der Lävulose ist identisch mit d-Glukosazon.

Für die Feststellung der Anwesenheit von Fruktose in Zuckergemischen verfügt man noch nicht über ein allgemein verläßliches Verfahren.

Nach FENTON und GOSTLING [7]) ist für die Ketosen und deren Derivate charakteristisch die Bildung von Brommethylfurfuraldehyd mit Bromwasserstoff. Diese Reaktion wird aber auch von Cellulose gegeben.

SELIWANOFF [8]) fand, daß Fruktose und ihre Zuckerverbindungen eine rote Farbenreaktion mit Resorcin und Salzsäure geben. Nach NEUBERG [9]) scheint es sich um eine Gruppenreaktion der Ketohexosen zu handeln, und man kann diese Reaktion als Beweismittel für die Gegenwart von noch nicht isolierten Ketosen mitheranziehen. Die Resorcin-

---

1) Schleimsäure: W. H. KENT u. B. TOLLENS, Lieb. Ann., Bd. CCXXVII, p. 221 (1885); KENT, RIESCHBIETH, CREYDT u. TOLLENS, Versuchstat., Bd. XXXIX, p. 414 (1891); A. PETERSEN, Pharm. Ztg. (1886), Bd. XXI, p. 167; SKRAUP, Mon. Chem., Bd. XIV, p. 480. — 2) PAAL, Chem. Centr., 1890, Bd. II, p. 948; A. PICTET u. A. STEINMANN, Chem. Centr., 1902, Bd. I, p. 1297. — 3) Bei großer Reinheit 196°; FISCHER u. TAFEL, Ber. chem. Ges., Bd. XX, p. 3390. — 4) E. STEIGER, Chem. Centr., 1889, Bd. II, p. 520; LIPPMANN, Chem. d. Zuckerarten, p. 395. — 5) JUNGFLEISCH u. LEFRANC, Compt. rend., Tome XCIII, p. 547 (1881); ferner A. HERZFELD, Lieb. Annal., Bd. CCXLIV, p. 274. — 6) E. BÖRNSTEIN u. A. HERZFELD, Ber. chem. Ges., Bd. XVIII, p. 3353 (1885); A. HERZFELD u. H. WINTER, ibid., Bd. XIX, p. 390 (1886); HLASIWETZ u. HABERMANN, ibid., Bd. III, p. 486; M. HÖNIG, ibid., Bd. XIX, p. 171 (1886). — 7) H. FENTON, u. M. GOSTLING, Proc. chem. soc., Vol. XVII, p. 22 (1901). — 8) TH. SELIWANOFF, Ber. chem. Ges., Bd. XX, p. 181 (1887); Chem. Centr., 1891, Bd. I, p. 55; vgl. auch CONRADY, ibid., 1895, Bd. I, p. 362. — 9) C. NEUBERG, Zeitschr. physiol. Chem., Bd. XXXI, p. 564 (1900); Bd. XXXVI, p. 228 (1902).

probe gelingt auch mit d-Oxyglukonsäure, welche eine Ketonsäure
$CH_2OH \cdot CO \cdot (CHOH)_3 \cdot COOH$ ist [1]); mit Dioxyaceton, i-Ketotetrose,
l-Ketoarabinose, i-Ketogalaktose, Sorbose, Raffinose, ferner mit den von
LOBRY DE BRUYN und ALBERDA VAN EKENSTEIN [2]) dargestellten Ketosen:
Galtose, Tagatose, Pseudofruktose. Die Reaktion mit Orcinsalzsäure fällt
damit nach NEUBERG nicht zusammen [3]).

Die SELIWANOFFsche Probe läßt sich nach ROSIN [4]) bedeutend ver-
schärfen, indem man den gebildeten Farbstoff aus der alkalischen
Flüssigkeit mit Amylalkohol ausschüttelt und das Pigment spektroskopisch untersucht.

NEUBERG [5]) hat ein neues Mittel zur Isolierung der Fruktose in
Gemischen in der Anwendung des asymmetrischen Methylphenylhydrazin
$\begin{matrix} C_6H_5 \\ CH_3 \end{matrix} > N \cdot NH_2$ gefunden, welches nur mit Ketosen, nicht aber mit Al-
dosen und Aminozuckern Methylphenylosazon liefert. Fruktose gibt ein
gut kristallisierendes Osazon, das Sorbosazon kristallisiert nicht. NEU-
BERG konnte durch seine Methode auch Belege für die Existenz von
Ketopentosen beibringen. Neuestens erhielt jedoch OFNER [6]) abweichende
Resultate.

Sorbose kommt nach DÖBNER [7]) in kleiner Menge neben Sorbit
in den Früchten von Sorbus Aucuparia fertig gebildet vor, sobald sich
diese gelb zu färben beginnen. Sie ist die einzige Ketose, welche man
außer Fruktose bisher in Pflanzen natürlich vorkommend kennt. Ihre
Ketosennatur wurde von KILIANI und SCHEIBLER [8]) festgestellt; sie
liefert bei der Oxydation Trioxyglutarsäure.

Mit Natriumamalgam liefert Sorbose d-Sorbit, aus dem sie durch
biologische Oxydation durch Bacterium xylinum erhalten werden kann
[(BERTRAND [9])]. Sorbose ist stark linksdrehend, für 10-proz. Lösung bei
20^0 C ist $[\alpha]_D - 43,13^0$ [10]). Ihr Osazon ist nach FISCHER [11]) vom Dextros-
azon verschieden: feine gelbe Nadeln bei 164^0 schmelzend, in Eisessiglösung linksdrehend.

C. Pentosen.

Bisher ist keine der bekannten Pentosen als freier Zucker in
Pflanzen gefunden worden. Die „löslichen Pentosen", welche CHALMOT [12])
in Blättern und Rinden verschiedener Pflanzen fand, waren nur aus
der Furfurolentwicklung beim Erhitzen mit Salzsäure erschlossen. „Pentosane", und zwar Derivate der l-Arabinose und l-Xylose, gehören aber
zu den allgemein verbreiteten Bestandteilen des Zellhautgerüstes, Araban

---

1) BOUTROUX, Compt. rend., Tome CII, p. 924; Tome CXI, p. 185; Tome
CXXVII, p. 1224; Annal. chim. phys. (6), Tome XXI, p. 565. — 2) L. DE BRUYN
u. A. VAN EKENSTEIN, Rec. trav. chim. Pays-Bas, Tome XVI, p. 262. — 3) Zur
Orcinreaktion: TOLLENS, Lieb. Annal., Bd. CCLX, p. 395; BERTRAND. Bull. soc.
chim. (3), Tome V, p. 932; NEUBERG, Zeitschr. physiolog. Chem., Bd. XXXI,
p. 564 (1900). — 4) H. ROSIN, Zeitschr. physiol. Chem., Bd. XXXVIII, p. 554
(1903). — 5) NEUBERG, Ber. chem. Ges., Bd. XXXV, p. 959, 2626 (1902); Zeitschr.
physiolog. Chem., Bd. XXXVI, p. 227 (1902); Chem. Centr., 1902, Bd. I, 1077.
6) R. OFNER, Ber. chem Ges., Bd. XXXVII, p. 2623 (1904). — 7) DÖBNER, Ber.
chem. Ges., Bd. XXVII, p. 345 (1894). — 8) KILIANI u. C. SCHEIBLER, ibid.,
Bd. XXI, p. 3277 (1888). Über d- und i-Sorbose auch ADRIANI, Rec. trav.
chim. Pays-Bas, Tome XIX, p. 183 (1900). — 9) BERTRAND, Compt. rend., Tome
CXXII, p. 900 (1895). — 10) R. H. SMITH u. TOLLENS, Ber., Bd. XXXIII, I,
p. 1285 (1900); HITZEMANN u. TOLLENS, ibid., Bd. XXI, p. 1048 (1888). — 11) E.
FISCHER, Ber., Bd. XVII, p. 579; Bd. XX, p. 821, 2566; Bd. XXI, p. 2631; Bd.
XXII, p. 87. — 12) G. DE CHALMOT, Journ. Americ. chem. Soc., Vol. XV, p. 21
(1893); Chem. Centr., 1893, Bd. I, p. 469.

findet sich auch in Gummiarten. Nach Ruff und Ollendorff[1]) hätte man auch nach l-Lyxose in Pflanzenbestandteilen noch zu suchen. Wichtig ist ferner das Vorkommen von Pentosen als Konstituenten von Nukleinsäuren. Angaben über die Darstellung reiner Xylose und Arabinose aus den natürlichen Materialien hat besonders Tollens[2]) geliefert. Es gehört die Darstellung der biochemisch wichtigen Eigenschaften dieser Zucker eigentlich mit in das Gebiet der Zellhautchemie.

Die von Ihl und besonders von Tollens[3]) studierte Zuckerreaktion mit Phloroglucin und Salzsäure ist bei den Pentosen besonders stark zu erhalten. Da sie nach Wohlgemuth[4]) auch mit a-Glukoheptose und nach Neuberg[5]) mit Glyzerinaldehyd schön erhalten wird, so kann man sagen, daß wir es mit einer allen Zuckern mit unpaarer Kohlenstoffatomzahl eigentümlichen Reaktion zu tun haben. Mit Orcinsalzsäure und etwas Eisenchlorid geben Pentosen beim Erhitzen Grünfärbung [Bial[6])].

Bei Reduktion liefern die Pentosen die entsprechenden fünfwertigen Alkohole: l-Arabit, l-Xylit. Bei der Oxydation entstehen die korrespondierenden Pentonsäuren und weiter die zweibasischen Trioxyglutarsäuren, von welchen 4 theoretisch möglich sind[7]).

Interessant ist der von Salkowski und Neuberg[8]) gemachte Befund, daß Fäulnisbakterien Glykuronsäure in CO_2 und l-Xylose spalten. Vielleicht stehen diese Substanzen in nahen biochemischen Beziehungen.

Kochen mit konzentrierter Salzsäure spaltet aus Pentosen, Pentosanen, auch aus Glykuronsäure, große Mengen Furfurol ab. Cross[9]) schlug deshalb vor, die fünfwertigen Zucker als „Furfurosen" zu bezeichnen. Dieses Verhalten dient ebensowohl zum qualitativen Pentosennachweis (Rötung von Filtrierpapierstreifen, die mit Anilinacetat getränkt sind, durch die Dämpfe der Kochprobe) als zur quantitativen Bestimmung der Pentosen. Um die Ausbildung der Methoden hat sich vor allem Tollens die größten Verdienste erworben. Man bestimmt entweder das Phenylhydrazon des Furfurols [Günther, Chalmot, Tollens[10]), Stone[11])] oder die Phloroglucinverbindung des Furfurols durch Wägung[12]). Weiteres hierüber siehe das Kapitel über die Chemie der Zellhaut.

D. Methylpentosen.

Die bekannten Methylpentosen kommen, soweit man weiß, im Pflanzenorganismus nie frei, sondern stets nur in Verbindungen vor, meist als

---

1) Buff u. Ollendorff, Ber. chem. Ges., Bd. XXXIII (II), p. 1809 (1900). — 2) B. Tollens (und Schiller), Landw. Versuchstat., Bd. XXXIX, p. 425 (1891). — 3) Tollens, Ber. chem. Ges., Bd. XXII, p. 1046, Bd. XXIX, p. 1202; Lieb. Ann., Bd. CCLIV, p. 329, Bd. CCLX, p. 304. — 4) J. Wohlgemuth, Zeitschr. physiol. Chem., Bd. XXXV, p. 571 (1902). — 5) C. Neuberg, Zeitschr. Verein. Rübenzuck.-Ind., Bd. LI, p. 271 (1901). — 6) M. Bial, Deutsche med. Wochenschr., 1903, No. 27. — 7) H. Kiliani, Ber. chem. Ges., Bd. XXI, p. 3006 (1888); R. Bader, Chem.-Zeitg., Bd. XIX, p. 1851 (1895). — 8) E. Salkowski u. C. Neuberg, Zeitschr. physiol. Chem., Bd. XXXVI, p. 261 (1902), Bd. XXXVII, p. 466 (1903); W. Küster, ibid., Bd. XXXVII, p. 221 (1902). — 9) C. F. Cross, Chem. News, Vol. LXXI, p. 68 (1895). — 10) A. Günther, G. de Chalmot u. B. Tollens, Ber. chem. Ges., Bd. XXIV, p. 3575 (1891). — 11) W. E. Stone, Ber., Bd. XXIII, p. 3791 (1890), Bd. XXIV, p. 3019 (1891); Tollens, Zeitschr. Ver. Rübenzuck.-Ind., 1894, p. 426. — 12) Tollens, Ber. chem. Ges., Bd. XXIX (II), p. 1202 (1896); Rimbach, Dissert. Göttingen, 1898; Kröber, Journ. Landwirtsch., 1900, p. 357, 1901, p. 7; Tollens, Zeitschr. angew. Chem., 1902, p. 477, 508, Zeitschr. physiol. Chem., Bd. XXXVI, p. 239 (1902); König, Untersuch. landw. wicht. Stoffe (1898), p. 223.

Ester, seltener wie die Fukose, als Stammsubstanz zusammengesetzter Kohlenhydrate.

Der häufigste Stoff unter ihnen, die Rhamnose, wurde von Fischer und Tafel [1]) zuerst durch ihr Osazon als Methylpentose erkannt. Ihre Konstitution dürfte sein:

$$COH - \overset{\overset{\displaystyle OH}{|}}{\underset{\underset{\displaystyle H}{|}}{C}} - \overset{\overset{\displaystyle OH}{|}}{\underset{\underset{\displaystyle H}{|}}{C}} - \overset{\overset{\displaystyle H}{|}}{\underset{\underset{\displaystyle OH}{|}}{C}} - CHOH.$$
$$CH_3$$

Sie ist Spaltungsprodukt des Datiscin [2]), Xanthorhamnin, Frangulin, Quercitrin, Hesperidin, Naringin u. a. [3]), entweder allein oder mit Hexose (Dextrose, Galaktose), auffallend oft mit Flavonderivaten verestert.

Hlasiwetz und Pfaundler [4]) isolierten sie als „Isodulcit" aus Querzitrin; Herzig [5]) zeigte, daß sie eine Methylgruppe enthalten muß, indem sie bei der Oxydation mit Silberoxyd Acetaldehyd liefert. Rayman [6]) schlug die heute übliche Benennung „Rhamnose" vor. Sie bildet große luftbeständige Kristalle, ihre Lösung dreht schwach rechts. Reduktion mit Natriumamalgam ergibt Methylpentit (Rhamnit). Oxydation mit Salpetersäure gibt dieselbe Trioxyglutarsäure wie sie aus l-Arabinose erhalten wird. Oxydation mit Brom und Ag_2O gibt die der Arabonsäure homologe Rhamnonsäure [7]).

Das Osazon ist reichlich erzielbar und bildet gelbe sternartig gruppierte Nadeln, unlöslich in heißem Wasser, bei 180° schmelzend (Fischer und Tafel l. c.).

Rhamnose reduziert sofort Fehlings Lösung. Der Nachweis von Rhamnose, wie jener der anderen Methylpentosen geschieht mit Hilfe der Destillation mit Salzsäure und Nachweis von Methylfurfurol mit der Reaktion von Maquenne. Über den Nachweis von Pentosen und Methylpentosen nebeneinander hat Chalmot [8]) Angaben gemacht.

Die Chinovose, welche bisher nur in dem Glykoside Chinovin aus Ladenbergia-Rinden nachgewiesen wurde, ist amorph, stark reduzierend, rechtsdrehend. Ihr Osazon schmilzt bei 193—194° [9]). Die Fukose, welche in Form von Fukosan einen Zellwandbestandteil bei Fucaceen bildet, und im Traganthgummi gefunden wurde, gehört in das Gebiet der Zellhautchemie. Eine weitere Methylpentose hat jüngst Votocek [10]) aus Konvolvulin dargestellt. 1 Äquivalent dieses Glykosides liefert 1 Äquivalent Traubenzucker und 2 Äquivalente Methylpentose. Dieselbe, die Rhodeose ist kristallisierbar, nicht gärungsfähig, ihre Lö-

---

1) E. Fischer u. J. Tafel, Ber. chem. Ges., Bd. XX, p. 1092 (1887); Bd. XXI, p. 1657 (1888). — 2) E. Schunck u. L. Marchlewski, Lieb. Annal. Bd. CCLXXVIII, p. 349 (1894). — 3) Votocek, Chem. C., 1900, Bd. I, p. 816; Votoček u. Vondraček, ib., 1903, Bd. I, p. 884, 1035 haben auch aus Solanin, Konvallamarin, Smilacin, Methylpentose (Rhamnose) nachgewiesen. — 4) Hlasiwetz u. Pfaundler, Lieb. Ann., Bd. CXXVII, p. 362. — 5) J. Herzig, Mon. Chem., Bd. VIII, p. 227. — 6) B. Rayman, Chem. Centr., 1887, p. 621, 717; 1888, Bd. I, p. 6; 1888, Bd. II. p. 1532; Ber. chem. Ges., Bd. XXI, p. 2046 (1888); Rayman u. J. Kruis, Bull. soc. chim., Tome XLVIII, p. 632. — 7) Will und Peters, Ber., Bd. XXI, p. 1814; Bd. XXII, p. 1704; Schnelle u. Tollens, Ber., Bd. XXIII, p. 2992. — 8) Chalmot, Journ. Amer. chem. Soc., Vol. XV, p. 276. Vgl. auch E. Votocek, Ber. chem. Ges., Bd. XXX, p. 1195 (1897). — 9) E. Fischer u. C. Liebermann, Ber. chem. Ges., Bd. XXVI. p. 2415 (1893). — 10) E. Votoček, Chem. Centr., 1900, Bd. I, p. 803; 1901, Bd. I, p. 1042; 1902, Bd. II, p. 1361.

sungen drehen stark rechts. In ihrer Begleitung hat VOTOČEK noch eine zweite hiervon verschiedene Methylpentose gefunden, welche vorläufig Isorhodeose genannt wurde. Die Rhodeose ist der optische Antipode der Fukose [1]). Vielleicht ist auch die der Rhamnose isomere Antiarose aus dem Glykoside der Antiaris toxicaria eine Methylpentose [2]).

E. Tetrosen.

Der Zuckerbestandteil des Glykosides Apiin weicht von den Pentosen ab, und es ist nach VONGERICHTEN [3]) die Apiose β-Oxymethylerythrose, also eine Methyltetrose: $(CH_2OH)_2 — COH — CHOH — CHO$. Mit Brom oxydiert geht sie in Apionsäure über, eine Tetraoxyvaleriansäure. Apiose ist unvergärbar.

F. Zuckeralkohole.

Die Zuckeralkohole, welche man auch als „Glucite" den „Glykosen gegenüberstellen kann, sind überall im Pflanzenreiche verbreitet, wenngleich selten so massenhaft auftretend wie Dextrose und Lävulose. Ester sind von ihnen sehr selten bekannt geworden; wo sie sich finden, kommen die Glucite unverbunden vor. Man kennt 4-, 5-, 6-, 7-, 8-wertige Zuckeralkohole.

Ein Tetrit ist der Erythrit oder Phycit, welchen LAMY 1852 in Protococcus vulgaris auffand: der freie Alkohol dürfte in Algen nicht selten sein. In Flechten findet sich derselbe Erythrit häufig genug, aber als Ester der Orsellinsäure. Erythrit ist optisch inaktiv, er gibt auch mit Salpetersäure oxydiert i-Weinsäure [PRIBYTEK [4])]; Hefe vergärt ihn nicht. Bacterium xylinum oxydiert ihn nach BERTRAND [5]) zu d-Erythrulose (Ketotetrose); aus der letzteren erhielt BERTRAND durch Reduktion mit Natriumamalgam d-Erythrit. l-Erythrit ist nach dem WOHLschen Abbauverfahren von der l-Xylose aus zugänglich [6]). Der einzige unzweifelhafte Fentit natürlichen Vorkommens ist der von MERCK [7]) im Kraute von Adonis vernalis entdeckte Adonit. Er ist optisch inaktiv, nicht reduzierend. FISCHER [8]) erkannte seine Identität mit dem Alkohol der synthetisch erhaltenen Ribose. Seine Konstitution ist demnach:

$$CH_2OH — \overset{H}{\underset{OH}{C}} — \overset{H}{\underset{OH}{C}} — \overset{H}{\underset{OH}{C}} — CH_2OH$$

Es ist dies der einzige Repräsentant der Ribogruppe im Pflanzenreiche.

---

1) A. MÜTHER, u. TOLLENS, Ber. chem. Ges., Bd. XXXVII, p. 306 (1904); VOTOČEK, l. c. — 2) Vgl. KILIANI, Arch. Pharm., 1896, p. 446. — 3) E. VONGERICHTEN, Lieb. Annal., Bd. CCCXXI, p. 71 (1902). — 4) E. PRIBYTEK, Ber. chem. Ges., Bd. XIV, p. 1202 (1881). — 5) G. BERTRAND, Compt. rend., Tome CXXX, p. 1472 (1900). — 6) L. MAQUENNE, Compt. rend., Tome CXXX, p. 1402, (1900). Über aktiven Erythrit ferner MAQUENNE u. BERTRAND, Compt. rend., Tome CXXXII, p. 1419 (1901). Racemischer Erythrit: MAQUENNE u. BERTRAND, ibid., p. 1565. Bull. soc. chim. (3), Tome XXV, p. 743 (1901). Synthetischer inaktiver Erythrit: G. GRINER, ibid., Bd. CXVI, p. 723 (1893); Bd. CXVII, p. 553 (1893). l-Arabinose ergibt nach dem WOHLschen Verfahren l-Erythrose (WOHL, Ber. chem. Ges., Bd. XXXII, p. 3666 [1899]); d-Erythrose erhält man aus d-Arabonsäure: RUFF, ibid., p. 3672. — 7) E. MERCK, Chem. Centr., 1893, Bd. I, p. 344. — 8) E. FISCHER, Ber. chem. Ges., Bd. XXVI, p. 633 (1893).

Nach MORELLE [1]) soll auch der von GARREAU 1850 im Stamm von
Saxifraga (Bergenia) sibirica gefundene und Bergenin genannte Stoff
$C_8H_{10}O_5 + H_2O$ (Bergenit), ein fünfwertiger Alkohol sein. Die Sub-
stanz ist linksdrehend.

Ebenso wie dieser, so bedarf auch noch der zuletzt von SEIDEL [2])
studierte Cathartomannit der Sennesblätter oder Sennit $C_6H_{12}O_6$
einer näheren Untersuchung. Er gehört wohl eher zu den hydroaroma-
tischen Verbindungen.

Sechswertige Alkohole oder Hexite: Sorbit wurde aus dem
Fruchtsafte von Sorbus Aucuparia von BOUSSINGAULT [3]) dargestellt und
als Isomeres von Mannit und Dulcit erkannt. Sein Schmelzpunkt liegt
tiefer als der von Mannit und Dulcit, der Sorbit ist ferner inaktiv,
nicht reduzierend und gibt bei Oxydation keine Schleimsäure wie der
Dulcit. VINCENT und DELACHANAL [4]) wiesen den Sorbit in Pomaceen-
und Prunaceenfrüchten zu etwa $1/2$ Proz. Ausbeute verbreitet nach.
Sonst hat man ihn nicht gefunden. Bacterium xylinum (das „Sorbose-
bakterium") oxydiert ihn zu Sorbose, welche PELOUZE auch in gärendem
Vogelbeersafte entdeckt hatte. Der natürliche Sorbit ist d-Sorbit, wie
er durch Reduktion von Dextrose entsteht. Der Nachweis von Sorbit
kann vermittelst seiner unlöslichen Benzaldehydverbindung geführt
werden [5]).

Der natürliche Mannit ist d-Mannit, derselbe, welcher aus Lävu-
lose oder Dextrose bei Reduktion mit Natriumamalgam erhalten wird [6]).
Es ist eine bei niederen und höheren Gewächsen äußerst verbreitete
Substanz, welche bei Pilzen, Oleaceen, Evonymus und einigen anderen
Pflanzengruppen an Quantität den Traubenzucker übertrifft und diesen
gleichsam vertritt, sonst mit anderen Zuckerarten gemeinsam vor-
kommt [7]). Er entsteht auch als Stoffwechselprodukt von Bakterien
(Mannitgärung, Milchsäuregärung).

Mannit schmilzt bei 166°, seine Lösung schmeckt stark süß, reduziert FEHLING bei kurzem Kochen nicht. Das Auftreten starker Kupfer-
reduktion nach vorheriger Oxydation mit Chromsäuregemisch läßt sich
zum Mannitnachweis verwenden [8]). Hefe vergärt Mannit nicht.

Dulcit (Melampyrit) ist nicht selten, besonders bei Scrophulariaceen [9]) und Celastraceen [10]) gefunden worden. Er bildet derbe, asparagin-

1) E. MORELLE, Compt. rend., Tome XCIII, p. 646 (1881). — 2) A. SEIDEL,
Dissert. Dorpat, 1884, Just Jahrber. 1884, Bd. I, p. 152. Lit. über Cathartomannit
bei TOLLENS, Handbuch der Kohlenhydrate, Bd. I (2. Aufl.), p. 270. — 3) J. B.
BOUSSINGAULT, Agronom., Tome V, p. 95 (1874); Ber. chem. Ges., Bd. V. p. 325
(1872). — 4) C. VINCENT u. DELACHANAL, Bull. soc. chim. (2), Tome XXXIV,
p. 218 (1880); Compt. rend., Tome CVIII, p. 354; Tome CIX, p. 676 (1889), Tome
CXVI, p. 486 (1892). — 5) MEUNIER, Compt. rend., Tome CVIII, p. 148; Annal.
chim. phys. (6) Tome XXII, p. 431; VINCENT u. DELACHANAL, Bull. soc. chim.
(2), Tome XXII, p. 264. — 6) KRUSEMANN, Ber. chem. Ges., Bd. IX, p. 1465 (1876).
— 7) Vorkommen von Mannit: A. VOGEL, Schweigg. Journ., Bd. XXXVII, p. 365
(1823) (Apium); HUSEMANN-HILGER, Pflanzenstoffe, p. 179; A. MEYER, Botan.
Ztg., 1886, p. 129; PELOUZE, Ann. chim. phys., Bd. XLVII, p. 419; J. KACHLER,
Mon. Chem., Bd. VII, p. 410 (Fichtenkambialsaft); H. PASCHKIS, Pharm. Centralhalle, Bd. XXV, p. 193 (Evonymus); MONTEVERDE, Annal. agron., 1893, Tome XIX,
p. 444 (Scrophulariaceen); B. GRÜTZNER, Arch. Pharm., Bd. CCXXIII, p. 1 (1895),
(Basanacantha); TH. PECKOLT, Zeitsch. öst. Ap.-Ver., 1896, Heft 6 (Genipa). —
8) H. WEFERS-BETTINK, Chem. Centr., 1901, Bd. II, p. 1320. — 9) EICHLER, Chem.
Centr., 1859, p. 522; MONTEVERDE, Annal. agronom., Tome XIX, p. 444 (1893);
v. GILMER, Lieb. Ann., Bd. CXXIII, p. 372; BORODIN, Botan. Centr., Bd. XLIII,
p. 175 (1890). — 10) KUBEL, Journ. prakt. Chem., Bd. LXXXV, p. 372; v. GILMER
u. BORODIN l. c.

ähnliche Kristalle von 186° Schmelzpunkt; seine Lösung ist optisch inaktiv, ist nicht gärungsfähig und reduziert auch nicht. Bei Oxydation mit Salpetersäure wird Schleimsäure erhalten.

Von siebenwertigen Alkoholen (Heptiten) kennt man zwei aus dem Pflanzenreiche.

Perseit; in den unreifen Samen, Blättern, Pericarp von Persea gratissima; er wurde von Mannit, mit welchem er früher verwechselt worden war, von Muntz und Marcano[1]) unterschieden. Seine Natur als Heptit stellte Maquenne[2]) fest. Er kristallisiert in feinen Nadeln (F 183,5°) gibt bei Oxydation Oxalsäure, keine Schleimsäure. Fischer und Passmore[3]) erkannten seine Identität mit dem Heptit, welchen man bei Reduktion der Mannoheptose mit Natriumamalgam erhält. Der Perseit spielt in Persea dieselbe biochemische Rolle, wie sonst Zucker oder Mannit.

Volemit wurde entdeckt und richtig als Heptit erkannt durch Bourquelot[4]), welcher ihn in Lactarius volemus konstatierte. Bougault und Allard[5]) gaben Volemit neuestens auch von den Rhizomen einer Reihe von Primulaarten an; sonst ist er noch nicht gefunden. Volemit hat einen niedrigeren Schmelzpunkt als Perseit (154—155° nach Bougault). Er gibt bei Oxydation nicht Mannoheptose, sondern Volemose, eine Heptose von noch unbekannter Konfiguration[6]).

Ein Oktit wurde von Vincent und Meunier[7]) in den Mutterlaugen von der Sorbitdarstellung aus verschiedenen Rosaceenfrüchten gefunden und die Oktose daraus dargestellt. Der Oktit ist linksdrehend, wurde bisher kristallinisch nicht erhalten.

§ 3.
Verbindungen der Zuckerarten.

Von der außerordentlich großen Zahl der möglichen und bekannten Zuckerverbindungen besitzen drei Gruppen weitergehendes Interesse für die Biochemie: die Verbindungen mit Basen, die Aminoderivate der Zucker und die Ester der Zuckerarten. Mit Basen bilden alle Zucker alkoholatartige Verbindungen. So sind Natriumglykosate leicht zu erhalten durch Behandlung von alkoholischer Zuckerlösung mit Natriumäthylat oder auch alkoholischer Alkalilauge[8]). Praktisch von großer Bedeutung sind die unlöslichen Kalk-, Baryt- und Strontianverbindungen der Zuckerarten. Im Organismus sind Glykosate bisher nicht nachgewiesen. An die Möglichkeit des Vorkommens solcher Verbindungen der Zucker, aber auch deren Kondensationsprodukten ist wohl zu denken.

1) A. Muntz u. V. Marcano, Compt. rend., Tome XCIX, p. 38 (1884); Annal. chim. phys. (1884), p. 279; Journ. prakt. Chem., Bd. XXX, p. 140 (1884). — 2) Maquenne, Compt. rend., Tome CVI, p. 1235 (1888); Tome CVII, p. 583 (1888). — 3) Fischer u. Passmore, Ber. chem. Ges., Bd. XXIII, p. 2231 (1890). Auch G. Hartmann, Lieb. Ann., Bd. CCLXXII, p. 190 (1893). — 4) Bourquelot, Journ. Pharm. chim. (6), Tome II, p. 385 (1896). — 5) J. Bougault u. G. Allard, Compt. rend., Tome CXXXV, p. 796 (1902). — 6) Über Volemit und Volemose auch E. Fischer, Ber. chem. Ges., Bd. XXVIII (II), p. 1973 (1895). — 7) C. Vincent u. J. Meunier, Compt. rend., Tome CXXVII, p. 760 (1898). — 8) Alkoholate der Zuckerarten: Th. Pfeiffer u. B. Tollens, Lieb. Annal., Bd. CCX, p. 285 (1881); Hönig u. Rosenfeld, Ber. chem. Ges., Bd. X, p. 871 (1877); Bd. XII, p. 45 (1879); v. Lippmann, Chemie der Zuckerarten (1896), p. 263; Ch. Fr. Guignet, Compt. rend., Tome CIX, p. 528 (1889): CuO-Verbindungen; Aluminiumverbindung: Chapman, Proc. chem. soc., Vol. XIX, p. 74 (1903).

Aminoderivate der Zucker scheinen für den Pflanzenorganismus von hoher Bedeutung zu sein. Vor allem gehören Ammoniakderivate der Zucker, wie wir hören werden, zu den wichtigsten Spaltungsprodukten der Eiweißsubstanzen. Sodann hat man, wie LEDDERHOSE[1]) zuerst fand, ein solches Derivat als Hauptprodukt der Chitinspaltung anzusehen, und Chitin ist, wie wir heute wissen, der wichtigste Zellmembranstoff der Pilze. LEDDERHOSE nannte den von ihm isolierten Stoff „Glukosamin". TIEMANN[2]) stellte aus dem Glukosamin die der Zuckersäure isomere Isozuckersäure durch Oxydation dar. TIEMANN und E. FISCHER[3]) bereiteten aus dem Glukosamin, welches wegen der aufgetauchten Zweifel an seiner Traubenzuckerabkunft in „Chitosamin" umgetauft worden war, die entsprechende Aminosäure. In neuester Zeit konnten nun FISCHER und LEUCHS[4]) zeigen, daß diese Chitosaminsäure tatsächlich mit der d-Glukosaminsäure identisch ist und konnten aus letzterer α-Glukosamin synthetisch darstellen. Diese biologisch wichtige Substanz hat

$$\text{die Konstitution } CH_2OH-C\overset{H}{\underset{OH}{\lessgtr}}C\overset{H}{\underset{OH}{\lessgtr}}C\overset{OH}{\underset{H}{\lessgtr}}CHNH_2 \cdot COH. \text{ Die}$$

sterische Anordnung der Aminogruppe war noch nicht bestimmbar. Durch Anlagerung von Blausäure an Glukosamin kamen NEUBERG und WOLFF[5]) zu zwei isomeren, α- und β-, 2-Aminoglukoheptonsäuren. Von Bedeutung sind ferner die Untersuchungen von FRANCHIMONT, LOBRY DE BRUYN und EKENSTEIN[6]) über die Ammoniakderivate der Zucker. BRUYN nennt die Verbindungen, welche aus einer Lösung von Zucker in methylalkoholischem Ammoniak erhalten wurden, „Osamine". Es wurden sehr zahlreiche Vertreter dieser Gruppe dargestellt.

Zur Identifizierung des Glukosamin hat STEUDEL[7]) die Isolierung mittelst Ausfällung durch Phenylisocyanat empfohlen. Das Osazon ist hierzu nicht verwendbar. Die Phenylisocyanatverbindung des Glukosamin ist in Wasser sehr wenig löslich, wird aus verdünnter Essigsäure kristallinisch erhalten und schmilzt scharf bei 210⁰.

„Glukamine" nannten MAQUENNE und ROUX[8]) Verbindungen, in welchen der Aldehydsauerstoff durch die Gruppe $NH_2 --H$ ersetzt ist. Man erhält sie durch Reduktion der Zuckeroxime mit Natriumamalgam.

1) LEDDERHOSE, Zeitschr. physiol. Chem., Bd. II, p. 213 (1878). Zur Geschichte des Glukosamin besonders H. STEUDEL, ibid., Bd. XXXIV, p. 353 (1902). — 2) F. TIEMANN, Ber. chem. Ges., Bd. XVII, p. 241 (1884); Bd. XIX (I), p. 49 (1886); TIEMANN u. HAARMANN, ibid., p. 1257; R. HAARMANN, Chem. Centr., 1886, p. 450. — 3) TIEMANN u. FISCHER, Ber., Bd. XXVII, p. 138 (1894); C. TANRET, Bull. soc. chim. (3), Tome XVII, p. 802 (1897); ibid., p. 801 („Glukosine"). -- 4) E. FISCHER u. H. LEUCHS, ibid., Bd. XXXVI, p. 24 (1903). — 5) C. NEUBERG u. H. WOLFF, Ber. chem. Ges., Bd. XXXVI, p. 618 (1903). — 6) C. A. LOBRY DE BRUYN u. FRANCHIMONT, Rec. trav. chim., Tome XII, p. 286 (1894); BRUYN, Ber. chem. Ges., Bd. XXVIII (III), p. 3082 (1895); BRUYN u. F. H. VAN LEENT, Rec. trav. chim., Tome XIV, p. 134 (1895); Tome XV, p. 81 (1896); Ber. chem. Ges., Bd. XXXI (II), p. 2477; BREUER, ibid., p. 2193 (1898); BRUYN u. A. VAN EKENSTEIN, Rec. trav. chim., Tome XVIII, p. 72, 77 (1899). — 7) H. STEUDEL, Zeitschr. physiol. Chem., Bd. XXXIII, p. 221 (1901); PAAL, Ber. chem. Ges., Bd. XXVII, p. 974. — 8) L. MAQUENNE u. E. ROUX, Compt. rend., Tome CXXXII, p. 980 (1901); L. MAQUENNE, Compt. r., Tome CXXXVII, p. 658 (1903); E. ROUX, ibid., Tome CXXXVI, p. 1079 (1903); Ann. chim. phys. (8), Tome I, p. 72 (1904); ibid., p. 160; Compt. r., Tome CXXXVIII, p. 503 (1904); Tome CXXXV, p. 691 (1902); Ureïde der Zucker: N. SCHOORL, Rec. trav. chim. Pays-Bas., Tome XXII, p. 31 (1903).

Ester der Zuckerarten. Entsprechend ihrem Charakter als Alkohole, gehen die Zucker unschwierig esterartige Verbindungen mit den verschiedensten Säuren ein. Derartige Säureester sind in überaus großer Zahl bekannt. Theoretisch sind bei Hexosen fünf Stufen der Ester, entsprechend der Zahl der Hydroxyle, möglich, und alle diese Stufen sind z. B. von Acetylglukose auch tatsächlich dargestellt. Von Interesse ist, daß Pentaacetylglukose, wie Franchimont[1]) fand, keine Aldehydeigenschaften mehr hat, sondern der Zucker hier vielmehr als siebenwertiger Alkohol anzusehen sein dürfte. Triacetylglykose wird nach Acree und Hinkins[2]) durch Pankreasenzym, Maltase, Diastase, nicht aber durch Emulsin verseift; auch wurde Bildung von Triacetylglukose aus Glukose und Essigsäure unter dem Einflusse des Pankreasenzyms beobachtet. Benzoylester verschiedener Zucker und Zuckerderivate hat Kueny[3]) und Baumann dargestellt; sie können analog anderen Benzoylprodukten bei der Isolierung von Zuckern eventuell gute Dienste leisten. Glukosebernsteinsäureester soll nach den noch zu bestätigenden Angaben von Brunner und Chuard[4]) im Safte unreifer Früchte vorkommen („Glykobernsteinsäure"). Von Interesse ist anch der von Fischer und Beensch[5]) gewonnene Glukose-Glukonsäureester. Die Säureester der Zuckerarten scheinen im Organismus kaum eine große Rolle zu spielen. Sie werden durch Säuren oder Alkali leicht gespalten. Alkylderivate der Zucker sind überaus verbreitet in Pflanzen, und bieten nach vielen Richtungen das größte biochemische Interesse. Hier spielt Zucker die Rolle von schwachen Säuren. Fischer[6]) lehrte, daß durch Einleiten von gasförmiger Salzsäure in methylalkoholische Zuckerlösung unter Kühlung leicht Methylderivate der verschiedenen Zucker erhalten werden; durch die Wahl verschiedener Alkohole lassen sich verschiedene Alkylderivate darstellen. Nach Fischers Vorgang nennen wir alle diese Verbindungen „Glukoside" und haben Tetroside, Pentoside, Methylpentoside, Hexoside, Heptoside je nach der Zuckerklasse. Man spricht ferner von Mannosiden, Fruktosiden, Rhamnosiden etc. je nach der Zuckerart. Methylglukosid kristallisiert, gibt kein Osazon, wird durch Mineralsäuren, aber auch durch Hefeinfus, Hefemaltase gespalten [Fischer[7])]. Da Methylglukosid nach der Konstitution:

$$\overset{*}{C}H-O-CH_3$$
$$O\ (CHOH)_2$$
$$CH$$
$$CHOH$$
$$CHOH_2$$

ein asymmetrisches Kohlenstoffatom an der OCH_3-Gruppe enthält, so muß

1) A. P. N. Franchimont, Rec. trav. chim., Tome XII, p. 310 (1894). — 2) S. F. Acree u. Hinkins, Americ. chem. journ., Tome XXVIII, p. 370 (1902). — 3) L. Kueny, Zeitschr. physiol. Chem. Bd. XIV, p. 330 (1889); L. Udranszky, Ber. chem. Ges., Bd. XIX, p. 3220; Bd. XXI, p. 2744 (1888); Skraup, Mon. Chem., Bd. X, p. 389. — 4) Brunner u. Chuard, Ber. chem Ges., Bd. XIX, p. 600 (1886). — 5) E. Fischer u. Reensch, ibid., Bd. XXVII, p. 2484 (1894). — 6) E. Fischer, ibid., Bd. XXVI (III), p. 2400 (1893); ibid., Fischer u. Beensch, p. 2478. — 7) Fischer, ibid., Bd. XXVII, p. 2985 (1894).

es zwei Stereoisomere geben. A. VAN EKENSTEIN[1]) gelang es, auch das zweite Methylglukosid zu isolieren. Dieses β-Methylglykosid schmilzt bei 104°, α-Glukosid bei 164°, ersteres dreht links, das letztere rechts. Auch die Löslichkeit ist verschieden. Endlich wird das β-Methylglykosid von Säuren leichter hydrolysiert, als das α-Glykosid. Von großer Bedeutung ist, daß pflanzliche Enzyme sich in ihrer Wirkung auf die Methylglykoside unterscheiden. Emulsin zerlegt nur das β-Derivat. Hefeenzyme nur das α-Derivat. Diese Beobachtungen waren es, welche FISCHER[2]) zu seinen berühmten Untersuchungen über die Beziehungen der Fermentwirkung zur sterischen Konfiguration von Ferment und spaltbarer Substanz führten. Wie fein die Abhängigkeitsbeziehungen zwischen Enzymwirkung und Konfiguration sind, zeigt sich darin, daß die beiden Methylglykoside der l-Glykose (den Spiegelbildern der d-Glukoside) weder von Emulsin noch von Hefeenzym angegriffen werden, und auch die Xylosemethylverbindungen gegen die genannten Enzyme trotz der weitgehenden strukturellen Ähnlichkeiten indifferent sind. Es wird noch die Rede davon sein, wie wichtige Aufschlüsse für die Konstitution der zusammengesetzten Zucker aus diesen Studien zu erwarten sind. Endlich dürfen wir auch für die natürlich vorkommenden Paarlingsverbindungen der Zucker aus ihrem Verhalten gegen Enzyme wichtige Rückschlüsse bezüglich ihres Aufbaues ziehen. ARMSTRONG[3]) gab sehr bemerkenswerte Hinweise wie bei der enzymatischen Spaltung der stereoisomeren α- und β-Alkylglykoside die entsprechenden stereoisomeren Modifikationen der Glukose (α- und β-Glukose) entstehen dürften. Die künstliche Glykosidsynthese hat durch die Anwendung der Kondensationsprodukte der Zucker mit Acetylchlorid (Acetochlorglukosen) einen weiteren Fortschritt gemacht[4]).

Phenolate sind von Zuckern ebenfalls in größerer Zahl dargestellt. FISCHER und JENNINGS[5]) erhielten solche Verbindungen mit verschiedenen mehrwertigen Phenolen. COUNCLER[6]) berichtete über Phloroglucide von Zuckern. Die erstgenannten Autoren gründeten auf die Resorcinverbindung eine Nachweismethode für einfache Aldosen und deren Derivate. Die Substanz wird mit Wasser fein zerrieben oder gelöst, 2 ccm hiervon mit 0,2 g Resorcin versetzt, mit HCl-Gas gesättigt, mit Wasser verdünnt; sodann wird nach 1—12 stündigem Stehen Natronlauge und FEHLINGsche Lösung zugesetzt; es entsteht eine rotviolette Färbung, welche bei starker Verdünnung nach einiger Zeit verschwindet.

In den verschiedensten Pflanzenorganen sind gepaarte Zuckerverbindungen mit Alkoholen, Phenolen etc. sehr verbreitet; man faßt sie bekanntlich als natürliche Glykoside zusammen. Eine natürliche

1) W. ALBERDA VAN EKENSTEIN, Rec. trav. chim., Tome XIII, p. 183 (1894). — 2) E. FISCHER, Ber. chem. Ges., Bd. XXVII (III), p. 2985 (1894); Bd. XXVIII (II), p. 1429 (1895); Zeitschr. physiol. Chem., Bd. XXVI, p. 66 (1898). — 3) E. FR. ARMSTRONG, Journ. chem. soc. Lond., Vol. LXXXIII, p. 1305 (1903). — 4) Vgl. A. MICHAEL, Chem. Centr., 1879, p. 614; 1881, p. 726; 1885 p. 305; FISCHER u. ARMSTRONG, Ber. chem. Ges., Bd. XXXIV, p. 2885 (1901); Bd. XXXV, p. 833, 3153 (1902); ferner H. RYAN, Proceed. chem. soc., Vol. XV, p. 196 (1899); J. PURDIE u. IRVINE, ibid., Vol. XIX, p. 192 (1903); Journ. chem. soc., Tome LXXXIII, p. 1021, 1027 (1903); W. SL. MILLS, Chem. News, Tome LXXXVIII, p. 218 (1903). — 5) FISCHER u. JENNINGS, Ber., Bd. XXVII, p. 1355 (1894); DROUIN, Bull. soc. chim. (3), Tome XIII, p. 5 (1895). — 6) C. COUNCLER, Ber., Bd. XXVIII (I), p. 24 (1895).

biochemische Gruppe bilden sie aber nicht, und nur der Umstand, daß die mit Zucker gepaarten Stoffe sehr häufig aromatische Verbindungen sind, welche in den Stoffwechsel nicht mehr einzutreten pflegen, ermöglicht es, daß eine große Zahl von ihnen gemeinsamer physiologischer Betrachtung unterzogen werden kann. Manche Glykoside sind nicht nur Paarlinge eines Zuckers, sondern enthalten den Rest zweier verschiedener Zucker, z. B. Traubenzucker und Rhamnose in Esterbindung. Zum großen Teil kennt man den Aufbau der Glykoside aber noch nicht. Die Bindung der Zuckerreste kann man in manchen Fällen, wie in dem von FISCHER genau studierten Amygdalin, durch Fermentwirkungen näher präzisieren. So spaltet Hefeinvertin vom Amygdalin einen Glukoserest ab, während Emulsin die bekannte vollständige Zerlegung in zwei Äquivalente Traubenzucker, Blausäure und Benzaldehyd bewirkt. Emulsin wirkt auf eine größere Zahl von Glukosiden ein, als Invertin. Diese Stoffe dürften demnach einen dem β-Methylglykosid entsprechenden sterischen Bau haben. In vielen Fällen kommt in demselben Pflanzenorgan neben dem Glukosid auch das spaltende Enzym vor: in Amygdalus Emulsin und Amygdalin, in Sinapis Myrosin und Sinalbin, in Ecballium Elaterin und Elaterase etc. Es liegt nahe, an eine Mitwirkung dieser Enzyme bei der Glykosidbildung entsprechend den Feststellungen über Umkehrbarkeit von Enzymwirkungen zu denken. Schimmelpilze vermögen sich häufig durch emulsinartige Enzyme den Glykosidzucker aus dem Substrat zugänglich zu machen [1]).

Die Spaltung der natürlichen Glykoside ist sehr ungleich schwer durchzuführen. Manche dieser Verbindungen sind auch durch längeres Kochen mit Säure kaum vollständig zu zerlegen, ohne daß sich hierfür eine Erklärung finden ließe. Die Verbindungsweise der Zucker mit ihren Paarlingen variiert gewiß sehr. Manche Glykoside geben Aldehydreaktionen, andere nicht. Es wird, wie schon erwähnt, mehrfach angenommen, daß in vielen Glykosiden der Zucker als Anhydrid des siebenwertigen Alkohols $C_6H_{14}O_7$ vorliegt. Nach TANRET [2]) erhält man bei Hydrolyse des Picein durch Baryt bei 100^0 ein anhydridartiges Hexosederivat $C_6H_{10}O_5$ (Lävoglukosan). Viele natürliche Glykoside geben durch Furfurolbildung, Kernkondensationen etc. mit konzentrierter Schwefelsäure allein, charakteristische rote und violette Farbenreaktionen, die praktisch verwendet werden [3]) und auch mikrochemisch zur Feststellung der Lokalisation der betreffenden Stoffe dienen.

§ 4.

Die zusammengesetzten Zuckerarten, Kohlenhydrate.

Durch die Arbeiten von KIRCHHOFF, BRACONNOT, PAYEN und anderen Forschern hatte man schon zu Beginn des 19. Jahrhunderts in Stärke, Cellulose, Inulin Substanzen kennen gelernt, welche mit Säure einfache Zucker liefern und sich so als Zuckerderivate verrieten. Von diesen Stoffen kennen wir aber heute noch nicht ihre Konstitution und ihre Molekulargröße. Wir fassen sie als Polysaccharide oder Kohlenhydrate zusammen. Die letztere Bezeichnung gebrauchte zuerst C. SCHMIDT (1844) [4]).

---

1) A. BRUNSTEIN, Beihefte botan. Centr., Bd. X, p. 1 (1901). — 2) TANRET, Compt. rend., Tome CXIX, p. 158 (1894); Bull. soc. chim. (3), T. XI, p. 949 (1894). 3) Vgl. PALM. Ber. chem. Ges., Bd. XIX, (1886); A. ROSOLL, Just Jahresber., 1890, Bd. I, p. 83. — 4) C. SCHMIDT, Lieb. Annal., Bd. LI, p. 30 (1844).

Rohrzucker, Milchzucker, Maltose wurden ebenfalls schon bis zur Mitte des 19. Jahrhunderts als zusammengesetzte Zucker erkannt, und man erfuhr durch DUBRUNFAUT, daß der Rohrzucker aus Fruktose und Dextrose, der Malzzucker aus zwei Äquivalenten Traubenzucker bestehe, die unter Wasseraustritt vereinigt sind. Später lernte man in der Raffinose einen aus drei Hexosen kombinierten zusammengesetzten Zucker kennen, ebenso in Melezitose. Neuestens ist auch ein vierfach zusammengesetzter Zucker von TANRET[1]) aus Eschenmanna bekannt gegeben worden. Noch höher zusammengesetzte Verbindungen sind bisher nicht sichergestellt. Man nennt die zusammengesetzten Zucker, je nach der Zahl der sie konstituierenden Glukosen, Di-, Tri-, Tetrasaccharide oder gebraucht nach SCHEIBLERS[2]) Vorschlag den Suffix -biose, -triose, -tetrose. Zur näheren Kenntnis der natürlich vorkommenden Polysaccharide waren die verschiedenen Versuche, solche Substanzen synthetisch aus einfachen Zuckern zu gewinnen, sehr bedeutungsvoll. Bereits anfangs der 70er Jahre des vorigen Jahrhunderts stellten MUSCULUS[3]) und GAUTIER[4]) Versuche an, Traubenzucker mittelst starker Mineralsäuren zu kondensieren, und gewannen amorphe, wieder in Zucker hydrolysierbare Kondensationsprodukte. WOHL[5]) hatte mit Recht die Unvollständigkeit der Inversion in konzentrierten Rohrzuckerlösungen mit derartigen „Reversionsvorgängen" in Zusammenhang gebracht. FISCHER[6]) erhielt zuerst ein unzweifelhaftes Disaccharid durch Kondensation von d-Glukose mit Salzsäure, als er Traubenzucker in kalter rauchender HCl zu 25 Proz. gelöst einen Tag bei 10—15° stehen ließ und dann mit absolutem Alkohol fällte. FISCHER meinte, daß diese Substanz identisch sei mit der von SCHEIBLER und MITTELMEIER[7]) aus Stärke dargestellten Isomaltose. Er erhielt später das Isomaltosazon kristallisiert. Diese Reversionsisomaltose ist nicht vergärbar. Da der Begriff „Isomaltose" durch die Ausdehnung auf noch nicht in jeder Richtung genügend bekannte Stärkeabbauprodukte etwas schwankend wird, so empfiehlt es sich, diese Benennung ausschließlich für das nach der FISCHERschen Methode aus Traubenzucker darstellbare Produkt zu reservieren. Mit SCHEIBLERS Stärkeisomaltose ist das von SCHMIDT und COBENZL[8]) aus dem Gärungsrückstand des käuflichen Stärkezuckers isolierte „Gallisin" identisch. LINTNER und DÜLL[9]) halten das Osazon der Isomaltose aus Bierwürze für sicher identisch mit dem synthetischen Isomaltosazon. Nach anderen Angaben[10]) ist aber die Würzeisomaltose durch Hefe im Gegensatze zu FISCHERS Isomaltose vergärbar.

Durch Einwirkung einer Acetochlorglukose auf die Natriumverbindung eines anderen Zuckers konnten FISCHER und ARMSTRONG[11]) späterhin noch viel besser Disaccharide synthetisch gewinnen und stellten u. a.

---

1) TANRET, Compt. r., Tome CXXXIV, p. 1586 (1902). — 2) C. SCHEIBLER, Ber. chem. Ges., Bd. XVIII. p. 646 (1885). — 3) MUSCULUS, Ber. chem. Ges., Bd. V, p. 648 (1872); F. MUSCULUS u. A. MEYER, Compt. rend., Tome XCII. p. 528 (1881); Zeitschr. physiol. Chem., Bd. V, p. 122 (1881). — 4) A. GAUTIER, Bull. soc. chim., Tome XXII, p. 482 (1874); auch E. GRIMAUX u. L. LEFÈVRE, Compt. rend., Tome CIII, p. 146 (1886). — 5) A. WOHL, Ber. chem. Ges., Bd. XXIII, p. 2084 (1890). — 6) E. FISCHER, ibid., Bd. XXIII. p. 3687, (1890); Bd. XXVIII (III), p. 3024 (1895). — 7) C. SCHEIBLER u. MITTELMEIER, ibid., Bd. XXIII. p. 3075 (1890); Bd. XXIV, p. 301 (1891). — 8) SCHMIDT u. COBENZL, ibid., Bd. XVII, p. 1000; C. SCHMITT u. J. ROSENHECK, ibid., p. 2456 (1884). — 9) LINTNER u. DÜLL, Ber. chem. Ges., Bd. XXVI, p. 2533. — 10) HIEPE, Chem. Centr., 1894. Bd. I, p. 417. — 11) E. FISCHER u. E. FR. ARMSTRONG, Ber., Bd. XXXV, p. 3144 (1902).

eine mit der Melibiose wahrscheinlich identische Galaktosidoglukose dar. Das größte biochemische Interesse bieten endlich die mehrfach mit Erfolg gekrönten Versuche, Disaccharide durch Enzyme synthetisch zu bilden. Es ist 1898 zuerst CROFT HILL [1]) gelungen, durch Hefemaltase aus Traubenzucker Maltose zu gewinnen. EMMERLING [2]) meint, daß das entstandene Disaccharid Isomaltose sei. FISCHER und ARMSTRONG [3]) gelang es weiterhin, Glukose und Galaktose durch Kefirlaktase zu einem „Isolaktose" genannten Disaccharid zu kuppeln. CROFT HILL stellte Maltosebildung auch durch die Wirkung von Takadiastase und Pankreasenzym auf Glukose fest [4]). Zuletzt hat CROFT HILL [5]) gezeigt, daß das Reversionsprodukt der Glukose durch Hefemaltase nur teilweise Maltose ist, zum anderen Teile aber aus der bisher unbekannten von Hefe nicht vergärbaren Revertose besteht. Dieses neue Disaccharid wurde auch durch Takadiastase und Pankreasenzym erhalten, bei deren Einwirkung auf 60·proz. Traubenzuckerlösung. Das Biosazon der Revertose ist optisch inaktiv, schmilzt bei 173—174°. Revertose ist rechtsdrehend, reduziert FEHLINGsche Lösung und ist kristallisierbar.

Schon TROMMER war es bekannt, daß alkalische Kupferlösung durch Rohrzucker nicht reduziert wird. Man lernte hingegen in anderen Disacchariden, wie in der Maltose, Laktose, reduzierende Zucker kennen. FISCHER konnte wohl von Maltose und Laktose, nicht aber von Saccharose und Trehalose ein Osazon gewinnen. Sodann entdeckten FISCHER und MEYER [6]), daß man durch Einwirkung von Bromwasser aus Laktose und Maltose Säuren erhält von der Form $C_{12}H_{22}O_{12}$, welche nur durch Oxydation der in den Disacchariden vorhanden gewesenen Aldehydgruppe entstanden sein konnten: Laktobionsäure und Maltobionsäure. So kommen wir zu dem Schlusse, daß es unter den Disacchariden Zucker ohne freie COH-Gruppe und Zucker mit Aldehydcharakter gibt. Es liegt nahe anzunehmen, daß in ersteren (wie in Saccharose, Trehalose) die Verkuppelung unter Beteiligung der COH-Gruppe erfolgt ist. Da sich die Laktobionsäure in Glukonsäure und Galaktose spalten läßt, so muß die COH-Gruppe dem Traubenzuckerreste der Laktose angehören. Die schönen Versuche von RUFF und OLLENDORFF [7]) über die Oxydation des laktobionsauren Kalksalzes mit H_2O_2 und Eisensalz zeigten, daß man auf diese Art ein Aldehyd-disaccharid mit 11 Kohlenstoffatomen erhält, welches hydrolysiert d-Galaktose und d-Arabinose liefert, also eine Galaktoarabinose darstellt. Es ist dies das erste Pentosoglukosid oder gemischte Saccharid, welches man kennen gelernt hat. Angesichts des häufigen Nebeneinandervorkommens von Galaktose. Mannose, Xylose und Arabinose in den Hydratationsprodukten von Zellmembranen hat dieses Ergebnis besondere biochemische Bedeutung.

Von hervorragendem Einflusse auf unsere Auffassungen von der Konstitution der zusammengesetzten Zucker waren die Erfahrungen FISCHERS über die spezifische Wirkung von Enzymen auf Glukoside. Es lag nahe anzunehmen, daß der durch Emulsin, nicht aber durch

---

1) A. CROFT HILL, Journ. chem. soc., 1898, p. 634; Ber. chem. Ges., Bd. XXXIV, p. 1380 (1901). — 2) EMMERLING, Ber., Bd. XXXIV, p. 600, 2206 (1901). — 3) E. FISCHER u. E. FR. ARMSTRONG, ibid., Bd. XXXV, p. 3144 (1902). — 4) A. CROFT HILL, Journ. of Physiology. Vol. XXVIII, p. 4 (1902). — 5) A. CROFT HILL, Journ. chem. Soc., Tome LXXXIII, p. 578 (1903). — 6) E. FISCHER u. J. MEYER, Ber., Bd. XXII, p. 361, 1941. — 7) O. RUFF u. G. OLLENDORFF, ibid., Bd. XXXIII (II), p. 1798 (1900).

Hefeenzym spaltbare Milchzucker eine dem β-Methylglykosid analoge Konfiguration habe. während Rohrzucker dem durch Hefeenzym spaltbaren α-Glykosid analog erscheint[1]).

In dieser Weise haben sich die Anfänge zur Erkenntnis der Konstitution und Konfiguration der zusammengesetzten Zucker entwickelt. Fischer hat bereits vor längerer Zeit für Saccharose und Milchzucker folgende Strukturformeln aufgestellt:

Laktose:

$$
\begin{array}{ll}
CH_2OH & COH \\
| & | \\
CHOH & CHOH \\
| & | \\
CH & CHOH \\
| & | \\
CHOH & CHOH \\
| & | \\
O\ CHOH & CHOH \\
CH-O-CH_2
\end{array}
$$

Saccharose:

$$
\begin{array}{ll}
CH & CH_2OH \\
O\ CHOH & O-C \\
CHOH & CHOH \\
CH & O\ CHOH \\
CHOH & CH \\
CH_2OH & CH_2OH
\end{array}
$$

In den natürlichen Polysacchariden spielen Hexosen, vor allem der Traubenzucker, als Bestandteile die Hauptrolle. Die meisten sind Di-, Tri- oder Polyhexosen. Pentosohexosen sind noch nicht gefunden; ebenso noch nicht Dipentosen, analog dem aus Gummiarabikum von O'Sullivan[2]) gewonnenen Arabinon oder Diarabinose.

A. Disaccharide.

Rohrzucker. Die empirische Formel der Saccharose $C_{12}H_{22}O_{11}$ ist 1834 durch Liebig festgestellt worden. Saccharose kann als ein fast ubiquitär vorkommender Pflanzenstoff genannt werden. In ihrem Vorkommen tritt gegenüber den Hexosen schon mehr der Charakter als Reservestoff hervor. Im Zuckerrohr und anderen Gräsern, in der Zuckerrübe ist sie so gut wie ausschließliches Reservematerial; in kleinen oder größeren Mengen ist sie wohl ein steter Begleitstoff von Stärke. Sehr oft ist sie mit Traubenzucker und Fruktose, ihren Konstituenten gemengt. Auch in den Assimilationsorganen selbst findet sich Saccharose und im Zuckerrohr dürfte sie partiell in den Blättern selbst gebildet sein[3]). Verbreitungsangaben über Rohrzucker haben in großer Zahl Schulze und Frankfurt[4]), Husemann und Hilger[5]), Bourquelot[6]), sowie von Lippmann[7]) gegeben. Die von Michaud und Tristan[8]) beschriebene „Agavose" ist mit Rohrzucker nach Stone und Lotz[9]) identisch.

---

1) E. Fischer, Ber., Bd. XXVI (III), p. 2400 (1893); Bd. XXVII, p. 2031. 3479 (1894). — 2) O'Sullivan, Chem. News, Vol. LXI, p. 23. — 3) F. A. C. Went, Just Jahresber., 1896, Bd. I, p. 416. — 4) E. Schulze u. Frankfurt. Ber. chem. Ges., Bd. XXVII, p. 62 (1894); Zeitschr. physiol. Chem., Bd. XXII (1894). — 5) Husemann u. Hilger, Pflanzenstoffe, p. 164. — 6) E. Bourquelot. Journ. pharm. chim. (6), Tome XVIII, p. 241 (1903). — 7) v. Lippmann, Chemie der Zuckerarten, 2. Aufl., p. 589. Hier die vollständigste Monographie der Saccharose. — 8) G. Michaud u. J. F. Tristan, Amer. chem. Journ., Vol. XIV, p. 548 (1892). — 9) W. E. Stone u. D. Lotz, ibid., Vol. XVII, p. 368 (1895).

Geringere Mengen Rohrzucker lassen sich nach Schulze[1]) nachweisen, indem man das trockene Material mit 90 Proz. Alkohol auszieht und kochend mit heißgesättigter wässeriger Strontianhydroxydlösung fällt. Der Niederschlag wird mit wässeriger Strontianlösung gekocht, mit CO_2 zerlegt; die Saccharose wird aus verdünntem Alkohol kristallisiert gewonnen. Mikrochemisch kann man nach Hoffmeister[2]) die Zerlegung mit Invertin zur Diagnose des Rohrzuckers anwenden und selbst neben Dextrose Saccharose hinreichend sicher nachweisen.

Der reinste Rohrzucker des Handels ist erfahrungsgemäß in den besten Hutzuckersorten geboten, in denen höchstens Spuren Raffinose noch zugegen sind. Seine chemischen Eigenschaften seien hier nur kurz berührt.

Die Wirkung von Rohrzuckerlösung auf polarisiertes Licht wurde schon 1819 Biot bekannt. Eine konstante spezifische Drehung besitzt Rohrzucker nicht. Mit wenig Wasser auf $150-160^{\circ}$ erhitzt, gibt Rohrzucker einen farblosen optisch inaktiven Zucker, der Fehlings Lösung reduziert. Nach Muntz[3]) kommt inaktiver Zucker reichlich in getrocknetem Zuckerrohr vor, nach Hooper[4]) in „Manna" aus Musa superba. Maumené[5]) erhielt durch Einwirkung von Silbernitrat auf Rohrzucker eine „Inaktose". Die Natur dieser Produkte ist nicht aufgeklärt.

Fehlings Lösung wird durch Rohrzucker erst nach längerem Kochen bei beginnender Inversion reduziert; ammoniakalische Silberlösung wird beim Erhitzen reduziert. Ein Osazon gibt Rohrzucker nicht. Vollständig invertiert liefert 1 g Rohrzucker nach Maquenne[6]) genau 0,71 g Osazon. Von Hefe wird Rohrzucker unter Inversion rasch vergoren. Von den Saccharoseverbindungen mit Basen ist besonders das unlösliche Strontiumbisaccharat wichtig. Eine Oktacetylsaccharose erhielt Herzfeld[7]) kristallinisch.

Bei Oxydation mit Bromwasser entsteht aus Rohrzucker keine „Bionsäure". Man erhält Glykonsäure, Lävulose. Salpetersäurewirkung liefert Zuckersäure, dann d-Weinsäure und Oxalsäure. Durch Kochen von Rohrzucker mit Natronlauge erhielt Schützenberger[8]) reichlich Milchsäure. Die Versuche von Foerg[9]), Glukoside des Rohrzuckers durch Einwirkung alkoholischer HCl darzustellen, lieferten nur Traubenzuckerglukoside unter gleichzeitiger Spaltung der Saccharose.

Wie bekannt, ergibt Saccharose hydrolysiert Fruktose und d-Glukose. Die Inversion geschieht schon durch längeres Kochen in Glasgefäßen merklich. Sie kann durch fein verteiltes Platin oder Palladium katalysiert werden [Rayman, Sulc[10])]. Im Pflanzenreiche äußerst verbreitet sind invertierende Enzyme: Invertasen, Invertine, welche wohl

1) E. Schulze, Versuchstat., Bd. XXXIV, p. 408 (1887); Ber. chem. Ges., Bd. XXI (III), p. 299 (1888); Schulze u. Th. Seliwanoff, Versuchst., Bd. XXXIV, p. 403 (1887). — 2) C. Hoffmeister. Jahrbüch. wiss. Botan., Bd. XXXI, p. 687 (1898); Bourquelot, Journ. pharm. chim., 1903, l. c. — 3) Muntz, Compt. rend., Tome LXXXII. p. 210; Tome LXXXVIII, p. 150. — 4) Hooper, Chem.-Ztg., Bd. XIV, rf. 343. — 5) E. J. Maumené, Bull. soc. chim., Tome XLVIII, p. 773 (1887). — 6) Maquenne. Compt. rend., Tome CXII, p. 799. — 7) A. Herzfeld, Chem. Centr., 1887, p. 749. — 8) P. Schützenberger, Ber. chem. Ges., Bd. IX, p. 448 (1876). — 9) R. Foerg. Monatshefte Chem., Bd. XXIV, p. 357 (1903). — 10) Rayman, Zeitschr. physikal. Chem., Bd. XXI, p. 481 (1896); O. Sulc, ibid., Bd. XXXIII, p. 47 (1900). Inversion durch hydrolytisch gespaltene Salze: J. H. Long, Journ. Americ. chem. Soc., Vol. XVIII, p. 120 (1895). Über Inversion auch L. Lindet, Compt. r., Tome CXXXVIII, p. 508 (1904). Kinetik der Rohrzuckerinversion; J. W. Mellor und L. Bradshaw, Zeitschr. physikal. Chem., Bd. XLVIII, p. 353 (1904).

auch mit der Rohrzuckerbildung in der Zelle in Beziehung stehen[1]). Die beststudierte Invertase ist das Hefeinvertin. Auch Glyzerin wirkt invertierend [DONATH[2])]. Am wirksamsten sind H-Ionen, die schon bei gewöhnlicher Temperatur und schon in großer Verdünnung (CO_2 gesättigtes Wasser) in längerer Zeit vollständige Inversion der Saccharose bewirken[3]).

Von bemerkenswerten Produkten, die man durch starke Agentien aus Rohrzucker erhält, sind erwähnenswert die Bildung von Benzol und Benzaldehyd bei Destillation mit Ätzkalk; die von HOPPE-SEYLER festgestellte Bildung von Brenzkatechin, Protokatechusäure (neben Huminstoffen) beim Erhitzen von Zucker in zugeschmolzenen Glasröhren auf 200°; die Bildung von β-Oxymethylfurfurol bei Einwirkung von Oxalsäure unter Druck [KIERMAYER[4])]. Nach PETIT[5]) ist die bei Inversion von 1 Mol Saccharose, welches in 140 Mol Wasser gelöst war, entwickelte Wärmemenge bei 58,5° gleich 2,639 Kalorien. Auf die quantitative Bestimmung des Rohrzuckers, welche entweder auf Grund der Titrierung oder Wägungsmethode unter Anwendung FEHLINGscher Lösung nach vorheriger Inversion oder polarimetrisch vorgenommen wird, sei hier nicht eingegangen, da sie in den analytischen Handbüchern ausführlich behandelt wird.

Trehalose oder Mykose ist wie Rohrzucker ein nicht reduzierendes Disaccharid, welches weder Osazon noch Bionsäure liefert, daher keine freie Aldehydgruppe enthält. Sie hat die größte Verbreitung bei den Pilzen.

Trehalose erhielt ihre Benennung von einem auf ostpersischen Echinopsarten auf Stengel und abgeblühten Blütenboden durch Rüsselkäfer erzeugten, die Puppencocons umhüllenden Sekrete: „Trehala"-Manna, in welchem sie BERTHELOT[6]) entdeckte. MUNTZ[7]) fand die Identität der schon von WIGGERS im Mutterkorn entdeckten Mykose mit Trehalose. Die Trehalose aus „Trehala" ist bezüglich ihrer Entstehungsgeschichte noch nicht geklärt. In neuerer Zeit haben DRAGGENDORFF[8]) und seine Schüler APPING und BÖNING Untersuchungen über Trehala angestellt.

Trehalose wird durch Hefeinvertin oder Wasserstoffionen in zwei Äquivalente Traubenzucker gespalten[9]).

Von den reduzierenden Disacchariden wurde Milchzucker oder Laktose in Pflanzen nicht aufgefunden.

1) Verbreitung von Invertasen: KASTLE u. CLARK, Americ. chem. journ., Vol. XXX, p. 422 (1903); MARTINAUD, Compt. r., Tome CXXXI, p. 808 (1900). Einfluß von Salzen auf Invertinwirkung: S. W. COLE, Journ. of Physiol., Vol. XXX, p. 281 (1903). — 2) E. DONATH, Journ. prakt. Chem. (2), Bd. XLIX, p. 546 (1894). — 3) v. LIPPMANN, Ber. chem. Ges., Bd. XIII, p. 1822 (1880). Dubiös ist die Angabe von J. BOCK, Jahresber. Agrikchem., 1889, p. 369, über Verschwinden der Lävulose beim Aufbewahren von Obst in starker Zuckerlösung und Umwandlung von Rohrzucker in Traubenzucker. — 4) J. KIERMAYER, Chem.-Ztg., Bd. XIX, p. 1003 (1895). — 5) P. PETIT, Compt. rend., Tome CXXXIV, p. 111 (1902); vgl. auch H. T. BROWN u. PICKERING, Proceed. chem. soc., 1896/97 No. 181. — 6) BERTHELOT, C. r., Tome XLVI, p. 1276 (1858); Ann. chim. phys. (3), p. 373 (1859). — 7) MUNTZ, Compt. rend., Tome LXXVI, p. 648. — 8) G. DRAGGENDORFF, Chem. Centr., 1887, p. 1374; G. APPING, Dissert. Dorpat, 1886; C. BÖNING, Dissert. Dorpat, 1888; nach C. SCHEIBLER u. V. MITTELMEIER, Ber. chem. Ges., Bd. XXVI (II), p. 1331 enthält die Trehalamanna 16% eines in Trehalose spaltbaren Kohlenhydrates: Trehalum $C_{24}H_{44}O_{11}$. — 9) MAQUENNE, Compt. rend., Tome CXII, p. 947. Über Trehalose bes. auch E. WINTERSTEIN, Zeitschr. physiol. Chem., Bd. XIX, p. 70 (1894).

Maltose ist hingegen ein wichtiges, von Dubrunfaut[1]) 1847 entdecktes Abbauprodukt der Stärke, welches in kleinen Mengen auch als freier Zucker wohl ziemlich verbreitet vorkommen dürfte. Stingl und Morawski[2]), Levallois[3]) fanden Maltose neben Stärke und Saccharose in der Sojabohne; in den Blättern von Tropaeolum konstatierten Brown und Morris Maltose.

Ihre Eigenschaften wurden besonders von O'Sullivan[4]) erforscht. Maltoselösungen sind rechtsdrehend: $[a]_D^{20^0} = + 138,29^0$ [Herzfeld[5])]. Maltose reduziert Fehlingsche Lösung. Ihr Osazon scheidet sich nach $1^1/_2$stündigem Kochen von Maltose mit Phenylhydrazin im Überschuß beim Erkalten in einzelnen gelben Nädelchen ab. Maltosazon schmilzt bei 206°, ist in Eisessiglösung linksdrehend. L. Grimbert[6]) hat ein Verfahren angegeben, um unter Benutzung der Osazondarstellung kleine Mengen Maltose neben Glukose nachzuweisen. Maltose wird durch Bierhefe leicht vergoren. Nach Croft Hill[7]) kann man zur Isolierung der Maltose aus Gemischen von Traubenzucker und Malzzucker Saccharomyces Marxianus benutzen, welcher Maltose nicht angreift und Traubenzucker vergärt.

Oxydation mit Bromwasser liefert Maltobionsäure. Energische Einwirkung von Chlor- und Silberoxyd gibt d-Glukonsäure und Zuckersäure. Oxydation mit Salpetersäure liefert Zuckersäure. Bei der Einwirkung von Alkalien auf Maltose entsteht Glukose und ein unvergärbarer durch verdünnte Säuren in Glukose übergehender Stoff, welcher Traubenzuckeranhydrid zu sein scheint (Lobry de Bruyn und Alb. v. Ekenstein[8]).

Säureinversion bildet aus Maltose nur Traubenzucker. Maltose spaltende Enzyme, Maltasen (auch Glukasen genannt), sind für Pilze, aber auch für Phanerogamen nachgewiesen (Mais).

Melibiose und Gentiobiose, sowie Turanose sind künstlich aus Trisacchariden erhaltene Doppelzucker.

In den reifen Früchten von Astragalus caryocarpus soll nach Frankforter[9]) eine Biose vorkommen, die als Astragalose bezeichnet wurde.

Die von Michaud[10]) aus Cyklamenknollen isolierte kristallisierbare, reduzierende und linksdrehende Cyklamose und die rechtsdrehende Pharbitose, welche Kromer[11]) aus den Samen von Pharbitis Nil darstellte, sind ebenfalls zweifelhafte Substanzen.

B. Trisaccharide.

Raffinose wurde von Loiseau[12]) zuerst 1876 aus Rübenmelasse isoliert. Später erwies sich als damit identisch die „Melitose" aus

1) Dubrunfaut, Annal. chim. phys. (3), Tome XXI, p. 178 (1847). — 2) Stingl u. Morawski, Mon. Chem., Bd. VII, p. 188. — 3) Levallois, Compt. rend., Tome XC, p. 1293; Tome XCIII, p. 281. — 4) C. O'Sullivan, Ber. chem. Ges., Bd. V, p. 485 (1872); Bd. IX, p. 281 (1876); E. Schulze, Bd. VII, p. 1047 (1874). — 5) A. Herzfeld, Ber. chem. Ges. Bd. XXVIII (I), p. 440 (1895). — 6) L. Grimbert, Journ. pharm. chim. (6), Tome XVII, p. 225 (1903). — 7) A. Croft Hill. Proc. chem. Soc., Vol. XVII, p. 45 (1901). — 8) C. A. Lobry de Bruyn u. Alberda van Ekenstein, Rec. trav. chim. Pays-Bas, Tome XVIII, p. 147 (1899). — 9) G. B. Frankforter, Americ. journ. pharm., Vol. LXXII, p. 320 (1900). — 10) G. Michaud, Chem. News, Vol. LIII, p. 232 (1886); Journ. pharm chim. (5), Tome XVI, p. 84 (1887); nach Rayman, Chem. C., 1897, Bd. I, p. 230, scheint die Cyklamose kein Disaccharid, sondern eine höher zusammengesetzte Substanz zu sein. — 11) N. Kromer, Arch. Pharm., Bd., CCXXXIV, p. 459 (1896). — 12) D. Loiseau, Compt. rend., Tome LXXXII, p. 1058 (1876); Chem. C., 1897, Bd. II, p. 520. Aus Rüben direkt dargestellt v. Lippmann, Ber., Bd. XVIII, p. 3087 (1885).

Eukalyptusmanna[1] und der von RITTHAUSEN[2] aus Baumwollsamen dargestellte Zucker. O'SULLIVAN[3] stellte Raffinose aus Gerste dar. Die Raffinose gehört wohl unter die weit verbreitet vorkommenden zusammengesetzten Zucker.

SCHEIBLER[4] bewies, daß die Raffinose eine Triose der Zusammensetzung $C_{18}H_{32}O_{16}$ sein müsse. DE VRIES[5] bestätigte die Molekulargröße der Raffinose mit Hilfe der plasmolytischen Methode.

Raffinose läßt sich durch ihre starke Löslichkeit in Methylalkohol von Rohrzucker trennen; ebenso durch die größere Löslichkeit ihres Monostrontiumsaccharates [SCHEIBLER[6]]. Wässerige Raffinoselösungen sind stark rechtsdrehend ($+ 104 - 105^0$ für $[a]_D$), ohne Birotation, reduzieren nicht und geben kein Osazon beim Erwärmen mit Phenylhydrazin.

TOLLENS und dessen Schüler RISCHBIET, GANS, HAEDICKE fanden zuerst, daß bei der Hydrolyse von Raffinose zunächst Fruktose abgespalten wird und dann Galaktose und Traubenzucker entstehen. PASSMORE[7] isolierte die drei Osazone.

SCHEIBLER und MITTELMEIER[8] fanden bei der Raffinosespaltung zwei scharf getrennte Phasen auf: zuerst entsteht d-Fruktose und ein Disaccharid, welches Melibiose genannt wurde; letztere wird sodann weiter gespalten in Glukose und Galaktose. Nach WOGRINZ[9] scheint bei der Säurehydrolyse von Trisacchariden allgemein zuerst eine Biose neben einer Monose aufzutreten. Später fand man, daß durch manche Hefen (Oberhefen) Raffinose nur in Melibiose und Fruktose gespalten wird, die Melibiose aber nicht weiter zerlegt werden kann[10]. Melibiose kristallisiert, ist stark rechtsdrehend: $[a]_D + 129,641^0$, gibt ein Osazon von $178 - 179^0$ Schmelzpunkt. FISCHER und ARMSTRONG[11] gewannen Melibiose synthetisch. Quantitativ läßt sich Raffinose polarimetrisch oder durch Schleimsäuredarstellung bestimmen [CREYDT[12]]. Nach DAVOLL[13] ist die Methode von CLERGET mit einigen Modifikationen die beste.

Melezitose ist eine nur von wenigen pathologischen Pflanzenprodukten bekannte Triose: Lärchenmanna [BERTHELOT[14]], Alhagimanna

1) Eukalyptusmanna: BERTHELOT. Ann. chim. phys. (3), Tome XLVI, p. 66; J. JOHNSTON, Journ. prakt. Chem., Bd. XXIX, p. 485 (1843); TH. ANDERSON, ibid., Bd. XLVII, p. 449 (1849); F. W. PASSMORE, Chem. Centr., 1891, Bd. I, p. 575; P. RISCHBIET u. TOLLENS, Ber. chem. Ges., Bd. XVIII, p. 2611 (1885). — 2) H. RITTHAUSEN, Journ. prakt. Chem., Bd. XXIX, p. 351 (1884), „Gossypose". — 3) C. O'SULLIVAN, Jour. chem. soc., 1886, p. 70. — 4) C. SCHEIBLER, Ber. chem. Ges., Bd. XVIII, p. 1409, 1779 (1885); Bd. XIX, p. 2868 (1886). — 5) H. DE VRIES, Botan. Ztg., 1888, p. 393; Compt. rend., 1888, p. 751. Kryoskopische Bestimmung: TOLLENS u. F. MAYER, Ber. chem. Ges., Bd. XXI, p. 1566 (1888). — 6) C. SCHEIBLER, l. c.; TOLLENS, Ber., Bd. XVIII, p. 26 (1885). — 7) PASSMORE, Chem. Centr., 1891, Bd. I, p. 575; J. HAEDICKE u. TOLLENS, Lieb. Annal., Bd. CCXXXII, p. 169 (1886); Bd. CCXXXVIII, p. 308; Chem. Centr., 1887, p. 272. — 8) C. SCHEIBLER u. H. MITTELMEIER, Ber. chem. Ges., Bd. XXII, p. 1678 (1889). — 9) A. WOGRINZ, Zeitschr. physikal. Chem., Bd. XLIV, p. 571 (1903). — 10) A. BAU, Chemik.-Ztg., Bd. XXVI, p. 69 (1902). — 11) FISCHER u. ARMSTRONG, Ber. chem. Ges., Bd. XXXV, p. 3146 (1902); Eigenschaften der Melibiose: A. BAU, Chemik.-Ztg., Bd. XXI, p. 186 (1897); Wochenschr. Brauerei, Bd. XVI, p. 397 (1899); LOISEAU, Chem. C., 1903, Bd. II, p. 1243; A. BAU, Zeitschr. Verein Rübenzuckerindustrie, 1904, p. 481. — 12) R. CREYDT, Ber. chem. Ges., Bd. XIX, p. 2115 (1886). — 13) D. DAVOLL, Journ. Americ. chem. soc., Vol. XXV, p. 1019 (1903). — 14) BERTHELOT, Ann. chim. phys. (3), Tome XLVI, p. 87, Tome LV, p. 269; BIOT, Journ. prakt. Chem., Bd. XXVII, p. 60 (1842).

[VILLIERS[1])] und der Honigtau der Linde [MAQUENNE[2])] sind die einzigen Fundorte dieser interessanten Verbindung. Man gewinnt sie am besten aus der „Manna" der zentralasiatischen Alhagi camelorum Fisch. Melezitose ist durch Hefe nicht vergärbar, reduziert nicht, ist rechtsdrehend. Ihre Triosennatur wurde von ALEKHINE[3]) erkannt. Verdünnte Säuren spalten sie in Traubenzucker und in das Disaccharid Turanose. Die Endprodukte sind ausschließlich d-Glukose. Die Turanose ist rechtsdrehend, reduziert Fehling schwächer als Traubenzucker, besitzt ein bei 215—220° schmelzendes Osazon[4]).

Gentianose, im Safte des Rhizoms von Gentiana lutea durch A. MEYER[5]) entdeckt, ist ebenfalls eine Triose, wie BOURQUELOT und HÉRISSEY[6]) nachgewiesen haben. Sie kristallisiert, ihre Lösung ist rechtsdrehend. Hefeinvertase oder sehr verdünnte Säuren spalten sie in Fruktose und Gentiobiose. Die Gentiobiose wurde von BOURQUELOT und HÉRISSEY[7]) ebenfalls kristallisiert erhalten; sie ist eine aus zwei Traubenzuckerresten bestehende Biose mit einer freien Aldehydgruppe, schwach rechtsdrehend, reduzierend. Sie wird durch Aspergillusenzym, nicht aber durch Invertase gespalten; Emulsin spaltet ebenfalls langsam. Daher vermögen Invertase und Emulsin zusammen die Gentianose ebenso vollständig zu hydrolysieren wie verdünnte Mineralsäuren in 2 Äquivalente Glukose und 1 Äquivalent Fruktose[8]).

Rhamninose. CH. und G. TANRET[9]) fanden, daß der Zucker des Xanthorrhamnins bei der Hydrolyse 2 Äquivalente Rhamnose und 1 Äquivalent Galaktose gibt. Wir haben es somit mit einer Triose in Glykosidbindung zu tun. TANRET spricht weniger gut von „Rhamnobiose". Die Glykosidspaltung bewirkt ein von TANRET in Rhamnusfrüchten gleichzeitig aufgefundenes Enzym „Rhamninase". Rhamninose ist durch Hefe nicht vergärbar, gibt kein Osazon, reduziert Fehling, ist linksdrehend. Bei Oxydation mit Brom gibt sie Rhamnotrionsäure $C_{18}H_{32}O_{15}$, welche bei der Hydrolyse Galaktonsäure und 2 Moleküle Rhamnose liefert.

Manninotriose ist eine von TANRET[10]) in der Fraxinus Ornus-Manna entdeckte Triose, welche durch Hefe langsam vergoren wird. Sie ist rechtsdrehend, reduziert, liefert mit Bromwasser oxydiert Manninotrionsäure. Bei der Hydrolyse zerfällt sie in zwei Äquivalente Galaktose und 1 Äquivalent Traubenzucker. Manninotrionsäure gibt hydrolysiert d-Glukonsäure und 2 Äquivalente Galaktose.

---

2) A. VILLIERS, Compt. rend., Tome LXXXIV, p. 35; Ber. chem. Ges., Bd. X, p. 232 (1877). In einer von ORLOFF [Chem. C., 1897, Bd. II, p. 1068] untersuchten Alhagimanna fand sich nur Saccharose, keine Melezitose. — 2) L. MAQUENNE, Compt. rend., Tome CXVII, p. 127 (1893). — 3) A. ALEKHINE, Ber. chem. Ges., Bd. XXII, Ref. 759 (1889); Ann. chim. phys. (6), Tome XVIII, p. 532 (1889). — 4) E. FISCHER, Ber., Bd. XXVII (II), p. 2486 (1894). — 5) A. MEYER, Zeitschr. physiol. Chem., Bd. VI, p. 135 (1882); ferner E. BOURQUELOT u. NARDIN, Compt. r., Tome CXXVI, p. 280 (1898); BOURQUELOT, ibid., p. 1045. — 6) E. BOURQUELOT u. H. HÉRISSEY, Compt. rend., Tome CXXXII, p. 571 (1901). — 7) BOURQUELOT u. HÉRISSEY, Compt. rend., Tome CXXXV, p. 290 (1902); Journ. pharm. chim. (6), Tome XVI, p. 417, 513 (1902); BOURQUELOT, ibid., p. 578. — 8) Vgl. hierzu die Ausführungen von BOURQUELOT in Journ. pharm. chim. (6), Tome XVI, p. 578 (1902); Compt. r., Tome CXXXVI, p. 762, 1143 (1903). — 9) CH. u. G. TANRET, Compt. rend., Tome CXXIX, p. 725 (1899); Bull. soc. chim. (3), Tome XXI, p. 1065 (1899), p. 1073 (1899). — 10) E. TANRET, Compt. rend., Tome CXXXIV, p. 1586 (1902); Bull. soc. chim. (3), Tome XXVII, p. 947 (1902).

C. Tetrasaccharide.

Manneotetrose, von TANRET[1]) gleichfalls in Manna entdeckt, ist bisher der einzige bekannte Repräsentant dieser Gruppe. Sie ist kristallisierbar. Säure und Fermente verschiedener Provenienz spalten in Manninotriose und Fruktose. TANRET[2]) hat nachgewiesen, daß die von PLANTA und SCHULZE[3]) 1890 in den Knollen von Stachys tuberifera aufgefundene Stachyose mit Manneotetrose völlig identisch ist. Manneotetrose, für welche die Benennung Stachyose verbleiben kann, ist rechtsdrehend: $a_D = + 132,75°$. Die von SCHULZE und STEIGER[4]) in Samen von Lupinus luteus entdeckte Lupeose ist ein Hexasaccharid oder Tetrasaccharid. Lupeose ist rechtsdrehend, reduziert nicht; unter ihren Hydratationsprodukten wurden Galaktose und Fruktose nachgewiesen.

§ 5.
Anhang: Bildung von Huminstoffen aus Zucker.

Zucker und Kohlenhydrate geben unter verschiedenen Umständen dunkel gefärbte amorphe Produkte, welche seit langem wegen ihrer äußeren Ähnlichkeit mit dem „Humus" der Ackererde als Huminstoffe bezeichnet werden. Man spricht andererseits auch von „Ulmin", eine Bezeichnung, welche von VAUQUELIN[5]) (1797) herrührt, welcher die ähnlich aussehenden Stoffe aus erkrankten Ulmenrinden untersuchte.

Schon die älteren Chemiker: BRACONNOT, MITSCHERLICH, BOULLAY, MALAGUTI, MULDER[6]) wußten, daß man durch andauernde Einwirkung von Alkalien und Säuren auf Zucker analoge Substanzen reichlich erhält, ebenso auch aus Kohlenhydraten. MULDER unterschied eine in Wasser und Alkali unlösliche Fraktion der Huminsubstanzen als „Humin und Ulmin" von einer als „Humin- und Ulminsäure" bezeichneten in Alkali löslichen Fraktion. Dies hat sich auch in den genauen und kritischen Untersuchungen über die Huminsubstanzen, welche wir HOPPE-SEYLER[7]) verdanken, bewahrheitet. Die in Alkali löslichen Stoffe sind ausgesprochene Säuren. MULDER hatte angenommen, daß diese Produkte unter Aufnahme von Luftsauerstoff entstehen. Nach HOPPE-SEYLER ist dies nicht zutreffend; die Huminbildung aus Zucker erfolgt auch bei Luftabschluß. Die Formeln, welche MULDER für „Humin", „Ulmin", „Huminsäure" und „Ulminsäure" aufstellte, entbehren mangels genügender Individualität der analysierten Fraktionen einer bleibenden Bedeutung. Aus neuerer Zeit besitzen wir Untersuchungen über Huminstoffe von SESTINI[8]) und von CONRAD und GUTHZEIT[9]), in welchen

1) C. TANRET, Compt. r., Tome CXXXIV, p. 1586 (1902); Bull. soc. chim. (3), Tome XXVII, p. 947 (1902). — 2) C. TANRET, Compt. r., Tome CXXXVI p. 1569 (1903). — 3) A. v. PLANTA u. E. SCHULZE, Ber. chem. Ges., Bd. XXIII, p. 1692 (1890); Bd. XXIV, p. 2705 (1891). — 4) SCHULZE u. STEIGER, Zeitschr. physiol. Chem., Bd. XI, p. 372; E. SCHULZE, Ber. chem. Ges., Bd. XXV, p. 2213 (1892). — 5) VAUQUELIN, Ann. chim., Tome XXI, p. 39 (1797); KLAPROTH, Gehlens Journ., Bd. IV, p. 329 (1804); DECANDOLLE, Physiologie, Bd. I, p. 279. — 6) BRACONNOT, Ann. chim. phys., Tome XII, p. 191; MITSCHERLICH, Lehrbuch, 3. Aufl., Bd. I, p. 534; P. BOULLAY, Ann. chim. phys. (2), Tome XLIII, p. 273 (1830); Schweigg. Journ., Bd. LX, p. 107 (1830); MALAGUTI, Ann. chim. phys. (2), Tome LIX, p. 407 (1835); G. J. MULDER, Journ. prakt. Chem., Bd. XXI, p. 203 (1840); Berzelius' Jahresber., Bd. XXI, p. 443 (1842). — 7) F. HOPPE-SEYLER, Zeitschr. physiol. Chem., Bd. XIII, p. 92 (1889). — 8) F. SESTINI, Ber. chem. Ges., Bd. XIII, p. 1877 (1880); Versuchsstat., Bd. XXVII, p. 163 (1881). Bd. XXVI, p. 256. — 9) M. CONRAD u. M. GUTHZEIT, Ber. chem. Ges., Bd. XIX, p. 2844 (1886).

auch der von MULDER nicht genügend beachtete Umstand, daß die Substanzen bei schärferem Trocknen Wasser, Kohlensäure und Ameisensäure abgeben, Berücksichtigung erfahren hat. Die Präparate von CON-
RAD und GUTHZEIT hatten 62,3 bis 66,5 % C und 3,7 bis 4,6 % H.
HOPPE-SEYLER hat in seinen erwähnten umfassenden Studien Huminstoffe aus Cellulose, Zucker, aber auch aus Gerbstoffroten und Phlobaphenen dargestellt und gefunden, daß Erhitzen mit reinem Wasser auf
180—200° bei diesen Stoffen noch nicht genügt, um Huminstoffbildung
zu erzielen; es ist vielmehr Gegenwart von etwas Alkali nötig. Es
entstehen in der Regel außer Humin noch Protokatechusäure, Brenzkatechin, Oxalsäure, Wasserstoff und Methan. Bei Methangärung von
Cellulose und anaërober Gärung von Holzgummi werden keine Huminstoffe gebildet. In der Kalischmelze von Gerbstoffroten, Phlobaphenen,
Huminsäure aus Rohrzucker erhielt HOPPE-SEYLER dunkelbraune, in
Wasser quellbare, aber nur sehr wenig lösliche Produkte, welche in
Alkali leicht löslich sind, durch Säure flockig gefällt werden, sich aber
auch in Alkohol lösen. HOPPE-SEYLER nannte diese Stoffgruppe
Hymatomelansäuren; sie enthielten 65,4 bis 65,5 % C und 4,2 bis
4,7 % H. Auch die Huminsubstanzen aus abgestorbenen Pflanzenteilen,
sowie aus Torf und Braunkohlen, gaben solche Hymatomelansäuren.
Sowohl von den Gerbstoffroten als von Huminstoffen unterschied HOPPE-
SEYLER drei Gruppen: 1. Stoffe, die unlöslich in Alkali und Alkohol
sind, sich mit Alkali zu schleimigen Massen verbinden und mit Ätzkali
geschmolzen in Substanzen der beiden anderen Gruppen übergeben;
diese Gruppen umfaßt MULDERS Humine und Ulmine. 2. Stoffe, die
in verdünntem Alkali auch bei starker Verdünnung völlig löslich sind,
und durch Säuren als voluminöse Niederschläge gefällt werden, die
sich in Alkohol nicht lösen; hierher zählt ein Teil der Gerbstoffrote und
die Humin- und Ulminsäure. 3. Stoffe, die in Alkali löslich sind, durch
Säure aus der Lösung gefällt werden; der Niederschlag ist nach Auswaschen leicht löslich in Alkohol; bei Abdestillieren des Alkohols aus
diesen Lösungen entsteht bei genügender Konzentration an der Oberfläche eine sich runzelnde Haut; nach dem Erkalten hat man gallert-
artige brüchige Massen vor sich, die beim Erwärmen auf dem Wasserbade wieder schmelzen; sie sind nach dem Trocknen in Alkohol gar
nicht oder sehr unvollkommen löslich. Hierher gehören die Phloba-
phene der Rinden und Extrakte, ein Teil der Humin- und Ulminsäuren
und die Hymatomelansäuren. Bei Bildung der Hymatomelansäuren spielt
nach HOPPE-SEYLER sicher energische Oxydation mit, während bei der
Bildung von Huminstoffen aus Gerbstoffen und Kohlenhydraten Sauerstoffzutritt nicht nötig ist. Neben Hymatomelansäuren entstehen in der
Kalischmelze der Huminstoffe Ameisensäure, Essigsäure, Oxalsäure,
Protokatechusäure, etwas Brenzkatechin. Den Hymatomelansäuren würden
nach der elementaren Zusammensetzung die Formeln $C_{24}H_{22}O_9$ und
$C_{26}H_{20}O_9$ entsprechen. Sie sind Säureanhydride. Auch BERTHELOT
und ANDRÉ[1] betrachten die Zuckerhuminstoffe als ein Gemenge von
kondensierten Säureanhydriden. UDRANSZKY[2] erhielt bei Anwesenheit
von Harnstoff durch mäßige Säurewirkung auf Zucker N-haltige Huminstoffe. Über die chemische Natur der Huminstoffe, in denen wohl ge-

---

1) BERTHELOT u. ANDRÉ, Compt. rend., Tome CXII, p. 916, 1237 (1891);
Tome CXIV, p. 41 (1892); Tome CXXIII, p. 567 (1896). — 2) L. v. UDRANSZKY,
Zeitschr. physiol. Chem., Bd. XII, p. 33 (1887).

schlossene Kohlenstoffringe anzunehmen sind, läßt sich heute noch nicht das mindeste sagen [1]).

Anschließend sei auch das Nötigste über die Huminstoffe der Ackererde erwähnt [2]). Die von Pflanzen bewachsene Erdschicht ist bekanntlich reich an organischen Verbindungen. Man hat darin harzartige, fettartige, wachsartige Substanzen, Fettsäuren gefunden [3]), ferner stickstoffhaltige und stickstofffreie dunkelgefärbte Stoffe, die großenteils in Alkali löslich sind und den Begriff „Humussäure" im engeren Sinne formieren. Dieselben zeigen zum Teil viel Ähnlichkeit mit den aus Zucker künstlich darstellbaren Huminprodukten und in der Tat ist ja gewiß ein großer Teil von ihnen aus Zucker und Kohlenhydraten der abgestorbenen Pflanzenteile hervorgegangen. Bestimmte Tatsachen sind leider über die charakteristischen Stoffe des Ackerhumus noch wenig vorhanden. Studien über diese Stoffe stellten schon ACHARD, SAUSSURE, SPRENGEL [4]) an. BERZELIUS [5]) beschrieb in seiner bekannten Untersuchung über die Absätze des Wassers der Porlaquelle seine „Quellsäure" und „Quellsatzsäure". MULDER [6]) fügte noch Geinsäure, Humussäure und Ulminsäure hinzu. Die aufgestellten Formeln haben wohl heute kaum mehr als historisches Interesse. Die sich eröffnenden Vergleichspunkte mit Zuckerhuminstoffen [7]) hat besonders HOPPE-SEYLER [8]) erörtert und experimentell untersucht. REINITZER [9]) hat darauf aufmerksam gemacht, daß die Huminsubstanzen kräftig FEHLINGS Lösung reduzieren. Vielleicht sind noch aldehydartige Stoffe, Kondensationsprodukte von Aldehyden zugegen. Über Oxydationsprozesse an Huminsäuren verdanken wir NIKITINSKY [10]) interessante Feststellungen. Huminsäure und deren Salze sind tatsächlich auch ohne Mitwirkung von Mikroben unter Bildung von CO_2 zersetzbar, und es gehen diese Vorgänge nur bei Zutritt von freiem Sauerstoff vor sich; es handelt sich somit augenscheinlich um Oxydationsvorgänge. Vermehrte Feuchtigkeit der Huminstoffe beschleunigt den Prozeß sehr stark. Es scheint ferner, als ob die Huminsäure aus einem leicht oxydierbaren Teile und einem schwie-

---

1) Zur chemischen Konstitution der Huminstoffe: F. SESTINI, Chem. Centr., 1902, Bd. I, p. 182. Huminsubstanzen aus Lävulose: RAYMANN u. SULC, Chem C., 1895, Bd. II, p. 593; aus Arabinose: BERTHELOT u. ANDRÉ, Compt. r., Tome CXXIII, p. 625 (1896). Die Meinung von St. BENNI (Zeitschr. Naturwiss., Bd. LXIX, p. 145 [1897]), daß bei Oxydation von mäßig konzentrierter Zuckerlösung mit verdünnter neutraler $KMnO_4$-Lösung Humin, mit alkalischem $KMnO_4$ Huminsäure entsteht, trifft nicht zu (v. FEILITZEN u. TOLLENS, Ber. chem. Ges., Bd. XXX, p. 2581 [1897]). — 2) Hierzu bes. WOLLNY Zersetzung d. organ. Stoffe u. die Humusbildung, 1897. — 3) MULDER, Ackerkrume, Bd. I, p. 527; Bd. II, p. 64 (1861). — 4) SAUSSURE, Rech. chim., p. 162; C. SPRENGEL, Lehre v. Dünger (1839), p. 404, 413. — 5) BERZELIUS, Poggend. Annal., Bd. XXIX, p. 1 (1833); Ann. chim. phys. (2), Tome LIV, p. 219 (1833); Schweigg. Journ., Bd. LXVIII, p. 398 (1833); HAENLE, Berzelius' Jahresber., Bd. XV, p. 281 (1836). — 6) MULDER, Journ. prakt. Chem., Bd. XIX, p. 244; Bd. XX, p. 265 (1840); Physiolog. Chemie (1844), p. 153; Chemie der Ackerkrume, Bd. I, p. 308—364, 442 (1861); dann R. HERMANN, Journ. prakt. Chem., Bd. XII, p. 277 (1837); Bd. XXII, p. 65 (1841); Berzelius' Jahresber., Bd. XVIII, p. 249 (1839). — 7) L. SOSTEGNI, Versuchsstat., Bd. XXXII, p. 9 (1885). — 8) HOPPE-SEYLER, Zeitschr. physiol. Chem., Bd. XIII, p. 92 (1889). — 9) F. REINITZER, Botan. Zeitung, 1900 (I), p. 59. Von neuerer Literatur über Humusstoffe sei noch angeführt: ST. BENNI, Zeitschr. Naturwiss., Bd. LXIX, p. 145 (1896); BR. TACKE, Chem.-Ztg., Bd. XXI, p. 174 (1897); J. DUMONT, Compt. r., Tome CXXIV, p. 1051 (1897); A. GAUTIER, ibid., p. 1205; H. SNYDER, Journ. Americ. chem. soc., Vol. XIX, p. 738 (1897); G. ANDRÉ, Compt. r., Tome CXXVII, p. 414 (1898). — 10) J. NIKITINSKY, Jahrb. wissensch. Bot., Bd. XXXVII, p. 365 (1902).

riger oxydierbaren Reste bestehen würden. Lichtzutritt scheint die Huminsäureoxydation zu fördern. NIKITINSKY konnte beobachten, daß Gegenwart von Bodenmikroben (die übrigens Huminsäuren, allein als C-Quelle dargereicht, nicht verarbeiten) die Huminsäureoxydation sehr stark fördert. Für die natürliche Humusbildung scheint aber nach den Untersuchungen von KONING [1]) die Tätigkeit von Fadenpilzen belangreicher zu sein als die Wirkung von Bakterien.

Der Kohlenhydratstoffwechsel der Pilze.

Zwölftes Kapitel: Die Zucker und Kohlenhydrate bei Pilzen und Bakterien.

§ 1.

Zuckeralkohole, Hexosen und Hexobiosen.

Die Zucker und Kohlenhydrate der Pilze bieten viel Interesse, nachdem Stoffe, welche sonst im Pflanzenreiche, selbst bei saprophytischen oder parasitischen Gewächsen sehr selten sind oder ganz fehlen, hier sehr verbreitet auftreten (Glykogen, Trehalose, Mannit) und andererseits sonst sehr häufig vorkommende Stoffe, wie Stärke, Rohrzucker, vermißt werden. Bisher wurden bei Pilzen nachgewiesen: Mannit und Volemit, Traubenzucker, Trehalose, Glykogen und einige Kohlenhydrate wenig bekannter Natur, wie Mykodextrin, Mykoinulin, Mycetid.

Mannit, und zwar d-Mannit, ist bei Pilzen äußerst verbreitet, und bildet häufig die Hauptmasse des stickstoffreien Reservematerials. Sein Aldehyd, die d-Mannose, wurde bisher in Pilzen noch nicht konstatiert. In Hutpilzen findet sich bis 20 Proz. des Trockengewichtes an Mannit. Sein Vorkommen bei Pilzen kannten schon VAUQUELIN und BRACONNOT [2]), und es war in neuerer Zeit besonders MUNTZ [3]), welcher seine große Verbreitung kennen lehrte. Wertvolle analytische Untersuchungen über die Verteilung des Mannits im Fruchtkörper von Hutpilzen verdanken wir namentlich MARGEWICZ [4]). Der mannitreichste Teil ist meistens das Hymenium, seltener der Stiel. Doch sind die Differenzen im Mannitgehalt nicht so scharf ausgeprägt wie die Differenzen im Fettgehalte der einzelnen Teile des Fruchtkörpers. So berechnet sich aus den von MARGEWICZ angegebenen Zahlen der Mannitgehalt in Stiel, oberem Teile des Hutes, Hymenium von Boletus scaber

1) C. J. KONING, Archiv. néerland. (2), T. LX, p. 34 (1904). — 2) VAUQELIN, Ann. chim., Tome LXXXV, p. 1 (1813); BRACONNOT, Ann. chim., Tome LXXIX, LXXX, LXXXVII, p. 237 (1813). — 3) A. MUNTZ, Annal. chim. phys., Tome VIII, p. 56 (1876); Ber. chem. Ges., Bd. VII, p. 1788 (1874). Sonstige Lit. J. SCHLOSSBERGER u. O. DOEPPING, Lieb. Annal., Bd. LII, p. 106 (1844); KNOP u. SCHNEDERMANN, Lieb. Annal., Bd. XLIX, p. 243 (1844); Journ. prakt. Chem., Bd. XXXII, p. 411 (1844); W. THÖRNER, Ber. chem. Ges., Bd. XII, p. 1635 (1879); TH. BISSINGER, Arch. Pharm., Tome CCXXI, p. 321 (1883); R. BOEHM, Arch. exp. Pathol., Bd. XIX, p. 60 (1885); O. MATTIROLO, Malpighia, Bd. XIII, p. 154 (1899); A. ZEGA, Chem.-Ztg., Bd. XXIV, No. 27 (1900); ZOPF, Die Pilze (1890); Schenks Handb. d. Botanik, Bd. IV. — 4) K. MARGEWICZ, Just Jahresber., 1885, Bd. I, p. 86.

Bull. im Verhältnisse $1:1,09:1,16$, während sich die entsprechenden Werte für Fett auf $1:1,16:1,66$ stellen. Die absoluten Werte für Mannitgehalt fand MARGEWICZ meist zwischen 10 und 15 Proz. der Trockensubstanz.

BOURQUELOT[1]) machte zuerst darauf aufmerksam, daß sich im eingesammelten Pilzmaterial sehr schnell die Trehalose in Mannit umwandelt, so daß man viel mehr Mannit findet, wenn man die Pilze bei mäßiger Temperatur langsam trocknet, als wenn man eine rasche Tötung des Materials durch kochendes Wasser oder Chloroform vorausgeschickt hat. Jugendliche Fruchtkörper von Lactarius, Boletus und Amanitaarten enthalten nach BOURQUELOT nur Trehalose, während in den reifen Fruchtkörpern fast aller Hymenomyceten und Askomyceten bis zu $^1/_5$ des Trockengewichtes Mannit vorhanden ist. Häufig ist aber auch in den jungen Fruchtkörpern von allem Anfange an nur Mannit vorhanden und Trehalose nicht nachweisbar. Den Angaben BOURQUELOTs seien folgende Zahlen entnommen:

	junge, Mannit	Trehalose	ausgewachsene Fruchtkörper Mannit	Trehalose
			in Proz. der Trockensubst.	
Cantharellus tubiformis Bull.	15,30 Proz.	—	—	
Russulla Queletii Fr.	19,75 „	—	19,85 Proz.	—
„ adusta Pers.	23,30 „	—	—	
Acetabula vulgaris Fr.	13,07 „		10,2 „	
Pholiota mutabilis Schaeff	—	nachgew.	—	nachgewies.
Collybia fusipes	—	nachgew.	nachgew.	nachgewies.
Clitocybe laccata Scop.	—	nachgew.		

Mannit wird behufs Nachweis und Bestimmung aus dem trockenen Material mit siedendem Alkohol extrahiert; das Extrakt wird mit Tierkohle gereinigt, eingeengt, worauf der Mannit auskristallisiert.

Volemit, ein von BOURQUELOT[2]) entdeckter Heptit noch unbekannter Konfiguration, wurde bisher nur in Lactarius volemus aufgefunden, woselbst er den Mannit zu vertreten scheint. BOURQUELOT gewann den Volemit durch Extraktion des getrockneten und zerkleinerten Lactariusmaterials mit Alkohol, aus welchem beim Erkalten der Volemit kristallinisch ausfiel und sich nach 15 Tagen vollständig ausgeschieden hatte.

Traubenzucker. Die Hexosen sind bei den Pilzen noch sehr lückenhaft untersucht und die Identifizierung des in vielen Fällen[3]) nachgewiesenen reduzierenden Zuckers mit d-Glukose ist in den meisten Untersuchungen unterblieben. So ist es möglich, aber nicht bekannt, daß auch Fruktose bei Pilzen zu finden ist, oder andere einfache

1) E. BOURQUELOT, Compt. rend., Tome CVIII, p. 568 (1889); Bull. soc. mycol., Tome V, p. 34, 132 (1889); Tome VI, p. 150, 185 (1890); Compt. rend., Tome CXI, p. 534 (1890); R. FERRY, Rev. mycolog., Tome XII, p. 136 (1890); BOURQUELOT, Bull. soc. mycol., Tome VII, p. 50 (1891); Tome VIII, p. 18 (1892). — 2) BOURQUELOT, Bull. soc. mycol., Tome VI, p. VII, [1890]; Journ. pharm. chim. (6), Tome II, p. 385 (1895); E. FISCHER, Ber. chem. Ges., Bd. XXVIII, p. 1973 (1895). — 3) MARGEWICZ, l. c.; A. v. LÖSECKE, Arch. Pharm., 1876, p. 135; SCHMIEDER, Arch. Pharm., Bd. CCXXIV, p. 641 (1886); KELLER, Jena, 1890, Bd. I, p. 118.

Zuckerarten. Bourquelot[1]) wies reichlich Glykosen in Lactariusarten nach. Muntz[2]) in Boletus extensus zu 0,87 Proz. des Frischgewichtes. Naegeli und Loew[3]) fanden in der Bierhefe Traubenzucker; Angaben über Glykosevorkommen bei vielen Hutpilzen machte sodann Ferry[4]). Bourquelot sah beim langsamen Trocknen verschiedener Lactariusarten Glykose auftreten, wahrscheinlich durch Spaltung von Trehalose. Die von den Rostpilzspermogonien ausgeschiedene zuckerartige Substanz[5]), sowie jene, welche die Konidienlager der Claviceps purpurea ausscheiden, sind noch nicht näher bekannt.

Trehalose, eine außerhalb der Pilze im Gewächsreiche als normales Stoffwechselprodukt noch nicht nachgewiesene Hexobiose, spielt bei den Pilzen eine außerordentlich wichtige Rolle. Sie wurde im Mutterkorn 1832 von Wiggers[6]) entdeckt und durch Mitscherlich[7]) „Mykose" benannt. Muntz[8]) stellt die Identität der Mykose mit dem Zucker der Trehala-manna fest, und seitdem wird der Name „Trehalose" für das Disaccharid der Pilze allgemein gebraucht. Die Trehalose hat in neuerer Zeit durch die Studien von Winterstein, Bourquelot, Schukow[9]) eine gründliche Bearbeitung erfahren. Zu ihrer Gewinnung extrahiert man das rasch getrocknete und abgetötete Pilzmaterial nach vorheriger Erschöpfung mit Äther, mit 90 Proz. siedendem Alkohol, nimmt den nach Erkalten auskristallisierten Zucker mit Wasser auf und reinigt durch Behandlung mit Bleiessig und Tannin; oder man fällt den Pilzpreßsaft mit basischem Bleiacetat und läßt den Zucker aus dem entbleiten eingeengtem Filtrate auskristallisieren. Durch Einimpfen von Trehalosekriställchen oder Reiben mit dem Glasstabe läßt sich die Kristallisation beschleunigen. Trehalose bildet farblose, glasglänzende rhombische Kristalle, ist rechtsdrehend, reduziert nicht, gibt kein Osazon. Bei der Hydrolyse entsteht nur Traubenzucker.

Schon Muntz beobachtete die weite Verbreitung der Trehalose und das wechselnde Verhältnis, in welchem Mannit und Trehalose vorkommen. Er wies nach, daß Penicillium wohl Mannit, aber keine Trehalose bildet, und fand Trehalose in Mucor sowie in Aethalium septicum auf. Hefe enthält weder Trehalose noch Mannit. Wie bereits erwähnt, machte Bourquelot auf das rasche Verschwinden der Trehalose unter Mannitbildung beim Trocknen von Hutpilzen aufmerksam. Der Prozeß läßt sich durch Aufkochen oder Chloroformieren hindern. Man hat dies bei Trehalosebestimmungen wohl zu beachten. Bourquelot fand in seinen ausgedehnten Untersuchungen besonders in den jugendlichen Fruchtkörpern vieler Pilze eine Anhäufung von Trehalose. Der Gehalt kann auf 10—16 Proz. der Trockensubstanz ansteigen. Während der Pilz zur Sporenreife schreitet, nimmt der Gehalt an Trehalose ab, es entstehen Mannit und Fett. Manche Pilze bilden jedoch überhaupt nur

1) Bourquelot, Bull. soc. mycol., 1889, p. 132; Compt. rend., Tome CXI, p. 578 (1890). — 2) Muntz, Boussingault Agronom., T. VI, p. 216 (1876). — 3) Naegeli u. Loew, Lieb. Annal., Bd. CXCIII, p. 322 (1878). — 4) Ferry, Rev. mycolog., Tome XII, p. 136 (1891). — 5) Rathay, Spermogonien der Rostpilze (1882). — 6) H. A. L. Wiggers, Schweigg. Journ. Bd. LXIV, p. 158 (1832); Lieb. Ann., Bd. I, p. 173 (1832). — 7) E. Mitscherlich, Lieb. Ann., Bd. CVI, p. 15 (1858). — 8) A. Muntz. Boussing. Agron., T. VI. p. 214 (1876); Ber. chem. Ges., Bd. VI, p. 451 (1873); Compt. rend., Tome LXXIX, p. 1182 (1874); Ann. chim. phys., 1876, Tome VIII, p. 56. — 9) E. Winterstein, Ber. chem. Ges., Bd. XXVI (III), p. 3094 (1893); Zeitschrift physiol. Chem., Bd. XIX, p. 70 (1894); Bourquelot, Bull. soc. myc., Tome VII, p. 208 (1891); Journ. pharm. chim. (5), Tome XXIV, p. 524; J. Schukow, Zeitschr. Ver. Rübenzuck.-Ind., 1900, p. 818.

sehr wenig oder gar keine Trehalose (z. Collybia butyracea, Amanita
Mappa), während Boletus edulis und Pholiota adiposa auch in vorge-
rückteren Stadien Trehalose enthalten [1]). Für Aspergillus niger fand
Bourquelot [2]) folgende Zahlen:

	Trehalose	Mannit
48 Stdn. alte Kulturen, noch nicht fruktizierend	—	6,6 Proz.
Dieselben in beginnender Fruktifikation	4,4 Proz.	9,1 „
96 Stdn. alte Kulturen	—	10,5 „

Ferner für Phallus impudicus L.:

	Trehalose	Mannit	Glykose
Jung, vor dem Aufbrechen der Volva	Spur	0,6 Proz.	0,4 Proz.
6—8 Stdn. nach dem Aufbrechen	2,3 Proz.	1,1 „	9,8 „
28—36 Stdn. nach dem Aufbrechen	1,0 „	1,2 „	9,6 „
Sehr alt, nach Entleerung der Sporen	0	2,1 „	7,7 „

Die Geschwindigkeit der Umwandlung der Trehalose in Mannit
illustriert folgender Versuch [3]): 4 kg Agaricus piperatus wurden zwischen
7—8 Uhr morgens gesammelt, die eine Hälfte um 9 Uhr vormittags, die
andere 5 Stunden später mit kochendem Wasser behandelt. Die erste
Partie gab 20 g Trehalose, die zweite nur Mannit. — Einwirkung von
Chloroform auf den Prozeß [4]): Eine Ernte von 6 kg junger frischer
Agaricusexemplare wurde in drei gleiche Portionen geteilt; die erste
sofort mit kochendem Wasser extrahiert, die zweite nach 16stündigem
Trocknen, die dritte nach 16stündigem Verweilen in Chloroformdampf.
Die beiden ersten gaben 15,25 g Trehalose resp. 13,95 g Mannit. Bei
der dritten Portion hatten sich 452 ccm eines dunkelbraunen Saftes
gebildet, ebenso waren die Pilze dunkelbraun geworden. Beides Zusammen gab 14,55 g Trehalose und einige Decigramm Mannit.

Chemisch ist dieser Prozeß noch nicht untersucht. Zu erwarten
ist, daß die Trehalose hierbei in Traubenzucker durch Hydrolyse übergeht. Bourquelot [5]) nimmt ein spezifisch auf Trehalose wirksames
Enzym bei Pilzen, Trehalase an, welches in Pilzen weit verbreitet
sein soll. Im weiteren muß aus Traubenzucker durch Reduktion und
Umlagerung der der Aldehydgruppe benachbarten Gruppe d-Mannit entstehen. Wie dies erfolgt, ist gänzlich unbekannt.

§ 2.
Kohlenhydrate, Glykogen.

Stärke und stärkeähnliche Kohlenhydrate. Bei Pilzen ist das
Vorkommen von Amylum eine sehr zweifelhafte Sache. Belzung [6])
hatte für keimende Mutterkornsklerotien und Coprinus Vorkommen von
Leukoplasten und Stärkekörnern angegeben; es erscheinen jedoch diese
Befunde besonders in Hinblick auf Berichtigungen in der letzten Arbeit
Belzungs einer Nachuntersuchung sehr bedürftig. Einen interessanten
Fall des Vorkommens Jod bläuender Kohlenhydrate bei Pilzen hat

---

1) Bourquelot, Compt. rend., Tome CXI, p. 578 (1890); Tome CXIII,
p. 749 (1892). — 2) Bourquelot, Bull. soc. mycol., Tome IX, p. 11 (1893). —
3) Bourquelot, Bull. soc. mycol., 1890, p. VII—VIII. — 4) Bourquelot, Compt.
rend., Tome CXI, p. 534 (1890). — 5) Bourquelot, Bull. soc. myc. (1893), Tome
IX, p. 189. — 6) E. Belzung, Bull. soc. bot. (2), Tome VIII, p. 199 (1890);
Journ. pharm. chim., 1890, p. 283; Journ. de Botan., 1892, p. 456.

BOURQUELOT[1]) bei Boletus pachypus Fr. aufgefunden. Die fragliche Substanz läßt sich aus dem wässerigen Dekokt des Pilzes mit Alkohol fällen. Abgesehen von der blauen Jodreaktion und der Entstehung von reduzierendem Zucker bei der Hydrolyse, ist über diese Substanz nichts bekannt. Es ist auch noch zu eruieren, ob sie im Hypheninhalte oder in der Zellmembran vorkommt.

Glykogen[2]). Das charakteristische Reservekohlenhydrat des Tierorganismus spielt auch bei den Pilzen eine überaus bedeutungsvolle Rolle, wenn es auch noch nicht endgültig entschieden ist, ob das Pilzglykogen absolut identisch mit Leberglykogen ist und ob alle Pilze ganz dasselbe Kohlenhydrat enthalten. Jedenfalls stehen alle diese Kohlenhydrate, ob es nun ein Glykogen oder mehrere gibt, einander sehr nahe. In Aethalium septicum wurde das Glykogen schon 1868 durch KÜHNE[3]) nachgewiesen, BEHREND[4]), ferner REINKE und RODEWALD[5]) behaupteten seine Identität mit dem Glykogen der Säugetierleber. Das Fuligoplasmodium enthält nach REINKE 4,7 Proz. Glykogen. Im „Epiplasma" der Asci der Diskomyceten, dessen stark lichtbrechendes Aussehen nach Ausbildung der Sporen bereits BARY 1863 hervorgehoben hatte, fand ERRERA[6]) eine in Vakuolen gelöst vorkommende Substanz, welche die rotbraune Jodreaktion des Glykogens zeigt, zuerst auf. ERRERA entdeckte die Substanz alsbald auch in Hefe ferner in Pilobolus und anderen Phykomyceten, sodann bei einer großen Anzahl von Basidiomyceten. Er gewann auch aus Massenkulturen von Phykomyces ein Glykogenpräparat unter Benutzung der Methode von BRÜCKE. Um die Darstellung des Pilzglykogens hat sich sodann besonders CLAUTRIAU[7]) verdient gemacht. Bei Pilzen wirken Schleim und Farbstoffe des Wasserextraktes sehr störend bei der Glykogendarstellung. CLAUTRIAU suchte durch einen Kalkphosphatniederschlag, welcher durch Soda und $CaCl_2$-Zusatz erzeugt wird, den Schleim wegzubekommen und schlug vor, das Glykogen durch Eisenhydroxyd (Zusatz von $FeCl_3$ und NH_3) mechanisch mitzureißen. Hefe formte CLAUTRIAU mit Wasserglaszusatz zu einem Stein, der zu feinem Pulver geschliffen wurde, welches wie die gepulverten Pilze weiterbehandelt wurde.

Das tierische Glykogen wurde 1856 gleichzeitig durch HENSEN[8]) und CL. BERNARD[9]) entdeckt. BRÜCKE[10]) gab die erste brauchbare Bestimmungsmethode für Leberglykogen an, wobei er sich der Entfernung des Eiweiß durch Ausfällen mittels Jodquecksilberkalium und HCl bediente. In der Folge wurde seitens der Tierphysiologen viele Mühe darauf ver-

1) BOURQUELOT, Bull. soc. mycol., Tome VII, p. 155 (1891); Journ. pharm. chim., Tome XXIV, No. 5 (1891). — 2) Eine zusammenfassende Übersicht über die bisherigen Kenntnisse vom Glykogen der Pilze und Bakterien gab B. HEINZE, Centr. Bakt. (II), Bd. XII, p. 43 (1904). — 3) W. KÜHNE, Lehrb. physiolog. Chem., 1868, p. 334. — 4) BEHREND, Cit. i. KRUKENBERG, Vgl. physiol. Studien, Bd. II, p. 55 (1880). — 5) REINKE u. RODEWALD, Studien über das Protoplasma (1881), p. 34, 54, 169. — 6) L. ERRERA, L'Epiplasme des Ascomycètes, Bruxelles 1882; Extr. Bull. Acad. roy. Bruxelles (3), Tome IV (1882); Compt rend., Tome CI, p. 253 (1885); Bull. Acad. roy. Belg. (3), Tome VIII, p. 602 (1884). [Dieser Arbeit gehen zustimmende Gutachten von MORREN, STAS, GILKINET voran.] Botan. Ztg., 1886, p. 316; ferner KRAFKOFF, Script. botan. horti Petropol., Vol. III, p. 17. — 7) C. CLAUTRIAU, Étud. chim. du glycogène chez les champign., Bruxelles 1895. — 8) HENSEN, Arch. pathol. Anat., Bd. XI, p. 395 (1856); vgl. hierzu PFLÜGER, Pflüg. Arch., Bd. XCV, p. 17 (1903). — 9) CLAUDE BERNARD, Compt. rend., Tome XLIV, p. 578 (1856). — 10) BRÜCKE, Wien. Akad., Bd. LXIII (II), p. 214 (1871).

wendet, eine brauchbare Glykogenbestimmungsmethode zu erhalten [1]). Besonders hervorzuheben ist die Beobachtung von PFLÜGER [2]), daß konzentrierte Kalilauge, im Gegensatze zu der Wirkung sehr verdünnter Alkalien, das Glykogen nicht angreift, und daß man hierdurch das Glykogen aus Organen extrahieren kann. Mehrfach wurde auch der Versuch gemacht, die Jodreaktion des Glykogen zur kolorimetrischen Bestimmung heranzuziehen [3]).

Von den Pilzglykogenen ist das Hefeglykogen am besten untersucht. Außer ERRERA, dem Entdecker des Hefeglykogens, und CLAUTRIAU war es besonders CREMER [4]), welcher das Glykogen der Hefe näher studierte. Er stellte es nach der Methode von BRÜCKE dar und gewann es als weißes amorphes Pulver, wie das Leberglykogen in wässeriger Lösung opaleszent, durch Barytwasser fällbar; es reduziert FEHLINGS Lösung nicht und besitzt eine spezifische Drehung $[\alpha]_D +$ 198,9. HUPPERT [5]) bestimmte letztere für Leberglykogen auf 196,63°, sehr nahe mit „Erythrodextrin" übereinstimmend. Auch die von HARDEN und YOUNG [6]) geprüften Glykogene verschiedener Herkunft zeigten dasselbe spezifische Drehungsvermögen. Bei der Hydrolyse gibt Hefeglykogen wie Leberglykogen als Endprodukt Traubenzucker. Die Angabe SALKOWSKIS [7]), daß Hefeglykogen beim Erhitzen partiell in Cellulose übergeht, bestätigte CREMER [8]) nicht. Die empirische Zusammensetzung der Glykogene entspricht der Formel $C_6H_{10}O_5$. Ihr Molekulargewicht ist unbekannt.

Die Abbauprodukte bei der Hydrolyse des Glykogens sind noch nicht hinreichend erforscht und auch die glykogenspaltenden Enzyme bedürfen noch näherer Untersuchung. Solche Enzyme wurden gefunden in Speichel, Pankreas [9]), Leber [10]), ferner produzieren Hefezellen glykogen-

---

1) Die äußerst reichhaltige Glykogenliteratur der Tierphysiologie wurde in letzter Zeit von M. CREMER, Ergebn. d. Physiologie, 1. Jahrg., Bd. I, p. 803, zusammenfassend dargestellt. Als besonders wichtig seien hier namhaft gemacht die Arbeiten von KRATSCHMER, Zeitschr. analyt. Chem., Bd. XX, p. 594; E. KÜLZ u. BORNTRÄGER, Pflüg. Arch., Bd. XXIV, p. 19 (1881); KÜLZ, Ber. chem (Ges., Bd. XV, . 1300 (1882); Zeitschr. Biolog., Bd. XXII, p. 161 (1886); LANDWEHR, Zeitschrift physiol. Chem., Bd. VIII, p. 165 (1884); S. FRÄNKEL, Pflüg. Arch., Bd. LII, p. 125; BENDIX u. WOHLGEMUTH, Pflüg. Arch., Bd. LXXX, p. 238 (1900); PFLÜGER, ibid., p. 351, 527 (1900); J. NERKING, ibid., Bd. LXXXI, p. 636 (1900); Bd. LXXXVIII, p. 1 (1901); Bd. LXXXV, p. 313 (1901); A. BUJARO, Zeitschr. Unters. Nahr. Genußm., Bd. IV. p. 781 (1901); SALKOWSKI, Zeitschr. physiol. Chem., Bd. XXXVI, p. 257 (1902); PFLÜGER, Pflüg. Arch., Bd. LXXV, p. 120 (1899); A. GAUTIER, Compt. r., Tome CXXIX, p. 701 (1899); G. LEBBIN, Chem. C., 1900, Bd. II, p. 880; E. SALKOWSKI, Zeitschr. physiol. Chem., Bd. XXXVII, p. 442 (1903); PFLÜGER, Pflüg. Arch., Bd. XCVI, p. 1—398 (1903); Bd. CII, p. 305 (1904); SALKOWSKI, Biochem. Centr., Bd. I, No. 9 (1903); GATIN-GRUZEWSKA, Pflüg. Arch., Bd. C, Heft 11—12 (1903), Bd. CII, p. 569, Bd. CIII, p. 281 (1904); H. LOESCHKE, ibid., Bd. CII, p. 592. Glykogen niederer Tiere: v. FÜRTH, Vergleich. Physiologie (1903), p. 561. — 2) PFLÜGER, Pflüg. Arch., Bd. XCII, p. 81 (1902); Bd. XCIII, p. 163 (1902); Bd. XC, p. 523; Bd. XCI, p. 119; Bd. CIII, p. 169 (1904). Mikroskop. Glykogennachweis: C. DEFLANDRE, Zeitsch. wissensch. Mikrosk., Bd. XXI, p. 77 (1904). — 3) CLAUTRIAU, l. c.; P. JENSEN, Zeitschr. physiol. Chem., Bd. XXXV, p. 525 (1902). Der von GRÜSS (Wochenschr. Brauerei, Bd. XX, p. 1 [1903]) zur Glykogenbestimmung in Hefe gemachte Vorschlag unterliegt schwerwiegenden Einwänden. — 4) M. CREMER, Münchn. mediz. Wochenschr., 1894, Heft 1. — 5) H. HUPPERT, Zeitschr. physiol. Chem., Bd. XVIII, p. 137 (1893). — 6) A. HARDEN u. YOUNG, Journ. chem. soc. Lond., Vol. LXXXI, p. 1224 (1902). — 7) E. SALKOWSKI, Ber. chem. Ges., Bd. XXVII, p. 3325 (1895). — 8) M. CREMER, Zeitschr. Biolog., Bd. XXXII, p. 1 (1895). — 9) J. SEEGEN, Pflüg. Arch., Bd. XIX, p. 106 (1897). — 10) F. PICK, Hofmeisters Beiträge, Bd. III (1902), Heft 4—6.

spaltendes Enzym [1]), nach CREMER [2]) und MEISSNER [3]) wirkt auch Diastase aus Maiz auf Glykogen ein; es ist aber ungewiß, ob das Stärke verzuckernde Enzym wirklich mit dem auf Glykogen wirksamen Enzym identisch ist, wie häufig angenommen wird, oder ob beide Enzyme verschieden sind und nur einander in vielen Fällen begleiten. MUSCULUS und MERING [4]) gaben als Abbauprodukt Maltose an. CREMER konnte Maltose nicht finden; nach ihm, sowie nach KÜLZ und VOGEL entsteht Isomaltose beim Glykogenabbau. OSBORNE und ZOBEL [5]) meinen, daß das als Isomaltosazon angesprochene Produkt aus dem Hydratationsgemisch von Glykogen nur Maltosazon sei, dessen Eigenschaften durch die Gegenwart des Osazons eines dextrinartigen Kohlenhydrates verändert sind. Es ist demnach noch weiter zu untersuchen, ob Glykogen ähnliche Abbauprodukte liefert wie Stärke, oder welche Unterschiede zwischen der „tierischen Stärke", wie das Glykogen genannt wurde, und Amylum bestehen.

Die rotbraune Reaktion des Glykogens mit Jodjodkali ist das wichtigste Hilfsmittel beim Nachweise von Glykogen in Zellen und Geweben. Vom „Epiplasma" der Asci war sie schon TULASNE und DE BARY bekannt gewesen. Die Jodreaktion des Glykogen teilt nach ERRERA die Eigentümlichkeit der Jodstärkeprobe, beim Erwärmen zu verblassen und zu verschwinden und beim Erkalten wiederzukehren. Speziell die Jodreaktion wurde vielfach benutzt, um Auftreten und Verschwinden des Glykogens bei Pilzen zu studieren, und es hat sich in allen Fällen der Charakter des Glykogens als Reservestoff unzweideutig ergeben. ERRERA [6]) studierte 1885 eine Reihe von Hutpilzen in verschiedenen Lebensstadien mittels der Jodreaktion hinsichtlich Glykogenverteilung in Mycel, Stiel und Hut und kam zu Ergebnissen, welche sich nicht anders deuten lassen, als daß Glykogen ein Reservekohlenhydrat der Pilze darstellt, welches gespeichert und bei der Sporenbildung verwendet wird. In den Sporen selbst scheint nicht Glykogen, sondern Fett aufgestapelt zu werden. Über chemische Veränderungen des Glykogens beim Transport und Verbrauch ist noch nichts bekannt, auch nicht, inwiefern Mannit und Zucker, wie ERRERA annimmt, zum Glykogen in Beziehung stehen und ebenso nichts über irgendwelche Beziehungen zwischen Glykogen und Trehalose.

Nach CLAUTRIAU [7]) enthält Phallus impudicus

	vor der Streckung		nach der Streckung	
Glykogen	20	Proz.	1,50	Proz.
Fett	3,38	„	2,37	„
Trehalose	20,72	„	30,89	
Mannit	1,07	„	5,07	„

Bei der Keimung der fetthaltigen Mukorineensporen fand ERRERA [8]) Ausbildung von Glykogen im Keimschlauche. Man hat ferner bei der Keimung von Sklerotien, die fetthaltig sind wie das Mutterkorn, Auftreten von Glykogen gesehen. Andere Sklerotien (Sclerotium stipitatum,

1) M. CREMER, Münchn. med. Wochenschr.. 1894, Heft 1. Enzym des Hefepreßsaftes: E. BUCHNER u. RAPP, Ber. chem. Ges., Bd. XXXL p. 214 (1898). — 2) CREMER, ibid. — 3) M. CREMER, Zeitschr. Biolog., Bd. XXXI, p. 183 (1894). — 4) MUSCULUS u. MERING, Zeitschr. physiol. Chem. Bd. II, p. 413. — 5) W. A. OSBORNE und S. ZOBEL, Journ. of Physiol., Vol. XXIX, p. 1 (1903). — 6) ERRERA, Mém. Acad. roy. Belg., Tome XXXVII, p. 27 (1885). — 7) G. CLAUTRIAU, Les réserves hydrocarbonées des Thallophytes (1899), p. 125. — 8) ERRERA, Compt. rend., 1885, 3, August, p. 7 des Sep.

Coprinus niveus) enthalten nach ERRERA im ruhenden Zustande sehr viel Glykogen. In Aspergillus niger wies FERNBACH[1]) Glykogen nach. Auch die Befunde von LAURENT[2]) für Phycomyces nitens lassen das Glykogen als Reservestoff dieses Pilzes erscheinen, welches zur Sporenausbildung verbraucht wird.

Bei der Hefe beobachtete ebenfalls schon ERRERA[3]) reichliche Bildung von Glykogen bei üppigem Wachstum und guter Ernährung, desgleichen LAURENT[4]) für das Wachstum auf festen Gelatinenährböden bei Hefe und den hefeartigen Ustilagokonidien. HENNEBERG[5]) wies nach, daß auch Hefearten, wie Milchzuckerhefe und Saccharomyces exiguus, welche früher als stets glykogenfrei angesehen wurden, unter bestimmten Versuchsbedingungen deutliche Glykogenbildung erkennen lassen. LAURENT[6]) verdanken wir weiter wertvolle Untersuchungen über den Wert verschiedener Kohlenstoffquellen für die Glykogenbildung der Hefe, welche, wie angenäherte Berechnung lehrte, bis 32,58 Proz. ihres Trockengewichtes an Glykogen speichern kann. Auch CREMER[7]) konnte, wie LAURENT, die hervorragende Eignung der Zuckerarten zur Glykogenbildung bei Hefe feststellen. Säuren, besonders Weinsäure, sind der Glykogenspeicherung nach KAYSER und BOULLANGER[8]) hinderlich. Genaue Beobachtungen über Auftreten und Verschwinden des Glykogens in den Hefezellen während der Sprossungsvorgänge stammen von WILL, LINDNER und MEISSNER[9]). Das Hefeglykogen tritt sehr rasch auf. Schon nach 3—4 Stunden beobachtete CREMER[10]) intensive Glykogenspeicherung bei Hefe, welche vorher durch Selbstgärung ganz glykogenfrei gemacht worden war, sobald Traubenzucker dargeboten wurde. Auch d-Galaktose, d-Mannose, Lävulose bewirkten Glykogenspeicherung, nicht aber Arabinose, Rhamnose, Sorbose, Glyzerin, Milchzucker, Leberglykogen. Daß Leberglykogen von Hefe nicht assimiliert wird, haben auch KOCH und HOSAEUS[11]) angegeben, während LAURENT Glykogenverarbeitung fand. Da nach CREMER Hefechloroformwasser, nach MEISSNER zerriebene Hefe Glykogen hydrolysiert und BUCHNER und RAPP die spaltende Wirkung des Hefepreßsaftes auf Glykogen sicher gestellt haben, dürfte die Ursache der Nichtassimilierung von Glykogen in den oben angeführten Versuchen in dem geringen Eindringen der Glykogenlösung in die Zellen zu suchen sein, während die Hefeglykogenase aus den Zellen nicht austritt. Das Verschwinden von Glykogen aus den Hefezellen erfolgt nach den Erfahrungen von HENNEBERG[12]) bei Nährstoffentziehung und bei Luftzutritt binnen wenigen Stunden, besonders bei höherer Temperatur.

---

1) A. FERNBACH. Annal. Inst. Pasteur, 1890, p. 1. — 2) LAURENT, Bull. acad. roy. Belg., Tome X (1887); Just Jahresber., 1887, Bd. I, p. 213. — 3) ERRÉRA, Compt. rend., Tome CI, p. 253 (1885); Botan. Centr., Bd. XXXII, p. 59 (1887). Über Hefeglykogen vgl. DUCLAUX, Mikrobiologie, Bd. II. p. 147 (1900). — 4) LAURENT, Ber. bot. Ges., Bd. V, p. LXXVII. (1887); ibid., ERRERA. — 5) W. HENNEBERG, Wochenschr. Brauerei., Bd. XIX, p. 781 (1902). — 6) LAURENT, Annal. Inst. Pasteur, Tome III, p. 113, 362 (1889); Compt. r., Tome CXXXVII, p. 451 (1903). — 7) M. CREMER, Münchn. med. Wochenschr., 1894, Heft 1. Enzym des Hefepreßsaftes: E. BUCHNER u. RAPP, Ber. chem. Ges., Bd. XXXI, p. 214 (1898). — 8) E. KAYSER u. BOULLANGER, Koch Jahresber., 1898, p. 75. — 9) H. WILL, Allg. Brauer- und Hopfenztg., 1892, p. 1088, No. 67; P. LINDNER, Central. Bakter. (II), Bd. II. p. 537 (1896); Mikroskop. Betriebskontrolle, 2. Aufl. (1898) p. 254; R. MEISSNER, Centr. Bakt. (II). Bd. VI, p. 517 (1900); auch E. BRAUN, Zeitschr. ges. Brauwes., Bd. XXIV, p. 397 (1901). — 10) M. CREMER, Zeitschr. Biolog., Bd. XXXI, p. 183 (1894) — 11) A. KOCH u. HOSAEUS, Centralbl. Bakt., Bd. XVI, p. 145 (1894). — 12) W. HENNEBERG, Zeitschr. f. Spiritusindust., 1902, No. 35. Vgl. auch ibid. Bd. XXVII, p. 96 ff. (1904).

Nach den Untersuchungen von HARDEN und ROWLAND[1]) hat es nicht den Anschein, als ob es sich um eine glatte Oxydation des Glykogens zu CO_2 und H_2O handeln würde. Sehr bemerkenswert für die Kenntnis der Glykogenbildung in Hefezellen sind Beobachtungen von CREMER[2]), wonach der Hefepreßsaft, auch wenn er ursprünglich glykogenfrei war, auf Zusatz von Fruktose oder Traubenzucker nach 12 Stunden deutliche Glykogenreaktion erkennen läßt, also noch möglicherweise synthetische Enzymwirkungen ausübt. Der wirksame Stoff ist nicht aus dem Preßsafte isoliert worden.

Bei den Schleimpilzen konnte ENSCH[3]) Glykogen bei allen Arten nachweisen, die er zur Untersuchung erhielt. In Schwärmsporen und Amöben kommt Glykogen hier nicht vor; es erscheint erst nach der Plasmodienbildung.

Auch der Reservecellulose entsprechende Kohlenhydrate wurden bei Pilzen gefunden. So finden sich als Membranverdickungen abgelagerte Kohlenhydrate, welche im Bedarfsfalle aufgelöst werden, bei dem (wahrscheinlich zu einem Polyporus gehörenden) als Pachyma Cocos bekannten Sklerotium[4]) und in dem Sklerotium von Agaricus lapidescens („Mylitta lapidescens"). Nach WINTERSTEIN[5]) enthält Pachyma cocos 80 Proz. des von CHAMPION[6]) entdeckten und als Pachymose bezeichneten Kohlenhydrates. Dieses ist in Wasser und in sehr verdünnten Säuren unlöslich, wird von stärkeren Säuren und Alkalien gelöst; seine 4-proz. Alkalilösung ist optisch inaktiv; Jod und Schwefelsäure erzeugen Gelbfärbung. Die Substanz ist weiß, amorph; sie gibt bei der Hydrolyse Traubenzucker. Mylitta enthält 90 Proz. „Saccharokolloide".

Über das „Mykodextrin" aus Elaphomyces guttulatus [LUDWIG und BUSSE[7])] sowie über das dasselbe begleitende „Mykoinulin" [LUDWIG und BUSSE[7]), BILTZ[8])] ist nichts Näheres bekannt; desgleichen bezüglich des gummiähnlichen „Mycetid" von BOUDIER[9]).

Unbekannter chemischer und biologischer Natur sind die kleinen geschichteten Körnchen im Zellinhalte der Hyphen der Saprolegnien, welche PRINGSHEIM[10]), ihr Entdecker, als „Cellulinkörnchen" beschrieb. Sie werden durch Jod nicht gefärbt, quellen nicht in Alkalien, und sind in starker Schwefelsäure oder Chlorzinkjodlösung leicht löslich. PRINGSHEIM hielt sie für eine celluloseähnliche Substanz und betrachtet sie als nicht mehr im Stoffwechsel nutzbar. Auch die „Dictydinkörner", welche E. JAHN[11]) als Inhaltskörperchen des Myxomyceten Dictydium umbilicatum auffand, gehören möglicherweise zu den Kohlenhydraten.

Bei Vampyrella (Leptophrys) vorax, welche den Myxomyceten nahesteht, fand ZOPF[12]) Paramylon auf, eine kohlenhydratartige Substanz, welche von Euglena schon lange bekannt ist. Sie findet bei den Kohlenhydraten der chlorophyllgrünen Algen Erwähnung.

1) A. HARDEN und ROWLAND, Journ. chem. soc. Lond., Vol. LXXIX, p. 1227 (1901). — 2) M. CREMER, Ber. chem. Ges., Bd. XXXII (II), 2062 (1899). — 3) N. ENSCH, ref. Botan. Centr., Bd. LXXXVI, p. 8 (1901). — 4) Vgl. E. FISCHER, Hedwigia, 1891, p. 61, über den anatomischen Bau der Pachyma. — 5) E. WINTERSTEIN, Ber. chem. Ges., Bd. XXVIII, p. 774 (1895); Arch. Pharm., CCXXXIII, p. 398 (1895). — 6) CHAMPION, Ber. chem. Ges., Bd. V, p. 1057 (1872). — 7) LUDWIG u. BUSSE, Arch. Pharm., Bd. CLXXIX, p. 24. — 8) BILTZ, Trommsdorff Neues Journ. Pharm., Bd. XI. — 9) HUSEMANN, Die Pilze; 1867. — 10) N. PRINGSHEIM, Ber. botan. Ges., Bd. I, p. 291 (1883). — 11) E. JAHN, Ber. botan. Ges., Bd. XIX, p. 104 (1901). — 12) W. ZOPF, Morphol. u. Biolog. d. nied. Pilztiere (1885), p. 4.

§ 3.

Kohlenhydrate bei Bakterien.

Von Bakterien wurden mehrfach Inhaltsstoffe angegeben, welche als Reservekohlenhydrate zu deuten sind. TRÉCUL[1]) fand in seinem Amylobacter Inhaltskörper, welche sich mit Jod bläuen. VAN TIEGHEM[2]) schilderte genau das Auftreten dieses stärkeähnlichen Stoffes („amidon amorphe") im „Bacillus Amylobacter" auf Stärke, Zucker, Mannit oder Calciumlaktat enthaltenden Substraten und das Verschwinden der Substanz bei der Sporenreife. BEIJERINCK[3]) wies bei seinem Granulobacter butylicum nach, daß die jodbläuende Substanz durch Säure oder Amylase in Zucker überzuführen ist, und identifizierte sie mit Granulose.

Andererseits fand BEIJERINCK bei Nebenarten von Granulobacter Polymyxa Glykogen als Inhaltsmassen auf. A. MEYER[4]) konstatierte bei Bacillus subtilis ein Kohlenhydrat, welches sich mit Jod rot färbt. In dem nach BEIJERINCKS Vorschrift gezüchteten Granulobacter butylicum fand MEYER eine Mischung von wenig jodbläuendem mit viel jodrötendem Kohlenhydrat; mit verdünnter Jodlösung unter sehr wenig Jodzusatz entsteht Blaufärbung, mit mehr Jod rotbraune Färbung. MEYER hat auch die beachtenswerte Ähnlichkeit der Eigenschaften von Amylodextrin und Glykogen gebührend hervorgehoben und darauf hingewiesen, daß die Stellung des tierischen Glykogen zum Pilzglykogen und Amylodextrin noch nicht sicher erforscht ist.

HEINZE[5]) fand Glykogen bei den stickstofffixierenden Azotobacterarten, und nach HILTNER[6]) dürften auch die Wurzelknöllchenbakterien Glykogen enthalten.

Hingegen sind nach HINZE[7]) die in den Zellen von Beggiatoa mirabilis vorkommenden, sich mit Jod tingierenden Körnchen in Wasser unlöslich, weswegen sie als ein besonderes Kohlenhydrat (Amylin) erklärt wurden.

Anschließend seien die Reservekohlenhydrate bei niederen Organismen, die an der Grenze zwischen Tier- und Pflanzenreich stehen und chlorophyllfrei sind, kurz erwähnt. Die Körner, welche das Endoplasma der Gregarinen enthält, wurden von E. MAUPAS[8]) als eine der Stärke verwandte Substanz „Zooamylum" angesprochen. BÜTSCHLI[9]) extrahierte die Substanz mit kochendem Wasser; sie gab eine braunviolette Jodreaktion; in warmem Wasser quoll sie auf und wurde durch mehrstündiges Kochen mit verdünnter Schwefelsäure verzuckert. Dieser von BÜTSCHLI als „Paraglykogen" bezeichnete Stoff dürfte wohl dem Glykogen nahestehen. Für Coccidium oviforme hat jedoch BUSCALIONI[10]) die Meinung zu begründen gesucht, daß es sich in den Endoplasmakörnchen nicht um Glykogen, sondern um Stärke oder Amylodextrin handle. Auch die Gregarinen sollen nach BUSCALIONIS Vermutung Stärke enthalten. Von Vorkommnissen des Glykogens bei Protozoen

1) TRÉCUL, Compt. rend., Tome LXI, p. 159, 465 (1865). — 2) VAN TIEGHEM, Compt. rend., Tome LXXXIX, p. 1 (1879); Bull. soc. bot., Tome XXVI, p. 65 (1879). — 3) M. BEIJERINCK, Über die Butylalkoholgärung (1893). Verh. kgl. Akad., Amsterdam. — 4) A. MEYER, Flora, 1899, p. 440. — 5) B. HEINZE, Centr. Bakt. (II), Bd. XII, p. 57 (1904). — 6) HILTNER, Arbeit. biolog. Abt. kais. Gesundheitsamt, Bd. III, p. 151 (1903). — 7) G. HINZE, Ber. botan. Ges., Bd. XIX, p. 372 (1901). — 8) E. MAUPAS, Compt. rend. Tome CII, p. 120 (1886). — 9) O. BÜTSCHLI, Zeitschr. Biolog., Bd. XXI, p. 602 (1885). — 10) L. BUSCALIONI, Malpighia, Bd. X, p. 535 (1896).

seien erwähnt das Glykogen, welches STOLC[1]) in den „Glanzkörpern"
aus dem Plasmaleibe der amöbenartigen Pelomyxa palustris auffand,
und die Angaben von CERTES[2]) über Glykogen bei Ciliaten.

Dreizehntes Kapitel: Die Resorption von Zucker und Kohlenhydraten durch Pilze und Bakterien.

§ 1.

Einleitung. Resorption von Zuckeralkoholen.

Die Tatsachen, welche in diesem Kapitel darzulegen sind, betreffen
einerseits Aufzehrung und Schicksal der im Organismus durch dessen
eigene Tätigkeit gebildeten Reservestoffe, andererseits die Resorption
von Substanzen, welche fertig von außen kommen; sei es daß dieselben
irgendwie im natürlichen Leben der Pilze und Bakterien dargeboten
werden, oder daß im Experiment eine Fütterung mit den betreffenden
Stoffen eingeleitet wurde.

Bei der Leichtigkeit, auf dem letzteren Wege ein reiches experimentelles Material zu erhalten und bei der Fülle der in letzter Zeit
bekannt gewordenen einschlägigen Beobachtungen ist die Frage, inwieweit in diesen Versuchen natürliche interne Stoffwechselvorgänge nach-
geahmt und analysiert werden können, von besonderer Bedeutung. Es
besteht wohl kein Zweifel, daß z. B. beim chemischen Abbau von Stärke
dieselben Vorgänge in Betracht kommen, ob nun die Substanz vom
Organismus einem seiner Reservebehälter entnommen und aufgezehrt
wird, oder ob die Substanz von außen her dargereicht wird. Wir
dürfen jedoch nicht vergessen, daß innerhalb des Organismus diesem
Resorptionsvorgange stets zahlreiche andere mit ihm mehr oder weniger
eng verknüpfte Stoffwechselprozesse zur Seite laufen, deren Komplex
sehr wechselt, wenn sich die Existenzbedingungen des Organismus
ändern. Einen bekannten Fall stellt der Verlust der Virulenz bei
pathogenen Bakterien dar, sobald diese Organismen eine Reihe von
Generationen auf künstlichem Nährboden im Reagenzglase durchgemacht
haben. Durch wiederholtes Überimpfen auf Tiere kann aber in vielen
Fällen ein neuerliches Ansteigen der Virulenz erzielt werden. Dies ist
nicht als bloßes Ausbleiben der Bildung eines bestimmten Stoffwechsel-
produktes, sondern als äußerer Ausdruck tiefgehender Änderungen des
Gesamtstoffwechsels aufzufassen. Eine analoge Auffassung ist auch für
die Produktion von Enzymen auf bestimmten Nährsubstraten festzuhalten; denn wir sehen auf anderen Nährböden häufig die Produktion
dieser Enzyme unterbleiben. So bildet Penicillium keine Diastase aus,
wenn man es direkt mit Zucker versorgt, während amylolytisches Enzym reichlich produziert wird, wenn man den Pilz auf stärkehaltigem
Substrate kultiviert. Man darf daher von den Resultaten unter bestimmten Kulturbedingungen keine allgemeinen Schlüsse auf die Eigenschaften und Fähigkeiten des Organismus ziehen, sondern hat stets die
Ergebnisse bei möglichst variierten Versuchsbedingungen zu berück-

---

1) A. STOLC, Zeitschr. wiss. Zool. Bd. LXVIII, p. 625 (1900). — 2) A. CERTES,
Compt. rend., Tome XC, p. 77 (1880).

sichtigen, wenn man sich über den normalen Stoffwechsel von Pilzen
und Bakterien ein richtiges Urteil bilden will. Schließlich ist bei der
experimentellen Untersuchung die Erscheinung der Gewöhnung an abweichende Lebensbedingungen zu berücksichtigen, wodurch öfters er-
nährungsphysiologische Differenzen zustande kommen können. So vermag man Hefe zur Vergärung von d-Galaktose tauglicher zu machen,
wenn man sie auf galaktosehaltigem Substrate längere Zeit hindurch
züchtet. Andere Erscheinungen, welche lehren, daß bei Erweiterung
der durch Ernährungsversuche gewonnenen Resultate stes Vorsicht geboten ist, werden uns noch häufig entgegentreten.

Wir hatten schon Gelegenheit, auf die äußerst vielseitige Eignung
der Zucker und ihrer Derivate im Bau- und Betriebsstoffwechsel aller
Pflanzen hinzuweisen. Speziell bei den Pilzen kann man sich von der
Überlegenheit der Zuckerarten über alle anderen Kohlenstoffquellen
leicht überzeugen. Sehr lehrreich sind ferner die noch näher darzu-
stellenden hochgradigen Differenzen zwischen isomeren Hexosen und
Hexiten bezüglich ihrer Resorptions- und Nährfähigkeit, welche wir
nach dem heutigen Stande des Wissens nur auf Einflüsse sterischer
Konfigurationen zurückführen können. Wie schon in der Struktur und
Konfiguration der einfachen Zucker biologisch hochbedeutsame Differenzen zutage treten, so ist dies fast noch mehr der Fall bei zusammengesetzten Zuckern und Kohlenhydraten. Wir sehen dann häufig
den merkwürdigen Fall, daß sich ein Pilz die ihm so wertvolle Zuckernahrung, welche ihm als Di- oder Polysaccharid geboten ist, deswegen
nicht zugänglich machen kann, weil ihm zur Gewinnung des Zuckers
„der Schlüssel" in dem zur Spaltung nötigen Enzym fehlt. Die Enzyme spielen eine äußerst wichtige und interessante Rolle bei der Resorption von zusammengesetzten Zuckern durch Pilze und Bakterien.
Im Betriebsstoffwechsel sind die Zuckerarten nicht nur im aëroben
Leben unter Oxydation durch den atmosphärischen Sauerstoff, sondern
auch im anaëroben Leben hochgeeignet zur Gewinnung von Betriebsenergie im Organismus, und zwar stellt sich immer mehr heraus, daß
dies auch für die höheren Organismen weitgehend gilt. Die Zuckerarten gehören zu den sauerstoffreichsten organischen Verbindungen,
welche in der Biochemie Bedeutung besitzen, und werden bereits durch
gelinde Oxydation in einfachere Verbindungen unter Freiwerden von
Betriebsenergie aufgespalten. Eine Reihe von Spaltungsvorgängen, zu
welchen die biologisch so wichtige Alkoholgärung und Milchsäuregärung
gehören, kann selbst ohne Sauerstoffzutritt von außen leicht stattfinden.
Wir werden auch diese biochemisch bedeutsame Seite der Zuckerverarbeitung hier ins Auge zu fassen haben, während alle Prozesse,
welche nur unter Sauerstoffaufnahme von außen erfolgen können, unter
den Atmungsvorgängen ihren Platz finden mögen.

Die Zuckeralkohole führen uns sofort in überzeugender Weise
die Überlegenheit der nahen Verwandten der Hexosen über die niedrigeren
Alkohole vor Augen:

Aspergillus niger, welchem ich als Stickstoffquelle 1-proz. Asparagin-
lösung dargereicht hatte, erzeugte unter sonst ganz gleichen Verhältnissen folgende Trockensubstanzmengen binnen 21 Tagen bei 28 ° C
Außentemperatur [1]).

---

1) F. Czapek, Hofmeisters Beiträge zur chem. Phys., Bd. III, p. 62 (1902).

Bei Darbietung von Äthylalkohol   — g Erntetrockengewicht

„	„	„	Äthylenglykol	74,3 g	„
„	„	„	Glyzerin	288,6 g	
„	„	„	Erythrit	323,8 g	
„	„	„	d-Mannit	416,1 g	
„	„	„	d-Sorbit	542,5 g	
„	„	„	Dulcit	27,3 g	
„	„	„	d-Glykose	477,1 g	
„	„	„	d-Fruktose	523,7 g	„

Man sieht, daß der Sprung vom Glyzerin zum Erythrit lange nicht so bedeutungsvoll ist, wie der Sprung von Erythrit zu den Hexiten. Die Pentite, deren Prüfung noch fehlt, dürften, nach dem Verhältnisse der Pentosen zu Hexosen zu schließen, an Nährwirkung den Hexiten fast gleichkommen. Der auffällig geringe Resorptionswert für Dulcit illustriert die Wirksamkeit der sterischen Konfiguration bei den einzelnen Hexiten.

Differenzen zwischen einzelnen Pilzformen sind bezüglich dieser Verhältnisse bereits nachgewiesen und auch noch zu erwarten. Für den Soorpilz fanden LINOSSIER und ROUX [1]) den Nährwert von Traubenzucker und Mannit im Verhältnisse 100:63. Für Hormodendron Hordei ist nach BRUHNE [2]) Mannit eine der besten Kohlenstoffquellen; auch für Eurotiopsis Gayoni wirkt nach LABORDE [3]) Mannit gut. Hingegen assimiliert nach BEIJERINCK [4]) Schizosaccharomyces octosporus Mannit nur sehr wenig, Dulcit gar nicht. Für die Saccharomyceten ist Mannit wahrscheinlich allgemein viel weniger günstig als Traubenzucker. Die von KAYSER [5]) untersuchten Milchzuckerhefen vergoren weder Mannit noch Sorbit, Dulcit, Perseit.

Bei Bakterien wurden bezüglich Verarbeitung von Zuckeralkoholen sehr mannigfache Verhältnisse angetroffen. Schon FITZ [6]) konstatierte Verarbeitung von Mannit und Dulcit durch Bakterien; Erythrit wurde von seinen Gärungserregern nicht konsumiert. Tuberkelbacillen verarbeiten Mannit nach HAMMERSCHLAG [7]) nicht, hingegen fanden FRANKLAND, STANLEY und FREW [8]) beim FRIEDLÄNDERschen Pneumoniebacillus Mannit viel leichter verarbeitbar als Dextrose. Von sonstigen Mannit verarbeitenden Bakterien seien angeführt Bacillus ethaceticus [FRANKLAND und FOX [9])] und ethacetosuccinicus [FRANKLAND und FREW [10])]. Bacterium coli verarbeitet nach CHANTEMESSE und WIDAL [11]) Erythrit und Mannit; desgleichen Bacillus tartricus [GRIMBERT und FICQUET [12])]; Bacillus orthobutylicus verarbeitet nach GRIMBERT [13]) wohl Mannit, nicht aber Erythrit; Mannit verarbeiten nach PÉRÉ [14]) Tyrothrix tenuis, Ba-

---

1) LINOSSIER und ROUX, Compt. rend., Tome CX, p. 355 (1890). — 2) K. BRUHNE, Zopfs Beiträge, Heft 4, p. 1 (1894). — 3) LABORDE, Ann. Inst. Pasteur, Tome XI, p. 1 (1897). — 4) BEIJERINCK, Centr. Bakt., Bd. XV, p. 49 (1894). — 5) E. KAYSER, Ann. Inst. Pasteur, Tome V, p. 395 (1891). — 6) A. FITZ, Ber. chem. Ges., Bd. X, p. 276 (1877); Bd. XVI, p. 844 (1883). — 7) A. HAMMERSCHLAG, Mon. Chem., Bd. X, p. 9. — 8) P. F. FRANKLAND, A. STANLEY u. W. FREW, Journ. chem. Soc., 1891, Tome I, p. 253. — 9) P. F. FRANKLAND u. J. FOX, Proc. roy. soc., Vol. XLVI, p. 345 (1889); P. F. FRANKLAND, GRACE FRANKLAND u. J. FOX, Chem News, Vol. LX, p. 187. — 10) FRANKLAND u. FREW, Journ. chem. Soc., 1892, Bd. I, p. 254. — 11) CHANTEMESSE u. WIDAL, Koch Jahresber., 1892. p. 80. — 12) L. GRIMBERT, u. L. FICQUET, Compt. rend. soc. biol., 1897, p. 962. — 13) L. GRIMBERT, Ann. Inst. Pasteur, Tome 7, p. 353 (1893). — 14) A. PÉRÉ, Ann. Inst. Pasteur, Tome X, p. 417 (1896).

cillus subtilis und mesentericus vulgatus; ferner ein Bacillus von unreifen Beeren [Tate [1])]. Ein guter Mannitverarbeiter ist nach Duclaux [2])
Amylobacter butylicus. Dulcit ist auffällig seltener zur Resorption durch
Bakterien geeignet als Mannit und Sorbit. Bacillus ethacetosuccinicus
ist aber nach Frankland und Frew [3]) zur Mannit- und Dulcitverarbei-
tung gleich gut befähigt. Auch der fakultativ anaërobe Pneumobacillus
Friedländer verarbeitet nach Grimbert [4]) sowohl Dulcit als Mannit.

Wie schon erwähnt, ist d-Mannit bei sehr zahlreichen höheren
Pilzen ein sehr wichtiger Reservestoff, welcher bis zu 20 % der Trockensubstanz des Pilzes ausmachen kann. Es ist deshalb das Schicksal,
welches der Mannit bei seiner Verarbeitung erfährt, von großem Interesse.
Das meiste hiervon ist jedoch derzeit noch gänzlich unbekannt. Eine
wichtige Tatsache, welche sich nach den gründlichen Untersuchungen
von Muntz [5]) ausschließlich auf die anaërobe Mannitverarbeitung bezieht,
war schon den älteren Forschern bekannt. Wir finden bereits 1789 von
Succow [6]) und gleichzeitig von A. v. Humboldt [7]) erwähnt, daß Pilze,
welche unter Wasser untergetaucht gehalten werden, Wasserstoff produzieren. Muntz zeigte, daß der Prozeß unter gleichzeitiger Bildung von
Kohlensäure und Alkohol verläuft; er hielt dafür, daß der Mannit unter
Wasserstoffabspaltung in Zucker übergehe und der Zucker durch Alkoholgärung gespalten werde. Der Vorgang ist seither nicht weiter untersucht worden; es wäre auch denkbar, daß Kohlensäure und Wasserstoff
durch Zersetzung eines intermediären Zerfallproduktes (Ameisensäure?)
entstehen:

$$C_6H_{14}O_6 = 2 H_6C_2O + CO_2 + H_2CO_2 = 2 H_6C_2O + 2 CO_2 + H_2$$

doch fehlen dahingerichtete Untersuchungen. Bei aërober Mannitverarbeitung erzeugen Hutpilze nach Muntz und Penicillium nach Diakonow [8]) keinen Wasserstoff.

Von Bakterien wird Mannit sowohl aërob als anaërob verarbeitet.
Bei aërober Mannitverarbeitung beobachtete Fitz Bildung von Äthyl-
alkohol, Essigsäure und etwas Bernsteinsäure. Nach Frankland und
Lumsden [9]) bildete Bacillus ethaceticus aus 400 ccm 3-proz. Mannit-
lösung: 1,221 g Alkohol, 0,3463 g Essigsäure, 1,4085 g Ameisensäure,
0,1454 g Kohlensäure. Bacillus ethacetosuccinicus formierte in den Ver-
suchen von Frankland und Frew aus Mannit und Dulcit Alkohol,
Essigsäure, Bernsteinsäure, Ameisensäure, Kohlensäure, Wasserstoff.
Über Milchsäurebildung durch mannitverarbeitende Bakterien berichteten
Chantemesse und Widal, sowie Péré [10]) (für B. coli), Kayser [11]) für ein
Milchsäurebakterium aus Sauerkraut auf Mannitlösung. Grimbert [12]) fand
für den fakultativ anaëroben Friedländerschen Pneumoniebacillus, daß

---

1) G. Tate, Journ. chem. Soc., 1893, Tome I, p. 1263. — 2) E. Duclaux,
Ann. Inst. Pasteur, Tome IX, p. 811 (1896). — 3) Frankland u. Frew, Journ.
chem. soc., 1892, Tome I, p. 254. — 4) Grimbert, Ann. Inst. Pasteur, Tome IX,
p. 840 (1895). — 5) A. Muntz, Boussingault Agronom., Bd. VI, p. 211 (1878);
Compt. rend., Tome LXXX, p. 178 (1875). — 6) Succow, Crells Annal., 1789,
Bd. I, p. 291. — 7) A. v. Humboldt, Flora fribergensia (1793). — 8) Diakonow,
Ber. botan. Ges., Bd. IV, p. 4 (1886). — 9) P. Frankland u. J. S. Lumsden,
Journ. chem. Soc., 1892, Tome I, p. 432. — 10) Péré, Ann. Inst. Pasteur, Tome
VII, p. 737 (1893). — 11) E. Kayser, Ann. Inst. Pasteur, Tome VIII, p. 737
(1894). — 12) Grimbert, Ann. Inst. Pasteur., Tome IX, p. 840 (1895).

	Alkohol	Essig-säure	l-Milch-säure	Bernstein-säure
		g	g	g
100 g Mannit ergeben:	11,40	10,60	36,63	—
100 g Dulcit „	29,83	9,46	—	21,63
100 g Traubenzucker „	Spur	11,06	58,49	—
100 g Galaktose	7,66	16,60	53,33	—
100 g Milchzucker „	16,66	30,66	Spur	26,76

Ein Überblick über die hierbei stattfindenden Zerfalls- und Oxydationsvorgänge ist kaum noch möglich. Für anaërobe Mannitverarbeitung, welche von GRIMBERT[1]), O. EMMERLING[2]) und CHUDJAKOW[3]) beobachtet wurde, fehlt noch die genauere Kenntnis der Stoffwechselprodukte. EMMERLING fand für Bacillus butyricus Bildung von Butylalkohol und Buttersäure. Die von SCHATTENFROH und GRASSBERGER[4]) untersuchten Buttersäuregärungserreger verarbeiteten Mannit nicht.

Zuckeralkohole, in erster Reihe Mannit, sind auch mehrfach als bakterielle Stoffwechselprodukte bei Verarbeitung von Zucker sichergestellt worden. Bei einer Spaltpilzgärung von Zucker konstatierte 1854 STRECKER[5]) Bildung von Mannit und Propionsäure. DRAGGENDORFF[6]) fand Mannit bei der Milchsäuregärung von Rohrzucker. Hier ist auch die Mannitgärung des Weins zu erwähnen, welche besonders von GAYON und DUBOURG[7]), MALBOT[8]) und PEGLION[9]) ein eingehendes Studium erfahren hat. Der Erreger der „Mannitkrankheit" des Weins vermag nach den Feststellungen von GAYON und DUBOURG nur aus Fruktose Mannit zu bilden; gleichzeitig entstehen Alkohol, Kohlensäure, Glyzerin und Bernsteinsäure. Bei Verarbeitung von anderen Zuckerarten treten wohl die letztgenannten Produkte und auch Milchsäure, nicht aber Mannit auf. Man kann daher das Bakterium der Mannitkrankheit gewissermaßen als Reagens auf Fruktose benützen. MEUNIER[10]) erhielt durch anaërobe Bakterien aus Glykose nicht Mannit, sondern Sorbit.

Über die Resorption der Pentite und Heptite, auch des Volemit aus Lactarius volemus, fehlen Untersuchungen noch gänzlich.

§ 2.
Verarbeitung von Hexosen und Pentosen.

Das Schicksal der Reservestoffe in den Speicherorganen der höheren Pilze und ihre Verwendung im Stoffwechsel hat bisher relativ wenige Untersuchungen erfahren und ist in vieler Beziehung noch gänzlich unaufgeklärt. Ein desto reicheres experimentelles Material liegt aber vor bezüglich der Resorption und Verarbeitung von natürlich vorkommenden und künstlich dargestellten Zuckerarten durch Schimmelpilze, Sproßpilze

1) L. GRIMBERT, Ann. Inst. Pasteur, Tome VII. p. 353 (1893). — 2) O. EMMERLING, Ber. chem. Ges., Bd. XXX, p. 451 (1897). — 3) CHUDJAKOW, Centr. Bakter. (II), 1898, p. 389. — 4) A. SCHATTENFROH und R. GRASSBERGER, Centr. Bakter. (II), 1899, p. 697. — 5) STRECKER, Liebigs Annal., Bd. XCII, p. 80 (1854). — 6) DRAGGENDORFF, Arch. Pharm., Bd. CCXV, p. 47 (1879). — 7) U. GAYON u. E. DUBOURG, Ann. Inst. Pasteur, Tome VIII, p. 108 (1894); Tome XV, p. 527 (1901). — 8) H. u. A. MALBOT, Bull. soc. chim. (3), Tome XI, p. 87, 176, 413 (1894). — 9) V. PEGLION, Centr. Bakter. (II), Bd. IV, p. 473 (1898). — 10) MEUNIER, Koch Jahresber., 1894, p. 191.

und Bakterien. Diese ernährungsphysiologischen Untersuchungen waren vor allem dadurch lehrreich, daß sie zeigten, welche unerwartet großen Differenzen bezüglich der Eignung so nahe verwandter und im allgemeinen so weitgehend brauchbarer Nährstoffe, wie sie die Zucker sind, obwalten können. So sehen wir die Pentosen und die Rhamnose in hohem Grade an Tauglichkeit verschieden für Bakterien, Schimmelpilze und Hefen. Aber auch unter den Hexosen bestehen große Differenzen, welche besonders hinsichtlich der Hefen von E. FISCHER ausführlich studiert worden sind. Von allen bekannten und dargestellten Hexosen war nur d-Glukose, d-Mannose, d-Galaktose und d-Fruktose von verschiedenen Heferassen vergärbar, alle anderen Hexosen konnten von den untersuchten Hefen nicht angegriffen werden. Unter Kenntnis dieser Verhältnisse war es FISCHER möglich, aus Gemischen von optisch antipodischen Zuckern durch elektive Vergärung die gesuchten Antipoden der Fruktose und Glukose zu isolieren. Von Interesse war auch FISCHERS Entdeckung, daß nicht nur Pentosen, sondern auch Heptosen und Oktosen nicht angegriffen werden, hingegen Nonosen wieder gärfähig sind. Daß andere Pilze wieder ganz andere Verhältnisse aufweisen, geht u. a. auch aus meinen Feststellungen[1]) für Aspergillus niger hervor, welcher unter sonst gleichen Umständen auf verschiedenen Zuckernährböden folgende Erntegewichte hervorbrachte:

Dioxyaceton	196,8 g	d-Glykose	477,1 g
l-Arabinose	350,0 g	d-Mannose	286,8 g
l-Xylose	512,7 g	d-Galaktose	489,3 g
Rhamnose	391,2 g	d-Fruktose	523,7 g
		a-Glykoheptose	35,4 g
		d-Glukonsäure	253,8 g
		d-Zuckersäure	249,8 g
		Quercit	325,0 g

Hier fällt auf: die Gleichwertigkeit der Pentosen, insbesondere der l-Xylose gegenüber den Hexosen, der auffällig niedere Resorptionswert der geprüften Heptose, endlich der augenscheinlich nicht unbedeutende Rückgang des Nährwertes, wenn die Zucker zu Hexonsäuren oxydiert werden.

Aber selbst bei dem so allgemein günstig wirkenden Traubenzucker stoßen wir auf weitgehende Unterschiede, wenn wir verschiedene Pilze und Bakterien in ihrem Verhalten zu d-Glukose untersuchen. Die meisten gedeihen wohl auf Zuckerlösungen der verschiedensten Konzentration, bis zu 30 und 40 Proz. Andererseits wachsen nach WINOGRADSKY und OMELIANSKI[2]) die nitrifizierenden Mikroben nicht mehr bei 1 Proz., ja selbst 0,1 Proz. Traubenzuckergehalt ihres Substrates; 0,025 Proz. Glukose wirkt jedoch nicht bloß nicht schädlich, sondern ausgesprochen günstig auf das Wachstum dieser Organismen. Nach JENSEN[3]) ist für Bac. denitrificans II Glykose und auch Glyzerin nicht günstig, während Zitronensäure, Milchsäure, Buttersäure sehr gute Kohlenstoffquellen darstellen. Tuberkelbacillen gedeihen nach HAMMERSCHLAG[4]) besser auf Glyzerinnährboden als auf Traubenzuckersubstrat.

1) F. CZAPEK, Hofmeisters Beitr. z. chem. Phys., Bd. III, p. 62 (1902). Bezüglich Amylomyces β: M. NIKOLSKI, Centr. Bakter. (II), Bd. XII, p. 554 (1904). — 2) WINOGRADSKY u. OMELIANSKI, Centr. Bakter. (II), 1899, p. 329. — 3) H.J. JENSEN, ibid., Bd. III, p. 622 (1897). — 4) A. HAMMERSCHLAG, Mon. Chem., Bd. X, p.9.

Man hat auch manche Beobachtungen für verschiedene Bakterien, welche zeigen, daß sich die Zusammensetzung dieser Mikroben bei steigendem Zuckerreichtum des Substrates nachweislich ändert [Lyons[1]]. Der Zucker des Substrates kann durch Erzeugung von Säuren die Bakterien beeinflussen [Smith[2]] und so nachteilige Wirkungen hervorrufen [Hellström[3]]: diese Störungen äußern sich bei Staphylococcus pyogenes aureus auch in Abschwächung der Virulenz [Kayser[4]]. Entschieden die größten Schwankungen im Nährwerte finden wir bei der d-Galaktose, was schon bei der Vergärung dieses Zuckers durch verschiedene Heferassen hervortritt; Ustilagosproßmycele assimilieren nach Herzfeld[5]) die Galaktose gar nicht; hingegen ist Galaktose sehr geeignet für Aspergillus niger, nach Wehmer[6]) auch für Mucor Rouxii. Die Bakterien verarbeiten Galaktose gewöhnlich sehr leicht, ebenso auch Schleimsäure [Béchamp[7]]. Sorbose wird nach Gayon und Dubourg[8]) vom Erreger der Mannitkrankheit des Weins verarbeitet, von Hefen hingegen nicht.

Die Produkte der Zuckerspaltung sind äußerst verschiedenartig, und viele hierher gehörende chemische Vorgänge finden als Teilerscheinungen der Sauerstoffatmung und als Oxydationsprozesse besser ihren Platz in dem Abschnitte über Aufnahme und Verwendung des Sauerstoffes. In erster Linie gilt dies von der aëroben Zuckerverarbeitung. Manche Vorgänge, welche hier ihre Darlegung finden könnten, wie die Schnelligkeit der Aufnahme verschiedener Hexosen durch den Organismus[9]), sind von allgemeineren Standpunkten aus noch nicht behandelt worden. Hohe Bedeutung kommt ferner den Zuckerarten als Sauerstoffquelle im anaëroben Stoffwechsel zu und es wurde von verschiedenen Seiten, besonders von Ritter[10]) näher ausgeführt, wie sehr die Lebenserscheinungen, z. B. die Geißelbewegungen anaërober Organismen von der Darbietung von Zucker abhängen. Auch die anaërobe Zuckerspaltung ist hier nur insoweit in Betracht zu ziehen, als sie nicht auf Sauerstoffentziehung (z. B. in der Buttersäuregärung) hinausläuft. Betriebsenergie liefernde Spaltungen des Zuckers ohne Aufnahme und Abgabe von Sauerstoff kennen wir aber in der Alkoholgärung, Milchsäuregärung, weitverbreiteten und wichtigen Vorgängen, welche nun näher darzulegen sein werden. Es sind dies jedoch nicht die einzigen Zuckerspaltungen, die bekannt geworden sind. Frankland und Lumsden fanden bei der Verarbeitung von Dextrose durch Bacillus ethaceticus Äthylalkohol, Essigsäure, Ameisensäure und Kohlensäure. Bacterium coli bildet Wasserstoff, Kohlensäure, Essigsäure (Chantemesse und Widal). Friedländers Pneumobacillus produzierte in Versuchen von Frankland, Stanley und Frew, Alkohol, Essigsäure, Ameisensäure und Bernsteinsäure. Milchsäurebildung ist ebenfalls bei Bakterien ohne echte Milchsäuregärung häufig beobachtet. Es ist derzeit noch nicht gelungen, die Bildung dieser Stoffe aus Zucker sich chemisch verständlich zu machen. Übrigens steht auch die Frage noch offen, inwiefern die von Fischer

1) R. Lyons, Arch. Hygien., Bd. XXVIII, p. 30, (1896). — 2) Th. Smith, Centr. Bakter. (I), Bd. XVIII, p. 1 (1895). — 3) F. E. Hellström, ibid., Bd. XXV, p. 170, 217 (1899). — 4) H. Kayser, Zeitschr. Hyg., Bd. XL, Heft 1 (1902). — 5) P. Herzfeld, Zopfs Beiträge, 1895. — 6) C. Wehmer, Centr. Bakter. (II), 1900, p. 353. — 7) A. Béchamp, Chem. Centr., 1890, Bd. II, p. 64. — 8) U. Gayon u. E. Dubourg, Ann. Inst. Pasteur. Tome VIII, p. 108 (1894); Tome 15, p. 527 (1901). — 9) Vgl. für die Resorption im Dünndarm J. Nagano, Pflüg. Arch., Bd. XC, p. 389 (1902). — 10) Ritter, Flora, 1899, p. 329.

synthetisch dargestellten Zuckerarten von Bakterien verarbeitet werden
können, nachdem bisher nur das Verhalten von Hefe zu diesen Stoffen
geprüft wurde [1]). Möglicherweise stehen hier noch interessante Tatsachen zu erwarten. Pentosen (geprüft wurden vor allem l-Arabinose,
l-Xylose) und Methylpentosen (Rhamnose) werden, wie erwähnt, von
Aspergillus niger sehr leicht verarbeitet; Hefen assimilieren nach
Bokorny [2]) sowie nach Schöne und Tollens [3]) die drei genannten
Zucker, doch wie Fischer bereits konstatierte, ohne Alkoholgärung.
Für Bakterien bilden Pentosen sehr allgemein eine günstige Kohlenstoff-
quelle. Fäulnisbakterien verarbeiten, wie Salkowski [4]), Bendix [5]) und
Ebstein [6]) fanden, Pentosen sehr leicht; dies ist für die Zersetzung der
Nukleine, welche Pentosen enthalten, von Wichtigkeit. Aber auch im
Boden finden sich unter den Zersetzungsprodukten der Pflanzen pentosen-
haltige Materialien in den pentosanhaltigen Zellmembranen, welche von
Bodenbakterien gleichfalls verarbeitet werden. Stoklasa [7]) gab sogar
an, daß Xylose für den Alinitbacillus die beste Kohlenstoffnahrung sei.
Nach Frankland und Mac Gregor [8]) wird Arabinose durch Bac. etha-
ceticus verarbeitet, Grimbert [9]) fand Arabinose und Xyloseverarbeitung
beim Friedländerschen Bacillus; Bact. coli ist nach Chantemesse und
Vidal [10]) und Péré [11]) mit Arabinose und Rhamnose ernährbar; Tate [12])
konstatierte für einen Mikroben von reifen Birnen Verarbeitung von
Rhamnose, Henneberg [13]) Arabinoseernährung bei Bact. oxydans. Auch
anaërobe Arabinoseverarbeitung ließ sich von Bact. orthobutylicus in
Versuchen von Grimbert [14]) feststellen. Die beobachteten Stoffwechselprodukte waren für Bact. ethaceticus Äthylalkohol, Essigsäure, Ameisensäure, Kohlensäure, Wasserstoff; andere Bakterien wie der Friedländersche Bacillus produzieren Bernsteinsäure und Milchsäure. Tates
Bacillus bildete i-Milchsäure aus Rhamnose. Essigsäure und Milchsäure wurden auch durch Schöne und Tollens [3]) bei Hefe unter Pentose-
darreichung als Stoffwechselprodukte nachgewiesen. Milchsäurebildung
aus Arabinose und Xylose beobachtete ferner Kayser [15]). Der Erreger
der Mannitgärung bildet nach Gayon und Dubourg aus Pentosen Essigsäure und Milchsäure, aber keinen Mannit.

§ 3.
Die Alkoholgärung [16]).

Pilze, welche befähigt sind, Spaltung von dargereichtem Zucker,
oder auch von Zucker ihres eigenen Körpers in Alkohol und Kohlen-

---

1) Fischer u. H. Thierfelder, Ber. chem. Ges., 1894, p. 2031. — 2) Th.
Bokorny, Dingl. polytechn. Journ., Bd. CCCIII. p. 115 (1897). — 3) A. Schöne,
u. B. Tollens, Journ. f. Landwirtsch., Bd. XLIX, p. 29 (1901). Reine Arabinose
wurde in den Versuchen dieser Autoren jedoch von Hefe selbst unter günstigen
Bedingungen nicht verändert. Vgl. auch Bendix, Chem. C., 1900, Bd. I, p. 1136.
— 4) E. Salkowski, Zeitschr. physiol. Chem., Bd. XXX, p. 478 (1900). — 5) Bendix,
Zeitschr. f. diät. u. physikal. Therapie, 1899, Bd. III, Heft 7. — 6) F. Ebstein,
Zeitschr. physiol. Chem., Bd. XXXVI, p. 478 (1902). — 7) J. Stoklasa, Bakt.
Centralbl. (II), Bd. IV, p. 817 (1898); Bd. V, p. 351 (1899). — 8) P. F. Frank-
land u. J. Mac Gregor, Journ. chem. soc., 1892, p. 737. — 9) L. Grimbert,
Compt. rend. soc. biol., 1896, p. 191; Annal. Inst. Pasteur, Tome IX, p. 840 (1895).
— 10) Chantemesse u. Widal, Kochs Jahresber., 1892, p. 80. — 11) A. Péré,
Ann. Inst. Pasteur, 1898, p. 63; nach Stoklasa, l. c. (1898). — 12) G. Tate,
Journ. Amer. chem. Soc., Vol. LXIII, p. 1263; Chem. Centr., 1893, Bd. II, p. 1006.
— 13) W. Henneberg, Centr. Bakter., 1898, p. 20. — 14) L. Grimbert, Ann. Inst.
Pasteur, Tome VII, p. 353 (1893). — 15) E. Kayser, ibid., Tome VIII, p. 737
(1894). Über Assimilation von Xylose und Arabinose durch verschiedene Bakterien
auch A. Segin, Centr. Bakter. (II), Bd. XII, p. 397 (1904). — 16) Über Alkohol-

säure zu erzeugen, kennen wir heute bereits in größerer Zahl. Abgesehen von den Rassen der Bier- und Weinhefe (Saccharomyces cerevisiae und ellipsoideus), welche seit den ältesten Kulturperioden dem Menschen als Alkoholgärungserreger dienlich sind, und als der Typus von Organismen, die an diese Art von Energiegewinnung gewöhnt sind, betrachtet werden können, sind gut studierte Erreger der Alkoholgärung des Traubenzuckers die Rassen des Saccharom. Pastorianus, anomalus [1]), Ludwigii, exiguus, Marxianus und vieler anderer sporenbildender Hefen, mit Ausnahme von S. membranaefaciens und verwandten Formen, deren Studium von PASTEUR [2]) angebahnt und von E. CHR. HANSEN [3]) so erfolgreich ausgebaut wurde; auch den parasitischen Sacch. guttulatus erkannten BUSCALIONI und CASAGRANDI [4]) als Alkoholgärer; ferner ist zu erwähnen der von BEIJERINCK [5]) entdeckte Schizosaccharomyces octosporus und Gattungsgenossen. Die Alkoholgärer der Milch [Sacch. Kefyr und andere [6])], die ungenügend bekannten Formen von Torula; Monilia candida und javanica, der Soorpilz, Oidium albicans [LINOSSIER und ROUX [7])]. Wichtig ist sodann die Tatsache, daß verschiedene Mucorarten in ihren untergetauchten Sproßmycelen Alkoholgärung erregen, was 1857 durch BAIL [8]) entdeckt worden ist. Spätere mit reinen Kulturen angestellte Beobachtungen erwiesen Alkoholgärung durch Mucor Mucedo [FITZ [9])], racemosus [FITZ [10])], circinelloides [GAYON [11])], spinosus und erectus [HANSEN [12])], Rouxii [13]), Cambodja [CHRZACZ [14])]; bei anderen Mucorarten ist die Gärung nur schwach (Rhizopus nigricans), anderen fehlt die Gärungserregung gänzlich. Nach GOSIO [15]) bildet auch der „Arsenschimmelpilz" Penicillium brevicaule Alkohol aus Zucker. Endlich haben LABORDE [16]) und MAZÉ [17]) für Eurotiopsis Gayoni Alkoholgärung nachgewiesen. Die Sporen von Didymium

gärung handelt vor allem der dritte Band von DUCLAUX trefflichem Traité de Microbiologie (1900); E. BUCHNER, Zymasegärung (1903); AD. MAYER, Lehrb. d. Agrikulturchemie, 5. Aufl., Bd. III, Gärungschemie (1902); C. OPPENHEIMER, Die Fermente, 2. Aufl. (1904), p. 302; J. EFFRONT-BÜCHELER, Die Diastasen (1900), p. 291; J. R. GREEN-WINDISCH, Die Enzyme (1901), p. 315. In den zitierten Werken von BUCHNER, MAYER, GREEN finden sich auch ausführliche historische Nachweise, ebenso bei F. AHRENS, Das Gärungsproblem, 1902. Die Quellenwerke von SCHWANN, CAGNIARD-LATOUR, KÜTZING wurden neuerdings herausgegeben in DELBRÜCK und SCHROHE, Hefe, Gärung und Fäulnis (1904).

1) Über Gärung durch Anomalushefen: L. STEUBER, Kochs Jahresber. Gärorganism., Bd. XI, p. 130 (1900); durch Sacch. Opuntiae: ULPIANI u. SARCOLI, Bot. Centr., Bd. XCIII. p. 173 (1903). — 2) L. PASTEUR, Etudes sur la bière (1876). — 3) E. CHR. HANSEN, Meddel. Carlsberg Laborator. Die Resultate HANSENS sind ferner dargestellt, und die verschiedenen Saccharomyceten ausführlich beschrieben bei A. JÖRGENSEN, Die Mikroorganismen der Gärungsgewerbe, 4. Aufl. (1898); P. LINDNER, Mikroskop. Betriebskontrolle i. d. Gärungsgewerbe, 3. Aufl. (1901). — 4) L. BUSCALIONI u. O CASAGRANDI, Malpighia, Bd. XII, p. 59 (1898). — 5) M. BEYERINCK, Centr. Bakter., Bd. XVI, No. 2 (1894). — 6) Über Alkoholgärung in Milch: R. REICHARDT, Arch. Pharm., 1874, p. 210; DUCLAUX, l. c., p. 682. — 7) G. LINOSSIER u. ROUX, Compt. rend., Tome CX, p. 868 (1890); Bull. soc. chim. (3), Tome IV, p. 697 (1890). — 8) BAIL, Flora, 1857, PASTEUR, l. c. p. 126; BREFELD, Flora, 1873, p. 385; ferner LAFAR, l. c., p. 430; DUCLAUX, l. c. p. 15; HANSEN, Trav. labor. Carlsberg, Tome II, Heft 5 (1888). — 9) A. FITZ, Ber. chem. Ges., Bd. VI, p. 48 (1873). — 10) FITZ, Ber., Bd. IX, p. 1352 (1876); Bd. VIII, p. 1540 (1875); EMMERLING, Ber., Bd. XXX, p. 454 (1897); 11) U. GAYON, Annal. chim. phys., Tome XIV, p. 258 (1878); VAN TIEGHEM, Annal. sc. nat. (6), Tome XIV, p. 46 (1882). — 12) HANSEN, l. c. (1888). — 13) J. SANGUINETTI, Ann. Inst. Pasteur, Tome XI, p. 264 (1897). — 14) T. CHRZACZ, Centr. Bakt. (II), Bd. VII, p. 326 (1901). — 15) B. GOSIO, Botan. Centr., Bd. LXXXVII, p. 131 (1901). — 16) I. LABORDE, Annal. Inst. Pasteur, Tome XI, p. 1 (1897). — 17) P. MAZÉ, Compt. rend., Tome CXXXIV, p. 191 (1902); Annal. Inst. Pasteur, Tome XVI, p. 433 (1902); Compt. rend., Tome CXXXV, p. 113 (1902).

leucopus prüfte SCHUMANN [1]) mit negativem Erfolge. Desgleichen sind trotz einiger gegensinniger Angaben Aspergillus glaucus, niger, Penicillium glaucum keine Alkoholbildner, weder bei Sauerstoffabschluß noch bei Luftzutritt [2]). Oidium lactis und Mycoderma cerevisiae sind nach HANSEN ebenfalls keine Alkoholgärungserreger.

Alkoholbildung aus Zucker ist auch bei Bakterien mehrfach beobachtet worden, doch bilden die Bakterien, soweit man untersucht hat, nicht nur aus Hexosen, sondern auch aus Hexiten und Pentosen Alkohol, wie bereits im § 2 dargelegt; auch treten bei den bakteriellen Prozessen neben Alkohol und Kohlensäure Essigsäure, Milchsäure, Buttersäure, Ameisensäure in verschiedenen Mengenverhältnissen auf. Es ist noch unentschieden, ob diese Stoffe teilweise aus Äthylalkohol sekundär entstehen oder ob sie irgendwelchen neben der Alkoholgärung einherlaufenden Vorgängen ihren Ursprung verdanken. Von alkoholbildenden Bakterien sind zu erwähnen die von BRIEGER [3]) untersuchten Faecesmikroben und Pneumoniekokken, der Bacillus ethaceticus von FRANKLAND [4]), der Bacillus oedematis maligni [KERRY und FRAENKEL [5])], der Bacillus amylozyme von PERDRIX [6]). FITZ „Bacillus aethylicus" bildete auch aus Glyzerin Äthylalkohol [7]). Die biologische Hauptbedeutung der Alkoholgärung kann meines Erachtens nur in der Gewinnung von Betriebsenergie gesucht werden. Die gegen diese Meinung erhobenen Einwände sind sämtlich nicht überzeugend. Daneben kann allerdings sehr wohl die von WORTMANN [8]) betonte Bedeutung des Alkohols als Schädigungsmittel gegen Mitbewerber um die Zuckernahrung und wirksame Waffe im Konkurrenzkampfe mit anderen Mikroben in Betracht kommen.

Bei den echten Hefen, Mucorsproßmycelien und anderen Alkoholgärung verursachenden höheren Pilzen ist die Wirkung, wie besonders zuletzt die Untersuchungen von FISCHER und THIERFELDER erwiesen haben, eng begrenzt und erstreckt sich nur auf vier Hexosen: d-Glukose, d-Mannose, d-Galaktose und d-Fruktose, ferner wurde Mannononose als gärfähig befunden. Fraglich ist die Gärfähigkeit von Glycerinaldehyd und Dioxyaceton. EMMERLING [9]) warf die Frage auf, ob nicht nur das Kondensationsprodukt dieser Triosen, die Akrose, den positiven Ausfall früherer Versuche verursacht hätte. TOLLENS [10]) prüfte auch den Methylenester des Traubenzuckers mit negativem Ergebnisse hinsichtlich seiner Gärfähigkeit. Über die biochemisch wichtige Methodik bei diesbezüglichen Untersuchungen ist außer den Angaben bei FISCHER und THIERFELDER besonders noch auf die von LINDNER [11]) ausgearbeitete Methode hinzuweisen, welche mit sehr kleinem Materialaufwand zu arbeiten gestattet. Bei der Mehrzahl der untersuchten Hefen ergab sich, daß d-Galaktose am langsamsten vergoren wird. BOURQUELOT [12]) meinte, daß die Vergärung von Galaktose durch die Gegenwart

1) C. SCHUMANN, Ber. chem. Ges., Bd. VIII, p. 44 (1875). — 2) Vgl. auch LAFAR, l. c., p. 431. — 3) L. BRIEGER, Zeitschr. physiol Chem., Bd. VIII, p. 306 (1884); Bd. IX, p. 1 (1885). — 4) P. F. FRANKLAND u. J. J. FOX, Proc. roy. Soc., Vol. XLVI, p. 345 (1890). — 5) R. KERRY u. S. FRAENKEL, Mon. Chem., Bd. XI, p. 268 (1890). — 6) PERDRIX, Ann Inst. Pasteur, Tome V, p. 287 (1891). — 7) FITZ, Ber. chem. Ges., Bd. VIII, p. 1348 (1876). — 8) J. WORTMANN, Weinbau und Weinhandel, 1902, Sep. v. Vf. — 9) O. EMMERLING, Ber. chem. Ges. Bd. XXXII (I), p. 542 (1899). — 10) B. TOLLENS, Ber. Bd. XXXII (III), p. 2585 (1899). — 11) P. LINDNER, Wochenschr. f. Brauerei., Bd. XVII, p. 713, 762 (1900). — 12) BOURQUELOT, Compt. rend., Tome CVI, p. 283; Journ. pharm. chim. (5). Tome XVIII, p. 337 (1888); Compt. rend. soc. biolog. (8), Tome IV, p. 699.

ven Glukose oder Fruktose für Hefe erleichtert werde. Leicht und
rasch vergären nach Bau[1]) Milchzuckerhefe und Monilia candida die
Galaktose. Bei Pastorianus, Marxianus, cerevisiae I, Hefe Frohberg
fanden FISCHER und THIERFELDER bei Galaktosedarreichung nach
8 Tagen keine Reduktion mehr in der Nährlösung. DIENERT[2]) konstatierte, daß sich Hefen an Galaktose akklimatisieren lassen, aber auch
bei maximaler Gewöhnung an Galaktose wird diese Hexose 1,6mal
schwächer vergoren als Traubenzucker. Saoch. Ludwigii soll nach
THOMAS[3]) Galaktose so wenig angreifen, daß er sich zur Isolierung
dieses Zuckers aus dem hydrolysierten Milchzucker verwenden läßt.
Auch Schizosaccharomyces Pombe, sowie Sacch. apiculatus greifen nach
VOIT[4]) Galaktose nicht an, ebenso membranaefaciens und productivus
nach FISCHER und THIERFELDER. Die Vergärung der Mannose ist
noch wenig untersucht. Bezüglich der Vergärung von Traubenzucker
und Fruchtzucker liegen seit DUBRUNFAUT[5]) eine Reihe von Beobachtungen vor, welche zeigen, daß nicht beide Zuckerarten aus Invertzucker gleich rasch verschwinden. DUBRUNFAUT gebrauchte für diese
Erscheinung die Bezeichnung „elektive Gärung". Nicht nur Hefen
scheinen die Dextrose anfänglich rascher zu vergären als Lävulose,
sondern das Gleiche wurde für den Soorpilz von LINOSSIER und ROUX,
sowie für Eurotiopsis Gayoni von LABORDE, für Mucor circinelloides
von GAYON[6]) angegeben. HIEPE[7]) fand, daß Dextrose von allen Hefen
rascher als Lävulose zur Vergärung gebracht wird und daß das Maximum der Dextrosevergärung schon am zweiten Tage erreicht ist,
während bei Lävulose erst in 3—5 Tagen der Höhepunkt der Gärung
eintritt. Doch berichtete DUBOURG[8]) über eine Weinhefe, welche aus
Invertzucker eher die Fruktose angreifen soll. Saccharomyces exiguus
verhält sich ebenso[9]). Übrigens ist wohl hierbei die sonstige Zusammensetzung der Nährlösung wichtig, und es scheint nach den vorliegenden Erfahrungen vor allem die Stickstoffnahrung einflußreich zu
sein. Nach IWANOWSKI[10]) vermag man durch Darreichung größerer
Mengen geeigneter Stickstoffnahrung Hefe selbst in Traubenzuckerlösung
ohne Alkoholgärung wachsen zu lassen.

Zwischen 5- und 20-proz. Zuckerkonzentration ist nach den Feststellungen von BROWN[11]) bei verschiedenen Hefen kein Einfluß des
Zuckergehaltes der Gärflüssigkeit auf den Fortgang des Prozesses zu
beobachten. Auch ist nach DUMAS[12]) bei 10—12 Proz. Zuckergehalt
die Gärungsdauer ungefähr proportional der vorhandenen Zuckermenge.

1) A. BAU, Centr. Bakt. (II), Bd. II, p. 653 (1896). Hier auch Literaturübersicht. Galaktosevergärung auch B. TOLLENS u. W. E. STONE, Ber. chem. Ges.,
Bd. XXI, p. 1572 (1888). — 2) FR. DIENERT, Ann. Inst. Pasteur, Tome XIV.
p. 139 (1900); Compt. rend., Tome CXXVIII, p. 569 (1899); auch DUBOURG, ibid.,
p. 440. — 3) P. THOMAS, Compt. rend., Tome CXXXIV, p. 610 (1902). — 4) VOIT,
Zeitschr. Biolog. Bd. XXIX, p. 149 (1892). — 5) DUBRUNFAUT, Compt. rend.,
Tome XXV, p. 307 (1847). — 6) U. GAYON, Compt. rend., Tome LXXXVII, p. 407
(1878). — 7) W. L. HIEPE, Kochs Jahresber., 1895, p. 142. — 8) E. DUBORG,
Rev. Viticult, 1897, p. 467. — 9) GAYON u. DUBOURG, Compt. rend., Tome CX.
p. 865 (1890). Zu diesem Gegenstande ferner BOURQUELOT, Compt. rend., Tome C,
p. 1466 (1885); ibid., p. 1404 (Kritik des Dubrunfautschen Begriffes der „elektiven
Gärung"); BORNTRÄGER, Kochs Jahresber., 1897, p. 107; W. KNECHT, Centr. Bakt.
(II), Bd. VII, p. 161 (1901), weist auf den Einfluß der Stickstoffnahrung auf die
Vergärung der einzelnen Zuckerarten hin. — 10) IWANOWSKI, Centr. Bakt. (II),
Bd. X, p. 151 (1903). — 11) BROWN, Journ. chem. Soc., Tome LXI, p. 369 (1892).
12) DUMAS, Ann. chim. phys. (5); Tome III, p. 57 (1874).

Mucorhefe verträgt jedoch nach FITZ ohne Verlangsamung der Gärung nicht über 7 Proz. Zuckergehalt. 30 proz. Zuckerlösung wird auch von Bierhefe nur noch langsam vergoren. Über 35 Proz. Zuckergehalt bringt nach WIESNER [1]) die Gärung zum Stillstande, doch läßt sich nach BOKORNY [2]) noch in 60-proz. Traubenzuckerlösung etwas Gärung nachweisen. JODLBAUER [3]) gab als Optimalkonzentration 8 Proz. Zucker an, doch ist dieses Optimum nicht als scharf begrenzt anzusehen. Offenbar setzt erst die osmotische Wirkung der konzentrierteren Zuckerlösungen dem Gärprozesse ein Ende, was bereits bei WIESNER hervorgehoben ist. Den Einfluß verschiedener Neutralsalze in höheren Konzentrationen hat VANDEVELDE [4]) näher geprüft.

Die günstigste Temperatur für die Alkoholgärung dürfte bei 30 ^{0} C gelegen sein [5]), noch unter 40 ^{0} erfolgt Verminderung und Überschreiten von etwa 53 ^{0} bedingt völliges Aufheben der Gärung. Eine untere Temperaturgrenze ist erst unter dem Eispunkt zu konstatieren, und noch bei 0 ^{0} ist langsame Gärung nachzuweisen. Dies gilt für die vegetierende kräftige Hefe. Lufttrockene Hefe verträgt nach P. BERT [6]) noch — 113 ^{0} und wird auch durch Temperaturen von + 100 ^{0} nicht abgetötet. Nach NÄGELI [7]) ist bei 30 ^{0} die Gärtätigkeit von Bierhefe so stark, daß die Hefe das 40 fache ihres Gewichtes an Rohrzucker binnen 24 Stunden vergärt.

Unter Voraussetzung, daß der vergorene Zucker glatt in CO_2 und C_2H_6O zerfällt, müssen aus 100 Gewichtsteilen Zucker 48,6 Gewichtsteile Kohlensäure und 52,4 Gewichtsteile Alkohol entstehen. Dies ist auch tatsächlich für Hefegärung von GAY LUSSAC [8]) und DÖBEREINER [9]) schon zu Anfang des 19. Jahrhunderts behauptet worden. Späterhin wurde durch die Auffindung des Glyzerins und der Bernsteinsäure als Gärungsnebenprodukte durch PASTEUR [10]) eine kleine Einschränkung an diesem Gärungsgesetz angebracht. In Wirklichkeit werden, wie PASTEUR fand und JODLBAUER [3]) in neuerer Zeit bestätigte, 48,3 Proz. Alkohol und 46,4 % Kohlensäure als Gärungsprodukte gefunden.

Von besonderer Wichtigkeit ist der Nachweis des Äthylalkohols als Gärprodukt und der Einfluß desselben auf den Gärverlauf.

Wie PASTEUR und DUCLAUX [11]) angaben, sind bereits die bei Beginn der Destillation alkoholhaltiger Flüssigkeiten im Halse des Destillationskolbens auftretenden öligen Streifen und Tropfen, welche durch den wieder kondensierten Alkohol entstehen, eine sehr empfindliche Probe auf Alkohol. Zur Identifizierung des Äthylalkohols in den ersten Teilen des Destillates bedient man sich gewöhnlich der Jodoformprobe von LIEBEN [12]): die Probe wird mit Na_2CO_3 und Jod (wobei ein Alkaliüberschuß zu vermeiden ist) vorsichtig erwärmt, worauf eine schwefelgelbe Trübung durch das charakteristisch riechende, hexagonale mikroskopische Kriställchen bildende Jodoform auftritt. Man kann auch die

1) J. WIESNER, Sitz.-Ber. Wien. Akad., Bd. LIX (1869). — 2) TH. BOKORNY Centr. Bakt. (II), Bd. XII, p. 119 (1904). — 3) JODLBAUER, Zeitschr. Verein. Rübenzuckerind., 1888, p. 308. — 4) A. J. VANDEVELDE, Chem. C., 1903, Bd. I, p. 414; 1904, Bd. I, p. 527. — 5) Zusammenstellungen hierüber bei A. MAYER, l. c., p. 156. — 6) P. BERT, Compt. rend., Tome LXXX, p. 1579. — 7) NÄGELI, Theorie der Gährung (1879), p. 32. — 8) GAY LUSSAC, Ann. chim., Tome LXXVI (1810); Tome LXLV (1815). — 9) DÖBEREINER, Schweigg. Journ., Bd. XX, p. 213 (1817). — 10) L. PASTEUR, Compt. r., Tome LII (1861). — 11) DUCLAUX, Mikrobiologie, Bd. III, p. 6. — 12) LIEBEN, Ber. chem. Ges., Bd. II, p. 549 (1869); M. KLAR, Pharmaz. Ztg., Bd. XLI, p. 629 (1896).

von BITTO[1]) für einwertige Alkohole angegebene Reaktion benützen: Mehrere Kubikcentimeter der Probe werden mit 1—2 ccm einer Lösung von 0,5 g Methylviolett in 1 Liter Wasser und 0,5—1 ccm Alkalipolysulfidlösung versetzt, worauf bei Alkoholgegenwart eine violettrote Farbe auftritt. M. NICLOUX und BAUDUER[2]) fanden, daß bei $^1/_{3000}$ Alkoholgehalt sich fast der Gesamtalkohol im ersten Viertel des Destillates findet. Gewöhnlich bestimmt man den Alkoholgehalt des Destillates aräometrisch. ARGENSON[3]) hat eine Methode angegeben, bei welcher der Alkohol durch Chromsäuremischung zu Aldehyd oxydiert wird und der Aldehyd kolorimetrisch mit Hilfe der Fuchsin-H_2SO_3-Reaktion bestimmt wird. BOURCART[4]) benutzte die Oxydation zu Essigsäure zur Alkoholbestimmung.

Bekannt ist der hemmende Einfluß, welchen höhere Alkoholkonzentrationen der Gärflüssigkeit auf den Fortgang der Gärung entfalten. Besonders empfindlich hat sich die „Mucorhefe" gezeigt. Bei Mucor racemosus und Mucedo liegt nach FITZ die Schädlichkeitsgrenze bei 3,5 bis 4 Proz. Alkoholgehalt, die Gärung von Rhizopus nigricans sistiert schon bei 1,3 Proz. Alkohol[5]). Für Hefe kannte schon CHEVREUL die gleiche Erscheinung und es haben eine Reihe dahin gerichteter Untersuchungen von BLANKENHORN, TRAUBE, HAYDUCK u. a.[6]) ergeben, daß bei mehr als 14 Proz. Alkoholgehalt die Gärung sistiert wird. Die Verzögerung macht sich schon bei 5—6 Proz. Alkohol geltend. Manche Hefen sind als besonders alkoholempfindlich angegeben, so Sacch. apiculatus [MÜLLER-THURGAU[7])], Bierhefe Typus Saaz [PRIOR[8])], die Kojihefe [KOSAI-YABE[9])]. Sehr resistent gegen höheren Alkoholgehalt ist die aus Brasilien stammende „Logos"hefe.

Auf die Methoden zur Bestimmung der Kohlensäure in den Gärprodukten braucht nicht näher eingegangen zu werden. Wird der Gesamteffekt betrachtet, so wirkt ein gesteigerter CO_2-Gehalt der Flüssigkeit hemmend auf die Gärtätigkeit, wie HANSEN[10]) und zuletzt ORTLOFF[11]) sichergestellt haben; doch hat es sich in ORTLOFFs Versuchen ergeben, daß zwar die Vermehrungsenergie der Zellen durch Kohlensäure gehemmt wird, hingegen das Gärvermögen im Gegensatze zu früheren Angaben von FOTH[12]) und DELBRÜCK eine erhebliche Steigerung durch Kohlensäure erfährt. LINDET[13]) hatte gar keine Wirkung vermehrten Kohlensäuregehaltes der Gärflüssigkeit beobachtet.

1) B. v. BITTÓ, Chem.-Ztg., Bd. XVII, p. 611. — 2) M. NICLOUX u. L. BAUDUER, Bull. soc. chim. (3), Tome XVII. p. 424 (1897); NICLOUX. ibid., p. 455. — 3) G. ARGENSON, ibid., Tome XXVII, p. 1000 (1902). — 4) R. BOURCART, Zeitschr. analyt. Chemie, Bd. XXIX, p. 608 (1890). Diese Methode wurde empfohlen durch GILTAY u. ABERSON, Jahrb. wiss. Bot. Bd. XXVI, p. 554 (1894). Zur Alkoholbestimmung vgl. auch F. BENEDICT u. NORRIS, Journ. Americ. chem. soc., Vol. XX, p. 293 (1898); BORDIER, Compt. r., Tome CXXXVI, p. 459 (1903); T. E. THORPE u. HOLMES, Procced. chem. soc., Vol. XIX, p. 13 (1902); LANDSBERG, Zeitschr. physiol. Chem., Bd. XLI, p. 506 (1904). — 5) Diesbezügl. Angaben bei: PASTEUR, Etudes sur la bière, 1876, p. 133; BREFELD, Landw. Jahrb., Bd. V, p. 305 (1876); HANSEN, Meddel. Carlsberg Labor., Bd. II, p. 160 (1888); LÉSAGE, Ann. sc. nat. (7), Tome III, p. 151 (1897). — 6) A. BLANKENHORN, Annal. Önolog., Bd. IV. p. 168 (1874); M. TRAUBE, Ber. chem. Ges., Bd. IX, p. 1239 (1876); M. HAYDUCK, Zeitschr. Spiritusindustr., 1882, p. 183. — 7) MÜLLER-THURGAU, Chem. Centr., 1899, Bd. I, p. 916. — 8) PRIOR, Centr. Bakteriol. (II), Bd. I, p. 432 (1895). — 9) KOSAI-YABE, ibid., 619. — 10) E. CHR. HANSEN, Centr. Bakter. II (1887); Zeitschr. ges. Brauwesen, 1887, p. 304. — 11) H. ORTLOFF, Cent. Bakter. (II), Bd. VI, p. 676 (1900). — 12) G. FOTH, Wochenschr. Brauer., 1887, p. 74; Bd. VI (1889), p. 263. — 13) L. LINDET, Bull. soc. chim. (3), Tome II, p. 195 (1890).

Die theoretisch vorauszusehende günstige Wirkung der Entfernung der Gärprodukte auf den Fortgang des Prozesses haben Untersuchungen von BOUSSINGAULT[1]), welcher sich zur Entfernung des Alkohols und der Kohlensäure verminderten Druckes bediente, tatsächlich bestätigt.

1858 zeigte PASTEUR[2]) zuerst, daß ein kleiner Teil des Zuckers bei der Alkoholhefegärung zur Bildung anderer Produkte als Alkohol und Kohlensäure verwendet wird, und er wies von diesen Produkten besonders Glyzerin und Bernsteinsäure nach. Diese beiden Stoffe werden nicht nur von Saccharomyceten formiert, sondern auch von anderen Alkoholgärungspilzen; so wurden sie für die Gärung durch Soorpilz von LINOSSIER und ROUX nachgewiesen, für Mucorgärung von FITZ und EMMERLING[3]). Es ist bekannt, daß PASTEUR eine neue Gärungsgleichung an Stelle derjenigen von GAY LUSSAC zu stellen suchte, welche die Bildung von Glyzerin und Bernsteinsäure mit berücksichtigte. In neuerer Zeit hat man jedoch noch eine weitere Reihe von Stoffen gefunden, welche in kleiner Menge bei der Alkoholgärung entstehen, so daß es auch aus diesem Grunde nicht angebracht erscheint, die Spaltung von Zucker nach der von PASTEUR aufgestellten Gärungsgleichung anzunehmen. Zur Illustration der quantitativen Verhältnisse diene eine Berechnung von CLAUDON und MORIN[4]) wonach von Sacch. ellipsoideus bei 18—20° aus 100 kg Zucker gebildet werden: Glyzerin 2120 g, Bernsteinsäure 452 g, Essigsäure 205,3 g, Isobutylenglykol 158 g, Önanthäther 2,0 g, Amylalkohol 51 g, Isobutylalkohol 1,5 g, n-Propylalkohol 2,0 g, Spuren von Acetaldehyd.

Von Glyzerin werden etwa 3 Proz. der Zuckermenge gebildet, von Bernsteinsäure etwa 0,5 Proz.; alle Stoffe zusammen pflegen ungefähr 6 Proz. der vergorenen Zuckermenge auszumachen. Bei der Schimmelpilzgärung herrschen nach EMMERLING ähnliche Verhältnisse.

PASTEUR dampfte zum Nachweise von Glyzerin und Bernsteinsäure die Gärflüssigkeit behutsam ein und extrahierte den Rückstand mit Ätheralkohol; aus dem Extrakt wurde die Bernsteinsäure durch Herstellung ihres Kalksalzes gewonnen; sodann wurde nochmals mit Ätheralkohol extrahiert und so das Glyzerin abgetrennt. In neuerer Zeit sind eine Reihe von Methoden zur Glyzerinbestimmung in Gärflüssigkeiten angegeben worden[5]), von welchen jedoch noch keine ganz befriedigend ist. Nach THYLMANN und HILGER[6]) ist die Glyzerinbildung bei langsamer Gärung und niederer Temperatur vermindert; Zusatz von Nährstoffen befördert die Glyzerinbildung. Die Bildung von Bernsteinsäure hat den genannten Autoren zufolge, sowie nach RAU[7]), ferner KAYSER

---

1) J. BOUSSINGAULT, Compt. rend., Tome XCI, p. 373 (1880); Agronomie. Bd. VII, p. 82 (1884). Über den hemmenden Einfluß der Gärprodukte vgl. auch F. THIBAUT, Centr. Bakter. (II), Bd. IX, p. 743 (1902). — 2) L. PASTEUR, Compt. rend., Tome XLVI, p. 857 (1858); Lieb. Annal. Bd. CVI, p. 338. — 3) O. EMMERLING, Ber. chem. Ges., Bd. XXX, p. 454 (1897). — 4) E. CLAUDON u. CH. MORIN, Compt. rend., Tome CIV, p. 1109 (1887). Über die Verhältnisse der Glyzerinbildung während der Alkoholgärung vgl. auch J. LABORDE, Compt. r., Tome CXXIX. p. 344 (1899); KAYSER u. DIENERT, Kochs Jahresber. Gär.-Organism. Bd. XII. p. 138 (1901). — 5) Z. B. O. FRIEDEBERG, Chem. Centr., 1890, Bd. I, p. 838; NICLAUX, Bull. soc. chim. (3), Tome XVII. p. 455 (1897); ferner KÖNIG, Untersuch. gewerbl. wicht. Stoffe 2. Aufl. (1898), p. 553, 573. — 6) V. THYLMANN u. A. HILGER, Arch. Hyg. Bd. VIII, p. 451 (1889). — 7) A. RAU, Arch. Hyg. Bd. XIV, p. 225 (1892). Über Bernsteinsäurebestimmung vgl. auch LABORDE u. MORKAU. Ann. Inst. Past., Tome XIII, p. 657 (1899).

und DIENERT [1]) andere Abhängigkeitsverhältnisse. Alte Hefen bilden nach
PASTEUR, sowie nach MACH und PORTELE [2]) mehr Bernsteinsäure und Glyzerin als frische; auch die Angaben EFFRONTS [3]) lauten ähnlich. Hingegen
fanden SEIFERT und REISCH [4]), daß bei Weinhefe die Glyzerinbildung zur
Zeit der intensivsten Gärung und Hefevermehrung am größten ist. Hefe,
welche nach dem Verfahren von EFFRONT [5]) an Fluoride gewöhnt ist, bildet
weniger Bernsteinsäure und Glyzerin. Quantität und Qualität aller Nebenprodukte variiert übrigens viel zu sehr, als daß man die PASTEURsche Gärungsgleichung als Prinzip bei der Bildung derselben anerkennen könnte.

Für die Bestimmung der von PASTEUR [6]) ebenfalls 1858 aufgefundenen Bernsteinsäure hat neuerdings RAU [7]) eine verbesserte Methode
angegeben. Nach den vorliegenden Erfahrungen scheint die Bildung
der Bernsteinsäure ganz anderen Vorgängen zu entstammen als die Bildung von Glyzerin. Näheres läßt sich aber bisher den einschlägigen
Untersuchungen nicht entnehmen. Daß übrigens wirklich die Hefen
und nicht eingedrungene anderweitige Mikroben die Produzenten dieser
Stoffe sind, ist durch eine Reihe von Arbeiten festgestellt worden [8]).

SCHÜTZENBERGER [9]) konstatierte bei der Hefegärung das Vorkommen
von Acetaldehyd, welcher späterhin besonders von ROESER [10]), dann von
KRUIS und RAYMAN [11]) als unter Umständen reichlich auftretendes Gärprodukt beobachtet wurde. LINOSSIER und ROUX fanden auch bei der
Gärung durch Soorpilz ziemlich viel Aldehyd. Bei Luftzutritt entsteht
der Aldehyd relativ viel reichlicher. Offenbar geht er durch Oxydation
aus Äthylalkohol hervor, sowie LIEBIG [12]) zuerst den Aldehyd durch
Oxydation aus Äthylalkohol 1835 dargestellt hat. Es wäre auch an die
Bildung von Aceton noch zu denken. Essigsäure, Ameisensäure finden
sich in wechselnder Menge [KHOUDABACHIAN [13])]; CHAPMAN [14]) fand auch
Essigsäureäthylester vor. Von der Menge des gebildeten Alkohols ist
die Menge der flüchtigen Säuren nicht abhängig [BIOURGE [15])]. Wichtig
ist das Vorkommen höherer Alkohole und deren Ester in den Gärungs-
produkten. Es sind gefunden: Propyl-, Amyl-, Hexylalkohol, HENNINGER [16])
entdeckte auch Isobutylenglykol $OH_2OH \cdot C(CH_3)_2OH$ unter den Gärungs-
produkten; ferner werden gebildet Spuren von Acetal: $CH_3 \cdot CH \cdot (OC_2H_5)_2$.
Nach LINDET [17]) erfolgt die Bildung von höheren Alkoholen besonders
erst nach Schluß der Hauptgärung. GENTIL [18]) hat neuerdings die Ur-

1) E. KAYSER u. FR. DIENERT, Botan. Centr., Bd. LXXXIX, p. 86 (1902);
Kochs Jahresber., l. c. (1901). — 2) MACH u. PORTELE, Versuchstat., Bd. XLI,
p. 233. — 3) J. EFFRONT, Compt rend., Tome CXIX, p. 92 (1894). — 4) SEIFERT
und REISCH, Centralblatt für Bakter. (II), Bd. XII, p. 574 (1904). — 5) J. EF-
FRONT, ibid., p. 169. — 6) PASTEUR, Compt. rend., Tome XLVI, p. 179 (1858). —
7) RAU, Arch. Hyg., Bd. XIV, p. 225 (1892). Über Bernsteinsäurebestimmung vgl.
auch LABORDE u. MOREAU, Ann. Inst. Past., Tome XIII, p. 657 (1899). —
8) BORGMANN, Centr. Bakter., Bd. I, p. 8 (1887); LINDNER, ibid., Bd. III, p. 749;
AMTHOR, ibid., Bd. IV, p. 650; Zeitschr. physiol. Chem., Bd. XII, p. 64; MAR-
TINAUD, Compt. rend., Tome CVII; WORTMANN, Landwirtsch. Jahrb., 1892, p. 906;
KAYSER, Ann. Inst. Pasteur, 1890, p. 321; ROESER, ibid., 1893, p. 41 und die zit.
Arbeiten von THYLMANN, RAU, MACH und PORTELE. — 9) P. SCHÜTZENBERGER
u. A. DESTREM, Compt. rend., Tome LXXXVIII, p. 595 (1879). — 10) ROESER,
Ann. Inst. Pasteur, Tome VII, p. 41 (1893). — 11) K. KRUIS u. B. RAYMANN,
Centr. Bakter. (II), Bd. I p. 637 (1895). — 12) LIEBIG, Annal., Bd. XIV, 2. Heft
(1835). — 13) KHOUDABACHIAN, Ann. Inst. Pasteur, Tome VI p. 600 (1892); Essigsäure:
MAUMENÉ, Compt. rend., Tome LVII, p. 398 (1863); Ameisensäure: P. THOMAS,
Compt. r., Tome CXXXVI, p. 1015 (1903). — 14) C. CHAPMAN, Kochs Jahresb.,
1897, p. 101; Chem. C., 1898, Bd. I, p. 72. — 15) PH. BIOURGE, La Cellule,
Tome XI, Heft 1 (1896). — 16) HENNINGER u. SANSON, Compt. rend., Tome CVI,
p. 208 (1888); A. HENNINGER, ibid. Bd. XCV, p. 94 (1882). — 17) L. LINDET, Compt.
rend., Tome CVII, p. 182 (1888); Tome CXII, p. 102 (1891). — 18) GENTIL, Monit.
scient., Tome XI, p. 568 (1897).

heberschaft der Hefe, bezüglich des Amylalkohols in Zweifel gezogen, doch haben RAYMAN und KRUIS[1]) neuerdings gezeigt, daß die Hefen tatsächlich unter gewissen Kulturbedingungen Amylalkohol erzeugen können. Manche Hefen zeichnen sich durch besonders reichliche Bildung von Fettsäureestern aus und werden nach diesen Riechstoffen als „Fruchtätherhefen" bezeichnet. Dahin zählen z. B. Formen des S. anomalus und Mycodermaarten. Auch wurden von BEIJERINCK, LAFAR, LINDNER[2]) Essigäther bildende Hefen mehrfach festgestellt. Oenanthäther wurde von ORDONNEAU[3]) beobachtet. Für die Ellipsoideus-Gärung wurde die Bildung höherer Alkohole durch CLAUDON und MORIN[4]) quantitativ untersucht. Daß Milchsäure bei Alkoholgärung regelmäßig gebildet wird, hat BUCHNER[5]) nachgewiesen, und es wird auf die theoretische Bedeutung dieses Befundes noch einzugehen sein.

Von Interesse ist endlich die Bildung von Furfurol bei der Alkoholgärung, worüber KRUIS und RAYMAN[6]) Angaben gemacht haben.

PASTEUR fand auch noch sehr geringe Reste bisher noch nicht untersuchter stickstoffhaltiger Substanzen unter den Gärprodukten. Die von POZZI-ESCOT[7]) studierte Schwefelwasserstoffbildung durch gärende Hefe hängt nicht mit der Alkoholgärung zusammen; ebenso dürfte die von TAVERNE[8]) beobachtete sehr geringe Menge von Palmitinsäure nicht ein Gärungsprodukt darstellen, sondern dem Fett der Hefezellen entstammen.

Die wechselvolle Geschichte der Alkoholgärung hat wiederholt in trefflichen Spezialwerken ihre ausführliche Darstellung erfahren und man mag den zitierten Schriften die näheren Angaben entnehmen, wie durch die Studien von LAVOISIER, FOURCROY, GAY LUSSAC besonders der chemische Grundcharakter der Gärung aufgeklärt ward, wie sich später die Erkenntnis von der Pflanzennatur der Hefe, deren Zellen schon 1695 LEUWENHOEK[9]) wahrgenommen hatte und von dem ursächlichen Zusammenhange der Gärung mit vitalen Prozessen der Hefepilze durchrang: in erster Linie angebahnt durch die Arbeiten von SCHWANN (1837)[10]), CAGNIARD LATOUR[11]) (1838); wie andererseits 1839 LIEBIG[12]) den Versuch unternahm, die Gärungsvorgänge molekularmechanisch zu erklären und in richtiger Vorahnung des Sachverhaltes MITSCHERLICH[13]) „Kontaktreaktionen" an unbelebten Stoffen mit der Gärung ver-

1) B. RAYMANN u. KRUIS. Chem. C., 1904, Bd. I, p. 736. Bullet. internation. Acad. Scienc. Bohème 1902. Über Gärungsamylalkohol vgl. auch A. KAILAN, Monatsh. Chem., Bd. XXIV, p. 533 (1903). — 2) Vgl. LINDNER, Wochenschrift f. Brauerei., Bd. XIII, p. 552 (1896); Chem. C., 1896, Bd. II, p. 273. — 3) CH. ORDONNEAU, Bull. soc. chim., Tome XLV, p. 332 (1886). Bedingungen der Fruchtätherbildung: TH. BOKORNY, Chemik.-Ztg., Bd. XXVIII, No. 24 (1904). — 4) E. CLAUDON u. CH. MORIN, Compt. rend., Tome CIV, p. 1109 (1887). — 5) E. BUCHNER u. B. MEISENHEIMER, Ber. chem. Ges., Bd. XXXVII, p. 417 (1904). — 6) KRUIS u. B. RAYMANN, Centr. Bakter. (II), Bd. I, p. 637 (1895). — 7) E. POZZI-ESCOT, Bull. soc. chim. (3), Tome XXVII, p. 692 (1902). — 8) H. J. TAVERNE, Chem. C., 1897, Bd. II, p. 48. — 9) LEUWENHOEK, Arcana naturae (1695). — 10) TH. SCHWANN, Poggend. Annal., Bd. XLI, p. 184 (1837). — 11) CAGNIARD LATOUR, Compt. rend., Tome VII, p. 227 (1838); Annal. chim. phys. (2), Tome LXVIII, p. 206 (1838), ferner QUEVENNE, Journ. pharm. chim., Tome XXIV, p. 265, 329 (1838); DÖPPING u. STRUVE, Journ. prakt. Chem., Bd. XLI, p. 255, stellten noch 1847 die Hefebildung als sekundären Vorgang hin. Die Möglichkeit keimdichten Abschluß durch Baumwollpfröpfe zu erzielen zeigten 1854 H. SCHRÖDER u. TH. v. DUSCH, Lieb. Ann., Bd. LXXXIX, p. 232. — 12) J. LIEBIG, Journ. prakt. Chem., Bd. XVIII, p. 129 (1839). — 13) E. MITSCHERLICH, Pogg. Ann., Bd. LIX, p. 94 (1843); Lieb. Ann., Bd. XLVIII, p. 199 (1843), Bd. XLIV, p. 186 (1842). Vgl. auch die interessanten Bemerkungen von BERZELIUS in dessen Jahresber., Bd. XXII, p. 480 (1843).

glich. Es ist bekannt, wie sodann in erster Reihe die Arbeiten PASTEURS unsere Kenntnisse von dem Lebensprozesse der Alkoholgärungspilze mächtig gefördert haben, während bis in die neueste Zeit die chemische Auffassung keine wesentlichen Fortschritte machte, bis es 1896 E. BUCHNER [1]) glücklich gelang, durch die Herstellung eines haltbaren zellfreien Preßsaftes aus Hefe und durch den Beweis, daß die Wirkung auf Zucker auch im Preßsafte erhalten bleibt, die experimentellen Grundlagen zum exakten biochemischen Studium dieses Spaltungsprozesses und seiner Katalyse zu liefern.

Die früheren Bemühungen verschiedener Forscher hatten nur zu zweifelhaften Resultaten geführt. So hatte LÜDERSDORFF [2]) im Jahre 1846 berichtet, daß Hefe beim Zerreiben ihre Wirksamkeit verliert (offenbar infolge unzweckmäßiger Behandlung des Hefebreies), während MANASSEIN [3]) im Gegenteile zerriebene Hefe (infolge unzureichender Zerreibungsvorrichtungen) noch wirksam fand. DÖBEREINER [4]) sah Hefe durch Alkoholbehandlung unwirksam werden, während es GUNNING [5]) angeblich gelang, mittels Glyzerinextraktion unwirksam gemachte Hefe durch Wiederhinzufügen des Glyzerinextraktes neuerlich wirksam zu machen. Die Angabe SCHUNCKS [6]), daß auch das Krappferment „Erythrozym" Zucker in CO_2 und Alkohol spalte, ist unbestätigt geblieben.

Die bekannte Methode BUCHNERS zur Gewinnung von Hefepreßsaft besteht darin, daß man gewaschene und trockengepreßte Bierhefe mit Quarzsand und Kieselguhr zu einem Teig zerreibt und die durch Zerreißen der Zellen feucht gewordene Masse unter dem Drucke einer hydraulischen Presse auspreßt, wodurch man aus 1 kg Hefe etwa 450 ccm eines gelben, nach Hefe riechenden, gut wirksamen Preßsaftes erhalten kann. Der Hefesaft versetzt 20 Proz. Rohrzuckerlösung rasch in Gärung, wobei annähernd gleiche Mengen Kohlensäure und Alkohol entstehen [7]), er läßt sich ohne Verlust seiner Wirksamkeit durch Chamberlandkerzen hindurchpressen [8]); Hinzufügen von Toluol oder Chloroform beeinträchtigt seine Gärwirkung nicht [9]), hingegen wird letztere durch Erhitzen rasch vernichtet. Man kann den Preßsaft im Vakuum eintrocknen, ohne daß die Gärwirkung verloren geht [10]), und auch durch Alkohol fällen, wodurch der wirksame Stoff im Niederschlage erhalten wird [11]). Nach dem Stande der Enzymlehre von heute ist also BUCHNER entschieden im Recht, wenn er im Preßsafte die Existenz eines Zucker in CO_2 und Alkohol spaltenden Enzyms annimmt, welches er „Zymase" benannte. Die dagegen erhobenen Bedenken halte ich mit BUCHNER nicht für

---

1) E. BUCHNER, Ber. chem. Ges., Bd. XXX (I), p. 117 (1897), ibid., 1110; Bd. XXXI (I), p. 568 (1898). Sitz.-Ber. Gesellsch. Morphol. Physiol. München, 1897, p. 33. Fortschritte in der Chemie der Gärung (Antrittsrede), 1897. Die Zymasegärung (1903). — 2) W. LÜDERSDORFF, ogg. Ann., Bd. LXVII, p. 408 (1846). — 3) M. v. MANASSEIN, Mikroskop. Untersuchungen von WIESNER (1872), p. 126; Ber. chem. Ges., Bd. XXX (III), p. 3081 (1897); auch M. HERZOG, Hofmeisters Beiträge, Bd. II, p. 102 (1902). — 4) DÖBEREINER, Schweigg. Journ., Bd. XII, p. 229 (1814). — 5) GUNNING, Just. botan. Jahresb., 1873, p. 136. — 6) E. SCHUNCK, Lieb. Annal., Bd. LXXXI, p. 336 (1852); Ber. chem. Ges., Bd. XXXI (I), p. 309 (1898). — 7) BUCHNER u. R. RAPP, Ber. chem. Ges., Bd. XXXI (I), p. 1084 (1898). — 8) BUCHNER u. RAPP, Ber., Bd. XXX (III), p. 2668 (1897). — 9) BUCHNER, Sitz.-Ber. Morphol. Ges., München 1897, p. 33. — 10) BUCHNER, Ber. chem. Ges., Bd. XXX (I), p. 1110 (1897); BUCHNER u. RAPP, ibid. Bd. XXXI (II), p. 1531 (1898); Bd. XXXII, p. 127 (1899); Bd. XXXIV (II), p. 1523. — 11) BUCHNER, Ber., Bd. XXX (I), p. 1110 (1897); ALBERT und BUCHNER, Wochenschr. Brauerei, 1900, p. 49.

stichhaltig. Wenn eine Reihe von Forschern [1]) lieber von einer Wirkung des Zellplasmas als von einer Wirkung eines leicht zerstörbaren Enzyms spricht, so geschieht dies großenteils deshalb, weil man dem Umstand, daß die Zymase durch höhere Temperaturen gegenüber den anderen bekannten Enzymen auffällig leicht zerstört wird, allzusehr Rechnung trägt. Wahrscheinlich wird es andere Enzyme geben, welche ebenso leicht oder noch leichter zerstörbar sind als die Zymase, und man muß auch bedenken, daß noch kein einziges Enzym sicher rein isoliert dargestellt ist und auch von den bekannten Enzymen nicht erforscht ist, ob ihre Widerstandsfähigkeit durch Begleitstoffe bedingt ist, welche sie schützen, oder ob dem Enzym selbst die gefundenen Eigenschaften auch in ganz reinem Zustande zukommen. Auch wird von seiten der Chemiker der Protoplasmabegriff noch viel zu sehr als Stoffbegriff genommen, während es richtiger ist, das Protoplasma als Organismus mit bestimmten Strukturen und Mechanismen aufzufassen und nur von Protoplasmastoffen zu sprechen wozu natürlich die Zymase und andere Enzyme ebenso gehören, wie die Kohlenhydrate, Fette, Eiweißstoffe und anorganischen Salze. Der Versuch H. FISCHERS [2]), die Zymase und die Enzyme überhaupt als „lebend" anzusehen, ist im Interesse der heute glücklich angebahnten Enzymforschung keineswegs zu billigen.

Im Einklange mit den bei Betrachtung der Enzyme und ihrer Wirkungen niedergelegten Anschauungen sehen wir hier die Zymase als Katalysator der Spaltung des Zuckers in Kohlensäure und Alkohol an. Von einschlägigem Interesse sind die Angaben von DUCLAUX [3]), wonach Glykose in alkalischer Lösung im Sonnenlichte langsam zu Alkohol und Kohlensäure gespalten wird, ferner auch die Versuche von TRAUBE [4]) über Platinkatalyse des Zuckers bei höherer Temperatur. Der letztgenannte Forscher [5]) hat sich übrigens bereits 1874 bestimmt dahin geäußert, daß die Alkoholgärung enzymatischer Natur ist und DUCLAUX [6]) zufolge hegte auch CL. BERNARD ähnliche Anschauungen.

Die Zymase gehört zu jenen Enzymen, welche stets im Zellinnern verbleiben und niemals unversehrt exosmosieren; man hat diese Enzyme als „Endoenzyme" bezeichnet [7]). Die Vergärung des Zuckers findet also innerhalb der Hefezellen statt und nur die Produkte werden nach außen hin entleert [8]).

---

1) Vgl. H. ABELES, Ber. chem. Ges., Bd. XXXI (II), p. 2261 (1898); A. MACFADYEN, MORRIS u. ROWLAND, ibid., Bd. XXXIII (II), p. 2764 (1900); BEYERINCK, Centr. Bakter., Bd. VI, p. 11 (1900); D. IWANOWSKI u. OBRASTZOW, ibid., Bd. VII, p. 306 (1901); BEHRENS, Botan. Ztg., II. Abt., 1902, p. 278; 1903, p. 243. Andere Forscher, wie A. MAYER, Agrikulturchem., 5. Aufl., Bd. III, p. 178 (1902); WROBLEWSKI, Journ. prakt. Chem., Bd. LXIV, p. 25 (1901) weisen der Zymase eine Art Mittelstellung zwischen Enzym und Protoplasma zu. Der Versuch von NEUMEISTER, Ber., Bd. XXX (III), p. 2964 (1897), die Gärwirkung durch Zusammenwirken mehrerer Protoplasmastoffe besser verständlich zu finden, als durch ein einziges Enzym, ist wohl kaum glücklicher gewesen. STAVENHAGENS Einwände (Ber., Bd. XXX (III), p. 2963, 2422) sind durch BUCHNERs spätere Versuche sämtlich widerlegt worden. Über Zymase ferner A. RICHTER, Centr. Bakter. (II), Bd. VIII, p. 787 (1902); F. B. AHRENS, Zeitschr. angew. Chem., 1900, p. 483; IWANOFF, (Ber. botan. Ges., Bd. XXII, p. 203 [1904]) hat gegen die Plasmatheorie die Tatsache geltend gemacht, daß Alkoholgärung die proteolytische Tätigkeit der Hefe hemmt; es kann somit ein verstärkter Eiweißzerfall bei der Zuckervergärung nicht mitspielen. — 2) H. FISCHER, Centr. Bakter. (II), Bd. IX, p. 353 (1902). — 3) E. DUCLAUX, Annal. Inst. Pasteur, Tome VII, p. 751 (1893). — 4) M. TRAUBE, Ber. chem. Ges., Bd. VII, p. 115 (1874). — 5) TRAUBE, ibid., p. 886 (1874). — 6) DUCLAUX, Mikrobiologie, Bd. I, p. 26. — 7) M. HAHN, Zeitschr. Biolog., Bd. XL, p. 172 (1900). — 8) NÄGELI, Theorie der Gärung (1879) p. 48; Zeitschrift Biolog., Bd. XVIII, (1882), stand auf dem Standpunkte, daß der Gärungsvorgang

Ein wichtiger methodischer Fortschritt war es, daß es Buchners Mitarbeiter Albert [1]) gelang, durch Behandeln gärkräftiger Hefe mit Ätheralkohol, besser noch mit Aceton, die Zellen zu töten, ohne das Enzym an Wirksamkeit zu beeinträchtigen. Die im Handel erhältliche „Acetondauerhefe" ist ein wichtiger Behelf bei der Erforschung der alkoholischen Gärung geworden. Der Preßsaft stellt infolge des Umstandes, daß er eine ganze Reihe von Enzymen enthält (Invertase, Oxydasen, Trypsin, Glykogenase u. a.)[2]), ein leicht sich selbst zersetzendes Material dar, aus dem es auch schwer hält, haltbare Trockenpräparate zu gewinnen. Übrigens behält auch getrocknete Hefe ihr Gärungsvermögen noch wochenlang[3]).

Wie die Hefe, so vermag auch die Zymase nur auf die vier Hexosen: d-Glukose, d-Fruktose, d-Mannose und d-Galaktose einzuwirken. Die Konzentration spielt hier keine große Rolle, und es werden noch 60—100 proz. Zuckerlösungen vom Hefepreßsaft vergoren. Im Einklange mit den Beobachtungen an Hefe fand Buchner, daß die Zymase Traubenzucker und Fruchtzucker annähernd gleichschnell, Galaktose jedoch viel langsamer vergärt[4]). Mannit, Arabinose werden von Zymase wie von Hefe nicht vergoren. Hydroxylionen befördern die Zymasewirkung, wie aus der günstigen Wirkung kleiner Zusätze von Na_2HPO_4 oder K_2CO_3 hervorgeht. Neutralsalze (1—2 Proz.) drücken die Gärwirkung deutlich herab.

Die Zymasewirkung setzt am schnellsten bei 28—30° ein, bleibt aber durch 8 Tage hindurch fast konstant. Die absolut größte Gärwirkung erzielt man bei 12—14°, wo die Wirkung 7 Tage stetig anwächst und dann ein höheres Maximum erreicht als bei Anwendung von 28°. Oberhalb 30° wird die Wirkung geringer und erreicht keine höheren Werte als die Gärwirkung bei 5—7°, welche bis zum 10. Tage langsam und stetig wächst. Die Zymase wirkt auch in starker Glyzerinlösung. Hemmend aber wirken nach Buchner und nach Wroblewski Blausäure, Sublimat, Ammonfluorid, Metarsenit, Natriumazoimid. Die Giftigkeitsgrenze des Alkohols scheint für die Zymase eher etwas höher zu liegen als für die lebende Hefe (15 Proz.). Arsenigsaures Natron schädigt, man kann jedoch durch gleichzeitigen reichlichen Zuckerzusatz die Wirkung eliminieren, wobei Saccharose besser wirkt als Traubenzucker. Meisenheimer [5]) hat gezeigt, daß Hefepreßsaft noch in 25 facher Verdünnung erhebliche Alkoholgärung hervorzurufen imstande ist. Der Preßsaft aus obergäriger Hefe erzeugt nach Harden und Young [6]) etwas geringere Intensität der Gärung, während im übrigen gleiche Verhältnisse wie bei untergäriger Hefe gefunden wurden. Bei Versuchen mit Hefepreßsaft oder mit Acetondauerhefe („Zymin") ist wohl zu beachten, daß die vorhandenen Kohlenhydrate (Glykogen) einen Selbstgärungsprozeß unterhalten, welcher um so mehr in die Wagschale fällt, je weniger gärfähiges Material zugefügt wird. Untersuchungen über den Gaswechsel der Gärung mit Zymin hat Telesnin [7]) geliefert.

zum größeren Teile außerhalb der Hefezellen sich abspiele. Vgl. auch A. Mayer, Zeitschr. Biolog., Bd. XVIII, p. 543 (1882).

1) Albert, Ber. chem. Ges., Bd. XXXIII (III), p. 3775 (1900); Centr. Bakter. (II), Bd. VII, p. 737 (1901); Albert u. Buchner, Ber. chem. Ges., Bd. XXXV (II), p. 2376 (1902). — 2) Vgl. A. Wrowleweki, Ber., Bd. XXXI (III), p. 3218 (1898); Journ. prakt. Chem., Bd. LXIV, p. 1 (1901); Buchner, Zymasegärung, p. 76. — 3) Vgl. u. a. Bokorny, Allg. Brauer- u. Hopfenzeitg., 1901, p. 54. — 4) Das eigentümliche Verhalten mancher Milchzuckerhefen hat P. Mazé [Annal. Inst. Pasteur, Tome XVII, p. 11 (1904)] zur Annahme bewogen, daß eine Galaktozymase neben Dextrozymase zu unterscheiden sei. — 5) J. Meisenheimer, Zeitschr. physiol. Chem., Bd. XXXVII, p. 518 (1903). — 6) A. Harden u. W. J. Young, Ber. chem. Ges., Bd. XXXVII, p. 1052 (1904). — 7) L. Telesnin, Centr.

Bei der Zymasegärung entstehen annähernd gleichviel Alkohol und Kohlensäure und es wird der Zucker fast vollständig gespalten. BUCHNER hält es für wahrscheinlich, daß überhaupt kein Glyzerin und keine Bernsteinsäure bei Zymasegärung entsteht, doch bedarf dieser Punkt noch weiterer Untersuchung. BUCHNER hat auch die Wärmeentwicklung bei der Zymasewirkung zu messen versucht; dieselbe scheint stärker zu sein als bei anderen Enzymwirkungen. Für Hefegärung wurde die Wärmeentwicklung schon von DUBRUNFAUT [1]) und BERTHELOT [2]) gemessen, und der letztere Forscher stellt den Gewinn an freier Wärme bei der Alkoholgärung gleich $1/_{15}$ der bei der vollständigen Verbrennung der gleichen Zuckermenge entwickelten Wärme. Genauere Untersuchungen über diesen Gegenstand haben noch FITZ [3]) und BROWN [4]) geliefert. Nach BROWN werden bei der Gärung von 1 g Maltose 119,2 kal. frei. 1 Mol Dextrose liefert nach den Berechnungen von BROWN bei der Spaltung in Alkohol und CO_2 67 kal.

Mit Acetondauerhefe hat HERZOG [5]) in letzter Zeit den Versuch unternommen, die Reaktionsgeschwindigkeit der Gärung von Trauben- und Fruchtzucker zu messen. Sie entspricht meist ganz gut der Gleichung

$$k = \frac{1}{t} \ln \frac{a}{a-x}, \text{ weniger gut der Formel von HENRI [6]) } k_1 = \frac{1}{2t} \ln \frac{a+x}{a-x}.$$

Die Konstanten verhalten sich wie die Quadrate der Enzymkonzentration. Mit den einschlägigen Verhältnissen befaßt sich auch eine Arbeit von ABERSON [7]).

Bezüglich der Reaktionsgeschwindigkeit der Alkoholgärung sind auch Beobachtungen von A. RICHTER [8]) von Interesse. Früher hatte O'SULLIVAN [9]) angenommen, daß die Vergärungsgeschwindigkeit von Maltose und Dextrose der vorhandenen Zuckermenge proportional sei.

Bei 0 ° scheint in den Hefezellen Neubildung und Zerstörung der Zymase sehr langsam zu verlaufen und die Hefe erhält ihre Wirksamkeit 1 Tag lang unverändert. ALBERT [10]) hat für Hefe, welche dem HAYDUCKschen Regenerierverfahren (Eintragen der Hefe in starke Zuckerlösung + Mineralsalze und Hopfenauszug, ohne Zutat von Stickstoffnahrung) unterworfen wurde, gefunden, daß sie, der Gärflüssigkeit zur Zeit des Gärungshöhepunkts entnommen und bei niedriger Temperatur gelagert, sehr reichlich Zymase formiert. Diese Wirkung von Regenerieren und Lagern tritt aber bei sehr gärkräftiger Hefe nicht ein (BUCHNER und SPITTA [11]). Es handelt sich nicht um Anreicherung, sondern um rasche Produktion von Enzym.

Zymase wurde bei anderen Pilzen ebenfalls bereits gefunden. MAZÉ [12]) wies das Enzym nach dem Verfahren von ALBERT bei Eurotiopsis Gayoni nach; TAKAHASHI [13]) berichtete über Zymase der Sakéhefe. Wir

Bakt. (II), Bd. XII, p. 205 (1904). Ferner J. WARSCHAWSKY. Centr. Bakt. (II), Bd. XII, p. 400 (1904). T. GROMOW und O. GRIGORIEW, Zeitschr. physiol. Chem., Bd. XLII, p. 299 (1904).
1) DUBRUNFAUT. Compt. rend., Tome XLII. p. 945 (1856). — 2) BERTHELOT, Compt. rend., Tome LIX, p. 904 (1864). — 3) FITZ, Annal. Önolog., Bd. II, p. 428. — 4) A. J. BROWN, Chem. Centr., 1901, Bd. I, p. 1380; Bd. II, p. 139; Kochs Jahresber. Gärungsorgan., Bd. XII, p. 126 (1901). — 5) R. HERZOG, Zeitschr. physiol. Chem., Bd. XXXVII, p. 149 (1902). — 6) HENRI, Zeitschr. physikal. Chem., Bd. XXXIX, p. 194 (1901). — 7) J. H. ABERSON, Rec. trav. chim. Pays-Bas., Tome XXII, p. 78 (1903). — 8) A. RICHTER, Centr. Bakter. (II), Bd. X, p. 438 (1903). — 9) J. O'SULLIVAN, Chem C., 1898, Bd. II, p. 454. — 10) R. ALBERT, Ber. chem. Ges., Bd. XXXII (II), p. 2372 (1899). — 11) E. BUCHNER u. SPITTA, Ber., Bd. XXXV, p. 1703 (1902). — 12) MAZÉ, Compt. rend., Tome CXXXV, p. 113 (1902). — 13) TAKAHASHI, Chem. Centr., 1902, Bd. II, p. 391.

dürfen heute auch wohl annehmen, daß die Alkoholbildung aus Zucker und die Produktion einer Zymase oder „Alkoholase", wie das Enzym von manchen Seiten genannt wurde, nicht auf die Pilze beschränkt ist, sondern auch höheren Pflanzen zukommt, worauf an anderer Stelle näher einzugehen ist. Wünschenswert wäre noch die Feststellung, ob bei den alkoholbildenden Bakterien ein entsprechend wirksames Enzym nachzuweisen ist.

HERLITZKA[1]) versuchte zu zeigen, daß die Zymasewirkung der Hefe an ein Nukleohiston gebunden ist. Es würde allerdings noch genauer zu erweisen sein, ob die Zymase bloß dem Nukleohistonniederschlag anhaftete oder ob das Enzym selbst die Eigenschaften eines Nukleohistons besitzt.

Das Wesen der Alkoholgärung war bis in die neueste Zeit völlig dunkel, und es war fast unmöglich, der Spaltung des Zuckers in CO_2 und Alkohol ein chemisches Verständnis abzugewinnen. Es scheinen erst aus jüngster Zeit stammende Beobachtungen von BUCHNER[2]) berechtigte Hoffnungen zu schaffen, daß eine tiefergehende Erkenntnis erreichbar ist. BUCHNER führte den Nachweis, daß bei der zellfreien Gärung inaktive Milchsäure regelmäßig in kleiner Menge entsteht. BUCHNER ist nun geneigt, die Milchsäure als Zwischenprodukt bei der alkoholischen Gärung aufzufassen und stellte folgendes Schema für die Spaltung des Zuckers in der Alkoholgärung auf.

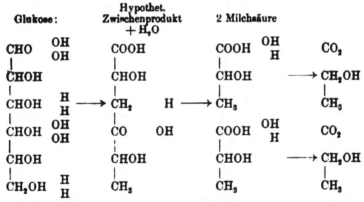

Sollte sich diese Auffassung als begründet erweisen, so wäre auch daran zu denken, ob nicht die Zymase zwei Enzymwirkungen vereinigt: die Spaltung des Zuckers in Milchsäure und die Spaltung der Milchsäure in Alkohol und Kohlensäure. Soweit bekannt, vermag Hefe allerdings nicht zugesetzte Milchsäure in CO_2 und C_2H_6O aufzuspalten.

Für den Einfluß des Luftsauerstoffs auf die Hefegärung hatten sich schon ältere Forscher wie COLIN, SAUSSURE[3]) interessiert, und 1861 war es PASTEUR[4]), welcher seine bekannte Theorie bezüglich des Einflusses des Sauerstoffs auf die Alkoholgärung dahin formulierte, daß die Alkoholgärung mit Sauerstoffmangel in ursächlichem Zusammenhange stehe und Sauerstoffzufuhr die Gärung verringere. Wie SCHÜTZEN-

1) A. HERLITZKA, Biochem. C., 1903, Ref. No. 1131, 1258, 1525; Centr. Bakt. (II), p. 412 (1904); Physiol. C., 1903, p. 669. — 2) E. BUCHNER u. J. MEISEN-HEIMER, Ber. chem. Ges., Bd. XXXVII, p. 417 (1904); vgl. auch P. MAZÉ, Compt. r., Tome CXXXVIII, p. 1514 (1904). — 3) COLIN, Annal. chim. phys. (2), Tome XXX, p. 42 (1825); SAUSSURE, Journ. prakt. Chemie, Bd. XXIV, p. 47 (1841). — 4) L. PASTEUR, Compt. rend., Tome LII, p. 1260 (1861); Bull. soc. chim., 1861; Etudes sur la bière, p. 229 ff; Ber. chem. Ges., Bd. VIII, p. 338 (1875); Compt. rend., Tome CII, p. 1260.

BERGER [1]), NÄGELI und andere Forscher bereits mehrfach nachgewiesen
haben, sind die experimentellen Grundlagen, welche PASTEUR beibrachte,
keineswegs hinreichend; doch muß darauf hingewiesen werden, daß der
Grundgedanke der PASTEURschen Ansicht bereits im wesentlichen der
richtige war.   Wir wissen jetzt, daß die Zymase zu ihrer Wirkung der
Sauerstoffzufuhr nicht bedarf und die Erfahrungen über Alkoholbildung
bei aëroben höheren Pflanzen bei Sauerstoffentziehung lehren, daß bis
zu einem gewissen Grade ein Vikariieren der Alkoholgärung und Sauerstoffatmung als Energiequelle tatsächlich stattfinden kann.   Für die Hefe
ist allerdings nicht zu bezweifeln, daß sie ihre Gärtätigkeit auch bei
Luftzutritt lebhaft genug entfalten kann.   MAYER [2]) hat selbst bei reichlicher Sauerstoffdurchleitung und bei Hefe, die auf Fließpapier ausgestrichen war, die Alkoholgärung nachgewiesen.   Diese Ergebnisse gelten
aber nur für den Gesamteffekt, und es bleibt dahingestellt, ob eine
beobachtete Vermehrung der Alkoholbildung auf Vermehrung der Zymase-
produktion oder Vermehrung der Zellenzahl bei gleichbleibender Enzymproduktion beruht.   PASTEUR hatte Gärung und Wachstum noch nicht
genügend als keineswegs immer parallelgehende Vorgänge aufgefaßt.
Die relative Unabhängigkeit von Gärung und Wachstum findet sich in
den Arbeiten von BREFELD [3]) wohl hervorgehoben, doch ging dieser
Forscher in seinen Behauptungen über das Aufhören des Wachsens bei
Sauerstoffentziehung und Aufhören der Gärung bei reichlicher Sauerstoff-
versorgung zu weit, so daß seine Anschauungen in dieser Form nicht
mehr zutreffend erscheinen.   TRAUBE [4]) widerlegte die erste Behauptung
BREFELDs durch weitere Beweise des anaëroben Wachstums der Hefe,
wobei er sich einer Beimischung von reduziertem Indigotin zur Gärungs-
probe als Sauerstoffreagens bediente.   Nach DUMAS sollte dem Sauerstoff
kein bemerklicher Einfluß auf die Gärung zukommen.   NÄGELI [5]) hob
gegenüber PASTEUR hervor, daß Sauerstoffzufuhr die Gärung nicht zu
unterdrücken vermöge und behauptete, daß Zutritt von Sauerstoff der
Gärung günstig sei selbst wenn infolge Abwesenheit von Nährstoffen
keine wesentliche Hefevermehrung stattfinde: noch günstiger aber, wenn
unter seinem Einflusse die Hefevermehrung lebhafter wird.   MAYER [2])
hatte in seinen späteren Arbeiten dem Sauerstoff keinen wesentlichen
Einfluß auf die Gärung zugeschrieben.   PEDERSEN [6]) fand durch Lüftung
bei der Gärung die letztere vermindert, ebenso HANSEN [7]).   E. BUCHNER [8])
lieferte eine neuerliche kritische Studie über die Anschauungen PASTEURS.
Nach BROWNS [9]) Ergebnissen sollte wieder dieselbe Menge Hefezellen
bei Luftzutritt mehr Zucker vergären als bei Sauerstoffabschluß.   IWA-
NOWSKIJ [10]) kam zum Resultate, daß der Sauerstoff keinen Einfluß auf

1) SCHÜTZENBERGER, Les fermentations (1875), p. 151. — 2) A. MAYER,
Ber. chem. Ges., Bd. VII, p. 579 (1874); Bd. XIII. p. 1163 (1880); Landw. Versuchstat., Bd. XXV, p. 302 (1880); Agrikulturchemie. Bd. III, p. 159 (1902). —
3) O. BREFELD, Ber. chem. Ges., Bd. VII, p. 281, 1067 (1874); Würzburger phys.
med. Gesellsch., 1874, p. 96; Ber., Bd. VIII, p. 421 (1875); Arbeiten botan. Inst.
Würzburg, Bd. I, p. 500 (1874). — 4) M. TRAUBE, Ber. chem. Ges., Bd. VII,
p. 1403, 1756 (1874); Bd. VIII, p. 1384 (1875); Bd. X, p. 510 (1877); auch F.
MOHR, Bd. VII, p. 1421 (1874); J. MORITZ, ibid., p. 156; TRAUBE hat auch das
Verdienst, die Meinung PASTEURs, daß anaërob wachsende Hefe dem Zucker Sauer-
stoff entnehme, als nicht zutreffend erkannt zu haben. — 5) NÄGELI, Theorie der
Gärung (1879), p. 18.   Zum gleichen Resultate kam BÉCHAMP, Compt. rend., Tome
LXXXVIII, p. 430, 719 (1879). — 6) R. PEDERSEN, Meddel. Carlsberg Laborat.,
Bd. I, p. 72 (1878). — 7) E. CHR. HANSEN, ibid., Bd. II (1881). — 8) E. BUCHNER,
Zeitschr. physiol. Chem., Bd. IX, p. 380 (1885). — 9) A. J. BROWN, Journ. Chem.
Soc., 1892. Tome I, p. 369. — 10) D. IWANOWSKIJ, Botan. Centr., Bd. LVIII,
p. 344 (1894).

die Gärungsenergie habe. H. v. LAER[1]) nimmt fördernden Einfluß des Sauerstoffes bei gehemmter Hefevermehrung an. GILTAY und ABERSON[2]) stehen mit ihren Ergebnissen im Widerspruche zu der Ansicht NÄGELIS, daß Luftzutritt die Alkoholbildung begünstige. Die bei Luftkulturen erzielte Zuckerzersetzung war infolge der vermehrten vollständigen Oxydation des Zuckers größer als bei Luftabschluß; 21 Prozent des verbrauchten Zuckers wurden in der Sauerstoffatmung verwendet; die in Alkohol und CO_2 zerlegte Zuckermenge, war jedoch bei Luftkulturen · geringer. CHUDJAKOW[3]) hatte direkt behauptet, daß der Sauerstoff unter Verhältnissen, wo er zur Zellvermehrung nötig ist (in schlecht nährenden Medien) die Alkoholgärung hemmt, sonst jedoch (unter günstigen Ernährungsbedingungen) keinen Einfluß auf die Alkoholbildung entfaltet. KORFF[4]) konstatierte, was PASTEUR und andere Forscher gefunden hatten, daß Luftversorgung die Vermehrungsenergie der Hefe fördert, nimmt für die Beeinflussung der Gärtätigkeit durch Sauerstoff jedoch ein wechselndes Verhältnis an. RAPP[5]) bestritt die Resultate CHUDJAKOWS und meinte, daß die beobachteten Hemmungen auf anhaltendes Schütteln[6]) der Gärgefäße zurückzuführen seien und nicht auf Sauerstoffzutritt. KORFFS Meinung, daß die Heferassen sich mit und ohne Sauerstoff spezifisch different verhalten, wurde durch IWANOWSKI und OBRASTZOW[7]) widerlegt. H. BUCHNER und RAPP[8]) konnten die von CHUDJAKOW beobachtete Hemmung durch Luftdurchleiten nicht bestätigen und fanden, daß auch gesteigerte Wasserstoffdurchleitung durch Schütteleffekte eine Hemmung herbeiführt. Sie schließen sich IWANOWSKI in der Meinung an, daß auf Zymasewirkung der Sauerstoff keinen Einfluß habe. In Hefekulturen mit großer Oberfläche (erstarrter Zuckergelatine) läßt sich nach BUCHNER und RAPP die Gärtätigkeit durch Begünstigung der Sauerstoffatmung nicht erheblich herabdrücken, indem kaum $1/7$ des konsumierten Zuckers durch vollständige Oxydation zerstört wurde. GILTAY und ABERSON fanden bei reichlicher Durchlüftung 75 Proz., bei Luftabschluß 90 Proz. des dargereichten Zuckers vergoren. Die Hefe scheint demnach ein der Alkoholgärung hochgradig angepaßter Organismus zu sein, welcher die sonst stattfindende aërobe Zuckeroxydation auch bei Luftzutritt nur wenig ausnutzt.

Reichliche Versorgung der Hefe mit Phosphaten übte in den Versuchen von SALOMON und VERE MATHEW[9]) nur einen geringen Einfluß auf den Gärungseffekt aus.

Die Hemmung der Hefegärung durch Gifte hat schon das Interesse älterer Autoren erregt[10]). LIEBIG[11]) hatte gefunden, daß

1) H. VAN LAER, Chem. Centr., 1894, Bd. I, p. 1083. — 2) E. GILTAY u. J. H. ABERSON, Jahrb. wiss. Bot., Bd. XXVI, p. 543 (1894). — 3) N. v. CHUDJAKOW, Landw. Jahrb., Bd. XXIII, p. 391 (1894). — 4) G. KORFF, Centr. Bakter. (II), Bd. IV, p. 465 (1898). — 5) R. RAPP, Ber. chem. Ges., Bd. XXIX, p. 1983 (1896); BUCHNER u. RAPP, Zeitschr. Biolog., Bd. XXXVII, p. 82 (1899). — 6) Dies fällt mit den Beobachtungen von HORVATH, Pflüg. Arch., Bd. XVII, p. 125 und RAY, Compt. rend., Tome CXXIII, p. 907 (1896), über den hemmenden Einfluß von Erschütterungen zusammen. Stetige Bewegung der Flüssigkeit kann, wenn sie nicht zu stark ist, nach HANSEN, Meddel. Carlsberg Labor., Bd. I, p. 271 und DELBRÜCK (Dingl. polytechn. Journ., Bd. CCLXIII, p. 530) die Vermehrung der Hefe begünstigen. — 7) D. IWANOWSKI u. S. OBRASTZOW, Centr. Bakter. (II), Bd. VII, p. 305 (1901). — 8) H. BUCHNER u. RAPP, Buchner, Zymasegärung (1903), p. 350. Über Sauerstoffeinfluß auf Gärung vgl. die Zusammenstellung bei DUCLAUX, Mikrobiologie, Bd. II, p. 301 (1900); Gährung in Hefe-Rollkulturen: M. LESCHTSCH, Centr. f. Bakt. (II), Bd. XII, p. 649 (1904). — A. G. SALOMON u. W. DE VERE MATHEW, Chem. Centr., 1886, p. 110. — 10) Vgl. T. A. QUEVENNE, Journ. pharm., 1838, p. 265; R. WAGNER, Journ. prakt. Chem., Bd. XLV, p. 241 (1848). — 11) LIEBIG, Sitz.-Ber., Münchn. Akad., 1869.

Chloroform die Gärung ziemlich schnell aufhebt; auch CL. BERNARD[1]) gab vorübergehende Sistierung der Hefegärung durch Chloroform an. Nach DUCLAUX[2]) wird jedoch nur bei alter erschöpfter Hefe gänzliche Inaktivität durch Chloroform erzielt, während frische Hefe durch 1 Proz. Chloroform nur etwa auf die Hälfte ihrer Gärwirkung herabgesetzt wird. Die Hefegärung wird, wie schon 1843 von ROUSSEAU[3]) angegeben wurde, durch schwache Acidität der Gärflüssigkeit sehr unterstützt.

Die Grenze für binnen 24 Stunden schädliche Säurekonzentration gibt BOKORNY[4]) für Schwefelsäure bei 0,5 Proz. an. Binnen 5 Tagen wirkt aber auch schon 0,1 Proz. H_2SO_4 deletär ein; HCl tötet die Gärfähigkeit und das Leben der Hefezellen bei 0,5 Proz. binnen 24 Stunden völlig ab. Die fördernde Wirkung tritt nach HAYDUCK[5]) bei 0,02 Proz. H_2SO_4 und 0,1 bis 0,5 Proz. Milchsäure hervor. Milchsäure wirkt nach MAERCKER[6]) erst bei 3,5 Proz. Gehalt störend ein. In der Gärungspraxis hat man überdies zu berücksichtigen, daß die Säuren das Gedeihen der Hefe auch durch Begünstigung von Eindringlingen hemmen, und durch Hemmung von fremden Mikroben begünstigen können. Darauf hat HANSEN[7]) hinsichtlich der Förderung wilder Brauereihefen durch Weinsäure aufmerksam gemacht, und LAFAR[8]) zeigte, daß die einzelnen Weinheferassen durch Essigsäure verschieden stark affiziert werden. Buttersäure hemmt nach WEHMER[9]) viel stärker, wenn ihr die Hefe in minder gärfähiger Zuckerlösung dargereicht wird, als in Brennereimaische. Gegen Milchsäure sind Hefen widerstandskräftiger als Bakterien, wovon man in der Brennerei bekanntlich praktisch Gebrauch macht.

Auch die giftige Salicylsäure wirkt in sehr kleiner Menge (als Wachstumreiz) fördernd ein [HEINZELMANN[10])]. Gegen Alkalien sind Hefen nach BOKORNY in ähnlichen Konzentrationsverhältnissen empfindlich, wie gegen Säuren. 0,5 Proz. NaOH ist binnen 24 Stunden schädlich, 0,1 Proz. noch nicht, wohl aber binnen 5 Tagen. Die Einwirkung von Kalkmilch auf Hefe ist mehrfach als schädlich erkannt worden[11]). Glyzerin wirkt hemmend [im Gegensatze zur Zymasewirkung[12])]. Die Wirkung von Phenolen, Salicylsäure, Blausäure, Formaldehyd und anderen Protoplasmagiften auf Hefe ist vielfach studiert worden[13]). Beachtenswert in praktischer Hinsicht ist die Gärungshemmung durch Tannin-

1) CL. BERNARD, Leçons sur les phen. de la vie (1879), Tome I, p. 276. — 2) DUCLAUX, Microbiologie, T. II, p. 491 (1900). — 3) ROUSSEAU, Journ. prakt. Chem., Bd. XXIX, p. 267 (1843). — 4) TH. BOKORNY, Zeitschr. Spiritusindustrie, 1901. — 5) M. HAYDUCK, Zeitschr. Rübenzuckerindustrie, Bd. XIX, p. 231 (1882); Zeitschr. Spiritusindustrie, 1881, p. 341. — 6) M. MAERCKER, Zeitschr. Spiritusindustrie, 1881, p. 114. — 7) E. CHR. HANSEN, Zeitschr. gesamt. Brauwes., Bd. XV, No. 1 (1892). — 8) F. LAFAR, Landwirtsch. Jahrb., 1895, p. 445. — 9) C. WEHMER, Chem.-Ztg., Bd. XXV, p. 42, 59 (1901). — 10) G. HEINZELMANN, Zeitschr. Spiritusindustrie, 1882, p. 458. — 11) JÄGER, Arbeit. kais. Gesundheitsamt. Bd. V, Heft II; L. STEUBER, Zeitschr. ges. Brauwes., Bd. XIX, p. 41; CH. KNOESEL, Centr. Bakter. (II), Bd. VIII, p. 241 (1902). — 12) Vgl. J. MUNK, Verhandl. physiol. Gesellsch. Berlin, 1877, No. 19. — 13) Lit. über Hefegifte etc. Salicylsäure: KOLBE u. V. MEYER, Journ. prakt. Chemie, Bd. XI, p. 29; Bd. XII, p. 133, 178; H. ENDEMANN, ibid., p. 260; NEUBAUER, ibid., p. 331 (1875); H. FLECK, Dissert. München, 1875 (Salicylsäure, Benzoësäure, Zimmtsäure); Blausäure: H. FIECHTER, Dissert. Basel, 1875; ferner H. WILL, Zeitschr. ges. Brauwesen, 1893, p. 151; 1894, p. 53; BIERNACKI, Pflüg. Arch., 1891; K. YABE, Chem. Centr., 1894, Bd. II, p. 1048; CH. KNOESEL, l. c., (Natriumarsenit, Phenol); BOKORNY, l. c. (1901); DUCLAUX, Microbiologie, T· II, p. 504 (1900); H. R. MANN, Ann. Inst. Pasteur, Tome VIII, p. 785 (1895).

farbstoffe von Früchten [1]). BOURQUELOT und HÉRISSEY [2]) haben endlich auch Stoffwechselprodukte von Schimmelpilzen als gärungshemmend befunden.

§ 4.
Milchsäuregärung.

Diese zweite wichtige mikrobische Zuckerspaltung [3]) war von der Säuerung der Milch seit den ältesten Zeiten bekannt, und man lernte auch das Gärungsprodukt, die Milchsäure, bald kennen (SCHEELE 1780). Die bei der Gärung von Reis, Rüben etc. entstehende Säure hatte BRACONNOT als „acide nanceique" beschrieben; VOGEL [4]) erkannte sie als Milchsäure. Die Umwandlung des Rohrzuckers in Milchsäure (nach Infektion mit keimender Gerste, tierischen Membranen) beschrieben 1840 zuerst BOUTRON-CHARLAND und FRÉMY [5]). Diese Forscher dürfen daher als die Entdecker der Milchsäuregärung des Zuckers betrachtet werden und ihre Untersuchungen wurden 1844 durch v. BLÜCHER [6]) bestätigt. Die Ätiologie der Milchsäuregärung zuerst aufgehellt zu haben, ist das Verdienst PASTEURS [7]). Früher hatte man [z. B. BLONDEAU [8])] die Erreger der Milchsäuregärung mit Sproßpilzen verwechselt. PASTEUR erhielt zuerst Stäbchenbakterien als Erreger der Milchsäuregärung. Eie ersten Reinkulturen zu erlangen, war allerdings erst LISTER [9]) 1877 möglich.

Die Milchsäuregärung des Zuckers ist im Pflanzenreiche ausschließlich bakterieller Natur und man kennt sonst mit Sicherheit keine anderen Milchsäurebilder unter den Pflanzen [10]). In der Tierphysiologie ist die Milchsäurebildung im Muskel eine weitere wichtige einschlägige Tatsache.

ROBERTS [11]) und MEISSNER [12]) zeigten zuerst, daß in steriler Milch keine Milchsäuregärung eintritt. BOUTROUX [13]) und PIROTTA [14]) suchten sodann bestimmte Bakterienarten als Milchsäurebildner sicherzustellen. VANDEVELDE [15]) sah irrigerweise Bac. subtilis als Bildner von Milch- und Buttersäure an. HUEPPE [16]) war aber wohl der erste Forscher, welcher

---

1) P. CARLES u. G. NIVIÈRE, Compt. rend., Tome CXXV, p. 452 (1897). — 2) E. BOURQUELOT u. H. HÉRISSEY, Compt. rend. soc. biol., 1895, p. 632. — 3) Zusammenfassende Übersichten über die bisherigen Kenntnisse der Milchsäuregärung finden sich in den im § 3 zitierten Werken von DUCLAUX, OPPENHEIMER, GREEN-WINDISCH, EFFRONT. — 4) VOGEL, Schweigg. Journ., Bd. XX, p. 425 (1817); BRACONNOT, Annal. chim., Tome LXXXVI, p. 84. — 5) BOUTRON CHARLAND u. E. FRÉMY, Compt. rend., Tome XII, p. 728 (1841); Ann. chim. phys. (3), Tome II, p. 257 (1841); Lieb. Annal., Bd. XXXIX, p. 181 (1841); Journ. prakt. Chem., Bd. XXI, p. 127 (1840). — 6) H. v. BLÜCHER, Poggend. Annal., Bd. LXIII, p. 425 (1844). — 7) L. PASTEUR, Compt. rend., Tome XLV, p. 913 (1857); Tome XLVII, p. 224 (1858); Tome XLVIII, p. 337 (1858); Tome LII, p. 344 (1861). — 8) BLONDEAU, Journ. pharm. chim., Tome XII, p. 244, 336 (1847). — 9) LISTER, Quart. Journ. Micr. Scienc. (1873), Tome XIII, p. 380; Phil. Trans., 1877—78; Pharm. Journ. Tr., 1877, p. 285. — 10) Die Angaben von EUG. BOULLANGER (1901) über Milchsäuregärung durch Schimmelpilze vom Rumexarten sind dubiös. — 11) ROBERTS, Phil. Trans., Vol. CLXIV, p. 465 (1874). — 12) MEISSNER zit. bei HUEPPE, Mitteil. kais. Gesundheitsamt, Bd. II, p. 309 (1885). — 13) L. BOUTROUX, Compt. rend., Tome LXXXVI, p. 605 (1878). — 14) R. PIROTTA u. G. RIBONI, Just Jahresber., 1879, Bd. I, p. 557. — 15) G. VANDEVELDE, Zeitschr. physiol. Chem., Bd. VIII, p. 367 (1884); Berichtigt von E. BUCHNER, ibid., Bd. IX, p. 398. Bac. anthracis bildet jedoch wirklich Milchsäure: NAPIAS, Ann. Inst. Pasteur, 1900, No. 4. — 16) F. HUEPPE, Mitt. kais. Gesundheitsamt, Bd. II, p. 309 (1885); auch H. G. BEYER, Med. News, Vol. XLIX, p. 511 (1886); GROTENFELT, Fortschr. Mediz., 1889, No. IV, p. 121.

bestimmte Bacillenarten in seinem Bac. acidi lactici und vier anderen Formen als Milchsäuregärungserreger hinstellen konnte. Seit 1885 ist die Zahl der bekannten Milchsäurebildner eine sehr bedeutende geworden [1]. Ein praktisch wichtiger und interessanter Befund war die Entdeckung des Pediococcus acidi lactici durch LINDNER [2]; NENCKI und SIEBER [3] lehrten auch einen anaëroben Milchsäurebildner in ihrem Micrococcus acidi paralactici kennen.   Heute wissen wir von sehr zahlreichen Bacillus- und Bakterienarten, Kokken [4], Vibrionen [5], Sarcina [6], daß sie Milchsäure-gärung erregen.   Milchsäurebakterien spielen in verschiedenen Gewerben der Nahrungsmittelindustrie eine außerordentlich wichtige Rolle [7].

Die bei der Milchsäuregärung aus Zucker entstehende Säure ist sehr häufig auf das polarisierte Licht unwirksam, im Gegensatze zu der rechtsdrehenden „Fleischmilchsäure" oder „Paramilchsäure" der tierischen Muskeln [8].   NENCKI und SIEBER [3] fanden zuerst rechts-drehende Milchsäure als Produkt eines anaëroben Micrococcus. SCHAR-DINGER [9] erhielt sodann die bis dahin unbekannt gewesene l-Milchsäure als Produkt der Rohrzuckerverarbeitung des Bacillus acidi laevolactici. Damit waren alle drei Modifikationen der racemischen α-Oxypropion-säure oder Äthylidenmilchsäure:

als bakterielle Gärungsprodukte nachgewiesen.   GÜNTHER und THIER-

1) Zusammenstellungen bei ST. EPSTEIN, Arch. Hyg., Bd. XXXVII, H. 4 (1900); O. EMMERLING, Zersetzung stickstofffreier org. Subst. durch Bakterien (1902), p. 28 ff.; DUCLAUX, Microbiologie, Tome IV, p. 327 (1901). — 2) P. LINDNER, Wochenschr. Brauerei, 1887, p. 437. Über die Milchsäurebakterien der Gärungs-gewerbe vgl. LINDNER, Betriebskontrolle, 3. Aufl. (1901), p. 425; W. HENNEBERG, Wochenschr. Brauerei, Bd. XVIII, No. 30 (1901); Centr. Bakter. (II), Bd. VIII, p. 184 (1902). — 3) M. NENCKI u. SIEBER, Monatsb. Chem., Bd. X, p. 532 (1889). — 4) Kokken: LÜBBERT, Biolog. Spaltpilzuntersuchungen p. 35; FOKKER, Zeitschr. Hygiene, Bd. IX, p. 41; NENCKI, l. c.; HASHIMOTO, Hyg. Rundsch., Bd. XI, p. 821 (1902). — 5) Vibrionen: B. GOSIO, Arch. Hyg., Bd. XXI, p. 114 (1894); Bd. XXII, Heft 1 (1894); J. KUPRIANOW, Arch. Hyg., Bd. XIX, p. 282 (1894). — 6) LINDNER, Centr. Bakter. (II), Bd. II, p. 340 (1896); Leuconostoc als Milchsäurebildner: C. LIESENBERG u. ZOPF, Zopfs Beiträge, Heft 2 (1892), p. 1. — 7) Hinsichtlich dieser rein praktischen Fragen sei besonders verwiesen auf die Werke von LAFAR, Tech-nische Mykologie, Bd. 1 (1897); EMMERLING, l. c., 1902; Milchsäurebakterien der Molkerei: H. WEIGMANN, Centr. Bakt. (II), Bd. V, p. 861 (1899); Milchsäure in Wein: R. KUNZ, Zeitschr. Unters. Nahr. Genußm., 1901, p. 673; A. PARTHEIL, Zeitschr. Unters. Nahr. Genußm., Bd. V, p. 1053 (1903); Säuerung der Milch: G. LEICHMANN, Milchzeitg., Bd. XXIII, p. 524 (1894); Bd. XXV, p. 67 (1896); Brennereiprozeß: LEICHMANN, Centr. Bakter. (II), Bd. II, p. 281 (1896); BEIJERINCK, Arch. Néerland. (II), Tome VI, p. 212 (1901); Kleiegärung: WOOD u. WILLCOX, Chem. C., 1897, Bd. II, p. 370; Sauerkrautgärung: CONRAD, Chem. C., 1897, Bd. I, p. 1098; C. WEHMER, Centr. Bakter. (II), Bd. X, p. 625 (1903); über die ver-schiedenen Milchsäurebakterien ferner W. HENNEBERG, Zeitschr. Spiritusindustr., Bd. XXVI, No. 22 (1903). — 8) Ältere Litt. über Gärungsmilchsäure: BERZELIUS, Poggendorffs Ann., Bd. XIX, p. 26 (1830); Ann. chim. phys. (2), Bd. XLVI, p. 420 (1831); J. GAY LUSSAC u. PELOUZE, Pogg. Ann., Bd. XXIX, p. 108 (1833); W. HEINTZ (Pogg. Ann., Bd. LXXV, p. 391 [1848]) nannte die Milchsäure der Muskeln, die er als isomere Säure erkannte, „Paramilchsäure"; STRECKER, Lieb. Ann., Bd. CV, p. 313 (1858), verwandelte die Fleischmilchsäure in inaktive Säure; T. PURDIE [Journ. chem. Soc., Vol. LXIII, p. 1143 (1893)] gelang die Zerlegung der Gärungs-milchsäure durch ihre Strychninsalze in die optisch aktiven Komponenten, vgl. auch E. JUNGFLEISCH, Compt. r., Tome CXXXIX, p. 56 (1904), über kristallisierende Gärungsmilchsäure: F. KRAFFT u. DYES, Ber. chem. Ges., Bd. XXVIII, p. 2589 (1895); W. A. DYES, Chem. C., 1896, Bd. I, p. 742. — 9) F. SCHARDINGER, Mon. Chem., Bd. XI, p. 545 (1890).   •

FELDER [1]) wiesen bei spontaner Milchsäuerung öfters d-Milchsäure und
i-Milchsäure gleichzeitig nach.

Früher hegte man die Ansicht, daß die Bildung einer bestimmten
Modifikation der Milchsäure spezifische Eigenart der einzelnen Gärungserreger sei. Dies ist wohl teilweise richtig, doch kennt man heute
viele Fälle, in welchen derselbe Mikrobe aus verschiedenen Zuckerarten oder bei verschiedener Stickstoffnahrung aus derselben Zuckernahrung differente Milchsäuren produziert. So fand PÉRÉ [2]), daß Bacterium coli aus dem Darm des Erwachsenen nur l-Milchsäure formiert;
das Bakterium aus Säuglingsdarm bildet jedoch d- oder l-Säure je nach
der Ernährung. Die rasch vergärenden Zucker geben d-Säure, die
weniger rasch vergärenden (Invertzucker, Mannose, Galaktose) i-Milchsäure; Arabinose und Laktose l-Säure. In Glykose + Peptonlösung
bildet B. coli d-Säure, in Glykose + Ammonsalz l-Milchsäure, in i-Cal-
ciumlaktat + Ammonsalz auch l-Säure. Es ist sowohl möglich, daß in
einzelnen Fällen (d + l) Säure gebildet wird, und eine der Komponenten
rascher weiter verarbeitet wird, als daß von vornherein nur eine bestimmte Milchsäuremodifikation entsteht. Über B. coli hat ferner auch
HARDEN [3]) im ganzen ähnlich lautende Mitteilungen gemacht. KAYSER [4])
hatte schon früher ebenfalls gefunden, daß dieselbe Bakterienform verschiedene Milchsäuren bilden kann. Angaben über verschiedene d- und
l-Milchsäure bildende Bakterien finden sich weiter in den Arbeiten von
BLACHSTEIN [5]), KUPRIANOW [6]), GOSIO [7]) (Choleravibrio bildet l-Säure),
TATE [8]), GRIMBERT [9]), FRANKLAND und MAC GREGOR [10]). Ein von den letztgenannten Forschern kultiviertes Bakterium ließ aus i-milchsaurem Kalk
d-Milchsäure übrig. Elektive Verarbeitung von Gärungsmilchsäure unter
Rücklassung von d-Milchsäure wurde übrigens von LEWKOWITSCH und
LINOSSIER [11]) auch für das Penicillium glaucum festgestellt.

Über Bildung von β-Oxypropionsäure („Äthylenmilchsäure") liegt
eine einzige isolierte Angabe von HILGER [12]) aus dem Jahre 1871 vor.
Eine Wiederholung des betreffenden Versuches (Inositvergärung mit
faulem Käse) durch VOHL [13]) ergab nur Gärungsmilchsäure.

Nachweis und Bestimmung der Milchsäure. Milchsäure gibt,
wie UFFELMANN [14]) zeigte, mit einer schwachblauen Mischung von Eisenchlorid und Phenol einen grünen Farbenumschlag; diese Reaktion wird
zum Milchsäurenachweise im Magensaft häufig angewendet. Äthyl-

1) C. GÜNTHER u. H. THIERFELDER, Hyg. Rundsch., Bd. IV, p. 1105 (1895);
Arch. Hyg., Bd. XXV, p. 164 (1896); auch KOZAI, Arch. Hyg., Bd. XXXI, p. 337
(1899) fand l- und d-Milchsäure in spontan geronnener Milch. — 2) A. PÉRÉ,
Compt. rend. soc. biol., 1896, p. 446; Ann. Inst. Pasteur, 1898, p. 63; Tome VII,
p. 737 (1893); Tome VI, p. 512 (1892); vgl. auch BJELAJEFF, Centr. Bakt. (I),
Bd. XXXIII p. 513 (1903). — 3) A. HARDEN, Journ. chem. soc., May 1901. —
4) E. KAYSER, Ann. Inst. Pasteur., Tome VIII, p. 737 (1895). — 5) BLACHSTEIN,
Kochs Jahresber., 1892, p. 80. — 6) J. KUPRIANOW, Arch. Hyg., Bd. XIX, p. 282,
291 (1893). — 7) B. GOSIO, Arch. Hyg., Bd. XXI, p. 114 (1894); Bd. XXII, H. 1
(1894). — 8) G. TATE, Journ. chem. Soc., 1893, Vol. I, p. 1263. — 9) L. GRIM-
BERT, Ann. Inst. Pasteur, Tome X, p. 708; Compt. r. soc. biol., 1896, p. 260. —
10) P. FRANKLAND u. MAC GREGOR, Trans. chem. Soc., 1893. — 11) G. LINOSSIER,
Bull. soc. chim. (3), Tome V, p. 10 (1891). — 12) HILGER, Lieb. Annal., Bd. CLX,
p. 336 (1871). — 13) VOHL, Malys Jahresber. Tierchem., 1876, p. 274. — 14) J.
UFFELMANN, Zeitschr. klin. Med., Bd. VIII, p. 392 (1884); G. KELLING, Zeitschr.
physiolog. Chem., Bd. XVIII, p. 397 (1894); H. STRAUSS, Berlin. klin. Wochenschr.,
Bd. XXXII, p. 805 (1895); DE JONO, Chem. C., 1896, Bd. II, p. 806.

alkohol gibt jedoch ebenfalls diese Reaktion. BEHRENS[1]) schlug vor, die charakteristischen Sphärite des schwerlöslichen Yttriumlaktates zum Milchsäurenachweis zu benutzen. Man schüttelt die angesäuerte Probe mit Äther aus, dunstet den Äther ab, neutralisiert den Rückstand mit Ammon und setzt etwas Yttriumsalzlösung zu. VOURNASOS[2]) führt die Milchsäure mit Jod und Kalilauge in Jodoform über und weist letzteres durch die Isonitrilbildung mit Methylamin nach. Dieses Verfahren kann auch zu einer quantitativen Bestimmung umgewandelt werden. Die Milchsäure wird häufig aus dem Alkoholextrakt des Untersuchungsmaterials, nach Eindunsten, Ansäuern und Ausschütteln mit Äther, Abdunsten des letzteren mittelst Herstellung ihres Zinksalzes isoliert. Das Zinksalz der d-Säure ist in wässeriger Lösung linksdrehend, das l-Zinklaktat hingegen rechtsdrehend. Über Milchsäurebestimmung sind besonders die Arbeiten von ARAKI[3]), WERTHER[4]) und PARTHEIL[5]) einzusehen.

Zur Milchsäuregärung geeignete Zuckerarten sind nicht nur die vier alkoholgärungsfähigen· Hexosen, sondern auch Hexite, Pentosen, Rhamnose, Glyzerin. Leider sind die künstlich dargestellten Hexosen, Heptosen, Oktosen, Pentosen noch nicht in dem wünschenswerten Ausmaße geprüft.

Die einzelnen Bakterien sind hinsichtlich der Verarbeitung der verschiedenen Zucker und Zuckeralkohole sehr verschieden befähigt und es ist hierüber eine große Zahl von Angaben in der Literatur vorhanden. Von Interesse sind diesbezüglich die Daten von PÉRÉ[6]), KAYSER[7]), GRIMBERT[8]). Aus der nachfolgenden Tabelle KAYSERs geht hervor, welche Milchsäure (d, l, i) die betreffenden Bakterien gebildet hatten.

	Bacterium aus Butter	Bacterium b aus Butter	Bacterium r aus Butter	Bacterium c aus Butter	Bacillus Güntheri	Bacillus Blischeri	Bacillus contag. eitrig. Entzünd.	Bacillus Freudenreich	Bacillus Rogosinius	Bacillus I	Bacillus Brennereimalsch	Bacillus zu Brennereimalsch	Bacillus zu Sauerkraut	Bacillus e aus belgischem Bier	Bacillus p aus belgischem Bier
Arabinose in Seinewasser, Pepton	.	.	.	.	.	.	.	.	.	.	.	.	l	.	.
Xylose „	.	.	.	.	.	.	.	.	.	.	.	.	l	.	.
Mannit, Malzkeiminfus	.	.	.	.	.	.	i	.	.	.	.	.	l	.	.
Glykose „	l	l	l	l	.	r	i	l	r	r	i+l	.	l	l	i
Lävulose „	.	.	.	.	.	.	.	.	.	.	.	.	l	.	.
Galaktose „	.	i	.	.	.	.	.	i	.	.	.	.	l	.	i
Maltose, Bierwürze	.	.	.	i	i	.	.	.	r	l	i	i	i	i	i
„ Peptonwasser	.	.	.	.	.	.	.	.	.	.	.	.	i	.	.
Milchzucker, peptonisierte Milch	.	l	.	l	l	r	.	l	r	l	l	l	.	l	.
„ Malzkeiminfus	.	.	.	.	.	.	.	.	.	.	.	.	l	.	.
Saccharose „	.	.	.	i	.	.	.	.	r	l	l	l	i	i	.
Melezitose, Peptonwass.	.	.	.	.	.	.	.	.	.	.	.	.	.	.	.
Trehalose „	.	.	.	.	.	.	.	.	.	.	.	.	l	.	.
Stärke, Malzkeiminfus	.	.	.	.	.	.	.	.	.	i	l	.	.	.	.

---

1) J. BEHRENS zit. v. BEIJERINCK, Centr. Bakter. (II), Bd. IX, p. 21 (1902). 2) A. CH. VOURNASOS, Zeitschr. angew. Chem., Bd. XV, p. 172 (1902). — 3) ARAKI, Zeitschr. physiol. Chem., Bd. XV, p. 336 (1891). — 4) WERTHER, Pflüg. Arch., Bd. XLVI, p. 68 (1899). — 5) A. PARTHEIL, Verhandl. Nat. Ges. Hamburg (1901), (II), Bd. II, p. 634; KUNZ, Zeitsch. Untersuch. Nahr- u. Genußm., 1901, p. 673. —

Bact. Bischleri (eine coli sehr ähnliche Form) verarbeitet nach NENCKI[1]) Glyzerin zu i-Milchsäure, Bact. coli aber zu d-Säure. Ein Milchsäurebazillus von BENEDIX[2]) verarbeitete unter Darreichung von Pankreaspulver Xylose leicht, etwas weniger gut Rhamnose, noch weniger gut Arabinose, gar nicht Saccharose. Ein Bazillus von reifen Birnen, welchen TATE[3]) untersuchte, bildete aus Dextrose und Mannit l-Milchsäure, aus Rhamnose i-Säure. Über die Milchsäurebakterien aus Brennereimaischen und Brauprodukten finden sich ferner Angaben bei HENNEBERG[4]). Dies möge genügen, um die obwaltenden hochgradigen Verschiedenheiten zu illustrieren.

Nach KAYSER werden im günstigsten Falle 95 Proz. des zugesetzten Zuckers in Milchsäure gespalten. Es finden sich jedoch bei den Milchsäuregärungen alle möglichen Verhältnisse bezüglich der Milchsäuremenge, bis zu $\frac{1}{2}$ an geringen Mengen herab. Daneben treten als Gärprodukte auf: Äthylalkohol, Essigsäure, Bernsteinsäure, Ameisensäure, Aceton ferner Kohlensäure; auch Wasserstoff und Methan wurden bei Milchsäuregärern gefunden, so beim Bacterium lactis aërogenes nach BAGINSKY[5]), welches aus Milchzucker, Essigsäure, Aceton, CO_2, CH_4, H_2, etwas Milchsäure bilden soll. Es ist sehr schwierig, das Gebiet der Milchsäuregärung scharf abzugrenzen. Zur Illustration des Stoffwechsels bei Milchsäuregärung mögen die Angaben von GRIMBERT[6]) über den fakultativ anaëroben FRIEDLÄNDERschen Pneumoniebacillus dienen, welcher auf vielen Nährböden l-Milchsäure bildet.

100 g von:	gaben als Stoffwechselprodukte: g			
	Alkohol	Essigsäure	l-Milchsäure	Bernsteinsäure
Traubenzucker . . .	Spur	11,06	58,49	—
Galaktose	7,66	16,60	53,33	
Arabinose	—	36,13	49,93	—
Saccharose	Spur	29,53	43,50	wenig
Maltose	Spur	35,53	wenig	nicht bestimmbar
Mannit	11,40	10,6	36,63	—
Dulcit	29,33	9,46	—	21,63
Glyzerin	10,0	11,82	27,32	—
Dextrin	Spur und etwas höhere Alkohole	10,13		13,96
Kartoffeln	—	Vorhanden, doch nicht bestimmbar	—	nicht bestimmt
Laktose in destill. Wasser	16,66	30,66	Spur	26,76
„ in 2 % Pepton	15,0	19,53	„	30,73
„ in Salzlösung und 2 % Pepton	13,33	21,36		23,16

6) PÉRÉ. Compt. rend. soc. biol., 1896, p. 446; Ann. Inst. Pasteur, 1898, p. 63; Tome VII. p. 737 (1893); Tome VI, p. 512 (1892). — 7) E. KAYSER, Ann. Inst. Pasteur, Tome VIII. p. 737 (1895). — 8) L. GRIMBERT, Ann. Inst. Pasteur. Tome X, p. 708; Compt. r. soc. biol., 1896. p. 260.

1) M. NENCKI, Centr. Bakter., Bd. IX, p. 304 (1891). — 2) E. BENEDIX, Centr. Bakter. (II), Bd. VI, p. 503 (1900). — 3) G. TATE. Journ. chem. Soc. 1893. Vol. I, p. 1263. — 4) W. HENNEBERG, Wochenschr. Brauerei, Bd. XVIII, No. 30 (1901), Centr. Bakter. (II), Bd. VIII, p. 184 (1902). — 5) A. BAGINSKY, Zeitschr. physiol. Chem., Bd. XII, p. 434; Bd. XIII. p. 352 (1888). — 6) L. GRIM-

Ähnliche Differenzen fand für andere Mikroben derselbe Autor[1]); TATE[2]) konstatierte bei Mannitverarbeitung Ameisensäurebildung. Nach BARTEL[3]) wird Essigsäure besonders unter ungünstigen Lebensbedingungen der Mikroben produziert. Über die Stoffwechselprodukte des Cholera-vibrio, Typhusbazillus und HUEPPES Bac. acidi lactici finden sich An-gaben bei BLUMENTHAL[4]). DRAGGENDORFF[5]) fand bei Milchsäuregärung (unbekannter Ätiologie) Bildung von Mannit. Andere Literaturangaben sind noch bei EMMERLING[6]) zusammengestellt. Hinsichtlich der Schwan-kungen der gebildeten Milchsäurequantität sei endlich auf die Unter-suchungen von SCHIERBECK[7]) verwiesen.

Bezüglich der gebildeten gasförmigen Produkte herrschen ebenfalls große Verschiedenheiten. Manche Milchsäuregärer, wie HUEPPES Ba-zillus, bilden reichlich Kohlensäure, andere nur wenig oder gar keine. Kohlensäure pflegt den Hauptbestandteil der entwickelten Gase darzu-stellen, daneben wird Wasserstoff gebildet. Micrococcus Sornthalii von ADAMETZ[8]) bildet etwa $^3/_4$ der produzierten Gase an CO_2, $^1/_4$ an H_2. Bei Bacterium coli amindolicum werden nach LEMBKE[9]) beide Gase im Verhältnisse 3 : 5 formiert; Bact. coli anaërogenes hat keine Gasbildung.

Es ist derzeit noch fraglich, ob wir das Recht haben, die Milch-säuregärungen, welche so sehr differente Produkte liefern und so ver-schiedenen Materialien entstammen, als einheitlichen biochemischen Prozeß der Milchsäuregärung des Zuckers: $C_6H_{12}O_6 = 2 C_3H_6O_3$ zu-sammenzufassen, oder ob das rein äußerliche Merkmal des Entstehens von Milchsäure nicht bei heterogenen Spaltungsprozessen vorkommen kann. Daher können wir über die Bedeutung der Nebenprodukte ebenfalls noch nichts Sicheres aussagen. Dieselben können sowohl se-kundär der gebildeten Milchsäure, als dem dargereichten Zucker selbst entstammen. Verschiedene Beobachtungen haben gelehrt, daß man durch Einwirkung von Alkalien auf Zucker unter verschiedenen Be-dingungen reichlich Milchsäure erhält [HOPPE-SEYLER[10]), SSOROKIN[11])]. DUCLAUX[12]) gibt an, man könne durch Stehenlassen von Zucker-lösung mit Baryt oder Kalk im Sonnenlichte Milchsäure erhalten, und zwar d-Milchsäure aus Maltose, l-Milchsäure aus Fruktose, i-Milchsäure aus Invertzucker. Während die Bedenken von A. MAYER[13]) gegen die enzymatische Natur der Spaltung des Zuckers in Milchsäure kaum ent-scheidende Gründe zur Ablehnung dieser Vorstellung beigebracht haben, hat NASSE[14]) eine Reihe von Analogien der Milchsäuregärung mit En-zymwirkungen beigebracht. Vielleicht kann auch die Beobachtung von CHASSEVANT und RICHET[15]), wonach verdünnte Metallsalzlösungen die Vermehrung der Milchsäuremikroben schon sistieren, wo sie die Gärung

BERT, Ann. Inst. Pasteur, Tome IX, p. 840 (1895). Bezüglich coli Mitteilungen desselben Forschers: Compt. r. soc. biolog., 1896, p. 192, 684.
1) S. Anm. 6, p. 267. — 2) S. Anm. 3, p. 267. — 3) CH. BARTEL, Centr. Bakter. (II), Bd. VI, p. 417 (1900). — 4) F. BLUMENTHAL, Virchows Arch., Bd. CXLVI, p 65 (1896). — 5) DRAGGENDORFF, Arch. Pharm., Bd. XII, p. 47 (1879). — 6) S. Anm. 1, p. 264. — 7) N. P. SCHIERBECK, Arch. Hyg., Bd. XXXVIII, Heft 3, p. 294 (1901). — 8) L. ADAMETZ, Centr. Bakter. (II), Bd. I, p. 465 (1895). — 9) W. LEMBKE, Arch. Hyg., Bd. XXVII, p. 384 (1897). — 10) F. HOPPE-SEYLER, Ber. chem. Ges., Bd. IV, p. 346 (1871). — 11) W. SSOROKIN, Ber., Bd. XVIII (II), Ref. 610 (1885). — 12) DUCLAUX, Ann. Inst. Pasteur, Bd. VII, p. 751 (1893). Hierzu auch H. ZIKES, Centr. f. Bakter. (II), Bd. XII, p. 292 (1904). — 13) A. MAYER, Zeitschr. Sp .-Industr., 1891, No. 25; Chem. Centr. 1891, Bd. II, p. 352. — 14) NASSE, Pflüg. Arch., Bd. XI, p. 138. — 15) CHASSEVANT u. RICHET, Compt. rend., Tome CXVII, p. 673.

noch gar nicht beeinflussen, mit ins Treffen geführt werden. In jüngster
Zeit hat nun BUCHNER und MEISENHEIMER[1]) tatsächlich über Versuche berichtet, wonach der „Acetondauerhefe" analoge Präparate aus
Bacillus Delbrückii Leichm. Zucker zu Milchsäure vergären, und ein
ähnliches Dauerpräparat stellte auch HERZOG[2]) dar. Nach STOKLASA[3])
gelingt es, aus Preßsäften von Tierorganen ein Milchsäure bildendes
Enzympräparat zu gewinnen. BEIJERINCK[4]) schloß aus dem Umstande,
daß Lactobacillus caucasicus durch Einwirkung von Chloroformdämpfen
sein Gärvermögen einbüßt, wohl in nicht ganz zwingender Weise auf
die Abwesenheit eines Milchsäurebildungsenzyms.

Das Temperaturoptimum der Milchsäuregärung pflegt zwischen 30
und 35⁰ C zu liegen. 50⁰ sistiert den Prozeß, aber auch kurzes Erhitzen auf 60⁰ vernichtet die Gärfähigkeit noch nicht völlig. Knapp
oberhalb des Eispunktes ist keine Gärung mehr nachzuweisen[5]).

Der Einfluß des Sauerstoffs ist sehr verschieden, da das Sauer-
stoffbedürfnis der Gärungserreger sehr variiert. Es gibt eine Reihe
fakultativ anaërober Milchsäurebildner, welche bei Luftzutritt und Sauerstoffmangel ihre Wirkung entfalten können; ein von LEICHMANN[6]) be-
obachteter Milchsäurebazillus gedeiht bei Sauerstoffmangel besser. In
vielen Fällen wurde wieder entschieden begünstigender Einfluß von
Sauerstoffzutritt auf Milchsäuregärung wahrgenommen[7]).

Von großer Wichtigkeit für die Kenntnis der Milchsäuregärung
ist die Tatsache, daß die Milchsäurebakterien gegen ein Ansteigen der
Acidität ihres Medium sehr empfindlich sind. Man setzt deshalb vorteilhaft Kreidepulver der Gärflüssigkeit zu, wenn es auf möglichst ausgiebige Milchsäureproduktion ankommt. Zum Nachweise der Säurebildung kann man nach BEIJERINCKS Vorschlage[8]) einem erstarrenden
Nährboden feingeschlemmte Kreide zusetzen und an der Aufhellung
der Gelatine resp. des Agar um die Kolonien herum die Säurebildung
erkennen. In Milch wird von den Bakterien immer mehr Säure formiert
als in Zuckerlösung, wahrscheinlich weil manche Milchbestandteile Säure
binden[9]). Nach HIRSCHFELD[10]) hemmt schon 0,01—0,02 Proz. HCl;
0,07 Proz. sistiert ganz. Ein von NEUMANN[11]) untersuchtes Milchsäurebakterium aus Weißbier erzeugte als höchste Acidität Milchsäure = 3 ccm
Normal NaOH pro 100 ccm Kulturwürze bei 20—30⁰.

Starke Säuren, Alkalien, Protoplasmagifte sistieren die Gärung.
Metallsalze in der Konzentration von 0,0005 g auf 1 Liter fördern den

1) E. BUCHNER u. J. MEISENHEIMER, Ber. chem. Ges., Bd. XXXVI, p. 634
(1903). — 2) R. O. HERZOG, Zeitschr. physiol. Chem., Bd. XXXVII, p. 381
(1903). — 3) J. STOKLASA, JELINEK u. CERNY, Centr. Physiol. (1902), Bd. XVI,
p. 713 (4. März 1903); ferner die früheren Angaben von KÜHNE zit. v. NEUMEISTER,
Ber., Bd. XXX, p. 2964 (1897). — 4) BEIJERINCK, Arch. Néerland. (2), Bd. VI,
p. 212 (1901). — 5) Lit. hierzu: A. MEYER, Malys Jahresber. Tierchem., 1892,
p. 598; FLÜGGE, Zeitschr. Hygiene, Bd. XVII, p. 300; CH. RICHET, Compt. rend.,
Tome LXXXVIII, p. 750 (1879); MAC DONNELL, Centr. Bakt. (II), Bd. VI, p. 120
(1900). — 6) G. LEICHMANN, Chem. Centr., 1894, Bd. II, p. 703. — 7) A. MAYER,
Kochs Jahresber., 1891, p. 173. — 8) BEIJERINCK, Centr. Bakter., Bd. IX, p. 781
(1891). — 9) Hierzu TIMPE, Arch. Hyg., Bd. XVIII, p. 1 (1893); KABRHEL, Zeitschrift Hyg., Bd. XIX, p. 392 (1894). — 10) E. HIRSCHFELD, Pflüg. Arch., Bd.
XLVII, p. 510 (1890); lerner F. O. COHN, Zeitschr. physiol. Chem., Bd. XIV, p. 75
(1890); EMMERLING, l. c., p. 37. — 11) O. NEUMANN, Wochenschr. Brauerei, Bd.
XVII, p. 608 (1900).

Prozeß [Richet [1])], z. B. $CuSO_4$, $HgCl_2$. Bei Steigerung der Dosis erfolgt Verlangsamung.

Von Interesse ist die Entdeckung Effronts [2]), daß sich Milchsäure-bakterien ähnlich wie Alkoholhefe an Fluoriddarreichung gewöhnen können. Richet [3]) beobachtet, daß die vom phosphoreszierenden Schwefelcalcium ausgehenden Strahlen die Milchsäuregärung deutlich bei längerer Ein-wirkung hemmen.

§ 5.
Andere weniger bekannte Zuckerspaltungen.

Außer der alkoholischen und Milchsäuregärung kennt man mit Sicherheit keine Zuckerspaltung durch Enzyme und Mikroben, bei welcher die Endprodukte nicht sauerstoffärmer oder sauerstoffreicher wären als das Ausgangsmaterial, wo wir es also nicht mit wirklichen Reduktions-oder Oxydationsprozessen zu tun hätten. Typische Reduktionsprozesse sind die Buttersäure- und Valeriansäuregärung, welche daher in den Bereich der Gewinnung von Sauerstoff aus Verbindungen fallen. Es bleibt aber eine Reihe von Prozessen unbekannter Natur übrig, von denen wir nicht wissen, inwiefern Oxydations- oder Reduktionsprozesse mitspielen und welche hier ihren provisorischen Platz in unserer Dar-stellung finden mögen.

Als schleimige Gärung werden eine Reihe durch Bakterien be-dingter Veränderungen zuckerhaltiger Nahrung zusammengefaßt, welche das gemeinsam haben, daß hierbei visköse, fadenziehende oder gelatinie-rende Stoffe, welche zu den Kohlenhydraten gehören, entstehen. Be-sonders bei Rohrzuckerlösungen und Runkelrübensaft sind solche Er-scheinungen schon den älteren Forschern, wie Desfosses, Kirchner, Macglagan und Tilley [4]) bekannt gewesen. Pasteur [5]) verdankt man aber die Erkenntnis, daß bei der Schleimgärung des Weins, wobei Mannit entsteht, Bakterien im Spiele sind. 1869 wurde man durch Scheibler [6]) auf die „Froschlaichgallerte" des Rübensaftes neuerlich aufmerksam ge-macht, deren gallertiges Kohlenhydrat von diesem Forscher als Dextran bezeichnet wurde. Den gleichen Gegenstand behandelten Mitteilungen von Baudrimont [7]), Durin [8]), Comaille [9]), Borszow [10]) und Bunge [11]); 1878 beschrieb Cienkowski [12]) den mikrobischen Urheber dieser Erschei-nung unter dem Namen Ascococcus mesenterioides, welchen van Tieghem [13])

1) Richet, Compt. rend., Tome CXIV, p. 1494; ferner Duclaux, Micro-biologie, T. IV, p. 366 (1901). — 2) J. Effront, Compt. rend., Tome CXIX. p. 169 (1894); Ann. Inst. Pasteur, Tome X, p. 524 (1896); Bull. soc. chim. (3), Tome IV. p. 337. — 3) Ch. Richet, Compt. r., Tome CXXXVIII, p. 588 (1904). — 4) Desfosses, Journ. pharm. chim., Tome XV, p. 602 (1830); Schweigg. Journ., Tome LVIII, p. 98 (1830); Kirchner, Lieb. Ann., Bd. XXXI, p. 337 (1839); Th. Tilley u. D. Maclagan, Journ. prakt. Chem., Bd. XXXIX, p. 216 (1846). — 5) Pasteur, Bull. soc. chim., 1861, p. 30; Monoyer, Thèse Strasbourg, 1862. — 6) C. Scheibler, Zeitschr. Verein Rübenzuckerind., Bd. XXIV, p. 309 (1874). — 7) A. Baudrimont, Compt. rend., Tome LXXX, . 1253 (1875), [Zuckerrohr-saft]. — 8) E. Durin, Compt. rend., Tome LXXXIII. p. 128, 355 (1876); Annal. sc. nat. (6), Tome III, p. 266 (1876); hierzu Pasteur, C. r., Tome LXXXIII, p. 176. — 9) A. Comaille, Monit. scient., 1876, p. 435. — 10) El. Borszow, Just Jahresber., 1876, Bd. II, p. 790. — 11) N. Bunge, Centr. Agr.chem., Bd. VIII, p. 56 (1879). — 12) L. Cienkowski, Just Jahresber., 1878, Bd. I, p. 501. — 13) P. van Tieghem, Bull. soc. bot., 1878, p. 271; Annal. sc. nat. (6), Tome VII, p. 180 (1878).

in die heute gebräuchliche Bezeichnung Leuconostoc mesenterioides umänderte. Das Gummi, welches der Leuconostoc produziert, SCHEIBLERS Dextran, beschrieb 1881 BÉCHAMP [1]) genauer unter dem Namen „Viscose". Es hat die empirische Formel $C_6H_{10}O_5$, ist rechtsdrehend, gibt bei Hydrolyse Traubenzucker, reduziert nicht FEHLINGsche Lösung. Die Begleitstoffe der Viskose sind nach BÉCHAMP Alkohol, Essigsäure, zuweilen Milchsäure. Die Viskose wird nur aus Rohrzucker durch Leuconostoc gebildet. SOHMIDT-MÜHLHEIM [2]) lehrte eine weitere Erscheinung auf diesem Gebiete näher kennen, die fadenziehende Milch, wobei Laktose verarbeitet wird. Das Bacterium glischrogenum, welches MALERBA und SANNA SALARIS [3]) sowie MELLE [4]) aus schleimigem, stark saurem Harn isolierten, produziert anscheinend einen stickstoffhaltigen Gallertstoff. KRAMER [5]) studierte hierauf neuerdings die Schleimgärung des Weins. Der hier vorkommende Mikrobe (Bac. viscosus vini und mindestens noch zwei andere) bilden stets Kohlensäure und Mannit neben der Schleimsubstanz, also ganz andere Produkte als Leuconostoc. Weiterhin beschrieb HÉRY [6]) eine Schleimgärung von Tinte, BINZ, BRÄUTIGAM und besonders RITSERT [7]) das Schleimigwerden von Digitalisaufgüssen, wobei Bakterien eine Rolle spielen, welche ähnlich wie Leuconostoc nur aus Rohrzucker dextranartige Stoffe bilden, daneben Mannit, Milchsäure, Kohlensäure formieren. HAPP [8]), welcher auch andere Pflanzenaufgüsse hinsichtlich der Schleimgärung untersuchte, kam zu ähnlichen Ergebnissen. GLASER [9]) wies ferner im Rübensaft ein dem Leuconostoc ganz analog wirksames Bakterium: „gelatinosum betae" nach. Eine weitere kleine Literatur entstand über das Schleimigwerden des Bieres. Ein von VAN DAM [10]) studierter Bacillus aus Bier vergor Dextrose, sowie Maltose und Rohrzucker, auch Milchzucker. Über die schleimige Gärung der Milch berichtete ferner LEICHMANN [11]), daß sie durch einen aëroben Bacillus hervorgerufen wird, welcher Milchzucker, Traubenzucker, Fruktose, Galaktose, Rohrzucker, Maltose, Dextrin, nicht aber Stärke, Mannit, Arabin verarbeitet; als Produkte entstehen weder Mannit noch CO_2, sondern Milchsäure und Alkohol. BOEKHOUT [12]) beschrieb als Dextranbildner aus Milch einen neuen Streptococcus (hornensis), welcher am besten auf Rohrzuckerlösung gedeiht. Die Stoffwechselprodukte wurden hier noch nicht genug eingehend untersucht. Bei der Kultur des Bacill. lactis aërogenes auf Milchzuckerlösung wird nach EMMERLING [13]) ein Schleim

1) A. BÉCHAMP, Compt. rend., Tome XCIII, p. 78 (1881). — 2) SCHMIOT-MÜLHEIM, Pflüg. Arch., Bd. XXVII, p. 490; Landw. Versuchstat., Bd. XXVIII, p. 91 (1882); auch TH. GRUBER, Centr. Bakt. (II), Bd. IX, No. 21 (1902). — 3) P. MALERBA u. G. SANNA-SALARIS, Chem. Centr., 1888, Bd. II, p. 1392; MA-LERBA, Zeitschr. physiol. Chem., Bd. XV, .. 539 (1891). — 4) G. MELLE, Just Jahresber., 1898, Bd. I, p. 236. — 5) E. KRAMER, Mon. Chem., Bd. X, p. 467 (1889). — 6) M. HÉRY, Ann. micrograph., Tome IV, p. 13 (1891). — 7) C. BINZ, Pharm. Ztg., Bd. XXXVI, p. 707, 766 (1891); W. BRÄUTIGAM, Pharm. Centralhalle, Bd. XXXII, p. 427 (1891); Bd. XXXIII, p. 534 (1892); E. RITSERT, Pharm. Ztg., Bd. XXXVI, p. 715, 774. — 8) C. HAPP, Centr. Bakter., Bd. XIV, p. 175 (1894); Dissert. Basel, 1893. — 9) F. GLASER, Centr. Bakter. (II), Bd. I, p. 879 (1895). — 10) L. VAN DAM, Kochs Jahresber., 1896, p. 146: Chem. C., 1896, Bd. I, p. 377. Ältere Mitteilungen: VAN LAER, Mém. acad. roy. Belg. (1889), Tome XLIII; ferner HERON, 1899. Vgl. hierüber und über Schleimgärung überhaupt besonders die Zusammenstellungen bei LAFAR, Techn. Mykologie, Bd. I (1897) und EMMERLING, l. c., p. 87 ff. (1902); FLÜGGE, Mikroorganismen, Bd. I, p. 239. — 11) G. LEICHMANN, Landw. Versuchstat., Bd. XLIII, p. 375 (1894). — 12) F. W. BOEKHOUT, Centr. Bakt. (II), Bd. VI, p. 161 (1900). — 13) O. EMMERLING, Ber. chem. Ges., Bd. XXXIII, p. 2478 (1900).

von den Eigenschaften eines Galaktans produziert, außerdem Essigsäure und Bernsteinsäure; ebenso auf Galaktose, nicht aber auf Dextrose. Ein ähnlicher von SCHARDINGER[1]) studierter Bacillus aus Trinkwasser, formierte auch auf Rohrzuckernährboden ein Galaktan, außerdem l-Milchsäure, Essigsäure, Bernsteinsäure, Alkohol und Wasserstoff. LAXA[2]) konstatierte als Stoffwechselprodukte eines in Zuckerfabriksprodukten Gallerten bildenden Clostridium ein gallertiges Kohlenhydrat, welches bei der Hydrolyse vorwiegend Fruktose liefert, außerdem Milchsäure, Alkohol und Gase. GREIG SMITH und STEEL[3]) fanden in Zuckerrohrprodukten gleichfalls einen Bacillus, dessen Gummi bei der Hydrolyse Fruktose gibt und links dreht. Sie nennen dieses Gummi „Levan". Es ist also die Mannigfaltigkeit der Produkte der Schleimgärung sehr groß, und eine nähere Orientierung auf diesem Gebiete kann erst durch eingehende vergleichende biochemische Bearbeitung hergestellt werden. Es ist auch zu berücksichtigen, daß Schleimbildung unter Umständen bei Mikroben beobachtet wird, welche nicht zu den typischen Schleimbildnern zählen, so beim Bacillus pyocyaneus und anderen pathogenen Formen[4]). Vielleicht werden auch die Erscheinungen von Zoogloeabildung, welche so verbreitet bei Bakterien auftreten, mit zu berücksichtigen sein. Zurzeit ist übrigens auch die Zellmembranbildung und Schleimbildung im Medium selbst in manchen Fällen noch nicht hinreichend gesondert worden.

Noch weniger als über die schleimige Gärung läßt sich über eine Reihe von Gärungen, welche mit Bildung von organischen Säuren einhergehen, in biochemischer Hinsicht berichten. Hierher zählt die hochinteressante von WEHMER[5]) entdeckte „Zitronensäuregärung" durch Citromyces Pfefferianus und glaber, zwei penicilliumähnliche Schimmelpilze, welche bis 8 Proz. Zitronensäure in Zuckerlösung bilden. Wahrscheinlich spielt hier Sauerstoffaufnahme mit, und ebenso wie die Bildung von Oxalsäure, fallen diese Prozesse in den Rahmen der Sauerstoffatmung. Doch ist es nicht ausgeschlossen, daß Oxalsäure in gewisser Menge auch ohne Sauerstoffaufnahme von außen aus Zucker hervorgehen kann; Erfahrungen liegen hierüber nicht vor. Sehr reichlich Oxalsäure bildet der von ZOPF[6]) direkt als „Oxalsäuregärer" bezeichnete Saccharomyces Hansenii, welcher Dextrose, Galaktose, Maltose, Milchzucker, Mannit, Dulcit und Glyzerin verarbeitet. Die oft in alten, nicht gehörig durchlüfteten Kulturen von Aspergillus niger sehr hochgradige Ansammlung von Oxalsäure wurde besonders von WEHMER[7]) studiert; sie variiert übrigens in noch nicht ganz erforschter Weise. Das „Zuckerbakterium" von M. WARD und GREEN[8]) verarbeitet Dextrose, Lävulose, Rohrzucker unter Bildung von Essigsäure und Bernsteinsäure; es formiert keinen Alkohol. Auch der FRIEDLÄNDERsche Pneumoniebacillus bildet nach BRIEGER[9]) hauptsächlich Essigsäure und wenig Ameisensäure aus Zucker,

1) F. SCHARDINGER, Centr. Bakter. (II), Bd. VIII, p. 144 (1902). — 2) O. LAXA, Centr. Bakter. (II), Bd. VIII, p. 154 (1902). — 3) R. GREIG SMITH, Centr. Bakter. (II), Bd. VIII, p. 596 (1902); GREIG SMITH u. STEEL, Journ. soc. chem. Ind., Vol. XXI, p. 1381 (1902). — 4) Vgl. A. CHARRIN u. A. DEGREZ, Compt. rend. soc. biol., 1898, p. 209, 596. — 5) C. WEHMER, Ber. deutsch. botan. Ges., Bd. XI, p. 333 (1893). Untersuch. üb. einheim. Pilze, Heft 1, Jena 1893; Compt. rend., Tome CXVII, p. 332; Centr. Bakter., Bd. XV, p. 427. P. MAZÉ u. A. PERRIER, Compt. r. Tom. CXXXIX, p. 311 (1904). — 6) W. ZOPF, Ber. bot. Ges., Bd. VII, p. 94 (1889). — 7) C. WEHMER, Bot. Ztg. 1891; Centr. Bakt. (II), Bd. III, p. 102. (1897). — 8) M. WARD u. J. R. GREEN, Proc. Roy. Soc., Vol. LXIV, p. 65 (1899). — 9) L. BRIEGER, Zeitschr. physiol. Chem., Bd. VIII, p. 306 (1884).

während der Bac. cavicida besonders Propionsäure bildet. Die Lebensbedingungen bestimmen aber manchmal hervorragend die Art der produzierten Säure; so bildet das Bact. lactis aërogenes[1]) in aërober Kultur nach BAGINSKY hauptsächlich Essigsäure, während OPPENHEIM[2]) in anaërober Kultur dasselbe besonders milchsäurebildend fand. Sehr wenig bekannt ist ferner die Bildung von Fettsäureestern durch Bakterien und Hefen. Der Bacillus suaveolens von SCLAVO GOSIO[3]) bildet Alkohol, Aldehyd, Ameisensäure, Essigsäure, Buttersäure, Äthylbutyrat und Äthylvalerianat. MAASSEN[4]) studierte verschiedene Arten fruchtätherbildender Bakterien und ihre Ernährung mit Zucker und Kohlenhydraten. GRUBER[5]) sowie EICHHOLZ[6]) isolierten Bakterien, welche, auf verschiedenen Nährböden kultiviert, erdbeerartig duftende Stoffe produzieren. WENT[7]) fand einen Schimmelpilz, welcher Alkohol, Essigsäure, Äthylacetat und ananasartig riechende Ester erzeugt. KAYSER[8]) züchtete von Ananassaft auch eine kräftig Fruchtäther bildende Hefe. Über Brauereihefen und ihre Fruchtätherbildung hat LINDNER[9]) Mitteilungen gemacht. Schließlich werden auch unter den bei der Verwesung von Rheumblättern tätigen Sproßpilzen solche mit Fruchtätherbildung von BAIL[10]) konstatiert.

Acetylmethylkarbinol wird nach DESMOTS[11]) durch Bacill. tartricus und Verwandte von Bacill. mesentericus auf Kohlenhydratnährboden neben Valeriansäure, Essigsäure und etwas Alkohol gebildet.

§ 6.
Verarbeitung von zusammengesetzten Zuckerarten und Glykosiden.

Die Zugänglichkeit zusammengesetzter Zuckerarten für Organismen hängt davon ab, ob die Hydrolyse dieser Verbindungen in einfache Zucker bewerkstelligt werden kann, und zwar kommt es wesentlich auf Produktion bestimmter Enzyme an, wenn zusammengesetzte Zuckerarten verarbeitet werden sollen. Die zuckerspaltenden Enzyme sind, wie wir z. B. vom Invertin wissen, oft sehr leicht in der Kulturflüssigkeit oder in der Digestionsflüssigkeit der betreffenden Pilze nachweisbar; doch lehren schon die Erfahrungen beim Invertin, daß es Fälle gibt, wo wir außerhalb der Zellen kein Enzym nachweisen können, das Disaccharid aber trotzdem verarbeitet wird. Man war früher geneigt, in letzteren Fällen eine „direkte Vergärung" der zusammengesetzten Zucker ohne vorherige Hydrolyse anzunehmen. Steht diese Annahme einerseits mit der Theorie nicht im Einklange, so ließ sich andererseits noch zeigen, daß man mit zertrümmerten Zellen oder Preßsäften selbst in letzteren Fällen ohne weiteres die Enzyme abtrennen kann. Es ist demnach vielleicht anzunehmen, daß es wie im Tierorganismus bei den Pilzen „Sekretionsenzyme" und „Endoenzyme" gibt; doch ist es noch nicht genau

1) Hierzu ESCHERICH, Darmbakt. des Säuglings, 1881; BAGINSKY, Zeitschr. physiol. Chem., Bd. XII, p. 434 (1888). — 2) OPPENHEIM, Centr. Bakt., Bd. VI, p. 586. — 3) SCLAVO-GOSIO, Kochs Jahresber., 1891, p. 242. — 4) A. MAASSEN, Arbeit. kais. Gesundheitsamt, Bd. XV, p. 500 (1899); Chem. C., 1899, Bd. II, p. 1058. — 5) TH. GRUBER, Centr. Bakt. (II), Bd. IX, p. 705 (1902). — 6) W. EICHHOLZ, ibid., No. 11—12. — 7) WENT, Kochs Jahresber., 1893, p. 248. — 8) E. KAYSER, Annal. Inst. Pasteur, Tome V, p. 456 (1891). — 9) P. LINDNER, Wochenschrift Brauerei, 1896, p. 552; auch JACQUEMIN, Compt. r., Tome CXI. p. 56; Tome CXXV, p. 114 (1897). — 10) O. BAIL. Centr. Bakter. (II), Bd. VIII, p. 576 (1902). — 11) H. DESMOTS, Compt. r., Tome CXXXVIII. p. 581 (1904).

genug erforscht, inwiefern wirkliche Sekretion aus gesunden Zellen und Abgabe von Enzym aus geschädigten Zellen in den einzelnen Fällen vorliegt.

Der Nachweis der Pilzenzyme ist auf dem vorliegenden außerordentlich ergiebigen und interessanten Gebiete meist leichter als bei den Spaltungen der einfachen Zucker. Seit MUNTZ benutzt man Chloroform mit Erfolg zur Eliminierung anderweitiger Lebenstätigkeiten, während die zuckerspaltenden Enzyme intakt wirken. Das noch unschädlichere Toluol hat FISCHER eingeführt und bezüglich dieser vervollkommneten Methodik sei auf die Mitteilungen dieses Forschers und jene von KALANTHAR[1]) verwiesen. P. BERT und REGNARD[2]) gaben an, daß Wasserstoffsuperoxyd in ähnlicher Weise die Enzymwirkungen ungestört läßt. Auch gegen Alkohol sind die zuckerspaltenden Enzyme zum Teil wenig empfindlich; doch werden manche leicht durch Alkohol unwirksam[3]). Nach BOKORNY[4]) sollen auch manche Säuren, wie 0,5proz. Oxalsäure eine Trennung von Enzymwirkung und anderen Lebenstätigkeiten im Experiment gestatten.

Da die einzelnen Polysaccharide sich gegen ein bestimmtes Enzym sehr verschieden verhalten, ist es für die Pilze notwendig, eine Reihe von Enzymen zur Resorption der zur Ernährung in Betracht kommenden zusammengesetzten Zuckerarten zu besitzen, und in der Tat verfügen die meisten Pilze über einen reichen Vorrat zuckerspaltender Enzyme, wie die Arbeiten über die Hefen, die Erfahrungen von BOURQUELOT und HÉRISSEY[5]) über Aspergillus niger, von GRÜSS[6]) über Penicillium, BOURQUELOT[7]) über Polyporus sulfureus, WENT[8]) über Monilia, HERZBERG[9]) über Ustilago, EIJKMAN[10]) über Bakterien und Schimmelpilze zur Genüge gezeigt haben.

Eine interessante Erfahrung ist aber die, daß selbst allgemein verbreitete Zucker von bestimmten Organismen nicht verarbeitet werden können, weil diesen die Fähigkeit fehlt, das notwendige Enzym zu erzeugen. Die Möglichkeit, die Enzyme zu produzieren, ist in vielen Fällen absolut ausgeschlossen; in anderen Fällen ist der Pilz jedoch wenigstens unter gewissen Bedingungen imstande, ein bestimmtes Enzym zu erzeugen. Meist tritt dies als regulatorische Enzymbildung in Erscheinung, so daß der Pilz dann sein Enzym hat, wenn er es braucht.

Am eingehendsten bekannt ist die Resorption und Spaltung des Rohrzuckers durch Pilze und Bakterien. Die hierbei in Betracht kommenden Enzyme werden Invertasen (Sukrase, Invertin) genannt. Sie sind noch nicht in allen Fällen der Rohrzuckerverarbeitung nachgewiesen, dürfen aber wohl überall vorausgesetzt werden, wo Saccharose resorbiert wird. Es ist eigentlich eine unerwartet kommende Erfahrung, daß nicht alle Bakterien und Pilze Rohrzucker, ein so allgemein in Pflanzen vorkommendes ausgezeichnetes Nährmaterial verarbeiten können.

---

1) A. KALANTHAR, Zeitschr. physiol. Chem., Bd. XXVI, p. 88 (1898); E. FISCHER u. W. NIEBEL, Sitz.-Ber. Berlin. Akad., 1896. — 2) P. BERT u. P. REGNARD, Compt. rend., Tome XCIV, p. 1383 (1882). — 3) Vgl. TH. BOKORNY, Centr. Bakter. (II), Bd. VII, p. 851 (1901). — 4) BOKORNY, Chem.-Ztg., 1901, No. 34. — 5) E. BOURQUELOT, Bull. soc. mycol., 1893, p. 230. — 6) J. GRÜSS, Festschrift f. Schwendener (1899), p. 184. — 7) BOURQUELOT u. HÉRISSEY, Bull. soc. myc., 1895, p. 235. — 8) F. A. WENT, Jahrb. wiss. Bot., Bd. XXXVI, p. 611 (1901); WENT u. PRINSEN GEERLIGS, Akad. Amsterdam 1895. — 9) P. HERZBERG, Zopfs Beitr., Heft 5, p. 1 (1895). — 10) EIJKMAN, Bakt. Centr. (I), Bd. XXIX, p. 841.

Eingehendere Untersuchungen über die Invertasen bei Bakterien wurden zuerst von FERMI und MONTESANO [1]) veröffentlicht, welche sich jedoch nur auf die in der Kulturflüssigkeit nach 14 tägigem Wachstum der Mikroben vorfindliche Invertase erstrecken. Nach Abfiltrieren wurden 5 ccm der Kulturflüssigkeit mit Phenol und Rohrzucker versetzt und nach weiteren 14 Tagen auf reduzierenden Zucker geprüft. Nur wenige Arten, z. B. B. megatherium, ergaben in dieser Weise Invertaseproduktion. Es ist wohl richtiger, Verarbeitung und Nichtverarbeitung von Saccharose als Maßstab der Invertasebildung zu benutzen. Auch wird noch an die Zuhilfenahme der von BUCHNER und ALBERT ausgebildeten Technik der Herstellung von Acetondauerpräparaten zu denken sein. Für eine Reihe von Mikroben ist Nichtverarbeitung von Rohrzucker vollkommen sicher gestellt, so für Essigbakterien [HENNEBERG[2])], Typhusbacillus [PÉRÉ[3])], Bac. boocopricus [EMMERLING[4])]. Hingegen verarbeiten Rohrzucker und produzieren Invertase die Bakterien der Proteusgruppe [FERMI[1])], Bacill. megatherium und Alinitbacillen[5]), Bacill. mesentericus vulgatus [VIGNAL[6])] subtilis[7]). Saccharobacillus Pastorianus, für den VAN LAER[8]) „direkte Rohrzuckerverarbeitung" angab, Buttersäuregärer[9]), Bac. orthobutylicus[10]), Bac. tartricus[11]), FRIEDLÄNDERS Pneumoniebacillus[12]) und viele andere. Die Invertase bildenden Bakterien scheinen das Enzym unter allen Umständen zu erzeugen, und nicht nur bei Rohrzuckerdarreichung regulatorisch, doch fanden FERMI und MONTESANO unter manchen Kulturbedingungen weniger Invertase im Kulturmedium, was freilich noch keine Produktionsverringerung beweist. In der Kulturflüssigkeit war das Enzym bei Proteus schon nach 24 Stunden nachweisbar, während es bei Hefe 8—9 Tage dauerte, ehe man Invertase in gleicher Weise deutlich nachweisen konnte. Für Schimmelpilze wies zuerst BÉCHAMP[18]) Rohrzuckerinversion (1858) nach. Die Aspergillusarten, Penicillium verarbeiten sämtlich Rohrzucker in trefflichster Weise, auch Asperg. oryzäe nach SANGUINETTI[14]). Anders steht es jedoch bei den Mukorineen. M. racemosus wurde von HANSEN invertierend gefunden; M. alternans, circinelloides, Rouxii, ferner auch Rhizopus nigricans sind jedoch interessanterweise auf Rohrzucker wirkungslos, wie viele Beobachter gezeigt haben[15]). Invertase wurde weiter vermißt bei Eurotiopsis Gayoni[16]),

1) CL. FERMI, Centr. Bakter., Bd. XII, p. 714 (1892); FERMI u. G. MONTESANO, Centr. Bakt. (II), Bd. I, p. 482 (1895). Ältere Angaben bei L. MANFREDI, Just Jahresber., 1887, Bd. I, p. 109; OGLIALORO, ref. ibid. — 2) HENNEBERG, Centr. Bakt. (II), Bd. IV, p. 20 (1898). — 3) PÉRÉ, Annal. Inst. Pasteur, T· VI, p. 512 (1892). — 4) O. EMMERLING, Ber. chem. Ges., Bd. XXIX, p. 2726 (1896). 5) B. HEINZE, Centr. Bakt. (II), Bd. VIII, p. 553 (1902). — 6) VIGNAL cit. bei GREEN, Ann. of. Bot., Tome VII, p. 120. — 7) A. J. BROWN cit. bei JÖRGENSEN, Mikroorganismen, p. 100. — 8) H. VAN LAER, Zeitschr. ges. Brauwes., Bd. XV, No. XXXVI (1892). — 9) CHUDJAKOW, Centr. Bakt. (II), Bd. IV, p. 389 (1898). — 10) L. GRIMBERT, Ann. Inst. Pasteur, Tome VII, p. 353 (1893). — 11) GRIMBERT u. L. FICQUET, Compt. r. soc. biol., 1897, p. 962. — 12) FRANKLAND, STANLEY u. FREW, Journ. chem. Soc., 1891, Tome I, p. 253. Ferner für Coli: CHANTEMESSE u. WIDAL, Kochs Jahresber., 1892, p. 80. „Zuckerbakterium": W. WARD u. R. GREEN, Proc. roy. soc., Vol. LXIV, p. 65 (1899). Milchsäurebakterien: F. KAYSER, Ann. Inst. Pasteur, Tome VIII, p. 737 (1894). — 13) BÉCHAMP, Compt. rend., Tome XLVI, p. 44 (1858), nannte das Enzym „Zymase" später „Zythozymase". — 14) J. SANGUINETTI, Ann. Inst. Pasteur, Tome XI, p. 264 (1897). — 15) SANGUINETTI, l. c.; BEIJERINCK, Just Jahresber., 1887, Bd. I, p. 519; U. GAYON, Bull. soc. chim., Tome XXXV, p. 501 (1881); GAYON und DUBOURG, Ann. Inst. Pasteur, Tome I, p. 532 (1887); BUTKEWITSCH, Jahrb. wiss. Botan., Bd. XXXVIII, p. 220 (1902). — 16) LABORDE, Ann. Inst. Pasteur, Tome XI, p. 1 (1897).

Dematium pullulans [1]), Soorpilz [2]), manchen Torulaarten [ROUX [3])], auch
die Ustilagoarten verarbeiten nach HERZBERG [4]) nicht alle gleich gut
Saccharose, ferner soll Schizosaccharomyces octosporus keine Invertase
erzeugen [5]).   Positive Befunde werden hingegen gemeldet von Fusicla-
dium [6]), Chlamydomucor oryzae [7]), Pseudodematophora [8]), Hormodendron
hordei [9]) und vielen anderen Pilzen [10]).

Am besten gekannt ist die Invertase der Sproßpilze, welche
wegen der Vergärung des Rohrzuckers und der leicht nachweisbaren
Spaltung der Saccharose frühzeitig die Aufmerksamkeit auf sich gelenkt
hatte.   Die Saccharomycesarten invertieren fast sämtlich; nur Sacch.
membranaefaciens wurde von HANSEN [11]) als unwirksam auf Rohrzucker
angegeben. Invertase wurde u. a. auch gefunden bei der roten Hefe [12]),
Sakéhefe [13]), und dem parasitischen S. guttulatus [14]).   Von älteren Chemikern machten bereits BAUDRIMONT und DUBRUNFAUT [15]), sowie LIEBIG [16])
auf die Invertase der Hefe aufmerksam. BERTHELOT [17]) gewann zuerst
ein rohes Enzympräparat durch Fällung wässerigen Hefeextraktes durch
Alkohol (1860). Später befaßten sich HOPPE-SEYLER, GUNNING, DONATH
und BARTH [18]) mit der Invertase. Meist diffundiert aus Hefezellen, besonders nach vorhergehendem Trocknen der Hefe, sehr reichlich Invertase aus. Ob gesunde Zellen das Enzym überhaupt entlassen können,
ist von O'SULLIVAN [19]) überhaupt in Zweifel gezogen worden. In manchen
Fällen, wie bei der von HANSEN zuerst untersuchten Monilia candida
ist es unmöglich, durch Wasserdigestion Invertase zu extrahieren, wohl
aber führt, wie FISCHER [20]) zeigte, Zerreiben der Zellen mit Glasstaub
zum Ziele. Es ist deshalb wohl nicht nötig, mit RÖHMANN [21]) anzunehmen, daß innerhalb der Zellen nur Proinvertase vorhanden ist, und
das fertige Enzym aus den Zellen sezerniert wird. Überdies ist es
BUCHNER [22]) wie WROBLEWSKI [23]) gelungen, im Hefepreßsaft die Invertase nachzuweisen. Es bedarf noch näherer Feststellung, inwieweit die
Invertasesekretion ein physiologischer und pathologischer Vorgang ist.

1) O. v. SKERST, Centr. Bakt. (II), Bd. IV, p. 865 (1898). — 2) G. LINOS-
SIER u. ROUX, Compt., r., Tome CX, p. 355 (1890). — 3) E ROUX, Bull. soc.
chim., Tome XXXV, p. 371 (1881); KRIEGER, Kochs Jahresber., 1893, p. 146. —
4) S. Anm. 9, p. 274. — 5) BEIJERINCK, Centr. Bakt., Bd. XV, p. 49 (1894);
E. FISCHER u. LINDNER, Ber. chem. Ges., Bd. XXVIII, p. 984 (1895). — 6) E.
WASSERZUG, Ann. Inst. Past., Tome I, No. 11 (1887). — 7) WENT u. PRINSEN
GEERLIGS, Kochs Jahresber., 1894, p. 152. — 8) J. BEHRENS Centr. Bakt. (II),
Bd. III, p. 641 (1897). — 9) K. BRUHNE, Zopfs Beiträge, Heft 4, p. 1 (1894). —
10) Vgl. KOSSMANN, Bull. soc. chim., Tome XXVII, p. 251 (1877). [Sehr unkritische Angaben!] — 11) HANSEN, Compt. r. Carlsberg, Tome II, p. 144. —
12) FERMI u. MONTESANO, Centr. Bakt. (II), Bd. I, p. 482 (1895). — 13) TAK-
HASHI, Chem. Centr., 1902, Bd. II, p. 391. — 14) BUSCALIONI u. CASAGRANDI,
Malpighia, Bd. XII, p. 59 (1898). — 15) BAUDRIMONT u. DUBRUNFAUT, Journ.
prakt. Chem., Bd. XIV, p. 334. — 16) LIEBIG, Liebigs Ann., Bd. CLIII. —
17) BERTHELOT, Compt. rend., Tome L, p. 980 (1860). — 18) HOPPE-SEYLER, Ber.
chem. Ges., Bd. IV, p. 810 (1871); GUNNING, ibid., Bd. V, p. 821 (1872); E. Do-
NATH, ibid., Bd. VIII, p. 795 (1875); M. BARTH, ibid., Bd. XI, p. 474 (1878);
DONATH, ibid., p. 1089. Historisches ferner bei W. A. OSBORNE, Zeitschr. physiol.
Chem., Bd. XXVIII, p. 399 (1899); HUSEMANN-HILGER, Pflanzenstoffe (2. Aufl.),
Bd. I; DUCLAUX, Microbiologie, Tome II, p. 498 (1899). — 19) C. O'SULLIVAN,
Journ. chem. Soc., 1892, Vol. 1, p. 593. — 20) E. FISCHER u. P. LINDNER, Ber.
chem. Ges. (1895), p. 3034. Noch besser gelingt der Nachweis der Monilia-Inver-
tase mit Hilfe des Acetondauerpräparates oder der Preßsaftherstellung: E. BUCHNER
u. J. MEISENHEIMER, Zeitschr. physiol. Chem., Bd. XL, p. 167 (1903). — 21) F.
RÖHMANN, Ber., Bd. XXVII, p. 3251 (1894). — 22) E. BUCHNER, Zymasegärung
(1903). — 23) A. WROBLEWSKI, Journ. prakt. Chem., Bd. LXIV, p. 1 (1901).

Für Aspergillus niger und Hefen hat übrigens FERNBACH [1]) die Invertasesekretion näher untersucht und gefunden, daß nach 24 Stunden das gesamte Invertin schon fertig gebildet ist, und dann eine immer mehr ansteigende Enzymabgabe erfolgt, die erst dann beträchtlich steigt, wenn der Rohrzucker fast verbraucht ist. Schlechte Durchlüftung vermehrt die Enzymsekretion. Von verschiedenen Forschern [2]) wurde ein Einfluß der Heferasse und die Ernährung auf die Invertasesekretion angegeben. Wie die Bedeutung der Sekretion auch aufzufassen ist, jedenfalls zieht der Pilz daraus Nutzen und spaltet den Rohrzucker schließlich früher, als er zur Aufnahme in die Zellen gelangt. Nach den Beobachtungen von FERNBACH und von KELLNER, MORI und NAGAOKA [3]) für Aspergillus oryzae können Neutralsalze die Invertaseabgabe herabsetzen. FERNBACH fand in den Aspergilluszellen trotz Invertasegegenwart kleine Mengen Rohrzucker auf, ein Befund, welcher mehrere Deutungen zuläßt und noch näher zu analysieren ist. Zahlreiche Versuche waren dahin gerichtet, die Hefeinvertase möglichst rein darzustellen und ihre chemische Natur näher zu ergründen. Die Methoden wurden in neuerer Zeit sehr verfeinert und man hat auch erkannt, daß die älteren Enzympräparate stark mit gummiartigen Kohlenhydraten (Mannan) verunreinigt waren (SALKOWSKI [4]), OSHIMA [5]), WROBLEWSKI [6]); es ist aber bisher noch nicht gelungen, diese Begleitstoffe vom Invertin völlig abzutrennen. WROBLEWSKIS Invertasepräparat, welches durch Aussalzen mit Ammonsulfat und Ausdialysieren gewonnen war, gab Eiweißreaktionen. Hingegen soll nach OSBORNE [7]), KÖLLE [8]) und SALKOWSKI die Invertase kein Eiweißstoff sein. Die vorhandenen Elementaranalysen geben sämtlich Stickstoffgehalt an; sie haben wohl angesichts der großen Unsicherheit bezüglich der Reinheit der Präparate noch keinen dauernden Wert. HAFNERS [9]) Invertinpräparate enthielten viel organisch gebundenen Phosphor. Auch diesem Forscher gelang es nicht, eine von Kohlenhydraten völlig freie Invertase zu gewinnen. Für praktische Zwecke liefert übrigens schon das alte Verfahren von BERTHELOT zur Herstelung seines „Ferment inversif" durch Alkoholfällung von Hefeextrakt brauchbare Präparate; ebenso kann man durch Plasmolysieren der Hefe mit Saccharose nach LINTNER und ISSAEW [10]) gute Invertaselösungen gewinnen.

Ob die Invertasen der verschiedenen Pilze und Hefen identisch oder verschieden sind, ist noch nicht bekannt. Nach FERNBACH passieren die Enzyme von Hefe und Aspergillus verschieden leicht durch Chamberlandkerzen und tierische Membranen, und es sind auch Temperaturoptima und Widerstandsfähigkeit gegen alkalische Reaktion ungleich. Entscheidende Gründe sind dies jedoch für keine Annahme. Erwähnt sei, daß O'SULLIVAN und TOMPSON [11]) die Invertase in sieben Fraktionen

1) A. FERNBACH, Ann. Inst. Past., Tome IV, p. 1, 641 (1890). — 2) FERNBACH, l. c.; H. POTTEVIN u. L. NAPIAS, Compt. r. soc. biol. (10), Tome V, p. 237 (1898). — 3) O. KELLNER, MORI u. NAGAOKA, Zeitschr. physiol. Chem., Bd. XIV, p. 297 (1890). — 4) E. SALKOWSKI, Zeitschr. physiol. Chem., Bd. XXXI, p. 305 (1900). — 5) K. OSHIMA, ibid., Bd. XXXVI, p. 42 (1902). — 6) A. WROBLEWSKI, Ber. chem. Ges., Bd. XXXI, p. 1130 (1898). — 7) W. A. OSBORNE, Zeitschr. physiol. Chem., Bd. XXVIII, p. 399 (1899); Chem. News, Vol. LXXIX, p. 277 (1899). — 8) M. KÖLLE, Zeitschr. physiol. Chem., Bd. XXIX, p. 429 (1900); frühere Lit. LEA, Journ. of Physiol., Tome VI (1885); HARTLEY, Journ. chem. Soc., Tome LI, p. 58 (1887). — 9) B. HAFNER, Zeitschr. physiol. Chemie, Bd. XLII, p. 1 (1904). Über Invertase auch M. J. CANNON, Centr. Bakt. (II), Bd. XII, p. 472 (1904). — 10) LINTNER, Centr. Bakt. (II), Bd. V, p. 793 (1890); W. ISSAEW, Zeitschr. ges. Brauwes., Bd. XXIII, p. 796 (1900). — 11) C. O'SULLIVAN u. F. TOMPSON, Journ.

(„Invertane") von verschiedenem Stickstoffgehalt zerlegbar fanden, welche eine Reihe von sieben homologen Stoffen mit steigendem Gehalt von Kohlenhydrat neben Protein umfaßten.

Invertase wirkt außer auf Saccharose auch auf Raffinose (Beimengung eines anderen Enzyms?) ferner auf Gentianose [1]). FISCHER [2]) stellte ihre Wirkung auf α-Methylglukosid fest; auf Methylglukoheptosid, Methylarabinosid, Xylosid, Rhamnosid wirkt sie nicht. O'SULLIVANs beste Präparate invertierten bei 50° pro Minute ihr 22faches Gewicht an Rohrzucker, und hatten unverminderte Wirksamkeit, als schon das 100 000fache Gewicht an Rohrzucker hydrolysiert war.

Das Temperaturoptimum liegt für die Pilzinvertasen zwischen 55 und 60° C [3]). 70° zerstört nach KJELDAHL rasch, doch fand A. MAYER bei längerer Einwirkung schon 45—50° schädigend. Die reinen Enzympräparate in wässeriger Lösung werden am schnellsten zerstört. Zusatz von Rohrzuckerlösung hat ausgesprochen schützende Wirkung gegen höhere Temperaturen. Die günstigste Konzentration zur Enzymwirkung, d. h. der beste Effekt zur Spaltung von großen Saccharosemengen in kürzester Zeit, wurde von O'SULLIVAN bei 20 Proz. Saccharose gefunden; verdünntere Lösungen sind erheblich ungünstiger; konzentriertere nur wenig günstiger. Bei 48 Proz. Rohrzuckergehalt hört die Invertasewirkung überhaupt auf, ohne daß das Enzym zerstört wird [BOKORNY [4])]. Nach BOKORNY scheint es, als ob die Invertase bei Ansteigen der Zuckerkonzentration früher unwirksam würde, als die Zymase. Ob in sehr konzentrierten Trauben- und Fruchtzuckerlösungen Reversion zu Saccharose durch Invertase eintritt, ist noch nicht sichergestellt. Schwach saure Reaktion unterstützt bekanntlich die Wirkung der Hefeinvertase beträchtlich. Die einzelnen Invertasen sind verschieden säurefest. Für Aspergillus ist am besten eine Acidität von 1 Proz. Essigsäure, für Hefe $^{1}/_{2000}$ bis $^{1}/_{5000}$ [FERNBACH, KJELDAHL [5]), FERMI]. Für Aspergillusinvertase berechnete KANITZ [6]) als Aciditätsoptimum eine Konzentration von Wasserstoffioneu zwischen $^{1}/_{3000}$ bis $^{1}/_{300}$ Normal. Nach FERMI wirken Bakterieninvertasen manchmal auch bei alkalischer Reaktion. Kleine Zusätze von Kalkhydrat fanden BOURQUELOT und HÉRISSEY [7]) auf Invertin stark hemmend.

Die schädlichen Einflüsse von verschiedenen chemischen Stoffen wurden wiederholt beim Invertin untersucht, ohne daß sich bemerkenswerte Befunde ergaben [8]). Hervorgehoben sei nur, daß die Invertase gegen Alkohol recht resistent ist [9]). Im allgemeinen ist die Hefeinvertase weniger leicht zu schädigen als Hefemaltase.

---

chem. Soc., 1890, Vol. I, p. 834; Chem. Centr., 1890, Bd. II, p. 561; Proc. chem. Soc., 1892, p. 147; Journ. chem. soc., 1892, p. 926.
1) A. BAU, Chem.-Ztg., 1895, No. 89; BOURQUELOT, Compt. r. soc. biol., 1898, p. 200. — 2) E. FISCHER, Ber. chem. Ges., Bd. XXVIII, p. 1429 (1895). — 3) Lit.: KJELDAHL, Centr. Agr.-chem., Bd. XI, p. 791 (1882); A. MAYER, Zeitschr. Spiritusindustrie, 1861, p. 381; H. MÜLLER-THURGAU, Landw. Jahrb., Bd. XIV, p. 795 (1885); O'SULLIVAN, Journ. chem. Soc., Vol. LVII, p. 834 (1890); LINTNER u. KRÖBER, Ber. chem. Ges., Bd. XXVIII (I), p. 1050 (1895); POZERSKI, C. r. soc. biol., Tome LIII, p. 26. — 4) TH. BOKORNY, Chem.-Ztg., Bd. XXVII, p. 1106 (1903); Centr. Bakt. (II), Bd. XII, p. 119 (1904). — 5) KJELDAHL, Medd. Carlsberg Lab., 1881. — 6) A. KANITZ, Pflüg. Arch., Bd. C, p. 547 (1903). — 7) E. BOURQUELOT u. HÉRISSEY, Compt. r. soc. biol., 1903, p. 176. — 8) Nikotinwirkung: P. MORAT, Compt. r. soc. biol., 1893, p. 116. Andere Stoffe: KJELDAHL, l. c.; BOKORNY, Chem.-Ztg., 1901, p. 502; DUCLAUX, Ann. Inst. Pasteur, Tome XI (1897). — 9) BOKORNY, Chem.-Ztg., Bd. XXV, p. 502 (1901); Bd. XXVI, p. 701 (1902).

Verarbeitung von Maltose spielt in der Ernährung von Pilzen und Bakterien eine ebenso wichtige Rolle wie die Saccharoseverarbeitung. Die Maltose hydrolysierenden Enzyme werden als Maltasen, weniger gut als Glukasen oder Maltoglukasen bezeichnet. Bei Bakterien wurde in den mehrfach zitierten Studien von GRIMBERT[1]), KAYSER, FRANKLAND[2]) u. a. Maltoseresorption sichergestellt, auch bei anaëroben Formen. Das von M. WARD und GREEN[2]) untersuchte Zuckerbakterium hingegen verarbeitete Maltose nicht. Von höheren Pilzen sind als Maltose spaltend und verarbeitend bekannt die Aspergillus-[3]) und Penicilliumarten, Eurotiopsis Gayoni[4]), Hormodendron hordei[5]); weniger gut wird nach HERZBERG[6]) von Ustilagoarten Maltose ausgenützt, Mucor Rouxii spaltet und resorbiert nach WEHMER[7]) Maltose. BOURQUELOT[3]) gelang es, in der Kulturflüssigkeit von Aspergillus niger ein auf Maltose wirksames Enzym nachzuweisen, welches also hier wie Invertase ausgeschieden wird. Die interessantesten Verhältnisse hinsichtlich Maltoseverarbeitung bieten die Hefen dar. Schon die Tatsache, daß wässeriger Auszug aus getrockneter Hefe nur Rohrzucker, nicht aber Maltose spaltet, noch mehr aber die Beobachtungen von BEIJERINCK[5]) und von FISCHER und LINDNER[9]), daß Saccharom. Marxianus nur Saccharose, nicht aber Maltose vergärt, Schizosaccharomyces octosporus wiederum nur Maltose, nicht aber Saccharose, lehren, daß die Maltase der Hefe von der Invertase verschieden ist. Auch erfahren wir aus letzteren Beobachtungen, daß nicht alle Hefen Maltose vergären und Maltase bilden. Maltose wird von den Bier- nnd Weinheferassen gut verarbeitet, ebenso von Sacch. anomalus [BOYDEN[10])]. Hingegen nicht von Sacch. apiculatus, Ludwigii, exiguus, Zopfii, Marxianus, Kefir u. a.[11]). Monilia candida bildet Maltase[12]). HARTMANN[18]) fand Torularassen mit temporärer Fähigkeit, Maltose zu spalten. In allen Fällen wurde Absonderung der Maltase in die Kulturflüssigkeit der Hefe vermißt. Man kann auch getrockneter Hefe durch Digerieren mit Wasser keine Maltase entziehen, wohl aber nach FISCHER nach Zerreiben der Hefe mit Glasstaub. Auch kann man durch Digerieren der lebenden Hefe mit Toluol- oder Chloroformzusatz und Maltose nach FISCHERS Vorgang die Maltase nachweisen. Entweder ist die Maltase in Wasser schwer löslich, oder sie vermag die Zellmembranen der Hefe nur schlecht zu passieren.

---

1) S. Anm. 10 u. 11, p. 275. — 2) S. Anm. 12, p. 275. — 3) E. BOURQUELOT, Compt. rend., Tome XCVII. p. 1000 (1883); Ber. chem. Ges., Bd. XX, ref. 292 (1887); Bull. soc. myc., Tome IX, Heft 4 (1893); Journ. pharm. chim. (6), Tome II, p. 97 (1895); ferner Asperg. oryzae: KELLNER, MORI u. NAGAOKA, Zeitschr. physiol. Chem., Bd. XIV, p. 297 (1890). — 4) S. Anm. 16, p. 275. — 5) S. Anm. 9, p. 276. — 6) S. Anm. 9, p. 274. — 7) C. WEHMER, Centr. Bakt. (II), Bd. VI, p. 353 (1900). Mucor racemosus wurde von HANSEN, Chlamydomucor oryzae von WENT u. PRINSEN GEERLIGS, Koch Jahresber., 1894, p. 152, als Maltose verarbeitend erkannt; Oidium albicans von LINOSSIER u. ROUX. — 8) BEIJERINCK, Centr. Bakt., Bd. XV, p. 49 (1894). — 9) E. FISCHER u. P. LINDNER, Ber. chem. Ges., Bd. XXVIII, p. 984 (1895); ferner zur Hefemaltase: F. RÖHMANN, Ber. chem. Ges., Bd. XXVII, p. 3251 (1894); G. H. MORRIS, Proc. chem. Soc., 1895, p. 46; Chem. News, Vol. LXXI, p. 196 (1895). — 10) C. J. BOYDEN, Journ. Americ. chem. soc., 1902, Vol. XXIV, p. 993. — 11) Hierzu: FISCHER u. H. THIERFELDER, Ber. chem. Ges., Bd. XXVII, p. 2031 (1894); BEIJERINCK, Centr. Bakt., Bd. XI, p. 68 (1892); AMTHOR, Zeitschr. physiol. Chem., Bd. XII, p. 563 (1888); STECKHOVEN, Kochs Jahresber., 1891, p. 136; A. ARTARI, Kochs Jahresber., 1897, p. 101. — 12) A. BAU, Kochs Jahresber., 1892, p. 108; FISCHER u. LINDNER, Ber., Bd. XXVIII, p. 3034 (1895). Über Monilia javanica: WENT u. PRINSEN GEERLIGS, Kochs Jahresber., 1894, p. 152; Mon. sitophila: WENT, Jahrb. wiss. Bot., Bd. XXXVI, p. 611 (1901). — 13) HARTMANN, Wochenschr. Brauerei, Bd. XX, p. 113 (1903).

Viele Erfahrungen haben gelehrt, daß die Hefemaltase viel empfindlicher ist als Invertase, schon Chloroform [1]) und Alkohol [2]) schädigen sie leicht, auch liegt ihr Temperaturoptimum nach LINTNER und KRÖBER [3]) tiefer als jenes der Invertase. Eine Darstellungsmethode zur Bereitung längere Zeit hindurch haltbarer Maltasepräparate hat A. CR. HILL [4]) angegeben. Die Hefemaltase ist nach HILLs bahnbrechenden Untersuchungen [5]) in konzentrierten Traubenzuckerlösungen synthetisch wirksam und bildet hier Maltose und Revertose. Ihre Wirkungssphäre erstreckt sich nach FISCHERS Feststellungen außer auf Maltose auch auf Methylfruktosid und Amygdalin. Nicht gespalten werden Methylmannosid, Methylsorbosid, α- und β-Methyl-l-glukosid, sowie Saccharose. BOURQUELOT sowie besonders WENT [6]) haben gezeigt, daß die Bildung der Maltose bei manchen Pilzen (Monilia sitophila) regulatorisch durch die Kohlenhydraternährung beeinflußt wird; Maltosedarreichung ist hierbei nicht allein wirksam, sondern auch Raffinose, Dextrin und andere Kohlenhydrate. Höhere Konzentrationen dieser Stoffe fördern nach WENT die Maltoseproduktion nicht mehr, sondern wirken auf dieselbe hemmend.

Bezüglich der Isomaltoseverarbeitung sind nur einige Angaben für Hefen vorhanden. Wenigstens kräftig vergärende Brauereihefen verarbeiten auch dieses Disaccharid, doch viel langsamer als Rohrzucker und Maltose [7]). Nach KRIEGER gibt es Hefen, welche wohl Maltose, nicht aber Isomaltose vergären (ellipsoideus I, Brauereihefe Saaz). Ein besonderes Isomaltose spaltendes Enzym kennt man nicht.

Die Verarbeitung der Trehalose und Enzymhydrolyse dieses Zuckers hat wegen der außerordentlich großen Verbreitung der Trehalose bei den höheren Pilzen spezielles Interesse, doch ist es noch nicht gelungen, Trehalose spaltendes Enzym allgemein bei Basidiomyceten nachzuweisen; man weiß nur durch BOURQUELOTS Untersuchungen [8]), daß die Trehalose während der Sporenreife sich vermindert. Ein Trehalasepräparat konnte BOURQUELOT bisher nur aus Psalliota campestris und ferner aus Aspergillus niger gewinnen. Die Aspergillustrehalase verliert ihre Wirksamkeit erst bei 63°, wodurch sie von der Maltase getrennt werden konnte. Man kann sie aus dem wässerigen Extrakte des Aspergillus mit Alkohol fällen. Sehr schwache Säuren befördern ihre Wirkung. WENT gelang es, Trehalase auch in Monilia sitophila nachzuweisen. ferner spaltet Eurotiopsis Gayoni nach LABORDE [9]) Trehalose. Bei Hefen ist das Vermögen, Trehalose zu spalten, sehr verbreitet: eine Hefetrehalase wurde aber noch nicht isoliert [10]). Bei Bakterien konnte

---

1) FISCHER, Ber., Bd. XXVIII. p. 1429 (1895); LINTNER u. KRÖBER, ibid., p. 1050; Aspergillusmaltase ist nach HÉRISSEY, Compt. r. soc. biol., 1896, p. 915, widerstandsfähiger. — 2) Vgl. BOKORNY; Centr. Bakt. (II), Bd. IX, p. 775 (1902). Über Maltase ferner CH. PHILOCHE, Compt. rend. Tom. CXXXVIII, p. 1634 (1904). 3) C. J. LINTNER u. E. KRÖBER, l. c.; ferner KJELDAHL, Medd. Carlsberg Labor. (1881), Bd. III, p. 186; BEIJERINCK, C. Bakt. (II), Bd. I, p. 221 (1895) schlug vor, die Maltose wegen ihrer größeren Empfindlichkeit als „Zymoglukase" den übrigen Enzymen gegenüberzustellen, was wohl kaum empfehlenswert ist. — 4) A. CR. HILL, Journ. chem. Soc., Vol. LXXIII, p. 634 (1898); auch BIAL, Pflüg. Arch., Bd. LII, p. 137. — 5) Bezüglich derselben sei außer auf die Originalmitteilungen HILLs noch besonders verwiesen auf DUCLAUX, Microbiolog., T. II, p. 506 (1899). Dort auch zahlreiche andere Angaben über Maltase. — 6) S. Anm. 8, p. 274. — 7) A. BAU, Wochenschr. Brauerei, 1894, No. 43; C. J. LINTNER, Zeitschr. ges. Brauwes., Bd. XV, p. 106; KRIEGER, Koch Jahresber., 1893, p. 146; E. PRIOR, Centr. Bakt. (II), Bd. I, p. 432 (1895). — 8) BOURQUELOT, Compt. r., Tome CXVI, p. 826 (1893); Compt. r. soc. biol., 1893, p. 425. — 9) S. Anm. 16, p. 275. — 10) Vgl. A. BAU, Wochenschr. Brauerei, 1899, p. 305; KALANTHAR, Zeitschr. physiol. Chem., Bd. XXVI, p. 97 (1898); FISCHER, Ber. chem. Ges., Bd. XXVIII, p. 1429 (1895).

KAYSER[1]) für manche Milchsäurebildner Trehaloseverarbeitung feststellen, während der anaërobe Bac. orthobutylicus nach GRIMBERT[2])
Trehalose unberührt läßt. Erwähnt sei der Befund FISCHERS, daß
Grünmalzdiastase (nach LINTNERS Verfahren dargestellt) Trehalose spalten
kann, also anscheinend eine Beimengung von Trehalase aufweist.

Die Verarbeitung der Melibiose, eines in der Natur nur mit
Fruktose vereinigt in der Raffinose vorkommenden Disaccharids wird
von den Brauereihefen nicht allgemein vollzogen; nach BAU[3]) lassen
die Oberhefen Melibiose unverändert, während Unterhefe „Frohberg"
imstande ist, Melibiose zu spalten. Nach FISCHER und LINDNER[4]) läßt
sich die Melibiase, das Melibiose spaltende Enzym, mit Wasser aus den
wirksamen Hefen auslaugen, doch geht dieses Enzym nicht so reichlich
in Lösung wie Invertase, und es ist vorzuziehen, die frische Hefe unter
Toluolzusatz mit Melibiose aufzustellen, wenn man auf Melibiase hin
untersuchen will. DIENERT[5]) gab an, daß man Hefen an Melibiose-
ernährung anpassen kann. Nach BAU[6]) ist die Melibiase der Unter-
hefen gegen chemische Einflüsse widerstandsfähiger als Maltase.

Bei Aspergillus niger fanden E. BOURQUELOT und HÉRISSEY[7])
auch Verarbeitung von Gentiobiose und Spaltung derselben; das wirksame Enzym ist hierbei das Emulsin.

Verarbeitung von Milchzucker ist nicht nur auf die Mikroben
der Milch beschränkt, sondern ist für viele andere Bakterien und Pilze
ebensogut möglich. Die Milchzucker spaltenden Enzyme werden als
Laktasen zusammengefaßt. Bei den Bakterien ist die Produktion von
Laktase noch nicht direkt nachgewiesen, wir wissen jedoch, daß Milchzucker sehr allgemein von ihnen verarbeitet wird. In erster Reihe
sind zahlreiche Milchsäuregärer hier namhaft zu machen; der Bacillus
acidi lactici wurde in letzter Zeit durch HAACKE[8]) genauer hinsichtlich
seiner Milchzuckerverarbeitung untersucht. Das Bact. lactis aërogenes,
der FRIEDLÄNDERSche[9]) Pneumoniebacillus, Colibakterien sind als Milchzucker verarbeitend zu nennen, ferner die anaëroben Buttersäuregärer,
jedoch nicht die Essigbakterien und ebenso nicht Bac. boocopricus
EMMERLING. Aber auch unter den höheren Pilzen treffen wir viele,
welche Milchzucker spalten und verarbeiten. Anzuführen ist Oidium
lactis[10]) (jedoch nicht Oidium albicans), manche Torulaarten, ferner Eurotiopsis Gayoni[11]) und Hormodendron hordei. Mucor racemosus, Chlamydomucor oryzae, Ustilago wurden mit negativem Ergebnis untersucht[12]). Für Cladosporium wurde hingegen Milchzuckerspaltung ange-

1) E. KAYSER, Ann. Inst. Pasteur, Tome VIII, p. 737 (1894). — 2) S.
Anm. 10, p. 275. — 3) A. BAU, Chem.-Ztg., Bd. I , p. 1873 (1895); H. GILLOT,
Chem. Centr., 1902, Bd. II, p. 811; 1903, Bd. IX p X 242. — 4) E. FISCHER u. P.
LINDNER, Ber. chem. Ges., Bd. XXVIII, p. 3034 (1895); Wochenschr. Brauerei,
1895, p. 959; Bakt. Centr. (II), Bd. I, p. 889 (1895). — 5) DIENERT, Compt. rend.,
Tome CXXIX, p. 63 (1899). — 6) A. BAU, Zeitschr. Spiritusindustr., Bd. XXVII,
p. 2 (1904). — 7) E. BOURQUELOT u. HÉRISSEY, Compt. r., Tome CXXXV, p. 399
(1902). — 8) P. HAACKE, Arch. Hyg., Bd. XLII, p. 16 (1902). — 9) Genannt
seien außerdem Micrococcus Sornthalii von ADAMETZ, Centr. Bakt. (II), Bd. I,
p. 465 (1895), ferner ein von LAXA, Neue Zeitschr. Rübenzuckerindustr., Bd. XL,
p. 114 (1898), beschriebener thermophiler Bacillus. Vgl. auch NÄGELI, Die nied.
Pilze (1882), p. 12. — 10) LANG u. FREUDENREICH, Kochs Jahresbericht, 1893,
p. 184. — 11) S. Anm. 16, p. 275. — 12) Hierzu A. FITZ, Ber. chem. Ges, Bd. IX,
p. 1352 (1876); WENT und PRINSEN GEERLIGS, HERZBERG, in ihren mehrfach
zitierten Arbeiten.

geben [1]), ebenso für Mucor Rouxii [2]). Daß manche Hefen Milchzucker vergären können, wurde schon von HESS [3]) 1837 gezeigt, doch sind die gewöhnlichen Brauerei- und Brennereihefen, wie zuletzt FISCHER und THIERFELDER [4]) durch genaue Untersuchungen erwiesen haben, nicht imstande, Milchzuckerspaltung zu vollziehen, auch nicht Schizosaccharomyces octosporus, wie BEIJERINCK [5]) dartat. Hingegen sind als sehr wirksame Vergärer des Milchzuckers bekannt geworden: Sacch. Kefyr, tyrocola, fragilis, S. lactis von ADAMETZ, S. acidi lactici von GROTENFELD und andere weniger gut untersuchte „Milchzuckerhefen" [6]). Wie BOYDEN [7]) zeigte, kann man durch Sacch. anomalus Maltose und Laktose gut trennen, indem die erstere vollständig vergoren wird, und letztere übrig bleibt.

FISCHER [8]) verdanken wir die ersten genaueren Nachrichten über das wirksame Enzym der Milchzuckerhefen. Es wirkt sowohl ein wässeriger Auszug aus der mit Glaspulver zerriebenen Hefe, als auch die lebende Hefe mit Toluolzusatz auf Milchzucker ein. Das Enzym läßt sich auch aus der Lösung mit Alkohol fällen, doch ist völlige Trennung von Invertase noch nicht durchführbar gewesen. Die Kefirlaktase ist widerstandsfähiger gegen äußere Einflüsse als die Maltase. Auch DIENERT [9]) ist es gelungen, wirksame Laktaselösungen zu bereiten. BUCHNER und MEISENHEIMER [10]) gewannen aus einer Milchzuckerhefe ein Acetondauerpräparat, welches Laktose ebenso rasch vergor wie Dextrose. Auf Rohrzucker war es nur spurenweise wirksam. FISCHER stellte fest, daß Laktose nicht durch Invertin, wohl aber auch durch Emulsin aus Mandeln hydrolysiert wird. Es ist die Frage, ob das Mandelemulsin ein einheitliches Ferment darstellt. Wichtig ist in dieser Hinsicht, daß das glykosidspaltende Enzym („Emulsin") aus Aspergillus niger nach BOURQUELOT und HÉRISSEY [11]) wohl Amygdalin, nicht aber Milchzucker spaltet. In der Tat scheinen die neuesten Erfahrungen von BOURQUELOT [12]) zu zeigen, daß wir zwischen Laktase und Emulsin zu unterscheiden haben. Diese Erwägungen werden auch auf das Emulsin der höheren Pilze und Flechten auszudehnen sein. Nach POTTEVIN [13]) soll Aspergillus niger auf Laktosenährboden kultiviert aber ein Laktose und β-Methylgalaktosid spaltendes Enzym produzieren. Auf α-Methylgalaktosid gezüchtet, zerlegt er nur dieses. Die Hefelaktase spaltet ferner nicht wie

---

1) G. GROTENFELD, Fortschr. Mediz., 1889, No. 4 („schwarze Hefe"). — 2) WEHMER, Centr. Bakt. (II), Bd. VI, p. 353 (1900). — 3) H. HESS, Poggend. Ann., Bd. XLI, p. 194 (1837). — 4) E. FISCHER u. H. THIERFELDER, Ber. chem. Ges., Bd. XXVII p. 2031 (1894). — 5) S. Anm. 8, p. 279. — 6) Lit.: E. DUCLAUX, Annal. Inst. Pasteur., Tome I, p. 573 (1887); L. ADAMETZ, Centr. Bakt., Bd. V, p. 116 (1889); BEIJERINCK, ibid., Tome VI, p. 44 (1889); GROTENFELD, Fortschr. Med., 1889, No. 4; MARTINAUD, Compt. r., Tome CVIII, p. 1067 (1889); E. KAYSER, Ann. Inst. Past., Tome V, p. 395 (1891); J. H. SCHUURMANS-STEKHOVEN, Diss. Utrecht, 1891, ref. Just Jahresber., 1891, Bd. I, p. 201; N. BOCHICCHIO, Centr. Bakt., Bd. XV, p. 546 (1894); MAZÉ, Ann. Inst. Pasteur, Tome XVIII, p. 11 (1903); B. HEINZE u. E. COHN, Zeitschr. Hygiene, Bd. XLVI, p. 286 (1903). — 7) C. J. BOYDEN, Journ. Americ. chem. Soc., 1902, Vol. XXIV, p. 993. — 8) FISCHER, Ber. chem. Ges., Bd. XXVII, p. 3479 (1894). — 9) DIENERT, Compt. r., Tome CXXIX, p. 63 (1899). — 10) E. BUCHNER u. MEISENHEIMER, Zeitschr. physiol. Chem., Bd. XL, p. 170 (1903). — 11) BOURQUELOT u. HÉRISSEY, Compt. rend., Tome CXXI, p. 693 (1895). — 12) BOURQUELOT u. HÉRISSEY, Compt. r., Tome CXXXVII, p. 56 (1903); Compt. r. soc. biol., Tome LV, p. 219 (1903); Journ. pharm. chim., 15. août, 1903. — 13) POTTEVIN, Ann. Inst. Pasteur, Tome XVII, p. 31 (1903).

Emulsin das Methylgalaktosid und β-Methylglukosid. Bezüglich der Empfindlichkeit der Hefelaktase gegen Alkohol und Säuren sind Angaben von BOKORNY [1]) zu vergleichen.

Die Spaltung von Glykosiden durch Bakterien und Pilze schließt sich an die Resorption der Disaccharide unmittelbar an. Es ist natürlich für die Saprophyten, welche abgestorbene glykosidhaltige Pflanzenteile bewohnen, von großem Vorteile, sich in den Besitz des für sie wertvollen Glykosidzuckers zu setzen, zumal Glykoside so weit im Pflanzenreiche verbreitet vorkommen; die Zuckerpaarlinge der Glykoside sind meist nur von geringem Nährwerte. Es ist auch kein Zweifel, daß die zur Erlangung dieser Zuckervorräte nötigen Glykosid spaltenden Enzyme bei den Bakterien häufig produziert werden, doch liegen noch nicht viele einschlägige Erfahrungen hierüber vor. FERMI und MONTESANO [2]) fanden einige der von ihnen untersuchten Bakterien auf Amygdalin wirksam; nach INGHILLERI [3]) spaltet Bact. coli Amygdalin, Typhusbazillus hingegen nicht. Die amygdalinspaltende Fähigkeit war auch bei gleichzeitiger Zuckerzufuhr vorhanden. Schimmelpilzen kommt, wie GÉRARD, BOURQUELOT, LABORDE, PURIEWITSCH, BEHRENS [4]) und BRUNSTEIN [5]) übereinstimmend berichten, die Fähigkeit zu, auf viele Glykoside spaltend einzuwirken. Salicin, Helicin, Coniferin, Amygdalin, Quercitrin, Arbutin, Saponin, Glycyrrhizin werden als spaltbare Glykoside angeführt. Doch sind die Fähigkeiten nicht gleich, wie LABORDE zeigte: Eurotiopsis spaltet wohl Amygdalin und Coniferin, nicht aber Salicin. Für Oidium fructigenum und Penicillium fand BEHRENS die Enzymproduktion nicht an die Gegenwart eines spaltbaren Glykosids gebunden. HÉRISSEY gibt an, daß bei Aspergillus niger die Menge des „Emulsin" um so geringer wird, je mehr der Pilz der Sporenbildung entgegengeht. Das Enzym schwindet bei reichlicher Ernährung und tritt beim Hungern wieder auf [6]). Das Pilzemulsin ist aus dem Wasserextrakte von Schimmelpilzmycelen durch Alkohol fällbar, doch konnte es HÉRISSEY von den übrigen Enzymen nicht abtrennen. BOURQUELOT [7]) fand auch im Wasserextrakte aus einer Reihe baumparasitischer Pilze glykosidspaltendes Enzym; Erdpilze enthielten kein derartiges Ferment. Nach BOURQUELOT und HÉRISSEY [8]) scheint das Enzym aus Polyporus sulfureus mit dem Aspergillusenzym identisch zu sein. Es spaltete Amygdalin, Salicin, Coniferin, Arbutin, Aesculin, Helicin, Populin, Phloridzin, und wirkte nicht ein auf Solanin, Hesperidin, Convallaramin, Convolvulin, Milchzucker. Es unterscheidet sich von Mandelemulsin durch seine Wirkung auf Populin und Phloridzin, welche allerdings nicht sehr intensiv ist. KOHNSTAMM [9]) berichtet gleichfalls über derartige Enzyme

---

1) TH. BOKORNY, Chem. Centr., 1903, Bd. II, Bd. 1334. — 2) C. FERMI u. G. MONTESANO, Centr. Bakt., Bd. XV, p. 723 (1894), auch GÉRARD, Journ. pharm. chim. (6), Bd. III, p. 233 (1896); Bac. boocopricus wirkt nach EMMERLING (Ber. chem. Ges., Bd. XXIX, p. 2726 [1896]) auf Glykoside nicht ein. — 3) INGHILLERI, Centr. Bakt., Bd. XV, p. 821 (1894). — 4) S. Anm. 8, p. 276. — 5) GÉRARD, Compt. r. soc. biol., 1893, p. 651; BOURQUELOT, Bull. myc. France, 1893, p. 230; LABORDE, l. c.; PURIEWITSCH, Ber. botan. Ges., Bd. XVI, p. 368 (1898); J. BEHRENS, Bakt. Centr. (2), Bd. III, p. 577 (1897); PURIEWITSCH, Compt. r. soc. biol., 1897, p. 686; A. BRUNSTEIN, Beihefte Botan. Centr., Bd. X, p. 1 (1901); BEHRENS, Centr. Bakt., 1897, p. 641. — 6) HÉRISSEY, Thèse Paris, 1899; Recherches sur l'Emulsine, p. 33. — 7) BOURQUELOT, Compt. rend., Tome CXVII, p. 383 (1893); Compt. r. soc. biol., 1893, p. 804; Bull. soc. myc., 1894, p. 49. — 8) BOURQUELOT u. HÉRISSEY, Compt. r., Tome CXXI, p. 693 (1895). — 9) PH. KOHNSTAMM, Beih. Botan. Centr., Bd. X, p. 90 (1901).

von Baumparasiten. HEUT[1]) fand amygdalinspaltendes Enzym in einer Reihe von Flechten; Peltigera soll diesem Autor zufolge nur auf Rinden wachsend Emulsin erzeugen, nicht aber auf erdiger Unterlage vegetierend.

Die Wirkung auf künstliche Glykoside studierten FISCHER und THIERFELDER[2]) bei Hefen und stellten, wie bekannt, die Wirkung des Hefeenzyms auf α-Methylglukosid und auf Amygdalin fest; letzteres zerfällt in Mandelsäurenitrilglykosid und Dextrose. Salicin, Koniferin, Phloridzin, Phenolglukosid, Glykosepyrogallol u. a. läßt das Hefeenzym unberührt. Kefirlaktase spaltet die genannten Glykoside, sowie β-Methylglykosid ebenfalls nicht, wohl aber tut dies Mandelemulsin.

Daß unter Umständen andere Spaltungsprodukte bei der Pilzverarbeitung als bei der Enzymspaltung entstehen, wird nicht auffällig erscheinen, weil sekundäre Veränderungen der primären Spaltungsstoffe sich unmittelbar anschließen können. So erhielt PURIEWITSCH bei der Amygdalinverarbeitung durch Schimmelpilze keine Blausäure, sondern Ammoniak; bei Chloroformzusatz entstanden hingegen Blausäure und Benzaldehyd.

Den glykosidspaltenden Enzymen der Pilze dürfte sich auch die in verschiedenen Baumparasiten und Saprophyten vorgefundene Hadromase anreihen, welche die esterartige Bindung des Hadromals der verholzten Zellmembranen mit verschiedenen Kohlenhydraten zu lösen imstande ist, so daß feines Holzpulver, mit dem Preßsafte aus dem Mycel des Hausschwammes und Toluol digeriert, nach einiger Zeit Cellulosereaktionen gibt und sich daraus mit Äther viel Hadromal ausziehen läßt[3]).

Verarbeitung von Trisacchariden hat für die Pilze in der Natur wenig Bedeutung. Die häufigste Substanz dieser Gruppe, die Raffinose, wird, wie es sich herausgestellt hat, durch Hefeinvertase und Aspergillusinvertase leicht in Fruktose und Melibiose gespalten. Ob es eine besondere Raffinase gibt, welche dem Invertin innig anhängt oder ob das Invertin selbst eine Wirkung auf Raffinose besitzt, ist noch nicht entschieden. Hefen, welche Melibiose spalten können, vermögen natürlich die Raffinose gänzlich zu vergären. Außer Hefen, Aspergillus ist auch Monilia sitophila und von Bakterien der FRIEDLÄNDERsche Pneumoniebazillus als Raffinose verarbeitend angegeben[4]).

Ein Melezitose hydrolysierendes Enzym wurde von BOURQUELOT und HÉRISSEY[5]) in Aspergillus nachgewiesen, welches die Spaltung dieser Triose in Dextrose und Turanose vollzieht. Die Turanose vermag der Pilz jedoch nicht zu spalten. KAYSER[6]) stellte auch für Milchsäurebakterien Verarbeitung der Melezitose unter Bildung von l-Milchsäure fest. Hefen spalten nach KALANTHAR Melezitose ebenfalls. Die Gentianose wird nach BOURQUELOT[7]) durch Invertase hydrolysiert, ebenso durch die Enzyme von Aspergillus niger.

1) G. HEUT, Arch. Pharm., Bd. CCXXXIX, p. 581 (1901). — 2) S. Anm. 4, p. 282. — 3) Vgl. F. CZAPEK, Ber. bot. Ges., Bd. XVII, p. 166 (1899). — 4) Lit. BOURQUELOT, Journ. pharm. chim. (6), Tome III, p. 390 (1896); A. BAU, Chem.-Zeitg., Bd. XVIII, p. 1794 (1894); Zeitschr. Spiritusind., 1894, No. 45; Wochenschr. Brauerei, 1894, No. 43; C. SCHEIBLER u. H. MITTELMEIER, Ber. chem. Ges., Bd. XXII, p. 3118 (1889); BERTHELOT, Compt. r., Tome CIX, p. 548; D. LOISEAU, ibid., p. 614 (1889); FRANKLAND, STANLEY u. FREW, Journ. chem. soc., 1891, Tome I, p. 253; K. ANDRLIK, Chem. C., 1898, Bd. II, p. 1273; H. GILLOT, ibid., 1899, Bd. II, p. 129. — 5) BOURQUELOT u. HÉRISSEY, Compt. rend., Tome CXXV. p. 116 (1897); Journ. pharm chim., Tome IV, p. 385 (1897). — 6) E. KAYSER, Ann. Inst. Pasteur, Tome VIII, p. 737 (1894). — 7) BOURQUELOT, Compt. rend., Tome CXXVI, p. 1045 (1898).

Über die Ausbildung aller dieser Pilzenzyme, sowie über die etwa vorhandenen Zymogene fehlen Untersuchungen noch gänzlich. Ebenso wie von solchen Studien wäre auch noch von einer weiteren Prüfung der Enzymwirkung auf künstlich dargestellte zusammengesetzte Zuckerarten noch manche Förderung unseres Einblickes in den Stoffwechsel zu erwarten.

§ 7.
Verarbeitung hoch zusammengesetzter Kohlenhydrate.

Stärke wird Bakterien und Pilzen in der Natur so häufig dargeboten, daß die Fähigkeit, sich dieselbe durch amylolytische Enzyme als Nährmaterial zugänglich zu machen, von großer allgemeiner Bedeutung ist.

Bei Bakterien haben die eingehenden Untersuchungen von FERMI[1]) gezeigt, daß die Produktion von Diastase tatsächlich bei Mikroben ein sehr verbreitetes Vorkommnis ist. Die Zersetzung von Stärke beim Stehen von Kleister an der Luft studierte schon 1819 SAUSSURE[2]), allerdings ohne die mikrobische Natur des Vorganges zu erkennen. In neuerer Zeit wandten zuerst PRILLIEUX, WORTMANN und KRABBE[3]) das Interesse den durch Bakterien verursachten Korrosionen von Stärkekörnern zu, und WORTMANN isolierte bereits durch Alkoholfällung eine Bakteriendiastase. Der Nachweis der Produktion von Diastase bei Bakterien läßt sich leicht führen durch Anwendung von Karbolstärkekleister oder Kultur auf Stärkeagarplatten oder Zusatz von Toluol und Stärkekleister zu einer Aufschwemmung der Bakterien, worüber FERMI, EIJKMAN und GOTTHEIL[4]) nähere Angaben gemacht haben. Kräftig diastatisch wirkende Bakterien wurden auf Getreidekörnern gefunden[5]), doch gehören hierzu auch pathogene Arten, wie Anthraxbacillus[6]); die anaëroben Buttersäuregärer verarbeiten Stärke[7]), ferner viele Milchsäurebildner[8]). Negative Erfolge wurden hingegen bei Stärkedarreichung erzielt bei Bact. coli[9]), Eiterstaphylokokken, Pyocyaneus, Essigbakterien[10]), Bac. boocopricus EMMERLING. Die sogenannten „Alinitbakterien" produzieren nach HEINZE[11]) Diastase, ebenso der damit verwandte Bacill. megatherium. Nach FERMI fehlt die Diastasebildung bei der Kultur der Bakterien auf eiweißfreiem Substrate; wahrscheinlich ist dies als pathologische und nicht als regulatorische Erscheinung zu deuten.

---

1) CL. FERMI, Centr. Bakt., Bd. XII. p. 713 (1892). — 2) SAUSSURE, Ann. chim. phys. (2), Tome XI. p. 379 (1819); Schweigg. Journ., Bd. XXVII, p. 301 (1819); Gilb. Ann., Bd. LXIV, p. 113 (1820). — 3) E. PRILLIEUX, Bull. soc. bot., 1879, p. 31, 187; J. WORTMANN, Zeitschr. physiol Chem., Bd. VI, p. 287 (1882); G. KRABBE, Jahrb. wiss. Bot., Bd. XXI, p. 58 (1890); Stärkekorrosion durch Pilze ferner: BILLINGs Flora, 1900, p. 288. — 4) FERMI, l. c.; C. EIJKMAN, Centr. Bakt. (I), Bd. XXIX, p. 841 (1901); G. GOTTHEIL, Centr. Bakt. (II), Bd. VII, p. 463 (1901). — 5) Vgl. E. CAVAZZANI, Centr. Bakt., Bd. XIII, p. 587 (1893); MARCANO, Compt. r., 1895. — 6) MAUMUS, Compt. r. soc. biol., 1893, p. 107. — 7) CHUDJAKOW, Centr. Bakt. (II), Bd. III. p. 389 (1898); SCHATTENFROH u. GRASSBERGER, Centr. Bakt. (II), Bd. IV, p. 697 (1899). — 8) HUEPPE, Mitteil. kais. Gesundheitsamt, Bd. II, (1884); KAYSER, Annal. Inst. Pasteur, Tome VIII, p. 737 (1894). — 9) CHANTEMESSE u. WIDAL, Kochs Jahresber., 1892, p. 80. — 10) W. HENNEBERG, Centr. Bakt. (II), Bd. IV, p. 20 (1898). — 11) B. HEINZE, Centr. Bakt. (II), Bd. VIII, p. 553 (1902). Als Bewohner stärkehaltiger Substrate und Diastaseproduzenten sind ferner bekannt Microcc. prodigiosus und Bacillus mesentericus vulgatus.

Es kommt auch vor, daß Bakterien zwar Dextrin zu verarbeiten vermögen, jedoch nicht Dextrin durch Hydrolyse von Stärke zu bilden vermögen; ein solches Verhalten wurde für Bacillus tartricus [1]) und für FRIEDLÄNDERs Pneumoniebacillus [2]) angegeben. Man kann dies zugunsten der Ansicht deuten, daß die Amylase aus zwei Enzymen: Dextrinase und Amylase bestehe. VILLIERS [3]) hat übrigens auch angegeben, daß ein „Bacillus amylobacter" Stärke in Dextrin überführt, letzteres aber nicht anzugreifen vermag. Dieser Bacillus soll als Stoffwechselprodukt eine kleine Menge eines kristallinischen rechtsdrehenden, nicht reduzierenden Kohlenhydrates liefern, welches VILLIERS „Cellulosin" nannte. Auch Bacterium oxydans verarbeitet wohl 1 Proz. Dextrin, aber nicht Stärke (HENNEBERG). Die Stoffwechselprodukte bei der Stärkeverarbeitung sind im allgemeinen dieselben, wie bei direkter Zuckerdarreichung. Von bemerkenswerten Befunden seien hier nur kurz erwähnt die Bildung von Amylalkohol bei der Verarbeitung von Stärke durch den Bacillus amylozymicus von PERDRIX [4]), die Bildung von Kohlensäure und Butylalkohol durch BEIJERINCKs Granulobacter butyricum [5]), ferner die Befunde von DUCLAUX [6]) an Amylobacter butylicus, der aus Stärke Essigsäure, Buttersäure, Propylalkohol, Butylalkohol, Äthylalkohol und etwas Aldehyd bildet; ähnlich verhält sich Amylobacter aethylicus.

Die Hefearten vermögen wenigstens in kräftigem Vegetationszustande Stärke und vielleicht noch besser Dextrin zu spalten und zu vergären; doch sind die Erfahrungen miteinander öfters im Widerspruche. Sehr gut wirkt auf Dextrin die „dextrinvergärende" Hefe Schizosaccharomyces Pombe (ROTHENBACH [7])]. Das Mycoderma sphaeromyces und Sacch. acetaethylicus wurden von BEIJERINCK [8]) wegen ihrer guten Wirkung auf Dextrin als „Polysaccharosenhefen" in eine Gruppe gestellt. Bei den Brauereihefen ist die Wirkung auf Dextrin und Stärke jedenfalls nicht immer gleich [9]). Amylodextrin wird von BROWN und MORRIS [10]) als unvergärbar für Sacch. cerevisiae angegeben. Von Interesse ist es, daß Schizosaccharomyces Pombe nicht das ganze zugesetzte mittels Malzdiastase erzeugte Dextrin vergärt, sondern einen Teil hiervon zurückläßt. Dieses Dextrin bildet Sphärite, gibt keine Jodreaktion. Logoshefe greift ebenfalls dieses Dextrin nicht an. Vielleicht werden solche elektive Dextrinvergärungen bestimmt sein, wichtige Fortschritte auf dem schwierigen Gebiete der Chemie der Stärkeabbauprodukte zu vermitteln.

Bei den höheren Pilzen ist Stärkeverarbeitung und Ausbildung von amylolytischen Enzymen ganz allgemein zu finden, bis zu den Myxomyceten herab, wo Diastase in Fuligo varians schon durch WORTMANN nachgewiesen wurde, und bis hinauf zu den Hutpilzen, deren Mycel, wie speziell für die Baumparasiten [11]), mehrfach konstatiert wurde, Dia-

---

1) S. Anm. 11, p. 275. — 2) S. Anm. 12, p. 275. — 3) A. VILLIERS, Compt. r., Tome CXII, p. 435, 536; Tome CXIII, p. 144 (1891). — 4) L. PERDRIX, Ann. Inst. Pasteur, 1891, No. 5. — 5) BEIJERINCK, Rec. trav. Pays-Bas, Tome XII, p. 141. — 6) E. DUCLAUX, Ann. Inst. Past., Tome IX, p. 811 (1896). — 7) F. ROTHENBACH, Centr. Bakt. (II), Bd. II, p. 395 (1896). — 8) BEIJERINCK, Centr. Bakt., Bd. XI, p. 68 (1892); Centr. Bakt. (II), Bd. I, p. 224 (1895). — 9) Vgl. G. H. MORRIS u. WELLS, Kochs Jahresber., 1892, p. 120; C. J. LINTNER, Zeitschr. angew. Chem., 1892, p. 328; MEDICUS u. IMMERHEISER, Zeitschr. analyt. Chem., Bd. XXX, p. 665 (1892); E. LAURENT, Kochs Jahresber., 1890, p. 54. — 10) BROWN u. MORRIS, Journ. chem. Soc., 1889, p. 453; Vgl. auch MEYER, Stärkekörner (1895), p. 48. — 11) Vgl. HARTIG, Zersetzungserscheinungen des Holzes (1878), p. 23; PH. KOHNSTAMM, Beihefte Botan. Centr., Bd. X, p. 90 (1901).

stase produziert. Jedoch scheinen nach HERZBERG die Ustilagoarten Stärke nicht zu verarbeiten. Treffliche Ernährung wird bei allen Schimmelpilzen durch Stärke gewährleistet: Aspergillus niger, glaucus[1]) und speziell der japanische Asp. oryzae seien hier namhaft gemacht. Von letzterem existiert ein Enzympräparat („Takadiastase") im Handel, welches Stärkekleister kräftig verzuckert, jedoch auch noch andere Enzyme als Amylase enthält[2]). Penicilliumarten verzuckern ebenfalls leicht Stärke, nach GOSIO[3]) auch Penicillium brevicaule. Derselbe Autor hat die Pellagraerkrankung auf Stoffwechselprodukte phenolartigen Charakters, die bei der Stärkeverarbeitung von Penicillium entstehen, zurückzuführen gesucht[4]). Von Interesse sind endlich die diastatischen Wirkungen der Mucorineen, von denen Mucor Rouxii („Amylomyces")[5]), M. Cambodja[6]), ferner Chlamydomucor oryzae[7]) deshalb praktische Anwendung finden. Mucor alternans, welchen besonders GAYON und DUBOURG[8]) studierten, verarbeitet Dextrin und Stärke, hingegen wird nach WENT und PRINSEN-GEERLIGS durch Chlamydomucor oryzae wohl Dextrin, aber nicht Stärke verarbeitet. Eurotiopsis Gayoni spaltet zwar auch Stärke, aber noch besser Dextrin; Hormodendron hordei erzeugt nach BRUHNE ebenfalls keine Diastase, in Dextrin bildet es jedoch Säure. Oidium albicans wirkt nach FERMI nicht diastatisch.

Ein Einfluß der Ernährung auf Diastasebildung ist durch verschiedene Erfahrungen sichergestellt worden. Besonders wichtig sind die Ergebnisse von PFEFFER und KATZ[9]) hinsichtlich der Aufhebung der Diastasebildung bei Schimmelpilzen und Bakterien durch reichliche Zuckerdarreichung. Schon in 1,5-proz. Rohrzuckerlösung wird von Penicillium dargereichte Stärke nur sehr wenig konsumiert und 10—15 Proz. Saccharoselösung unterdrückt die Diastasebildung ganz. Traubenzucker, etwas weniger Maltose erzielen denselben regulatorischen Effekt im Stoffwechsel des Penicillium. KATZ konnte auch zeigen, daß man durch Tanninzusatz und hierdurch bedingtes Ausfallen der Diastase, die Enzymproduktion sehr merklich steigern kann. Die Stickstoffnahrung hat auf die Enzymproduktion ebenfalls Einfluß, wie aus Erfahrungen von KATZ, CAVAZZANI und FERMI hervorgeht. Versuche, reine Amylasepräparate aus Pilzen zu gewinnen, liegen noch nicht in größerer Zahl vor. WROBLEWSKI[10]) hat aus der Takadiastase durch Trennung von

---

1) DUCLAUX, Chimie biolog., p. 193, 195, 220. — 2) Vgl. R. W. ATKINSON, Proc. ro . soc., Vol. XXXII, p. 299 (1881); M. BÜSGEN, Ber. bot. Ges., Bd. III, p. LXVI (1885); KELLNER, MORI u. NAGAOKA, Zeitschr. physiol. Chem., Bd. XIV, p. 297 (1889); EFFRONT, Compt. r., Tome CXV, p. 1324 (1892). Die Angaben von TAKAMINE, Kochs Jahresber., 1895, p. 316, über „kristallisierte Diastase" des Kojipilzes beruhen wohl auf Irrtum. Isolierung des Enzyms: WROBLEWSKI, Ber. chem. Ges., Bd. XXXI, p. 1130 (1898); ferner auch POZZI ESCOT, Biochem. C., 1903, Ref. No. 146; KELLERMANN, Bot. C., Bd. XCII, p. 382 (1903). — 3) GOSIO, Botan. Centr., Bd. LXXXVII, p. 131 (1901); Penicill. glaucum: J. GRÜSS, Festschrift für Schwendener, p. 189 (1899). — 4) B. GOSIO, Gazz. chim. ital., Vol. XXIII, p. 136 (1893). — 5) A. CALMETTE, Ann. Inst. Pasteur, Tome VI, p. 604 (1892); J. SANGUINETTI, ibid., Tome XI, p. 264 (1897); P. VUILLEMIN, Botan. Centr., Bd. LXXXIX, p. 688; Bd. XC, p. 159 (1902); Rev. mycolog., Tome XXIV, p. 45 (1902). — 6) T. CHRZACZ, Centr. Bakt. (II), Bd. VII, p. 326 (1901). — 7) WENT u. PRINSEN GEERLIGS, Kochs Jahresb., 1894, p. 152; EIJKMAN, Centr. Bakt., Bd. XVI, p. 97 (1894). Über die Mucorineendiastasen vgl. auch LAFAR, Techn. Mykologie, p. 418, 436, 442. — 8) U. GAYON u. E. DUBOURG, Ann. Inst. Pasteur, Tome I, p. 532 (1887). Nach diesen Autoren wirkt das Mycel von Muc. racemosus nicht diastatisch, wohl aber die Mucorhefe. — 9) W. PFEFFER, Ber. kgl. sächs. Gesellsch., 1897; J. KATZ, Jahrbüch. wiss. Botan., Bd. XXXI, p. 599 (1898). — 10) WROBLEWSKI, Ber. chem. Ges., Bd. XXXI, p. 1130 (1898).

begleitenden Kohlenhydraten, Aussalzen und Dialyse ein reineres Präparat hergestellt, sonst wurden meist nur Rohpräparate zum Studium
der Enzymwirkungen benützt. Die Wirksamkeit der verschiedenen Pilz-
diastasen ist nicht gleich; ob dies auf differenter Beschaffenheit der
Enzyme beruht, ist nicht bekannt. Besonders kräftig wirkt die Amylase
des Aspergillus oryzae[1]), welche auch gegen Salzsäure viel resistenter
ist als Malzdiastase. Für die Takadiastase fand TAKAMINE[2]), daß ihre
Wirkung innerhalb gewisser Grenzen der Enzymmenge proportional ist:
er arbeitete auch zur Messung der Wirksamkeit von Diastaselösungen
ein Verfahren aus, wobei eine Normallösung von Takadiastase als Ver-
gleichsobjekt dient. EFFRONT[3]) fand, daß das Takaenzym durch Asparagin, Aluminiumsalze, Phosphate in seiner Wirkung beträchtlich gesteigert werden kann. Das Temperaturoptimum wird für Bakterien-
diastasen bei 63° angegeben[4]).

Über die Prozesse beim Abbau der Stärke durch Pilzamylasen
liegen so wenige Erfahrungen vor, daß derzeit es nicht möglich ist zu
entscheiden, ob Verschiedenheiten gegenüber der Malzdiastasewirkung
bestehen oder nicht.

Verarbeitung von Glykogen spielt eine große Rolle im Stoffwechsel der Pilze, indem das Glykogen einen der wichtigsten Reservestoffe bei den niederen und höheren Organismen aus dieser Pflanzen-
gruppe darstellt. Leider sind die biochemischen Erfahrungen hinsichtlich
der Glykogenverarbeitung noch äußerst lückenhaft und es stehen die
wichtigsten Fragen bezüglich der spaltenden Enzyme und Spaltungsprodukte großenteils noch gänzlich offen. Glykogenspaltende Enzyme,
die auch im Tierreiche schon nachgewiesen sind[5]), müssen bei Pilzen
und Bakterien sehr verbreitet sein. BUCHNER und RAPP[6]) konstatierte
für den Hefepreßsaft rasche Vergärung von Glykogen. Da nach den
Erfahrungen von KOCH und HOSAEUS[7]) Hefe aus ihrer Nährlösung
Glykogen nicht vergärt, so dürfte das Enzym nicht aus den Zellen
herausdiffundieren und auch das Glykogen nicht hinreichend in die
Hefezellen eindringen. Die Resorption von Glykogen durch Aspergillus
niger hat HEINZE[8]) näher verfolgt. Es ist ganz unbekannt, ob es
selbständige Glykogenasen gibt oder nicht. Bisher konnte man bei
pflanzlichen Enzympräparaten amylolytische und glykogenspaltende Wirkung nicht trennen und es wird vielfach allen pflanzlichen Amylasen
Wirkung auf Glykogen zugeschrieben. W. FISCHER konnte jedoch bei
Kellerasseln ein auf Stärke unwirksames, Glykogen spaltendes Enzym
konstatieren.

Bakterien spalten wohl meist Glykogen. Angegeben findet sich
Glykogenspaltung von Bact. coli (CHANTEMESSE und WIDAL) und von
Tuberkelbacillen (HAMMERSCHLAG). Bact. oxydans wie die übrigen Essig-

---

1) Vgl. STONE u. WRIGHT, Journ. Americ. chim. soc., Vol. XX, p. 637
(1899); TAKAMINE, Malys Jahresber. f. Tierchem., 1899, p. 721. — 2) J. TAKAMINE,
Journ. soc. chim. Ind., Vol. XVII, p. 437 (1898). — 3) EFFRONT, Compt. r.,
Tome CXV, p. 1324 (1892). — 4) FLÜGGE, Mikroorganismen, Bd. I, p. 198 (1896).
— 5) Vgl. W. FISCHER, Therapeut. Monatshefte, 1902, Dez.; eiträg. z. chem.
Physiol., Bd. III, p. 163 (1902). Glykogenbildung aus Zuckerß bei Ascaris: E.
WEINLAND u. A. RITTER, Zeitschr. Biolog., Bd. XLIII, p. 490 (1902). — 6) E.
BUCHNER u. R. RAPP. Ber. chem. Ges., Bd. XXXI, p. 209 (1898). — 7) A. KOCH
u. HOSAEUS. Centr. Bakter., Bd. XII, p. 145; LAURENT. ref. Kochs Jahresber.,
1890, p. 54, fand hingegen Assimilation von Glykogen durch Hefe; ebenso HEINZE,
l. c. — 8) B. HEINZE, Centr. Bakter. (II), Bd. XII, p. 180 (1904).

bakterien verarbeiten nach HENNEBERG 1-proz. Glykogenlösung nicht. Für höhere Pilze ist die Glykogenresorption noch sehr wenig studiert. Hinsichtlich Glykogenbildung bei Hefe sei nochmals an die interessante Beobachtung CREMERs erinnert, wonach in glykogenfreiem Hefepreßsafte bei reichlichem Fruktosezusatz nach einiger Zeit Glykogenreaktion auftritt. Das, was wir von den Abbauprodukten der Glykogenhydrolyse wissen, bezieht sich auf die Hydrolyse durch Speichel und durch Malzdiastase. Im ganzen scheinen die Produkte jenen des Stärkeabbaues ähnlich zu sein; es werden Achroodextrin, Isomaltose und Maltose als Hydratations-produkte angegeben [1]).

Verarbeitung von Inulin wurde besonders bei Schimmelpilzen studiert. BOURQUELOT[2]) gelang es, aus Aspergillus niger ein inulin-spaltendes Enzym durch Alkoholfällung zu gewinnen, welches noch höhere Temperaturen erträgt als Trehalose und auf diese Weise isoliert werden konnte. Diese Inulase ließ sich im übrigen jedoch von Maltase noch nicht unterscheiden. DEAN[3]) gibt an, daß die Aspergillusinulase am besten in sehr schwach saurer Lösung wirkt, und ihr Temperaturoptimum bei 55° besitzt. Inulase diffundiert nicht in die Kulturflüssigkeit, sondern verbleibt in den Hyphenzellen, gehört also zu den Endoenzymen. Auch Hormodendron hordei assimiliert Inulin und wahrscheinlich viele andere Pilze[4]). Das Endprodukt der Inulaseeinwirkung ist Fruktose. Erwähnt sei, daß die von TANRET in Topinamburknollen mit Inulin vor-kommenden Kohlenhydrate Synanthrin und Helianthin, durch Hefe lang-sam vergoren werden. Inulin wird hingegen von Hefe nicht vergoren, erst nach künstlichem Inulasezusatz. Bakterien verarbeiten wohl Inulin häufig; Essigbakterien lassen nach HENNEBERG 1-proz. Inulinlösung unberührt.

Verarbeitung von Zellwandkohlenhydraten spielt bei den im Boden und den am Grunde von Gewässern lebenden Bakterien und Pilzen. überhaupt überall dort, wo Pflanzenreste reichlich vorhanden sind, eine sehr wichtige Rolle, und es sind die hierbei mitspielenden Prozesse vor allem diejenigen, die zum Vermodern der Pflanzenreste und zur Humusbildung beitragen[5]). Hierbei kommen schwer und leicht hydrolysierbare Derivate der Pentosen (Xylose, Arabinose) und Hexosen (Dextrose, Galaktose, Mannose) wie die Pentosane, Cellulose, Hemicellulosen, Pektinstoffe etc. zur Resorption. Dabei ist die Mit-wirkung von Enzymen erforderlich, welche ebenso bei den parasitischen Pilzen bei deren Durchbohren von Zellmembranen eine große Rolle spielen. Diese Enzyme kennt man derzeit noch sehr unvollkommen und es empfiehlt sich, dieselben wenigstens vorläufig mit dem gemein-samen Namen „Cytase" zu bezeichnen. Sie sind jedoch sicher hete-rogener Natur.

---

1) Glykogenabbau: G. CLAUTRIAU, Étude chim. du glycogène chez les cham-pignons. Bruxelles 1895, . 49. E. KÜLZ u. J. VOGEL, Zeitschr. Biol., Bd. XXXI, p. 108 (1894). Centralbl. med. Wiss., 1894, p. 769. — 2) E. BOURQUELOT, Compt. r., Tome CXVI, p. 826 u. 1143 (1893). Compt. r. soc. biol., 1893, p. 481, 653. Auch H. MOISSAN, Compt. r., Tome CXVI, p. 1143 (1893). — 3) A. L. DEAN, Botan. Gazz., Bd. XXXV, p. 24 (1903). — 4) Für Ustilago wurde Inulinverar-beitung und Inulase schon nachgewiesen durch GRÜSS, Ber. botan. Ges., Bd. XX, p. 213 (1902). — 5) Wertvolle Beiträge zu diesen auch praktisch wichtigen, doch noch sehr wenig untersuchten Fragen findet man bei O. BAIL, Centr. Bakt. (II), Bd. IX, No. 13—18 (1902).

Auf Lösungsvorgänge an Zellmembranen durch Bakterien wurde 1850 MITSCHERLICH[1] zuerst aufmerksam, welcher die Auflösung der Zellwände bei faulenden Kartoffeln wahrnahm. REINKE und BERTHOLD[2] erkannten 1881, daß bei diesem Prozesse Buttersäurebildner tätig sind. Daß die Lösung der Cellulose im Darm der Pflanzenfresser durch Bakterien bedingt ist, erkannte TAPPEINER[3], welcher auch die Bildung von Wasserstoff und Methan auf die Celluloseverdauung zurückführte. Die Cellulosezersetzung in Dünger und Stroh wurde von DÉHÉRAIN und GAYON, sowie von HÉBERT[4] studiert. Einen Vergleich zwischen der Sumpfgasgärung im Kloakenschlamme und den Zersetzungsprozessen im Darm hatte schon 1875 POPOFF[5] gezogen. VAN TIEGHEM[6] führte die Cellulosegärung auf den Bacillus Amylobacter zurück, welcher von PRAZMOWSKI und VAN TIEGHEM als Buttersäurebildner erkannt wurde; Buttersäure entsteht auch aus der vergorenen Cellulose. HOPPE-SEYLER[7] hat hierauf in umfassender Weise die Chemie der Cellulose-Schlammgärung bearbeitet. In einem Gemenge von Flußschlamm (oder Acker-, Wiesen- oder Walderde) und sterilisiertem Filtrierpapier mit sterilisiertem Wasser wurden in vier Jahren 15 g Cellulose zersetzt. Die Gärungsprodukte waren neben unwesentlichen Mengen organischer Zersetzungsstoffe Kohlensäure und Methan. Zucker war nicht nachzuweisen, vielleicht aber dextrinartige Substanzen vorhanden. Zu dem Vorgange ist, wie HOPPE-SEYLER fand, Luftzutritt nicht erforderlich. Bei Luftzutritt entsteht mehr Kohlensäure und weniger Methan. HOPPE-SEYLER stellte die Ansicht auf, daß die Cellulose zunächst zu Traubenzucker hydrolysiert wird und dieser nach dem Schema $C_6H_{12}O_6 = 3CO_2 + 3CH_4$ die erwähnten Endprodukte gibt[8]. Ob vielleicht Essigsäure als intermediäres Produkt entsteht und diese erst nach der Gleichung $C_2H_4O_2 = CO_2 + H_4C$ zerfällt, wurde unentschieden gelassen.

VAN SENUS[9] war der erste Forscher, welcher daran dachte, daß durch Bakterien auch die Mittellamelle allein oder wenigstens früher als die anderen Membranschichten angegriffen werden könne. Er stellte in Abrede, daß der Amylobakter allein die Cellulose vergäre. Als Pro-

---

1) MITSCHERLICH, Berichte Berlin. Akad., März 1850, p. 102. Lieb. Ann., Bd. LXXV. p. 305 (1850). Journ. prakt. Chem., Bd. L, p. 44 (1850). MITSCHERLICH beobachtete auch bereits die Lösung der Reservecellulose bei der Getreidekeimung. — 2) REINKE und BERTHOLD, Zersetz. d. Kartoffeln durch Pilze (1881). Über die Bakterienfäule ferner: E. KRAMER, Österr. landwirtsch. Centr., 1891, p. 11; C. WEHMER, Ber. bot. Ges., Bd. XVI, p. 172 (1898). Centr. Bakt. (II), Bd. IV, p. 694 (1898). — 3) H. TAPPEINER, Ber. chem. Ges., Bd. XIV, p. 2375 (1881); Bd. XV, p. 999 (1882); Zeitschr. physiol. Chem., Bd. VI, p. 452 (1882); Ber., Bd. XVI, p. 1734 (1883); Zeitschr. Biol., Bd. XXIV, p. 105 (1887). Ferner: W. v. KNIERIEM, Zeitschr. Biol., Bd. XXI, p. 67 (1885); HENNEBERG u. STOHMANN, Zeitschr. Biol., Bd. XXI, 613 (1885); ZUNTZ, Landw. Jahrb., Bd. VIII, p. 103; V. HOFMEISTER, Arch. wiss. prakt. Tierheilk. Bd. XI, Heft 1 (1885); vgl. auch BUNGE, Lehrb. d. physiol. Chem., p. 182; A. HÉBERT, Compt. r., Tome CXV, p. 1321 (1892); SCHLOESING, Compt. r., Tome CIX, p. 835 (1889). — 4) DÉHÉRAIN u. GAYON, Compt. r., Tome XCVIII. — 5) B. POPOFF, Pflüg. Arch., Bd. X, p. 113 (1875). — 6) PH. VAN TIEGHEM, Bull. soc. bot., 1879, p. 25; Compt. rend., Tome LXXXVIII, p. 25; Tome LXXXIX, p. 5 (1879) auch Bull. soc. bot., Tome XXIV, p. 128 (1877); A. PRAZMOWSKI, Botan. Zeit., 1879, p. 409. — 7) F. HOPPE-SEYLER, Ber. chem. Ges., Bd. XVI, p. 122 (1883); Zeitschr. physiolog. Chem., Bd. X, p. 201, 401 (1886); Bd. XI, p. 257 (1887) [Apparat zur Bestimmung von H_2 und CH_4 in Gasmischungen]. — 8) Vgl. auch J. BOEHM, Ber. chem. Ges., Bd. VIII, p. 634 (1875). — 9) A. H. C. VAN SENUS, ref. Koch Jahresber., 1890, p. 136. Vgl. auch G. KRABBE, Jahrb. wissensch. Bot., Bd. XXI. 4. Heft (1890).

dukte der anaëroben Vergärung der Mittellamellensubstanz werden von
VAN SENUS genannt: CO_2, CH_4, H_2 Buttersäure, Essigsäure, Spuren höherer
Fettsäuren, Alkohol, Aldehyd. Der genannte Forscher gibt ferner an,
daß man das Bakterienenzym, welches die Cellulose saccharifiziert, durch
Alkohol fällen könne, und daß die wässerige Lösung des Niederschlages
die Zellwände von Phaseoluskotyledonen zur Quellung und Lösung bringe.

OMELIANSKI[1]) verdanken wir in neuerer Zeit besonders wertvolle
Aufschlüsse über die Cellulosegärung und ihre Erreger. Er stellte fest, daß
der 1865 von TRÉCUL beschriebene und von TIEGHEM studierte „Amylobakter" keine distinkte Bakterienart ist und auch mit der Cellulosegärung nichts zu tun hat. Hingegen war auf Cellulose wirksam ein
anaërober dünner Bazillus, der aus Newaschlamm isoliert wurde. Es
ergab sich weiter die wichtige Tatsache, daß es zwei Formen der Cellu-
losevergärung gibt: die Wasserstoff- und die Methangärung. Bei der
ersteren entstehen wechselnde Mengen CO_2, H_2, Essigsäure, Buttersäure,
Valeriansäure, eine Spur Ameisensäure. Methangärung tritt nur ein,
wenn man durch Kreidezusatz die gebildeten Fettsäuren neutralisiert.
Die hierbei gebildeten Produkte sind CO_2, CH_4, viel Essigsäure und
wenig Buttersäure. Die Bazillen, welche beide Gärungen verursachen,
sind einander ähnlich, haben endständige Sporen: der Wasserstoffgärungs-
mikrobe gibt mit Jod Blaufärbung, der Methanmikrobe nicht. Wahrscheinlich ist bei der Methangärung die Essigsäure ein intermediäres
Produkt, welches in CO_2 und CH_4 zerfällt. OMELIANSKI[2]) zeigte, daß
man durch kurz dauerndes Erhitzen des Impfmaterials die Vorgänge
der Wasserstoff- und Methangärung trennen kann, indem die Inkubations-
zeit beider Gärungen verschieden lang ist. Die von OMELIANSKI studierten Cellulosegärungen sind anaërober Natur. ITERSON[3]) konnte nun
dartun, daß auch aërobe Bakterien Cellulose zu verarbeiten vermögen
und zwar wurde dies für denitrifizierende Mikroben, sowie für eine
braune Bodenbakterie (Bacill. ferrugineus) sichergestellt.

Aus der Flachsröste wurde von WINOGRADSKY und FRIBES[4])
ein aërober Mikrobe isoliert, welcher Cellulose, arabisches Gummi nicht
angreift, jedoch die Pektinstoffe der Mittellamelle rasch angreift und
vergärt. Es wäre hier die Produktion eines spezifisch auf Pektinstoffe
wirkenden Enzyms anzunehmen. Auch Bacillus mesentericus vulgatus
löst nach VIGNAL[5]) die Mittellamellen des Kartoffelgewebes nach einigen
Tagen. Bei der Wasserröste des Hanfes ist nach BEHRENS[6]) eine
Granulobakterform wesentlich beteiligt, während bei der Tauröste Mucor-

1) W. OMELIANSKI, Compt. rend., Tome CXXI, p. 653 (1895), Tome CXXV,
p. 970, 1131 (1897); Archiv. scienc. biolog., Tome VII, p. 411, Tome IX, No. 3
(1900); Centr. Bakt. (II), Bd. VIII, p. 193 (1902). — 2) W. OMELIANSKI, l. c.
u. Centr. Bakt. (II), Bd. XI, p. 370 (1903), ibid., p. 703. — 3) C. VAN ITERSON jr.,
ibid., Bd. XI, p. 689 (1904). Kon. Akadem. Amsterdam, 1903, p. 807. — Über
eine Methangärung erregende „Pseudosarcina": MAZÉ, Compt. r., Tome CXXXVII,
p. 887 (1903). — 4) S. WINOGRADSKY, Compt. rend., Tome CXXI, p. 742 (1895);
V. FRIBES, Compt. rend., 18. Nov. 1895; ferner L. MARMIER, Miscellanées biol.
déd. au Prof. GIARD (1899), p. 440. — 5) W. VIGNAL, Compt. rend. soc. biol.,
1888, 26. mai. Vgl. auch K. STÖRMER, Centr. Bakt. (II), Bd. XI, p. 66 (1903);
Botan. Centr., Bd. XCIII, p. 520 (1903). Auch die von JONES, Centr. Bakt. (II),
Bd. X, p. 746 (1903) bezüglich Bacill. carotovorus gemachten Beobachtungen gehören wohl hierher. Über die histologischen und chemischen Veränderungen der
Gewebe des Linumstengels unter dem Einflusse der Pektingärungs- und Cellulose-
gärungsmikroben: W. OMELIANSKI, Centr. Bakt. (II), Bd. XII, p. 33 (1904). —
6) J. BEHRENS, Centr. Bakt. (II), Bd. VIII (1902); Bd. X, p. 524 (1903). Vgl.
auch K. STÖRMER, ibid., Bd. XIII, p. 35 (1904).

arten (stolonifer und hiemalis) die Hauptrolle spielen. Hingegen ist
HAUMAN [1]) geneigt, bei der Tauröste die Wirksamkeit zahlreicher Bak-
terien- und Pilzformen anzunehmen. Ob die von FOSTER und POTTER[2])
geäußerte Ansicht, daß bei dem auf Rüben parasitisch lebenden Pseudo-
monas destructans genannten Bakterium Oxalsäure als Pektin (Calciumpektat) lösendes Mittel anzunehmen ist, zutreffend ist, wird wohl noch
zu bestätigen sein. Nach Beobachtungen von SAWAMURA[3]) wird das
Mannan aus Hydrangeasamen und den Amorphophallusknollen durch
Bacillus mesentericus vulgatus leicht verflüssigt. Auf Galaktan zu
wirken war keiner der untersuchten Mikroben imstande.

GRAN[4]) beobachtete Verflüssigung von Agargallerte durch einige
Meeresbakterien und konnte diese Enzymwirkung auch unabhängig vom
Leben der Bakterien feststellen. Er nannte das Enzym „Gelase“.

Daß Pentosane durch Zellhaut angreifende Bakterien verarbeitet
werden, hat HOPPE-SEYLER[5]) durch die Vergärung von Holzgummi
(Xylan) mit Flußschlamm bewiesen. Auch werden bei der Biergärung
nach TOLLENS[6]) die Pentosane durch Bakterien zum größten Teile verarbeitet.

Zu bemerken ist, daß nicht alle Buttersäuregärer Cellulose verarbeiten können[7]).

Auch bei den höheren Pilzen, sowohl saprophytischer als para-
sitischer Lebensweise, sind zellhautlösende Enzyme recht verbreitet.
Zuerst gelang es DE BARY[8]), für die an vielen Gartenpflanzen parasitisch lebende Sclerotinia Libertiana (Peziza sclerotiorum) eine Cytase
wahrscheinlich zu machen. In dem ganzen vom Pilze befallenen Gewebe befindet sich hier anscheinend ein auf Zellwände lösend wirkendes
Enzym, so daß der Preßsaft kranker Rüben auf die Zellwände des
Kotyledonarparenchyms von Faba einwirkt. Man kann aus dem Gly-
zerinauszuge kranker Möhren das Sclerotiniaenzym mit Alkohol fällen.
Besonders die Mittellamellen greift dieses Pilzferment stark an. MARSH.
WARD[9]) gelang es, aus einer auf Lilien schmarotzenden Botrytis ebenfalls eine wirksame Cytaselösung zu gewinnen; er stellte auch interessante mikroskopische Beobachtungen über die Enzymausscheidung an
den Hyphenspitzen beim Durchbohren von Zellwänden an. Nach
MIYOSHI[10]) scheidet Penicillium ein ähnliches Enzym aus. Für die
Takadiastase von Aspergillus oryzae hat NEWCOMBE[11]) die Existenz
eines cytolytischen Enzyms bewiesen. Eine energische Wirkung scheint
auch hier nur für Reservecellulosen zu bestehen. Aspergillus Wentii
besitzt nach WEHMER[12]) ein Enzym, welches teilweise die Zellhäute
der Sojabohne löst. Auch Penicillium glaucum produziert cytolytisches
Enzym, wie aus den Wirkungen auf Reservecellulose von Samen

---

1) L. HAUMAN, Annal. Inst. Pasteur, Tome XVI, p. 379 (1902). — 2) M.
C. POTTER u. M. FOSTER, Centr. Bakt. (II), Bd. VII, p. 355 (1901). — 3) SAWA-
MURA, Agric. College, Tokyo 1902, p. 259. — 4) H. GRAN, Bergens Museums
Aarbog 1902, No. 2. — 5) HOPPE-SEYLER, Zeitschr. physiol. Chem., Bd. XIII,
p. 82 (1889). — 6) B. TOLLENS, Kochs Jahresber., 1898, p. 281. — 7) Vgl.
SCHATTENFROH u. GRASSBERGER, Centr. Bakt. (II), Bd. V, p. 697 (1899). —
8) DE BARY, Botan. Zeitg., 1886, p. 419; vgl. auch LAFAR, Techn. Mykologie,
p. 416. — 9) MARSHALL WARD, Ann. of Bot., Vol. II, p. 317 (1888). — 10) M.
MIYOSHI, Jahrb. wiss. Botan., Bd. XXVIII (1895). — 11) F. NEWCOMBE, Botan.
Centr., Bd. LXXIII, p. 105 (1898); Ann. of Bot., Vol. XIII, p. 49 (1899). —
12) C. WEHMER, Centr. Bakt. (II), Bd. II, p. 140 (1896).

[GRÜSS [1])] und aus dem von M. WARD [2]) und mir beobachteten Wachstum dieses Schimmelpilzes auf Holz hervorgeht. Es wurde endlich bei zahlreichen Parasiten Enzymproduktion und Zellwandlösung durch die eindringenden Hyphen außer Zweifel gestellt. So produzieren die Ustilagoarten nach den Untersuchungen von HERZBERG und von GRÜSS [3]) Reservecellulose verzuckerndes Enzym. Für Botrytis cinerea liegen Beobachtungen von KISSLING [4]) und BEHRENS [5]) vor, wonach nicht nur Reservecellulose, Pektinstoffe der Mittellamelle, sondern auch Cellulose selbst von diesen Parasiten hydrolysiert werden. Über die Biologie dieser und anderer parasitärer Pilze finden sich in den Arbeiten MIYOSHIS und NORDHAUSENS [6]) zahlreiche Hinweise. Es sei noch erwähnt, daß für Rhizopus nigricans durch KEAN [7]) eine Cytase nachgewiesen worden ist, und daß Cytaseproduktion wahrscheinlich auch beim Öffnen der Sporangien von Saprolegnia im normalen Leben des Pilzes eine Rolle spielen dürfte. Die holzbewohnenden Pilze vermögen die Zellmembranen des Holzes ebenfalls aufzulösen, wie besonders HARTIG [8]) in ausführlicher Weise dargelegt hat. Sie produzieren nach meinen Erfahrungen [9]) mindestens zwei Zellhäute zersetzende Enzyme: Hadromase, welche die Kohlenhydratester spaltet, und Cytase, welche die Kohlenhydrate selbst hydrolysiert. Die Cytase von Merulius ist auch bereits im Preßsafte dieses Pilzes durch KOHNSTAMM [10]) nachgewiesen worden. BIFFEN [11]) hat endlich die Wirkung der holzzerstörenden Bulgaria inquinans Wett. näher untersucht. Von Interesse wäre es, noch zu wissen, ob die Pentosane der verholzten Zellwände durch Enzyme von Pilzen hydrolysiert werden und die Pentosen (Xylose) zur Resorption kommen [12]). Über Auflösung von Holzzellwänden durch Bakterien hat PASQUALE [13]) berichtet. Nach POTTER [14]) sollen Spaltpilze imstande sein, in Wasserextrakten von Holz, welche unverändertes oder verändertes Hadromal enthalten, die Phloroglucinreaktion der Lösung durch Angreifen dieser aromatischen Stoffe zu vernichten.

ITERSON [15]) wies nach, daß man die im Boden vorkommenden Pilzformen, welche imstande sind, Cellulose zu hydrolysieren und zu verarbeiten, bei Befolgung eines bestimmten einfachen Verfahrens mit Sicherheit isolieren kann. Man bringt in eine Glasschale zwei sterile Scheiben schwedischen Filtrierpapieres, welches mit folgender Lösung befeuchtet wird: 100 Teile Leitungswasser, 0,05 Teile NH_4NO_3, 0,005 Teile KH_2PO_4. Diese Schale läßt man am besten etwa 12 Stunden bei 24° offen an der Luft stehen, unter stetem Feuchthalten des Papieres, oder man impft mit Erde oder Humus. Nach 14—21 Tagen gehen enorm reiche Pilzrasen auf. Von cellulosezersetzenden Arten studiert ITERSON näher Sordaria humicola OUD., Pyronema confluens TUL.,

1) J. GRÜSS, Festschrift für Schwendener (1899), p. 191. — 2) M. WARD, Ann. of Bot., Vol. XII, p. 565 (1898). — 3) GRÜSS, Ber. bot. Ges., Bd. XX, p. 214 (1902); HERZBERG, Zopfs Beitr. (1895), l. c. — 4) KISSLING, Hedwigia, 1889, p. 227. — 5) J. BEHRENS, Centr. Bakt. (II), Bd. IV. p. 549 (1898). — 6) M. NORDHAUSEN, Jahrb. wiss. Bot., Bd. XXXIII, p. 1 (1899). — 7) KEAN, Botan. Gaz., Vol. XV, p. 173 (1890). — 8) R. HARTIG, Zersetzungserschein. d. Holzes, 1878: Lehrb. d. Baumkrankheiten (2. Aufl.), p. 161 (1889). — 9) F. CZAPEK, Ber. Botan. Ges., Bd. XVII, p. 166 (1899). — 10) PH. KOHNSTAMM, Beihefte botan. Centr., Bd. X, p. 116 (1901). — 11) R. H. BIFFEN, Ann. of Botany, Vol. XV, p. 127 (1901). — 12) Positive, noch zu bestätigende Angaben liegen hierüber vor von SCHORSTEIN, Centr. Bakter. (II), Bd. IX, p. 446 (1902). — 13) F. PASQUALE, Nuov. Giorn. bot. Ital., Tomo XXIII, p. 184 (1891). — 14) M. C. POTTER, Ann. of Botan., Vol. XVIII, p. 121 (1904). — 15) S. Anm. 3, p. 291.

Chaetomium Kunzeanum ZOPF, Pyrenochaeta humicola OUD., Chaetomella horrida OUD., Trichocladium asperum HARZ, Stachybotrys alternans OUD. Sporotrichum bombycinum RABENH., roseolum OUD. et BEIJER., griseolum OUD. Botrytis vulgaris FR. Mycogone puccinioides SACC., Stemphylium macrosporoideum SACC., Cladosporium herbarum Lk. und Epicoccum purpurascens EHRENB.

Die Wirkung von Aspergillus niger und seiner Enzyme auf die Pektinstoffe des Rhizoms von Gentiana lutea wurde von BOURQUELOT und HÉRISSEY [1]) studiert.

Vierzehntes Kapitel: Kohlenstoffassimilation und Zuckerbildung bei Pilzen und Bakterien.

§ 1.

Allgemeines.

Wenn wir an den Tatsachenkomplex herantreten, welcher sich an die Frage knüpft: wie stellt sich die Versorgung der Bakterien und Pilze mit Kohlenstoff, wenn Zucker nicht fertig dargereicht wird. so stehen wir an einem fast unerschöpflichen Gebiete der Experimentalforschung, in welchem zur Zeit nur die ersten Ansätze zur Gewinnung allgemeinerer Gesichtspunkte erreicht sind. In die Überschrift dieses Kapitels ist die „Zuckerbildung" aus dem Grunde aufgenommen, weil für die Mehrheit der Pilze und der Bakterien Zucker die allerhervorragendste Kohlenstoffnahrung darstellt und wir für zahlreiche Fälle annehmen dürfen, daß eine Kohlenstoffverbindung um so besser als Nährstoff fungieren kann, je leichter sie von dem Pilze in Zucker übergeführt werden kann; andererseits aus dem Grunde, weil wir bis jetzt keinen Organismus kennen, welcher nicht Zucker unter seinen Körperbestandteilen enthält, und welcher ihn daher aus seiner Nahrung im normalen Stoffwechsel formieren muß, wenn er ihn nicht schon dargeboten erhält. Bei der Beurteilung, ob eine Kohlenstoffverbindung im Organismus mehr oder weniger leicht Material zur Zuckersynthese abgeben kann, sind wohl chemische Überlegungen in erster Linie mit heranzuziehen, doch gibt es Fälle genug, in welchen unsere derzeitige chemische Einsicht den Erfolg von Experimentaluntersuchungen nicht erklären kann und wo wir auf das empirische physiologische Wissen allein angewiesen sind. So ist z. B. das Glyzerin, eine Substanz, von welcher wir wissen, daß aus ihr relativ leicht Zucker synthetisch gewonnen werden kann, für eine erhebliche Anzahl von Bakterien und Pilzen eine treffliche Kohlenstoffnahrung; doch gibt es eine Anzahl Bakterien, welche mit einfacheren Kohlenstoffverbindungen viel besser ernährt werden können. Darunter ist das Beispiel der Nitrit aus Ammoniak bildenden Nitrosomonaden das frappanteste, welches uns zeigt. daß selbst kohlensaure Salze den Zucker an Nährwert überragen können. DUCLAUX [2]) hat ferner darauf hingewiesen, daß die Kohlenstoffverbin-

1) E. BOURQUELOT u. HÉRISSEY, Journ. pharm. chim. (6), Vol. VIII. p. 145 (1898) — 2) DUCLAUX, Ann. Inst. Pasteur, Tome III, p. 67 (1889).

dungen zu verschiedenen Vegetationsstadien und Lebensaltern der Pilze
ungleichen Wert besitzen können; Essigsäure, Glyzerin, Milchsäure sind
in den Keimungsstadien von Aspergillus niger ungleich schlechter wirksam, als für das voll ausgebildete Mycel. Thiele[1]) hat zu zeigen
vermocht, wie sehr verschieden hohe Temperaturen den Wert von
Kohlenstoffverbindungen beeinflussen können, so daß Penicillium bis
31° C besser auf Traubenzuckerlösung gedeiht, während es bei 35—36°
besser auf Glyzerin wächst, als auf 4-proz. Traubenzuckerlösung. Auch
das Nebeneinandervorkommen verschiedener Formen in Mischkultur
vermag die Ernährung der Pilze und den Nährwert von einzelnen Verbindungen zu beeinflussen, wie aus den Untersuchungen Nenckis[2]) zu
schließen ist, welche allerdings vor allem den hemmenden gegenseitigen
Einfluß durch gebildete Stoffwechselprodukte betreffen. Sehr wichtig
ist endlich der „Schutz" und der Mehrverbrauch, den Kohlenstoffverbindungen erfahren, wenn ihrer mehrere gleichzeitig den Pilzen in
Mischung zur Verfügung gestellt werden. Pfeffer[3]), welcher sich mit
diesen Erscheinungen des elektiven Stoffwechsels besonders ausführlich
befaßt hat, konnte feststellen, wie mit steigendem Dextrosegehalt der
Nährlösung gleichzeitig dargereichtes Glyzerin immer mehr vor dem
Verbrauche geschützt wird, so daß bei üppigem Wachstum von Aspergillus 0,92 Proz. dargereichten Glyzerins vollständig wiedergefunden
wurden, als gleichzeitig 8 Proz. Traubenzucker zugegen war. Ähnlich
wird Milchsäure durch Zucker geschützt, nicht aber Essigsäure, welche
in großer Menge neben Zucker verarbeitet wird.

Diese interessanten Verhältnisse führen uns auch zur Frage nach
der gleichen und verschiedenen Eignung von isomeren Verbindungen.
Es wird nicht wunder nehmen, zu erfahren, daß aromatische o-, m- und
p-Verbindungen höchst ungleichen Nährwert und physiologische Wirkung
besitzen, wie Wehmer[4]) bezüglich der Oxybenzoësäuren fand; daß
ferner die isomeren Fettalkohole, Amine etc. ungleiche Wirkungen entfalten, wobei man bemerken kann, daß die normale Kohlenstoffkette
im allgemeinen besser geeignet ist. Man hat auch durch wiederholte
Untersuchungen festgestellt, daß sterische Isomerien höchst auffallende
physiologische Differenzen bedingen können. Das klassische Beispiel
der Fumar- und Maleinsäure hat sich auch in der Ernährungsphysiologie
in dieser Richtung als Beispiel sterischer Unterschiede bewährt[5]). Von
gleicher hoher Bedeutung für den Physiologen wie für den Chemiker
ist die elektive Verarbeitung optisch aktiver Komponenten racemischer
Verbindungen durch Pilze und Bakterien. Bekanntlich war der erste
Fall dieser Art, welchen man kennen lernte, die Zerlegung der Trauben-
säure durch Penicillium [Pasteur[6]), 1858] und Bakterien unter Verarbeitung von d-Weinsäure und Rücklassung von l-Weinsäure. Pfeffer[3])
hat diese Erscheinung als elektive Verarbeitung unter relativer Deckung
der l-Weinsäure richtig gekennzeichnet, und es finden sich in Pfeffers
wichtiger Arbeit zahlreiche Pilze namhaft gemacht, welche annähernd

1) R. Thiele, Temperaturgrenzen der Schimmelpilze, Dissert. Leipzig. 1896.
— 2) M. Nencki, Centr. f. Bakter., Bd. XI, p. 225 (1892). — 3) W. Pfeffer,
Jahrb. wissensch. Botan., Bd. XXVIII, p. 215 (1895). — 4) Wehmer, Chem.-Ztg.,
1897, Bd. XXI, No. 10; ferner Czapek, Hofmeisters Beitr. z. chem. Physiol.,
Bd. III, p. 52 (1902). — 5) Buchner, Ber. chem. Ges., Bd. XXV, p. 1161 (1892);
Wehmer, Beitr. z. Kenntnis einheim. Pilze, 2. Heft (1895), p. 87; T. Ishizuka,
Bull. Coll. Agricult. Tokyo, Vol. II, p. 484 (1897); auch Czapek, Hofmeisters
Beitr., Bd. II, p. 584 (1902). — 6) L. Pasteur, Compt. rend., Tome XLVI, p. 617
(1858); Tome LI, p. 298 (1860).

gleich beide Weinsäuren verbrauchen; andererseits gibt es eine Bakterienart, welche vorwiegend l-Weinsäure konsumiert, bevor sie an die d-Säure herangeht. Die Zahl der Beispiele auf diesem Gebiete ist gegenwärtig groß und die Literatur über den Gegenstand ist schon wiederholt zusammengefaßt worden [1]. Von Wichtigkeit sind die Untersuchungen über elektive Verarbeitung der d- und l-Milchsäure durch Penicillium [LINOSSIER [2]] und durch Bakterien [PÉRÉ, KAYSER [3]]: Glyzerinsäure [4] und Phenylglyzerinsäure [5]; i-Äthoxylbernsteinsäure [6]; Mesakon- und Citrakonsäure [7]; Methylpropylkarbinol (sekund. Amylalkohol) [8] und Äthylpropylkarbinol [9]; Propylaldol [10]; Mandelsäure [11]. Schon häufig war es durch elektive Pilzverarbeitung der präparativen Chemie möglich, schwer zugängliche optisch aktive Verbindungen darzustellen, wie das bereits erwähnte Beispiel der Gewinnung der optischen Antipoden verschiedener Zuckerarten in den Arbeiten E. FISCHERS in sehr instruktiver Weise gezeigt hat.

§ 2.
Wichtigere spezielle Erfahrungen.

Will man die Wirkung einer Kohlenstoffnahrung auf das Gedeihen von Bakterien und Pilzen sicherstellen, so sind, wie den vorhergehenden Darlegungen entnommen werden kann, eine ganze Reihe von Umständen wohl zu berücksichtigen, welche in vielen, zumal älteren einschlägigen Arbeiten noch nicht ihre gebührende Würdigung gefunden haben.

Das Interesse an solchen ernährungsphysiologischen Studien wurde in erster Linie durch die erfolgreichen mikrobiologischen Untersuchungen PASTEURS wachgerufen, und in der Folge sind von den zahlreichen Experimentatoren auf diesem Gebiete RAULIN [12], NÄGELI [13], REINKE [14], LOEW [15] besonders namhaft zu machen. Man begnügte sich anfangs vielfach, die spontane Besiedelung der offen aufgestellten Proben abzuwarten, um zu beurteilen, ob eine Kohlenstoffverbindung nährt oder nicht; die moderne Methodik verlangt natürlich eine bestimmte Zahl von reinen Sporen oder Konidien zur Aussaat zu nehmen und die Nähr-

---

1) Vgl. bes. PFEFFER, l. c., dann CHR. WINTHER, Ber. chem. Ges., Bd. XXVIII (III), p. 3000 (1895); C. ULPIANI u. S. CONDELLI, Gazz. chim. ital., Tome XXX (I), p. 344, 382 (1900); A. MAC KENZIE u. A. HARDEN, Proceed. chem. soc., Vol. XIX, p. 48 (1903); S. CONDELLI, Gaz. chim. ital., Tome XXXIV (II), p. 8⁶ (1904); S. FRÄNKEL, Ergebn. d. Physiol., 3. Jahrg., Bd. I, p. 290 (1904). — 2) G. LINOSSIER, Bull. soc. chim. (3), Tome V, p. 10 (1891); auch LEWKOWITSCH, Ber. chem. Ges., Bd. XVI, p. 2720 (1883). — 3) PÉRÉ, Annal. Inst. Pasteur, Tome VII, p. 737 (1893); KAYSER, ibid., Tome VIII, p. 737 (1894); auch FRANKLAND u. MAC GREGOR, Journ. chem. Soc., 1893, Vol. I, p. 1028; BLACHSTEIN, Kochs Jahresber., 1892, p. 80; ferner NENCKI, Centr. Bakter., Bd. IX, p. 304 (1891). — 4) J. LEWKOWITSCH, Ber. chem. Ges., Bd. XVI, p. 2720 (1883); FRANKLAND, Centr. Bakt., Bd. XV, p. 106 (1894). — 5) J. PLÖCHL u. B. MAYER, Ber. chem. Ges., Bd. XXX (II), p. 1600 (1897). — 6) T. PURDIE u. W. WALKER, Chem. News, Vol. LXVII, p. 36 (1893). — 7) A. LE BEL, Bull. soc. chim. (3), Tome XI, p. 292 (1894). — 8) J. A. LE BEL, Bull. soc. chim., Tome XXXIII, p. 206; Ber. chem. Ges., Bd. XIII, p. 1029 (1880). — 9) A. COMBES u. LE BEL, Chem. Centr., 1892, Bd. II, p. 451. — 10) A. PÉRÉ, Ann. Inst. Past., Tome XI, p. 600 (1897). — 11) J. LEWKOWITSCH, Ber. chem. Ges., Bd. XV, p. 1505 (1882); Bd. XVI, p. 1569 (1893); MAC KENZIE u. HARDEN, Journ. chem. soc. Lond., Vol. LXXXIII, p. 424 (1903). — 12) RAULIN, Annal. sc. nat. Bot. (5), Tome XI, p. 93 (1870). — 13) C. v. NÄGELI, Untersuch. üb. nied. Pilze, 1882. — 14) REINKE, Untersuch. a. d. botan. Laborat. d. Univ. Göttingen, 3. Heft (1883). — 15) LOEW bei NÄGELI, l. c.

lösung vorher zu sterilisieren. Letzteres geschieht, wo Erhitzen nicht angängig, mittelst Filtration durch Chamberlandkerzen oder Pukallsche Ballonfilter. Die Erfahrung hat gezeigt, daß der Kohlenstoffgehalt der Pilzernte bei völlig normalem Gedeihen und normaler Fruktifikation innerhalb enger Grenzen prozentisch schwankt, so daß man ohne erheblichen Fehler aus dem Erntetrockengewichte einen Rückschluß auf die Assimilation der Kohlenstoffverbindung ziehen darf, natürlich unter der Voraussetzung, daß die Atmungsintensität und Kohlensäureabgabe ebenfalls annähernd ˙gleich ist. Der letzte Faktor erschwert selbstverständlich das Ziehen der Bilanz und hat man womöglich die während des Versuches produzierte Kohlensäure mitzubestimmen, um die Kohlenstoffassimilation genau zu kontrollieren. Vor allem geeignet zu einschlägigen Versuchen sind die verschiedenen Schimmelpilze, auch Hefen, sofern sie rasch wachsen und zur Trockengewichtsbestimmung leicht gewaschen und abfiltriert werden können. Unter günstigen Verhältnissen produziert z. B. Aspergillus niger binnen 3—4 Wochen etwa $^1/_3$ des Gewichtes der gesamten dargereichten organischen Nährstoffe an Pilztrockengewicht [1]. Es ist ferner nötig, auch die verschiedenen Wachstumsformen und Vermehrungsarten, welche bei verschiedener Ernährung zu beobachten sind, im Versuchsresultate mit zu berücksichtigen, und vom heutigen Stande der Ernährungsphysiologie besagt es wenig, wenn gesagt wird, ein Mikrobe zeigt spärliches Wachstum etc., wie man häufig in Literaturangaben findet. Praktisch ist der Vorschlag PFEFFERS [2] empfehlenswert, zur Beurteilung der Nährwirkung jene Substanzmenge anzunehmen, welche der Pilz an Trockengewicht hervorbringt, wenn er 1 g eines Nährstoffes verzehrt hat. Das Verhältnis der verbrauchten Nährstoffmenge zum Erntetrockengewicht gilt als „ökonomischer Koëffizient".

Die Zahl jener Organismen, welche mit einfach gebauten Kohlenstoffverbindungen ihre Bedürfnisse zum Leben völlig decken können, ist viel größer, als man früher erwarten konnte, und jedenfalls ist es nicht mehr nötig, daß in der Physiologie die chlorophyllgrünen Gewächse als Organismen mit „anorganischer Nahrung" allen anderen Lebewesen gegenübergestellt werden. 1886 machten uns HUEPPE und HERAEUS [3] mit den Nitrifikationsmikroben bekannt, welche, mit kohlensaurem Ammon ernährt, alle Stoffe ihres Körpers aufbauen und die nötige Betriebsenergie durch Oxydation des Ammoniaks zu salpetriger Säure gewinnen, wie später WINOGRADSKY [4] genauer darlegte. Übrigens hat NATHANSOHN [5] gezeigt, daß bestimmte marine Schwefelbakterien, welche H_2S oder Thiosulfat oxydieren, gleichfalls imstande sind, Kohlensäure zu reduzieren und dieselbe als alleinige Kohlenstoffquelle auszunutzen. Dies hat BEIJERINCK [6] bestätigt und zugleich nachgewiesen, daß der von ihm neu aufgefundene Thiobacillus denitrificans im anaëroben Leben bei Darreichung von Schwefel als Pulver, Kalisalpeter und $CaCO_3$ und Na_2CO_3 den Schwefel oxydiert, den Salpeter zerlegt und das Kar-

---

1) Vgl. CZAPEK, Hofmeisters Beiträge zur chem. Phys., Bd. I, p. 538 (1902); TH. BOKORNY, Pflüg. Arch., Bd. LXXXIX, p. 454 (1902). — 2) PFEFFER, Jahrb. wissensch. Bot., Bd. XXVIII, p. 257 (1895); H. KUNSTMANN, Üb. d. Verhältn. zw. Pilzernte u. verbraucht. Nahrg., Diss. Leipzig, 1895. — 3) F. HUEPPE, Centr. Bakter., Bd. III, p. 420 (1888); W. HERAEUS, Zeitschr. Hygiene, Bd. I, p. 193 (1886). — 4) S. WINOGRADSKY, Annal. Inst. Pasteur, Tome VI, p. 270, 462 (1891). — 5) A. NATHANSOHN, Mittell. zoolog. Stat. Neapel, Bd. XV, p. 655 (1903). — 6) BEIJERINCK, Centr. Bakt. (II), Bd. XI, p. 593 (1904).

bonat zur Bildung der Kohlenstoffverbindungen seiner Leibessubstanz ausnutzt. BEYERINCK meint, daß der Vorgang der Hauptsache nach durch folgende Formel ausgedrückt werden kann:

$$6\,KNO_3 + 5\,S + 2\,CaCO_3 = 3\,K_2SO_4 + 2\,CaSO_4 + 2\,CO_2 + 3\,N_2.$$

BEIJERINCK und VAN DELDEN [1]) haben weiter angegeben, daß man auf festem Agar- oder SiO_2-Substrat ohne Zusatz löslicher C-Verbindungen einen in Gartenerde sehr verbreiteten Bazillus zur Entwicklung bringen könne, welcher die Eigentümlichkeit besitzt, die Spuren von Kohlenstoffverbindungen, welche in der atmosphärischen Luft vorhanden sind, als Nahrung auszunutzen; freie oder gebundene CO_2 vermag dieser als Bacillus oligocarbophilus bezeichnete Mikrobe nicht zu verarbeiten. Von organischen C-Verbindungen der Luft würden in Frage kommen die von GAUTIER [2]) angegebenen Spuren kohlenstoffhaltiger brennbarer Gase oder die nach HENRIET [3]) in der Luft vorkommenden Ameisensäureverbindungen und Formaldehyd. Doch bedarf die Beziehung der von BEIJERINCK aufgefundenen Tatsachen zu den bisher als maßgebend angesehenen Entdeckungen WINOGRADSKYS (welche BEIJERINCK geradezu in Frage stellt) noch gründlicher vielseitiger experimenteller Prüfung. Das Amid der Kohlensäure, der Harnstoff, wird sogar sehr verbreitet als Kohlenstoffnahrung benutzt, selbst bei höheren Pilzen, wo er teilweise sogar gute Erfolge erzielt und zwar nicht in den Keimungsstadien, sondern in späterem Lebensalter [4]). Methylalkohol, formaldehydschwefligsaures Natron, Ameisensäure sind ebenfalls von manchen Organismen assimilierbar; der von LOEW [5]) beschriebene „Bacillus methylicus", welcher nach KATAYAMA [6]) im Boden allgemein verbreitet vorkommt, soll alle drei genannten Verbindungen verarbeiten und damit normales Gedeihen finden. Aber schon für die Essigbakterien ist Methylalkohol ungeeignet [7]) und ebenso für Hefen und Schimmelpilze. Ameisensäure ist in größerer Verbreitung als Nährstoff geeignet: so für eine Reihe von Bakterien [MAASSEN [8])], Harnstoffgärer [JAKSCH [9])] und andere Formen; von besonderem Interesse ist die von POPOFF und HOPPE-SEYLER [10]) näher studierte bakterielle Spaltung von Calciumformiat unter Zerfall in Karbonat und Wasserstoff. Neuerdings beobachteten auch PAKES und JOLLYMAN [11]) in Lösungen von Natriumformiat bakterielle Zersetzung in saures Karbonat und Wasserstoff. Von verschiedenen Seiten (DIAKONOW, THIELE l. c.) ist auch Verarbeitung von Ameisensäure unter gewissen Bedingungen bei Schimmelpilzen beobachtet worden: Aspergillus keimt aber bei Ameisensäuredarreichung nicht aus. Die zweigliedrigen Kohlenstoffverbindungen sind schon im Äthylalkohol und in der Essigsäure bedeutend bessere Nährstoffe für viele Bakterien und Pilze. Bekanntlich ist Äthylalkohol wohl eine der besten Energiequellen

1) BEIJERINCK u. VAN DELDEN, Centr. Bakt. (II), Bd. X, p. 33 (1903); Akad. Amsterdam, 27. Dez., 1902. — 2) A. GAUTIER, Compt. r., Tome CXXVII, p. 693 (1898). — 3) H. HENRIET. ibid., Tome CXXXV, p. 101 (1902); Tome CXXXVI, p. 1465 (1903); Tome CXXXVIII, p. 203 (1904). — 4) Vgl. DIAKONOW, Ber. bot. Ges., Bd. V, p. 386 (1887) für Penicillium; für Aspergillus: CZAPEK, l. c., 1902; für Basidiobolus RACIBORSKI, Flora, Bd. LXXXII, p. 115 (1896). — 5) O. LOEW, Centr. Bakt., Bd. XII, p. 462 (1892). — 6) T. KATAYAMA, Bull. Colleg. Agric. Tokyo, Vol. V, No. 2, p. 255, Sept. 1902; Vol. VI, p. 185, 191 (1904). — 7) HENNEBERG, Centr. Bakt., II. Abteil., Bd. IV, p. 20 (1898); W. SEIFERT. ibid., Bd. III, p. 337 (1897). — 8) A. MAASSEN, Arbeit. kais. Gesundheitsamt, Bd. XII, p. 390 (1896). — 9) R. v. JAKSCH, Zeitschr. physiol. Chem., Bd. V, p. 405. — 10) POPOFF, Pflüg. Arch., Bd. X, p. 142; HOPPE-SEYLER, ibid., Bd. XII, p. 1. — 11) W. C. PAKES u. W. H. JOLLYMAN, Proc. chem. Soc., Vol. XVII, p. 29 (1901).

für die Essigbakterien, welche ihn auch unter Umständen bis zu CO_2 und H_2O zu verbrennen vermögen, jedoch keine Kohlenstoffnahrung[1]); es dürfte wohl andere Mikroben geben, für die Alkohol ein entschiedener Nährstoff ist. DUCLAUX hat gezeigt, daß von Schimmelpilzen Alkohol erheblich verbraucht wird, sobald gleichzeitig eine andere gute Kohlenstoffnahrung zur Verfügung steht; LABORDE und MAZÉ[2]) zeigten für Eurotiopsis Gayoni dasselbe. Die Essigsäure ist noch viel verbreiteter ein Nährstoff für Pilze und Bakterien. Eine der interessantesten Umsetzungen der Essigsäure ist die anaërobe „Methangärung" der Essigsäure durch Bakterien aus Flußschlamm, wobei die Essigsäure glatt in $CH_4 + CO_2$ zerfällt [HOPPE-SEYLER[3])]. Dieser Vorgang ist biologisch sehr wichtig, indem Essigsäure ein sehr verbreitetes Stoffwechselprodukt bei der Verarbeitung von Kohlenhydraten, Eiweißstoffen, Säuren etc. durch Bakterien ist und man in manchen Fällen, wo Methan und Kohlensäure auftreten, wohl mit Berechtigung intermediäre Bildung von Essigsäure annehmen darf. Natriumacetat wird auch von Harnstoffbildnern verarbeitet [JAKSCH[4])], ferner von Essigbakterien. Von höheren Pilzen greift z. B. Oidium lactis Essigsäure leicht an. Neben Dextrose wird Essigsäure von allen Schimmelpilzen ausgenutzt (DUCLAUX, PFEFFER); doch keimt nach meinen Erfahrungen Aspergillus niger bei Darreichung von 4proz. Ammoniumacetat allein nicht aus. Basidiobolus verarbeitet nach RACIBORSKI essigsaure Salze[5]).

Zur Illustration des Nähreffektes einiger sehr einfach gebauter Kohlenstoffverbindungen bei Aspergillus niger lasse ich noch einige eigene Versuchsergebnisse folgen, welche sich auf dreiwöchige Kultur bei 28° im Dunkeln auf sterilisierter 4prozentiger Lösung der einzelnen Substanzen beziehen.

Methylaminchlorhydrat	15 mg	Erntegewicht
Dimethylaminchlorhydrat	34 ,,	,,
Äthylamin- ,,	49 ,,	,,
Diäthylamin- ,,	27 ,,	,,
Äthylendiamin- ,,	38 ,,	,,
Formamid	—	
Acetamid	49 ,,	,,
Cyankalium	—	
Acetonitril	32 ,,	,,
Guanidin	39 ,,	,,
Glykolsaures Ammon	13 ,,	,,

Eine Reihe (jedoch nicht quantitativer) Angaben, welche sich auf Basidiobolus ranarum beziehen, finden sich bei RACIBORSKI; nach allem Anschein wurden dort ganz analoge Ergebnisse erzielt. Bemerkenswert bei Aspergillus ist die relativ gute Wirkung von Methylamin, Acetamid, für welche eine Erklärung derzeit kaum gegeben werden kann. Für Hefe ist nach LAURENT Methylamin und Acetamid nicht geeignet.

---

1) Vgl. D. P. HOYER, Centr. Bakter. (II), Bd. IV, p. 873 (1898). — 2) MAZÉ, Bot. Centr., Bd. LXXXIX, p. 536 (1902). — 3) HOPPE-SEYLER, Zeitschr. physiol. Chem., Bd. XI, p. 561 (1887). — 4) R. v. JAKSCH, Zeitschr. physiol. Chem., Bd. V, p. 405. — 5) Über Acetatverarbeitung auch ZÖLLER, Wien. Akad., 9. Juli 1874; J. N. ROSE, Just Jahresber., 1885, Bd. I, p. 279; C. v. NÄGELI, Untersuch. über nied. Pilze (1882), p. 5; H. MOLISCH, Sitz.-Ber. Wien. Akad., Bd. CIII (I), Okt. 1894, p. 562; Essigbakterien: C. A. BROWNE, Journ. Americ. chem. Soc., Vol XXV, p. 16 (1903).

Die höheren Homologa von Äthylalkohol und Essigsäure sind im ganzen von ähnlicher Wirkung und in manchen Fällen etwa gleich wirksam wie die Anfangsglieder der Alkohol- und Säurereihe. Essigbakterien z. B. verarbeiten Propylalkohol, Butylalkohol, jedoch die Alkohole mit normaler Kohlenstoffkette besser als z. B. Isopropylalkohol [SEIFERT [1])]. Steigerung des Nährwertes mit Verlängerung der Kohlenstoffkette kommt wohl vor, so z. B. bei den Aminen, wo Propylamin und besonders Dipropylamin auf Aspergillus doppelt so gut wirkt als Äthylamin, ist aber durchaus keine allgemeine Erscheinung. Bei den Alkoholen steigt wieder die Giftwirkung mit wachsendem Kohlenstoffgehalt. Auffällig wird die Nährwirkung gesteigert durch Hydroxylierung der Alkohole nnd Säuren. Während die Ammonsalze der Essigsäurereihe, allein dargereicht, für Aspergillus unter bestimmten Bedingungen zur Keimung ungeeignet sind, wurden mit den Ammonsalzen von Oxysäuren deutliche Nährwirkungen erzielt und zwar im allgemeinen zunehmend mit steigender Hydroxylzahl und verlängerter Kohlenstoffkette:

Glykolsaures	NH$_4$:	13 mg	Ernte
Phenylglykols.	,, :	19	,, ,,
Milchsaures	., :	18	,, ,,
β-Oxybuttersaur.	,, :	93	,, ,,
Maleinsaures	,, :	71	,, ,,
Glyzerinsaures	., :	70	,, ,,
Apfelsaures	,, :	181	,, ,,
Akonitsaures	,, :	189	,, ,,
Zitronensaures	,, :	179	,, ,,
d-Weinsaures	,, :	87	,, ,,
Oxalsaures	,, :	2	,, ,,
Malonsaures	,, :	19	,, ,,
Bernsteinsaures	,, :	54	,, ,,
Methylbernsteins.	,, :	22	,, ,,

(unter gleichzeitiger Darbietung von 1 Proz. Asparagin als Stickstoffquelle):

Methylal	54 mg	Ernte
Äthylenglykol	74	,, ,,
Propylenglykol	,	
Glyzerin	289	, ,,
Erythrit	324	,, ,,

Einige vergleichende Versuche über die Nährwirkung der normalen Buttersäure und n-Valeriansäure, sowie die Isobuttersäure und Isovaleriansäure hat BOKORNY [2]) geliefert.

Aldehyde sind in ihren einfacheren Formen schädlich und keine Nährstoffe [3]); hingegen ist Aceton ungiftig und gestattet Entwicklung von Spaltpilzen in geeigneter Konzentration. Über die Nährfähigkeit der aufgezählten und der ihnen nahestehenden Substanzen wolle man hinsichtlich der verschiedenen Pilz- und Bakterienformen die Spezialuntersuchungen einsehen, von welchen besonders namhaft gemacht seien die Arbeiten über Ernährung der Hefen von LAURENT [4]), BOKORNY [5]),

1) S. Anm. 7, p. 298. — 2) TH. BOKORNY, Chem. C., 1897, Bd. I, p. 327. — 3) Vgl. z. B. H. COUPIN, Compt. r., Tome CXXXVIII, p. 389 (1904); TH. BOKORNY, Centr. Bakter. (II), Bd. XI, p. 343 (1903). — 4) É. LAURENT, Buli. soc. roy. Belg., Tome XXVII, p. 127 (1888). — 5) TH. BOKORNY, Wochenschr. Brauerei, 1890, p. 69; Dingl. polytech. Journ., Bd. CCCIII, p. 115 (1897).

der Monilia sitophila von WENT [1]), des Saccharom. Kefyr von SCHUUR-
MANS [2]), des Hormodendron hordei von BRUHNE [3]), der Eurotiopsis
Gayoni von LABORDE [4]), des Dictyostelium mucoroides von POTTS [5]), des
Tuberkelbazillus von PROSKAUER und BECK [6]), der Harnstoffgärer von
JAKSCH [7]) u. a. m. Die verschiedenen ein- und mehrbasischen Oxy-
säuren sind meist von hohem Nährwert, was wohl zuerst für das wein-
saure Ammoniak durch PASTEUR gezeigt wurde. Für das Bacterium
denitrificans II ist Zitronensäure nach den Angaben JENSENS [8]) sogar
besser als Glykose allein dargereicht. Sonst können mit Oxysäuren u. a.
gut ernährt werden Essigbakterien [HOYER [9])], Bacill. amylobacter [VAN
TIEGHEM [10])], Bac. cyanogenus, fluorescens, pyocyaneus u. a. m. [MAASSEN [11])],
Bakterien des Weins [SEIFERT [12])]. Streptothrix odorifera verarbeitet
nach SALZMANN [13]) außer Zuckerarten auch zweibasische Oxyfettsäuren
als Kohlenstoffquelle, nicht aber die Neutralsalze der Essigsäure und
ihrer Homologen, ebenso nicht Laktate und Oxalate. Freie Milchsäure
verarbeiten nach WEHMER [14]) Oidium lactis, sowie einige Rassen von
Saccharomyces mycoderma. Hefen verarbeiten nach SCHUKOW [15]) am
leichtesten Zitronensäure, dann Äpfelsäure, viel weniger Weinsäure und
sehr wenig Bernsteinsäure. Für Bacill. perlibratus ist nach BEIJERINCK [16])
im Gegensatze zu den gewöhnlichen Befunden Weinsäure ein schlechterer
Nährstoff als Essigsäure. In verdünnter Zitronensäure pflegt sich nach
WEHMER [17]) besonders Verticillium glaucum, in Weinsäure Citromyces
anzusiedeln.

Von weitgehendem Interesse sind die Stoffwechselprodukte, welche
man bei der Verarbeitung der organischen Säuren entstehen sieht, weil
daraus manche Rückschlüsse auf die Mittel zu ziehen sind, welche zum
Eingriff in die dargereichte Nahrung dem Organismus zur Verfügung
stehen. HOPPE-SEYLER [18]) stellte bereits 1878 diesbezüglich eine Reihe
von Untersuchungen an, welche sich auf die „Vergärung" von organischen Säuren durch anaërobe Fäulnisbakterien bezogen. Er fand als
Produkte der Spaltung von oxyessigsaurem Kalk CO_2 und CH_4, so daß
eine vorhergehende Reduktion zu Essigsäure wahrscheinlich ist. Bei
der Verarbeitung von milchsaurem Kalk durch Bakterien liegen die
Verhältnisse augenscheinlich schon viel komplizierter, indem als Stoffwechselprodukte gefunden wurden: Propionsäure, Buttersäure, Essigsäure, Kohlensäure, Wasserstoff, Äthylalkohol, besonders aber Propionsäure und Essigsäure [19]). Hier sind die Spaltungsvorgänge augenscheinlich

1) F. C. WENT, Centr. Bakt. (II). Bd. VII, p. 544 (1901). — 2) SCHUUR-
MANS-STEKHOVEN, Just Jahresber., 1892, Bd. I, p. 203. — 3) K. BRUHNE, Zopfs
Beiträge z. Morph. u. Physiol. d. nied. Org., Heft 4, p. 1 (1894). — 4) J. LABORDE,
Annal. Inst. Pasteur, Tome XI, p. 1 (1897). — 5) POTTS, Flora, 1902, Erg.-Bd.,
p. 292. — 6) B. PROSKAUER u. M. BECK, Zeitschr. Hyg., Bd. XVIII, p. 128 (1894).
Die zahlreichen Beobachtungen von TH. BOKORNY: Pflüg. Arch., Bd. LXVI, p. 114
(1897), betreffen leider nur unkontrollierbare Bakteriengemische. — 7) S. Anm. 9,
p. 298. — 8) HJ. JENSEN, Centr. Bakter. (II), Bd. III, p. 622 (1897). — 9) S.
Anm. 1, p. 299. — 10) VAN TIEGHEM, Compt. rend., Tome LXXXIX. No. 1
(1879). — 11) S. Anm. 8, p. 298. — 12) W. SEIFERT, Bericht der chem.-physiol.
Versuchstat. Klosterneuburg, 1901, p. 25; Zeitschr. landwirtsch. Versuchswes. Österr.,
1903, p. 567. Über Zitronensäureverarbeitung durch Bakterien, ibid., p. 738. —
13) P. SALZMANN, Centr. Bakt. (II), Bd. VIII, p. 349 (1902). — 14) C. WEHMER,
Ber. botan. Ges., Bd. XXI, p. 67 (1903). — 15) J. SCHUKOW, Centr. Bakt. (II),
Bd. II, p. 601 (1896). — 16) BEIJERINCK, Centr. Bakt., Bd. XIV, p. 834 (1893).
— 17) C. WEHMER, Beitr. z. Kenntn. einheim. Pilze, Heft 2, p. 143 (1895). —
18) F. HOPPE-SEYLER, Zeitschr. physiol. Chem., Bd. II, p. 1 (1878). — 19) Vgl.
HOPPE-SEYLER, l. c.; A. FITZ, Ber. chem. Ges., Bd. XI, p. 1890 (1878); Bd. XII,

schon mehr oder weniger verdeckt. Für β-oxybuttersaures Calcium hat
ARAKI[1] eine Spaltung durch Fäulnisbakterien unter Bildung von
2 Äquivalenten Essigsäure wahrscheinlich gemacht:

$$(C_4H_7O_3)_2Ca + CaCO_3 + H_2O = 2 (C_2H_3O_2)_2Ca + CO_2 + 2 H_2.$$

Das Acetat zerfällt weiter in Karbonat, CO_2 und Methan. Als Produkte
der Gärung von Oxyvaleriansäure fand GIACOSA[2] Buttersäure, Valeriansäure, CO_2, H_2.

Oxalsäure ist im Hinblick auf Spaltung durch Pilze noch wenig
erforscht. Nach PROSKAUER wird sie vom Tuberkelbazillus gut verarbeitet. Bei aërober Kultur wird wohl ein erheblicher Teil in CO_2
und H_2O oxydiert, aber es ist wohl nicht zu bezweifeln, daß Reduktions-
vorgänge nicht näher bekannter Natur bei ihrer Verarbeitung in Frage
kommen. Auch über Malonsäure sind mir Angaben nicht bekannt geworden. Bernsteinsäure liefert nach BÉCHAMP[3] bei bakterieller Spaltung Propionsäure und Kohlensäure, keinen Wasserstoff; Brenzweinsäure
oder Methylbernsteinsäure CH_4, CO_2 ohne flüchtige Säuren. Daß bei
der Vergärung von Apfelsäure reichlich Bernsteinsäure gebildet wird,
wußte schon DESSAIGNES[4] 1849. Die Untersuchungen von EMMER-
LING[5] über „Malatgärung" durch Bacill. lactis aërogenes, sowie die Erfahrungen von FITZ[6], BÉCHAMP[7] haben bestätigt, daß dieser Reduk-
tionsvorgang verbreitet vorkommt; es ist verständlich, daß Propionsäure,
Essigsäure, CO_2 als weitere Abbauprodukte die Bernsteinsäure begleiten.
Hefe vollzieht die Bernsteinsäurebildung aus Malat nicht. Fumar- und
Maleinsäure liefern bei bakterieller Spaltung ebenfalls Bernsteinsäure,
ebenso Asparaginsäure. Auch die Weinsäure als Dioxybernsteinsäure
erleidet durch Spaltpilze eine analoge Reduktion, und KÖNIG[8] erhielt
bei Vergärung von Ammontartrat Bernsteinsäure, CO_2, bei Vergärung
von Calciumtartrat Essigsäure, CO_2, Propionsäure und (infolge Weiterverarbeitung) keine Bernsteinsäure. Ähnliche Befunde werden auch in
der neueren Literatur sonst verzeichnet[9]. GRIMBERT[10] fand unter den
Stoffwechselprodukten des Bacill. tartricus auf Weinsäure auch Äthylmethyl-
karbinol: $CH_3—CO—CHOH—CH_3$. Die Zitronensäure hat im ganzen
ähnliche bakterielle Spaltungsprodukte ergeben, wie Weinsäure. HOPPE-
SEYLER, FITZ, BÉCHAMP[11] fanden Bernsteinsäure, Essigsäure, Buttersäure, CO_2, etwas Alkohol, Wasserstoff bei Citratgärung. Bei der Vergärung von glyzerinsaurem Kalk durch Spaltpilze wurden gefunden
Alkohol, Essigsäure, Ameisensäure, auch Bernsteinsäure. Der Bacill.

p. 474 (1879); Bd. XIII, p. 1309 (1880); DUCLAUX, Ann. Inst. Past., Tome IX,
p. 811 (1896); BÉCHAMP, Bull. soc. chim., Tome XI. p. 531 (1894); Milchsäurever-
arbeitung v. Eurotiopsis: MAZÉ, Chem. Centr., 1902, Bd. I, p. 532; von Hefe:
LAURENT, Ann. soc. belg. micrograph., Tome XIV, (1890).
    1) F. ARAKI, Zeitschr. physiol. Chem., Bd. XVIII, p. 1 (1893). — 2) P.
GIACOSA, ibid., Bd. III. p. 52 (1878). — 3) BÉCHAMP, Bull. soc. chim., Tome XI.
p. 418 (1894). — 4) DESSAIGNES, Ann. chim. phys. (III), Tome XXV, p. 253
(1849); Lieb. Ann., Bd. LXXVI, p. 279 (1850). — 5) O. EMMERLING, Ber. chem.
Ges., Bd. XXXII (II), p. 1915 (1899); Bd. XXXIII (II), p. 2477 (1900). — 6) FITZ,
Ber. chem. Ges., Bd. XI. p. 1890 (1878). — 7) BÉCHAMP, Bull. soc. chim., Tome XI,
p. 466 (1894). — 8) F. KÖNIG, Ber. chem. Ges., Bd. XIV, p. 211 (1881); Bd. XV,
p. 172 (1882). — 9) Vgl. FITZ, Ber. chem. Ges., Bd. XII, p. 474 (1879), [fand etwas
Alkohol, viel Essigsäure]; BÉCHAMP, l. c. p. 466; L. GRIMBERT u. L. FICQUET,
Journ. pharm. chim. (6), Tome VII, No. 3 (1898); Compt. r. soc. biol., 1897, p. 962.
— 10) L. GRIMBERT, Compt. rend., Tome CXXXII, p. 706 (1901). — 11) HOPPE-
SEYLER, l. c. (1878); FITZ, Ber. chem. Ges., Bd. XI. p. 1890 (1878); BÉCHAMP,
l. c., p. 387; ferner WATTS, Just Jahresb., 1886, Bd. I, p. 262.

ethaceticus von FRANKLAND verbrauchte zunächst die linksdrehende Modifikation der racemischen Glyzerinsäure [1]).

Erwähnt sei noch, daß die Aminosäuren als Kohlenstoffquelle ebenso gute oder noch bessere Nährerfolge geben, als die Oxyfettsäuren. Für Aspergillus niger fand ich insbesondere die Aminopropionsäure noch viel besser als C- und N-Nahrung geeignet, als das milchsaure Ammon. Alanin und Milchsäure stehen ja in klarem chemischen Zusammenhange mit Traubenzucker. Ernährung mit Aminosäuren ist natürlich auch dann vor allem gegeben, wenn Pilze mit Eiweißstoffen allein zu leben haben. Aus den Beobachtungen von WEHMER, BUTKEWITSCH [2]) und meinen eigenen Erfahrungen ist zu schließen, daß die Pilze durch fermentative Ammoniakabspaltung reichlich Oxysäuren bilden und diese weiter verarbeiten; in gewissem Ausmaße ist gleichzeitig eine direkte Weiterverarbeitung der ungespaltenen Aminosäuren anzunehmen.

Das Glyzerin und seine Stoffwechselprodukte haben im Hinblick auf die biologische Zuckersynthese besondere Bedeutung. Glyzerin wirkt sehr allgemein als treffliche Kohlenstoffnahrung, wenn es auch in manchen Fällen weniger tauglich ist, wie für Hefen [BEIJERINCK [3])], für anaërobe Buttersäuregärer [4]), auch für Bacill. ethaceticus [5]); Essigsäurebakterien wachsen nach HENNEBERG [6]) auf 1-proz. Glyzerinlösung gar nicht. Mit den Produkten der Einwirkung von Spaltpilzen auf Glyzerin hat sich zuerst besonders FITZ [7]) in zahlreichen Untersuchungen befaßt. Von Bedeutung ist die Bildung einwertiger Alkohole hierbei: Äthylalkohol, Propylalkohol, Butylalkohol, ferner der zugehörigen Säuren: Essigsäure, Ameisensäure, n-Buttersäure, Milchsäure; Propionsäure ist nicht beobachtet. Bacill. subtilis bildet reichlich Äthylalkohol. Auch BEIJERINCKS [8]) Granulobacter saccharobutyricum produziert aus Glyzerin Äthylalkohol. Bac. butylicus bildet nach FITZ und EMMERLING [9]) 6,3 Proz. n-Butylalkohol und auch Buttersäure. B. boocopricus von EMMERLING [10]) Methylalkohol, Essigsäure, Buttersäure, etwas Ameisensäure, Bernsteinsäure, keinen Butylakohol. Bei Bacill. butylicus fand MORIN [11]) auch Bildung von n-Amylalkohol. SCHULZE [12]) konstatierte Bildung von Phoron $C_9H_{14}O$ neben Butylalkohol. Diese Befunde sind schwer chemisch zu verstehen, zeigen aber, daß sie vielfältigen Umsetzungen ihren Ursprung verdanken. Jedenfalls können die Bakterien das Glyzerin zu Propylalkohol reduzieren, Milchsäure, Äthylalkohol daraus formieren. Wie aber die Butylalkohol- und Buttersäurebildung aufzufassen ist, muß noch dahingestellt bleiben; es kann sich sowohl um Spaltung intermediär gebildeten Zuckers, als um Kohlensäureanlagerung an Stoffe mit dreigliedriger Kette handeln.

Durch Oxydation und Reduktion und Kohlensäureanlagerung dürften im Organismus viele Umsetzungen erzielt werden, wobei beachtenswert

---

1) Glyceratgärung: FITZ, l. c., 1879 u. 1880 und Ber., Bd. XVI, p. 844 (1883); FRANKLAND u. FREW, Journ. chem. soc., 1891, Tome I, p. 81, 96. — 2) WEHMER, Just botan. Jahresber., 1892, Bd. 1, p. 192; W. BUTKEWITSCH, Jahrb. wiss. Botan., Bd. XXXVIII, p. 147 (1902). Über Zuckerbildung aus Alanin im Tierkörper: C. NEUBERG u. LANGSTEIN, Arch. Anat. Physiol., 1903, p. 514. - 3) BEIJERINCK, Centr. Bakt., Bd. XI, p. 68 (1892). — 4) SCHATTENFROH u. GRASSBERGER, Centr. Bakt. (II), Bd. V, p. 697 (1899). — 5) FRANKLAND u. FOX, Proc. roy. soc., Vol. XLVI, p. 345 (1889). — 6) S. Anm. 7, p. 298. — 7) FITZ, Ber. chem. Ges., Bd. IX. p. 1348 (1876); Bd. X, p. 276, 2226 (1877); Bd. XI, p. 42 (1878); Bd. XIII, p. 36, 1309 (1880); Bd. XV, p. 867 (1882). — 8) BEIJERINCK, Centr. Bakt., Bd. XV, p. 171. — 9) O. EMMERLING, Ber. chem. Ges., Bd. XXX, p. 451 (1897); ferner A. VIGNA, Ber. chem. Ges., Bd. XVI, p. 1438 (1883); E. DUCLAUX, Ann. Inst. Past., Tome IX, p. 811 (1896). — 10) EMMERLING, Ber., Bd. XXIX, p. 2726 (1896). — 11) E. MORIN, Compt. rend., Tome CV, p. 816 (1887). — 12) K. E. SCHULZE, Ber., Bd. XV, p. 64 (1882).

ist, daß es sich um Wirkungen handelt, welche wir derzeit bereits als
möglicherweise durch Enzyme bewerkstelligt ansehen dürfen. Welche
Vorgänge jedoch im speziellen herangezogen werden, zur Zuckersynthese
aus Glyzerin oder aus irgend einer anderen dargereichten Substanz, die
hierzu geeignet ist, ist uns derzeit jedoch völlig unbekannt.

Von den Ureiden fand bereits REINKE[1]) die Parabansäure als
Kohlenstoffnahrung für Pilze geeignet; für Aspergillus wirkt Alloxan
noch besser als diese. Auch Benzolderivate sind vielfach als Pilznahrung
tauglich befunden worden. Aspergillus wächst nach meinen eigenen
Erfahrungen auf Benzoësäure nicht, ebenso nicht auf Salicylsäure, m-Oxy-
benzoësäure, dagegen gut auf p-Oxybenzoësäure; auf Zimmtsäure, Hydro-
zimmtsäure, o-Toluylsäure allein nicht, hingegen sehr gut auf Gallus-
säure; nicht auf Phthalsäure; spurenweise auf mellithsaurem Ammon;
sehr schön auf chinasaurem Ammon und auf Quercit. Daß andere Pilze
aber z. B. auf Salicylsäurenährboden zu gedeihen vermögen, geht aus
Beobachtungen von LOTT[2]) hervor. Angaben über das Wachstum von
Bakterien auf Arbutin, Salicin und anderen aromatischen Glykosiden
lieferte FERMI[3]); nach LAURENT soll Hefe Colchicin und Atropinsulfat
merklich assimilieren. Resorcin und Hydrochinon können Penicillium
nach PFEFFER ebenfalls bis zu gewissem Grade mit Kohlenstoff versorgen.

Man kann behaupten, daß bei Phenolen und Phenolsäuren die
Eignung mit der Zahl der Hydroxylgruppen im allgemeinen wächst und
hydroaromatische Verbindungen ungleich besser wirken als nicht hydrierte
Benzolderivate. So vermag Aspergillus mellithsaures Ammon

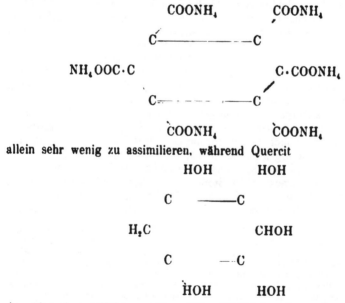

allein sehr wenig zu assimilieren, während Quercit

das Glyzerin an Nährwert übertrifft. Vielleicht oder wahrscheinlich ist
Hydrierung dargereichter Benzolderivate nötig, damit diese Verbindungen die verschiedenen Leistungen im Stoffwechsel genügend aus-

1) S. Anm. 14, p. 296. — 2) F. E. LOTT, Chem. Centr., 1903, Bd. I, p. 1026.
— 3) CL. FERMI u. MONTESANO, Centr. Bakter., Bd. XV, p. 722 (1894).

führen können, und möglicherweise ist eine Zuckersynthese aus Hexa-
hydrobenzolderivaten, z. B. Quercit, sehr leicht mit den Mitteln des
Organismus zu bewirken. Die Chinasäureverarbeitung durch Pilze war
schon NÄGELI bekannt. LOEW[1]) fand, daß bei Chinasäuredarreichung
auch Protokatechusäure gebildet wird. Nach EMMERLING und ABDER-
HALDEN[2]) besitzt eine bestimmte Mikrobenform (Micrococcus chinicus) hervorragend die Eigenschaft Chinasäure zu Protokatechusäure zu oxydieren.

Schließlich ist noch die wenig untersuchte Frage zu berühren, inwiefern die Huminsubstanzen des Bodens für Bakterien und Pilze als
Kohlenstoffquelle zu dienen vermögen. Nach den Erfahrungen von
REINITZER[3]) und von NIKITINSKY[4]) scheint Huminsäure für Schimmelpilze höchstens in ganz minimalem Maße als Kohlenstoffnahrung dienen
zu können, wobei noch immer ungenügende Reinheit oder sekundäre
Umsetzungen eine unterstützende Rolle spielen mögen. NIKITINSKY
fand, daß die Bodenbakterien zwar die Fähigkeit besitzen, Huminsäure
unter Bildung von CO_2 zu zersetzen, daß aber Huminsäure für sich
allein auch für die Bakterien als Kohlenstoffquelle nicht fungieren kann.
Künstliche aus Zucker hergestellte Huminsäure erwies sich für Penicillium als Kohlenstoffquelle gleichfalls unbrauchbar.

Der Kohlenhydratstoffwechsel von Samen.

Fünfzehntes Kapitel: Die Reservekohlenhydrate in Samen.

§ 1.

Zuckerarten.

Zucker dürfte auch im ruhenden Samen niemals ganz fehlen, wenn
auch die Quantitäten, um die es sich handelt, nur sehr gering sind oder
wenigstens gegen die übrigen Reservestoffe ganz zurücktreten. So ist
Traubenzucker und Fruktose, auch Maltose in der Gerste von O'SULLIVAN[5])
nachgewiesen worden; die Gesamtmenge dieser Zuckerarten beträgt
0,62—1,1 Proz. des Trockengewichtes; der Nachweis läßt sich mit hin-
reichender Sicherheit führen und einige gegenteilige Angaben sind nicht
genügend begründet[6]).

Rohrzucker ist aber wohl am meisten verbreitet in ruhenden
Samen und SCHULZE und FRANKFURT[7]) haben Saccharose in einer
ganzen Reihe von Untersuchungsobjekten, sowohl stärke- als fetthaltigen
Samen nachgewiesen.

---

1) O. LOEW, Ber. chem. Ges., Bd. XIV, p. 450 (1881). — 2) O. EMMER-
LING u. E. ABDERHALDEN, Centr. Bakt. (II), Bd. X, p. 337 (1903). — 3) F.
REINITZER, Botan. Ztg., 1900, p. 58. — 4) J. NIKITINSKY, Jahrbüch. wissensch.
Botan., Bd. XXXVII, p. 365 (1902). — 5) C. O'SULLIVAN, Journ. chem Soc., 1886,
Vol. I, p. 58. — 6) Vgl. A. POEHL, Pharm. Ztg. für Rußland, Bd. XIII, p. 321
(1874); A. v. ASBOTH, Chem.-Ztg., Bd. XII, p. 25, 53 (1888). — 7) E. SCHULZE
u. S. FRANKFURT, Zeitschr. physiol. Chem., Bd. XX, p. 511 (1895); Bd. XXVII,
p. 267 (1899); Ber. chem. Ges., Bd. XXVII, p. 62 (1894).

In ungekeimter Gerste gab schon KÜHNEMANN[1]) Saccharose an; in Phaseolus fand sie MAXWELL[2]), in Mais wiesen sie genauer WASHBURN und TOLLENS[3]) nach; sie steigt in Zuckermaissorten bis zu 11 Proz. an. MARCACCI[4]) fand Saccharose auch in Reis und Weizen. Ferner wurde in Coffeasamen Rohrzucker durch SCHULZE, EWELL und GRAF[5]) konstatiert. In Arachissamen durch ANDOUARD[6]); in den Samen von Gingko und Camellia durch SUZUKI[7]), in Samen von Aleurites moluccana fand CHARLES[8]) 4 Proz. Saccharose. Viel Rohrzucker enthält endlich nach MORAWSKI und STINGL[9]) die Sojabohne; die Samen von Xanthium strumarium nach ZANDER[10]) 3,3 Proz. Saccharose.

Myristica enthält nach BRACHIN[11]) 0,5 Proz. Saccharose. VALLÉE[12]) fand bei

süßen Mandeln	2,97	Proz.	Saccharose	0,09	Proz.	reduzierten	Zucker
bitteren „	2,94	„	„	0,12	„	„	„
Ricinussamen	1,06	„	„	0,12			
Cucurbita	1,37	„	„	0,12			
Pistacia	3,26	„	„	0,20			
Sesamum	0,64	„	„	0,14			
Kokkelskörnern	0,61	„	„	1,05			

Nach HERMANAUZ[12]) soll im ruhenden Gerstenkorn die obere Hälfte stets zuckerreicher sein als die untere.

Zum genauen Nachweise der Saccharose ist vor allem die von SCHULZE[14]) ausgebildete Strontianmethode zu empfehlen. Mikrochemisch läßt sich die Anwendung von Invertin zum Saccharosenachweise benutzen, worüber HOFFMEISTER[15]) nähere Angaben gemacht hat. Mit Hilfe der letzteren Methode ließ sich Rohrzucker in zahlreichen Objekten im hiesigen Laboratorium nachweisen. Die von PAPASOGLI[16]) erwähnte amethystfarbene Reaktion von Saccharose mit alkalischer, verdünnter Kobaltlösung gibt Raffinose ebenfalls, während Maltose und Traubenzucker eine himmelblaue Färbung erzeugen.

Raffinose ist schon wiederholt in ruhenden Samen nachgewiesen worden, so im Baumwollsamen durch RITTHAUSEN[17]), SCHEIBLER[18]), RIESCHBIET und TOLLENS[19]) und SACC[20]), ferner in Getreidesamen.

1) G. KÜHNEMANN, Ber. chem. Ges., Bd. VIII, p. 387 (1875). — 2) W. MAXWELL, Americ. chem. Journ., Vol. XII, p. 265 (1890). — 3) J. H. WASHBURN u. B. TOLLENS, Ber. chem. Ges., Bd. XXII, p. 1047 (1889). — 4) A. MARCACCI, Just Jahresber., 1889, Bd. I, p. 41. — 5) E. SCHULZE, Chem.-Ztg., Bd. XVII, p. 1263 (1893); E. EWELL, Americ. chem. Journ., Vol. XIV, p. 473 (1892); L. GRAF, Chem. Centr., 1901, Bd. II, p. 1237. — 6) A. ANDOUARD. Compt. rend., Tome CXVII, p. 298 (1893). — 7) SUZUKI, Chem. Centr., 1902, Bd. II, p. 379. — 8) P. CHARLES, Jahresber. Agrik.-chem., 1879, p. 106. — 9) STINGL u. MORAWSKI, Monatsh. Chem., Bd. VIII, p. 82 (1887). — 10) A. ZANDER, ref., Ber. chem. Ges., Bd. XIV, p. 2587 (1881). — 11) A. BRACHIN, Journ. pharm. chim. (6), Tome XVIII, p. 16 (1903). — 12) C. VALLÉE, ibid., Tome XVII, p. 272 (1903); Compt. rend. 12. Janv. 1903. — 13) C. HERMANAUZ, Just bot. Jahresb., 1876, Bd. I, p. 877. — 14) SCHULZE, l. c. und bes. SCHULZE u. SELIWANOFF, Landw. Versuchsst., Bd. XXXIV, p. 408 (1887). — 15) C. HOFMEISTER, Jahrb. wissensch. Botan., Bd. XXXI, p. 687 (1898). — 16) G. PAPASOGLI, Jahresber. Agr.-chem., 1895, p. 501. — 17) A. RITTHAUSEN, Journ. prakt. Chem., Bd. XXIX, p. 351 (1883). — 18) SCHEIBLER, Ber. chem. Ges., Bd. XVIII, p. 1779 (1885). — 19) P. RISCHBIET und TOLLENS, Ber., Bd. XVIII, p. 2611 (1885); Chem. Centr., 1885, p. ... 20) SACC, Chem. Centr., 1885, p. 125.

O'Sullivan [1]) fand Raffinose in Hordeum, Schulze und Frankfurt [2])
im Keimling des ruhenden Weizenkorns.

Ihre Identität stellten besonders Tollens und Rischbiet fest.
Bezüglich des Nachweises der Raffinose sind besonders die Angaben
von Schulze und Frankfurt zu vergleichen. Raffinose wird zugleich
mit Rohrzucker als Strontianverbindung gefällt, und zur Trennung beider
Zucker die ungleiche Löslichkeit derselben in kochendem Weingeist benützt. Raffinose bleibt nach wiederholtem Auskochen im Rückstande
zurück. Raffinose gibt wie Rohrzucker die Reaktion von Seliwanoff
mit Resorcin und Salzsäure und wird durch Hefeinvertin in Fruktose
und Melibiose gespalten.

§ 2.
Stärke.

I. Vorkommen. Wenngleich die Reservestoffe des reifen ruhenden Samens meist aus Fett bestehen, so ist doch sehr reichliche Speicherung von Stärke im Nährgewebe kein seltenes Vorkommnis und nach
den ausführlichen, durch mikroskopische Untersuchung belegten Angaben
von Nägeli [3]) dürfte etwa $1/10$ aller Gattungen der Phanerogamen Stärkesamen besitzen. Im unreifen Zustande pflegen allerdings auch Fettsamen
Stärke zu führen, was bei der mikroskopischen Untersuchung von getrocknetem Material beachtet werden muß. Von Gymnospermen und
Monokotyledonen hat ungefähr die Hälfte der Familien und Gattungen
Stärkenährgewebe; von den Dikotyledonen besitzt nur $1/6$, von der Ab-
teilung der Gamopetalen nur $1/14$ der Familien und ein noch viel
kleinerer Bruchteil der Gattungen Stärkesamen. Sehr häufig ist das
Vorkommen von Stärke im Samennährgewebe ein durchgreifendes
Gattungs-, ja Familien-, selbst Ordnungsmerkmal (Farinosae, Centrospermae). Stärke und Fett verteilen sich oft auf Nährgewebe und
Embryo (Gramineen, Caryophyllaceen), sind aber in manchen Fällen,
wie bei vielen Papilionaceen miteinander in denselben Zellen vorhanden.

Unter den Gymnospermen sind die Cycadeen, Gnetaceen und
Gingko als Stärkeendosperm führende Pflanzen anzuführen, während bei
den Koniferen nur in einzelnen Fällen neben Fett auch etwas Stärke
vorzukommen scheint [4]). Von den monokotyledonen Gruppen sind die
Gräser, Cyperaceen, Farinosen, Bromeliaceen, Juncaceen, Musaceen hervorzuheben; von den Dikotyledonen die Piperaceen, Loranthaceen, Quercus.
Castanea, die Polygonaceen, Centrospermen, die Nymphaeaceen, Drose-
raceen, Anacardiaceen, Aesculus, Bombacaceen und Sterculiaceen, Diptero-
carpaceen, Cistaceen, Myrtaceen als Stärke in ihren Samen enthaltend
zu nennen. Von den Sympetalen, bei denen nur sehr selten Stärke im
Samennährgewebe gefunden wird, seien erwähnt die Plumbagaceen,
Aegiceras, wenige Sapotaceen, Avicennia und Acanthus.

II. Quantitative Verhältnisse. Bei reichlichem Stärkegehalt
kann die Menge des Amylums bis 80 Proz. des Trockengewichtes betragen und 60—70 Proz. ist die Regel bei reichlich Stärke enthaltendem
Nährgewebe. Die zahlreichen in der Literatur vorhandenen Angaben
sind teilweise recht unverläßlich, da nicht immer ausreichende Methoden
zur Bestimmung der Stärke in Anwendung kamen. Aus der als „stick-

1) C. O'Sullivan, Journ. chem. Soc., 1886, Vol. I, p. 70; Chem. News, Vol. LII,
p. 298 (1886). — 2) E. Schulze u. Frankfurt, Ber., Bd. XXVII, p. 64 (1894). —
3) Nägeli, Die Stärkekörner (1858), p. 378, 535. — 4) Vgl. hierzu Burgerstein,
Ber. bot. Ges., Bd. XVIII, p. 180 (1900).   20*

stofffreie Extraktivstoffe" bezeichneten Zahl der praktischen Analyse kann man natürlich nur mit großer Vorsicht Rückschlüsse auf den Stärkegehalt machen. Leider ist sehr häufig nichts anderes bestimmt worden als diese Zahl, und so sind wir hier genötigt, zu dieser Rubrik unsere Zuflucht zu nehmen.

Pflanzenarten	Wasser-gehalt	Stärke	In Prozenten N-freie Ex-traktivstoffe	Autor
Cycas revoluta	—	18	—	PECKOLT, Chem. Centr. 1887, p. 804.
Zea Mays	—	—	80,01	KÖNIG, Chem. Zusam-mensetzung d.mensch-lichen Nahrungs- u. Genußmittel, 3. Aufl. (1889.)
Panicum miliaceum ge-schält	—	—	77,27	
Sorghum saccharatum	—	—	80,14	
Avena sativa	—	—	66,41	
Oryza sativa	—	—	84,73	
Amomum Melegueta	16,05	27,3	—	J. THRESH, Pharm. Journ. Transact. 1884, p.798.
Piper nigrum	14,8	.	62,5	WEIZMANN, Arch. Pharm. 1886, p. 909.
Quercus (enthülst)	22,83	.	58,43	A. PETERMANN, Centr. Agr.-chem.1878,p.869.
Castanea sativa, ge-schält, frisch	52,8	.	31,54(82,17 d.Trockens.)	BALLAND, Just Jahres-ber. 1897, II, p. 85.
Fagopyrum esculentum	15,3	65,5	.	SUDAKOFF, Just Jahres-ber. 1879, I, p. 399.
Chenopodium album	?	.	39,3	G. BAUMERT u. K. HAL-PERN, Arch. Pharm. 231, 641 (1893).
Beta vulgaris		18,1	.	PFLLET u. LIEBSCHÜTZ. Compt.rend.90,1363.
Spergula arvensis		.	59,15	LÖBE, Jahresber. Agr.-chem. 1890, p. 443.
Agrostemma Githago	—	47,87	.	LEHMANN u. MORI, Arch. Hyg. 1889, p. 257.
Pisum sativum	—	.	61,21	KÖNIG, l. c.
Vicia Faba			55,86	
Phaseolus vulgaris			62,64	
Lens esculenta			60,27	
Cicer arietinum	—	.	71,19	
Soja hispida	10	5.0	.	MEISSL u. BÖCKER, Mon. Chem. 4, 349 (1883).
Gleditschia glabra	10,9	.	51,68	J. MOSER, Centr. Agr.-chem. 1879, p. 886.
Voandzeia subterranea	?	.	58,30	BALLAND, Compt. rend. 132, 1061 (1901).
Robinia Pseudacacia	11,31	.	27,63	L. JAHNE, Cent. Agrib.-chem. 1881, p. 104.
Aesculus hippocastanum	—	.	82,21	HANNAMANN, Just Jahr-ber. 1885, I, 75.
Cola acuminata	11,59	46,73	.	CHODAT u. CHUIT, Just Jahresb. 1893, I, 57.
Theobroma Cacao		10—16	.	BECKURTS, Arch. Pharm. 231, 687 (1894).

Da nicht selten in Analysenergebnissen auch bei notorisch stärkefreien Samen hoher Prozentgehalt an „N-freien Extraktstoffen" ausgewiesen wird, so sind die Zahlen dieser Rubrik ohne nähere Kontrolle von recht geringem Werte. Da überdies auf Wassergehalt und Schale der Samen häufig keine Rücksicht genommen wird, wäre eine Sammlung genauer, nicht nur dem praktischen Bedürfnisse genügender Analysen von Samennährgewebe von erheblichem Werte für verschiedene Arbeiten auf pflanzenbiochemischem Gebiete. Das Gleiche gilt für die übrigen Reservekohlenhydrate des Samennährgewebes.

Für die Kenntnis der Verteilung der Stärke im Samen sind die Untersuchungen von HOPKINS, SMITH und EAST[1]) an Zea Mays von Interesse. Die Körner wurden in 6 Teile zerschnitten und in jedem die Kohlenhydrate bestimmt. Es fand sich (bei drei Maissorten) an Kohlenhydraten:

	I	II	III
in Spitzenkappe	90,57 Proz.	87,76 Proz.	91,50 Proz.
Hülle	93,29 „	94,86 „	94,80 „
Hornige Kleberschicht	75,87 „	69,09 „	69,07 „
„ Stärkeschicht	91,54 „	89,82 „	88,58 „
weiße Bodenstärkeschicht	92,27 „	91,67 „	90,50 „
„ Spitzenstärkeschicht	93,81 „	91,62 „	90,75 „
Keim	83,07 „	85,46 „	36,73 „
Ganzes Korn	85,11 „	83,17 „	80,12 „

III. Historisches. Die ersten mikroskopischen Beobachtungen über Stärkekörner stammen bereits von MALPIGHI[2]) und besonders von LEEUWENHOEK[3]), der sich schon bemühte, die Erscheinungen beim Erhitzen von Stärkekörnchen und bei der Verdauung der Stärke durch Tiere näher zu ergründen. MIRBEL[4]) sprach sich 1815 dahin aus, daß das Stärkemehl eine kristallinische Substanz sei, und gleichzeitig bildete VILLARS, vor allem aber seit 1824 RASPAIL[5]) noch von LEEUWENHOEK herrührende Vorstellungen weiter aus, wonach die Stärkekörnchen bläschenartige Gebilde wären; auch die Arbeiten von GUIBOURT[6]) und von GUÉRIN VARRY[7]) bewegen sich in dergleichen Anschauungen. In einer bewundernswerten Arbeit stellte FRITZSCHE[8]) 1834 den wahren Bau der Stärkekörner, Schichtung, Kern, vollständig klar und zeigte die Unrichtigkeit der RASPAILschen Theorie. Auf die eigentümlichen Erscheinungen an Stärkekörnern im polarisierten Lichte wies 1844 BIOT[9]) und später EHRENBERG[10]) zuerst hin. Elementaranalysen der Stärke

---

1) C. G. HOPKINS, SMITH u. EAST, Journ. Americ. chem. soc., Vol. XXV, p. 1166 (1903). — 2) MALPIGHI bildet auf Taf. IV, Fig. 15 seiner Anatome plantarum Stärkekörnchen in Stengelparenchymzellen ab. — 3) LEEUWENHOEK, vgl. MULDER, Physiolog. Chem. (1844), p. 215. — 4) C. F. BRISSEAU-MIRBEL, Elémens de phys. végét. (1815), Tome I, p. 185. — 5) RASPAIL, Annal. scienc. nat., Mars 1826; Mém. soc. d'hist. nat., 1827, Tome III, p. 17; ferner CAVENTOU, Ann. chim. phys. (2), Tome XXXI, p. 337 (1826). — 6) GUIBOURT, Ann. chim. phys. (2), Tome XL, p. 183 (1829). — 7) R. T. GUÉRIN-VARRY, Compt. rend., Tome II, p. 116 (1836); Ann. chim. phys. (2), Tome LXI, p. 66 (1836); vgl. auch CANDOLLE, Physiologie, deutsch v. RÖPER, Bd. I, p. 149 (1833). — 8) J. FRITZSCHE, Poggend. Ann., Bd. XXXII, p. 129 (1834). Übersicht über die ältere Stärkeliteratur ist von POGGENDORFF gegeben in dessen Annalen, Bd. XXXVII, p. 114 (1836). — 9) BIOT, Compt. rend. Tome XVIII, p. 795 (1844). — 10) EHRENBERG, Journ. prakt. Chem., Bd. XLIX, p. 490 (1850).

rühren aus älterer Zeit von BERZELIUS, MARCET[1]) und von PAYEN[2]) her;
der letztere machte auch auf die gleiche chemische Zusammensetzung
der Stärke bei verschiedenen Formverhältnissen der Körner aufmerksam.
1815 entdeckten COLIN und GAULTHIER DE CLAUBRY[3]) die Jodreaktion
der Stärke. Ein sehr bedeutsamer Fortschritt war die 1812 durch
KIRCHHOFF[4]) entdeckte Überführung der Stärke in Zucker durch Kochen
mit verdünnten Säuren, wozu wenig später die Entdeckung desselben
Forschers von der amylolytischen Wirksamkeit des Klebers kam. Schon
DAVY[5]) fand, daß die Säure hierbei nicht zersetzt werde, und SAUSSURE[6])
erkannte bereits 1815, daß die Stärke bei der Zuckerbildung Wasser
aufnehme und gleichsam in einer festen Verbindung fixiere. BRACON-
NOT[7]) studierte 1833 die Wirkung der Salpetersäure auf Stärke. BIOT
und PERSOZ[8]) entdeckten in demselben Jahre die Entstehung einer
rechtsdrehenden Substanz bei der Säurehydrolyse der Stärke, welche
sie als Dextrin bezeichneten. In die gleiche Zeit fällt auch die erste
Darstellung von Diastase durch PAYEN und PERSOZ[9]). PAYEN[10]) zeigte
ferner, daß Stärke und Dextrin isomer seien. Erwähnt sei noch, daß
FRITZSCHE auch der Entdecker der weinroten Jodreaktion in den ersten
Stadien der Stärkehydrolyse war, und daß er sich gegen die Ansicht
aussprach, daß Jodstärke eine chemische Verbindung sei.

IV. Darstellung reiner Stärke ist nur schwierig und mit
großem Materialverlust zu bewerkstelligen. Um im Laboratorium ein
größeres Quantum reiner Stärke möglichst zu gewinnen, knetet man
am besten das feingemahlene Samenmaterial in einer Menge von einigen
Kilogramm in einem Tuche unter einem Wasserstrahle aus, schlemmt
die ausgewaschene Stärke mit ammoniakhaltigem Wasser aus, so daß
nur größere Stärkekörner zurückbleiben, und wäscht zuletzt mit destillier-
tem Wasser. Dieses Verfahren ist z. B. bei Bohnen, Erbsen, Weizen,
Roggen u. a. möglich, versagt jedoch z. B. bei Reisstärke und in anderen
Fällen. Bei der fabriksmäßigen Herstellung von Reisstärke werden die
Körner in $^1/_4$ proz. Natronlauge eingequellt, gewaschen und gemahlen.
Das Mehl wird wieder mit Alkali behandelt, man beseitigt die schwereren
Verunreinigungen durch Absitzenlassen und verarbeitet die Stärkemilch
weiter. Über diese und andere technisch angewendete Methoden zur
Herstellung von Samenstärke im großen, besonders die Methoden unter
Zuhilfenahme von Milchsäuregärung, findet man Näheres in den Werken
von WIESNER[11]), A. MEYER[12]) und den technisch-chemischen Hand-
büchern.

---

1) BERZELIUS, zit. MULDER, l. c., p. 216; MARCET. Ann. chim. phys. (2),
Tome XXXVI, p. 27 (1827). — 2) PAYEN, Compt. rend., Tome III, p. 224 (1836);
Ann. chim. phys. (2), Tome LXV, p. 225 (1837); Annal. sc. nat., 1838, p. 5. —
3) COLIN u. GAULTHIER DE CLAUBRY, Schweigg. Journ., Bd. XIII, p. 453 (1815);
STROMEYER, Gilb. Ann., Bd. XLIX, p. 146 (1815). — 4) NASSE, Schweigg. Journ.,
Bd. IV, p. 111 (1812); J. C. SCHRADER, ibid., p. 108; VOGEL, Gilb. Ann., Bd.
XLII, p. 125 (1812). Schweigg. Journ., Bd. V, p. 80 (1812); GEHLEN, ibid., p. 32.
— 5) DAVY, Elem. d. Agrikult.-Chem. (1814), p. 146. — 6) TH. SAUSSURE, Gilb.
Ann., Bd. XLIX, p. 129 (1815); Schweigg. Journ., Bd. XXVII, p. 323 (1819). —
7) BRACONNOT, Ann. chim. phys. (2), Tome LII, p. 290 (1833). — 8) BIOT u. PERSOZ,
Ann. chim. phys. (2), Tome LII, p. 58, 72 (1833). — 9) PAYEN u. PERSOZ, ibid.,
Tome LIII, p. 73 (1833); Tome LX, p. 441 (1835). — 10) PAYEN, Ann. chim.
phys. (2), Tome LXI, p. 355 (1836). — 11) WIESNER, Die Rohstoffe des Pflanzenreiches, 2. Aufl., Bd. I, p. 571 (1900). — 12) A. MEYER, Untersuchungen über die
Stärkekörner, 1895, p. 78—79. Den von FERNBACH, Compt. r., Tome CXXXVIII,
p. 428 (1904), gefundenen kleinen Phosphorgehalt von Kartoffelstärke möchte ich
nur auf Beimengungen beziehen, die äußerst schwierig zu entfernen sind.

V. Bau und Entstehung der Stärkekörner. Soweit die diesbezüglichen Tatsachen und Forschungen in den Rahmen einer allgemein physiologischen Darstellung fallen, muß auf die Lehrbücher der Physiologie, in erster Linie die ausgezeichneten Ausführungen PFEFFERS[1]) verwiesen werden, wo man auch das Nähere über die Entwicklung des heutigen Wissens von den molekularmechanischen Spekulationen NÄGELIS[2]) angefangen bis zu den durch die Entdeckung der farblosen protoplasmatischen Stärkebildner durch SCHIMPER[3]) angebahnten und besonders von A. MEYER[4]) ausgebauten modernen biologisch-chemischen Ansichten finden wird. Hinsichtlich der Detailfragen ist für jeden, welcher sich eingehender mit dem Studium der Stärkebiochemie beschäftigen will, das umfassende Werk des letztgenannten Forschers ein unerläßliches Hilfsmittel.

Wie MEYER ausführlich gezeigt hat, ist der bekannte morphologische Aufbau der Stärkekörner ein Ausdruck der Wachstumsgeschichte dieser Gebilde. Die geschichtete Struktur, die an größeren Amylumkörnern wohl immer mikroskopisch unterscheidbar ist, läßt sich jenen Schichtungen vergleichen, welche an Sphärokrystallen (z. B. Calciumkarbonat, Zucker) durch wiederholte Konzentrationsänderungen der Mutterlauge künstlich erzielt werden können (MEYER, p. 242). Die Substanz der einzelnen Schichten des Stärkekorns kann hierbei sowohl bis zu einem gewissen Grade chemisch different sein, als auch verschiedenen Wassergehalt besitzen. MEYER hat zuerst die theoretische Forderung aufgestellt, daß das wachsende Stärkekorn an allen Punkten der Peripherie, wo es noch Zuwachs durch Anlagerung von Stärkesubstanz erfährt, mit seinem Mutterorgan, dem Amyloplasten, überkleidet sein müsse. Tatsächlich sind die Stärkekörner (wenigstens während der Dauer voller Lebensfähigkeit der beherbergenden Zellen) gänzlich in Amyloplastensubstanz eingehüllt (MEYER, p. 162—67), was auch durch histologische Untersuchungen von SALTER[5]) bestätigt worden ist.

An Orten, wo der Gehalt des Organs an Kohlenhydraten und Zucker ein schwankender ist, infolge periodisch oder in unregelmäßigen Zeitintervallen verstärkter Zuckerzufuhr und Stärkebildung, sowie verstärkten Zuckerverbrauches und Stärkelösung, drückt sich dies, wie MEYER an sehr lehrreichen Beispielen gezeigt hat, in dem Bau der Stärkekörner vielfältig aus. Derartige Verhältnisse herrschen jedoch nie in Samennährgeweben, wo vielmehr die Stärkebildung ruhig und ungestört, doch häufig langsam vor sich geht und wo wir denn auch im Einklange mit MEYERS Darlegungen runde, zentrisch geschichtete Körner (MEYERS „monotone" Stärkekörner, l. c., p. 189) am häufigsten finden. Nach MEYER (l. c., p. 175) ist beim Entstehen exzentrisch geschichteter Stärke-

1) W. PFEFFER, Pflanzenphysiologie, 2. Aufl., Bd. II, p. 39 (1901). — 2) NÄGELI, Die Stärkekörner (1858). Botanische Zeitung, 1881, p. 633. — 3) A. F. W. SCHIMPER, Botanische Zeitung, 1880, p. 881; 1881, p. 185. — 4) A. MEYER, Botanische Zeitung, 1881, p. 841. Untersuchungen über die Stärkekörner, 1895. Dort ausführlicher Literaturnachweis. Von den Spezialarbeiten sei insbesondere die Studie von A. DOOEL, Flora 1892, p. 267 und A. BINZ, Flora, Ergbd. 1892, p. 34 namhaft gemacht. — Die Anschauungen von BELZUNG, Ann. sc. nat. (7), Tome XIII, p. 1 (1891); KONINGBERGER, ref. Botan. Centr., Bd. XLIX, p. 47 (1892); C. ACQUA, Malpighia, Bd. VII, p. 393 (1893) über Entstehen von Stärkekörnern unabhängig von Leuko lasten sind gegenüber dem erdrückenden Beweismateriale der von SCHIMPER und MEYER begründeten Ansicht mit größter Vorsicht aufzunehmen. — 5) J. H. SALTER, Jahrb. wissensch. Botan., Bd. XXXII, p. 127 (1898).

körner auch der Druck des zähflüssigen protoplasmatischen Wandbelages auf das Chromatophor von Einfluß, wodurch die Amyloplastensubstanz eine ungleiche Verteilung an der Peripherie des Stärkekorns erfahren kann.

Da die Amyloplasten gleichzeitig oder successive mehrere oder sehr viele Stärkekörner in sich zu bilden vermögen, so kommt es häufig zur Formation derjenigen Körner, welche man meist mit NÄGELI als „zusammengesetzte" Stärkekörner bezeichnet, und für die MEYER die Benennung „adelphische" Körner (oligadelphische, polyadelphische) vorgeschlagen hat. MEYER hat die Entwicklung der polyadelphischen Stärkekörner[1]) von Oryzaendosperm eingehend verfolgt und ebenso die Ausbildung der „Großkörner" und „Kleinkörner" im Endosperm von Hordeum.

Der morphologische Aufbau der Stärkekörner ist ein schönes Beispiel für das Entstehen struktureller Differenzen ohne erkennbare chemische Unterschiede unter dem leitenden Einflusse lebender Zellorgane. Offenbar ist es auch die Eigenart der Amyloplasten einer bestimmten Species, Gattung oder Familie, wenn bei dieser eine übereinstimmende morphologische Beschaffenheit der Stärkekörner vorkommt (Centrospermae. Convolvulaceae), oder wenn in allen Teilen einer Pflanze die Stärkekörner eine charakteristische Form haben, wie in Beere, Knollen und Stengel der Kartoffelpflanze. So werden wir für gewisse Familien eine hervorragende Neigung der Amyloplasten zur Bildung adelphischer Stärkekörner anzunehmen haben u. s. f.

Daß wir die Schichten der Stärkekörner als kristallinische Aggregate zu betrachten haben, ist eine aus einer Reihe physikalischer Tatsachen hervorgehende Ansicht, wie MEYER sehr ausführlich gezeigt hat. Nach MEYER besitzen die Stärkekörner, so wie andere Sphärite, einen radialtrichitischen Aufbau. Die radiale Faserung ist mitunter an frischen Stärkekörnern angedeutet, kann bei Sorghum stärker mit konzentrierter $Ca(NO_3)_2$-Lösung sichtbar gemacht werden (MEYER), bei Maisstärke nach BUSCALIONI[2]) durch Kochen mit Chloroform und etwas Chromsäure. Die leichteste Trennbarkeit besteht bei den Stärkekörnern, wie sonst bei entsprechend gebauten Sphäriten, parallel den radialfaserigen Trichitenbüscheln. Bekanntlich stehen auch die im Polarisationsapparate bei Stärkekörnern zu beobachtenden Erscheinungen mit diesen Vorstellungen im Einklange; Stärkekörner verhalten sich wie Kugeln, die aus radial gestellten Trichiten aufgebaut sind, welche gerade auslöschen und deren kleinere optische Elastizitätsachse in die Längsrichtung fällt (MEYER). Dementsprechend erscheint zwischen zwei gekreuzten Nikols das bekannte schwarze orthogonale Kreuz in jedem Stärkekorn, dessen Arme mit den Schwingungsrichtungen in den Nikols zusammenfallen. Es besteht derzeit kaum ein Zweifel, daß die Stärkekörner vorzugsweise durch Anlagerung („Apposition") wachsen[3]), und MEYER hat auch die wasserreiche Beschaffenheit des Kerns der Amylumkörner, welche früher NÄGELI als nur durch die „Intussusceptionstheorie" erklärbar ansah, auf Lösungsvorgänge zurückzuführen vermocht[4]).

1) Für Avena auch GRIS, Ann. sc. nat., Tome XIII, p. 116 (1860). — 2) L. BUSCALIONI, Nuov. Giorn. bot. Ital., Vol. XXIII, p. 45 (1891). Just Jahresber. 1891, Bd. I, p. 489. Hierzu ferner H. FISCHER, Beihefte z. botan. Centr., Bd. XII, p. 226 (1902). Ber. botan. Ges., Bd. XXI, p. 107 (1903). — 3) Appositionswachstum der Stärkekörner wurde schon 1834 von FRITZSCHE behauptet, in neuerer Zeit von SCHIMPER, l. c. STRASBURGER, Bau u. Wachstum d. Zellhäute, 1882; MEYER, l. c.; ferner PFEFFER (1901). — 4) Vgl. MEYER, Botan. Zeitg., 1881, p. 844.

H. Fischer [1]) unternahm den Versuch, die an Stärkekörnern zu beobachtenden physikalischen Erscheinungen ohne Zuhilfenahme der Kristallisationshypothese zu erklären. Wenn auch nicht in Abrede gestellt werden soll, daß kolloidale Stoffe trotz aller Analogien der Stärkekörner mit Sphärokristallen hervorragenden Anteil an dem Aufbau der Amylumkörner nehmen können, so sind dennoch die theoretischen Erörterungen Fischers noch nicht genügend klar durchgearbeitet, um als Basis für eine neue Theorie des Stärkekorns dienen zu können.

Bütschli [2]) hatte seit 1893 auch für die Stärkekörner die Ansicht vertreten, daß denselben ein wabenartiger Aufbau zukomme. Mit der kristallinischen Struktur steht die Annahme von Schaumstrukturen nicht im Widerspruche [3]). Die künstlichen Stärkekörner jedoch, welche Bütschli 1897 beschrieb, scheinen nach den Angaben von Bütschli selbst nicht mehr ganz aus den unveränderten Stärkekohlenhydraten bestanden zu haben. Die von Rodewald und Kattein [4]) erhaltenen „künstlichen Stärkekörner", welche durch Lösung von Weizenstärke in Jodjodkalium durch Erhitzen auf 130°, Abdialysieren des überschüssigen Jodkali, Vertreiben des Jod aus der Stärkeverbindung durch Erhitzen und nachheriges langsames Abkühlen erhalten waren, kommen der natürlichen Stärke vielleicht näher, zeigen aber doch bereits differentes Verhalten, wie ich aus eigenen Versuchen entnehmen muß.

VI. **Physikalische Eigenschaften.** Mit Wasser vollständig imbibiert, enthalten Stärkekörner wenigstens $1/8$ ihres Trockengewichtes an Wasser; Kartoffelstärke nimmt nach Meyer bis 40 Proz. Wasser auf. Lufttrockene Stärke enthält meist 10—20 Proz. Wasser [5]). Kartoffelstärke des Handels enthält nach Soxhlet meist etwa 20 Proz., Getreidestärke weniger. In frischen keimfähigen Samen dürften die Stärkekörner durchschnittlich etwa 15 Proz. Wasser enthalten. Über die Quellungswärme, welche an Stärkekörnern bei Wasseraufnahme entwickelt wird, hat besonders Rodewald [6]) Untersuchungen angestellt. Wenn Weizenstärke beim Quellen 32,6 Proz. Wasser aufnimmt, so wird eine Quellungswärme von 23,4 Kalorien entwickelt; 1 g trockene Stärke entwickelt beim Quellen einen Druck von 2523 Atmosphären.

Die von Meyer getroffene Unterscheidung von „Porenquellung" und „Lösungsquellung" ist den heute vorliegenden Kenntnissen von Quellungsvorgängen gegenüber kaum haltbar und ist wohl aufzugeben [7]), da wir unter Quellung stets Zustandsänderungen kolloider Stoffe verstehen, und nicht Einlagerung von Flüssigkeit zwischen ungelöst bleibende feste Teile.

---

1) H. Fischer, Cohns Beitr. z. Biolog., Bd. VIII, p. 79 (1898). Berichte botan. Ges., Bd. XXII, p. 107 (1903). Vgl. auch H. Kraemer, Botan. Gaz., Bd. XXXIV (1902). — 2) O. Bütschli, Verhandl. naturh.-med. Verein. Heidelb., Bd. V, Heft 1 (1893), p. 89; Botan. Centr., Bd. LVI, p. 150; Naturw. Rundsch., Bd. VIII, p. 357 (1893); Verhandl. Heidelberg, Bd. V, p. 457 (1897); Botan. Centr., Bd. LXVIII, p. 213 (1896). Vorläufiger Bericht über Untersuch. a. Gerinnungsschäumen, 1894. — 3) Vgl. die interessanten Darlegungen von G. Quincke, Verhandl. Deutsch. physikal. Gesellschaft, Bd. V, p. 102 (1903). — 4) H. Rodewald u. A. Kattein, Zeitschr. physikal. Chem., Bd. XXXIII, p. 579 (1900); Berlin. Akad., Bd. XXIV, p. 62 (1899). — 5) Bestimmung des Wassergehaltes der Stärke mittelst Alkohol: C. Scheibler, Ber. chem. Ges., Bd. II, p. 170 (1869). — 6) Rodewald, Landw. Versuchsst., Bd. XLV, p. 201 (1895); Zeitschr. physikal. Chem., Bd. XXXIII, p. 540, 593 (1900). — 7) Vgl. auch Rothert, Ber. botan. Ges., Bd. XV, p. 234 (1897).

Die Dichte der Stärkekörner beträgt mit Schwankungen nach der Pflanzenspecies meist 1,5. Weizenstärke hat nach RODEWALD 1,5072 bis 1,4860 spezifisches Gewicht. Völlig trocken, würde sie die Dichte 1,6122 haben[1]).

Über die spezifische Wärme der Stärke, welche natürlich sehr vom Wassergehalte bestimmt wird, hat RODEWALD (1900) Angaben gemacht. Sie ist für 0 Proz. Wasser 0,2697, für 33,66 Proz. Wasser (Sättigungspunkt) 0,3054.

Auch der Brechungsexponent der Stärke wird natürlich sehr vom Wassergehalte abhängen[2]). Er ist für lufttrockene Stärke etwas höher als 1,535, und dürfte nicht weit von 1,560 liegen. Für wassergesättigte Stärke bestimmte MEYER n == 1,475. MEYER bediente sich des Salicylsäuremethylesters (n = 1,535) als Vergleichsflüssigkeit, indem er verschiedene Mischungen desselben mit Alkohol und Wasser herstellte. E. OTT[3]) in WIESNERs Laboratorium wendete das S. EXNERsche Mikrorefraktometer an.

VII. Allgemeine chemische Eigenschaften. Bis auf 110° trocken erhitzt, bleibt reine Stärke unverändert. Bei 150—160° färbt sie sich gelblich und geht in wasserlösliche Produkte über (Röstgummi), deren Natur nicht näher erforscht ist[4]). Auf 200° im zugeschmolzenen Rohr erhitzt, gibt Stärke Brenzkatechin, vielleicht auch Protokatechusäure [HOPPE-SEYLER[5])].

In kaltem Wasser ist Stärke gänzlich unlöslich. Wenn manche Stärkesorten nach Verreiben im Mörser und Digerieren mit Wasser ein Filtrat liefern, welches sich mit Jod bläut, so könnte dies nach MEYER auf geringfügiger Verkleisterung durch die Temperaturerhöhung beim Reiben beruhen. Mit heißem Wasser quellen bekanntlich die Stärkekörner sehr stark auf und bilden ein „Stärkekleister" genanntes Hydrosol. Die Temperatur der beginnenden Kleisterbildung ist nicht bei allen Stärkearten dieselbe, und auch die Angaben der einzelnen Autoren für eine bestimmte Stärkesorte schwanken manchmal sehr[6]). Die erste auffällige Veränderung beim Verkleistern von Stärkekörnern ist das Entstehen einer großen zentralen mit Kolloidlösung gefüllten Höhle, während die substanzreichen äußeren Schichten noch Widerstand leisten und die Umhüllung der Blase bilden. In den äußeren Schichten treten sodann feine radiale Risse auf und nun beginnt eine äußerst ausgiebige Volumvergrößerung des Korns bis zum 100fachen der ursprünglichen Größe. Man kann, wie MEYER ausführlich gezeigt hat, die Kleisterbildung als Kolloidlösung von Wasser in Amylose auffassen. Eine echte Lösung von Stärke erhält man auch dann nicht, wenn man wenig Stärke lange Zeit mit viel siedendem Wasser behandelt. Es ist hierbei schwer zu beurteilen, ob bei der Kleisterbildung in Kochhitze eine relativ niedrige Hydratationsstufe der Stärke erfolgt, wie .es jüngst SYNIEWSKI[7]) annimmt, oder ob sich das Stärkekohlenhydrat gar nicht ändert. Läßt

1) Auch FLÜCKIGER, Pharmakognosie, 3. Aufl. (1891), p. 242; Zeitschr. analyt. Chem., Bd. V, p. 302 (1867). — 2) Hierzu WIESNER, Rohstoffe, 2. Aufl. (1900), Bd. I, p. 559; A. MEYER, l. c., p. 125. — 3) E. OTT, Österr. botan. Zeitschr., Bd. XXXIX, p. 313 (1899); WIESNER, l. c., p. 560. — 4) Verhalten der Stärke beim Erhitzen: ST. SCHUBERT, Monatsh. Chem., Bd. V, p. 472 (1884). — 5) HOPPE-SEYLER, Ber. chem. Ges., Bd. IV, p. 15 (1870). — 6) Vgl. LIPPMANN, Journ. prakt. Chem., Bd. LXXXIII, p. 51 (1861); A. MEYER, l. c., p. 133. — 7) V. SYNIEWSKI, Lieb. Annal., Bd. CCCIX, p. 282 (1899).

man Kleister gefrieren, so scheidet sich, wie bekannt, die Stärke als schwammartige Masse ans; der Prozeß ist umkehrbar[1]).

Sehr wirksame Quellungsmittel sind konzentrierte wässerige Metallsalzlösungen schon bei gewöhnlicher Temperatur: Calciumnitrat, Jodkali, Zinkchlorid, Natriumacetat, Zinnchlorür u. a. Ferner wirkt Chloralhydrat stark quellend[2]); auch Chloroform mit wässeriger ZnCl$_2$-Lösung [Musset[3])], wobei wohl das Chlorzink den wirksamen Faktor darstellt.

Stärke bildet auch bei niederer Temperatur in verdünnten Alkalien rasch Kleister, welcher vielleicht Alkaliverbindungen der Stärke enthält[4]): es handelt sich auch hier um eine Kolloidlösung, aus welcher die Stärke mit Alkohol niedergeschlagen wird. Zusatz von Essigsäure erzeugt Trübung. Beim Kochen mit Alkalilauge tritt Hydrolyse ein. Wenn man Stärkekleister unter Alkoholzusatz mit Kalk- oder Barytwasser oder basischem Bleiacetat versetzt, so entstehen Niederschläge, welche aus Ca-, Ba- oder Pb-Verbindungen der Stärke bestehen. Es ist noch unentschieden, ob es sich um Substanzen von konstanter Zusammensetzung handelt[5]). — Heißes Glyzerin leitet Hydrolyse der Stärke ein [Zulkowski[6])].

Die bekannte meist indigoblaue Reaktion der Stärke mit Jodlösungen (über die weinrote Reaktion der sog. „Amylodextrinstärke" vgl. weiter unten) ist, wie schon Lassaigne[7]) fand, nur bei niederer Temperatur beständig, kehrt aber beim Erkalten wieder. Die Reaktion scheint nur bei Gegenwart von etwas Jodwasserstoff (der in den gewöhnlichen Jodlösungen in geringer Menge stets zugegen ist) zu gelingen[8]) und tritt ein sowohl bei festen Stärkekörnern, als bei Kleister und der sog. löslichen Stärke. Eine ganze Reihe von Stoffen hemmen die Reaktion, ohne daß von allen bekannt wäre, weshalb: Alkalilauge, Ammoniak, SO$_2$, As$_2$O$_3$, Natriumthiosulfat. ferner beachtenswerterweise eine Reihe organischer Solventien für Jod: Alkohol, Chloroform, überschüssiges Chloralhydrat [Schär[9])]; dann Tannin [Heintz[10])], viele Phenole, so nach eigenen Beobachtungen Brenzkatechin, Hydrochinon, Resorcin, Pyrogallol, aber nicht Karbolsäure; ferner Eiweißkörper [Puchot[11])], arabisches Gummi, gekochter Malzextrakt [Grüss[12])]. Sehr reichlicher Jodzusatz stellt die Blaufärbung nach vorhergehender Entfärbung mit Alkali wieder her. Silbernitrat zerstört nach Roberts[13]) die Jodreaktion sofort, und Salzsäure stellt sie wieder her. Letzteres kann auf eine Jodwasserstoffwirkung bezogen werden. Nach Mylius'[14]) mehrfach bestätigter Beobach-

1) Hierzu: Ambronn, Berichte sächs. Ges. d. Wiss., 1891, p. 28; Molisch, Das Erfrieren der Pflanzen (1897), p. 9. — 2) Hierzu: Mauch, Chem. Centr., 1902, Bd. I, p. 1199. — 3) F. Musset. Chem. Centr. 1896, Bd. II, p. 703. — 4) Vgl. Tollens, Journ. Landwirtsch., 1873, p. 375. — 5) Hierzu: A. v. Asboth, Chem. Zeit ., 1887, Ref. 147; Jahresber. Agrikult.-Chem., 1887, p. 406; ferner Ber. chem. Gesg Bd. XXI, Ref. 454; C. J. Lintner, Zeitschr. angew. Chem., 1888, p. 232. — 6) Zulkowski, Ber. chem. Ges., Bd. XIII, p. 1398 (1880); Bd. XXIII, p. 3295 (1890). — 7) Lassaigne, Ann. chim. phys. (2), Tome LIII, p. 109 (1833); vgl. auch Leroy u. Raspail, ref. Schweigg. Journ., Bd. LXVIII, p. 179 (1833) bezüglich älterer Auffassungen. — 8) Vgl. jedoch H. B. Stokes, Chem. News, Vol. LVI, p. 112 (1887); Meineke, Chem.-Zeitg., Bd. XVIII, p. 157 (1894). — 9) E. Schär. Pharm. Centralhalle, Bd. XXXVII, p. 540 (1896). — 10) E. Heintz, Jahresb. Agrikult.-Chem., 1879, p. 499. — 11) E. Puchot, Ber. chem. Ges., Bd. IX, p. 1472 (1876). — 12) J. Grüss, Jahrb. wissensch. Bot., Bd. XXVI, p. 379 (1896). — 13) Ch. F. Roberts, Chem. Centr., 1894, Bd. II, p. 147. — 14) Mylius, Ber. chem. Ges., Bd. XX, p. 688 (1887); F. E. Hale, Americ. chem. journ., Vol. XXVIII, p. 438 (1902). Über Einfluß von Jodkali auch C. Lonnes, Zeitschr. analyt. Chem., Bd. XXXIII, p. 409 (1894).

tung gibt eine gänzlich JH-freie Jodlösung die Reaktion mit Stärke nicht. Zur Kenntnis der Jodstärkereaktion sind die Erfahrungen von KÜSTER [1]) sehr wichtig, wonach Stärke reines Jod aus Chloroformlösung nicht aufnimmt. Nach diesem Forscher, sowie nach A. MEYER [2]) ist die Jodstärke keine chemische Verbindung, sondern eine „feste Lösung" von Jod in Stärke. KÜSTER fand den Jodgehalt der Jodstärke sehr abhängig von der Konzentration des Jod in der wässerigen Lösung und es gilt nach KÜSTER der Bruch:

$$\sqrt[6]{\frac{\text{Konzentration des Jod in der wässerigen Lösung}}{\text{Konzentration des Jod in der Stärke}}}$$

annähernd konstante Werte, womit die Gültigkeit des NERNSTschen Verteilungssatzes bewiesen wäre. Auch die Beobachtungen von MEINEKE [3]) über die beschleunigende Wirkung von Neutralsalzen auf die Einlagerung von Jod in Stärke könnten möglicherweise in einschlägigem Sinne gedeutet werden. Es müßte jedoch wohl noch eine ausführlichere Untersuchung der Löslichkeit von Jod in verschiedenen Neutralsalzlösungen vorgenommen werden.

Eine Reihe von anderen Forschern hat die Ansicht vertreten, daß die Jodstärke eine chemische Verbindung von Stärke mit Jod in konstantem Verhältnisse darstelle. MYLIUS [4]) hatte nach diesem Sinne hin auch die von ihm beobachtete Wirkung des Jodwasserstoffes verwerten wollen. ROUVIER [5]) nahm zur Erklärung der Tatsache, daß die Jodbindung mit steigender Konzentration der Jodlösung wächst, die Existenz mehrerer verschieden jodreicher Verbindungen an. Außerdem haben SEYFERT [6]), STOKES [7]), MUSSET [8]) und andere Forscher noch die Existenz einer chemischen Jod-Stärkeverbindung angenommen.

Die blauviolette Farbe der Jodstärke gibt kein entscheidendes Argument für die Auffassung der Jodstärke ab, da sich Jod in verschiedenen Lösungsmitteln nicht mit gleicher Farbe löst [9]).

Bromjod und Chlorjod färben Stärke violett [10]). Brom allein gibt eine gelbe Farbennuance.

Ester der Stärke sind mehrfach dargestellt. Besonders die Acetylderivate wurden mehrfach studiert und MICHAEL [11]) stellte solche aus Weizen- und Maisstärke unter Beibehaltung der Struktur der Stärkekörner dar. In neuerer Zeit haben sich namentlich SKRAUP [12]) und

1) F. W. KÜSTER, Lieb. Annal., Bd. CCLXXXIII, p. 360 (1894); Ber. chem. Ges., Bd. XXVIII, 1, p. 783 (1895). — 2) A. MEYER, l. c. (1895), p. 23. — 3) C. MEINEKE, Chem.-Zeitg., Bd. XVIII, p. 157 (1894); Chem. Centr., 1894, Bd. I, p. 525. — 4) MYLIUS, Zeitschr. physiolog. Chem., Bd. XI, p. 306 (1887); Ber. chem. Ges., Bd. XXVIII, I, p. 385 (1895). — 5) E. G. ROUVIER, Compt. rend., Tome CXIV, p. 128, 749; Tome CXVII, p. 281, 461; Tome CXVIII, p. 743 (1894); Tome CXX, p. 1179 (1895), Tome CXXIV, p. 565 (1897). — 6) F. SEYFERT, Zeitschrift angew. Chemie, 1889, p. 15. — 7) H. B. STOKES, Chem. News, Vol. LVI, p. 212; Vol. LVII, p. 183 (1888). — 8) F. MUSSET, Pharm. Centralhalle, Bd. XXXVII, p. 556 (1896); ferner E. SONSTADT, Chem. News, 1873, Vol. XXVIII, p. 248; PELLET, Mon. scient. (3), Tome VII, p. 938 (1877); BONDONNEAU, Compt. rend., Tome LXXXV, p. 671 (1877); C. O. HARZ, Chem. Centr., 1898, Bd. I, p. 1018; ROBERTS, Chem. Centr., 1894, Bd. II, p. 147; H. FRIEDENTHAL, Centr. Physiol., Bd. XIII, p. 55 (1899); ANDREWS u. GÖTTING, Chem. Centr., 1902, Bd. II, p. 1035. — 9) Vgl. hierzu: G. KREIS u. E. THIEL, Zeitschr. anorgan. Chem., Bd. VII, p. 52 (1894); A. LACHMAN, Journ. Americ. chem. soc., Vol. XXV, p. 50 (1903). — 10) H. BECKURTS u. W. FREYTAG, Pharm. Centralhalle, Bd. XXVII, p. 231 (1886). — 11) A. MICHAEL, Amer. chem. Journ., Bd. V, p. 359 (1884). — 12) Z. SKRAUP, Ber. chem. Ges., Bd. XXXII (II), p. 2413 (1899).

PREGL[1]) mit Acetylstärke befaßt und auch Acetylderivate von Stärke-
abbauprodukten näher untersucht.

Über die Einwirkung von Formaldehyd auf Stärke hat SYNIEWSKI[2])
Angaben gemacht.

Die Oxydation der Stärke mit Kaliumpermanganat erfolgt nach
LINTNER[3]) unter Bildung kolloidaler „Dextrinsäuren", welche den Humin-
säuren nahestehen, der Zusammensetzung $C_{12}H_{22}O_{11}$ oder $C_{12}H_{20}O_{10}$
entsprechen und mit Bleiessig und Barytwasser fällbar sind. Durch
Einwirkung von Brom und Silberoxyd auf Stärke erhielt bereits HABER-
MANN[4]) Glukonsäure. Durch Wasserstoffsuperoxyd erhält man nach
ASBOTH[5]) weniger Oxydations- als Hydratationsprodukte. Die Wirkung
von Natriumperoxyd auf Stärke wurde von SYNIEWSKI[6]) studiert.

VIII. Die Kohlenhydrate der Stärkekörner. Die stofflichen
Verschiedenheiten, welche bei Stärkekörnern verschiedener Pflanzen auftreten, äußern sich nicht selten auffällig in der Jodreaktion. Amylumkörner, welche sich mit Jod nicht blau, sondern rotbraun färben, fand
schon NÄGELI[7]) im Arillus von Chelidonium majus und GRIS[8]) in Reis-
endosperm; später beobachtete A. MEYER[9]) ein ähnliches Verhalten der
Stärke von Gentianablättern und in Sorghumendosperm, TREUB[10]) in
Orchideenembryonen, RUSSOW[11]) bei Malaxis, Goodyera, Monotropa,
Sweertia, DAFERT[12]) in Klebreis, Klebhirse: TSCHIRCH[13]) machte auf das
gleiche Verhalten der Stärke im Myristicaarillus aufmerksam. In Siebröhren scheint, wie bekannt, das Vorkommen von Stärke, die sich mit
Jod weinrot färbt, ein sehr gewöhnliches Vorkommnis zu sein. Die
umfassendsten Untersuchungen aus neuerer Zeit über die „Amylodextrinstärke", wie diese Stärkekörner bezeichnet werden, stammen von MEYER
und von DAFERT. Die Amylodextrinkörner haben die gleiche empirische Zusammensetzung wie die normalen Amylumkörner; sie scheinen
nach MEYER substanzärmer zu sein als die gewöhnlichen Stärkekörner
und enthalten wahrscheinlich auch wasserlösliche Substanzen. Wenigstens
ergaben die auf Veranlassung MEYERS ausgeführten Untersuchungen von
SHIMOYAMA[14]), daß im Quellwasser von Klebreis nach vierstündiger Digestion bei 30° reichliche Quantitäten eines sich mit Jod nicht färbenden,
durch Alkohol fällbaren kolloiden Kohlenhydrates auftreten, welches bei
der Hydrolyse Traubenzucker liefert. Die blaue Jodreaktion könnte, wie
wiederholt hervorgehoben wurde, bei Stärkekörnern in manchen Fällen
reichlicheres Vorkommen von Amylodextrin nicht ausschließen, da sie
die weinrote Amylodextrinprobe leicht verdeckt. Übrigens ist nach

---

1) F. PREGL, Sitzber. Wien. Akad., 1902, IIb, p. 881. — 2) SYNIEWSKI,
Chem. Centr., 1902, Bd. II, p. 986. — 3) C. J. LINTNER, Zeitschr. angew. Chem.,
1890, p. 546. — 4) J. HABERMANN, Lieb. Annal., Bd. CLXXII, p. 11 (1874). —
5) A. v. ASBOTH, Chem. Centr., 1892, Bd. II, p. 867. — 6) W. SYNIEWSKI, Ber.
chem. Ges., Bd. XXX (III), p. 2415 (1897); Bd. XXXI, 1791 (1898). — 7) C.
NÄGELI, Stärkekörner, p. 192 (1858). — 8) A. GRIS, Bull. soc. bot., Tome VII,
p. 876 (1860). — 9) A. MEYER, Arch. Pharm., Bd. XXI, Heft 7—8 (1883); Berichte deutsch. bot. Ges., Bd. IV, p. 337 (1886); Bd. V, p. 171 (1887). — 10) M.
TREUB, Embryogénie de quelqu. Orchidées, 1879, p. 22. — 11) E. RUSSOW, Sitz.-
Ber. Dorpater Naturforsch.-Ges. 1884, Bd. VII, Heft 1. — 12) U. KREUSLER u.
F. W. DAFERT, Landw. Jahrb., Bd. XIII, p. 767 (1884); DAFERT, ibid., Bd. XV,
p. 259 (1886); Sitzber. Niederrhein. Ges., Bonn 1885, p. 337; Ber. deutsch. bot.
Ges., Bd. V, p. 108 (1887); A. BEUTELL u. DAFERT, Chemik.-Ztg., Bd. XI, p. 136
(1887). — 13) A. TSCHIRCH, Ber. deutsch. bot. Ges., Bd. VI, p. 138 (1888); C. ÖVER-
HAGE (Just Jahresber., 1888, Bd. I, p. 745), fand „rote Stärkekörner" in Embryonen
von Canna. — 14) Y. SHIMOYAMA, Dissert. Straßburg, 1886; Just Jahresber., 1886,
Bd. II, p. 315; Botan. Centr., Bd. XXXII, p. 6 (1887).

A. MEYER selbst in der Klebreisstärke außer Amylodextrin auch das gewöhnliche Stärkekohlenhydrat zugegen.

Ältere Angaben über Vorkommen von dextrinartigen Kohlenhydraten in ruhenden Endospermen und Getreidekörnern [1] und im Sojasamen [2] sind zweifelhaft, wenigstens insofern, als die Lokalisation in Stärkekörnern anlangt. Die meisten Forscher nehmen gegenwärtig an, daß die Stärkekörner in der Regel zwei, einander allerdings sehr nahestehende Kohlenhydrate enthalten. Die grundlegenden Beobachtungen hierzu lieferte C. v. NÄGELI [3], welcher bewies, daß man durch lang andauernde Behandlung der Stärkekörner mit Salzsäure in der Kälte oder durch Digestion der Stärke mit Speichel die sich mit Jod blaufärbende Substanz aus den Körnern entfernen könne, wobei ein substanzarmes vollständiges Skelet der Stärkekörner zurückbleibt, welches nur schwach rötliche Jodreaktion gibt. MOHL [4] berichtigte die irrige Meinung NÄGELIS, daß dieser restierende Stoff mit Cellulose identisch sei und schlug vor, den Bestandteil der Stärkeskelette als Farinose zu bezeichnen. NÄGELI [5] führte später den sodann allgemein adoptierten Namen „Stärkecellulose" ein. Die extrahierbare, blaue Jodreaktion gebende Substanz der Stärkekörner, welche den Hauptbestandteil derselben ausmacht, nannte NÄGELI „Granulose". In neuerer Zeit versuchte A. MEYER [6] darzutun, daß die „Stärkecellulose" durch Einwirkung der Säure resp. des Fermentes entstehe und nicht vorgebildet sei; es ist jedoch nach den eingehenden Untersuchungen von BROWN und HERON [7] kein Zweifel, daß die „Stärkecellulose" schon nativ in den Stärkekörnern enthalten ist. Man kann sie durch vorsichtige Behandlung von Kleister mit Malzextrakt in größeren Mengen gewinnen, jedoch nur schwierig vollständig von der Granulose abtrennen. Die Ausbeute hängt sehr von der Art der Behandlung des Kleisters mit Diastase ab und eine Angabe, wie viel Stärkecellulose in den Stärkekörnern vorkommt, ist derzeit noch nicht zu liefern. Während der Gehalt der Stärkekörner an Farinose von BROWN und HERON auf wenige Prozente (2—5,5 Proz.) geschätzt wurde, kann man nach A. MEYER aus ausgefrorenem Kleister bis 30 Proz. davon erhalten. Solche Differenzen lassen wohl auf nicht ganz geklärten Sachverhalt schließen. Durch Auskochen mit Wasser enthält man aus der rohen Farinose (dem nach Behandeln des Kleisters mit Diastase ungelöst bleibenden flockigen Niederschlage) schließlich eine kleine Menge eines Präparates, welches in kochendem Wasser keine Gewichtsabnahme mehr erleidet, jedoch nach MEYER [8] gewiß noch kleine Quantitäten Granulose einschließt. MEYER hat später seine obenerwähnte Ansicht von der einheitlichen Zusammensetzung der Stärkekörner aufgegeben und unterscheidet die beiden NÄGELIschen Substanzen als α-Amylose (= Stärkecellulose) und β-Amylose (= Granulose), wobei er sich die α-Amylose als einen anhydritartigen, der β-Amylose sehr nahestehenden Stoff vorstellt. α-Amylose geht durch Auflösen in warmer Kalilauge, auch in Wasser bei 140° in β-Amylose über und beim weiteren Abbau liefern

1) OUDEMANS, MULDER, Chemie d. Bieres. p. 26, zit. bei KÜHNEMANN. Ber. chem. Ges., Bd. VIII. p. 202 (1875). — 2) Vgl. PELLET, Compt. rend., Tome XC, p. 1293 (1880); ibid., A. LEVALLOIS; ferner LEVALLOIS, Compt. rend., Tome XCIII. p. 281 (1881); vgl. auch SAITO, Bot. Centr., Bd. LXXXVIII, p. 125 (1901) über Dextrin in Pflanzensamen. — 3) NÄGELI, l. c. (1858), p. 121. — 4) H. v. MOHL, Bot. Ztg., 1859, p. 225. — 5) NÄGELI, Botan. Mitteil. (1863), p. 387, 415. — 6) A. MEYER, Botan. Ztg. 1886, p. 697. — 7) H. T. BROWN u. J. HERON, Lieb. Annal. Bd. CXCIX, p. 165 (1879). — 8) A. MEYER. Stärkekörner (1895), p. 7.

beide dasselbe Amylodextrin. Am besten gewinnt man nach MEYER die a-Amylose aus Marantastärke. Das von O'SULLIVAN[1]) in kleiner Menge aus Gerste dargestellte a-Amylum und β-Amylum betrifft anscheinend Kohlenhydrate kolloider Natur, welche mit Stärke nichts weiter zu tun haben. Es muß übrigens erwähnt werden, daß in neuerer Zeit die Ansicht von einer einheitlichen Zusammensetzung der natürlichen Stärke auch von DE VRIES[2]) und von SYNIEWSKI[3]) vertreten worden ist, während BOURQUELOT[4]) im Gegensatze hierzu gerade einen Aufbau der Stärkekörner aus zahlreichen einander sehr nahestehenden Kohlenhydraten annahm. Daß man mit Hilfe verbesserter Methoden noch kleine Mengen von differenten Kohlenhydraten in Stärkekörnern finden wird, möchte ich nicht als ausgeschlossen betrachten.

IX. Hydrolytischer Abbau der Stärke durch Säuren. Nach dem heutigen Stande unseres Wissens sind wir genötigt, beim Studium der Stärkehydrolyse uns auf möglichst genaue Charakterisierung bestimmter Fraktionen und Gewinnung von, wenn möglich kristallisierbaren Präparaten von konstanten Eigenschaften zu beschränken. Im übrigen ist es noch größtenteils gänzlich unbekannt, ob der Stärkezerfall mit der Bildung weniger großer Komplexe beginnt und die Zerfallsprodukte allmählich in einfachere Stoffe übergehen oder ob bereits im Beginn der Hydrolyse neben sehr komplexen Abbauprodukten schon einfachere abgespalten werden.

1. Mehrtägige Einwirkung von verdünnter kalter oder mäßig warmer Salzsäure auf Stärke. Unter den auf diesem Wege erhältlichen Hydratationsprodukten ist ein vielfach angewendetes Präparat zu nennen, die „lösliche Stärke" nach LINTNER[5]). Zu deren Herstellung läßt man reine Kartoffelstärke mit 7,5 Proz. Salzsäure 7 Tage bei gewöhnlicher Temperatur oder 3 Tage bei 40° stehen, die Säure wird sodann bis auf die letzten Spuren durch Waschen sorgfältig entfernt und das Präparat getrocknet. Solche Stärkepräparate bilden keinen weißlich gefärbten trüben Kleister, sondern geben in heißem Wasser fast klare, filtrierbare Lösungen. Über 2 proz. Lösung von Lintnerstärke trübt sich nach einigen Tagen; 10 proz. Lösung wird beim Erkalten zu einer salbenartigen Masse. Um ein einheitliches Produkt handelt es sich in der Lintnerstärke wohl nicht. Möglicherweise sind darin äußerst fein verteilte Tröpfchen unveränderter β-Amylose (MEYERS „amylosige Wasserlösung") vorhanden und kleine Quantitäten von Amylodextrin; vielleicht gibt es ein oder mehrere Amylosehydrate, die in Wasser leichter quellen als Granulose oder β-Amylose und blaue Jodreaktion geben. Man erhält auch durch Erhitzen von Kleister bei 2—3 Atmosphären Überdruck nach OST[6]) ein ähnliches Präparat von rein blauer Jodreaktion. Einwirkung von 2 proz. Alkalilauge soll nach WROBLEWSKI[7]) den Prozeß überhaupt nicht weiterführen, als bis zur Bildung derartiger Produkte. ZULKOWSKI[8]) gewann eine „lösliche Stärke" durch Behandlung mit heißem Glyzerin. SYNIEWSKI[9]) stellte lösliche Stärke

1) C. O'SULLIVAN, Pharm. Journ. Trans., Vol. XII, p. 451 (1881). — 2) H. DE VRIES, Just bot. Jahresber., 1885, Bd. I. p. 122. — 3) V. SYNIEWSKI, Lieb. Ann.. Bd. CCCIX, p. 282 (1899). — 4) E. BOURQUELOT, Compt. rend., Tome CIV. p. 71, 177 (1887). — 5) LINTNER, Journ. prakt. Chem., Bd. XXXIV, p. 378 (1886). Über Lintner-Stärke auch J. S. FORD, Chem. Centr., 1904, Bd. II. p. 645. — 6) H. OST, Chemik.-Zeitg., Bd. XIX, p. 1501 (1895). — 7) A. WROBLEWSKI, Ber. chem. Ges., Bd. XXX (II), p. 2108 (1897); Chem.-Zeitg., Bd. XXII, p. 375 (1898). — 8) K. ZULKOWSKI, Ber. chem. Ges., Bd. XIII, p. 1398 (1880). — 9) V. SYNIEWSKI, Ber. chem. Ges., Bd. XXX, p. 2415 (1897); Bd. XXXI, p. 1791 (1898).

durch Anwendung von Na_2O_2 dar. WROBLEWSKIS Präparate waren bis 3—4 Proz. in Wasser mit schwacher Opaleszenz löslich und aussalzbar durch $MgSO_4$ und $(NH_4)_2SO_4$. Um Mischungen unveränderter Stärke mit Amylodextrin, und allenfalls unbekannten Zwischenprodukten dürfte es sich bei einigen älteren Stärkepräparaten gehandelt haben, von denen jene von F. SCHULZE[1] („Amidulin") und von BONDONNEAU[2] („Amylogen") angeführt seien. Nach BEIJERINCK[3] mischt sich Lintnerstärke nicht mit Gelatinelösung.

2. Wochenlange Einwirkung von verdünnten kalten Mineralsäuren oder einstündige Einwirkung von 4 proz. Schwefelsäure bei 80°. Unter solchen Verhältnissen wird wohl stets schon ein kleiner Teil der weiteren Spaltungsprodukte: Dextrin, Traubenzucker gebildet. Ein erheblicher Teil der Stärke erweist sich aber in ein wohlcharakterisiertes, der Stärke noch recht nahestehendes Kohlenhydrat übergegangen, das Amylodextrin. Daneben ist noch immer unveränderter Stärkekleister im Reaktionsgemische nachzuweisen. Das Amylodextrin ist als „wasserunlösliches Dextrin" oder „lösliche Stärke" 1870 von MUSCULUS[4] entdeckt worden und erhielt seine Benennung durch W. NÄGELI[5], welcher es zuerst kristallisiert darstellte und seine Eigenschaften studierte. Auch BROWN und MORRIS[6] erhielten es in Sphärokristallen. Ganz reine Amylodextrinpräparate gewann aber wohl erst A. MEYER[7], der sich um die Aufklärung vieler früherer Mißverständnisse auf diesem Gebiete sehr verdient gemacht hat. Die letzten Amylosespuren aus dem Amylodextrin zu beseitigen ist sehr schwer und erheischt oftmaliges Umkristallisieren. Amylodextrin löst sich in kaltem Wasser sehr wenig, in heißem in jedem Verhältnis; Jodlösungen färben Amylodextrin rein rot. Nach BROWN und MORRIS diffundiert Amylodextrinlösung langsam durch Pergamentpapier. Die kryoskopischen und ebullioskopischen Methoden versagen beim Amylodextrin gänzlich. Es ist durch Barytwasser fällbar und reduziert schwach FEHLINGS Lösung. Die spezifische Drehung ganz reinen Amylodextrins ist nach MEYER $[\alpha]_D + 193,4°$. Das „Erythrodextrin" von BRÜCKE[8] und die gleichbenannten, auch in mehreren Modifikationen unterschiedenen Substanzen späterer Autoren [LINTNER und DÜLL[9])] stellen nach A. MEYER verschieden zusammengesetzte Gemenge von Amylodextrin, Dextrin und unveränderter Amylose dar. Die mit Amylodextrin gleichzeitig gebildeten Hydratationsprodukte bedürfen noch näherer Feststellung; es handelt sich auch um dextrinartige Stoffe und Zucker. Die „lösliche Stärke" von SALOMON[10] war wohl ein Gemisch von Amylose und Amylodextrin. Das von L. SCHULZE[11] durch vierstündiges Kochen unter Druck im Kochsalzbade mit 20 proz. Essigsäure erhaltene Produkt bestand vorwaltend aus Amylodextrin.

1) F. SCHULZE, Journ. prakt. Chem., Bd. XLIV, p. 178 (1848). — 2) L. BONDONNEAU, Ber. chem. Ges., Bd. VIII, p. 438 (1875); Comp. rend., Tome LXXX, p. 671; Tome LXXXI, p. 972, 1210 (1875). — 3) BEIJERINCK, Centr. Bakt. (II), Bd. II, p. 697 (1896). — 4) MUSCULUS, Compt. rend., Tome LXX, p. 857 (1870); Ber. chem. Ges., Bd. III, p. 430 (1870); Bd. VII, p. 824 (1874); Bull. soc. chim., Tome XXII, p. 26 (1874). — 5) W. NÄGELI, Beiträge z. näh. Kenntnis d. Stärkegruppe, 1874; auch Lieb. Annal., Bd. CLXXIII, p. 218 (1874). — 6) BROWN u. MORRIS, Journ. chem. soc., 1889. — 7) A. MEYER, l. c. (1895), p. 31 ff. — 8) BRÜCKE, Sitzungsber. Wien. Akad., Bd. LXV, 3. Abt. (1872). — 9) LINTNER u. DÜLL, Ber. chem. Ges., Bd. XXVI, p. 2533 (1893); Bd. XXVIII (II), p. 1522 (1895). — 10) F. SALOMON, Journ. prakt. Chem., Bd. XXVIII, p. 82 (1883). — 11) L. SCHULZE, ibid., p. 311.

3. **Einwirkung von kochender 1-prozentiger Oxalsäure** durch $1\frac{1}{2}$ Stunden zerstört nach MEYER das Amylodextrin noch immer nicht vollständig; man kann dasselbe jedoch durch Ausfrierenlassen aus dem Reaktionsgemische beseitigen. In Lösung sind nun vorhanden erhebliche Mengen von Stoffen, die man mit MEYER als „Dextrin" zusammenfaßt, und welche sich durch ihre Fällbarkeit mit Alkohol und durch den Mangel einer Jodreaktion abgrenzen lassen. Damit im wesentlichen identisch ist das „Achroodextrin" BRÜCKEs und späterer Forscher. Vom Amylodextrin und dem beigemengten Zucker tunlichst befreit, besaß die Dextrinfraktion MEYERS eine spezifische Drehung $[a]_D + 190^0$ und Reduktion $(R)_d = 10{,}8$. Eine Molekulargewichtsbestimmung KÜSTERS (MEYER l. c. p. 44) ergab den Wert 1223 ± 25. Kristallisierbare Produkte haben sich bisher nicht ergeben. MEYER hält es für nicht unwahrscheinlich, daß es nur ein einziges Dextrin gibt, und weist mit Recht darauf hin, daß die schwächer drehenden und stärker reduzierenden Substanzen LINTNERs und anderer Autoren Gemenge von Dextrin, Maltose, Isomaltose gewesen sein könnten. MUSCULUS und GRUBER[1]) nahmen drei, O'SULLIVAN vier, BROWN und HERON[2]) sieben Achroodextrine an. Es muß hervorgehoben werden, daß gärungsphysiologische Erfahrungen bei der Dextrinverarbeitung durch Schizosaccharomyces Pombe darauf hinweisen, daß es tatsächlich mehrere „Achroodextrine" gibt. MEYERS Dextrinfraktion wurde durch Alkohol in Tröpfchen gefällt, die niemals in Sphärite übergingen; überschüssiges Barytwasser fällt nur konzentrierte Dextrinlösungen. Versuche, ein Osazon darzustellen, unternahmen SCHEIBLER und MITTELMEIER[3]), sowie A. MEYER[4]).

4. **Einwirkung verdünnter oder konzentrierter Mineralsäuren** bei hohen Temperaturen führt Stärke, wie bekannt, rasch quantitativ in Traubenzucker über. ALLIHN[5]) fand, daß 2-prozentige Salzsäure beim Kochen binnen $1\frac{1}{2}$ Stunden 95,05 Proz. eines verdünnten Stärkekleisters in Dextrose überführt. Der Prozeß ist um so rascher und vollständiger, je höher die Temperatur und die Säurekonzentration und je länger die Einwirkungsdauer ist. Die Menge der saccharifizierten Stärke ist der Einwirkungsdauer, so lange bis etwa die Hälfte der Stärke verzuckert ist, ungefähr proportional; später verlangsamt sich der Vorgang [ALLIHN[6])]. Nach den neueren Untersuchungen über die Reaktionsgeschwindigkeit der Stärkehydrolyse von ROLFE und DEFREN[7]) kann der Temperatureinfluß graphisch nahezu durch eine parabolische Kurve ausgedrückt werden. Bei diesen Autoren ist auch Näheres darüber zu finden, wie sich im Geschwindigkeitsgesetze der Umstand, daß die Stärke in Wasser unlöslich ist, und successive immer leichter lösliche Produkte entstehen, äußert. Die Intermediärprodukte des Prozesses sind bisher noch sehr wenig erforscht. So stellen einige Forscher, wie LINTNER und DÜLL[8]) und FLOURENS[9]) in Abrede, daß der Traubenzucker aus Maltose hervorgeht, während MUSCULUS[10]) und EFFRONT[11])

1) MUSCULUS u. GRUBER, Zeitschr. physiol. Chem., Bd. II, p. 184. — 2) S. Anm. 7, p. 318. — 3) C. SCHEIBLER u. H. MITTELMEIER, Ber. chem. Ges., Bd. XXIII, p. 3060 (1890). — 4) MEYER, l. c. (1895). p. 46. Zur Dextrinfrage auch OST, Chemik.-Zeitg., 1895, p. 1500. — 5) F. ALLIHN, Zeitschr. f. Rübenzuckerind., 1883, p. 50. — 6) F. ALLIHN, Journ. prakt. Chem., Bd. XXII. p. 46 (1880). — 7) G. W. ROLFE u. DEFREN, Journ. Amer. Soc., Vol. XVIII, p. 869 (1896). — 8) C. J. LINTNER u. G. DÜLL, Ber. chem. Ges., Bd. XXVIII, p. 12 (1895). — 9) FLOURENS, Compt. rend., Tome CX, p. 1204 (1890); auch SALOMON, l. c. — 10) MUSCULUS, Journ. prakt. Chem., Bd. XXVIII. p. 496 (1883). — 11) J. EFFRONT, Monit. scient., 1887. p. 513.

intermediäre Maltosebildung annehmen. In neuester Zeit konnten auch
ROLFE und HADDOCK [1]) die Maltose unter den Säureabbauprodukten
der Stärke sicher identifizieren. Isomaltose ist von LINTNER beim
Stärkeabbau durch Oxalsäure nachgewiesen worden, und auch DIERSSEN [2])
gelang es, bei der Stärke-Oxalsäurehydrolyse die Isomaltose LINTNERS
aufzufinden. Erwähnt sei noch die Meinung von LINTNER und DULL,
daß beim diastatischen Stärkeabbau nur ein Erythrodextrin entsteht,
während beim Abbau durch Säure mehrere Erythrodextrine gebildet
werden sollen [3]).

Einwirkung von heißem Glyzerin scheint nach ZULKOWSKI [4]) eine
ganz analog verlaufende Hydrolyse zu bedingen.

X. Konstitution der Stärkekohlenhydrate. Es ist schon erwähnt worden, daß die modernen Methoden der Molekulargewichtsbestimmung bei der Stärke, beim Amylodextrin und Dextrin versagen
oder wenigstens unsichere Werte geben. FRIEDENTHAL [5]) gab für lösliche Stärke als kryoskopisch gefundenes Molekulargewicht den Wert
9450 an. Die älteren Angaben, welche eine Stärkeformel aufzustellen
trachteten, nehmen sämtlich zu kleine Werte. PFEIFFER und TOLLENS [6]),
ferner MYLIUS [7]) kamen zum Schlusse, daß die Formel $C_6H_{10}O_5$ mindestens
viermal genommen werden muß. BROWN und HERON [8]) teilten der löslichen Stärke die Formel $10\,C_{12}H_{20}O_{10}$ zu. BROWN und MORRIS [9]) nahmen
für Amylodextrin die Zusammensetzung $C_{12}H_{22}O_{11}\cdot[C_{12}H_{20}O_{10}]_4$ (Molekulargewicht 2286) an, für Maltodextrin $C_{12}H_{22}O_{11}\cdot[C_{12}H_{20}O_{10}]_2$.
SACHSSE [10]) und W. NÄGELI suchten die Formel $6\,C_6H_{10}O_5+H_2O$ zu
begründen, während SALOMON [11]) die Formel $C_{24}H_{40}O_{20}$ vertrat. Von
einigen Autoren wurden infolge der genannten Befunde außerordentlich
hohe Zahlen als Molekulargewicht der Stärke angegeben. Lösliche
Stärke erhielt von BROWN und MORRIS als Wert 32400 und nach
RODEWALD [12]) soll Weizenstärke ein Molekulargewicht zwischen 46000
und 62000 besitzen, wie der genannte Forscher aus seinen Untersuchungen über die Beziehungen der Entwicklung von Quellungswärme
und der benetzten Oberfläche folgert. Indessen gelten von diesen
Spekulationen alle Bedenken, die bezüglich der Annahme so großer
Moleküle obwalten.

Wenn wir uns ein Bild von der Stärkekonstitution machen wollen,
so müssen wir annehmen, daß eine große Zahl von Traubenzuckerresten,
zunächst zu Paaren in maltoseartiger Kettung vorhanden sind. Viele
Autoren, darunter A. MEYER, nehmen an, daß der Stärkekomplex
zunächst aus einigen Amylodextrinkomplexen bestehe, welche weiter

1) G. W. ROLFE, GEROMANOS, HADDOCK, Journ. Amer. chem. soc., Vol. XXV,
p. 1003, 1015 (1903). — 2) H. DIERSSEN, Zeitschr. angew. Chem. Bd. XVI, p. 121
(1903). — 3) Vgl. auch C. J. LINTNER, Chemik.-Zeitg., Bd. XXI, p. 737 (1897).
Versuche, die Erythrodextrine auszusalzen, bei R. A. YOUNG, Journ. of Physiol.,
Vol. XXII, p. 401 (1898). — 4) ZULKOWSKI, Chem. Centr., 1888, Bd. II, p. 1060;
ZULKOWSKI u. B. FRANZ, Jahresber. f. Agrik.-Chem., 1895, p. 633; Chem. Centr.
1894. Bd. II, p. 918. — 5) H. FRIEDENTHAL, Centr. Physiol., Bd. XII, p. 8
(1899). — 6) PFEIFFER u. TOLLENS, Lieb. Annal., Bd. CCX, p. 295. — 7) MYLIUS,
Ber. chem. Ges., Bd. XX, p. 694 (1887); ebenso SALOMON, Journ. prakt. Chem.,
Bd. XXV, p. 348 (1882) u. Bd. XXVIII, p. 82. — 8) S. Anm. 7, p. 318. —
9) H. T. BROWN u. G. H. MORRIS, Chem. News, Vol. LIX, p. 296 (1889); Lieb.
Ann., Bd. CCXXXI, p. 125. — 10) R. SACHSSE, Sitzungsber. Naturforsch. Ges.
Leipzig, Bd. IV, p. 30 (1877). — 11) F. SALOMON, Journ. prakt. Chem., Bd. XXV,
p. 348; Bd. XXVI. p. 324 (1882). — 12) H. RODEWALD, Zeitschr. physikal. Chem.,
Bd. XXXIII, p. 593 (1900).

Dextrin- und Isomaltosereste aufweisen. Die Dextrinreste sollen aus Maltoseresten konstruiert sein. Andere Forscher neigen der Ansicht zu, daß der Stärkekomplex eine Konstitution besitze, wonach er gleich zu Beginn der Hydrolyse große und kleine Bruchstücke ergibt. Nach EFFRONT[1]) soll sich die Säurehydrolyse von der Enzymhydrolyse dadurch unterscheiden, daß bei ersterer eine gleichzeitige Spaltung in Dextrin und Maltose erfolgt, während bei letzterer succedan Dextrin und Maltose gebildet werde. MITTELMEIER[2]) vertrat die Anschauung, daß die Stärke zunächst in zwei Moleküle chemisch differenter Amylodextrine zerfällt, wovon das eine zersetzlicher ist, und welche verschiedene Dextrine liefern. Auf die Ansichten von LINTNER und DÜLL, von SCHEIBLER und MITTELMEIER[3]), von BROWN und MORRIS (Amylointheorie), von JOHNSON[4]), welcher annahm, daß bei der Säurehydrolyse keine „Amyloingruppen", sondern Verbindungen der Dextrose mit Amylingruppen $(C_{12}H_{20}O_{10})n$ („Glukoamyline") auftreten, auf die „Amylogentheorie" von SYNIEWSKI[5]) sei hier nur ein kurzer Hinweis angefügt, nachdem sich eine knappe Darstellung hiervon kaum geben läßt.

XI. Quantitative Stärkebestimmung. Unter den zahlreichen angegebenen Methoden eine Methode herauszufinden, welche es vermeidet, daß man andere Kohlenhydrate als Stärke mitbestimmt oder eine Neuausarbeitung einer solchen Methode. muß für genaue physiologische Arbeiten als sehr wünschenswert bezeichnet werden. In der Praxis wird, wie bekannt. meist die Verzuckerung der Stärke durch Säure oder Diastase angewendet. In beiden Fällen (besonders bei der Anwendung von Säure) ist es nicht ausgeschlossen, ja häufig unvermeidlich, daß Reservecellulose der Zellmembranen und andere Reservekohlenhydrate mitaufgeschlossen und daher als Stärke fälschlich mitbestimmt werden.

Näheres über diese Verfahren ist in dem Handbuche KÖNIGS[6]) nachzusehen. GUICHARD[7]) suchte durch Anwendung von Oxalsäure die Wirkung auf andere Kohlenhydrate möglichst zu mildern; FRANCKE[8]) empfahl Aufschließen durch Kochen in reinem Wasser mit Milchsäurezusatz unter Druck. Die verschiedenen Modifikationen, welche O'SULLIVAN[9]), FAULENBACH[10]) u. a. bezüglich der Saccharifikation mittelst Diastase resp. Malzauszug vorschlugen, mögen in den betreffenden Originalmitteilungen eingesehen werden. Die Abänderungen, die sich auf die Bestimmung des Zuckers beziehen [Polarisation, Alkoholgärung[11])],

1) S. Anm. 11. p. 321. — 2) MITTELMEIER. Jahresber. Agrik.-Chem., 1895, p. 199. — 3) SCHEIBLER u. MITTELMEIER, Ber. chem. Ges., Bd. XXVI, p. 2930 (1893). — 4) H. JOHNSON, Proc. chem. Soc., 1897/98, p. 106—107. — 5) V. SYNIEWSKI. Lieb. Annal., Bd. CCCIX, p. 282 (1899); Chem. Centr., 1902, Bd. II, p. 984; Akad. Krakau, 1902, p. 28. — 6) J. KÖNIG, Untersuch. landwirtsch. u. gewerbl. wichtig. Stoffe, 2. Aufl., p. 221 (1898); Kritik der praktischen Verfahren bei LINTNER, Zeitschr. anorg. Chem., 1898, p. 725; STONE, Journ. Amer. chem. soc., Vol. XVI, p. 726 (1894); vgl. auch H. OST, Chemik.-Zeitg., Bd. XIX, p. 1501 (1895); J. EFFRONT, Chem. Centr., 1897, Bd. I, p. 202; STONE, Journ. Amer. chem., soc., Vol. XIX, p. 183 (1897). Die bei Gegenwart von Pentosanen entstehenden Fehler berücksichtigen ST. WEISER u. ZAITSCHEK, Pflüg. Arch., Bd. XCIII, p. 98 (1902); Landw. Versuchstat., Bd. LVIII, p. 232 (1903). — 7) GUICHARD, Bull. soc. chim. (3). Tome VII, p. 554 (1893). — 8) G. FRANCKE. Dingl. polyt. Journ., Bd. CCXLVII, p. 380 (1883); Centr. Agrik.-Chem., 1882, p. 37. — 9) C. O'SULLIVAN, Journ. chem. soc., 1884, p. 1; Jahresber. Agrik.-Chem., 1884, p. 703. — 10) C. FAULENBACH, Zeitschr. physiol. Chem., Bd. VII, p. 510 (1883). Kritische Erörterungen zur Diastasemethode bei NOYES, CRAWFORD, JUMPER, FLORY u. ARNOLD: Journ. Americ. chem. soc., Vol. XXVI, p. 266 (1904); H. J. BROWN u. MILLAR, Brew. Trade Rev., 1904, Tome XVIII, p. 101. — 11) Hierzu A. MUNSCHE, Chem. Centr., 1894, Bd. II, p. 220.

können natürlich den Wert der Methode sonst nicht beeinflussen. LIN-
DET [1] schlug vor, das Absetzen der Stärke durch Behandeln des Samenpulvers mit Pepsinsalzsäure zu beschleunigen. Das Verfahren von
BAUMERT und BODE [2] zur Bestimmung der Kartoffelstärke scheint mehrfachen Erfahrungen zufolge eines derjenigen zu sein, welche sich zur
Bestimmung des tatsächlichen Gehaltes an Stärke am besten eignen und
ausbildungsfähig sind. Auch Kombinationen des Säure- und Diastase-
verfahrens sind angegeben worden [3].

ASBOTH [4] wollte die Fällung von Stärkekleister mit überschüssigem
Barytwasser zur Stärkebestimmung verwenden, doch scheint der Niederschlag nach LINTNER [5] nicht konstante Zusammensetzung zu haben;
auch besteht die Gefahr, daß Dextrin mit gefällt wird [6]. Dextrin und
Stärke lassen sich nach BURCKHARDT [7] eventuell durch Fällung der
letzteren mit Tannin trennen. LECLERC [8] versuchte die Löslichkeit der
Stärke in konzentrierter Chlorzinklösung zur quantitativen Bestimmung
zu verwerten. HÖNIG [9] wendete die Glyzerinhydrolyse bei 210 ° an.

GIRARD [10] versuchte zuerst die Jodabsorption zur Stärkebestimmung
zu verwenden. Kolorimetrische Methoden unter Anwendung von Jod
dürften vielleicht noch Aussicht haben, zu einer brauchbaren genauen
Stärkebestimmung zu führen. DENNSTÄDT und VOIGTLÄNDER [11], die eine
derartige Methode ausgearbeitet haben, geben als Fehlergrenze derselben
$\frac{1}{2}$ Proz. an. Als Vergleichsmaterial wählten sie Weizenmehl, in welchem
Wasser, Asche, Protein, Fett genau bestimmt waren. Das Verbleibende
wurde (allerdings nicht· zur vollen Genauigkeit des Verfahrens) als
Stärke angenommen. Es wurde eine 0,5 g reiner Stärke entsprechende
Mehlmenge auf 4 Dezimalen genau abgewogen, diese Probe in einem
2 Liter-Kolben mit 1 Liter Wasser 1 Stunde gekocht, abgekühlt, sodann
im Meßcylinder auf 1 Liter aufgefüllt und absetzen gelassen. In
mehrere 100 ccm fassende Meßcylinder gibt man nun 4,9 und 5,1 ccm
der Lösung, färbt mit 1 Tropfen 2-prozentigem Jodjodkali und füllt auf
100 auf. Von den ersten Cylindern wird der hellste, von den zweiten
der dunkelste ausgesucht. In dem zu prüfenden Produkt wird die
Trockensubstanz genau bestimmt, die 0,5 g entsprechende Menge genau
abgewogen und so behandelt wie oben. Es werden nun eine Reihe von
Portionen zu 5 ccm abgemessen, mit Jod gefärbt und nun mit Wasser
bis zu jenem Farbentone aufgefüllt, welcher in der Mitte zwischen den
zwei Vergleichsproben liegt. Man liest so direkt Stärke in Prozenten
der Trockensubstanz ab. Falls Violettfärbung entstanden ist, so kann
man diese durch Waschen des Materials mit Alkohol und Äther beseitigen. Das Verfahren ist aber sehr umständlich.

1) L. LINDET, Chem. Centr., 1901, Bd. II, p. 1322. — 2) G. BAUMERT u.
H. BODE, Zeitschr. angew. Chem., 1900, p. 1074; vgl. auch BEHREND u. WOLFF,
ibid., Bd. XIV, p. 461 (1901); H. WITTE, Chem. Centr., 1904, Bd. I, p. 837. —
3) Vgl. HIBBARD, Jahresber. Agrik.-Chem., 1895, p. 629; W. E. STONE, ibid., 1894,
p. 548. Sonstige Lit. aus neuerer Zeit: KAIRER, Chem. Centr., 1902, Bd. I, p. 833;
LIETZ, ebenda, p. 1339; GIANTURCO, Chem. Centr., 1902, Bd. II, p. 966. — 4) A.
v. ASBOTH, Jahresber. Agrik.-Chem., 1887, p. 406. — 5) LINTNER, Zeitschr. angew.
Chem., 1888, p. 832. — 6) Zur Kritik der Barytmethode auch SEYFERT, Zeitschr.
angew. Chem., 1888, p. 126; Z. v. MILKOWSKY, ibid., 1890, p. 134. — 7) G. BURCK-
HARDT, Chemik.-Zeitg., Bd. XI, p. 953. — 8) A. LECLERC, Hilgers Vierteljahrschr.
Fortschritte Chem. Nahr.- u. Genußm., Bd. V, p. 302 (1890). — 9) M. HÖNIG,
Chemik.-Zeitg., 1890, p. 902. — 10) A. GIRARD, Compt. rend., Tome CIV, p. 1629
(1887). — 11) DENNSTÄDT u. VOIGTLÄNDER, Jahresber. Agrik.-Chem., 1885, p. 627;
H. WITTE, Chem. Centr., 1903, Bd. II, p. 528.

§ 3.
Die übrigen Polysaccharide.

Neben der weit verbreiteten Stärke sind in Getreideendospermen und anderen Samennährgeweben in neuerer Zeit öfters geringe Mengen von wasserlöslichen Polysacchariden aufgefunden worden, welche kaum anders als Reservestoffe aufgefaßt werden können, obgleich sie im Vergleiche zur Stärke nur eine sehr unbedeutende Rolle spielen können.

Hierher gehört das Amylan, welches O'SULLIVAN[1] in Getreidesamen aufgefunden hat. Er fand in Gerste und Roggen eine schwerer lösliche, in Roggen und Weizen eine leichter lösliche Modifikation, die er als α- und β-Amylan unterschied. In kaltem Wasser ist nur das β-Amylan löslich. Beide Kohlenhydrate sind linksdrehend, reduzieren nicht FEHLINGS Lösung und geben bei der Hydrolyse Traubenzucker. Ihre Zusammensetzung ist $C_6H_{10}O_5$. Getreidesamen enthalten aber auch Polysaccharid, welches bei der Hydrolyse Fruktose liefert. Hierher zählt TANRETS Lävosin aus Weizen[2], das von MAQUENNE[3] von Roggen, Weizen und Gerste angegebene Cerosin, welches aber wahrscheinlich ein Gemenge mit Amylan ist; fraglich ist, ob das von SCHULZE und FRANKFURT[4] in jungen Roggenpflanzen gefundene, anfangs β-Lävulin, dann Secalose genannte Polysaccharid auch in ruhenden Samen vorkommt; es ist kristallisierbar und dürfte der Zusammensetzung $C_{18}H_{32}O_{16}$ entsprechen; Secalose ist linksdrehend und liefert bei Einwirkung von Säure leicht und ausschließlich Fruchtzucker. Auch das „Sinistrin" von KÜHNEMANN[5] betrifft wohl Stoffe aus dieser Gruppe. RITTHAUSEN[6] hat neuerdings als „Secalin" einen optisch inaktiven dextrinartigen Stoff aus Roggenmehl beschrieben, welcher die Zusammensetzung $C_6H_{10}O_5$ hat und Traubenzucker bei der Hydrolyse liefert. Nähere Aufklärung verlangt der gleichfalls von RITTHAUSEN[7] angegebene, im Nährgewebe von Lupinus luteus aufgefundene Galaktit, welcher in 6 seitigen Täfelchen kristallisiert, die Formel $C_9H_{18}O_7$ haben soll und beim Kochen mit Säure Galaktose gibt; die Substanz ist nach RITTHAUSEN geschmacklos, optisch inaktiv, in Wasser und Alkohol leicht löslich.

Von Wichtigkeit ist die Entdeckung von ISHII[8], daß die Samen von Diospyros Kaki ein Mannan als weiße, halbweiche Masse führen. Dieser Befund leitet uns auf jene Fälle, in welchen den Zellwänden des Nährgewebes schleimige Membranschichten aufliegen, wie in den „Schleimendospermen" der Leguminosen, welche NADELMANN[9] als Reservestoffe aufgefaßt hat. Bei den Podalyrieen ist allerdings nach den Untersuchungen von LINDINGER[10] eine Ernährungsfunktion des Schleim-

---

1) C. O'SULLIVAN, Journ. chem. soc., 1882, Vol. I p. 26; Ber. chem. Ges., Bd. XV. p. 735 (1882). Über die -freien Extraktstoffe der Gerste ferner C. J. LINTNER, Zeitschr. angew. Chem., 1890, p. 519. — 2) C. TANRET, Bull. soc. chim. (3), Tome V, p. 724. — 3) MAQUENNE, Compt. rend., Tome CXII, p. 293 (1891). — 4) E. SCHULZE u. FRANKFURT, Ber. chem. Ges., Bd. XXVII, p. 62, 3525 (1894). — 5) G. KÜHNEMANN, Ber. chem. Ges., Bd. VIII, p. 202, 387 (1875); Bd. IX, p. 1385 (1876). — 6) RITTHAUSEN, Chem.-Zeitg., Bd. XXI, p. 717 (1898). — 7) H. RITTHAUSEN, Ber. chem. Ges., Bd. XXIX (I), p. 896 (1896). — 8) LOEW u. ISHII, Landw. Versuchstat., Bd. XLV, p. 435 (1894). — 9) H. NADELMANN, Ber. bot. Ges., Bd. VII, p. 248 (1889); TSCHIRCH, Angew. Pflanzenanat. (1889), p. 193. — 10) L. LINDINGER, Beihefte bot. Centr., Bd. XIV, p. 33 (1903).

endosperms nicht wahrscheinlich, und es dürfte sich eher um ein Quellungsgewebe handeln, welches bei der Sprengung der Testa bei der Keimung wirksam ist. In den Samen von Cassia occidentalis fand MÖLLER [1]) 36,6 Proz. „Pflanzenschleim", welcher zum großen Teile aus diesen Schleimmembranen stammen mag. Das „Carobin" von EFFRONT[2]) aus den Samen der Ceratonia siliqua zählt ebenfalls hierher; VAN EKEN-STEIN[3]) wies nach, daß bei der Hydrolyse Mannose entstehen dürfte und BOURQUELOT und HÉRISSEY[4]) zeigten, daß es bei der Hydrolyse auch d-Galaktose gibt; es handelt sich somit um ein Galaktomannan. Das Samennährgewebe von Gleditschia triacanthos besteht nach GORET[5]) aus einer analogen Substanz.

Als Reservecellulose pflegt man alle jene Reservekohlenhydrate zusammenzufassen, welche als feste Ablagerungen an den Zellhäuten der Samennährgewebe erscheinen. Äußerlich leitet häufig die auffallend harte, oft elfenbeinartige Konsistenz des Nährgewebes auf derartige Vorkommnisse hin. Stärke ist meist in solchen Nährgeweben nicht vorhanden, wohl aber ist Fett kein seltener Reservestoff darin. Bei der Keimung werden die Reservecellulosemassen erweicht und gelöst. Schon MALPIGHI[6]) sagt: „natura nam in palmis nucleum solidissimum et cartilagineum vegetatione emollit" bezüglich der Keimung der Dattel. TREVIRANUS[7]) erwähnte, daß die harten Kerne von Borassus flabelliformis beim Keimen eßbar und wohlschmeckend werden. MOHL[8]) führte das Weichwerden des Endosperms nur auf Quellung in Wasser zurück und stellte andere chemische Vorgänge in Abrede; er sagt aber ausdrücklich, daß der Embryo sowohl Zellhäute als Zellinhalt des Albumens resorbiert. SACHS[9]) sprach sich bereits direkt dahin aus, daß bei der Keimung der Dattel die Zellwände in Zucker und Stärke umgewandelt werden. Die Auflösung der Wandverdickungen der Tropaeolumsamen wurde von FRANK[10]) zuerst beobachtet. Die ersten Angaben über die blaue Jodreaktion mancher Reservecellulosen stammen von SCHLEIDEN[11]) (1838), der für solche Kohlenhydrate die Benennung „Amyloid" vorschlug.

Erst in neuester Zeit wurden durch REISS[12]), GREEN[13]), sowie BROWN und MORRIS[14]) die wichtigsten Grundlagen zur Biochemie der Reservecellulosen geliefert. Die morphologischen Tatsachen über Reservecellulose dürfen als bekannt vorausgesetzt werden. Manchmal, wie bei Gräsern, handelt es sich um dünne homogene Membranen, welche bei der Keimung fast vollständig gelöst werden; in anderen Fällen finden wir buckelige, im Durchschnitt rosenkranzartige Membranverdickungen, welche weite Tüpfel einschließen; oder scharf einspringende enge Tüpfel-

1) J. MÖLLER, Chem. Centr., 1880, p. 539. — 2) J. EFFRONT, Compt. rend., 2. Aug. 1897. — 3) A. VAN EKENSTEIN, Compt. rend., Tome CXXV, p. 719 (1897). — 4) E. BOURQUELOT u. H. HÉRISSEY, Compt. rend., Tome CXXIX, p. 228, 391 (1899). — 5) M. GORET, ibid., Tome CXXXI, p. 60 (1900). — 6) MALPIGHI, Opera posthuma, Venetiis 1698, Folio, p. 72. — 7) TREVIRANUS, Physiologie, Bd. II, p. 589 (1838). — 8) H. v. MOHL, Hist. nat. palmarum, § 136. — 9) J. SACHS, Botan. Ztg., 1862. — 10) A. B. FRANK, Jahrb. wiss. Botan., Bd. V (1866); vgl. über den Reservestoffcharakter der Reservecellulose GODFRIN, Ann. sc. nat (6), Tome XIX, p. 1. — 11) SCHLEIDEN, Wiegmanns Arch., 1838, Bd. I, p. 59; Meyens Jahresbericht, 1838, p. 20. TH. YOGEL u. SCHLEIDEN, Poggend. Ann., Bd. XLVI, p. 327 (1839). — 12) R. REISS, Dissert. Erlangen, 1889; Ber. bot. Ges., Bd. VII, p. 322 (1889); Ber. chem. Ges., Bd. XXII, p. 609 (1889). — 13) J. R. GREEN, Phil. Trans. roy. Soc., Vol. CLXXVIII, p. 38 (1887). — 14) H. F. BROWN u. MORRIS, Journ. chem. soc., 1890, p. 458.

kanäle in sehr dicken Wänden. Die leicht nachweisbaren Plasmodesmen, welche diese Tüpfel durchsetzen, dürften vielleicht auch bei der enzymatischen Lösung der Reservecellulose eine Rolle spielen. Über die Entstehungsgeschichte dieser Ablagerungen (welche optisch anisotrop sind) ist noch nichts bekannt, ebenso wissen wir noch nichts über plasmatische Organe, welche an der Bildung der Reservecellulose beteiligt sind.

Von Familien, bei welchen Reservecellulose als Vorratsstoff im Samen vorkommt, sind zu nennen die Gräser, Palmen, zahlreiche Liliaceen, Amaryllidaceen und Iridaceen; von Dikotyledonen manche Rubiaceen, Oleaceen, Loganiaceen, manche Convolvulaceen, die Hydrophyllaceen, Primulaceen, Myrsineen und manche Sapotaceen; manche Ranunculaceen, Saxifragaceen, Anonaceen, vielleicht auch Malvaceen; die Pittosporeen, Zygophyllaceen, Balsaminaceen, Tropaeolaceen, manche Myrtaceen und Papilionaceen, denen sich wohl noch viele andere Pflanzengruppen anreihen, wie denn PIROTTA und LONGO [1]) Reservecellulose auch in den Samen von Cynomorium coccineum nachwiesen, SCHELLENBERG [2]) bei Plantagaceen.

Auf Grund der Jodreaktion wollte NÄGELI [3]) von den „geschichteten Kohlenhydraten", wie er sie nannte, 3 Stufen unterscheiden: das sich mit Jod bläuende Amyloid, das Mesamylin, welches eine gelb- bis braunrote Reaktion gibt, und das Dysamilin, welches sich goldgelb färbt. In neuerer Zeit hat sich HEINRICHER [4]) und in chemischer Hinsicht WINTERSTEIN [5]) mit dem Amyloid beschäftigt. Die Cellulosereaktion mit Jodschwefelsäure und mit Chlorzinkjodlösung ist bei Reservecellulose sehr häufig; deshalb wäre ihre tiefgreifende Verschiedenheit von der gewöhnlichen Cellulose durch die mikrochemische Untersuchung allein nie entdeckt worden. Ebenso ist die Löslichkeit in Kupferoxydammoniak ein verbreiteter Charakter. Die erwähnten Kohlenhydrate von Schleimendospermen quellen stark in Wasser und färben sich mit den Cellulosereagentien gelb. Die Chemie der Reservecellulose hat vor allem das Studium der Hydratationsprodukte gefördert. MUNTZ [6]) konnte zuerst aus vielen Pflanzensamen Galaktose darstellen. REISS [7]) konstatierte zuerst, daß bei der Hydrolyse von Reservecellulosen eine bislang unbekannte Zuckerart entsteht (Seminose), welche sich alsbald aber mit der kurz vorher durch FISCHER und HIRSCHBERGER [8]) dargestellten d-Mannose identisch erwies. Späterhin haben E. SCHULZE und dessen Schüler [9])

1) R. PIROTTA u. B. LONGO, Botan. C., Bd. LXXXVI, p. 93 (1901). — 2) H. C. SCHELLENBERG, Ber. bot. Ges., Bd. XXII, p. 9 (1904). — 3) C. VON NÄGELI, Stärkekörner (1858), p. 209. — 4) E. HEINRICHER, Flora, 1888, p. 163, 170. — 5) WINTERSTEIN, Zeitschr. physiol. Chem., Bd. XVII, p. 353 (1892); Ber. chem. Ges., Bd. XXV, p. 1237 (1892). — 6) MUNTZ, Compt. rend., Tome XCIV, p. 454; Tome CII, p. 681 (1886). — 7) S. Anm. 12, p. 326. — 8) FISCHER u. HIRSCHBERGER, Ber. chem. Ges., Bd. XXII, p. 1155 (1889); Bd. XXI, p. 1805 (1888). — 9) E. SCHULZE u. STEIGER, Ber. chem. Ges., Bd. XX, p. 290 (1887); STEIGER, ibid., Bd. XIX, p. 827 (1886); SCHULZE, Ber. botan. Ges., Bd. VII, p. 355 (1889); SCHULZE u. STEIGER, Landw. Versuchstat., Bd. XXXVI, p. 391 (1889); SCHULZE, STEIGER u. MAXWELL, Zeitschr. physiol. Chem., Bd. XIV, p. 227 (1890); Ber. chem. Ges., Bd. XXIII, p. 2579 (1890); W. MAXWELL, Amer. chem. Journ., Vol. XII, p. 51, 265 (1890); SCHULZE, Ber. chem. Ges., Bd. XXIV, p. 2277 (1891); Landw. Jahrb., Bd. XXI, p. 72 (1892); Landw. Versuchstat., Bd. XLI, p. 207 (1892); Zeitschr. physiol. Chem., Bd. XVI, p. 387 (1892); Bd. XIX, p. 38 (1893); Landw. Jahrb., Bd. XXIII, p. 1 (1894); Chem.-Ztg., Bd. XVII, p. 1263 (1893); EWELL, Ber. chem. Ges., Bd. XXVI, p. 59 (1893); SCHULZE, Ber. bot. Ges., Bd. XIV, p. 66 (1896).

in einer langen Reihe von umfassenden Untersuchungen den Nachweis
geliefert, daß Mannose und Galaktose sehr verbreitete Produkte bei der
Hydrolyse von Reservecellulose sind, und diese Kohlenhydrate somit als
Derivate der genannten Zuckerarten aufzufassen sind. Wiederholt wurde
auch auf Xylose und Arabinose im Hydratationsgemisch gestoßen, doch
weiß man noch nicht, inwiefern die diesen zugrunde liegenden Pentosane an der Bildung von Reservecellulose beteiligt sind, oder der beigemengten Stützsubstanz der Zellhäute angehören. SCHULZE fand auch,
daß eine Reihe von Zellhautkohlenhydraten relativ rasch durch Säure
hydrolysierbar ist; er schied dieselben als „Hemicellulosen" von den
schwerer hydrolysierbaren echten Cellulosen ab. Eine offene Frage
ist es, ob Mischkohlenhydrate, welche zugleich Derivate mehrerer Zucker
sind (z. Mannogalaktan) oder Gemenge von Mannan und Galaktan als
Reservecellulose vorkommen. Galaktan fand SCHULZE in den Samen
von Lupinus, Soja, Coffea, Pisum, Faba, Cocos, Elaeis, Phoenix. Tropaeo-
olum, Paeonia, Impatiens. Mannan z. B. in Phytelephas, Coffea und
vielen anderen Samen, Araban in Leguminosensamen. Nach MAXWELL
ist in Phaseolussamen 5,36 Proz. Galaktan enthalten, und der Gehalt
an „N-freien unlöslichen Extraktivstoffen" aus den mit verdünnter Kalilauge und dann mit Diastase behandelten Samen stellt sich bei Pisum
auf 20,02 Proz., Faba 14,41 Proz., Vicia sativa 15,16 Proz. und Phaseolus vulgaris auf 8,2 Proz.

Das Amyloid lieferte in Untersuchungen von WINTERSTEIN [1]) reichlich Arabinose und Galaktose bei der Hydrolyse. Nach BOURQUELOT
und HÉRISSEY [2]) sind die Reservekohlenhydrate des Johannisbrotsamens,
des Samens der Luzerne und Trigonella foenum graecum Mannogalaktane, sehr ähnlich verhält sich nach HÉRISSEY [3]) auch das Reservekohlenhydrat von Trifolium repens. Das Horneiweiß von Phoenix canariensis
liefert bei der Hydrolyse hauptsächlich Mannose. BOURQUELOT und
HÉRISSEY [4]) nehmen an, daß eine Reihe verschieden leicht hydrolysier-
barer Mannane vorliegt. Aus dem Endosperm von Phytelephas macrocarpa stellten BAKER und POPE [5]) ein in Wasser unlösliches Kohlenhydrat dar, welches sie als „Lävulomannan" auffaßten, weil bei der
Hydrolyse neben sehr viel Mannose auch Lävulose erhalten wurde (im
Verhältnisse 20:1); die mit verdünnten Alkalien hergestellten Lösungen
des Kohlenhydrates waren linksdrehend. Nach den Untersuchungen von
LIÉNARD [6]) scheint es sich bei den meisten anderen Palmensamen (Areca,
Chamaerops, Astrocaryum, Oenocarpus, Erythea, Sagus) um eine aus
Mannogalaktanen bestehende Reservecellulose zu handeln. Mannane
wurden in Liliaceensamen konstatiert: bei Ruscus [DUBAT [7])] und Asparagus [PETERS [8])]. Auch bei Umbelliferenendospermen scheint Reservecellulose nicht ganz zu fehlen, da CHAMPENOIS [9]) Galaktose und Mannose
unter den Hydratationsprodukten der Kohlenhydrate aus den Früchten
von Oenanthe phellandrium fand. Derselbe Autor [10]) machte die Existenz

1) S. Anm. 5, p. 327. — 2) BOURQUELOT u. HÉRISSEY, Compt. rend.,
Tome CXXX, p. 42 u. 731 (1900); Journ. Pharm. chim. (6), Tome IX, p. 104
(1900); ibid., p. 589. — 3) H. HÉRISSEY, Compt. rend., Tome CXXX, p. 1719
(1900). — 4) BOURQUELOT u. HÉRISSEY, Compt. rend., Tome CXXXIII, p. 302
(1901). — 5) J. L. BAKER u. TH. H. POPE, Proceed. chem. soc., Vol. XVI,
p. 72 (1900). — 6) E. LIÉNARD, Journ. pharm. chim. (6), Tome XVI, p. 429 (1902);
Compt. rend. Tome CXXXV, p. 593 (1902). — 7) G. DUBAT, Compt. rend.,
Tome CXXXIII, p. 942 (1901). — 8) W. PETERS, Arch. Pharm., Bd. CCXL,
p. 53 (1901). — 9) CHAMPENOIS, Journ. pharm. chim. (6), Tome XV, p. 328 (1902).
10) CHAMPENOIS, Compt. rend., Tome CXXXIII, p. 895 (1901).

eines Mannogalaktans in den Samen von Aucuba japonica wahrscheinlich. Die Reservecellulose der Strychnosarten wurde bei Str. potatorum durch BAKER und POPE, bei Str. Ignatii und Nux vomica durch BOURQUELOT und HÉRISSEY[1]) untersucht; in allen Fällen handelt es sich um Mannogalaktane.

Die Reservecellulosen kennt man bisher nur als amorphe Präparate, deren gänzliche Reindarstellung noch aussteht. WINTERSTEIN gewann das Amyloid der Balsaminaceensamen durch Extraktion des entfetteten und mit Ammoniakwasser behandelten Samenpulvers durch $^{1}/_{2}$ Proz. NaOH und Auskochen mit Wasser unter Druck. Die heiß kolierte Lösung wurde durch Alkohol gefällt. Der getrocknete Niederschlag gibt mit kochendem Wasser schleimige Lösungen, die blaue Jodreaktion zeigen und mit Neutralsalzen fällbar sind. Die Substanz ist rechtsdrehend; Diastase wirkt auf sie nicht ein.

Die bei der Hydrolyse der Reservecellulose entstehenden Zuckerarten sind zur Charakterisierung besonders wichtig. Mannose wird durch ihr schon in der Kälte schwer lösliches Phenylhydrazon erkannt. Mannose wird durch Bleiessig auch in neutraler Lösung gefällt. Galaktose besitzt ein Osazon von F 193° (Traubenzucker 205°), welches in eisessigsaurer Lösung optisch inaktiv ist. Die Schleimsäurebildung bei der Oxydation von Galaktose mit Salpetersäure ist ebenfalls ein wichtiges Erkennungsmerkmal.

Sechzehntes Kapitel: Die Resorption von Zucker und Kohlenhydraten bei keimenden Samen.

§ 1.
Resorption der einfachen und zusammengesetzten Zuckerarten.

Bei der Keimung werden die Reservekohlenhydrate und zusammengesetzten Zuckerarten, wie bekannt, allgemein unter Mitwirkung von Enzymen zu Hexosen hydrolysiert. Von den letzteren ist Traubenzucker die wichtigste Substanz, und es ist bemerkenswert, daß auch in jenen Fällen, wo bedeutende Mengen von Kohlenhydraten gespeichert werden, die von Mannose oder Galaktose abstammen, nur Traubenzucker im Verlaufe der Keimung nachgewiesen werden konnte, so daß wir eine rasch erfolgende Umlagerung in Dextrose annehmen müssen.

Das Schicksal des Traubenzuckers ist im normalen Lebensgange der Keimung vor allem die Oxydation zu Kohlensäure und Wasser als Material der Sauerstoffatmung. Wie dieselbe erfolgt, wissen wir derzeit noch nicht; auf theoretische Gesichtspunkte wird noch bei Behandlung der Sauerstoffatmung selbst zurückzukommen sein.

Bei Sauerstoffmangel scheint der Zucker auch bei höheren Gewächsen allgemein einem ausgiebigen Zerfalle in Äthylalkohol und Kohlensäure zu unterliegen. PASTEUR[2]) äußerte sich bereits 1876 be-

---

1) BOURQUELOT u. HÉRISSEY, Compt. rend., Tome CXXX, p. 1411; Tome CXXXI, p. 276 (1900). — 2) L. PASTEUR, Etudes sur la bière (1876), p. 261.

züglich der Alkoholgärung: „la fermentation est un phénomène très général". Die ersten Beobachtungen über Alkoholbildung in Phanerogamen bei Sauerstoffabschluß rühren von LECHARTIER und BELLAMY[1]) her, welche feststellten, daß Alkohol in Früchten auftritt, welche im sauerstofffreien Raume aufbewahrt werden. Die Fortdauer der Kohlensäureproduktion bei solchen Früchten war jedoch schon SAUSSURE und anderen älteren Autoren[2]) bekannt. Übrigens war gelegentlich auch Alkoholbildung beobachtet worden, ohne daß man diese Erscheinung beachtenswert gefunden hätte[3]). 1872 war PASTEUR[4]) der erste, welcher den Parallelismus mit der Hefegärung betonte, und ihm schlossen sich auch LECHARTIER und BELLAMY[5]) an, von denen auch quantitative Bestimmungen der Kohlensäure und des Alkohols herrühren, welche monatelang im Luftabschluß gehaltene Birnen produziert hatten. Die Gewichtsmengen beider Produkte erwiesen sich ungefähr gleich, wie es die Zerfallsgleichung der Alkoholgärung verlangt. Auch TRAUBE[6]) beobachtete an Weintrauben bei Luftabschluß Alkoholbildung, selbst wenn dieselben stark verletzt waren; der ausgepreßte Saft aber entfaltete diese Wirkung nicht. Eine Folge weiterer Arbeiten verschiedener Forscher[7]) bestätigte diese Entdeckungen. Die Arbeiten von BREFELD[8]), MUNTZ[9]), DE LUCA[10]) zeigten besonders die allgemeine Verbreitung der anaëroben Alkoholbildung, BREFELD auch bei keimenden Samen, die in neuester Zeit besonders durch GODLEWSKI und POLSZENIUSZ[11]) und MAZÉ[12]) genauer Untersuchung unterworfen worden sind. Auch TAKAHASHI[13]) konnte die erzielten Ergebnisse bestätigen. Daß in ganz geringem Grade Alkoholproduktion auch im aëroben Leben vorhanden ist, scheint aus den Beobachtungen an Weizenkeimlingen [BERTHELOT[14])] und Baumzweigen [DEVAUX[15])] hervorzugehen.

GODLEWSKI und POLZENIUSZ wiesen speziell für keimende Erbsen im anaëroben Leben nach, daß das Gewichtsverhältnis der produzierten Kohlensäure und Alkohol ganz gut den theoretischen Werten der Alkoholgärungsgleichung $CO_2 = 100$, $C_2H_6O = 104.5$ entspricht. Sie fanden in einer Reihe von Versuchen auf 100 Teile ausgeschiedener CO_2 für Alkohol die Werte 133,8, 103,3, 109,3, 100,5, 102,5, 96,9 100,7 97,0. Schärfere Bestimmungsmethoden dürften noch weitergehende An-

1) LECHARTIER u. BELLAMY, Compt. rend., Tome LXIX. p. 366, 466 (1869). — 2) ROLLO, Annal. de chim., Tome XXV, p. 42 (1798); SAUSSURE, Rech. chim. (1804), p. 201; BÉRARD, Ann. chim. phys., Tome XVI. p. 174 (1821). — 3) Z. B. DUMONT, Neues Journ. d. Pharm., Bd. III, p. 568 (1819); DÖBEREINER, Gilb. Annal., Bd. LXXII, p. 430 (1822); DÖPPING u. STRUVE, Journ. prakt. Chem., Bd. XLI, p. 271 (1847). — 4) PASTEUR, Compt. rend., Tome LXXV, p. 1056 (1872); Ber. chem. Ges., Bd. V, p. 880 (1872). — 5) LECHARTIER u. BELLAMY, Compt. rend., Tome LXXV, p. 1204 (1872); Tome LXXIX, p. 949, 1006 (1874). — 6) M. TRAUBE, Ber. chem. Ges., Bd. VII, p. 872 (1874). — 7) Lit.: LECHARTIER, BELLAMY u. GAYON, Compt. rend., Tome LXXXIV, No. 19 (1877); P. BERT u. P. REGNARD, Compt. rend. soc. biol., 1885, p. 462. — 8) O. BREFELD, Landwirtsch. Jahrb., Bd V, p. 327 (1876). — 9) A. MUNTZ, Compt. rend., Tome LXXXVI, No. 1 (1878); Ann. chim. phys. (5), Tome XIII, p. 543 (1878). — 10) DE LUCA, Ann. sc. nat. Bot., Tome VI, p. 286 (1878). — 11) E. GODLEWSKI u. F. POLZENIUSZ, Anzeig. Akad., Krakau, Juli 1897. Extrait du Bullet. de l'Acad. d. sc. de Cracovie, 1. Avril, 1901; GODLEWSKI, ibid., 1. Mars, 1904; vgl. auch NABOKICH, Berichte bot. Ges., Bd. XIX, p. 222 (1901), Bd. XXI, p. 467 (1903); POLOWCOW zit. b. GODLEWSKI (1904). — 12) P. MAZÉ, Compt. rend., Tome CXXVIII, p. 1608 (1899); Chem. Centr., 1902, Bd. II, p. 459. — 13) T. TAKAHASHI, Bull. coll. Agricult. Tokyo, Vol. V, No. 2, p. 243, Sept. 1902. — 14) BERTHELOT, Compt. rend., Tome CXXVIII, p. 1867 (1899). — 15) DEVAUX, ibid.; ferner vgl. CLAUDE BERNARD, zit. b. STOKLASA, l. c., p. 461; GERBER, Ann. sc. nat. (8), Tome IV.

näherung zeigen. Die gebildeten Gesamtmengen von CO_2 und Alkohol standen auch in guter Übereinstimmung mit der Annahme, daß beide Stoffe aus dem Kohlenhydrate des Nährgewebes entstehen und zwar als Hauptprodukte, welche von einer nur unbedeutenden Quantität anderer Produkte begleitet werden. Den genannten Forschern gelang es auch zu zeigen, daß die Keimlinge aus von außen zugeführtem Zucker Alkohol und Kohlensäure erzeugen. Lupinen schienen Traubenzucker rascher zu vergären als Fruchtzucker. Zu Versuchen mit Zuckerzufuhr von außen sind die relativ kohlenhydratarmen Lupinensamen sehr gut geeignet, und sie vermögen sogar teilweise unter Verarbeitung des dargereichten Zuckers im sauerstofffreien Raume zur Keimung zu gelangen. Zymase in Phanerogamenkeimlingen nachzuweisen gelang GODLEWSKI noch nicht. In letzter Zeit hat STOKLASA[1]) über Versuche berichtet, welche die Existenz einer Zymase auch in höheren Pflanzen beweisen: unter den erfolgreich geprüften Objekten waren auch gequollene Samen und Keimpflänzchen von Pisum. Nicht alle Samen sind jedoch nach GODLEWSKI zur Alkoholgärung gleich geeignet. Am stärksten ist die Gärung bei Pisum und Faba, viel schwächer bei Gerste.

Wichtig ist, daß Fettsamen nur außerordentlich wenig Kohlensäure im anaëroben Leben produzieren, was auf die Bedeutung des Zuckers als Gärungsmaterial hinweist, welcher aber aus Fett nur unter Sauerstoffzutritt entstehen kann. Der Höhepunkt der Alkoholgärung ist nach GODLEWSKI meist am dritten Tage erreicht: die maximale Höhe erhält sich nun 1—2 Wochen und fällt sodann langsam ab. Die Temperatur hat auf den Vorgang insofern Einfluß, als das Maximum der Kurve mit steigender Temperatur viel höher geht; dagegen ist der Abfall früher und vollständiger. Wesentlich dieselben Verhältnisse fand für die intramolekulare Veratmung der Kohlenhydrate auch CHUDJAKOW[2]). Zweifelsohne ist also die Alkoholgärung im anaëroben Leben der höheren Pflanzen sehr verbreitet. Wie die erwähnten Beobachtungen von BERTHELOT, DEVAUX zeigen, fehlt der Prozeß auch im aëroben Stoffwechsel nicht, und er erfährt dann offenbar bei Luftabschluß nur eine quantitative Steigerung. Zu berücksichtigen ist auch, daß die Zellen im Innern vieler, besonders fleischiger und dicker holziger Organe nicht eine normal sauerstoffreiche Luft zur Verfügung haben. Die Binnenluft der Zuckerrübe fand HEINTZ[3]) sehr sauerstoffarm und reich an Kohlensäure und Stickstoff. BENDER[4]) fand für die Binnenluft von Äpfeln 40,2 Proz. CO_2, 0,43 Proz. O_2 und 59,37 Proz. N_2 und konnte übrigens auch im Destillate des Apfelsaftes Alkohol nachweisen. Nach HEINTZ enthält die Binnenluft der Zuckerrübe nur 0,06 bis 2,10 Proz. O_2; 11,49 bis 78,9 Proz. CO_2 und 21,04 bis 86,98 Proz. N_2. Selbst die Binnenluft von Laubblättern ist nach GRÉHOULT und PEYROU[5]) sauerstoffärmer als

1) J. STOKLASA, JELINEK u. VITEK, Beitr. z. chem. Physiol., Bd. III, p. 460 (1902); Centr. f. Physiol., Bd. XVI, p. 532 (1902); STOKLASA u. CERNY, Ber. chem. Ges., Bd. XXXVI, p. 622 (1903); ibid., p. 4058; Centr. f. Bakt. (II), Bd. XIII, p. 86 (1904). Bestätigungen bei F. BLUMENTHAL, Deutsche med. Wochenschrift, Bd. LI, p. 961 (1903); A. BORRINO, Centr. Physiol., 1903, Bd. XVII, p. 305; J. FEINSCHMIDT, Hofmeisters Beiträge chem. Phys., Bd. IV, p. 511 (1903); G. LANDSBERG, Zeitschr. physiol. Chem., Bd. XLI, p. 505 (1904). — 2) N. v. CHUDJAKOW, Landw. Jahrb., Bd. XXIII, p. 332 (1894). Über Temperatureinflüsse auf intramolekulare Atmung auch A. AMM, Bd. XXV, p. 1 (1894). — 3) A. HEINTZ, Ber. chem. Ges., Bd. VI, p. 670 (1873); Centr. f. Agrik.-Chem., 1873, p. 285. — 4) C. BENDER, Ber. chem. Ges., Bd. VIII, p. 112 (1875). — 5) N. GRÉHOULT u. PEYROU, Compt. rend., Tome C, p. 1475 (1885); J. PEYROU, ibid., Tome CI, p. 1023 (1885). Intramolekulare Atmung v. Blättern: PALLADIN, Bot. Centr., Bd. LIX, p. 243 (1894).

die Außenluft. Im weitesten Umfange stellt sich demnach die Alkoholgärung als Betriebsenergiequelle auch im anaëroben Leben höherer Gewächse dar, und wie die Erfahrungen von NABOKICH [1] und GODLEWSKI
lehren, können bei Zuckerdarreichung verschiedene Funktionen, wie z. B.
das Wachstum und die Keimung, auch nach Sauerstoffentziehung fort-
dauern, so daß wir in Hinkunft vielleicht den genannten Energiequellen
eine höhere Bedeutung zuzuschreiben genötigt sein werden, als es nach
den bisherigen Erfahrungen der Fall ist.

Die Wärmeentwicklung bei der Alkoholgärung keimender Samen
hat ERIKSSON [2] zuerst experimentell zu bestimmen gesucht. Er fand sie
relativ sehr gering und maß bei 125 ccm Material (verschiedene Keimpflanzen, Blüten, Früchte) etwa 0,1 bis 0,3° C Temperaturerhöhung.

Die älteren Angaben von DE LUCA [3] über anaërobe Mannitvergärung
durch mannitführende Früchte und Blätter, wobei Wasserstoffentwicklung,
analog den von Pilzen bekannten Erscheinungen. beobachtet wurde, sind
seither nicht nachuntersucht worden. Auch ist hier die Frage nach den
mitwirkenden Enzymen noch eine offenstehende.

Saccharose, welche, wie wir sahen, in kleinen Mengen in ruhenden
Nährgeweben sehr verbreitet vorkommt, wird auch in allen Keimpflanzen
gefunden.

KÜHNEMANN [4] wies sie zuerst für gekeimte Gerste nach, wo sie
neben reduzierendem Zucker vorkommt. Später zeigten verschiedene
Forscher speziell für Hordeum übereinstimmend, wie der Saccharosegehalt während der Keimung ansteigt. KJELDAHL [5] fand eine Vermehrung von 1,5 auf 4 bis 7 Proz. Nach O'SULLIVAN [6] ist in ungekeimter Gerste 0,8 bis 1,6 Proz., im Malz 2,8 bis 6 Proz. Saccharose
enthalten. Auch LINDET [7] konstatierte eine solche Zunahme und nach
PETIT [8] tritt schon während des Einweichens der Gerste Saccharosevermehrung ein, während der Dextrosegehalt ziemlich konstant bleibt.
BROWN und MORRIS [9] trennten die Endosperme von den Embryonen bei
Gerste ab und bestimmten in beiden die Saccharosevermehrung während
der Keimung. Nach 48stündigem Einweichen enthielten Endosperm
0,3 Proz., Keimling 5,4 Proz. Rohrzucker. Nach 10tägiger Keimung
der Embryo 24,2 Proz., das Endosperm 2,2 Proz. Der Saccharose-
zuwachs betrifft also vor allem den Embryo. MARCACCI [10] wies ebenfalls
in etiolierten Gerstenkeimlingen Rohrzucker nach. Aus Mais stellten
WASHBURN und TOLLENS [11] Saccharose rein dar. SCHULZE [12] gewann aus
6tägigen etiolierten Lupinus luteus-Keimlingen nach dem Strontianver-
fahren pro 800 g Trockensubstanz 3 g reinen Rohrzucker; aus ungekeimten Samen war Rohrzucker nicht zu erhalten. GRÜSS [13] wies vermittelst Invertin die Saccharose im Skutellum und der Aleuronschicht

1) NABOKICH, Ber. botan. Ges., Bd. XIX, p. 222 (1901). — 2) J. ERIKSSON,
Untersuch. a. d. botan .Inst. zu Tübingen, Bd. I, p. 105 (1881). — 3) S. Anm. 10,
p. 330. — 4) G. KÜHNEMANN, Ber. chem. Ges., Bd. VIII, p. 202, 387 (1875). —
5) KJELDAHL. Compt. rend. trav. Lab. Carlsberg, 1881; Saccharosebestimmung i.
Malz auch E. JALOWETZ, Chem. Centr., 1895, Bd. I, p. 934; Jahresber. Agrik.-Chem.,
1885, p. 419. — 6) O'SULLIVAN, Journ. chem. Soc., 1886, p. 58. — 7) L. LINDET,
Compt. rend., Tome CXVII. p. 668 (1893); Tome CXXXVII, p. 73 (1903).
— 8) P. PETIT, Compt. rend., Tome CXX, p. 687 (1895). — 9) BROWN u. MORRIS,
Journ. chem. Soc., 1890, p. 459. — 10) MARCACCI, Just Jahresber., 1899, Bd. I.
p. 41. — 11) WASHBURN u. TOLLENS, Ber. chem. Ges., Bd. XXII, p. 1047 (1889).
— 12) E. SCHULZE, Ber. bot. Ges., Bd. VII, p. 408 (1889). — 13) J. GRÜSS,
Wochenschr. f. Brauerei, 1897, No. 33; 1898, No. 7. Über die Invertase
näheres bei C. HOFFMEISTER, Jahrb. wiss. Bot., Bd. XXXI, p. 688 (1898).

von Hordeum nach. Auch im Saugorgan des Phoenixembryo ließ sich die Anwesenheit von Saccharose zeigen.

Diese Befunde erwecken den Eindruck, als ob ein erheblicher Teil des bei der Keimung auftretenden Rohrzuckers ein Intermediärprodukt des Kohlenhydratstoffwechsels wäre; vielleicht entsteht selbst aus der der Stärkehydrolyse entstammenden Maltose Rohrzucker. BROWN und MORRIS wiesen bei der Kultur isolierter Gerstenembryonen in Maltose die Bildung von Saccharose nach und bestimmten dieselbe quantitativ. Reduzierender Zucker läßt sich im Epithel und Scutellum von Gramineenkeimlingen bekanntlich nicht nachweisen. GRÜSS[1]) konnte bei Gerstenembryonen, welche in Dextrose kultiviert waren, ebenfalls Rohrzuckervermehrung konstatieren.

Invertase scheint in keimenden Samen verbreitet vorzukommen. In keimendem Weizen wies JOHANNSEN[2]) invertierendes Enzym nach. BROWN und HERON[3]) fanden Invertase im Gerstenmalz. Lintner-Diastase invertiert in der Tat Rohrzucker ziemlich leicht. KJELDAHL fand das Enzym besonders in den Keimwurzeln, nach O'SULLIVAN[4]) besitzt nur der Embryo invertierendes Enzym. GRÜSS[5]) nahm eine Invertasesekretion durch das Schildchen des Embryo an. Es wäre auch an einen Zusammenhang der intermediären Rohrzuckerentstehung mit der Invertase zu denken, wenn sich die Reversibilität der Invertase-Rohrzuckerspaltung beweisen ließe. Bekannt ist auch nicht, ob die Sameninvertase, wie aus manchen Gründen anzunehmen, von der Hefeinvertase verschieden ist. Vielleicht ließe sich dies durch die Antienzymbildung irgendwie entscheiden.

Maltose ist bekanntlich das Endprodukt der Stärkehydrolyse in den meisten Samen und als solches naturgemäß äußerst verbreitet in Keimlingen. Hier interessiert uns besonders die Frage nach Maltose spaltenden Enzymen in Keimpflanzen: CUISINIER[6]) gab 1885 zuerst die Existenz eines glykasischen Enzyms oder einer Maltase in Getreidesamen an. MORRIS[7]) bestätigte das Vorkommen einer Maltase bei Mais, stellte jedoch für Gerstenkeimlinge ein Maltose spaltendes Enzym in Abrede. GÉDULD[8]) hatte bereits früher aus Mais Maltasepräparate darzustellen versucht. Daß auch in Gerstenmalz ein Maltose spaltendes Enzym vorkommt, haben aber fernerhin die Untersuchungen von LINTNER, KRÖBER[9]) und von ISSAEW[10]) wahrscheinlich gemacht. Nach BEIJERINCK[11]) führen besonders Samen mit mehligem Endosperm Maltase (von ihm „Glukase" genannt). Das Enzym wurde von diesem Forscher bei Reis, Hirse, Sorgho, Carex, Luzula und Sparganium gefunden; hier ist das Endosperm reich an Maltase. Das Optimum der Maltose spaltenden Wirkung liegt nach KRÖBER und nach ISSAEW in der Nähe von 55° (Gerstenmalz).

---

1) J. GRÜSS, Ber. bot. Ges., Bd. XVI, p. 17 (1898). — 2) W. JOHANNSEN, Just bot. Jahresber., 1886, Bd. I, p. 134. — 3) BROWN u. HERON, Journ. chem. soc., Vol. XXXV, p. 609 (1879); E. KRÖBER, Zeitschr. ges. Brauwes., 1895, p. 325, stellt die Existenz der Malzinvertase in Abrede. — 4) C. O'SULLIVAN, Journ. chem. Soc., Vol. XVI, p. 61 (1900). — 5) J. GRÜSS, Wochenschr. Brauerei, 1897, No. 26. — 6) CUISINIER, Chem. Centr., 1886, p. 614. Ausführlich referiert auch bei BEIJERINCK, Centr. Bakt. (II), Bd. I, p. 329 (1895). — 7) G. H. MORRIS, Chem. Centr., 1893, Bd. I, p. 837; auch JALOWETZ, Kochs Jahresber., 1892, p. 255. — 8) GÉDULD, 1891; ref. bei BEIJERINCK, l. c., p. 332; Chem. Centr., 1891, Bd. II, p. 323. — 9) E. KRÖBER, Zeitschr. f. ges. Brauwesen, 1895, p. 325; LINTNER, ibid., 1892. — 10) W. ISSAEW, Zeitschr. ges. Brauwes., 1900, Bd. XXIII, p. 796. — 11) BEIJERINCK, Centr. Bakt. (II), Bd. I, p. 339 (1895).

Die von SCHULZE und FRANKFURT [1]) aus jungen grünen Roggenpflanzen gewonnene Secalose (früher von den Entdeckern β-Lävulin
genannt) schließt sich ihren Eigenschaften nach an die zusammengesetzten
Zuckerarten an. Sie ist kristallisierbar, leicht löslich in Wasser, ist
linksdrehend und gibt bei der Hydrolyse Fruktose. Die Zusammensetzung ist wahrscheinlich $C_{16}H_{32}O_{16}$. Herkunft und Schicksal dieses
Kohlenhydrates ist noch nicht bekannt.

§ 2.

Die Resorption von Stärke in keimenden Samen und die hierbei tätigen Enzyme (Diastase, Amylase).

Das Verschwinden der Stärke bei der Keimung von Samen und
das Auftreten von Zucker an ihrer Stelle ist gewiß eine sehr lange
und allgemein bekannte Erscheinung; doch findet man in den ältesten
Versuchen die Bestandteile der Samen vor und nach der Keimung zu
bestimmen, z. B. bei PROUST [2]) (1817) die Stärkelösung noch nicht
hinreichend berücksichtigt, und erst SAUSSURES Arbeiten [3]) haben das
Wechselverhältnis von Stärke und Zucker richtig dargestellt. DAVY [4])
verglich die Verzuckerung der Stärke beim Keimen einem Gärungs-
prozeß, welcher sich nicht chemisch erklären ließe. Von Bedeutung
war die Beobachtung KIRCHHOFFS [5]) (1815), daß Stärke beim Stehen mit
Weizenkleber bei 40° verzuckert wird. KIRCHHOFF faßte infolgedessen
die Zuckerentstehung bei der Keimung als rein chemischen Prozeß auf.
SAUSSURE [6]) sah anfänglich ebenfalls den Kleber für die Ursache der
Zuckerbildung beim Keimen an. Übrigens soll schon 1785 IRVINE [7])
Vermehrung des Zuckers im Malz durch Hinzufügen von Mehl aus gekeimten Samen beobachtet haben. In das Jahr 1833 fällt die folgen-
reiche Entdeckung von PAYEN und PERSOZ [8]), daß man das stärkever-
zuckernde Agens aus dem Malzextrakte durch Lösen in Wasser und
Alkoholfällung isolieren könne, und alsbald entdeckten die genannten
Forscher ihre „Diastase" auch in keimenden Kartoffeln, Ailanthuszweigen
u. a. Objekten. Sie erkannten auch im wesentlichen die Lokalisation
der Diastase, ihre allmähliche Vermehrung bei der Keimung und die
wichtigsten Abbauprodukte der Stärke bei Einwirkung des Enzyms, sowie endlich die Unbeständigkeit des Fermentes bei höheren Temperaturen.

Quantitative Untersuchungen über den Fortgang der Stärkelösung
im Verlaufe der Keimung liegen noch nicht zahlreich genug vor. Nach
LINDET [9]) ist bis zur Erreichung des in der Malzbereitung erwünschten
Keimungsstadiums bei Gerste etwa 20 Proz. der vorhandenen Stärke
hydrolysiert. G. ANDRÉ [10]) fand bei Phaseolus multiflorus während der
Keimung folgende Änderungen im Stärkegehalte:

1) E. SCHULZE u. S. FRANKFURT. Ber. chem. Ges., Bd. XXVII. p. 62, 3525
(1894). — 2) PROUST, Ann. chim. phys. (2), Tome V, p. 337 (1817). — 3) SAUSSURE,
Pogg. Ann., Bd. XXXII, p. 194 (1834). — 4) H. DAVY, Elemente d. Agrik.-Chem.
(1814), p. 243. — 5) CONSTANTIN KIRCHHOFF, Schweigg. Journ., Bd. XIV, p. 389
(1815). — 6) SAUSSURE, Schweigg. Journ., Bd. LXIX, p. 188 (1839). — 7) Zit.
bei PAYEN u. PERSOZ, Ann. chim. phys. (2), Vol. LIII. p. 73 (1833). — 8) PAYEN
u. PERSOZ, Ann. chim. phys. (2), Vol. LIII. p. 73 (1833); Vol. LVI, p. 337 (1834);
Vol. LX, p. 441 (1835); Schweigg. Journ., Bd. LXVIII, p. 177, 220 (1835);
Bd. LXIX, p. 30 (1833); A. LAMPADIUS, Journ. prakt. Chem., Bd. II, p. 467
(1834). — 9) L. LINDET, Compt. rend., Tome CXXXVII, p. 73 (1903). — 10) G.
ANDRÉ, ibid., Tome CXXX, p. 728 (1900).

26. Juni 1899 100 Samen   116,95 g Trockengewicht 62,07 g Stärke
 3. Juli   „   100 Pflänzchen 98,50 g   „   53,84 g   „
 5. „   „   „   „   99,71 g   52,40 g   „
 8. „   „   „   „   84,34 g   34,49 g   „
11. „   „   „   „   77,89 g   20,18 g   „
15. „   „   „   „   105,66 g   16,40 g   „
19. „   „   „   „   133,55 g   14,61 g   „

Die Keimung fand in Erde bei Lichtzutritt statt.

Amylase in ruhenden Samen. Die Amylase wird zwar bei der Keimung bedeutend vermehrt, scheint aber auch fertig gebildet in ruhenden Samen sehr verbreitet vorzukommen.

In ungekeimtem Getreide wurde Diastase von LINTNER und ECKHARDT [1]) gefunden, in Weizen wurde sie angegeben von DETMER [2]) und von JOHANNSEN [3]); WILL und KRAUCH [4]) fanden Diastase in Samen von Pinie, Mais, Gerste und Kürbis; der ruhende Maissamen enthält nach letzteren Autoren nur im Embryo, nicht aber im Endosperm größere Diastasemengen. GORUP BESANEZ [5]) konstatierte diastatische Wirksamkeit des Glyzerinextraktes aus ruhenden Samen von Vicia, Cannabis und Linum. BARANETZKY [6]) fand Diastase in ruhenden Erbsen, Mirabilis, Aesculus. BRASSE [7]) gibt auch Mohnsamen als diastasehaltig an. Nach WORTMANN [8]) ist Diastase nachweisbar in den ruhenden Samen von Linum, Cucurbita, Ricinus, Zea, Pisum, Lens, Phaseolus multiflorus, Hordeum, Secale, Triticum, Avena; bei Fettsamen ist die diastatische Wirkung geringer. VAN DER HARST [9]) extrahierte aus den Kotyledonen der Bohne Diastase mittels Glyzerin; STINGL und MORAWSKI [10]) fanden sehr wirksame Amylase in der Sojabohne.

LINTNER und ECKHARDT glauben, daß das Enzym der ungekeimten Gerste mit der Malzdiastase nicht identisch ist, weil bei ersterem das Temperaturoptimum (45—50 °) niedriger liegt als bei der Malzdiastase (50—55 °), und die unter sonst gleichen Umständen von beiden Enzymen erzeugten Dextrin- und Maltosemengen ungleich sind. Da man es aber mit wässerigen Samenextrakten differenter Zusammensetzung zu tun hat, könnten die erwähnten Differenzen möglicherweise noch auf anderem Wege zustande kommen.

WILL [11]) fand bei gequelltem Pferdezahnmais sowohl im Glyzerinextrakt des Endosperms, als auch im Embryoextrakt Amylase; doch konstatierte KRAUCH [12]), daß das Embryonenextrakt das viel wirksamere ist. SACHS [13]) konnte in älteren Erfahrungen bei isolierten Endospermen keine diastatische Wirkung finden, offenbar wegen ungenügender Vorsorge für Abfuhr des gebildeten Zuckers. TANGL [14]) meinte, daß die

---

1) J. C. LINTNER u. F. ECKHARDT, Journ. prakt. Chem., Bd. XLI, p. 91 (1890); ferner LINTNER, Zeitschr. ges. Brauwes., Bd. XI, p. 497 (1889). — 2) DETMER, Pflanzenphysiol. Untersuch. üb. Fermentbildung (1883). — 3) JOHANNSEN, Just Jahresber., 1886, Bd. I, p. 134. — 4) WILL u. KRAUCH, Landw. Versuchstat., Bd. XXIII, p. 77 (1879). — 5) v. GORUP BESANEZ, Ber. chem. Ges., Bd. VII, p. 1478, 1875, 1510 (1874). — 6) BARANETZKY, Stärkeumbild. Fermente (1878), p. 14. — 7) E. BRASSE, Compt. rend., Tome XCIX, p. 878 (1884). — 8) J. WORTMANN, Botan. Ztg., 1890, No. 37, p. 581. — 9) L. VAN DER HARST, Biedermann Centr., 1878, p. 582. — 10) STINGL u. MORAWSKI, Mon. Chem., Bd. VII, p. 176 (1886). — 11) WILL, Landw. Versuchstat., Bd. XXIII, p. 78 (1879). — 12) KRAUCH, ibid., p. 96. — 13) J. SACHS, Vorlesungen über Pflanzenphysiol., 2. Aufl., p. 341 (1887). — 14) TANGL, Sitz.-Ber. Wien. Akad., Bd. XCII (1885).

Diastase bei Gramineen nur im Scutellum erzeugt würde, und in der Aleuronschicht weitergeleitet würde. HABERLANDT[1]) hielt die Kleberschicht für das Diastase produzierende Gewebe: ebenso TSCHIRCH[2]). BROWN und MORRIS[3]) erkannten bei Versuchen an halbierten Gerstenkörnern die bedeutend größere Wirksamkeit der unteren embryohaltigen Hälften. so daß unter sonst gleichen Verhältnissen die Cu-Mengen bei der Zuckerbestimmung sich verhielten wie 1,715:0,610. GRÜSS[4]) gab als relative Reduktion durch die Glyzerinextrakte an: Scutellum 0,177, Aleuronschicht 0,09, Endosperm 0,084. Nach GRÜSS[5]) sollten mehr die an die Aleuronschicht grenzenden Endospermzellen, als die Aleuronzellen selbst an der Diastaseproduktion beteiligt sein. LINZ[6]) untersuchte auf A. MEYERS Veranlassung mittels eines modifizierten KJEDAHL-Verfahrens (s. weiter unten) den relativen Diastasegehalt der Teile von 2 Tage lang gequellten Maissamen. Nach diesem Autor verhalten sich die Diastasemengen folgendermaßen:

Frischsubstanz:
1 g Embryo ohne Schildchen	5,9	Diastase
1 g Schildchen	48,6	„
1 g Endosperm	5,8	
1 g ganze Embryonen	41,2	

9 Tage über Schwefelsäure getrocknete Substanz:
1 g Embryonen ohne Schildchen	24	„
1 g Schildchen	128	
1 g Endosperm	9,6	
1 g ganze Embryonen	115,6	

Bei 105° getrocknete Substanz:
1 g Embryonen ohne Schildchen	26	„
1 g Schildchen	134	
1 g Endosperm	10,1	„

Die Schildchen enthalten demnach weitaus die größte Diastasemenge.

Bildung von Amylase während der Keimung. Daß die Diastasemenge während der Keimung stärkehaltiger Samen schnell und stark wächst, war bereits durch die Untersuchungen von PAYEN und PERSOZ festgestellt worden. Ein genauerer Vergleich, welche Teile des Samens an der Diastaseproduktion beteiligt sind, und in welchem Verhältnisse, ist derzeit nur unter der bislang nicht beweisbaren Voraussetzung möglich, daß die Endospermdiastase und das Scutellumenzym identisch sind, und gleiche Enzymmengen in gleichen Zeiten gleiche Zuckermengen erzeugen; auch wissen wir nicht, ob nicht Enzyme, die nur auf Dextrin, Maltose etc. einwirken, in unbekannter Menge beigemischt sind. Mit solchem Vorbehalte sind auch die derzeit besten Untersuchungen von LINZ[6]) aufzunehmen, welcher folgende relative Diastasemengen in den verschiedenen Teilen von keimendem Mais angibt.

---

1) HABERLANDT, Ber. botan. Ges., Bd. VIII, p. 40 (1890). — 2) TSCHIRCH, Angew. Pflanzenanat., p. 81, Figurenerkl. — 3) BROWN u. MORRIS, The germination of some of the Gramineae, 1890, Journ. chem. Soc., Vol. LVII, p. 508. — 4) GRÜSS, Ber. bot. Ges., Bd. XI, p. 288 (1893). — 5) GRÜSS, Landwirtsch. Jahrbüch., 1896. — 6) LINZ, Jahrbüch. wissensch. Bot., Bd. XXIX, p. 267 (1896). Der neuerdings von R. FÜRSTL VON TEICHEK: Die chemische Industrie, Bd. XXVII, No. 11 (1904), unternommene Versuch, die Diastasebildung durch Wägung der Alkoholfällung aus dem Glyzerinextrakte der keimenden Samen zu bestimmen, führte zu ähnlichen Ergebnissen, leidet jedoch an empfindlichen methodischen Mängeln.

Je 1 g von Material, 10 Tage bei gewöhnlicher Temperatur über Schwefelsäure getrocknet, enthielt an Diastase:

	Embryo ohne Schildchen	Schildchen ohne Epithel	Schildchen	Epithel	Endosperm	Ganzer Embryo
2 Tage Quellung:	24	.	128	.	9,6	115,6
5 Tage Keimung: Wurzeln durchschnittlich 7 cm lang, Blätter 4 cm		.				
Vers. I	.	2080	.	1960	460	1175,3
						Blatt 264
						Wurzel 304
Vers. II	384	.	.	.	1040 {	Blatt 480
						Wurzel 112
10 Tage Keimung: Wurzeln 14 cm, Blätter 7,5 cm lang	147	.	.	.	882 {	Blatt 176
						Wurzel 32

Danach findet entschieden die stärkste Diastasezunahme im Schildchen und zwar besonders im Epithel desselben statt. REED[1]) hat die histologischen Veränderungen im Zellinhalte des Scutellarepithels während der Enzymproduktion näher verfolgt.

BROWN und MORRIS[2]) gaben für gekeimte Gerste folgende CuO-Mengen als Maß der diastatischen Wirkung der einzelnen Samenteile an: Aus 50 halben Endospermen:

die dem Embryo anliegende Partie	9,7970 g	CuO
die andere Hälfte	3,5310 g	„
50 Würzelchen	0,0681 g	„
50 Plumulae	0,0456 g	„
50 Schildchen	0,5469 g	„
50 ganze Früchte	13,9886 g	„
50 ungekeimte Früchte	2,4860 g	„

Der allgemeine Gang der Zunahme der diastatischen Wirkung bei keimender Gerste wird von KJELDAHL[3]) durch folgende Zahlen (relatives Verzuckerungsvermögen, bezogen auf gleiche Trockengewichte) illustriert.

Direkt nach der Quellung	1	Tag alt	70
	2	Tage alt	73
	3	„ „	80
	4		105
(Keimung am lebhaftesten)	5	„ „	150
	6		190
	7		220
	8	„ „	226

Nach HAYDUCK und WREDE[4]) ist die Diastasemenge am größten, wenn der Blattkeim etwa dreimal so lang ist, wie die Frucht.

---

1) H. S. REED, Annals of Botany, Vol. XVIII, p. 267 (1904). — 2) S. Anmerkung 3, p. 336. — 3) KJELDAHL, Compt. rend. trav. Labor. Carlsberg, 1879, p. 188. Über den allgemeinen Gang der Zuckerbildung in Keimlingen auch GOLD-BERG, Beihefte z. bot. Centr., Bd. IX, p. 174 (1900). — 4) Zit. bei A. MEYER, Stärkekörner (1895), p. 62.

Angaben über die Verteilung der Diastase in Keimpflanzen und in den Kotyledonen von Phaseolus rühren auch noch von Grüss[1]) her.

Bezüglich der Beteiligung der Aleuronschicht an der Diastaseproduktion besteht eine Kontroverse. Doch scheint aus den Untersuchungen von Brown und Morris und von Linz hervorzugehen, daß eine Diastaseausscheidung aus den Aleuronzellen in jenem Sinne, wie sie von Haberlandt[2]) vertreten wird, teilweise auch von Grüss[3]) angenommen worden war, kaum bestehen dürfte. In den Versuchen von Linz stieg auch nach Entfernung der Kleberschicht der Gehalt an Enzym im Endosperm namhaft und die Kleberschicht enthielt im Anfange nicht mehr Amylase als das Endosperm.

Die Meinung von Krabbe[4]), daß die Diastase allenthalben lokal, am meisten aber im Endosperm auftritt, ist in vielen Stücken nicht haltbar und wohl durch unzureichende Methoden bedingt worden.

Pfeffer und Hansteen[5]) haben gezeigt, daß auch embryofreie isolierte Endosperme, welche, auf Gipssäulchen befestigt, in dauerndem Diffusionsverkehr mit genügend großen Wassermengen erhalten werden, sich rasch ihrer Stärke entledigen können. Hordeumendosperme waren nach 13 Tagen fast vollständig entleert. Bei manchen Maissorten war die Endospermentleerung fast ebenso rasch, wie bei dem vollständigen Samen; andere lösten ihre Stärke nur teilweise. Wurde jedoch nicht für hinreichende Ableitung des gebildeten Zuckers gesorgt, so unterblieb der Vorgang. Diese wichtigen Versuche lehren, daß bei der Keimung auch das Nährgewebe selbst sich aktiv an der Mobilisierung der Vorratsstoffe beteiligt und nicht nur der Embryo durch Diastaseproduktion und Sekretion nach außen hin Wirkungen zu erzielen imstande ist. Bezüglich der aktiven Beteiligung des Embryo an der Stärkeresorption sind die älteren Versuche von van Tieghem[6]) und von Blociszewzki[7]) von Interesse, die die Möglichkeit einer künstlichen Ernährung isolierter Embryonen mit Stärkebrei erwiesen. Brown und Morris legten isolierte Gersteembryonen auf Stärkegelatine und beobachteten Korrosion der in der Nähe liegenden Stärkekörner. Auch konnte Enzymdiffusion aus dem Embryo in Wasser oder Gelatine quantitativ nachgewiesen werden. Linz hat weitere analoge Versuche mit isolierten Maisembryonen auf feuchter sterilisierter Lintnerstärke angestellt, und Grüss[8]) vermochte sterilisierte Embryonen von Gerste, Mais, Canna indica in Stärkekleister zu kultivieren. Solche Erfahrungen dürfen wohl zur Stütze der Anschauung dienen, daß wir eine Enzymsekretion seitens des Skutellums und Skutellarepithels des Embryos anzunehmen haben, und die von Linz geäußerten Zweifel sind nicht voll berechtigt, wenngleich dieser Autor nachgewiesen hat, daß eine regulatorische Mehrproduktion von Enzym nicht zu erfolgen scheint, wenn

1) J. Grüss, Jahrb. wiss. Bot., Bd. XXVI, p. 424 (1896); auch van der Harst, Biedermanns Centralbl., 1878, p. 582. — 2) G. Haberlandt, Physiolog. Pflanzenanatomie, 3. Aufl. (1904), p. 444, 446. — 3) Grüss, Ber. bot. Ges., 1893, Bd. XI, p. 286. — 4) G. Krabbe. Jahrb. wissensch. Bot., Bd. XXI (1890), H. 4, p. 73 des Sep. — 5) Pfeffer, Ber. kgl. sächs. Ges., 1893, p. 422; Hansteen, Flora, 1894, Erg.-Bd., p. 419; ferner Puriewitsch, Jahrb. wiss. Bot., Bd. XXXI, p. 1 (1897); Ber. bot. Ges., Bd. XIV, p. 207 (1896). Die von Grüss und Linz erhobenen Einwände sind von dem letzteren Autor näher diskutiert und widerlegt worden. — 6) van Tieghem, Ann. sc. nat. (6), Tome IV, p. 183 (1876). — 7) L. Blociszewski, Landwirtsch. Jahrbücher, 1876, p. 145. — 8) Grüss, Landwirtsch. Jahrb., Bd. XXV, p. 431 (1896).

man isolierte Embryonen mit ihrem Schildchen auf Stärke legt. Übrigens sind noch manche Detailfragen auf diesem Gebiete einer weiteren kritischen Untersuchung bedürftig.

Das Zymogen der Samen-Amylase ist noch sehr wenig untersucht. Die Beobachtung von REYCHLER[1]), daß beim Behandeln von Weizenkleber mit verdünnter Säure diastatisch wirksame Substanz entsteht (was REYCHLER irrigerweise als „künstliche Diastase" bezeichnete), ist mehrfach bestätigt worden, und solche Beobachtungen sind eigentlich bis auf KIRCHHOFFS Arbeiten zurückzuleiten. JEGOROW[2]) und LINTNER[3]) vermuten, daß dem Kleber Proamylase anhaften dürfte. Mehrfache Beobachtungen zeigten ferner, daß Sauerstoffzutritt zur Ausbildung von Diastase in keimenden Samen notwendig sei [BARANETZKY[4]), DETMER[5])]. Doch bedarf die Frage einer neuerlichen Prüfung, da wir bei der anaëroben Spaltung von Zucker in CO_2 und Alkohol in keimenden Samen den Zucker offenbar aus der Stärke des Nährgewebes entstehen sehen.

Das Diffusionsvermögen der Amylase spielt physiologisch eine bedeutende Rolle. In Lösungen scheint Amylase den vorhandenen Angaben zufolge nicht unbeträchtlich zu diffundieren. KRABBE[6]) zeigte, daß die Diastase Pergamentpapier im Gegensatze zur Behauptung von HIRSCHFELD[7]) nachweislich passiert, ebenso Porzellanröhrchen; auch kann man das Ferment durch Tonzellen oder Tannenholzcylinder bei erhöhtem Druck hindurchpressen [KRABBE, GRÜSS[8])]. Die Diffusion in Gelatine konnten BROWN und MORRIS feststellen.

Das Eindringen in feste Stärkekörner stößt jedoch anscheinend leicht auf große Schwierigkeiten, und von verschiedenen Seiten ist früher, jedoch unberechtigterweise, ein Angreifen von ungequollenen Stärkekörnern durch Diastase überhaupt in Abrede gestellt worden. MEYER[9]) hat gezeigt, daß Malzdiastase Stärkekörner tatsächlich bei jeder Temperatur anzugreifen vermag, und dieselben Erscheinungen, die bei der biologischen Stärkelösung in den Amyloplasten beobachtet werden, auch künstlich zu erzielen sind. Allerdings dauert es bei Kartoffelstärke monatelang, ehe deutliche Lösungserscheinungen auftreten. Die hierbei mitspielenden Ursachen finden sich bei MEYER näher erörtert. Offenbar kann sehr dichte Struktur der Körner, insbesondere dichte Beschaffenheit der äußersten Schichten und die gleichzeitig unter mangelhafter Diffusion auftretende Hemmung der Exosmose der Hydratationsprodukte bedeutende Wirkung erzielen. Daß verschiedenartige Stärkesorten sehr ungleich für die Einwirkung eines bestimmten Diastasepräparates empfänglich sind, hat STONE[10]) für eine Reihe von Fällen gezeigt. Die bekannten Minirgänge und andere Korrosionserscheinungen, die bei diastatischer Stärkelösung beobachtet werden, sind wohl durch strukturelle Momente bedingt. GRÜSS[11]) schloß aus der Verteilung der Oxydasereaktion mit

---

1) A. REYCHLER, Ber. chem. Ges., Bd. XXII, p. 414 (1889); Bull. soc. chim. (3). Tome I, p. 286 (1889). — 2) W. JEGOROW, Journ. russ. pharm.-chem. Ges., Bd. XXV. p. 83 (1893); Kochs Jahresb., 1893, p. 279. — 3) LINTNER u. ECKHARDT, Journ. prakt. Chem., 1890, p. 91. — 4) BARANETZKY, Stärkeumbildende Fermente (1878), p. 19. — 5) DETMER, Bot. Ztg., 1883, p. 601; Just botan. Jahresber., 1886, Bd. 1, p. 74. — 6) KRABBE, l. c. (1890), p. 64 des Sep. — 7) HIRSCHFELD, Pflüg. Arch., Bd. XXXIX, p. 513 (1886). — 8) GRÜSS, Jahrb. wiss. Bot., Bd. XXVI, p. 384 (1896). — 9) A. MEYER, Stärkekörner (1895), p. 96. — 10) W. E. STONE, U. S. Department of Agricult., 1896, Bull. 34. — 11) GRÜSS, Fünfstücks Beitr. z. wiss. Bot., Bd. I, p. 295 (1895).

Guajak -H_2O_2 mit Unrecht auf Nichteindringen der Enzyme in die Stärkekörner.

Darstellung und chemische Eigenschaften der Amylase. Seit den Arbeiten von PAYEN und PERSOZ waren die Fortschritte in der Kenntnis der Diastase bis auf die neueste Zeit nur gering. MULDER[1] wollte allen Eiweißstoffen die Wirkung der Diastase zusprechen. Noch GORUP BESANEZ schrieb die proteolytische und amylolytische Wirkung demselben Enzym zu. Dieser Forscher verwendete bei seinen Arbeiten die WITTICHsche Glyzerinextraktionsmethode[2]. BARANETZKY[3] begnügte sich wieder bei seinen Untersuchungen mit der rohen Alkoholfällung. Spätere Versuche, die Darstellungsmethode der Malzdiastase rühren her von ZULKOWSKI und KÖNIG[4] KRAUCH[5], DUQUESNEL[6], MUSCULUS[7], LOEW[8]); doch hat erst LINTNER[9] 1886 ein gutes, seither viel benutztes Rezept zur Herstellung einer Rohdiastase geliefert. Hierzu wird 1 Teil Gerstengrünmalz oder abgesiebtes Luftmalz 24 Stunden oder länger mit 2—4 Teilen 20proz. Alkohol (um Milchsäuregärung zu verhindern) digeriert, das Extrakt abgesaugt und mit 2, höchstens $2^1/_2$ Volumina absolutem Alkohol gefällt. Der Niederschlag wird abgesaugt, unter absolutem Alkohol zerrieben, abfiltriert, unter Äther zerrieben, abgesaugt und über Schwefelsäure im Vakuum getrocknet. 1 g LINTNER-Diastase wirkt ebenso stark wie 50 g Malz. Bleiessigbehandlung welche LOEW zur Diastasereinigung empfahl, bewirkt schwächere Wirksamkeit der Präparate. Durch Dialyse konnte LINTNER den Aschengehalt auf 5 Proz. herabdrücken. Das LINTNERsche Präparat enthält noch Invertase und gibt die Guajak -H_2O_2-Probe; ferner gelingen damit alle Eiweißreaktionen. Die Elementaranalyse ergab 44,33 Proz. C, 6,98 Proz. H, 8,92 Proz. N, 1,07 Proz. S, 32,91 Proz. O. Da es sich in allen Fällen nur um sehr unreine Präparate handelte, ist es überflüssig, die früher angestellten Elementaranalysen hier anzuführen. LINTNER[10] hat auch die Irrtümlichkeit der von COHNHEIM[11] und HIRSCHFELD[12] geäußerten Ansicht, daß die Diastase ein gummiartiger Stoff sei, dargelegt. JEGOROFF[13] äußerte sich in neuerer Zeit dahin, daß der C-, H-, S-Gehalt der Diastase den Verhältnissen bei Nukleinen nahekommt.

Mit Benutzung der neueren Methoden der Eiweißchemie hat OSBORNE[14] die Amylase darzustellen versucht. Nach diesem Forscher, welcher Aussalzen mit Ammonsulfat zur Isolierung des Enzyms anwendete, hat die Diastase am meisten Ähnlichkeit mit den albumin-

1) MULDER, Chemie d. Bieres, 1858. Historisches über Diastase bei FUHRER, Die Diastase, 1870; DUBRUNFAUT, Zeitschrift gesamt. Brauwesen, 1880, p. 90. — 2) GORUP BESANEZ, Ber. chem. Ges., 1874, p. 1478; 1875, p. 1510; Methode von WITTICH: Pflüg. Arch., Bd. II, p. 193; Bd. III, p. 339. — 3) BARANETZKY, Die stärkeumbild. Fermente, 1878. — 4) ZULKOWSKI u. KÖNIG, Wiener Akad., Bd. LXXI (II), p. 453 (1875). — 5) KRAUCH, Landw. Versuchstat., Bd. XXIII, p. 83, (1879). — 6) DUQUESNEL, Bull. de thérap., Tome LXXXVII, p. 20. — 7) MUSCULUS, Bull. soc. chim., Tome XXII, p. 26 (1874). — 8) LOEW, Pflügers Arch., Bd. XXVII, p. 203 (1882). Darstellung v. Diastase auch: WILSON, Chem. Centr., 1891, Bd. I, p. 33. — 9) C. J. LINTNER, Journ. prakt. Chem., Bd. XXXIV, p. 378 (1886). — 10) LINTNER, Pflüg. Arch., Bd. XL, p. 311. — 11) COHNHEIM, Virchows Archiv, Bd. XXVIII, p. 241 (1863). — 12) S. Anm. 7, p. 339. — 13) JEGOROFF, Chem. Centr., 1894, Bd. II, p. 868; Ber. chem. Ges., Bd. XXVI, p. 386 (1894); Kochs Jahresber., 1895, p. 310; Jahresber. Agr.-Chem., 1895, p. 570. — 14) TH. B. OSBORNE, Journ. Americ. chem. soc., Vol. XVII, No. 8 (1905); Chem. Centr., 1895, Bd. 11, p. 571; OSBORNE u. CAMPBELL, Journ. Americ. chem. soc., Vol. XVIII, p. 536 (1896); Chem. Centr., 1896, Bd. II, p. 251; OSBORNE, Ber. chem. Ges., Bd. XXXI, p. 254 (1898).

artigen Eiweißstoffen aus Getreide (Leukosin), vielleicht ist sie auch ein Gemenge von Albumin und Proteose. Verwandte Ergebnisse hatten die Untersuchungen von WROBLEWSKI[1]) zur Folge. Dieser Forscher wendete besondere Mühe auf, um die begleitenden Kohlenhydrate (Pentosan: Araban) von dem Enzym zu trennen, was früher nicht geschehen war. Die Diastase von WROBLEWSKI koagulierte nicht in der Hitze, hatte proteosenähnliche Eigenschaften und einen Stickstoffgehalt von 16,53 Proz. Nach OSBORNE und CAMPBELL nimmt bei fortgesetzten Reinigungsversuchen die Wirkung der Präparate bedeutend ab. — Die von MERCK in den Handel gebrachte Diastase ist augenscheinlich Malzdiastase.

Die Meinung FANKHAUSERs[2]), wonach Ameisensäure beim Stärkeabbau in der Pflanze eine erhebliche Rolle spiele, ist gänzlich unbegründet.

Die meisten Diastasepräparate geben die SCHÖNBEINsche Reaktion mit H_2O_2 und Guajaktinktur. Man kann aber, ohne die Wirkung auf Stärke aufzuheben, wie JACOBSON[3]), sowie NASSE und FRAMM[4]) gezeigt haben, durch Erwärmen oder durch Behandlung mit verdünnter Schwefelsäure die Guajakbläuung durch Diastase vernichten. Derartige Erfahrungen legen den Gedanken nahe, daß Beimengungen von Oxydasen die bekannten Guajakreaktionen der Diastasen verursachen könnten, und nicht nur aus diesem Grunde ist es sehr mißlich, die Guajakprobe zum Nachweis der Diastase und zur Erkennung ihrer Lokalisation in Geweben zu verwenden, wie es von GRÜSS[5]) versucht wurde. Auch haben mich zahlreiche Untersuchungen von der Unzuverlässigkeit der Guajakprobe überzeugt[6]).

NASSE und FRAMM haben ferner die Irrtümlichkeit der von LÉPINE[7]) aufgestellten Ansicht gezeigt, wonach Diastase bei Behandlung mit verdünnter Schwefelsäure glykolytisches Enzym liefere.

Messung der amylolytischen Wirksamkeit. KJELDAHL[8]) fand zuerst, daß verschiedene Mengen desselben Malzextraktes bei gleicher Temperatur und gleichlanger Einwirkung auf eine bestimmte Stärkelösung Zuckermengen bilden, welche proportional sind der angewendeten Menge Malzextrakt — vorausgesetzt, daß das Reduktionsvermögen von 100 g nicht größer ist, als das Reduktionsvermögen von 30 Proz. Dextrose oder 45 Proz. Maltose. Statt des von KJELDAHL verwendeten Stärkekleisters ist es besser, zur Diastasebestimmung nach KJELDAHL die LINTNER-Stärke anzuwenden. BROWN und MORRIS ließen das Enzym bei 30° 48 Stunden hindurch auf LINTNER-Stärke (2 Proz.) einwirken unter Chloroformzusatz. Nach MEYER sind die besten Ergebnisse bei einer Temperatur von 60° im OSTWALDschen Thermostaten zu erzielen.

---

1) A. WROBLEWSKI, Zeitschr. physiol. Chem., Bd. XXIV, p. 173 (1898); Ber. chem. Ges., Bd. XXX (II), p. 2289 (1897); Bd. XXXI, p. 1127 (1898). — 2) FANKHAUSER, Just Jahresber., 1887, Bd. I, p. 167. — 3) JACOBSON, Zeitschr. physiol. Chem., Bd. XVI, p. 340 (1892). — 4) O. NASSE u. E. FRAMM, Pflügers Arch., Bd. LXIII, p. 203 (1896). — 5) GRÜSS, Ber. bot. Ges. (1895), Bd. XIII, p. 2; Landwirtsch. Jahrb., Bd. XXV, p. 385 (1896); Ber. pharm. Ges., Bd. V, p. 258 (1896). — 6) Vgl. auch PAWLEWSKI, Ber. chem. Ges., Bd. XXX (II), p. 1313 (1897). — 7) LÉPINE, Compt. rend., Tome CXX, p. 139 (1895). — 8) KJELDAHL, Résumé du compt. rend. des travaux du Lab. Carlsberg, 1879; vgl. auch J. S. FORD, Journ. Chem. Soc. London, Vol. LXXXV, p. 980 (1904).

MEYERS Schüler LINZ verwendete als Stärkelösung 2 Teile LINT-NER-Stärke auf 10 ccm kaltes Wasser 5 Minuten lang angerührt, sodann 90 ccm kochendes Wasser zugesetzt und das Ganze 2 Minuten in vollem Kochen erhalten. Von dieser stets frisch zu bereitenden Lösung mißt man 50 oder 100 ccm ab. Nach LINZ erlischt die Proportionalität zwischen Reduktion und Enzymmenge schon bei einer Reduktionskraft gleich 10 Proz. Traubenzucker. Nach 24 stündiger Einwirkung unter Chloroform- oder besser Toluolzusatz wird die Probe durch Aufkochen unwirksam gemacht und die Zuckerbestimmung vorgenommen. Zur relativen Beurteilung der Enzymmenge gab LINZ auf Grund seiner Versuche folgende Tabelle:

12	mg Cu	= 1,0	Diastase	52	mg Cu =	4,9	Diastase
13	mg Cu	= 1,1	„	53	mg Cu =	5,0	„
14	mg Cu	= 1,1	„	54	mg Cu =	5,1	„
15	mg Cu	= 1,2	„	55	mg Cu =	5,2	„
16	mg Cu	= 1,3	„	56	mg Cu =	5,3	„
17	mg Cu	= 1,4	„	57	mg Cu =	5,5	„
18	mg Cu	= 1,4	„	58	mg Cu =	5,6	„
19	mg Cu	= 1,5	„	59	mg Cu =	5,7	„
20	mg Cu	= 1,6	„	60	mg Cu =	5,9	„
21	mg Cu	= 1,7	„	61	mg Cu =	6,0	„
22	mg Cu	= 1,7	„	62	mg Cu =	6,1	„
23	mg Cu	= 1,8	„	63	mg Cu =	6,3	„
24	mg Cu	= 1,9	„	64	mg Cu =	6,5	„
25	mg Cu	= 2,0	„	65	mg Cu =	6,7	„
26	mg Cu	= 2,1	„	66	mg Cu =	6,9	„
27	mg Cu	= 2,2	„	67	mg Cu =	7,2	„
28	mg Cu	= 2,3	„	68	mg Cu =	7,4	„
29	mg Cu	= 2,4	„	69	mg Cu =	7,6	„
30	mg Cu	= 2,5	„	70	mg Cu =	7,8	„
31	mg Cu	= 2,6	„	71	mg Cu =	8,0	„
32	mg Cu	= 2,7	„	72	mg Cu =	8,3	„
33	mg Cu	= 2,8	„	73	mg Cu =	8,6	„
34	mg Cu	= 2,9	„	74	mg Cu =	8,9	„
35	mg Cu	= 3,0	„	75	mg Cu =	9,2	„
36	mg Cu	= 3,1	„	76	mg Cu =	9,5	„
37	mg Cu	= 3,2	„	77	mg Cu =	9,8	„
38	mg Cu	= 3,3	„	78	mg Cu =	10,1	„
39	mg Cu	= 3,5	„	79	mg Cu =	10,4	„
40	mg Cu	= 3,6	„	80	mg Cu =	10,7	„
41	mg Cu	= 3,7	„	81	mg Cu =	11,0	„
42	mg Cu	= 3,8	„	82	mg Cu =	11,3	„
43	mg Cu	= 3,9	„	83	mg Cu =	11,7	„
44	mg Cu	= 4,0	„	84	mg Cu =	12,1	„
45	mg Cu	= 4,1	„	85	mg Cu =	12,5	„
46	mg Cu	= 4,2	„	86	mg Cu =	13,0	„
47	mg Cu	= 4,3	„	87	mg Cu =	13,6	„
48	mg Cu	= 4,5	„	88	mg Cu =	14,1	„
49	mg Cu	= 4,6	„	89	mg Cu =	14,8	„
50	mg Cu	= 4,7	„	90	mg Cu =	16,0	„
51	mg Cu	= 4,8	„	91	mg Cu =	17,0	„

(Fehlergrenze ± 2 mg Cu.)

Das von LINTNER angegebene Verfahren ist weniger zu empfehlen. SYKES und MITCHELL[1]) haben ein aus dem KJELDAHL- und LINTNER-Verfahren kombiniertes Verfahren beschrieben; eine weitere Modifikation stammt von A. LING[2]); die Anwendung von verdünnter Alkalilauge als Zusatz [DUGGAN[3])] möchte ich nicht für zweckmäßig halten. EFFRONT[4]) hat mit Recht auf die Fehlerquellen aufmerksam gemacht, welche aus der zufälligen Gegenwart von Stoffen, welche die Enzymwirkung begünstigen, entspringen. Nach MOHR[5]) kann man durch Anwendung von niederen Temperaturen die Gegenwart solcher Substanzen ziemlich unschädlich machen. v. EGLOFFSTEIN[6]) gab eine Methode zur Bestimmung der diastatischen Wirksamkeit von Malzextrakten an, welche sich der maßanalytischen Bestimmung der unter bestimmten Bedingungen gebildeten Rohmaltose bedient.

Auf die Abnahme der Viskosität der Stärkelösungen, die Veränderungen der Jodreaktion der Digestionsprobe[7]) oder gar die Intensität der Guajakreaktion läßt sich kaum eine brauchbare Methode zur annähernden Bestimmung und zum Vergleiche amylolytischer Wirkungen begründen.

Für praktische Zwecke hat der wissenschaftlich noch kaum brauchbare Begriff der „Stärkeverflüssigung" vielfach eine gewisse Bedeutung. LINTNER und SOLLIED[8]) haben eine Methode angegeben, welche bei Malzextraktanalysen auch hierfür verwendbare Zahlenwerte ergeben soll.

Begünstigende und hemmende Einflüsse. Bei mäßig hoher Temperatur bleibt, wie LINTNER[9]) zeigte, die amylolytische Wirkung der Diastase wenigstens nach 24stündiger Wirksamkeit ungeschwächt erhalten. Die bei der Hydrolyse entstehenden Spaltungsprodukte scheinen in den meisten Fällen keinen praktisch ins Gewicht fallenden Einfluß auf den Fortgang der Reaktion zu haben. So war es wenigstens in den Versuchen von KJELDAHL, BARANETZKY und WORTMANN. Nach MÜLLER-THURGAU[10]) hat Saccharosezusatz unwesentlichen Einfluß; hingegen gab GRÜSS[11]) hemmende Wirkung von 30 Proz. Maltosegehalt an. Übrigens fand LINDET[12]), daß man den diastatischen Prozeß durch Beseitigung der Maltose mittelst Alkoholgärung oder Ausfällung als Osazon merklich anregen kann. In dieser Richtung sind wohl noch weitere Studien anzustellen. Ebenso ist es wünschenswert, die theoretisch vorauszusehende Katalyse der umgekehrten Reaktion, der Kondensation von Maltose zu Stärke, vermittelst Amylase experimentell auszuführen.

Bezüglich der Wirkung von Neutralsalzen auf die Stärkekatalyse durch Amylase bestehen manche Meinungsverschiedenheiten. DETMER[13])

---

1) W. J. SYKES u. C. A. MITCHELL, Chem. Centr., 1896, Bd. II, p. 108; zum LINTNER-Verfahren auch H. SEYFFERT, Chem. Centr., 1898, Bd. II, p. 73, 1225. — 2) A. LING, Chem. Centr., 1896, Bd. II, p. 642. — 3) J. R. DUGGAN, Amer. chem. Journ., Vol. VII, p. 306; Ber. chem. Ges., Bd. XIX, Ref. p. 104 (1885). — 4) J. EFFRONT, Kochs Jahresber., 1893, p. 281. — 5) O. MOHR, Wochenschrift Brauerei, Bd. XIX, p. 313 (1902). — 6) v. EGLOFFSTEIN, Chem. C., 1903, Bd. II, p. 153. — 7) Hierzu DUNSTAN u. DIMMOCK, DIETERICH, Helfenberg. Annal., 1888, p. 17; D. J. DAVOLL, Chem. Centr., 1898, Bd. II, p. 135; J. TAKAMINE, ibid., p. 51. — 8) C. J. LINTNER u. P. SOLLIED, Zeitschr. gesamt. Brauwesen, Bd. XXVI, p. 329 (1903); vgl. auch v. SIGMOND, Wochenschr. Brauerei, Bd. XIV, p. 412 (1897). — 9) LINTNER, Journ. prakt. Chem., Bd. XXXVI, p. 492 (1887). — 10) MÜLLER-THURGAU, Landw. Jahrb., Bd. XIV, p. 795 (1885); BARANETZKY, l. c., p. 62; WORTMANN, Zeitschr. physiol. Chem., Bd. VI, p. 324. — 11) J. GRÜSS, Landw. Jahrb., Bd. XXV, p. 398 (1896); vgl. ferner DUCLAUX, Ann. Inst. Pasteur, Tome XII, p. 96 (1898). — 12) L. LINDET, Compt. rend., Tome CVIII, p. 453. — 13) DETMER, Pflanzenphys. Untersuch. üb. Fermentbild. (1883).

hatte begünstigende Wirkung von Chloriden gefunden. Nach EFFRONT [1) fördert wohl Handelskochsalz die Diastasewirkung, nicht jedoch chemisch reines Chlornatrium; LINTNER fand kleine Mengen CaCl$_2$, NaCl, KCl wirkungslos. Nach S. H. COLE [2) erfährt die Amylolyse aber in der Tat durch kleine Mengen von Chloriden eine Förderung, auch durch Sulfate und abnehmend durch Bromide, Jodide und Nitrate. EFFRONT fand Begünstigung der Katalyse durch Ammonium- und Calciumphosphat, Aluminiumsalze, Gips. Der fördernde Einfluß verdünnter Säuren auf die Amylolyse ist bekannt [3). Stärkere Säuren hemmen aber die Reaktion. In KJELDAHLS Versuchen betrug die Förderung maximal 10 Proz. der Gesamtwirkung und ließ sich für die verschiedensten Säuren erweisen. Auch Kohlensäure zeigt mehrfachen Beobachtungen zufolge [DETMER, BASWITZ, MÜLLER-THURGAU, SCHIERBECK, MOHR [4)] schon bei normalem Drucke eine merklich begünstigende Wirkung, mehr noch nach MÜLLER-THURGAU bei höherem Druck. Alkalien pflegen schon in kleinen Mengen nach den Erfahrungen von DUGGAN, LINTNER [5) und anderen Forschern die Amylolyse zu verzögern; nach LINTNER hemmt bereits Zusatz von 0,2 Proz. Ammoniak.

Beachtenswert ist die von EFFRONT [6) gefundene Unempfindlichkeit der amylolytischen Enzymwirkung gegen geringe Mengen von Fluorkali und Fluorammonium, welche Milchsäure- und Buttersäuregärung viel leichter hemmen. Beobachtungen über die hemmende Wirkung verschiedener Gifte und anderer Stoffe stellte bereits BOUCHARDAT [7) an. Antiseptika hemmen meist bedeutend, so 0,1proz. Salicylsäure, $^1/_{100\,000}$ Sublimat [MROTSCHKOVSKY [8)]; nach KJELDAHL sinkt auf Zusatz von 0,4 Proz. Phenol zu Malzauszug bei 60° die Wirkung um 30 Proz., 5proz. Karbolsäure sistiert gänzlich. Die Hemmung der Amylolyse durch Tannin (welches das Ferment niederschlagen dürfte) war schon PAYEN bekannt. Sonst sind schädlich Schwermetallsalze [9), Borax, Alaun, Arsensalze (KJELDAHL). Strychnin fand der letztere Autor indifferent; Atropin ist nach DETMER [10) schädlich.

EFFRONT hat uns mit der fördernden Wirkung von Asparagin und Eiweißstoffen auf die Amylolyse bekannt gemacht, eine Erscheinung,

1) EFFRONT, Compt. rend., Tome CXV, p. 1324 (1892); Monit. scient., Tome VII, p. 266 (1893); Kochs Jahresber., 1893, p. 277. — 2) S. H. COLE, Journ. of Physiol., Vol. XXX, p. 202 (1903). — 3) Hierzu LEISER, zit. FUHRER. DETMER; BARANETZKY, l. c., p. 34; für Speicheldiastase auch R. H. CHITTENDEN u. W. L. GRISWOLD, Amer. chem. journ., 1881, p. 305. — 4) DETMER, l. c., 1883; Zeitschr. phys. Chem., Bd. VII; Sitzber. Jenaisch. Gesellsch., 1881; BASWITZ, Ber. chem. Ges., Bd. XI, p. 1443 (1878); DETMER, Botan. Zeitg., 1881, p. 609 (Zitronensäure); Landwirtsch. Jahrb., Bd. X (1881), p. 731; MÜLLER-THURGAU, ibid., Bd. XIV, p. 795 (1885); SCHIERBECK, Centr. Physiol., Bd. VIII, p. 210 (1894); MOHR, Ber. chem. Ges., Bd. XXXV (I), p. 1024 (1902); Centr. Bakt. (II), Bd. VIII, p. 601 (1902); P. PETIT, Compt. r., Tome CXXXVIII, p. 1231, 1716 (1904). — 5) DUGGAN, Jahresber. Agr.-Chem., 1886, p. 275; LINTNER, Zeitschr. ges. Brauwes., 1891, p. 281; auch LINZ, KJELDAHL, l. c. — 6) EFFRONT, Bull. soc. chim. (3), Tome IV, p. 627 (1890); Tome V, p. 149 (1891). Die Diastasen, übersetzt von BÜCHELER (1900). — 7) BOUCHARDAT, Compt. rend., Tome XX, p. 107 (1845); Ann. chim. phys. (3), Vol. XIV, p. 61 (1845). — 8) MROTSCHKOVSKY, Kochs Jahresber., 1891, p. 249. — 9) Hierzu LINTNER, Journ. prakt. Chem., Bd. XXXVI, p. 481 (1887); KJEDAHL, l. c. Für Pankreasdiastase vgl. GRÜTZNER, Pflüg. Arch., Bd. XCI, p. 195 (1902). Ferner über Gifteinfluß auf Diastase CHITTENDEN, Malys Jahresber., Bd. XV, p. 256 (1885); H. MAC GUIGAN, Amer. journ. of physiol., Vol. X, p. 444 (1904). — 10) DETMER, Landw. Jahrbücher, Bd. X, p. 757 (1881). Verschiedene hier interessierende Angaben über fördernde und hemmende Einflüsse auf Diastase sodann bei J. S. FORD, Journ. Soc. Chem. Industr., Tome XXIII, p. 414 (1904); J. EFFRONT, Monit. Scient. (4), Tome XVIII, p. 561 (1904).

welcher hohe praktische Bedeutung zukommt. Die von SOMLÓ und v. LASZLÓFFY[1]) beobachtete Erscheinung, daß schwache Formaldehydbehandlung des Malzes dessen diastatische Wirksamkeit erhöht, könnte auch auf einer Steigerung der Enzymproduktion selbst beruhen.

LOEW[2]) fand Unwirksamwerden der Diastase durch Einwirkung von Hydroxylamin, HNO_2, besonders Formaldehyd.

Indifferent ist Borsäure[3]), ferner nach mehrfachen Angaben[4]) Chloroform, Benzol, Alkohol. Schwefelwasserstoffbehandlung und darauffolgende Alkoholfällung schädigt[5]) (Merkaptanwirkung?). Nach WROBLEWSKI zerstört wohl Pepsin die Diastase, nicht aber Trypsin[6]).

Daß helles Tageslicht Diastaselösungen zersetzt, ergibt sich aus den Feststellungen von GREEN[7]) und LINZ. Indessen zersetzen sich letzterem Autor zufolge die Lösungen langsam auch im Dunklem. Nach GREEN sind die violetten Strahlen von stärkster Wirkung. Übrigens scheinen nicht alle Diastasen gleich widerstandsfähig zu sein.

Temperatureinfluß. Wie bei den meisten Fermenten, ist auch bei der Diastase eine schwache Wirkung schon bei niederen Temperaturen vorhanden. Nach KRABBE[8]) wirkt Diastase noch bei —3° C deutlich auf Kleister; auch Abkühlung auf —15° schädigt das Enzym nicht. Mit steigender Temperatur nimmt die Wirkung der Amylase bis zu einem Optimum zu, sodann bis zur Tötungstemperatur wieder ab.

Nach KJELDAHL nimmt die verzuckernde Wirkung der Malzdiastase trotz der allmählich größer werdenden Zerstörung des Enzyms bis 63° stetig zu. 8 ccm vorher nicht erhitztes Malzextrakt wirkte 15 Minuten lang auf reinen Kleister aus 10 g Stärkemehl und 200 g Wasser bei verschiedenen Temperaturen mit folgendem Ergebnisse ein:

Temp.		Temp.	
19°	17,3 mg Cu	67°	34 mg Cu
35°	30,5 mg Cu	69°	29 mg Cu
54°	41,3 mg Cu	71°	18 mg Cu
63°	42,0 mg Cu	77°	8 mg Cu
64°	40,0 mg Cu	86°	0 mg Cu

Daß das Ferment auch bei niederen Temperaturen einem Zerfallsprozesse in längeren Zeiträumen unterliegt, wurde mehrfach sichergestellt[9]). Man kann also auch bei der Diastase sich vorstellen, daß das „Temperaturoptimum" durch die Superposition zweier Kurven: der Kurve des Enzymzerfalls und der Kurve der Reaktionsbeschleunigung durch die Temperatur zustande kommt. Sobald der Enzymzerfall den Effekt der Temperatur übersteigt, tritt Abfall der Wirkung ein. Der schädigende Einfluß einer Vorwärmung wurde durch KJELDAHL für Malzdiastase ebenfalls sichergestellt, wie sich aus nachstehenden Daten ergibt:

Malzdiastase vorher erwärmt auf 73° durch 6 Min. gab $(R)_d = 11,6$

„   „   „   „ 73° „ 15 „ „ „ $= 8,9$

„   „   „   „ 65° „ 6 „ „ „ $= 24,9$

1) K. J. SOMLÓ u. A. v. LASZLÓFFY, Österr. Chem.-Zeitg., Bd. VII, p. 126 (1904). — 2) O. LOEW, Journ. prakt. Chem., Bd. XXXVII, p. 101 (1888). — 3) LEFFMANN u. BEAM, Analyst, Vol. XIII, p. 103 (1888). — 4) Z. B. DETMER, l. c., 1883; LINZ, l. c. u. a. — 5) H. SEYFFERT, Chem. Centr., 1898, Bd. II, p. 74. — 6) WROBLEWSKI, Zeitschr. physiol. Chem., Bd. XXIV, p. 173. — 7) GREEN, Ann. of Bot., Vol. VIII, p. 370 (1894); Phil. Trans., Vol. CLXXXVIII, p. 167 (1897); LINZ, l. c., p. 12; DETMER (1883) hatte keine Lichtwirkung gefunden. — 8) KRABBE, l. c., p. 61 d. Sep.; vgl. auch DETMER, Fermentbildung (1883), p. 31. — 9) Vgl. A. MAYER, Lehre v. d. chem. Fermenten (1882), p. 38. Über Temperaturoptimum vgl. bereits GUÉRIN VARRY, Ann. chim. phys. (2), Vol. LX, p. 32 (1835).

Malzdiastase vorher erwärmt auf 65^0 durch 18 Min. gab $(R)_d = 15,2$

"   "   "   " 55^0 "   5 "   "   " $= 42,0$

"   "   "   " 55^0 "   15 "   "   " $= 42,0$

Nach LINTNER [1]) ist es praktisch am richtigsten, eine Temperatur von 50^0 für die Malzdiastasewirkung zu verwenden. LINTNER [2]) stellte auch fest, daß eine reine wässerige Diastaselösung doppelt so rasch zerstört wird, als Diastaselösung bei Gegenwart von Stärkekleister. Dieser auch für andere Enzyme [3]) bekannte Schutz gegen Temperatureinflüsse wurde ferner von PETZOLDT [4]) beobachtet, nach welchem kleine Maltosemengen die Schädigung von Diastase bei 49^0 R aufheben, ferner von MORITZ und GLENDINNING [5]) u. a. Forschern.

Es liegen mehrfache Beobachtungen vor, wonach Diastase nach Vorwärmen ihre Wirkung auf Stärke zu ändern scheint. Derartige Angaben stammen aus früherer Zeit von SCHWARZER [6]), ferner hat BOURQUELOT [7]) gefunden, daß Diastase nach 12stündigem Vorwärmen auf 68^0 weniger Reduktion hervorruft als normal. Auch nach MORITZ und GLENDINNING [5]) scheint es, als ob bei dieser Einbuße an Wirksamkeit mehr die Verzuckerung des Dextrins, als die Dextrinbildung durch die Amylase betroffen würde. Einschlägige Beobachtungen sammelten auch LING und DAVIS [8]). Nach HUEPPE [9]) vertragen konzentrierte Diastaselösungen noch 100^0 ohne völlige Vernichtung. Trockene - Diastase kann bis 150^0 erhitzt werden und verliert ihre Wirksamkeit erst bei 158^0.

Identität der Samenamylasen. Amylasen verschiedener Provenienz sind mehrmals vergleichsweise untersucht worden in bezug auf Wirkungsintensität, Widerstandsfähigkeit gegen höhere Temperaturen etc., ohne daß sich Anhaltspunkte zur Aufstellung von Differenzen ergeben hätten. Untersuchungen dieser Art finden sich bereits von BARANETZKY ausgeführt. Auch LINTNER konnte zwischen Weizenmalz- und Gerstenmalzdiastase keine Unterschiede finden. Nach SZILAGYI [10]) ist Haferdiastase etwas wirksamer als Gerstenmalzdiastase. BOURQUELOT [11]) wollte sogar die Speichel- und Cephalopodenleberdiastase als identisch mit Malzdiastase hinstellen. Mit den modernen vervollkommneten Methoden wären einschlägige Untersuchungen wohl zu wiederholen. Von gewissen Standpunkten der jetzigen Enzymlehre ist es wahrscheinlich, daß Fermente selbst dann verschieden sein können, wenn sie auf eine bestimmte Substanz in ganz identischer Weise einwirken. Hier sind häufig die Antienzyme ein treffliches Reagens auf identische oder differente Beschaffenheit. Entschieden unwahrscheinlich ist es, daß Hydrolyse von

1) LINTNER, Journ. prakt. Chem., Bd. XXXVI. p. 481 (1887). Bezüglich Speicheldiastase: BOURQUELOT, Compt. rend., Tome CIV, p. 177 (1887). — 2) LINTNER, Journ. prakt. Chem., ibid. — 3) Schutz v. Trypsin durch Salze: BIERNACKI, Zeitschr. Biolog., Bd. XXVIII, Heft 1 (1891). — 4) H. PETZOLDT, Chem. Centr., 1890, Bd. I, p. 886; Wochenschr. f. Brauerei, 1890, p. 265. — 5) E. R. MORITZ u. T. A. GLENDINNING, Journ. chem. soc., 1892, Vol. I, p. 689; LINTNER, Kochs Jahresb., 1892, p. 254; WINDISCH, Wochenschr. f. Brauerei, 1892. p. 537. — 6) SCHWARZER, Journ. prakt. Chem., Bd. I, p. 212 (1870). — 7) BOURQUELOT, Compt. rend., Tome CIV, p. 576 (1887); Annal. Inst. Past., Tome I, p. 337 (1887). — 8) A. R. LING u. B. F. DAVIS, Chem. Centr., 1902, Bd. II, p. 1223; Chem.-Zeitg., Bd. XXVII. p. 1257 (1903). — 9) F. HUEPPE, Botan. Jahresber., 1881. — 10) J. SZILAGYI, Hilgers Vierteljahrschr., Bd. VI, p. 242; Jahresber. Agr.-Chem., 1891, p. 745. Für Gerste: DUCLAUX, Ann. Inst. Pasteur, Tome IV, p. 607 (1890). — 11) BOURQUELOT, Compt. rend. soc. biol. 1885, p. 73. Hingegen über Differenzen verschiedener Diastasen H. M. VERNON, Journ. of Physiol., Vol. XXVIII, p. 156 (1902).

Stärke und Reservecellulose durch dasselbe Enzym bewirkt werden kann, wie von manchen Seiten behauptet wurde[1]).

Eine zweite sich anreihende Frage ist die, ob die Samenamylasen Fermente von einheitlicher Beschaffenheit sind, oder Enzymgemische, etwa aus einem Dextrin erzeugenden, und einem Maltose aus Dextrin erzeugenden Enzym bestehend, darstellen. Die Erfahrungen, welche über die Wirkungen des Erhitzens auf Diastase, ferner über Vergärung von Dextrin durch manche Sproßpilze (Schizosaccharomyces Pombe) gesammelt wurden, lassen solche Vermutungen nicht unberechtigt erscheinen. Einmal hat man daran gedacht, daß Endosperm und Schildchenepithel verschiedene Diastasen produzieren, welche in der Malzdiastase gemischt enthalten sind. LINTNER und ECKHARDT[2]) gaben an, daß die Endospermdiastase zwischen 45 bis 50 °, die Schildchenepitheldiastase aber zwischen 50 und 55 ° am besten wirke. Erstere soll viel weniger das Vermögen haben, Stärkekleister zu verflüssigen, als letztere. Dabei könnten allerdings Beimengungen eine gewisse Rolle spielen. Auch BROWN und MORRIS unterschieden die Epitheldiastase als „Sekretionsdiastase" von der Endospermdiastase („Translokationsdiastase"). Im ungekeimten Samen soll nur Endospermdiastase vorhanden sein. Die Sekretionsdiastase vermag nach BROWN und MORRIS Stärkekörner zu korrodieren und Stärkekleister zu verflüssigen; die andere Diastase soll nur gelöste Stärke verzuckern. Die Versuche PFEFFERS und HANSTEENS zeigen jedoch, daß auch in isolierten Endospermen reichlich Zucker gebildet wird. KJELDAHL gab ebenfalls an, daß Auszug aus ungekeimter Gerste eine Stärkelösung sehr rasch verzuckert, Stärkekleister aber nur sehr wenig angreift. Nach BROWN und ESCOMBE[3]) soll bei der Keimung der Gerste die Stärke am Schildchen in etwas anderer Weise aufgelöst werden, als die Stärke in der Nähe der Aleuronschicht. Auch JALOWETZ[4]) erklärte die Malzdiastase für ein Enzymgemenge. SEYFFERT[5]) nahm auf Grund der Differenzen in der Wirkung von Malzinfus und fünf geprüften Diastasepräparaten an, daß mindestens drei Enzyme zu unterscheiden seien. Eines davon besitzt nach diesem Autor besonders die Fähigkeit, Erythro- und Amylodextrin zu verzuckern; das Temperaturoptimum dieses Enzyms soll weit unter 57 ° liegen. POTTEVIN[6]) unterschied zwei Enzyme: eine Dextrinase, welche Stärke in Dextrin überführt und eine Amylase, welche dieses weiter in Maltose verarbeitet. Er stützt sich besonders auf die Tatsache, daß bei 80 ° C 5 Minuten langes Erhitzen der Diastase die zuckerbildende Kraft nimmt, ohne die stärkelösende Wirkung zu zerstören. LINTNER steht dagegen auf dem Standpunkte, daß die Malzdiastase ein einheitliches Enzym sei.

Viel Beachtung haben Versuche von WIJSMAN[7]) und BEIJERINCK[8]) gefunden, wonach man durch Diffusion der Malzdiastase in Gelatine-

---

1) Vgl. z. B. GRÜSS, Jahrbücher wiss. Bot., Bd. XXVI, p. 407 (1892); REINITZER, Zeitschr. physiol. Chem., Bd. XXIII, p. 202 (1897). — 2) LINTNER u. ECKHARDT, Zeitschr. ges. BrauWesen, 1883. — 3) BROWN u. ESCOMBE, Proc. roy. soc., Vol. LXIII (1898). — 4) JALOWETZ, Kochs Jahresber., 1894, p. 143. — 5) H. SEYFFERT, Chem. Centr., 1898, Bd. II, p. 1224, 1291. — 6) POTTEVIN, Mon. scient., 1900, p. 116; Ann. Inst. Pasteur, Tome XIII, p. 665 (1899). — 7) WIJSMAN, De diastase beschouwd als mengsel, 1889; Kochs Jahresber., 1890, p. 155; Just, 1889, Bd. II, p. 384; Rec. trav. chim., Tome IX, p. 1; Ber. chem. Ges., Bd. XXIII, Ref. 347 (1890). — 8) BEIJERINCK, Centr. Bakt. (II), Bd. I, p. 329 (1895).

stärkeplatten feststellen kann, daß bei Anstellung der Jodreaktion um die diastasehaltige Zone herum eine farblose Zone folgt, hierauf ein violettroter Ring, endlich eine blaue Umgebung. Die genannten Forscher schließen daraus, das zwei Enzyme zugegen sind, ein rascher diffundierendes, welches „Erythrodextrin" bildet und ein langsamer diffundierendes, welches mit Jod farblos bleibende Produkte erzeugt: Maltase und Dextrinase. Ich halte es aber nicht für ausgeschlossen, daß die beschriebenen Farbenerscheinungen auf succedanen Veränderungen durch dasselbe Enzym beruhen, wenn auch zuzugestehen ist, daß die Veränderungen in diesem Falle sehr rasch aufeinanderfolgen müßten. BEIJERINCK nahm übrigens an, daß seine „Glukase" auch lösliche Stärke angreift, vorübergehend Isomaltose und Maltose, schließlich Traubenzucker erzeugt. Hierüber wären wohl neuerlich Untersuchungen anzustellen. BEIJERINCK unterschied dann weiter zwei Fermente in der Malzdiastase: Maltase, welche aus Stärke erst Erythrodextrin, dann Maltose bildet, und Granulase, welche vorübergehend Isomaltose, dann Maltose formiert. Je nach der Begünstigung durch Säuren oder Alkali teilte BEIJERINCK die Granulasen in „Säuregranulasen" und „Alkaligranulasen"; zu letzteren rechnet er das Ptyalin und die Pankreasdiastase, zu ersteren die meisten pflanzlichen Granulasen. Die Ansicht von WIJSMAN, wonach es eine Maltase gibt, die aus Stärke Maltose und Erythrodextrin bildet, und eine Dextrinase, die Isomaltose und Maltose formiert, teilt BEIJERINCK nicht. Über die Lokalisation der unterschiedenen drei Enzyme in Samen hat BEIJERINCK eine Reihe von Angaben gemacht, die in der Originalarbeit eingesehen werden mögen.

Die Abbauprodukte der diastatischen Stärkehydrolyse. Es ist sehr wahrscheinlich, daß der Zerfall der Stärke unter dem katalytischen Einflusse der amylolytischen Samenenzyme wesentlich denselben Vorgang darstellt, bis zum Auftreten der Maltose herab, wie wir ihn in der Säurehydrolyse der Stärke bereits kennen gelernt haben. Allerdings scheint es bei der fermentativen Amylolyse teilweise leichter zu sein, Zwischenprodukte sicherzustellen, und deswegen ist die Diastase-Hydrolyse eines der wichtigsten Hilfsmittel in der Chemie der Stärke geworden. Schon PAYEN und PERSOZ[1]) suchten die beim diastatischen Stärkeabbau entstehenden Produkte zu eruieren, und studierten die Fraktion der dextrinartigen Produkte. SCHULZE[2]) beobachtete schon 1836 die Abnagung der Stärkekörner durch die Wirkung der Diastase.

Das Schicksal der Farinose oder a-Amylose der Stärkekörner bei Einwirkung der Diastase ist noch relativ wenig studiert worden[3]). Wahrscheinlich geht dieses Kohlenhydrat in β-Amylose (Granulose) durch Hydratation über und erleidet im weiteren die für die Granulose charakteristischen Veränderungen. Wenn nicht gewisse, in Wasser sehr leicht kolloide Lösungen bildende, rein blaue Jodreaktion gebende Bestandteile der „löslichen Stärke" die nächstfolgenden Abbaustufen sind, so haben wir es im Amylodextrin von W. NÄGELI und A. MEYER mit der nächsten Hydratationsstufe der Stärke zu tun.

---

1) PAYEN u. PERSOZ, Pogg. Ann., Bd. XXXII, p. 174 (1834); Schweig. Journ., Bd. LXIX, p. 112 (1833); PAYEN, Compt. rend., Tome V, p. 115 (1837). Über den Stärkezucker: BRACONNOT, Ann. chim. phys. (2), Tome XVI, p. 427 (1821); GUERIN VARRY, Compt. rend., Tome I, p. 81 (1835). — 2) F. Schulze, Pogg. Ann., Bd. XXXIX, p. 489 (1836). — 3) Vgl. hierüber MEYER, Stärkekörner (1895), p. 7.

MEYER [1]) charakterisiert Granulose und Amylodextrin nebeneinander folgendermaßen:

	Granulose:	Amylodextrin:
Verhalten zu Bleiessig:	Fällung in 0,05prozent. Lösung	keine Fällung in 6proz. Lösung
Verhalten zu Tannin:	Fällung in 0,005prozent. Lösung	keine Fällung in kalter 5proz. Lösung
Jodreaktion:	verdünnte Lösung rein blau	rein roth
FEHLINGS Lösung:	wird nicht reduziert	100 g reduzieren so stark wie 5,6 g Dextrose
Drehung in Calcium- nitratlösung:	+ 230⁰	+ 195⁰

Die früheren Präparate von Amylodextrin von MUSCULUS [2]) und dessen Mitarbeitern waren sämtlich Gemenge von Granulose, Amylodextrin und Dextrin, wie besonders MEYER gezeigt hat. LINTNER und DÜLL [3]) unterschieden eine kristallisierende, sich mit Jod bläuende Substanz als „Amylodextrin" von einem rotbraune Jodfärbung gebenden „Erythrodextrin" ($a_D = + 196$). MEYER erklärte auch diese Präparate für Gemische. LINTNER nahm ferner an, daß beim Diastaseabbau der Stärke nur ein Erythrodextrin auftrete (sein „Erythrodextrin I"), während die bei der Oxalsäurehydrolyse neben diesem auftretenden Erythrodextrine IIa und IIβ fehlen. MITTELMEIER [4]) nahm die Existenz zweier chemisch differenter Amylodextrine als nächste Produkte des Stärkeabbaues an, von denen das eine relativ viel rascher weiter zerfällt als das andere. Endlich sind in bezug auf das Amylodextrin die Untersuchungen von BÜLOW [5]) zu erwähnen, welcher aus der Barytverbindung die Molekulargröße zu bestimmen trachtete. Gegenwärtig sind die von A. MEYER über das Amylodextrin geäußerten Ansichten entschieden die klarsten. Über das von BAKER [6]) jüngst angegebene Jod bläuende „a-Amylodextrin" sind noch weitere Nachrichten abzuwarten.

Noch viel unsicherer sind unsere Kenntnisse bezüglich der Dextrine oder „Achroodextrine" im Sinne BRÜCKES [7]) beim diastatischen Stärkeabbau. Die meisten Präparate der älteren Zeit [8]) stellten Gemische von wenig Stärke und Amylodextrin und viel Dextrin mit Maltose dar und die Mehrzahl der Angaben über die Unterscheidbarkeit einer Reihe von Dextrinen sind sehr kontrovers.

---

1) A. MEYER, Ber. bot. Ges., Bd. V, p. 171 (1887). — 2) MUSCULUS, Compt. rend., Tome LXXVIII, p. 1413 (1874); MUSCULUS u. A. MEYER, Zeitschr. physiol. Chem., Bd. IV, p. 451 (1880); MUSCULUS u. D. GRUBER, ibid., Bd. II, p. 176 (1878). — 3) LINTNER, Ber. chem. Ges., Bd. XXVI, p. 2533 (1893); LINTNER u. DÜLL, ibid., Bd. XXVIII, Heft 12; Chem.-Ztg., Bd. XXI, p. 737 (1897). — 4) H. MITTELMEIER, Mitteil. österr. Versuchstat. f. Brauerei, Wien 1895, Heft 7. — 5) K. BÜLOW, Pflüg. Arch., Bd. LXII, p. 131 (1895); BROWN u. MORRIS, Chem. News, Vol. LIX, p. 295 (1889), gaben dem Amylodextrin die Formel $C_{19}H_{19}O_{11}(C_{12}H_{20}O_{10})_5$ (1 Maltoserest, 6 Amylin- oder Dextringruppen). — 6) J. L. BAKER, Chem. Centr., 1902, Bd. II, p. 191. — 7) BRÜCKE, Sitz.-Ber. Wien. Akad., Bd. LXV (III), April 1872. — 8) Von älteren Arbeiten über Dextrin seien erwähnt L. BONDONNEAU, Ber. chem. Ges., Bd. IX, p. 61, 69 (1876); Bull. soc. chim., Tome XXI, p. 50 (1874); Tome XXIII, p. 98 (1875); MUSCULUS u. GRUBER, Ber. chem. Ges., Bd. XII, p. 287 (1879); MUSCULUS, Journ. prakt. Chem., Bd. XXVIII, p. 496 (1884); GRIMAUX u. LEFÈVRE, Arch. Pharm., 1886, p. 940; HÖNIG u. SCHUBERT, Mon. Chem., Bd. VII, p. 455 (1886); EFFRONT, Monit. scient., 1887, p. 513. Ein arger Mißgriff von BÉCHAMP, Compt. rend., Tome L, p. 211 (1856), welcher die sich mit Jod rotfärbenden Stoffe als Dextrin bezeichnete, hatte lange Zeit Verwirrung angerichtet.

BROWN und HERON [1]) machten die beachtenswerte Bemerkung, daß alle bei Temperaturen über 40⁰ in kurzer Zeit auftretenden Produkte, welche keine Jodreaktion geben, aufgefaßt werden können als Gemenge von Maltose und einem Stoff vom Drehungsvermögen $(a)_{D \, 3 \cdot 86} = + 194,8$ und der Reduktion 0. Man könnte daran denken, daß neben Amylodextrin und Maltose nur noch ein wenig reduzierendes Dextrin vorhanden sei. Nach Entfernung der Zuckerarten aus dem Reaktionsgemische erhielten BROWN und MORRIS [2]) ein Produkt von der spez. Drehung $a_D = 194,8$, welches nicht reduzierte; sie erklärten es für ein Gemisch verschiedener polymerer Dextrine. POTTEVIN [3]) nahm an, daß die Dextrine physikalisch verschiedene Modifikationen derselben Substanz seien. LINTNER und DÜLL [4]) kamen zur Ansicht, daß es zwei „Achroodextrine" gäbe, die sich durch fraktionierte Fällung mit Alkohol trennen lassen. PRIOR [5]) wollte noch ein drittes Achroodextrin unterscheiden.

Eine Reihe anderer Beobachter nehmen jedoch im Gegensatze hierzu an, daß wahrscheinlich nur ein einziges Dextrin existiere, so OST [6]), A. MEYER [7]), SCHIFFERER [8]), auch BROWN und MORRIS [9]). MEYER hat ferner die Entstehung von Dextrin aus Amylodextrin nachgewiesen.

Dextrin reduziert FEHLINGsche Lösung, ist mit Bierhefe nicht vergärbar. Nach SCHEIBLER und MITTELMEIER [10]) dürfte es eine Aldehydgruppe enthalten, da es mit Natriumamalgam einen Alkohol: „Dextrit" und mit Brom Säure liefert. BROWN und MILLAR [11]) versuchten ohne Erfolg Dextrin durch Nitroesterherstellung zu reinigen; sie beschrieben eine mit HgO darzustellende Dextrinsäure. Nach YOUNG [12]) sind die Achroodextrine der Hauptsache nach nicht mehr aussalzbar, während die Amylodextrinfraktionen ausgesalzen werden können.

Ob der von PETIT [13]) mittels elektiver Hefegärung isolierte Stoff reines Dextrin war, bleibt zu bestätigen.

Als Zwischenprodukt zwischen Dextrin und Maltose ist von LINTNER [14]) 1891 Isomaltose angegeben worden. Mit der LINTNERschen Isomaltose ist das von SCHMITT und COBENZL [15]) als unvergärbarer Stoff im Stärkezucker beschriebene „Gallisin" identisch. Man gewinnt Isomaltose nach LINTNER, indem man 250 g Kartoffelstärke, 500 ccm Diastaselösung drei Tage bei 67—69⁰ hält; es entsteht so Dextrin und 20 Proz. der Stärke an Isomaltose. LINTNER und DÜLL sowie SCHIFFERER fanden, daß die Isomaltose weiter durch Diastase in Maltose übergeht. Späterhin unterschied A. BAU [16]) zwei Isomaltosen. Die LINTNERsche Isomaltose

1) BROWN u. HERON, ref. Ber. chem. Ges., Bd. XII, p. 1477 (1879). — 2) BROWN u. MORRIS, Lieb. Annal., Bd. CCXXXI, p. 72 (1885). — 3) H. POTTEVIN, Compt. rend., Tome CXXVI, p. 1218 (1898). — 4) LINTNER u. DÜLL, Zeitschr. ges. Brauwesen, Bd. XVII, p. 339 (1894). — 5) PRIOR. Centr. Bakter. (II), Bd. II, p. 271 (1896); PRIOR u. WIEGMANN, Zeitschr. angew. Chem., 1900, p. 464. — 6) H. OST, Chemik.-Ztg., Bd. XIX, p. 1501 (1895). — 7) A. MEYER, Stärkekörner (1895). — 8) A. SCHIFFERER, Wochenschr. f. Brauerei, Bd. IX, p. 1114 (1892); Chem. Centr., 1892, Bd. II, p. 825, 1011. — 9) BROWN u. MORRIS, Jahresber. Agrik.-Chem., 1890, p. 769; vgl. auch P. PETIT, Compt. rend., Tome CXXVIII, p. 1176 (1899). — 10) SCHEIBLER u. MITTELMEIER, Ber. chem. Ges., Bd. XXIII, p. 3060 (1891). — 11) H. T. BROWN u. MILLAR, Proc. chem. soc., Vol. XV, p. 13 (1899). — 12) R. A. YOUNG, Journ. of Physiol., Vol. XXII, p. 401 (1898). — 13) PETIT, Compt. rend., Tome CXXV, p. 355 (1897). — 14) LINTNER, Zeitschr. ges. Brauwesen, 1891, Bd. XV, p. 145; ibid., 1892, No. 1; LINTNER u. DÜLL, Zeitschr. angew. Chem., 1892, p. 263; Wochenschr. f. Brauerei, Bd. X, p. 309 (1893); Ber. chem. Ges., 1893, p. 2533; Chemik.-Zeitg., Bd. XXI, p. 737, 761; Zeitschr. gesamt. Brauwes., Bd. XVIII, p. 70 (1895). — 15) C. SCHMITT u. J. COBENZL, Ber. chem. Ges., Bd. XVII, p. 1000 (1884). — 16) A. BAU, Wochenschr. Brauerei, 1895, p. 431; vgl. auch C. J. LINTNER, Zeitschr. gesamt. Brauwes. Bd. XVIII, p. 173 (1895).

wurde von mehreren Seiten lebhaft bestritten, während andere Forscher, wie A. MEYER, an der Richtigkeit der Auffassung LINTNERS festhalten. OST und ULRICH[1]), ferner LING und BAKER[2]) bestritten, daß die Isomaltose LINTNERS einen einheitlichen Stoff darstelle, und auch BROWN und MORRIS[3]) äußerten sich dahin, daß die LINTNERsche Isomaltose aus Maltose und einer dextrinartigen Verbindung der „Maltodextrin" oder „Amyloin"klasse bestehe. Neuerdings hat aber auch DIERSSON[4]) im Laboratorium von OST wenigstens für die Oxalsäurehydrolyse der Stärke die Existenz der Isomaltose bestätigen können.

Hier ist vielleicht auch der Ort, das Maltodextrin von HERZFELD[5]) zu erwähnen. Bei diastatischem Stärkeabbau bei 65⁰ fand HERZFELD neben Maltose eine amorphe gummiartige Masse gebildet, welche er Maltodextrin nannte. Sodann haben sich BROWN und MORRIS[6]) mit dem Maltodextrin näher befaßt; sie kamen jedoch in der Folge zur Überzeugung, daß ihr Präparat von jenem HERZFELDs verschieden sein müsse. Das Maltodextrin dieser Chemiker war optisch aktiv, reduzierte Kupfer, wie es einem Gemisch von Maltose und Dextrin entspricht, war unvergärbar, in Alkohol löslich, „durch gewöhnliche Mittel" nicht in Maltose und Dextrin überzuführen und ging mit geringen Mengen kalten Malzauszuges völlig in Maltose über. Molekulargewicht und spezifische Drehung stimmen gut zur Annahme, daß es aus 1 Teil Maltose und 2 Teilen Dextrin aufgebaut ist. Aus Dextrin entstehen nach BROWN und MORRIS verschiedene Stoffe von den Eigenschaften des Maltosedextrins, doch von verschiedener Zusammensetzung; sie werden von unseren Autoren als „Amyloine" bezeichnet. Die Amyloine sollen sich bei der Struktur der Stärke beteiligen, indem vier periphere um ein zentrales Amyloin gelagert sind. Der zentrale Kern widersteht der Diastasewirkung länger und bildet das beständige Dextrin; die vier anderen Gruppen werden abgesprengt und rasch und vollständig in eine Reihe von Amyloine übergeführt. Nach BROWN und MILLAR[7]) hat reines Maltodextrin $a_D = + 181$ bis 183^0; es gibt mit HgO oxydiert eine Maltodextrinsäure, welche bei Diastaseeinwirkung Maltose und eine Maltocarbonsäure gibt. Sie stellen als Konstitutionsformeln auf: für Maltodextrin

$$O \Bigg\langle \begin{matrix} C_{12}H_{21}O_{10} \\ C_{12}H_{20}O_9 \\ \end{matrix} \quad \text{und Maltodextrinsäure:} \quad O \Bigg\langle \begin{matrix} C_{12}H_{21}O_{10} \\ C_{12}H_{20}O_9 \\ \end{matrix}$$

$$O \Bigg\langle \; C_{12}H_{12}O_{10} \qquad\qquad\qquad\qquad\qquad O \Bigg\langle \; C_5 H_9 O_5$$

SCHIFFERER er-

1) OST, Chemik.-Ztg., 1895, p. 1501; ULRICH, ibid., p. 1523. — 2) R. LING u. L. BAKER, Journ. chem. Soc., 1895, Vol. LXVII, p. 702; Chem. News, Vol. LXXII, p. 45 (1895). In demselben Sinne äußert sich auch POTTEVIN, Ann. Inst. Pasteur, Tome XIII, p. 796 (1899); F. GRÜTERS, Zeitschr. angew. Chem., Bd. XVII, p. 1169 (1904). — 3) BROWN u. MORRIS, Journ. chem. Soc., 1895, p. 709; Chem. News, Vol. LXXI, p. 123 (1895); Ber. chem. Ges., Bd. XXIX, p. 1135 (1896). — 4) H. DIERSSEN, Zeitschr. angew. Chem., Bd. XVI, p. 122 (1903). — 5) A. HERZFELD, Ber. chem. Ges., Bd. XII, p. 2120 (1879). — 6) BROWN u. MORRIS, Journ. chem. Soc., 1885, Bd. I, p. 527; Ber. chem. Ges., Bd. XVIII, p. 615 (1885); Jahresber. Agrik.-Chem., 1885, p. 293; 1890, p. 769; Zeitschr. f. Spirit.-Ind., Bd. XIII, p. 185 (1890); Chem. News, Vol. LXXI, p. 123 (1895); Lieb. Ann., Bd. CCXXXI, p. 72 (1885); Journ. chem. soc., 1895, Vol. I, p. 309; Ber. chem. Ges., Bd. XIX, p. 433 (1886). — Gegen die Amylointheorie: LINTNER u. DÜLL, Ber. chem. Ges., Bd. XXVI (III), p. 2533 (1893). — 7) S. Anm. 11, p. 350.

klärte das Maltodextrin für ein Gemisch von Isomaltose und Dextrin, indem er bei seinen Versuchen, die Präparate von HERZFELD und BROWN und MORRIS nachzumachen, fast reine Isomaltose erhielt. Auch nach A. MEYER[1]) handelt es sich bei den erwähnten Maltodextrinpräparaten nur um ein Dextrin-Isomaltosegemisch.

Auf diesem Gebiete ist jedenfalls noch manches unklar, und in der Isomaltose-Literatur[2]) fehlt es nicht an Widersprüchen. Erwähnt sei, daß Isomaltose auch für den Ptyalin-Stärkeabbau durch HAMBURGER[3]) angegeben wurde. Isomaltose geht den meisten Angaben zufolge[4]) im weiteren Verlaufe der Stärkehydrolyse in Maltose über und die gegenteilige Meinung MITTELMEIERs steht vereinzelt da.

Die Maltose darf man bei der Diastasewirkung für das letzte Abbauprodukt der Stärke ansehen, wie neuerdings auch OST[5]) wieder gefunden hat und den negativen Befunden bezüglich Glukoseentstehung von LING und BAKER[6]) zu entnehmen ist. In älterer Zeit wurde allerdings vielfach behauptet, daß schließlich Dextrose gebildet werde, z. B. von MUSCULUS und GRUBER[7]), MERING[8]), auch nach KÜLZ[9]) soll etwas Glukose aus Maltose gebildet werden. Nach der hier vertretenen Auffassung gibt es allerdings Fälle, in welchen durch Samenfermente der Abbau der Stärke bis zu Traubenzucker möglich ist; es handelt sich aber um Beimengung eines von Diastase differenten, speziell auf Maltose wirkenden Enzyms, einer Maltase[10]).

Wie bereits bei Besprechung der Säurehydrolyse der Stärke betont wurde, ist die Reihenfolge der auftretenden Produkte auch beim diastatischen Prozeß: Amylodextrin — Dextrin — Isomaltose — Maltose, wobei es kontrovers ist, ob zu Beginn der Hydrolyse mehrere Moleküle Amylodextrin auftreten, welche ihrerseits die weiteren Spaltungsprodukte hervorgehen lassen oder ob Maltose z. B. schon zu Beginn der Hydrolyse zum Teil neben Amylodextrin entsteht. LINTNER und DÜLL nehmen succedane Entstehung von Amylodextrin, Erythrodextrin I, Acbroodextrin I, Achroodextrin II, Isomaltose und Maltose an; doch erfolgt die Umwandlung nicht zugleich in der gesamten Stärke, so daß alle Produkte nebeneinander erscheinen[11]). A. MEYER stellte folgendes Spaltungsschema auf:

1) A. MEYER, l. c.; ebenso H. POTTEVIN, Ann. Inst. Pasteur, Tome XIII. p. 728 (1899). — 2) A. MUNSCHE, Wochenschr. f. Brauerei, 1894, No. 43; HIEPE, ibid., No. 1—6; WINDISCH, A. BAU, ibid., No. 5 (Gärfähigkeit); KRIEGER, Kochs Jahresber., 1894, p. 141; JALOWETZ, Mitteil. österr. Versuchst. f. Brauind., 1895. — 3) C. HAMBURGER, Dissert. Breslau, 1895; Jahresber. Agr.-Chem., 1895, p. 632. — 4) LINTNER, Zeitschr. gesamt. Brauwesen, Bd. XVII, p. 378 (1894). — 5) H. OST, Chem.-Zeitg., Bd. XXI, p. 613 (1897); O'SULLIVAN, Ber. chem. Ges., Bd. IX. p. 949 (1876). — 6) S. Anm. 2, p. 351. — 7) MUSCULUS u. GRUBER, Zeitschr. physiol. Chem., Bd. II (1878). — 8) v. MERING, Zeitschr. physiol. Chem., Bd. V, p. 185 (1881); MUSCULUS u. MERINO, ibid., Bd. II, p. 403 (1878); PETIT, Ber. chem. Ges., Bd. VIII, p. 1595 (1875); auch LÖWBERG, Just Jahresber., 1874. Bd. II, p. 798. — 9) KÜLZ, Ber. chem. Ges., Bd. XIV, p. 365 (1881). — 10) Dies gilt auch für die in neuester Zeit von A. R. LING u. B. F. DAVIS, Chem. C., 1902, Bd. II, p. 1223; Journ. chem. soc., Vol. LXXXV, p. 16 (1904); LING, Chem. News, Vol. LXXXVIII, p. 168 u. 179 (1904) bekannt gegebenen Befunde. — 11) Vgl. besonders auch LINTNER, Chem. Centr., 1894, Bd. II, p. 426.

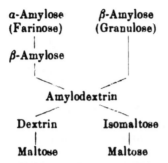

Für gleichzeitige Entstehung von Isomaltose und Dextrin spricht der Umstand, daß Amylodextrin bei 55° schon in 1 Stunde vollständig gespalten wird, während Dextrin die 30fache Zeit zur Spaltung in Maltose braucht.

Amylodextrin tritt schon wenige Minuten nach Zusatz der Diastaselösung auf. Nach BROWN und HERON kann bei 60° schon nach 5 Minuten die ganze Amylose hydrolysiert sein und dafür eine große Menge Amylodextrin und auch schon Dextrin vorhanden sein.

EFFRONT [1]) nimmt eine Spaltung der Stärke in Dextrin und Maltose an. Aus den oben erwähnten Ansichten BEIJERINCKs folgt auch, daß für die Zweienzymtheorie ein anderer Modus der Stärkespaltung gelten muß. Die „Maltase" spaltet Stärke in Amylodextrin und Maltose; die „Granulase" bildet vorübergehend Isomaltose dann Maltose, die Glukase soll endlich ebenfalls Stärke angreifen und über Isomaltose und Maltose Traubenzucker bilden.

Mit der Eruierung des Geschwindigkeitsgesetzes der diastatischen Stärkehydrolyse haben sich bisher vornehmlich BROWN und GLENDINNING [2]) befaßt. Es scheinen ähnliche Verhältnisse obzuwalten, wie sie bezüglich der Invertase durch HENRI aufgefunden worden sind (vgl. p. 78).

§ 3.

Resorption der Reservecellulosen bei der Keimung.

Die als Zellwandmassen abgelagerten Reservekohlenhydrate werden bei der Keimung ebenfalls durch Mithilfe von Fermenten hydrolysiert und in Zucker übergeführt. Solche cytohydrolytische Enzyme wurden im ruhenden Samen bisher nicht gefunden; vielleicht entstehen sie erst bei der Keimung. Ob ein Zymogen vorhanden ist, weiß man noch nicht. Über die physiologischen Verhältnisse der Sekretion durch den Embryo, ferner bezüglich einer Produktion solcher Enzyme im Endosperm ist Näheres ebenfalls noch nicht bekannt. Aktive Entleerung des isolierten Schleimendosperms von Tetragonolobus hat PURIEWITSCH beobachtet; anderweitige Versuche bezüglich der echten Reservecellulosen gelangen ihm nicht in überzeugender Weise. Zuerst haben wohl BROWN und MORRIS [3]) cytolytische Enzyme von der Amylase als „Cytasen" unter-

1) J. EFFRONT, Jahresber. Agrik.-Chem., 1887, p. 346. — 2) H. T. BROWN u. GLENDINNING, Journ. chem. soc., Vol. LXXXI, p. 388 (1902). Frühere weniger befriedigende Angaben bei PETIT, Bull. soc. chim. (3), Tome XV, p. 132 (1896). — 3) H. T. BROWN u. G. M. MORRIS. Journ. chem. soc., Vol. LVII, p. 548 (1890); Nature. Vol. XLII. p. 45 (1890); Bot. Ztg., 1892, p. 462; Just Jahresber., 1890, Bd. I. p. 43.

schieden. Durch eine solche Cytase, wie diese Enzyme allgemein benannt worden sind, werden die Endospermzellwände bei Hordeum auf-
gelöst. Die Tatsache des Lösungsvorganges selbst wurde bei der
Getreidekeimung schon 1850 durch MITSCHERLICH [1]) beschrieben.
BROWN und MORRIS nehmen an, daß die Cytase wie die Amylase vom
Scutellumepithel sezerniert wird. Aus Luftmalzextrakt kann die Cytase
mit Amylase zusammen durch Alkohol gefällt werden. Die wässerige
Lösung des entstandenen Niederschlages löst bei schwach saurer Reaktion (Zusatz von Ameisensäure oder Essigsäure) die Zellwände von
Schnitten aus Gerstenendosperm auf und zwar rascher als die Stärke
selbst. Halbstündiges Erhitzen auf 60° zerstört die Cytase nach BROWN
und MORRIS, während GRÜSS [2]) und REINITZER die Wirkung bei 60°
nur geschwächt sahen. Eine Trennung des Enzyms von der Amylase
gelang bisher nicht. Die Endospermzellwände verschiedener Gräser, ja
selbst verschiedener Gerstenvarietäten verhalten sich gegen Gerstencytase verschieden. Die Aleuronzellwände wurden nur bei Bromus
secalinus mit aufgelöst; die Zellmembranen des Runkelrübenparenchyms
wurden nur unbedeutend, jene des Apfels gar nicht, jene der Kartoffel,
Topinambur, Möhre, Steckrübe bis auf eine dünne Lamelle angegriffen.
Gerstencytase löst nicht die Reservecellulosen von Phoenix, Asparagus,
Coffea, Allium, Impatiens, Tropaeolum und Primula Webbii. Baumwolle
wird nach REINITZER [3]) ebensowenig angegriffen wie reine Cellulose.
GRÜSS fand bei Malzextrakt die Endospermzellwände von Oryza am
leichtesten löslich, am schwersten jene der Dattel; angegriffen wurden
die Endospermzellmembranen von Canna, Zea, die Zellwände in den
Phaseoluskotyledonen, das Amyloid von Tropaeolum. Die Sekretion
durch das Schildchen zeigten BROWN und MORRIS für die Cytase dadurch, daß sie dünne Schnitte durch das Endosperm auf das freipräpa-
rierte Scutellum legten und die Lösung der Zellwände konstatierten.
Diese Wirkung blieb nach Abpräparieren des Epithels aus.

Obwohl eine getrennte Darstellung der Cytase noch nicht erreicht
worden ist, so ist doch die von GRÜSS und von REINITZER [3]) geäußerte
Vermutung, daß in den keimenden Samen ein einziges gleichzeitig amylo-
lytisch und cytolytisch wirksames Ferment anzunehmen sei, kaum wahrscheinlich. Hingegen sprechen die von NEWCOMBE [4]) mitgeteilten Tatsachen über die relative Ungleichheit der cytolytischen und diastatischen
Wirkung keimender Samen zweifellos für die Annahme getrennter Fermente, welche überdies durch anderweitige Enzymstudien wahrscheinlich
gemacht ist. Nach NEWCOMBE ist die cytolytische Wirkung beim Extrakt
aus Dattel und Lupine so stark gegenüber der Amylolyse, daß man eher
vom Vorkommen einer Cytase als von Diastase sprechen kann. Ähnliche
Ergebnisse scheinen sich übrigens auch in neueren Versuchen von GRÜSS [5])
herausgestellt zu haben, wo überdies auch eine Wirkung von Malzdiastase
auf Traganth angegeben ist. Über die Cytasen aus Leguminosensamen
haben in neuerer Zeit besonders BOURQUELOT und HÉRISSEY [6]) berichtet.

---

1) MISCHERLICH, Berl. Akadem.-Ber., März 1850, p. 102; Lieb. Annal., Bd.
LXXV, p. 305 (1850). — 2) GRÜSS, Wochenschr. f. Brauerei, 1895, No. 52. —
3) F. REINITZER, Zeitschr. physiol. Chem., Bd. XXIII, p. 202 (1897). — 4) T.
NEWCOMBE, Bot. Centr., Bd. LXXIII, p. 105 (1898); Annals of Bot., Vol. XIII,
p. 49 (1899). — 5) GRÜSS, Ber. bot. Ges., Bd. XX, p. 36 (1902); Wochenschr.
Brauerei, Bd. XIX, p. 243 (1902). — 6) BOURQUELOT u. HÉRISSEY, Compt. rend.,
Tome CXXIX, p. 614 (1899); Tome CXXX, p. 42, 340 (1900); Journ. pharm.
chim. (6), Tome IX, p. 104; Tome XI, p. 357 (1900); Compt. rend., Tome CXXXI,
p. 903 (1900).

Weil es sich in den Reservecellulosen und den Schleimendospermkohlenhydraten der Leguminosen um Mannogalaktane und Mannane handelt [auch das „Carobin" von EFFRONT [1]) aus Johannisbrotsamen gehört wohl dazu, da der daraus entstehende, von EFFRONT „Carobinose" genannte Zucker nach A. VAN EKENSTEIN [2]) mit d-Mannose identisch ist], so haben die genannten Forscher das cytolytische Enzym dieser Samen als „Seminase" bezeichnet, der älteren REISSschen Bezeichnung „Seminose" für Mannose folgend. Auch EFFRONTs „Carobinase" aus Ceratoniasamen ist eine solche Seminase. HÉRISSEY [3]) fand, daß Gegenwart von Fluornatrium die Wirkung der Ceratonia-Seminase sehr begünstigt.

Weiterhin haben BOURQUELOT und HÉRISSEY [4]) es auch wahrscheinlich zu machen versucht, daß die Seminasen verschiedener Reservecellulose führender Samen nicht identisch sind. So vermag die Leguminosen-Seminase wohl die Reservecellulose der Leguminosen und Salepschleim zu spalten, jedoch nicht die Reservecellulose der Palmensamen. Digeriert man aber die pulverisierten Samen von Phoenix canariensis oder Phytelephas macrocarpa 24 Stunden hindurch in 60-proz. H_2SO_4 und beseitigt sodann durch Neutralisieren und Auswaschen die Säure, so kann das Produkt zum Teil durch Leguminosen-Seminase hydrolysiert werden. BOURQUELOT und HÉRISSEY schließen daraus, daß die cytolytischen Enzyme keine einheitlichen Substanzen sind und der Seminase gleichsam ein in den Palmensamen vorhandenes Enzym fehlt, durch dessen Gegenwart auch die Palmenkohlenhydrate hydrolysiert werden können.

Die spezifisch differente Beschaffenheit der Cytasen bedarf jedenfalls noch weiterer eingehender Prüfung; auch ist es noch unbekannt, inwiefern die Natur der den Kohlenhydraten zugrunde liegenden Zucker (Mannose, Galaktose) und inwiefern die chemische Struktur der Kohlenhydrate eine Rolle bei der Angreifbarkeit der Reservecellulose durch verschiedene Cytasen spielt.

Die sichtbaren Auflösungsvorgänge bei der Cytasenwirkung auf die Zellmembranen wurden schon von REISS [5]), sodann von GRÜSS [6]), ELFERT [7]), MICHNIEWICZ [8]) näher mikroskopisch verfolgt; bei GRÜSS [9]) finden sich auch Angaben über das Verhalten der in Lösung begriffenen Membranen zu gewissen Farbstoffen.

SCHULZE und STEIGER [10]) haben die Abnahme des Galaktans bei der Keimung von Lupinus luteus quantitativ verfolgt. Dieses Kohlenhydrat wird während der Keimung vollständig verbraucht. Die Kotyledonen 14 Tage alter etiolierter Keimpflanzen von Lupinus angustifolius lieferten nur $1/10$ der Glukose und $1/25$ der Schleimsäuremenge, die man aus ungekeimten Samen erhält. Bei dreiwöchentlichen etiolierten Keim-

---

1) J. EFFRONT, Compt. rend., Tome CXXV, p. 116, 309 (1897). — 2) A. VAN EKENSTEIN, ibid., p. 719. — 3) HÉRISSEY, Compt. rend., Tome CXXXIII, p. 49 (1901). — 4) BOURQUELOT u. HÉRISSEY, Compt. r., Tome CXXXIII, p. 302 (1901); Journ. pharm. chim. (6), T. XIV, p. 193 (1901); Compt. r., T. CXXXVI, p. 1143, 1404 (1903); HÉRISSEY, Rev. gén. Bot., Tome XV, No. 176 (1903). — 5) REISS, Über die Natur der Reservecellulose, Dissert. Erlangen, 1889, p. 19—32. — 6) J. GRÜSS, Botan. Centralbl., Bd. LXX (1897); Wochenschr. f. Brauerei, 1896, No. 28; Botan. Centralbl., Bd. LX, . 162 (1894); Ber. bot. Ges., Bd. XII, p. (60) (1894). — 7) TH. ELFERT, Über die Auflösungsweise der sekund. Zellmembranen, Biblioth. bot., Heft 30 (1894); Bot. Centr., Bd. LXII, p. 238. — 8) A. R. MICHNIEWICZ, Sitzber. Wien. Akad., Bd. CXII (I) (1903). — 9) GRÜSS, Botan. Centr., Bd. LXX, p. 242 (1897). — 10) E. SCHULZE u. STEIGER, Landw. Versuchstat. Bd. XXXVI, p. 391 (1889).

lingen von Lupinus luteus war aus den Kotyledonen nur $^1/_8$ der Glukose und $^1/_{10}$ der Schleimsäure zu erhalten, welche ungekeimte Samen liefern [1]).

Über die intermediären Produkte bei der Enzymhydrolyse der Reservecellulosen sind sichere Kenntnisse nicht vorhanden. Wenn LECLERC DU SABLON [2]) von einem „Kohlenhydrat aus der Verwandtschaft der Dextrine" spricht, welches bei Resorption des Schleimendosperms von Sophora und Gleditschia als Hauptprodukt auftrete und sofort und direkt vom Embryo assimiliert werde, und GRÜSS [3]) ebenfalls die Entstehung dextrinartiger Substanzen annimmt, so sind dies Vermutungen, welche noch nicht durch eingehendere chemische Untersuchungen gestützt sind. Im Endosperm gekeimter Gleditschia und Sophorasamen fand LECLERC DU SABLON nur spärlich Glykose und Saccharose. Freie Mannose oder Galaktose ist noch nie in keimenden Reservecellulosen führenden Samen nachgewiesen worden. Vielleicht erfolgt sehr rasch und frühzeitig eine Umlagerung dieser Zuckerarten in Traubenzucker und Fruktose, nach Maßgabe ihrer Entstehung.

§ 4.

Resorption von Zucker und Kohlenhydraten bei künstlich ernährten Embryonen.

Es hat zuerst VAN TIEGHEM [4]) gezeigt, daß die Ernährung von isolierten Embryonen aus verschiedenen Samen bis zu einem gewissen Grade auch in künstlicher Kultur auf einem Endospermbrei gelingt; so wuchsen Keimlinge von Mirabilis Jalappa auf ihrem eigenen Endospermbrei, ferner auf Kartoffelstärke und auf Endospermbrei aus Buchweizen. BLOCZISZEWSKI [5]) gab hierauf an, daß man unter Umständen aus solchen isolierten Embryonen normale Pflanzen wirklich erziehen kann. Er beobachtete Korrosion von Stärkekörnern, welche auf das Schildchen isolierter Roggenembryonen gelegt worden waren; auch sah er, daß das Scutellarepithel seine Zellstreckung wie im normalen Samen an isolierten künstlich ernährten Embryonen fortsetzt.

Systematische Versuche über die künstliche Ernährung von Grasembryonen verdanken wir weiterhin BROWN und MORRIS [6]). Dieselben stellten fest, daß sich isolierte Gerstenembryonen auf einem anderen gut passenden Gerstenendosperm weiter entwickeln und auch in geringem Grade auf Weizenendosperm. Getötete Endosperme waren ebenso gut als Nährstoffquelle verwendbar. Der darauf von BROWN und MORRIS basierte Schluß, daß das Endosperm vom Embryo rein passiv ausgesaugt werde, ist späterhin durch die Versuche von FFEFFER, HANSTEEN und PURIEWITSCH widerlegt worden. Es ist vielmehr eine aktive Endospermtätigkeit bei der Entleerung desselben anzunehmen, da sich auch isolierte Endosperme bei gehöriger Versuchsanordnung vollständig

---

l) SCHULZE, Ber. bot. Ges., Bd. XIV, p. 66 (1896). — 2) LECLERC DU SABLON, Rev. gén. de Bot., Tome VII, p. 401 (1895). — 3) GRÜSS, Wochenschr. f. Brauerei, 1895, No. 52; Biblioth. botan., Heft 39 (1896). — 4) PH. VAN TIEGHEM, Ann. sc. nat. (5), Tome XVII, p. 205 (1873). — 5) TH. BLOCZISZEWSKI, Landwirtschaftliche Jahrb., 1876, p. 145. — 6) H. T. BROWN u. G. H. MORRIS, Journ. chem. soc., Tome LVII, p. 458 (1890); ferner vgl. BROWN u. F. ESCOMBE, Proc. roy. soc., Vol. LXIII, p. 3 (1898).

entleeren können. Übrigens hat für die Kotyledonen von Ricinus schon früher van Tieghem[1]) gezeigt, daß sie auch nach Loslösung weiterwachsen und ihre Reservestoffe aufbrauchen.

Die Versuche von Brown und Morris beweisen aber wohl, daß Enzyme durch den Embryo sezerniert werden. Auch hat Hansteen Korrosion von Stärkekörnern, die auf das Scutellum gelegt waren, beobachtet.

Isolierte Gerstenembryonen ließen sich in den Versuchen von Brown und Morris auch auf zuckergetränkter Glaswolle oder auf 5-proz. Zuckergelatine zum Wachstum bringen. Am besten nährte Rohrzucker und es gelang unter Hinzufügung von Nährsalzen am Lichte bei Rohrzuckerdarreichung normale Pflanzen zu erziehen. Weniger gut waren Invertzucker, Dextrose, Fruktose, Maltose, Raffinose; schwach wirksam waren Galaktose und Glyzerin; gar nicht nährten Mannit und Milchzucker. Stärke von verschiedenen Pflanzen wurde korrodiert und saccharifiziert.

Es berichtete fernerhin auch Grüss[2]) über Ernährungsversuche an isolierten Gerstenembryonen. Dieselben bildeten bei Darreichung von Dextrose in ihrem Schildchen Rohrzucker und Stärke.

Angaben über die Exosmose von Diastase bei Keimpflanzen von Mais hat schließlich J. Laurent gemacht[3]).

Siebzehntes Kapitel: Die Bildung der Reservekohlenhydrate in Samen.

Die Ausbildung der im reifen Samen gespeicherten Reservekohlenhydrate während der Samenreife bildet ein interessantes, doch wenig bekanntes Forschungsgebiet. Am meisten hat man sich bemüht, bei verschiedenen Getreidearten den Fortgang der Ablagerung der Stärkekörner während der Samenreife mikroskopisch und chemisch näher zu studieren. Für das Gerstenendosperm liegen eingehende entwicklungsgeschichtliche Untersuchungen von A. Meyer[4]) vor; es wurde durch dieselben festgestellt, daß die „Kleinkörner" stets mit einem großen Stärkekorn zusammen in einem Amyloplasten auftreten, und offenbar später angelegt werden als die bezüglichen „Großkörner".

Die chemischen Untersuchungen beziehen sich meist auf den allgemeinen Fortgang der Stärkeablagerung. Lucanus[5]), der wohl der erste Arbeiter in dieser Richtung gewesn ist, untersuchte die Reifung des Roggens in 5 Zeitabschnitten; leider fehlen die frühen Stadien, und es zeigte sich am 28. Juni, obgleich in den grünen, sehr weichen, kleinen, von klarem Safte erfüllten Körnern mit freiem Auge noch keine Stärke wahrgenommen werden konnte, dennoch bei der Analyse angeblich eine bedeutende Menge Stärke angesammelt. In den ersten Stadien der Reifung, welche untersucht wurden, waren 64,7 bis 68,94 Proz.

1) van Tieghem, Compt. rend., Tome LXXIV, p. 578 (1877); Ann. sc. nat. (6), Tome IV, p. 180 (1876). — 2) Grüss, Wochenschr. Brauerei, Bd. XV, p. 81 u. 269 (1898). — 3) J. Laurent, Compt. rend., Tome CXXXI, p. 848 (1900). — 4) A. Meyer, Stärkekörner (1895), p. 272. — 5) B. Lucanus, Landw. Versuchstationen, Bd. IV, p. 147 (1862).

Stärke vorhanden, welche bis zur Vollreife nur bis 75,68 Proz. sich erhöhte. In Analysen von STORER und LEWIS [1]), welche die Körner von Sorghum vulgare betrafen, ergaben sich folgende Zahlen:

	Rohprotein	N-freie Extraktstoffe	Cellulose	Asche
In der Blüte	7,38 Proz.	59,93 Proz.	28,26 Proz.	4,43 Proz.
Nach der Blüte	9,65 „	58,40 „	25,42 „	6,53 „
In der Milchreife	9,72 „	69,18 „	16,32 „	4,78 „
Reife Samen	7,84 „	82,37 „	7,51 „	2,28 „

Für Mais gab PORTELE [2]) folgende analytische Daten, Zucker und Kohlenhydrate betreffend:

	N-haltige Stoffe	Stärke	Fruchtzucker	Rohrzucker
Unmittelbar nach d. Blüte	32,25 Proz.	27,9 Proz.	13,61 Proz.	12,207 Proz.
Körner mehlig	25,75 „	48,88 „	6,13 „	8,619 „
Körner hart u. gelb werdend	20,04 „	54,23 „	2,72 „	5,827 „
Zeitpunkt des Entfahnens	18,50 „	54,87 „	1,43 „	2,451 „
Vollreife und Ernte	16,51 „	64,26 „	?	0,085 „

Hier tritt das wechselseitige Verhältnis zwischen Zuckergehalt und Stärkeansammlung deutlich hervor.

Weitere Untersuchungen in dieser Richtung lieferten BALLAND [3]), HÉBERT [4]), DÉHÉRAIN und DUPONT [5]). Die letzteren Forscher hoben hervor, daß im Vergleiche zum geringen Wachsen oder Konstantbleiben des Stickstoffgehaltes der Stärkegehalt noch in den letzten Wochen stark zunimmt, und machten darauf aufmerksam, daß der zur Stärkebildung nötige Zucker namentlich in den obersten Halmteilen durch deren Kohlensäureassimilation erzeugt wird.

Das Verhalten von losgelösten unreifen Samen, die sogenannte „Nachreife" derselben, wurde schon von LUCANUS geprüft und späterhin namentlich von JOHANNSEN [6]) näher untersucht.

Dieser Forscher erwähnt auch das Vorkommen von Invertase und Diastase in unreifer Gerste und Erbse.

Die Natur der in unreifen Samen auftretenden Kohlenhydrate ist mehrfach untersucht worden, doch sind die Resultate keineswegs in irgend einer Richtung abgeschlossen. MUNTZ [7]) fand in Roggen, Weizen, Gerste und Hafer vor der Reife große Mengen Lävulin oder Synanthrose; unreifer Roggen enthielt hiervon bis 45 Proz. Dieses Kohlenhydrat ist geschmacklos, optisch inaktiv, nicht reduzierend und gibt bei der Hydrolyse Dextrose und Fruktose. Auch die Inversionsprodukte begleiten dasselbe; mit zunehmender Reife verschwindet es und wird durch Stärke vertreten. Nur reifer Roggen enthielt noch etwas Synanthrose, die anderen Gräser Rohrzucker. Dextrin wurde in unreifen

1) F. STORER u. D. LEWIS, Centr. Agr.-Chem., 1879, p. 73. — 2) K. POR-TELE, Landw. Versuchstat., Bd. XXXII, p. 241 (1885). — 3) BALLAND, Compt. rend., Tome CVI, p. 1610 (1888). — 4) HÉBERT, Annal. agron., Tome XVII, p. 97 (1891). — 5) DÉHÉRAIN u. DUPONT, Compt. rend., Tome CXXXIII, p. 774 (1901). — 6) W. JOHANNSEN, Just Jahresber., 1897, Bd. I, p. 143. — 7) A. MUNTZ, Ann. sc. nat. (7), Tome XXXIII, p. 45 (1886); Compt. rend., Tome LXXXVII, p. 679.

Samen nicht gefunden. TANRET [1]) fand sein Lävo
Getreidekörnern, sondern auch in verschiedenen
Körner; Lävosin ist linksdrehend, reduziert nicl
nicht verändert und ist nicht gärfähig. JESSEN-H
unreifer Roggen wenigstens fünf verschiedene in A
hydrate enthalte: Glukose, Fruktose, Rohrzucker,
die von SCHULZE und FRANKFURT in jungen grüne
deckte Secalose, endlich ein amorphes linksdreher
Zusammensetzung $(C_{12}H_{22}O_{10})_2$, welches JESSEN
zeichnet. Es gibt bei der Hydrolyse Fruktose, zeig
Resorcinprobe, reduziert FEHLING nicht und ist u
gerste und Weizen kommt Apopeponin ebenfalls vor.

Im Anschlusse an die Ansichten über die
mentreaktionen darf die Vermutung geäußert we
bei der Stärkebildung aus Zucker eine Rolle spi
hat derartige Ansichten bereits angedeutet. Man
von den hier mehrfach zitierten Erfahrungen von
bezüglich Maltosebildung, sich an die Beobachtun
wonach glykogenfreier Hefepreßsaft mit 30 Pr
nach 60 Stunden Glykogenreaktion zeigt; ferne
H. FISCHER [5]) zitiert, daß Preßsaft aus den z
Topinamburknollen nach einiger Zeit keine Zucl
Mit Preßsaft aus unreifen Samen wurden noch
stellt, wie überhaupt dieses Gebiet bisher noch n
ist. Erinnert sei daran, daß Dextrin, Amylodextri
des Stärkeabbaues durch Diastase, in unreifen Sa
nachgewiesen worden sind.

Sehr interessante Beobachtungen, welche v
Licht auf die Vorgänge der Stärkeablagerung
zu werfen, verdanken wir MAQUENNE, sowie WO
Nachdem es dem erstgenannten Forscher aufge
gener Stärkekleister nach mehrtägiger aseptische
trübt und Klümpchen abscheidet, entdeckten W
daß grüne Getreidekörner eine Substanz enthalten,
aus ihrer wässerigen Solution fällt und die Eigen
besitzt. Dieses stärkekoagulierende Ferment wur
lose bezeichnet; es wurde auch in reifen un
Blättern und anderen Organen nachgewiesen.
durch niedrigere Temperaturen zerstört als Diast
Malzauszug durch 5 Minuten langes Erhitzen auf
koagulierenden, nicht aber seine stärkeverzucl
nimmt. Nach den bisherigen Resultaten verwande
den Kleister in ein der Stärkecellulose ähnliche
„Amylocellulose" bezeichnetes Kohlenhydrat, welc
reaktion gibt, durch Auflösen in Ätzalkalien ab

1) TANRET, Compt. rend., Tome CXII, p. 293
HANSEN, Carlsberg Laborat. Meddel., Bd. IV, p. 145 (
Botan. Zeitg., 1899, II. Abt., p. 313. — 4) CREMER, Ber.
— 5) H. FISCHER, Cohns Beitr. z. Biolog., Bd. VIII, p. 9
u. A. FERNBACH, Compt. rend., Tome CXXXVII, p. 718
p. 819 (1904); Ann. Inst. Past., Tome XVIII, No. 3 (190
r., Tome CXXXVII, p. 88 (1903), ibid., p. 797; Tom
375; auch J. BOIDIN, ibid., Tome CXXXVII, p. 1080;
Brauerei, Bd. XXI, No. 24 (1904).

bläuende Stärke übergeht; ob die Amylocellulose eine einheitliche Substanz ist, wird aber von MAQUENNE bezweifelt. Die in natürlichen
Stärkekörnern vorkommende Stärkecellulose dürfte nach dem genannten
Forscher wesentlich mit der künstlich erhaltenen Amylocellulose identisch sein. Demnach könnten diese Erfahrungen auch die Frage bezüglich der Stärkecellulose oder α-Amylose zu klären bestimmt sein.

Von hohem Wert für die Biochemie der Samenreife sind ferner
Untersuchungen über die künstliche Wiederfüllung bereits entleerter
Samennährgewebe, wie sie von PURIEWITSCH[1] in Angriff genommen
worden sind. PURIEWITSCH stellte fast gänzlich entleerte Endosperme
von Mais, Kotyledonen von Phaseolus multiflorus und Lupinus albus
auf Gipssäulchen befestigt in Zuckerlösung ein: Traubenzucker. Rohrzucker allein oder in Mischung. Er konnte wenigstens für die genannten
Kotyledonen eine Neubildung von Stärke auf Kosten des zugeführten
Zuckers nachweisen. Endosperme scheinen sich für derartige Versuche
nicht zu eignen, da ihr Leben mit vollendeter Entleerung erlischt; hingegen sind Kotyledonen Reservestoffbehälter, welche normal wenigstens
noch eine Zeitlang weiterwachsen, und in den meisten Fällen noch ein
Stadium selbständiger Kohlensäureassimilation durchmachen, wie andere
Blätter oder wenigstens experimentell dazu gebracht werden können (z. B.
die hypogäischen Phaseoluskeimlappen). Sie verhalten sich andererseits
auch bereits den perennierenden Speichersprossen eine Zeit hindurch
analog. Versuche mit verschiedenen Zucker- und Kohlenhydratarten
bezüglich der Ernährung und Stärkebildung in entleerten Kotyledonen
wären noch anzustellen.

Achtzehntes Kapitel: Der Kohlenhydratstoffwechsel in
unterirdischen Speicherorganen.

§ 1.
Die in unterirdischen Speicherorganen vorkommenden
Zuckerarten.

Nach verschiedenen Angaben zu urteilen, dürften Dextrose und
Fruktose in geringeren Mengen auch in unterirdischen Speicherorganen
während der Ruhezeit derselben stets vorkommen. Meist wird nur
über Vorkommen von „reduzierendem Zucker" ohne nähere Definition
berichtet, z. B. von KRAUS[2] aus verschiedenen Rhizomen. Traubenzucker ist z. B. vom Veratrumrhizom[3] und der Meerzwiebel[4] angegeben; das Rhizom von Agropyrum repens enthält nach A. MEYER[5]
0,6 Proz. Fruktose. Erwähnt sei auch, daß Mannit wiederholt beobachtet
wurde. so bereits von VÖLCKER[6] in der Queckenwurzel, von anderen

---

1) K. PURIEWITSCH, Jahrbüch. f. wiss. Bot., Bd. XXXI, p. 69 (1898). —
2) GR. KRAUS. Bot. Zeitg., 1876, p. 623. — 3) BULLOCK, Amer. Journ. Pharm.,
Vol. LI, p. 337 (1879). — 4) BRAUN, Zeitschr. österr. Apoth.-Ver., 1878, p. 340.
— 5) A. MEYER, Drogenkunde (1892), Bd. II, p. 46. — 6) A. VÖLCKER. Lieb.
Ann., Bd. LIX, p. 380 (1846) identifizierte die von PFAFF, Schweigg. Journ.,
Bd. XXXIII, p. 252 (1821) gefundene Substanz mit Mannit.

älteren Autoren [1]) in der Selleriewurzel und Möhre; in Aconitumknollen fand FLÜCKIGER [2]) bisweilen Mannit; TSCHIRCH [3]) im Süßholz; diese Substanz ist gewiß weiter verbreitet. Beachtenswert ist die Auffindung von Volemit in den Rhizomen von Primula grandiflora, elatior und officinalis [BOUGAULT und ALLARD [4])], welcher mit dem in Lactarius volemius vorkommenden Zuckeralkohol vollständig übereinstimmt.

Von Disacchariden ist der Rohrzucker in unterirdischen Speicherorganen weit verbreitet und mitunter in großen Massen als Hauptreservestoff angehäuft. In den Kulturvarietäten der Zuckerrübe kann der Rohrzuckergehalt bis über 16 Proz., in einzelnen Fällen bis 19 Proz. der frischen Wurzel, oder 90 Proz. der Trockensubstanz derselben betragen [5]). Von den 9 Proz. „stickstofffreien Extraktstoffen" der Möhre (69 Proz. der Trockensubstanz) dürfte ebenfalls alles bis auf einen kleinen Teil Saccharose sein. Das Rhizom von Polystichum Filix mas enthält nach BOCK [6]) ebenfalls 11 Proz. Rohrzucker; Ipekakuanhawurzel 5 Proz. Saccharose [7]); die Wurzel von Sium Sisarum 6—8 Proz. [8]). Die Knollen von Batatas edulis 1,5 – 2 Proz. [STONE [9])].

Mittelst einer unvollkommeneren Methode hatte schon KRAUS [10]) in einer Reihe von Objekten Saccharose nachgewiesen. SCHULZE [11]) konnte mit Hilfe der Strontianmethode in einer größeren Zahl von Objekten Rohrzucker mit Sicherheit nachweisen. Daß man Rohrzucker auch mikrochemisch mit Hilfe von Invertinlösung leicht und sicher in Schnitten zahlreicher Rhizome, Knollen etc. auffinden kann, hat C. HOFFMEISTER [12]) gezeigt. Außer in diesen genannten Arbeiten finden sich zahlreiche Daten über Rohrzuckervorkommen von LIPPMANN [13]) zusammengestellt. Von anderen saccharosehaltigen Speicherorganen seien noch genannt die Knollen von Isopyrum biternatum [14]), die Wurzeln von Althaea [15]), die Knollen von Ipomoea Purga [16]), die Wurzel von Archangelica officinalis [17]), die Zwiebel von Urginea Scilla [18]), das Rhizom von Scopolia carniolica [19]), die Knollen von Carum Bulbocastanum [20]), das Rhizom von Polygala Senega [21]) und von Gentiana lutea [22]). Angaben über Vorkommen von Invertzucker sind selten. HOOPER [23]) fand denselben in der Wurzel von Maerua arenaria (Capparidac.).

1) VAUQUELIN u. BOUCHARDAT, Schweigg. Journ., Bd. LVIII, p. 95 (1830) [Daucus]; PAYEN, Ann. chim. phys. (2), Tome LV, p. 219 (1834) [Apium]. — 2) FLÜCKIGER, Pharmakognosie, 3. Aufl., p. 484. — 3) A. TSCHIRCH, Just Jahresbericht, 1898, Bd. II, p. 56. Nach PECKOLT [Just Jahresb., 1880, Bd. I, p. 451] dürften auch die Knollen von Pachyrrhizus angulatus Rich. (Papilion.) Mannit enthalten. — 4) J. BOUGAULT u. G. ALLARD, Journ. pharm. chim. (6), Tome XVI, p. 528 (1903). Eigenschaften des Volemit: BOURQUELOT, ibid., Tome II, p. 385 (1896). — 5) Vgl. J. KÖNIG, Zusammensetz. d. menschlichen Nahr.- u. Genußm., 3. Aufl., p. 682 (1889). — 6) BOCK, Arch. Pharm., Bd. CXV, p. 262 (1851). Über Rohrzucker bei Farnen: J. ANDERSSEN, Zeitschr. physiol. Chem., XXXIX, p. 423 (1900). — 7) E. MERCK, Arch. Pharm., Bd. CCXXIX, p. 169. — 8) Vgl. Just Jahresber., 1899, Bd. II, p. 4. — 9) W. E. STONE, Ber. chem. Ges., Bd. XXIII, p. 1406 (1890). — 10) GR. KRAUS, Botanische Zeitung, 1876, p. 623. — 11) E. SCHULZE und FRANKFURT, Zeitschrift physiol. Chem., Bd. XX, p. 511 (1895). — 12) C. HOFFMEISTER, Jahrbücher für wissenschaftliche Bot., Bd. XXXI, p. 694 (1898). — 13) v. LIPPMANN, Chemie der Zuckerarten, 2. Aufl. (1895), p. 589; 3. Aufl. (1904). — 14) MAC DOUGAL, Minnesota Bot. stud., 1896. — 15) BUCHNER zitiert in FLÜCKIGER, Pharmakognosie, 3. Aufl. (1891), p. 374. — 16) FLÜCKIGER, ibid., p. 431. — 17) BRIMMER, zit. bei FLÜCKIGER, p. 458. — 18) BRAUN, Zeitschr. österr. Apothek.-Ver., 1878, p. 340. — 19) E. SCHMIDT, Apoth.-Zeitg. 1894, p. 6. — 20) HARLAY, Botan. Centr., 1902, Bd. LXXXIX, p. 462. — 21) J. KAIN, Chem. Centr., 1898, Bd. II, p. 824. — 22) E. BOURQUELOT u. HÉRISSEY, Compt. r., Tome CXXXI, p. 750 (1900). — 23) D. HOOPER, Pharm. Journ. Trans., 1893, p. 548.

Stärkehaltige Speicherorgane dürften fast immer geringe Mengen Rohrzucker als Begleitstoff enthalten, und es ist mehrfach die Vermutung geäußert worden, daß der Saccharose eine wichtige Rolle im Kohlenhydratstoffwechsel beizumessen sei [1]).

Für die Zuckerrübe ist auch die anaërobe Spaltung des Rohrzuckers in Alkohol und Kohlensäure speziell nachgewiesen worden [STOKLASA [2])], und die Mitwirkung der hierzu nötigen Enzyme Invertase und Zymase steht hier außer Zweifel.

Über die quantitative Zuckerbestimmung in der Rübe hat neuerer Zeit KOVAR [3]) eine orientierende literarisch-kritische Studie geliefert.

Vorkommen von Maltose in unterirdischen Reservestoffbehältern während der Ruhezeit konnte bisher nicht konstatiert werden. Von Trisacchariden ist die Raffinose oder Melitriose als in der Zuckerrübe vorkommend zu nennen. Sie wurde im Rübensaft überhaupt das erstemal durch LOISEAU [4]) aufgefunden, und späterhin ist mehrfach genauer nachgewiesen worden, daß es sich um ein nativ vorkommendes Kohlenhydrat handelt [5]). Raffinose fällt auch aus konzentriertem Rübenzuckersaft nach längerem Stehen desselben in Nädelchen aus. Die Trennung vom Rohrzucker geschieht nach SCHEIBLER unter Benutzung der größeren Löslichkeit der Raffinosestrontiumverbindung.

Anderweitig wurde Raffinose in unterirdischen Speicherorganen noch nicht nachgewiesen.

Ein weiteres Trisaccharid, die Gentianose entdeckte A. MEYER [6]) in dem stärke- und inulinfreien Rhizom von Gentiana lutea. Ihre chemischen Eigenschaften wurden späterhin besonders durch BOURQUELOT [7]) in Gemeinschaft mit NARDIN und HÉRISSEY aufgeklärt. Über die Physiologie dieses Kohlenhydrates ist hingegen nichts Näheres bekannt.

Die in den Knollen von Cyclamen europaeum vorkommende. noch unvollständig bekannte Cyclamose soll ihrem Entdecker MICHAUD [8]) zufolge ein Disaccharid sein. Die Knollen enthalten 11,13 Proz. Cyclamose und 2,18 Proz. Stärke. Wässerige Cyclamoselösung ist linksdrehend; die Hydratationsprodukte kennt man noch nicht.

---

1) Hierzu BOURQUELOT, Compt. rend., Tome CXXXIV, p. 78 (1902). — 2) J. STOKLASA, J. JELINEK u. VITEK, Zeitschr. Zuckerind. Böhm., Bd. XXVII. p. 633 (1903); Hofmeisters Beiträge, Bd. III (1903); Centr. Bakter. (II). Bd. XIII, p. 86 (1904); vergleiche auch STROHMER und STIFT, Chem. C., 1904. Bd. I, p. 595. — 3) J. KOVAR, Österr. Zeitschrift Zuckerindustrie. Bd. XXIX. p. 182 (1900). — 4) LOISEAU, Compt. rend., Tome LXXXII, p. 1058 (1876). Über die Chemie der Raffinose vergleiche p. 223. — 5) Literatur über Raffinose der Zuckerrübe: B. TOLLENS, Ber. chem. Ges., Bd. XVIII, p. 26 (1885); SCHEIBLER. ibid., p. 1409, 1779; RIESCHBIETH u. TOLLENS, ibid., p. 2611; Lieb. ANN., Bd. CCXXXII, p. 172; LIPPMANN. Ber., Bd. XVIII, p. 3087 (1885); Chem. Centr., 1888, Bd. II, p. 1637; Deutsche Zuckerindustrie (1885), p. 310; Chemie der Zuckerarten (1895); SCHEIBLER, Ber. chem. Ges., Bd. XIX, p. 2868 (1886). Quantitative Bestimmung: CREYDT, Zeitschr. Ver. Rübenzuckerindustrie. Bd. XXXIX, p. 972. Darstellung aus Melasse: L. LINDET, Compt. rend., Tome CX, p. 795 (1890); W. E. STONE u. W. H. BAIRD, Journ. Americ. chem. soc., Vol. XIX, p. 116 (1897). — 6) A. MEYER, Zeitschr. physiol. Chem., Bd. VI, p. 135 (1882); Ber. c em. Ges., Bd. XV, p. 530. Über Gentianose vgl. Kapitel 11, p. 225. — 7) BOURQUELOT u. L. NARDIN, Compt. rend., Tome CXXVI, p. 280 (1898); BOURQUELOT, Compt. rend. soc. biol. (10), Tome V, p. 200 (1898); BOURQUELOT u. HÉRISSEY, Journ. pharm. chim. (6), Tome XVI, p. 513 (1903). — 8) G. MICHAUD, Journ. pharm. chim. (5), Tome XVI, p. 84 (1887). Nach RAYMAN (Chem. C., 1897, Bd. I, p. 230) ist die Cyclamose ein hochzusammengesetztes Kohlenhydrat.

In den Knollen von Stachys tuberifera fanden PLANTA und E.
SCHULZE [1]) zu 63,5 Proz. der Trockensubstanz das als Stachyose be-
zeichnete Kohlenhydrat, dessen schwach süß schmeckende wässerige
Lösung nicht reduziert, rechtsdrehend ist und bei der Hydrolyse in
Fruktose, Dextrose und Galaktose zerfällt. Die Substanz wurde von
SCHULZE [2]) kürzlich auch kristallisiert erhalten. TANRET [3]) wies nach,
daß die Stachyose mit der von ihm in der Eschenmanna aufgefundenen
Manneotetrose identisch ist, also ein Tetrasaccharid darstellt.

Vielleicht verwandt mit der Stachyose, der sie wohl am meisten
ähnlich ist, ist das von A. MEYER [4]) in den perennierenden unterirdischen Organen und Wurzeln verschiedener Caryophyllaceen aufgefundene Laktosin. Man fällt das Kohlenhydrat aus dem Preßsafte mit
Alkohol und benutzt zu seiner Reinigung die Fällung mit ammoniakalischem Bleiessig. MEYER erhielt die Substanz durch anhaltendes
Kochen mit 80-proz. Alkohol in einer zur Lösung unzureichenden
Menge am Rückflußkühler auch kristallinisch. Die wässerige Lösung
reduziert nicht Fehling, ist rechtsdrehend, und liefert bei Hydrolyse
Galaktose und vielleicht Traubenzucker. Als Formel des Laktosins gab
MEYER an $C_{36}H_{62}O_{31} + H_2O$. In der Wurzel von Silene inflata ist
20 Proz. der Trockensubstanz und 6,5 Proz. der Frischsubstanz an
Laktosin enthalten.

<h1 style="text-align:center">§ 2.</h1>

Die Polysaccharide der Inulingruppe.

Diese Gruppe umfaßt eine Anzahl teilweise nahe verwandter und
schlecht unterschiedener Kohlenhydrate, welche als Reservestoffe unterirdischer Speicherorgane recht verbreitet sind und als gemeinsame Merkmale aufweisen: Löslichkeit in Wasser, Unlöslichkeit in starkem Alkohol,
ausschließlich Bildung von Fruktose bei der Hydrolyse. Die Kohlenhydrate der Inulingruppe sind für unterirdische Reservestoffbehälter
charakteristische Substanzen und werden wohl bei inulinreichen Pflanzen
auch in oberirdischen Sprossen gefunden [Blütenköpfchen der Kompositen, z. B. Cynara Scolymus [5])], niemals jedoch in Samen [6]).

Der Hauptrepräsentant der Gruppe ist das Inulin, ein besonders
für die Kompositen und den diesen nahestehenden Familien (Campanu-
laceae, Lobeliaceae, Goodeniaceae, Stylidiaceae) charakteristischer Reservestoff [7]), der aber auch bei Violaceen [8]), Drosophyllum [9]), und manchen
Monokotyledonen [10]) gefunden worden ist. Inulin besitzt auch unter den

---

1) PLANTA u. E. SCHULZE, Ber. chem. Ges., Bd. XXIII. p. 1692 (1890);
Bd. XXIV, p. 2705 (1891); PLANTA, Landwirtsch. Versuchst., Bd. XXXV, p. 478
(1888); Bd. XL, p. 281; STROMER u. STIFT, Jahresber. Agrik.-Chem., 1892, p. 168.
— 2) E. SCHULZE, Landwirtschaftliche Versuchstation, Bd. LV, p. 419 (1902). —
3) TANRET, Compt. rend., Tome CXXXVI. p. 1569 (1903). — 4) A. MEYER,
Ber. chem. Ges., Bd. XVII, p. 685 (1884). — 5) Vgl. PISTONE, Just Jahresber.,
1883, Bd. I, p. 114; L. DANIEL, Compt. rend. soc. biol. (9), Tome I, p. 182 (1889);
Ann. sc. nat. (7), Tome XI, p. 17 (1890). — 6) Die Angabe von P. CHARLES
(Jahresber. Agr.-Chem., 1879, p. 106) über Inulin in den Samen von Aleurites
moluccana ist sehr zweifelhaft. — 7) Vgl. die Angaben bei H. FISCHER, Cohns
Beitr. z. Biol., Bd. VIII, p. 85 (1898) und die früheren bei K. PRANTL, Das
Inulin (1870); DRAGGENDORFF, Material. zu einer Monographie des Inulins (1870);
G. KRAUS, Bot. Zeitg., 1875, p. 171, 1877, p. 329; SACHSSE, Chemie der Kohlen-
hydrate, p. 125. — 8) KRAUS, Sitzber. Naturf.-Ges. Halle, 25. Januar 1879; BEAU-
VISAGE, Just Jahresber., 1888, Bd. I, p. 47. — 9) PENZIG, zit. bei FISCHER, l. c.,
p. 86. — 10) Nach E. EHRHARDT. Just. Jahresber., 1894, Bd. I, p. 392 wahrscheinlich
in den Zwiebeln von Leucojum vernum; nach FISCHER, l. c., p. 87 bei Galanthus

Algen bei Acetabularia und verwandten Formen eine beschränkte Verbreitung[1]).

1804 entdeckte ROSE[2]) das Inulin im Rhizom der Inula Helenium; FUNCKE und später GAULTIER DE CLAUBRY[3]) beschrieben seine Eigenschaften genauer; seine Benennung erhielt es durch THOMSON[4]). GAULTIER[5]) gab es später von Pyrethrum, PAYEN[6]) von Dahliaknollen an, BRACONNOT[7]) von Helianthus tuberosus. Die chemische Zusammensetzung des Inulins suchten später PARNELL, CROOKEWIT und WOSKRESSENSKY zu bestimmen[8]). Die Ausscheidung des Inulins in Sphäriten nach Einlegen von inulinreichen Geweben in absoluten Alkohol fand J. SACHS[9]). Der Gehalt an Inulin ist besonders bei Kompositenrhizomen und Knollen im Ruhezustande sehr gross. Pyrethrum enthält 57,7 Proz. [KOENE[5])]; Inula nach DRAGGENDORFF 44 Proz., im Frühjahr 19 Proz.; Arnikawurzel 9,7 Proz.; Taraxacumwurzel im Oktober 24 Proz., im März 1,74 Proz. Inulin (DRAGGENDORFF); 15,6 Proz. neben 1,08 Proz. Saccharose fand darin L. KOCH[10]); die Wurzel von Cichorium Intybus enthält bis 57,79 Proz. der Trockensubstanz[11]); Helianthus tuberosus wohl ebensoviel[12]); desgleichen die Wurzel von Arctium Lappa[13]).

Der qualitative Inulinnachweis kann leicht durch die Bildung von Inulinsphäriten beim Einlegen von Schnitten in absoluten Alkohol (SACHS) oder Glyzerin (KRAUS) geführt werden. Die Inulinsphärite werden gewöhnlich als wirkliche Sphärokristalle aufgefaßt. Inwieweit die Auffassung von H. FISCHER (l. c.) berechtigt ist, daß Kristalle beim Aufbau der Inulinkugeln überhaupt keinen Anteil nehmen, muß noch kritisch entschieden werden, da das Vorkommen kolloidaler Bestandteile in den Inulinsphäriten quantitativ noch nicht bestimmt werden konnte. Zur Darstellung größerer Mengen Inulin ist das von KILIANI[14]) angegebene Verfahren zu empfehlen. Man benützt Dahliaknollen im Herbst; dieselben werden zerrieben und unter Zusatz von $CaCO_3$ ausgekocht; Das eingeengte Extrakt liefert durch Ausfrieren Inulinabscheidungen, die man durch nochmaliges Ausfrierenlassen und Waschen mit Alkohol und Äther schließlich rein erhält.

---

nivalis; vielleicht in Cannarhizomen: S. DICKSTEIN, Just Jahresber., 1875, p. 828. — Mit Inulin nichts zu tun haben die von E. SCHMIDT, Just Jahresber., 1879, Bd. I, p. 11 bei Polygonaceen gefundenen Sphärite. 1) Inulin bei Algen: C. V. NÄGELI, Sitzber. bayr. Akad., 1862, Bd. I; CRAMER, Denkschr. Schweiz. naturf. Gesellsch., Bd. XXX, p. 16 (1887). — 2) V. ROSE, Gehlens Neues allg. Journ. d. Chem., Bd. III, p. 217 (1804). — 3) FUNCKE, Ann. chim., Tome LXXVI, p. 98; H. GAULTIER DE CLAUBRY, ibid., Tome XCIV. p. 200 (1815). — 4) THOMSON, Système de chim., Tome VIII, p. 82. — 5) GAULTIER, Ann. chim. phys. (2), Tome VIII, p. 101 (1818); C. J. KOENE, ibid. (2), Tome LIX, p. 327 (1835). — 6) PAYEN, Journ. pharm., Tome VII (1823); Schweigg. Journ., Bd. XXXIX, p. 338 (1823). — 7) H. BRACONNOT, Ann. chim. phys. (2), Tome XXV, p. 358 (1824). — 8) E. A. PARNELL, Lieb. Ann., Bd. XXXIX, p. 213 (1841); J. H. CROOKEWIT, ibid., Bd. XLV, p. 184 (1843); A. WOSKRESSENSKY, Journ. prakt. Chem., Bd. XXXVII, p. 309 (1846). Über Inulin ferner MULDER, physiol. Chem., p. 226 (1844); MEYEN, Physiologie, Bd. II, p. 281 u. Jahresb., 1838, p. 9. — 9) J. SACHS, Bot. Zeitg., 1864, p. 77. — 10) L. KOCH, Just Jahresber., 1892, Bd. II, p. 408. — 11) A. MAYER, Jahresber. Agr.-Chem., 1883, p. 352; auch J. WOLFF, Bot. Centr., Bd. LXXXV, p. 52 (1901); Chem. C., 1899, Bd. II, p. 811; 1900, Bd. II, p. 822. — 12) Vgl. KÖNIG, Zusammensetz. d. menschl. Nahrungsmittel, 3. Aufl., p. 661 (1889). Topinamburinulin auch G. MEYER, Ber. bot. Ges., Bd. XIV, p. 355 (1896); BEHREND, WOLFS u. GROTOWSKY, Journ. f. Landw., Bd. LII, p. 127 (1904). — 13) O. KELLNER, Landw. Versuchstat., Bd. XXX, p. 42 (1884). — 14) H. KILIANI, Lieb. Annal., Bd. CCV, p. 147 (1880).

Inulin ist sehr hygroskopisch, in Wasser unbegrenzt löslich, auch in verdünntem Alkohol löslich; die wässerige Lösung reduziert ammoniakalisches Silbernitrat, aber nicht FEHLINGS Lösung, gibt keine Jodfärbung, ist linksdrehend. Für Topinamburinulin fanden LESCOEUR und MORELL [1] $[a]_D - 36,57^0$. Die Bestimmung des Molekulargewichts wurde wiederholt versucht; die osmotische Methode ist wohl bereits unsicher. KILIANI gab dem Inulin die Formel $3(C_{12}H_{20}O_{10}) + H_2O$. Auch TANRET [2] gab die Formel $6(C_6H_{10}O_5) + H_2O$ an, und fand, daß die kryoskopische Methode auf das Fünffache dieser Formel hindeutende Resultate ergibt. DÜLL [3] hält die Inulinformel $(C_6H_{10}O_5)_{18} + H_2O$ für die wahrscheinlichste. BROWN und MORRIS [4] nehmen die verdoppelte KILIANIsche Formel $C_7H_{124}O_{62}$ für Inulin an. Schon Kochen mit Wasser bei gewöhnlichem Druck spaltet aus Inulin Fruktose ab. Verdünnte Säuren hydrolysieren Inulin sehr schnell und leicht zu Lävulose. Invertin ist nach KILIANI ohne Effekt auf Inulin, wohl aber wirkt die später zu erwähnende, in keimenden Knollen und bei Pilzen konstatierte Inulase.

Die Zwischenprodukte bei der Hydrolyse sind unzureichend bekannt. HÖNIG und SCHUBERT [5] gaben an, daß aus Inulin beim Erhitzen verschiedene dextrinartige Stoffe erhalten würden, welche sich durch Drehungsvermögen, Löslichkeit in Wasser und Alkohol und ihre Fällbarkeit durch Baryumhydroxyd unterscheiden. Auch bei der Hydrolyse mit verdünnten Säuren oder mit heißem Glyzerin sollen erst derartige Substanzen entstehen, bevor völlige Spaltung zu Fruktose erfolgt. DÜLL [6] hingegen, welcher die Inulinhydrolyse durch Oxalsäure studierte, meint, daß diese dextrinartigen Stoffe nur Reversionsprodukte seien, und daß die Hydrolyse direkt zu Fruktose führt. DRAGGENDORFFS „Metinulin" war durch Erhitzen von Inulin im Autoklaven auf 100^0 erhalten worden, ist leichter löslich als Inulin, mit Wasser leicht zu Lävulose hydrolysierbar und amorph. Längeres Erhitzen (40—50 Stunden) auf 100^0 liefert DRAGGENDORFFS „Lävinulin", gleichfalls amorph und sehr leicht in Lävulose zerfällbar. Erhitzen von Inulin auf 165^0 lieferte DRAGGENDORFFS „Pyrinulin". Diese Substanzen bedürfen sämtlich erneuter Untersuchung.

Von manchen Seiten wurde behauptet, daß das Inulin von verschiedenen Kompositen nicht identisch sei, so z. B. von LESCOEUR und MORELL [1]; doch dürften die Differenzen im optischen Verhalten, welche diese Autoren angaben, wohl durch Beimengungen verwandter Kohlenhydrate verursacht gewesen sein. Für das Inulin von Atractylis wurde der Identitätsnachweis mit Helianthusinulin direkt erbracht [6].

Außer dem Inulin als Hauptkohlenhydrat wurden in den Dahlia- und Topinamburknollen noch eine Anzahl anderer sehr nahestehender amorpher Polysaccharide gefunden.

---

1) LESCOEUR u. MORELL, Compt. rend., Tome LXXXVII, p. 216 (1878); Bull. soc. chim., Tome XXXII, p. 418; Ber. chem. Ges., Bd. XII, p. 372 (1879). — 2) C. TANRET, Bull. soc. chim. (3), Tome IX, p. 227. — 3) G. DÜLL, Chemik.-Zeitung, 1895, No. 9. — 4) BROWN u. MORRIS, Jahresber. Agrik.-Chem., 1889, p. 309. — 5) M. HÖNIG u. ST. SCHUBERT, Mon. Chem., Bd. VIII, p. 529 (1887). Über Inulinhydrolyse finden sich noch Angaben bei DRAGGENDORFF l. c. (1870); DUBRUNFAUT, Jahresb. Chem., 1867, p. 768; VILLE u. JOULIE, Bull. soc. chim., Tome VII, p. 262. — 6) C. TANRET, Journ. pharm. chim. (5), Tome XXVIII, p. 57 (1893); BOURQUELOT, ibid., p. 60; auch A. L. DEAN, Americ. Chem. Journ., Vol. XXXII, p. 69 (1904) fand verschiedene Inulinpräparate von Kompositen identisch.

Die Synanthrose oder Lävulin wurde gleichzeitig von LEFRANC[1]) und POPP[2]) in den Topinamburknollen nachgewiesen. LEFRANC nannte die Substanz „Inulose". Dieses Kohlenhydrat wurde von DIECK und TOLLENS[3]), welche es näher untersuchten im Herbste (Oktober) in den Knollen vorgefunden, jedoch nicht mehr im Dezember. Es ist nur amorph bekannt, die wässerige Lösung ist optisch inaktiv, reduziert FEHLINGS Lösung nicht; bei der Hydrolyse wird Fruktose gebildet. Zusammensetzung wie bei Inulin $[C_6H_{10}O_5]n$. BÉCHAMP[4]) nahm zwischen Synanthrose und Inulin ein ähnliches Verhältnis an, wie zwischen Dextrin und Stärke.

TANRET[5]) stellte durch fraktionierte Fällung mit Barythydrat aus Topinamburknollen mehrere Kohlenhydrate der Inulingruppe dar und zwar: 1. Inulin $a_D - 38° 8'$. Barytverbindung: $C_{36}H_{62}O_{31} \cdot 3\,BaO$. 2. Pseudinulin $C_{96}H_{162}O_{81}$ Körner bildend; $[a]_D - 32,2°$. Barytverbindung: $16(C_6H_{10}O_5) \cdot H_2O \cdot 6\,BaO$. 3. Inulenin: $C_{40}H_{104}O_{52}$. Mikroskopische Nadeln; $[a]_D - 29,6°$. 4. Helianthenin: bei 100° getrocknet $12(C_{12}H_{10}O_{10}) \cdot 3\,H_2O$. Mikroskopische Sphärite $[a]_D - 23°5$. F. 176°. 5. Synanthrin: amorph, $[a]_D - 17°$. Ein Liter Topinambursaft enthält nach TANRET etwa 160 g an diesen Kohlenhydraten und an Rohrzucker zusammen. Diese Substanzen geben Niederschläge mit ammoniakalischem Bleiessig, mit Barytwasser, Tannin und halten $Cu(OH)_2$ in Lösung. DEAN hält jedoch die angewendete Trennungsmethode nicht für sicher.

Eine vielleicht mit Inulin verwandte Kohlenhydratgruppe wird repräsentiert durch eine Reihe von Fruktose ableitbarer Polysaccharide, welche bei monokotyledonen Gewächsen gefunden werden.

Das Sinistrin, von SCHMIEDEBERG[6]) in der Zwiebel von Urginea Scilla entdeckt, ist identisch mit dem „Scillin" von RICHE und RÉMONT[7]) und kommt nach A. MEYER[8]) wahrscheinlich bei Liliaceen weiter verbreitet (auch in Laubblättern die Stärke vertretend) vor. Es wurde bisher nur amorph und wahrscheinlich noch nicht ganz rein dargestellt, die wässerige Lösung dreht links: bei der Hydrolyse entsteht Fruktose. Diastase hydrolysiert es nicht. Das Rhizom von Polygonatum biflorum enthält nach GORELL[9]) 39,8 Proz. der Trockensubstanz an Sinistrin. Dem Sinistrin steht sehr nahe das neben reichlicher Stärke im Rhizom von Iris pseudacorus durch WALLACH[10]) entdeckte Irisin. BLEZINGER[11]) fand dasselbe Kohlenhydrat im Rhizom von I. sibirica, aber nicht im italienischen Florentinarhizom. Es liefert gleichfalls bei der Hydrolyse Lävulose, und soll die Zusammensetzung $6(C_{10}H_8O_5) + H_2O$ haben; es bildet keine Sphärite wie Inulin, und ist stärker linksdrehend als letzteres. KELLER[12]) erklärte das Irisin für identisch mit Sinistrin. Irisin ist aber jedenfalls identisch mit dem Kohlenhydrat der Knollen

1) LEFRANC, vgl. FOURNIER, Bull. soc. bot., Tome XXI, p. 60 (1874). — 2) G. POPP, Lieb. Annal. Bd. CLVI, p. 181 (1871). — 3) E. DIECK u. B. TOLLENS, Journ. für Landwirtsch., Bd. XXIV, p. 117 (1876); Bd. XXVI, p. 187 (1878); Lieb. Annal., Bd. CXCVIII, p. 228 (1879). Darstellung der Synanthrose: WEYER VON REIDEMEISTER, Dissert. Dorpat, 1880; Jahresber. Agr.-Chem., 1880, p. 106. — 4) A. BÉCHAMP, Bull. soc. chim. (3), Tome IX, p. 212 (1893). — 5) C. TANRET, Compt. rend., Tome CXVI, p. 514; Tome CXVII, p. 50 (1893). — 6) O. SCHMIEDEBERG, Zeitschr. physiol. Chem., Bd. III, p. 112 (1879). — 7) A. RICHE u. A. RÉMONT, Journ. pharm. chim. (5), Tome II, p. 291 (1880). — 8) A. MEYER, Bot. Zeitung, 1885, p. 490. — 9) GORELL, Just Jahresber., 1892, Bd. II, p. 878. — 10) O. WALLACH, Lieb. Annal., Bd. CCXXXIV, p. 364 (1886); Ber. chem. Ges., Bd. XXI, p. 396 (1888). — 11) TH. BLEZINGER, Dissert. Erlangen, 1890; Bot. Centr., Bd. LIX, p. 279. — 12) H. KELLER, Bot. Centr., Bd. LX, p. 114 (1894).

von Phleum pratense und vom Rhizom von Phalaris arundinacea, welches EKSTRAND und JOHANSON[1]) ursprünglich als „Phlein" bezeichnet hatten.

Eine weitere Substanz dieser Gruppe wird dargestellt von dem Reservekohlenhydrat der Queckenwurzel, dem Triticin von H. MÜLLER[2]), mit dem sich späterhin auch REIDEMEISTER[3]) befaßte. Es spaltet schon beim Kochen mit Wasser Lävulose ab. Einen sehr ähnlichen Stoff wiesen später EKSTRAND und JOHANSON[1]) in den knolligen Rhizomen von Dracaena australis nach.

Dieselben Autoren[4]) stellten ferner aus den Rhizomen verschiedener Gräser (Trisetum alpestre, Agrostis, Calamagrostis, Festuca, Avena) ein in Sphärokristallen erhältliches linksdrehendes Kohlenhydrat, Graminin, dar, dessen F. bei 200° liegt. Denselben Stoff hat neuerdings HARLAY[5]) aus Arrhenatherum bulbosum dargestellt; die Knöllchen dieses Grases enthalten hiervon $7\frac{1}{2}$ Proz. EKSTRAND und MAUZELIUS[6]) bestimmten auf kryoskopischem Wege das Molekulargewicht der genannten Kohlenhydrate, worauf sie nachstehende Formeln begründen: Triticin aus Dracaena: $C_{36}H_{62}O_{31}$. Graminin: $C_{48}H_{80}O_{40}$. Irisin: $C_{96}H_{166}O_{80}$. Phlein: $C_{90}H_{150}O_{75}$.

Anschließend sei noch erwähnt, daß ein amorphes in Wasser lösliches, bei der Hydrolyse Fruktose lieferndes Kohlenhydrat von LIPP-MANN[7]) auch in der Rübenzuckermelasse nachgewiesen worden ist. Ob dieses „Lävulan", dessen Lösung stark linksdrehend ist, schon präformiert in der Zuckerrübe vorkommt, ist noch nicht bekannt.

Auch das von C. MANNICH und W. BRANDT[8]) in der Wurzel der Malpighiacee Heteropteris pauciflora Juss. aufgefundene dextrinähnliche linksdrehende Kohlenhydrat bedarf noch weiterer Aufklärung.

§ 3.
Stärke in unterirdischen Speicherorganen. Vorkommen von Mannan.

Stärke ist der am häufigsten vorkommende Reservestoff in Rhizomen, Knollen etc. In vielen Fällen wird sie höchstens von kleinen Mengen Rohrzucker begleitet und ist der einzige N-freie Reservestoff der Speicherorgane; in anderen Fällen ist außerdem Rohrzucker, Inulin, schleimiges Kohlenhydrat, wie Mannan, aber auch Fett, z. B. in den Knollen von Cyperus esculentus, in erheblicher Menge zugegen.

In den perennierenden Rhizomen pflegen die Stärkekörner regelmäßig eine Reihe von Lösungs- und Wachstumsvorgängen durchzumachen, und im Zusammenhange damit sind Ungleichheit der Schichten und Unterbrechung von Schichten der Körner hier sehr häufige Erscheinungen. Schon NÄGELI[9]) hob das Vorkommen exzentrisch gebauter Stärkekörner in unterirdischen Organen hervor, und in neuerer Zeit hat MEYER[10]) diese Verhältnisse sehr eingehend studiert. MEYER nennt derartige Stärkekörner „polyton", im Gegensatz zu den allseits mit geschlossenen Schichten versehenen „monotonen" Körnern von Samennähr-

---

1) A. EKSTRAND u. C. J. JOHANSON, Ber. chem. Ges., Bd. XX, p. 3310 (1887). — 2) H. MÜLLER, Arch. Pharm. (3), Bd. II, p. 500 (1873). — 3) A. W. v. REIDEMEISTER, Just Jahresber., 1880, B . I, p. 438. — 4) EKSTRAND u. JOHANSEN, l. c. (1887); Ber. chem. Ges., Bd.dXXI, p. 594 (1888). — 5) HARLAY, Chem.-Ztg., 1901, p. 217. — 6) A. G. EKSTRAND u. R. MAUZELIUS, Chem.-Ztg., Bd. XIII, p. 1302, 1337. — 7) LIPPMANN, Ber. chem. Ges., Bd. XIV, p. 1509 (1881). — 8) C. MANNICH u. W. BRANDT, Ber. Deutsch. Pharm. Ges., Bd. XIV, p. 297 (1904). — 9) NÄGELI, Stärkekörner (1858), p. 391. — 10) A. MEYER, Stärkekörner (1895), p. 189.

geweben. Fälle von ausgeprägt polytonen Stärkekörnern zeigen u. a. die mehrjährigen Speichersprosse von Adoxa, die Zwiebeln von Hyacinthus, der Sproß von Pellionia. Es gibt aber auch genug typische Speicher-wurzeln, -Sprosse und -Knollen, welche sich niemals erheblich entleeren, und in denen typisch monotone Stärkekörner ausgebildet werden, z. B. in der Kartoffelknolle und im Irisrhizom. Stark polyadelphisch gebaute Stärkekörner sind bei unterirdischen Speicherorganen nicht häufig zu finden (Beispiele: Cypripedilum, Dorstenia, Arundo, Epimedium, Chio-cocca [1]). Einfache und zusammengesetzte Körner können auch in dem-selben Organ gemeinsam vorkommen, oder es zeigen diesbezüglich Arten derselben Gattung Differenzen. Manchmal ist die Form der Stärke-körner in Frucht und Knolle derselben Pflanzenart sehr ähnlich (Sola-num tuberosum), während in anderen Fällen, z. B. bei Nymphaea, die Körnerform in den verschiedenen Organen nicht übereinstimmt.

In der Regel sind die Stärkekörner der unterirdischen Speicher-organe „normale" Körner, d. h. reich an β-Amylose (Granulose), der etwas Farinose (α-Amylose) beigemengt ist. Doch sind auch an Fari-nose sehr reiche Stärkekörner beobachtet, wie bei Maranta arundinacea [Meyer [2]]. Amylodextrinreiche Stärkekörner fand Mac Dougal [3]) in den Knollen von Isopyrum biternatum. Die Reindarstellung von Stärke aus Knollen, Rhizomen etc. ist meist relativ einfach und geschieht durch Auswaschen des zerriebenen Materials mit Wasser, Absitzenlassen und wiederholtes Waschen mit ammoniakhaltigem und schließlich mit reinem Wasser [4]). Das „westindische Arrowroot" des Handels von Maranta arundinacea ist ein sehr reines Produkt, welches leicht für exakt-biochemische Zwecke vollständig rein erhalten werden kann. Daß die Stärke der Kartoffelknollen organisch gebundenen Phosphor enthält, und überhaupt ein Gemenge mehrerer physikalisch verschiedener und chemisch verschieden zusammengesetzter Stoffe darstellt, wie Fernbach [5]) neuestens annimmt, ist kaum hinreichend erwiesen.

Beziehungen zwischen Vorkommen von Stärke im Samen und in unterirdischen Speicherorganen existieren wohl nicht.

Über die Verbreitung von Stärke in den unterirdischen Speicher-organen finden sich sehr zahlreiche Daten in dem Werke Nägelis zu-sammengestellt. Da so zahlreiche Gruppen der Farnpflanzen, Mono-kotyledonen und Dikotyledonen sich durch Stärkereichtum ihrer Speicher-organe auszeichnen, daß auch ein umfangreicher Auszug aus dieser Liste nur unvollständig sein würde, so sei hier auf die zitierten Angaben kurz hingewiesen.

Bezüglich quantitativer Bestimmungsmethoden für Stärke in unter-irdischen Speicherorganen sei die von Baumert und Bode [6]) ausgearbeitete Methode zur Bestimmung von Kartoffelstärke namhaft gemacht; die lufttrockenen feingemahlenen Knollen (3 g) werden mit 50 ccm kaltem Wasser digeriert, dann mit einer neuen Portion von 50 ccm Wasser $3\frac{1}{2}$ Stunden bei 3 Atmosphären erhitzt; sodann wird verdünnt, aufge-kocht, ein gemessener Anteil hiervon mit Natronlauge versetzt, unter Zusatz von feinflockigem Asbest mit Alkohol gefällt und durch eine

---

1) Nägeli, l. c., p. 391. — 2) Meyer, l. c., p. 84. — 3) D. T. Mac Dougal. Minnesota Bot. Stud., March 31, 1896. In den Wurzelhaubenzellen von Allium cepa fand G. Husek Amylodextrinstärke: Bot. Centr., Bd. XC, p. 549 (1902); Sitzungsbericht königl. böhm. Gesellsch. Wiss. Prag, 1902. — 4) Meyer, l. c., p. 77. — 5) A. Fernbach, Compt. r., Tome CXXXVIII, p. 428 (1903). 6) G. Baumert u. H. Bode, Zeitschr. angew. Chem., 1900, p. 1074.

Asbeströhre filtriert. Der Niederschlag wird in Salzsäure gelöst, durch Alkohol wieder gefällt; es wird neuerlich filtriert, mit Alkohol und Äther gewaschen, getrocknet und gewogen. Endlich wird verascht und der Gewichtsverlust als Stärke in Rechnung gebracht. Man findet so in Kartoffeln 62,30 bis 62,52 Proz. der Trockensubstanz an wirklicher Stärke.

Analytische Daten. In den meisten Fällen kann man den größten Teil der bestimmten „N-freien Extraktstoffe" als Stärke betrachten.

	Prozent Wassergehalt	N-freie Extraktstoffe	Stärke	Autor[1]
Lilium trigynum Zwiebel	Trockensbst.	75,7	·	König
Erythronium Dens canis	9,4	·	51,247	Draggendorff
Iris germanica Rhizom	Trockensbst.	·	57,04	Passerini
Dioscorea alata	..	85,12	·	König
„ dumetorum	69,2	·	9,01	Thoms
„ japonica	80,74	22,13	·	O. Kellner
„ bulbifera	69,23	·	3,69	Heckel und Schlagden- hauffen
„ ? edulis (sativa?)	Trockensbst.	·	64,12	Moser
Colocasia antiquorum	..	80,51	·	König
„ „		—	20,19	}
Alocasia indica		—	16,52	}
„ macrorrhiza			6,11	} Busse
Xanthosoma violaceum	„	—	62,06	}
„ sagittifolium	„	—	44,37	}
Sagittaria sagittifolia	..	69,21	·	König
Zingiber officinale	„	·	13—18	Flückiger
„ „	10,1	—	52,92	Jones
Alpinia officinarum	—	·	23,7	} Thresh
Hedychium spicatum		·	52,3	}
Helosis guyanensis Knollen	75,976	6,38	?	} Peckolt
Lophophytum	49,086	14,45	?	}
Rumex hymenosepalus	11,17	—	18,0	Wittmack
Nelumbo nucifera	Trockensbst.	78,59	·	König
Nymphaea alba	6,71		4,09	} Grüning
Nuphar luteum	10,3		18,07	}
Rubus villosus Wurzel- rinde	-		3,58	Krauss

1) Lit. zur Tabelle: J. König, Zusammensetz. d. menschl. Nahr.- u. Genußm., 3. Aufl. (1889); Passerini, Jahresber. Agr.-Chem., 1892, p. 178; Thoms, Just Jahresber., 1899, Bd. II, p. 75; O. Kellner, Versuchstat., Bd. XXX, p. 42; Heckel u. Schlagdenhauffen, zit. bei Maisch, Just Jahresber., 1893, Bd. II, p. 464; Moser, Versuchst., Bd. XX, p. 113 (1877); Draggendorff, Just. 1878, Bd. I, p. 296; Busse bei Peckolt, Just, 1893, Bd. II, p. 472; Flückiger, Pharmakognos., 3. Aufl. (1891), p. 357; Jones, Just, 1886, Bd. I, p. 198; Thresh, Just, 1884, Bd. I, p. 187; Wittmack, Just, 1887, Bd. II, p. 497; Grüning, Just, 1881, Bd. I, p. 77; Krauss, Just, 1890, Bd. II, p. 305; Peacock, Just, 1892, Bd. II, p. 569; Braconnot, Ann. chim. phys. (2), Tome VIII, p. 241 (1818); Peckolt, Just, 1881, Bd. I, p. 116; Bichy, Just, 1885, Bd. I, p. 89; Ewell u. Wiley, Jahresber. Agr.-Chem., 1894, p. 213; Peckolt, Just, 1893, Bd. II, p. 468; Trimble, Just, 1890, Bd. I, p. 91; Yvon, Just, 1877, p. 663; Corenwinder u. Contamine, Just, 1879, Bd. I, p. 394; Meise, Chem.-Zeitg., 1881, p. 651; Cripps u. Whitby, Just, 1892, Bd. II, p. 376; C. Brighetti, Chem. C., 1900, Bd. I, p. 915.

	Prozent Wassergehalt	N-freie Extraktstoffe	Stärke	Autor
Heuchera americana	8,08	·	4,67	Peacock
Lathyrus tuberosus	65,60	·	16,8	Braconnot
Apios tuberosa	70,685	18,656	7,024	Brighetti
Stillingia silvatica	15,5	·	23,73	Bichy
Manihot utilissima	Trockensbst.	88,49	·	König
„ „	61,3	—	30,98	Ewell und
„ Aipi, geschält	Trockensbst.	80,05	·	Wiley
Vitis sessiliflora Bak.	66,25	·	6,88	Peckolt
Peucedanum eurycarp.	10,3	—	35,06	Trimble
„ Canbyi	7,9	—	17,02	
Thapsia garganica	Trockensbst.	—	22,51	Yvon
Silphium perfoliatum	„	—	26,12	
Pastinaca sativa	79,34	—	1,075	Corenwinder
Ipomoea Batatas	Trockensbst.	61,98	·	König
„ „	„	—	29,0	A. Meyer
Solanum tuberosum:				
europäische Knollen	Trockensbst.	—	67,08	Meise
peruanische „	„	—	94,106	
Cephaëlis Ipecacuanha	10,85	—	44,04	Cripps und Whitby

Als Dextrane wurden gummiartige Kohlenhydrate bezeichnet, welche bei der Hydrolyse Traubenzucker liefern. Ein solches Dextran wurde in der Zuckerrübe aufgefunden[1]). Auch beschrieb Yoshimura[2]) einen analogen Stoff aus den Wurzelknollen von Colocasia antiquorum.

Reservestoffe, welche bei der Hydrolyse Mannose liefern, demnach als Mannane zu bezeichnen sind, wurden im Rhizom der Aracee Hydrosme (Amorphophallus) Rivieri var. Konjaku von Tsuji[3]) beschrieben. Weitere Angaben haben Kinoshita[4]) und Tsukamoto[5]) hierüber gebracht. Es sollen sich hier zwei Mannane nebeneinander finden: ein schleimiger Stoff und ein in Wasser unlösliches Kohlenhydrat. Sie bilden nach Tsuji 50 Proz. der Trockensubstanz der Knollen. Parkin[6]) beschrieb ein Mannose lieferndes Reservekohlenhydrat aus Liliumzwiebeln. Die Schleimzellen in den Knollen zahlreicher Orchideen, deren Verhältnisse in neuerer Zeit besonders von Hartwich[7]) studiert worden sind, enthalten schleimige Kohlenhydrate, welche ebenfalls als Reservestoffe fungieren dürften. Gans und Tollens[8]) fanden, daß bei der Hydrolyse des Orchideenschleimes Dextrose und Mannose entstehen; mit Salpetersäure oxydiert, ergibt dieser Schleim keine Schleimsäurebildung. Der Salepschleim ist in Wasser löslich, ist nach Pohl[9]) durch Natriumsulfat, Bittersalz oder Ammoniumsulfat auszusalzen; es lassen sich so fraktionierte Fällungen von verschiedenen Kohlenhydraten des Salep-

1) Scheibler, Dümichen, Jahresber. Agr.-Chem., 1890, p. 250. — 2) K. Yoshimura, Coll. Agricult. Bull. Tokyo, Vol. II, p. 207 (1895). — 3) C. Tsuji, Landw. Versuchstat., Bd. XLV, p. 436 (1894); Loew, ibid., 1895, p. 433. — 4) Y. Kinoshita, Bull. Coll. Agricult. Tokyo, Vol. II, p. 206 (1895). — 5) M. Tsukamoto, Chem. Centr., 1897, Bd. I, p. 933. — 6) Parkin, Botan. Zeitg., 1901, II. Abt., p. 303. — 7) C. Hartwich, Arch. Pharm., Bd. CCXXVIII, p. 563 (1890). — 8) Gans u. Tollens, Ber. chem. Ges., Bd. XXI, p. 2150 (1888); Lieb. Annal., Bd. CCXLIX, p. 254 (1888); ferner A. Hilger, Ber. chem. Ges., Bd. XXXVI, p. 3109 (1903). Über Salepschleim vgl. von älteren Autoren Payen, Compt. rend., Tome XXV, p. 380 (1847). — 9) J. Pohl, Zeitschr. physiol. Chem., Bd. XIV, p. 151 (1889).

schleimes erzeugen. Nach DRAGGENDORFF[1]) enthalten die Orchideenknollen 48 Proz. Schleim, 27 Proz. Stärke und 1 Proz. Zucker.

Galaktan ist wohl im Althaeaschleim enthalten, da derselbe, mit
Salpetersäure oxydiert, Schleimsäure liefert[2]). Der Althaeaschleim ist
unlöslich in Kupferoxydammoniak, gibt keine Reaktion mit Jodkali oder
Chlorzinkjodlösung. Er ist im Zellinhalte dünnwandiger Schleimzellen
enthalten, welche im stärkereichen Parenchymgewebe zerstreut liegen.
BUCHNER fand in Althaeawurzel 35 Proz. Schleim und 37 Proz. Stärke.
SEIGNETTE[3]) gab an, daß die Knollen von Stachys affinis Bge 75 Proz.
Galaktan enthalten; wahrscheinlich war die Stachyose damit gemeint.

Ob die schleimige Substanz der Enzianrhizome, welche nach BOUR-
QUELOT und HÉRISSEY[4]) Galaktose und Arabinose bei der Hydrolyse
liefert, im Sinne dieser Autoren ein „Pektinstoff" ist und als nicht in
Lösung gehender Zellwandbestandteil anzusehen ist, oder ob es sich um
einen Reservestoff handelt, ist noch nicht entschieden. Die gleiche Frage
ist noch offen bezüglich des von LIPPMANN[5]) in der Runkelrübe nachgewiesenen Galaktans.

Für das Orchideenmannan hat HÉRISSEY[6]) nachgewiesen, daß es
durch Mannose hydrolysierendes Enzym aus Leguminosensamen (Seminase)
angegriffen wird.

Um eine wirkliche Reservecellulose, welche in Form von Zellwand-
verdickungen auftritt, soll es sich nach Angaben von SCHELLENBERG,
sowie SCHULZE und CASTORO[7]) in dem untersten Internodium von
Molinia coerulea handeln, wo sie in dem Markparenchym auftritt. Es
soll sich um eine Hemicellulose handeln, welche bei der Hydrolyse
Xylose, Lävulose und Dextrose liefert.

Für viele Fälle sind die Reservekohlenhydrate aus Speicherorganen
noch ganz unzureichend untersucht, und ihre Natur chemisch nicht näher
erforscht.

§ 4.
Veränderungen der Kohlenhydratreserven während der Ruhezeit von Speicherorganen.

So wie in vielen Baumstämmen während der Winterruhe auf
Kosten des vorhandenen Vorrates an Kohlenhydraten Bildung von Fett
erfolgt (vgl. Kap. 6), so finden wir auch in Knollen und Rhizomen stoffliche Veränderungen der aufgestapelten Kohlenhydrate infolge niederer
Temperaturen, welche allerdings, soweit bekannt, nicht in Fettbildung,
sondern nur in einer Überführung von Stärke in Rohrzucker bestehen.

Bisher ist hiervon übrigens ein einziger Fall, das Süßwerden von
Kartoffeln infolge von niederen Temperaturen, näher untersucht, eine
altbekannte Erscheinung, welche früher direkt auf Erfrieren der Knollen
zurückgeführt wurde[8]). PAYEN[9]) war der Ansicht, daß bereits vor dem

---

1) Zit. in FLÜCKIGER, Pharmakognosie, 3. Aufl., p. 347. — 2) FLÜCKIGER,
l. c. (1891), p. 374. — 3) A. SEIGNETTE, Bull. soc. botan. France, 1889, p. 189.
— 4) BOURQUELOT u. HÉRISSEY, Journ. pharm. chim., 1898, Tome VIII, p. 49. —
5) LIPPMANN, Ber. chem. Ges., Bd. XX, p. 1001 (1887). — 6) H. HÉRISSEY,
Compt. rend., Tome CXXXIV, p. 721 (1902). — 7) H. C. SCHELLENBERG, Berichte
schweiz. botan. Ges., Heft 7 (1897); E. SCHULZE u. N. CASTORO, Zeitschr. physiol.
Chem., Bd. XXXIX, p. 318 (1903). — 8) Ältere unkritische Ansichten über das
Süßwerden der Kartoffeln finden sich z. B. referiert bei MEYEN, Jahresbericht über
die Resultate etc. der physiol. Botanik, 1838, p. 120. — 9) PAYEN, Compt. rend.,
Tome VI, p. 275 (1838); vgl. auch BOUSSINGAULT, Die Landwirtschaft in ihr.
Bez. z. Chemie etc., Bd. I, p. 256. Deutsch von GRÄGER (1851).

Gefrieren die Vegetation ihren Anfang genommen habe und daher die
Zuckerbildung eingetreten sei. Nachdem auch neuere Arbeiten[1] hierfü
keine wesentlichen Aufklärungen gebracht hatten, gelang es 1882 MÜLLER-
THURGAU[2] zu zeigen, daß die Zuckerbildung mit pathologischen Erfrie-
rungsvorgängen nichts zu tun hat, sondern Temperaturen von 0—6° C
vollständig ausreichen, um das „Süßwerden" der Knollen hervorzurufen.
Die Erscheinung ist übrigens nicht bei allen Kartoffelsorten gleich intensiv
ausgeprägt. Wichtig ist ferner der von MÜLLER konstatierte Umstand,
daß der Versuch an im Herbst frisch ausgegrabenen Knollen nicht
gelingt, sondern erst an Knollen, welche nach der Ernte mindestens
einmonatliches Lagern überstanden haben. Es hängt die in Rede
stehende Erscheinung demnach unstreitig mit dem Vegetationsrhythmus
und der Ruheperiode der Kartoffelpflanze zusammen. Bei Temperaturen
oberhalb 9° C tritt das Süßwerden überhaupt nicht ein. Bringt man
bereits süß gewordene Knollen in höhere Temperatur, so verschwindet
der Zuckergehalt wieder. MÜLLER führte den Nachweis, daß die Zuckerbildung nur auf Kosten der vorhandenen Stärke erfolgen kann. Die
Zuckeranhäufung währt unter Umständen mehrere Monate hindurch und
kann so weit gehen, daß 3 Proz. des Frischgewichtes der Knollen oder
12 Proz. der Trockensubstanz aus Zucker bestehen. Bringt man die
süß gewordenen Kartoffeln wieder in gewöhnliche Temperatur zurück,
so werden nach MÜLLER-THURGAU bei 20—30° C 80 Proz., nach BERSCH[3]
62 Proz. des gebildeten Zuckers wieder in Stärke zurückverwandelt.
Daß Lagern bei gewöhnlicher Temperatur Zuckerbildung für gewöhnlich
nicht erzeugt, haben auch Versuche von SAARE[4] erwiesen.

Der Zucker, welcher beim Süßwerden der Kartoffeln entsteht, ist
nach MÜLLERs Feststellungen besonders Rohrzucker.

Die Bildung von Zucker aus Stärke bei Einwirkung niederer
Temperaturen auf ruhende Speicherorgane ist gewiß eine sehr verbreitete
Lebenserscheinung und wurde bereits auch an anderen Objekten (z. B.
Brassica) schon konstatiert [PAGEL und MAERCKER[1]]. ROSENBERG[5]
berichtete in neuerer Zeit über winterliches Verschwinden der Stärke
in Knollen. Umfassende Untersuchungen hierüber sind gewiß wünschenswert und würden wahrscheinlich auch zeigen, inwiefern die Vermutung
berechtigt ist, daß die niedere Temperatur bei geeigneten Objekten
auch Anwachsen der Fettbildung auf Kosten der Reservestärke auszu-
lösen imstande ist.

§ 5.
Die Resorption der Reservekohlenhydrate beim Austreiben von Speicherorganen.

Wenn nach Ablauf der Ruheperiode von Rhizomen, Zwiebeln etc.
das Wachstum der Pflanze wieder aufs neue anhebt, so geschieht be-
kanntermaßen die Materialbeschaffung für die Lebenstätigkeiten auf
Kosten der im Speicherorgan angehäuften Reservestoffe in derselben

---

1) Z. B. PAGEL u. MAERCKER, Biedermanns Centralbl., 1877, Bd. XI, p. 263.
— 2) MÜLLER-THURGAU, Landw. Jahrbücher. Bd. XI, p. 744 (1882); Bd. XIV,
p. 909 (1885); vgl. auch MARCACCI, Just Jahresber., 1891, Bd. I, p. 47. — 3) W.
BERSCH, Chem. Centr. 1896, Bd. II, p. 1121. — 4) O. SAARE, Zeitschr. f. Spiritusindustrie, 1885, p. 454. — 5) O. ROSENBERG, Botan. Centr., Bd. LXVI, p. 337
(1896).

Weise. wie das Wachstum der Keimpflanzen auf Kosten der Stoffe des Samennährgewebes eine Zeit hindurch unterhalten wird. PURIEWITSCH[1]) konnte zeigen, daß die Entleerung von Speicherorganen geradeso wie bei Endospermen selbsttätig erfolgt. Auf Gipsblöckchen befestigte Zwiebelschuppen von Allium oder Hyacinthus; Rhizomstücke von Curcuma, Iris oder Rudbeckia; Speicherwurzeln von Ranunculus asiaticus, Beta, Wurzelknollen von Dahlia entleerten sich in wenigen Wochen vollständig in das Wasser des Gefäßes, in welches die Gipssäulchen unten eintauchten. Die Entleerung ging quantitativ so weit wie bei Endospermen. Dabei war es PURIEWITSCH möglich, auch eine neuerliche Füllung mit Reservestoffen dadurch zu veranlassen, daß er die entleerten Objekte in Zuckerlösung einstellte.

Im natürlichen Laufe der Vegetation geht die Entleerung der Speicherorgane in sehr vielen Fällen nicht so weit, daß der ganze Vorrat an Reservestoffen erschöpft wird. Die neu ausgetriebenen Laubsprosse sind relativ bald imstande, so kräftige Assimilationstätigkeit zu entfalten, daß neuerlich ein Überschuß an Kohlenstoffnahrung in das Speicherorgan einströmt. Die älteren Rhizomteile enthalten daher häufig noch relativ viel Stärke, wenn eine neue Stärkevermehrung bereits wieder einzusetzen beginnt. Diese biologischen Verhältnisse drücken sich darin aus, daß teilweise schon korrodierte Stärkekörner neue sekundäre Schichtenkomplexe anlagern, wie besonders A. MEYER[2]) des näheren in seinen biologischen Monographien von Dieffenbachia, Adoxa und Pellionia ausgeführt hat. In anderen Fällen fällt aber das Speicherorgan nach vollendeter Entleerung ebenso wie ein Endosperm dem Tode anheim, und es vollzieht sich in der folgenden Vegetationsperiode die Speicherung in einem neu angelegten Organ. Derartige einjährige Speicherorgane sind u. a. die Knollen vieler Erdorchideen. Für die Zuckerrübe gibt GIRARD[3]) an, daß der Zuckervorrat nicht merklich alteriert wird, wenn die Vegetationsverhältnisse Schwankungen unterliegen oder neue Blätter gebildet werden.

Die Resorption der Stärke beim Austreiben von Knollen ist besonders häufig untersucht worden, und es läßt sich hier leicht das Verschwinden derselben und das Auftreten von Zucker feststellen. Daß hierbei amylolytische Enzyme in Betracht kommen, wußten bereits PAYEN und PERSOZ[4]). BARANETZKY[5]) fand in ruhenden Kartoffelknollen keine Diastase, dagegen reichlichen Enzymgehalt in austreibenden Knollen der Kartoffel, Batate und dem Rhizom von Iris germanica, ferner in austreibenden Daucus- und Brassicawurzeln. Daß auch der Zuckerrübe diastatisches Enzym nicht fehlt, hat GONNERMANN[6]) gezeigt. PRUNET[7]) stellte fest, daß das amylolytische Enzym am reichlichsten in jenen Knollenteilen auftritt, welche den entstandenen Keimtrieben zunächst liegen.

Mit dem Studium der aus Stärke in Knollen und Zwiebeln entstehenden Produkte hat sich LECLERC DU SABLON[8]) beschäftigt. In den

1) K. PURIEWITSCH, Ber. bot. Ges., Bd. XIV, p. 207 (1896); Jahrbücher wiss. Bot., Bd. XXXL p. 1 (1898). — 2) A. MEYER, Stärkekörner (1895), p. 249 ff. — 3) A. GIRARD, Compt. rend., Tome CII, p. 1489 (1886). — 4) PAYEN u. PERSOZ, Ann. chim. phys., Vol. LIII, p. 73; Vol. LVI, p. 337 (1833). — 5) BARANETZKY, Die stärkeumbildenden Fermente (1878), p. 57, 17, 30; vgl. auch A. MAYER, Journal f. Landwirtsch., Bd. XLVIII, p. 67 (1900). — 6) GONNERMANN, Chemik.-Zeitg., Bd. XIX, No. 80 (1895). — 7) A. PRUNET, Compt. rend., Tome CXV, p. 751 (1892); Tome CXIV, No. 19 (1892). — 8) LECLERC DU SABLON, Compt. rend., Tome CXXVI, p. 913; Tome CXXVII, p. 968 (1898).

Ficariaknollen geht nach diesem Autor die Stärke vom April bis Mai in Dextrin über, letzteres weiter in Zucker, so daß im Sommer etwa die Hälfte der Reservestoffe aus Zucker besteht. Sodann nimmt die Stärkemenge wieder zu. Nach MARCACCI [1]) ist in treibenden Kartoffelknollen reichlich Rohrzucker enthalten. Die Stärkelösung schreitet relativ rasch vor, so daß in Kartoffelknollen mit 3—4 cm langen Trieben bereits etwa $^1/_9$ der vorhanden gewesenen Stärke verbraucht ist [2]).

Daß Rhizomtriebe Diastase sezernieren und z. B. Triebe von Cynodon beim Durchwachsen von Kartoffelknollen auf das Kartoffelgewebe hierdurch einwirken [3]), darf wohl als widerlegt betrachtet werden [4]). Auch die Meinung, daß bei der Stärkelösung in älteren Rhizomteilen Bakterienmithilfe in Betracht komme [5]), halte ich für wenig wahrscheinlich.

Die Resorption des Inulins in austreibenden Speicherorganen wird ebenfalls mit Hilfe von Enzymen bewerkstelligt. Daran hatte schon DRAGGENDORFF gedacht und GREEN [6]) hat später die Existenz von Inulase in keimenden Topinamburknollen und anderen Objekten näher dargelegt. Vor Beginn der Keimung ist das Enzym noch nicht fertig gebildet. Man kann jedoch durch schwache Säurewirkung eine Bildung von Inulin hydrolysierendem Enzym hervorrufen, und deswegen ist das Vorhandensein eines Zymogens wahrscheinlich. Inulase wirkt am besten in neutraler oder ganz schwach saurer Lösung. Längere Einwirkung von Säure oder Alkali macht das Enzym unwirksam. Das aus Inulin entstehende Produkt ist Fruktose. Intermediärprodukte sind nicht mit Sicherheit bekannt. Vielleicht gehören dazu DRAGGENDORFFS Lävinulin [7]). ferner das „lösliche Inulin" oder Inuloid, welches POPP [8]) in unreifen Knollen von Helianthus tuberosus und Dahlia beschrieben hatte. Beide Stoffe geben schon beim Kochen mit Wasser reichlich Fruktose. Die Barytverbindung des Inuloid ist nur nach Alkoholzusatz fällbar. PURIEWITSCH beobachtete bei der künstlichen Entleerung von Rhizomstücken der Rudbeckia digitata, die Inulin neben Stärke enthält, daß zuerst das Inulin und sodann erst die Stärke verschwindet.

§ 6.
Die Ausbildung der Reservekohlenhydrate in Speicherorganen.

Wie bereits erwähnt, haben die Versuche von PURIEWITSCH gezeigt, daß man durch Einstellen gänzlich entleerter Rhizomstücke oder Zwiebelschuppen in Zuckerlösung eine Neufüllung der Speicherorgane mit Kohlenhydraten hervorrufen kann. Welche Zuckerarten und welche Kohlenstoffverbindungen überhaupt bei den einzelnen Objekten bei diesem Speichervorgang als Material geeignet sind, bleibt noch festzustellen. Die Versuche von PURIEWITSCH waren mit Dextrose. Rohrzucker und Gemischen dieser beiden Zuckerarten angestellt worden. Da es sich um perennierende Organe handelt, so besteht die theoretische Möglichkeit im Versuche diese Neufüllung und Entleerung der Speicherorgane beliebig oft zu veranlassen.

1) A. MARCACCI. Just Jahresber., 1891, Bd. I, p. 47. — 2) Vgl. KRAMM, Centralbl. Agr.-Chem., 1881, p. 717. — 3) VAN TIEGHEM, Traité de Bot., p. 157 (1884). — 4) A. PRUNET. Rev. gén. de Bot., 1891, p. 166. — 5) Vgl. A. MAYER, Jahresber., 1886, Bd. I, p. 134. — 6) J. R. GREEN, Ann. of Bot., Vol. I, p. 223 (1888). — 7) Vgl. auch JOULIE, Bull. soc. chim., Tome VII, p. 262. — 8) POPP, Lieb. Annal., Bd. CLVI. p. 190.

Im natürlichen Lebensgange der Speicherorgane findet Entleerung und Neufüllung wenigstens partiell so oft statt, als Vegetationsperioden beginnen und enden. Die aufzuspeichernden Stoffe werden in manchen Fällen aus „Wanderstoffen" erst im Speicherorgan formiert, wie man dies von der Stärke voraussetzen muß, welche in dem Reservestoffbehälter aus zugeführtem Zucker entsteht. In anderen Fällen scheint der fertige Reservestoff schon in den oberirdischen Organen aufzutreten und ohne Bildung intermediärer Produkte sich im Speichorgan anzusammeln. So dürfte es wohl bei der Saccharose der Zuckerrübe geschehen: auch bei den Kompositen scheint der assimilierte Zucker wenigstens teilweise schon im Sproß zu Inulin kondensiert zu werden und das fertige Inulin in das Rhizom abzufließen [Vöchting [1]), H. Fischer [2])].

Für die Saccharose der Zuckerrübe fand Vries [3]), daß der Kopf der Rübe weniger Rohrzucker enthält, als der Körper. Letzterer enthält den meisten Zucker in seinem dicksten Teil und zwar in den mittleren Gewebeanteilen des Querschnittes; die zentral und peripher gelegenen Querschnittsteile enthalten wieder weniger Saccharose. Im Kopf der Rübe finden sich noch Stärke und reduzierender Zucker. Ob man diesen Befund auf eine in der Wurzel lokal stattfindende Bildung von Rohrzucker aus zugeführten Hexosen beziehen darf, bleibe dahingestellt. Jedenfalls kann man die Saccharose auch in den Blättern der Pflanze nachweisen [4]), und diese Saccharose mag in die Wurzel fertig gebildet einwandern. Natürlich muß, wie tatsächlich auch gefunden wurde, die Saccharosebildung in der Wurzel in engem, quantitativem Konnex mit der Ausgiebigkeit der Assimilationstätigkeit der Blätter stehen. Bei der Rohrzuckerspeicherung dürften vielleicht Lösungsaffinitäten analog den Farbstoffspeicherungen bei gequollenen Leimplatten [Hofmeister, Spiro [5])] oder „physikalische Selektion" eine Rolle spielen, und Saccharosespeicherung müßte in allen Fällen dort erfolgen, wo Zellsubstanzen vorhanden sind, in welchen Rohrzucker leichter löslich ist, als in den umgebenden Medien. Es läßt sich auch die von Maquenne [6]) geäußerte Meinung, daß der niedrigere osmotische Druck der Rohrzuckerlösungen im Vergleich zu gleichkonzentrierten Glukoselösungen ein Agens bei dem Zuströmen des Traubenzuckers nach den Orten seiner Umformung zu Rohrzucker darstellt, nicht abweisen. Denn in allen Fällen, wo die Bildung eines osmotisch weniger wirksamen Stoffes stattfindet, liegt darin der Anstoß zum Zuströmen neuen Bildungsmaterials von höherem osmotischen Werte. Sollte die Saccharose bereits in den Blättern gebildet sein, so begegnet diese Auffassung jedoch schon Schwierigkeiten. Invertierendes Enzym ist in Zuckerrüben nachgewiesen (Gonnermann, Stoklasa [7]), und vielleicht steht dasselbe zur Rohrzuckerbildung in Be-

1) H. Vöchting, Über die durch Pfropfen herbeigeführte Symbiose des Helianthus tuberosus und annuus. Sitz.-Ber. kgl. preuß. Akad., Bd. XXXIV (1894), phys.-math. Kl., p. 705. — 2) H. Fischer, Cohns Beitr., Bd. VIII, p. 92 (1898). — 3) H. de Vries, Landwirtsch. Jahrb., 1879 p. 417. — 4) A. Girard, Compt. rend., Tome XCVII, p. 1305 (1884); Tome XCIX, p. 808 (1885); Tome CII, p. 1324, 1489, 1565 (1886); Tome CIII, p. 72, 159 (1886). — 5) Fr. Hofmeister, Arch. exp. Pathol., Bd. XXVIII, p. 210 (1898); K. Spiro, Über physikalische Selektion, Habilitationsschrift Straßburg, 1897; vgl. Kap. I, p. 39. — 6) Hierzu L. Maquenne, Compt. r., Tome CXXI, p. 834 (1896); Annal. agron., Tome XXII, p. 5 (1896); Brasse, ibid., Bd. XII (1886). Über die Saccharosebildung in Rüben vgl. auch Lippmann, Chemie d. Zuckerarten, 2. Aufl. (1895), p. 1056. — 7) M. Gonnermann, Zeitschr. Verein für Rübenzuckerind., 1898, p. 667, 931; J. Stoklasa, Hofmeist. Beitr., Bd. III, p. 493 (1903).

ziehung.   Bezüglich der Entwicklungsgeschichte der Stärkekörner in Speichersprossen sei nochmals auf die erwähnten monographischen Studien A. MEYERS verwiesen, wo sich viele Angaben über die hierbei statt-findenden Wachstumsvorgänge finden.   In den Untersuchungen von VRIES [1]) über den Transport von Kohlenhydraten in neuangelegte Kar-toffelknollen wurde gezeigt, inwiefern ein Stoffaustausch mit älteren Knollen stattfindet, welche also einen Teil ihrer Reservematerialien an jüngere Reservestoffbehälter abtreten, und inwiefern nach Erschöpfung der Mutterknolle die assimilatorische Tätigkeit der Blätter die jungen Blätter mit Reservestoffen versieht.   Der Gang des Stoffwechsels der heranreifenden Kartoffelknollen wurde durch KREUSLER [2]) und von HUN-GERBÜHLER [3]) verfolgt; der letztgenannte Autor gibt für den Gang der Stärkespeicherung während des Sommers folgende Zahlen in Prozenten der Trockensubstanz:

	23. Juni	30. Juni	7. Juli
Reduzierender Zucker	6,40	0,33	0,72
Nach Inversion reduzierender Zucker	—	4,50	4,69
Stärke	56,7	61,3	66,3

PRUNET [4]) fand, daß die Reservestoffe der Kartoffel sich besonders in der Nähe der vorderen Knospen ablagern, die später auch bei der Keimung besonders rasche Entwicklung zeigen.   Daß in unreifen Kar-toffelknollen tatsächlich reichlich Saccharose vorkommt, haben sodann SCHULZE und SELIWANOFF [5]) erwiesen.   Auch hat LECLERC DU SABLON [6]) Saccharose bei der Stärkespeicherung in Orchideenknollen (Ophrys) vor-gefunden.

Die Inulinspeicherung in Reservestoffbehältern ist noch wenig be-kannt.   Nach den erwähnten Untersuchungen von VÖCHTING und H. FISCHER wird wenigstens ein Teil des Inulins bereits fertig oder als ein dem Inulin sehr nahestehender Stoff den Knollen aus den oberirdischen Teilen zugeführt.   Jugendliche Knollen von Dahlia und Helianthus ent-halten aber auch viel Fruktose und optisch inaktive, leicht in Fruktose überzuführende amorphe Kohlenhydrate, wie Lävinulin [DRAGGENDORFF [7])] und Inuloid [POPP [8])].

Inwieweit die Beobachtung von H. FISCHER [9]), daß der Preßsaft aus halbwüchsigen Topinamburknollen; welcher deutlich Zuckerreaktion zeigt, nach einiger Zeit ruhigen Stehens keinen Zucker mehr nachweisen läßt, zum Verständnis der Kondensation des Zuckers zu Inulin ver-wertbar sein kann, ist noch nicht näher untersucht.

1) VRIES, Landw. Jahrb., 1878, p. 591. Vgl. auch Befunde v. A. GIRARD, Compt. rend., Tome CXVI, p. 1148 (1893). — 2) U. KREUSLER, Just Jahresber., 1886, Bd. I, p. 157. — 3) F. HUNGERBÜHLER, Landwirtsch. Versuchstat., Bd. XXXII, Heft 5 (1886), p. 381. — 4) PRUNET, Rev. gen. Bot., Tome V, p. 49 (1893). — 5) E. SCHULZE u. SELIWANOFF, Landw. Versuchstat., Bd. XXXIV, p. 403 (1888). — 6) LECLERC DU SABLON, Compt. rend., Tome CXXV, p. 134 (1897). — 7) DRAGGENDORFF, Mater. z. Monogr. d. Inulin (1870); ferner DUBRUN-FAUT, Jahresb. d. Chem., 1867, p. 768; VILLE, JOULIE, Bull. soc. chim., Tome VII, p. 262. — 8) POPP, Lieb. Annal., Bd. CLVI, p. 190. — 9) FISCHER, l. c., p. 93.

Neunzehntes Kapitel: Der Kohlenhydratstoffwechsel in Sproßorganen und Laubknospen.

§ 1.
In Baumstämmen vorkommende Kohlenhydrate.

Als Speichergewebe für Kohlenhydrate in holzigen Stämmen fungiert das Phloëmparenchym mit den phloëmständigen Markstrahlen; wenn noch vorhanden, meist auch das primäre Rindenparenchym; im Holzteile die Xylemstrahlen und Parenchymzellgruppen des Holzes. Fischer[1]), sowie Strasburger[2]) haben gezeigt, daß im Bedarfsfalle selbst wasserleitende Elemente: Tracheiden und Gefäße, wenigstens temporär als Behälter und Transportwege für Zucker in Stämmen herangezogen werden. Gelöste Stoffe, welche mit dem aufsteigenden Wasserstrom befördert werden können, vermögen auch in plasmaleeren Zellorganen zu ruhen und zu wandern, während natürlich die Entstehung von Stärke an die Gegenwart von Protoplasma und plasmatischer Organe der Zelle geknüpft ist; vielleicht gilt für die Enzymwirkungen überhaupt Ähnliches, wenn auch noch zu untersuchen bleibt, wie weit etwa sezernierte Fermente in tote Zellen der Umgebung vordringen können.

Man kennt eine ganze Reihe von Zuckern und Kohlenhydraten als Reservestoffe von Bäumen, und diese Stoffe zeigen in ihrem biochemischen Verhalten weitgehende Übereinstimmung mit dem, was von anderen Speicherorganen in den vorangehenden Kapiteln dargelegt wurde.

Mannit ist in der Rinde vieler Holzpflanzen gefunden, vor allem bei den Oleaceen (Olea, Fraxinus etc.); das früher unterschiedene „Fraxinin" war nur unreiner Mannit[3]); Mannit ist ferner nachgewiesen bei den Evonymusarten[4]), im Kambialsafte der Fichte[5]), bei Platanus orientalis[6]), in der Rinde von Genipa brasiliensis Mart.[7]) und von Basanacantha spinosa[8]).

Dulcit wurde in der Rinde von vielen Evonymusarten von einer Reihe von Beobachtern konstatiert[9]); auch bei Celastrusarten und Schaefferia. Monteverde[10]) berichtet, daß der Dulcit in Evonymuszweigen während der Winterruhe analog der Stärke in anderen Fällen aus den Geweben verschwindet, wahrscheinlich in Verbindung mit Fettbildung.

Die Befunde Fischers zeigen, daß viele Bäume in ihrem Holze selbst zur Winterszeit viel Zucker enthalten, so daß man die Hexosen hier mit zu den Reserven zählen darf; doch soll nach den (allerdings nicht quantitativen) Untersuchungen Fischers der Glykosegehalt im Winter allgemein kleiner sein. Traubenzucker kann gewiß als allgemein

---

1) A. Fischer, Bot. Ztg., 1888, p. 405; Ber. bot. Ges., Bd. IV (1886); Jahrb. wissensch. Botan., Bd. XXII, p. 73 (1890). — 2) Strasburger, Bau und Verricht. der Leitungsbahnen (1891), p. 877. — 3) J. Stenhouse, Lieb. Ann., Bd. XCI, p. 255 (1854); Mannit in Kanellrinde: W. Meyer u. v. Reiche, Lieb. Ann., Bd. XLVII, p. 234 (1843). — 4) Paschkis, Pharm. Centralhalle, Bd. XXV, p. 193 (1884). — 5) J. Kachler, Mon. Chem., Bd. VII, p. 410 (1886). — 6) Jandrier, Just Jahresber., 1893, Bd. II, p. 461. — 7) W. Kwasnik, Chemik.-Ztg., Bd. XVI, p. 109 (1892). — 8) B. Grützner, Arch. Pharm., Bd. CCXXXIII, p. 1 (1895). — 9) Borodin, Just Jahresber., 1890, Bd. II, p. 299; v. Höhnel, ibid., 1900, Bd. II, p. 42; Chem. C., 1900, Bd. I, p. 869. — 10) Monteverde, Just Jahresber., 1892, Bd. I, p. 442.

verbreitet gelten, wenn man sich auch meist damit begnügt hat, den Zuckernachweis auf die Reduktionsprobe zu beschränken. Auch Fruktose ist sehr häufig zu finden. Im Zuckerrohr finden sich neben Saccharose beide Hexosen; in den Knoten des Stammes fand BEESON[1] weniger reduzierenden Zucker als in den Internodien. In ganz jungem Zuckerrohr fand PRINSEN-GEERLIGS[2] etwa 3,5 Proz. Gesamtzucker, alle drei Zucker zu gleichen Teilen; in den jungen Teilen des reiferen Rohres waren 17,3 Proz. Gesamtzucker: Lävulose, Dextrose und Saccharose verhielten sich darin wie 1 : 3 : 82. Im ganz reifen Rohr kann die Lävulose ganz verschwinden, ja selbst der gesamte reduzierende Zucker, wie WILEY[3] für manche Fälle konstatieren konnte.

Saccharose ist in Stammorganen nicht selten in sehr erheblicher Menge angesammelt.

Der Zucker des Palmsaftes (Arenga saccharifera) hat nach den Analysen von DÉON[4] einen Gehalt von 87,97 Proz. Rohrzucker, 1,53 Proz. Dextrose und 0,18 Proz. Fruktose. Reichlicher Rohrzuckergehalt ist ferner bekannt vom Safte der Stämme mancher Acerarten (saccharatum Marsh, barbatum Michx., Floridanum Chapm., grandidentatum Nutt.) Nordamerikas[5]. Reiner Ahornsaft enthält nach WILEY[6] keine Spur von reduzierendem Zucker. Nach MEILLÈRE[7] ist Saccharose in der Rinde von Quillaja Saponaria zugegen (das von anderen Autoren angegebene Laktosin der Quillajarinde ist Saccharose, die mit Saponin verunreinigt war). Der Weinstock enthält nach ROOS und THOMAS[8] in den ersten 10—12 Wochen des Wachstums in Blätter und Holz Saccharose, später hauptsächlich aber Dextrose. Bei Gräsern ist Saccharose verbreitet als Reservestoff. Frisches Zuckerrohr enthält nach VANDESMET[9] 12—18 Proz. Rohrzucker und bis 0,7 Proz. reduzierenden Zucker. In den einzelnen Halmteilen (ein Halm wog durchschnittlich 4,4 kg, war 48 mm dick und 2,6 m hoch) war an Zucker enthalten:

	Weiße Spitze 0,4 m	Oberer Teil 0,525 m	Mittlerer Teil 1,05 m	Unterer Teil 0,525 m
Saccharose	1,914 Proz.	7,790 Proz.	14,055 Proz.	14,700 Proz.
Glukose	2,367 „	0,945 „	0,207 „	0,175 „

Der Stengel von Sorghum saccharatum enthält nach WACHTEL[10] im unteren und mittleren Stengelteile 15,8 Proz. Rohrzucker, im oberen 16,9 Proz. Im Sorghumzucker selbst fand HOUCK[11] 92 Proz. Saccharose und 4,5 Proz. Glykose. Daß auch der Maisstengel viel Rohrzucker enthält, ist schon lange bekannt[12].

Auch in Bambusen dürfte reichlich Saccharose vorhanden sein.

1) J. L. BEESON, Amer. chem. Journ., Vol. XVI, p. 454. — 2) PRINSEN-GEERLIGS, Chemik.-Ztg., Bd. XX, p. 721 (1897). — 3) H. W. WILEY, Journ. Americ. chem. soc., Vol. XXV, p. 855 (1903). Über die Verhältnisse bei Zea Mays vgl. C. ISTRATI und G. OETTINGER, Compt. r., Tome CXXVIII, p. 1115 (1899); Chem. C., 1900, Bd. I, p. 43. — 4) P. H. DÉON, Bull. soc. chim. (2), Tome XXXII, p. 125 (1879). — 5) W. TRELEASE, Missouri Bot. gard. 5th. Ann. Rep., 1894, p. 88. — 6) WILEY, Chem. News, Vol. LI, p. 68 (1885). — 7) G. MEILLÈRE, Bull. soc. chim. (3), Tome XXV, p. 141 (1901). — 8) L. ROOS und E. THOMAS, Compt. rend., Tome CIV, p. 593. — 9) E. VANDESMET, Centr. Agrik.-Chem., 1878, p. 295. Über Zuckerrohr vgl. auch H. WINTER, Bot. Centr., Bd. XLVII, p. 46 (1891); Zuckerrohranalysen: KOBUS, Mededeel. Proefstat. Ostjava, 1897. — 10) A. v. WACHTEL, Centr. Agrik.-Chem., 1880, p. 344; vgl. auch F. MEUNIER, Biederm. Centralbl., 1880, p. 629. — 11) HOUCK, Pharm. Journ. Transact., 1884, p. 969. — 12) Vgl. PALLAS, Compt. rend., Tome II, p. 461 (1836).

Die Bedeutung der **Stärke** als Reservestoff in Baumstämmen wurde schon 1835 durch Th. Hartig [1]) gebührend hervorgehoben. Manche Stämme, wie von den Sagopalmen (Metroxylon), Cycasarten bekannt ist, enthalten zu gewissen Lebensperioden außerordentlich viel Stärke. Zahlreiche Angaben über die Stärke von Stämmen und Zweigen finden sich in den Arbeiten Fischers [2]), wo auch die Lösungsvorgänge ausführlich besprochen sind. Es wurde schon an anderer Stelle über die Veränderungen im Stärkevorrat des Holzes und der Rinde während der Winterruhe uud die damit verbundene Fettbildung berichtet, Verhältnisse, die ebenfalls besonders ausführlich von Fischer und von Mer [3]), sodann auch durch Petersen [4]) und Rosenberg [5]) untersucht worden sind. R. Hartig [6]) hat näher dargelegt, daß die Stärkevorräte der Bäume (Fagus) nur zum kleinen Teil im Frühling sofortige Wiederverwendung finden, und eine erhebliche Abnahme an Reservestoffen nur bei sehr reichlicher Samenproduktion des Baumes eintritt. Über die Stärke im Periderm hat Pirotta [7]) Angaben gemacht. Die Stärkebewegung im ersten Lebensjahre von Holzpflanzen wurde durch Hämmerle [8]) bei Acer näher verfolgt.

Die während des Jahres stattfindenden Schwankungen im Zucker- und Stärkegehalt in den holzigen Achsenteilen hat für eine Reihe von Baumarten Leclerc du Sablon [9]) bestimmt. Für Castanea ergaben sich folgende Zahlen in Prozenten der Trockensubstanz:

	Zucker:		Stärke:	
	Stamm	Wurzel	Stamm	Wurzel
11. Januar	4,0	1,9	20,7	25,3
26. Februar	4,3	4,7	20,4	21,0
28. März	2,7	3,3	18,8	21,4
20. Mai	2,3	3,1	17,6	16,7
22. Juni	2,1	3,6	18,3	18,2
27. Juli	2,6	3,6	18,5	20,7
12. September	2,2	1,8	23,7	28,5
19. Oktober	2,2	1,6	24,2	27,5
22. November	3,2	1,1	21,5	27,8
26. Dezember	3,7	1,9	19,3	25,4

Inulin ist bei den holzigen Kompositen vielfach als Reservestoff des Stammes gefunden worden [Kraus [10]); H. Fischer [11])]. Penzig [12]) gab Inulin auch vom Stamm des Drosophyllum lusitanicum an.

---

1) Th. Hartig, Journ. prakt. Chem., Bd. V, p. 217 (1835). Von der früheren Literatur über das Verhalten der Stärke im Winter ist besonders anzuführen: Famintzin u. Borodin, Bot. Ztg., 1867, p. 385; Russow, Bot. Centr., Bd. XIII, p. 272 (1883); Grebnitzky u. Baranetzky, ibid., Bd. XVIII, p. 157 (1884). — 2) S. Anm. 1, p. 377. — 3) E. Mer, Compt. rend., Tome CXII, p. 964 (1891); vgl. auch A. J. Vandevelde, Chem. C., 1898, Bd I, p. 466. — 4) Petersen, Just Jahresber., 1896, Bd. I, p. 410. — 5) Rosenberg, Bot. Centr., Bd. LXVI, p. 337 (1896). — 6) R. Hartig, Bot. Centr., Bd. XXXVI, p. 388 (1888); Bot. Ztg., 1888, p. 837 (1884). — 7) R. Pirotta, Malpighia, Bd. III, p. 61 (1889). Über die Reservestoffe von Zweigen vgl. auch Halsted, Proc. Amer. Assoc., Vol. XXXVIII, p. 281; Meeting 1889. — 8) J. Hämmerle, Berichte botan. Ges., Bd. XIX, p. 538 (1901). — 9) Leclerc du Sablon, Compt. r., Tome CXXXV, p. 868 (1902). — 10) G. Kraus, Bot. Ztg., 1877, p. 333. — 11) H. Fischer, Cohns Beiträge, Bd. VIII, p. 89 (1898). — 12) Penzig, Untersuchungen über Drosophyllum, Dissert. Breslau, 1877.

Nach Etti[1]) soll das neben Inulin in Dahlia- und Helianthus-
knollen vorkommende Lävulin (Synanthrose) auch in der Eichenrinde
vorkommen. Vielleicht handelt es sich aber doch nicht um völlige Identität. Das Eichenrindenlävulin ist amorph, optisch inaktiv, von fadem
Geschmack und soll bei der Hydrolyse mit verdünnter Säure nicht nur
Lävulose, sondern auch Traubenzucker liefern.

Abkömmlinge der Mannose und Galaktose sind als Reservekohlenhydrate des Stammes noch zweifelhaft (vergl. das Kap. über Zellhautgerüst). Angefügt sei, daß Tsukamoto[2]) Angaben über Vorkommen
freier Mannose im Blattstiele des Amorphophallus Rivieri var. Konjaku
gemacht hat, dem bisher kein ähnlicher Fall zur Seite steht.

Storer[3]) betrachtet auch Pentosane, welche im Holze und der
Rinde der Bäume vorkommen, als Reservematerial. Die Menge derselben ist allerdings erheblich, doch ist es noch unbekannt, inwiefern
dieselben im Bedarfsfalle tatsächlich verbraucht werden können.

§ 2.
Resorption und Bildung der Reservekohlenhydrate in Stämmen.

Vom anatomisch-physiologischen Standpunkte aus sind die Resorptionsvorgänge bei der Wiederverwendung der im Stamme aufgespeicherten
Reservekohlenhydrate zu wiederholten Malen einer eingehenden Untersuchung unterworfen worden. Von den Haupttatsachen, welche durch
anatomische und mikrochemische Methodik aufgefunden werden konnten,
seien hier nur hervorgehoben die Entdeckung, daß die trachealen Wasser-
leitungsbahnen für die Fortleitung des Zuckers und anderer gelöster
Stoffe eine wichtige Rolle spielen [A. Fischer[4]), Strasburger[5])], ferner
die vielfachen Erfahrungen, welche man bezüglich des Einflusses der
Reservekohlenhydrate auf die Bildung neuer Gewebe, dem kambialen
Zuwachs, und die Jahrringbildung zu sammeln in der Lage war[6]). Quantitativ chemische Untersuchungen liegen jedoch noch nicht in jenem
Umfange vor, welcher nötig wäre, um ein deutliches Bild von der Stoff-
bewegung bei der Resorption der Reservestoffe zu liefern.

Die Entleerung von Zweigen beim Austreiben der Knospen ist
nach den Versuchen von Puriewitsch[7]) wie anderwärts bei Reservestoffbehältern eine selbsttätige, und man kann z. B. durch Einstellen
von Lindenzweigen in Wasser auch künstlich einen großen Teil der
Reservestoffe als Glukose in das Wasser übertreten lassen und so eine
Entleerung des Zweiges herbeiführen. Unzweifelhaft werden bei der

1) C. Etti, Ber. chem. Ges., Bd. XIV (II), p. 1826 (1881). — 2) M. Tsuka-
moto, Bot. Mag. Tokyo, Vol. X, No. 116, p. 74 (1896). — 3) F. H. Storer.
Bull. Bussey, Instit. Boston, Vol. II, p. 386, 437 (1897 u. 1900). — 4) S. Anm. 1.
p. 377. — 5) S. Anm. 2, p. 377. — 6) Vgl. hierzu A. Wieler, Jahrb. wiss. Bot.,
Bd. XVIII. p. 70 (1887); Tharanders forstl. Jahrb., Bd. XLVII, p. 172 (1897);
Jost, Bot. Ztg., 1893, p. 89 (dort die ältere Literatur nachzusehen). R. Hartig,
Bot. Ztg., 1892, p. 177; Lutz, Fünfstücks Beiträge. Bd. I. p. 19 (1895); ferner
E. Wotczal, Botan. Centr., Bd. XLI, p. 99 (1890); Tr. Müller, Bot. Centr.
Bd. XXXIX., p. 31 (1889); J. Pässler, Tharanders forstl. Jahrb. 1893, Bd. II.
p. 652. Für Bambusa: Shibata, Journ. Coll. Scienc. Imp. Un. Tokyo, Vol. XIII.
Pt. III (1900), p. 427; Hartig, Bot. Ztg., 1862, p. 73; O. Reichardt, Landw.
Versuchstat., Bd. XIV, p. 323 (1871). — 7) K. Puriewitsch, Jahrbücher wiss.
Bot., Bd. XXXI, p. 29 (1898).

Stärkelösung diastatische Enzyme mitwirken, doch ist über die Modalitäten der Diastaseproduktion und die Tätigkeit amylolytischer Enzyme in Stämmen und Zweigen noch sehr wenig experimentelles Material gesammelt worden.

Sehr häufig untersucht wurde die Zusammensetzung des zu den jungen Trieben aufsteigenden „Frühjahrssaftes" der Bäume, dessen Zuckergehalt bereits von VAUQUELIN (1800)[1] festgestellt wurde. Spätere Analysen des Birkensaftes rühren von GEISELER[2] her. Von den neueren Arbeiten sind zunächst die Untersuchungen des Frühjahrssaftes von Betula alba und Acer platanoides durch SCHROEDER[3] zu erwähnen; dieser Autor fand im Birkensaft nur Fruchtzucker, keinen Rohrzucker, während der Ahornsaft nur Saccharose enthielt. Sowohl in verschiedenen Baumhöhen entnommen, als zu verschiedenen Zeiten wies der Saft verschiedenen Zuckergehalt auf. Bei der Birke war der Saft aus den Bohrlöchern des oberen Baumteiles zuckerärmer, während beim Ahorn im Gegenteile der Saft daselbst zuckerreicher war, als in den unteren Partien des Stammes. Der Birkensaft zeigte maximal 1,92 Proz., minimal 0,34 Proz. Zuckergehalt. Bei Acer lagen die Grenzen zwischen 3,71 Proz. und 1,15 Proz. Bei Acer Negundo fand HARRINGTON[4] im April den Rohrzuckergehalt des Saftes etwa 2,4 Proz., während Acer saccharinum und rubrum 5,15 Proz. resp. 2,81 Proz. Saccharose aufwies. Für Birke und Hainbuche stellte HORNBERGER[5] einschlägige Untersuchungen an. Der Betulasaft war der zuckerreichere. Der Zuckergehalt nahm vom Beginn der Untersuchung an erst zu, sodann wieder ab. In den oberen Teilen erwies sich diesmal der Saft des Baumes viel zuckerreicher.

Die Bildung der Reservekohlenhydrate in Stämmen ist nach biochemischen Methoden wohl noch kein einziges Mal in ausführlicherer Weise studiert worden und Angaben über den Gang dieses Prozesses fehlen noch vollständig.

§ 3.
Die Verhältnisse in Laubknospen.

Auch die Laubknospen sind während ihrer winterlichen Ruhezeit reichlich mit Reservestoffen erfüllt, von denen insbesondere die Stärke in ihrer Verteilung in der Knospe durch SCHROEDER[6], und in neuerer Zeit durch FISCHER[7] studiert worden ist. FISCHER zeigte, daß man wie in den Zweigen selbst auch bei Knospen durch Erwärmung die Stärkebildung auf Kosten des vorhandenen Fettes erzielen kann. Auch wurde die selbsttätige Entleerung der Reservematerialien beim Einstellen von Knospen in Wasser beobachtet. Außer Traubenzucker, Fruktose, Saccharose und Stärke, welche auch hier weit verbreitete Reservestoffe darstellen, ist als bemerkenswertes Vorkommnis Reservecellulose anzu-

1) VAUQUELIN, Crells Annal., 1800, Bd. I. p. 406; Ann. chim., Tome XXXL Die übrige ältere Literatur bei TREVIRANUS, Physiologie, Bd. I, p. 417. — 2) GEISELER, Journ. prakt. Chem., Bd. XI, p. 437 (1837); BRANDES, ibid., p. 440. — 3) J. SCHROEDER, Jahrbücher wiss. Bot., Bd. VII, p. 261 (1869); Landw. Versuchstat., Bd. XIV, p. 118 (1871). — 4) HARRINGTON, Just. Jahresber., 1888, Bd. I, p. 49. — 5) R. HORNBERGER, Bot. Centr., Bd. XXXIII, p. 227 (1888); Ber. chem. Ges., Bd. XXI, ref. 481 (1888). — 6) SCHROEDER, Jahrb. f. wiss. Bot., Bd. III, p. 305. Über die Rolle der Knospen als Reservestoffbehälter vgl. auch GRÜSS, Jahrb. wiss. Bot., Bd. XXIII, Heft 4 (1892). — 7) S. Anm. 1, p. 377.

führen, welche Schaar[1]) in den Knospentegumenten von Fraxinus
excelsior nachwies. Die chemische Untersuchung der Zellwandmassen
wurde übrigens noch nicht vorgenommen.

Eine Reihe von Untersuchern hat sich mit der Resorption der
Vorratsstoffe beim Austreiben der Knospen beschäftigt. Daß Diastase
bei der Lösung der Stärke auch hier beteiligt ist, konnten für Ailanthus
schon 1833 Payen und Persoz nachweisen. Nach den Untersuchungen
von Leclerc du Sablon[2]) tritt bei der Stärkeresorption in Knospen
Saccharose auf. Der allgemeine Gang der Resorptionsvorgänge bei
Entfaltung der Knospen wird durch folgende Zahlen, die Desbarres[3])
für Rhus aromatica-Zweige ermittelte, illustriert.

Trockensubst.	Protein	Stärke	Asche Proz.	darin P_2O_5	K_2O	CaO
Winter	72,16	9,42	17,31	1,60	4,56	22,76	42,62
Frühling	66,70	2,25	1,57	1,23	3,42	21,47	41,41

André[4]) lieferte Angaben über die Entwicklung der Knospen von
Aesculus.

Zwanzigstes Kapitel: Der Kohlenhydratstoffwechsel der Laubblätter.

§ 1.
Die Bedeutung der Stärke in Laubblättern.

Durch die schöne Untersuchungsmethode, welche J. Sachs in
seiner „Jodprobe" geliefert hat, ist der Beweis leicht zu erbringen, daß
energisch assimilierende Laubblätter bei genügender Lichtintensität und
Temperatur im Laufe eines Tages in ihren Chloroplasten oft relativ sehr
große Stärkemengen ansammeln. Viele Pflanzen entleeren in unserem
Klima in warmen Nächten diese aufgespeicherten Stärkemassen vollständig, und es erscheinen die Blätter am folgenden frühen Morgen
gänzlich stärkefrei. Es ist daher nicht schwer, die Überzeugung zu gewinnen, daß es sich bei der tagsüber stattfindenden Stärkeansammlung
um einen Überschuß an assimiliertem Material handelt, welcher den
Tag und Nacht stattfindenden Abfluß von Zucker stark überwiegt, und
daß daher die Stärke der Chlorophyllkörner, wie anderwärts Stärkekörner
als Reservestoff zu betrachten sei.

Nach vielen irrigen Anschauungen der älteren Zeit (noch Meyen
hatte z. B. die Einschlüsse der Chlorophyllkörner für Sporen der letzteren erklärt!) erkannte zuerst H. v. Mohl[5]) (1837) die Stärkenatur
dieser Körnchen, und wenigstens für Zygnema konnte Mohl sicher-

1) F. Schaar, Sitzber. Wien. Akad., Bd. XCIX (I) (1890). — 2) Leclerc
du Sablon, Compt. rend., Tome CXXVII, p. 968 (1898). Saccharose in den
Blütenknospen von Pirus communis: Schulze u. Frankfurt, Zeitschr. physiol.
Chem., Bd. XX, p. 511 (1896). — 3) Desbarres, Biedermanns Centralbl. Agrik.-
Chem., 1879, p. 946. — 4) G. André, Compt. rend., Tome XXXI, p. 1222 (1900).
— 5) H. v. Mohl, Untersuch. über die anatom. Verhältnisse des Chlorophylls,
Dissert. 1837; Ann. sc. nat. Bot., Tome IX, p. 150; vermischte Schriften (1845),
p. 349; Meyens Jahresbericht für 1837, p. 61; später: Bot. Zeitg. 1855. —

stellen, daß sich die Stärkeeinschlüsse erst im fertigen Chlorophyllkorn dieser Alge ausbilden, während er bei Phanerogamen anfangs noch nicht schlüssig werden konnte, ob nicht das Stärkekorn erst nachher seine Chlorophyllhülle erhalte. Im Gegensatze zu MULDER[1]), welcher das Amylum als Muttersubstanz des Chlorophylls ansah, behauptete MOHL die Reservestoffnatur der Stärkeeinschlüsse und stellte auch fest, daß es Pflanzen mit relativ großen solitären Stärkeeinschlüssen gebe (Vallisneria, Tradescantia discolor) und andererseits Pflanzen mit vielen kleinen, oft schwer sichtbaren Körnchen; Differenzen, wie sie sich z. B. auch in Endospermen finden und zur Entstehung solitärer und polyadelphischer Körnchen in den Amyloplasten führen. Sehr kleine Stärkeeinschlüsse kann man nach SCHIMPER[2]) viel leichter nachweisen, wenn man die durch Alkohol entfärbten Blätter einige Zeit in konzentriertem Chloralhydrat mit Jodzusatz liegen läßt. NÄGELI[3]) gab in seinem Buche über die Stärkekörner (1858) weiterhin viele genaue Daten über Verbreitung und Entwicklung der Chloroplastenstärke.

1857 erkannte GRIS[4]), daß bei Verdunklung der Blätter die Einschlüsse der Chlorophyllkörner verschwinden. SACHS[5]) bewies hierauf, daß in stärkefreien etiolierten Chloroplasten bei Belichtung Stärkekörner auftreten, und zwar zuerst in den Laubblättern solcher Pflanzen (1862). Er sprach infolgedessen die Stärke als ein Produkt der Kohlensäureassimilation der Blätter an. Weiterhin (1864) dehnte SACHS[6]) diese Erfahrungen durch neue Versuche aus, auf Grund welcher er sagte: „Die Chlorophyllkörner haben die Fähigkeit, zuerst Stärke zu erzeugen, dieselbe im Finstern aufzulösen, und endlich abermals Stärke in sich zu bilden, je nach der Art der Beleuchtung, der sie ausgesetzt sind." Im wesentlichen war damit unsere heutige Auffassung begründet. Allerdings ließ SACHS noch die Frage offen, ob die gebildete Stärke ein direktes Produkt der Assimilation sei, oder ob sie aus überschüssigen primär gebildeten Stoffen als Vorratsstoff gebildet werde.

In der Tat fand sich späterhin in J. BOEHM[7]) ein Forscher, welcher den richtigen Schluß von SACHS, daß es sich in der normalen Chloroplastenstärke um ein an Ort und Stelle aus CO_2 und H_2O gebildetes Assimilat handle, nicht anerkannte und allzu einseitig der Meinung nachgab, daß jedes Zuckermaterial der Zelle zu Stärkespeicherung in den Chloroplasten Anlaß geben könne. Doch verdanken wir dieser Betrachtungsweise BOEHMs die wichtige Entdeckung dieses Forschers, daß künstliche Zuckerzufuhr bei Laubblättern Stärkeanhäufung in den Chloroplasten hervorruft.

In seiner berühmten Arbeit „Ein Beitrag zur Kenntnis der Ernährungstätigkeit der Blätter (1884) bereicherte SACHS[8]) die Kenntnisse von den in Rede stehenden Vorgängen um wichtige Methoden und Tatsachen. Zum makroskopischen Nachweise der Stärke in Laubblättern tötete SACHS zunächst die frischen Blätter durch 10 Minuten langes Kochen in Wasser, legte sie behufs Extraktion des Farbstoffes in 96 Proz. Alkohol von 50—60° Temperatur für $1/4$ bis $1/2$ Stunde (wobei 1—2 Liter Flüssigkeit anzuwenden sind) und brachte sodann die völlig weiß ge-

1) G. J. MULDER, Versuch ein. allg. physiol. Chem. (1844), p. 294—297. — 2) SCHIMPER, Bot. Zeitg., 1885, p. 739. — 3) NÄGELI, l. c. . 398. — 4) GRIS, Ann. sc. nat. Bot., Tome VIII, p. 179 (1857). — 5) SACHS Bot. Zeitg., 1862, No. 44. — 6) SACHS, Bot. Zeitg., 1864. — 7) J. BOEHM, Bot. Zeitg., 1883, p. 33. — 8) SACHS, Arbeiten d. botan. Inst. in Würzburg, Bd. III, p. 1 (1884).

wordenen Blätter in braune Jodjodkaliumlösung, in welcher sie mehrere
Stunden liegen blieben. Es lassen sich in dieser Weise brauchbare
Schätzungen beim Vergleiche des Stärkegehaltes von Blättern anstellen.
Die Blätter bleiben hellgelb oder ledergelb, sobald keine Stärke in den
Chloroplasten vorhanden ist: sie werden schwärzlich, wenn sehr wenig
Stärke zugegen ist; mattschwarz bei reichlichem Stärkegehalt, und
metallisch schwarz glänzend, wenn der Stärkereichtum maximale Grade
erreicht. Durch diese „Jodprobe" lassen sich folgende Tatsachen
demonstrieren:

1. Daß etiolierte, sich im Dunkeln entwickelnde Blätter von Pflanzen,
die einen anderen Teil ihrer Blätter am Lichte ausbilden können, keine
Stärke in den Chlorophyllkörnern enthalten, obwohl diese etiolierten
Blätter bei partieller Verdunklung der ganzen Pflanze fast oder ganz
normale Größendimensionen besitzen. 2. Daß panachierte Blätter nach
kräftiger Assimilationstätigkeit nur in den grünen Blattpartien Stärke
speichern, und zwar massenhaft, wie sonst normal grüne Blätter, während
die weißen Partien nichts davon enthalten. 3. Daß man durch partielle
Verdunklung einer Blattlamina, z. B. durch Umwicklung mit einem
Stanniolstreifen, die Stärkebildung in den Chloroplasten daselbst lokal
und total unterdrücken kann, während die Stärkespeicherung in den
beleuchteten Nachbarpartien normal vor sich geht. 4. Kann man mittelst
der Jodprobe die „Auswanderung" der Stärke während des Aussetzens
der Kohlensäureassimilation nachweisen, wie sie normal in der Nacht
erfolgt. Die Blätter einer großen Zahl unserer heimischen und Garten-
gewächse entleeren ihre Stärke in warmen Nächten vollständig; man
findet sie bei Sonnenaufgang gänzlich stärkefrei, während sie am Abend
vorher mit Hilfe der Jodprobe als maximal stärkeerfüllt erkannt worden
waren. 5. Kann man nach MOLLS[1]) Vorgang zeigen, daß reichlich Stärke
führende Laubblätter sich ihrer Stärke gänzlich entledigen, wenn man
die betreffende Pflanze in kohlensäurefreie Luft bringt und so die Assimilation unterbricht. Weitere Versuche von analogem Ergebnisse in
kohlensäurefreier Luft rühren von MENZE[2]) her, und die gegenteiligen
Erfahrungen von BOEHM[3]) betreffen Crassulaceenblätter, für die wenigstens
die Möglichkeit besteht, daß Kohlensäure aus organischen Säuren gebildet worden ist, und daher trotz der Absperrung des Luftraumes mit
Kalilauge Kohlensäureassimilation stattgefunden haben kann.

Nach den zu Buitenzorg durch COSTERUS[4]) gesammelten Erfahrungen zu urteilen, findet in den Tropen eine gänzliche Entleerung
der Stärke zur Nachtzeit viel seltener als in unseren Klimaten statt.
Die Ursachen sind in mancher Hinsicht noch aufzuklären; es liegt aber
nahe anzunehmen, daß der Überschuß an assimiliertem Material bei
tropischen Pflanzen viel erheblicher ausfallen kann, als in gemäßigtem
Klima, und daß die Verwendung der Stärke deshalb sich weniger im
Verschwinden der Blattstärke ausprägt.

Die durch SACHS festgestellten Tatsachen lehren jedenfalls, daß
die Stärkespeicherung normal funktionierender Laubblätter streng an
die Assimilationstätigkeit der stärkeführenden Chloroplasten selbst gebunden ist und nicht durch Abströmen von Zucker aus anderen Blatt-

1) MOLL, Arbeit. botan. Würzburg, Bd. II, p. 110. Andere Versuche z. B.
bei S. BAIN, Univ. of Tenessee Rec., Vol. V. 1902, p. 259. — 2) O. MENZE, Dissert.
Halle, 1887; Bot. Zeitg., 1888, p. 465. — 3) BOEHM, Botan. Centr., Bd. XXXVII,
p. 108 (1889). — 4) J. C. COSTERUS, Ann. jard. bot. Buitenzorg, Tome XII, p. 72
(1894).

teilen oder Organen zustandekommt; sie lehren außerdem sehr klar, daß die Stärkefüllung der Chloroplasten nur die physiologische Folge eines Überschusses an assimiliertem Material sein kann, und die Chloroplastenstärke als Reservestoff aufzufassen ist. Für den Assimilationsprozeß selbst mag die Stärkespeicherung die Bedeutung eines Vorganges haben, welcher die Reaktionsprodukte in dem Maße als sie gebildet werden, bindet, so daß eine Hemmung des Prozesses durch angehäufte Endprodukte nicht eintreten kann.

Die chemische Unabhängigkeit der Stärkebildung in den Chloroplasten von der Assimilation der Kohlensäure selbst wird dadurch illustriert, daß nicht alle Chlorophyllkörner Stärke bilden, obwohl sie kräftig assimilieren. Schon 1857 hatte BOEHM gefunden, daß die Chloroplasten von Alliumarten, Galanthus, Hyacinthus, Ornithogalum, die meisten Chlorophyllkörner von Iris germanica normal nie Stärke bilden. BRIOSI[1]) konstatierte dasselbe für Musa und Strelitzia. Nach A. MEYER[2]), der diese Verhältnisse einem sorgfältigen Studium unterzog, ist bei den Dikotyledonen meist reichlich Stärke in den Chloroplasten abgelagert, sehr wenig Stärke jedoch bei Gentiana, Asclepias Cornuti, den graminiformen Eryngiumarten. Von Monokotyledonen speichern am reichlichsten Stärke die Dioscoreaceen und Juncaceen. Die Liliaceen, Amaryllidaceen, Iridaceen, Aracecu und Erdorchideen pflegen hingegen nur sehr wenig Stärke zu speichern. MEYER zeigte auch, daß bei manchen stärkefreien oder stärkearmen Chloroplasten die Stärke durch andere Kohlenhydrate vertreten sind. So führen die Chlorophyllkörner von Allium porrum Trauben- und Fruchtzucker, die Chloroplasten von Yucca filamentosa Sinistrin. Der Befund von Glykosen als Reservestoff von Chloroplasten legt die Frage nahe, wodurch bei solchen Pflanzen der hemmende Einfluß von Endprodukten des Assimilationsprozesses vermieden wird. STAHL[3]) hat interessante, vergleichend biologische Betrachtungen über das Vorkommen von „Stärkeblättern" und „Zuckerblättern" und Beziehungen des Zuckerreichtums zur Transpiration angestellt. In manchen Blättern ist reichlich Mannit zugegen, z. B. den Oleaceen, Catha edulis[4]), Genipa brasiliensis[5]), Basanacantha spinosa[6]); diese Blätter scheinen jedoch allgemein in ihren Chloroplasten Stärke zu führen. Bei manchen Pflanzen, wie besonders RENDLE[7]) für Allium Cepa zeigte, läßt sich durch kein Mittel Stärkebildung in den Chloroplasten erzwingen. Hingegen fand BOEHM[8]), daß die normal keine Stärke speichernden Chlorophyllkörner von Galanthus, Hyacinthus, Ornithogalum und Iris reichlich Stärke bilden, wenn man die Blätter dieser Pflanzen 8—10 Tage lang auf 20-proz. Rohrzuckerlösung schwimmen läßt. Bei diesen Gewächsen besitzen demnach die Chloroplasten nachweisbar die Fähigkeit, Stärke zu speichern, üben dieselbe jedoch im normalen Lebenslaufe niemals aus.

---

1) BRIOSI, Bot. Zeitg., 1873, p. 520. — 2) A. MEYER, Bot. Zeitg., 1885, p. 449; für Gentiana lutea auch Arch. Pharm., Bd. CCXXI. Heft 7—8 (1883). — 3) STAHL, Jahrb. f. wiss. Botan., Bd. XXXIV, p. 558 (1900). — 4) SCHÄR, Just. Jahresber., 1899, Bd. II. p. 57. — 5) W. KWASNICK, Chemik.-Zeitg., Bd. XVI, p. 109 (1892). — 6) B. GRÜTZNER, Arch. Pharm., Bd. CCXXXIII, p. 1 (1895); LANGLOIS, Ann. chim. phys. (3), Tome VII, p. 348 (1843) gab auch für Lindenblätter neben Traubenzucker Mannit an. — 7) A. B. RENDLE, Ann. of Bot., Vol. II. p. 224 (1888). — 8) BOEHM, Bot. Zeitg., 1883, p. 34.

SCHIMPER[1]) hat auf Grund einer Reihe zum Teil einschlägiger Erwägungen, unabhängig von A. MEYER 1885 zuerst den Gedanken ausgesprochen, daß Glykose das der Stärke vorangehende Assimilationsprodukt sei, und daß die Stärkebildung erst oberhalb einer bestimmten Konzentration der in der Zelle enthaltenen Glykoselösung eintritt. Diese Grenzkonzentration kann spezifisch verschieden sein, so daß es im normalen Leben mancher Gewächse gar nie bis zur Stärkebildung kommt, während bei anderen Pflanzen die Grenzkonzentration der Glykose regelmäßig erreicht wird und zur Stärkebildung Anlaß gibt.

Später stellte es sich heraus, daß man künstliche Stärkebildung bei Rohrzuckerzufuhr auch in den chlorophyllfreien Amyloplasten der weißen Stellen panachierter Blätter erreichen kann [SAPOSCHNIKOFF[2]), ZIMMERMANN[3])]. Nach den umfassenden vergleichenden Studien WINKLERS[4]) darf man annehmen, daß überhaupt alle Chloroplasten und alle Leukoplasten mit seltenen Ausnahmen zur Bildung von Stärke befähigt sind, wofern sie hinreichend weit entwickelt und noch nicht desorganisiert sind. So bilden normale und etiolierte Chloroplasten auf Zuckerlösung schwimmender Laubblätter gleich rasch und intensiv Stärke.

Die Minimalkonzentration wirksamer Zuckerlösungen liegt nach WINKLER meist bei 0,2 Proz. Saccharose. Bei 10 Proz. Saccharose ist das Optimum fast erreicht und die Wirkung wird bei weiterem Ansteigen der Zuckerkonzentration nur unerheblich vermehrt; höhere Konzentrationen sind weniger wirksam und 30-proz. Zuckerlösung bedingt niemals Stärkebildung. Die untere Grenztemperatur des Vorganges fand WINKLER für die einheimischen Pflanzen meist bei $+6$ bis 8^{0} C, für Moose $+2$ bis 3^{0} C; für tropische Pflanzen 12 bis 15^{0} C. Im Winter persistierende Blätter von Primula elatior, Rhododendron hirsutum, Valeriana hatten im Sommer 7^{0} C als Minimaltemperatur; als sie im Winter bei $+1^{0}$ C geerntet waren, erzeugte Zuckerzufuhr schon bei $+3^{0}$ C Stärkebildung. Bis 20^{0} C findet Steigerung des Vorganges statt. Weiter hinauf bis zur Temperaturgrenze des Lebens ist eine wesentliche Änderung nicht zu beobachten. Lichtzutritt ist gleichgültig; Sauerstoffzutritt unerläßlich. Äther und Chloroform hemmen Stärkebildung wie die Assimilation. Herbstlich verfärbte Chloroplasten speichern Stärke, solange sie nicht desorganisiert sind. Chlorotische Chlorophyllkörner konnte ZIMMERMANN bei Versuchen mit Zea Mays und Canna nicht zur Stärkebildung veranlassen, während WINKLER bei Mais, Cucurbita, Fagopyrum und Pisum in beschränktem Maße selbst in chlorotischen Chlorophyllkörnern Stärkespeicherung durch Zuckerzufuhr beobachtete. Bei Allium Cepa mißlangen aber auch die Bemühungen WINKLERS, Stärkebildung zu erzwingen. Für Leukoplasten waren die Ergebnisse im ganzen ähnlich. Negative Resultate lieferten die noch nicht ausgebildeten Amyloplasten in Fettkotyledonen, ferner jene im Urmeristem von Vegetationsspitzen. Stärkespeicherung war hingegen möglich bei Leukoplasten albikanter Blattpartien und bei den normal stärkefreien Leukoplasten in Wundcalluszellen, sowie bei den Leukoplasten in vielen Blumenblättern und Früchten. Auch die Chromoplasten von Blüten und Früchten besitzen noch weitverbreitet die Fähigkeit,

1) SCHIMPER, Bot. Zeitg., 1885, p. 786. — 2) SAPOSCHNIKOFF, Ber. bot. Ges., Bd. VII, p. 259 (1889). — 3) A. ZIMMERMANN, Beiträge zur Morphol. und Physiol. d. Pflanzenzelle (1893), p. 39. — 4) H. WINKLER, Jahrb. f. wiss. Botan. Bd. XXXII, p. 525 (1898).

Stärke zu speichern, und es war für die unter dem Einflusse der Winterkälte rotgefärbten Chloroplasten von Coniferen, welche ihre Assimilationstätigkeit temporär ausgesetzt haben, ebenfalls möglich, die Fähigkeit zur Stärkebildung nachzuweisen.

LIDFORSS [1]) hat gezeigt, daß die den Winter hindurch persistierenden Laubblätter sich in unseren Breiten von Dezember an völlig stärkefrei zeigen, eine Beobachtung, welche schon früher von MER [2]) und SCHULZ [3]) in beschränkterem Umfange gemacht worden war; im Frühjahr erscheint neuerdings Stärke in den Chlorophyllkörnern. Die naheliegende Vermutung, daß es sich um ähnliche Vorgänge handeln dürfte, wie bei der durch RUSSOW und A. FISCHER studierten Entstärkung von Baumzweigen im Winter und dem bekannten Süßwerden der Kartoffeln hat sich in der Tat in den Untersuchungen von LIDFORSS bestätigt. Man kann auch hier durch Einbringen der Blätter in höhere Temperatur während des ganzen Winters beliebig oft rasche Stärkebildung erzielen. Die Blätter sind während des Winters sehr reich an Zucker und zeigen öfters auch vermehrten Fettgehalt. MIYAKÉ [4]) hat analoge Beobachtungen für die japanische Flora gesammelt. Nach LIDFORSS enthalten untergetaucht lebende Blätter, die den Winter überdauern, auch im Winter stets reichlich Stärke. Moosblätter verhalten sich den Phanerogamenblättern ganz analog. Wie meine dahingerichteten Versuche [5]) ergaben, beruht die winterliche Stärkelösung in den Laubblättern anscheinend darauf, daß die Zuckerkonzentration in den Zellen unter das Konzentrationsminimum sinkt, welches bei niederer Temperatur zur Stärkebildung nötig ist. Sicher ist wenigstens nach meinen Erfahrungen, daß man bei niederer Temperatur bei keinem der untersuchten Blätter in Zuckerlösungen unterhalb einer Konzentration von 7 Proz. Saccharose Stärkespeicherung bewirken kann, während stärkere Konzentrationen Stärkebildung auch bei niederer Temperatur hervorrufen. Bei gewöhnlicher Temperatur genügt, wie oben erwähnt, schon weniger als 1 Proz. Rohrzucker zur Stärkeformation. Diese Erhöhung der „Zuckerstimmung" durch niedere Temperatur scheint eine bei allen Reservestoffbehältern verbreitete Erscheinung zu sein, und sie besteht nicht nur in der Erhöhung der Grenzkonzentration für die Stärkespeicherung, sondern auch in vermehrter Zuckerbildung auf Kosten abgelagerter Stärke, wie die Vorgänge in abgekühlten Kartoffelknollen zeigen. Wahrscheinlich ist der Angriffspunkt der Wirkung der niederen Temperatur nicht in den Amyloplasten selbst, sondern im Plasma zu suchen.

Angaben über die Zeit, während welcher junge Blätter vor ihrer völligen Entwicklung noch keine Stärke in den Chloroplasten speichern, liegen für Vitis vinifera von CUBONI [6]) vor. Es bleibt übrigens noch zu untersuchen, ob die Zucker-Grenzkonzentration für Stärkebildung bei jugendlichen Chloroplasten nicht eine andere ist, als bei voll entwickelten.

---

1) B. LIDFORSS, Botan. Centralbl., Bd. LXVIII, p. 33 (1896). — 2) E. MER, Bull. soc. bot., Tome XXIII, p. 231 (1876). Bezüglich Coniferennadeln auch FLICHE u. GRANDEAU, Ann. chim. phys. (5), Tome XI, p. 224 (1877). — 3) E. SCHULZ, Flora, 1888, p. 233, 248. — 4) K. MIYAKÉ, Bot. Magaz. Tokyo, Vol. XIV, No. 158 (1900); Bot. Gaz., Bd. XXXIII, p. 321 (1902). — 5) F. CZAPEK, Ber. bot. Ges., Bd. XIX, p. 120 (1901). — 6) G. CUBONI, Rivista di Viticoltura et Enologia Italiana, Vol. I, 1885.

Die Stärkemenge in assimilierenden Laubblättern bestimmten BROWN und MORRIS[1]) nach Extraktion des getrockneten Blattpulvers mit Äther und Alkohol und Verkleistern der Stärke durch Verzuckerung der letzteren mittelst Diastase. Nach BROWN und MORRIS ist es nur ein kleiner Teil der neugebildeten Trockensubstanz, welcher als Stärke abgelagert wird. In einem ihrer Versuche nahmen die Blätter von Helianthus in 12 Stunden um mehr als 12 g pro qm an Trockensubstanz zu, und davon war nur 1,4 g abgelagerte Stärke. Ähnliche Resultate ergaben sich für Tropaeolum. Für den Gewinn an Trockensubstanz durch die Assimilationstätigkeit liegen bereits Angaben von SACHS vor, wonach in einem Versuche Helianthus durchschnittlich pro Stunde 1,648 g „Stärke" pro 1 qm Blattfläche gewann, und in 10 Nachtstunden pro 1 qm Spreite 9,64 g „Stärke" abgab. Im allgemeinen schätzt SACHS den Stärkegewinn für 1 qm Blattfläche täglich unter günstigen Bedingungen auf 24 g + 1 g Atmungsverlust. Für Tabakblätter gab später MÜLLER-THURGAU[2]) folgende Zahlen:

	2 noch grüne Blätter		3 zieml. reif. Blätter		2 ganz reif. Blätter	
	6[h] p. m.	7[h] a. m.	6[h] p. m.	7[h] a. m.	6[h] p. m.	7[h] a. m.
Oberfläche qcm	463,5	442	996,6	1003	454	450
Trockensubstanz g	2,2	1,96	5,63	5,42	2,97	2,72
Zucker in 100 g Trockensubst.	1,25	0,60	1,05	0,63	0,81	0,41
Zucker in 12 qm Blattfläche	0,59	0,27	0,59	0,34	0,58	0,23
Stärke in 100 g Trockensubst.	31,39	26,74	38,42	33,3	42,62	36,95
Stärke in 12 qm Blattfläche	14,89	11,81	21,71	17,87	27,84	22,81

Danach kann in reifen Tabakblättern der Stärkegehalt abends bis zu 42 Proz. der Trockensubstanz ansteigen. Die unteren Blätter enthalten durchschnittlich weniger Stärke als die darüber stehenden, vielleicht wegen partieller Beschattung.

SAPOSCHNIKOFF[3]) unternahm es, die maximale Anhäufungsgrenze der Stärke in Blättern zu bestimmen. Für abgeschnittene Blätter von Vitis vinifera glaubt er die Grenze bei 27,5 Proz. des Trockengewichtes der Blätter annehmen zu dürfen, während seine Zahlen für Vitis Labrusca zwischen 17 und 25 Proz. des Blatttrockengewichtes an Stärke schwanken. Ähnlich waren auch die Ergebnisse, wenn die Blätter mit den Stielen nicht in Wasser, sondern in Nährsalzlösung eintauchten. Hingegen lassen sich die aufgespeicherten Stärkemengen vergrößern, wenn man die Blätter in kohlensäurereichere Atmosphäre bringt; es steigt dann die Maximalgrenze für den Stärkegehalt bis auf 30—35 Proz. der Blatttrockensubstanz. Der Zuckergehalt der Blätter kann nach SAPOSCHNIKOFF bei Anwesenheit von Stärke bis zur Konzentration 6,8 Proz. steigen.

A. MEYER[4]) äußert sich dahin, daß die Stärke im Stroma der Chloroplasten entstehen dürfte, während die Grana der Chlorophyllkörner das Organ der Kohlensäureassimilation seien.

1) H. T. BROWN und G. H. MORRIS, Journ. chem. soc., 1893, p. 604. — 2) MÜLLER-THURGAU, Landw. Jahrb., Bd. XIV, p. 465 (1885). — 3) SAPOSCHNIKOFF, Ber. bot. Ges., Bd. IX, p. 293 (1891); Bd. XI, p. 391 (1893). — 4) MEYER, Stärkekörner (1895), p. 108.

§ 2.
Lösung der Chloroplastenstärke und Transport des Zuckers aus den Blättern.

Aus den hier entwickelten, besonders auf den Arbeiten von SACHS und SCHIMPER fußenden Anschauungen geht hervor, daß Tag und Nacht ein stetiges Abströmen von Zucker aus den assimilierenden Blättern stattfindet, und ein Aufspeichern von Stärke in den Chloroplasten nur einen Überschuß der assimilatorischen Tätigkeit über den Verbrauch anzeigt.

Wie anderwärts, so erfolgt die Stärkelösung auch in den Chlorophyllkörnern der Blätter durch amylolytische Enzyme. MEYER[1]) nimmt an, daß diese Diastase im Stroma der Chloroplasten gebildet werde. Die Extraktion des Enzyms aus frischen Blättern stößt auf Schwierigkeiten, indem das Enzym fast gänzlich in dem Blätterbrei beim Abpressen adsorbiert bleibt, und im Filtrate nur spurenweise vorhanden ist; es stören ferner manche gleichzeitig anwesende Substanzen, wie JENTYS[2]) gezeigt hat, z. B. Gerbstoffe, welche die Diastase aus der Lösung fällen. Durch diese Umstände ist es wohl auch zu erklären, warum WORTMANN[3]) zur Meinung kam, daß Laubblätter kein amylolytisches Enzym enthielten. Andere Forscher, wie BRASSE[4]), SCHIMPER[5]), BARANETZKY[6]), VINES[7]), BROWN und MORRIS[8]) haben übrigens die Existenz amylolytischer Enzyme in Blättern zur Genüge erwiesen. und A. MEYER hat für die Gegenwart von Diastase in den Chloroplasten manche wichtige Momente bei den Lösungserscheinungen an den Stärkekörnern daselbst geltend gemacht.

BROWN und MORRIS bereiteten ihre Blätterdiastase aus fein gepulvertem trockenen Material. Die Wirkung wurde vergleichend bestimmt, indem 0,5 g trockenen Blattpulvers mit 50 ccm 2-proz. LINTNER-Stärke 48 Stunden bei 30° digeriert wurden, unter Zusatz von 5 ccm Chloroform pro Liter. Zur Kontrolle wurde eine gleiche Probe derselben Mischung 1—2 Minuten lang gekocht und darin der im Blattpulver präexistente reduzierende Zucker bestimmt. Die Differenz beider Proben diente als Maß der amylolytischen Wirkung. Die höchsten Werte erzielten BROWN und MORRIS bei Leguminosen; bei Pisum sativum erzeugten 10 g Blattpulver 240,3 g Maltose. Die Solanaceen ergaben im Vergleiche nur 6,56 bis 8,16 g, Hydrocharis nur 0,267 g Maltose. Gerbstoffreiche Blätter gaben aber überhaupt kleinere Zahlen, und es ist wohl kaum möglich, in allen Fällen einen richtigen Schluß auf die tatsächlich vorhandene Diastasemenge zu ziehen. Als die genannten Forscher den Diastasegehalt gut assimilierender Blätter am frühen Nachmittag und am Abend verglichen, ergab sich ein höherer Enzymgehalt der am Abend gesammelten Blätter. Auch stieg der Diastasegehalt bei abgeschnittenen Blättern von Tropaeolum, welche kräftig assimiliert hatten, von dem Zeitpunkt der Ernte während einiger Stunden Liegens im Dunkeln um 118,5 Proz. Auffallend viel Diastase war ferner vorhanden in Blättern, welche mehrere Tage hindurch ver-

---

1) S. Anm. 4, p. 388. — 2) ST. JENTYS, Botan. Centr., Bd. LIV. p. 193 (1893). — 3) J. WORTMANN, Bot. Zeitg., 1890, No. 37—41. — 4) L. BRASSE, Compt. rend., Tome XCIX. p. 878 (1884). Dort DUBRUNFAUT zitiert. — 5) SCHIMPER, Bot. Zeitg., 1885, p. 742. — 6) BARANETZKY, Die stärkeumbild. Fermente (1878), p. 16. — 7) S. H. VINES, Ann. of Bot., Vol. V, p. 409 (1891). — 8) S. Anm. 1, p. 388.

dunkelt und hierdurch stärkefrei gemacht worden waren, gegenüber normal assimilierenden Vergleichsblättern. Es scheint demnach, daß die Enzymproduktion regulatorisch beeinflußt wird. Darauf läßt auch das Resultat weiterer Versuche von BROWN und MORRIS schließen, wonach Blattstücke im Dunkeln auf Zuckerlösung schwimmend, weniger Diastase enthalten, als gleiche Blätter, welche auf Wasser lagen. Mit dem Einflusse des Lichtes auf die Blätterdiastase hat sich GREEN [1]) beschäftigt. Derselbe fand in stark beleuchteten lebenden Blättern binnen 14 Tagen bis zu 68 Proz. Diastaseverlust, und besonders die ultravioletten Strahlen schienen auf die Diastase stark einzuwirken. GREEN hat auch einige Angaben über das Proferment der Blätteramylase gemacht.

Als nächstes Lösungsprodukt der Stärke geben BROWN und MORRIS auch ..er Maltose an und diese Forscher wiesen Maltose in den Blättern direkt nach, neben Saccharose, Dextrose und Fruktose. Frühere Arbeiten. insbesondere die Studien von · SCHIMPER, hatten bereits gezeigt, daß sich bei der Auflösung der Blattstärke, insbesondere in den Leitscheiden der Blattnerven, große Quantitäten von reduzierendem Zucker nachweisen lassen. Die Existenz eines maltosespaltenden Enzyms in Blättern ist zwar recht wahrscheinlich, doch ist dieselbe experimentell noch nicht erwiesen. BEIJERINCK [2]) hat verschiedene Blätter auf Maltase mit negativem Erfolge untersucht, doch können die Versuche an der bekannten Schwerlöslichkeit der Maltase leicht scheitern, und man hätte jedenfalls die Bemühungen unter Zuhilfenahme der neueren Preßsaftmethodik oder anderer vollkommenerer Methoden zu erneuern.

Die meisten quantitativen Zuckerbestimmungen in Blättern sind eines großen Teiles ihres Wertes dadurch beraubt, daß auf Tageszeit, Temperatur und andere die Assimilationstätigkeit beeinflussende Momente in den Resultaten nicht Rücksicht genommen wurde. Die nachgewiesenen Zuckerarten sind Saccharose, Dextrose und Fruktose. In den Blättern von Vitis und Amygdalus persica gibt PETIT [3]) folgenden Zuckergehalt an.

		Rohrzucker	Glykose
1 kg Weinblätter	I	9,2 g	26,55 g
1 „ „	II	15,8 „	17,49 „
1 „ Pfirsichblätter		33,0 „	12,0 „

MACAGNO [4]) bestimmte für je 1 kg Weinblätter an Zuckergehalt:

Blätter am Ende der Fruchtreben	14,24 g
Blätter an der Basis der Fruchtreben	10,81 „
Blätter am Ende der Holzreben	11,93 „
Blätter an der Basis der Holzreben	11,65 „

Ferner für 1 kg Blätter am Ende der Fruchtreben:

Am 20. Juni	14,24 g	Am 15. September	20,50 g
„ 4. August	15,31 „	„ 5. Oktober	23,70 „
„ 16. „	15,96 „	„ 22. „	19,04 „
„ 31. „	16,62 „		

1) J. R. GREEN, Phil. Trans. Roy. Soc. London, Vol. CLXXXVIII, p. 167 (1897). — 2) M. BEIJERINCK, Centr. Bakter. (II), Bd. I, p. 338 (1895). — 3) A. PETIT, Compt. rend., Tome LXXVII. p. 944 (1873). — 4) H. MACAGNO, Compt. rend., Tome LXXXV, p. 810 (1877).

Nach BOETTINGER [1]) sollen die Weinblätter auch das Hydrat einer oxydierten Biose enthalten, welches dieser Autor als „Racefoloxbiose" bezeichnet.

Über den Zucker der Tabakblätter berichtete ATTFIELD [2]); seine Zahlen schwanken zwischen 8,2 und 12,8 Proz. Gesamtzucker; die „Tabakose", welche als gärungsfähiger und optisch inaktiver Zucker angegeben wird, bleibt noch aufzuklären.

In den Rübenblättern hatte CORENWINDER [3]) nur Glukose gefunden, doch enthalten dieselben, wie GIRARD [4]) nachgewiesen hat, analog anderen Blättern auch wechselnde Mengen Saccharose. GIRARD fand in den am Morgen und Abend geernteten Zuckerrübenblättern:

	24. September 4^h p. m.	26. September 4^h a. m.	26. September 4^h p. m.
Wasser	86,24 Proz.	87,62 Proz.	85,15 Proz.
Saccharose	1,04 „	0,60 „	1,83 „
reduzierender Zucker	3,17 „	2,72 „	2,66 „
Saccharose auf 100 Teile Glukose	33 „	22 „	68 „

Es nimmt demnach der Saccharosegehalt der Blätter tagsüber deutlich zu und zwar stärker als der Glukosegehalt. Ähnliche Ergebnisse sammelten auch BROWN und MORRIS. Auch PERREY [5]) scheint bei Phaseolus analoge Beobachtungen gesammelt zu haben. Die genannten Autoren neigen der Ansicht zu, daß die Saccharose eng mit dem eigentlichen Kohlensäureassimilationsvorgang zusammenhänge. Es sei auch erwähnt, daß Invertase von MARCACCI [6]) allgemein in Blättern nachgewiesen wurde. Lävulose dürfte in Laubblättern selten fehlen, obwohl sie noch nicht in zahlreichen Fällen nachgewiesen worden ist. LINDET [7]) hat sich bemüht, bei den Blättern der Zuckerrübe die Schwankungen im Gehalte an Dextrose und Lävulose näher zu verfolgen und dieselben zu erklären.

Nach BELLUCCI [8]) vermag die Zunahme an Zucker bei Tag die Stärkezunahme zu übertreffen; in der Nacht nimmt hingegen die Menge der Stärke viel schneller ab als die Menge des Zuckers.

SAPOSCHNIKOFF [9]) hat die Entleerung der Kohlenhydrate gleichfalls quantitativ analytisch verfolgt. Im Einklange mit Erfahrungen von BELLUCCI ergab sich, daß die Abnahme an Stärke und Zucker bei abgeschnittenen Blättern mindestens fünfmal geringer ist, als die Abnahme der Kohlenhydrate bei Blättern im Zusammenhange mit der Pflanze. Helianthus annuus zeigte pro 1 qm Blattfläche und 1 Stunde eine Kohlenhydratabnahme von 0,225 g in den Blättern an der Pflanze und 0,042 g bei abgeschnittenen Blättern. Vermindert man durch Abtrennen von Blättern die Blätterzahl einer Pflanze, so steigt die Geschwindigkeit der Entleerung bei den zurückgebliebenen Blättern namhaft. Ebenso zeigt sich eine Proportionalität zwischen Stoffverbrauch im Wachstum der Pflanze und der Schnelligkeit des Verschwindens der Kohlenhydrate aus den Blättern. Auch eine Tagesperiode in der Ge-

---

1) C. BOETTINGER. Chemik.-Zeitg., Bd. LII, p. 6 (1901). — 2) ATTFIELD, Pharm. journ. Trans., 1884. — 3) CORENWINDER, Compt. rend., Tome LXXXIII, p. 1238 (1876). — 4) A. GIRARD, Compt. rend., Tome XCVII, p. 1305 (1883); Tome XCIX, p. 808 (1884); Tome CIII, p. 1489 (1886). — 5) A. PERREY, Compt. rend., Tome XCIV, p. 1124 (1882). — 6) MARCACCI, Just Jahresber., 1889, Bd. I, p. 27. — 7) L. LINDET, Annal. agronom., 1900, p. 103. — 8) G. BELLUCCI, Just Jahresber., 1898, Bd. I, p. 35. — 9) W. SAPOSCHNIKOFF, Ber. bot. Ges., Bd. VIII, p. 234 (1890).

schwindigkeit der Entleerung der Kohlenhydrate aus den Blättern hat sich herausgestellt; das Maximum fällt auf die ersten Stunden der Nacht.

Aus unseren Darlegungen folgt auch, wie die „transitorische" Stärkebildung, wie sie in verschiedenen Geweben vorkommen kann, aufzufassen ist. Ein sehr prägnantes Objekt hierfür sind nach SCHIMPER die Leitscheiden der Blattnerven von Hydrocharis morsus ranae, wo Stärke sehr lebhaft regeneriert wird, ferner die von A. MEYER[1]) in dieser Hinsicht näher studierten jugendlichen Blätter innerhalb der Laubknospen von Tilia. Hier wie im Stengelparenchym etc. zeigt uns die transitorische Stärkebildung nichts anderes an, als einen reichlichen Zuckerzufluß zu Amyloplasten führenden Zellen, welchem kein genügend rascher Zuckerabfluß entgegensteht, so daß die Amyloplasten durch Überschreitung der Zuckergrenzkonzentration zur Stärkebildung veranlaßt werden. Diese Stärkespeicherung (man sprach auch früher von „Wanderstärke", ein Ausdruck, welcher besser aufzugeben ist) ist in der Regel sehr gering und temporär, weil die Zuckerkonzentration über einen mäßig hohen Grad nicht hinausgeht und der Zuckerbedarf sehr wechselt. Steigt der Zuckerkonsum in der Nachbarschaft, so überwiegt die Stärkelösung in den Amyloplasten und die transitorische Stärke schwindet. Daß die in Blättern häufig vorkommenden roten Farbstoffe in biologischen Beziehungen zur „Stärkeauswanderung" stehen, wurde von H. PICK[2]) behauptet, doch fehlen zu dieser Annahme sowohl genügend theoretische als experimentelle Grundlagen.

Ob bei den herbstlichen Veränderungen der Blätter tatsächlich ein deutliches Rückströmen der Kohlenhydrate in Zweige und Stamm stattfindet, welches eine größere physiologische Bedeutung hat, muß noch dahingestellt bleiben. Im Anschlusse an die Untersuchungen von SACHS[3]) über „die Entleerung der Blätter im Herbste" wurden häufig einschlägige Vorstellungen auch bezüglich der Blattkohlenhydrate geäußert. Neuere Arbeiten[4]) haben allerdings auf die Kohlenhydrate wenig Rücksicht genommen, doch darf man der Ansicht, daß eine vollständige Entleerung der Reservestoffe beim Abwerfen von Laubblättern die Regel sei, wohl skeptisch gegenüberstehen[5]).

Einundzwanzigstes Kapitel: Der Kohlenhydratstoffwechsel bei Fortpflanzungszellen.

Die Verhältnisse bei Pilzkonidien wurden durch CRAMERS Untersuchung[6]) für Penicillium glaucum bekannt. Die Konidien dieses Schimmelpilzes enthalten auf 66,14 Proz. Trockensubstanz etwa 17 Proz.

1) A. MEYER, Bot. Zeitg., 1885, p. 438. — 2) H. PICK, Botan. Centr., Bd. XVI, No. 9—12 (1883). — 3) SACHS, Flora, 1863, p. 200. — 4) Vgl. FRUWIRTH u. ZIELSTORFF, Landw. Versuchstat., Bd. LV, p. 9 (1901); TUCKER u. TOLLENS, Journ. f. Landwirtsch., Bd. XLVIII, p. 39 (1900); Ber. chem. Ges., Bd. XXXII, p. 2575 (1899). — 5) Vgl. hierzu besonders die Arbeiten von C. WEHMER, Ber. bot. Ges., Bd. X, p. 152 (1892); Landwirtschaftl. Jahrbücher, 1892, Heft 3, p. 513. Dort sind auch die vereinzelten Beobachtungen von G. KRAUS, BRIOSI u. a. über Zurückbleiben von Stärke in abgeworfenen Blättern angeführt. — 6) E. CRAMER, Arch. Hyg., Bd. XX, p. 197 (1894).

Zucker und andere Kohlenhydrate. Zucker dürfte wohl in Sporen und Konidien stets vorkommen, doch ist wahrscheinlich Fett das hauptsächliebste Reservematerial.

Farnsporen wurden bisher nur in einem einzigen Falle untersucht. Die Sporen von Lycopodium clavatum enthalten nach BUCHOLZ und REBLING gegen 3 Proz. Zucker, nach LANGER 2,1 Proz. Saccharose neben viel Fett [1].

Phanerogamenpollen ist seit VAUQUELIN [2], welcher den reifen Pollen der Dattelpalme 1802 untersuchte und darin Calcium- und Magnesiumphosphat, Äpfelsäure und „tierische Materie" angab, oft Gegenstand von Analysen gewesen. BRACONNOT [3] analysierte den Pollen von Typha latifolia und fand darin Zucker und Stärke. Der Pollen von Pinus silvestris enthält nach E. SCHULZE und PLANTA [4] 11,24 Proz. Saccharose und 7,06 Proz. Stärke; KRESLING [5] fand im Kiefernpollen 12,075 Proz. Saccharose und 7,4 Proz. Stärke; im Pollen von Corylus Avellana ist nach PLANTA [6] 14,7 Proz. Saccharose vorhanden und 5,26 Proz. Stärke. Im Pollen der Zuckerrübe hingegen ist Saccharose von STIFT [7] nur in ganz geringer Menge gefunden worden. Stärke und Dextrin bildeten in einem Falle 0,82 Proz., in einem anderen 0,80 Proz. Amylumkörnchen sind nach den Angaben von MOLISCH [8] auch in den Pollenschläuchen häufig enthalten. MANGIN [9] fand viel Stärke im Pollen von Pinus, Picea, Nuphar und Nymphaea u. a.; er beobachtete auch die Resorption der Reservestärke bei der Keimung. Bei der Anzucht in Zuckerlösung läßt sich nach MANGIN auch die Bildung von neuen Stärkekörnchen im Pollenkorn und Pollenschlauche in reichlichem Maße feststellen.

Die Beobachtungen von STRASBURGER [10], wonach die Pollenschläuche von Agrostemma Githago häufig die Membran von Narbenpapillen durchbohren, und die gleichen Beobachtungen von RITTINGHAUS [11] wiesen auf Produktion von Cytase durch Pollenschläuche hin. Von anderen Enzymen hat VAN TIEGHEM [12] im reifen Pollen verschiedener Pflanzen Invertase festgestellt. GREEN [13] konstatierte außer Gegenwart von Invertase noch amylolytisches Enzym in Pollenschläuchen. Die Diastase läßt sich mit Glyzerin aus Pollenkörnern extrahieren.

---

1) Vgl. FLÜCKIGER, Pharmakognosie, 3. Aufl. (1891), p. 252. — 2) FOURCROY u. VAUQUELIN, Gilberts Annal., Bd. XV, p. 298 (1803). — 3) H. BRACONNOT, Ann. chim. phys. (2), Tome XLII, p. 91 (1829). — 4) E. SCHULZE u. A. PLANTA, Zeitschr. physiol. Chem., Bd. X, p. 326 (1886). — 5) K. KRESLING, Arch. Pharm., Bd. CCXXIX, p. 389 (1891). — 6) A. PLANTA, Landw. Versuchstat., Bd. XXXI, p. 97 (1884); Bd. XXXII, p. 215 (1885). — 7) STIFT, Just Jahresber., 1895, Bd. I, p. 304; Chem. Centr., 1896, Bd. I, p. 45; 1901, Bd. I, p. 903. — 8) MOLISCH, Sitzber. Wien. Akad., Bd. CII (I), 1893, p. 423. — 9) L. MANGIN, Bull. soc. bot., Tome XXXII, p. 337 (1886). — 10) STRASBURGER, Neue Untersuch. üb. d. Befruchtungsvorg. bei Phanerogamen (1884), p. 42. — 11) P. RITTINGHAUS, Verhandl. d. naturhistor. Vereins der preuß. Rheinlande. Bd. XLIII, p. 105 (1886). — 12) PH. VAN TIEGHEM, Bull. soc. Bot., Tome XXXIII, p. 216 (1886). — 13) J. R. GREEN, Ann. of Bot., Vol. V, p. 511 (1891); Phil. Trans., Vol. CLXXXV, p. 385 (1894).

Zweiundzwanzigstes Kapitel: Der Kohlenhydratstoffwechsel bei phanerogamen Parasiten und Saprophyten.

Die merkwürdigen Ernährungsverhältnisse der grünen und nicht grünen Parasiten und Saprophyten unter den Phanerogamen sind leider trotz vieler umfassender Untersuchungen, welche im Laufe der Zeit über die Lebensweise solcher Gewächse, sowie über den anatomischen Bau der Pflanzen und ihren Zusammenhang mit dem Wirt, in den meisten Stücken noch unbekannt, und speziell der Kohlenhydratstoffwechsel bedarf noch bei fast allen phanerogamen Saprophyten und Parasiten einer eingehenden Aufklärung.

Man hatte sich früher meist damit begnügt, den chlorophyllführenden Wurzelparasiten: Thesium, Rhinanthus, Euphrasia und verwandte Rhinanthaceenformen; Melampyrum (die letztere ist vielleicht auch fakultativer Saprophyt) selbständige Kohlensäureassimilation zuzuschreiben, und die Bedeutung des Parasitismus in anderer Richtung als in Hinsicht der Kohlenstoffversorgung gesucht. Bonnier[1]) hatte aber sodann für Euphrasia die Behauptung aufgestellt, daß die Chloroplasten dieser Pflanzen trotz Chlorophyllgehalt viel weniger aktiv seien, als bei anderen grünen Gewächsen. Dies hat sich jedoch nicht bewahrheitet, indem Pfeffer und Ewart[2]) zeigten, daß die Chlorophyllkörner der Euphrasien ebenso lebhaft Sauerstoff ausscheiden, wie andere Chloroplasten. Überdies konnte Heinricher[3]) selbst für abgeschnittene Euphrasiasprosse durch die Jodprobe zeigen, daß in den Blättern mit und ohne Zusammenhang mit der Wirtspflanze sehr reichlich Stärke entsteht. Ähnlich verhält sich nach Heinricher auch Bartschia. Daß es jedoch wirklich grüne Wurzelparasiten gibt, die nachweislich schwächer Kohlensäure assimilieren als andere grüne Pflanzen, konnte Heinricher an Tozzia alpina konstatieren, einer Pflanze, welche übrigens eine lange Lebensperiode als unterirdischer Holoparasit durchläuft. Tozzia hat nach Heinricher stets einen etwas gelblichen Ton in ihrer Laubfarbe und bestätigt so die ältere Meinung, daß der Chlorophyllgehalt ein deutlicher Hinweis auf die Intensität der selbständigen Kohlensäureassimilation sei. Die saprophytischen Melampyrumarten wurden durch Koch[4]) näher studiert, die parasitischen Rhinanthusarten sowohl durch Koch[5]) als durch Heinricher. Dem erstgenannten Autor zufolge sind bei diesen Gewächsen die Haustorien in einen resorbierenden Teil und in einen extramatrikal gelegenen als Reservestoffbehälter fungierenden Teil physiologisch gegliedert; doch dürften in dem als Speicherorgan dienenden knopfartigen Teil des Haustoriums kaum Kohlenhydrate in erheblichem Maße vorhanden sein. Sonst liegt über Speicherung von Zucker und Kohlenhydraten bei grünen Wurzelparasiten kein Material vor.

Die chlorophyllarmen und chlorophyllfreien Formen der Parasiten und Saprophyten sind in ihren Hauptvertretern meist anatomisch sehr ausführlich untersucht worden, bezüglich ihres Kohlenhydratstoffwechsels aber sind nur gelegentlich gefundene Einzelheiten bekannt geworden.

---

1) G. Bonnier, Compt. rend., Tome CXIII, p. 1047 (1891). — 2) Pfeffer, Berichte math.-phys. Klasse d. sächs. Ges. d. Wissensch., 1896; Ewart, Journ. Linn. Soc., Tome XXXI, p. 446 (1896). — 3) Heinricher, Jahrb. f. wiss. Bot., Bd. XXXII, p. 438 (1898); Bd. XXXVI, p. 706 (1901). — 4) L. Koch, Ber. bot. Ges., Bd. V, p. 350 (1887). — 5) L. Koch, Jahrb. f. wiss. Bot., Bd. XX, Heft 1 (1889).

Daß bei dem Vordringen der Haustorien Enzyme, welche auf
die Kohlenhydrate der Zellwände hydrolysierend wirken, ins Spiel kommen
neben der mechanischen Wirkung, ist wenigstens für Cuscuta durch
PEIRCE[1]) genauer nachgewiesen worden, nachdem diesbezügliche Vermutungen durch KOCH[2]) geäußert worden waren. Die Sekretion von
Cuscutahaustorien hatte übrigens schon MOHL[3]) beobachtet. Nach PEIRCE
ist zweifellos eine Cytase in dem Haustorialsekrete enthalten, und dieser
Forscher hat auch eine starke amylolytische Wirkung des Sekretes durch
Korrosion von Stärkekörnern nachzuweisen vermocht. Über die Auf-
nahme von Zucker- und Kohlenhydraten sind jedoch andere nähere
Untersuchungen für Cuscuta noch nicht angestellt worden.

Über Reservestoffablagerungen bei Holoparasiten sind wir durch
HEINRICHER[4]) für Lathraea clandestina und squamaria näher unter-
richtet. In dem großzelligen Rindenparenchym der Lathraea clandestina-
haustorien sind meist viel Stärkekörner vorhanden, welche sich gewöhnlich
mit Jod rein blau färben, jedoch öfters, nach den Bemerkungen HEIN-
RICHERS zu urteilen, mehr oder weniger stark Amylodextrin enthalten
dürften. In dem Tracheïden führenden zentralen Teil findet sich oft reichlich kleinkörnige Amylodextrinstärke, die sich mit Jod rein rot färbt. Bei
Squamaria wurde die Rindenstärke nicht gefunden, wohl aber die Amylodextrinstärke. Bemerkenswert ist, daß Amylodextrinstärke bei einer
ganzen Reihe chlorophyllfreier saprophytischer Phanerogamen: Orchideen
(Epipogon, Limodorum, Goodyera, Malaxis u. a.) Gentianaceen: Swertia,
Cotylanthera[5]) vorgefunden worden ist. Über Stärkespeicherung im
Rhizom von saprophytischen Erdorchideen (Corallorhiza) hat MAC DOUGAL[6])
Mitteilungen gemacht, und der Stärkegehalt des unterirdischen Stammes
und anderer Teile der Neottia Nidus avis wurde bereits durch DRUDE[7])
festgestellt. Monotropa Hypopitys enthält nach RUSSOW[8]) Amylodextrinstärke. Selbst in den von dem endotrophen Mykorrhizapilz bewohnten
Zellen des Neottiawurzelsystems findet sich nach W. MAGNUS[9]) oft
kleinkörnige Stärke. Für Orobanchen und verwandte Parasiten fehlen
Angaben. Wie aber die Aufnahme der Kohlenhydrate seitens dieser
rein parasitischen und rein saprophytischen Gewächse erfolgt, ist gänzlich unbekannt. Falls die Annahme von FRANK[10]), dem sich in letzter
Zeit besonders W. MAGNUS angeschlossen hat und die auch von SHIBATA[11])
teilweise gestützt wird, richtig ist, daß in den Zellen der endotrophen
Mykorrhizen Pilzhyphen von der Wirtspflanze verdaut werden, so könnte
sich selbst auf diesem Wege die Pflanze in den Besitz von Kohlenhydraten setzen. Doch bedürfen alle diese Vorgänge noch wiederholter
genauer Untersuchung.

1) PEIRCE, Annals of Bot., Vol. VIII, p. 105 (1894). — 2) KOCH, Die Klee-
und Flachsseide (1880), p. 56. — 3) MOHL, Über den Bau und das Winden der
Ranken (1827). — 4) HEINRICHER, Cohns Beiträge z. Biologie d. Pfl., Bd. VII,
p. 342 (1896). — 5) FIGDOR, Ann. jard. bot. Buitenzorg, Tome XIV, p. 224 (1896).
— 6) D. T. MAC DOUGAL, Contribut. from the New York Bot. Garden, 1899;
Symbiose and Saprophytism, p. 520. — 7) DRUDE, Biologie von Monotropa und
Neottia. 1873. — 8) RUSSOW, Auskleidg. d. Intercellularen. Sitzg.-Ber. d. Dorpater
Naturforsch.-Ges., Bd. VII, Heft 1 (1884). Vgl. auch DRUDES „Monotropin", das
wohl mit der Amylodextrinstärke identisch ist. — 9) W. MAGNUS, Jahrb. f. wiss.
Bot., Bd. XXXV, Heft 2 (1900). — 10) FRANK, Ber. bot. Ges., Bd. IX (1891). —
11) SHIBATA, Jahrb. f. wiss. Bot., Bd. XXXVII, p. 644 (1902). Bezüglich Mykorrhizen und deren Bedeutung vgl. bes. auch STAHL, ibid., Bd. XXXIV, Heft 4
(1900).

Dreiundzwanzigstes Kapitel: Resorption von Kohlenstoffverbindungen durch Wurzeln und Blätter von Phanerogamen.

§ 1.

Wurzeln.

Die Resorption von Kohlenstoffverbindungen durch Phanerogamenwurzeln ist tatsächlich physiologisch möglich und hat sich sowohl für stickstofffreie als stickstoffhaltige Substanzen erweisen lassen. Es steht mithin der Annahme nichts im Wege, daß auch im normalen Leben der Pflanzen eine Aufnahme von Kohlenstoffverbindungen durch das Wurzelsystem vorkommen kann. Es bleibt jedoch noch zu bestimmen, ob in der Natur faktisch Verhältnisse existieren, unter denen grüne Pflanzen mit Vorteil von Kohlenstoffverbindungen Nahrung ziehen und wenigstens teilweise neben der normalen Kohlensäureassimilation regelmäßigen Nutzen davon haben. Bezüglich der Saprophyten wurden die einschlägigen Erfahrungen im vorigen Kapitel dargelegt, und die Verhältnisse autotropher Pflanzen finden besser bei der allgemeinen Behandlung des Verhältnisses der Pflanzen zum Boden gelegentlich der Besprechung der Aschenstoffaufnahme Erörterung. Hier genüge der Hinweis, daß erfahrungsgemäß Landpflanzen in völlig kohlenstofffreiem Boden ihr normales Fortkommen finden können, und, wie schon Liebig überzeugend dartat, die allgemeinen Verhältnisse der Humusbildung durch Pflanzenreste sehr dagegen sprechen, daß die Kohlenstoffausnutzung eine erhebliche sein kann. Hierzu kommen die neueren Erfahrungen der Bodenbakteriologie, welche die Überlegenheit der Konkurrenz der Mikroben des Bodens bei der Ausbeutung der Humusstoffe hinreichend erwiesen haben.

Immerhin sind die Versuche, welche die Möglichkeit einer künstlichen Versorgung mit Kohlenstoffverbindungen mittelst der Wurzeltätigkeit erzeugt haben, von hohem Interesse. Zuckerresorption durch Wurzeln demonstrierte Boehm[1]. Später hat Acton[2] bei Pflanzen, die in Nährlösung kultiviert waren, auch im Dunklen Stärkebildung in den grünen Teilen beobachtet, sobald 1 Proz. Dextrose, 0,5 Proz. Glyzerin, 0,5 Proz. Saccharose, 1 Proz. Inulin oder 1 Proz. lösliche Stärke durch die Wurzeln dargereicht worden war. Hingegen war das Resultat negativ bei Darreichung von Dextrin, Glykogen. Lävulinsäure, Humusextrakt, Akrolein, Allylalkohol, Acetaldehyd und Amidoäthylalkohol. Laurent[3] kultivierte Maispflanzen am Lichte in Nährlösung, welcher Traubenzucker oder Invertzucker zugesetzt war, unter Beachtung sorgfältigen Fernhaltens von Bakterien; auch Laurent konnte an den Kulturen mit Zucker eine stärkere Zunahme an Trockengewicht, eine dunklere Farbe der grünen Blätter im Gegensatze zu den zuckerfreien Kontrollkulturen, sowie Abnahme des Zuckergehaltes der Nährlösung feststellen. Die Pflanzen hatten demnach unstreitig Zucker aufgenommen und verarbeitet.

---

1) J. Boehm. Botan. Ztg., 1883, p. 54. — 2) H. Acton, Proc. Roy. Soc. London, Vol. XLVII, p. 150 (1890). — 3) J. Laurent, Compt. rend., Tome CXXV, p. 887 (1897); Tome CXXVII, p. 786 (1898); Tome CXXXV, p. 370 (1902); Rev. Gén. de Botan., Tome XVI, p. 14 (1904).

Zu demselben Resultate kamen Versuche von Mazé[1]). Fettsaure Salze (Forıniat, Acetat, Propionat) werden nach den Versuchen von Lövinson[2]) von den Wurzeln höherer Pflanzen gleichfalls aufgenommen, entfalten jedoch selbst bei allmählicher Steigerung der Dosis kaum jemals einen erheblichen Nähreffekt.

Wenn in der Natur Kohlenstoffverbindungen wirklich aufgenommen werden, so dürften voraussichtlich auch Fermente, welche von den Wurzeln produziert und sezerniert werden, keine geringe Rolle spielen. Nach den vorliegenden Erfahrungen scheint jedoch Fermentausscheidung bei Phanerogamenwurzeln kaum eine verbreitete Erscheinung zu sein. Duclaux[3]) hat diese Frage wohl zuerst kritisch untersucht, und kam zu dem Ergebnis, daß von Wurzeln weder Invertase, noch Amylase oder Emulsin ausgeschieden werde. Bald darauf wurde von Molisch[4]) mit abweichendem Resultate über diese Verhältnisse berichtet, und es sollen nach diesem Autor tatsächlich amylolytische und invertierende Wirkungen durch Phanerogamenwurzelsekret vorkommen. Nach eigenen Untersuchungen[5]) können jedoch durch Enzymaustritt aus Verletzungen zarter Wurzeln und durch Bakterienwirkungen sehr leicht Täuschungen unterlaufen, und ich selbst konnte im Einklange mit Duclaux bei sorgfältig steril und unverletzt erhaltenen Keimwurzeln keine Enzymausscheidung feststellen. Es ist natürlich nicht ausgeschlossen, daß sich Fälle ergeben könnten, in welchen man von wirklicher Enzymsekretion durch Phanerogamenwurzeln sprechen kann. An solche Erscheinungen würde sich vielleicht die Wirkung von durchbrechenden Seitenwurzeln auf das Gewebe der Mutterwurzel anreihen, welche nach den Untersuchungen von Reinke[6]), Vonhöne[7]) und van Tieghem[8]) nicht nur eine mechanische ist, sondern bei der proteolytische und cytolytische Vorgänge eine Rolle spielen dürften; solche Enzyme könnten immerhin von Seitenwurzeln produziert werden. Doch bedarf auch dieser Fall in chemisch-physiologischer Hinsicht noch einer Neuuntersuchuug. Erwähnt sei auch, daß die Durchbohrung von Pflanzenbestandteilen durch wachsende Wurzeln im Boden, wie sie häufig vorkommt, sehr wohl durch rein mechanische Mittel zustandekommen kann, und die Annahme zellhautlösender Enzyme, wie sie Höveler[9]) und andere Forscher geäußert haben, bedarf noch weiterer Beweise.

§ 2.
Blätter und Laubsprosse.

Die Entdeckung, daß in Chloroplasten von Blättern, für deren vorherige Entstärkung durch hinreichend lange Verdunklung gesorgt wurde, im Dunkeln durch künstliche Zuckerzufuhr Stärkebildung hervorgerufen werden kann, verdanken wir J. Boehm[10]). Normale und etiolierte Blätter sind hierzu gleich gut geeignet, und es hängt, wie spätere For-

1) Mazé, Compt. r., Tome CXXVIII. p. 185 (1899); Mazé u. A. Perrier, ibid., CXXXIX, p. 470 (1904). — 2) O. Lövinson, Botan. Centr., Bd. LXXXIII, p. 1 ff. (1900). — 3) Duclaux, Compt. rend., Tome C. p. 66 (1885). — 4) H. Molisch, Sitz.-Ber. Wien. Ak., Bd. XCVI (I) (1887). — 5) F. Czapek, Jahrb. wiss. Botan., Bd. XXIX, p. 321 (1896). — 6) Reinke, Hansteins bot. Abhandl., Bd. I, p. 3. — 7) Vonhöne, Flora, 1880, p. 227. — 8) Ph. van Tieghem u. Douliot, Bull. soc. bot., Tome XXXIII, p. 252 (1886). — 9) Höveler, Jahrbücher wissensch. Bot., Bd. XXIV. p. 283 (1892). — 10) J. Boehm, Botan. Ztg., 1883, p. 36.

schungen gezeigt haben, das Gelingen des Versuches einerseits ab von der dargereichten Kohlenstoffverbindung, andererseits von der verwendeten Pflanzenspecies.

A. MEYER [1]), welcher sich ausführlich mit der Stärkebildung bei Blättern aus zugeführter Kohlenstoffnahrung beschäftigt hat, fand relativ wenige Stoffe hierbei als geeignetes Material. Sehr allgemein erzielt man Erfolge mit Traubenzucker und Fruchtzucker. Galaktose ist bei Caryophyllaceen nach MEYER in bestimmtem Grade geeignet. Mannose wurde von MEYER noch nicht geprüft. ist jedoch nach eigenen Erfahrungen gleichfalls für verschiedene Pflanzenblätter resorbierbar und ein zur Stärkebildung geeignetes Material. Rohrzucker ist fast in allen Fällen ein verwendbares Nährmaterial. Maltose wirkt nach MEYER manchmal sehr günstig. Milchzucker gab überall negative Resultate. Raffinose war ebenfalls unwirksam. Die Blätter aller Mannit führenden Oleaceen (z. B. Ligustrum, Syringa, Olea, Phillyrea, Fraxinus) bildeten auch auf Mannitlösung Stärke. Dulcit war bedeutend ungünstiger; Erythrit gab nur negative Resultate. Glyzerin führte in vereinzelten Fällen zu ausgiebiger Stärkespeicherung.

SAPOSCHNIKOFF [2]) untersuchte besonders die Resorption von Saccharose durch Laubblätter; er gab quantitative Belege über den Vorgang und fand ferner, daß bei panachierten Blättern die Zuckerresorption bei den grünen und weißen Blattpartien anscheinend keine Differenz zeigt. Nach 7tägigem Liegen auf 20-proz. Rohrzuckerlösung hatte eine Blatthälfte von Astrapaea Wallichii an Glykose von 0 auf 0,06 g, an Stärke von 0 auf 0,052 g oder 5,3 g auf 1 qm Blattfläche zugenommen. Eine Blatthälfte von Nicotiana zeigte unter gleichen Verhältnissen ein Plus von 0,097 g Stärke.

LAURENT [3]) experimentierte mit etiolierten Kartoffelsprossen und untersuchte sehr zahlreiche Kohlenstoffverbindungen hinsichtlich Resorbierbarkeit und Nährfähigkeit. Von allen geprüften Stoffen veranlaßten aber nur folgende Stärkespeicherung: Glyzerin (10,5 Proz.); Dextrose und Lävulose (15 Proz., 10 Proz., 5 Proz., 2,5 Proz.). Galaktose (10,5 Proz.); Saccharose (in Konzentrationen von 1—40 Proz.); Milchzucker (in Konzentrationen von 5—25 Proz.); Maltose (10 Proz., 5 Proz.). Mannit und Dulcit waren hier ungeeignet. Die Resultate dieser Arbeiten wurden ferner auch durch NADSON [4]) bestätigt. Dieser Forscher fand für eine Reihe von Laubblättern Milchzucker, Glyzerin, manchmal auch Dextrin resorbierbar: Inulin erzielte nirgends positive Befunde, Mannit war für Oleaceen geeignet, Dulcit nur für Ligustrum und Cheiranthus. Erwähnt seien schließlich noch Versuche von MANGIN [5]), welcher verschiedene Laubblätter mit Lösungen von organischen Säuren injizierte, um die Verarbeitbarkeit dieser Stoffe zu prüfen. Ein positives Resultat ergab sich jedoch in keinem Falle, was bezüglich der früheren durch LIEBIG verfochtenen Ansicht über die Bedeutung der organischen Säuren für die Zuckerbildung. im Assimilationsprozesse von Interesse ist. Natürlich ist das Erscheinen von Stärke bei den zur Stärkebildung befähigten Blättern wohl ein sicheres Zeichen für erfolgte Resorption und Verarbeitung der dargereichten Verbindung, doch muß man die negativen Ergebnisse mit gewisser Vorsicht auffassen, da eine Resorption und Verarbeitung ohne

1) A. MEYER, Botan. Ztg., 1886, p. 105. — 2) W. SAPOSCHNIKOFF, Ber. bot. Ges., Bd. VII, p. 258 (1889). — 3) E. LAURENT, Bull. soc. roy. bot. de Belgique, Vol. XXVI (1888). -- 4) G. NADSON, Bot. Centralbl., Bd. XLIV (1890). — 5) L. MANGIN, Compt. rend., Tome CVIII, p. 716.

nachweisbare Stärkebildung vielleicht nicht für alle Fälle absolut ausgeschlossen ist. Für jene Blätter, welche normal nicht Stärke speichern, ist übrigens die Aufnahme von Zucker ebenfalls sichergestellt worden. So erwies dies SCHIMPER[1]) für die Blätter der „saccharophyllen" Impatiens parviflora, und PFEFFER[2]) hat Glykosespeicherung für die zuckerfrei gemachten Keimlingsblätter von Allium Cepa bei künstlicher Dextrosezufuhr beobachtet. PFEFFER hat auch für Moosblätter die Bildung von Stärke aus dargereichtem Zucker festzustellen vermocht.

Von weitergehendem Interesse wäre die Untersuchung der verschiedenen synthetisch gewonnenen Zuckerarten hinsichtlich deren Resorbierbarkeit durch Laubblätter, indem es nicht ganz unwahrscheinlich ist, daß manche derselben eine Umlagerung im Organismus erfahren und zur Stärkebildung Anlaß geben können.

Vierundzwanzigstes Kapitel: Der Kohlenhydratstoffwechsel bei Algen.

§ 1.

Speicherung von Kohlenhydraten bei Algen.

Soweit sich nach dem heutigen, allerdings sehr lückenhaften Stande des Wissens beurteilen läßt, herrscht bei den verschiedenen Algengruppen entsprechend den großen phylogenetischen und physiologischen Gruppentrennungen auf dem Gebiete der Reservekohlenhydrate ebenfalls große Mannigfaltigkeit und keine so weitgehende Übereinstimmung wie bei den höheren Gewächsen. Eine annähernd vollständige Übersicht über diese Verhältnisse hat zuletzt CLAUTRIAU[3]) geliefert.

In der Gruppe der Flagellaten, worunter die holophytisch sich ernährenden für uns das größte Interesse bieten, sind mehrere Stoffe, welche den Kohlenhydraten angehören und als Reservestoffe anzusehen sind, nachgewiesen.

Das Paramylum, welches 1850 von GOTTLIEB[4]) bei Euglena entdeckt und näher studiert worden ist, stellt die am besten bekannte Substanz hiervon dar. Man kennt es vom Zellinhalt der grünen und farblosen Euglenaarten und von Leptophrys vorax einer Monadinee [ZOPF[5])], ferner durch CHAWKIN[6]) von Astasia ocellata.

Mit dem Paramylum der Euglenen haben sich in neuerer Zeit besonders KLEBS[7]) und SCHMITZ[8]) beschäftigt. Es bildet bei diesen Flagellaten geschichtete scheibenförmige Körner des Zellinhaltes von verschiedener Größe, in einer oft für die Species charakteristischen Form, manchmal ringförmig gestaltet. Sie sind in 6-proz. Kalilauge

---

1) SCHIMPER, Botan. Ztg., 1885, p. 743 u. 758. — 2) W. PFEFFER, Arbeit. a. d. botan. Inst. Tübingen, Bd. II, p. 310 (1886). — 3) CLAUTRIAU, Miscellan. biolog. dédiées au Prof. Giard. Paris 1899, p. 114. — 4) J. GOTTLIEB, Liebig Annal., Bd. LXXV, p. 51 (1850). — 5) ZOPF, Schenks Handb. d. Botan., Bd. III, 2, p. 17 (1887). — 6) CHAWKIN, Just Jahresber., 1888, Bd. I, p. 169. — 7) KLEBS, Untersuchungen a. d. botan. Inst. z. Tübingen, Bd. I, p. 270 (1883); Bot. Zeitg., 1884, p. 667. — 8) SCHMITZ, Jahrb. f. wiss. Bot., Bd. XV, Heft 1 (1884); Bot. Zeitg., 1884, p. 809.

löslich und geben keine Jodreaktion. Vielleicht entstehen die Paramylumkörner bei Euglena viridis nicht im Chromatophor, sondern im Cytoplasma; daß die Körner vielfach den Chromatophoren anliegen, ist in dieser Frage kein entscheidender Umstand. Einer definitiven Entscheidung harrt auch noch die Frage, ob die Paramylumkörner bei lange fortgesetzter Verdunkelung von Euglenen verbraucht werden und schwinden. Diastase greift die Körner nicht an. Größere Mengen von Paramylum gewann GOTTLIEB dadurch, daß er Euglenen mit viel Wasser angerührt durch ein feines Drahtsieb goß, mit Äther, Alkohol, und schließlich kochendem Alkohol und Salzsäure behandelte, hierauf in Wasser verteilte und durch ein Baumwolltuch kolierte. Aus der Flüssigkeit setzt sich das Paramylum ab, welches in Kalilauge gelöst und mittelst Salzsäure unter Alkoholzusatz wieder gefällt wird. Es soll bei der Hydrolyse Traubenzucker liefern, hat die Zusammensetzung $C_6H_{10}O_5$, und gibt mit Brom und Silberoxyd oxydiert nach HABERMANN[1]) Glukonsäure.

Als Leukosin wurde von KLEBS[2]) ein Inhaltsstoff bei Dinobryon bezeichnet, der nach MEYER jedoch nicht wie KLEBS annahm, eiweißartiger Natur ist, sondern ein Kohlenhydrat zu sein scheint. Leukosin wurde auch bei Ochromonas nachgewiesen. Es bildet sich auch unabhängig von Belichtung bei reichlicher Versorgung der Organismen mit Kohlenhydraten.

Nicht viel Sicheres ist bezüglich der Kohlenhydrate der Bacillariaceen, Peridineen und Cyanophyceen bekannt; vielleicht findet sich bei der erstgenannten dieser Gruppen überhaupt nur Speicherung von Fett und kein Reservekohlenhydrat. Bei den Peridineen wurde Vorkommen von Stärkekörnchen beobachtet. Für die Cyanophyceen ist die Art der Reservestoffe noch sehr ungewiß. Da sich verschiedene Nostocaceen und Oscillarien mit Jod braun färben, könnte man an Vorkommen von Glykogen oder ähnlichen Kohlenhydraten denken. Nach HEGLER[3]) ist bei den Cyanophyceen in der Tat Glykogen zugegen, und man kann dasselbe durch anhaltende Verdunklung der Kulturen zum Schwinden bringen. Ob die von BORZI und HIERONYMUS als „Cyanophycin" bezeichneten Körnchen, welche oft in großer Menge im parietalen Plasma vorkommen, aus Kohlenhydrat bestehen, wie ZACHARIAS und NADSON annehmen, oder ob sie eher eiweißartiger Natur sind, wie CHODAT und MANILESCO sich äußerten, muß noch dahingestellt bleiben. PALLA[4]) erklärte die Cyanophycinkörner (bei Gloeotrichia Pisum) als „das erste sichtbare Assimilationsprodukt der Chromatophorentätigkeit". In den Sporen sollen sie als Reservestoffe fungieren. Bei den höheren Algengruppen tritt Stärke sehr häufig als Reservestoff der Chromatophoren auf, schon von den niederen Chlorophyceengruppen angefangen. Doch fehlt anscheinend die Stärke den großen Formenkreisen der Bratmalgen und Florideen vollständig. Von Interesse ist das wahrscheinlich häufige Vorkommen von optisch inaktivem Tetrit oder Erythrit bei den Protococcaceen. BAMBERGER und LANDSIEDL[5]) wiesen Erythrit auch in Trentepohlia Jolithus nach. Es ist zu vermuten, daß der Erythrit.

1) HABERMANN, Lieb. Ann., Bd. CLXXII, p. 14. — 2) KLEBS, Zeitschr. f. wissensch. Zoologie, Bd. LV; vgl. auch LEMMERMANN, Ber. bot. Ges., Bd. XVIII, p. 506 (1900). — 3) R. HEGLER, Jahrb. f. wiss. Bot., Bd. XXXVI, p. 229 (1901). Über Glykogen bei Algen vgl. auch die Bemerkungen von B. HEINZE, Centr. f. Bakt. (II), Bd. XII, p. 56 (1904). — 4) PALLA, Jahrb. f. wiss. Bot., Bd. XXV, p. 521. BAMBERGER u. A. LANDSIEDL, Monatshefte Chem., Bd. XXI, p. 571 (1900).

welcher in einer Anzahl von Flechten als Ester nachgewiesen worden ist, aus den Gonidien stammt, und nicht von den Pilzhyphen gebildet wird. Mannit wurde bereits durch STENHOUSE[1]) in verschiedenen Laminariaarten, ferner bei Halydris und Fucus vesiculosus nachgewiesen, wahrscheinlich ist Mannit noch weiter verbreitet. Die Bildung von Stärke in den Chloroplasten ist nicht bei allen Grünalgen zu konstatieren und die Siphoneen, besonders Vaucheria, bieten bekannte Beispiele für stärkefreie Chromatophoren von Grünalgen. Es ist noch zu untersuchen, ob hier, analog wie bei vielen Phanerogamen, Zucker oder andere Kohlenhydrate gespeichert werden. Bei Phyllosiphon, einer parasitischen Chlorophycee hat SCHMITZ[2]) das Vorkommen von Amylodextrinstärke nachgewiesen. Von Interesse ist das Vorkommen von Inulin im Zellsafte einiger Dasycladaceen (Botryophora occidentalis (Harv.) J. G. Ag.; Acetabularia crenulata Lam. und mediterranea Lam.; Polyphysa peniculus (R. Br.) Ag., worüber NÄGELI[3]) und CRAMER[4]) nähere Mitteilungen gemacht haben. Stärke fand bei diesen Algen CRAMER nur in Neomeris Kelleri und Polyphysa peniculus.

Von Interesse sind die von den Grünalgen gänzlich abweichenden Verhältnisse der Reservekohlenhydrate bei den Florideen und Phaeophyceen. Die stärkeähnlichen Inhaltskörper der Florideen, „Florideenstärke" wurden schon von NÄGELI[5]) und VAN TIEGHEM[6]) näher beschrieben, sodann von SCHMITZ[7]) und von SCHIMPER[8]) behandelt. Nach den letztgenannten Autoren entstehen die Florideenstärkekörner sicher im Cytoplasma und nicht in den Chromatophoren. Es finden sich, wie NÄGELI und BELZUNG[9]) konstatierten, auch jodbläuende Körner darunter. Nach TIEGHEM sind die Körner mit heißem Wasser oder Kalilauge der Verkleisterung fähig, sie färben sich mit Jod gelbbraun bis braunrot; die Erscheinungen, welche sie im polarisierten Lichte zeigen, korrespondieren ganz dem Bilde bei Phanerogamenstärke. Wie HANSEN[10]) anführt, sind die Florideenstärkekörner zum Teil äußerlich gewöhnlichen Stärkekörnern ganz ähnlich, zum Teil weichen sie in der Form ab.

Mit Chlorzinkjod behandelt, quellen die Florideenstärkekörner nach den Beobachtungen von BRUNS[11]) stark auf und färben sich rotviolett. BRUNS hob hervor, daß sich in vieler Hinsicht Analogien der Florideenstärke mit Amylodextrinstärke von Phanerogamen ergeben. Mit SCHIMPERscher Jodchloralhydratlösung läßt sich nach KOLKWITZ[12]) die Florideenstärke leicht in großer Verbreitung bei Rotalgen nachweisen. Die Meinung der genannten Autoren, sowie CLAUTRIAUS geht dahin, daß die Florideenstärke als Reservekohlenhydrat aufzufassen sei und in physiologischer Hinsicht gänzlich der Phanerogamenstärke entspreche. Doch

1) J. STENHOUSE, Lieb. Annal., Bd. LI, p. 349 (1844). — 2) SCHMITZ, Bot. Zeitg., 1882, p. 541; JUST, ebenda, p. 23. — 3) NÄGELI, Sitzber. bayr. Akad., 1862. — 4) C. CRAMER, Denkschriften d. schweiz. Gesellsch., Bd. XXX (1887). — 5) NÄGELI, Stärkekörner (1858), p. 533. — 6) VAN TIEGHEM, Compt. rend., Tome LXI, p. 804 (1865). Über Stärke bei Porphyridium cruentum: MER, Bull. soc. bot., Tome XXII, p. 146 (1875). — 7) SCHMITZ, Chromatophoren der Algen (1882), p. 151. — 8) SCHIMPER, Jahrb. f. wiss. Bot., Bd. XVI, p. 199; vgl. auch ZIMMERMANN, Schenks Handbuch, Bd. III, 2 (1887), p. 590 und Botan. Mikrotechnik (1892), p. 224. — 9) BELZUNG, Annal. sc. nat. (7), Tome V, p. 224. — 10) HANSEN, Stoffbildg. bei Meeresalgen. Mitt. d. zool. Stat. Neapel, Bd. XI, Heft 2. — 11) E. BRUNS, Flora, 1894, Erg.-Bd., p. 173. — 12) KOLKWITZ, Berichte Deutsch. bot. Ges., Bd. XVII; Gen.-Vers.-Heft, p. 247 (1899); Wissenschaftl. Meeresuntersuchungen, Abt. Helgoland, 1900; Zeitschr. wiss. Mikrosk., Bd. XVII, p. 263 (1900).

fehlt leider eine chemische Untersuchung dieses merkwürdigen Stoffes noch immer und es sind auch die bisherigen physiologischen Feststellungen kaum eingehend genug, um ein Urteil über die Tragweite obiger Ansichten hier begründen zu können.

Sehr unsicher sind die bisherigen Ergebnisse bezüglich der Reservekohlenhydrate der Braunalgen. BAUER[1]) hat in Laminaria nicht unbedeutende Mengen von Traubenzucker nachgewiesen. Ob derselbe präformiert ist, oder durch Hydrolyse von Kohlenhydraten des Laminariaschleimes entstanden war, läßt sich nicht sagen. Die Bedeutung des in den Schleimkanälen der Laminariaarten enthaltenen schleimigen Produktes[2]) ist noch durchaus unbekannt; es kann sich um unverwendbares Sekret, aber auch eventuell um Stoffe handeln, welche im Stoffwechsel neuerlich Verwendung finden. Eine recht unerfreuliche Divergenz der Anschauungen herrscht bezüglich der in Phaeophyceenzellen stark verbreiteten lichtbrechenden Körnchen oder Bläschen, welche HANSTEEN[3]) als Kohlenhydrat ansah und mit dem Namen „Fukosan" bezeichnete; HANSTEEN hat in seinen letzten Untersuchungen hierüber auch die Behauptung vertreten, daß es sich gewiß um Produkte der Kohlensäureassimilation dabei handle. Eine eingehende chemische Untersuchung des „Fukosan" genannten Kohlenhydrates steht aber noch aus. CRATO[4]) hat darauf aufmerksam gemacht, daß an den Körnchen, welche er für amöboid bewegliche, bläschenartige plasmatische Organe hält und als „Physoden" bezeichnet hat, Phenolreaktionen, insbesondere eine Rotfärbung mit Vanillinsalzsäure zu beobachten ist. Er denkt deswegen an Gegenwart von Phloroglucin. Das reaktionelle Verhalten gegen Vanillinsalzsäure wurde auch von BRUNS bestätigt[5]). Über die Assimilationsprodukte von Dictyota hat zuletzt HUNGER[6]) Mitteilungen gemacht.

SCHAARSCHMIDT[7]) hat für Vaucheriaarten das Vorkommen von Cellulinkörnern angegeben, welche den von PRINGSHEIM bei Saprolegniaarten näher studierten Inhaltskörperchen an die Seite zu stellen wären. Doch ist wohl die Identität als unsicher zu betrachten, und genauere chemische Untersuchung fehlt noch in beiden Fällen. Die Körnchen von Vaucheria sollen durch Chlorzinkjod, verdünnte Schwefelsäure nicht verändert werden, und gut mit Nigrosin, im innern Teil auch mit Eosin färbbar sein.

§ 2.
Resorption von Kohlenstoffverbindungen durch Algen.

Soweit in der Natur bei Algen saprophytische und parasitische Ernährungsweise in Betracht kommt, darf wohl auch die Produktion von verschiedenen auf Kohlenhydrate einwirkenden Enzymen durch diese Organismen angenommen werden; doch ist auf diesem Gebiete noch recht wenig bekannt geworden. Für eine Flagellatenform (Astasia ocellata) hat CHAWKIN die Produktion von Amylase sichergestellt.

1) BAUER, Ber. chem. Ges., Bd. XXII, p. 618 (1889). — 2) Über die Schleimhöhlen von Laminaria: FOSLIE, Christiania Vidensk. Sälk. Forh., 1884, No. 14; GUIGNARD, Compt. r., Tome CXIV, p. 139 (1892). — 3) B. HANSTEEN, Jahrb. f. wiss. Bot., Bd. XXIV, p. 317 (1892). — 4) CRATO, Ber. botan. Ges., 1893, Bd. XI, p. 235; Bot. Zeitg., 1893 (I), p. 157. — 5) E. BRUNS, Flora, 1894, Erg.-Bd., p. 173. — 6) HUNGER, Jahrb. f. wiss. Bot., Bd. XXXVIII, p. 70 (1902). — 7) J. SCHAARSCHMIDT, Just Jahresber., 1884, Bd. I, p. 220; 1885, Bd. I, p. 390.

Neuere Untersuchungen haben gezeigt, daß man verschiedene Cyanophyceen und niedere Chlorophyceen selbst bei Lichtentziehung ganz wohl als Saprophyten auf einem Kohlenhydrate enthaltenen Substrate züchten kann. Nostoc punctiforme wird, wie Bouilhac[1]) fand, im Dunklen auf zuckerhaltigem Nährboden in seiner Farbe nicht verändert und wächst weiter. Wachstum im Dunklen ist bei dieser Alge möglich bei Darreichung von Traubenzucker, Stärke, Maltose, Saccharose; hingegen konnte Bouilhac keinen Erfolg erzielen bei Anwendung von Lävulose, Galaktose, Sorbose, Trehalose, Melezitose, Raffinose, Mannit, Dulcit, Arabinose, Xylose, Dioxyaceton, Perseït, Dextrin und Gummi arabicum. Milchzucker unterhielt geringes Wachstum. Um die Ausbildung der Methodik der Züchtung von Algen auf künstlichem Nährboden hat sich besonders Beijerinck[2]) große Verdienste erworben, und es hat dieser Forscher auch gezeigt, daß die als Flechtengonidien lebenden Algen ganz gut auf Zuckerpeptonnährboden gedeihen. Daß bei den an die Pilzsymbiose gewöhnten Algen aus Flechtenthallus bereits eine gewisse Änderung der ernährungsphysiologischen Eigenschaften eingetreten ist, scheint aus Erfahrungen von Artari[3]) hervorzugehen, wonach freilebendes Chlorococcum infusionum auf Zuckerpeptongelatine nicht so stark wächst, wie die höchstwahrscheinlich zu derselben Art gehörenden Gonidien von Xanthoria parietina. Übrigens scheint es nach Artari auch bei freilebenden Algenarten gewisse, zum Saprophytismus neigende Rassen zu geben. Nach Artari und Radais[4]) bleibt Chlorella vulgaris im Dunklen bei Zuckerdarreichung schön grün und wächst fort. Für Stichococcus bacillaris ist nach Artari[5]) Dextrose die beste Kohlenstoffquelle. Matruchot und Molliard[6]) sahen diese Alge jedoch selbst in Lichtkultur bei Zuckerdarreichung weniger Chlorophyll ausbilden und sogar farblos werden. Scenedesmus caudatus ist nach Artari[7]) besonders geeignet, um das Verschwinden des Chlorophylls bei Eintritt saprophytischer Lebensweise zu demonstrieren. Über das Farbloswerden von Grünalgen unter den genannten Bedingungen haben schon früher auch Beijerinck und Krüger[8]) Mitteilung gemacht. Das nähere biochemische Studium der saprophytischen Algen dürfte noch manche wertvolle Tatsache zutage fördern.

Die Resorption von Kohlenhydraten durch verschiedene Grünalgen wurde analog wie für Laubblätter durch Stärkebildung im Dunklen häufig nachgewiesen. Nach Klebs[9]) bilden entstärkte Zygnemafäden lebhaft Stärke in 5 Proz. Glyzerin, aber nicht in Rohrzuckerlösung. Hydrodictyon hingegen zeigt nach Klebs[10]) ebenso wie Phanerogamenblätter Stärkebildung in Lösungen von Maltose und Rohrzucker. Nach den Erfahrungen von Nadson[11]) ist beim Einlegen von Spirogyra, Hydro-

1) R. Bouilhac, Compt. rend., Tome CXXV, p. 880 (1897); Tome CXXXIII, p. 55 (1900). — 2) Beijerinck, Bot. Zeitg., 1890, p. 725; Centr. Bakt. Bd. XIII, p. 368 (1893). — 3) A. Artari, Ber. bot. Ges., Bd. XX, p. 172 (1902). Dort auch die früheren Arbeiten dieses Verfassers zitiert. — 4) Radais, Compt. rend., Tome CXXX, p. 793 (1900). — 5) Artari, Ber. bot. Ges., Bd. XIX, p. 7 (1901). — 6) L. Matruchot u. M. Molliard, Compt. rend., Tome CXXXI, p. 1248 (1900); Rev. gén. Bot., Tome XIV, p. 113 (1902). — 7) Artari, Ber. bot. Ges., Bd. XX, p. 201 (1902). — 8) W. Krüger, Zopfs Beiträge zur Morph. u. Phys. bied. Org., 4. Heft (1894). Vgl. ferner Pampaloni, Nuov. giorn. botan. ital., Vol. X, p. 602 (1903) für Protococcus caldariorum, und Charpentier, Annal. Inst. Pasteur, Tome XVII, p. 369 (1903) für Cystococcus humicola. — 9) Klebs, Untersuch. a. d. botan. Inst. zu Tübingen, Bd. II, p. 538 (1888). — 10) Klebs, Bot. Zeitg., 1891, No. 48—52. — 11) Nadson, ref. Bot. Centr., Bd. XLII, p. 48 (1890).

dictyon, Oedogonium und Cladophoraarten in Rohrzucker, Dextrose oder Glyzerin in allen Fällen Stärkebildung im Dunklen zu erzielen. Daß speziell Glyzerin zur Stärkeformation bei Algen sehr verbreitet geeignet ist (vielleicht häufiger als bei Phanerogamenblättern), geht auch aus Beobachtungen von DE VRIES[1]) und ASSFAHL[2]) hervor. Die Polysaccharide wurden noch zu wenig untersucht: Cystococcus humicola speichert, im Dunklen auf Dextroselösung kultiviert, nach CHARPENTIER[3]) ebenfalls reichlich Stärke.

Mit der Frage, ob nicht auch andere Kohlenstoffverbindungen für Algen als Nährmaterial geeignet sind, als fertig gebildeter Zucker oder Glyzerin, haben sich besonders LOEW und BOKORNY[4]) in zahlreichen Untersuchungen beschäftigt, welchen meist Spirogyraarten als Material dienten. Bei einer Prüfung und Erweiterung dieser Arbeiten wäre es jedenfalls angezeigt, möglichst geeignete Algen auszuwählen, und für Spirogyra ist es fraglich, ob sie gerade das beste Untersuchungsobjekt darstellt. BOKORNY konnte bei Darreichung von Methylal[5]) an verdunkelten Spirogyren keine Nährwirkung und Stärkebildung konstatieren, während im Lichte unter möglichst gutem Kohlensäureausschluß reichlich Stärke auf Kosten von Methylal gebildet wurde. Welche Rolle das Licht hierbei gespielt hat, läßt sich nicht beurteilen. Asparaginsäure soll Spirogyren auch im Dunklen nach LOEW und BOKORNY mit Kohlenstoff versorgen können, weniger gut Hexamethylentetramin; beide Stoffe dienen auch als Stickstoffquellen. Nach späteren Angaben der genannten Autoren[6]) bildet Spirogyra auch aus formaldehydschwefligsaurem Natron bei mäßiger Beleuchtung viel Stärke, und positive Ernährungserfolge gibt in einer neueren Zusammenstellung BOKORNY[7]) auch an bei Darreichung von Glykol, Essigsäure, Propionsäure, 0,1-proz. Buttersäure, 0,1-proz. Valeriansäure, 0,1-proz. Milchsäure, Acetessigester, 0,1-proz. Bernsteinsäure, Zitronensäure, saurem Calciumtartrat, saurem Calciummalat, Glykokoll, 0,05-proz. Trimethylamin, Tyrosin, Leucin, Urethan, 0,05-proz. Harnstoff, Hydantoin, Kreatin und Pepton. HARTLEB[8]) fand Stärkebildung aus Methylalkohol bei Spirogyra, und erzielte ungünstige Resultate bei Essigsäure und Oxalsäure. Maleïnsäure ist für Spirogyra nach ISHIZUKA[9]) viel giftiger als Fumarsäure.

Alle diese Ergebnisse bedürfen jedoch nach meiner Meinung sorgfältiger erneuter Prüfung und wurden übrigens von anderer Seite noch nicht bestätigt. Schwierig dürfte es in vielen Fällen bei Lichtversuchen sein, die Kohlensäureassimilation mit Sicherheit vollständig auszuschalten, und es ist zu bezweifeln, ob diese Fehlerquelle in allen oben angeführten Versuchen vermieden worden ist. Jedenfalls verdienen bei derartigen Untersuchungen Algen, die ohne Schaden längere Verdunklung vertragen, den Vorzug.

Sollte es sich bestätigen lassen, daß es Algen gibt, die einfachere Kohlenstoffverbindungen und organische Säuren zu Zucker und Stärke

1) H. DE VRIES, Bot. Ztg., 1888, p. 229. — 2) ASSFAHL, Dissert. Erlangen, 1892. Über die Ernähr. grün. Pflanzenzellen mit Glyzerin. — 3) P. G. CHARPENTIER, Compt. rend., Tome CXXXIV, p. 671 (1902). — 4) O. LOEW u. TH. BOKORNY, Journ. prakt. Chem. (1887), Bd. CXLIV, p. 272. — 5) BOKORNY, Ber. botan. Ges., Bd. VI, p. 116 (1888); hierzu auch BOUILHAC, Bot. Centr., Bd. LXXXIX, p. 463 (1902). — 6) O. LOEW, Bot. Centr., Bd. XLIV, p. 315 (1890); BOKORNY, Ber. botan. Ges., Bd. IX, p. 103 (1891). — 7) BOKORNY, Biolog. Centr., Bd. XVII, p. 1 (1897). — 8) HARTLEB, Dissert. Erlangen (1895); Beihefte z. Bot. Centr., Bd. V, p. 490 (1895). — 9) T. ISHIZUKA, Botan. Centr., Bd. LXXI, p. 367 (1897).

verarbeiten, so würden sich solche Formen den saprophytischen Pilzen anreihen, und möglicherweise gibt es unter den Algen auch verschiedene Übergangsglieder zwischen den nur auf Kohlensäureassimilation und Chlorophylltätigkeit angewiesenen Formen und fakultativ rein saprophytisch lebenden Organismen.

Es würde auch die Frage offen stehen, inwieweit die Zuckersynthese aus organischem Material den Chloroplasten zuzuteilen ist oder in das Cytoplasma zu verlegen ist. Nach den bisherigen Erfahrungen geht die Befähigung, Zucker und Stärke aus anderen Verbindungen als Glyzerin, resp. Stärke aus anderen Verbindungen als Glyzerin und Zucker zu bilden, den Moosen, Farnpflanzen und Phanerogamen gänzlich ab, wie insbesondere aus den Versuchen von LAURENT hervorgeht.

Fünfundzwanzigstes Kapitel: Sekretion von Zucker und Kohlenhydraten.

§ 1.
Physiologische Vorkommnisse.

Die Stellen, an denen physiologischerweise zuckerhaltige Sekrete produziert werden, pflegt man als Nektarien zu bezeichnen. Bekanntlich sind dieselben ein außerordentlich häufiges Vorkommnis in Blüten; CONRAD SPRENGEL hat zuerst ihre biologische Beziehung zur Insektenbefruchtung eingehender Studien gewürdigt. Die an Blättern etc. außerhalb der Blüten ebenfalls verbreitet vorkommenden Stellen von Produktion zuckerhaltiger Sekrete faßt man als extranuptiale oder extraflorale Nektarien zusammen.

Schon KOELREUTER[1]) sammelte behufs näherer Untersuchung den Nektar aus den Blüten der Kaiserkrone, und HOFFMANN[2]) beschäftigte sich 1788 mit der Analyse des Agavennektars; doch wurde durch diese und andere älteren Arbeiten[3]) noch keine exaktere Fragestellung bezüglich Sekretionsvorgang und Sekretbildung angeregt. BRACONNOT[4]) konstatierte die Gegenwart von Rohrzucker in vielen Blütennektarsäften.

Der Sekretionsmechanismus der Nektarien ist erst 1880 durch PFEFFER und WILSON[5]) näher studiert worden. Diese Autoren wiesen nachdrücklich darauf hin, daß das Agens bei der Funktion der Nektarien in der Ausscheidung osmotisch wirksamer Substanzen liegt, welche, einmal produziert, die Sekretion fortdauernd zu unterhalten vermögen. Dadurch ist das Problem der Nektarsekretion auf einen einfachen osmotischen Druck zurückgeführt und scharf getrennt von den durch andere Wirkungen erzeugten Blutungserscheinungen. Man kann, wie PFEFFER gezeigt hat, leicht ein künstliches „Nektarium" aus einer ausgehöhlten

---

1) Vgl. SENEBIER, Physiologie vég., Tome II, p. 388. — 2) C. A. HOFFMANN, Crells Annal., 1788, Bd. I, p. 51. — 3) Vgl. hierzu TREVIRANUS, Physiologie, Bd. II, p. 31 ff. (1838). — 4) H. BRACONNOT, Journ. prakt. Chem., Bd. XXX, p. 363 (1843). — 5) PFEFFER, Osmot. Untersuchungen (1877), p. 232; WILSON, Untersuch. a. d. bot. Inst. Tübingen, Bd. I, p. 8 (1881); PFEFFER, Pflanzenphysiol., 1. Aufl., Bd. I, p. 176 (1880); 2. Aufl., Bd. I, p. 263 (1897).

Rübe, in welche konzentrierte Zuckerlösung oder etwas fester Zucker gebracht wurde, herstellen, und bei gehöriger Wasserzufuhr und Verhinderung des Austrocknens längere Zeit in Tätigkeit halten. In den natürlichen Nektarien bleibt es aber nicht bei der einmaligen Produktion von Zucker, sondern der Vorgang wiederholt sich. So kann man in jungen Fritillariablüten den Zucker wiederholt wegwaschen, ohne daß die Nektarbildung sistiert, während in älteren Blüten durch einmalige Entfernung des Zuckers das Nektarium seine Wirksamkeit einstellt. Nach SCHIMPER[1]) soll es bei den extranuptialen Nektarien von Cassia neglecta auch durch tägliches fortgesetztes Auswaschen nicht gelingen, die Funktion der Nektarien einzustellen. HAUPT[2]) hat durch seine Untersuchungen über die extrafloralen Nektarien die Kenntnisse vom Sekretionsvorgang der Zucker ausscheidenden Drüsen in dankenswerter Weise ergänzt. Näheres über die Sekretionsmechanik ist in den zitierten Schriften PFEFFERS ausführlich dargelegt, und hier sei hauptsächlich die chemische Seite der Nektarsekretion berührt.

Rohrzucker und Invertzucker sind Stoffe, die in Nektarien äußerst verbreitet sind. BOUSSINGAULT[3]) hat diese Zuckerarten für zahlreiche Blütennektarien nachgewiesen. PLANTA[4]) fand ebenfalls diese beiden Zucker in verschiedenen Nektararten; LIPPMANN[5]) erhielt aus den Blumenblättern von Bassia latifolia Invertzucker. Rhododendron hirsutum und Robinia sollen nach PLANTA nur reduzierenden Zucker im Nektar enthalten. Nach STADLER[6]) enthält der Nektar von Pinguicula keinen Zucker, sondern nur schleimartige Stoffe, was noch zu bestätigen ist. Der von Poinsettia pulcherrima reichlich produzierte Nektar liefert nach STONE[7]) 69,02 Proz. krystallinischen Zuckers; hiervon 57,59 Proz. Glykose, 11,23 Proz. Saccharose, 30,98 Proz. Wasser. WILSON[8]) gibt an, daß bei einer Erbsenart bis 9,93 mg Zucker auf den Nektar je einer Blüte entfiel; bei Claytonia alnoides 0,413 mg. In Fuchsianektar war pro Blüte 7,59 mg Zucker enthalten, hiervon 5,9 mg Saccharose. 125000 Kleeköpfchen würden nach WILSON 1 kg Zucker liefern. Um ein Pfund Honig zu sammeln, müßten die Bienen etwa 2$^1/_2$ Millionen Einzelblüten des Klees erschöpfen. In getrockneten Verbascumblüten fand SCHNEEGANS[9]) durchschnittlich 10,4 Proz. Invertzucker und außerdem wechselnde Mengen Rohrzucker. Der Blütensaft von Rhododendron arboreum enthielt im Rückstande nach TASSIS[10]) Feststellungen 5,36 Proz. Glykose. PLANTA fand den Wassergehalt frischen Nektars verschieden groß. Fritillarianektar hatte 93,4 Proz. Wasser, Protea mellifera, Hoya carnosa und Bignonia radicans 82,34 resp. 59,23 und 84,7 Proz. Wasser.

Einige seiner Analysenresultate sind in nachstehender Tabelle wiedergegeben:

1) SCHIMPER, Wechselbezieh. zwischen Pflanzen u. Ameisen (1888), p. 72. — 2) H. HAUPT, Flora, 1902, p. 1. — 3) BOUSSINGAULT, Agronomie etc., Tome VI, p. 273 (1878); Ann. chim. phys. (5), Tome XI, p. 130 (1877). — 4) v. PLANTA, Zeitschr. physiol. Chem., Bd. X, p. 227 (1886); auch SCHULZE u. FRANKFURT, ibid., Bd. XX, p. 511 (1896). — 5) v. LIPPMANN, Ber. chem. Ges., Bd. XXXV, p. 1449 (1902). — 6) S. STADLER, Beiträge zur Kenntnis der Nektarien, 1886. — 7) STONE, Botan. Gaz., Vol. XVII, p. 192 (1892). — 8) A. S. WILSON, Chem. News, Vol. XXXVIII, p. 93 (1878); ref. Ber. chem. Ges., Bd. XI, p. 1836 (1878); Just Jahresber., 1878, Bd. I, p. 602. — 9) A. SCHNEEGANS, Just Jahresber., 1893, Bd. II, p. 50. — 10) F. TASSI, Just Jahresber., 1890, Bd. II, p. 429.

Nektar von	Trocken-substanz	Im Nektar Proz.		In der Trockensubstanz Proz.		
		Glykose	Saccharose	Glykose	Saccharose	Asche
Bignonia	15,8	14,84	0,43	97,0	2,85	3,0
Protea	17,66	17,06	—	96,6	—	1,43
Hoya	40,77	4,99	35,24	35,65	87,44	—

Entsprechend dem hohen Zuckergehalte ist auch die Dichte der Nektarflüssigkeit eine hohe.

Invertase wurde mehrfach von PLANTA und von BONNIER [1]) im Nektar nachgewiesen. Letzterer Autor fand übrigens die Rohrzuckermenge nicht in allen Stadien der Nektarsekretion gleich groß, und sie scheint ihr Maximum im Höhepunkt der Sekretion zu besitzen.

Außer Zucker sind öfters Säuren im Nektar zugegen, was bereits HOFFMANN beim Agavenektar auffiel. PLANTA fand auch stickstoffhaltige Substanzen in kleiner Menge. Daß hier und da auch giftige Begleitstoffe im Nektar vorkommen, ist nicht ausgeschlossen.

Wie der Zucker in den Nektarien gebildet wird, ist nicht näher bekannt. STADLER beobachtete bei vielen Pflanzen beim Nectarium lokalisierte Stärke, welche während der Sekretion verschwindet. Bei Diervilla rosea sollen im Nektar Stärkekörner vorkommen, die sich mit Jod nicht blau färben. ACTON [2]) will daraus, daß sich beim Auftreten des Zuckers in Nektarien [Septaldrüsen von Narcissus [3])] kein Erythrodextrin nachweisen läßt, jedoch reichlich Proteinkörner zugegen sind, auf Entstehen des Zuckers als Spaltungsprodukt von Eiweißstoffen und nicht von Stärke schließen. Tatsache ist, daß fast immer in der Nähe von Nektarien chlorophyllführende assimilierende Gewebe vorkommen, welche direkt Zucker für die Nektarien liefern könnten. Auch ist wohl an Zuckerbildung auf Kosten von Zellmembranen bei Nektarien zu denken. Ob die in der Epidermis von Blumenblättern vorkommende Stärke [4]) in Beziehung zur Nektarabsonderung treten kann, ist nicht bekannt.

Nach RATHAY [5]) ist im Sekret der nektarproduzierenden Schuppen der Brakteen von Melampyrum nemorosum mindestens 2 Proz. Rohrzucker enthalten. Für den reichlich von den extrafloralen Nektarien der Kompositenhüllschuppen [6]) produzierten zuckerhaltigen Saft fehlen noch nähere Untersuchungen.

Erwähnt sei noch, daß nach den Feststellungen von FUJII [7]) der auf dem Ovulum von Taxus ausgeschiedene Flüssigkeitstropfen wahrscheinlich Glukose enthält.

---

1) BONNIER, Annal. sc. nat. (6), Tome VIII, p. 194 (1878). — 2) H. ACTON, Annals of Bot., Vol. II, p. 53 (1888). — 3) Über Septaldrüsen: P. GRASSMANN, Flora, 1884; SAUNDERS, Annals of Bot., Vol. V, p. 11 (1890), gibt auch nähere Details über die Stärkekörner in den Drüsenzellen an. Die ältere Lit. bei GRASSMANN zitiert. SCHNIEWIND-THIES, Beitr. z. Kenntnis der Septalnektarien, 1897. — 4) Vgl. HILLER, Jahrbücher wiss. Bot., Bd. XVI, p. 411 (1884). — 5) RATHAY, Sitz.-Ber. Wien. Akad., Bd. LXXXI (I), p. 55 (1880). — 6) Hierzu R. v. WETTSTEIN, Sitz.-Ber. Wien. Akad., Bd. XCVII (I), p. 570 (1888). — 7) K. FUJII, Ber. botan. Ges., Bd. XXI, p. 211 (1903).

§ 2.
Pathologische Sekretionsvorgänge.

Die zuckerhaltigen Sekrete, welche an Pflanzen unabhängig von präformierten Drüsen (Nektarien) auftreten, werden meist unter dem Namen „Honigtau" zusammengefaßt. Trockenes Wetter, kühle Nächte und warme Tage scheinen diese Erscheinung zu begünstigen, die seit alters her sehr viel beachtet und untersucht wurde[1]. BONNIER[2]) rief Honigtaubildung hervor, indem er Zweige in Wasser eintauchte und sie sodann in dampfgesättigter Luft hielt. Das Sekret trat in solchen Versuchen aus Spaltöffnungen aus (Coniferen, Quercus, Populus, Acer). Hier war die Honigtaubildung unabhängig von Insekten erfolgt. In der Natur scheint aber, wie BÜSGEN[1]) gezeigt hat, in den allermeisten Fällen die Bildung des Honigtaues unter Mitwirkung von Blattläusen und anderen Insekten zustandezukommen. Die Aphiden stechen die Pflanzengewebe an und produzieren das zuckerreiche Sekret als Stoffwechselprodukt, anscheinend durch Entleerung aus dem After.

Die chemische Untersuchung dieser zum Grenzgebiete der Zoologie und Botanik gehörigen Erscheinung wurde von Botanikern wiederholt vorgenommen. UNGER[3]) analysierte mehrere Honigtauproben und konstatierte Gegenwart von Traubenzucker darin. BOUSSINGAULT[4]) fand im Honigtau der Linde Rohrzucker, Invertzucker und Dextrin, und machte auf die ähnliche Beschaffenheit der Tamarix-Manna von der Sinaihalbinsel aufmerksam. Spätere Untersuchungen von MAQUENNE[5]) zeigten, daß der Tiliahonigtau bis 40 Proz. Melezitose enthält. Da derselbe Zucker auch in der „Lärchenmanna" von Briançon, ferner in der Alhagimanna gefunden wurde, so scheint es, daß diese seltene Substanz gerade in Honigtausekreten größere Verbreitung besitzt. In dem Honigtau von Evonymus japonica fand MAQUENNE[6]) Dulcit und Glukose. Der Honigtau von Acerblättern enthält nach v. RAUMER[7]) viel Rohrzucker und etwas Invertzucker. Nach WILEY[8]) bestehen die zuckerartigen Ausschwitzungen an Pinusnadeln aus Virginien aus einem rechtsdrehenden Zucker, der möglicherweise Arabinose ist (?). Näheres ist nicht bekannt. Das Exsudat der Nadeln von Pinus Lambertiana ist dadurch merkwürdig, daß es Pinit oder Methylinosit enthält[9]). Der von TRIMBLE[10]) untersuchte Honigtau der Larix occidentalis ist bezüglich seiner Zuckerarten noch nicht genauer bekannt; er enthält reduzierenden Zucker, doch wird er zur Hauptmenge von nicht reduzierendem Zucker gebildet. Die wahrscheinlich durch Cicadenstiche erzeugte Mannaausscheidung bei Ölbäumen enthält wie die spontan an Mannaeschen auftretende Sekretion reichlich Mannit, wie TRABUT und BATTANDIER[11]) berichten, neben Glykose, und keine Saccharose. Angaben über ver-

---

1) Ältere Literatur über Honigtau bei BÜSGEN, Der Honigtau, 1891. — 2) G. BONNIER, Compt. rend., 1896, p. 335; Rev. gen. Bot., Tome VIII, p. 22 (1896). — 3) UNGER, Sitz.-Ber. Wien. Ak., 1857, Bd. XXV, p. 449. — 4) BOUSSINGAULT, Compt. rend., Tome LXXIV, p. 87 (1872); Agronomie, Tome V, p. 36 (1874). Über Tamarixmanna: BERTHELOT, Ann. chim. phys. (3), Tome LXVII, p. 82. — 5) MAQUENNE, Compt. rend., Tome CXVII, p. 127 (1893). — 6) L. MAQUENNE, Bull. soc. chim. (3), Tome XXI, p. 1082 (1899). — 7) E. v. RAUMER, Zeitschr. analyt. Chem., Bd. XXXIII, p. 397 (1894). — 8) WILEY, Just Jahresber., 1880, Bd. I, p. 71. — 9) WILEY, ibid., Ref. No. 104. — 10) H. TRIMBLE, Amer. Journ. Pharm., Vol. LXX, No. 3 (1898). — 11) TRABUT, Compt. rend., Tome CXXXII, p. 225 (1901); BATTANDIER, Journ. pharm. chim. (6), Tome XIII, p. 177 (1901).

schiedene zuckerhaltige Sekrete, welche durch pflanzenbewohnende Tiere auf ihrem Substrate erzeugt werden und als verschiedene „Mannasorten" im Handel sind, finden sich von FLÜCKIGER [1]) zusammengestellt. Bemerkt sei nur, daß auch die durch Rüsselkäfer auf Echinopsarten erzeugte „Trehala", welche sich durch ihren Gehalt an Trehalose als merkwürdiges Vorkommnis hinstellt, mit hierherzuzählen ist. Die Eucalyptusmanna enthält nach BERTHELOT Raffinose.

Die Honigtaubildung ist manchmal, besonders bei einigen tropischen Bäumen, so reichlich, daß ein stetiges Abtropfen des Sekretes von den Blättern auf den Boden zu beobachten ist. Als solche (fälschlich früher als „Regenbäume" bezeichnete) Pflanzen führt THISELTON DYER [2]) nach SPRUCE Pithecolobium Saman und andere Leguminosen an. Hier soll es sich um eine von Cicaden, die auf den jungen Trieben leben, bedingte Erscheinung handeln.

Sechsundzwanzigstes Kapitel: **Kohlensäureverarbeitung und Zuckersynthese im Chlorophyllkorn.**

§ 1.
Einleitende und historische Betrachtungen.

Seit jeher hat unter den vielen Synthesen im pflanzlichen Organismus die Zuckersynthese aus der Kohlensäure der Luft durch die grünen Gewächse die größte Aufmerksamkeit erregt. In der Tat ist dies eine Anpassung zu chemischen Leistungen, welche zu den bedeutungsvollsten und imponierendsten Etappen im Kreislaufe der Stoffe auf der Erde zu zählen sind. Es werden hierdurch die in zahlreichen unorganischen und organischen Verbrennungsprozessen in kolossalen Mengen als Kohlensäure abgeschiedenen Kohlenstoffquantitäten von neuem in die Organismenwelt zurückgeführt, und alle höheren Gewächse, die ja quantitativ die größte Masse der Lebewesen darstellen, vermehren fast ausschließlich auf dem Wege der Kohlensäureassimilation ihre Trockensubstanz.

Bekanntlich sind alle grünen Teile (chlorophyllhaltigen Zellen) der Pflanzen zur Vollführung dieses Prozesses befähigt. Doch hat es die Arbeitsteilung dahin gebracht, daß sehr allgemein spezielle Organe, die Laubblätter, zum Betriebe des Assimilationsprozesses ausgebildet werden, welche in ihrer Konstruktion bis in das kleinste Detail auf eine unter den obwaltenden lokalen Verhältnissen möglichst ausgiebig zu gestaltende Produktion auf Kosten der Luftkohlensäure und des Bodenwassers berechnet sind. Selbst bei Gewächsen, welche, wie Cytisus scoparius, Spartium junceum neben den Blättern über assimilierende Sproßorgane verfügen, soll nach Versuchen von BERGEN [3]) die Assimilationstätigkeit der Blätter weitaus kräftiger sein, als jene der grünen Sproßteile. Um die Einflüsse aller einwirkenden äußeren Bedingungen stets zu einer

---

1) FLÜCKIGER, Pharmakognosie, 3. Aufl. (1891), p. 31. — 2) THISELTON DYER, Just Jahresber., 1878, Bd. I, p. 326; ERNST, Botan. Zeitg., 1876, p. 35. — 3) J. Y. BERGEN, Botan. Gaz., Vol. XXXVI, p. 464 (1903).

möglichst günstigen Resultante zu bringen, ist eine äußerst komplizierte
Einrichtung der Assimilationsorgane nötig: eine Abstimmung der Schutz-
vorrichtungen gegen zu große Transpiration, gegen starke Insolation,
andererseits eine günstige Ausgestaltung der kohlensäureabsorbierenden
Flächen, der Ausnützung der Flächen; ferner möglichst expeditive Ableitung der gebildeten Assimilationsprodukte und anderweitige Beseitigung der Endprodukte, die etwa hemmend auf den Reaktionsvorgang
einwirken könnten etc. Alle diese Dinge haben seit Aufnahme der
anatomisch-physiologischen Forschungsrichtung durch SCHWENDENER
eingehende Behandlung gefunden und es wurde die Auffassung des
Assimilationsprozesses durch eine Reihe einschlägiger Arbeiten bedeutend
gefördert. Die Blattanatomie behandelte besonders HABERLANDT [1], die
biologischen und pflanzengeographischen Verhältnisse SCHIMPER [2], und
in physiologischer Hinsicht wurde durch die Arbeiten von DARWIN,
WIESNER, SCHWENDENER und KRABBE, VÖCHTING und anderer Forscher eine klarere Sachlage geschaffen. In biochemischer Hinsicht ist
allerdings der Erkenntnis, daß im Laubblatte alles darauf hinzielt, um
den Zweck der Kohlensäureassimilation möglichst vollkommen zu erfüllen, noch viel zu wenig Rechnung getragen worden, und Organ-
analysen haben etwas einseitig dem grünen Farbstoffe ihr ausschließliches Interesse zugewendet. Deshalb weiß man über die Proteide der
Laubblätter etc. noch sehr wenig, und die Stromasubstanz der Chlorophyllkörner z. B. ist bis jetzt ganz ununtersucht geblieben. Es ist
nicht zu bezweifeln, daß von organchemischen Untersuchungen, wie sie
in der Tierphysiologie seit langem eine hervorragende Rolle spielen,
viele wichtige Aufschlüsse auf unserem Gebiete zu erwarten sind; auch
dürfte die Anwendung der Autolysenmethodik in vieler Hinsicht Erfolge herbeiführen.

Die historische Entwicklung des Assimilationsproblems wurde von
J. SACHS [3] durch eine Darlegung erläutert, deren Studium für jeden
Biologen unerläßlich genannt werden darf; noch eingehendere Behandlung fand der Gegenstand durch HANSEN [4], so daß es hier kaum nötig
erscheint, in großer Ausführlichkeit historische Betrachtungen anzu-
knüpfen. Nur wichtigere, in den genannten Schriften weniger berührte
Daten mögen sich hier anschließen.

Ahnungen über die wahre Funktion der Laubblätter greifen bis
in die patristische Zeit unserer Wissenschaft zurück. MALPIGHI [5]
lieferte schon 1671 einschlägige Betrachtungen, welche sich auf Beob-

---

1) G. HABERLANDT, Pringsheims Jahrb. f. wiss. Bot., Bd. XIII, p. 74 (1882);
Ber. bot. Ges., Bd. IV, p. 206 (1886); Physiolog. Pflanzenanatomie, 3. Aufl. (1904),
p. 234 ff. — 2) SCHIMPER, Pflanzengeographie auf physiolog. Grundlage, 1898.
Hier auch die einschlägige frühere Literatur. — 3) J. SACHS, Geschichte der
Botanik, p. 494 ff. (1875). — 4) A. HANSEN, Geschichte der Assimilation. Arbeiten
d. botan. Instit. zu Würzburg, Bd. II, p. 537 (1882); ferner zur Geschichte der
Assimilation: RAUWENHOFF, Untersuchg. d. grün. Pflanzenteile etc., Amsterdam
1853; W. C. WITTWER, Geschichtl. Darstellung der verschied. Lehren über die
Respiration d. Pflanzen, München 1850. — 5) MALPIGHI, Anatomes plantarum idea
(Opera omnia, Londini 1686, p. 14) sagt: „.... Deducam folia a Natura in hunc
usum institui, ut in ipsorum utriculis nutritivus succus contentus, a ligneis fibris
delatus excoquatur; frequenti enim anastomosi vasorum in longo itinere commixtus
humor, solarium etiam radiorum vi attritus, dum antiquae in utriculis adhuc peren-
nanti materiae miscetur, novam subit partium compagem, et transpiratum non
dispari ritu, ac accidit novo animalium alimento, quod reliquo sanguini in vasis a
nutritione relicto affusum, ab eodem in sanguinis naturam exaltatur."

achtungen an ergrünenden und wachsenden Keimblättern stützen. Vielleicht geht jedoch SACHS zu weit mit der Annahme, daß MALPIGHI dem richtigen Sachverhalte sehr nahe gekommen ist; doch erkannte MALPIGHI immerhin sicher, daß die Blätter bei der Ernährung der Pflanze irgend eine Rolle spielen. Mehr als 60 Jahre später äußerte sich HALES [1]) über die Bedeutung der Laubblätter, jedoch gleichfalls ohne bestimmtere Meinung über die Ernährungsfunktion dieser Organe; er hielt die Blätter in erster Linie für Transpirationsorgane [2]). Von MALPIGHIs Ansichten erwähnt HALES gar nichts; hingegen suchte CHR. WOLFF [3]) MALPIGHIs Anschauungen zu erhalten und zu stützen. HALES äußert sich bezüglich der angeblichen Hauptfunktion der Blätter als Transpirationsorgane jedoch viel vorsichtiger als späterhin BONNET [4]); dieser letztgenannte Forscher suchte außerdem eine unglückliche Idee von CALANDRINI zu bestätigen, wonach die Unterseite der Blätter dazu bestimmt sei, „den von der Erde aufsteigenden Tau" aufzusaugen. Die Ernährungsphysiologie verdankt infolgedessen BONNET keinen Fortschritt. DUHAMEL DU MONCEAU [5]) verhielt sich in der Frage nach der Bedeutung der Blätter nur referierend.

PRIESTLEY gebührt das Verdienst, den Gaswechsel grüner Pflanzen im Lichte, und die Produktion von Sauerstoff hierbei zuerst festgestellt zu haben, und wir haben schon in der historischen Einleitung diesen bedeutsamen Fortschritt näher gewürdigt [6]). Diese Entdeckung führte bei einem Forscher, wie INGENHOUSS, die erste klare Vorstellung über die Funktion der Laubblätter herbei. INGENHOUSS [7]) erfaßte die Bedeutung der PRIESTLEYschen Entdeckung, daß die Sauerstoffabgabe nur im Lichte erfolgt; er erkannte, daß nur grüne Pflanzenteile dieses Verhalten zeigen, und daß hierbei die Blattunterseite besonders beteiligt ist; ferner, daß ganz junge oder zu alte Blätter nicht so viel Sauerstoff liefern; daß alle Pflanzen während der Nacht „die Luft verderben", ebenso bei Tag im Schatten; daß auch Moose und Flechten im Lichte Sauerstoff produzieren, die Pilze aber nicht; er wußte, daß umgekehrte Blätter weniger assimilieren als normal orientierte; kurzum eine erstaunliche Kenntnis der wichtigen Tatsachen tritt uns in geradezu klassischer knapper Form in der INGENHOUSSschen Schrift entgegen.

---

1) STEPH. HALES, Statick der Gewächse. Deutsche Übersetz. Halle 1748, p. 182 heißt es: „Es ist aber auch glaublich, daß ein Theil von dieser Nahrungsmaterie eben durch die Blätter in die Pflanzen dringe, weil die Blätter den Regen und den Thau, davon beydes Saltz, Schwefel etc. in sich hat, häufig einziehen. Denn die Luft ist mit schweflichen und sauren Particuln angefüllet . . . Wir können demnach heut zu Tage mit Gewissheit sagen, was man vorhin lange Zeit gemuthmasset hat, daß die Blätter dem Pflanzenwerke eben die Dienste thun, als die Lunge dem thierischen Geschlechte . . . Sollte aber nicht auch das Licht durch seine Wirkung in die breite Fläche der Blätter und Blumen und nach der Freyheit, die es hat durch sie zu dringen, des Pflantzwerks Bestandtheile annoch veredlen." Zum letzten Passus zitiert HALES eine Stelle aus NEWTON (Optic. quaest., p. 30), in welcher der Möglichkeit einer reziproken Umwandelbarkeit von Körpern und Licht gedacht wird. — 2) Vgl. l. c., p. 182: „Jedoch eben diese Blätter bringen den Pflanzen noch viel mehr Nutzen . . . Diese sondern die überflüssigen Feuchtigkeiten ab, und schaffen sie weg; da sie ansonsten, wenn sie in der Pflanze Gefässen lange bleiben müssen, verfaulen und der Pflanze zugleich schaden würden." — 3) CHR. WOLFF, Vernünftige Gedanken von den Wirkungen der Natur, 1723, cit. nach HANSEN, l. c., p. 544. — 4) CH. BONNET, Untersuch. üb. d. Nutzen d. Blätter. Übersetzt v. ARNOLD, Nürnberg 1762, p. 2. — 5) DUHAMEL DU MONCEAU, La physique des arbres, Ime partie. Paris 1758, p. 133. — 6) Über PRIESTLEYs Verdienste vgl. H. T. BROWN, Address to the chem. sect. Brit. Assoc., Dover 1899. — 7) INGENHOUSS, Experiments upon Vegetables, London 1779.

TREVIRANUS [1]) hervor, und selbst bei einem Autor wie MEYEN [2]). Es
fehlte auch nicht an Forschern, welche, wie CRELL [3]), RUHLAND [4]) und
früher HASSENFRATZ die Richtigkeit der INGENHOUSS-SAUSSUREschen
Auffassung direkt bestritten. MULDER [5]) hat durch seine unglückliche
Idee, daß Proteïn in den Wurzelspitzen aus Humusstoffen entstehe, gezeigt, wie wenig er die Wichtigkeit der Kohlensäureassimilation durch
die Blätter erkannte — abgesehen von einigen irrigen Vorstellungen
über die Bedeutung des Chlorophylls. Um das Jahr 1840 trat eine
Besserung der Sachlage ein, indem J. v. LIEBIG energisch und mit
größtem Geschicke die Bedeutung der Entdeckung SAUSSURES, daß die
Pflanzen ihre Kohlenstoffnahrung der atmosphärischen Luft entnehmen,
und DUMAS [6]) in Frankreich in derselben Richtung eintraten und andererseits BOUSSINGAULT das experimentelle Material der Assimilationslehre
namhaft vermehrte; auch sind die grundlegenden Versuche von WIEG-
MANN und POLSTORFF, sowie des Fürsten zu SALM-HORSTMAR [7]) über
Vegetation ohne natürlichen Humus bei Darreichung von künstlich hergestellten Mineralsalzlösungen von einschneidendem Einflusse bei der
Änderung der allgemeinen Anschauungsweise gewesen. Daß LIEBIG die
Bedeutung der Sauerstoffatmung nicht erkannte, und einige nicht haltbare Theorien hinsichtlich des Assimilationsvorganges selbst vertrat,
fällt angesichts seiner außerordentlichen Verdienste um die richtige Erkenntnis der allgemeinen Sachlage nicht sehr in die Wagschale.
BOUSSINGAULT hat durch seine mehrere Dezennien hindurch (bis 1868)
fortgesetzten Experimentaluntersuchungen die Grundlagen der Assimilationslehre wesentlich verbessert, namentlich auch die Aufnahme der
Kohlensäure aus der Luft durch Freilandpflanzen genauer festgestellt
und die Richtigkeit des von SAUSSURE aufgefundenen Verhältnisses, daß
die aufgenommene Kohlensäuremenge und die abgegebene Sauerstoff-
menge gleich seien, bestätigt. Ferner hat BOUSSINGAULT das Verdienst, zuerst klipp und klar die Synthese von Zucker als Ziel der
Kohlensäureassimilation bezeichnet zu haben: „Que la feuille est la
première étappe des glucoses . . . que c'est la feuille qui les élabore
aux dépens de l'acide carbonique et de l'eau" [8]).

ROCHLEDER [9]) brachte eine in ihren Grundzügen meist treffende
Darstellung des Assimilationsproblems, ferner finden wir bei SCHLEIDEN [10])
die richtigen Anschauungen nachdrücklich hervorgehoben, während bei
SCHACHT [11]) die Erkenntnis des wahren Sachverhaltes nicht in den Vordergrund tritt.

1) TREVIRANUS, Physiologie. Bd. I, p. 398, 514. — 2) MEYEN, Physiologie
(1837), Bd. I, p. 372; Bd. II, p. 133. — 3) L. v. CRELL, Schweigg. Journ., Bd. II.
p. 281 (1811); früher FAGRÄUS, Crells Annal., 1785, Bd. II. p. 50. — 4) B. L.
RUHLAND, Schweigg. Journ., Bd. XIV, p. 356 (1815); Bd. XX, p. 455 (1817);
Annal. chim. phys. (2), Tome III, p. 411 (1816) mit einer ablehnenden Kritik (Ber-
THOLLETS?). Von gänzlich haltlosen Auffassungen, wie z. B. jene von C. H.
SCHULTZ, Poggendorffs Annal., Bd. LXIV, p. 125 (1845) sei hier ganz abgesehen.
— 5) G. J. MULDER, Versuch einer allgem. physiol. Chem. (1844), p. 712, 729,
737, 848, 855; p. 273 behauptet MULDER auch „Die Blätter geben Sauerstoffgas
nicht weil sie grün sind, sondern indem sie grün werden". — 6) DUMAS, Ann.
chim. phys. (3), Tome IV. p. 120 (1842). — 7) SALM-HORSTMAR, Journ. prakt. Chem.,
Bd. XXXVIII, p. 431 (1846). — 8) BOUSSINGAULT, Agronomie, Tome IV, p. 399—400
(1868). 1870 äußerte sich A. v. BAEYER [Ber. chem. Ges., Bd. III, p. 67] in demselben Sinne. Frühere Äußerungen (schon von DAVY) hatten dies noch nicht so
bestimmt hingestellt. — 9) ROCHLEDER, Chemie u. Physiol. d. Pflanz. (1858), p. 104.
Hier ist auch das Verhältnis zur Sauerstoffatmung zutreffend dargelegt. —
10) SCHLEIDEN, Grundzüge (1861), p. 580. — 11) SCHACHT, Der Baum (1853). p. 203;
Lehrbuch der Anat. und Physiol. (1856). p. 373.

In den grundlegenden Arbeiten von MOHL[1] brach sich nun allmählich die zutreffende Ansicht über die Entstehung der Stärkekörner in den Chlorophyllkörnern Bahn, und es ist von Interesse, wie die anfangs zögernd für eine Reihe von Fällen angenommene Meinung bei MOHL immer festeren Fuß faßte. Es war nun ein äußerst glücklicher Griff, als SACHS[2] auf Grund der von MOHL und NÄGELI vorbereiteten Erkenntnis die allgemeine Ansicht formulierte, daß die Stärke in den Chloroplasten durch die assimilierende Tätigkeit der letzteren entstehe: Nur im Chlorophyllkorn entsteht die Stärke ursprünglich durch den Assimilationsprozeß, sonst allenthalben aus fertigem organischen Material. In der Folge zeigte SACHS die Abhängigkeit des Stärkebildungsprozesses vom Licht und lehrte bessere Methoden zum Nachweise der Stärkekörnchen kennen. Schließlich gelang es GODLEWSKI[3] nachzuweisen, daß auch in kohlensäurefreier Luft die Stärkebildung in den Chlorophyllkörnern ausbleibt, ob Lichtzutritt gestattet ist oder nicht; ferner, daß im kohlensäurefreien Raume selbst bei hellster Beleuchtung die Chloroplastenstärke ebenso verschwindet, wie bei verdunkelten Pflanzen in gewöhnlicher Luft. Im Anschlusse daran sagt SACHS[4]: „Man darf daher annehmen, daß die zu irgend einer Zeit im Chlorophyll enthaltene Stärke nur der noch nicht aufgelöste Überschuß der ganzen durch Assimilation gewonnenen Stärke ist." Damit war das Wesen der Stärkespeicherung in den Chloroplasten als Ablagerung von Vorratsstoffen richtig gekennzeichnet.

§ 2.
Der Gaswechsel bei der Kohlensäureassimilation.

Die ältesten Versuche über Kohlensäureassimilation von PRIESTLEY, INGENHOUSS, SENEBIER wurden durchgängig an beleuchteten Wasserpflanzen oder untergetauchten Zweigen, sowie untergetauchten abgeschnittenen Blättern von Landpflanzen angestellt und konnten nichts anderes, als die Entwicklung von Sauerstoffgas am Lichte, sowie den günstigen Einfluß eines reichlicheren Gehaltes an Kohlensäure im dargebotenen Wasser feststellen. Auch wurde der etwaige Einfluß von Sauerstoffmangel unter gewissen Versuchsbedingungen unbeachtet gelassen. Erst SAUSSURE unternahm es, Versuche im abgeschlossenen Lufträume mit Pflanzen anzustellen, und kam auf Grund derselben zur Überzeugung, daß die Landpflanzen ihren gesamten Kohlenstoffbedarf aus der Kohlensäure der atmosphärischen Luft decken, ein kühner Gedanke in Anbetracht der geringen in der Luft enthaltenen Menge von Kohlensäure, deren Bestimmung zu SAUSSURES Zeiten überdies noch unsicher war, so daß sich SAUSSURE selbst um die Eruierung einer Bestimmungsmethode bemühen mußte.

Die Kohlensäure der atmosphärischen Luft[5] war in ihrer Existenz schon LAVOISIERS Zeitgenossen[6] bekannt, und 1799 wurden

---

1) H. v. MOHL, Vegetab. Zelle (1851), p. 46; Bot. Ztg., p. 1855. — 2) J. SACHS, Flora, 1862, p. 167; Bot. Ztg., 1862, 1864, No. 38. Experimentalphysiologie (1865), p. 18. — 3) GODLEWSKI, Flora, 1873, p. 383. — 4) SACHS, Lehrbuch, 4. Aufl., p. 720 (1874). — 5) Über die Kohlensäure der Luft vgl. R. BLOCHMANN, Lieb. Ann., Bd. CCXXXVII, p. 39 (1887). DAMMER, Handbuch d. anorgan. Chem., Bd. I und Ergänzungsband, p. 155; HEMPEL, Gasanalyt. Methode (1900); H. BITTER, Zeitschr. Hyg., Bd. IX, p. 1 (1890). — 6) Z. B. GREN, Beyträge zu Crells Annal., Bd. III, p. 234 (1787); MORVEAU, Dictionaire encyclop., Artikel Air; SEGUIN, Ann. d. chim., Tome VII, p. 46 (1790).

durch A. VON HUMBOLDT[1]) die ersten Versuche zu ihrer quantitativen
Bestimmung unternommen; DALTON bemühte sich etwas später ebenfalls ein Kohlensäurebestimmungsverfahren ausfindig zu machen. Doch
war es erst SAUSSURE[2]), welcher umfassende Arbeiten in dieser Richtung in Angriff nahm und die Verschiedenheiten des Gehaltes an Kohlensäure in der Atmosphäre in zeitlichem und örtlichem Sinne zu erforschen
trachtete.

Die angewendeten Methoden ergaben jedoch sämtlich zu hohe
Werte, und erst das von PETTENKOFER[3]) 1858 begründete Verfahren
bedeutete eine namhafte Verbesserung in methodischer Hinsicht. Diese
wichtige Methode findet sich in den zitierten Handbüchern und Zusammenstellungen ausführlich dargelegt. PETTENKOFER brachte in eine
kubizierte 6 Liter fassende Flasche, welche die zu untersuchende Luft
enthielt, eine bekannte Menge frisch titrierten chlorbaryumhaltigen
Barytwassers (im Überschuß), verschloß hierauf mit einer Kautschukkappe, ließ 2 Stunden unter öfterem Umschwenken stehen; hierauf
wurde das Barytwasser in eine kleine Flasche abgegossen, absitzen gelassen, und ein aliquoter Teil der geklärten Flüssigkeit mit Oxalsäure
titriert. Eine neuere gute volumetrische Methode rührt von PETTERSON
und PALMQVIST[4]) her. Zur approximativen sehr raschen CO_2-Bestimmung
ist der „minimetrische" Apparat von LUNGE[5]) bestimmt. In ein mit
Ventil versehenes und mit $1/_{500}$ Normal-Na_2CO_3, welche mit Phenolphtaleïn eben deutlich rot gefärbt ist, beschicktes Fläschchen wird
mittels eines Gummiballons Luft eingetrieben, bis eben Entfärbung der
Flüssigkeit erfolgt ist. Aus der Zahl der ausgeführten Kompressionen
des Ballons kann man den Kohlensäuregehalt der eingetriebenen Luft
annähernd bestimmen.

Nach den besten vorliegenden Untersuchungen dürfen wir als
Kohlensäuregehalt der Luft 3 Volumteile CO_2 auf 10000 Volumteile
Luft annehmen. Der Wert ist über Meeren und Festland derselbe.
Bis 3000 m Meereshöhe ist eine Änderung des Kohlensäuregehaltes
der Luft nach einer Reihe von Angaben nicht zu konstatieren[6]).

Ältere Untersuchungen der Gebrüder SCHLAGINTWEIT[7]) hatten in
den höheren alpinen Lagen eine Vermehrung des Kohlensäuregehaltes
der Luft (bis zu 3400 m) angegeben. Die Schwankungen des Kohlensäuregehaltes[8]) bewegen sich meist zwischen 2,5 und 3,5 Volumteilen

1) A. v. HUMBOLDT, Versuche über d. chem. Zerleg. d. Luftkreises. Gilberts
Annal., Bd. III, p. 77 (1800). — 2) SAUSSURE, Gilb. Annal., Bd. LIV, p. 217
(1816); Ann. chim. phys. (2), Tome II, p. 199 (1816); Pogg. Annal., Bd. XIV,
p. 390 (1828); Ann. chim. phys. (2), Tome XXXVIII, p. 411 (1828); Pogg. Ann.,
Bd. XIX, p. 391 (1830); Ann. chim. phys. (2), Tome XLIV, p. 1 (1830); Schweigg.
Journ., Bd. LXI, p. 17 (1831). — 3) M. v. PETTENKOFER, Liebigs Annal., Suppl.-
Band II, p. 236 (1861); vgl. auch F. SCHULZE, Versuchstat., Bd. XIV, p. 366
(1871); BLOCHMANN, l. c.; WILLIAMS, Ber. chem. Ges., Bd. XXX (II), p. 1451
(1897). Von neueren Autoren auch besonders A. LÉVY u. HENRIET, Compt. r.,
Tome CXXVII, p. 353 (1898); J. WALKER, Journ. chem. soc., Vol. LXXVII,
p. 1110 (1900); A. G. WOODMAN, Journ. Amer. chem. soc., Vol. XXV, p. 160
(1902); A. WOHL, Ber. chem. Ges., Bd. XXXVI, p. 1412 (1903). — 4) PETTERSON
u. PALMQVIST, Ber. chem. Ges., Bd. XX, p. 2129 (1887); PETTERSON, Zeitschr.
analyt. Chem., Bd. XXV, p. 479. — 5) Vgl. G. LUNGE u. A. ZECKENDORF, Zeitschr.
angew. Chem., 1888, p. 395. — 6) Vgl. u. a. die Ergebnisse von Ballonfahrten:
S. A. ANDRÉ, Wollnys Forsch. Agrikulturphys., Bd. XVIII, p. 409 (1897). —
7) H. u. A. SCHLAGINTWEIT, Pogg. Ann., Bd. LXXVI, p. 442 (1849); Bd. LXXXVII,
p. 293 (1852). — 8) Über Schwankungen: HÄSSELBARTH u. FITTBOGEN, Landw.
Jahrb., Bd. VIII, p. 669 (1879); H. PUCHNER, Wollnys Forsch. Agrikulturphys.,
Bd. XV, p. 296 (1893).

CO_2 auf 10000 Volumteile Luft. Nebel und Schnee erzeugen nach WILLIAMS deutliches Anwachsen des Kohlensäuregehaltes. Regen ist wirkungslos. In England erwies sich der Kohlensäuregehalt der Luft im Winter größer als im Sommer. In Städten treten durch lokale Ursachen Schwankungen ein; Verbrennungs- und Verwesungsprozesse steigern die Luftkohlensäuremenge nur in der unmittelbaren Nachbarschaft; vulkanische Erscheinungen verändern den Kohlensäuregehalt der Luft auch auf größere Strecken hin. Nach EBERMAYER[1]) ist durch die Verwesungsprozesse im Waldboden in geschlossenen Waldkomplexen der Kohlensäuregehalt der Luft bedeutend erhöht. Die neueren Untersuchungen von BROWN und ESCOMBE[2]) gaben für den Kohlensäuregehalt der Luft in einer Höhe von 3—4 Fuß über dem Boden folgende Zahlen:

Im Juli: 2,71—2,86 Volumteile CO_2 auf je 10000 Volumteile Luft
Im Winter: 3,00—3,23   „   „   „   „ 10000   „   „
Im März: 3,62   (nach Nebel)   „   „ 10000   „   „

In unmittelbarer Bodennähe erhöht sich der Kohlensäuregehalt auf 12 bis 13 Teile auf 10000 Teile Luft. Niederliegende Wuchsform gestattet somit den Pflanzen reichlichere Kohlensäurezufuhr, was für arktische und alpine Gewächse von besonderer biologischer Bedeutung ist. WOLLNY[3]) hat schon vor längerer Zeit über ähnliche Ergebnisse bezüglich des Kohlensäurereichtums der Luft dicht über dem Boden berichtet und ebenso in neuester Zeit DEMOUSSY[4]). Der letztgenannte Autor machte es auch wahrscheinlich, daß die von düngerreichem Boden reichlich entwickelte Kohlensäure für die Pflanzen von Nutzen sei, und das rasche Wachstum von Mistbeetkulturen zum Teil von der besseren Versorgung mit Kohlensäure mitbedingt wird. Die Bodenluft selbst ist bekanntlich sehr reich an Kohlensäure[5]). Von Wichtigkeit ist, daß anscheinend die Luft auf dem pflanzenbewachsenen Festlande tagsüber durchschnittlich 0,2 bis 0,3 Vol. CO_2 auf 10000 Vol. Luft weniger enthält als bei Nacht. Über dem Meere wurde eine analoge Differenz nicht gefunden. Es scheint demnach der assimilierende Pflanzenwuchs imstande zu sein, den Kohlensäuregehalt der Luft vorübergehend um etwa 10 Proz. zu erniedrigen. In der Tat haben auch neuere Versuche ergeben, daß Pflanzenblätter sehr intensiv Kohlensäure absorbieren, so daß LIEBIGS Vergleich der Wirkung von Laubblättern mit der Kohlensäureaufnahme durch Kalktünche nicht unberechtigt erscheint. PFEFFER[6]) fand, daß 7,5-proz. Natronlauge nur etwa 5—6mal so viel Kohlensäure absorbiert wie Pflanzenblätter, und nach BROWN wirkt Natronlauge nicht einmal doppelt so stark absorbierend auf die Luftkohlensäure wie Laubblätter unter günstigen Verhältnissen. Ein Quadratmeter Blattfläche vermag nach BROWN bei Catalpa bignonioides in einer Stunde 1 g Trockensubstanz neu zu produzieren und hierbei wären etwa 784 ccm CO_2 aufzunehmen: experimentell festgestellt wurde,

1) EBERMAYER, Wollnys Forschungen. Agr.-Phys., Bd. 1, p. 153 (1878). — 2) H. T. BROWN, Address to the chem. sect. of the Brit. Assoc. Dover 1899; BROWN u. ESCOMBE, Phil. Trans. Roy. Soc., Ser. B, Vol. CXCIII, p. 223 (1900). — 3) WOLLNY, Forschung Agrik.-Phys., Bd. VIII, p. 405; ferner J. v. FODOR, Jahresber. Agr.-Chem., Bd. XXV, p. 66; SACHSSE, Agrik.-Chem., p. 11. — 4) E. DEMOUSSY, Compt. r., Tome CXXXVIII, p. 291 (1904). — 5) Hierüber J. MÖLLER, Mitteil. forstl. Versuchsleitung Österreich, 1877, Heft 2. — 6) PFEFFER, Pflanzenphysiologie. 2. Aufl., Bd. I, p. 313 (1897).

daß (allerdings unter etwas beeinträchtigenden Bedingungen) Helianthusblätter stündlich 412 ccm CO_2 pro 1 qm, Catalpablätter 345 ccm CO_2 pro 1 qm Blattfläche aufnehmen.

Die Eintrittspforten der Kohlensäure in die Blätter stellen vor allem die Spaltöffnungen dar, welche etwa 1 Proz. der Gesamtfläche der Blattunterseiten ausmachen. Wie Brown und Escombe [1] näher ausgeführt haben, wird durch die engen Öffnungen die Diffusionsgeschwindigkeit der Kohlensäure so bedeutend erhöht, daß das Blatt etwa ebensoviel Kohlensäure in einer bestimmten Zeit aufnimmt, als ob die ganze Oberfläche absorptionsfähig wäre; außerdem besteht der Vorteil des ausreichenden Schutzes durch die Cuticula. Die bereits von den alten Anatomen [2] wohlgekannten Stomata wurden lange Zeit hindurch ausschließlich als Organe der Transpiration angesehen, doch dachte schon Senebier daran, daß die Spaltöffnungen die Austrittsstellen des bei der Kohlensäureassimilation abgegebenen Sauerstoffgases sein könnten. Mohl [3] erwarb sich namhafte Verdienste um die Kenntnis der Funktion dieser Organe und entdeckte den Einfluß des Turgors der Schließzellen auf den Vorgang des Schließens und Öffnens der Spaltöffnungen. Bekanntlich wurden aber erst von Schwendener (1881) [4] die Grundlagen zu einer genaueren Kenntnis der Spaltöffnungsmechanik geliefert.

Daß die Spaltöffnungen die hauptsächlichen Gaswege im assimilatorischen Gasaustausche darstellen, hat eine größere Reihe von Erfahrungen gelehrt, welche einesteils auf den Folgen einer künstlichen Verschließung der Spaltöffnungen eines Blattes, anderenteils auf Beobachtungen basieren, welche die Koincidenz einer reichlichen Assimilation und eines regen Gaswechsels durch die Spaltöffnungen zeigen. Schon Bonnet, Duhamel [5], Guettard und andere ältere Forscher kannten den schädlichen Einfluß des Bestreichens der Blattunterseite mit Öl, welches die Schädigung durch gleiche Behandlung der Blattoberseite bedeutend übertrifft. Solche Versuche können natürlich infolge mehrfacher schädlicher Einwirkung auf das Blatt für unseren Zweck nicht viel Beweiskraft haben; sie wurden übrigens früher meist für den Effekt einer Transpirationshemmung verwertet. Boussingault [6] verwendete später Bestreichen der Blätter mit Talg; Mangin [7] überzog die Unterseite der Blätter mit Glyzeringelatine und fand nach einem derartigen Verschlusse der Spaltöffnungen, welcher bedeutende Vorzüge hat, eine deutliche Hemmung des Gasaustausches. Stahl [8] erzielte

1) S. Anm. 2, p. 417. — 2) Malpighi Op. omn., p. 36, Tab. 20—21, Fig. 106—107, hat mit Sicherheit nur die Vorhöfe der Spaltöffnungsgruppen beim Oleanderblatt gesehen; hingegen bildet Grew, The Anatom. of plants, p. 153, Tab. 48. Spaltöffnungen verschiedener Pflanzen ab. Ferner Guettard, Mém. Ac. Roy., 1745, p. 268 (hält sie für aufsitzende Drüsen); Hedwig gab gute Abbildungen. Krocker, De plantar. epidermide, Halae 1800. Jurine, Journ. de phys., Tome LVI, p. 179. Senebier, Physiologie, Tome I, p. 442. Rudolphi, Anatom. d. Pfl. (1807). Der Name „Spaltöffnungen" rührt von Sprengel her; die Benennung stomata von Link. Historisches ferner bei Treviranus, Physiologie, Bd. I, p. 466. — 3) Mohl, Vermischte Schriften, p. 245 (1833); Linnaea, 1838; Bot. Ztg., 1856, p. 697. Das Schließen der Stomata beim Welken wurde schon von Amici gesehen. — 4) S. Schwendener, Monatsber. kgl. Akad. Berlin, Juli 1881, p. 833; vgl. auch bei Haberlandt, Physiolog. Pflanzenanatomie. 3. Aufl., p. 395 ff. (1904). — 5) Duhamel, Phys. des arbres, Tome I, p. 178 (1758). — 6) Boussingault, Agronom., Tome VI, p. 357 (1878). — 7) L. Mangin, Annal. agronom., Tome I, p. 355; Botan. Centr., Bd. XXXVIII, p. 531 (1889); Compt. rend., Tome CV, p. 870 (1889). — 8) E. Stahl, Bot. Ztg., 1894 (I), p. 129.

durch Anwendung eines leicht erstarrenden Gemisches von Wachs und Kakaobutter (1 : 3) ebenfalls brauchbare Resultate. Auch das Aufhören der Kohlensäureassimilation und Stärkebildung beim Welken der Blätter kann man dem gleichzeitig mit Welken erfolgenden Spaltenschlusse zuschreiben [1]); und es bilden nach STAHL Blätter mit mangelhaftem Spaltenschlusse (Rumex aquaticus, Caltha, Hydrangea, Calla palustris) auch im gewelkten Zustande nicht unerheblich Stärke. BLACKMANN [2]) dichtete auf der Ober- und Unterseite von Laubblättern kleine Glasbehälter auf und führte durch beide gleichstarke Luftströme und konnte so die in gleichen Zeiten von beiden Blattflächen konsumierte Kohlensäure messen. Es ergab sich, daß die Oberseite nur in den Fällen Kohlensäure aufnimmt, in welchen sie Spaltöffnungen führt. Haben beide Flächen Spaltöffnungen, so entspricht das Verhältnis der verbrauchten Kohlensäuremengen dem Verhältnisse der Zahlen der beiderseits befindlichen Stomata. Die Verhältnisse sind so auch schon bei jugendlichen Blättern ausgebildet. BOUSSINGAULT [3]) gab an, daß die Blattoberseite $1^1/_2$—6 mal so viel CO_2 verarbeitet als die Unterseite. Dies liegt am Gehalte an chlorophyllreichen Zellen, der im „Pallisadenparenchym" der Blattoberseite erheblich größer ist. In Bezug auf den Gaswechsel sind jedoch diese assimilationskräftigen Gewebe gänzlich vom „Schwammparenchym" und von den Spaltöffnungen der Blattunterseite abhängig. Bei der Verminderung der Assimilation invers fixierter Blätter wirkt neben der schlechteren Situierung der Oberseite auch Schluß der Spaltöffnungen mit [MEISSNER [4])]. Über einschlägige Versuche an einseitig geschwärzten Blättern berichtete GRIFFON [5]). Sonnenblätter bilden mehr Stomata aus als Schattenblätter [6]). Für die Bedeutung der Spaltöffnungen für den assimilatorischen Gaswechsel sprechen übrigens auch die Erfahrungen, daß nicht assimilierende Pflanzen [Saprophyten, Parasiten [7])] und nicht assimilierende Pflanzenteile [8]) weniger Stomata führen, die häufig genug auch nicht zu gehörigem Öffnen und Schließen befähigt sind.

Daß die aufgenommene Kohlensäure bei Landpflanzen nicht aus dem Boden, sondern aus der Luft stammt, wird wenigstens soweit, daß die Möglichkeit einer ausschließlichen und reichlichen Kohlensäureversorgung aus der Atmosphäre feststeht, durch die Kultur von Landpflanzen in kohlensäurefreier und sonstige Kohlenstoffver-

---

1) A. NAGAMATZ, Arbeit. d. bot. Inst. in Würzburg, Bd. III, p. 389 (1887); Anmerkung v. SACHS, p. 407. — 2) F. BLACKMANN, Proc. roy. soc., Vol. LVII (1895); Ann. of Bot., Vol. IX, p. 164 (1895). — 3) BOUSSINGAULT, Agronom., Tome IV, p. 359 (1868). — 4) R. MEISSNER, Diss. v. Bonn, 1894; Ref. Bot. Centr., Bd. LX, p. 206; Vgl. auch E. GRIFFON, Compt. r., Tome CXXXVII, 3. Oktober, 1903. — 5) E. GRIFFON, Compt. rend., Tome CXXXV, p. 303 (1902); Bot. Centr., Bd. XC, p. 695 (1902). — 6) DUFOUR, Bull. soc. bot., Tome XXXIII p. 92 (1886); Ann. sc. nat. (7), Tome V, p. 311 (1887). — 7) Hierzu BARY, Vergl. Anatom., p. 49. — 8) Unterirdische Teile: HOHNFELDT, Botan. Ztg., 1881, p. 38. Blüten: R. PIEPER, Just Jahresber., 1889, Bd. I, p. 671. GRACE CHESTER, Ber. botan. Ges., Bd. XV, p. 420 (1897). — Untersuchungen über die Permeabilität spaltöffnungsfreier Blattepidermen für Gase lieferte MANGIN, Compt. rend., Tome CIV, p. 1809 (1887); Tome CVI, p. 771 (1888). Jedenfalls sind die noch von BARTHÉLEMY, Ann. sc. nat. (5), Tome XIX, .. 131 (1874), geäußerten Ansichten über die Bedeutung des Gaswechsels durch geschlossene Cuticula nicht zutreffend. MERGET, Compt. rend., Tome LXXXIV, p. 376, 957 (1877); Tome LXXXVII, p. 293 (1878), suchte hingegen die Bedeutung der Stomata zu stützen. Über selbstregistrierende Vorrichtungen zur Feststellung der Spaltöffnungsbewegung vgl. F. DARWIN, Botan. Gaz., Vol. XXXVII, p. 81 (1904).

bindungen nicht enthaltender Mineralsalzlösung bewiesen. Wie erwähnt, hegte SENEBIER die Ansicht, daß die Landpflanzen die Kohlensäure durch ihre Wurzeln aufnehmen; später verfocht HASSENFRATZ [1]) dieselbe Anschauung. Erst SAUSSURE äußerte sich bestimmt dahin, daß die Kohlensäure der Luft in der Ernährung der Landpflanzen ausgenützt werde. Später stützte BOUSSINGAULT die letztere Ansicht; ebenso suchten VOGEL und WITTWER [2]) die experimentellen Grundlagen hierfür zu erweitern, und es zeigte CAILLETET [3]), daß die von Humusböden produzierte Kohlensäure durchaus nicht hinreicht, um eine genügende Assimilationstätigkeit zu unterhalten. MOLL [4]) schloß Blätter, die sich im Zusammenhange mit der in humösem kohlensäurereichen Boden wurzelnden Pflanze befanden, ganz oder partiell in kohlensäurefreie geschlossene Rezipienten ein; unter solchen Verhältnissen bildete sich zum Beweise, daß keine genügende Assimilation stattfand, keine Stärke, während reichlich Stärke erschien, sobald der Rezipient kohlensäurehaltige Luft enthielt. BOUSSINGAULT [5]) legte dar, wie Maispflanzen bei andauerndem Mangel an kohlensäurehaltiger Luft keine Zunahme an Kohlenstoff erfahren.

Immerhin wird aber eine gewisse Menge von Kohlensäure den Blättern durch die Gefäße in wässeriger Lösung zugeleitet, und zwar Kohlensäure aus dem Substrate stammend, sowie Kohlensäure, die durch die Wurzelatmung produziert wurde. So ist es unter bestimmten Versuchsbedingungen wohl möglich gewesen, daß in BOEHMS [6]) Versuchen Zweige von Holzpflanzen in ausgekochtem Wasser oder kohlensäurefreier Luft noch fortfuhren, Sauerstoff auszuscheiden.

Die Kohlensäureversorgung der Wasserpflanzen aus dem umgebenden Medium ist leicht möglich, da reines Wasser so viel CO_2 der Luft durch Absorption zu entnehmen vermag, daß sein Kohlensäuregehalt ungefähr jenem der Luft gleichkommt und 3,2 Teile auf 10000 Teile Wasser beträgt [7]). Dazu kommen die im natürlichen Wasser stets gelöst vorhandenen Bikarbonate [8]) und sodann die durch verschiedene Verwesungsprozesse von Organismen reichlich gelieferte Kohlensäure, die besonders im Meerwasser eine große Rolle spielt. SCHULZE [9]) fand, daß 1 Liter Ostseewasser beim Kochen 6 ccm oder 12 mg CO_2 abgibt. Infolge der Kohlensäureassimilation der zahlreichen Algen fand LEWY [10]) das Meer bei Sonnenschein viel sauerstoffreicher und kohlensäureärmer als bei bewölktem Himmel.

---

1) J. HASSENFRATZ, Crells Annal., 1796, Bd. I, p. 268; Annal. de chim., Tome XIII, p. 178 (1792). — 2) A. VOGEL u. W. C. WITTWER, Abhandl. d. kgl. Akad. München, Bd. VI (II), p. 267 (1852). — 3) CAILLETET, Compt. rend., Tome LXXIII, p. 1476 (1871). — 4) J. W. MOLL, Landw. Jahrb., Bd. VI, p. 327 (1877); Arbeiten d. botan. Instit. in Würzburg, Bd. II, p. 105 (1878). — 5) BOUSSINGAULT, Agronom., Bd. VI, p. 248 (1878); Ann. chim. phys. (5), Tome VIII, p. 433 (1876). — 6) BOEHM, Ber. chem. Ges., Bd. IX, p. 810 (1876); Lieb. Annal., Bd. CLXXXV, p. 248 (1876); auch CORENWINDER, Compt. rend., Tome LXXXII, p. 1159 (1876). Über den Gehalt der verschiedenen Teile der Pflanzen an freier und gebundener Kohlensäure vgl. auch BERTHELOT u. ANDRE, Compt. rend., Tome CI, p. 24 (1885). — 7) Über Gewinnung der im Wasser absorbierten Gase vgl. HOPPE-SEYLER, Zeitschr. analyt. Chem., Bd. XXXI, p. 367 (1892). Bestimmungsmethoden: WINKLER, Berichte chem. Ges., Bd. XXI, p. 2843 (1888); Bd. XXXIV, p. 1408 (1901); Zeitschr. analyt. Chem., Bd. XL, p. 523 (1901); S. HARVEY, Chem. Centr. 1894, Bd. II, p. 218. Diffusion von Gasen im Wasser: HOPPE-SEYLER, Zeitschr. physiol. Chem., Bd. XIX, p. 411 (1894). — 8) Hierzu SCHLOESING, Compt. rend., Tome XC, p. 1410 (für Seewasser). — 9) FR. SCHULZE, Landwirtsch. Versuchsstat., Bd. XIV, p. 387. — 10) LEWY, Lieb. Annal., Bd. LVIII, p. 326.

Zahlreiche anatomische Feststellungen [1] haben ergeben, daß Spaltöffnungen bei untergetauchten Blättern meist gänzlich fehlen, und bei Schwimmblättern nur auf der Luft- und Oberseite sich vorfinden. Die Kohlensäureaufnahme aus dem Wasser muß daher durch die Epidermiszellwände hindurch direkt erfolgen, und augenscheinlich hat die durch feinste Zerteilung oder außerordentlich große riemenförmige Verlängerung der Spreiten gewonnene Oberflächenvergrößerung bei submersen Blättern in dieser Hinsicht eine große ökologische Bedeutung. Werden solche lineare spaltöffnungslose Blätter von Potamogeton natans an der Luft entwickelt, so bilden sie sich stets mit kleiner Stomata führender Spreite aus [2]; bekannt ist auch die Formänderung der zerteilten Ranunculusblätter beim Entstehen von Landformen dieser Pflanzen. Übrigens ist bei den submersen Blättern auch stets die Dicke gering und das Palisadenparenchym sehr reduziert. Den Mechanismus der Gasdiffusion bei den Wasserpflanzen hat DEVAUX [3] näher erläutert.

Die Tatsache, daß an Wasserpflanzen sehr häufig Inkrustationen von kohlensaurem Kalk auftreten, legt den Gedanken nahe, ob diese Pflanzen nicht für ihren Assimilationsprozeß Bikarbonate mittelst Zerlegung in CO_2 und $CaCO_3$ unter Verbrauch der ersteren ausnützen. Schon RASPAIL [4] äußerte diese Ansicht und späterhin sprachen sich COHN [5], CORENWINDER [6], HANSTEIN [7], sowie WIBEL und ZACHARIAS [8] in demselben Sinne aus. DRAPER [9] gab auch an, daß Natriumbikarbonat durch Wasserpflanzen gespalten werden könne, was jedoch GRISCHOW [10] bestritt. Praktisch kommt, wie BODLÄNDER [11] gezeigt hat, bei der Lösung der Erdalkalikarbonate in kohlensäurehaltigem Wasser nur die Dissociation der Kohlensäure in H^+ und HCO_3^- in Betracht, die zweite Dissociationsstufe besitzt eine 20000mal kleinere Konstante als die erste Stufe. Es sind daher die Ionen HCO_3 für die Assimilation in Betracht zu ziehen. HASSAK [12] konnte nachweisen, daß die Angaben DRAPERS in der Tat richtig sind, und daß Elodea in kohlensäurefreier $NaHCO_3$-Lösung Sauerstoff ausscheidet und Stärke bildet. Hierbei nimmt das Wasser, wie erklärlich, eine deutliche alkalische Reaktion an. Ceratophyllum vermochte in HASSAKS Versuchen in 12 Tagen 76 Proz. des dargebotenen Bikarbonates zu zerlegen. Diese Vorgänge erfolgen, wie auch PRINGSHEIM [13] hervorhob, nur bei kräftiger Assimilation im Sonnenlichte.

---

1) BARY, Vergleich. Anatomie, p. 49. Über die Stomata der Nelumbiumblätter: RAFFENEAU-DELILE, Compt. rend., Tome XIII, p. 688 (1841). Die Beobachtungen über Vorkommen echter Spaltöffnungen an submersen Teilen sind besonders bei O. PORSCH (Sitz.-Ber. Wien. Akad., mathem.-naturw. Kl., Bd. CXII (I) [1903] p. 97), behandelt. — 2) E. MER, Compt. rend., Tome XCIV, p. 175 (1882). Zur Anatomie submerser Blätter: H. SCHENCK, Ber. bot. Ges., Bd. II, p. 485 (1884); Bibliotheca botan., 1886; SAUVAGEAU, Journ. de Botan., Tome IV, p. 41 (1890); ARCANGELI, Nuov. giorn. bot. ital., Vol. XXII, p. 441 (1890); MAC CALLUM, Naturwiss. Rundsch., 1902, p. 668; MASSART, L'Accommodat. individuelle chez Polygonum amphibium. Bruxelles 1902. — 3) H. DEVAUX, Ann. sc. nat. (7), Tome IX, p. 35 (1890). — 4) RASPAIL, Nouv. système de chim. org. (1833), p. 321. — 5) F. COHN, Abh. schles. Gesell., Bd. II, p. 52 (1862). — 6) B. CORENWINDER, Mem. soc. sc., Lille 1867. — 8) WIBEL u. ZACHARIAS, Ber. chem. Ges., Bd. VI, p. 182 (1873). — 9) DRAPER, Ann. chim. phys. (3), Tome XI, p. 223 (1844). — 10) GRISCHOW, Journ. prakt. Chem., Bd. XXXIV, p. 170 (1845). — 11) G. BODLÄNDER, Zeitschr. physikal. Chem., Bd. XXXV, p. 23 (1900). — 12) HASSAK, Untersuch. a. d. botan. Inst. zu Tübingen, Bd. II, p. 465 (1888). — 13) N. PRINGSHEIM, Jahrb. f. wiss. Bot., Bd. XIX, p. 138 (1888).

Die Abgabe von Sauerstoff im Sonnenlichte durch assimilierende Pflanzen, die 1772 durch PRIESTLEY zuerst sichergestellt worden ist, läßt sich mit submersen Wasserpflanzen (Fadenalgen, Callitriche, Elodea; erstere steigen in die Höhe infolge der adhärierenden Gasblasen) unter Zuhilfenahme einer der als Vorlesungsexperimente wohlbekannten kleinen eudiometrischen Vorrichtungen leicht nachweisen. HANSEN [1]) hat eine auch weitergehenden Ansprüchen genügende Modifikation dieser Versuche angegeben. Wie besonders NAGAMATSZ [2]) ausgeführt hat, eignen sich Blätter von Landpflanzen nicht immer zu dieser Demonstration, weil die Spaltöffnungen bei leicht benetzbarer Oberfläche durch kapillar festgehaltenes Wasser verlegt werden können. Dicht behaarte oder mit starker Wachsschicht versehene Blätter, welche im Wasser von einer festhaftenden Luftschicht umgeben bleiben, scheiden auch unter Wasser bei kräftiger Belichtung Sauerstoff aus und formieren Stärke. Unter allen Umständen ist es vorteilhaft, in das Wasser des Versuchsgefäßes etwas (nicht zu viel!) Kohlensäure einzuleiten. Für mikroskopische Algen hat MORREN [3]) die Sauerstoffausscheidung im Lichte gezeigt. Außerordentliche Vorteile bietet beim Nachweise der Sauerstoffproduktion durch mikroskopische Organismen oder Gewebsfragmente die Anwendung von genügend sauerstoffempfindlichen Bakterien, eine Methode, welche als Bakterienmethode von ENGELMANN [4]) den Physiologen bekannt ist. Man kann hiermit noch 1 Billiontel Milligramm Sauerstoff nachweisen. Die nähere Beschreibung und die anzuwendenden Kautelen wollen in den Originalmitteilungen ENGELMANNS sowie in den physiologischen Handbüchern [vor allem bei PFEFFER [5])] nachgesehen werden.

HOPPE-SEYLER [6]) hat gezeigt, daß man auch Hämoglobin als Reagens auf Sauerstoffausscheidung durch Pflanzen benützen kann, indem man Elodeasprosse mit Wasser und etwas faulenden Blutes in ein Glasrohr einschmilzt. Bei längerem Liegen wird der im Rohre befindliche Sauerstoff vollständig absorbiert und das Spektrum der Flüssigkeit zeigt keine Oxyhämoglobinstreifen mehr. Legt man nun das Rohr kurze Zeit in die Sonne, so wird durch die Assimilationstätigkeit des eingeschlossenen Elodeasprosses Sauerstoff entwickelt und die Oxyhämoglobinstreifen lassen sich wieder nachweisen. Elodea hält den Versuch gut aus, und man kann in dieser Weise noch 0,002 ccm Sauerstoff nachweisen. BEIJERINCK [7]) benützte das von Sauerstoffgegenwart abhängige Leuchten der Photobakterien als Reagens auf die assimilatorische Sauerstoffentwicklung, ferner die Oxydation von reduziertem In-

---

1) A. HANSEN, Flora, Bd. LXXXVI, p. 469 (1899). Vgl. auch DÉHÉRAIN u. DEMOUSSY, Compt. rend., Tome CXXXV, p. 274 (1902). — 2) A. NAGAMATSZ, Arbeiten des bot. Inst. zu Würzburg, Bd. III, p. 389 (1888). Hierzu auch J. BOEHM, Wien. Akad., Bd. LXVI (I), (1872). — 3) MORREN, Annal. chim. phys. (3), Tome I, p. 456 (1841). — 4) TH. ENGELMANN, Bot. Zeitg., 1881, p. 442; 1882, p. 419, 663; 1883, p. 4; 1886, p. 49; 1887, p. 102; Pflüg. Arch., Bd. XXV, p. 285 (1881); Bd. XXVI, p. 537 (1882); Bd. LVII, p. 375 (1894). Die Erscheinungsweise der Sauerstoffausscheidung. Akademie Amsterdam, 1894. — 5) PFEFFER, Pflanzenphysiologie, 2. Aufl., Bd. I, p. 292 (1897). — 6) HOPPE-SEYLER, Zeitschr. physiol. Chem., Bd. I, p. 121 (1877); Bd. II, p. 425 (1878); FAMINTZIN, Sitz.-Ber. Petersburger Naturforsch. Ges., 1880; TH. WEYL, Pflüg. Arch., Bd. XXX, p. 574 (1882); TH. ENGELMANN, Akad. Amsterdam, 1887; Pflüg. Arch., Bd. XLII, p. 183 (1888). — 7) BEIJERINCK, Chem. Centr., 1890, Bd. I, p. 808; Centr. f. Bakt. (II), Bd. IX, p. 685 (1902); vgl. auch H. MOLISCH, Botan. Zeitung, 1904, Bd. LXII.

digotin; BOUSSINGAULT[1]) wies den Sauerstoff durch das Aufleuchten von Phosphordämpfen nach.

Der Weg, welchen der ausgeschiedene Sauerstoff nach außen nimmt, führt bei den Laubblättern der Landpflanzen zweifelsohne durch die Spaltöffnungen, während bei Wasserpflanzen die ganze Blattfläche durch Diffusion in das umgebende Medium die Ausscheidung des Sauerstoffes zu vollziehen scheint. Übrigens kann man an abgeschnittenen Elodeasprossen, woselbst der Sauerstoff durch die luftführenden Intercellularräume des Stämmchens und von der Schnittfläche aus entweicht, leicht sicherstellen, daß der Weg stets dem geringsten Widerstande entspricht. Quantitativ wird der abgegebene Sauerstoff entschieden am besten bestimmt, wenn man den zu untersuchenden Pflanzenteil in einen geräumigen Rezipienten einschließt, welcher einen steten gleichmäßigen Strom kohlensäurehaltiger Luft von bekanntem Sauerstoffgehalt zugeführt erhält, und in der abgesaugten Luft, deren Volumen bekannt ist, durch Bestimmung des Sauerstoffes in aliquoten Teilen das Plus an Sauerstoff konstatiert. Für abgeschnittene Blätter kann man auch den von PFEFFER[2]) beschriebenen kleinen bequemen Apparat benutzen. Bei submersen Wasserpflanzen bedient man sich zur vergleichenden Bestimmung des unter verschiedenen Bedingungen produzierten Sauerstoffes häufig der bekannten „Gasblasenzählmethode"[3]).

Die Begründer der Assimilationsphysiologie, PRIESTLEY und INGENHOUSS, hatten daran gedacht, daß die Vegetation der Erdoberfläche die Atmosphäre tatsächlich „verbessere", d. h. sauerstoffreicher mache. Doch haben sich schon WOODHOUSE[4]), GRISCHOW[5]) und andere ältere Forscher dagegen gewendet. In der Tat läßt sich trotz der enormen Sauerstoffentwicklung durch die assimilierenden Pflanzen nicht einmal lokal vermehrter Sauerstoffgehalt der Luft nachweisen, während, wie oben bemerkt, der Kohlensäuregehalt der Luft tagsüber durch die Pflanzendecke etwas vermindert zu werden scheint. Durchschnittlich enthält die Luft 23,16 Gewichtsprozente Sauerstoff[6]); der Sauerstoffgehalt unterliegt bei uns Schwankungen von 0,1 Proz.; in den Tropen ist er um 0,6—0,7 Proz. kleiner und die Luft über dem Meere ist (besonders auf offenem Ozean) tagsüber sauerstoffreicher als in der Nacht.

Andere Gase als Sauerstoff werden der derzeitigen Anschauung gemäß von Pflanzen im Assimilationsgaswechsel nicht abgegeben. Es ist zwar das von untergetauchten assimilierenden Pflanzen aufsteigende Gas nur zu 25—85 Proz. reiner Sauerstoff[7]), und enthält namhafte Quan-

---

1) BOUSSINGAULT, Ann. sc. nat. (5), Tome X, p. 330 (1869). — 2) PFEFFER, Pflanzenphysiolog., 2. Aufl., Bd. I, p. 292 (1897). — 3) Hierzu SACHS, Bot. Ztg., 1864, p. 363; PFEFFER, Arbeit. d. bot. Inst. z. Würzburg, Bd. I, p. 1 (1871); FR. SCHWARZ, Untersuch. a. d. botan. Inst. z. Tübingen, Bd. I, p. 97 (1881). Das Blasenaufsteigen aus abgeschnittenen Blattstielen erwähnt schon DUTROCHET, Mémoir., Tome I, p. 334 (1836). — 4) J. WOODHOUSE, Crells Annal., 1802, Bd. II, p. 218; Annal. de chim., Tome XLIII. Daselbst wird erwähnt, daß der Graf v. RUMFORD 1787 durch die Behauptung, daß auch Baumwolle Glasfäden etc. Sauerstoff entwickele, die PRIESTLEYsche Erscheinung in Zweifel zu ziehen suchte. — 5) GRISCHOW, Untersuchungen üb. die Athmungen der Gewächse (1819). — 6) Über Sauerstoff der Luft vgl. DAMMER, Handbuch der anorgan. Chem., Bd. I, p. 443. Sauerstoffbestimmung in der Luft: W. HEMPEL, Ber. chem. Ges., Bd. XVIII, p. 267 (1885). — 7) Hierzu DECANDOLLE, Physiolog. Deutsch v. Röper, Bd. I, p. 102; DAUBENY, Phil. Trans., 1839, Pt 1, p. 157; DRAPER, Ann. chim. phys. (3), Tome XI, p. 114; CLOËZ u. GRATIOLET, ibid. (III), Tome XXXII, p. 41 (1851); BOUSSINGAULT, Agronomie, Tome III, p. 271 (1864).

titäten von Stickstoff. Auch fand SAUSSURE, daß Pflanzenblätter in geschlossene Rezipienten außer Sauerstoff noch Stickstoff abgeben; die exhalierte Luft enthielt in SAUSSURES Versuch etwa 85 Proz. O_2 und 15 Proz. N_2. Offenbar stammt jedoch dieser Stickstoff in den erwähnten Fällen aus der sauerstoffarmen Binnenluft der Pflanzen, und der lebhafte Gasaustausch bei der Assimilation beschleunigt die Diffusion desselben.

Die Frage, ob im assimilatorischen Gaswechsel Kohlenoxyd oder Kohlenwasserstoffe entstehen und abgegeben werden, haben bereits CLOËZ und GRATIOLET [1]), CORENWINDER [2]) und BOUSSINGAULT [3]) geprüft und in negativem Sinne beantwortet. In jüngster Zeit ist jedoch POLLACCI [4]) zu dem Ergebnisse gekommen, daß assimilierende Pflanzen kleine Mengen von Wasserstoffgas und Kohlenwasserstoffen (Methan?) tatsächlich abgeben. Die Möglichkeit der Gegenwart sehr geringer Quantitäten der erwähnten Gase ist wohl gegeben, und vervollkommnete gasanalytische Methoden dürften vielleicht bei der Analyse sehr großer Gasquanta noch andere Produkte der Assimilation in Spuren nachweisen können; doch ist bei Verwendung von Leuchtgas etc. in diesen Versuchen eine Täuschung nicht ganz ausgeschlossen, und kritische Untersuchung dieser Frage wohl noch weiterhin nötig.

Das quantitative Verhältnis der Menge der aufgenommenen Kohlensäure und der abgegebenen Sauerstoffquantität wurde zuerst von SAUSSURE untersucht, der beobachtete, daß sich während der Assimilation grüner Pflanzen im geschlossenen Rezipienten das Luftvolumen nicht wesentlich änderte [5]).

7 Vincapflanzen befanden sich 7 Tage hindurch im Rezipienten.

$$
\begin{array}{ll}
\text{Vor dem Versuche enthielt} & \left\{ \begin{array}{ll} 4199 \text{ ccm} & N_2 \\ 1116 \text{ „} & O_2 \\ 431 \text{ „} & CO_2 \end{array} \right. \\
\text{die Luft im Rezipienten}
\end{array}
$$

Zusammen: 5746 ccm

Nach dem Versuche 4338 ccm N_2
1408 „ O_2
0 „ CO_2

Zusammen: 5706 ccm

Unter 41 Versuchen, welche BOUSSINGAULT [6]) anstellte, war in 15 Versuchen das Volumen des abgegebenen Sauerstoffes etwas größer, als das Volumen der aufgenommenen Kohlensäure; in anderen wurde das Gegenteil gefunden. In 13 Fällen war die Differenz kleiner als 0,5 ccm. Im ganzen fand auch BOUSSINGAULT nur geringe Alteration des Gasvolumens während der Assimilation. Mit den Ergebnissen dieses Forschers stimmen auch die Erfahrungen PFEFFERS [7]) überein, welcher als Maximum

---

1) CLOËZ u. GRATIOLET, l. c., p. 57. — 2) CORENWINDER, Compt. rend. Tome LX, p. 120 (1865). — 3) BOUSSINGAULT, l. c., p. 271. — 4) G. POLLACCI, Atti dell' Ist. Botanic. Pavia, Vol. VIII, März 1902; Botan. Literaturbl., No. 1, 1903; Chem. Centr., 1901, Bd. II, p. 938. — 5) SAUSSURE, Rech. chim., p. 42. Versuche in dieser Richtung auch bei J. TATUM, Phil. Mag., 1817, p. 42. — 6) BOUSSINGAULT, Agronomie, Tome III, p. 378 (1864). — 7) PFEFFER, Arbeit. d. Inst. zu Würzburg, Bd. 1, p. 36 (1871). Damit stimmen auch die Ergebnisse GODLEWSKIS überein: l. c., p. 349.

der Volumverminderung 0,56 ccm, als Minimum der Volumverminderung 0,33 ccm angibt: im Mittel von 27 Versuchen mit 97 Analysen 0,096 ccm. Volumänderungen von mehr als 0,56 ccm gingen über die Versuchsfehler hinaus. Die Versuche von HOLLE[1]) an Strelitzia Reginae zeigten ebenfalls, daß sich das Gasvolumen bei der Assimilation nur innerhalb sehr kleiner Grenzen ändert.

BONNIER und MANGIN[2]), welche den Atmungsgaswechsel von dem Assimilationsgasaustausch möglichst getrennt zu studieren trachteten, fanden übereinstimmend, daß die entwickelten Sauerstoffvolumina etwas größer waren, als das Volum der aufgenommenen Kohlensäure; der Quotient $\frac{CO_2}{O_2}$ betrug für Ilex 0,7, für Genista 0,8. Da in der Atmung das umgekehrte Verhältnis zu herrschen pflegt, so gleicht sich in praxi diese Differenz fast aus. Doch haben BONNIER und MANGIN die Reizwirkungen auf die Atmung durch Äther etc. noch nicht gebührend berücksichtigt. SCHLOESING[3]) fand das Verhältnis $\frac{CO_2}{O_2}$ bei

Lepidium	0,75
Holcus lanatus	0,82
Linum	0,9
Sinapis	0,87

Bei grünen Algen war der Quotient noch etwas niedriger. Es hat demnach den Anschein, als ob dieses geringe Überwiegen der Sauerstoffproduktion im assimilatorischen Gaswechsel eine allgemein zu konstatierende Eigentümlichkeit wäre. Bezüglich des assimilatorischen Gaswechsels von Flechten hat JUMELLE[4]) angegeben, daß bei günstiger Beleuchtung auch hier die Sauerstoffabgabe die Kohlensäureaufnahme erreicht. Krustenflechten zeigten dieses Verhalten nur in intensivem Sonnenlicht.

Bei den Moosen bewegt sich nach JÖNSSONS[5]) eingehenden Studien der assimilatorische Gasaustausch innerhalb derselben Grenzen, wie bei Phanerogamen.

Die Verarbeitung von Wasser im Assimilationsprozesse. Der erste Forscher, welcher sich den Gedanken vorlegte, daß bei der Kohlensäureverarbeitung im Lichte durch assimilierende Pflanzen auch Wasser verbraucht wird, war wohl SENEBIER. Doch hat erst SAUSSURE dieses Thema ausführlich experimentell behandelt, nachdem die zugrundeliegende Idee seitens der Chemiker mehrfach, z. B. von BERTHOLLET, als theoretisch wahrscheinlich hingestellt worden war. SAUSSURE wurde durch seine Versuche überzeugt, daß einerseits Pflanzen in kohlensäurefreier Luft nach 8 Tagen ihre Trockensubstanz nur ganz unbedeutend vermehrten, also kein Wasser „gebunden" hatten; andererseits jedoch Pflanzen in einem Gemische von Luft und Kohlensäure an Trockensubstanz bedeutend stärker zunahmen, als der aufgenommenen CO_2-Quan-

---

1) H. G. HOLLE, Flora, 1877, p. 113. — 2) BONNIER u. MANGIN, Compt. rend., Tome C, p. 1303 (1885); Tome CII, p. 123 (1886); Ann. sc. nat. (7), Tome XXXIII, p. 1 (1886). Über das geringe Plus an Sauerstoff vgl. auch J. BOEHM, Wien. Akad., Bd. LXVII, Märzheft (1873). — 3) TH. SCHLÖSING F., Compt. rend., Tome CXV, p. 881 u. 1017 (1892); Tome CXVII, p. 756, 813 (1893). — 4) H. JUMELLE, Compt. rend., Tome CXII, p. 888 (1891); Tome CXIII, p. 920 (1891); Rev. gén. Botan. (1892), Tome IV, p. 49. — 5) B. JÖNSSON, Compt rend., Tome CXIX, p. 440 (1894).

tität entsprach. 7 Vincapflanzen hatten in einem dieser Experimente aus der Kohlensäure der Rezipientenluft 217 mg C und 139 mg O_2 assimiliert; dabei hatten sie ihre Trockensubstanz aber um 531 mg vermehrt, wovon nur 217 mg der Kohlensäure entnommen sein konnten, und 315 mg aus dem aufgenommenen Wasser stammen mußten. Zwei Menthapflanzen vergrößerten ihr Trockengewicht um 318 mg, während sie 309 ccm CO_2 entsprechend 159 mg C assimilierten; 159 mg fielen daher auf den Konsum von Wasser. Solche Versuche sind jedoch äußerst diffizil, und es dürfen die Pflanzen nicht im mindesten beschädigt werden, was, wie SAUSSURE selbst bemerkt, nur selten zu erreichen ist. SAUSSURE beurteilte den Charakter des Vorganges vollkommen richtig, indem er sagte: „Aber in keinem Falle zersetzen die Pflanzen direkt das Wasser, indem sie seinen Wasserstoff assimilieren und seinen Sauerstoff in Gestalt von Gas ausscheiden; sie hauchen das Sauerstoffgas nur bei unmittelbarer Zersetzung des kohlensauren Gases aus." Und zuvor meint er: „Indem die Pflanzen sich den Sauerstoff und Wasserstoff der Pflanzen aneignen, verliert dasselbe so seinen flüssigen Zustand. Diese Assimilation tritt nur deutlich hervor, wenn die Pflanzen sich zu gleicher Zeit Kohlenstoff einverleiben."

Seit SAUSSURE sind leider einschlägige Untersuchungen nicht wieder ausgeführt worden, und es wäre zur Bestätigung der Ansicht, daß Zucker das primäre Assimilationsprodukt sei, die Ausfüllung dieser Lücke von erheblichem Werte. Der Hypothese über den Assimilationsprozeß, welche man durch die Gleichung:

$$6\,CO_2 + 6\,H_2O \longrightarrow C_6H_{12}O_6 + 6\,O_2$$

ausdrückt, würde eine Relation zwischen dem aus der aufgenommenen Kohlensäure stammenden Kohlenstoff und dem verbrauchten Wasser von $\dfrac{C}{H_2O} = \dfrac{72}{108}$ entsprechen, und die verbrauchten Gewichte der Kohlensäure und des Wassers müßten sich verhalten wie $\dfrac{264}{108} = \dfrac{CO_2}{H_2O}$. Nun wurden in dem ersterwähnten Versuche SAUSSURES 217 mg C aus CO_2 assimiliert, und dabei 315 mg Wasser verbraucht. Der Quotient $\dfrac{315}{217} = 1{,}459$ kommt nun dem theoretisch geforderten Verhältnisse $\dfrac{H_2O}{C} = \dfrac{108}{72} = 1{,}500$ sehr nahe, und es könnte dieses Resultat die Richtigkeit der Assimilationshypothese bestätigen. Im zweiten Versuche SAUSSURES beträgt der Quotient $\dfrac{H_2O}{C} = \dfrac{159}{159} = 1$, was wieder nicht übereinstimmt. Neue Versuche in dieser Richtung sind daher jedenfalls als sehr wünschenswert zu betrachten.

Die Beschaffung von Kohlensäure auf Kosten organischer Säuren bei Succulenten. Schon die Tatsache, daß an den grünen Teilen von Pflanzen mit cactoidem oder aloëartigem Habitus, überhaupt bei succulenten Xerophyten relativ spärliche Spaltöffnungen vorhanden sind [1]), legt die Annahme nahe, daß mit der Transpiration

---

1) Über Zählungen der Stomata bei Succulenten: KROCKER, De ▉▉▉▉ plantarum (1833); DECANDOLLE, Physiologie, Bd. I, p. 92. Auf 1 ▉▉▉▉ entfielen bei Pinus haleppensis 19, bei Abies pectinata 25, bei Aloë ▉ bei Portulacca oleracea 130; hingegen bei Asclepias curassavia 1000, ▉▉ tium 3116 Stomata. Cereus speciosus hat 18 Stomata per 1 qmm F▉▉▉.

auch der assimilatorische Gaswechsel bei diesen Gewächsen relativ schwach sein dürfte. In der Tat fiel schon SAUSSURE die relativ geringe Sauerstoffabgabe der Blätter von Fettpflanzen auf. Zugleich machte SAUSSURE die grundlegende Beobachtung, daß Opuntiazweige in einem mit kohlensäurefreier Luft gefüllten Rezipienten bei Tag das Mehrfache ihres Volumens an Sauerstoffgas produzieren. Auch die richtige Deutung dieses Verhaltens gab SAUSSURE. Das Nächstliegende war anzunehmen, daß der abgegebene Sauerstoff dem gebotenen Wasser entstamme. SAUSSURE meint hierzu: „Doch scheint es, daß die Pflanze nicht direkt diese Zersetzung bewirkte, oder daß sie sich nicht unmittelbar den Wasserstoff des Wassers aneignete, indem sie dessen Sauerstoff ausschied. Ein vertieftes Studium führt dazu, zu glauben, daß sie nur in der Sonne ausschließlich aus ihrer eigenen Substanz Kohlensäure bildete und wieder zersetzte." SAUSSURE ließ ferner eine Opuntia 1 Monat lang in einem Rezipienten wachsen; während dieser Zeit bildete sie das $3^1/_2$fache ihres Volumens an Sauerstoff. Sodann wurde im oberen Teile des Rezipienten ein Gefäß mit Kalilauge angebracht; von da an vermehrte der Cactus den Sauerstoff der Rezipientenluft nicht mehr, und in der Kalilauge ließ sich Kohlensäure nachweisen.

1819 beobachtete B. HEYNE[1]) zuerst, daß die Blätter des Bryophyllum calycinum morgens stark sauer schmecken, und daß sich der saure Geschmack tagsüber verliert. LINK stellte dasselbe Verhalten für andere Fettpflanzen fest. Für Bryophyllum konstatierte A. MAYER[2]), daß es in CO_2-freier Luft Sauerstoff abgibt, daß ferner auch im ausgekochten Wasser bei Insolation Gasblasen entwickelt werden, und daß die gebildete Säure, deren Zunahme im Dunkeln und Abnahme im Lichte er quantitativ verfolgte, eine Apfelsäure ist. In jüngster Zeit von MAYER[3]) angestellte Versuche, ob Elodea imstande sei, Apfelsäure im Lichte unter CO_2-Entwicklung zu verwenden, führten zu keinem bestimmten Resultate. KRAUS[4]) fand, daß weniger Säure in der Nacht gebildet wird, wenn man vorher in kohlensäurefreier Luft belichtet hat. VRIES[5]) hat gezeigt, daß man die Säurebildung in der Nacht durch höhere Temperatur verhindern kann; dieser Forscher betonte auch, daß sowohl bei beleuchteten als bei verdunkelten Pflanzen Säureproduktion und Säurezerlegung gleichzeitig vor sich gehen, und im Lichte durch Überwiegen des letzteren, im Dunkeln durch Überwiegen des ersteren Prozesses die zu beobachtenden Verhältnisse als Resultante zustande kommen.

WARBURG[6]) konnte nun allgemein nachweisen, daß überhaupt Pflanzen, die mit speziellen Transpirationsschutzeinrichtungen versehen sind, die in Rede stehende Entsäuerung am Lichte aufweisen; doch ist der Prozeß nur in chlorophyllhaltigen Pflanzenteilen, nicht aber bei gefärbten Blättern, Blüten etc. zu konstatieren. WARBURG zeigte auch, daß Bryophyllumblätter im Lichte selbst von außen zugeführte 1,5 %₀₀ Apfelsäure zersetzen können; der rote Spektralanteil des Sonnenlichtes

1) HEYNE und LINK zit. bei TREVIRANUS, Physiologie, Bd. 1, p. 529. Historische Daten bezüglich der nächtlichen Ansäuerung von Crassulaceen bei G. KRAUS, Abhandl. der naturforsch. Ges. Halle, Bd. XVI (1886). — 2) A. MAYER, Landwirt. Versuchstat., Bd. XVIII, p. 410 (1875); Bd. XXI, p. 277 (1878); Ber. chem. Ges., Bd. VIII, p. 1088 (1875); Versuchstat., Bd. XXX, p. 217 (1884). — 3) A. MAYER, Versuchstat., Bd. LI, p. 336 (1900). — 4) G. KRAUS, Stoffwechsel bei den Crassulaceen, 1886. — 5) DE VRIES, Botan. Ztg., 1884, No. 22: Akad. Amsterdam, 1884. — 6) WARBURG, Untersuch. a. d. botan. Inst. zu Tübingen, Bd. II, p. 75 (1886).

wirkt stärker entsäuernd als der blaue. Alle Ergebnisse führten WAR-
BURG zu der Auffassung, daß dieser Stoffwechselprozeß mit der Chlorophylltätigkeit zusammenhänge, und daß die Succulenten imstande sind,
aus den organischen Säuren, die sich im Dunkeln infolge geringerer
Verarbeitung vermehren, im Sonnenlichte Kohlensäure zu gewinnen,
welche nun in der Chlorophyllassimilation verwertet wird. Wahrscheinlich dürfte Apfelsäure eine Hauptrolle unter diesen Säuren spielen. Da
auch der Sauerstoffkonsum bei den Fettpflanzen relativ gering ist, so
mag die langsamere Oxydation des Zuckers die Bildung von Säuren
bei diesen Gewächsen erleichtern. Es wäre aber bei der Entstehung
von Kohlensäure auch an Dekarbonisierung von Aminofettsäuren zu
denken, nachdem in Cotyledon Trimethylamin gefunden wurde [1] und
Amine als Nebenprodukte bei der CO_2-Bildung aus Aminosäuren entstehen müßten. Es hat zuletzt auch AUBERT [2] sich ausführlich mit
der Assimilation von Fettpflanzen beschäftigt, und besonders die Bedingungen der Sauerstoffabgabe in kohlensäurefreier Luft genauer zu
bestimmen versucht, worunter die Temperatur besonders wichtig ist.

In vielen Fällen ist die Säurebildung im Dunkeln recht gering;
manchmal aber sehr ansehnlich. So fand KRAUS, daß 1 ccm Blatter-
saft von verdunkeltem Bryophyllum eine Acidität von 5,5 ccm 0,001-proz.
NaOH hatte, während bei beleuchteten Blättern nur 0,45 ccm Säure-
wert vorhanden war. Nach MAYER geben 28 g Bryophyllumblätter in
der Sonne in kohlensäurefreier Luft auf Kosten der organischen Säuren
bis 40 ccm Sauerstoff.

Vielleicht haben wir es hier mit einer fermentativen Spaltung zu
tun, und es wäre zu prüfen, ob nicht zellfreier Preßsaft der Crassulaceenblätter in Autolyse aus Säuren Kohlensäure abspaltet.

Offenbar haben die erwähnten Prozesse die ökologische Bedeutung,
den Gaswechsel bei Xerophyten möglichst sparsam und nutzbringend
zu gestalten. Daß bei der Säurebildung in Früchten verwandte Vorgänge ins Spiel kommen, wird an anderer Stelle darzulegen sein.

Ob die Kohlensäure bei der Assimilation durch andere
gasförmige Kohlenstoffverbindungen ersetzbar sei, wurde bereits verschiedenfach untersucht, jedoch stets mit negativem Ergebnis.
Die Wirkung einer Darreichung von Kohlenoxyd fand SAUSSURE als
Wirkung indifferenter Gase wie etwa reinen Stickstoffs. Die Pflanzen
gehen entweder (bei Abwesenheit von CO_2) darin bald zugrunde oder
wachsen eventuell, wie Succulenten, einige Zeit darin unter Sauerstoffausscheidung weiter. Dieser Befund ist später wiederholt, so durch
BOUSSINGAULT [3], STUTZER [4], JUST [5] bestätigt worden. Nun haben
aber gerade in jüngster Zeit BOTTOMLEY und JACKSON [6] über Versuche
berichtet, welche nach ihrer Beschreibung die Möglichkeit einer Verarbeitung von CO an Stelle von CO_2 beweisen würden. Die Entscheidung in bezug auf diesen Widerspruch kann nur eine neue Experimental-

1) HÔTET, Compt. rend., Tome LIX, p. 29 (1864); auch MAYER, Versuchsstat.,
Bd. XVIII, p. 430 (1875) fand eine flüchtige organische Base. — 2) E. AUBERT,
Compt. rend., Tome CXII, p. 674 (1891); Rev. gén. de Bot., Tome IV, No. 41
(1892). — 3) BOUSSINGAULT, Agronomie, T. IV, p. 300 (1868). — 4) A. STUTZER,
Ber. chem. Ges., Bd. IX, p. 1570 (1876). — 5) L. JUST, Wollnys Forsch. Agrik.
Physik, Bd. V, Heft 1—2, p. 79 (1882). — 6) W. B. BOTTOMLEY, u. H. JACKSON,
Proceed. Roy. Soc. 1903, Vol. LXXII, p. 130; RICHARDS u. MAC DOUGAL (Bull.
Torrey Bot. Club, Vol. XXXI, p. 57 [1904]) fanden größere Mengen von CO für
Phanerogamen stark toxisch wirksam.

untersuchung bringen. Spuren von CO finden sich häufig in der atmosphärischen Luft[1]). Die Nichtverarbeitung von Kohlenoxyd ließe sich vielleicht auch dahin verwerten, daß bei der Kohlensäureassimilation nicht, wie ältere Vorstellungen annehmen, die Kohlensäure primär zu Kohlenoxyd reduziert wird, und dieses etwa mit Wasser zu Ameisensäure zusammentritt.

BOUSSINGAULT prüfte auch die Assimilierbarkeit von Kohlenwasserstoffen durch grüne Pflanzen im Lichte mit negativem Erfolge. Hier, wie bei Kohlenoxyd, ist es gleichgültig für den Erfolg, ob das Gas rein oder mit Kohlensäure gemischt dargereicht wird. Das Resultat hängt nur von der Quantität der zur Verfügung gestellten Kohlensäure ab.

Es wäre jedoch zu bedenken, ob nicht, wie PFEFFER[2]) meint, Substitutionsprodukte der Kohlensäure assimilierbar sind; in erster Linie könnte die Carbaminsäure $CO\left\langle{NH_2 \atop OH}\right.$ in Betracht kommen. Möglicherweise ließen sich einschlägige Untersuchungen mit Hilfe der Bakterienmethode unternehmen.

Stickoxydul fand VOGEL[3]) in der Assimilation unverwendbar, jedoch nicht giftig.

§ 3.
Einflüsse äußerer Faktoren auf die Kohlensäureassimilation.

A. Konzentration der dargereichten Kohlensäure. Wie erwähnt, ist SENEBIER der Entdecker der Tatsache, daß in künstlich CO_2-reicher gemachtem Wasser grüne Pflanzen im Lichte mehr Sauerstoff produzieren als bei Anwendung gewöhnlichen Wassers. Es soll SAUSSURE zufolge übrigens bereits früher PERCIVAL[4]) festgestellt haben, daß Minze in kohlensäurereicher Luft besser gedieh als in gewöhnlicher Atmosphäre. An Landpflanzen wurden die Verhältnisse durch SAUSSURE genauer studiert. SAUSSURE erfuhr, daß Pflanzen in einer Atmosphäre, welche $1/_4$ ihres Volumens an Kohlensäure enthielt, wenig gut gediehen, bei $1/_8$ Volumen CO_2-Zusatz war das Wachstum etwas besser, stets gut jedoch bei $1/_{12}$ Volumen CO_2, woselbst das Gedeihen sogar günstiger war als in normaler Luft. Diese gute Wirkung hatte der Kohlensäurezusatz jedoch nur im Sonnenlichte und nicht im Schatten. BOUSSINGAULT[5]) setzte diese Versuche fort. Aus seinen Erfahrungen, die sonst SAUSSURES Resultate bestätigten, sei hervorgehoben, daß nicht nur Gemische aus Luft und CO_2 günstiger wirkten als reine Kohlensäure, sondern auch Gemische von Stickstoff mit CO_2 oder Wasserstoff mit CO_2; es kommt somit augenscheinlich auf die Partiärpressung der Kohlensäure allein an. Es beschäftigten sich ferner mit einschlägigen Untersuchungen CLOËZ und GRATIOLET[6]) (an Potamogeton), J. BOEHM[7]), SCHÜTZENBERGER und

---

1) Über CO der Luft und dessen Bestimmung: N. ZUNTZ u. KOSTIN, Arch. f. Anat. u. Physiol., physiol. Abt., 1900, Suppl.-Bd., p. 315. — 2) PFEFFER, Physiologie, 2. Aufl., Bd. I, p. 311 (1897). — 3) VOGEL, Berzelius Jahresber., Bd. XXVII, p. 270 (1848). — 4) PERCIVAL, Mém. de la soc. de Manchester, Vol. II zit. v. SAUSSURE, Rech., p. 29. — 5) BOUSSINGAULT, Agronomie, Tome IV, p. 269 (1868). — 6) S. CLOËZ u. GRATIOLET, Ann. chim. phys. (3), Tome XXXII, p. 41 (1851). — 7) J. BOEHM, Sitz.-Ber. Wien. Akad., Bd. LXVI (I) (1872); Bd. LXVIII (I), p. 14 (1873).

QUINQUAUD[1]) (welche für Elodea als beste CO_2-Konzentration 5—10 Proz. CO_2 angaben), N. J. C. MÜLLER[2]), PFEFFER[3]) und GODLEWSKI[4]). BOEHM fand, daß hoher Kohlensäuregehalt auch das Ergrünen etiolierter Pflanzen im Lichte verzögert oder gänzlich hindert.

Den von GODLEWSKI gelieferten Zahlen seien folgende auf Glyceria spectabilis bezügliche Werte entnommen. Je 1 qdm Blattfläche zerlegte stündlich bei

4,7 Proz.	CO_2-Gehalt	der Luft		5,16	ccm CO_2
4,8 „	„	„	„	10,22	„ „
5,7	„	„	„	5,98	„ „
6,1	„	„	„	9,42	„ „
7,5	„	„	„	12,71	„ „
7,8	„	„	„	12,78	„ „
7,9	„	„	„	7,45	„ „
9,7	„	„	„	9,82	„ „
9,4	„	„	„	10,22	„ „
10,7	„	„	„	11,89	„ „
11,5	„	„	„	8,17	„ „
13,2	„	„	„	12,41	„ „
15,6	„	„	„	10,89	„ „

Den optimalen Kohlensäuregehalt fand übrigens GODLEWSKI nicht für alle Pflanzen gleich; er betrug für Glyceria spectabilis etwa 8—10 Proz., für Typha 5—7 Proz., für Nerium noch weniger. Die Werte dürften übrigens etwas zu hoch angegeben sein. Über verschiedene Lage des Konzentrationsoptimums sammelte auch WARBURG[5]) Erfahrungen.

KREUSLER[6]) hat mit verbesserten Methoden (kontinuierliche Beleuchtung im elektrischen Lichtbogen) für Carpinus betulus gezeigt, daß die absolute Menge der zu Gebote stehenden Kohlensäure in der Tat nur untergeordnete Bedeutung besitzt, während die Kohlensäurepartialpressung einen erheblichen Einfluß auf den Assimilationsprozeß entfaltet.

Geht man vom relativen CO_2-Gehalt der gewöhnlichen Luft aus, so ergeben sich für die Vielfachen dieser Konzentration nachfolgende Assimilationswerte; der Assimilationswert in gewöhnlicher Luft wurde gleich 100 gesetzt, Temperatur war 25° C. Die Lichtquelle besaß 1000 Normalkerzenstärke und befand sich in 31—45 cm Abstand.

CO_2	0,03 Proz.	1	(gewöhnliche Luft)	100	=	Assimilationswert
„	0,06 „	2	„	127	=	„
„	0,11 „	3,5	„	185	=	
		7		196	=	
„	0,56 „	17		209	=	
	„	35		237	=	
„	7,26 „	220		230	=	
„	14,52 „	440	„	266	=	„

---

1) P. SCHÜTZENBERGER u. E. QUINQUAUD, Compt. rend., Tome LXXVII. p. 272 (1873). — 2) N. . C. MÜLLER, Botan. Untersuch., Bd. I. p. 353 (1876). — 3) W. PFEFFER, Arb. Jbot. Inst. Würzburg, Bd. I, p. 33 (1870). — 4) LEWSKI, ibid., p. 345 (1873); Flora, 1873, No. 24. — 5) WARBURG, Untersuch. bot. Inst. Tübingen, Bd. II, p. 122. — 6) KREUSLER, Landwirtsch. Jahrbücher, Bd. XIV, p. 913 (1885); vgl. auch DÉHÉRAIN u. MAQUENNE, Annal. agron., 1881. bezüglich dieses Gegenstandes.

Es wäre demnach schon bei etwa 1 Proz. Kohlensäuregehalt der Luft das Optimum fast erreicht. Auch in den Versuchen MONTE-MARTINIS[1]), welche das beste Gedeihen der Pflanzen bei 4 Proz. CO_2 angeben, ist es fraglich, ob nicht fast derselbe Effekt schon bei niederen Konzentrationen aufgetreten wäre. Jedenfalls ist eben der gewöhnliche Kohlensäuregehalt der Luft nicht der optimale, und es läßt sich die Assimilationstätigkeit durch Erhöhung des CO_2-Gehaltes der umgebenden Luft bis 1 Proz. fast auf die doppelte Intensität steigern. Ob diese Verhältnisse dazu beitragen können, die oft geäußerte Ansicht hinreichend zu stützen, daß in früheren geologischen Epochen die Erdatmosphäre reicher an Kohlensäure gewesen sei, lasse ich dahingestellt sein.

Nach den Erfahrungen von BROWN und ESCOMBE[2]) ist unter sonst günstigen Bedingungen die Steigerung der Assimilationstätigkeit innerhalb gewisser Grenzen der Partiärpressung der Kohlensäure ungefähr proportional. BROWN und ESCOMBE konnten übrigens schon bei mäßiger Steigerung des Kohlensäuregehaltes der umgebenden Luft in einem geeigneten Gewächshause pathologische Erscheinungen an verschiedenen Pflanzen wahrnehmen, die sich namentlich im Unterbleiben normaler Blütenbildung äußerten. Die genannten Autoren sind der Ansicht, daß die Vegetation der Erde entschieden auf den gegenwärtig herrschenden Kohlensäuregehalt der Luft gestimmt sei. DEMOUSSY meint, daß die zu beobachtenden pathologischen Erscheinungen auf Unreinheit der angewendeten Kohlensäure beruhen könnten. Über die Strukturveränderungen, welche an Pflanzen in kohlensäurereicher Luft auftreten, haben MONTEMARTINI, BONNIER[3]) und namentlich FARMER und CHANDLER[4]) nähere Mitteilungen gemacht. Manche Charaktere können als Folge gesteigerter Assimilationstätigkeit gedeutet werden, andere sind entschieden pathologischer Natur. Nach VERSCHAFFELT[5]) ist die Transpiration der Pflanzen im kohlensäurefreien Raume größer als unter normalen Verhältnissen; wie kohlensäurereiche Luft auf die Transpiration wirkt, scheint nicht untersucht zu sein. Doch tritt nach DARWIN[6]) in kohlensäurereicher Luft langsam Spaltöffnungsschluß ein, und es steht demgemäß zu vermuten, daß sich allmählich eine Verminderung der Transpiration einstellen dürfte.

Für Wasserpflanzen prüfte TRÉBOUX[7]) den Einfluß der steigenden CO_2-Konzentration des Mediums mit Hilfe der Gasblasenzählmethode; die Blasenzahl stieg ungefähr proportional mit der CO_2-Konzentration an. TRÉBOUX, sowie mit Hilfe viel besserer Methoden PANTANELLI[8]) stellten fest, daß die optimale Konzentration der Kohlensäure mit der Lichtintensität nach aufwärts verschoben wird, so daß bei $1/4$ der Intensität des direkten Sonnenlichtes 10 Volumprozent CO_2 bei $1/1$ Lichtintensität 15 Proz. CO_2, bei $4/1$ Sonnenlichtintensität 20 Proz. CO_2 als Optimum gelten können. Werden diese Optima überschritten, so sinkt die als Maß der Assimilation genommene Gasausscheidung.

B. Konzentration des zur Verfügung stehenden Sauerstoffes. Einfluß von Sauerstoffmangel. SAUSSURE stellte fest,

1) L. MONTEMARTINI, Atti Ist. bot. Pavia, 1893; ibid., 1895; Bull. soc. bot., Tome LXII. p. 683 (1895). — 2) H. T. BROWN u. ESCOMBE, Proc. roy. Soc. London, Vol. LXX, p. 397 (1902). — 3) BONNIER, Compt. rend., 1898, Tome II, p. 335. — 4) J. BR. FARMER u. CHANDLER, Proc. roy. soc., Vol. LXX, p. 413 (1902). — 5) VERSCHAFFELT, Dodonaea, 1890, p. 305. — 6) FR. DARWIN, Phil. Transact., Vol. CXC (1898), p. 531. — 7) O. TRÉBOUX, Flora, 1903, Bd. XCII, p. 49. — 8) E. PANTANELLI, Jahrb. wiss. Bot., Bd. XXXIX, p. 167 (1904).

daß Erbsenpflanzen in reinem Sauerstoffgase im direkten Sonnenlichte fast ebensoviel an Gewicht zunahmen, wie Pflanzen in gewöhnlicher Luft: doch waren die Stengel länger und dünner. Im Schatten gehalten, nahmen sie aber binnen 10 Tagen um die Hälfte weniger zu als in normaler Luft: sie liefern, wie SAUSSURE bemerkt, in reinem Sauerstoffgase stets eine viel größere Menge Kohlensäure, welche im Schatten vegetierenden Pflanzen durch ihre Ansammlung schädlich wird, während belichtete Pflanzen die Kohlensäure wieder zersetzen. SAUSSURE untersuchte auch das Verhalten assimilierender Pflanzen in sauerstofffreier Atmosphäre und fand, daß sich dieselben unter allen Umständen nur durch den bei der Kohlensäureassimilation gelieferten Sauerstoff erhalten können. Bei kleinen Pflanzen genügen jedoch bereits sehr kleine Sauerstoffquantitäten zum kümmerlichen Vegetieren. Im luftleeren Raume traten ganz dieselben Erscheinungen zutage, wie in verschiedenen sauerstofffreien Gasen oder Gasgemischen: ein Zeichen, daß nur die Partiärpressung des Sauerstoffes einen Einfluß bei den in Rede stehenden Erscheinungen nimmt. Auch BOEHM[1]) fand in neuerer Zeit, daß schon relativ geringe Sauerstoffmengen hinreichen, um die Assimilation in Gang zu setzen. Nach FRIEDEL[2]) ändert Herabsetzung des normalen Luftdruckes auf $^1/_4$ die Art des Assimilationsvorganges nicht: der Quotient $\dfrac{CO_2}{O_2}$ bleibt nahezu gleich 1. Nur die Intensität der Assimilation nimmt mit sinkender Partiärpressung des Sauerstoffes gesetzmäßig ab.

Auch das Ergrünen etiolierter Keimlinge hört bei einer gewissen Grenze des Sauerstoffgehaltes der Luft auf. Bei Helianthus fand CORRENS[3]) 4 Proz. des normalen Gehaltes der Luft an Sauerstoff, also 30 mm Druck als die zum Ergrünen nötige Sauerstoffzufuhr. Lepidium brauchte selbst 8 Proz. oder 60 mm Druck. Um aber binnen 24 Stunden schöne Grünfärbung zu erzielen, mußte CORRENS Sonnenblumenkeimlingen 6 Proz. und Lepidium 10 Proz. Sauerstoff darreichen. Angaben über das Verhältnis der Chlorophyllbildung zur Sauerstoffzufuhr lieferte schon früher WIESNER[4]) und in jüngster Zeit haben sich PALLADIN[5]) und FRIEDEL[6]) mit diesem Thema wieder befaßt. Der minimale Sauerstoffpartiärdruck liegt für das Ergrünen höher als für das Längenwachstum und den Phototropismus.

Eine obere Grenze für die Abhängigkeit der Assimilation vom Sauerstoffgehalt der Luft scheint nicht zu existieren, und es hatte auch FRIEDEL Gelegenheit, sich davon zu überzeugen, daß in reinem Sauerstoffgase das Ergrünen nicht anders erfolgt als in gewöhnlicher Luft. Doch scheint nach verschiedenen Erfahrungen, welchen auch die Versuche von JENTYS[7]) über Wachstum in komprimiertem Sauerstoffgas und komprimierter Luft nicht widersprechen, die Steigerung der Sauerstoffatmung in reinem Sauerstoff bei unzureichender Belichtung durch Kohlensäureanhäufung Störungen hervorzurufen.

C. Einfluß des Lichtes. Daß die Assimilationstätigkeit grüner Pflanzen an die Gewährung einer bestimmten, nicht zu geringen Lichtintensität gebunden ist, gehört zu den fundamentalsten Tatsachen der

1) J. BOEHM, Wien. Akad.-Berichte, Bd. LXVII, März 1873. — 2) FRIEDEL, Compt. r., Tome CXXXI, p. 477 (1900). — 3) C. E. CORRENS, Flora, 1892, p. 141. — 4) WIESNER, Entstehung des Chlorophylls (1877), p. 17. — 5) W. PALLADIN, Compt r., Tome CXXV, p. 827 (1897). — 6) J. FRIEDEL, Compt. rend., CXXXV, p. 1063 (1902); Rev. gén. d. Botan., Tome XIV, p. 397 (1902). — 7) ST. JENTYS, Untersuchungen a. d. botan. Inst. Tübingen, Bd. II, p. 419 (1888).

Pflanzenphysiologie. Das Verhalten der Nitrosomonasarten, welche Ammoniumkarbonat im Dunkeln unter Zuhilfenahme der durch Oxydation von Ammoniak zu salpetriger Säure entwickelten Energie verarbeiten, lehrt uns, daß die grünen Pflanzen Organismen darstellen, welche eben bei ihrer Zuckersynthese aus Kohlensäure an die Energiegewinnung aus den absorbierten Sonnenstrahlen angepaßt sind. Zur Ausbildung des zur Ausübung der assimilatorischen Funktion gleichfalls unumgänglich nötigen grünen Farbstoffes ist keineswegs eine so hohe Lichtintensität nötig, wie zum In-Gang-Setzen der Sauerstoffabscheidung und Kohlensäureaufnahme, doch ist in den allermeisten Fällen selbst die Chlorophyllbildung an Lichtzutritt streng gebunden. Dies wußte schon J. Ray[1]), und von den späteren Forschern wird kaum daran gezweifelt. Humboldt[2]) und Decandolle[3]) fanden, daß Lampenlicht wohl zu schwachem Ergrünen, nicht aber zur Sauerstoffausscheidung bei Kressenkeimlingen hinreicht. Humboldt hatte auch die richtige Vorstellung, daß die Chlorophyllbildung ein vom Lichte ausgelöster Reizvorgang im pflanzlichen Stoffwechsel sei. Im Laufe der Zeit sind jedoch nicht wenige Fälle bekannt geworden, in welchen Chlorophyll auch ohne Lichtzutritt gebildet wird: Nostoc und andere Algenformen, ferner die meisten Koniferenkeimlinge[4]) [nicht aber Gingko[5])] gehören hierher, auch behalten Farne und Moose häufig ihre grüne Farbe im Dunkeln bei[6]) und manche Embryonen von reifen Samen sind grün gefärbt[7]). Der Zusammenhang zwischen Belichtung und Chlorophyllbildung ist vielleicht kein so direkter, wie man heute annimmt. Ob aber nun im Dunkeln Chlorophyll gebildet wird oder nicht: die Kohlensäurezerlegung selbst ist ausnahmslos streng an Lichtzutritt gebunden.

Etiolierte Blätter sind nach den vorhandenen Angaben wasserreicher als grüne Organe und weichen auch, wie Church[8]) fand, im Stickstoffgehalte und der Zusammensetzung ihrer Asche beträchtlich von normalen grünen Blättern ab.

Die minimale Lichtintensität, welche eben noch zum Ergrünen nötig ist, ist sehr niedrig und wohl stets viel kleiner als die zur Kohlensäurezerlegung eben noch hinreichende Lichtintensität. Dies bestätigen Beobachtungen an stark beschatteten Keimlingen im Freien, und experimentelle Feststellungen von Hofmeister[9]) für Hymenophyllum, Farnprothallien, Moose und Vaucheria. Wiesner[10]) suchte durch

---

1) John Ray, Historia plantarum, Vol. I, p. 15 (1686). Übrigens leitete schon Aristoteles die grüne Farbe der Pflanzen von der Einwirkung des Sonnenlichtes her. Vgl. E. H. Meyer, Gesch. d. Botanik, Bd. I, p. 196 (1854). — 2) A. v. Humboldt, Crells Annal., 1792 (I), p. 71 u. 254; ferner auch Vassali, ibid., 1795 (II), p. 80. — 3) Decandolle, Gilb. Annal., Bd. XIV, p. 366 (1803); Physiologie, Deutsch v. Röper, Bd. II, p. 694. — 4) Vgl. Sachs, Lotos, 1859; Flora, 1864, p. 504. — 5) Molisch, Österr. botanische Zeitschr., 1889, p. 98. — 6) Schimper, Jahrb. wiss. Bot., Bd. XVI, p. 159 (1885). — 7) Vgl. Atwell, Bot. Gaz., Vol. XV, p. 46 (1890). Bezüglich Eriobotrya und Pistacia vera: G. Lopriore, Ber. Bot. Ges., Bd. XXII, p. 385 (1904). — 8) A. H. Church, Journ. chem. soc., 1886, p. 839. Etiolierte und grüne Blätter wurden hinsichtlich ihrer Zusammensetzung schon von Hassenfratz [Crells Annal., 1789, Bd. H, p. 317] verglichen. Von neueren Arbeiten ist anzuführen G. Andre, Compt. r., 1900, Tome I, p. 1198; ibid., Tome CXXXVII, p. 199 (1903). Auch Ricôme, Rev. gén. Bot., Tome XIV, p. 26 (1902). — 9) Hofmeister, Pflanzenzelle, p. 366. Ergrünen von Keimlingen im Lichte von Photobacterium phosphorescens: B. Issatschenko, Centr. Bakt. (II), Bd. X, p. 497 (1903). — 10) J. Wiesner, Entstehung des Chlorophylls (1877), p. 64. — Über den Einfluß intermittierender Beleuchtung auf Ergrünen: Mikosch u. Stöhr, Wien. Akad., 1880. Über das Verhalten etiolierter Pflanzen, wenn sie an das Licht gebracht werden, vgl. Ricôme, Rev. gén. Bot., Tome XIV, p. 26 (1902).

Abdämpfen des Lichtes eine Gasflamme mittels aufeinandergeschichteter Pauspapierlagen die minimale noch Ergrünen hervorrufende Lichtintensität zu bestimmen; 30 Lagen dämpften das Licht so weit, daß es Ergrünen von Keimlingen nicht mehr bewirkte. Übrigens herrschen. wie schon frühere Autoren[1]) bemerken, bei den Pflanzen bezüglich dieser untersten Grenze spezifische Differenzen, für letztere sind, wie WIESNER ausgeführt hat, anatomische Strukturverhältnisse bedeutungsvoll. Ob jedoch im Einklange mit WIESNERS Ansicht bei allen Chloroplasten der Schwellenwert des Lichtes derselbe ist, wäre jedenfalls noch kritisch zu untersuchen.

Zur Feststellung der zur beginnenden Sauerstoffausscheidung eben noch erforderlichen Lichtintensität ist vor allem die Bakterienmethode geeignet, deren Anwendung zeigte, daß Mondlicht unter diesen Schwellenwert fällt, hingegen das Licht der Abenddämmerung bereits zur schwachen Assimilation von Algen hinreicht[2]). Die älteren Untersucher wendeten die Gasblasenzählmethode an[3]). WOLKOFF, welcher das Licht mit dem Roscoeschen Apparate maß, spricht geradezu von Proportionalität zwischen Gasblasenzahl und Lichtintensität, ebenso TIEGHEM. REINKE fand die Sauerstoffabscheidung von Elodea bei „mittlerer Beleuchtungsstärke" beginnend und das Maximum bei der Intensität direkten Sonnenlichtes erreichend; steigerte er die Lichtintensität weiter, so wurde der Assimilationserfolg nicht mehr erhöht. KREUSLER[4]) nahm für Objekte bei kontinuierlicher elektrischer Bedeutung innerhalb gewisser Grenzen eine ungefähr proportionale Beziehung zwischen Assimilations- und Lichtintensität an. Die Behauptung proportionaler Abhängigkeit zwischen Beleuchtung und Assimilation findet sich übrigens schon 1844 von CALVERT und FERRAND[5]) ausgesprochen. Auch PEYROU[6]) schloß sich dieser Ansicht an. Hingegen fand TIMIRIASEFF[7]) starke Zunahme der Kohlensäurezerlegung bis zur halben Insolationsstärke, von da an nur geringes Ansteigen, und BROWN sah die Kohlensäureabsorption von Catalpablättern nur verdoppelt, als die Lichtintensität auf das 12fache erhöht worden war. Deswegen ist wohl bezüglich der Proportionalität des Abhängigkeitsverhältnisses ein Zweifel am Platze. PANTANELLI[8]) fand für Wasserpflanzen (Elodea, Ceratophyllum, Potamogeton crispus. Zannichellia) im Brunnenwasser die optimale Assimilationstätigkeit bei etwa $1/4$ der vollen Sonnenlichtintensität, darüber hinaus eine Abnahme. Wie erwähnt, ist jedoch die Lage dieses Optimums mit dem CO_2-Gehalte des Mediums veränderlich. Übrigens stellt sich auch die Assimilationstätigkeit bei Wechsel in der Lichtintensität nicht sofort auf den definitiven Wert ein, was leicht zu Täuschungen Anlaß gibt. wenn man nicht genügend lange Zeit beobachtet.

Die zahlreichen biologischen Verhältnisse, die mit der Abhängigkeit der Assimilationstätigkeit von der Lichtintensität verknüpft sind,

---

1) Vgl. MEYEN, Physiologie. Bd. II, p. 434; SACHS, Flora. 1862 p. 213. — 2) PFEFFER, Pflanzenphysiologie, 2. Aufl., Bd. I, p. 323 (1897): BOUSSINGAULT, Ann. sc. nat. (5), Tome X. p. 335 (1869) stellte das Gleiche mit Hilfe des Aufleuchtens von Phosphordampf fest. — 3) A. v. WOLKOFF, Jahrbücher wiss. Bot.,

gehören nicht in den Rahmen dieser Darstellung, und es sei nur kurz auf dieselben hingewiesen. Wichtig ist, daß das Licht nach Durchtritt durch andere Blätter jedenfalls so geschwächt ist, daß keine Stärkebildung in bedeckten Blattteilen zustande kommt[1]); Pflanzen gedeihen auch hinter einem Schirm von Chlorophylllösung nach REGNARD[2]) nur schlecht. Entsprechend der verschiedenen Beleuchtungsintensität besitzt die Assimilationstätigkeit natürlich eine Tagesperiode[3]). Bei der Wirkung der Beleuchtung auf die Assimilation ist übrigens auch die Wirkung des Lichtes auf den Schließzellenturgor, somit auf die Weite der Spaltöffnungen von großer biologischer Bedeutung[4]). Wie tief das Licht in Gewebe einzudringen vermag, z. B. in Stengelrinde, ohne an der nötigen Intensität zu verlieren, ist schon mehrfach geprüft worden[5]). In tiefem Schatten lebende Gewächse suchen sich durch mannigfache Einrichtungen [Chlorophyllgehalt der Epidermis[6]), Vorrichtungen zur Konzentration des Lichtes wie bei Schizostega[7])], höhere Beleuchtungsintensität zu verschaffen, wozu vor allem auch die Blattgröße zählt. Hingegen nützen Sonnenblätter, wie bekannt, durch Struktureigentümlichkeiten (stärker entwickeltes Palisadengewebe, Vermehrung der Spaltöffnungen, Transpirationsschutz) möglichst die Lichtintensität aus[8]). Relativ seltener sind Pflanzenorgane gezwungen, Schutz gegen allzu intensive Insolation zu bewerkstelligen[9]). Mehr fallen in unser Darstellungsgebiet die Erfolge starker künstlicher, besonders kontinuierlicher Beleuchtung[10]). Besonders BONNIER[11]) wies nach, daß kontinuierliche

---

1) NAGAMATSZ, Arbeit. Bot. Inst. Würzburg, Bd. III, p. 399 (1887); GRIFFON, Compt. rend., Tome CXXIX, p. 1276 (1899). Über die Folgen der Beschattung im Innern von Baumkronen auf die Entwicklung der Zweigsysteme und Blätter sind besonders die Untersuchungen von WIESNER zu vergleichen: Wien. Akad. Sitz.-Ber., Bd. CII, p. 291 (1893). Auch bei der Beurteilung der Blattstellungsgesetze ist der ökologische Gesichtspunkt der optimalen Belenchtung nicht außer Acht zu lassen: vgl. WIESNER, Biol. Centr., Bd. XXIII, p. 209 (1903). — 2) J. REGNARD, Bull. soc. bot., Tome XXVIII (1881). — 3) Hierzu PEYROU, Compt. rend., Tome CV, p. 240 (1887). — 4) Vgl. SCHELLENBERG, Bot. Ztg., 1896 (?), p. 169; KOHL, Botan. Centr., Bd. LXIV, p. 109 (1895). — 5) Vgl. GOLDFLUS, Rev. gén. bot., Tome XIII, p. 49; BLOHM, Dissert. Kiel, 1896; BALSAMO, Just Jahresber., 1892, Bd. I, p. 89. — 6) Vgl. DE MOORE, Journ. of Botany, Vol. XXV, p. 358 (1887). — 7) Über das durch solche Vorrichtungen erzeugte scheinbare Selbstleuchten der Schizostegaprotonemen vgl. NOLL, Würzburger Arbeiten, Bd. III, p. 477 (1888). Über analoge Einrichtungen bei Phanerogamenblättern: STAHL, Ann. jard. Bot. Buitenzorg, Tome XIII, p. 137 (1896); vgl. auch MOLISCH, Leuchtende Pflanzen (1904), p. 1. — 8) Hierzu bes. STAHL, Einfluß des sonnigen oder schattigen Standortes auf die Ausbid. d. Laubbl., Jena 1882; VESQUE, Bot. Centr., Bd. XVIII, p. 259 (1884); DUFOUR, Ann. sc. nat. (7), Tome V, p. 311 (1887); LEWAKOWSKY, Just Jahresber., 1882, Bd. I, p. 16; GROSGLIK, Bot. Centr., 1884, No. 51, p. 374; GENEAU DE LAMARLIÈRE, Compt. rend., Tome CXIII, p. 230 (1891); Tome CXV, p. 368 (1892); LESAGE, Compt. rend., Tome CXVIII, p. 255 (1894); ARESCHOUG, Act. Univ. Lund., Vol. XXXIII (1897); JÖNSSON, Acta Soc. physiogr. Lund., 1896. Geringere Atmung von Schattenpflanzen: A. MAYER, Versuchst., Bd. XL, p. 203 (1892). Assimilation bei verschiedenen biologischen Pflanzentypen: FR. WEIS, Compt. r., Tome CXXXVII, p. 801 (1903). Laubfall infolge Sinken des Lichtgenusses im Sommer: WIESNER, Ber. bot. Ges., Bd. XXII, p. 64 (1904). Assimilation bei Zimmerpflanzen: GRIFFON, Compt. r., Tome CXXX, p. 1337 (1900). — 9) Hierzu EWART, Ann. of Bot., Vol. XI, p. 439 (1897) (Tropische Insolation); KEEBLE, Ann. of Bot., Vol. IX, p. 59 (1895); JOHOW, Jahrbücher wiss. Bot., Bd. XV (1884). — 10) Kalklicht: DÉHÉRAIN u. MAQUENNE, Chem. Centr., 1880, p. 73. Kerosinlampenlicht: FAMINTZIN, Ann. sc. nat., 1880, p. 67. Elektrisches Licht: SIEMENS, Proc. Roy. soc., Vol. XXX, p. 210 (1880). Gaslicht: FAMINTZIN, Centralbl. Agrik.-Chem., Bd. X, p. 353 (1881). — 11) BONNIER, Compt. rend., Tome CXV, p. 447 (1892); Rev. gén. Bot., Tome VII, p. 241 (1895). Auch CORBETT, Just Jahresber., 1900, Bd. II, p. 287.

Beleuchtung mit elektrischem Bogenlicht auffallende Änderungen im Blattbau erzeugt: teilweise Anpassung an gesteigerte Assimilationstätigkeit, teilweise · pathologischer Natur. Nach TOLOMEI[1]) soll der Einfluß des Magnesiumlichtes noch kräftiger sein. In der arktischen Region dürfte übrigens auch während der ganzen nordischen Sommernacht Assimilationstätigkeit der Pflanzen entfaltet werden [CURTEL[2])].

Die Wirkung der verschiedenen farbigen Lichtgattungen auf Ergrünen und Sauerstoffabscheidung der Pflanzen war frühzeitig Gegenstand des Interesses der Physiologen, und SENEBIER[3]), welcher die bekannten doppelwandigen Glasglocken zu solchen Untersuchungen einführte, behauptete, daß die violetten Strahlen mehr Kraft hätten, das Bleichwerden von Trieben zu verhindern, als die anderen Strahlen. RUHLAND[4]) unternahm 1813 Keimungsversuche in verschiedenfarbigem Licht, GILBY[5]) untersuchte die Assimilation in rotem und blauem Licht, und insbesondere war es DAUBENY[6]), den eingehende Untersuchungen zum Ergebnisse führten, daß besonders die leuchtenden Strahlen bei der Assimilation wirksam seien. In den späteren Arbeiten von DRAPER[7]) wurden die viel benützten Lösungen von Kaliumbichromat und Kupferoxydammoniak als Lichtfilter zur Trennung der schwächer und stärker brechbaren Teile des Sonnenlichtes eingeführt, und es ist bekannt, daß dieser Forscher, sowie später HUNT[8]), CLOEZ und GRATIOLET, SACHS[9]) und PFEFFER[10]) zur Ansicht gekommen war, daß die leuchtenden, gelben Strahlen maximal wirksam seien. SACHS wendete die Gasblasenzählung an, PFEFFER brachte weitere Verbesserungen der Methode. Auch für die Chlorophyllbildung wurde durch GARDENER[11]) die Behauptung aufgestellt (1845), daß sie am schnellsten im gelben Lichte erfolge, während GUILLEMIN[12]) annahm, daß das Ergrünen im dunklen Wärmestrahlenbereiche des Spektrums stattfinde. LOMMEL[13]) stellte 1871, auf theoretische Erwägungen gestützt, die Meinung auf, daß die vom Chlorophyllfarbstoffe am stärksten absorbierten Strahlen (Rot zwischen B und C) diejenigen wären, welche am wirksamsten bei der Assimilation seien. N. J. C. MÜLLER[14]) versuchte bereits 1872 diese Meinung experimentell zu stützen. In der Tat ist es jetzt kaum zweifelhaft, daß die früheren Befunde durch Dispersion und unreine Spektra zu erklären

---

1) TOLOMEI, Chem. Centr., 1893, Bd. II, p. 377. — 2) G. CURTEL, Rev. gén. Bot., Tome II, p. 7 (1890); vgl. auch SCHÜBELER, Nature, 1880, p. 311. Über den Blattbau arktischer Pflanzen vgl. BOERGESEN, Bot. Centr., Bd. LXVI, p. 73 (1894). Über die Verhältnisse der Alpenpflanzen, welche aus einer Reihe anderer Ursachen Einrichtungen zu gesteigerter Assimilationstätigkeit zeigen, vgl. WAGNER, Sitz.-Ber. Wien. Akad., Bd. CI, Mai 1892; BONNIER, Compt. rend., Tome CXI, p. 377 (1890); v. LAZNIEWSKI, Flora, Bd. LXXXII, p. 234 (1896). — 3) SENEBIER, Mémoir. phys.-chem., Tome I, p. VII (1785); Physiol. végét., Tome IV, p. 273. Später benutzten SACHS und BEQUEREL [La Lumière, 1868] diesen Apparat wieder. — 4) RUHLAND, Schweigg. Journ., Bd. IX, p. 232 (1813). — 5) W. H. GILBY, Ann. chim. phys. (2), Tome XVII, p. 64 (1821). — 6) DAUBENY, Phil. Trans., 1836, Tome I, p. 149; Berzelius Jahresber., 1838, p. 227. — 7) Jun. W. DRAPER, Journ. prakt. Chem., Bd. XXXI, p. 21 (1844). — 8) HUNT, Ed. Ztg., 1851, p. 341. — 9) SACHS, Bot. Ztg., 1864, p. 363. Experimentalphysiologie, 1865, p. 25. — 10) PFEFFER, Arbeiten bot. Inst. Würzburg, Bd. I, p. 1 (1871); vgl. auch MORGEN, Bot. Ztg., 1877, p. 553. — 11) GARDENER, Berzelius Jahresber., Bd. XXV, p. 413 (1846). — 12) GUILLEMIN, Ann. sc. nat. (4), Tome VII, p. 154 (1859). — 13) LOMMEL, Ann. Chem. u. Phys., Bd. CXLIV, p. 581 (1871). — 14) N. J. C. MÜLLER, Bot. Untersuch. (1872), Bd. I, p. 3; Jahrbücher wiss. Bot., Bd. IX, p. 36 (1873).

sind[1]) und daß wirklich sowohl die Chlorophyllbildung als die Sauerstoffabscheidung ihre größte Intensität unter der Wirkung der roten,
vom Chlorophyllfarbstoffe am stärksten absorbierten Lichtstrahlen ent-
falte. Auf Grund von genaueren Spektralversuchen wurde dies seit
1876 durch TIMIRIASEFF[2]) behauptet; in neuerer Zeit ist es diesem
Forscher auch gelungen, durch Entwerfen eines kleinen hellen Spektrums
auf entstärkten Blättern nachzuweisen, daß die stärkste Bildung von
Amylum im Rot eintritt, wie man durch die Jodprobe zeigen kann.
Die im Prinzipe schon von TIMIRIASEFF angewendete Konzentration
ausgewählter Spektraldistrikte wurde sodann durch REINKE[3]) mit Hilfe
des „Spektrophors" methodisch weiter ausgebildet, und schließlich erwarb sich REINKE[4]) das Verdienst, mittelst des sehr reinen Gitterspek-
trums die Richtigkeit der Ansicht zu zeigen, daß sowohl Ergrünen als
Sauerstoffzerlegung durch die roten BC-Strahlen am kräftigsten gefördert werden. Namhafte Vorteile birgt, wie ENGELMANN[5]) gezeigt hat,
bei solchen Untersuchungen die Anwendung der Bakterienmethode in
sich, unter Zuhilfenahme des von dem genannten Forscher konstruierten
Mikrospektralapparat. ENGELMANN entwarf mit diesem ein mikroskopisch
kleines Spektrum im Gesichtsfelde, in dem sich gleichzeitig ein Algenfaden und sauerstoffempfindliche Bakterien befanden. Der Algenfaden
(Cladophora) wurde senkrecht zur Richtung der Fraunhoferschen Linien
im Mikrospektrum orientiert. Ließ man nun durch Erweiterung des
Spaltes die Lichtstärke von Null an successive wachsen, so zeigte sich
die Bakterienbewegung zuerst im Rot, breitete sich beim Ansteigen der
Lichtintensität nach beiden Seiten hin aus, blieb aber im Rot immer
am stärksten. Für grüne Zellen, nicht aber für Diatomeen und Cyanophyceen ließ sich im Sonnenlichte ein Assimilationsminimum im Grün
bei E, und ein zweites kleineres Assimilationsmaximum im Blau bei F
nachweisen. ENGELMANN hat näher ausgeführt, mit welchem Vorteile
diese Methode für verschiedene Objekte benutzt werden kann. Von
späteren Untersuchern hat besonders KOHL[6]) die Bestätigung des zweiten
kleineren Assimilationsoptimums im blauen Lichte bei F geliefert. Die
ultravioletten Lichtstrahlen sind nach BONNIER und MANGIN[7]) noch
etwas wirksam, sowohl für die Sauerstoffabscheidung als (älteren Untersuchern zufolge[8]) für das Ergrünen etiolierter Keimpflanzen.

1) Über diese Fehlerquellen vgl. ENGELMANN, Bull. soc. belge microsc., Tome
XIII, p. 127 (1886); TIMIRIASEFF, Just Jahresber., 1875, p. 779: PFEFFER, Physiologie, 2. Aufl., Bd. I, p. 328 (1897), hat die schon von WOLKOFF [Just Jahresb.,
1875, p. 785] berührte Möglichkeit hervorgehoben, daß in Blättern eine „sekundäre"
Assimilationskurve beim Durchtritt des Lichtes durch die Schichten des Blattes
zustande kommen könne. — 2) C. TIMIRIASEFF, Congr. internat. bot. Firenze,
Bot. Ztg., 1877, p. 260; Ann. chim. phys. (5), Tome XII (1877); Compt. rend.,
Tome XCVI, p. 375 (1884); Bull. congr. intern. bot. Pétersbourg, 1884; Compt.
rend., Tome CX. p. 1346 (1890). Die Versuche von ARCANGELI [Just Jahresber.,
1886, Bd. I, p. 87] sind wohl weniger beweisend. — 3) REINKE, Bot. Ztg., 1884,
p. 1. — 4) REINKE, Botan. Centralbl., 1886, No. 42; Sitz.-Ber. Berliner Akad.,
Bd. XXX, p. 527 (1893). — 5) TH. ENGELMANN, Bot. Ztg., 1882, p. 419. Die
von PRINGSHEIM [Sitz.-Ber. Akad. Berlin, Februar 1886; Jahrbücher wissensch.
Bot., Bd. XVII, Heft 1 (1886)] erhobenen Einwände haben sich nicht als stichhaltig erwiesen. — 6) F. G. KOHL, Ber. bot. Ges., Bd. XV, p. 361 (1997). —
7) BONNIER u. MANGIN, Compt. rend., Tome CII. p. 123 (1886). — 8) CAILLETET,
Ann. chim. phys. (4), Tome XIV, p. 325 (1868); PRILLIEUX, Ann. sc. nat. (5),
Tome X (1869); DÉHÉRAIN, ibid. (5), Tome XII, p. 5 (1869); TIMIRIASEFF, Bot.
Ztg., 1869, No. 11.

Erwähnt sei, daß nach den Feststellungen Kohls [1]) die Bewegungen der Spaltöffnungsschließzellen ebenfalls nach der Lichtfarbe verschieden ausfallen, und die Turgorsteigerung im roten Lichte am bedeutendsten ist.

Bei den Rotalgen fand Engelmann das Assimilationsoptimum nach Gelb hin verschoben, was offenbar mit der Art der in der betreffenden tieferen Region des Meeres zu Gebote stehenden Lichtstrahlen und der Absorption des Lichtes durch das Wasser in Beziehung steht.

Wie weit das Licht in Wassertiefen eindringt, hängt sehr von der Reinheit des Wassers und der Abwesenheit von trübenden Partikeln ab. Fol und Sarrasin [2]) fanden im Genfer See im April bis zu 250 m Tiefe Wirkung auf photographische Platten, im September bis zu 170 m. Über andere Versuche zur Bestimmung der in Wassertiefen herrschenden Lichtintensitäten berichteten Kny [3]) und auch Linsbauer [4]): Manche Algen gedeihen bis zu großen Tiefen; Humboldt [5]) fand bei den Kanaren noch bis zu 190 Fuß Tiefe Algenvegetation.

Schimper [6]) unterschied 3 Tiefenregionen des unterseeischen Pflanzenwuchses oder „Benthos" als Stufen abnehmender Beleuchtung oder Lichtregionen: 1. die photische oder helle Region, in welcher die Lichtintensität für die normale Entwicklung von Makrophyten genügt; 2. die dysphotische oder Dämmerregion, in welcher nur noch genügsame Mikrophyten fortkommen (Diatomeen); 3. die aphotische oder Dunkelregion, in welcher kohlensäureassimilierende Organismen überhaupt fehlen. Die Grenzen dieser Zonen können natürlich verschieden tief liegen. Nach Versuchen von Jönsson [7]) können grüne Pflanzen (Moose) in geeigneten Apparaten bis zu 21 m unter den Meeresspiegel versenkt werden, ohne daß die Sauerstoffabgabe aufhört.

Wünschenswert sind genauere Erfahrungen über die Zusammensetzung des Lichtes in größeren Meerestiefen, worüber noch wenig bekannt ist. Eine 180 cm lange Wassersäule absorbiert nach Hüffner 50 Proz. des Rot, 90 Proz. des Grün, 95 Proz. des indigofarbenen Lichtes.

D. Einfluß der Temperatur. Sachs [8]) hat gezeigt, daß bei sehr niederer Temperatur der Prozeß des Ergrünens etiolierter Keimpflanzen bedeutend verlangsamt ist und eo ipso muß da die Kohlensäurezerlegung fast oder ganz fehlen. Auch bei älteren Pflanzen sieht man bei sehr kalter Witterung die jungen Triebe weniger ergrünen als der Norm entspricht. Die Vermutung, daß spezifische Differenzen bezüglich des Temperatureinflusses auf Chlorophyllbildung und Kohlensäurezerlegung obwalten, haben neuere Arbeiten mehrfach bestätigt. Zahlreiche Algen der Polarmeere müssen zeitlebens bei Temperaturen nahe an Null assimilieren, während nach Ewart [9]) für tropische Pflanzen (Epidendrum, Aspidium violascens, Mimosa) der Nullpunkt der Assimilation schon bei $+5°$ C erreicht ist. Unsere europäische Flora scheint nahe an Null noch sehr allgemein Assimilationstätigkeit auszuüben.

1) Kohl, Beiblatt zur Leopoldina, 1895. — 2) Fol u. Sarrasin, Archiv. des sc. phys. et nat., Tome XIX, p. 447 (1888). — 3) L. Kny, Sitz.-Ber. Ges. naturforsch. Freunde Berlin, 16. Okt. 1877. — 4) L. Linsbauer, Zoolog.-bot. Ges., 1895. — 5) Humboldt, zit. bei Decandolle, Physiologie, Bd. II, daselbst vgl. auch Wydler. — 6) Schimper, Pflanzengeographie, p. — 7) B. Jönsson, Nyt Magazin f. Naturvidensk., Bd. XLI, Heft 1. Kristiania — 8) J. Sachs, Flora, 1864; Gesamm. Abhandl., Bd. I, p. 137. — 9) Journ. Linn. Soc., Tome XXXI, p. 400 (1896).

BOUSSINGAULT [1]) wies für Pinus Laricio zwischen 0,5 und 2,5° C CO_2-Zerlegung, bei Wiesengräsern bei 1,5 bis 3,5° mittels Phosphordampf Sauerstoffabscheidung nach. Hottonia schied in Versuchen von HEINRICH [2]) bei 4,5° C noch Sauerstoff aus. Nach JUMELLE [3]) soll Picea excelsa selbst bei — 35° C, Juniperus bei — 30 bis — 40° etwas CO_2 zersetzen; Evernia Prunastri hörte bei — 37°, Physcia ciliaris und Cladonia rangiferina bei — 25° auf zu assimilieren. KREUSLER [4]) konnte bei Brombeersprossen, Bohne, Ricinus, Kirschlorbeer noch zwischen 0° und — 2,4° deutliche Kohlensäurezerlegung nachweisen. Für Prunus Laurocerasus konstatierte MATTHAEI [5]) in einer methodisch viel vollkommeneren Untersuchung, wobei für jede Temperatur die optimale Lichtstärke und CO_2-Konzentration berücksichtigt wurden, den Beginn einer merklichen Kohlensäureassimilation bei — 6° C. Hingegen fand SACHS [6]) bei Vallisneria schon bei Abkühlung auf + 6° Aufhören der Sauerstoffabscheidung und CLOËZ und GRATIOLET [7]) geben an, daß Potamogeton bei 10° Wassertemperatur seine Assimilationstätigkeit sistierte. Ergrünen von Keimlingen konnte WIESNER [8]) unter 4° C nicht mehr erzielen. Der gelbe Farbstoff, welchen Keimpflanzen bei niederer Temperatur statt Chlorophyll bilden, soll nach ELFVING [9]) mit Etiolin identisch sein; er entsteht viel reichlicher als im Dunkeln. Mit steigender Temperatur nimmt die Assimilationstätigkeit rasch zu, ohne daß jedoch die von FAUNCOPRET [10]) und auch von SACHS aufgestellten Relationen bestimmter Art zwischen Steigerung von Assimilation und Temperatur sich bestätigen lassen würden. Das Optimum wurde früher meist bei 30° angegeben. Das Ergrünen sah WIESNER am schnellsten bei 30 bis 35° eintreten. Nach KREUSLER sollte das Assimilationsoptimum bei 25° liegen, doch war angeblich noch bei 46,4° Kohlensäurezerlegung nachzuweisen. Auch Elodea schied in Versuchen von SCHÜTZENBERGER und QUINQUAND [11]) noch bei 45 bis 50° Gasblasen aus. MATTHAEI konstatierte bei Prunus Laurocerasus das Optimum der Assimilationstätigkeit bei 38°; von da an fiel die ermittelte Kurve steil ab, so daß bei 43° etwa dieselbe Assimilationsenergie beobachtet wurde wie bei 24°. Höher hinauf wurde die Temperatur nicht mehr näher untersucht.

E. Einfluß des Wassergehaltes der Pflanzen. Nachdem die gegen Änderungen des Wassergehaltes überaus empfindlich reagierenden Spaltöffnungen die Eintrittspforten der Kohlensäure bei der Assimilation darstellen, ist es erklärlich, daß durch herabgesetzte Wasserzufuhr empfindliche Störungen in der Assimilationstätigkeit eintreten, wie alle Erfahrungen gezeigt haben. Besonders KREUSLER [12]) hat dargelegt, daß die Pflanzen in trockener Luft erheblich schwächer assimilieren als in genügend feuchter Atmosphäre, sofern der Transpirationsverlust nicht sofort wieder gedeckt werden kann. So erklärt sich auch der Vegetationsstillstand bei anhaltend trockenem Wetter. Die Assimi-

---

1) BOUSSINGAULT, Ann. sc. nat. (5), Tome X, p. 336 (1869); Agronom., Tome V, p. 16 (1874). — 2) HEINRICH, Landw. Versuchstat., Bd. XIII, p. 136 (1871). — 3) JUMELLE, Compt. rend., Tome CXII, p. 1462 (1891). — 4) U. KREUSLER, Landw. Jahrbücher, Bd. XVII, p. 161 (1888); Bd. XVI, p. 711 (1887). — 5) G. MATTHAEI, Phil. Trans. Roy. Soc. Lond. B., Vol. CXCVII, p. 47 (1904). — 6) SACHS, Experimentalphysiologie (1865), p. 53. — 7) CLOËZ u. GRATIOLET, Flora, 1851, p. 750. — 8) WIESNER, Entsteh. d. Chlorophyll (1877), p. 90. — 9) ELFVING, Arbeit. bot. Inst. Würzburg, Bd. II, p. 495 (1880). — 10) FAUNCOPRET, Compt. rend., Tome LVIII, p. 334 (1864). — 11) SCHÜTZENBERGER u. QUINQUAND, Compt. rend., Tome LXXVII, p. 272 (1873). — 12) KREUSLER, Landw. Jahrbücher, Bd. XIV, p. 913 (1885).

lation der Moose ist nach JÖNSSON[1]) sehr empfindlich gegen Feuchtigkeitsschwankungen. Die Verminderung des Transpirationsstromes in dampfgesättigter Luft bildet hingegen kein für die Assimilation ungünstiges Moment. Die Untersuchungen von DÉHÉRAIN und MAQUENNE[2]) haben gleichfalls gezeigt, wie sehr die Energie der Kohlensäureaufnahme durch Blätter mit dem Wassergehalt der Organe variiert. Diese Einflußnahme erscheint natürlich, nachdem energisch assimilierende Pflanzen eine erhebliche Menge des aufgenommenen Wassers zur Bildung von organischer Substanz, sowohl direkt in der Kohlenhydratsynthese als auch in anschließenden synthetischen Prozessen verschiedener Art, verbrauchen.

VAN TIEGHEM[3]) hat vorgeschlagen, den Teil des Transpirationsprozesses, welcher das unmittelbar zum Assimilationsvorgang nötige Wasser liefert, als „Chlorotranspiration" oder „Chlorovaporisation" zu bezeichnen; es ist jedoch dieser Begriff vorläufig nicht über die Bedeutung einer theoretischen Einteilung hinausgekommen. Bedeutungsvoll hierbei ist, daß die roten Lichtstrahlen der Wellenlänge von BC die Transpiration am stärksten beschleunigen und den Turgor der Schließzellen am meisten erhöhen [WIESNER[4]); KOHL[5])], so wie sie andererseits nach dem Ergebnisse der „Bakterienmethode" die Assimilationstätigkeit in den Chloroplasten selbst am stärksten anregen.

Daß die Kohlensäurezerlegung nach dem Trocknen der Blätter für immer vernichtet ist, hat BOUSSINGAULT[6]) bereits vor längerer Zeit dargelegt, ebenso wie die Schwächung der Kohlensäureassimilation durch partiellen Wasserverlust. Manche Moose und viele Flechten vermögen übrigens auf ihrem natürlichen Standorte bis zur Pulverisierbarkeit auszutrocknen und verlieren natürlich temporär ihre Assimilationstätigkeit, um aber nach Eintritt genügender Wasserzufuhr sofort wieder eine energische Assimilation zu entfalten[7]). Mit der Notwendigkeit, zur Assimilation den Wasservorrat nicht unter ein gewisses Maß sinken zu lassen, hängen auch die mannigfachen Einrichtungen zusammen, welche Xerophyten, welche wasserarme Gebirge, Wüsten etc. bewohnen, ausbilden, um als Schutz gegen übermäßige Transpiration zu dienen. VOLKENS[8]), SCHIMPER[9]), JÖNSSON[10]) und viele andere Forscher haben sich mit dem Studium dieser interessanten Verhältnisse näher befaßt und ausführlich hierüber berichtet.

F. Einfluß des Salzgehaltes des Mediums. Wasserpflanzen, bei denen sich diese Einflußnahme am reinsten studieren läßt, werden nach den vorliegenden Erfahrungen in ihrer Assimilationstätigkeit durch einen Salzgehalt des Wassers, welcher von den normalen Bedingungen abweicht, meist ungünstig beeinflußt.

Es handelt sich um osmotische Wirkungen, welche bei Süßwasser- und Meerespflanzen festgestellt wurden. Daß aber selbst Plasmolyse erzeugende Salzkonzentrationen unter geeigneten Verhältnissen die Kohlen-

1) B. JÖNSSON, Compt. r., Tome CXIX, p. 440 (1894). — 2) DÉHÉRAIN u. MAQUENNE, Compt. rend., Tome CIII, p. 167 (1886). — 3) PH. VAN TIEGHEM, Bull. soc. bot., Tome XXXIII, p. 152 (1886). — 4) WIESNER, Sitz.-Ber. Wien. Akad., Bd. LXXIV, Okt. 1876. — 5) S. Anm. 1, p. 438. — 6) BOUSSINGAULT, Agronom., Tome IV, p. 317 (1868). — 7) Hierzu vgl. BASTIT, Rev. gén. Bot., Tome III, p. 521 (1891); JUMELLE, ibid., Tome IV, p. 168 (1892); Compt. rend., Tome CXII, p. 888; Tome CXIII, p. 920 (1891). — 8) VOLKENS, Flora der ägypt.-arab. Wüste, 1886. — 9) SCHIMPER, Pflanzengeographie (1898). 10) B. JÖNSSON, Z. Kenntnis des anatom. Baues d. Wüstenpfl., Lund 1

säureassimilation nicht hemmen müssen, haben sowohl KLEBS [1]) als KNY [2])
beobachtet. Doch ist es nach mehrfachen Feststellungen nicht zweifelhaft, daß Süßwasserpflanzen sich nach Einbringen in verschiedene Neutralsalzlösungen in ihrer Assimilationstätigkeit beeinträchtigt zeigen.
JACOBI [3]) sah bei Elodea, nach dem Ausfalle der Blasenzählmethode zu
schließen, Herabdrückung der Assimilation durch 0,5 Proz. KNO$_3$, 0,29
Proz. NaCl und 0,37 Proz. KCl; alle drei Lösungen sind isos-
motisch, doch wirkte KCl schwächer. Die auf eine größere Anzahl von
Salzen ausgedehnten Untersuchungen von TRÉBOUX [4]) bestätigten diese
Ergebnisse. Die minimale Dosis, welche eben noch merklich die Assimilation schädigt, liegt bei etwa 0,1 Proz. KNO$_3$ (Elodea). Plasmo-
lytisch wirksame Konzentrationen waren in den Versuchen von TRÉBOUX
stets für die Pflanzen bereits dauernd schädigend. Auch PANTANELLI [5])
erzielte wesentlich dieselben Ergebnisse unter Beobachtung weiterer
Vorsichtsmaßregeln, und an der hemmenden Wirkung der K- und Na-
Ionen auf die Assimilation ist demnach nicht zu zweifeln. PANTANELLI
nimmt an, daß die Wirkung das Chloroplastenstroma trifft. Es wäre
jedenfalls noch eine dankbare Aufgabe, die Salzwirkungen und Ionen-
wirkungen auf die Kohlensäureassimilation möglichst umfassend zu
studieren, da man vielleicht gerade auf diesem Gebiete wichtige Aufklärungen über das Zusammenarbeiten von Chloroplastenstroma und
Farbstoff bei der CO$_2$-Assimilation erwarten darf. Meeresalgen (Ulva
und Enteromorpha) wurden von ARBER [6]) hinsichtlich der Wechselwirkungen zwischen Salzgehalt des Mediums und Assimilationsintensität
untersucht, ohne daß die wünschenswerte Sicherheit in der Erkenntnis
der einschlägigen Verhältnisse seinen Versuchen zu entnehmen wäre.
Jedenfalls wirkt Seewasser viel besser als alle künstlichen Salzlösungen,
und das destillierte Wasser schädigt vermöge seines unzureichenden
Gehaltes an CO$_2$ und Salzen die Assimilation dieser Algen bedeutend.

Daß nicht wenige Süßwasseralgen aus den verschiedensten Ord-
nungen imstande sind, sich an Salzlösungen bis zu einem bestimmten
Grade zu gewöhnen, geht aus den Untersuchungen RICHTERS [7]) hervor.
Wie OLTMANNS [8]) hervorhebt, ist für Meeresalgen rascher und häufiger
Wechsel des Salzgehaltes im Medium, wie er besonders im Brackwasser
sich findet, nicht günstig.

Bei den Landpflanzen, welche salzhaltigen Boden bewohnen, ist
eine Änderung im Salzgehalte des Substrates, soweit die Erfahrungen
reichen, selbst bis zur gänzlichen Abwesenheit von Kochsalz von keinem
Einflusse auf die Assimilationstätigkeit, wohl aber auf die anatomische
Struktur der Blätter. Besonders LESAGE [9]) hat sich mit eingehenden
Studien in dieser Richtung befaßt. Es scheint, als ob der succulente
Charakter vieler Halophyten in einem Zusammenhange mit der Schwächung
der Assimilation durch vermehrten Salzgehalt stände. Vielleicht kommt
auch für eine Reihe von Halophyten der Verwendung organischer Säuren
als Kohlensäurequelle eine Bedeutung zu. Daß der xerophile Habitus

1) KLEBS, Biolog. Centr., Bd. VII, p. 166 (1887). — 2) KNY, Ber. bot. Ges.,
Bd. XV, p. 396 (1897). — 3) B. JACOBI, Flora, 1899, p. 323. — 4) O. TRÉBOUX,
Flora, 1903, p. 49. — 5) PANTANELLI, Jahrb. wiss. Bot., Bd. XXXIX, p. 199
(1903). — 6) E. A. NEWELL-ARBER, Ann. of Bot., Vol. XV, p. 39, 669 (1901). —
7) A. RICHTER, Flora, 1892, p. 4. — 8) OLTMANNS, Sitz.-Ber. Berlin. Akad.,
1891, p. 193. — 9) P. LESAGE, Compt. rend., Tome CIX, p. 204 (1889); Rev. gén.
Botan., Tome II, p. 55 (1890); Compt. rend., Tome CXII, p. 113, 337, 672, 891
(1891).

der Halophyten als Transpirationsschutz und Schutz gegen übermäßige Salzzufuhr aus dem Boden aufzufassen ist, hat SCHIMPER [1]) in besonderer Rücksicht auf die indomalayische Strandflora dargelegt. Die Stomata sind nach STAHL [2]) bei den Halophyten häufig nicht zum Schließen befähigt, sondern stehen dauernd offen: ROSENBERG [3]) hat allerdings eine Reihe von Halophyten namhaft gemacht, welche keineswegs der Fähigkeit des Spaltenschlusses entbehren.

G. Einfluß der Ansammlung von Assimilationsprodukten oder künstlicher Zuckerdarreichung. Wie andere biologische Vorgänge, so wird auch die Kohlensäureassimilation durch Anhäufung ihrer Produkte verlangsamt und kann schließlich sogar gänzlich gehemmt werden. Dies ist namentlich für abgeschnittene Blätter beobachtet worden. Schon BOUSSINGAULT [4]) konstatierte bei abgeschnittenen Blättern anfänglich energische Kohlensäurezerlegung im Sonnenlichte und sodann allmähliche Abnahme. SAPOSCHNIKOFF [5]) gelang es in einer Reihe von Untersuchungen festzustellen, daß bei abgetrennten Blättern von Vitis und anderen Pflanzen die Stärkespeicherung nur bis zu einem gewissen Grenzwerte geht und dann die Kohlensäurezerlegung überhaupt aufhört. In kohlensäurereicher Luft kann ein Blatt der Vitis Labrusca nach SAPOSCHNIKOFF bis zu 35 Proz. seiner Trockensubstanz an Assimilation anhäufen, ehe die Kohlensäurezerlegung sistiert.

H. Einfluß von Wasserströmungen auf die Assimilationsgröße von Wasserpflanzen wurde durch DARWIN und PERTZ [6]) gefunden, und zwar schieden Elodea, Hottonia und Potamogeton in bewegtem Wasser deutlich mehr Sauerstoff aus, als in ruhendem Wasser unter sonst gleichen Verhältnissen. Daß, die vermehrte Diffusion der Kohlensäure hierbei eine Rolle spielt, ist wohl außer Frage; nicht näher bekannt sind jedoch die übrigen Faktoren, welche die Assimilationsförderung bedingen, wenn das umgebende Wasser in Bewegung verbleibt.

I. Einfluß des Lebensalters. Daß ganz jugendliche Blätter noch nicht in dem Maße Kohlensäure zerlegen wie erwachsene Laubblätter, fiel bereits INGENHOUSS auf, und wurde in späterer Zeit wiederholt festgestellt. CORENWINDER [7]) und BOUSSINGAULT [8]) fanden den Gaswechsel jugendlicher Blätter bei der Assimilation weniger intensiv; ebendasselbe ergab sich in Versuchen KREUSLERS [9]). Mittelst Anwendung der Bakterienmethode konnte EWART [10]) sich überzeugen, daß die Kohlensäurezerlegung bei ganz jugendlichen Blättern bald beginnt; doch muß ein gewisser Vorrat an Chlorophyll und eine gute Ausbildung der Chloroplastenstromata bereits vorhanden sein, ehe die Assimilation einsetzt. Blätter mittleren Alters assimilieren am stärksten. Nach CUBONI [11]) verhält sich die Stärkebildung bei Vitis von den jüngsten Blättern nach

---

1) A. F. W. SCHIMPER, Monatsber. Berl. Akad., 1890, p. 1045. Die indomalayische Strandflora, Jena 1891; Pflanzengeographie (1898). — 2) STAHL, Botan. Ztg., 1894, p. 136. — 3) ROSENBERG, Svensk. Vet. Akad. Öfv., 1897, p. 661. — 4) BOUSSINGAULT, Agronomie, Tome IV, p. 303 (1868). — 5) SAPOSCHNIKOFF, Ber. bot. Ges., 1890, p. 238; 1891, p. 298; 1893, p. 391; Bot. Centralbl., Bd. LXIII, p. 246 (1895). — 6) FR. DARWIN u. PERTZ, Proc. Cambridge phil. soc. Vol. IX (1896). — 7) CORENWINDER, Mém. soc. Lille, 1867, p. 22; Ann. chim. phys. (5). Tome XIV, p. 118 (1878). — 8) BOUSSINGAULT, Agronom., Tome V, p. 18 (1874). — 9) KREUSLER, Landwirtsch. Jahrbücher, Bd. XIV, p. 913 (1885). — 10) EWART. Journ. Linn. Soc. (1896), Tome XXXI, p. 452. — 11) CUBONI, Bot. Centralblatt (1885), Bd. XXII, p. 47.

abwärts wie $4:5:6:8:9:10:8:5:2:0$ in den aufeinanderfolgenden Blättern eines Triebes.

Blätter, die in herbstlicher Verfärbung begriffen sind, assimilieren nach den Untersuchungen von KREUSLER und EWART so lange, als sie noch nicht degenerierte Chlorophyllkörner haben. Nach KREUSLER soll sich besonders bei höheren Temperaturen ein Abfall der assimilatorischen Leistung bei alten Blättern ergeben. Nach FRIEDEL[1]) ist bei Spinatblättern Mitte Juni die Assimilation etwa 10mal so intensiv wie Mitte Oktober, und Pelargonium zonale zeigte diesem Forscher im November im Sonnenlichte nur so viel Kohlensäurezerlegung, daß eben der entgegengesetzte Atmungsgaswechsel kompensiert wurde. Ähnliche Verhältnisse treten auch ein bei reifenden Früchten. Daß Früchte, solange sie grün sind, so wie Laubblätter Kohlensäure zerlegen, hat bereits SAUSSURE[2]) gezeigt, welcher auch die irrige Ansicht BÉRARDS widerlegte, wonach die Kohlensäureassimilation fleischigen Früchten fehle.

K. Einfluß narkotisierender Stoffe und anderer chemischer Substanzen. Daß die Assimilation von Wasserpflanzen durch Chloroform gehemmt wird, hat CLAUDE BERNARD[3]) angegeben, und die späteren Untersuchungen von BONNIER und MANGIN[4]), DETMER[5]). EWART[6]), TRÉBOUX haben allgemein bestätigt, daß Chloroformierung und Äthernarkose eine Hemmung der Kohlensäureassimilation setzen, welche, sobald die Chloroformmenge nicht zu groß war, wieder nach Beseitigung des Narkotisierungsmittels vorübergeht. Für die Blätter von Landpflanzen haben Versuche von BELLUCCI[7]) dasselbe gelehrt, und ich finde dies nach eigenen Erfahrungen vollkommen zutreffend. Doch mag manchmal bei Wasserpflanzen die Wirkung nicht gleich schnell eintreten, wie man vielleicht aus Erfahrungen von SCHWARZ[8]) schließen darf, ohne jedoch mit diesem Autor die Richtigkeit der von CLAUDE BERNARD beobachteten Hemmung zu bezweifeln. Auch nach KNY[9]) läßt sich bei Spirogyra crassa nach fünfstündiger Einwirkung von Chloroformwasser $(1:5)$ noch Sauerstoffausscheidung nachweisen. Eine vorübergehende Steigerung der Funktion durch Ätherwirkung scheint nach den Forschungen von TRÉBOUX nicht vorhanden zu sein. Bezüglich der Transpiration hat übrigens JUMELLE[10]) eine Steigerung durch Ätherdampf im Lichte behauptet, was mir noch einer Nachuntersuchung bedürftig erscheint, zumal da SCHNEIDER[11]) diese Angabe nicht bestätigen konnte.

Hemmung der Assimilation durch Gifte ist vielfach sichergestellt. JACOBI[12]) fand als schädlich wirkende Stoffe Chinin, Antipyrin, Schilddrüse, Jod. Das Chinin scheint nach PANTANELLI (l. c.) sowohl Chloroplastenstroma als den Chlorophyllfarbstoff schädlich zu beeinflussen. BOUSSINGAULT[13]) berichtete über Herabsetzung der Assimilation durch Terpentindämpfe. Quecksilberdampf vernichtet die Assimilation schnell:

1) J. FRIEDEL, Compt. rend., Tome CXXXIII, p. 840 (1902). — 2) SAUSSURE, Ann. chim. phys. (2), Tome XIX, p. 143 (1821). — 3) CLAUDE BERNARD, Leçons sur les phénom. de la vie (1878), p. 278. — 4) BONNIER u. MANGIN, Annal. sc. nat. (7), Tome III, p. 14 (1886). — 5) DETMER, Landwirtsch. Jahrbücher, Bd. XI, p. 228. — 6) EWART, Journ. Linn. Soc. (1896), Tome XXXI, p. 408. — 7) BELLUCCI, Just Jahresber., 1887, Bd. I, p 149. — 8) F. SCHWARZ, Untersuch. a. d. bot. Inst. Tübingen, Bd. I, p. 102 (1881). — 9) L. KNY, Ber. bot. Ges., Bd. XV, p. 401 (1897). — 10) JUMELLE, Compt. rend., Tome CXI, p. 461 (1890). — 11) A. SCHNEIDER, Just Jahresber., 1892, Bd. I, p. 86. — 12) S. Anm. 3, p. 441. — 13) BOUSSINGAULT, Agronomie, Tome IV, p. 336 (1868).

Schwefeldampf kann als ein Gegenmittel gegen diese Vergiftung betrachtet werden. Eine Reihe von Giften wurden jüngst von TRÉBOUX geprüft, namentlich im Hinblick auf die bezüglich anderer Lebenstätigkeiten (Atmung, Wachstum) beobachteten Steigerungen durch minimale Stoffmengen. Die Assimilation wird jedoch z. B. durch Kupfersulfat, wie schon DETMER fand, nur gehemmt, ebenso löst Zinksulfat in sehr verdünnter Lösung nur Herabsetzung aus; desgleichen Alkaloide, sobald die Dosis überhaupt über die Wirksamkeitsschwelle sich erhebt. Bemerkenswert hingegen ist die beschleunigende Wirkung sehr verdünnter Säuren auf die Kohlensäureassimilation, welche in den früheren einschlägigen Untersuchungen von WIELER und HARTLEB [1]) und auch von EWART übersehen worden war und erst von TRÉBOUX sichergestellt wurde. Die angewandten Säuren, organische und anorganische, lösten in einer Konzentration N/10000 diese Wirkung aus. Höhere Konzentrationen bedingen, wie die oben genannten Autoren ebenfalls fanden, Hemmung. Alkalien hemmen nach DETMERS Angaben die Assimilation von Elodea gleichfalls.

PURIEWITSCH [2]) gab an, daß geringe Mengen von apfelsauren, oxalsauren und weinsauren Salzen die Assimilationstätigkeit von submersen Pflanzen durch CO$_2$-Abspaltung begünstigen; doch hat TRÉBOUX bei Elodea durch neutrales Kaliumtartrat in 0,2-proz. Lösung diesen Erfolg nicht zu erzielen vermocht. Schwache Formaldehydlösung (0,001 Proz.) wirkt nach TRÉBOUX auf Elodea nicht schädlich; eine Stärkebildung war jedoch weder im Dunklen noch im Sonnenlichte bei Anwendung dieser Formaldehydlösung zu erzielen. Jedenfalls lassen sich also auf diesem Wege keine experimentellen Stützen für die Anschauung gewinnen, daß das erste bei der Kohlensäureassimilation gebildete Produkt Formaldehyd sei. Streng widerlegt wird allerdings diese Theorie durch die Versuche TRÉBOUX gleichfalls nicht.

Als Gifte für die Assimilation fand ferner bereits WEYL [3]) 1 Proz. Phenol; ¹/₄ Proz. Phenol hebt die Assimilation von Elodea noch nicht auf; ferner kalt gesättigte Salicylsäurelösung, Strychnin und 0,25 Proz. Natriumkarbonat. Auch seien noch die Versuche von MARCACCI [4]) über Hemmung der Chlorophyllbildung bei Lemna durch Chinin-, Morphin- und Strychninlösung erwähnt.

Von verschiedenen Seiten ist die Wirkung der Bordeauxbrühe auf Kartoffel- und Weinblätter als Steigerung der Assimilationstätigkeit der Laubblätter durch das Kupferpräparat hingestellt worden [5]. Doch ist die sicher konstatierte Verstärkung des Blattwachstums und die dunkel grüne Färbung wohl kaum anders zu deuten als als Folge chemischer Wachstumsreize. Daß durch die Vermehrung des assimilierenden Gewebes eine Verstärkung der Assimilation erfolgen kann, läßt sich nicht in Abrede stellen, doch haben wir es mit keiner direkten chemischen Reizwirkung auf den Assimilationsprozeß zu tun.

1) WIELER u. HARTLEB, Ber. bot. Ges., 1900, p. 348. — 2) PURIEWITSCH, Bot. Centr., Bd. LVIII. p. 368 (1894). — 3) TH. WEYL, Sitz.-Ber. phys.-med. Soc. Erlangen, 1881. — 4) A. MARCACCI, Just Jahresber., 1895, Bd. I, p. 310; Botan. Centralbl., Bd. LXVI, p. 169 (1895). — 5) Über Kupferwirkung: RUMM, Ber. bot. Ges., 1893, Bd. XI, p. 79; FRANK u. KRÜGER, ibid., Bd. XII, p. 8 (1894); PEELISSE u. SOSTEGNI, Just Jahresber., 1895, Bd. I, p. 292; TSCHIRCH, ibid., p. 294; BAIN, Naturwiss. Rundsch., 1903, p. 23; GRIFFON, Ann. sc. nat. (8), Bd. X, p. 1 (1899).

§ 4.
Die Chloroplasten als Assimilationsorgane.

SENEBIER zeigte zuerst, daß nicht die Epidermis Sitz der grünen Farbe der Blätter ist, sondern das innere Blattgewebe; er wußte auch, daß dieses Gewebe nur dann grün ist, wenn das Blatt am Lichte erwachsen war. Seither nannte man die Ursache der Grünfärbung „grüne Materie"; CANDOLLE bezeichnete sie als „Viridine", DESVAUX als „Chloronit". Das Mikroskop zeigte bereits den älteren Forschern eine körnige Verteilung des Farbstoffes in den Zellen; es wurde infolgedessen von „grünem Farbmehl", chromule verte, gesprochen, und man hielt diese Körnchen für eine Farbstoffablagerung in Form eines körnigen Niederschlages. MEYEN [1]) wußte aber bereits, daß diese „gefärbten Zellensaftkügelchen" eine ungefärbte Masse zur Grundlage haben, und letztere nur vom Farbstoff durchdrungen ist. Nach Behandlung mit Alkohol oder Äther bleiben die ungefärbten Kügelchen, welche wir heute als Stroma der Chloroplasten bezeichnen, ohne Formänderung zurück. MEYEN fand die Stromata in kaltem wie in kochendem Wasser unlöslich; er ließ ihre chemische Natur in suspenso. Die Genesis der vom Stroma eingeschlossenen Stärkekörnchen verstand MEYEN noch nicht. MULDER [2]) nahm an, daß die Chlorophyllkörner immer aus Amylum hervorgehen, indem sie sich in das mit dem grünen Farbstoff verbundene Wachs verwandeln. Die richtigen Ansichten auf diesem Gebiete begründete erst MOHL. Eine im ganzen nicht unzutreffende Anschauungsweise über die Struktur der Chloroplasten sehen wir aber auch bereits durch TREVIRANUS [3]) (1814) vertreten, welche die Chlorophyllkörner als Eiweißkügelchen erklärt, denen die grüne Materie beigemischt ist.

Die Rolle der Stärkeeinschlüsse als Assimilationsprodukte der Chloroplasten hat, auf den Feststellungen von MOHL, GRIS und NÄGELI fußend, bekanntlich SACHS in klarer erschöpfender Weise dargestellt. Auch wurde durch SACHS [4]) die Entwicklung der Chloroplasten bei der Keimung und die Ausbildung des grünen Farbstoffes in ihnen richtig beobachtet. In der Darstellung HOFMEISTERS vom Jahre 1867 [5]) vermissen wir überhaupt wenige von den bisher bekannten Tatsachen bezüglich des Baues der Chloroplasten. Die feinere Struktur der Chlorophyllkörner ist heute in den meisten Stücken noch nicht aufgeklärt. PRINGSHEIM [6]) nahm an, daß die Chloroplasten „Hohlkörper mit netzig durchbrochener Hülle darstellten; der periphere Anteil bestehe aus einem schwammförmig porösen Gerüste, welches im normalen Zustande von dem ölig flüssigen Farbstoff durchtränkt sei. Späterhin wurde insbesondere durch A. MEYER [7]) die Ansicht näher erörtert, daß den Chloroplasten ein schwammartiger Aufbau zuzuschreiben sei; in ein farbloses

---

1) MEYEN, System d. Pflanzenphysiol., Bd. I, p. 201 (1837). — 2) MULDER, Physiolog. Chem. (1844), p. 294. — 3) TREVIRANUS, Biologie, Bd. IV, p. 95 (1814). — 4) J. SACHS, Bot. Ztg., 1862, p. 365; 1864, p. 289. — 5) HOFMEISTER, Pflanzenzelle (1867), p. 362. — 6) PRINGSHEIM, Jahrbücher wissensch. Botan., Bd. XII, p. 288 (1881). — 7) A. MEYER, Das Chlorophyllkorn, 1883; Bot. Ztg., 1883, p. 489, ferner TSCHIRCH. Untersuch. über das Chlorophyll (1884), p. 12; Sitz.-Ber. Gesellsch. naturforsch. Freunde, Berlin 1884; SCHMITZ, Jahrb. wiss. Bot., Bd. XV (1884); SCHIMPER, Jahrb. wiss. Bot., Bd. XVI (1885). Vgl. auch das Sammelreferat v. ZIMMERMANN, Beihefte botan. Centr., Bd. IV, p. 90 (1894) und CZAPEK, Ber. botan. Ges., Bd. XX, Gen.-Vers.-Heft (1902); KOHL, Untersuch. über das Karotin (1902), p. 117.

Stroma seien grüne Körnchen „Grana" eingelagert, welche als die mit
ölartiger Pigmentsubstanz erfüllten Maschenräume der Chlorophyllkörner
aufzufassen sind. Als günstiges Objekt machte MEYER die Chlorophyllkörner der grünen Scheinknollen von Acanthephippium sitchense namhaft; ferner zeigen, wie ich bestätigen kann, die Chloroplasten der
Phajusknollen und von Pellionia dieselbe Erscheinung; geeignet ist auch
für einschlägige Beobachtungen das Stengelparenchym von Goodyera
discolor[1], nach STOKES[2] die Blätter von Mnium cuspidatum. In manchen
Fällen war es mir jedoch durch keine Untersuchungsmethode möglich,
ein anderes als ein ganz homogenes Aussehen der Chloroplasten festzustellen; vielleicht hängt dies von dem wechselnden Lichtbrechungsvermögen der „Grana" und der farblosen Gerüstsubstanz ab. Auf die
abweichenden Ansichten, die SCHWARZ[3] über den Bau der Chloroplasten geäußert hat, und welche wenig Anklang gefunden haben, sei
hier nicht näher eingegangen. CHODAT[4] schrieb in neuerer Zeit den
Chlorophyllkörnern gleichfalls lakunären Bau zu. Erwähnt sei, daß hie
und da Proteïnkristalle in Chlorophyllkörnern gefunden worden sind[5].
Auf die Kontroverse, ob den Chloroplasten eine spezielle Membran zuzuschreiben sei oder nicht, braucht man wohl kaum zurückzukommen,
da feine Trennungsmembranen an der Peripherie aus physikalisch-chemischen Gründen angenommen werden müssen[6]. Wie die Abplattungserscheinungen bei dichtgelagerten Chlorophyllkörnern, und das Verhalten
der in strömendem Plasma dahingleitenden Chloroplasten beweisen,
handelt es sich in den Chloroplasten um weiche plastische Gebilde.

Auf die näheren Details bezüglich der äußeren Form und Größe[7]
der Chloroplasten einzugehen, ist hier wohl kaum der Ort, und es kann
als bekannt vorausgesetzt werden, daß meist linsenförmig abgeplattete,
runde Formen vorkommen. Auch die Frage der Entstehung und Vermehrung der Chlorophyllkörner sei hier nicht näher berührt. Die
Chloroplasten vermehren sich ausschließlich durch Teilung, wie SCHIM
PER[8] zuerst ausführlich gezeigt hat, und aufmerksame Beobachtungen
haben schon in Kotyledonen reifer Samen die kleinen unentwickelten
Chloroplastenanlagen erkennen lassen[9].

Von biologischem Interesse ist die von CH. DARWIN[10]) beobachtete
Agglutination von Chloroplasten bei Dionaea durch 7°/₀₀ Ammoniumkarbonat, sowie das von VRIES[11]) näher studierte Verhalten der Chloroplasten von Spirogyra bei Plasmolyse (Kontraktion).

Die Frage, ob die Chloroplasten allein die Träger der Kohlensäurezerlegung in der Zelle darstellen, haben besonders die schönen

---

1) CHMIELEWSKY, Bot. Centralbl., Bd. XXXL p. 57 (1887). — 2) A. G.
STOKES, Bull. Torr Bot. Cl., Vol. XXI, p. 396 (1894). — 3) F. SCHWARZ, Cohns
Beitr., Bd. V, Heft 1. Hierzu A. MEYER, Bot. Ztg., 1888, p. 636. — 4) CHODAT,
ref. Bot. Ztg., 1892, p. 118; Beihefte bot. Centr., Bd. I, p. 417 (1891). — 5) G.
STOCK, Cohns Beiträge, Bd. VI (1892); SCHIMPER, Jahrbücher wiss. Bot. Bd. XVI,
p. 66 (1885); ZIMMERMANN, Pflanzenzelle; Schenks Handb. d. Bot., Bd. III, 2.
Abteil., p. 557. — 6) Hierzu: MEYER, l. c. (1883); TSCHIRCH, Ber. bot. Ges., Bd. I,
p. 202 (1883). — 7) Hierüber die Handbücher der Anatomie z. B. ZIMMERMANN,
Pflanzenzelle, l. c.; ferner HABERLANDT, Flora, 1888, p. 291; Physiol. Pflanzenanatomie, 3. Aufl. — 8) SCHIMPER, Bot. Ztg., 1883, p. 105. Die Angaben von
MIKOSCH (Sitz.-Ber. Wiener Akad., 1885, Juliheft) sind teilweise unrichtig und auch
widerlegt; das Gleiche gilt wohl von den Untersuchungen BELZUNGS, Ann. sc. nat.
(7), Tome V, p. 179. — 9) FAMINTZIN, Bot. Centr., Bd. LXIV, p. 417 (1895). —
10) DARWIN, Journ. Linn. soc., Vol. XIX, p. 262 (1882). — 11) VRIES, Ber. bot.
Ges., Bd. VII, p. 19 (1889).

Versuche ENGELMANNS zuerst deutlich zu beantworten vermocht. Die Bakterienmethode erlaubt mit Bestimmtheit festzustellen, daß in der Spirogyrazelle das Chlorophyllband das einzige Organ ist, welches im Lichte Sauerstoff ausscheidet, indem sich die Bakterien nur an jenen Stellen der Zellperipherie ansammeln, welchen das Chlorophyllband direkt anliegt. Auch hat ENGELMANN [1]) zuerst angegeben, daß einzelne völlig isolierte Chloroplasten noch einige Zeit unter geeigneten Bedingungen fortfahren können, im Lichte Sauerstoff auszuscheiden. Diese Beobachtungen konnte HABERLANDT [2]), sowie EWART [3]) bestätigen, und auch in den von KNY [4]) mitgeteilten Tatsachen vermag ich nichts anderes als eine Bestätigung der Ansicht zu erblicken, daß die Chloroplasten ihre assimilatorische Tätigkeit autonom ausüben, wenn auch KNY der Möglichkeit, daß minimale Protoplasmapartikel den Chlorophyllkörnern anhaften, eine allzugroße theoretische Bedeutung beimißt. Jedenfalls ist selbst nach KNY der Zusammenhang der Chloroplasten mit dem intakten Cytoplasma und dem Zellkern zur assimilatorischen Tätigkeit der Chlorophyllkörner nicht nötig.

Da man an den Chloroplasten Stroma und Farbstoff unterscheiden kann, sind weiter die Fragen zu beantworten, ob einer dieser beiden Bestandteile entbehrlich ist, welche Funktion jedem derselben zukommt, und ob nicht vielleicht beide in irgend einer Weise bei der Kohlensäureassimilation zusammenwirken müssen. Die Tatsache, daß albinotische wie etiolierte Chlorophyllkörner nicht funktionieren, und letztere nach Eintritt von Belichtung sofort unter leichtem Ergrünen die Sauerstoffabgabe beginnen, legt nahe, dem Stroma für sich allein keine entscheidende Bedeutung bei der Kohlensäureverarbeitung zuzuschreiben. Allerdings hat ENGELMANN [5]) Fälle angegeben, in denen anscheinend gänzlich chlorophyllfreie gelbe Chromatophoren Sauerstoffausscheidung im Lichte zeigten. In neuerer Zeit sind weitere Beobachtungen in dieser Richtung an etiolierten Chloroplasten von TAMMES [6]), JOSOPAIT [7]) und KOHL [8]) gesammelt worden, und man darf heute dieser Frage besondere Aufmerksamkeit schenken, indem es von großem theoretischem Interesse wäre, durch kritisch studierte Fälle den sicheren Nachweis einer Kohlensäurezerlegung ohne Chlorophyllfarbstoff zu erbringen.

Daß jedoch dem Chlorophyllfarbstoffe selbst eine sehr wichtige Rolle bei der Kohlensäurezerlegung zukommt, wird durch eine so große Masse biologischer Tatsachen erwiesen, so daß auch der Nachweis einer assimilatorischen Tätigkeit ohne Chlorophyll in einzelnen Fällen und unter bestimmten Bedingungen nicht viel unsere derzeitige Auffassung beeinflussen könnte. Allein vermag der Chlorophyllfarbstoff aber gewiß nicht die assimilatorische Funktion auszuüben. Die Angaben REGNARDS [9]) über Sauerstoffabscheidung durch alkoholische Chlorophyllösung haben sich durch die Nachprüfungen von JODIN [10]), PRINGSHEIM [11]) und KNY [4])

---

1) TH. ENGELMANN, Bot. Ztg., 1881, p. 446. — 2) HABERLANDT, Lage des Zellkerns (1887), p. 118. — 3) EWART, Journ. Linn. Soc., Vol. XXXI, No. 217 (1896). — 4) KNY, Ber. bot. Ges., Bd. XV, p. 388 (1897); Bot. Centralbl., Bd. LXXIII (1898); vgl. auch CZAPEK, Bot. Ztg., 1900, 2. Abt., No. 5. — 5) ENGELMANN, Bot. Ztg., 1887, p. 418. — 6) T. TAMMES, Flora, 1900, p. 205. — 7) A. JOSOPAIT, Über die photosynthet. Assimilationstätigkeit einiger chlorophyllfreier Chromatophoren, Dissert. Basel, 1900 (unter Leitung von SCHIMPER). — 8) KOHL, Untersuch. üb. d. Karotin (1902), p. 136. — 9) REGNARD, Compt. rend., Tome CII, p. 264 (1886); Tome CI, p. 1293 (1885). — 10) JODIN, Compt. rend., Tome CII, p. 767 (1886); auch BEIJERINCK, Bot. Ztg., 1890, p. 742. — 11) PRINGSHEIM, Ber. bot. Ges., Bd. IV, p. LXXXVI, (1886).

als Täuschung herausgestellt; ich habe mich überdies überzeugen können, daß mit Chlorophyll grün tingierte Olivenöltröpfchen, welche von Stengelrindenzellen von etiolierten Helianthuskeimlingen aktiv aufgenommen waren[1]), auch in Kontakt mit dem Zellplasma keine Sauerstoffausscheidung im Lichte mit Hilfe der Bakterienmethode nachweisen lassen. Das Chloroplastenpigment wirkt allein ohne Stroma nicht auf Kohlensäure ein, und kann nur im Zusammenwirken mit der plasmatischen Grundlage der Chlorophyllkörner seine Tätigkeit entfalten.

Anschließend sei noch einiger wichtiger Färbungsanomalien der Chloroplasten größtenteils pathologischer Natur Erwähnung getan.

Die Panachierung von Blättern ist eine nicht selten ohne erkennbare Ursache besonders an kultivierten Pflanzen auftretende, aber auch, wie SORAUER[2]) feststellte, durch gewisse Eingriffe erzielbare Erkrankung. In sehr vielen Fällen ist die Weißfleckigkeit der Blätter erblich, oder kann, wie MOLISCH[3]) in einem interessanten Beispiele einer Kohlvarietät gezeigt hat, leicht hervorgerufen werden durch bestimmte Einflüsse. Die Ursachen der Albicatio sind noch gänzlich unklar. In den weißen Stellen albikanter Blätter ist nach den Untersuchungen von RODRIGUE[4]) und TIMPE[5]) die Blattdicke geringer, das Palisadenparenchym schwächer oder gar nicht entwickelt. Die Chromatophoren, deren Verhältnisse ZIMMERMANN[6]) genauer untersuchte, sind scharf begrenzt, gänzlich ungefärbt; legt man albikante Blätter auf Zuckerlösung, so werden die Chloroplasten größer, pigmentierter und bilden Stärkekörner aus.

Die Chlorose, das Verbleichen der Blätter bei mangelnder Eisenzufuhr, ist eine allbekannte Erscheinung, welche in ihrer Natur von GRIS[7]) zuerst richtig erkannt wurde, welcher zeigte, daß die Pflanzen auf Eisendarreichung schnell wieder ergrünen. Von neueren Forschern hat besonders SACHS[8]) ein klares Licht auf diese Verhältnisse geworfen. Zink vermag, wie DEMENTIEW[9]) bestätigt hat, die Chlorose nicht zu heilen. Die Einwände, welche MACCHIATI[10]) gegen die ausschlaggebende Bedeutung des Eisens erhoben hat, sind nicht berechtigt. Nach LAURENT[11]) zeigen chlorotische Chlorophyllkörner Veränderungen, die man als fettige Degeneration bezeichnen kann.

Ebenso wie Eisen, dessen Bedeutung für die Chlorophyllbildung im übrigen eine biochemische Erklärung noch nicht gefunden hat, ist auch Darreichung von Phosphorsäure zur normalen Entwicklung der Chloroplasten nötig. Über Störungen der Chlorophyllbildung durch Mangel an Phosphorsäure hat LOEW[12]) nähere Mitteilungen gemacht.

Die Angabe von C. KRAUS[13]). daß Methylalkohol Ergrünen der Chloroplasten auch im Dunkeln veranlassen könne, hat sich nicht bestätigen lassen.

1) Vgl. SCHMIDT, Flora, 1890. — 2) SORAUER, Forsch. Agrik.-Physik. Bd. X (1887). — 3) MOLISCH, Ber. bot. Ges., Bd. XIX, p. 32 (1901). — 4) RODRIGUE, Les feuilles panachées, Génève 1900. Über Albinismus ferner PANTANELLI, Malpighia, Vol. XV—XVII (1902), p. 457; ibid., Vol. XVIII, p. 97 (1904). — 5) TIMPE, Dissert. Göttingen, Just Jahresber., 1900, Bd. II, p. 120; Centr. Bakter. (II), Bd. IX, p. 568 (1902). — 6) ZIMMERMANN, Ber. bot. Ges., Bd. VIII. p. 95 (1890). Beiträge zur Morph. u. Phys. d. Pflanzenzelle, Bd. II (1891). — 7) E. GRIS, Compt. rend. Tome XXIII, p. 53 (1846); Bd. XXV, p. 276 (1847). — 8) SACHS, Arbeit. bot. Inst. Würzburg, Bd. III. p. 433 (1888); Vgl. auch DUFOUR, Just Jahresber., 1893, Bd. I, p. 291. — 9) DEMENTIEW, Just Jahresber., 1876, Bd. II, p. 625. — 10) MACCHIATI, Just Jahresber., 1883, Bd. I, p. 42. — 11) LAURENT, zit. Botan. Centralbl., Bd. XC, p. 408 (1902). — 12) O. LOEW, Botan. Centralbl., Bd. XLVIII, p. 371 (1891). — 13) C. KRAUS, Versuchstat., Bd. XX, p. 415 (1877).

§ 5.
Die Pigmente der Chloroplasten.

Allgemeine und historische Bemerkungen. Daß sich der grüne Farbstoff der Blätter durch Öl und durch Alkohol in Lösung bringen läßt, war bereits NEHEMIAH GREW[1]) bekannt und vielleicht schon früheren Autoren. Es gaben sodann über das „grüne Satzmehl" oder „fécule" der Pflanzen Chemiker des 18. Jahrhunderts gelegentliche Untersuchungen. ROUELLE[2]) beschrieb 1770 eine Bereitungsweise der grünfärbenden Substanz der Gewächse; er extrahierte den Farbstoff mit Alkohol, hielt aber das Pigment für verwandt mit dem Kleber des Mehles. MEYER[3]) fand in dem grünen harzigen Anteil der Pflanzenblätter Phosphorsäure, FOURCROY[4]) gibt an, daß BERTHOLLET im „grünen Satzmehl" Stickstoff nachgewiesen habe. TINGRY nahm eine wachsartige Substanz im grünen Blattfarbstoff an; nach SENEBIER[5]) ist das Pigment zu den rein harzigen Stoffen zu rechnen. SENEBIER entdeckte, daß Luft und Licht den Farbstoff in weingeistiger Lösung zersetzen; BERTHOLLET[6]) fand die bleichende Wirkung des Chlors auf den Blattfarbstoff. Für ihn war der Blätterfarbstoff die Muttersubstanz der Holz- und Rindenfarbstoffe. Weitere Untersuchungen über das Blattgrün gaben PROUST[7]) und VAUQUELIN[8]). SCHRADER[9]) verglich den Farbstoff aus Kohl und Schierling.

1817 schlugen PELLETIER und CAVENTOU[10]) vor, den Blätterfarbstoff als „Chlorophyll" zu bezeichnen, ein Namen, der seither verblieben ist. Sie erkannten späterhin[11]), daß der grüne Alkoholauszugrückstand aus Blättern nicht einheitlicher Natur ist, sondern aus verschiedenartigen Stoffen besteht. BERZELIUS[12]) suchte die Mischung näher zu studieren und gewann beim Behandeln mit Alkali zuerst jenes wasserlösliche schön grüne Chlorophyllderivat, welches wir heute als „Alkachlorophyll" bezeichnen. Aus dieser Zeit stammen auch Versuche einer Elementaranalyse des Chlorophylls. MULDER[13]) gab dem Chlorophyll die Formel $C_{18}H_{18}N_2O_8$; er schied das „reine Blattgrün" aus der salzsauren Lösung mit Calciumkarbonat ab. Seine Vorstellungen waren in physiologischer Hinsicht vielfach unzutreffend. BREWSTER[14]) war der Entdecker der Fluoreszenz und des Absorptionsspektrums des Chlorophylls (1834); er gab zuerst eine ganz richtige Abbildung des Chlorophyllspektrums. Den Arbeiten von STOKES[15]) verdankt man ferner wichtige Aufschlüsse

---

1) N. GREW, Anatomy of Plants (1682), p. 273—274. — 2) ROUELLE, Journ. de Méd., Tome XXXVI, p. 256 (1771); Beyträge z. d. chem. Ann. v. CRELL, Bd. I, 3. Stück, p. 81 (1785). Nach MORREN (Dissert. sur les feuilles vert. et col., p. 59 [1858]) haben die beiden ROUELLE die Löslichkeit des Chlorophyllfarbstoffes in Alkohol entdeckt; doch fällt diese Entdeckung schon in die frühere Zeit der Jatrochemie. — 3) MEYER, Chem. Annal. v. CRELL, 1784, Bd. I, p. 521. — 4) FOURCROY, Ann. chim., Tome III, p. 252, u. Beytr. z. d. chem. Ann. v. CRELL, Bd. IV, 4. Stück, p. 472 (1790). — 5) SÉNEBIER, Physiol. véget. (1800), Tome II. p. 444; Mém. physic. chim., Tome III (1782). — 6) BERTHOLLET, Ann. de chim., Tome VI. p. 218 (1790). — 7) PROUST, Gilberts Annal., Bd. XV, p. 278 (1803). — 8) VAUQUELIN, Ann. de chim., Tome LXXXIII, p. 42 (1812). — 9) SCHRADER, Schweigg. Journ., Bd. V, p. 24 (1812). — 10) PELLETIER u. CAVENTOU, Journ. pharm., Tome III, p. 486; Ann. chim. phys. (2), Tome IX, p. 194 (1818). — 11) PELLETIER u. CAVENTOU, Ann. chim. phys. (2), Tome LI, p. 182 (1832); Schweigg. Journ., Bd. LXVII, p. 90 (1833). — 12) BERZELIUS, Jahresber., Bd. XVIII, p. 381 (1839). — 13) MULDER, Physiol. Chem. (1844), p. 272; Journ. prakt. Chem., Bd. XXXIII, p. 478 (1844); Berzelius Jahresbericht, Bd. XXIV, p. 502 (1845). — 14) BREWSTER, Transact. Roy. soc. Edinborough (1834), Vol. XII, p. 538. — 15) STOKES, Pogg. Ann., Erg.-Bd. IV, p. 217 (1852).

auf diesem Gebiete. Andere Forscher analysierten den Farbstoff von neuem [MOROT[1]), PFAUNDLER[2])]. Der letztere Forscher teilt die Meinung VERDEILS, daß das Chlorophyll etwas Eisen enthalte. Übrigens wurde vielfach [GRIS[3]), HOFMEISTER[4])] auf Grund der Erfahrungen über Eisenmangel und Bleichsucht der Blätter das Eisen als wichtiger Bestandteil des Chlorophyllfarbstoffes angesehen.

FRÉMY[5]) zeigte 1860 zuerst, daß beim Schütteln des alkoholischen Blätterextraktes mit Äther und Salzsäure ein grünblauer („Phyllocyanine") und ein gelber Farbstoff („Phylloxanthine") abtrennbar sind; doch blieb es ungewiß, inwiefern beide Pigmente im Rohextrakt präexistieren oder erst durch die Säure gebildet werden. TIMIRIAZEFF[6]) machte darauf aufmerksam, daß hierbei Spaltungen stattfinden müssen. G. KRAUS[7]) kommt das Verdienst zu, eine (allerdings schon älteren Autoren nicht ganz unbekannte) Ausschüttelungsmethode ausgebildet zu haben, wodurch sich das grüne eigentliche Chlorophyll von beigemengtem gelben Farbstoffe trennen läßt. KRAUS nannte den grünen Farbstoff „Kyanophyll", den gelben „Xanthophyll". Der erstere geht in den als Lösungsmittel verwendeten Petroläther über. Bei SACHSSE[8]), welcher sich mit dem Chlorophyllfarbstoff in der folgenden Zeit beschäftigte, findet man viele nicht glücklich konzipierte Vorstellungen über die Chemie und Physiologie des Chlorophylls.

1877 erkannte FRÉMY[9]), daß sein „Phyllocyanin" eine Säure sei; er fand darin Kali und betrachtete sein Präparat als phyllocyaninsaures Kali.

Größere Fortschritte erfuhr aber die Chlorophyllchemie erst durch die Arbeiten von HOPPE-SEYLER[10]), welche zum erstenmal die Untersuchung eines kristallisierten Chlorophyllderivates brachten. Frühere Autoren[11]) hatten ähnliche Stoffe wohl in Händen gehabt, doch dieselben nicht weiter beachtet. HOPPE-SEYLER extrahierte frisch gepflücktes Gras mit kaltem Äther, sodann mit kochendem absoluten Alkohol und stellte eine möglichst konzentrierte Farbstofflösung her. Beim Stehen in der Kälte schied sich aus derselben der gelbrote Chromatophorenfarbstoff, das Karotin, ab. Das Filtrat von dieser Abscheidung wurde verdunstet, mit Wasser ausgelaugt, und der im Wasser unlösliche Anteil in Äther gelöst. Die filtrierte ätherische Lösung schied nun im Dunklen langsam verdunstend körnige Kristalle aus, welche im auffallenden Lichte braun erschienen und im durchfallenden Lichte dunkelgrün aussahen. Nach Waschen mit kaltem Alkohol wurden die Kristalle aus heißem Alkohol umkristallisiert[12]). Die von HOPPE-SEYLER als

1) MOROT, Ann. sc. nat. (3), Tome XIII. p. 231 (1849). — 2) PFAUNDLER, Lieb. Ann., Bd. CXII, p. 37 (1860). — 3) GRIS, Ann. sc. nat. (4), Tome VII, p. 201. — 4) HOFMEISTER, Pflanzenzelle, p. 375. — 5) FRÉMY, Compt. rend., Tome L, p. 405 (1860); Ann. sc. nat. (4), Tome XIII, p. 45 (1860); Compt. rend., Tome LXI, p. 180 (1865). — 6) TIMIRIAZEFF, Bot. Ztg., 1869, p. 884. — 7) G. KRAUS, Untersuchungen über Chlorophyllfarbstoffe (1872). — 8) R. SACHSSE, Sitz.-Ber. d. naturforsch. Ges. Leipzig, 1875; Ber. chem. Ges., Bd. V, p. 25; Bd. XIV, p. 1117 (1881); Chem. Centr., 1881, p. 169, 185; Chem. u. Physiol. d. Farbst. u. Kohlehydrate, 1877, p. 1. — 9) FRÉMY, Ber. chem. Ges., Bd. X, p. 1175 (1877). — 10) F. HOPPE-SEYLER, Zeitschr. physiol. Chem., Bd. III, p. 339 (1879); Bd. IV, p. 193 (1880); Bd. V, p. 75 (1881). — 11) Vgl. GAUTIER, Bull. soc. chim., Tome XXVIII, p. 19 (1876); Compt. rend., 1879, No. 20; Ber. chem. Ges., Bd. XII, p. 2392; FILHOL, Ann. chim. phys. (4), Tome XIV (1878); Compt. rend., Tome LXXIX, p. 612 (1874); auch TRÉCUL, ref. Ber. chem. Ges., Bd. XIII, p. 194 (1880); Compt. rend., Tome LXI, p. 635 (1865); ROGALSKI, Compt. rend., Tome XC, p. 881 (1880). — 12) Modifikationen dieser Methode: A. MEYER, Bot. Ztg., 1882, p. 533; TSCHIRCH, Untersuch. üb. d. Chlorophyll (1884), p. 47; GAUTIER, Bull. soc. chim., Tome XXXII, p. 490.

„Chlorophyllan" bezeichnete Substanz war aschenhaltig und enthielt stets Magnesia und Phosphorsäure. Kochen mit alkoholischem Kali ließ die phosphorsäurehaltige Gruppe des Farbstoffes von der chromophoren Gruppe, welche sauren Charakter hat und als „Chlorophyllansäure" benannt wurde, abtrennen. Die phosphorhaltige Substanz wurde als Glyzerinphosphorsäure erkannt. Auch gelang es HOPPE-SEYLER aus dem Reaktionsgemisch noch Cholin zu gewinnen. Daraus leitete er den Schluß ab, das Chlorophyllan sei sehr wahrscheinlich nicht mit Lecithin bloß verunreinigt sondern sei eine Verbindung von Chlorophyllansäure mit Lecithin oder gar selbst ein Lecithin. Über das chemische Verhältnis des „Chlorophyllan" zum nativen Chlorophyllfarbstoffe wird im weiteren noch zu berichten sein. HOPPE-SEYLER wandte sodann sein spezielles Interesse der chromophoren Gruppe des Chlorophylls zu. Er fand, daß Chlorophyllan beim Erhitzen mit Kali über 200⁰ eine rote kristallisierende Substanz liefert, welche als „Dichromatinsäure" bezeichnet wurde. Diese Säure gab mit Salzsäure behandelt ein weiteres Derivat, welches HOPPE-SEYLER „Phylloporphyrin" nannte, und welches in neuester Zeit für die Chlorophyllchemie außerordentlich große Bedeutung gewonnen hat.

Die später fast gleichzeitig veröffentlichten ausgedehnten Untersuchungen des Chlorophyllfarbstoffes durch TSCHIRCH[1]) und HANSEN[2]) brachten eine große Reihe wertvoller Beobachtungen bei und es hat TSCHIRCH insbesondere auch gezeigt, daß das „Hypochlorin", welches PRINGSHEIM[3]) unzutreffenderweise als „erstes Assimilationsprodukt der Chloroplasten" hatte deuten wollen, im wesentlichen mit dem Chlorophyllan HOPPE-SEYLERS zusammenfällt. Das „Reinchlorophyll" beider Autoren war jedoch weit entfernt davon, den natürlichen Farbstoff darzustellen. TSCHIRCH hatte ein kristallisierbares Säureabbauprodukt des Chlorophylls in Händen, HANSEN ein durch Alkalieinwirkung erhältliches Spaltungsprodukt des negativen Farbstoffes.

Um die Klärung der Chlorophyllchemie hat sich in den letzten Dezennien vor allem SCHUNCK im Verein mit MARCHLEWSKI[4]) die größten Verdienste erworben, indem eine Reihe gut kristallisierbarer Produkte des Säureabbaues genau charakterisiert worden sind. Eines davon, das Phylloporphyrin, wurde in den Händen NENCKI und MARCHLEWSKIS der Ausgangspunkt der hochbedeutsamen Entdeckung der Beziehungen zwischen Chlorophyll und Hämatin.

Die physikalischen Eigenschaften des Chlorophyllfarbstoffes. Die Eigenschaften des Chlorophylls, worunter die Zerstörbarkeit des Farbstoffes durch Licht, sowie die optischen Erscheinungen am wichtigsten sind, können trotz der Gegenwart anderer Pigmente sehr gut an alkoholischen Blätterauszügen studiert werden. Man übergießt möglichst reines und junges Blättermaterial mit warmem 96-proz. Alkohol und filtriert das Alkoholextrakt nach dem Erkalten, oder man zerquetscht das Material nach WIESNERS[5]) Vorgange in kaltem 80-proz. Alkohol. Die Blätter vorher mit Wasser auszukochen, empfiehlt sich

---

1) TSCHIRCH, Untersuch. üb. d. Chlorophyll, 1884. Hier eine vollständige Bibliographie der Chlorophyllliteratur bis 1884. — 2) A. HANSEN, Arbeit. d. bot. Inst. in Würzburg, Bd. III, p. 122. Die Farbstoffe des Chlorophyllkorns (1889). — 3) PRINGSHEIM, Monatsber. kgl. Akad. Berlin, Nov. 1879; Febr. 1881; Jahrb. f. wiss. Bot., Bd. XII, p. 288 (1881); gesammelte Abhandl., Bd. IV (1896). — 4) Die Forschungen von SCHUNCK und MARCHLEWSKI sind vollständig wiedergegeben in MARCHLEWSKI, Die Chemie des Chlorophylls (1895) und in ROSCOES ausführlichem Lehrbuch der Chemie, Bd. VIII (1902). — 5) WIESNER, Sitz.-Ber. Wien. Akad., 1874, Bd. LXIX (I).

nicht wegen der Gegenwart organischer Säuren, welche das Chlorophyll leicht verändern. Sehr auffällig ist die Verfärbung oxalsäurereicher Blätter (Rumex, Oxalis) beim Brühen derselben[1].

Die Blättertinktur färbt sich, wie schon Senebier bekannt war, am Licht bei Luftzutritt bald bräunlich. Hierzu ist aber intensive Beleuchtung nötig und erst helles Tageslicht, welches Kohlensäurezerlegung gestattet, vermag auf Chlorophylllösungen in kürzerer Zeit einzuwirken [Wiesner[2]]. Magnesiumlicht [Cossa[3]] und elektrisches Bogenlicht zersetzen Chlorophylllösungen rasch. Wiesner fand, daß die Schnelligkeit des Vorganges ebenso von der Konzentration wie vom Lösungsmittel abhängt. Feste Chlorophyllpräparate brauchen zur Entfärbung bedeutend länger. Auch Filtrierpapier, das mit Chlorophyll grün tingiert ist, wird am Lichte entfärbt. Sachs[4] konstatierte bereits, daß die Chlorophyllentfärbung im gelben Lichte ebenso rasch erfolgt, als im weißen, und daß die blauen und violetten Strahlen den Prozeß nur wenig fördern. Die späteren Untersuchungen von Dementiew[5], Timiriaseff[6], Reinke[7] haben die theoretische Vermutung, daß die am stärksten absorbierten roten Strahlen (B C) bei der Chlorophyllzerstörung im Lichte kräftigst wirksam sind in der Tat bestätigt. Auch hat Sachs gezeigt, daß Lichtstrahlen, welche eine Schicht Chlorophylllösung passiert haben, auf eine zweite Lösungsschicht keinen Einfluß hat, solange die erste Schicht noch hinreichend gefärbt ist. Höhere Temperatur fördert den Zerstörungsprozeß [Prianischnikow[8]]. Augenscheinlich ist die Chlorophyllzersetzung im Lichte ein Oxydationsvorgang; Terpentinölzusatz beschleunigt den Prozeß und zersetzt Chlorophyll selbst im Dunkeln. Ähnlich wirken leicht oxydable aromatische Stoffe (soweit Säurewirkung nicht in Betracht kommt. Auf die Wirkung von Oxydasen, wie sie in Blättern selbst vorkommen, hat Woods[9] aufmerksam gemacht.

Fraglos kommen analoge Lichtwirkungen auch auf den Chloroplastenfarbstoff im normalen Leben der Blattzelle in Frage, und viele Einrichtungen[10], wie die von Frank und Stahl studierten Bewegungen der Chlorophyllkörner in die Flankenstellung, paraphototropische Orientierungsbewegungen der Blätter, Ausbildung von Anthokyan, Haardecken, Richtung der Palisadenzellen etc. stehen mit dem „Schutze des Chlorophylls" in Zusammenhang. Stete Zersetzung und Neubildung von Chlorophyll in den Chromatophoren dürfte sicher anzunehmen sein; anders ist es hingegen mit den verschiedenfach geäußerten Ansichten, wie diese Chlorophyllzersetzung mit der Kohlensäurezerlegung selbst in Beziehung zu bringen ist.

---

1) Hierzu Wiesner, Die natürl. Einrichtungen zum Schutze des Chlorophylls (1876), p. 11—12. — 2) Wiesner, Bot. Ztg., 1874, p. 116 und Wien. Akad. Wiss.-Ber., 1874, Bd. LXIX (I); Boehm, Landw. Versuchst., Bd. XXI, p. 463 (1877). — 3) Cossa, Ber. chem. Ges., Bd. VII, p. 358 (1874). — 4) Sachs, Bot. Ztg., 1864, p. 362; Experim.-Physiologie (1865), p. 13; Chautard, Compt. rend., Tome LXXVI, p. 1031 (1873). — 5) Dementiew, Just Jahresber., 1876, Bd. II, p. 625. — 6) Timiriaseff, Just Jahresber., 1885, Bd. I, p. 21. — 7) Reinke, Bot. Ztg., 1885, p. 64. — 8) Prianischnikoff, Just Jahresber., 1876, Bd. II. ... Wiesners Angaben, daß Keimlinge, die anfangs in schwacher Beleuchtung ... und dann auch unter dem Einflusse dunkler Wärmestrahlen erbleichen, ... wohl durch Nachwirkung zu erklären, und nicht durch „rayons continuateurs". ... d. Chlorophylls [1877], p. 55). — 9) Woods, Centr. Bakter. (II). ... (1899). — 10) Zuerst von Sachs hervorgehoben: Ber. kgl. sächs. Ges. d. ... 1859, p. 227; Versuchstationen, Bd. III, p. 84 (1861).

Instruktive Versuche über Zerstörung von Chlorophyll in lebenden Zellen durch konzentriertes kaltes Sonnenlicht verdanken wir PRINGS-HEIM[1]). Auch hier findet die Zerstörung des Farbstoffes ohne Sauer-stoffzutritt nicht statt. PRINGSHEIM fand, daß die Wirkung im roten Sonnenbild unter den gleichen Umständen ausbleibt, unter denen sie in wenigen Minuten im dunkelgrünen und blauen Sonnenbild eintritt. Ein Widerspruch mit den oben mitgeteilten Erfahrungen über die Wirkung des roten Lichtes auf das Chlorophyll braucht hierin nicht erblickt zu werden, da in PRINGSHEIMS Versuchen auch die Chlorophyllneubildung stark berührt wird, und möglicherweise wird durch die Wirkung der blauen Lichtstrahlen die Chlorophyllregeneration viel mehr vermindert oder geschädigt, als durch die roten Strahlen, so daß der entgegen-gesetzte Effekt herauskommt, als wie in den Versuchen mit Chlorophyll-lösung; auch ist es nicht ausgeschlossen, daß im konzentrierten Sonnenlichte tatsächlich die roten Strahlen schwächer zerstörend wirken, als andere Strahlen, die im gewöhnlichen Lichte nicht so sehr in Betracht kommen.

Die Fluoreszenz der Chlorophylltinktur wurde von SIR DAVID BREWSTER 1834 entdeckt und als „innere Dispersion" beschrieben. STOKES[2]), der sich späterhin mit dem Phänomen befaßte und die Be-zeichnung „Fluoreszenz" einführte, wies die Erscheinung auch beim Kastanienrinden- und Stechapfelextrakte nach. In neuerer Zeit haben besonders HAGENBACH[3]) und LOMMEL[4]) die Fluoreszenz des Chloro-phylls untersucht. Dieselbe ist im auffallenden intensiven Lichte auch an verdünnten Lösungen, bei konzentrierten Lösungen auch im diffusen Tageslichte leicht zu sehen. Das Fluoreszenzlicht des Chlorophylls ist von blutroter Farbe und beschränkt sich nach HAGENBACHS und nach TSCHIRCHS Feststellungen auf einen Streifen im Rot zwischen λ 620 und λ 680. Anfangs wurde von HAGENBACH, LOMMEL und REINKE[5]) die Fluoreszenz des festen Chlorophylls, sowie die in lebenden Blättern enthaltenen Farbstoffes in Abrede gestellt. Doch hat HAGENBACH[6]) sowohl wie REINKE[7]). gezeigt, daß auch chlorophyllhaltige lebende Blätter deutlich fluoreszieren: allerdings ist der Fluoreszenzlichtstreifen schmäler und schwächer als in Blättertinktur. Damit wurden ältere Angaben von SIMMLER[8]) und N. J. C. MÜLLER[9]) bestätigt. Auf Grund der von chemischer Seite [R. MEYER[10]), HEWITT[11])] in Angriff genommenen Unter-suchung der Beziehungen zwischen Konstitution und Fluoreszenz dürften sich auch für den Chlorophyllfarbstoff interessante Tatsachen ergeben. Nach MEYER gibt es „fluorophore Atomgruppen", welche meist gewisse sechsgliedrige heterocyklische Ringe enthalten, und zwischen andere „dichte Atomkomplexe", z. B. Benzolkerne eingelagert sind. Wahrschein-lich enthält auch das Chlorophyllmolekül ähnliche Gruppierungen.

1) S. Anm. 3, p. 451. — 2) STOKES, Poggend. Annal., Bd. LXXXVII, p. 480 (1852). Gewisse Pilzfarbstoffe fluoreszieren ebenfalls: G. A. WEISS, Sitz.-Ber. Wien. Akad., Bd. XCI (I), p. 446 (1885). — 3) ED. HAGENBACH, Pogg. Annal., Bd. CXLI, p. 245 (1870). — 4) E. LOMMEL, Pogg. Annal., Bd. CXLIII, p. 568 (1871). — 5) REINKE, Ber. bot. Ges., Bd. I, p. 405 (1883). — 6) HAGENBACH, Pogg. Annal., Jubelbd., 1875, p. 303. — 7) REINKE, Ber. bot. Ges., Bd. II, p. 265 (1884). — 8) SIMMLER, Pogg. Annal., Bd. CXV, p. 614. — 9) N. J. C. MÜLLER, Botan. Unters., Bd. I, p. 11. — 10) R. MEYER, Festschr. techn. Hochschule Braunschweig (1897), p. 155; Zeitschr. physikal. Chem., Bd. XXIV, p. 468 (1898); Ber. chem. Ges., Bd. XXXI, p. 510 (1898); Bd. XXXVI, p. 2967 (1903); Natur-wiss. Rundschau, 1904, p. 171. — 11) J. TH. HEWITT, Zeitschr. physikal. Chem., Bd. XXXIV, p. 1 (1900); Proceed. chem. soc., Vol. XVI, p. 3 (1900). Versuche mit Teslaströmen stellte neuestens H. KAUFFMANN an: Ber. chem. Ges., Bd. XXXVII, p. 2941 (1904).

Das Absorptionsspektrum des Chlorophylls wurde 1833 durch
BREWSTER [1]) sowohl an lebenden Blättern als an alkoholischen Extrakten
derselben bei einer größeren Zahl pflanzlicher Objekte untersucht und
sehr gut beschrieben. STOKES [2]) kannte bereits die spektralen Differenzen zwischen „frischem" und „modifiziertem" (d. h. zersetztem) Chlorophyll. Von späteren Arbeiten sind jene von ANGSTRÖM [3]) und HARTING [4])
hervorzuheben; von anderen Forschern wurden nicht immer richtige
Angaben gemacht. ASKENASY [5]) versuchte zum erstenmal die Lage der
Absorptionsstreifen nach der Messungsmethode mit feststehender Skala
vorzunehmen. Die besten Untersuchungen über das Chlorophyllspektrum
lieferten hierauf HAGENBACH [6]) und G. KRAUS [7]). Nach KRAUS zeigt
das Spektrum des Chlorophylls folgende Absorptionsbänder. 1. Das
große tiefschwarze Band zwischen den Fraunhoferschen Linien B und
C, bei verdünnten Lösungen näher an B gelegen, das intensivste und
breiteste Band von allen. 2. Das Band II im Orange in der Mitte
zwischen C und D, nicht so intensiv wie I. 3. Unmittelbar hinter D
Band III, viel weniger dunkel als II und nach beiden Seiten abgeschattet.
4. Band IV, im Grün vor E gelegen und schwer sichtbar zu machen.
Band I, welches CHAUTARD [8]) als bande specifique bezeichnete, wächst
bei größerer Schichtdicke nach der Seite der kürzeren Wellen hin. Die
von SCHÖNN [9]) und von GERLAND und RAUWENHOFF [10]) angegebene Spaltung von Band I beruht auf optischer Täuschung. Band I läßt sich
noch bei unmerklich gefärbten Chlorophylllösungen mit Sicherheit nachweisen. Nach der Intensität geordnet, folgt auf Band I: II, dann IV,
schließlich III. Wie SCHUNCK [11]) vermutet, rührt Band IV nur von
Spaltungsprodukten des Chlorophylls her. In ganz frischen Chlorophyll-
tinkturen ist III intensiver als IV. In Wellenlängen ausgedrückt, ist
die Lage der 4 Bänder des Chlorophyllspektrums folgende:

$$
\begin{array}{llll}
\text{I} & \text{Von } \lambda = 670 & \text{bis } \lambda = 635 \\
\text{II} & \text{„ } \lambda = 622 & \text{„ } \lambda = 597 \\
\text{III} & \text{„ } \lambda = 587 & \text{„ } \lambda = 565 \\
\text{VI} & \text{„ } \lambda = 544 & \text{„ } \lambda = 530
\end{array}
$$

Die zweite Spektralhälfte von F bis H wird von konzentrierten Chlorophylllösungen total absorbiert. WOLKOFF [12]) bewies durch die quantitative Methode nach VIERORDT, daß die Chlorophylllösung nicht bei
Band I, sondern zwischen F und H am stärksten Licht absorbiert. In
verdünnten gelbgrünen Lösungen von 1 cm Schichtdicke bei Sonnenlicht lassen sich aber nach KRAUS hinter F drei breite Absorptionsbänder entdecken: Band V im Lichtblau, eben hinter F beginnend, in
der Mitte fast schwarz, nach beiden Seiten abgetönt; Band VI etwas
hinter der Mitte zwischen F und G allmählich beginnend und etwas
hinter G fast schwarz werdend, dort ziemlich rasch abschattend; und die
totale Endabsorption, auch als Band VII bezeichnet. Band V wurde

1) BREWSTER, Edinborough Transact., Vol. XII (1833); Phil. Mag., Vol.
VIII, p. 468 (1838). — 2) STOKES, Ann. chim. phys. (3), Tome XXXVIII, p. 469
(1853); Pogg. Annal., Bd. LXXXIX, p. 628 (1853); Erg.-Bd. IV, p. 177 (1854). —
3) ANGSTRÖM, Pogg. Ann., Bd. XCIII (1854). — 4) HARTING, Pogg. Ann., Bd.
XCVI, p. 543 (1855). — 5) ASKENASY, Bot. Ztg., 1867, p. 225. — 6) S. Anm. 1,
p. 453. — 7) G. KRAUS, Untersuch. üb. d. Chlorophyllfarbstoffe, 1872. — 8) J.
CHAUTARD, Compt. rend., Tome LXXVI, p. 1273 (1873). — 9) Schönn, Zeitschr.
analyt. Chem., Bd. IX, p. 327 (1870). — 10) GERLAND u. RAUWENHOFF, Arch.
Néerland., Tome VI, p. 2 (1871). — 11) SCHUNCK, Ann. of Bot., Vol. III, —
12) WOLKOFF, Verhandl. med.-nat. Verein Heidelberg, 1876.

schon von BREWSTER bemerkt und gehört, wie KRAUS gezeigt hat, nicht dem Chlorophyll selbst, sondern dem gelben Begleitfarbstoffe an. Band VI, welches ebenfalls BREWSTER festgestellt hatte, ist nach KRAUS ein Kombinationsband, dessen vorderer Teil dem gelben Farbstoffe und dessen dunklerer hinterer Teil dem eigentlichen Chlorophyll angehören soll. Die Spektralbefunde differieren, wie KRAUS dargetan hat, bei allen chlorophyllgrünen Kryptogamen und Phanerogamen nur außerordentlich wenig. In neuerer Zeit hat ENGELMANN[1] durch die Einführung seines Mikrospektrometers einen methodischen Fortschritt in der Spektralanalyse des Chlorophyllfarbstoffes vermittelt.

Das Spektrum lebender Blätter wurde gleichfalls durch KRAUS näher studiert. Zur Erleichterung der Untersuchung iniziert man nach dem Vorgange von VALENTIN[2] und REINKE[3] geeignete dünne Blätter (Tropaeolum, Impatiens) unter der Luftpumpe mit Wasser, wodurch sie ohne Beschädigung der Chloroplasten so durchsichtig werden, daß man bis 20 Blätter bei der Untersuchung übereinanderschichten kann. Daß das Spektrum lebender Blätter sich von demjenigen der Chlorophylltinktur nicht wesentlich unterscheidet, fand schon STOKES, ebenso SACHS[4] mit Hilfe seines „Diaphanoskopes". HAGENBACH war der erste, welcher bemerkte, daß im Vergleiche zur Chlorophylltinktur Band I sehr merklich bei lebenden Blättern nach Ultrarot hin verschoben ist, desgleichen auch die Endabsorption. Nach GERLAND und KRAUS läßt sich diese Verschiebung der Bänder auch bei dünnen Schichten fester Chlorophyllpräparate sicherstellen. Die Lage der Bänder ist

beim Spektrum lebender Blätter:	bei alkoholischem Blätterauszug:
I $\lambda = 650-700$	I $\lambda = 635-670$
II $\lambda = 618-630$	II $\lambda = 597-622$
III $\lambda = 578-600$	III $\lambda = 565-587$

Wie die interessanten Versuche von LOMMEL[5] mit Gelatineplättchen, die durch alkoholische Chlorophylllösung grün gefärbt wurden, lehren, dürfte die Ursache der Verschiebung der Absorptionsstreifen im Blattspektrum in dem Dispersionsvermögen des Lösungsmittels beruhen und auch durch die Dichte des Lösungsmittels beeinflußt werden. „Chlorophyllgelatine" zeigt bezüglich der Lage der Absorptionsstreifen ziemliche Übereinstimmung mit lebenden Blättern. Inwiefern die von KUNDT[6] entdeckte Verschiebung der Absorptionsbänder nach Rot mit wachsendem Dispersionsvermögen des Lösungsmittels und andere Einflüsse beim Blätterspektrum in Betracht kommen, hat TSCHIRCH[7] näher diskutiert. Hinsichtlich der relativen Intensität der Absorptionsstreifen im Spektrum lebender Blätter fiel es schon KRAUS auf, daß Band IV hier das schwächste ist. Man hat später vielfach daran gedacht, daß dieses Band ein „Chlorophyllanstreifen" ist, welcher dem intakten Chlorophyll nicht zukommt (REINKE). Nach den Feststellungen von KRAUS wird bei der Einwirkung von Säuren auf Chlorophylltinktur Band IV viel breiter, es tritt zwischen b und F im Grün ein zweites breites

---

1) ENGELMANN, Zeitschr. wissensch. Mikroskop., Bd. V, p. 289 (1888). — 2) VALENTIN, Gebrauch des Spektroskops (1863), p. 70. — 3) S. Anm. 5, p. 453. — 4) SACHS, Wien. Akad. Sitz-Ber., Bd. XLIII, p. 265 (1860); Experimentalphysiologie (1865), p. 5. — 5) LOMMEL, Poggend. Annal., CXLIII, p. 656 (1871). — 6) KUNDT, Pogg. Annal., 1874, Jubelband, p. 622. — 7) TSCHIRCH, Untersuch. über das Chlorophyll (1884), p. 22—26. Über das Blattspektrum vgl. auch HARTLEY, Journ. soc. chem. Lond., 1891, p. 106; MONTEVERDE, Act. hort. Petropol., 1893, p. 123.

Band auf (nach HAGENBACH im Zusammenhange mit der bräunlichen Verfärbung); Band III wird stark geschwächt und nach Blau verschoben; I wird schmäler und gegen Rot verschoben. V—VII machen einer schattenartigen Endabsorption Platz. Es sei noch erwähnt, daß nach HANSEN der infrarote Spektralteil durch Chlorophylllösungen ungeschwächt passiert. Wenn dies tatsächlich richtig ist, so beansprucht dieser Umstand erhebliches Interesse, da LANGLEYs [1]) neueste Forschungen erwiesen haben, daß der infrarote Teil des Sonnenspektrums 0,8 der gesamten Strahlungsenergie enthält, die mithin von dem Chlorophyllfarbstoff nicht absorbiert würde.

Abgesehen von Alkohol und Äther, sind für Chlorophyll Lösungsmittel Petroläther [KRAUS, SACHSSE [2])]. sowie fette Öle. Die Aufnahme von Chlorophyll durch Fette kannte schon LINK [3]); nach CHAUTARD [4]) sind Lösungen von Chlorophyll in fettem Öl sehr haltbar. Der Farbstoff wird von getrockneten Blättern nur schwer abgegeben [GUIGNET [5])], und bekanntlich kann man auch abgebrühte Blätter durch Alkohol leichter entfärben als frische Organe. Daß Chlorophylllösungen leicht oxydabel sind, äußert sich nach WIESNER [6]) auch dadurch. daß sie Eisenoxydsalze zu Eisenoxydulsalzen reduzieren.

Den reinen nativen Chlorophyllfarbstoff dürfte noch kein Forscher in Händen gehabt haben. Jedenfalls sind die in der Literatur vorhandenen Angaben über kristallisiertes Chlorophyll mit großer Reserve aufzunehmen. Kristalle von Reinchlorophyll finden sich erwähnt von BORODIN [7]), ferner von MONTEVERDE [8]); neuestens will PITARD [9]) künstliche Chlorophyllkristalle in Vaucheriazellen erhalten haben. Auch läßt sich aus den bisher vorliegenden Daten nicht ersehen, ob STOKLASAS [10]) „Chlorolecithin" die vielgesuchte Substanz wirklich darstellt.

Für die nähere Kenntnis des Chlorophyllfarbstoffes lieferte die wertvollsten Anhaltspunkte:

Der Abbau des Chlorophylls durch Säuren. Wie erwähnt, gelang es 1879 den Bemühungen HOPPE-SEYLERs, aus Grasblättern durch Extraktion mit kochendem Alkohol das kristallinische Chlorophyllan zu gewinnen, welches nach ihm einen lecithinartigen Stoff darstellt, welcher an Stelle der Fettsäureradikale die chromophoren Gruppen von saurem Charakter enthält, welche HOPPE-SEYLER als „Chlorophyllansäure" bezeichnet. Das einfachste Strukturschema für Chlorophyll hätte demnach folgende Form:

$$CH_2-O-CO-\text{Radikal einer Chlorophyllansäure}$$
$$CH-O-CO-\text{Radikal einer Chlorophyllansäure}$$
$$CH_2-O-PO(OH)-O-CH_2$$
$$CH_2-N \overset{(CH_3)_3}{\underset{OH}{\diagdown}}$$

1) S. P. LANGLEY, Americ. Journ. of Scienc., 1901, Ser. 4, Vol. XI. p. 403; Nat. Rundsch., 1901, p. 479. — 2) R. SACHSSE, Sitz.-Ber. naturforsch. Gesellsch. Leipzig, 1876, p. 36. — 3) LINK, Grundlehren d. Anat. u. Physiol. d. Pfl. (1807), p. 36. — 4) J. CHAUTARD, Compt. rend., Tome LXXVI, p. 1033, 1069 (1873). — 5) GUIGNET, Compt. rend., Tome C, p. 434 (1885). — 6) WIESNER, Entsteh. d. Chlorophylls (1877), p. 23. — 7) BORODIN, Bot. Ztg., 1882, p. 608; Bot. Centralbl. Bd. XVIII, p. 188 (1884). — 8) N. MONTEVERDE, Bot. Centralbl., Bd. XLVII, p. 134 (1891); Acta hort. Petropolit., 1893, p. 123. — 9) PITARD, Bot. Centralbl., Bd. XC, p. 233 (1902). — 10) J. STOKLASA, Wien. Akad. Sitz.-Ber., Bd. CIV (I) p. 21 (1896); Bull. soc. chim. (III), Tome XVII, p. 520 (1897).

Das Chlorophyllan ist aber stets aschenhaltig, und zwar wurde 0,34 Proz. MgO in dem Chlorophyllan konstatiert; ob das Magnesium partiell das Cholin in einem komplexen Lecithinaufbau ersetzt, oder wie es sonst im Chlorophyllan enthalten ist, ist noch gänzlich unbekannt. Chlorophyllan entsteht schon durch sehr geringe Eingriffe aus dem natürlichen Farbstoffe, und SCHUNCK [1]) fand, daß alkoholischer Blattextrakt von Eucalyptus globulus selbst im Dunkeln unter Luftabschluß Chlorophyllan bildet. In neuerer Zeit ist durch die Arbeiten SCHUNCKs und MARCHLEWSKIS die Ansicht, daß das Chlorophyllan ein reiner distinkter Stoff sei, sehr erschüttert worden, und es hat den Anschein, als ob das Chlorophyllan ein Gemenge der beiden im folgenden zu beschreibenden Abbauprodukte des Chlorophylls, Phyllocyanin und Phylloxanthin, wäre. Nach MARCHLEWSKI [2]) kann man durch Zusatz von Phyllocyanin zu Phylloxanthinlösung erreichen, daß das Gemisch ein dem Chlorophyllanspektrum völlig entsprechendes Spektralbild aufweist. BODE [3]) hat demgegenüber an der Ansicht festgehalten, daß das Chlorophyllan eine einheitliche Substanz darstelle. Die neueren Chlorophyllarbeiten haben ferner erwiesen, daß TSCHIRCHS „Reinchlorophyll", welches aus Chlorophyllan durch Behandeln mit Zinkstaub gewonnen wurde, ein weiteres Abbauprodukt des Chlorophyllans von Säurecharakter darstellt. Bei der Bildung von „Chlorophyllan" aus Chlorophyll scheint es sich nicht, wie früher TSCHIRCH annahm, wesentlich um oxydative Vorgänge zu handeln und die von ASKENASY [4]) bei der Einwirkung von Kaliumpermanganat auf Chlorophylltinktur beobachteten, später nicht wieder studierten Veränderungen beruhen wohl kaum auf Chlorophyllanbildung. Die Vermutung von ETARD [5]), daß das Chlorophyllan ein Gemenge eines farblosen kristallinischen Stoffes und absorbierten Pigmentes sei, hat sich nicht bewahrheitet.

FRÉMY war 1860 der erste Forscher, dem es gelang, durch Behandeln von Blätterauszug mit salzsaurem Äther eine Spaltung des Chlorophylls in zwei Derivate, einen gelbbraunen in Äther löslichen, und einen blaugrünen Farbstoff, welcher im Alkohol verbleibt, zu erreichen. Diese Stoffe, das Phylloxanthin und das Phyllocyanin wurden in neuerer Zeit durch SCHUNCK und MARCHLEWSKI [6]) mit Erfolg weiter untersucht.

Das Phylloxanthin ist in reinem Zustande noch kaum bekannt; nach manchen Befunden zu urteilen, sind in demselben vielleicht noch intakte Lecithinkomplexe enthalten, wie MARCHLEWSKI auf Grund von Resultaten BODES vermutet. Das amorphe Phylloxanthin gewann SCHUNCK im wesentlichen nach der Methode FRÉMYS; von dem beigemengten Fett wurde es durch seine Schwerlöslichkeit in Alkohol befreit. Phylloxanthinlösung in Äther oder Chloroform ist braungrün mit roter Fluoreszenz. Das Spektrum hat nach TSCHIRCH 5 Absorptionsbänder:

---

1) SCHUNCK, Ber. chem. Ges., Bd. XIII, p. 1881 (1880). — 2) MARCHLEWSKI, Journ. prakt. Chem., Bd. LXI, p. 47 (1900). — 3) BODE, Untersuchungen über das Chlorophyll, Dissert. Jena, 1898; Bot. Centr., Bd. LXXIX (1899); ferner KOHL, Bot. Centr., Bd. LXXIII, p. 417 (1898). — 4) ASKENASY, Bot. Ztg., 1875, p. 475. 5) A. ÉTARD, Compt. rend., Tome CXIV, p. 1116. — 6) SCHUNCK, Proc. roy. Soc., Vol. L, p. 302 (1892); Ber. chem. Ges., Bd. XXV, Ref. 438 (1892); MARCHLEWSKI, Chem. des Chlorophylls (1895), p. 24; Journ. prakt. Chem., Bd. LXI, p. 47 (1900).

Lage nach Tschirch		Lage nach Schunck uud Marchlewski
Band I $\lambda =$	670—635	685—640 scharf und dunkel
„ II	610—590	614—590
„ III	570—555	569—553 sehr schwach
„ IV	548—530	542—513 mit der Endabsorption
„ V	Endabsorption	durch Schatten verbunden

Nach Tschirch ist das Phylloxanthin identisch mit dem „Xanthophyll" von Berzelius [1]). Auch Liebermanns Chlorophyllsäure [2]) war Phylloxanthin. Das „Xanthophyll" von C. Kraus [3]) war ein Gemisch von Chlorophyllan (= Acidoxanthin C. Kraus), Phylloxanthin und Karotin, sein „Xanthin" war Phylloxanthin gemengt mit Karotin. Natürlich waren auch Frémys Phylloxanthinpräparate mit Karotin verunreinigt. Ein besseres Präparat gewann Tschirch [4]), weil er vom Chlorophyllan ausging, welches mit Salzsäure behandelt und mit Äther ausgeschüttelt wurde. Über die Reaktionen des Phylloxanthins sind die Darlegungen Marchlewskis zu vergleichen. Schunck und Marchlewski [5]) haben gezeigt, daß das Phylloxanthin durch Säureeinwirkung in Phyllocyanin übergeht.

Das Phyllocyanin, wie es die trefflichen Untersuchungen von Schunck [6]) und Marchlewski kennen gelehrt haben, ist ein sehr beständiges, gut charakterisiertes, kristallisierbares Derivat des Chlorophylls, welches durch jede Säureeinwirkung aus letzterem leicht erhalten wird. Es ist der hauptsächliche Bestandteil des „modifizierten Chlorophylls" der älteren Autoren. Phyllocyanin ist als dunkelblaue flockige Fällung zu erhalten, wenn man den grüngefärbten Alkohol nach Ausschütteln des Phylloxanthin mit salzsaurem Äther mit dem mehrfachen Volumen Wasser versetzt.

Schunck [7]) behandelte Chlorophyllanlösung oder Chlorophylltinktur mit gasförmiger Salzsäure, schüttelte mit Äther aus und fällte die alkoholische ausgeätherte Lösung mit Wasser. Phyllocyanin bildet Kristallblättchen, die ziemlich schwer in kaltem Alkohol löslich sind. Die ätherische Lösung ist grün mit roter Fluoreszenz. Die Lage der Spektralabsorptionsstreifen weicht nicht sehr. vom Phylloxanthinspektrum ab:

	Schunck	Tschirch (salzsaure Lösung)
Band I $\lambda =$	695—642	680—640 sehr scharf und dunkel
„ II	620—600	620—600 matt, mit I schattig verbunden
„ III	572—559	590—565 nur in konzentrierter Lösung sichtbar
„ IV	542—525	550—520 das schwächste Band, beiderseits verlaufend
„ V	515—487	

Daß sich, wie Tschirch beobachtete, auf Alkoholzusatz das Spektrum der salzsauren Phyllocyaninlösung ändert, beruht nach Schunck und

---

1) Berzelius, Lieb. Annal., Bd. XXVII, p 301 (1837). — 2) Liebermann, Wien. Akad. Sitz.-Ber., Bd. LXXII (II), p. 612 (1875). — 3) C. Kraus, Flora. 1875, p. 156. — 4) Tschirch, Untersuch. üb. d. Chlorophyll (1884). p. 73. — 5) Schunck u. Marchlewski, Lieb. Ann., Bd. CCLXXXIV, p. 81 (1895). — 6) Schunck, Proc. Roy. Soc., Vol. XLII, p. 184; Ber. chem. Ges., Bd. XX, Ref. 724 (1887). — 7) Schunck, Proc. Roy. Soc., Vol. XXXVIII, p. 336; Vol. XXXIX, p. 348; Ber. chem. Ges., Bd. XVIII, Ref. 567 (1885).

MARCHLEWSKI auf Hydrolyse der HCl-Verbindung durch das in Alkohol vorhandene Wasser. Das freie Phyllocyanin ist TSCHIRCHS β-Phyllocyanin, die salzsaure Verbindung TSCHIRCHS a-Phyllocyanin.

Das Phyllocyanin ist identisch mit FRÉMYS Phyllocyaninsäure, die er durch Eindampfen salzsaurer Phyllocyaninlösung erhielt. Das „Phylloxanthein" von WEISS [1]) war eine Lösung von Phyllocyanin in überschüssigem Alkali, welche braungrüne Farbe hat [2]). Das „reine Chlorophyll" von BERZELIUS [3]), PFAUNDLER [4]), HARTING [5]) und MULDER [6]) war ebenfalls Phyllocyanin. Auch die Analysen älterer Autoren beziehen sich großenteils auf unreine Phyllocyaninpräparate.

Einwirkung von Säuren und Alkalien führt, wie SCHUNCK konstatierte, das Phyllocyanin in ein weiteres Chlorophyllderivat, das Phyllotaonin, über. Phyllocyanin ist eine schwache Base; seine Salze werden schon durch Wasser gespalten. Wie Pflanzenalkaloide, bildet es Doppelverbindungen mit Schwermetallsalzen, z. B. Phyllocyaninzinkacetat, Phyllocyaninkupferacetat u. a., welche sich sehr gut zur Reindarstellung des Phyllocyanins eignen. TSCHIRCHS „Reinchlorophyll" war ein Phyllocyaninzinkdoppelsalz mit gleichzeitig anwesenden organischen Säuren.

Bei der Elementaranalyse des gut kristallisierenden Phyllocyaninkupferacetates erhielt SCHUNCK [7]) als prozentische Zusammensetzung: 60,52 Proz. C; 5,32 Proz. H; 4,74 Proz. N; 9,09 Proz. Cu, woraus er die Formel $C_{68}H_{71}N_5O_{17}Cu$ berechnete. Mit schmelzendem Ätzkali behandelt, liefert Phyllocyanin das später zu beschreibende Phylloporphyrin. HOPPE-SEYLERS Chlorophyllansäure dürfte nicht, wie TSCHIRCH annahm, mit dessen „Phyllocyaninsäure" identisch sein, sondern eher mit dem Phyllotaonin übereinstimmen. Das von TIMIRIAZEFF [8]) durch Behandlung von Chlorophyll mit Zink und Essigsäure erhaltene „Protophyllin" war vielleicht Phyllocyaninzinkacetat.

Einwirkung von Alkalien auf den Chlorophyllfarbstoff. Wie TSCHIRCH [9]) gezeigt hat, erfolgt in alkalisch gemachten Blätterauszügen keine Chlorophyllanbildung, sondern die schwach alkalische Tinktur behält Farbe und Fluoreszenz des nativen Chlorophylls lange Zeit bei. Man setzt deshalb Konservengemüsen zur Erhaltung der grünen Farbe vor dem Kochen etwas Natriumbikarbonat oder Borax zu. Auch beruht das von MOLISCH [10]) beschriebene mikrochemische Verhalten des Chlorophylls auf derselben Erscheinung.

Daß bei alkalischen Chlorophylllösungen das Spektrum verändert ist, hat schon 1865 FRÉMY bemerkt. CHAUTARD [11]) wies zuerst nach, was von TSCHIRCH bestätigt wurde, daß der Streifen I im Rot bei alkalischer Chlorophylllösung gespalten ist. Bemerkenswert ist sodann die starke Verschiebung aller Streifen gegen Blau [12]), sowie das

1) G. A. WEISS, Anatomie d. Pfl. (1878), p. 118. — 2) Dieser Farbenwechsel war schon MARQUARDT (Die Farben der Blüten [1835] p. 45) bekannt. — 3) S. Anm. 1, p 458. — 4) PFAUNDLER, Lieb. Annal., Bd. CLV, p. 43. — 5) HARTING, Pogg. Annal., Bd. XCVI, p. 547 (1855). — 6) MULDER, Journ. prakt. Chem., Bd. XXXIII, p. 479 (1844). — 7) SCHUNCK, Proc. Roy. Soc., Bd. LV, p. 362; SCHUNCK und MARCHLEWSKI, Lieb. Annal., Bd. CCLXXVIII, p. 333. — 8) C. TIMIRIASEFF, Compt. rend., Tome CII, p. 686. — 9) TSCHIRCH, Ber. bot. Ges., Bd. I, Heft 3 (1883); Untersuchungen über das Chlorophyll (1884), p. 45, 76. — 10) H. MOLISCH, Ber. bot. Ges., Bd. XIV, p. 16 (1896). — 11) J. CHAUTARD, Compt. rend., Tome LXXVI, p. 570, 596 (1873). — 12) Die gegenteilige Angabe von PALMER, Just Jahresber., 1877, trifft nicht zu.

Verblassen von Band II und IV und das fast gänzliche Verschwinden von Band III. Nach TSCHIRCH ist die Lage der Streifen folgende:

Ia $\lambda = 655-620$ dunkel, gegen gelb scharf begrenzt
Ic $\lambda = 660-670$
II $\qquad$ 605—580 in dicken Schichten mit I durch einen Schatten verbunden
III $\qquad$ 550—560 nicht immer nachweisbar
IV $\qquad$ 535—520 beiderseits sanft abgetönt
V $\qquad$ 500 $\quad$ Endabsorption beginnt.

TSCHIRCH hatte angenommen, daß durch Einwirkung von Alkali auf Chlorophyll das Alkalisalz eines Chlorophyllderivates, der Chlorophyllin-säure, entstehe. SCHUNCK schlug vor, das durch Alkalien entstehende Chlorophyllderivat, welches von HANSEN [1]) und GUIGNET [2]) bereits kristallisiert erhalten worden war, als „Alkachlorophyll" zn bezeich-nen. Einschlägige Präparate hatten VERDEIL [3]), HARTSEN [4]), SACHSSE [5]) beschrieben; HANSEN hatte die (später von ihm zurückgenommene) Meinung aufgestellt, daß das Alkachlorophyll ein reines Chlorophyll-präparat darstelle, und noch in neuester Zeit ist BODE [6]) in einen ähn-lichen Irrtum verfallen. Daß das Alkachlorophyll einfach eine Chloro-phyll-Alkaliverbindung darstelle, wie KOHL [7]) annahm, ist ebenfalls nicht zutreffend, sondern es ist hier das Chlorophyllmolekül nicht mehr intakt erhalten.

Um die Darstellung des Alkachlorophylls hat sich HANSEN ver-dient gemacht. Die Substanz wurde späterhin besonders durch SCHUNCK [8]) nochmals rein gewonnen und näher studiert. Reines Alkachlorophyll ist nach SCHUNCK und MARCHLEWSKI nicht mehr in Wasser löslich, wie das unreine Präparat, und ist leicht löslich in Alkohol mit grüner Farbe und schön roter Fluoreszenz. Möglichst reines Alkachlorophyll ent-spricht nach den genannten Forschern der Formel $C_{52}H_{57}N_7O_7$. Mit Säure gekocht, liefert es Phyllotaonin, eine basische Substanz und vielleicht fettartige Stoffe. Bei 210° führt es Alkali unter Entweichen ammoniakalischer Dämpfe in eine rote Substanz über, TSCHIRCHs Phyllo-purpurinsäure, ein Gemenge, aus welchem SCHUNCK und MARCHLEWSKI das Phylloporphyrin isolierten.

Phyllotaonin ist ein Abbauprodukt des Chlorophylls, welches SCHUNCK [9]) sowohl aus Phyllocyanin, Chlorophyllan und Chlorophyll-tinktur durch Säurewirkung als durch Alkalibehandlung gewinnen konnte; auch entsteht es beim Kochen des Alkachlorophylls mit Essigsäure. Man stellt es vorteilhaft dar durch Behandeln der mit alkoholischer Natronlauge zersetzten Chlorophylltinktur mit gasförmiger Salzsäure. Nach mehrtägigem Stehen kristallisiert Äthylphyllotaonin in stahlblauen Nadeln aus. Das Äthylat schmilzt bei 200°, seine Zusammensetzung entspricht der Formel $C_{40}H_{39}N_5O_5(OC_2H_5)$.

1) A. HANSEN, Arbeit. d. botan. Inst. in Würzburg, Bd. III, p. 123 (1884), p. 430. — 2) E. GUIGNET, Compt. rend., Tome C, p. 434 (1885). — 3) VERDEIL, Compt. rend., Tome XLVII, p. 442 (1848). — 4) HARTSEN, Chem. Centr. 1873, p. 525; 1873, p. 206. — 5) SACHSSE, Phytochem. Untersuch., Bd. I (1880). — 6) BODE, Botan. Centr., Bd. LXXVII (1899). — 7) KOHL, Botan. Centr., Bd. LXXIII, p. 417 (1898). Vgl. auch GUIGNET, Compt. rend., Tome C, p. 434 (1885). 8) SCHUNCK, Proc. Roy. Soc., Vol. L, p. 312 (1892). — 9) SCHUNCK, Proc. Roy. Soc., Vol. XLIV, p. 378 u. 448; Vol. L, p. 312 (1892); Ber. chem. Ges., Bd. XXII (III), p. 268.

1 kg trockenes Gas liefert bis 4,5 g rohen Phyllotaoninäthylester. Mit alkoholischer Natronlauge verseift, gibt der Ester das wasserlösliche Natronsalz des Phyllotaonins, aus dem man mittelst Essigsäure das freie Phyllotaonin erhält. Aus Äther kristallisiert, schmilzt reines Phyllotaonin bei 184° und hat die Zusammensetzung $C_{40}H_{39}N_6O_5 \cdot OH$. Das Spektrum ätherischer Phyllotaoninlösung ist dem Phyllocyaninspektrum gleich. Doch wird auf Zusatz geringer Säuremengen Band III fast vernichtet und I wie IV gespalten; Alkalizusatz regeneriert das frühere Spektrum.

KROMEYER[1]) hatte durch Übersättigen einer alkalischen Chlorophylltinktur mit konzentrierter Salzsäure eine blaue Lösung erhalten, welche Phyllotaonin enthalten haben muß. TSCHIRCH (1884) nannte diesen Stoff γ-Phyllocyanin und beschrieb sein Spektrum; den in Salzsäure unlöslichen geringen Rückstand nannte TSCHIRCH β-Phylloxanthin.

Phylloporphyrin wurde zuerst von HOPPE-SEYLER durch eingreifende Behandlung der Säureabbauprodukte des Chlorophylls mit Alkali erhalten. HOPPE-SEYLER gab an, daß zunächst Dichromatinsäure entstehe, welche mit überschüssiger Säure das Phylloporphyrin liefere. TSCHIRCHS Phyllopurpurinsäure war gleichfalls wesentlich mit Phylloporphyrin identisch. Die Klärung des Phylloporphyrins und dessen Reingewinnung verdankt man SCHUNCK und MARCHLEWSKI[2]). Diese Forscher zeigten, daß HOPPE-SEYLERS Phylloporphyrin die Lösung seiner Dichromatinsäure in saurem Medium war; sie behielten für die reine kristallisierte Substanz die Benennung Phylloporphyrin bei. Das echte Phylloporphyrin hatte wahrscheinlich auch SACHSSE[3]) als Produkt der Natronschmelze seines „β-Phäochlorophyll" in Händen gehabt. Phylloporphyrin läßt sich aus Alkachlorophyll, Phyllocyanin, Phylloxanthin oder Phyllotaonin darstellen.

Geht man vom Phyllocyanin aus, so entsteht nach MARCHLEWSKI[4]), abgesehen vom Phyllotaonin zunächst das Phyllorubin, dessen neutrale Lösungen schon rot sind und im Spektrum ein Band im Rot besitzen. Weiterhin entsteht Phylloporphyrin. Zur Gewinnung des letzteren erhitzt man im geschlossenen Rohr mit alkoholischer Kalilauge mehrere Stunden auf 190°; man versetzt das Reaktionsgemisch sodann mit viel konzentrierter Salzsäure, filtriert, verdünnt das Filtrat mit Wasser und macht es alkalisch, säuert es endlich mit Essigsäure an und schüttelt mit Äther aus. Das in den Äther übergehende Phylloporphyrin bildet schön purpurrote Lösungen, aus welchen es kristallisiert. Das Spektrum der ätherischen Phylloporphyrinlösung besitzt 7 gut markierte Bänder: I λ 630—622, scharf, außerhalb des Rot gelegen; II λ 615—612, sehr schwach; III λ 600—595 schmal und sehr intensiv; hinter D liegen IV λ 576—566 und V λ 563—558 durch einen Schatten verbunden. Um E und F liegen zwei breite dunkle, gut begrenzte Bänder: VI λ 537—512 und VII λ 505—473. In der alkoholischen Lösung fehlen II und III, und IV ist mit V verschmolzen. Die mit Salzsäure angesäuerte alkoholische Lösung, sowie die Lösung in konzentrierter Salzsäure haben nur drei Bänder: I hart an D: λ 598—587: II λ 571—563 sehr matt; III nahe an E: λ 551—533.

1) KROMEYER, Arch. Pharm., Bd. LV, p. 166 (1861). — 2) SCHUNCK u. MARCHLEWSKI, Lieb. Annal., Bd. CCLXXXIV, p. 81 (1895). — 3) SACHSSE, Chem. Centr., 1884, p. 115. — 4) MARCHLEWSKI, Journ. prakt. Chem., Bd. LXI, p. 289 (1900).

Die Analyse des freien Phylloporphyrins, sowie seines Zinksalzes führte zu der Formel $C_{16}H_{18}N_2O$. Von hohem biologischen Interesse ist die nahe Verwandtschaft des Phylloporphyrins mit dem Hämatoporphyrin, einem Derivate des Hämatin aus dem roten Blutfarbstoffe. Schunck und Marchlewski[1]) wiesen zuerst auf die große Ähnlichkeit des Spektrums beider Porphyrine hin. Tschirch[2]) bestätigte diese Übereinstimmung und fand auch im Ultraviolett das gleiche Verhältnis. 1896 betonte Nencki[3]) die Ähnlichkeit der Zusammensetzung der Porphyrine:

$$\text{Hämatoporphyrin} \quad C_{16}H_{18}N_2O_3$$
$$\text{Phylloporphyrin} \quad C_{16}H_{18}N_2O$$

welche es nahe legt, das Hämatoporphyrin als Dioxyphylloporphyrin aufzufassen. Es hat sich schließlich ergeben, daß beide Porphyrine dasselbe Pyrrolderivat als Reduktionsprodukt liefern, welches Nencki und Zaleski[4]) als Hämopyrrol bezeichneten und als Methylpropylpyrrol

gekennzeichnet haben. Nencki und Marchlewski[5]) haben dieses Hämopyrrol zuerst aus Phylloporphyrin 1901 dargestellt. Nencki[4]) stellte für die beiden Phylloporphyrine in Konsequenz seiner Resultate folgende provisorische Konstitutionsformeln auf:

Hämatoporphyrin $C_{16}H_{18}N_2O_3$

1) Schunck u. Marchlewski, Lieb. Annal., Bd. CCXC, p. 306 (1896); Schunck, Proc. Roy. Soc. London, Vol. LXIII, p. 389 (1898). — 2) Tschirch, Ber. botan. Ges., Bd. XIV, p. 92 (1896); Schweiz. Wochenschr. Pharm., Bd. XXXIV, p. 85 (1896); Schunck u. Marchlewski, Lieb. Ann., Bd. CCLXXXVIII, p. 212; Marchlewski, Anzeig. Akad. Krakau, 1902, p. 223, fand das Spektrum des Mesoporphyrin, welches als Monoxyphylloporphyrin aufzufassen ist, noch ähnlicher dem Phylloporphyrinspektrum. Über Mesoporphyrin ferner Zaleski, Zeitschr. physiol. Chem., Bd. XXXVII, p. 54 (1902); Compt. rend., Acad. Cracovie, 1902, p. 432; Marchlewski, Ber. chem. Ges., Bd. XXXV, p. 4338 (1902). — 3) Nencki, Ber. chem. Ges., Bd. XXIX (III), p. 2677 (1896). Über Hämatoporphyrin: Nencki u. Sieber, Mon. Chem., Bd. IX, p. 115, Chem. Centr., 1888, Bd. I, p. 797. — 4) Nencki u. Zaleski, Ber. chem. Ges., Bd. XXXIV (I), p. 997 (1901). Pyrrolartige, einen mit Salzsäure befeuchteten Fichtenspahn rot färbende flüchtige Öle wurden aus Hämatin zuerst von Hoppe-Seyler (Med.-chem. Untersuch., p. 536) und aus Hämatoporphyrin von Nencki, Arch. exper. Pathol., Bd. XXIV, p. 230, erhalten. Über Hämopyrrol auch Plancher u. Cattadori, Chem. Centr., 1903, Bd. I, p. 838. Für die Ermittlung der Konstitution des Hämopyrrol waren die Forschungen W. Küsters über die Hämatinsäuren von hervorragender Bedeutung: Ber. chem. Ges., Bd. XXIX, p. 821 (1896); Bd. XXXII, p. 677 (1899); Bd. XXXV, p. 2948 (1902); Lieb. Ann., Bd. CCCXV, p. 174 (1901); Ber. Botan. Ges., Bd. XXII, p. 339 (1904). Über Hämatinreduktion auch J. A. Milroy, Proc. Physiol. Soc., 1904, p. 24. — 5) Nencki u. Marchlewski, Ber. chem. Ges., Bd. XXXIV (II), p. 1687 (1901).

Phylloporphyrin $C_{16}H_{18}N_2O$

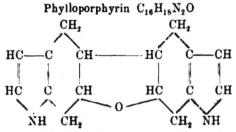

Nach KÜSTER liegt aber möglicherweise in den Porphyrinen nicht der Indol- sondern der Isoindolring vor (l. c. 1904). Da sowohl der Pyrrolidinring [E. FISCHER[1])] als der Benzopyrrolring [HOPKINS[2])] in den direkten Hydratationsprodukten der Eiweißstoffe fertig gebildet ist, so eröffnet sich die Möglichkeit, sowohl für den Blutfarbstoff als für das Chlorophyll Beziehungen zu Eiweißspaltungsprodukten anzunehmen. Neuestens hat MARCHLEWSKI[3]) darauf hingewiesen, daß Derivate von Ketonsäuren, welche aus Maleïnsäureanhydrid bei Kondensation mit Kohlenwasserstoffen erhalten werden, Farbstoffe darstellen, die mit den Lipochromen große Ähnlichkeit haben und andererseits die Beziehungen zwischen Hämopyrrol und Methylpropylmaleïnsäureimid vielleicht auch auf eine Verwandtschaft der Chlorophyllderivate mit den erwähnten lipochromartigen Stoffen bezogen werden können.

MARCHLEWSKI ist es auch gelungen[4]), aus dem Phylloporphyrin Hämatinsäure und Urobilin zu gewinnen, und so direkt aus dem Blattfarbstoffe Derivate des Blutfarbstoffes im Tierkörper herzustellen.

Von vielen Seiten wurde die Meinung geäußert, der Chlorophyllfarbstoff sei eisenhaltig. So gaben von älteren Autoren VERDEIL[5]), PFAUNDLER[6]), sowie HORFORD[7]) Eisengehalt des Chlorophylls an, später WIESNER[8]) und HANSEN; auch nach GRIFFITHS[9]) sollte der Chlorophyllfarbstoff ein eisenhaltiges Glykosid sein. In neuerer Zeit mehren sich jedoch die Angaben, daß das Blattgrün eine eisenfreie Substanz darstelle. MACCHIATI[10]) fand im Chlorophyllan kein Eisen, und MOLISCH[11]) stellte auf Grund eingehender Untersuchungen den Eisengehalt des Chlorophylls gänzlich in Abrede, desgleichen STOKLASA.

Früher wurde von mehreren Forschern [SCHUNCK[12]), SACHSSE[13]), WILDEMAN[14]), GRIFFITHS[9])] daran gedacht, daß der Chlorophyllfarbstoff eine glykosidische Substanz sei; doch haben sich die Angaben über Zuckerabspaltung beim Kochen von Chlorophyll mit Säuren nicht in

---

1) E. FISCHER fand unter den Eiweißspaltungsprodukten Pyrrolidinkarbonsäure und eine Oxypyrrolidinkarbonsäure: Zeitschr. physiol. Chem., Bd. XXXIII, p. 51 (1901); Ber. chem. Ges., Bd. XXXV (II), p. 2660 (1902). — 2) HOPKINS u. COLE, Journ. of Physiol., Vol. XXVII, p. 418 (1901). — 3) L. MARCHLEWSKI, Zeitschr. physiol. Chem., Bd. XXXVIII, p. 196 (1903). — 4) MARCHLEWSKI, Extr. Bull. Acad. scient. Cracovie. Janvier, 1902; Journ. prakt. Chem., Bd. LXV, p. 161 (1902). Zu dem Gegenstande ferner: N. SIEBER-SCHUMOFF, München. med. Wochenschrift, Bd. XLIX, p. 1876 (1902); NENCKI u. ZALESKI, Archiv. scienc. biol., Tome IX, No. 4 (1903). — 5) VERDEIL, Compt. rend., Tome XLVII, p. 442 (1858). — 6) PFAUNDLER, Lieb. Annal., Bd. CLV, p. 43. — 7) E. N. HORFORD, Sitz.-Ber. Wien. Akad., Bd. LXVII, p. 436 (1873). — 8) WIESNER, Entstehung des Chlorophylls (1877), p. 19. — 9) A. B. GRIFFITHS, Chem. News, Vol. XLIX, p. 237 (1884). — 10) L. MACCHIATI, Chem. Centralbl., 1888, Bd. II, p. 1083. — 11) MOLISCH, Die Pflanze in ihrer Beziehung zum Eisen (1892), p. 81. — 12) SCHUNCK, Proc. Roy. Soc., Vol. XXVI, p. 183 (1884); Chem. News, Vol. XLIX, p. 2. — 13) R. SACHSSE, Chem. Centr., 1884, p. 113. — 14) E. DE WILDEMAN, Just Jahresber., 1887, Bd. I, p. 198.

neuerer Zeit bestätigen lassen. Auch die von Tswett[1]) in letzter Zeit geäußerte Ansicht, daß der Chlorophyllfarbstoff ein Eiweißkörper sei (Tswett hielt sich deswegen für berechtigt, die neue Benennung „Chloroglobin" vorzuschlagen), entbehrt allzusehr der nötigen Stützen, um derzeit annehmbar zu erscheinen. Ebenso ist es noch zweifelhaft, ob das von Tswett[2]) dargestellte kristallinische „blaue Chlorophyllin" wirklich vom Phyllocyanin different ist, wie der genannte Forscher annimmt. Es braucht heute wohl kaum erwähnt zu werden, daß die Meinung von Hlasiwetz[3]), wonach das Chlorophyll eine Eisenverbindung des Quercetins sei, ebenso haltlos ist, wie die Meinung desselben Autors, wonach Beziehungen zwischen Chlorophyll und Berberin bestehen. Dies hat bereits Wiesner[4]) als unberechtigt erwiesen. Auch die von Baeyer[5]) durch Mischung von Resorcin oder Pyrogallol mit Furfurol und Benetzung mit Salzsäure erhaltene Substanz hat trotz Ähnlichkeiten im spektroskopischen Verhalten mit Chlorophyll nichts zu tun.

Ob das Chlorophyll bei verschiedenen Pflanzen dieselbe Substanz darstelle, wurde schon von älteren Forschern [Harting, Angström, Salm Horstmar u. a.[6])] geprüft, und es fehlte nicht an Stimmen, welche sich für eine Mehrzahl von Chlorophyllen entschieden. Gautier[7]) hielt das Chlorophyll von Monokotyledonen und Dikotyledonen für different; Stokes[8]) hatte den grünen Farbstoff der Landpflanzen für eine Mischung zweier grüner und zweier gelber Farbstoffe erklärt. Sorby[9]) nahm in Seealgen zwei differente grüne Pigmente an. In neuerer Zeit hat besonders Etard[10]) die Ansicht verfochten, daß es eine Reihe von Chlorophyllfarbstoffen gebe, die nebeneinander in derselben Pflanze vorkommen. Doch haben Schunck und Marchlewski[11]) gezeigt, daß die Gründe zur Annahme verschiedener Chlorophylle keinesfalls stichhaltig sind. Indessen wird der Chlorophyllfarbstoff nach Marchlewskis und Schuncks[12]) Feststellungen tatsächlich von einer kleinen Menge eines zweiten grünen Farbstoffes begleitet, welcher rot fluoresziert und dessen Absorptionsband im Rot weiter teilbar ist als das des wahren Chlorophylls. Näheres ist über diesen zweiten grünen Blattfarbstoff noch nicht bekannt. Nichts zu tun mit Chlorophyll hat der grüne Farbstoff in der Fruchtpulpa von Trichosanthes palmata [Smith[13])].

Das Chlorophyll quantitativ zu bestimmen versuchte Timiriaseff[14]) auf spektrophotometrischem Wege durch Vergleich mit einer Normal-

1) M. Tswett, Compt. rend., Tome CXXIX, p. 607 (1899); Bot. Centr., Bd. LXXXI, p. 81 (1900); Bd. LXXXIX, p. 120 (1902). — 2) Tswett, Compt. rend., Tome CXXXI, p. 842 (1900); Tome CXXXII, p. 149 (1901). — 3) Hlasiwetz, Sitz.-Ber. Wien. Akad., Bd. XXXVI. — 4) Wiesner, Entsteh. d. Chlorophylls, p. 7 (1877). — 5) A. v. Baeyer, Ber. chem. Ges., Bd. V, p. 26; vgl. hierzu Sachsse, Sitz.-Ber. naturforsch. Ges., Leipzig 1875, p. 115; Just Jahresber., 1876, Bd. II, p. 927; Wiesner, l. c., p. 8. — 6) Vgl. die Literaturangaben bei Tschirch, Untersuchungen üb. d. Chlorophyll (1884), p. 28. — 7) Gautier, Compt. rend., Tome LXXXIX, p. 865 (1879). — 8) Stokes, Proc. Roy. Soc. Vol. XIII, p. 144. — 9) Sorby, ibid., Vol. XXI, p. 451. — 10) A. Etard, Compt. rend., Tome CXIX, p. 289 (1894); Tome CXX, p. 328 (1895); Tome CXXIII, p. 656 (1896); Tome CXXIV, p. 1351 (1897); Annal. Inst. Pasteur, Tome XIII, p. 456 (1899). — 11) Schunck u. Marchlewski, Lieb. Annal., Bd. CCLXXXVIII, p. 209 (1895). — 12) Marchlewski u. Schunck, Proc. chem. soc., Vol. XVI, p. 145 (1900); Journ. prakt. Chem., Bd. LXII, p. 247 (1900). — 13) M. Smith, Nature, Vol. XLI, p. 573 (1890). — 14) Timiriaseff, Just Jahresber., 1881, Bd. I, p. 80.

lösung. HANSEN [1]) nahm den Farbstoff nach Verseifen der alkoholischen Lösung mit Ätheralkohol auf und bestimmte den Trockenrückstand dieser Lösung durch Wägung. Auf 1 qm Blattfläche wurde durchschnittlich 5,142 g Farbstoff gefunden. TSCHIRCH [2]) benützte zur Chlorophyllbestimmung die Darstellung von Phyllocyaninzinkacetat, welches 11,07 Proz. Zink enthält. TSCHIRCH fand 1,8 bis 4 Proz. der Trockensubstanz der Blätter an Chlorophyll; 1 qm Blattfläche würde 0,35 bis 1,23 g Chlorophyll, meist etwa 0,8 g, enthalten. JÖNSSON [3]) hat sich bemüht, eine kolorimetrische Methode zur Bestimmung des Chlorophyllgehaltes von Blättern auszubilden; bei dieser kommen allerdings noch erhebliche Fehlerquellen in Betracht.

Erwähnt sei noch, daß SCHUNCK [4]) die Veränderungen verfolgt hat, welche der Chlorophyllfarbstoff beim Passieren des tierischen Verdauungstraktes erleidet. Aus dem Kuhkot wurden zwei Chlorophyllderivate isoliert, wovon das eine wahrscheinlich mit Phylloxanthin identisch ist. Das andere, Skatocyanin genannt, kristallisiert, ist leicht löslich in Chloroform, und scheint von allen anderen bekannten Chlorophyllderivaten verschieden zu sein.

Der Farbstoff etiolierter Chlorophyllkörner ist noch in mancher Hinsicht nicht genügend gekannt. Eine charakteristische Eigenschaft etiolierter Chloroplasten ist es, daß sie bei Behandlung mit Säure einen blaugrünen Farbenton annehmen. Mit dieser Erscheinung befaßten sich schon ältere Autoren, wie PHIPSON [5]), J. SACHS [6]), welcher den Farbstoff etiolierter Blätter als „Leukophyll" bezeichnete, J. BOEHM [7]), welcher das Pigment als „Chlorogon" beschrieb, FRÉMY und andere. Es war der erwähnte Farbenwechsel wohl auch der Grund, weshalb man alsbald an einen genetischen Zusammenhang zwischen dem gelben Farbstoff etiolierter Chloroplasten und dem Chlorophyll dachte. Später befaßten sich ASKENASY [8]) und KRAUS [9]) mit dem Pigmente vergeilter Blätter, und der letzterwähnte Forscher kam auf Grund seiner spektralanalytischen Feststellungen zu dem Ergebnis, daß der Farbstoff etiolierter Pflanzen und der „gelbe Farbbestandteil des Chlorophylls" (dies war in KRAUS' Versuchen wesentlich Karotin) identisch seien. Bezüglich des genetischen Zusammenhanges mit dem Chlorophyll äußerte sich KRAUS vorsichtiger. PRINGSHEIM [10]) nannte den Farbstoff „Etiolin" und erklärte ihn als verschieden vom KRAUSschen Xanthophyll. WIESNER [11]) brachten seine experimentellen Untersuchungen zu der Ansicht, daß sich beim Ergrünen etiolierter Gerstenkeimlinge der Etiolingehalt vermindert; doch sind diese Versuche nicht einwandfrei, weil die gelben Farbentöne nur nach dem bloßen Augenschein verglichen wurden und nicht festgestellt wurde, ob nicht mehrere gelbe Pigmente bei diesen Veränderungen

---

1) A. HANSEN, Sitz.-Ber. d. phys.-med. Ges. Würzburg, 1885, p. 140; Arbeiten d. botan. Inst. in Würzburg, Bd. III, p. 426 (1887). — 2) A. TSCHIRCH, Tagebl. d. Naturforsch.-Vers. Wiesbaden, 1887; ibid., Heidelberg 1889; Just Jahresber., 1887, Bd. I, p. 197; Pharm. Centralhalle, Bd. XXX, p. 611 (1889). — 3) B. JÖNSSON, Botan. Centr., Bd. XCIII, p. 457 (1903). — 4) SCHUNCK, Chem. News, Vol. LXXXV, p. 1 (1902); MARCHLEWSKI, Chem. Centr., 1904, Bd. I, p. 513. — 5) L. PHIPSON, Compt. rend., Tome XLVII (1858). — 6) J. SACHS, Lotos, 1859, p. 6; Sitz.-Ber. Wien. Akad., Bd. XXXVII, p. 1453 (1859). — 7) J. BOEHM, Wien. Akad. Sitz.-Ber., Bd. XXXVII, p. 477 (1859). — 8) ASKENASY, Bot. Ztg., 1867, p. 229. — 9) G. KRAUS, l. c. (1872), p. 112. — 10) PRINGSHEIM, Monatber. Akad. Berlin, 1874; Gesamm. Abhandl., Bd. IV, p. 1. — 11) WIESNER, Entsteh. d. Chlorophylls, p. 26 (1877).

beteiligt sind. ELFVING [1]) berichtete über Etiolinbildung unter Bedingungen, die Chlorophyllbildung nicht gestatten (niedere Temperatur) und sah die Blätter am Lichte unter solchen Verhältnissen lebhaft gelbe Farbe annehmen. HANSEN [2]) fand, daß das Etiolin dasselbe Spektrum besitzt wie das Karotin der Chloroplasten. Demgegenüber gab TSCHIRCH [3]) an, daß für das Etiolin die Spaltung des Bandes II und die Lage von Band IIa und IIb sehr charakteristisch sei. Die mit konzentrierter Salzsäure blaugrün gefärbte Etiolinlösung hat ein Spektrum mit verwaschenen Bändern. Band II (λ 610—600) stimmt mit dem entsprechenden Streifen des Chlorophyllspektrums überein. Nach TSCHIRCH [4]) geben auch etiolierte Chloroplasten die PRINGSHEIMsche „Hypochlorinreaktion", doch soll die hierbei auftretende Substanz vom Chlorophyllan sicher verschieden sein. Bezüglich des genetischen Zusammenhanges zwischen Etiolin und Chlorophyll nimmt TSCHIRCH eine zustimmende Haltung ein. Von Interesse wäre es, allgemeine Erfahrungen darüber zu gewinnen, ob alle Amyloplasten, welche des Ergrünens fähig sind, tatsächlich auch Etiolin führen. Für die Leukoplasten der Kartoffel hat WIESNER [5]) diesen Nachweis bereits vor längerer Zeit erbracht; es würde jedenfalls für einen Zusammenhang beider Pigmente sprechen, wenn ganz allgemein Etiolin in Leukoplasten gefunden würde. Vielleicht ist mit dem Etiolin auch das von FAMINTZIN [6]) aus den Kotyledonen reifer Helianthussamen gewonnene Chromogen verwandt, doch bedarf dies noch weiterer Untersuchungen. Durch die Arbeiten von HANSEN, KOHL [7]) und anderen Forschern ist es sichergestellt, daß in etiolierten Pflanzen unzweifelhaft Karotin vorkommt, unter Umständen in erheblicher Menge. KOHL fand ferner, daß beim Ergrünen der Karotingehalt nicht abnimmt, sondern vielmehr zunimmt. Dieser Forscher vertritt nun die Meinung, daß außer Karotin wahrscheinlich kein anderer Farbstoff in etiolierten Pflanzen zugegen sei, und die Bezeichnung Etiolin dementsprechend zu entfallen habe. Ob dies in dieser Fassung richtig sei, muß ich noch als kontrovers erklären, und die Frage, ob in etiolierten Blättern nur ein Pigment oder mehrere Farbstoffe vorkommen, kann nicht als definitiv entschieden betrachtet werden. Nach der Meinung von TIMIRIASEFF [8]) und MONTEVERDE [9]) enthalten etiolierte Blätter nicht nur einen gelben, sondern noch einen grünen rot fluoreszierenden Farbstoff in kleiner Menge, das Protochlorophyll. Letzteres soll bei Belichtung in Chlorophyll übergehen, während sich gleichzeitig neues Protochlorophyll bildet. Wie man sieht, harren noch zwei wichtige Punkte der Etiolinfrage: der genetische Zusammenhang mit dem Chlorophyll, sowie die Beantwortung der Frage, wie viele Farbstoffe etiolierte Chloroplasten enthalten, ihrer definitiven Aufklärung. Sicher ist nur, daß etiolierte Chlorophyllkörner Karotin führen, und dieses soll nach KOHL in keinem genetischen Zusammenhang mit Chlorophyll stehen und sich beim Ergrünen nicht vermindern, sondern vermehren.

1) ELFVING, Arbeit. des bot. Inst. in Würzburg. Bd. II, Heft 3 (1880). — 2) HANSEN, Sitz.-Ber. Würzburger phys. med. Ges., 1883; Arbeit. d. botan. Inst. Würzburg, Bd. III, p. 303. — 3) TSCHIRCH, Untersuchungen etc. (1884), p. 94. — 4) TSCHIRCH, Abhandl. d. bot. Vereins d. Prov. Brandenburg, Bd. XXIV, p. 131. — 5) WIESNER, Österreich. botan. Zeitschr., 1877, p. 7. — 6) A. FAMINTZIN, Mélang. biolog. tirés du Bull. Acad. sc. Pétersbourg, Tome XIII (1893); Botan. Centralbl., Bd. LVIII, p. 378. — 7) F. G. KOHL, Untersuchungen üb. d. Karotin (1902), p. 75. — 8) TIMIRIASEFF, Compt. rend., Tome CVIII, p. 414 (1889). — 9) MONTEVERDE, Acta horti Petropolitan., Vol. XIII, p. 201 (1894); Botan. Centr., Bd. LIX, p. 284 (1894); Botan. Literaturblatt, 1903, p. 182.

Die Pigmente herbstlich gelber Blätter beschäftigten bereits
ältere Forscher. GUIBOURT[1]) nahm 1827 an, die herbstliche Verfärbung
rühre von einem Stoffe her, welcher die Stelle der „grünen Chromula"
in den Blättern einnehme. MACAIRE-PRINSEP[2]) stellte wenig später
eine nicht sehr glückliche Theorie über das Zustandekommen der Herbstfärbung auf, die er auf Oxydation und eine Art „Ansäuerung der chromule" zurückführen wollte. Dagegen wendete sich schon BERZELIUS[3]),
welcher den Herbstfarbstoff als Xanthophyll beschrieb und ihn durch
Extraktion der Blätter mit kaltem Alkohol darzustellen suchte. FRÉMY[4])
identifizierte später irrigerweise sein Phylloxanthin mit dem Xanthophyll von BERZELIUS. SACHS[5]) verfolgte mikroskopisch sehr genau die
herbstlichen Veränderungen der Chloroplasten und sah, daß schließlich
an Stelle der Chlorophyllkörner eine größere Zahl kleiner, intensiv gelb
gefärbter Körnchen zurückbleibt, deren Farbstoff in Alkohol löslich ist.
Die „Auswanderung des Chlorophylls", von der SACHS spricht, ohne sie
direkt beobachtet zu haben, besteht allerdings nicht, wie näher von
MER[6]) ausgeführt worden ist. Abgesehen von einigen mikrochemischen
Reaktionen, wurde jedoch die Beschaffenheit des gelben Pigmentes von
SACHS nicht näher berührt. SORBY[7]) wollte die gelben Herbstfarbstoffe
in zwei Gruppen scheiden, ein in Wasser lösliches Chrysophyll und ein
alkohollösliches Xanthophyll. In der Folge war man sehr schwankend,
ob man das Herbstpigment mit dem Karotin der Chloroplasten identi-
zieren solle oder nicht. KRAUS hielt beide Farbstoffe für übereinstimmend, während PRINGSHEIM[8]) Differenzen annahm. TSCHIRCH[9])
schlug vor, beide Pigmente als Xanthophyll zu bezeichnen und den
Herbstfarbstoff als β-Xanthophyll von dem als normalen Chlorophyll-
begleiter auftretenden α-Xanthophyll zu trennen; doch hält er es für
sehr wahrscheinlich, daß beide Farbstoffe identisch seien. IMMENDORFF[10])
äußerte sich später dahin, daß das Karotin als die Hauptursache der
herbstlichen Gelbfärbung zu betrachten sei. Endlich hat sich STAATS[11])
mit dem gelben Farbstoffe der Herbstblätter befaßt. Er nennt denselben „Autumnixanthin"; er fand das Pigment in siedendem Alkohol
mit intensiv gelber Farbe löslich, Kalilauge erzeugte in diesen Lösungen
rotbraune wasserlösliche Niederschläge; die Kaliverbindung des Linden-
und Buchenherbstgelb kristallisierte aus wässerigem Alkohol in schönen
rotgelben Nadeln. KOHL[12]) kam zu der Ansicht, daß das Karotin nicht
die Bedeutung für die Herbstfärbung habe, die ihm früher häufig zugeschrieben wurde; im Gegenteil soll der Karotingehalt herbstlich gelber
Blätter kleiner sein, als in frisch-grünen Organen. Nach KOHL sind
vielmehr die anderen, weiter unten zu besprechenden gelben Farbstoffe
der Chloroplasten, sowie geringe Mengen eines mit dem Chlorophyll
nahe verwandten gelben Pigmentes gleichzeitig und hauptsächlich bei
der Herbstfärbung beteiligt. In der Natur läßt sich häufig beobachten,

---

1) GUIBOURT, Journ. de pharm., Tome XIII, p. 27 (1827). — 2) MACAIRE-
PRINSEP, Ann. chim. phys. (2), Tome XXXVIII, p. 415 (1828); Poggend. Ann.,
Bd. XIV, p. 516 (1828). — 3) BERZELIUS, Pogg. Annal., Bd. XLII, p. 422 (1837);
Berzelius Jahresber, Bd. XVII, p. 300 (1838). — 4) FRÉMY, Ann. sc. nat., Tome
XIII, p. 45 (1860). — 5) SACHS, Flora, 1863, p. 193; Experimentalphysiol. (1865),
p. 333. — 6) E. MER, Bull. soc. bot., Tome XX, p. 164 (1873). — 7) SORBY,
Quart. Journ. of Science, Januar 1871, p. 64 und Nature, Vol. XXXL p. 105
(1885). — 8) PRINGSHEIM, Monatsber. Berlin. Akad., 1874; Gesammelte Abhandl.,
Bd. IV, p. 18. — 9) TSCHIRCH, Untersuchungen (1884), p. 88. — 10) IMMENDORFF,
Landw. Jahrbücher, Bd. XVIII (1889), p. 507. — 11) G. STAATS, Ber. chem. Ges.,
Bd. XXVIII (III), p. 2807 (1895). — 12) KOHL, l. c. (1902), p. 107.

wie sehr intensive Beleuchtung den Vergilbungsprozeß der Blätter im Herbst beschleunigt [1]).

Aus biologischen Gründen ist zu vermuten, daß die Ursachen des Vergilbens von Blättern bei anhaltender Verdunkelung verwandte sind, wie jene der Herbstfärbung. Doch verhalten sich die Pflanzen, wie schon SACHS [2]) gezeigt hat, sehr ungleich gegen Dunkelheit, indem manche auch nach mehrmonatlicher Verdunkelung ihr Chlorophyll nicht verlieren.

Wenn Blätter im Sonnenlichte verblassen, so beruht dies entweder auf der bekannten Umlagerung der Chloroplasten (Profilstellung) oder auf dem Hervortreten der stärkeren Zerstörung des Chlorophylls im Lichte. Eine größere Anzahl von Beobachtungen, die den letzteren Punkt betreffen, finden sich bei KOHL [3]) zusammengestellt, wo auch berichtet wird, daß an Rhododendronblättern sich im diffusen Lichte die stärkere Wiederergrünung durch Überwiegen der Chlorophyllneubildung sicher feststellen ließ. Außer Chlorophyll ist bei den am Lichte verblaßten Blättern nach KOHL auch das Karotin vermindert. Solche Vorgänge lassen sich ebenfalls mit den herbstlichen Veränderungen in eine Parallele bringen.

Die winterliche Verfärbung mehrjähriger Laubblätter beruht gleichfalls nicht auf der Ausbildung spezieller Pigmente in den Chloroplasten, sondern der an den letzteren auftretende gelbliche Ton, welcher die Verfärbung vieler Coniferen im Winter in gelbbräunliche Nuancen verursacht, rührt von der Verminderung des Chlorophyllgehaltes her, infolge der durch die niedere Temperatur bedingten Hemmung der Chlorophyllneubildung. Allerdings wird, wie SCHIMPER ausgeführt hat, die Färbung auch durch rubinrote Einschlüsse in den gelbgewordenen Chloroplasten beeinflußt, welche im Frühling gleichzeitig mit dem Ergrünen der Chloroplasten wieder verschwinden; eine braune Chlorophyllmodifikation wird aber bei niederer Temperatur nicht gebildet. Vielleicht handelt es sich bei den erwähnten Einschlüssen nur um Karotin, so wie MOLISCH [4]) die bei intensiver Belichtung in Aloëblättern oder Selaginellen vorübergehend auftretende Rotfärbung von Chloroplasten auf Karotin zurückführen konnte. Daß außerdem Anthokyan den äußerlich sichtbaren Farbenton von Blättern im Winter beeinflussen kann, muß ebenfalls berücksichtigt werden. Schon MOHL [5]) befaßte sich 1837 mit der auffälligen Verfärbung von perennierenden Blättern im Winter, und KRAUS,[6]) führte in neuerer Zeit den Nachweis, daß es sich um vorübergehende Kältewirkungen handelt; MAC NAB [7]) studierte die Erscheinung an Cupressineen. ASKENASY [8]) interpretierte den Vorgang richtig dahin, daß das Licht auch in der lebenden Pflanze unter Umständen den Chlorophyllgehalt sichtbar herabmindert durch Zerstörung des Farbstoffes und unzureichenden Ersatz; ASKENASY meinte ferner, daß die Kälte nicht direkt wirke, sondern die Zerstörbarkeit des Farbstoffes durch Beleuchtung befördere. Weitere Untersuchungen über den Gegenstand lieferte endlich HABERLANDT [9]), welcher nachwies, daß die in Rede

---

1) Hierzu NOLL, Sitz.-Ber. Niederrhein. Gesellsch., 1891, p. 80; auch MER, Bull. soc. bot., Tome XXIII, p. 176 (1876) bezüglich der Rotfärbung herbstlicher Blätter. — 2) J. SACHS, Flora, 1862, p. 218; Botan. Ztg., 1864, p. 290. — 3) S. Anm. 12, p. 467. — 4) MOLISCH, Ber. botan. Gesellsch., Bd. XX, p. 442 (1902). — 5) MOHL, Vermischte Schriften, p. 375. — 6) G. KRAUS, Bot. Ztg., 1874, p. 400. — 7) MAC NAB, Landw. Versuchstat., Bd. XVI, p. 439 (1874). — 8) ASKENASY, Bot. Ztg., 1867, No. 29. — 9) HABERLANDT, Österr. bot. Zeitschr., 1875, Heft 8; Wien. Akad., 1876; auch MER, Bull. soc. bot., Tome XXIII, p. 231 (1876).

stehenden Veränderungen auch im Winter bei höherer Temperatur
wieder rückgängig zu machen sind, wenn hinreichende Belichtung geboten wird.

Die Veränderungen der Chloroplasten beim Reifen von
Früchten sind wohl Parallelerscheinungen zu den herbstlichen Ver-
änderungen in Blättern. Hier geht oft die (relative?) Anreicherung der
Chromatophoren an Karotin sehr weit, so daß die reife Frucht lebhaft
rot tingierte Chromoplasten besitzt. Häufig begleitet Ausbildung von
Anthokyan diese Veränderungen. Untersuchungen an den Früchten von
Lycium und Solanum dulcamara hat in dieser Richtung bereits Sachs [1])
angestellt. Von Askenasy [2]) wurde der Lichteinfluß auf die begleitende
Anthokyanbildung näher studiert.

Die gelben Begleitfarbstoffe des Chlorophylls in Laubblättern. Das Studium derselben geht in erster Reihe auf die grundlegenden Untersuchungen von Kraus zurück, welcher durch Benzin
eine ziemlich vollständige Trennung des grünen und gelben Chloro-
plastenpigmentes ohne Zersetzung bewerkstelligen konnte. Die gelbe
im Alkohol verbleibende Fraktion zeigte nach mehrmaligem Ausschütteln
mit Benzin keine Spur von Band I und keine Fluoreszenz. Kraus
nannte den Farbstoff Xanthophyll. Sein Spektrum besaß drei breite
Absorptionsstreifen im Blau und Violett: der erste lag gleich hinter F,
war intensiv, und ist gleichbedeutend mit Band V der Chlorophylltinktur; das zweite schwächere Band lag zwischen F und G in der
Mitte; das dritte war die Endabsorption. Mit Schwefelsäure gab das
Xanthophyll von Kraus eine dunkelblaue Reaktion; im Sonnenlichte
verblieb das Pigment ziemlich schnell. Die von Frémy [3]) 1865 angewendete Methode, Chlorophylltinktur durch Tonerdehydrat zu fällen,
stimmt zum Teil mit der Krausschen Trennung überein, da der Niederschlag überwiegend das Chlorophyll mitreißt und den gelben Farbstoff
zum größten Teil in Lösung läßt. Das von Frémy verwendete Baryt-
verfahren war ebenfalls bis zu einem gewissen Grade zur Trennung
des gelben und grünen Blätterpigmentes geeignet. Nach Kraus gaben
noch Conrad [4]) sowie Wiesner [5]) Trennungsmethoden durch eine Reihe
von Lösungsmitteln an. Bougarel [6]) beschrieb als „Erythrophyll" eine
kristallisierende rotgefärbte Substanz aus dem Alkoholextrakt von Blättern.
Hartsen [7]) stellte aus einer Reihe von Pflanzen sein „Chrysophyll" dar
und fand, daß die Nädelchen dieses Stoffes sich mit Schwefelsäure schön
blau färben. Das „Xanthin" Dippels [8]) war derselbe Farbstoff, welchen
Dippel in der Krausschen „Kyanophyllfraktion" neben Chlorophyll infolge unvollständiger Trennung noch nachweisen konnte. In der Mitte
der 80er Jahre wurde nun durch Arnaud [9]) der Nachweis erbracht,
daß die Hauptmasse des gelben Blätterpigmentes tatsächlich mit Karotin
identisch ist. Die Kristalle sind leicht darzustellen, wenn man das getrocknete und fein gepulverte Blättermaterial mit Petroläther auszieht;
nach Abdunsten des Lösungsmittels und Waschen mit Äther bleiben die
reinen orangeroten Karotinkriställchen zurück. Borodins [10]) kristalli-

1) J. Sachs, Experimentalphysiologie (1865), p. 330. — 2) Askenasy, Bot.
Ztg., 1875, p. 498. — 3) Frémy, Compt. rend., Tome LXI, p. 189 (1865). —
4) Conrad, Flora, 1872, No. 25. — 5) Wiesner, ibid., 1874, No. 18. — 6) Ch.
Bougarel, Ber. chem. Ges., Bd. X, p. 1173 (1877). — 7) Hartsen, Arch. Pharm.,
Bd. CCVII, p. 136 (1875). — 8) Dippel, Flora, 1878, p. 18. — 9) Arnaud,
Compt. rend., Tome C, p. 751 (1885); Tome CII, p. 1119, 1319 (1886). — 10) Borodin,
Bot. Ztg., 1883, p. 577.

sierende Nebenpigmente des Chlorophylls waren gleichfalls mit Karotin identisch. HANSEN[1]) gewann das Blätterkarotin reichlich nach Kochen der Blätterextrakte mit alkoholischer Natronlauge und Aufnehmen der Farbstoffe mit Wasser durch Aussalzen mit Kochsalz und Ausschütteln der Fällung mit Petroläther. Auch HANSEN fand dieses kristallisierende Pigment völlig identisch mit dem Farbstoffe der Möhre. HANSEN wies nach, daß im Spektrum der Blättertinkturen nur die Bänder I. II. III. IV vom Chlorophyll herrühren, während alle drei Bänder der blauen Spektralhälfte durch das Lipochrom der Chloroplasten hervorgerufen werden. Man kann das Karotin auch an Ort und Stelle in den Zellen zur Kristallisation bringen, wie FRANK[2]) durch Einlegen von Blättern in sehr verdünnte Säuren zuerst demonstriert hat. Ein verbessertes Verfahren hat in neuerer Zeit MOLISCH[3]) angegeben, welcher mikroskopische Karotinkriställchen in den Chloroplasten durch mehrtägiges Liegen der Blätter in 40-proz. Alkohol, der 20 Proz. Natriumhydroxyd enthielt, im Dunkeln reichlich erzielen konnte. Karotin findet sich nach MOLISCH, IMMENDORFF[4]) und MONTEVERDE[5]) auch in etiolierten Chloroplasten; dem letztgenannten Autor zufolge enthalten jedoch etiolierte Weizenblätter weniger Karotin als grüne, wie denn später KOHL[6]) beim Ergrünen von Keimlingen Vermehrung des Karotingehaltes beobachten konnte. KOHL hat ferner in seinen umfassenden Untersuchungen und kritischen Darlegungen über das Blätterkarotin die bereits von TSCHIRCH[7]) hervorgehobene Tatsache bestätigen können, daß das Blätterkarotin nicht zu verwechseln ist mit dem gleichzeitig vorhandenen Cholesterin, und daß der früher mehrfach ausgesprochene Verdacht[8]), das Blätterkarotin bestehe nur aus farblosem Phytosterin, welchem gelber Farbstoff anhafte, nicht begründet sei.

1896 hat TSCHIRCH[7]) gezeigt, daß grüne Blätter außer Karotin (welches TSCHIRCH „Xanthokarotin“ nannte) noch einen zweiten gelben Farbstoff enthalten. Vom Karotin rühren nach TSCHIRCH die sogenannten „Xanthophyllbänder“ im Spektrum der Blätterauszüge her. Eine alkoholische Lösung der Karotinkristalle zeigte in der Photographie des mittelst Quarzprisma erzeugten Spektrums folgende Absorptionsstreifen:

Band I λ 0,468—0,485 μ } etwa gleich dunkel
„   II   0,438—0,455   „ }
„   III   0,418—0,430   „   sehr matt

Das Ultraviolett wird ganz durchgelassen. Hingegen gibt der zweite Farbstoff keine Absorptionsstreifen im Blau, und absorbiert den ultravioletten Spektralteil. TSCHIRCH trennte dieses Pigment, welches er als Xanthophyll sensu strictiori bezeichnet, vom Karotin ab, indem er letzteres aus der gemeinsamen alkoholischen Lösung als Jodid fällte. Die Lösung behält nun auch nach Entfernung des überschüssigen Jod die gelbe Farbe bei und enthält ausschließlich das Xanthophyll.

1) A. HANSEN, Sitz.-Ber. d. phys.-med. Ges. Würzburg, 1883; Arbeiten d. botan. Inst. in Würzburg, Bd. III, p. 127 (1884). Die Farbstoffe des Chlorophylls (1889). Vgl. später auch SCHUNCK, Proc. Roy. Soc., Vol. XLIV, p. 449. — 2) FRANK zit. bei TSCHIRCH, Untersuchungen über d. Chlor. (1884), p. 92. — 3) MOLISCH, Ber. botan. Gesellsch., Bd. XIV, p. 18 (1896). — 4) S. Anm. 10, p. 467. — 5) MONTEVERDE, Botan. Centr., Bd. XLVII, p. 132 (1891). — 6) S. Anm. 7, p. 466. — 7) A. TSCHIRCH, Ber. botan. Ges., Bd. XIV, p. 76 (1896); Bot. Centr., Bd. LXVII, p. 78. — 8) Vgl. z. B. REINKE, Ber. bot. Ges., Bd. III p. LVI (1885).

Der in neuerer Zeit von Schunck [1]) dargestellte und als Xanthophyll bezeichnete gelbe Begleitfarbstoff des Chlorophylls ist nach seinem spektroskopischen Verhalten nicht identisch mit dem Tschirchschen Präparate, und das Verhältnis beider Substanzen zueinander bedarf noch einer Aufklärung.

Aus vollkommen chlorophyllfreien gelben Blättern von Sambucus nigra foliis luteis gelang es Kohl [2]), einen neuen wasserlöslichen braungelben Farbstoff darzustellen, welcher als „Phyllofuscin" bezeichnet wurde. Das von Macchiati [3]) aus Blättern von Evonymus japonicus dargestellte „Xanthophyllidrin" stellt nach den Angaben dieses Forschers eine gleichfalls wasserlösliche, in gelben Kristallen erhältliche Verbindung dar.

§ 6.
Die Farbstoffe der chlorophyllführenden Pflanzenteile aus der Anthokyangruppe.

Die in Blättern sehr verbreitet vorkommenden roten und violetten im Zellsaft gelösten Farbstoffe seien in die Behandlung der Biochemie der Assimilationsorgane hier miteingeschlossen, obwohl sie mit den Chloroplastenpigmenten nichts weiter zu tun haben. Gleichzeitig mögen auch die nahe verwandten Blüten- und Fruchtfarbstoffe hier ihre Erörterung finden.

N. Grew [4]) stellte bereits Versuche über die Löslichkeit der roten und blauen Farbstoffe in Wasser und Alkohol an. Senebier wußte, daß rotgefärbte Blätter besonders in der Epidermis den roten Farbstoff enthalten und das innere Gewebe meist deutlich grün gefärbt ist. Unter den späteren Arbeiten, welche sich vielfach unfruchtbaren idealistischen Spekulationen bezüglich der Pflanzenfarbstoffe hingaben, sei auf die Studien von Schübler und Frank [5]) 1825 hingewiesen, worin gezeigt wurde, daß sich diese Blattpigmente mittelst Wasser oder Alkohol extrahieren lassen, und diese Lösung durch Säure und Alkali dieselben Farbenveränderungen erleidet, wie die Blätter oder Blüten selbst. Macaire [6]) erkannte die Beziehungen der Ausbildung von Blattrot zum Licht und basierte hierauf eine irrige Hypothese über Umwandlung von Chlorophyll in roten Farbstoff, eine Meinung, welche in der damaligen Literatur oft wiederkehrte und hauptsächlich erst durch Mohl [7]) widerlegt wurde. 1835 faßte Cl. Marquart [8]) alle roten, violetten und blauen Farbstoffe von Blüten und Blättern, welche in Wasser löslich sind, durch Säure rot und durch Alkali blau und schließlich grün verfärbt werden, als „Anthokyan" zusammen. Die Auffassung dieses Autors, daß ein Zusammenhang zwischen Chlorophyll und Anthokyan bestehe, war auf unrichtig gedeuteten Beobachtungen begründet

---

1) Schunck, Proc. Roy. Soc., Vol. LXVIII, p. 479 (1901); Vol. LXV, p. 177 (1899); Vol. LXXII, p. 165 (1903). — 2) Kohl, l. c. (1902), p. 145. — 3) Macchiati, Ber. chem. Ges., Bd. XIX, Ref. 877; Gazz. chim. ital., Vol. XVI, p. 231 (1886); Chem. Centr., 1889, Bd. I, p. 350; Malpighia, Vol. I, p. 478 (1887). — 4) Neh. Grew, Anat. of Plants (1682), p. 273—274. — 5) G. Schübler u. C. A. Frank, Schweigg. Journ., Bd. XLVI, p. 285 (1826). — 6) Macaire, Mémoir. soc. phys. Genève, Tome IV, p. 49 (1828). — 7) H. v. Mohl, Vermischte Schriften, p. 375. — 8) Cl. Marquart, Farben der Blüten (1835); Elsner, Schweigg. Journ., Bd. LXV, p. 165 (1832); Pogg. Ann., Bd. XLVII, p. 483 (1839), hatte etwa gleichzeitig auf die Identität der roten Blüten- und Blattfarbstoffe hingewiesen. Über Anthokyan auch Morren, Sur les feuilles vertes et colorées, Gand 1858.

und wurde schon von MOHL zurückgewiesen. Übrigens vertrat auch MULDER [1]) die Meinung, daß die gelben und blauen Pigmente aus Zersetzung des Chlorophylls hervorgehen. Die chemischen Reaktionen des Anthokyan finden sich bei MEYEN [2]) bereits gut zusammengestellt. BERZELIUS [3]), welcher den roten Farbstoff aus Kirschenblättern und Johannisbeeren untersuchte, nannte das Pigment „Erythrophyll"; ebenso wie dieses, war auch das „Erythrogène" von HOPE [4]) und das „Kyanin" von FRÉMY und CLOËZ [5]) mit dem Anthokyan identisch. Fast immer findet sich das Anthokyan im Zellsafte gelöst. Nach PIM [6]) gelingt es bei Justicia durch Konzentration des Zellsaftes mittelst Plasmolyse den violetten Farbstoff in Kriställchen zur Ausscheidung zu bringen. Um solche Kristalle, und nicht um Chromatophoren handelt es sich nach KROEMER [7]) auch bei den von TSCHIRCH [8]) beschriebenen Farbstoffkörpern in der Fruchtschale reifer Coffeabeeren. Eine Reihe von Vorkommnissen betreffs blauer und violetter Körnchen des Zellinhaltes in Blüten, Früchten, welche sich reaktionell wie Anthokyan verhalten, hat HILDEBRANDT [9]) zusammengestellt (z. B. Strelitzia, Amorpha, Gilia, Beeren von Passifloren u. a.). Bemerkenswert ist endlich die rote und violette Färbung von Zellmembranen vieler Moose (Frullania, Gottschea u. a.), welche wie Anthokyan Gerbstoffreaktion geben [CZAPEK [10]].

WIGAND [11]) hat wohl zuerst auf die Möglichkeit hingewiesen, daß Beziehungen zwischen Anthokyan und Gerbstoffen bestehen. Diese Idee hat in der Tat im Laufe der Zeit manche Stütze in biochemischen Tatsachen gefunden. Eisenreaktion ist ganz allgemein bei anthokyanhaltigen Zellsäften zu erzielen. WIESNER [12]) nahm an, daß die grüne Verfärbung von Anthokyan auf Zusatz von Alkali teilweise durch gleichzeitige Anwesenheit von Gerbstoffen bedingt sei. Nach MOLISCH [13]) tritt diese Grünfärbung von Anthokyan auch beim Abtöten von Blättern in den chlorophyllhaltigen Zellen ein. Die Chemie der Anthokyangruppe ist im übrigen derzeit noch sehr wenig bearbeitet. OVERTON [14]), dem wir die beste Arbeit über das Anthokyan aus der neueren Zeit verdanken, hält dafür, daß die Anthokyanpigmente wahrscheinlich glykosidische Verbindungen von gerbstoffartigen Substanzen darstellen dürften, und für die Auffassung der Anthokyane als Gerbsäure ähnliche Verbindungen spricht auch der Umstand, daß sie mit Coffeïn oder Antipyrin wie tanninartige Stoffe niedergeschlagen werden; doch wird sicher auch ungefärbter Gerbstoff häufig gleichzeitig gefällt. Die Anthokyane haben ferner den Charakter schwacher mehrwertiger Säuren; Coffeïn und andere schwache Basen verändern den Farbenton nur sehr wenig, während starke Alkalien blaue Färbung und sodann Umschlag in Grün erzeugen. Wahrscheinlich kommt die blaue Farbe den einwertigen, die grüne Färbung den zweiwertigen Ionen der Säure zu, während die freie Säure wenig disso-

1) MULDER, Physiolog. Chem. (1844), p. 284. — 2) MEYEN, Pflanzenphysiol., Bd. I, p. 185, Bd. II, p. 442 (1837). — 3) BERZELIUS, Lieb. Annal., Bd. XXI, p. 257 (1837). — 4) HOPE zit. v. MEYEN, Bd. II, p. 442. — 5) FRÉMY u. CLOËZ, Journ. prakt. Chem., Bd. LXII, p. 269. — 6) G. PIM, Journ. of Botany, Vol. XXII, p. 124 (1884). — 7) KROEMER, Just Jahresber., 1900, Bd. II, p. 89. — 8) TSCHIRCH, Schweiz. Wochenschr. Chem. Pharm., Bd. XXXVI, No. 40 (1898). — 9) HILDEBRANDT, Jahrbücher wiss. Bot., Bd. III, p. 3. — 10) CZAPEK, Flora, 1899. Bezügl. Frullania auch JÖNSSON, Compt. rend., Tome CXIX, p. 440 (1896). — 11) WIGAND. Bot. Ztg., 1862, p. 121. Botanische Hefte Marburg, Bd. II (1887). Auch E. DENNERT, Botan. Centralbl., Bd. XXXVIII, p. 425 (1889). — 12) WIESNER, Bot. Ztg., 1862, p. 389; Jahrbücher wiss. Bot., Bd. VIII, p. 586 (1872). — 13) MOLISCH, Bot. Ztg., 1889, p. 17. — 14) OVERTON, Jahrb. f. wiss. Bot., Bd. XXXIII, p. 171 (1899).

ziiert ist und den nicht dissoziierten Molekülen rote Färbung zukommt. Im Zellsafte dürfte aber nach OVERTONS Beobachtungen der Farbstoff gewiß teilweise dissoziiert sein.

Nach den ausführlichen Studien von WEIGERT [1]) lassen sich die Anthokyanpigmente in zwei Gruppen sondern. Die Gruppe des „Weinrotes" wird charakterisiert durch die blaugraue oder blaugrüne Färbung ihres Niederschlages mit basischem Bleiacetat, ferner durch hellrote Färbung und Fällung bei Zusatz von Salzsäure in der Kälte, endlich durch den lackmusartigen Farbenumschlag beim Zusatz von Alkali, welcher genau beim Überschreiten des Neutralitätspunktes erfolgt. Hierher zählt der Weinfarbstoff, das Rot herbstlicher Blätter von Ampelopsis, Rhus, Cornus. Auch stehen damit in nahen Beziehungen die violetten oder dunkelroten Pigmente der buntblätterigen Coleusformen [„Coleïn" von CHURCH [2])] und von Perilla nankingensis, der blauschaligen Kartoffeln, der Farbstoff des Rotkohles [„Caulin" [3])], der Malvenblumenblätter, der Heidelbeeren und vieler anderer Blätter, Blüten und Früchte. Am besten und häufigsten ist wohl der rote Weinfarbstoff untersucht worden. Von älteren Arbeiten hierüber sind jene von GLÉNARD [4]) und von MULDER [5]) hervorzuheben. Beide Forscher fällten den Farbstoff mit Bleiacetat, und MULDER suchte durch Zerlegen des Niederschlages mit Schwefelwasserstoff den freien Farbstoff zu isolieren; doch war dieses „Oenocyanin", wie HEISE [6]) nachgewiesen hat, eine Farbstoff-Bleiverbindung. Von GLÉNARDS „Oenolin" gilt wohl dasselbe. Später stellte GAUTIER [7]) den Weinfarbstoff dar und analysierte die gewonnenen Präparate; in den letzten Untersuchungen dieses Autors werden mehrere „Ampelochroïnsäuren", und zwar α-Ampelochroïnsäure $C_{19}H_{16}O_{10}$, β-Ampelochroïnsäure $C_{26}H_{24}O_{16}$ und γ-Ampelochroïnsäure $C_{17}H_{18}O_{10}$ unterschieden. GAUTIER fand auch, daß sich nach Entblättern des Weinstockes oder selbst nach Anbringung von Ligaturen um die Blattstiele die Rotfärbung der Beeren nicht entwickelt; er nimmt deswegen an, daß der Farbstoff in den Blättern gebildet werde und in die Früchte einwandere. Es ist jedoch von GAUTIER die Möglichkeit von Korrelationen zwischen der Einfuhr von Assimilaten in die Früchte und lokaler Farbstoffbildung nicht diskutiert worden. Das Beerenpigment ist nach GAUTIER ein Aldehyd oder katechinartiger Stoff. Beim Schmelzen mit Alkalien entstehen nach GAUTIER, HEISE und WEIGERT phlobaphenartige Stoffe. Von den neueren Untersuchern des Weinfarbstoffes, LAURENT [8]), TERREIL [9]), MARQUIS [10]) SOSTEGNI [11]) hat besonders der letzte Forscher bemerkenswerte Aufschlüsse zur Chemie dieses Pigmentes geliefert und dargetan, daß in der Kalischmelze hauptsächlich Protokatechusäure entsteht, daneben Brenzkatechin und vielleicht auch Oxyhydrochinon. Ein Acetylprodukt des Oenocyanins hatte die Zusammensetzung $C_{19}H_9O_8(CH_3CO)_5$. Vielleicht ist der Weinfarbstoff nach SOSTEGNI ein Tanninderivat der

1) L. WEIGERT, Jahresbericht der önologischen Lehranstalt Klosterneuburg, 1894/95. — 2) A. H. CHURCH, Ber. chem. Ges., Bd. X, p. 296 (1877). — 3) Vgl. Just Jahresber., 1880, Bd. I, p. 416. — 4) GLÉNARD, Ann. chim. phys., Tome LIV, p. 366 (1853). — 5) MULDER, Chemie des Weines, 1856. — 6) HEISE, Arbeit. kais. Gesundheitsamt, Bd. V, p. 618 (1889). — 7) A. GAUTIER, Compt. rend., Tome LXXXVI, p. 1507 (1878); Tome CXIV, p. 623 (1892). — 8) LAURENT, Journ. roy. micr. sc., 1890, p. 476. — 9) TERREIL, Bull. soc. chim., Tome XLIV, p. 2 (1885). — 10) MARQUIS, Pharm. Zeitschr. f. Rußland, 1884, p. 186. — 11) L. SOSTEGNI, Chem. Centralbl., 1895, Bd. I, p. 456; 1898, Bd. I, p. 61; 1902, Bd. II, p. 905.

Protokatechusäure. HEISE und WEIGERT nahmen an, daß in den blauen Trauben zwei Farbstoffe zugegen seien, wovon der eine Glykosidnatur besitze. Nach WEIGERT ist auch der Farbstoff der Althaeablüten ein Glykosid, welches durch verdünnte Säuren hydrolysiert wird, und in der Kalischmelze Protokatechusäure und Brenzkatechin liefert. Der Farbstoff der Heidelbeeren ist nicht mit dem Weinfarbstoff direkt identisch, wie ANDREE[1]) angenommen hatte, sondern zeigt deutliche Differenzen [VOGEL[2])]. Nach NACKEN[3]) gibt Heidelbeerfarbstoff eine dunkelbraunrote Eisenreaktion, reduziert Fehlings Lösung und hat die Zusammensetzung $C_{10}H_{12}O_8$. Der Farbstoff der Rubusfrüchte scheint nach den Untersuchungen von PABST[4]) (Himbeeren) ebenfalls viele Ähnlichkeiten mit dem Weinfarbstoffe aufzuweisen. Mit dem Pigmente des Weichselsaftes befaßte sich ROCHLEDER[5]), welcher ein Triacetylderivat herstellte. Auch der violettrote Farbstoff der Gerbstoffschläuche von Musa weist nach NIEDERSTADT[6]) alle Charaktere des Anthokyan auf.

Die zweite Gruppe der Anthokyanpigmente hat WEIGERT als „Gruppe des Rübenrot" unterschieden. Diese Farbstoffe geben mit basischem Bleiacetat rote Fällungen, werden durch Salzsäure bei gewöhnlicher Temperatur dunkelviolett gefärbt; überschüssiges Ammon färbt die rote wässerige Lösung dunkelviolett, andere Basen färben gelb; doch bleibt die rote Farbe bei schwach alkalischer Reaktion noch erhalten. Rübenrot enthaltende Pflanzenteile geben in frischem oder getrocknetem Zustande beim Zerreiben an Alkohol keinen Farbstoff ab, jedoch leicht an kaltes Wasser. Hierher zählt der Farbstoff, welcher in allen Teilen der roten Rübe vorkommt, das Pigment der dunkelroten Varietäten verschiedener Chenopodiaceen und Amarantaceen, sowie der Farbstoff in den Beeren von Phytolacca. Nach HILGER und MAI[7]) ist das Pigment der Kermesbeeren leicht zu acetylieren und zu benzoylieren; es gibt ferner Halogenderivate, welche sich als lichtbraune Flocken abscheiden lassen. Mit diesen beiden Gruppen ist aber die Zahl der Anthokyanfarbstoffe keinesfalls erschöpft, und es mag eine ganze Reihe hierher gehöriger Pigmente geben, welche man zur Zeit mangels chemischer Untersuchungen noch nicht unterscheiden kann. Nach OVERTON[8]) sind z. B. die Mohnblütenfarbstoffe und das Tradescantienanthokyan spezielle Arten der Anthokyane.

Spektroskopisch sind die Anthokyanfarbstoffe oft untersucht worden. Von einschlägigen Arbeiten erwähne ich jene von HANSEN[9]), von V. JONAS[10]), N. J. C. MÜLLER[11]). Nach HILGER[12]) stimmen die verschiedenen Farbstoffe von Chenopodiaceen, Caryophyllaceen und Phytolacca spektroskopisch völlig überein. Nach FORMANEK[13]) lassen die spektroskopischen Verhältnisse beim Farbstoffe der roten Rübe auf die Anwesenheit eines roten und eines gelben Farbstoffes schließen; der erstere

---

1) ANDREE, Arch. Pharm., Bd. CCXVI, p. 90 (1880). — 2) H. W. VOGEL, Chem.-Ztg., 1888, p. 175. — 3) NACKEN, Just Jahresber., 1895, Bd. I, p. 311; Chem. Centralbl., 1895, Bd. II, p. 1084. Über dieses Pigment auch R. HEISE, Arbeit. kais. Gesundheitsamt, Bd. IX, p. 478 (1894). — 4) PABST, Bull. soc. chim., Tome XLIV, p. 363 (1885). — 5) ROCHLEDER, Ber. chem. Ges., Bd. III, p. 238 (1870). — 6) NIEDERSTADT, Chem. Centralbl., 1876, p. 126. — 7) HILGER u. MAI, Chem. Centralbl., 1895, Bd. II, p. 1083. — 8) S. Anm. 14, p. 472. — 9) A. HANSEN, Verhandl. phys.-med. Gesellsch. Würzburg, Bd. XVIII (1884); auch H. PIOK, Bot. Centralbl., Bd. XVI, No. 48 (1883). — 10) V. JONAS, Dissertation, 1887; Ref. Just botan. Jahresber., 1887, p. 222. — 11) N. J. C. MÜLLER, Jahrb. wiss. Bot., Bd. XX, p. 78 (1889). — 12) HILGER, Landw. Versuchstat., Bd. XXIII, p. 456 (1879). — 13) J. FORMANEK, Journ. prakt. Chem., Bd. LXII, p. 310 (1900).

ist sehr zersetzlich. Über die optischen Veränderungen, welche die Anthokyanpigmente auf Zusatz von Magnesiumsalzen erfahren, hat LEPEL[1]) berichtet. Auch Fluoreszenz wurde bei manchen hierher gehörigen Farbstoffen beobachtet, so beim Blütenfarbstoff der Ajuga reptans [rote Fluoreszenz nach BORŠČOW[2])]. Das Anthokyanspektrum zeigt nach HANSEN ein sehr breites Absorptionsband zwischen D und b; Ähnlichkeit mit dem Chlorophyllspektrum ergab sich niemals.

Erwähnt sei auch der noch nicht aufgeklärte Einfluß (chemische Reizwirkung?) mancher Stoffe (Eisen, Alaun) auf die Anthokyanausbildung mancher Blüten (Hydrangea), der schon von SCHÜBLER und LACHENMEYER[3]) beschrieben wurde und von MOLISCH[4]) außer Zweifel gesetzt werden konnte. Die Hydrangeablüten färben sich auf Darreichung von Aluminium- oder Eisensalzen intensiv blau.

Eine Reihe von speziell beschriebenen Pigmenten sei hier nur anhangsweise als ungenau bekannt angeschlossen. So hat L. MEIER[5]) aus den Mohnblüten eine „Rhöadinsäure" und eine „Klatschrosensäure" beschrieben; der Farbstoff der Rosenblüten gibt nach SENIER[6]) kristallisierbare Alkaliverbindungen; ARATA[7]) hat über das „Poncetin", ein dunkelrotes Pigment der Blätter von Euphorbia heterophylla Pers. berichtet; der rote Farbstoff der Sorghumblätter wurde von PASSERINI[6]) als „Sorghin" beschrieben; unbekannt ist es, ob der von MÖBIUS[9]) als „Anthophäin" benannte Farbstoff der schwarzen Flecke der Vicia Fabablüten etwas mit der Anthokyangruppe zu tun hat. Das „Hypericumrot", der Farbstoff der kleinen schwarzen Fleckchen der Blumenblätter von Hypericumarten, soll nach WOLFF[10]) spektroskopische Ähnlichkeit mit Oxyhämoglobin haben. Das Anthokyan des Zuckerrohrs gibt nach SZYMANSKI[11]) Gerbstoffreaktionen und hat den Charakter einer Säure. Das Pigment von Geranium soll nach GRIFFITHS[12]) die Zusammensetzung $C_{15}H_{10}O_6$ besitzen.

Ebensowenig wie die rein chemische Kenntnis vom Anthokyan ist auch die Kenntnis von der biologischen Bedeutung dieser Farbstoffe einigermaßen abgeschlossen zu nennen. Wichtig ist es jedenfalls, daß das Anthokyan, wie ENGELMANN[13]) nachgewiesen hat, die für die Chlorophyllfunktion wichtigen roten Strahlen ungeschwächt passieren läßt und die Absorptionskurve des Anthokyan einen ungefähr komplementären Verlauf zur Absorptionskurve des Chlorophylls hat. Die Angabe von JUMELLE[14]), wonach Blutbuche und Blutahorn bis sechsmal weniger assimilieren sollen, als die grünen Varietäten, ist mit den Untersuchungen ENGELMANNS nicht im Einklange, und es hat übrigens GRIFFON[15]) gefunden, daß Anthokyanblätter auch ebenso stark assimilieren können, wie grüne Blätter; es muß daher die von JUMELLE beobachtete Er-

1) F. v. LEPEL, Ber. chem. Ges., Bd. XIII, p. 766 (1880). — 2) E. BORŠČOW, Bot. Ztg., 1875, p. 351. — 3) G. SCHÜBLER u. C. LACHENMEYER, Journ. prakt. Chem., Bd. I, p. 46 (1834). — 4) MOLISCH, Bot. Ztg., 1897, Bd. I, p. 49; vgl. auch ICHIMURA, Colleg. Scienc. Tokyo, 1903, Vol. XVIII, p. 1. — 5) L. MEIER, Berzelius Jahresbericht, Bd. XXVII, p. 277 (1848). — 6) H. SENIER, Pharm. Journ. (3); Bd. VII, p. 651 (1877). — 7) ARATA, Repert. Pharm., 1892, p. 45. — 8) PASSERINI, Just Jahresber., 1894, Bd. I, p. 399. — 9) MÖBIUS, Ber. botan. Ges., Bd. XVIII, p. 341 (1900). — 10) WOLFF, Bot. Centralbl., Bd. LXIV, p. 385 (1895); vgl. auch K. DIETERICH, Pharm. Centralhalle, Bd. XXXII, p. 683 (1891). — 11) SZYMANSKI, LENDERS u. KRÜGER, Just Jahresber., 1896, Bd. I, p. 411. — 12) A. B. GRIFFITHS, Ber. chem. Ges., Bd. XXXVI, p. 3959 (1903). — 13) ENGELMANN, Bot. Ztg., 1887, p. 425. — 14) JUMELLE, Compt. rend., Tome CXI, p. 380 (1890). — 15) GRIFFON, Ann. sc. nat. (8), Tome X, p. 1 (1899).

scheinung nicht gerade auf der Gegenwart des Anthokyans beruhen. Angaben über die anatomische Verteilung des Anthokyans in Blättern hat HASSACK[1]) geliefert. Eine in der Literatur oft zitierte Hypothese über die Wirkung des Anthokyans nimmt an, daß das Anthokyan die Funktion habe, die Zersetzung des Chlorophylls durch intensives Licht aufzuhalten. Diese „Lichtschirmhypothese" hat KERNER[2]) vertreten und KNY[3]) experimentell zu stützen versucht. Doch ist angesichts der von ENGELMANN festgestellten optischen Eigenschaften des Anthokyans eine solche Rolle des Farbstoffes nicht möglich, weil das Anthokyan gerade die Strahlengattungen des Fluoreszenzlichtes des Chlorophylls, welche auch für die Chlorophyllzerstörung in erster Linie in Betracht kommen, nicht absorbiert, sondern durchläßt. Wenn KNY fand, daß Chlorophylllösungen hinter Küvetten, die mit Anthokyanlösung beschickt waren, weniger rasch verfärbt wurden, so kann dies wohl an der quantitativen Schwächung der Gesamtstrahlung gelegen haben. Ebensowenig wie diese Hypothese, kann auch der von PICK[4]) vertretenen Ansicht, daß das Anthokyan Strahlen absorbiere, welche die Lösung und „Wanderung" der Stärke behindern, Berechtigung zuerkannt werden.

Größere Bedeutung kommt hingegen den Darlegungen OVERTONS[5]) zu, welche es außer Zweifel gestellt haben, daß das Auftreten von rotem Zellsaft in sehr weit verbreiteten Fällen in einer engen Beziehung zum Zuckerreichtum des Zellsaftes steht. Es gelang ganz gut, bei vielen Pflanzen durch Einstellen abgeschnittener Blätter oder Zweige in 2—3-proz. Zuckerlösung künstlich reichere Anthokyanbildung hervorzurufen. Unleugbar ist nach OVERTONS Untersuchungen auch ein Einfluß der Temperatur, unabhängig von der Jahreszeit und dem Lebensstadium der Pflanze vorhanden, und zwar begünstigen niedere Temperaturen das Eintreten der Rotfärbung. Damit steht im Zusammenhange die reichliche Anthokyanbildung bei Alpenpflanzen, arktischen Gewächsen[6]) und winterlichen Laubblättern. Mit dem Einflusse des Zuckerreichtums steht andererseits vielleicht in Konnex das Rotwerden der Blätter an geringelten Zweigen oder nach sonstigen Verletzungen, welches LINSBAUER[7]) verfolgt hat; doch stehen noch Nachforschungen bezüglich des Einflusses behinderter Zuckerabfuhr auf die Anthokyanbildung aus. Vielleicht lösen auch parasitische Pilze auf ähnliche Weise Anthokyanbildung aus[8]). Es ist ferner daran zu denken, daß der seit langer Zeit vielfach festgestellte Einfluß der Beleuchtung auf die Anthokyanbildung mindestens teilweise mit größerem Reichtum an Assimilaten zusammenhängen kann, ebenso die Anthokyanbildung in Früchten mit der Zuckerzufuhr aus den Blättern oder die Färbung von Nektarien. Übrigens liegen die Verhältnisse hinsichtlich der Lichtwirkung augenscheinlich sehr verschieden, und in manchen Fällen, wie bei Blüten und Früchten, bildet sich

1) HASSACK, Botan. Centralbl., Bd. XXVIII (1886), p. 84. — 2) KERNER v. MARILAUN, Pflanzenleben, 1. Aufl., Bd. I, p. 304, 455, 485 (1887). — 3) L. KNY, Botan. Ztg., 1894, Bd. II, p. 55; Botan. Centralbl., Bd. LVI, p. 272 (1893). — 4) H. PICK, Botan. Centralbl., Bd. XVI, p. 281 (1883); JOHOW, Jahrb. für wiss. Bot., Bd. XV, p. 1 (1884); HEINSIUS u. KONING (Biochem. Centr., 1903, Ref. No. 1414) glauben an einen Schutz der Diastase gegen Lichtwirkungen durch das Anthokyan. Vgl. hierzu auch BERTHOLD, Untersuch. z. Physiol. d. pflanzlichen Organis., Bd. II, p. 1 (1904), p. 83. — 5) S. Anm. 14, p. 472. — 6) Über Anthokyan in der arktischen Flora: TH. WULFF, Botan. Beobacht. auf Spitzbergen, Lund 1902, p. 35 ff. Hier auch Angaben über gefärbte Zellmembranen. — 7) L. LINSBAUER, Österr. botan. Ztg., Bd. LI, p. 1 (1901). — 8) Vgl. hierzu F. LUDWIG, Verhandl. naturw. Ver. Prov. Brandenburg, Bd. XXXI (1889).

das Anthokyan auch im Dunkeln aus [1]), und bekannt ist es, daß Keimwurzeln bei Einwirkung von Tageslicht häufig Anthokyan formieren [2]), während sie im Dunkeln ungefärbt bleiben. Für das Anthokyan der Farbstoffbehälter der Fumariaceen hat ZOPF [3]) die Entstehung im Dunklen nachgewiesen. Über die Schnelligkeit der Anthokyanbildung im Lichte bei Keimlingen und die erforderliche Lichtstärke hat BATALIN [4]) für Fagopyrum Beobachtungen gesammelt. Zur Erzielung einer Nachwirkung genügt vierstündige Beleuchtung bei entsprechender Temperatur.

An eine Wärmeabsorption durch Anthokyanpigmente und eine damit verbundene biologische Bedeutung dieser Farbstoffe hatte KERNER ebenfalls gedacht, ohne jedoch experimentelle Belege zu erbringen. Später suchte KNY einschlägige Versuche zur Prüfung dieser Auffassung hinzuzufügen. Besonders hat aber STAHL [5]) dargetan, daß anthokyanreiche Pflanzenteile bei Bestrahlung wirklich höhere Temperatur annehmen als anthokyanfreie Kontrollobjekte. STAHL denkt daran, daß bei den buntgefärbten Blättern der Pflanzen in den sehr feuchten tropischen Regenwäldern das Anthokyan im Dienste der Transpiration stehe und durch die erwähnte Temperaturerhöhung die Transpirationsströmung gesteigert werden könne.

§ 7.
Die Algenchromatophoren und deren Farbstoffe.

Die Algen bieten bezüglich ihres Assimilationsapparates manche Besonderheiten dar, welche eine selbständige Erörterung verlangen, wenngleich nach unserem heutigen Wissen kein Zweifel darüber obwalten kann, daß die Assimilationsvorgänge bei den Algen der verschiedensten Gruppen wesensgleich sind mit der Chlorophylltätigkeit bei den höheren Pflanzen. Auch bei den Algen dürfen wir annehmen, daß die assimilatorische Funktion stets von distinkten protoplasmatischen Organen (Chromatophoren) besorgt wird und „formloses" diffus im Plasma verteiltes Chlorophyll entgegen älteren Angaben nicht vorkommt [6]). Selbst bei den Cyanophyceen, deren Zellstruktur noch vielfach kontrovers ist, steht nichts im Wege, die gefärbte wandständige Protoplasmapartie als Chromatophor aufzufassen, der möglicherweise wenigstens in manchen Fällen aus eng beisammenliegenden Einzelchromatophoren bestehen könnte. Eine Eigentümlichkeit sehr zahlreicher Algenchloroplasten ist die Ausbildung stark lichtbrechender, anscheinend eiweißreicher Inhaltskörper, die wir nach SCHMITZ [7]) als Pyrenoide zusammenfassen. Ihre Natur ist in morphologischer und physiologischer Hinsicht noch wenig aufgehellt. SCHMITZ nahm an, sie könnten sowohl durch

1) Hierzu LATRENT, Just Jahresber., 1893, Bd. I, p. 34. — 2) Über Anthokyan in Wurzeln: SCHELL, Just Jahresber., 1877, p. 562. — 3) W. ZOPF, Gerbstoff- und Anthokyanbehälter d. Fumariaceen, Cassel 1886. — 4) BATALIN, Just Jahresber., 1879, Bd. I. p. 226; vgl. auch LANDEL, Compt. rend., Tome CXVII, p. 314 (1893). — 5) STAHL, Annal. jard. Buitenzorg, Tome XIII, p. 137 (1896). Über die ökologische Bedeutung des Anthokyans auch noch F. GR. SMITH, Bot. Gaz., Vol. XXXII, p. 332 (1902); BUSCALIONI u. POLACCI, Atti Istit. botan. Pavia, Vol. VIII (1902); Botan. Literaturblatt, Bd. I, p. 289 (1903). — 6) Z. B. JUST, Botan. Ztg., 1882, No. 1. SCHMITZ (Chromatophoren der Algen [1882] p. 5) hat auf die Unrichtigkeit dieser Auffassungen nachdrücklich hingewiesen. — 7) SCHMITZ, Chromatophoren der Algen (1882); Jahrb. f. wiss. Botan., Bd. XV, p. 1 (1884).

Neubildung als durch Teilung entstehen; nach CHMILEWSKIJ [1]) scheint bei Zygnema nur Vermehrung durch Teilung stattzufinden. OVERTON [2]) beobachtete bei Gonium und Volvox Auflösung und Neubildung von Pyrenoiden. SCHMITZ neigte sich der Ansicht zu, daß es sich um Anhäufung von Reservestoffen handle. TIMBERLAKE [3]) hat in neuester Zeit dargelegt, daß bei Hydrodictyon wohl die Pyrenoide mit der Bildung der Stärkekörner in Beziehung stehen. Jedenfalls ist aber die Natur der Beziehungen zu den Stärkekörnchen, welche die Pyrenoide oft in großer Zahl umgeben, noch gänzlich unklar. LAGERHEIM [4]) wies in den Pyrenoiden von Prasiola Eiweißkristalle nach, SCHIMPER [5]) desgleichen bei Bryopsis. Außerhalb der Algen konnte SCHMITZ nur noch bei Anthoceros Pyrenoide finden; nach HANSGIRG [6]) enthalten aber auch die Chloroplasten im Protonema mancher Laubmoose Pyrenoide. Andererseits fehlen die Pyrenoide großen Algengruppen wie den Characeen und Phaeophyceen ganz und sind bei den Florideen nur selten anzutreffen. GERASSIMOW [7]) hat gezeigt, daß auch in kernlosen Spirogyrazellen Stärkebildung und Kohlensäureassimilation stattfinden kann.

Im Gegensatze zu den Phanerogamen sind die Algenchromatophoren nicht immer grün gefärbt, sondern bei allen Peridineen, Diatomeen und Phaeophyceen braun, bei vielen Formen, vor allem den Florideen, lebhaft rot oder, wie bei der Gruppe der Cyanophyceen, blaugrün. Dort, wo der Chlorophyllfarbstoff schon für den ersten Augenschein hervortritt, bei allen Formen der Chlorophyceen, Characeen, hat sich der Farbstoff leicht mit dem Phanerogamenchlorophyll identifizieren lassen. KRAUS [8]) hat den spektroskopischen Identitätsnachweis erbracht. HANSEN [9]) hat aber auch für die Fucaceen den Nachweis erbracht, daß sie dasselbe Chlorophyll enthalten wie die höheren Pflanzen und später wurde für die Florideen das Gleiche erwiesen. Derselbe Forscher zeigte ferner, daß die Chromatophoren der Phaeophyceen ebenso Karotin führen wie die Chloroplasten der höheren Pflanzen, und die umfassenden Untersuchungen von TAMMES, KOHL und anderen neueren Autoren über Vorkommen von Karotin haben gelehrt, daß dieses Pigment bei den Algen ganz allgemein verbreitet ist. Im Zellsaft gelöste Farbstoffe sind bei Algen selten. LAGERHEIM [10]) hat aus Zygnema purpureum (Pleurodiscus) einen solchen rotvioletten Farbstoff isoliert und als Phycoporphyrin beschrieben. Mit dem Anthokyan ist dieses Pigment keinesfalls identisch, wenn es auch in spektroskopischer Hinsicht mit diesem einige Ähnlichkeiten aufweist und gleichfalls mit Gerbstoffen gemeinsam gefunden wurde. Alkali färbt das Phykoporphyrin gelbrot, Säure bläulichgrün. Daß die Algen, wie besonders die Versuche von RADAIS [11]) an Chlorella und anderer Forscher bei niederen Chlorophyceenformen

---

1) W. CHMIELEWSKIJ, Botan. Centr., Bd. LXIX, p. 277 (1897); Bd. LXXVII. p. 108 (1899). — 2) OVERTON, ibid., Bd. XXXIX, p. 148 (1889); vgl. auch KLEBS. Bot. Ztg., 1891, No. 48 für Hydrodictyon; STRASBURGER, Zellbildung und Zellteilung, 1875; ZIMMERMANN, Sammelreferat in Beihefte Botan. Centralbl., Bd. IV, p. 93 (1894). — 3) TIMBERLAKE, Ann. of Botan., Vol. XV, p. 619 (1901); Science, Tome XVII, p. 460 (1903). — 4) LAGERHEIM, Ber. bot. Gesellsch., 1892, p. 366. — 5) SCHIMPER, Jahrb. f. wiss. Bot., Bd. XVI, p. 78 (1885); vgl. auch A. MEYER, Bot. Ztg., 1883. — 6) HANSGIRG, Flora, 1886. — 7) GERASSIMOW, Zur Physiologie der Zelle, Moskau (1904). — 8) G. KRAUS, Chlorophyllfarbstoffe, 1872, p. 56. Über das Chlorophyll von Hydrurus: NEBELUNG, Botan. Zeitg., 1878, p. 366. — 9) HANSEN, Bot. Ztg., 1884, p. 649; Arbeit. d. botan. Inst. in Würzburg, Bd. III. p. 289 (1885). — 10) LAGERHEIM, Über das Phykoporphyrin, Christiania 1894; Bot. Centr., Bd. LXIV, p. 115 (1895). — 11) RADAIS, Compt. r., Tome CXXX, p. 756 (1900).

gezeigt haben, ihr Chlorophyll auch im Dunkeln ausbilden können, wurde schon erwähnt. Hervorzuheben ist, daß die Chloroplasten der Algen nicht immer Stärke speichern, sondern sehr häufig andere Kohlenhydrate teilweise unbekannter Natur. Die Vaucheriachloroplasten scheinen nach den Feststellungen von FLEISSIG[1]) und ERNST[2]) befähigt zu sein, als Reservestoff Fett zu speichern, das aber nicht als direktes Assimilationsprodukt anzusehen ist. Den assimilatorischen Gaswechsel an Algenreinkulturen hat bei Cystococcus humicola CHARPENTIER näher untersucht[3]). Nach PHIPSON[4]) soll die Assimilationstätigkeit einzelliger Chlorophyceen eine relativ sehr energische sein.

Das hervorragendste Interesse beansprucht im Assimilationsprozesse der Algen die Rolle der roten, blauen und braunen Pigmente, welche das Chlorophyll so häufig begleiten. Es kann kaum ein Zweifel darüber bestehen, daß mindestens in sehr zahlreichen Fällen die Lichtverhältnisse, unter denen Algen leben, mit der physiologischen Funktion der genannten Farbstoffe in Zusammenhang gebracht werden müssen. Nach BERTHOLD[5]) reicht die Algenvegetation im Golf von Neapel bis höchstens 120—130 m unter den Wasserspiegel herab. In diesen Tiefen wird die Lichtintensität so gering, daß die Algenvegetation überhaupt erlischt. Es sind nur zu den Rotalgen gehörende Formen, welche die dunkelsten Tiefen bewohnen; ebenso finden sich in beschatteten Grotten etc. nur Florideen, die also offenbar noch bei geringsten Lichtintensitäten gedeihen. Die Mehrzahl der Braunalgen bevorzugt hingegen die besser beleuchteten seichten Küstengewässer; die Grünalgen bewohnen im allgemeinen die hellsten Regionen. Um die Lichtintensität zu regeln, dienen wahrscheinlich auch die von BERTHOLD[6]) beschriebenen „irisierenden Platten" bei vielen Rot- und Braunalgen. WILLE[7]) hat ferner darauf aufmerksam gemacht, daß bei diesen letzten Algen tief im Gewebe liegende Zellen, wie die Ausbildung der Chromatophoren in den inneren Geweben beweist, offenbar noch lebhafte Assimilationstätigkeit entfalten. Die interessanten experimentellen Untersuchungen von ENGELMANN und GAIDUKOW[8]) haben nun erwiesen, daß die Färbung der Algen stets dem Gesetze der „komplementären chromatischen Adaption" zu entsprechen pflegt; man kann für Oscillaria bei Kultur in farbigem Licht direkt zeigen, daß die Farbe sich ändert, und zwar stets in demjenigen Sinne, daß das Chromophyll die am stärksten passierenden Strahlen am stärksten absorbiert. Nach zwei Monaten war die Mehrzahl der ursprünglich unrein violett gefärbten Fäden im roten Lichte grün gefärbt, in gelbem Lichte blaugrün, in grünem Lichte rot, in blauem Lichte braungelb. Diese Resultate entsprechen auch den Beobachtungen über das Vorherrschen der roten Algen in größeren Meerestiefen, woselbst die blaugrüne Strahlung vorherrscht, und über das Vorkommen brauner und gelber Algen in seichteren Gewässern, sowie

---

1) FLEISSIG, Dissert. Basel, 1900. — 2) ERNST, Beihefte z. botan. Centr., Bd. XIII, p. 127 (1903). — 3) CHARPENTIER, Compt. rend., Tome CXXXIV, p. 671 (1902). — 4) PHIPSON, Chem. News, Vol. LXX, p. 223 (1894); Compt. rend., Tome CXXI, p. 719 (1895). — 5) BERTHOLD, Mitteil. d. zoolog. Stat. Neapel, Bd. III, Heft 4 (1882). Über die „dysphotischen" Floren tropischer Gewässer vgl. KOORDERS, Botan. Centr., Bd. LXXXIX, p. 306 (1902). — 6) BERTHOLD, Jahrb. f. wiss. Botan., Bd. XIII, p. 569 (1882). — 7) WILLE, Biolog. Centr., Bd. XV, p. 529 (1895). — 8) GAIDUKOW, Abhandl. Berlin. Akad., 1902; ENGELMANN, Arch. f. Anat. u. Physiol., Physiol. Abt., Suppl. 1902, p. 333; Verhandl. physiol. Gesellsch., 1902/3, p. 24; N. GAIDUKOW, Ber. botan. Ges., Bd. XXI, p. 484, 517 (1903); Bd. XXII, p. 23 (1904).

über das Überwiegen grüner Formen in jenen Regionen, wo rotes Licht bereits ausreichend zur Verfügung steht.

Auch das Studium der einzelnen Algenpigmente hat eine Fülle von einschlägigen Tatsachen geliefert, über die nun berichtet werden soll.

A. Farbstoffe der Cyanophyceen. Mit den Pigmenten von Oscillaria befaßten sich bereits NEES [1]) und KÜTZING [2]), und der letztere Forscher zeigte, daß diese Algen neben Chlorophyll einen blauen wasserlöslichen Farbstoff enthalten, den er „Phykocyan" nannte: er hielt ihn allerdings für ein postmortal gebildetes Produkt. COHN [3]) verstand unter „Phykochrom" den ganzen Komplex der Oscillarienfarbstoffe, also Chlorophyll + Phykocyan. KRAUS und MILLARDET [4]) konstatierten im Alkoholauszuge von Oscillarien noch die Gegenwart eines dritten Farbstoffes, welchen sie als „Phykoxanthin" beschrieben. Ohne Zweifel handelt es sich dabei um Karotin, und die angegebenen Differenzen sind wohl auf unzureichende Trennung von anderen Stoffen zurückzuführen. Auch das „Kyanophyll" oder Oscillariachlorophyll ist mit dem Phanerogamenchlorophyll identisch. Charakteristisch ist also nur das Phykocyan für die blaugrünen Algen. Damit ist wohl auch wesensgleich der von KRAUS und von ASKENASY [5]) untersuchte Farbstoff aus Peltigera canina. NÄGELI [6]) beschrieb den blauen Farbstoff anderer Cyanophyceenformen als Glöocapsin, Scytonemin: diese Pigmente sollen in den Zellmembranen enthalten sein. Das Phykocyan ist leicht löslich in kaltem Wasser und in Glyzerin, ebenso auch in Alkalien. In Alkohol und Äther ist es unlöslich. Die wässerige Lösung ist im durchfallenden Lichte schön blau und fluoresziert karminrot. Nach den Bestimmungen ENGELMANNS [7]) liegt das Absorptionsmaximum für den Cyanophyceenfarbstoff ungefähr in der Mitte zwischen C und D (λ 0,620 μ), ist noch im Gelb bei D ziemlich stark und nimmt gegen E ab: von da an steigt die Absorption wieder an. Das Assimilationsmaximum von Oscillaria fällt nach ENGELMANN mit dem Absorptionsmaximum zusammen. Säuren fällen das Phykocyan flockig aus. Beim Erhitzen gerinnt die blaue Lösung des Phykocyan und wird farblos. MOLISCH [8]) hat das Verdienst, gezeigt zu haben, daß man durch Aussalzen mit Ammonsulfat das Phykocyan als kristallinischen Niederschlag gewinnen kann. Nach seinem chemischen Verhalten scheint das Pigment den Eiweißstoffen zuzuzählen zu sein.

Von den merkwürdigen Färbungsänderungen der Oscillarien in farbigem Lichte, welche GAIDUKOW [9]) beschrieben hat, war bereits die Rede.

Nach der gegenwärtig von den meisten Forschern geteilten Anschauung ist der allein gefärbte periphere Anteil des Protoplasmas der Cyanophyceenzelle als Chromatophor anzusprechen. Man kann denselben durch Fluorwasserstoffsäure isolieren. Die reiche Literatur über den Zell-

. 1) NEES, Liebigs Annal., Bd. XVII, p. 75 (1837). — 2) KÜTZING, Phycolog. general., p. 20; Arch. Pharm., Bd. XLI, p. 38; Phil. Botanik, Bd. I, p. 165. — 3) COHN, Arch. f. mikroskop. Anatom., Bd. III, p. 19 (1867). — 4) G. KRAUS u. MILLARDET, Bull. soc. sc. nat. Strasbourg, 1868, p. 22. Über Phykoxanthin weiterhin auch REINKE, Jahrb. f. wiss. Botan., Bd. X, p. 399 (1876), ferner MONTEVERDE, Bot. Centr., Bd. LIX, p. 243 (1893) über Karotin und Chlorophyll von Oscillaria. — 5) ASKENASY, Bot. Ztg., 1869, p. 790. — 6) NÄGELI, Mikroskop., p. 505. — 7) ENGELMANN, Bot. Ztg., 1884, p. 90. Über Spektrum und sonstige Eigenschaften des Phykocyan vgl. auch NADSON, Botan. Centralbl., Bd. LIII, p. 315 (1893). — 8) MOLISCH, Bot. Ztg., 1895, Bd. I, p. 131; vgl. auch KOLKWITZ, Zeitschr. Ver. Rübenzuckerind., 1900, p. 1015. — 9) GAIDUKOW, l. c.

inhalt der Cyanophyceen findet sich kritisch dargestellt bei A. Fischer[1]). Es fehlt, wie kurz bemerkt sei, nicht an Angaben über Cyanophyceenformen, bei welchen distinkte Chromatophoren, auch in Mehrzahl innerhalb einer Zelle, zu unterscheiden sein sollen[2]).

B. Die Farbstoffe der Peridineen und Diatomeen. Auch diese beiden Gruppen einzelliger, in der Regel braun gefärbter Algen führen stets Chromatophoren als speziell ausgebildete Assimilationsorgane (bei den Diatomeen meist als „Endochromplatten" bezeichnet) und die von manchen Forschern, z. B. Pouchet[3]) vertretene Ansicht, daß auch diffus verteilter Farbstoff bei Peridineen vorkomme, hat Klebs[4]) als unzutreffend erwiesen. Bezüglich der Diatomeen ist das natürliche Vorkommen farbloser saprophytischer Arten (Nitzschia) von Interesse, welche schon F. Cohn bekannt waren und die in letzter Zeit besonders durch Benecke[5]) und Karsten[6]) ein näheres Studium erfahren haben. Die gefärbten Formen können nach Karsten bei Darreichung organischer Nahrung Verkümmerung der Chromatophoren oder Abnahme des Farbstoffes zeigen. Die Chromatophoren der Diatomeen führen auch Pyrenoide, doch sind die letzteren nach neuen Angaben von Mereschowsky[7]) auch außerhalb der Chromatophoren zu beobachten, während andererseits Pigment führende Elaioplasten existieren können. Die Grünfärbung mancher Peridineen ist hinsichtlich ihrer Natur als normales Vorkommnis wohl als zweifelhaft hinzustellen. In manchen Peridineenchromatophoren fand Warming[8]) Stärke; sonst fehlt jedoch Amylum sowohl den Diatomeen als Peridineen.

Die Erscheinung, daß Diatomeen beim Trocknen grüne Farbe annehmen, beobachtete schon Kützing[9]), der hier direkt von Chlorophyll sprach, da der mit Alkohol extrahierte Farbstoff mit letzterem gut übereinstimmte. Nägeli[10]) unterschied den braunen Diatomeenfarbstoff als spezielles Pigment und nannte ihn „Diatomin". Kraus und Millardet[11]) schreiben auch den Diatomeen neben Chlorophyll Phykoxanthin zu. Am besten wird für den Diatomeenfarbstoff die Benennung Diatomin beibehalten. Dieser braungelbe, in Alkohol lösliche, aber in Wasser unlösliche Farbstoff besitzt, wie Askenasy[12]) zuerst konstatierte, keinen Streifen im Rot, wohl aber eine starke Absorption im Blau. Engelmann[13]) fand, daß das Absorptions- und Assimilationsmaximum für die Diatomeen im Rot zwischen B und C liegt; auf dieses scheint also das Diatomin keinen Einfluß zu haben. Beachtenswert ist aber das stärkere sekundäre Optimum etwas hinter E, für welches das Diatomin vielleicht verantwortlich gemacht werden kann.

Für die Peridineen hatte Bergh ebenfalls die Existenz von Diatomin und Chlorophyll angenommen. Doch deutet schon die rötlichbraune

---

1) A. Fischer, Cyanophyceen und Bakterien (1897), p. 24; vgl. ferner Palla, Jahrbücher wiss. Botan., Bd. XXV, p. 511 (1893); Kohl, Organis. der Cyanophyceenzelle, 1903. — 2) Vgl. hierzu die Angaben von Tangl, Denkschriften Wien. Akad., Bd. XLVIII, 2. Abt., p. 1 (1884) und Lagerheim, Ber. botan. Gesellsch., Bd. II, p. 302 (1884). — 3) Pouchet, Journ. Anat. et physiol., 1887, p. 94; ferner Bergh, Morpholog., Jahrbücher, Bd. VII, p. 177 (1882). — 4) Klebs. Untersuch. a. d. botan. Instit. Tübingen, Bd. I, p. 352. Über Chromatophoren d. Diatomeen: O. Müller, Ber. bot. Ges., Bd. I, p. 473 (1883). — 5) W. Benecke, Jahrbücher wiss. Botan., Bd. XXXV, p. 535 (1900). — 6) G. Karsten, Flora, 1901, Erg.-Bd. 404. — 7) Mereschowsky, Flora, 1903, p. 77. Über Diatomeenpyrenoide: Pfitzer, Ber. bot. Ges., Bd. I, p. 44 (1883). — 8) Warming, Vidensk. Medd. Kjöbnhavn, 1875. — 9) Kützing, Kieselschalige Bacillarien, 1844. — 10) Nägeli, Gattung einzell. Algen (1849). — 11) S. Anm. 4, p. 480. — 12) Askenasy, Bot. Ztg., 1867, 1869, p. 785. — 13) S. Anm. 7, p. 480.

Nuance der Peridineen auf Differenzen ihrer Chromatophorenpigmente von dem lederbraunen Diatomeenfarbstoff hin. In der Tat enthalten, wie Schütt[1] näher dargelegt hat, die Peridineen einen speziellen wasserlöslichen braunen Farbstoff, welchen der genannte Forscher als „Phykopyrrin" beschrieb. Den Gesamtkomplex der Peridineenpigmente nannte Schütt „Pyrrophyll", während der Komplex der Diatomeenfarbstoffe als „Meliophyll" zusammengefaßt wurde. Das Phykopyrrin färbt den Wasserextrakt aus Peridineen dunkelbraunrot; es ist übrigens auch in Alkohol, Äther und Benzol löslich und kann wässerigem Alkohol durch Benzol entzogen werden. Die wässerige Lösung hat eine ganz dem Chlorophyllstreifen I entsprechende Absorption zwischen B und C ($\lambda = 0,690\ \mu$ bis $0,650\ \mu$) und ferner ein dem Chlorophyllband II entsprechendes Band $\lambda = 0,605—0,625\ \mu$; andere Bänder, dem Band III und IV des Chlorophylls korrespondierend, fehlen. Die Benzollösung ist mehr gelb gefärbt. Beim Kochen der wässerigen Lösung fällt das Pigment aus; der Niederschlag löst sich in Alkohol mit orangegelber Farbe. Es scheint, als ob der durch Extraktion mit kaltem Wasser gewonnene Farbstoff von dem beim Auskochen der Peridineen in Lösung gehenden Pigment verschieden wäre. Schütt spricht deshalb von α- und β-Phykopyrrin. Die vom Phykopyrrin mittels Wasserextraktion befreiten Peridineen geben nach Schütt an Alkohol einen portweinroten Farbstoff ab, welcher ein vom Chlorophyll ganz verschiedenes Spektrum hat und Band I nicht zeigt. Dieses Pigment wurde als „Peridinin" bezeichnet. Außerdem fand aber Schütt, daß fortgesetzte Alkoholextraktion noch einen grünen Farbstoff „Peridineenchlorophyll" ergibt, welcher wohl dem Chlorophyll der Phanerogamen entspricht. Die Kohlensäureassimilation wurde bei den Diatomeen besonders hinsichtlich der Sauerstoffausscheidung mehrfach untersucht; so von Engelmann[2], Beijerinck[3] und Palmer[4]. Für die Peridineen wären noch einschlägige erweiternde Untersuchungen erwünscht.

Erwähnt sei als seltenes Vorkommnis blauer Farbstoff bei Diatomeen (Navicula ostrearia), von dem nach Ray Lankester[5] die blaugrüne Färbung der Austern von Marennes herrührt und der danach als „Marennin" benannt wurde. Näheres ist aber dieses Pigment, welches das Zellplasma angeblich diffus färben soll, nicht bekannt. Molisch[6] fand diese blaue Naviculaart auch auf Steckmuscheln auf.

Die Pigmente der Chromulina Rosanoffii scheinen sich den Chromatophorenfarbstoffen der Peridineen und Diatomeen anzureihen. Klebs[7] hat den Farbstoff Chrysochrom genannt. Gaidukow[8], welcher sich zuletzt mit dem Chromulinafarbstoffe näher befaßt hat, fand, daß sowohl ein wasserlösliches goldbraunes Pigment (Phykochrysin) aus der genannten Flagellatenform gewonnen werden kann, als zwei in Alkohol lösliche Farbstoffe „Chrysochlorophyll" und „Chrysoxanthophyll", von denen das erste dem Phanerogamenchlorophyll offenbar nahesteht, während das letztere in die Gruppe der Karotine zu gehören scheint.

C. Die Farbstoffe der Phaeophyceen. Die Braunalgen besitzen meist runde, scheibenförmige, in anderen Fällen auch bandförmige und

1) F. Schütt, Berichte botan. Ges., Bd. VIII, p. 11 (1890). — 2) Engelmann, Botan. Ztg., 1883, p. 1. — 3) Beijerinck, Botan. Ztg., 1890, p. 725. — 4) Palmer, Just Jahresber., 1897, Bd. I, p. 205. — 5) Ray Lankester, Quart. Journ. Micr. science, Vol. XXVI, p. 71 (1886). — 6) Molisch, Ber. botan. Ges., Bd. XXI, p. 23 (1903); Karsten, Bot. Ztg., 1903, Bd. II, p. 218. — 7) Klebs, Zeitschr. wissensch. Zoolog., Bd. LV, p. 395 (1892). — 8) Gaidukov, Ber. botan. Ges., Bd. XVIII, p. 331 (1900).

verzweigte Chromatophoren[1]) von hellbrauner Farbe. COHN nannte den die Chromatophoren tingierenden Farbstoff „Phaeophyll". Den Verdacht, daß auch die Braunalgen Chlorophyll enthalten könnten, äußerte zuerst SACHS[2]), als er beobachtete, daß die Laminariachromatophoren, mit Kalilauge behandelt, eine lebhaft grüne Farbe annehmen. MILLARDET[3]) wies nach, daß der braune alkoholische Auszug aus Fucus an Benzin einen grünen Farbstoff abgibt, welchen er mit Chlorophyll identifizierte, und daß ein gelber Farbstoff, MILLARDETS Phykoxanthin, im Alkohol verbleibt. Ein drittes braunes Pigment läßt sich beim Zerreiben von Fucus in Wasser in Lösung bringen; MILLARDET benannte dasselbe Phykophaein. ARDISSONE[4]) fand die Streifen des Chlorophylls bei der Untersuchung des Extraktes aus braunen Algen wieder. Viel später hat sich erst HANSEN[5]) näher mit den Fucusfarbstoffen befaßt und alle drei MILLARDETschen Farbstoffe wiedergefunden. HANSEN konstatierte insbesondere, daß das Chlorophyllgrün von Fucus ganz mit dem Phanerogamenchlorophyll übereinstimmt; 775 g lufttrockenes Fucusmaterial lieferte hiervon (Verluste ungerechnet) 5 g. MILLARDETS Phykoxanthin scheint nach HANSEN wesentlich aus Karotin bestanden zu haben. Auch GAIDUKOW[6]) konnte die Existenz des Phykoxanthins bei Braunalgen nicht bestätigen. Über das Phykophaein hat in erster Reihe, nachdem schon früher REINKE[7]) das Spektrum des lebenden Phaeophyceenthallus und des wässerigen Fucaceenextraktes untersucht hatte, SCHÜTT[8]) eine Reihe von Aufschlüssen beigebracht. Nach SCHÜTT ist das Wasserextrakt aus sehr farbstoffreichem Material von Fucus vesiculosus in konzentrierter Lösung rotbraun, in verdünntem Zustande gelb. Beim Kochen bleiben die Pflanzen schwarzbraun und werden nicht grün, wie Diatomeen. Mit viel Alkohol fällt der Farbstoff als voluminöser Niederschlag aus, der in Äther und Benzin unlöslich ist. Essigsäure und Alkalien fällen das Pigment nicht aus; Schwermetallsalze fällen ungleich vollständig aus. In dicker Schicht untersucht, zeigt der Farbstoff das Spektrum bis auf einen leuchtenden Streifen im Rot (λ 0,620—0,680 μ) verdunkelt. Die Absorptionskurven steigen vom roten Spektralende langsam an bis D, von da rascher kontinuierlich bis zum Violett. Der Farbstoff verschiedener Phaeophyceen zeigt nach SCHÜTT kaum wesentliche Differenzen. ENGELMANN[9]) hat sich für die Möglichkeit ausgesprochen, daß in den lebenden Chromatophoren das Phykophaein und Chlorophyll chemisch verbunden vorkomme.

Der Prozeß der Kohlensäureassimilation selbst ist bei den Braunalgen schon seit älterer Zeit festgestellt worden. Die Gase in den Blasen von Fucus vesiculosus sind nach WILLE[10]) reich an Sauerstoff; auch Stickstoff ist darin enthalten, aber keine Kohlensäure.

D. Die Farbstoffe der Florideen. Es ist bekannt, wie leicht Florideen ihren roten Farbstoff bei Störungen ihres normalen Lebens an

---

1) Über Phaeophyceenchromatophoren: REINKE, Ber. botan. Ges., Bd. IV, p. 213 (1884); SCHMITZ, Chromatophoren d. Algen, 1882; SCHIMPER, Jahrbücher wiss. Bot., Bd XVI (1885). — 2) SACHS, Experimentalphysiologie (1865), p. 20. — 3) MILLARDET, Compt. rend., Tome LXVIII, p. 462 (1869). — 4) ARDISSONE, Just Jahresber., 1881, Bd. I, p. 61. — 5) A. HANSEN, Arbeit. bot. Inst. Würzburg, Bd. III, p. 289 (1885). — 6) N. GAIDUKOW, Ber. botan. Ges., Bd. XXI, p. 505 (1903). — 7) REINKE, Jahrbücher wiss. Bot., Bd. X, p. 409 (1876); Bot. Ztg., 1886, p. 213. — 8) SCHÜTT, Ber. botan. Ges., Bd. V, p. 259 (1887). — 9) ENGELMANN, Bot. Ztg., 1882, p. 689. — 10) WILLE, Chem. Centr., 1890, Bd. I, p. 1008. Über die abgegebenen Gase vgl. AIMÉ, Annal. chim. phys. (3), Tome II, p. 535 (1841).

das umgebende Wasser abgeben, und dasselbe rot färben; bei Übertragen der Pflanzen in Süßwasser geschieht dies sofort. Die Algen
werden hierbei grün. KÜTZING[1]) nannte 1843 den in das Wasser übergehenden Farbstoff Phykoerythrin, und stellte außerdem fest, daß man
den Florideen durch Äther Chlorophyll entziehen kann, während das
Phykoerythrin an die Chromatophoren gebunden zurückbleibt. Alkalien
entfärben das Phykoerythrin, Säuren stellen im Extrakt, wie an den
Pflanzen selbst, die rote Farbe wieder her. KÜTZING nahm übrigens
auch den Farbstoff mancher Oscillarien als identisch mit Phykoerythrin.
Den Farbstoff von Rytiphloea tinctoria, welcher durch Alkali nicht entfärbt werden, und seinen Sitz in den Zellwänden haben sollte, nannte
KÜTZING „Phykohämatin". STOKES[2]) untersuchte das Phykoerythrin
zuerst spektroskopisch. NÄGELI und SCHWENDENER[3]) meinten unter
„Phykoerythrin" den Gesamtfarbstoff der Florideen verstehen zu sollen;
es sei ebensowenig wie das Phykochrom ein Gemenge von rotem und
grünem Farbstoff. Den in das Wasser austretenden roten Farbstoff
nannten sie Porphyrin; der zurückbleibende grüne Farbstoff sollte mit
Chlorophyll nicht identisch sein. COHN[4]) schlug vor, den Gesamtfarbstoff der Florideen als „Rhodophyll" zu bezeichnen. Die neueren Untersuchungen von NOLL[5]) haben, zunächst für Bangia fuscopurpurea, unzweideutig erwiesen, daß die Rotalgen Chlorophyll enthalten, dessen
Farbenton bei den Florideen durch das Phykoerythrin für das Auge
gänzlich gedeckt wird. Zur Veranschaulichung dieses Verhältnisses
kann nach NOLL[6]) und HANSEN[7]) das Verschwinden des grünen Tones
einer Chlorophylltinktur hinter einem Schirme von Kaliumpermanganat,
Fuchsin oder Jodlösung mit Erfolg benutzt werden. Nach DECKEN
BACH[8]) kommen bei Polysiphonia subulifera und Dasya elegans außer
Phykoerythrin noch zwei gelbe wasserlösliche Farbstoffe vor, über die
weitere Mitteilungen noch abgewartet werden müssen. Unter den Florideen fehlt es übrigens auch nicht an farbstofffreien parasitischen
Formen, über die besonders die Angaben von KUCKUCK[9]) zu vergleichen sind.

HANSEN[10]) konstatierte, daß die Florideen einen gelben, dem Karotin entsprechenden Chromatophorenfarbstoff enthalten, von dem wahrscheinlich die Absorptionsstreifen im Blau des Rhodophyllfarbstoffes
herrühren. Das Florideenchlorophyll stimmt, wie auch HANSEN angibt,
ganz mit dem Phanerogamenchlorophyll überein.

Das Phykoerythrin ist nicht auf die Florideen im engeren Sinne
beschränkt. HANSEN gibt es auch an für Bryopsis disticha, Tacoda
atomaria, Dictyota dichotoma. Auch stimmt der Farbstoff von Porphyridium cruentum wohl mit dem Phykoerythrin überein. Nach PHIPSON[11])
ist außer dem von ihm „Palmellin" genannten roten Pigment in dieser
Alge noch Chlorophyll und Karotin zugegen. Nach SCHMIDLE[12]) ist der

1) KÜTZING, Phycolog. general. (1843), p. 21; Philos. Botan., p. 166. —
2) STOKES, Poggend. Annal., Erg.-Bd. IV, p. 263. — 3) NÄGELI u. SCHWEN
DENER, Mikroskop (1867), p. 498; 2. Aufl. (1877), p. 497. — 4) COHN, Bot. Ztg.,
1867, p. 38. — 5) NOLL, Flora, 1893, p. 27. — 7) HANSEN, l. c. — 8) DECKENBACH, Just Jahresbericht, 1893, Bd. I, p. 522. — 9) KUCKUCK, Sitz.-Ber., Berlin. Akad., 1894, p. 983.
— 10) A. HANSEN, Mitteil. zoolog. Stat. Neapel, Bd. XI, p. 306 (1893). —
11) PHIPSON, Compt. rend., Tome LXXXIX, p. 316, 1078 (1879); vgl. auch NEEE
LUNG, Bot. Ztg., 1878, p. 409. — 12) SCHMIDLE, Hedwigia, Bd. XXXV, p. 1
(1896). Das Prodigiosin, der Farbstoff von Micrococcus prodigiosus hat einige
Ähnlichkeit mit Florideenrot, steht aber mit letzterem in keiner Beziehung.

Farbstoff der Thorea ramosissima vom Phykoerythrin aller Wahrscheinlichkeit nach nicht verschieden. Die Farbstoffe von Lemanea und
Chantransia, deren spektroskopische Eigentümlichkeiten NEBELUNG [1])
untersuchte, sind noch nicht hinreichend bekannt. Für Bangia ist
Phykoerythrin mindestens wahrscheinlich gemacht (NEBELUNG). Das
spektroskopische Verhalten und die Fluoreszenz wässeriger Phykoerythrinlösungen ist durch die älteren Arbeiten von ROSANOFF [2]) PRINGSHEIM [3]),
STOKES [4]) und die neueren Studien von REINKE [5]), ENGELMANN [6]) und
SCHÜTT [7]) bekannt geworden. Die Lösung ist in durchfallendem Lichte
schön rosenrot und besitzt im auffallenden Lichte kräftig orangerote
Fluoreszenz. STOKES fand bereits, daß das Fluoreszenzlicht aus wenig
Rot, Orange und Gelb besteht. SCHÜTT gibt an, daß das Fluoreszenzlicht des Phykoerythrins, gleichviel von welchen Strahlen es erregt
wird, nur aus Strahlen bestehe, welche D benachbart sind (λ 590—560 $\mu\mu$).
Grün und Blau erregen am kräftigsten Fluoreszenz und werden am
stärksten absorbiert. Im Phykoerythrinspektrum fehlt Band I des
Chlorophylls völlig; nach SCHÜTT ist die Lage der übrigen Absorptionsstreifen des Phykoerythrinspektrums folgende:

$$
\begin{aligned}
&\text{II} \quad \lambda \ 590—620 \ \mu\mu \\
&\text{III} \quad \quad 550—570 \\
&\text{IVa} \quad \ 520—540 \\
&\text{IVb} \quad \ 485—585
\end{aligned}
$$

ENGELMANN stellte fest, daß für das Rhodophyll sowohl das Absorptionsmaximum als auch das Assimilationsmaximum nach Gelb hinter
D verschoben ist. Offenbar steht dies in biologischer Beziehung mit
der Möglichkeit, in größeren Meerestiefen auch die weniger absorbierten
gelben Strahlen in der Kohlensäureassimilation auszunutzen.

Phykoerythrinlösungen werden durch Licht und Luft langsam entfärbt. Auf Zusatz von Alkohol verschwindet die Fluoreszenz, indem
das Pigment ausfällt. Säuren fällen den Farbstoff als blauen amorphen
Niederschlag. Bei Nitophyllum konnte MOLISCH [8]) durch Einlegen der
lebenden Algen in 10-proz. Kochsalz, dem etwas Schwefelkohlenstoff
zugefügt war, das Phykoerythrin in kristallinischer Form zur Ausscheidung bringen. Dieses ausgesalzene Phykoerythrin gibt sowohl
Millons Reaktion als die Xanthoproteïnreaktion; es ist deshalb wahrscheinlich, daß das Phykoerythrin eine proteïnartige Substanz ist.
Offenbar sind die von CRAMER [9]) beobachteten „Rhodospermin"kristalle
nur Phykoerythrin gewesen, desgleichen die von KLEIN [10]) beschriebenen
kristallinischen Ausscheidungen bei Florideen.

Ob die wasserlöslichen Chromatophorenpigmente der Algen von
den alkohollöslichen Farbstoffen innerhalb der Chromatophoren selbst
räumlich getrennt sind, wie HANSEN annahm, ist derzeit nicht zu entscheiden. Wenn man in Anlehnung an die von ENGELMANN entwickelten Vorstellungen annimmt, daß lockere chemische Verbindungen zwischen
Chlorophyll und den Proteïnfarbstoffen (zu denen vielleicht auch das

1) S. Anm. 11, p. 484. — 2) ROSANOFF, Mém. soc. sc. nat. Cherbourg,
Tome XIII, p. 202 (1867). — 3) PRINGSHEIM, Monatsber. Berlin. Akad., 1875;
Ges. Abh., Bd. IV, p. 41. — 4) STOKES, l. c. — 5) REINKE, Botan. Ztg., 1886,
p. 177. — 6) ENGELMANN, Botan. Ztg., 1884, p. 90. — 7) SCHÜTT, Ber. botan.
Ges., Bd. VI, p. 36, 305 (1888). — 8) MOLISCH, Botan. Ztg., 1894, p. 177. —
9) CRAMER, Vierteljahrschr. naturf. Ges. Zürich, 1862, p. 350. — 10) KLEIN,
Jahrbücher wiss. Bot., Bd. XIII, p. 23 (1881).

Chromatophor eine gleichmäßigere Farbstoffverteilung gegeben sein. Da man dem Chlorophyll lecithinartigen Charakter und den wasserlöslichen Farbstoffen Proteïnnatur zuschreiben kann, so wäre an lecithoproteïnartige Verbindungen zu denken, deren Vorkommen ja auch anderenorts wahrscheinlich gemacht worden ist.

§ 8.
Kohlensäurassimilation bei Bakterien.

Gegenwart von Chlorophyll und Sauerstoffausscheidung durch grüne Bakterien ist in neuerer Zeit mehrfach angegeben worden. Daß nicht alle grünlich tingierten Bakterien den Farbstoff in ihrem Zellinhalte führen, wußte schon SCHROETER[1]), welcher hervorhob, daß Bacillus pyocyaneus das Pigment nach außen hin abscheidet. Von Bakterien, welche grüngefärbten Zellinhalt führen, sind zu nennen die von TIEGHEM[2]) beschriebenen Formen Bakterium viride und der sporenbildende Bacillus virens; der Ernährungsmodus des ersteren wurde neuerlich durch CATELINEAU[3]) untersucht. Ob wirklich Chlorophyll vorliegt, ist nicht sicher bewiesen. Kaum chlorophyllhaltig dürften sein der Bacillus virescens von FRICK[4]), der die grüne Kinderdiarrhöe verursachende Bacillus viridis von LESAGE[5]), für andere, wie Bacillus viridans von SYMMERS und den großen Kaulquappenbacillus FRENZELS[6]), ist es fraglich. Das Bacterium chlorinum jedoch, welches ENGELMANN[7]) beschrieb, ist ein sehr blaßgrün gefärbter Organismus, welcher durch den von ihm im Lichte ausgeschiedenen Sauerstoff eine Spirillenform anzulocken vermag. Einen weiteren Fall von Sauerstoffausscheidung durch grüne Bakterien im Lichte erwähnt WINOGRADSKY[8]). Wahrscheinlich dürfte schließlich auch der grüne Eubacillus multisporus, welchen DANGEARD[9]) beschrieben hat, chlorophyllhaltig sein. Im übrigen ist von grünen Bakterien und ihrer Kohlensäurassimilation nichts bekannt. ENGELMANN[10]) hat jedoch ferner für eine Reihe von rotgefärbten Formen (Bacterium photometricum, Chromatium vinosum, Warmingii und Okenii, Clathrocystis roseopersicina), die er als „Purpurbakterien" zusammenfaßt, Sauerstoffausscheidung im Lichte nachgewiesen. Er behauptet, daß der Farbstoff hier ebenso wirke, wie Chlorophyll: er sei „ein echtes Chromophyll, insofern es in ihm absorbierte aktuelle Energie des Lichtes in potentielle chemische Energie verwandelt". Der Farbstoff dieser Mikrobenformen wurde bereits vom Entdecker der interessanten Purpurbakterien, RAY LANKESTER[11]), studiert und als Bakteriopurpurin bezeichnet. Oxydierende Agentien zerstören den Farbstoff rasch; in Alkohol ist er nach

1) J. SCHROETER, Cohns Beiträge, Bd. I, Heft 2, p. 122 (1872). — 2) VAN TIEGHEM, Bull. soc. bot., Tome XXVII, p. 174 (1880). — 3) CATHELINEAU, Ann. Inst. Pasteur, Tome X, p. 228 (1896). — 4) FRICK, Virch. Arch., Bd. CXVI. — 5) P. LESAGE, Archiv. de Physiol, 1888. — 6) FRENZEL, Zeitschr. Hyg. Bd. XI. — 7) ENGELMANN, Bot. Ztg., 1882, p. 324. — 8) WINOGRADSKY, Beiträge zur Morphol. u. Physiol. d. Bakter., Bd. I (1888), p. 51. — 9) DANGEARD, Le Botaniste, 1891, p. 151; Botan. Centr., Bd. XLIX, p. 76 (1892). — 10) ENGELMANN, Bot. Ztg., 1888, p. 693. — 11) RAY LANKESTER, Quart. Journ. micr. science, Vol. XIII (1873); Tome XVI (1876); vgl. auch COHN, Beitr. Biolog., Bd. I, Heft 3 (1875); WARMING, Om nogle ved Danmarks levende Bacterier, 1876; ENGELMANN, Pflüg. Archiv (1883), Bd. XLII, p. 95; Kgl. Akad. Amsterdam, 24. Dez. 1887.

WINOGRADSKY löslich, in Wasser unlöslich. Das Spektrum des Bakteriopurpurins wurde sowohl von LANKESTER, WARMING als ENGELMANN untersucht. In Wasser erwärmt, werden die Purpurbakterien nach WINOGRADSKY goldbraun, dann schmutziggrün bis farblos. Konzentrierte Schwefelsäure färbt intensiv blau. BÜTSCHLI[1]) sprach sich dahin aus, daß das Bakteriopurpurin zu den Lipochromen gehöre; es werde von absolutem Alkohol rasch extrahiert, wobei die Chromatiumzellen zunächst deutlich grün werden; die alkoholische Lösung liefert nach BÜTSCHLI eingedunstet rhombische rote Blättchen, welche blaue Schwefelsäurereaktion und grüne Jodreaktion liefern.

Es wäre diesen Befunden nach möglich, daß das Bakteriopurpurin kein einheitlicher Farbstoff wäre und die „Purpurbakterien" einen karotinartigen Farbstoff neben Chlorophyll enthalten. Dem ständen auch die spektroskopischen Befunde nicht im Wege. Jedenfalls ist die Sache noch nicht spruchreif. Auch wäre die Untersuchung des angeblich vorhandenen grünen Pigmentes sehr erwünscht. Das Assimilationsoptimum der Purpurbakterien liegt nach ENGELMANN im Ultrarot ($\lambda = 0,800$ bis $0,900\ \mu$). Bei 1000 $\mu\mu$ Wellenlänge ist Sauerstoffausscheidung nicht mehr zu bemerken. Im Gegensatze zu anderen Pflanzen können die Purpurbakterien also die durch eine Lösung von Jod in Schwefelkohlenstoff hindurchgehenden Strahlen ausnutzen.

Von der von F. HUEPPE[2]) als „Chlorophyllwirkung chlorophyllfreier Pflanzen" bezeichneten Assimilation von Ammoniumkarbonat durch die nitrifizierenden Mikroben wird an anderer Stelle die Rede sein.

Anhangsweise sei bemerkt, daß die von ELFVING[3]) mitgeteilte Kohlensäureassimilation durch rote Hefen (Saccharomyces glutinis) von anderer Seite bisher nicht bestätigt worden ist.

§ 9.
Chlorophyll und Kohlensäureassimilation bei Tieren.

In einer eingehenden Behandlung des so wichtigen und merkwürdigen Prozesses der Kohlensäureassimilation durch die chlorophyllgrünen Pflanzen erscheint es angebracht, einen Blick auf den bei Tieren stattfindenden gleichartigen Vorgang zu werfen. Es gibt keinen Grund, zu zweifeln, daß mindestens eine Reihe von Protozoenformen ebenso Chlorophyll enthalten und Kohlensäure assimilieren, wie Pflanzen. Abgesehen von dem bekannten Beispiel der Euglenaceen, hat ENGELMANN[4]) darauf hingewiesen, daß es Vorticellen gibt, welche im Ektoplasma sicher Chlorophyll führen, und im Lichte Sauerstoff ausscheiden. VAN TIEGHEM[5]) fand im Seewasser von Roscoff eine grüne Flagellatenform: Dimystax Perrieri, welche im Lichte Sauerstoff produziert. Diese Vorkommnisse werden gewiß nicht vereinzelt dastehen. Allerdings sind eine Reihe von anderen Fällen, wie die von GEDDES[6]) studierten Pla-

---

1) BÜTSCHLI, Bau der Bakterien (1890), p. 9. — 2) F. HUEPPE, Chem. Centr., 1887, p. 1512. — 3) ELFVING, Öfversigt af Finska Vetensk. Soc. Förh., Bd. XXVII (1886). Über diesen Saccharomyces auch HANSEN, Allg. Brauer- u. Hopfenztg., 1887, p. 1109. — 4) TH. ENGELMANN, Pflüg. Arch., Bd. XXXII, p. 80 (1884); SALLIT, Quart. Journ. Micr. Sc., Tome XXIV, p. 165 (1884). — 5) VAN TIEGHEM, Bull. soc. bot. France, Vol. XXVII, p. 130 (1880). — 6) GEDDES, Compt. rend., Tome LXXXVII, p. 1095 (1878); Nature, Vol. XXV, p. 303 (1882); Proc. Roy. Soc., Edinburgh 1882, p. 377.

narien, grüne Stentorformen, Hydra etc. als merkwürdige Beispiele von
Symbiose zwischen einzelligen Algen und Tieren erkannt worden, worauf
wohl zuerst 1876 G. Entz[1]) und später besonders Brandt[2]) aufmerksam gemacht haben. Es gelang Brandt, die isolierten „Zoochlorellen"
und „Zooxanthellen" zu kultivieren und mit ihnen neuerlich chlorophyllfreie Tiere erfolgreich zu infizieren. Die späteren Untersuchungen
Brandts erweiterten die Zahl der in Algensymbiose lebenden Tiere
ganz außerordentlich. Von einschlägigen neueren Versuchen seien besonders die Kulturen von Zoochlorellen aus Paramaecium und Stentor
in künstlicher Nährlösung durch Famintzin[3]) namhaft gemacht.

Das sogenannte „Enterochlorophyll", wie es sich in der Schnecken-
leber findet etc., stammt aus der verzehrten Nahrung und besteht aus
augenscheinlich wenig verändertem Chlorophyllfarbstoff. Früher hatte
man es für ein im Tierorganismus gebildetes Produkt gehalten[4]).

Für eine Reihe von grünen Pigmenten, besonders solchen der
Gliederfüßler, ist es nicht unwahrscheinlich, daß sie dem pflanzlichen
Chlorophyll nahestehen, wenn nicht mit demselben identisch sind.
Macchiati[5]) hat dies für den grünen Farbstoff der Aphiden und der
Siphonophoren behauptet; seine Ansicht, daß die Aphiden Assimilations-
vermögen besäßen, ist allerdings unbewiesen. Die Flügeldecken der
Canthariden sollen nach Tschirch[6]) Chlorophyllan enthalten. Ob eine
Verallgemeinerung am Platze ist, muß die Zukunft lehren. Für den
Bonelliafarbstoff z. B. scheint trotz spektroskopischer Analogien mit
Alkachlorophyll keine nähere Beziehung zum Chlorophyll anzunehmen
zu sein[7]).

§ 10.

Einfluß organischer Kohlenstoffnahrung auf die Kohlensäure-assimilation grüner Pflanzen. Nicht grüne und grüne Para-siten, Holosaprophyten.

Über den Einfluß der Darreichung von Kohlenstoffverbindungen,
in erster Reihe fertig gebildeten Zuckers auf die Chlorophylltätigkeit,
liegen verschiedene Erfahrungen vor, welche uns zeigen, daß sowohl

1) G. Entz, Sitz.-Ber. Klausenburger Verein f. Med. u. Naturwiss., 1876
(Magyrisch). Später: Biol. Centr., Bd. I, p. 646 (1880); Bd. II, p. 451 (1882). —
2) K. Brandt, Biol. Centr., Bd. I, p. 524 (1880); Verhandl. physiol. Gesellsch.
Berlin, 1881—82, No. 4 u. 5; Bot. Ztg., 1882, p. 248; Arch. Physiol. u. Anat.
1881, p. 570. Bestätigung dieser Beobachtungen bei O. Hamann, Zeitschr.
wissensch. Zool., Bd. XXXVII, p. 458 (1882). Vgl. ferner: Kessler, Dubois Arch.
Physiol. Abt., 1882, p. 490; Ray Lankester, Quart. Journ. micr. science, Vol.
XXII, p. 229 (1882); Brandt, Mitteil. zoolog. Stat. Neapel, 1883, p. 191; Dubois
Archiv, 1883, p. 445. Symbiose von Spongien: Marchesetti, Just Jahresber.,
1884, Bd. I, p. 349. Turbellaria: Haberlandt, ibid., 1891, Bd. I, p. 490; Peñard,
ref. ibid.; Dangeard, Journ. Micrograph., Tome XIII, p. 369 (1889); Dantec,
Ann. Inst. Pasteur, 1892, p. 190. — 3) A. Famintzin, Mém. Acad. Pétersbourg
(7), Tome XXXVIII (1891), No. 4. — 4) Die Literatur über „Enterochlorophyll"
ist zusammengestellt in Fürth, Vergleich. chem. Physiol. d. nied. Tiere, 1903,
p. 202, wo die Arbeiten Mac Munns u. a. Forscher auf diesem Gebiete zitiert
sind; Gautier, Compt. r. soc. biol., Tome LV, p. 1582 (1903). — 5) Macchiati,
Just Jahresber., 1883, Bd. I, p. 66. Über Chlorophyll-Gerbsäureverbindungen in
den Tegumenten von Orthopteren: Villard, Compt. r. soc. biol., Tome LV, p. 1580
(1903). — 6) Tschirch, Untersuch. über das Chlorophyll (1884), p. 31. Nach
M. Gräfin von Linden (Pflüg. Arch., Bd. XCVIII, p. 1 [1903]) sind die Pigmente
von Tagfaltern (Vanessa) genetisch von dem durch die Raupe aufgenommenen Chlorophyll herzuleiten. — 7) Vgl. Fürth, l. c., p. 523.

Fälle vorkommen können, in welchen die betreffenden Organismen ihr Chlorophyll verlieren und zu holosaprophytischen farblosen Wesen werden, als auch Fälle, in denen saprophytische Ernährung bei Beibehaltung des Chlorophylls zur Gänze oder teilweise sich einstellt. Für *Euglena gracilis* konnte Zumstein [1] sehr schöne Belege erbringen, wie grüne Euglenen im Dunklen, oder selbst am Lichte in geeigneter Nährlösung farblos werden, und andererseits farblose „Astasia"formen dieser Flagellaten am Lichte bei geringerer Zufuhr von Zucker ergrünen. Die farblosen Formen führen hier kleine Leukoplasten, die grünen große Chloroplasten. Ludwig [2] vermutet für gewisse von ihm als Cano- myceten bezeichneten im Schleimflusse von Bäumen vorkommende Organismen, daß sie geradezu als infolge des zuckerreichen Substrates farblos gewordene Algen bezeichnet werden können. Ein geringer Einfluß auf die Ausbildung der Chloroplasten bei reichlicher Zuckerzufuhr scheint jedoch vielleicht verbreitet zu sein; Klebs [3] beobachtete bei Kultur von *Funaria* und *Elodea* in starker Zuckerlösung Veränderungen an den Chlorophyllkörnern, welche nach Wiederherstellung normaler Bedingungen zurückgehen. Nach Ludwig treten analoge Erscheinungen in künstlichen Kulturen niederer Algen in Zuckerlösung ebenso ein. Eine Minderproduktion von Chlorophyll bei organischer Ernährung beobachteten auch Matruchot und Molliard [4] an *Stichococcus bacillaris*. Hingegen wachsen, wie Artari [5] feststellte, die Flechtengonidien von *Xanthoria* und *Gasparrinia* im Lichte wie im Dunklen auf organischem Substrate ohne Chlorophyllverlust, ebenso *Scenedesmus acutus* und *Pleurococcus*. Von *Nostoc* wurde das gleiche Verhalten durch Bouil- hac [6] angegeben. Bei *Stichococcus* entscheidet nach Artari die Art der Stickstoffnahrung über das Ergrünen im Dunklen auf Zuckerlösung, indem Kalisalpeter nicht, wohl aber Asparagin oder Pepton Ergrünen herbeiführt. Hier erscheint also die Chlorophyllbildung vor allem als eine Folge passender Ernährung, und man kann in dieser Richtung wohl auch die Erfahrungen Palladins [7] verwerten, wonach etiolierte Blätter im Lichte rascher ergrünen, wenn sie auf Zuckerlösung schwimmen, als wenn sie auf reines Wasser gelegt werden. Vielleicht ist eine gewisse Zuckerdarbietung zur Chlorophyllbildung allgemein günstig, während eine reichliche Zufuhr von Zucker die Chlorophyllbildung mehr oder weniger stark hemmt. Über den assimilatorischen Gaswechsel in seinem Zusammenhang mit Darbietung organischer Nährstoffe liegen noch keine den eben erwähnten Beobachtungen parallelgehende Erfahrungen vor. Die Hemmung der Kohlensäureassimilation durch Ansammlung von Zucker und Stärke in abgeschnittenen Blättern wurde schon berührt. In dieser Richtung liegen ferner Versuche von Ewart [8] unter Anwendung der Bakterienmethode vor, welche sich übrigens auch auf die in Zuckerlösung degenerierten Chloroplasten von *Elodea* erstrecken.

---

1) H. Zumstein, Jahrb. f. wiss. Bot., Bd. XXXIV, p. 149 (1900). — 2) F. Ludwig, Forschungsberichte Plön, 1899, Heft 7, p. 75; vgl. auch Heinze, Centr. Bakter., Bd. XII, p. 55 (1904). — 3) Klebs, Untersuch. aus dem botan. Institut Tübingen, Bd. II, p. 557 (1888); vgl. auch Ewart, Journ. Linn. Soc., Vol. XXXI, p. 450 (1896). — 4) Matruchot u. Molliard, Compt. rend., Tome CXXXI, p. 1249 (1900). — 5) Artari, Just Jahresber., 1899, Bd. I, p. 155; Bull. Natur. Moscou, 1899, No. 1; Ber. botan. Ges., 1902, p. 172, 201. Bezüglich *Scenedesmus* auch J. Grintzesco, Rech. expér. sur la Morph. et Phys. de *Scenedesmus*. Génève 1902. — 6) Bouilhac, Compt. rend., Tome CXXXIII, p. 55 (1901). — 7) Palladin, Rev. génér. Botan., Tome IX (1897); Ber. bot. Ges., 1902, p. 224; ibid., 1891, p. 229; Compt. rend., Tome CXXV, p. 827 (1897). — 8) Ewart, l. c., p. 429.

Der heutige Stand unserer Kenntnisse von der Kohlensäureassimilation bei den verschiedenen saprophytischen und parasitischen Phanerogamenformen läßt sich dahin präzisieren, daß nachweisbar vorhandene Chlorophyllfunktion wohl weiter verbreitet ist, als man ursprünglich vermutet hatte. Für grüne Parasitenformen war das Vorhandensein von Kohlensäureassimilation naheliegend, und schon 1851 hat Luok [1]) bei Viscum die Assimilationstätigkeit nachgewiesen.

In neuerer Zeit hatte zwar Bonnier [2]) für Euphrasia, Bartschia und Rhinanthus angegeben, daß in deren Gaswechsel auch im Lichte die Kohlensäureabgabe über Kohlensäureaufnahme überwiege; doch hat Ewart mittelst der Bakterienmethode bewiesen, daß Euphrasiachloroplasten ebenso kräftig funktionieren, wie andere Chlorophyllkörner. Josopait [3]) gibt selbst für die braunen Chloroplasten der Orobanchen, für die Chlorophyllgehalt noch nicht mit Sicherheit nachgewiesen wurde, eine schwache Sauerstoffausscheidung im Lichte an. Aus Cuscuta wurde bereits von Temme [4]) Chlorophyllfarbstoff dargestellt und auch eine schwache Sauerstoffabgabe dieser Pflanze im Lichte beobachtet. Mittelst der Bakterienmethode wurde das letztere Verhalten durch Ewart und Josopait bestätigt, und ziemlich lebhafte Sauerstoffabgabe im Lichte festgestellt. Eine geringe Sauerstoffentwicklung sah Josopait auch bei den braunen Chromatophoren der saprophytischen Neottia Nidus avis; damit stimmen überein die älteren Angaben von Wiesner [5]) und Drude [6]). Beim Kochen von Neottia geht brauner Farbstoff in Lösung, während ein hellgrünes Pigment von den optischen Eigenschaften des Chlorophylls zurückbleibt (Wiesner). Es ist noch ungewiß, ob das Chlorophyll präformiert ist, oder durch Spaltung erst entsteht, wie Lindt [7]) annahm; letzteres ist vielleicht wahrscheinlicher, wenn auch Lindts chemischer Erklärungsversuch nicht zutreffen sollte. In Limodorum abortivum wies Chatin [8]) Chlorophyll nach; nach Griffon [9]) überwiegt aber bei dieser saprophytischen Orchidee die in der Atmung produzierte Kohlensäure bedeutend den Kohlensäurekonsum im Lichte. Bei Monotropa jedoch konnte bisher weder Chlorophyll noch Sauerstoffausscheidung im Lichte nachgewiesen werden (Drude, Josopait); es würde sich hier um einen Holosaprophyten im strengsten Sinne handeln.

Drosera zeigt nach Mussets [10]) Feststellungen ganz normale Assimilationsenergie ihrer Blätter.

§ 11.

Die Rolle des Chlorophyllfarbstoffes bei der Kohlensäureassimilation.

Wie im Eingange dieses Abschnittes erwähnt, war bereits durch Ingenhouss und Senebier die hohe Bedeutung des Chlorophyllfarb-

1) E. Luck, Liebigs Annal., Bd. LXXVIII, p. 85 (1851). — 2) G. Bonnier, Compt. rend., Tome CXIII, p. 1074 (1891); Compt. rend. soc. biol., 1899, p. 661. — 3) Josopait, Photosynthetische Assimilationstätigkeit chlorophyllfreier Chromatophoren. Dissertat. Basel, 1900. — 4) F. Temme, Ber. bot. Ges., Bd. 1, p. 185 (1883). Über Cuscuta ferner Mirande, Bot. Centr., Bd. XCII, p. 259 (1903). — 5) Wiesner, Flora, 1874, p. 73; Jahrbücher wiss. Botan., Bd. VIII, p. 575. — 6) Drude, Biologie v. Monotropa u. Neottia, 1873, p. 17. — 7) Lindt, Bot. Ztg., 1885, p. 825; vgl. auch Prillieux, Compt. rend., Tome LXXVI, p. 1605. — 8) Chatin, Just Jahresber., 1874, Bd. II, p. 442. — 9) Griffon, Compt. rend., Tome CXXVII, p. 973 (1899); Ann. sc. nat. (8), Tome X, p. 1 (1899). — 10) Musset, Compt. rend., Tome XCVII, p. 199 (1883).

stoffes für die Kohlensäureverarbeitung im Lichte richtig erkannt worden.
Auch Saussure würdigte die Rolle des Chlorophylls in vollem Maße,
wenngleich er sich bezüglich seiner Versuche mit der roten Gartenmelde[1])
wohl allzuvorsichtig ausdrückte. Sachs' Verdienst war es, die Wichtigkeit
des Chlorophyllgehaltes für die Assimilation in das hellste Licht gestellt
zu haben; seine Vermutung, daß auch die roten und braunen Algen
„verkapptes Chlorophyll" enthalten dürften, wurde späterhin voll bestätigt, gleichviel ob wir unter „Rhodophyll", „Phaeophyll" eine lockere
Bindung von Farbstoffen verstehen oder an ein Farbstoffgemenge denken.
Nur die von Winogradsky isolierten Nitrosobakterien bilden bisher
einen sicheren Fall von anorganischer Ernährung ohne Chlorophyll und
Licht, welchen wir als chemosynthetische Kohlensäureverarbeitung (die
Nitrosomonaden konsumieren Ammonkarbonat) der photosynthetischen
Kohlensäureassimilation mit Pfeffer gegenüberstellen können.

Allerdings wurde schon in § 4 auf Befunde verschiedener Forscher
hingewiesen, nach denen man vermuten könnte, daß auch etiolierte
Chloroplasten Sauerstoffabgabe im Lichte zeigen, daß somit die Pigmente
dieser Organe dieselbe Funktion vollziehen können, wie das Chlorophyll.
Würden sich diese Fälle bewahrheiten oder könnte man bei chlorophyllfreien, sonst intakten Chloroplasten den Farbstoff irgendwie funktionell
ersetzen, so wären wir unzweifelhaft imstande, die Rolle des Chlorophyllfarbstoffes viel besser experimentell zu erforschen und zu verstehen,
als es heute der Fall ist. Mag dem aber sein wie immer, so zeigt
doch die ungeheure Verbreitung des Chlorophyllfarbstoffes bei assimilierenden Pflanzen und der innige Zusammenhang zwischen Assimilation
und Chlorophyllbildung zur Genüge die überaus große Bedeutung des
Chlorophylls.

Zum Schlusse von § 4 wurde bereits auf die Untersuchungen
hingewiesen, welche uns zur Meinung berechtigen, daß die Chloroplasten
autonome Organe der Assimilation seien, und zu ihrer Funktion der
Mithilfe des intakten Cytoplasmas oder des Kernes der Zelle nicht bedürfen. Es wurde ferner bereits ausgeführt, daß der Chlorophyllfarbstoff nach Abtrennung vom Stroma der Chloroplasten völlig unwirksam
ist. Die wichtige Rolle des Chloroplastenstromas wurde in neuerer Zeit
besonders wirksam durch die Studien von Pfeffer[2]) und Ewart illustriert, welche zeigten, daß man Chloroplasten ohne Alteration des
Chlorophylls durch verschiedene physikalische und chemische Einflüsse
temporär inaktivieren kann: hierzu waren befähigt trockene und feuchte
Hitze bis 60° respektive 38° C, niedere Temperaturen um 0°, irre-
spirable Gase (H_2), Äthernarkose, verdünnte Säuren und Alkalien, Antipyrin, Einlegen in Zuckerlösung, intensive Insolation, sowie stark plas-
molysierende Lösungen. Hier liegt offenbar die Läsionsstelle im Stroma
der Chloroplasten, welches seine Funktion für die Dauer der schädlichen Einwirkung einstellt. Andererseits zeigen uns chlorotisch gewordene Chloroplasten, wie mit dem Fehlen des Farbstoffes auch die
assimilatorische Leistung aufgehoben wird, während allem Anscheine
nach die Bildung von Stärke aus zugeführtem Zucker auch in solchen
Chromatophoren stattfinden kann. Beijerinck[3]) konnte vor kurzer
Zeit sogar zeigen, daß die Sauerstoffausscheidung im Lichte selbst an

---

1) Saussure, Rech. chimiques, p. 56 (1804). — 2) Pfeffer, Berichte math.-
phys. Klasse d. kgl. sächs. Gesellsch. d. Wiss. Leipzig, 1. Juni 1896. — 3) Beijerinck, Kgl. Akad. Amsterdam, 25. Mai 1900.

zerriebenen Chloroplasten unmittelbar nach der Operation mit Hilfe der Leuchtbakterienmethode noch nachweisbar ist. Danach dürften noch Bruchstücke des Chloroplastenstromas selbst bei sehr feiner Verteilung ihre Funktion noch ausführen können. MOLISCH[1]) wiederholte diese Versuche mit dem gleichen Erfolge. Besonders interessant ist die Mitteilung dieses Forschers, daß eine durch Papier filtrierte Aufschwemmung aus vorsichtig im Exsikkator getrockneten Lamiumblättern die gleiche Wirkung wie Präparate aus frischen Blättern besitzen. Es ist ebenso gut möglich, daß diese Erscheinung auf einer größeren Resistenz der Chloroplasten beruht, wie, daß es sich tatsächlich um eine postmortale, durch Enzyme verursachte Wirkung handelt. Vor allem wäre nachzusehen, wie lange sich diese Wirkung getrockneter Blätter unter geeigneten Bedingungen konservieren läßt. In ihrer Bedeutung noch nicht unumstritten, jedoch jedenfalls von hohem Interesse sind die in neuester Zeit aufgetauchten Bemühungen, die Wirksamkeit von Extrakten der Chloroplasten in bezug auf Kohlensäurezerlegung im Lichte zu prüfen. FRIEDEL[2]) hat behauptet, daß beim Zusammenbringen von Glyzerinextrakt aus frischen Blättern mit fein gepulverten, rasch und vorsichtig getrockneten Blättern im Lichte Sauerstoffabgabe und Kohlensäurekonsum zu beobachten sei. Doch ist es seither leider weder gelungen, diese Versuche zu bestätigen, noch sie zu widerlegen. FRIEDEL[3]) selbst (bei Blättern, die im Herbst gesammelt waren), sowie HARROY[4]) konnten die erwähnten Resultate nicht mehr erhalten. HERZOG[5]) versuchte mit Preßsaft, welcher nach dem Verfahren BUCHNERS aus Blättern gewonnen war, zu operieren, konnte jedoch hier wie bei Wiederholung der FRIEDEL-scheu Versuche nur zu negativen Ergebnissen gelangen. Nur MACCHIATI[6]) gab an, die Resultate FRIEDELS bestätigen zu können. Die Frage, ob enzymartige Wirkungen bei der Funktion des Chloroplastenstromas eine Rolle spielen, ist daher noch nicht zu beantworten.

Die älteren Anschauungen überschätzten wohl sämtlich die wahre Bedeutung des Chlorophyllfarbstoffes. Alle schlossen sich mehr oder weniger eng an die auffallende Erscheinung an, daß Chlorophylltinktur im Lichte durch Oxydationsvorgänge verbleicht. Es lag nahe anzunehmen, daß derartige Lichtwirkungen sich auch im lebenden Chloroplasten abspielen, und man kam zur Ansicht, daß in den Chlorophyllkörnern stete Neubildung und Zerstörung von Chlorophyllfarbstoff sich abspiele [WIESNER[7]), TIMIRIAZEFF[8])]. TIMIRIAZEFF verknüpfte allerdings diese Tatsachen mit einer Assimilationshypothese, welche annahm, daß das Licht das Chlorophyll zu einer braungelben Substanz (sein „Phylloxanthin") reduziere unter Sauerstoffabgabe, und die grüne Farbe des Chlorophylls durch den bei einer Dissoziation der Kohlensäure in CO und O disponibel werdenden Sauerstoff wieder hergestellt werde. Diese

---

1) H. MOLISCH, Bot. Ztg., 1904 (I), p. 1. — 2) J. FRIEDEL, Compt. r. 6. Mai 1901, Tome CXXXII, p. 1138. — 3) FRIEDEL, Compt. rend., Tome CXXXIII, p. 840 (1901). — 4) HARROY, ibid., p. 890. — 5) R. O. HERZOG, Zeitschr. physiol. Chem., Bd. XXXV, p. 459 (1902). Desgleichen MOLISCH, l. c. und Oll. BUNARD. Beihefte botan. Centr., Bd. XVI, p. 36 (1904); G. POLLACCI, Botan. Centr., Bd. XCV, p. 425 (1904). — 6) MACCHIATI, Bollet. soc. bot. Italiana (1901), p. 323; Just Jahresber., 1901, Bd. II, p. 149; Compt. rend., Tome CXXXV, p. 1128 (1902); Botan. Literaturblatt, Bd. I, p. 220 (1903); Bot. Centr., Bd. XCIII, p. 407 (1903); Rev. génér. Botan., Tome XV, p. 20 (1903); Botan. Centr., Bd. XCV, p. 42 (1904). 7) WIESNER, Sitz.-Ber. Wien. Akad., Bd. LXIX (I) (1874); Bot. Ztg., 1874, p. 116. — 8) TIMIRIASEFF, Über das Chlorophyll, 1872.

unhaltbare Theorie stellt mithin den Chlorophyllfarbstoff als das allein
wirksame Agens bei der Assimilation hin. Aber auch WIESNERS Ansicht über den Prozeß der Assimilation, welche im wesentlichen die
stete Entstehung und Zersetzung des Farbstoffes im lebenden Organ,
sowie den Einfluß oxydierender Agentien auf das Chlorophyll richtig
deutete, leidet insofern an Fehlern, als nicht, wie WIESNER annahm, ein
erheblicher Teil des produzierten Sauerstoffes zur Chlorophylloxydation
verwendet wird und auch bei der Chlorophyllabnahme bei anhaltender
Verdunklung den Säuren des Zellsaftes nicht jene Wirkung auf das
Chlorophyll zukommt, welche nach WIESNER stattfinden soll. WIESNER
hatte das Verdienst, darauf hingewiesen zu haben, daß bei geringer
Helligkeitsintensität die leuchtenden Strahlen die Chlorophyllzerstörung
mehr fördern, als die stärker brechbaren Strahlen. Bei sehr hohen
Lichtintensitäten kehrt sich allerdings, wie später PRINGSHEIM fand, das
Verhältnis um.

In älterer Zeit findet sich, z. B. bei MEYEN [1]) und MULDER [2]), die
Ansicht ausgesprochen, daß die Chlorophyllbildung wohl vom Stattfinden
der Assimilation abhänge, jedoch keine Vorbedingung für die Kohlensäureverarbeitung sei. Bei MULDER steht diese Auffassung im Zusammenhange mit seiner irrigen Auffassung der Bedeutung der Chloroplastenstärke. In neuerer Zeit versuchte auch C. O. MÜLLER [3]) noch die Ansicht zu vertreten, daß das Chlorophyll gewissermaßen ein Nebenprodukt
der Assimilation sei; dies wird schon durch die Tatsache widerlegt, daß
bei niederen Temperaturen wohl die Chlorophyllbildung sistiert wird, die
Assimilation jedoch in geringem Maße fortdauert. GERLAND [4]) wollte sogar
die Beteiligung des Chlorophyllfarbstoffes bei der Assimilation gänzlich
in Abrede stellen.

Unter den neueren, jedoch verlassenen Chlorophyllhypothesen ist
ferner die sogenannte „Lichtschirmtheorie" PRINGSHEIMS [5]) zu erwähnen.
Auch hier spielt die Chlorophyllzerstörung durch das Licht eine Rolle,
doch betonte PRINGSHEIM viel schärfer als WIESNER, daß dieser Zersetzungsprozeß in keiner Beziehung zur Kohlensäureverarbeitung stehe.
PRINGSHEIM fand, daß die Chlorophyllzerstörung im konzentrierten kalten
Sonnenlichte durch blaues Licht am meisten gefördert wird, daß Sauerstoffgegenwart hierzu nötig sei, jedoch Gegenwart von Kohlensäure keinen
Einfluß besitze. Lebende Chloroplasten zeigten an den insolierten Stellen
keine Chlorophyllregeneration mehr. Als PRINGSHEIM daraus schloß, daß
die Chlorophyllzerstörung im Lichte kein normaler physiologischer Akt
sei, vergaß er zu berücksichtigen, daß in diesen Versuchen auch das
Stroma gelitten haben mußte. Seine Theorie von der Chlorophyllfunktion
präzisierte PRINGSHEIM dahin, daß das Chlorophyll die durch die chemisch
wirksamen Strahlen erhöhte Atmungsintensität herabzusetzen habe und
so wie eine schützende Decke den schädlichen Einfluß des Lichtes auf
das Protoplasma zu mäßigen habe. Nach PRINGSHEIMs Ansichten müßten
auch farblose Chloroplasten unter geeigneten Bedingungen assimilieren,
was jedoch nie beobachtet wurde; ferner ist die Annahme einer so inten-

---

1) MEYEN, Neues System der Pflanzenphysiologie. Bd. II, p. 162. — 2) MUL-
DER, Physiolog. Chemie, p. 273. — 3) C. O. MÜLLER, Landw. Versuchstat., Bd.
XXXIII, p. 230. — 4) GERLAND, Pogg. Ann., Bd. CXLIII (1871). Auch auf die
von C. KRAUS, Wollnys Forsch. Agrikult.-Phys., Bd. I, p. 73 (1878) entwickelten
Ansichten braucht nicht mehr eingegangen zu werden. — 5) PRINGSHEIM, Monats-
berichte Berlin. Akad., 1879; gesamm. Abhandl., Bd. IV, p. 53; Monatsber. Berlin.
Akad., 1881; Jahrb. wiss. Botan., Bd. XII, p. 288 (1881).

siven Steigerung der Atmung im Lichte durchaus unbewiesen und man kann durch einen Chlorophyllschirm die Atmung farbloser Pflanzenteile nicht herabsetzen [1]).

Tschirch [2]) sprach die Vermutung aus, daß der Chlorophyllfarbstoff im lebenden Chromatophor durch das Licht oxydiert und andererseits regeneriert werde. Kohlensäureanfügung wie Sauerstoffabgabe soll am Chlorophyllmolekül selbst geschehen.

Am besten fundiert erscheinen derzeit jene Theorien, welche zur Erklärung der Funktion des Chlorophyllfarbstoffes dessen optische Eigenschaften: Absorption und Fluoreszenz heranziehen. Die Idee, daß die von dem Chlorophyll absorbierten Lichtstrahlen die Quelle jener Energie sind, welche in dem Assimilationsprozesse zur Zuckersynthese verwendet wird, ist schon sehr alt und wurde im Prinzipe bereits durch Dumas [3]) und 1854 durch Helmholtz [4]) vertreten; freilich dachten diese Forscher hauptsächlich an die Silbersalze zersetzenden Lichtstrahlen und schenkten den vom Chlorophyll gleichfalls absorbierten roten Strahlen keine Beachtung. Theoretisch sind jedoch alle absorbierten Lichtstrahlen als Quelle der in den Assimilationsprodukten gespeicherten chemischen Energie anzusehen. Lommel [5]) kommt wohl unstreitig das Verdienst zu, sich präzise dahin ausgesprochen zu haben, daß „die chemische Arbeit in der Pflanzenzelle verrichtet werde durch die lebendige Kraft, welche der Strahl bei der Absorption an die Zelle abgibt", und andererseits darauf aufmerksam gemacht zu haben, daß besonders für die absorbierten roten Strahlen eine maximale assimilatorische Wirkung zu erwarten sei (1871). In der Tat haben, wie bereits ausgeführt worden ist, die späteren besseren experimentellen Erfahrungen gezeigt, daß eine Koinzidenz von Absorptionsmaximum des Chromatophorenpigmentes, Assimilationsoptimum und auch des Maximums der zersetzenden Wirkung des Lichtes auf das Chlorophyll in dem Distrikte des roten Fluoreszenzlichtes des Chlorophyllfarbstoffes wirklich stattfindet. Diese Erfahrungen lenkten nun in vermehrtem Maße die Aufmerksamkeit auf die Fluoreszenzerscheinungen des Farbstoffes. Das Chlorophyll vermag, wie zuerst Becquerel [6]) gezeigt hat, wenn es, mit Chlorsilber gemischt, auf einem Schirm dem Sonnenspektrum ausgesetzt wird, auch in dem Distrikte B C des Spektrums im Rot eine Ausscheidung von Silber zu bewirken. Timiriazeff [7]) hat diesen Versuch in ähnlicher Weise mit dem gleichen Erfolge angestellt, und es gebührt diesem Forscher das Verdienst, zuerst für das Chlorophyll die Transformation kurzwelliger Strahlen in langwellige, die Assimilation kräftig fördernde Strahlen als physiologische Rolle vindiziert zu haben. Diese Rolle ist also dieselbe wie die Sensibilisierung photographischer Platten durch bestimmte Farbstoffe [Vogel [8])], und wir sprechen mit Timiriazeff [9]), welcher diesen

1) Zur Kritik der Pringsheimschen Hypothese: Reinke, Bot. Ztg., 1883, p. 732; Pfeffer, Physiologie, 2. Aufl., Bd. I, p. 325; Reinke, Bot. Ztg., 1884, p. 56. — 2) Tschirch, Kosmos, 1885, Bd. I, p. 260. — 3) Dumas, Essai de statique chim. d'êtres organis. (1824), p. 24. — 4) Helmholtz, Wechselwirkung der Naturkräfte (1854), p. 37. — 5) Lommel, Pogg. Annal., Bd. CXLIII, p. 568 (1871); vgl. dazu Pfeffer, Bot. Zeitg., 1872, p. 425; Poggend. Annal., 1873, p. 56. — 6) Becquerel, Compt. rend., Tome LXXIX, p. 185; Cros, Compt. rend., Tome LXXXVIII, p. 379 (1879) hat dessen Ergebnisse bestätigt. — 7) Timiriazeff, Compt. rend., Tome C, p. 851 (1885). — 8) Vogel, Annal. d. Phys. u. Chem., Bd. CL, p. 453 (1873). — 9) Timiriazeff, Just Jahresber., 1875, p. 783; Arbeit. Petersburg. Gesellsch. d. Nat., Bd. XIII, p. 9, 10, 135 (1882); Compt. rend., Tome XCVI, p. 375 (1883); Annal. chim. phys. (5), Tome XII (1877); Ann. sc. nat. (7), Tome II, p. 99 (1885); Compt. r., Tome CII, p. 686 (1886); Tome CIX, p. 379 (1889).

Gedanken seit 1875 erwogen und in treflichen Studien erläutert hat, als Sensibilisator im Assimilationsprozesse an, welcher eine möglichst ausgiebige Ausnützung von Lichtstrahlen für die chemische Arbeit in den Chloroplasten zu ermöglichen hat.

Von einschlägigem Interesse sind ferner Ausführungen von HOPPE-SEYLER[1]), worin dieser weitblickende Forscher sagt, „daß Lichtemissionen und Absorptionen nicht vom ganzen Molekül, sondern von den Atomen oder Atomgruppen bewirkt werden und unabhängige Bewegungsvorgänge in diesem Teile des Moleküls darstellen. Da der größte Teil der auf Chlorophyllösungen fallenden Sonnenstrahlen sich in rotes Fluoreszenzlicht von der Wellenlänge der BC-Strahlen verwandle, so müsse die das Fluoreszenzlicht aussendende Atomgruppe eine große Beweglichkeit haben und regelmäßige Pendelschwingungen veranlassen; in diesen Schwingungen sammeln sich die Lichtwirkungen, und der Gedanke läßt sich nicht abweisen, daß diese Atomgruppe es ist, welche in der lebenden Pflanze die Arbeit der Abspaltung des indifferenten Sauertoffes ausführt." Da nun das Chlorophyll in der lebenden Pfanze nicht fluoresziere, so müßte das absorbierte Licht in der Pflanze andere Effekte als Lichtschwingungen erzeugen. Trotz des molekularmechanischen Gewandes dieser Sätze liegt der bedeutungsvolle Kern der Ansichten HOPPE-SEYLERs hier klar zutage. Auch REINKE[2]) ließ die Zerlegung der Kohlensäure von der chemischen Tätigkeit der die BC-Strahlen absorbierenden Atomgruppe des Chlorophyllmoleküls abhängen. Die sensibilisierende Wirkung des Chlorophylls ist übrigens neuestens auch in der Photographie mit Erfolg verwertet worden[3]).

Wenn der Chlorophyllfarbstoff als Sensibilisator wirkt, so muß er sich nach der Theorie von ABNEY hierbei zersetzen. Es steht somit mindestens partiell die bekannte Zerstörung des Chlorophyllfarbstoffes im Lichte innerhalb und außerhalb der Zelle mit der Funktion des Chlorophylls im Zusammenhange, und es ist stete Neubildung des Farbstoffes in den Chromatophoren zum Aufrechterhalten ungestörter Tätigkeit erforderlich. Diese Auffassung von der Bedeutung einer steten Zerstörung und Neubildung des Farbstoffes in der assimilierenden Pflanze ist allerdings wesentlich verschieden von den älteren Theorien, welche zum Teil oben namhaft gemacht worden sind.

Nach TIMIRIASEFF absorbiert das Chlorophyll 20—25 Proz. der direkten Strahlung. Für den Assimilationsprozeß selbst ist die Strahlungsintensität nur bis zu bestimmten Grenzen bedeutungsvoll. Bei schwachen Intensitäten nimmt die Kohlensäurezersetzung mit der Beleuchtungsstärke anfänglich rasch zu, wird aber schon bei $1/2$ der direkten Insolation so gut wie stationär. Das Maximum der in chemische Arbeit umgesetzten Energie ist 5 Proz. TIMIRIAZEFF hat auch die theoretische Forderung scharf betont, daß die Größe der Kohlensäurezerlegung proportional sein muß der Energie, mit welcher die Lichtstrahlen im Chlorophyllspektrum absorbiert werden. In neuerer Zeit hat A. RICHTER[4]) versucht, den experimentellen Beweis zu erbringen, daß die Assimilationsenergie der absorbierten Lichtmenge proportional ist, unabhängig von der Wellenlänge. Allerdings haben Versuche ergeben, daß die

1) HOPPE-SEYLER. Zeitschr. physiol. Chem., Bd. III, p. 339 (1879). — 2) REINKE, Ber. bot. Ges., Bd. I, p. 419 (1883); Bot. Ztg., 1884, p. 53. — 3) Vgl. LIESEGANG, Chem. Centr. 1894, Bd. I, p. 636; R. NEUHAUSS, Photograph. Rundschau, Bd. XVI, p. 1 (1902). — 4) A. RICHTER, Rev. gén. Botan., Tome XIV, p. 151 (1902).

Assimilationsenergie in blauem Lichte unter den gesetzten Bedingungen nur gering war (ENGELMANN, KOHL); doch ist nicht zu vergessen, daß die Intensität des angewendeten Lichtes ungleich schwächer war als in Versuchen mit schwächer brechbaren Lichtstrahlen. Übrigens erscheint es einer Überlegung noch wert, welchen Anteil an dem assimilatorischen Gesamteffekte die wohl am schwächsten vom Chlorophyll absorbierten, jedoch energiereichsten leuchtenden Strahlen besitzen, worauf noch von keiner Seite Rücksicht genommen worden ist.

Es liegt nahe, für die anderen fluoreszierenden Farbstoffe, wie das Phykoerythrin und Phykokyan, eine analoge sensibilisierende Wirkung in Anspruch zu nehmen, wie für das Chlorophyll. Dabei ist es von besonderer Bedeutung, daß das Absorptionsmaximum und Fluoreszenzlicht, sowie das Assimilationsoptimum für die genannten Farbstoffe, beziehungsweise der Rot- und Blaualgen stark nach Gelb verschoben ist, so daß diese Organismen in der Lage sind, die vom Wasser weniger absorbierten gelben Strahlen unter günstigen Bedingungen in der Assimilation auszunützen. Daß lebende Florideen nicht fluoreszieren, und die Fluoreszenz nach REINKES[1]) Beobachtungen an denselben erst postmortal eintritt, kann wohl kaum als sicheres Argument gegen die Auffassung des Rhodophylls als Sensibilisator dienen, da verschiedene Ursachen das Ausbleiben der Fluoreszenz verschulden können.

Nach der anderen Richtung hin sind nach ENGELMANN die Purpurbakterien Organismen, deren Farbstoff (Bakteriopurpurin) es ihnen ermöglicht, die ultraroten Strahlen (λ 800—900 $\mu\mu$) als Assimilationsoptimum auszunützen, und diese Mikroben bilden gleichsam die Brücke zu jenen Bakterien, welche wie die Nitrosomonaden überhaupt ohne Lichtstrahlen Synthesen vollziehen können aus dargereichter Kohlensäure. Gerade die letztgenannten farblosen Organismen, welche sich nicht des Sonnenlichtes als Energiezelle bedienen, sondern die bei der Oxydation des Ammons zu salpetriger Säure disponibel werdende Energie benützen, demonstrieren uns ad oculos, wie innig Ausnützung der Lichtenergie und Farbstoffproduktion zusammenhängen und wir dürfen erwarten, daß bei Pflanzen, welche photosynthetische Kohlensäureassimilation ausführen, die funktionierenden Organe stets pigmenthaltig sein müssen, wenn auch Chlorophyll vielleicht nicht der einzige in Verwendung kommende Farbstoff sein sollte.

Den experimentellen Nachweis, daß die von einem assimilierenden Blatte absorbierte Lichtmenge größer ist als die Lichtmenge, welche dasselbe Blatt in derselben Zeit unter Ausschluß der Assimilation in kohlensäurefreier Luft absorbiert, hat DETLEFSEN[2]) erbracht. ENGELMANN[3]) hat später gefunden, daß die von LANGLEY[4]) ermittelte Energiekurve des Sonnenlichtes eine ziemliche Übereinstimmung zeigt mit der Energiekurve für die Assimilation; die ermittelten Werte (das Maximum = 100 gesetzt) waren folgende:

λ	680	622	600	589	573	558	522	486	431
ENGELMANNS Assimilations-werte	69	95	99	100	95	90	71	56	29
LANGLEYS { Energiewerte {	89,5	96,5	96	99,5	100	96	89	78	43
	86	98,5	100	99	98,5	97,5	92	73	47,5

1) REINKE, Bot. Ztg., 1886, p. 179. — 2) DETLEFSEN, Arbeiten botan. Inst. in Würzburg, Bd. III, p. 534 (1888). — 3) ENGELMANN, Bot. Ztg., 1884, p. 102; 1886, p. 68. — 4) LANGLEY, Ann. chim. phys. (5), Tome XXV, p. 212 (1881).

ENGELMANN gründete hierauf den Satz, daß die Assimilationsenergie gleich sei der Absorptionsenergie. Doch kommen Koinzidenzen
von Absorption und Wirkung auch bei verschiedenen photochemischen
Prozessen vor, ohne daß die Gesamtenergie des aufstrahlenden Lichtes
ausgenützt würde.

Über die Energieausnützung im Assimilationsprozesse hat neuerdings H. T. BROWN[1]) Angaben gemacht. Die gelieferte Sonnenlicht-
energie wird zum größten Teil nicht absorbiert; ein größerer Bruchteil
geht bei der Verdunstung des Wassers auf, ein geringer Teil findet sich
in den Assimilationsprodukten wieder. Dies gilt für hellen Sonnenschein.
So fand BROWN an einem hellen Augusttage pro Quadratmeter Blattfläche und Stunde:

Einfallende Energie des Sonnenlichts 600 000 Kalorien.

Hiervon verbraucht:

166 800 Kal. oder 27,5 Proz. zur Verdunstung von 275 ccm Wasser,
3 200 Kal. oder 0,5 Proz. zur Bildung von 0,8 g Kohlenhydrat.

Demnach Gesamtverbrauch 170 000 Kal. oder 28 Proz. der gelieferten
Energie.

Bei diffusem Lichte ist die Relation wesentlich verschieden; es werden
95 Proz. der gelieferten Energie absorbiert und 2,7 Proz. in Form von
Assimilationsprodukten als potentielle chemische Energie gespeichert.
Interessanterweise ist auch bei Steigerung des Kohlensäuregehaltes der
Atmosphäre die Ausnützung hellen Sonnenlichtes besser; sie steigt bei
$5^{1}/_{2}$ fachem Kohlensäuregehalt auf das Vierfache oder 2 Proz. BROWN
nimmt an, daß 90 Proz. der Gesamtassimilation vom Lichte λ 650—697 $\mu\mu$
geleistet werden. Nach LANGLEY gibt dieser Spektralstreif 66 300 kal.
pro qm und Stunde (Gesamtspektrum 1 020 000 kal.). Mit dieser Energie-
menge könnten 16,5 g Kohlenhydrat gebildet werden als Maximalmenge.
Bisher gelang es (allerdings bei einem Kohlensäuregehalt von 0,164 Proz.)
3 g, d. h. 18 Proz. dieses theoretischen Maximums als optimale Assimilation nachzuweisen.

In einem von PFEFFER[2]) angegebenen Kalkül wird angegeben
(unter Zugrundelegung des POUILLETschen Wertes von 383 kal. Ge-
samtstrahlungsenergie pro qm und Sekunde an heiteren Sommertagen),
daß weniger als 1 Proz. dieser Energie von der Pflanze ausgenützt
erscheint.

1 qm Blattfläche von Nerium Oleander bildet in 1 Sek. 0,000535 g
Stärke. 1 g Stärke entspricht 4100 kal.

Somit ist der Wärmewert der gebildeten Stärke 2,2 kal.

die gelieferte Energie   383,0   „
nicht benützte Energie   330,8   ,

§ 12.
Quantitatives Ausmaß der Produktion im photosynthetischen Assimilationsprozesse.

Schätzungen und Messungen der aus der aufgenommenen Kohlensäure produzierten Menge organischer Stoffe wurden vorgenommen durch

---

1) H. T. BROWN, Report Brit. Assoc. Adv. Scienc. Dover, 1899. — 2) PFEFFER,
Pflanzenphysiologie, 2. Anfl. (1897), Bd. I, p. 331.

direkte Bestimmung der aufgenommenen Kohlensäure [Kreusler[1])]
und durch Bestimmung der Trockengewichtszunahme [Sachs[2]), Brooks[3]),
Menze[4]), Thompson und Prendergast[5])].

Die erstgenannte Methode verdient unbedingt den Vorrang, besonders wenn man, wie es Kreusler tat, gleichzeitig die Sauerstoffatmung berücksichtigt. Die zweite Methode gibt den Vorteil einer raschen allgemein ausführbaren Schätzung des gebildeten Stoffmaterials. Nach Kreusler zersetzen die Blätter von Rubus „fruticosus" bei elektrischem Bogenlicht in 31 cm Distanz (= helles diffuses Tageslicht) pro 1 qm Blattfläche bei Darreichung von 0,8 Proz. Kohlensäure 1,54 g Stärke pro Stunde, entsprechend 5 g aufgenommener Kohlensäure. Sachs fand durch Vergleich zweier gleich großer symmetrisch entnommener Blattstücke vor und nach der Assimilationstätigkeit pro 1 Stunde und 1 qm Blattfläche für Helianthus 1,8 g, für Cucurbita 1,5 g Trockensubstanzproduktion. Eine kräftige Sonnenblume mit 145 Blättern, deren Gesamtfläche 1 1/2 qm beträgt, kann daher in 15 Tagesstunden 36 g Assimilate erzeugen; in einem Sommer bildet eine kräftige Sonnenrose denn auch tatsächlich 2000 g Assimilate. Danach läßt sich beurteilen, wie ausgiebig die Trockensubstanzproduktion eines Baumes mit seiner viele Quadratmeter umfassenden Blattfläche sein kann. Zu berücksichtigen bleibt, daß ein bestimmter Teil der gebildeten Produkte durch Sauerstoffatmung verloren geht. Kreusler fand, daß bei Rubus in sonnigem Tageslichte dieser Verlust nur den 31. Teil der aufgenommenen Kohlensäure beträgt; in 1—1 1/2 m Abstand von einer elektrischen Bogenlampe war jedoch die Ausscheidung der Kohlensäure schon ebensogroß wie die assimilatorische Kohlensäureaufnahme. Sachs hat in den angeführten Zahlen den Atmungsverlust mit 1/24 in Rechnung gestellt. Nach den Messungen von Brooks fällt das Assimilationsmaximum bei wolkenlosem Himmel auf die letzte Vormittagsstunde 11 – 12[h] a. m.

Daher wird die assimilatorische Produktion so bedeutend, daß in unserem Klima nach A. Mayer[6]) 1 ha Landes jährlich 6700—6800 kg organischer Trockensubstanz hervorbringt, und nach Ebermayer[7]) 1 ha Waldes jährlich 11000 kg Kohlensäure konsumiert. Übrigens hat dieser riesige Konsum an Kohlensäure (er soll nach Dubois[8]) jährlich 1/70 des Gesamtkohlensäurevorrates der Atmosphäre sein) eine Kompensation an der immensen Kohlensäureentwicklung durch die Atmung chlorophyllfreier Organismen und andere Oxydationsprozesse, da sich scheinbar der Kohlensäuregehalt der Luft in den letzten geologischen Epochen nicht geändert hat[9]).

Da die Kohlensäureassimilation wie alle anderen physiologischen Funktionen in zahllosen Wechselwirkungen zu den Einrichtungen und Tätigkeiten des Organismus steht, kann es nicht wunder nehmen, wenn ihre Intensität bei verschiedenen Pflanzen spezifisch different ist. Mit

1) Kreusler, Landw. Jahrbücher, Bd. XIV, p. 951 (1885). — 2) Sachs, Arbeiten botan. Inst. Würzburg, Bd. III, p. 1. — 3) Brooks, Dissert. Halle, 1892; Chem. Centr., 1893, Bd. II, p. 95. — 4) Menze, Dissert. Halle, 1887. — 5) Thompson u. Prendergast, Minnesota Botan. Stud., 1896, Part VIII, April. — 6) A. Mayer, Landw. Versuchstat., Bd. XL, p. 205 (1892). — 7) Ebermayer, Sitz.-Ber. bayer. Akad., Bd. XV, p. 303 (1885). — 8) Dubois zit. bei Mayer, Agrik.-Chem. 5. Aufl., Bd. I, p. 77, Anm. (1901). — 9) Dumas u. Boussingault, Pogg. Ann., Bd. LIII, p. 407 (1841) kamen auf Grund unzureichender Berechnungen zum Ergebnis, daß wahrscheinlich die von den Pflanzen konsumierte CO₂-Menge die CO₁-Produktion der Tiere übersteige.

C. WEBER [1]) darf man daher von einer „spezifischen Assimilationsenergie" sprechen. Dieselbe ist nur die spezifisch verschiedene Resultante nach allen Beeinflussungen, welche der Assimilationsprozeß bei einer bestimmten Pflanzenart erfahren kann.

WEBERS Pflanzen waren wohl sämtlich unter gleichen Bedingungen kultiviert worden, doch waren sie keine Freilandpflanzen, sondern Gewächshausexemplare; die Resultate dürften mit den Verhältnissen im freien Lande kaum ganz übereinstimmen. Pro 1 qm Blattfläche und 10 Stunden fand WEBER an produzierter Trockensubstanz bei

Tropaeolum majus	4,466 g
Phaseolus multiflorus	3,215 g
Ricinus communis	5,292 g
Helianthus annuus	5,559 g

Wird die Assimilationsenergie von Tropaeolum = 100 gesetzt, so ist dieselbe

für	
Phaseolus	72
Ricinus	118,5
Helianthus	124,5

Diese Differenzen werden nicht allein durch die Zahl der Chloroplasten in dem Assimilationsparenchym (nach HABERLANDT [2]) kommen auf 1 qmm der Blattoberseite bei Phaseolus 283000, bei Helianthus 495000, bei Ricinus 403000 Chloroplasten) bedingt. Übrigens konnte ENGELMANN [3]) direkt konstatieren, daß die tiefgrüne Färbung und der größere Chlorophyllgehalt für die Assimilationsenergie durchaus nicht immer entscheidet, indem der sehr blasse Scenedesmus caudatus meist viel energischer assimiliert, als die weit farbstoffreicheren Palmellaceen desselben Tropfens; ähnlich ist dies bei Diatomeen. Auch GRIFFON [4]) fand bei heller und dunkler grün gefärbten Blättern keine Differenz der Assimilationsenergie. Es konnte ferner GILBERT [5]) konstatieren, daß durch reichliche Stickstoffdüngung der Chlorophyllgehalt der Pflanzen vermehrt wird, ohne daß die Produktion organischer Substanz steigt.

§ 13.

Ansichten über die chemischen Vorgänge bei der Synthese von Kohlenstoffverbindungen aus Kohlensäure und Wasser durch chlorophyllgrüne Pflanzen im Lichte.

Auf Grund der in § 11 dargelegten Ansicht, daß der Chlorophyllfarbstoff wahrscheinlich vor allem als Sensibilator wirkt, daß also seine Hauptfunktion in der Energievermittlung für die Synthesen in den Chloroplasten besteht, müssen wir auch annehmen, daß der eigentliche Ort der Synthese und das eigentliche Vollzugsorgan der Synthese im farblosen Stroma der Chromatophoren zu suchen sei. Ist schon die Anschauung über die Rolle des Chlorophyllpigmentes noch weit von der wünschenswerten Sicherheit entfernt, so müssen wir hinsichtlich der Vorgänge im Stroma gestehen, daß uns der biochemische Charakter der-

1) C. WEBER, Arbeiten botan. Inst. Würzburg, Bd. II, p. 346. — 2) HABERLANDT, Jahrb. wiss. Bot., Bd. XIII, p. 95 (1882); Physiol. Pflanzenanatom., 3. Aufl., p. 244 (1904). — 3) ENGELMANN, Bot. Ztg., 1888, p. 718. — 4) GRIFFON, Compt. rend., Tome CXXVIII. p. 253 (1899). — 5) GILBERT, Nature, Vol. XXXIII, p. 91 (1885); Chem. News. 1885, p. 263; Biedermanns Centr., 1886, p. 102.

selben überhaupt ganz unbekannt ist. Die vorhandenen Ansätze in der
Kenntnis biologischer Tatsachen und die zum Teil außerordentlich scharf-
sinnig konzipierten Hypothesen, über welche wir derzeit verfügen, können
an diesem Urteile leider nichts ändern.

I. Dasjenige Produkt, welches die Kondensation von
Kohlensäure und Wasser zum ersten Ziele hat, sind wahrscheinlich Hexosen. Diese Meinung hat wohl H. Davy zuerst ausgesprochen; sie geriet später in Vergessenheit, findet sich nur hie und
da, z. B. von Mohl zitiert, und erwachte zu neuem Leben durch die
grundlegenden Arbeiten von Mohl, Gris und besonders Sachs, welche
dartaten, daß das Auftreten von Amylumkörnchen in den Chloroplasten
mit der Aufnahme der Kohlensäureassimilation kausal verknüpft sei.
Sachs nannte die Stärke das „erste sichtbare Assimilationsprodukt“.
Boehm versuchte später einzuwenden, daß die Stärkebildung nicht nur
durch autochthon entstandenen Zucker, sondern auch aus Zucker, welcher
aus anderen Teilen der Pflanzen oder künstlich von außen zugeführt
würde, zustandekomme. Boehm kam allerdings durch diese Einwände
zur wichtigen Entdeckung, daß alle Chloroplasten aus zugeführtem Zucker
Stärke erzeugen. Doch wird seine Auffassung der Chloroplastenstärke
schon durch das exakte Auftreten der Stärkekörnchen nach Eintritt
heller Beleuchtung widerlegt. Famintzin[1]) fand für Spirogyra bei
hellem künstlichen Lichte nach 30 Minuten Amylumbildung, Kraus[2])
im Sonnenlichte sogar schon nach 5 Minuten. Bei Phanerogamen sind
nach Godlewski[3]) in gewöhnlicher Luft zur Entstehung nachweisbarer
Amylummengen 60 Minuten, bei 4—8 Proz. Kohlensäure nur 15 Minuten
nötig. Es beweist ferner die von Sachs 1884 überzeugend dargelegte
Lokalisierung der Stärkebildung im Lichte auf einzelne beleuchtete
Blattpartien zur Genüge die Entstehung des Amylums aus autochthon
gebildetem Material. Die Stärkebildung läßt sich allerdings nicht immer
als Argument für die primäre Formierung von Kohlenhydraten in den
Chloroplasten benutzen, indem viele Pflanzen (Diatomeen, Vaucheria,
Phaeophyceen, manche Phanerogamen) nie Stärke in den Chromatophoren
bilden, sondern Öleinschlüsse zeigen. Anfangs von Briosi[4]) für Musa
und Strelitzia, und von Borodin[5]) für Vaucheria als direkte Assimilationsprodukte aufgefaßt, haben sich diese Öltröpfchen in den Studien von
Holle[6]), Godlewski[7]), Fleissig, Ernst u. a. als Reservestoffe sekundärer
Bildung ergeben. Für Musa konnte speziell Godlewski zeigen, daß bei
höherem Kohlensäuregehalt der Luft auch hier reichlich Chloroplastenstärke auftritt. Als Stütze der Anschauung, daß als Produkt der
Kohlensäureassimilation zunächst Zucker entstehe, wird auch gewöhnlich die seit Saussure festgestellte und oben bereits dargelegte Tatsache
angeführt, daß für 1 Volumen aufgenommener Kohlensäure ein gleiches
Volumen Sauerstoff abgegeben wird, so daß das Gasvolumen in einem abgeschlossenen Raume, welcher assimilierende Pflanzen enthält, annähernd
konstant bleibt. Schon Davy fand es daraus wahrscheinlich, daß eine
Verbindung in der Pflanze formiert werde, welche auf 1 Äquivalent
Sauerstoff 2 Äquivalente Wasserstoff enthält, wie es eben bei Zucker
und Kohlenhydraten der Fall ist.

1) Famintzin, Pring-h. Jahrbücher, Bd. IV, p. 31 (1867); Mélang. biolog.,
Tome V, p. 528 (1865). — 2) G. Kraus, Jahrbücher wiss. Bot., Bd. VI, p. 511
(1869). — 3) Godlewski, Just Jahresber., 1875, p. 788. — 4) Briosi, Bot. Zg.,
1873, p. 529. — 5) Borodin, Bot. Ztg., 1878, p. 513. — 6) Holle, Flora, 1877,
p. 113. — 7) Godlewski, ibid., p. 215.

Endlich kann man auf Grund der von BOEHM [1]) und A. MEYER [2]) zuerst gewonnenen experimentellen Erfahrungen prüfen, ob bei Blättern, welche im Dunklen auf Lösungen verschiedener Substanzen schwimmen, Zucker in der Tat das beste Material zur Stärkebildung in den Chloroplasten abgibt. Nun sind wirklich die vier Hexosen: d-Glukose, d-Mannose, d-Galaktose, d-Fruktose, sowie Saccharose die einzig geeigneten Materialien zur Stärkebildung unter diesen Verhältnissen, wenn wir von den komplizierten Kohlenhydraten absehen und einen vereinzelten Fall, wo Glyzerin bei Cacaliablättern etwas Stärkebildung hervorrief (MEYEN), ausnehmen. Am allgemeinsten und besten scheinen Fruktose, Saccharose und Traubenzucker zu wirken. Galaktose fand MEYER nur für Caryophyllaceen wirksam, Mannit nur für Oleaceenblätter, Dulcit nur für Evonymus wirksam, entsprechend dem Vorkommen dieser Stoffe als Reservematerial. Daß die genannten Hexosen so allgemein als Substrat der Stärkebildung dienen können, vermag als eines der besten biologischen Argumente für das primäre Entstehen dieser Verbindungen im Assimilationsprozesse zu dienen. Wenn manche Forscher, wie BROWN [3]), WENT, MARCACCI [4]) oder PENREY [5]) den Rohrzucker als „primäres Assimilationsprodukt" hinstellten, so kann dies kaum anders Geltung haben, als daß sehr frühzeitig aus Hexosen Saccharose formiert wird. Welche der genannten Hexosen primär entsteht, läßt sich kaum allgemein beantworten. Einmal ist es wahrscheinlich, daß sich nicht alle Pflanzen gleich verhalten, und manche Gruppen besonders eine bestimmte Hexose als Assimilationsprodukt bilden, ähnlich wie Stärke, Inulin etc. in ihrem Vorkommen als Reservestoffe verteilt sind. Außerdem ist zu berücksichtigen, wie leicht die meisten der genannten Zuckerarten partiell gegeneinander überzuführen sind.

Daß Glykose das der Stärke vorangehende Assimilationsprodukt sei und eine gewisse Grenzkonzentration derselben zur Stärkebildung benötigt werde, die Stärke daher als Reservestoff aufzufassen sei, hat bereits MER und besonders SCHIMPER [6]) zuerst in nachdrücklicher Weise hervorgehoben.

Während LAURENT [7]), sowie NADSON [8]) für phanerogame Pflanzen ebenso nur Zuckerarten als geeignetes Material für die Stärkebildung fanden, liegen für Algen (Spirogyra) von BOKORNY [9]) eine große Reihe von Angaben vor, wonach die verschiedensten Kohlenstoffverbindungen, darunter auch aromatischen (Phenol), als Substrat für Stärkebildung dienen können. Obzwar für Pilze die Fähigkeit, Zucker zu bilden, aus sehr verschiedenen Materialien feststeht, so bedarf doch dieser Punkt bei chlorophyllführenden Algen noch einer gründlichen Nachprüfung, besonders hinsichtlich des Umstandes, ob in BOKORNYs Versuchen die Kohlensäureassimilation wirklich absolut ausgeschlossen war. BOKORNY [10]) gibt an, daß die Assimilation der Zuckerarten durch Spirogyra überhaupt nur im Lichte stattfinden könne. Für Zygnema gab übrigens KLEBS [11]) Stärkebildung aus Glyzerin an.

1) BOEHM, Bot. Ztg., 1883, p. 36. — 2) A. MEYER, Bot. Ztg., 1885, p. 435. — 3) H. T. BROWN, Meet. Brit. Assoc. Adv. Sc. Nottingham, 1893, p. 811. — 4) MARCACCI, Just Jahresber., 1889, Bd. I, p. 26. — 5) A. PERREY, Compt. rend., Tome XCIV, . 1124 (1882). — 6) A. F. W. SCHIMPER, Bot. Ztg., 1885, p. 737; MER, Bull. soc bot., Tome XX, p. 164 (1873); Compt. rend., Tome CXII, p. 248 (1891). — 7) LAURENT, Bot. Ztg., 1866, p. 151. — 8) NADSON, Bot. Centralbl., Bd. XLII, p. 48 (1890). — 9) BOKORNY, Biolog. Centralbl., Bd. XVII, p. 1 (1897); Landw. Versuchstat., 1889. — 10) TH. BOKORNY, Chem.-Ztg., Bd. XX, p. 1005 (1896). — 11) KLEBS, Untersuch. botan. Inst. Tübingen, Bd. II. p. 538; Bot. Ztg., 1891; auch ASSFAHL, Bot. Centralbl., Bd. LV, p. 148 (1893).

Daß Pentosen nicht im Assimilationsprozeß gebildet werden, hat CHALMOT[1]) sehr wahrscheinlich gemacht.

Wie SAPOSCHNIKOFF[2]) gezeigt hat, wird nicht die Gesamtmenge der Assimilate als Kohlenhydrat gefunden, sondern nur 64 bis 87 Proz. hiervon. Wenn nun auch angenommen werden muß, daß äußerst rasch partielle Weiterverarbeitung des formierten Zuckers stattfindet, so beweist diese Tatsache doch nichts gegen die Annahme einer primären Zuckersynthese und kann nicht etwa für eine primär stattfindende Eiweißsynthese etc. verwertet werden.

II. Auf welchem Wege entstehen Hexosen aus Kohlensäure und Wasser? — Von den neueren hierüber aufgestellten Hypothesen steht, wie man sagen darf, noch immer die geistvolle von A. v. BAEYER[3]) 1870 aufgestellte Idee im Vordergrunde, daß die Kohlensäure durch Reduktion in Formaldehyd übergehe und dieser Aldehyd durch Kondensation Zucker liefert. In ihrer ursprünglichen Form knüpfte die BAEYERsche Hypothese allerdings nicht nur an die BUTLEROWsche Kondensation des Formaldehyds an, sondern nahm auch an, daß der Chlorophyllfarbstoff ähnlich wie das Hämoglobin Kohlenoxyd binde. Das Sonnenlicht soll die Kohlensäure, wie es bei hoher Temperatur der Fall ist, in Kohlenoxyd und Sauerstoff dissoziieren, der Sauerstoff entweiche und das verbleibende Kohlenoxyd verbinde sich mit dem Chlorophyll. Diese Hypothese war jedenfalls viel glücklicher konzipiert als die ältere, vom chemischen Standpunkte jedoch vollkommen plausible Theorie von LIEBIG[4]) (1843), wonach die Kohlensäure zunächst zur Entstehung organischer Säuren führe, welche bei weiterer Reduktion Zucker lieferten. Es ergab sich im Laufe der Zeit, daß die Theorie LIEBIGS, welche immer wieder vereinzelte Anhänger bei Chemikern und Botanikern fand[5]), mit zahlreichen physiologischen Tatsachen nicht in Einklang zu bringen ist. Die organischen Säuren sind im wesentlichen als Oxydationsprodukte des Zuckers, nicht als Vorstufen zur Zuckerbildung aufzufassen. Bei den Succulenten häufen sich die Säuren nicht bei Tage, sondern während der Nacht an.

Von den in neuerer Zeit aufgestellten Vermutungen über den chemischen Gang des Assimilationsprozesses wurden die meisten bald als unhaltbar erkannt. So die Hypothese von SACHSSE[6]), wonach das Chlorophyll das erste sichtbare Assimilationsprodukt sei, welches durch Reduktion der Kohlensäure entstehe, und durch weitere Veränderungen fortwährend Fett und Kohlenhydrate liefere; ferner die bekannte Theorie von PRINGSHEIM[7]), wonach das durch Säuren aus den Chloroplasten zum Austritt zu bringende „Hypochlorin" (TSCHIRCH wies nach, daß diese Substanz mit Chlorophyllan identisch sei) das erste Assimilationsprodukt sei; CRATO[8]) wollte sogar Benzolderivate als die zunächst ent-

1) G. DE CHALMOT, Americ. chem. Soc., Vol. XV, p. 618 (1893). — 2) SAPOSCHNIKOFF, Ber. botan. Gesellsch., 1890, p. 241; vgl. auch MEYER, Bot. Ztg. 1888, p. 465. — 3) A. v. BAEYER, Ber. chem. Ges., Bd. III, p. 63 (1870). — 4) LIEBIG, Lieb. Annal., Bd. XLVI, p. 66 (1843). — 5) Z. B. M. BALLO, Ber. chem. Ges., Bd. XVII, p. 6 (1884); A. STUTZER, Landw. Versuchstat., Bd. XXI, p. 93 (1877); LEPLAY, Compt. rend., Tome CII, p. 1254 (1886); BRUNNER u. E. CHUARD, Just Jahresber., 1887, Bd. I, p. 163. Kritisches z. B. bei M. SCHMOEGER, Ber. chem. Ges., Bd. XII, p. 753 (1879). — 6) R. SACHSSE, Sitz.-Ber. naturforsch. Ges., Leipzig, 1875, p. 115; Chem. Centralbl., 1881, p. 169, 185. — 7) PRINGSHEIM, Monatsber. Berl. Akad., 1879 u. 1881; Jahrb. wiss. Bot., Bd. XII, p. 288 (1881). — 8) CRATO, Ber. botan. Ges., 1892, p. 250.

stehenden Verbindungen hinstellen; nach Maquenne[1] soll Methan als Zwischenprodukt entstehen. Putz[2] suchte durch die Annahme, die chlorophyllhaltige Zelle sei ein photoelektrisches System, den Assimilationsvorgang besser verständlich zu machen, und Thouvenin[3] gab an, daß ein kontinuierlicher elektrischer Strom die Kohlensäureassimilation von Wasserpflanzen begünstige.

Eine große Zahl von Forschern schließt sich gegenwärtig mit mehr oder weniger Vorbehalt der Formaldehydhypothese Baeyers an. In die Reihe der dahin gehörenden Autoren zählt auch Bach[4], welcher die Ansicht vertritt, daß die Kohlensäure zunächst Perkohlensäure, Wasser und Kohlenstoff liefert.

Die Perkohlensäure sollte weiter Kohlensäure und Wasserstoffsuperoxyd geben, wogegen aus $C + H_2O$ Formaldehyd entstehen soll. Der frei werdende Sauerstoff stammt aus dem Wasserstoffperoxyd:

1. $3 H_2CO_3 = 2 H_2CO_4 + H_2O + C$
2a. $2 H_2CO_4 = 2 CO_2 + 2 H_2O_2 = 2 CO_3 + 2 H_2O + O_2$
2b. $H_2O + C = COH \cdot H$ (Formaldehyd)

Die Perkohlensäure suchte Bach mit Uranacetat in der Pflanze nachzuweisen, das Wasserstoffsuperoxyd durch Violettfärbung einer verdünnten oxalsauren Kaliumbichromatlösung, den Formaldehyd mittelst Dimethylanilin. Die Ausführungen Bachs sind in mancher Hinsicht beachtenswert, sind aber jedoch weit davon entfernt, eine überzeugende Erklärung der Kohlensäureassimilation zu geben.

Diejenigen Forscher, welche die Baeyersche Hypothese einer näheren Prüfung unterzogen, begannen zunächst nach der Gegenwart von Formaldehyd in assimilierenden grünen Pflanzen zu suchen. In der Tat wies Reinke[5] in Blättern flüchtige stark reduzierende Stoffe nach, und Reinke und Braunmüller[6] fanden diese Stoffe in verdunkelten Blättern meist in geringerer Menge. Nach Reinke und Curtius[7] handelt es sich aber nicht um Formaldehyd, sondern wahrscheinlich um einen aromatischen Aldehyd, und Reinke sprach sich bereits zu Beginn dieser Untersuchungen dahin aus, daß der „Blätteraldehyd" einer Nebenreihe von Stoffwechselprozessen, die mit der Assimilation in Beziehung stände, entstammen dürfte, und nicht das erste Produkt der Kohlensäurereduktion sei.

In neuerer Zeit hat sich G. Pollacci[8] in einer Reihe von Arbeiten bemüht, die Gegenwart von Formaldehyd in assimilierenden Blättern zu beweisen; er führt an, daß mit dem Destillate aus frischen zerquetschten Blättern eine Reihe qualitativer Reaktionen zu erhalten

1) Maquenne, Chem. Centralbl., 1882, p. 329. — 2) H. Putz, Chem. Centr., 1886, p. 774. — 3) M. Thouvenin, Rev. gén. Bot., Bd. VIII, p. 433 (1896). — 4) A. Bach, Compt. rend., Tome CXVI. p. 1145 (1893); ibid., p. 1389; Tome CXIX, p. 1218 (1894); Chem. C., 1898, Bd. II, p. 42; vgl. auch J. Oho, Chem. C., 1896, Bd. I, p. 114; Bokorny, Ber. botan. Ges., Bd. VII, p. 275 (1889). — 5) Reinke, Ber. chem. Ges., Bd. XIV, p. 2144 (1881); Bot. Ztg., 1882, p. 289; Reinke u. Krätzschmar, Studien über das Protoplasma, 2. Folge (1883), p. 59. — 6) Reinke u. Braunmüller, Ber. bot. Ges., Bd. XVII, p. 7 (1899). — 7) Reinke u. Curtius, Ber. bot. Ges., Bd. XV, p. 201 (1897). — 8) G. Pollacci, Arch. Ital. Biolog., Vol. XXXV, p. 151; Vol. XXXVII, p. 446 (1902); Atti Istit. botan. Pavia, Vol. VII, p. 45 (1899); ibid., Vol. VII (1900); ibid., März 1902; Botan. Literaturbl., Bd. I, p. 14 (1903). Vgl. hierzu H. Euler, Ber. chem. Ges., Bd. XXXVII, p. 3411 (1904). Die älteren Angaben von Mori, Just Jahresber., 1882, Bd. I, p. 47, unterliegen manchen Bedenken.

wären, welche mit den gleichen mit Formaldehyd angestellten Proben übereinstimmen [1]). Außerdem fand POLLACCI, daß das SCHIFFsche Aldehydreagens (fuchsinschwefligsaures Natron [2]) durch assimilierende Blätter gerötet wird, während die Rötung ausbleibt bei Verdunklung, Kohlensäureentziehung und nie eintritt bei chlorophyllfreien Gewächsen. In weiteren Untersuchungen suchte POLLACCI nachzuweisen, daß assimilierende Blätter auch kleine Mengen von Kohlenwasserstoffen, wahrscheinlich Methan, sowie von Wasserstoffgas produzieren. POLLACCI nimmt infolgedessen an, daß die Zersetzung der Kohlensäure nach folgender Gleichung vor sich gehe:

$$2CH_2O_3 + H_2 + \text{Energie des Sonnenlichtes} = CH_2O + CH_4 + H_2O + 2O_2$$

Es ist heute noch schwer möglich, ein abschließendes Urteil über die Tragweite dieser Befunde abzugeben, und es werden noch Nachuntersuchungen sich bemühen müssen, den Formaldehyd in Substanz abzuscheiden und quantitativ zu bestimmen [3]) sowie seinen Zusammenhang mit dem Assimilationsvorgang strikte zu erweisen. Noch problematischer sind die Befunde von Kohlenwasserstoffen und Wasserstoff, woselbst leicht unterlaufende Versuchsfehler sowie die Möglichkeit einer Entstehung dieser Gase aus anderweitigen Stoffwechselvorgängen zu berücksichtigen sind.

Einen anderen Weg schlugen LOEW und BOKORNY [4]) in zahlreichen Studien ein, um zu erweisen, daß Formaldehyd ein Zwischenprodukt der Kohlensäureassimilation sei. Sie suchten zu zeigen, daß Derivate des Formaldehyds, wie dessen Sulfitverbindung und das Methylal, geeignet seien, um bei grünen Pflanzen im Lichte bei Kohlensäureabschluß Stärkebildung zu gestatten. So berichtete BOKORNY in der Tat, daß Spirogyren aus oxymethylsulfosaurem Natron, sowie aus Methylal Stärke zu formieren imstande seien.

In neuester Zeit gelang es TRÉBOUX [5]) zu finden, daß Elodea von dem giftigen Formaldehyd selbst noch 0,001-proz. Lösungen verträgt. Eine Stärkebildung aber war hieraus weder im Licht noch im Dunkel zu konstatieren. Gleichzeitig berichtete BOUILHAC [6]) über Versuche, welche zeigten, daß manche Algen, aber auch junge Pflanzen von Sinapis alba Formaldehydzusatz gut vertragen. Ob man das bessere Gedeihen der Formaldehydkulturen mit BOUILHAC auf eine Assimilation des COH₂ und Zuckerbildung beziehen darf, bleibt so lange zweifelhaft, als nicht die Reizerfolge auf das Wachstum durch den giftigen

1) Bezüglich Formaldehydreaktionen zu erwähnen: TOLLENS, Ber. chem. Ges., Bd. XXVIII (I), p. 261 (1895): Niederschlag mit Ammoniak + Bromwasser. ARNOLD u. MENTZEL, Chem.-Ztg., Bd. XXVI, p. 246; Zeitschr. Untersuch. Nahr. Genußm., Bd. V, p. 353 (1902); RIMINI, Chem. Centr., 1898, Bd. I, p. 1152; 1901, Bd. II, p. 99. Die Reaktion von ARNOLD u. MENTZEL, besteht in einer Rotfärbung schwach formolhaltiger alkoholischer Lösungen nach Zufügung von etwas Phenylhydrazinchlorid, Ferrichlorid und konzentrierter Schwefelsäure. Vgl. ferner O. HEHNER, Chem. C., 1896, Bd. I, p. 1145; SMITH, LEONARD, ibid., 1896, Bd. II, p. 266; LEBBIN, ibid., 1897, Bd. I, p. 270; VITALI, ibid., 1898, Bd. II, p. 19r CLOWES u. TOLLENS, Ber. chem. Ges., Bd. XXXII, p. 2841 (1899) (Methylbestimmung). — 2) Hierzu LOEW u. BOKORNY, Botan. Ztg., 1882, No. 45 — 3) Hierzu vielleicht geeignet das Formaldehydhydrazon mit p-Dihydrazinodiphenyl, NEUBERG, Ber. chem. Ges., Bd. XXXII (II), p. 1961 (1899). — 4) O. LOEW, Ber. chem. Ges., Bd. XXII, p. 482 (1889); Centralbl. f. Bakt., 1892, No. 14; BOKORNY, Landw. Jahrbücher, Bd. XXI, p. 445 (1892); Biolog. Centralbl., Bd. XII, p. 481 (1892); Ber. botan. Ges., Bd. IX, p. 103 (1891). — 5) TRÉBOUX, Flora, 1903, p. 73. — 6) R. BOUILHAC, Compt. r., Tome CXXXV, p. 1369 (1902); BOUILHAC u. GIUSTINIANI, ibid., Tome CXXXVI, p. 1155 (1903).

Aldehyd in jedem Falle näher bestimmt sind. Manche Keimlinge sind nach WINDISCH [1]) gegen Formaldehyd recht empfindlich. Spirogyren werden nach BOKORNY [2]) schon durch minimale Formaldehyddosen in ihrer Assimilationstätigkeit gehindert. Einzuräumen ist allerdings, daß die Möglichkeit der Entstehung kleiner Formaldehydmengen aus CO_2 und einer unmittelbaren Weiterkondensation gegenwärtig noch immer nicht ausgeschlossen werden kann.

Daß es unschwer gelingt, aus Formaldehyd echte Hexosen zu gewinnen, haben allerdings die Versuche von BUTLEROW [3]), LOEW [4]), sowie FISCHER und PASSMORE [5]) bewiesen, wie bereits in einem vorangegangenen Kapitel berichtet wurde. LOEWS „Formose" hat sich als ein Zuckergemisch ergeben, aus welchem i-Fruktose isoliert werden konnte. Diese Befunde sind jedoch bislang für die Assimilationstheorie noch nicht verwertbar.

Wahrscheinlich ist der Prozeß der Kohlensäurereduktion als Ersetzung von Hydroxylgruppen durch Wasserstoffatome aufzufassen. Da die Kohlensäure nach ihren chemischen Eigenschaften am ehesten als Oxyameisensäure gelten kann, so wäre in der Tat Ameisensäure oder eine nahestehende Verbindung als Reduktionsprodukt möglich. LIEBEN [6]) hat gezeigt, daß Kohlensäure durch Natriumamalgam bei gewöhnlicher Temperatur Formiat liefert: $2Na + H_2O + 2CO_2 = NaHCOO + NHCO_3$.

Nach LOSANITSCH und JOVITSCHITSCH [7]) gibt Kohlensäure und Wasser unter dem Einflusse dunkler elektrischer Entladung Sauerstoff und Ameisensäure. MOISSAN [8]) gelang die interessante Synthese der Ameisensäure aus Kohlensäure und Kaliumhydrür: $CO_2 + KH = COOK \cdot H$. Ob der Befund von Methylalkohol im Destillate vieler Pflanzenblätter [MAQUENNE [9])] für das Assimilationsproblem eine Bedeutung hat, läßt sich derzeit nicht entscheiden. Sollte es sich bestätigen, daß das Methylal

$$C = H_2 \Big\langle {OCH_3 \atop OCH_3}$$

im kohlensäurefreien Raume bei Lichtzutritt von chlorophyllgrünen Pflanzen zur Stärkebildung benützt werden kann, wie BOKORNY [10]) behauptet hat, so wäre dies gewiß ein schützbarer Beitrag zur Lösung des so schwierigen biochemischen Problems. Übrigens darf nicht außer

---

1) R. WINDISCH, Landw. Versuchstat., Bd. LV. p. 241 (1901). — 2) TH. BOKORNY, Chem. C., 1903, Bd. I, p. 1035; Chem.-Ztg., 1903, No. 44. — 3) BUTLEROW, Lieb. Annal., Bd. CXX, p. 295. — 4) O. LOEW, Journ. prakt. Chem., Bd. XXIII, p. 321; Bd. XXXIV, p. 51 (1886); Ber. chem. Ges., Bd. XX, p. 141, 3039 (1887); Bd. XXII p. 470 (1889); Bd. XXI, p. 270 (1888); ferner TOLLENS, Ber. chem. Ges., Bd. XV, p. 1629; Landw. Versuchstat., 1883, p. 381; Ber. chem. Ges., Bd. XIX (II), p. 2133; WEHMER, Bot. Ztg., 1887, p. 713; O. LOEW, Chem.-Ztg., Bd. XXI. p. 242 (1897); TOLLENS, ibid., p. 636; vgl. auch O. PILOTY, Ber. chem. Ges., Bd. XXX, p. 3161 (1897). — 5) E. FISCHER u. PASSMORE, Ber. chem. Ges., Bd. XXII, p. 359 (1889). — 6) LIEBEN, Monatshefte Chem., Bd. XVI, p. 211 (1895); Bd. XIX, p. 333 (1898); vgl. auch KOLBE u. SCHMITT, Lieb. Ann., Bd. CXIX, p. 251; A. COEHN u. ST. JAHN, Ber. chem. Ges., Bd. XXXVII, p. 2836 (1904). — 7) LOSANITSCH u. JOVITSCHITSCH, Ber. chem. Ges., Bd. XXX (I), p. 135 (1897). — 8) MOISSAN, Compt. rend., Tome CXXXIV, p. 18, 261 (1902); Tome CXXXVI, p. 723 (1903). Die Mitteilungen von J. WALTHER über angebliche Synthesen von Pflanzensäuren und Zucker durch Elektrolyse wässeriger Kohlensäurelösungen entbehren der Glaubwürdigkeit [Chemik.-Ztg., Bd. XXV, p. 1151 (1901); Bd. XXVI, p. 763 (1902)]. Das Gleiche gilt bezüglich A. SLOSSE u. SOLVAY, Chem. C., 1898, Bd. II, p. 421. — 9) MAQUENNE, Compt. rend., Tome CI, p. 1067 (1886); vgl. auch DELÉPINE, ibid., Bd. CXXIII, p. 120 (1896). — 10) BOKORNY, Ber. bot. Ges., Bd. VI, p. 116 (1888); Habilitationsschrift Erlangen, 1888: Studien und Experimente über den chemischen Vorgang der Assimilation; vgl. auch SAWA, Agricult. Colleg. Tokyo, 1902, p. 247.

Acht gelassen werden, daß auch Kohlensäure selbst mit Reduktionsprodukten in Reaktion treten kann, und auf diese Weise organische Verbindungen entstehen könnten. VAN T'HOFF hat endlich die Frage aufgeworfen, ob nicht in Anwesenheit von Zymase eine Synthese von Zucker aus CO_2 und Alkohol unter Zuführung von Lichtenergie möglich sei. Gegenwärtig scheint die Chemie und Physiologie noch machtlos zu sein, um die Überzahl der chemischen Möglichkeiten bei der Kohlensäureverarbeitung durch grüne Pflanzen auch nur einigermaßen zu überblicken und zu beurteilen. Daß das reduzierende Agens das Eisen des Chlorophylls sei, wie HORSFORD[1]) behauptet hatte, ist bereits durch den sicheren Nachweis des Fehlens von Fe im Chlorophyll widerlegt worden.

Daß der freiwerdende Sauerstoff einer leicht zersetzlichen peroxydartigen Intermediärverbindung entstammt, ist gar nicht unwahrscheinlich, und schon 1877 hat ERLENMEYER[2]) die Idee ausgesprochen, daß Wasser und Kohlensäure zunächst Ameisensäure und Wasserstoffperoxyd liefern könnten. Verwandten Gedanken begegnen wir auch in der interessanten Hypothese von BACH. Dasselbe könnte übrigens indirekt auch durch stark elektronegative Stoffe geleistet werden.

Was es mit den von WALLER[3]) entdeckten elektrischen Veränderungen in belichteten Blättern für eine Bewandtnis hat, ist noch gänzlich unbekannt. Nach WALLER sollen rote Lichtstrahlen am stärksten erregend wirken.

Siebenundzwanzigstes Kapitel: Das Zellhautgerüst der Pflanzen.

§ 1.
Die Zellhaut der Bakterien.

Die älteren Untersucher nannten vielfach Cellulose als Wandsubstanz der Bakterienzellmembran. Für die Kahmhaut der Essigbakterien (Essigmutter) gab schon MULDER[4]) Cellulose an. Später isolierten NÄGELI und LOEW[5]) aus der Essigmutter durch Behandlung mit Natronlauge und Salzsäure einen in Kupferoxydammoniak löslichen Stoff, welcher bei der Hydrolyse Zucker gab. NENCKI und SCHAFFER[6]) berichteten über Cellulose aus Fäulnisbakterien. SURINGAR[7]) über Cellulose aus Sarcina. Von BROWN[8]) rühren besonders eingehende Untersuchungen über die Zellmembranen der Essigbakterien (Bact. xylinum) her, worin die Zellhaut dieser Mikroben für reine Cellulose erklärt wurde. Die Membranen dieser Bakterien färben sich aber mit Jod direkt blau und wurden deswegen von BEIJERINCK[9]) mit dem „Amyloid"

1) HORSFORD, Wien. Akad., Bd. LXXVII (II), p. 436 (1873). — 2) ERLEN-
MEYER, Ber. chem. Ges., Bd. X, p. 634 (1877). — 3) WALLER, Physiol. Centralbl.,
1900, p. 688; Naturwiss. Rundschau, 1901, p. 144; Compt. rend. soc. biolog.,
Tome LII, p. 1093 (1900); vgl. auch A. TOMPA, Beihefte botan. Centr., Bd. XII,
p. 99 (1902). — 4) MULDER, Liebigs Annal., Bd. XLVI, p. 207 (1843). — 5) NÄ-
GELI u. LOEW, Journ. prakt. Chem. (1878), p. 422. — 6) NENCKI u. SCHAFFER,
Journ. prakt. Chem., Bd. XX, p. 443. — 7) SURINGAR, Botan. Ztg., 1868. —
8) A. J. BROWN, Journ. chem. soc., 1886, Vol. I, p. 432; 1887, Vol. I, p. 643;
Chem. News, Vol. LIII, p. 237 (1886). — 9) BEIJERINCK, Centralbl. Bakteriol. (II),
Bd. II, p. 213 (1898). Über diese Jodbläuung auch E. CHR. HANSEN, Meddel.
Carlsberg Labor., Bd. II (1879); A. MEYER, Ber. bot. Ges., 1901, p. 428.

in den Reservecelluloseablagerungen mancher Samen verglichen. Nun hat jedoch EMMERLING [1]) bei erneuten Untersuchungen über die Zellmembranen der Essigbakterien 2—3 Proz. Gehalt an Stickstoff konstatiert: die Zellhäute erwiesen sich ferner in Kupferoxydammon unlöslich, wurden durch anhaltendes Kochen mit Salzsäure gelöst, und es gelang weiter aus diesen Hydratationsprodukten salzsaures Glukosamin zu isolieren. Demnach wäre Gegenwart von Chitin in diesen Zellhäuten anzunehmen. In der Tat haben weitere Nachforschungen auch gezeigt, daß alle Angaben bezüglich Cellulosevorkommen in Bakterienzellmembranen, so diejenigen über Tuberkelbazillen von RUPPEL, FREUND [2]), HAMMERSCHLAG [3]), Diphtheriebacillen [DZIERZGOWSKI und REKOWSKI [4])] und andere Bakterien [DREYFUSS [5])] einer Revision bedürfen. Insbesondere hat IWANOFF [6]) vor kurzem gezeigt, daß Chitin offenbar in Bakterienmembranen weit verbreitet vorkommt; auch für Tuberkelbacillen ist Chitin als Wandsubstanz wahrscheinlich [HELBING [7])]. Schon früher hatten ferner VANDEVELDE und VINCENZI [8]) bedeutenden Stickstoffgehalt in der Membran von Heubacillen nachgewiesen und keine Cellulose gefunden. Andererseits hat aber VAN WISSELINGH [9]) berichtet, daß er in keinen der von ihm untersuchten Bakterien Cellulose oder Chitin habe nachweisen können, und auch ARONSON [10]) konnte sich bei Diphtheriebacillen weder von der Anwesenheit von Cellulose noch von Chitin mit Sicherheit überzeugen.

NISHIMURA [11]) fand in einem Wasserbacillus eine sehr leicht hydrolysierbare Membransubstanz, welche er deswegen als Hemicellulose betrachtet. Sie bildet 12,2 Proz. der Trockensubstanz. Nach späteren Angaben desselben Autors ist diese Hemicellulose bei Bakterien noch weiter verbreitet und z. B. auch in Prodigiosus und Tuberkelbacillen zu finden.

Aus den Schleimhüllen des Leuconostoc mesenterioides isolierten SCHEIBLER und DURIN [12]) ein in Wasser lösliches rechtsdrehendes Kohlenhydrat der Zusammensetzung $C_6H_{10}O_5$, welches hydrolysiert Traubenzucker zu liefern scheint. BRÄUTIGAM [13]) hält seine aus Micrococcus gelatinosus dargestellte „Gelatinose" für identisch mit SCHEIBLERS „Dextran". Der von CRAMER [14]) in den Schleimhüllen von Bacillus viscosus sacchari gefundene Stoff war in Wasser nur kleisterartig quellbar, sonst ähnlich beschaffen.

§ 2.
Die Zellmembranen der Pilze.

I. Myxomyceten. Die Sporenhäute einiger Schleimpilze wurden in neuerer Zeit durch WISSELINGH [15]) untersucht. Cellulose wurde nur bei Didymium squamulosum nachgewiesen, woselbst sie auch nach dem

---

1) EMMERLING, Ber. chem. Ges., Bd. XXXII (I), p. 541 (1899). — 2) FREUND, Chem. Centralbl., 1887, p. 248. — 3) HAMMERSCHLAG, Centralbl. med. Wiss., 1891, No. 1. — 4) DZIERZGOWSKI u. REKOWSKI, Arch. sc. biol., 1892, p. 167. — 5) DREYFUSS, Zeitschr. physiol. Chem., Bd. XVIII, p. 358 (1894); auch HOFFMEISTER, Landw. Jahrb., 1888, p. 239. — 6) IWANOFF, Hofmeisters Beiträge, Bd. I, p. 524 (1902). — 7) HELBING, Zeitschr. wissensch. Mikrosk., Bd. XVIII, p. 97 (1901). — 8) VANDEVELDE u. VINCENZI, Zeitschr. physiol. Chem., Bd. XI, p. 181 (1887). — 9) VAN WISSELINGH, Jahrbücher wissensch. Bot., Bd. XXXI, p. 656, 658 (1898). — 10) H. ARONSON, Arch. Kinderheilk., Bd. XXX, p. 23 (1900). — 11) NISHIMURA, Arch. Hyg., Bd. XVI, p. 318 (1893); Bd. XXI, p. 52 (1894). — 12) SCHEIBLER u. DURIN, Zeitschr. physiol. Chem., Bd. VIII. — 13) BRÄUTIGAM, Kochs Jahresber., 1892, p. 68. — 14) CRAMER, Monatsh. Chem., Bd. X, p. 467. — 15) WISSELINGH, l. c., p. 649, 658.

Gilsonschen Verfahren in Sphäriten erhalten wurde. Bei Fuligo septica und Plasmodiophora Brassicae ergab sich keine Cellulose; dagegen sind die Sporenhäute von Plasmodiophora chitinhaltig. De Bary[1]) berichtete, daß in den Sporenmembranen und Capillitiumfasern meist keine Cellulosereaktion zu erhalten sei; nur in den innersten Schichten junger Sporangienwände von Trichiaarten, Arcyria und Lycogala fanden Wigand und Bary positiven Ausfall der Cellulosereaktionen.

II. Sproßpilze. Über die chemische Beschaffenheit der Zellmembran der Hefe ist bisher noch keine klare Auffassung erzielt worden. Die älteren Untersucher, wie Payen, Schlossberger[2]), Pasteur[3]), Nägeli und Loew[4]) sprachen meist von Cellulose schlechthin oder Hefecellulose. Schlossberger fand, daß die prozentische Zusammensetzung mit der gewöhnlichen Cellulose übereinstimmt, doch fiel schon älteren Beobachtern das abweichende Verhalten der Hefemembran gegen die Jodreagentien und ihre Unlöslichkeit in Kupferoxydammon auf. Von den verschiedenen Beobachtern wird der Gehalt der trockenen Hefe an Membranstoffen meist zu 15—25 Proz. angegeben; nach Duclaux[5]) enthält alte Hefe 5,9 Proz., junge Zellen 15,1 Proz. des Trockengewichtes an Zellhautsubstanzen. In Wiederholung der älteren Untersuchungen gewannen Liebermann und Bittó[6]) durch successive Behandlung der Hefe mit Säure und Alkali ein Präparat von Hefecellulose, welches die Chlorzinkjodreaktion gab. Danach könnte man die Gegenwart dieses Kohlenhydrates in der Hefemembran annehmen. Nun hat aber Salkowski[7]) weitere Angaben über die unlösliche Hefecellulose gemacht, wonach sich diese Substanz mit Jod braunrot färben soll. Die Cellulose ist auch nach Salkowski nicht einheitlicher Natur, sondern es geht der die Jodreaktion bedingende Anteil als „Erythrocellulose" Salkowskis beim Erhitzen unter Druck in Lösung, während „Achrocellulose" zurückbleibt. Die Erythrocellulose ist in Wasser mit Opaleszenz löslich, wird auch durch Speichel langsam gespalten und gibt bei der Hydrolyse Traubenzucker. Die Achroocellulose soll bei der Hydrolyse vorwiegend Traubenzucker liefern, aber auch Mannose. Salkowski hat das der „Erythrocellulose" in der Hefezellmembran zugrunde liegende Kohlenhydrat als „Membranin" bezeichnet. Außer diesem noch weiterer Untersuchung bedürftigen Membranbestandteile enthält möglicherweise die Zellwand der Hefe noch ein zweites Kohlenhydrat, welches sich aus Hefe durch Kochen mit Kalkmilch und Fällen des von Kalk befreiten filtrierten Extraktes mit Alkohol gewinnen läßt. Wegner[8]) gibt an, daß diese Substanz dem Scheiblerschen Dextran aus Leuconostoc analog ist. Nach Hessenland[9]) gibt aber dieses „Hefegummi" bei der Hydrolyse Mannose, ferner Galaktose und Pentose. Das von Salkowski isolierte Hefegummi hatte die Zusammensetzung $C_{12}H_{22}O_{11}$ und seine wässerige Lösung war stark rechtsdrehend. Es ist leider noch ungewiß, inwiefern Stoffe des Zellinhaltes oder der Membran das Hefegummi bilden. Zu

1) De Bary, Morpholog. d. Pilze etc. (1866), p. 302. — 2) J. Schlossberger, Lieb. Annal., Bd. LI, p. 193 (1844). — 3) Pasteur, Compt. rend., Tome XLVIII, p. 640; Ann. chim. phys., Tome LVIII. — 4) Naegeli, Mon. Annal., Bd. CXCIII, p. 322; Journ. prakt. Chem., Bd. XVII, p. 408 (1875); vgl. auch Schützenberger u. Destrem, Ber. chem. Ges., Bd. XII, p. 843 (1879). — 5) Duclaux, Traité Microbiolog., Tome III, p. 140. — 6) Liebermann u. Bittó, Centr. Physiolog., Bd. VII, p. 857 (1894). — 7) E. Salkowski, Arch. Physiolog.. 1890, p. 554; Ber. chem. Ges., Bd. XXVII (II), p. 497. 925; Bd. III, p. 3325 (1895). — 8) R. Wegner, Vereinszeitschr. f. Rübenzucker-Ind., 1890, p. 789; Herzfeld, ibid. — 9) F. Hessenland, Zeitschr. Rübenzucker-Ind., 1892, p. 671.

diesen Angaben gesellt sich noch die allerdings nur auf mikrochemischen Befunden fußende Meinung von CASAGRANDI [1]), welche die Substanz der Hefezellmembran als „Pektose" erklärt. MANGIN [2]) hält seine Callose für den Hauptbestandteil der Hefemembran.

Chitin wurde sowohl von TANRET [3]) als von WISSELINGH [4]) in Bierhefe vergeblich gesucht; der letztgenannte Autor stellt auch die Cellulose der Hefe in Frage. Neuere Untersuchungen sind also auf dem Gebiete der Hefezellmembran dringend geboten.

III. Höhere Pilze. Das erste sehr unreine Präparat von Substanzen des Zellhautgerüstes der Pilze wurde von BRACONNOT [5]) dargestellt und als Fungin bezeichnet. Auf Grund von Elementaranalysen meinte später PAYEN [6]) behaupten zu dürfen, daß die Pilze Cellulosemembranen besäßen, und wollte den schon von BRACONNOT angegebenen Stickstoffgehalt der Präparate durch Einschluß fremder Stoffe erklären. Auch SCHLOSSBERGER und DOEPPING [7]) sprachen von Cellulose bei Hutpilzen, ebenso FROMBERG [8]). Wegen der von ihm entdeckten Unlöslichkeit der Pilzmembranen in Kupferoxydammoniak unterschied FRÉMY [9]) die Membransubstanz der Pilze als „Metacellulose". DE BARY [10]) schlug sodann 1864 vor, die fragliche Substanz wegen ihrer Unlöslichkeit in Kupferoxydammoniak, des Mangels der Cellulosereaktionen, welche erst nach langer Einwirkung von Kalilauge einzutreten pflegen, als „Pilzcellulose" zu unterscheiden.

Jedoch sind die Zellhäute der Pilze in chemischer Hinsicht gewiß sehr different. Schon frühzeitig fand man Fälle, in welchen die Cellulosereaktion ohne weiteres gelingt: so bei manchen Phykomyceten und Schimmelpilzen (Pilobolus) [COEMANS [11])], an manchen Gewebsstellen einzelner Hutpilze [HOFFMANN [12])], bei Peronospora und anderen Phykomyceten [CASPARY [13])]. Es fiel auch TULASNE [14]) an den Zellen der Perithecien mancher Erisypheen, MOHL [15]) an den gallertigen Massen im Fruchtkörper von Septoria ulmi auf, daß hier Bläuung durch einfache Jodlösung erfolgt. Andererseits wurde durch SCHACHT [16]) und DE BARY die Färbung und die Härte des Fruchtkörpers mancher Pilze (z. B. Polyporeen) auf eine Art Verholzung zurückgeführt. Gelatinöse Konsistenz ist bei Pilzzellhäuten endlich gleichfalls keine seltene Erscheinung.

Die Menge von Membranstoffen in der Pilztrockensubstanz ist nach den vorliegenden Analysen von LOESECKE, SIEGEL [17]), MARGEWICZ [18]) und anderen Untersuchern wenigstens bei den Hymenomycetenfrucht-

---

1) CASAGRANDI, Centr. Bakteriol. (II), Bd. III, p. 563 (1897). — 2) MANGIN, Compt. rend., Tome CVII, p. 816 (1893). — 3) TANRET, Bull. soc. chim., 1897. No. 20; Koch Jahresber., 1897, p. 88. — 4) WISSELINGH, l. c., p. 656. — 5) BRACONNOT, Annal. de chim., Tome LXXIX, p. 265; Tome LXXX, p. 872 (1811); Schweigg. Journ., Bd. III, p. 121 (1811). — 6) PAYEN, Compt. rend., Tome IX, p. 296 (1839); Mém. sur les developpements des végétaux, Paris 1842. — 7) SCHLOSSBERGER u. DOEPPING, Lieb. Annal., Bd. LII, p. 106 (1844). — 8) FROMBERG, Journ. prakt. Chem., Bd. XXXII, p. 198 (1844); MULDER, Physiol. Chem. (1844), p. 203; auch KAISER, Dissert. Göttingen, 1862. — 9) FRÉMY, Jahresber. Chemie, 1859, p. 529. — 10 DE BARY, Morphologie der Pilze (1866), p. 7—9. — 11) COEMANS, Mém. sav. étrang. Acad. Bruxelles, Tome XXX. — 12) H. HOFFMANN, Bot. Ztg., 1856, p. 158. — 13) CASPARY, Monatsber. Akad. Berlin, Mai 1855; vgl. bes. auch DE BARY, l. c., p. 7 (1866). — 14) TULASNE, Ann. sc. nat. (4), Tome VI, p. 318. — 15) MOHL, Bot. Ztg., 1854, p. 771. — 16) SCHACHT, Lehrbuch d. Anat. Physiol., Bd. I, p. 35 (1856). — 17) O. SIEGEL, Wolffs Aschenanalysen, Bd. II, p. 110. — 18) MARGEWICZ, Just Jahresber., 1885, Bd. I, p. 85.

körpern eine relativ bedeutende. Nach MARGEWICZ beträgt der Zell-
stoffgehalt in Prozenten der Trockensubstanz bei

Boletus scaber Bull.	im Stiel	42,35 Proz.	im Hut		20,56 Proz.	
„ edulis Bull.	„ „	40,41	„	„ „	22,54	„
Agaric. controversus Pers.	„ „	31,32	„	„ „	23,17	„
„ torminosus Schäff.	„ „	35,26	„	„ „	28,93	„
„ piperatus Pers.	„ „	38,86	„	„ „	30,30	„
Cantharellus cibarius Fr.	„ „	38,04	„	„ „	35,93	„
Boletus luteus L.	„ „	35,99	„	„ „	21,05	„
„ subtomentosus L.	„ „	41,23	„	„ „	28,29	„
Agaricus melleus Vahl	„ „	44,07	„	„ „	37,58	„
Boletus aurantiacus Schäff.	„ „	30,56	„	„ „	26,85	„
Agaricus deliciosus L.	„ „	31,43	„	„ „	27,42	„
„ Russula Schäff.	„ „	39,27	„	„ „	33,71	„

Nach MARSCHALL[1]) beträgt der Cellulosegehalt des Mycels von
Aspergillus niger 6,6 Proz., von Penicillium 6,0 Proz., von Mucor stolonifer 2,5 Proz. der Trockensubstanz.

C. RICHTER[2]) beobachtete, die Untersuchung der Pilzcellulose
BARYs wieder aufnehmend, daß sich in der Regel nach langer Einwirkung von starkem Alkali bei Pilzmembranen der Eintritt der Chlorzinkjodreaktion doch erzwingen läßt; er kam infolgedessen zur Ansicht,
daß die Pilze wirklich Cellulose enthielten, welche sich jedoch gewisser
Beimengungen wegen direkt nicht nachweisen ließe. 1889 schlug
TSCHIRCH[3]), dem ungeklärten Stande der Frage Rechnung tragend, vor,
den noch unbekannten Membranbestandteil der Pilze als „Mycin" zu bezeichnen, und verglich ihn mit Lignin, Suberin etc. RICHTER konnte
echte Verholzung bei Pilzen nirgends finden, hingegen beschreibt er die
Gewebe von Daedalea quercina als verkorkt.

Einen bedeutenden Fortschritt bahnten auf dem Gebiete der Pilzzellmembranen im Anfange der 90er Jahre die Arbeiten von GILSON[4]
und WINTERSTEIN[5]) an. GILSON, welcher unter HOPPE-SEYLERS Leitung
arbeitete, stieß bei den Versuchen, aus Pilzen Cellulose darzustellen,
zunächst auf Mißerfolge, während es früher DREYFUSS angeblich gelungen war, Cellulose zu gewinnen. Die Präparate, welche gleichzeitig
WINTERSTEIN darstellte, schlossen stets namhafte Mengen Stickstoff ein,
und waren durch Säure nur schwierig hydrolysierbar. Als Hydratationsprodukt ergab sich Traubenzucker. GILSON gewann nun aber bei seinen
weiteren Versuchen aus den Rohpräparaten von Pilzmembransubstanz
durch Erhitzen mit konzentriertem Kali auf 180—190° ein Produkt,
welches sich wohl mit Jodschwefelsäure rötlich violett färbte, im übrigen
jedoch von Cellulose gänzlich verschieden war: es war unlöslich in
Kupferoxydammoniak und löslich in sehr verdünnter kalter Salzsäure.

1) MARSCHALL, Arch. Hyg., Bd. XXVIII, p. 16 (1897). — 2) C. RICHTER,
Sitz.-Ber. Wien. Akad., Bd. LXXXIII (I), p. 494 (1881); vgl. auch WIELM,
Zur Kenntnis der Gattung Aspergillus, Dissert. Straßburg, 1877. — 3) TSCHIRCH,
Angewandte Pflanzenanat. (1889), p. 191. — 4) GILSON, La Cellule, Tome IX,
2. Heft (1893); Tome XI, p. 5 (1894); Bull. soc. chim., 9. Nov., 1894; Ber. chem.
Ges., Bd. XXVIII (I), p. 821 (1895); Compt. rend., Tome CXX, p. 1000 (1895);
HOPPE-SEYLER, Ber. chem. Ges., Bd. XXVII (III), p. 3229 (1894); Bd. XXVIII,
p. 82 (1895). — 5) E. WINTERSTEIN, Ber. bot. Ges. (1893), Bd. XI, p. 441; Zeitschr.
physiolog. Chem., Bd. XIX, p. 521 (1894); Ber. chem. Ges., Bd. XXVIII, p. 167
(1895); Ber. bot. Ges., Bd. XIII, p. 65 (1895); Ber. chem. Ges., Bd. XXVII (III),
p. 3113 (1894); Zeitschr. physiol. Chem., Bd. XXI, p. 134 (1895).

es erwies sich endlich stickstoffhaltig. Das „Mykosin", wie GILSON seine Substanz anfangs nannte, war amorph, gab aber mit Säuren kristallisierbare Verbindungen. Seine Zusammensetzung $C_{14}H_{28}N_2O_{10}$ machte ein Stickstoffderivat eines Kohlenhydrates wahrscheinlich. Gegen Ende 1894 kamen nun GILSON und WINTERSTEIN, welcher über ähnliche Ergebnisse berichtet hatte, fast gleichzeitig zu dem Resultate, daß das fragliche Präparat mit einem lang bekannten Spaltungsprodukte des tierischen Chitin, mit dem Chitosan identisch sein müsse und das aus dem Chitin zu gewinnende salzsaure Glukosamin auch aus Pilzen zu erhalten sei.

Zur Glukosamingewinnung aus Pilzen rührte WINTERSTEIN die nach SCHULZES[1]) Verfahren gewonnene rohe „Pilzcellulose" mit kalter konzentrierter Salzsäure zu einem Brei an und erhitzte das Gemisch gelinde so lange, bis Wasserzusatz keinen Niederschlag gab. Hierauf wurde dialysiert und das Diffusat eingedampft. Die entstehenden Kristalle wurden mit Tierkohle gereinigt und aus Wasser umkristallisiert. Sie bestanden aus salzsaurem Glukosamin. Man gewinnt hiervon aus den Rückständen, welche beim Kochen des entfetteten Pilzpulvers mit verdünnter Schwefelsäure und Natronlauge verbleiben, bis 20 Proz.

Auch die bei Behandlung des tierischen Chitins neben Chitosan entstehende Essigsäure wurde unter den Spaltungsprodukten der „Pilzcellulose nachgewiesen. Damit war die Gegenwart eines dem tierischen Chitin nächst verwandten, wenn nicht mit demselben identischen Stoffes in den Pilzzellmembranen bewiesen. IWANOFF hat diese Auffassung neuestens voll bestätigt.

Das Chitin der Arthropoden wurde 1823 von ODIER zuerst dargestellt und benannt. LASSAIGNE[2]) wies seinen Stickstoffgehalt nach. In neuerer Zeit lehrte LEDDERHOSE[3]) die Darstellung von salzsaurem d-Glukosamin aus Chitin durch Kochen desselben mit konzentrierter Salzsäure. Das Glukosamin wurde in der Folge auf Grund der Arbeiten von FISCHER[4]) und TIEMANN[5]) bis in die neueste Zeit nicht mehr als Traubenzuckerderivat betrachtet, wie es anfangs LEDDERHOSE tat, sondern von einer noch unbekannten Zuckerart (Chitose) hergeleitet und dementsprechend als Chitosamin bezeichnet. Nun hat sich aber in den neuesten Studien von E. FISCHER[6]) ergeben, daß das synthetisch hergestellte d-Glukosamin tatsächlich mit dem Amin aus Chitin identisch ist. Das durch Einwirkung von Ätzalkalien aus Chitin [ROUGET[7])] entstehende Chitosan, mit dem auch GILSONs Mykosin identisch war, wurde in neuerer Zeit von ARAKI[8]) näher untersucht: neben Chitosan entsteht aus Chitin Essigsäure. ARAKI stellt auf Grund seiner Chitinanalysen hierfür folgende Gleichung auf:

$$C_{16}H_{30}N_2O_{12} \text{ (Chitin)} + 2 H_2O = C_{14}H_{26}N_2O_{10} \text{ (Chitosan)} + 2 C_2H_4O_2$$

1) E. SCHULZE, Zeitschr. physiol. Chem., Bd. XVI, p. 413 (1892). — 2) LASSAIGNE, Journ. prakt. Chem., Bd. XXIX, p. 323 (1843). Über Chitin vgl. bes. FÜRTH, Vergl. chem. Physiol. d. nied. Tiere (1903), p. 471. — 3) G. LEDDERHOSE, Ber. chem. Ges., Bd. IX, p. 1200 (1876); Bd. XIII, p. 821 (1880); Zeitschr. physiol. Chem., Bd. II, p. 213 (1878); Bd. IV, p. 139 (1880), KRUKENBERG, Zeitschr. Biolog., Bd. XXII, p. 480 (1887); über das Oxim des Glukosamin: WINTERSTEIN, Ber. chem. Ges., Bd. XXIX, p. 1392 (1896). — 4) E. FISCHER u. TIEMANN, Ber. chem. Ges., Bd. XXVII, p. 138 (1894). — 5) TIEMANN, Ber. chem. Ges., Bd. XVII, p. 241 (1884). — 6) E. FISCHER, Ber. chem. Ges., Bd. XXXV, p. 3789 (1902); auch NEUBERG, ibid., Bd. XXXIV (III), p. 3840 (1901); Bd. XXXV, p. 4009 (1902); FISCHER u. H. LEUCHS. ibid., Bd. XXXVI, p. 24 (1903); FISCHER u. ANDREAE, ibid., 2587. — 7) ROUGET, Compt. rend., Tome XLVIII, p. 792 (1859). — 8) ARAKI, Zeitschr., physiol. Chem., Bd. XX, p. 498 (1895).

Die Konstitution des Chitins ist noch unaufgeklärt. STÄDELER [1]) hatte es für ein Glykosid erklärt. SUNDWIK [2]) sprach sich dahin aus, daß es sich nicht um eine glykosidische Verbindung handeln dürfte, sondern um ein reines Aminoderivat eines Kohlenhydrates. Nach KRAWKOW [3]) scheinen eine ganze Reihe ähnlich gebauter Amine von Kohlenhydraten als Chitin zusammengefaßt zu werden. SCHMIEDEBERG [4]) hat das Chitin, da bei der Salzsäureeinwirkung außer Glukosamin noch Essigsäure und Aceton entstehen, als α-Acetylacetessigsäureverbindung des Glukosamin aufgefaßt und den Zerfall folgendermaßen dargestellt:

$$C_{18}H_{30}N_2O_{12} + 4 H_2O = 2 C_6H_{13}NO_5 + 3 C_2H_4O_2$$

FRÄNKEL und KELLY [5]) haben unter den Spaltungsprodukten des Chitins neuestens ein Acetyldichitosamin $C_{14}H_{26}N_2O_{10}$ nachgewiesen und schließen hieraus, daß die Zusammensetzung des Chitins eine kompliziertere sein dürfte, als jene, welche der bisher angenommenen Formel entspricht, und ein am Stickstoff acetyliertes Polysaccharid zu Grunde liegen dürfte.

Chitin ist gegen Alkali sehr widerstandsfähig. Es färbt sich mit Jodjodkali intensiv braunrot, mit Chlorzinkjod violett, worauf ZANDER [6]) aufmerksam gemacht hat. Auch Chitosan gibt eine rotviolette Chlorzinkjodreaktion.

C. VAN WISSELINGH hat eine mikrochemische Methode zum Nachweise des Chitins angegeben, welche darin besteht, daß sich chitinhaltige Zellmembranen nach Erhitzen mit Kalilauge im geschlossenen Röhrchen auf 180° und Auswaschen der Lauge mit 90-proz. Alkohol mit Jodjodkali und sehr verdünnter Schwefelsäure rotviolett färben, weil das Chitin in Chitosan übergegangen ist. Durch das Verhalten des Chitin und Chitosan gegen Jodreagentien werden verschiedene frühere Befunde über „Cellulose" bei Pilzen hinreichend erklärt.

TANRET [7]) nahm an, daß das Chitin in den Zellmembranen mit einem „Pongose" genannten Kohlenhydrat verbunden vorkomme.

Über die Verbreitung des Chitins bei den Pilzen hat WISSELINGH in seiner mehrfach zitierten Arbeit mannigfache Aufklärung gebracht und frühere Angaben berichtigt. MANGIN [8]) hatte auf Grund mikrochemischer Färbungsversuche mit Rutheniumrot etc. angegeben, daß die Zellwände der Pilze differente Beschaffenheit hätten. Nach MANGIN bestehen die Zellmembranen der Peronosporaceen aus einer innigen Verbindung von Callose und Cellulose, ebenso jene der Saprolegnien. Bei den Mucorineen sollte die innere Partie der Mycelwände und Sporangienträger aus Cellulose, die äußere aus pektinartigen Stoffen bestehen. Das Uredineenmycel sollte nur Cellulosewände besitzen. Hingegen sollte den Basidiomyceten und Askomyceten Cellulose fehlen; die Hymenomyceten enthielten Pektin, die Askomyceten Callose. WISSELINGH zeigte nun, daß das Chitin den Peronosporaceen und Saprolegniaceen

1) STÄDELER, Lieb. Ann., Bd. CXI, p. 21 (1859). — 2) E. SUNDWIK, Zeitschr. physiol. Chem., Bd. V, p. 385 (1881). — 3) KRAWKOW, Zeitschr. Biolog., Bd. XXIX. p. 117 (1893). — 4) O. SCHMIEDEBERG, Arch. exp. Pathol., Bd. XXVIII. p. 42. — 5) S. FRÄNKEL u. A. KELLY, Mon. Chem., Bd. XXIII, p. 123 (1902). — 6) E. ZANDER, Pflüg. Arch., Bd. LXVI, p. 545 (1897). — 7) TANRET, Bull. soc. chim. (III), Bd. XVII, p. 921 (1897). — 8) L. MANGIN, Compt. rend., Tome XVII. p. 816 (1893); Bull. soc. bot. France, Tome XLI, p. 373 (1894); Tome XXXVIII. p. 1 (1893).

zu fehlen scheint; diese Gruppen besitzen Cellulosemembranen. Sonst ist das Chitin aber den meisten Pilzen eigen. Chitinmembranen haben u. a. die Mucorineen, Erisypheen, Aspergillus, die Pyrenomyceten und Discomyceten, letztere auch in den Ascuswänden und Sporenhäuten; die Ustilagineen und Uredineen. Ein wenig Chitin enthalten ferner die stark quellbaren Zellmembranen der Tremellineen und Dacryomyceten, doch ist der Hauptbestandteil derselben noch unbekannt. Chitinzellwände enthalten endlich die Hymenomyceten und Gasteromyceten, auch die Membranen von Synchytrium Taraxaci und Empusa muscae erwiesen sich als chitinhaltig. Unbekannt ist noch die Ursache der „Verkorkung" von Daedalea quercina. Daß es sich um wirklichen Kork handelt, dürfte wohl als ausgeschlossen betrachtet werden können. Geaster fornicatus enthält im äußersten und innersten Peridium und im Capillitium eine Substanz, welche WISSELINGH als „Geasterin" bezeichnete. Sie gibt zwar die Cellulosereaktion mit Jod und Schwefelsäure, widersteht aber nicht wie Cellulose dem Erhitzen mit Glyzerin auf 250^0.

Auch die neueren Untersuchungen von MANGIN [1]) über das Vorkommen von Cellulose, Callose, Pektin etc. bei den Mucorineen sind nur mit Hilfe mikroskopischer Färbungsmethoden angestellt und bedürfen daher noch der Bestätigung durch exakte chemische Methoden. MANGIN verwendete zum Nachweise der Callose „Brillantblau extra grünlich" von BAYER-Elberfeld, zum Nachweise von Pektin das Rutheniumrot.

Ist also nach allen Erfahrungen kein Zweifel, daß bei den Pilzen nicht die Cellulose, sondern das Chitin den am meisten verbreiteten Bestandteil der Zellmembranen darstellt, so kommen daneben auch mindestens sehr häufig noch wenig bekannte Kohlenhydrate als Wandbestandteile der Pilzhyphen vor. IWANOFF gewann die Überzeugung, daß die von ihm untersuchten Schimmelpilze und Hutpilze stickstofffreie Substanzen als Zellmembranstoffe neben Chitin enthalten. Schon früher war es WINTERSTEIN [2]) gelungen, aus Steinpilzen durch Behandlung mit verdünnter Schwefelsäure ein gallertiges Kohlenhydrat darzustellen, welches möglicherweise zu den Membranstoffen zählt. Dieses Paradextran ist in 5-proz. Kalilauge löslich, in Kupferoxydammoniak unlöslich, gibt keine Jodreaktion und liefert bei der Hydrolyse Traubenzucker; es entspricht der Formel $C_6H_{10}O_5$. Polyporus betulinus lieferte ein ähnliches, jedoch Jod $+ H_2SO_4$ bläuendes Kohlenhydrat „Paraisodextran". TANRETS „Fongose" dürfte nach WINTERSTEIN wahrscheinlich mit Paradextran identisch sein. Was es für eine Bewandtnis mit den Membransubstanzen hat, welche sich mit Jod direkt blau färben, ist noch gänzlich unbekannt. CRIÉ [3]) hat die zugrundeliegende Substanz als „Amylomycin" bezeichnet. Bekannt ist die Jodbläuung von den Ascusspitzen vieler Disco- und mancher Pyrenomyceten (z. B. Sordaria, Sphaeria), von den Hyphen des Dematium pullulans, den Sporenhäuten von Schizosaccharomyces octosporus und anderen Fällen. Vielleicht stehen diese Stoffe den Hemicellulosen der Phanerogamen nahe. Verzeichnet sei auch die Angabe von VOSWINKEL [4]), daß das Mutterkornsklerotium ein Mannan ent-

---

1) MANGIN, Journ. de Botan., Tome XIII, p. 209 (1899). — 2) WINTERSTEIN, Ber. chem. Ges., Bd. XXVI (III), p. 3098 (1893); Bd. XXVIII (I), p. 774 (1895); Zeitschr. physiol. Chem., Bd. XXVI, p. 438 (1899). — 3) CRIÉ, Compt. rend., Tome LXXXVIII, p. 759, 985 (1879); ferner J. DE SEYNES, ibid., p. 820, 1043; ROLLAND, Bull. soc. mycol. France, Tome III, p. 134 (1887). — 4) A. VOSWINKEL, Pharm. Centralhalle, 1891, p. 531; Ber. chem. Ges., Bd. XXIV, Ref. p. 906 (1891); Chem. Centralbl., 1891, Bd. II, p. 655, 766; Pharm. Centralhalle, 1891, p. 505.

hält. Vielleicht ist dasselbe ein Reservestoff in seiner biologischen Bedeutung. Ein „Mannin" gab ferner ZANOTTI[1]) aus den Zellmembranen von Penicillium glaucum an. In Cantharellus cibarius und anderen Hutpilzen gelang es VOSWINKEL, ein Xylose lieferndes Gummi nachzuweisen, so daß man auch vom Vorkommen von Xylan bei Pilzen sprechen kann. Zu den Kohlenhydraten sind endlich nach ZOPF[2]) gewisse als Reservestoffe zu bezeichnende Inhaltskörper von reifen Podosphaera-Konidien zu zählen. ZOPF bezeichnete diese noch schlecht bekannte Substanz als Fibrosin.

Positiver Ausfall der „Holzstoffreaktionen" an Pilzzellmembranen wurde für einige Fälle von HARZ[3]) angegeben (Capillitiumfasern einiger Boviste, Elaphomyces). Schon früher hatte NIGGL[4]) gefunden, daß Rotfärbung mit Indol und Salzsäure bei manchen Flechten- und Pilzzellmembranen zu erzielen sei. Während FORSSELL[5]) nur auf negative Befunde in dieser Richtung stieß, hat neuerdings SCHELLENBERG[6]) bei einigen Pilzen und Flechten (Penicillium, Cetraria, Cladonia) positive Reaktionen erhalten. LINSBAUER[7]) hatte wieder nur negative Resultate, so daß man vielleicht anzunehmen hat, daß es sich um keine konstante Erscheinung handelt.

IV. Flechten. Die Membranen der Flechten scheinen im allgemeinen in ihrer Zusammensetzung von den Pilzzellhäuten erheblich abzuweichen, was angesichts des Charakters der Flechten als Symbionten von Interesse ist. Die Nachforschungen WISSELINGHS nach Chitin haben ergeben, daß von dieser Substanz nur selten viel in Flechten vorhanden ist (z. B. Peltigera); meist ist wenig Chitin zugegen, manchmal, wie bei Cetraria, gar keines. Die Zellmembranen der Flechtenalgen bestehen nach ESCOMBE[8]) meist aus Cellulose. WISSELINGH fand nur bei den Gonidien von Peltigera eine von Cellulose abweichende Beschaffenheit. Es gibt Flechtenmembranen, welche, mit Wasser gekocht, zu einer Gallerte aufquellen, wie es bekanntlich bei Cetraria islandica der Fall ist. BERZELIUS[9]), welcher diese Substanz 1808 untersuchte, verglich sie mit Stärkekleister und nannte sie Flechtenstärke oder Moosstärke, Lichenin. Später beschäftigten sich mit dem Lichenin GUÉRIN-VARRY[10]), sowie PAYEN[11]), welcher erkannte, daß das Lichenin ein Membranstoff ist. MULDER[12]) lieferte Analysen des Lichenin. BERG[13]) konstatierte 1873, daß diese Gallerte aus zwei isomeren Kohlenhydraten besteht, welche sich dadurch trennen lassen, daß man das Flechtendekokt stehen läßt. So scheidet sich das eigentliche Lichenin aus der Lösung aus. Dasselbe reagiert nicht mit Jod [ERRERA[14])], ist nur in kochendem Wasser löslich, stark reduzierend und optisch inaktiv. Eine Reihe von

---

1) V. ZANOTTI, Chem. Centr., 1899, Bd. I, p. 1209. — 2) W. ZOPF, Ber. bot. Ges., Bd. V, p. 275 (1887). — 3) C. O. HARZ, Botan. Centralbl. (1886), Bd. XXIV, p. 371; Bd. XXV, p. 386 (1886). — 4) NIGGL, Flora, 1881, No. 36, p. 545; Just Jahresber., 1881, Bd. I, p. 386, 414. Hier wird auch Phloroglucinreaktion von den Membranwarzen von Cosmariumarten angegeben. — 5) FORSSELL, Sitz.-Ber. Wien. Akad., Bd. XCIII (I), p. 220 (1896). — 6) SCHELLENBERG, Jahrb. wiss. Botan., Bd. XXIX, p. 249 (1896). — 7) K. LINSBAUER, Österr. bo 1899, No. 9. — 8) F. ESCOMBE, Zeitschr. physiol. Chem., Bd. XXII, p. 288 (1896). — 9) BERZELIUS, Schweigg. Journ., Bd. VII, p. 317 (1813); Ann. de Chim., Tome XC, p. 277 (1814). — 10) GUÉRIN VARRY, Annal. chim. phys. LVI, p. 225 (1834). — 11) PAYEN, L'Institut, 1837, p. 128, 145; MEYEN, 1837, p. 67. — 12) MULDER, Meyen Jahresbericht, 1838, p. 9. — 13) TH. BERG, Jahresber. Chem., 1873, p. 849. — 14) ERRERA, Dissert. Brüssel, 1882, p. 18.

Autoren [KLASON [1]), BAUER [2]), NILSON [3])] fanden bei der Hydrolyse des Lichenin nur Traubenzucker, während ESCOMBE [4]) das Lichenin für ein Galaktan erklärte. Durch Eindampfen des Filtrates vom Licheninniederschlage erhält man das ebenfalls der Zusammensetzung $C_6H_{10}O_5$ entsprechende Isolichenin. Dieses wird nach BERG durchschnittlich in einer Ausbeute von 11 Proz. erhalten, während man an Lichenin 20 Proz. des Flechtengewichtes gewinnt. Isolichenin ist auch in kaltem Wasser löslich, gibt blaue Jodreaktion und ist rechtsdrehend. Lichenin und Isolichenin ineinander überzuführen, gelang nicht. ESCOMBE gibt noch ein Paragalaktan von der Cetraria an. ESCOMBE konnte übrigens in keiner Flechte, selbst bei Peltigera nicht, Chitin auffinden, ebensowenig Cellulose. Das Everniin von STÜDE [5]). dargestellt aus Evernia prunastri, dürfte mit Lichenin identisch sein, und LACOUR [6]) gab von der Mannaflechte (Lecanora esculenta) 10,75 Proz. Licheningehalt an. Wie man sieht, läßt also auch die Kenntnis der Flechtenmembranstoffe noch sehr zu wünschen übrig. Man weiß z. B. auch nicht, inwieweit die bekannte blaue Reaktion mit Jod bei vielen Flechten [Apothecien, Asci, Rinde, Mark des Thallus [7])] durch galaktanartige Kohlenhydrate bedingt ist. Es ist ferner noch zu untersuchen, worauf die von RICHTER bei Cladonia gracilis nach längerem Liegen in Kalilauge beobachtete rotviolette Färbung mit Jod-Schwefelsäure beruht. Cladonia enthält nach WISSELINGH ebensowenig Chitin wie Cetraria. FÜISTING [8]) nahm an, daß in der Ascusmembran von Verrucaria zwei isomere Stoffe zugegen seien, deren einer sich mit Jod rot färbt, während der andere sich bläut. Nach NÄGELI und SCHWENDENER [9]) ist die jodbläuende Substanz aus den Flechtenasci durch verdünnte Salzsäure extrahierbar. Die Gonidienmembranen von Phylliscum sollen einen in heißem Wasser löslichen, sich mit Jod bläuenden Stoff enthalten.

Auch in neuerer Zeit ist mehrmals, so von RICHTER für Cladonia, von MANGIN für Usnea barbata, die Gegenwart von Cellulose angegeben worden. WISSELINGH konnte dies jedoch nicht bestätigen. Die in Rede stehenden Substanzen gehen wohl rotviolette Reaktion mit Jod-Schwefelsäure, widerstehen jedoch nicht der Einwirkung von Glyzerin bei 300° so wie Cellulose. Die Substanz von Usneamembranen nannte WISSELINGH „Usneïn"; sie ist besonders in den Hyphen des axilen Stranges der Thallusäste lokalisiert. Die Gallertflechten (Collema) scheinen nach WISSELINGH hinsichtlich des reaktionellen Verhaltens der Zellmembran nicht sehr von den anderen Flechten abzuweichen. Die älteren Angaben von BURGERSTEIN [10]) und WIESNER [11]) über Holzstoffreaktionen bei Flechten haben RICHTER und auch FORSSELL nicht zu bestätigen vermocht.

Die Sporenhäute enthalten nach WISSELINGH bei Flechten nicht selten deutlich nachweisbares Chitin.

---

1) KLASON, Ber. chem. Ges., Bd. XIX, p. 2541 (1886). — 2) BAUER, Arch. Pharm., Bd. CCXXIV; Journ. prakt. Chem., Bd. XXXIV, p. 46 (1886); auch HÖNIG u. SCHUBERT, Monatsh. Chem., Bd. VIII, p. 452 (1887). — 3) G. NILSON, Chem. Centralbl., 1893, Bd. II, p. 942. — 4) S. Anm. 8, p. 514. — 5) STÜDE, Lieb. Annal., Bd. CXXXI, p. 241. — 6) E. LACOUR, Just Jahresber., 1880, Bd. I, p. 463. — 7) BARY, Morphol. u. Physiol. d. Pilze, Flechten u. Myxomycet. (1866), p. 255, 281. — 8) FÜISTING, Bot. Ztg., 1868, p. 661. — 9) NÄGELI u. SCHWENDENER, Das Mikroskop, II. Aufl., p. 518 (1877). — 10) BURGERSTEIN, Sitz.-Ber. Wiener Akad., 1874, p. 70. — 11) WIESNER, Rohstoffe, 1. Aufl. (1873) p. 30.

Die Membranen der Pilzhyphen sind nicht selten mit verschiedenen Stoffen „infiltriert"; diese Stoffe lassen sich leicht ohne nachweisbare Strukturänderungen der Membran entfernen. Direkt von Umwandlung der Hyphenmembranen in Harz sprach HARZ; doch sind diese Angaben noch mit Vorsicht hinzunehmen.

Färbungen der Membran durch bestimmte Substanzen sind nicht selten; sowohl einzelne Schichten als die ganze Membran können Farbstoff führen. So enthalten die Membranen von Nectria cinnabarina das „Nektriarot", welches nach BACHMANN [1]) harzartiger Natur sein soll, jedoch, nach gewissen Reaktionen zu urteilen (Löslichkeit in Äther, Benzol, Lichtempfindlichkeit der Lösung, Bläuung mit konzentrierter Schwefelsäure), den Karotinen nicht fernstehen dürfte. Die Natur der häufig vorkommenden braunen Farbstoffe in Pilzmembranen ist unbekannt. Erwähnt sei auch, daß die Ursache der von NIGGL beobachteten „Ligninreaktionen" bei Polyporus fomentarius, Trametes noch unerforscht ist. Auf die Oxalateinlagerungen in Pilzzellmembranen wird an anderer Stelle eingegangen werden.

§ 3.
Die Zellmembranen der Algen.

Noch zum großen Teil ist auch die chemische Beschaffenheit der Zellhäute der Algen wenig bekannt, doch geht aus den bisher vorliegenden Tatsachen hervor, daß tiefgreifende stoffliche Differenzen bei den einzelnen Formenkreisen vorkommen.

I. Die Zellhaut der Euglenaceen hat KLEBS [2]) untersucht. Hier zeigt die Membran keine Cellulosereaktionen, sondern scheint sich nach KLEBS den Proteïnstoffen zu nähern. Die Zellhaut schwindet nach 24stündigem Liegen in Pepsinsalzsäure fast ganz bei Euglena viridis; bei anderen Arten ist die Lösung partiell und erfolgt langsam, bei Phacusarten bleibt die Membran selbst nach tagelanger Pepsineinwirkung anscheinend ungeändert. Auch Fäulnisbakterien greifen die Euglenahäute durch ihre Enzyme an. Manchmal bleibt nach Pepsineinwirkung ein unverdaulicher Anteil der Zellmembran zurück, welcher die ursprüngliche Hautstruktur erhalten zeigt; woraus dieser unverdauliche Teil der Haut besteht, ob er mit den Hyalogenen niederer Tiere verwandt ist, ist nicht bekannt. Bei Euglena spirogyra ist Eisenoxydhydrat-Einlagerung in die Membran nachgewiesen.

II. Cyanophyceen. Die Zellhaut der Blaualgen ist noch recht wenig untersucht worden. Nach NÄGELI und SCHWENDENER [3]) lösen sich die Membranen mancher Formen nicht in Kupferoxydammoniak, ja die Hüllhäute von Gloeocapsa opaca und Gloeocystis vesiculosa quellen nicht einmal darin. STROHECKER [4]) gewann aus Nostoc commune ein in kochendem Wasser lösliches Kohlenhydrat, welches er als „Nostochin" beschrieb.

Nach KLEBS [5]) färbt sich die Gallertscheide von Chroococcus nicht in Jodlösung und quillt stark auf in Chlorzinkjod und in Schwefelsäure;

1) BACHMANN in ZOPF, Die Pilze; Schenks Handb. d. Bot., Bd. IV, p. 426. — 2) KLEBS, Untersuch. botan. Inst. Tübingen, Bd. I, p. 239 (1883). — 3) NÄGELI u. SCHWENDENER, l. c. (1877), p. 524. — 4) STROHECKER, Österr. bot. Zeitschr., Bd. XXVIII, p. 155 (1878). — 5) KLEBS, Untersuch. bot. Inst. Tübingen, Bd. II, p. 391 (1886).

hingegen verquellen die Gallertscheiden von Sirosiphon ocellata, Tolypothrix und Oscillaria nicht mit Chlorzinkjod. Auch Gomont[1]) konstatierte auf mikrochemischem Wege die Widerstandsfähigkeit der Zellmembran fädiger Cyanophyceen gegen Säuren, Kupferoxydammon und Jodreagentien. Auf Grund von mikroskopischen Färbungsmethoden nahm in letzter Zeit Lemaire[2]) an, daß die Gallertscheibe bei Gloeocapsa und Nostoc aus Pektinstoffen bestehe, die Scheide von Stigonema, Lyngbya und anderen Formen aus einem besonderen Kohlenhydrat, Schizophykose, zusammengesetzt sei, während die Gallertscheiden von Stylonema- und Tolypothrixarten Cellulose neben Schizophykose enthalte. Kohl[3]) kam zu dem Ergebnisse, daß die Zellmembran der meisten vegetativen Cyanophyceenzellen vorwiegend aus Chitin bestehe; die Heterocysten besäßen diesem Forscher zufolge aber Cellulosemembranen. Eine regelrecht ausgeführte chemische Untersuchung der Cyanophyceenmembranen fehlt aber noch gänzlich.

III. Peridineen. Nach Bergh[4]) gibt die zierlich aus Tafeln zusammengesetzte Haut der Peridineen, welche den Zellleib panzer- oder schalenartig umgibt, die Reaktionen pflanzlicher Cellulosemembranen. Auch die mächtigen hornartigen Fortsätze mancher Typen (Ceratium) sind von derselben Zusammensetzung.

IV. Diatomeen. Die chemische Natur der merkwürdigen doppelschaligen Kieselpanzerhaut dieser Algen ist noch nicht aufgeklärt. Die darin vorkommende Siliciumverbindung muß nicht direkt SiO_2 sein, sondern ist möglicherweise eine andere organische oder anorganische Verbindung[5]). Nach dem Veraschen bleibt als Kieselskelett amorphe Kieselsäure zurück. Behandelt man die Membran mit Fluorwasserstoffsäure, so bleibt eine zarte Haut zurück, welche, selbst nach Behandeln mit Schulzes Mazerationsgemisch, keine Cellulosereaktionen gibt.

Die Gallertbildungen der Diatomeen, welche als Stiele festsitzender Formen auftreten, werden durch Klebs studiert. Sie sind kieselsäurefrei und werden durch konzentrierte Schwefelsäure gelöst.

V. Grünalgen. Die Zellmembran der Chlorophyceen scheint, nach den mikrochemischen Merkmalen zu urteilen, meist den allgemeinen Charakter von „Cellulosemembranen" zu haben, wie sie in den parenchymatischen Geweben von Phanerogamen auftreten. Doch weiß man über die bei der Hydrolyse entstehenden Zuckerarten noch gar nichts. Über die mikrochemischen Reaktionen sind die Angaben bei Nägeli und Schwendener[6]) zu vergleichen.

Über die Natur der Gallertscheiden verschiedener Algen verdanken wir Klebs[7]) wertvolle Untersuchungen. Die von Kützing als „Gelacin" bezeichnete Substanz der Gallertscheiden ist von der Zellhaut scharf unterschieden. Sie ist nicht quellbar in kalten Laugen oder Essigsäure, hingegen löslich in siedendem Wasser, Chlorzinkjod, Salzsäure und siedendem Eisessig. Die Gallerte besteht aus zwei Stoffen, einer indifferenten, sehr schwach lichtbrechenden Grundsubstanz und einem in Form von

---

1) Gomont, Bull. soc. bot. France, Tome XXXV (1888), 23. mars. — 2) A. Lemaire, Journ. de botan., Tome XV, No. 8 (1901), p. 302. — 3) F. G. Kohl, Organisat. u. Physiol. d. Cyanophyceenzelle, 1903. — 4) Bergh, Morphologische Jahrbücher, Bd. VII (1882). — 5) Vgl. Pfitzer, Schenks Handbuch der Botan., Bd. II, p. 410 (1882). — 6) l. c., p. 524. — 7) Klebs, l. c., 1886, p. 355. Vgl. auch Hansgirg, Botan. Centralbl., 1888, No. 28, über Gallerten von Spaltalgen. B. Schröder, Verhandl. nat.-med. Ver. Heidelberg, Bd. VII, p. 139 (1902).

Stäbchen eingelagerten dichteren Bestandteil, welcher Farbstoffe speichert. Bei Kultur der Algen in Glukosepepton beobachtete KLEBS eine abweichende Gallertbildung von viel dichterer Struktur als normale Gallerte; die für Stickstoffgehalt und leimartige Natur dieser Einlagerung oder „Verdickung" angeführten Gründe sind jedoch kaum entscheidend. Chlorzinkjodlösung oder Jodschwefelsäure lassen die Gallerte farblos, während sich die Zellhaut blau färbt. Chlorzinkjodlösung sowie kochendes Wasser lösen den Farbstoff speichernden Gallertbestandteil auf, während die Grundsubstanz zurückbleibt. Der erste Gallertstoff verbindet sich, wie KLEBS fand, ferner mit Gerbsäure und Sublimat und ist von der bei „Verdickung" der Scheide in Glykosepepton auftretenden Substanz verschieden. KLEBS denkt auch bei diesem Stoffe an eine leimartige Natur. In der Arbeit von KLEBS ist ferner näher ausgeführt, wie gewisse künstliche Niederschläge (Berlinerblau u. a.) in der Gallerte von Zygnema oft ohne Schädigung des Lebens der Zellen eingelagert werden können und solche Gallerthüllen sodann abgestoßen werden. Bezüglich dieser Vorgänge, sodann bezüglich der merkwürdigen, selbst an toten Algen in Glykosepepton erzielbaren Gallertverdickung sei auf KLEBS interessante Arbeit selbst verwiesen.

Auch die Zellwand der Zygnemen selbst hat nach KLEBS keine einheitliche Zusammensetzung. Durch Kochen mit verdünnter Salzsäure kann man einen, die an normalen Zellmembranen zu beobachtende Speicherung von Anilinfarbstoffen verursachenden Membranstoff in Lösung bringen. Vielleicht ist dies ein Hemicellulose-artiges Kohlenhydrat. Der zurückbleibende Anteil der Zellhaut ist in Kupferoxydammon schnell löslich, gibt die Zellstoffreaktionen und färbt sich mit Kongorot; er ist also als Cellulose anzusehen. Mesocarpus, Spirogyra, Chaetophora, Desmidiaceen zeigen nach KLEBS ganz ähnliche Verhältnisse.

Bezüglich der Siphoneenzellmembranen sei auf interessante Beobachtungen von CORRENS[1]) hingewiesen, welcher nach Einwirkung von konzentrierter Schwefelsäure und folgenden Wasserzusatz die Bildung von Sphäriten aus Caulerpamembranen beobachtete. Die Sphärite lösen sich in Natronlauge oder Kupferoxydammoniak und bläuen sich nicht in Jodlösungen. Sie dürften einem Hauptbestandteil der Caulerpamembranen angehören. Frische Caulerpa zeigt nach CORRENS nie Cellulosereaktion. SCHACHT[2]) gibt an, daß die Cellulosereaktion nach Behandlung mit Ätzkali eintrete. NOLL[3]) nimmt zwei Membranstoffe an: einen durch Schwefelsäure extrahierbaren, sich mit Jodlösung bläuenden, und einen rückbleibenden Bestandteil.

VI. Phaeophyceen. Die vorhandenen Untersuchungen über die Zellmembranen der Braunalgen erstrecken sich eigentlich nur auf Fucus und Laminaria.

VAN WISSELINGH hat gezeigt, daß die Zellwände von Fucus Cellulose enthalten. Außerdem ist in denselben noch ein mit Jodjodkalium + 1 Proz. Schwefelsäure sich blaufärbendes Kohlenhydrat zugegen, welches WISSELINGH als Fucin bezeichnete. Das Fucin ist in der Mittellamelle lokalisiert. Rutheniumrot färbt die gesamte Wandsubstanz.

---

1) C. CORRENS, Ber. bot. Ges., Bd. XII, p. 355 (1894). — 2) Zft. f. CORRENS, l. c., p. 358, Anm. — 3) F. NOLL, Abhandl. Senckenberg. naturf. Ges., Bd. XV, p. 142 (1887).

Schon 1850 hat STENHOUSE [1]) durch Behandlung von Fucus mit
Schwefelsäure ein flüchtiges Produkt gewonnen, welche er Fucusol
nannte. Erst in neuerer Zeit ist es MAQUENNE [2]) gelungen, nachzuweisen, daß dieses Fucusol ein Gemenge von viel Furfurol mit etwas
Methylfurfurol darstellt. Letzteres entsteht, wie MAQUENNE hervorhob,
beim Behandeln von Methylpentosen und deren Kondensationsprodukten
mit starken Mineralsäuren in analoger Weise, wie Furfurol aus Pentosen. Es gibt mit Alkohol und konzentrierter Schwefelsäure eine grüne
Farbenreaktion. Seine Konstitution ist:

$$CH_3 \cdot C \underset{O}{\overset{\overset{\displaystyle CH-CH}{\|\quad\|}}{\diagdown\diagup}} C \cdot COH$$

wegen der Konstitution der Methylpentosen. TOLLENS und GÜNTHER [3])
haben nun den Nachweis erbracht, daß aus den Zellmembranen von
Fucus wirklich bei der Hydrolyse eine Methylpentose erhalten werden
kann, welche der Rhamnose isomer ist, FEHLINGS Lösung reduziert und
stark linksdrehend ist. Diese als Fucose bezeichnete Methylpentose
liefert mit Salzsäure gekocht Methylfurfurol. Ihr Osazon kristallisiert,
schmilzt bei 159° und ist sehr leicht löslich. Nach MÜTHER und TOL-
LENS [4]) ist die Fucose der optische Antipode der Rhodeose. BIELER
und TOLLENS gewannen auch aus Laminaria Methylfurfurol und SOL-
LIED [5]) wies Methylpentosan in Ascophyllum nodosum nach, so daß
man annehmen muß, daß Methylpentose liefernde Kohlenhydrate bei den
Braunalgen verbreitet sind. Ob dieselben mit ·dem Fucin von WISSE-
LINGH etwas zu tun haben, ist unbekannt.

Der Laminariaschleim gibt nach BAUER [6]) bei der Hydrolyse
Dextrose. Nach einer Angabe von SAUVAGEAU [7]) soll in der „Cuticula"
von Ectocarpus „Pektin" enthalten sein. SCHMIEDEBERG [8]) hat von
Laminaria zwei den Kohlenhydraten nahestehende Stoffe angegeben: das
Laminarin $C_{60}H_{102}O_{51}$ und die kolloide, sehr stark quellbare Laminarsäure $C_{19}H_{18}O_{11}$, welche aus den Kohlenhydraten in der Pflanze
entstehen soll. Wahrscheinlich ist auch das von STANFORD [9]) aus
Laminaria dargestellte „Algin" oder Algensäure im wesentlichen mit
der kolloiden Laminarsäure identisch, und der angegebene Stickstoffgehalt durch Verunreinigungen bedingt. Wenigstens war die von
KREFTLING [10]) in neuerer Zeit dargestellte „Tangsäure" ein stickstofffreies Präparat. Über die biochemische Bedeutung dieser Substanzen

---

1) J. STENHOUSE, Lieb. Ann., Bd. LXXIV, p. 278 (1850). — 2) MAQUENNE,
Compt. rend., Tome CIX, p. 571, 603 (1889). Methylfurfurol aus Holz gewann
HILL, Chem. Centralbl., 1889, Bd. I, p. 508; ferner BIELER u. TOLLENS, Ber.
chem. Ges., Bd. XXII, p. 3063. Reaktionen von Methylfurfurol: WIDSOE u. TOLLENS,
Ber. chem. Ges., Bd. XXXIII (I), p. 143 (1900). Spektrales Verhalten: OSHIMA
u. TOLLENS, ibid., Bd. XXXIV (II), p. 1425. — 3) A. GÜNTHER u. B. TOLLENS,
Ber. chem. Ges., Bd. XXIII, p. 2585 (1890); Lieb. Annal., Bd. CCLXXI, p. 86. —
4) A. MÜTHER u. TOLLENS, Ber. chem. Ges., Bd. XXXVII, p. 298, 306 (1904). —
5) SOLLIED, Chem. Centralbl., 1902, Bd. I, p. 301. — 6) R. W. BAUER, Ber. chem.
Ges., Bd. XXII, p. 618 (1889). — 7) SAUVAGEAU, Compt. rend., Tome CXXII,
p. 896 (1896). — 8) O. SCHMIEDEBERG, Tagebl. d. Naturforsch.-Vers., 1885, p. 231.
— 9) C. STANFORD, Chem. News, Vol. XLVII, p. 254 (1883); Journ. chem. soc.,
1886, p. 218. — 10) A. KREFTLING, Just Jahresber., 1897, Bd. II, p. 76.

ist nichts weiter bekannt. Vielleicht stehen sie den Pektinstoffen der Phanerogamen näher.

Über die Quantität der Membranstoffe in verschiedenen Meeresalgen hat WARINGTON einige Angaben gemacht. Danach enthält

Lufttrockene	Wasser	Cellulose
Porphyra vulgaris	12,6—19,4 Proz.	5,5—9,98 Proz.
Enteromorpha compressa	13,6 „	10,58 „
Capea oblongata	13,7 „	7,4
Cystoscira	16.4	17,06
Alaria pinnatifolia	15,11	2,16
Laminaria saccharina	26,8 „	9,33 „

VII. Florideen. Die bisherigen Kenntnisse von den Florideen-zellenmembranen stützen sich fast ausschließlich auf einige an Handelsprodukten angestellte Untersuchungen über das Carragheen. den Agar-Agar und das japanische „Nori" aus Porphyra laciniata.

Nach WISSELINGH (l. c.) besteht das Gewebe von Sphaerococcus crispus aus dicken Cellulosewänden mit Intercellularsubstanz, welche durch Glyzerin bei 300° zerstört wird. Rutheniumrot färbt alle Membranteile rot. Das aus Gigartina mamillosa und Chondrus crispus bestehende Carragheen des Handels gibt mit kochendem Wasser einen Schleim. welcher offenbar größtenteils aus Kohlenhydraten der Zellmembran dieser Florideen besteht, übrigens auch reich an Asche ist: in letzterer läßt sich Jod nachweisen. Der Schleim wird durch Jod schwach rötlich; Kupferoxydammoniak löst ihn nicht. Mit Salpetersäure nach der Vorschrift von TOLLENS und KENT erwärmt und eingedampft liefert er reichlich Schleimsäure. HAEDICKE, BAUER und TOLLENS[1]) berechnen aus der zu erhaltenden Schleimsäuremenge 20—28 Proz. Galaktose für die Muttersubstanz. Jedenfalls ist also reichlich ein Galaktan in den Zellmembranen zugegen. SEBOR[2]) wies unter den Hydratationsprodukten des Carragheen auch Glukose und Fruktose nach, so daß wir auf die Gegenwart mehrerer Membrankohlenhydrate schließen dürfen. Geringe Pentosanmengen (Xylan?) fehlen ebenfalls nicht; die Destillation mit Schwefelsäure gibt auch hier Methylfurfurol.

Galaktan ist nach den Ergebnissen von GREENISH[3]), MORIN[4]) und BAUER[5]) auch in dem von Gracilaria lichenoides stammenden Agar zugegen, welcher mit Salpetersäure gleichfalls Schleimsäure liefert, neben Oxalsäure. Die Kohlenhydrate der Agargallerte wurden auch als „Gelose" bezeichnet. Agar gibt eine rotviolette Jodreaktion.

Nach den Untersuchungen von OSHIMA und TOLLENS[6]) wird bei der Hydrolyse des aus Porphyra laciniata hergestellten japanischen Nahrungsmittel „Nori" erhalten: i-Galaktose, d-Mannose und wahrscheinlich etwas Fukose. Hier ist also Mannan als Membranstoff anzunehmen.

Als Gehalt an „Cellulose" wird von SESTINI, BOMBOLETTI und DEL TORRE[7]) für einige Meeresalgen angegeben:

1) J. HAEDICKE, R. W. BAUER u. TOLLENS, Lieb. Ann., Bd. CCXXXVIII, p. 302 (1887). — 2) J. SEBOR, Österr. Chemik.-Ztg., Bd. III, p. 441 (1900); Bot. Centralbl., Bd. LXXXVI, p. 70 (1901). — 3) H. G. GREENISH, Ber. chem. Ges., Bd. XIV, p. 2253 (1881); Just Jahresber., 1881, Bd. I, p. 125; Ber. chem. Ges., Bd. XV, p. 2243 (1882); Arch. Pharm., Bd. XVII, p. 241, 321. — 4) H. MORIN, Compt. rend., Tome XC, p. 924 (1880); PORUMBARU, ibid., p. 1081. — 5) BAUER. Journ. prakt. Chem., Bd. XXX, p. 367 (1885). — 6) OSHIMA u. TOLLENS, Ber. chem. Ges., Bd. XXXIV (II), p. 1422 (1901). — 7) SESTINI, Centr. Agrik.-Chem., 1878, p. 875.

Ulva latissima	29,75 Proz. Wassergehalt	1,77 Proz. Cellulose
Valonia Aegagropila	7,62 „ „	3,65 „ „
Gracilaria confervoides	20,01 „	3,10 „ „
Fucus vesiculosus	27,11 „	4,40 „ „
Vaucheria Pilus	20,50 „	8,89 „ „

§ 4.
Die Zellmembranen der Moose und Farne.

Eine eingehendere Untersuchung über die Zellmembranen der Farne und Moose hat bisher nur WINTERSTEIN [1]) angestellt, welcher in Cellulosepräparaten aus Aspidium Filix mas, Athyrium Filix femina und Bryaceen bei der Hydrolyse Traubenzucker und Mannose nachgewiesen hat.

Die Mooszellmembranen enthalten jedoch nach mehrfachen Untersuchungen verschiedene Bestandteile. Direkt sind die Cellulosereaktionen bei den meisten Laub- und Lebermoosen nicht zu erzielen, wohl aber stets nach Kochen mit verdünnten Alkalien [CZAPEK [2])]. Verdünntes Alkali löst eine erhebliche Menge der Wandsubstanz und bei Neutralisation fällt dieser Stoff als gallertiger Niederschlag aus. DRAGGENDORFF [3]) und TREFFNER [4]) führen diese Substanz als Metarabinsäure. Nähere Untersuchung darüber steht noch aus und speziell wären die bei Hydrolyse auftretenden Zuckerarten noch zu eruieren. Ob es sich um eine Hemicellulose oder um einen Pektinstoff handelt, ist ungewiß. In den Mooszellmembranen ist ferner eine Substanz weit verbreitet, welche die MILLONsche Reaktion mit schön kirschrotem Farbentone gibt. Dieselbe läßt sich durch verdünnte Alkalien in der Wärme aus der Membran abspalten und vielleicht ist wenigstens teilweise der negative Ausfall der Cellulosereaktionen an intakten Membranen damit zu begründen, daß in diesen ein Celluloseester (Cellulosid) der extrahierten Substanz vorliegt. Die letztere ist in Wasser und Alkohol leicht löslich, in Äther unlöslich, in Alkali löslich, durch Säure aus der alkalischen Lösung fällbar, gibt Phenolreaktionen, eine rotbraune Färbung mit Eisenchlorid, ist N-frei und wurde auch kristallinisch gewonnen. Dieser als Sphagnol bezeichnete phenolartige Stoff ist sehr reichlich in den Zellhäuten von Sphagnum, Fontinalis, Trichocolea und Hypnaceen enthalten und scheint besonders bei Bewohnern nasser Standorte und Wassermoosen vorzukommen. Sphagnol ist ziemlich stark toxisch und spielt vielleicht als Schutzstoff eine biologische Rolle. Eine weitere in Mooszellhäuten sehr verbreitete Substanz ist eine Gerbsäure, die ich als Dicranumgerbsäure bezeichnet habe. Sie läßt sich aus den Membranen durch sehr verdünntes Alkali abspalten und scheint ebenfalls ursprünglich als Celluloseester vorhanden zu sein. Sie ist leicht löslich in Wasser, wenig in starkem Alkohol, gibt dunkelgrüne Eisenreaktion und fällt Leimlösung. Dicranumgerbsäure findet sich charakteristischerweise besonders bei xerophytischen Moosen: Grimmia, Barbula, Tortula, Orthotrichum, Dicranum, Leucobryum; sie ist nicht so giftig wie Sphagnol.

---

1) E. WINTERSTEIN, Zeitschr. physiol. Chem., Bd. XXI, p. 152 (1895). — 2) F. CZAPEK, Flora, 1899, p. 361. — 3) DRAGGENDORFF, Analyse von Pflanzen (1882), p. 88. — 4) TREFFNER, Just Jahresber., 1881, Bd. I, p. 157.

Mooszellmembranen geben nach GJOKIC[1]) auch regelmäßig Rotfärbung mit Rutheniumsesquichlorür. Die Holzstoffreaktionen fallen stets negativ aus. Noch gar nicht untersucht sind die gelben und braunen Membranfarbstoffe, welche einzelne Gewebesysteme (mechanische Elemente) im Moosstämmchen oft sehr intensiv färben.

Bei einzelnen Objekten aus der Reihe der Farne hat GILSON[2]) durch Herstellung von Sphärokristallen mittelst der Kupferoxydammoniakmethode die Gegenwart der gewöhnlichen Cellulose außer Zweifel gestellt. Die Pektinverbindungen in den Parenchymzellwänden von Equisetum wurden durch MANGIN[3]) eingehend studiert. Bei Equisetum arvense, im Parenchym der Stengelknoten, bildet Calciumpektat kleine knopfartige, in die Intercellularräume vorstehende Erhebungen. Konkretionen von Calciumpektat, als einfache oder verzweigte gebogene Stäbchen fand MANGIN im Blattstielparenchym von Pteridium aquilinum und Blechnum brasiliense.

LINSBAUER[4]) hat die Verbreitung der „Ligninreaktionen" bei den Gefäßkryptogamen untersucht. Nach diesem Autor gaben selbst die Tracheïden bei Isoetes die Phloroglucinreaktion nicht, bei Salvinia nur schwach. Die gefärbten Sklerenchymzellwände der Farne geben meist deutliche Holzstoffreaktion. Bei Equisetum bleibt die Reaktion an den mechanischen Elementen aus. Manche Farne haben „verholzte" Parenchymzellwände, die Lykopodien sogar ähnlich reagierende Mesophyllzellwände. Sehr häufig ist die Phloroglucinreaktion ferner an den Wänden der Epidermiszellen des Blattstiels zu erzielen, aber nicht an jenen der Lamina [LEMAIRE[5]), THOMAE[6])]. Endlich geben auch die Sporangienwände die „Ligninreaktion".

§ 5.
Das Zellhautgerüst der Phanerogamen: Die Cellulose.

Die erste Entdeckung auf dem Gebiete der Zellhautchemie rührt von BRACONNOT[7]) her, welcher 1819 fand, daß bei der Einwirkung von kochender Schwefelsäure auf Holz und Leinwand Zucker entsteht. Später beschäftigte sich GMELIN[8]) mit dieser Erscheinung und beobachtete unter anderem, daß aus Papier bei Säurebehandlung ein gallertiger Stoff entsteht, welcher sich mit Jod blau färbt. Das Verdienst, die wissenschaftliche Begründung zur physiologischen Chemie des Zellhautgerüstes der Pflanzen geschaffen zu haben, kommt PAYEN[9]) zu. Seit 1834 war dieser Forscher bestrebt, die Zellwände zahlreicher Pflanzenteile durch successive Behandlung mit Säuren, Alkalien, Wasser, Alkohol, Äther möglichst rein zu gewinnen und die Präparate zu analysieren. Er kam zur Überzeugung, daß man schließlich immer eine mit Stärke isomere Substanz $C_6H_{10}O_5$ erhält, welche er als Cellulose bezeichnete. 1838 beobachtete SCHLEIDEN[10]) zuerst die Eigenschaft der

1) G. GJOKIC, Österr. botan. Zeitschr., 1895, No. 9. — 2) GILSON, La Cellule, Tome IX, p. 397 (1893). — 3) MANGIN, Journ. de Botan., Tome VII, p. 37 (1893). — 4) K. LINSBAUER, Österr. botan. Zeitschrift, 1899, No. 9; vgl. auch BORNSTEIN, Sitz.-Ber. Wien. Akad., Bd. LXX (1) (1874), p. 9, Anm. — 5) LEMAIRE, Ann. sc. nat. (6), Tome XV. — 6) THOMAE, Jahrbüch. wiss. Bot., Bd. XVII, p. 30 (1886). — 7) H. BRACONNOT, Ann. chim. phys., Octob. 1819, p. 172; Schweigg. Journ., Bd. XXVII, p. 328 (1819). — 8) GMELIN, Schwegg. Journ., Bd. LVIII, p. 374, 377 (1830). — 9) PAYEN, Ann. sc. nat. (2), Tome II, p. 21 (1839); ibid., 1840, p. 73; Mémoir. sur les developpements des végétaux, Paris 1842; Compt. rend., Tome X, p. 941 (1840). — 10) SCHLEIDEN, Pogg. Ann., Bd. XLIII, p. 391 (1838). Berichtigung: LIEBIG, Lieb. Ann., Bd. XLII, p. 298, 305 (1842).

Zellwände sich mit Jod und Schwefelsäure blau zu färben, wenngleich ihm anfangs die irrige Ansicht, daß Stärke hierbei entstehe, unterlief und er meinte, daß Jod allein zur Reaktion ausreiche. MOHL[1]) fand die Verbreitung der Jod-Schwefelsäurereaktion bei Cellulosemembranen allgemein, ebenso HARTING[2]). SCHULZE in Rostock wird die Einführung des Chlorzink-Jodreagens an Stelle der Jod-Schwefelsäure verdankt[3]). Man erfuhr auch bald, daß viele Zellmembranen (Cuticula, Kork, Holz) diese Reaktion nicht geben, und PAYEN meinte, daß die Reaktion trotz nachgewiesener Gegenwart von Cellulose in solchen Zellmembranen deshalb unterbleibe, weil die Cellulose „verschieden aggregiert" und von „inkrustierenden Substanzen" durchdrungen sei.

In der Folge stellten BAUMHAUER[4]), FROMBERG, MULDER[5]) zahlreiche Analysen pflanzlicher Zellmembranen an; andere Forscher bemühten sich, allerdings mit geringem Erfolge, die „Inkrusten" aus den Membranen darzustellen und die von FRÉMY und TERREIL[6]) eingeführten Namen „Paracellulose", „Cutose", „Vaskulose" blieben ziemlich inhaltsleere Begriffe. Der 1842 von SCHLEIDEN[7]) geäußerte Gedanke, daß es möglicherweise eine ganze Reihe von Cellulosen geben könnte, welche graduell verschieden sind und von denen nur wenige Glieder bekannt sind, wurde im Verlaufe der neueren Zeit in gewissem Sinne bestätigt, als man endlich dazu überging, die rein qualitativ-mikrochemische Methodik aufzugeben und die Zuckerarten näher zu studieren, welche aus den pflanzlichen Zellmembranen bei Hydrolyse entstehen. In den 80er Jahren des letzten Jahrhunderts zeigte zunächst MUNTZ[8]), sodann SCHULZE und STEIGER[9]), daß man nicht selten bei der Zellwandhydrolyse aus verschiedenem Pflanzenmaterial Galaktose als Hydratationsprodukt erhält. 1886 fand KOCH[10]), daß das von THOMSEN[11]) zuerst dargestellte „Holzgummi" bei der Hydrolyse eine Zuckerart, Xylose, liefert, welche ebenso wie die aus Pektin und Kirschgummi darstellbare Arabinose als fünfwertiger Zucker aufgefaßt werden muß. Bald lehrte eine stattliche Folge von Untersuchungen, größtenteils aus den Laboratorien von E. SCHULZE und B. TOLLENS stammend, daß „Galaktane" wie „Pentosane" weit verbreitete Zellwandbestandteile darstellen müssen. Dazu kam noch 1889 die Entdeckung von REISS[12]), daß eine weitere Hexose, welche anfangs Seminose genannt, bald aber durch FISCHER mit der synthetisch gewonnenen Mannose identifiziert wurde, am Aufbau von Zellwandbestandteilen häufig Anteil hat. Genaue Untersuchungen von E. SCHULZE und dessen Schülern, sowie anderer Forscher lehrten den Unterschied jener Zellwandbestandteile, welche in Reservestoffbehältern vorkommen und beim Keimen und Austreiben gelöst und verbraucht werden, und derjenigen Bestandteile,

---

1) H. v. MOHL, Flora, 1840; Vermischte Schriften (1845), p. 335; Bot. Ztg., 1847. p. 497. — 2) HARTING, Berzelius Jahresber., Bd. XXVI, p. 613 (1847). — 3) Hierzu vgl. RADLKOFER, Lieb. Ann., Bd. XCIV, p. 332 (1855). — 4) v. BAUMHAUER, Journ. prakt. Chem., Bd. XXXII, p. 204 (1844); Lieb. Ann., Bd. XLVIII, p. 356 (1843). — 5) FROMBERG, Lieb. Ann., Bd. XLVIII, p. 353 (1843); MULDER, Physiol. Chem. (1844), p. 198. — 6) FRÉMY u. TERREIL, Journ. pharm. chim., Tome VII, p. 241 (1868). Vgl. die kritischen Bemerkungen über die „Inkrusten" von SCHLEIDEN, Grundzüge d. wiss. Bot. 4. Aufl. (1861), p. 121. — 7) SCHLEIDEN, Flora, 1842, p. 237. — 8) MUNTZ, Compt. rend., Tome XCIV, p. 453 (1882); Tome CII, p. 624, 681 (1885). — 9) SCHULZE u. STEIGER, Ber. chem. Ges., Bd. XX, p. 290 (1887). — 10) F. KOCH, Ber. chem. Ges., Bd. XX, Ref. p. 145; TOLLENS, Lieb. Ann., Bd. CCLIV, p. 304; Bd. CCLX, p. 289. — 11) THOMSEN, Journ. prakt. Chem., Bd. XIX, p. 146. — 12) REISS, Dissert. Erlangen, 1889; Ber. chem. Ges., Bd. XXII, p. 609.

welche nie verbraucht werden und als typische Gerüstsubstanzen aufzufassen sind, kennen. Die REISSsche „Reservecellulose", das Mannan der Dattel, war einer der ersten Fälle, in denen der Reservestoffcharakter von Zellwandschichten gezeigt wurde. Die schönen Arbeiten von GILSON und von E. SCHULZE bewiesen weiter, daß die einzelnen Wandbestandteile bei der Hydrolyse mit verdünnten Säuren ungleich widerstandsfähig sind, und man trennte die leicht hydrolysierbaren Zellhautstoffe als „Hemicellulosen" von den „Cellulosen" oder schwer angreifbaren Substanzen der Zellwand ab. Zu den „Hemicellulosen" gehören vor allem die Reservecellulosen, das Galaktan, Mannan, aber auch die den typischen Gerüstsubstanzen der Zellhaut zuzurechnenden Pentosane. Schwer angreifbar ist die vom Traubenzucker herzuleitende eigentliche Cellulose, der Hauptbestandteil der Zellhäute bei den Phanerogamen.

Die neueren Arbeiten bezüglich Kork, Holz, Cuticula. Schleimmembranen, Pektin- und Gummisubstanzen sind in den betreffenden Paragraphen namhaft gemacht. Hier wenden wir uns zunächst der Cellulose zu.

Wie bereits erwähnt, entdeckte 1819 BRACONNOT die Bildung von Traubenzucker bei der Hydrolyse der Cellulose: als besonderer Stoff unterschieden und benannt wurde die Cellulose 1838 durch PAYEN. Wahrscheinlich ist die Cellulose, worauf GILSON[1]) hingewiesen hat, das einzige Kohlenhydrat der Zellhaut, welches bei der Hydrolyse nur Traubenzucker als Endprodukt liefert. Im Tierreiche fehlt die Cellulose nicht ganz: 1845 wies C. SCHMIDT[2]) und bald darauf LOEWIG und KOELLIKER[3]) nach, daß die Schale der Tunikaten aus Cellulose besteht, und auch die neueren Untersuchungen von FRANCHIMONT[4]) und WINTERSTEIN[5]) haben die völlige Identität mit der so weit bei Pflanzen verbreiteten Cellulose für die Tunikatencellulose erwiesen.

Für die Kenntnis der Cellulose war in neuerer Zeit das von GILSON entdeckte Verfahren, die Cellulose von anderen Kohlenhydraten zu trennen und kristallisiert zu gewinnen, von großer Bedeutung. Nach GILSON, dessen Angaben mehrfach bestätigt worden sind[6]), kann man sowohl in mikroskopischen Schnitten als aus größeren Mengen möglichst gereinigter Zellhäute Cellulosesphärite erhalten durch Auflösung der Cellulose in Kupferoxydammoniak und langsame Ausscheidung aus dieser Lösung. Das Kupferoxydammoniak wurde 1857 durch E. SCHWEIZER[7]) als Lösungsmittel für Zellmembranen bekannt gegeben. Man erhält es entweder durch Lösen von Kupferoxydhydrat in 20-proz. Ammoniak oder durch Auflösen von Kupferoxyd in konzentriertem Ammoniak (wobei Gegenwart von etwas Ammonsalz nötig ist[8]).

1) E. GILSON, La Cellule, Tome IX, p. 397 (1893). — 2) C. SCHMIDT, Journ. prakt. Chem., Bd. XXXVIII, p. 433 (1846). — 3) C. LOEWIG u. A. KOELLIKER, Compt. rend., Tome XXII, p. 38, 581 (1846). — 4) FRANCHIMONT, Ber. chem. Ges., Bd. XII. p. 1939 (1879). — 5) WINTERSTEIN, Ber. chem. Ges., Bd. XXVI. p. 362 (1893). Bezüglich Tunikatencellulose vgl. besonders FÜRTH, Vgl. chem. Physiol. d. nied. Tiere (1903), p. 467. — 6) Vgl. JOHNSON, Bot. Gaz., Tome XX, p. 16 (1895). Früher hatte GRIMAUX Compt. rend., Tome XCVIII, p. 164 (1884) die Cellulose durch Dialyse aus Kupferoxydammoniaklösung zur kolloidal gewonnen. Vgl. auch BÜTSCHLI, Fortges. Unters. an Gerinnungsschäumen etc., 1894. — 7) E. SCHWEIZER, Journ. prakt. Chem., Bd. LXXVI, p. 109, 344 (1857). — 8) MAUMENÉ, Compt. rend., Tome XCV, p. 223 (1882). Über die optische Aktivität der Lösung: LEVALLOIS, Compt. rend., Tome XCVIII, p. 732 (1884); Tome XCIX, p. 1027; BÉCHAMP, Compt. rend., Tome XCIX, p. 1122; Tome C, p. 368 u. 279 (1885).

Die Wirksamkeit des Reagens wird durch kurze Vorbehandlung der Präparate mit Natronlauge sehr gefördert. GILSON befreite nicht zu dünne Schnitte aus Betawurzeln von den Zellinhaltsstoffen mittelst Eau de Javelle oder Natronlauge, wusch sie aus und ließ sie im verschlossenen Gefäße 5—12 Stunden in Kupferoxydammon stehen, legte sie sodann in mehrfach gewechseltes Ammoniak und wusch mit Wasser aus. Bei Anwendung von 5-proz. Ammoniak erhielt er dendritische Gebilde. Größere Mengen kristallisierter Cellulose stellte GILSON aus pulverisiertem Marke von Kohlstengeln dar. Dasselbe wurde successive mit $^1/_2$-proz. NaOH, fünfstündigem Kochen in 2-proz. Schwefelsäure, 14 Tage Liegen in 12 Teilen Salpetersäure (D 1,15) $+$ 0,8 Teilen Kaliumchlorat, einstündigem Einlegen in verdünntes Ammoniak bei 60° behandelt und zwischen je zwei Operationen mit Wasser gewaschen. Zuletzt wurde mit Alkohol gewaschen und getrocknet. Nach Behandlung mit Kupferoxydammoniak und Ammon erhielt man vollständig kristallinische Massen. Aus der konzentrierten Kupferoxydammonlösung selbst scheiden sich nur kleine Sphärite aus. Das gleiche Verhalten ist bisher von keinem anderen Kohlenhydrat der Zellhaut bekannt geworden.

Verdünnte Mineralsäuren greifen Cellulose nur sehr wenig an und man findet bei der Trennung der Cellulose von den leichter hydrolysierbaren Zellhautbestandteilen nur sehr wenig Traubenzucker den Hydratationsprodukten beigemengt, welcher aus der Cellulose stammt [1]). Daß Traubenzucker das einzige Endprodukt der Säurehydrolyse bei Cellulose ist, haben in neuerer Zeit FLECHSIG [2]) sowie GILSON besonders nachgewiesen. Vor kurzer Zeit teilten SKRAUP und KÖNIG [3]) die wichtige Tatsache mit, daß es durch Einwirkenlassen von konzentrierter Schwefelsäure und Essigsäureanhydrid auf Cellulose möglich ist, das Acetylderivat einer neuen Biose zu gewinnen, welche die genannten Autoren als Cellobiose bezeichneten und auch rein darstellten. Nach MAQUENNE und GOODWIN [4]), welche die Existenz dieser Biose bestätigen, gibt die Cellose oder Cellobiose mit Brom oxydiert eine Bionsäure, enthält also eine freie Aldehydgruppe. Vielleicht kommt diesem Disaccharid für die Konstitution der Cellulose eine ähnliche Bedeutung zu, wie der Maltose für die Konstitution der Stärke. Die Versuche von SKRAUP, freie Cellobiose in Keimpflanzen zu finden, woselbst sie als Material zur Zellhautbildung vorhanden sein könnte, sind bisher erfolglos geblieben. Konzentrierte Schwefelsäure löst Cellulose schon in der Kälte. In einem Gemisch von Schwefelsäure und etwas verdünnter Salpetersäure in der Wärme läßt sich Cellulose nitrieren bis zur Bildung von Hexanitrat. Schießbaumwolle ist ein Gemisch von Tetra-, Penta- und Hexanitrocellulose [5]). Benzoësäureanhydrid und Essigsäureanhydrid

1) Über allmähliche Hydrolyse der Cellulose: W. HOFFMEISTER, Landw. Versuchsstat., Bd. XXXIX, p. 461 (1893). — 2) FLECHSIG, Zeitschrift physiol. Chemie, Bd. VII, p. 523 (1883). Über Sulfosäuren als Zwischenprodukte bei der Hydrolyse: HÖNIG u. SCHUBERT, Mon. Chem., Bd. VII, p. 455 (1886). — 3) SKRAUP u. KÖNIG, Ber. chem. Ges., Bd. XXXIV (I), p. 1115 (1901); Mon. Chem., Bd. XXII, p. 1011 (1902); vgl. auch FENTON, Proc. chem. Soc., Tome XVII, p. 166 (1901). — 4) L. MAQUENNE n. W. GOODWIN, Bull. soc. chim. (3), Tome XXXI, p. 854 (1904). — 5) Über Nitrocellulose: BUMCKE u. WOLFFENSTEIN, Ber. chem. Ges., Bd. XXXII (II), p. 2493 (1899); G. LUNGE u. WEINTRAUB, Zeitschr. angew. Chem., 1899, p. 441; C. HAEUSSERMANN, Ber. chem. Ges., Bd. XXXVI, p. 3956 (1903); WILL, Ber. chem. Ges., Bd. XXIV, p. 400 (1891); VIONON, Compt. rend., Tome CXXXI, p. 509 (1900); Tome CXXXVI, p. 818, 969 (1903); LUNGE u. BEBIE, Zeitschr. angew. Chem., Bd. XIV, p. 483 (1901); CROSS, BEVAN u. JENKS, Ber. chem. Ges., Bd. XXXIV (II), p. 2496 (1901).

unter Anwendung von Kondensationsmitteln geben Benzoyl- respektive Acetylester der Cellulose [1]. Oxydation mit Salpetersäure führt Cellulose in Oxalsäure über. Durch Erhitzen von Cellulose mit Salzsäure und Kaliumchlorat gewann VIGNON [2] Oxycellulose. Eine solche entsteht auch durch Einwirkung von Salpetersäure auf Cellulose [FABER und TOLLENS [3], CROSS und BEVAN [4]].

NASTJUKOW [5] stellte eine Oxycellulose durch Einwirkung von Chlorkalklösung oder Kaliumpermanganat dar. Dieselbe enthielt wahrscheinlich ein Sauerstoffatom angelagert an vier- bis sechsmal $C_6H_{10}O_5$.

Neuerdings haben sich auch TOLLENS [6] und dessen Schüler SACK und MURUMOW sowie WOLFFENSTEIN und BUMCKE [7] mit den Oxycellulosen befaßt. NASTJUKOFF schloß aus seinen Präparaten, daß die Molekulargröße der nativen Cellulose höchstens der Formel 40 $(C_6H_{10}O_5)$ entsprechen könne. Es ist jedoch zu beachten, daß die Frage, ob bei der Herstellung der Oxycellulosen außer Oxydation nicht auch eine partielle Hydrolyse unterläuft, noch nicht entschieden ist.

Die Angabe von CROSS und BEVAN [8], daß sich Cellulose in konzentrierter Salzsäure mit Chlorzinkzusatz ohne tiefgreifende Zersetzung löse, ist von HANAUSEK [9] bestritten worden.

GIRARD [10] hat Einwirkungsprodukte von Schwefelsäure auf Cellulose als Hydrocellulose beschrieben. Die so behandelte Cellulose wird so zerreiblich, daß sie zu Pulver zerfällt. Sie ist in warmer Kalilauge und in kochendem Essigsäureanhydrid löslich und bei höherer Temperatur leicht oxydabel. In die Reihe solcher Präparate gehören wohl auch die Veränderung an Zellmembranen oder künstlichen Cellulosehäuten durch Salzsäure, welche man als „Zerstäubung" oder Karbonisierung bezeichnet hat und welche infolge der Behauptung WIESNERS [11], daß die entstandenen Körnchen Elementargebilde der Zellhaut, „Dermatosomen", seien, eine Diskussion hervorgerufen hat [PFEFFER [12], CORRENS [13]]. Im Lichte chemischer Beurteilung erscheint obige Theorie kaum als haltbar. Übrigens handelt es sich bei GIRARDS „Hydrocellulose" wahrscheinlich um hydrolytische Abbauprodukte der Cellulose [14].

---

1) Benzoylierung der Cellulose: CROSS u. BEVAN, Chem. News, Vol. LXV. p. 77 (1892); Vol. LXVII, p. 236 (1893). Acetylcellulosen: CROSS u. BEVAN. Ber. chem. Ges., Bd. XXIII, Ref. 247 (1890); FRANCHIMONT, Compt. rend., Tome XCII. p. 1053 (1881); Rec. trav. chim. Pays Bas, Tome XVIII. p. 472 (1899); A. NASTJUKOFF (Chem. C., 1903, Bd. I, p. 139) berichtet über ein merkwürdiges phenyliertes und sulfoniertes Cellulosederivat, welches bei der Einwirkung von H_2SO_4 und Benzol auf Cellulose entsteht. Über Acetylcellulose ferner Z. SKRAUP, Ber. chem. Ges., Bd. XXXII, p. 2413 (1899). — 2) VIGNON, Compt. rend., Tome CXXV, p. 448 (1897); vgl. auch WITZ, Assoc. franç. av. scienc., 1884. p. 170. — 3) FABER und TOLLENS, Ber. chem. Ges., Bd. XXXII (III), p. 2589 (1899). — 4) CROSS und BEVAN, Journ. chem. Soc., Vol. XLIII, p. 22 (1883); B. S. BULL, ibid., Vol. LXXI, p. 1090 (1897). — 5) NASTJUKOW, Chem. Centr., 1901. Bd. I, p. 99; Ber. chem. Ges., Bd. XXXIII (II), p. 2237 (1900); Bd. XXXIV (I), p. 719 (1901). — 6) MURUMOW, SACK u. TOLLENS, Ber. chem. Ges., Bd. XXXIV (II), p. 1427; TOLLENS, ibid., p. 1434. — 7) WOLFFENSTEIN u. BUMCKE, ibid., p. 2415; Bd. XXXII, p. 2493 (1899). — 8) CROSS und BEVAN, Chem. News, Vol. LXIII, p. 66. — 9) HANAUSEK, Chem.-Zeitg., Bd. XVIII, p. 441 (1894). — 10) A. GIRARD, Ber. chem. Ges., Bd. IX, p. 65 (1876); Bd. XII, p. 2085 (1879); Ann. chim. phys. (5), Tome XXIV, p. 337 (1881). — 11) J. WIESNER, Sitz.-Ber. Wien. Akad., 1886, Bd. XCIII (I). Elementarstruktur u. d. Wachstum d. leb. Substanz, 1892, Bot. Ztg. 1892, p. 473. — 12) PFEFFER, Studien zur Energetik (1892). — 13) CORRENS, Jahrb. wiss. Bot., Bd. XXVI, p. 590 (1894). Die Erscheinung der Zerstäubung wurde zuerst beobachtet von MEYEN u. MITSCHERLICH, Wiegmanns Archiv, 1838, Bd. I, p. 297. — 14) Vgl. hierzu A. L. STERN, Proceed. chem. soc., Vol. XX. p. 43 (1904); CH. F. CROSS u. E. J. BEVAN, ibid., p. 90; auch L. VIGNON, Compt. rend., Tome CXXVI, p. 1355 (1898).

Verdünnte Alkalien verändern Cellulose nur in der Wärme derart, daß sie merklich quillt. Starke Quellung erfolgt in konzentrierten Ätzlaugen, nicht aber in Ammoniak. SACHS[1]) zeigte bereits, daß diese gequollenen Membranen Kupferhydroxyd wie Zucker lösen. Die entstehende quellbare Substanz hat man ebenfalls als „Hydrocellulose" bezeichnet. Nach MANGINS[2]) Vorschlag nimmt man zu dieser Reaktion am besten alkoholische Lauge. CROSS und BEVAN[3]) gaben an, daß man aus dieser gequollenen Cellulose durch mehrstündige Behandlung mit Schwefelkohlenstoff ein in Wasser lösliches Cellulosederivat erhalte: „Viskose", ein heute technisch verwendeter Artikel. Ein Einwirkungsprodukt von Laugen auf Cellulose liegt auch in der „mercerisierten" Baumwolle vor (MERCER 1847). Nach THIELE[4]) handelt es sich um eine Natroncellulose der von MERCER bereits angegebenen Formel $C_{12}H_{20}O_{10} \cdot 2\,NaOH$. In der Ätzkalischmelze ist Cellulose, wie besonders HOPPE-SEYLER[5]) gezeigt hat, sehr beständig und bleibt bis zu Temperaturen von 180° unverändert. Bei höheren Temperaturen entstehen Huminstoffe, Protokatechusäure und Brenzkatechin aus Cellulose. Mit Glyzerin erhitzt, bleibt Cellulose, wie WISSELINGH fand, bis zu 300° unzersetzt und kann hierdurch von verwandten Kohlenhydraten unterschieden werden.

Die bekannten und schon erwähnten violetten Farbenreaktionen mit Jod + Schwefelsäure, Chlorzinkjodlösung werden bei Cellulose auch in den Kombinationen von Jodjodkali und konzentrierter Phosphorsäure, Aluminiumchlorid und anderen wasserentziehenden Agentien erhalten[6]). Die hierbei aus Cellulose entstehende jodbläuende Verbindung ist noch unbekannt. SCHLEIDENS ursprüngliche Ansicht, daß hierbei Stärke entstehe, wurde sofort von LIEBIG berichtigt. Über das Verhalten der Cellulose zu Anilinfarbstoffen hat besonders MANGIN[7]) Mitteilungen gemacht, welchen zufolge besonders Farbstoffe der Diazoreihe (Orseillin BB, Crocein u. a.) in neutraler oder schwach saurer Lösung, und Farbstoffe der Benzidinreihe (z. B. Congorot[8]) in neutraler oder schwach alkalischer Lösung Cellulose färben. GILTAY[9]) fand das Hämatoxylin als einen spezifisch Cellulosewände tingierenden Farbstoff.

Über die Konstitution der Cellulose ist noch nichts Sicheres bekannt. Ihre Zusammensetzung $n(C_6H_{10}O_5)$ [EDER[10]) schreibt $C_{12}H_{20}O_{10}$] wurde schon von PAYEN aufgestellt. In neuerer Zeit haben CROSS und BEVAN[11]) in einer längeren Reihe von Studien ihre Ansichten über die Konstitution der Cellulose veröffentlicht, welche darin gipfeln, daß die Cellulose kein Polyaldosenanhydrid ist, sondern eine Ketonkonstitution besitzt. Reservierter wird man sich der von diesen Autoren außerdem vertretenen Meinung gegenüber verhalten müssen, daß in der Cellulose

---

1) SACHS, Sitz.-Ber. Wien. Akad., 1859, p. 1. — 2) MANGIN, Compt. rend., Tome CXIII, p. 1069 (1892). — 3) CROSS, BEVAN u. BEADLE, Botan. Centr., Bd. LXIII, p. 60 (1895). — 4) E. THIELE, Chem.-Zeitg., Bd. XXV, p. 610 (1901). — 5) HOPPE-SEYLER, Ber. chem. Ges., Bd. IV, p. 15 (1870); Mediz.-chem. Untersuchungen, p. 587 (1868); Zeitschr. physiol. Chem., Bd. XIII, p. 66 (1889). — 6) Vgl. hierzu MANGIN, Bull. soc. bot. France, Tome XXXV, p. 421 (1888). — 7) MANGIN, Compt. rend., Tome CXI, p. 120 (1890). — 8) Hierzu auch HEINRICHER, Zeitschr. wiss. Mikr., Bd. V, p. 343 (1889). — 9) GILTAY, Arch. Néerland, Tome XVIII (1883). — 10) EDER, Ber. chem. Ges., Bd. XIII, p. 169 (1880). — 11) CROSS, BEVAN u. BEADLE, Ber. chem. Ges., Bd. XXVI (III), p. 2520 (1893); Bd. XXIX (II), p. 1457 (1896); Journ. chem. Soc. 1895, Vol. I, p. 433; Proc. chem. soc., Vol. XVII, p. 22 (1901); Researches on Cellulose, London 1901.

eine Furfuroidmethylenverbindung $C_3H_5O_3$ $\big\langle{}^O_O\big\rangle$ CH_2 vorliege. Bei Behandlung von Cellulose mit Bromwasserstoff entsteht wie aus Ketosen
ω-Brommethylfurfurol [GOSTLING [1])]. Doch muß die Ketosengruppe nicht
schon vorgebildet sein, sondern könnte auch durch Umlagerung bei der
Reaktion entstehen [A. GREEN [2])]. Der letztgenannte Autor faßt die
Cellulose als ein inneres Anhydrid des Traubenzuckers der Form:

$$CH(OH)-CH-CH-OH$$
$$>O \quad >O$$
$$CH(OH)-CH-CH_2 \quad \text{auf.}$$

Die Isolierungsmethoden und die Methoden zur quantitativen Bestimmung der Cellulose beruhen sämtlich auf der Erfahrung, daß die
Cellulose unter allen Membranstoffen die widerstandsfähigste Substanz
ist, welche auch nach sehr eingreifenden Operationen praktisch vollständig zurückbleibt. Schon die Arbeiten von PAYEN bedienen sich
dieses Prinzipes. Man extrahiert das Material mit Säuren und Alkalien,
wendet Oxydationsmittel an, wie Eau de Javelle, LABARRAQUEsche
Flüssigkeit [erhalten durch Einleiten von Chlor in eine Lösung von
15 Teilen Soda auf 40 Teile Wasser [3])], oder das von SCHULZE [4]) und
HENNEBERG [5]) eingeführte Gemisch von Salpetersäure und Chlorat; auch
ist Kochen mit saurem Calciumsulfit unter Druck ein technisch viel zur
Cellulosebereitung verwendeter Prozeß.

Die in der Praxis gebräuchliche Bestimmung der „Rohfaser" in
pflanzlichen Materialien läuft auf die Darstellung und Wägung unreiner
Cellulosepräparate hinaus, welche besonders Pentosane als Beimengung
zur Cellulose enthalten. Das gebräuchlichste der hierher gehörigen
Verfahren ist das HENNEBERGsche oder WEENDERsche Verfahren [6]). Man
kocht $\frac{1}{2}$ Stunde mit $1\frac{1}{4}$-proz. Schwefelsäure, sodann mit $1\frac{1}{4}$-proz.
Natronlauge, endlich wäscht man mit heißem und kaltem Wasser, Alko-
hol, Äther aus. Dieses Verfahren ist vielfach modifiziert worden. Die
Ausführung geschieht nach vereinbarter Vorschrift, welche sich z. B. in
dem Handbuche KÖNIGs ausführlich erläutert findet.

H. MÜLLER [7]) versuchte zur Zerstörung der Zellsubstanzen und
zur Isolierung der Cellulose Bromwasser zu verwenden. Über diese
Methode machte in neuerer Zeit COUNCLER [8]) Mitteilungen.

HOFFMEISTER [9]), welcher sich sehr eingehend mit der Prüfung der
Cellulosebestimmungsverfahren befaßt hat, empfahl zur Hintanhaltung

1) M. GOSTLING, Proceed. chem. Soc., Vol. XVIII. p. 250 (1903). — 2) A.
G. GREEN, Zeitschr. Farben- und Textilchemie, Bd. III. p. 97, 309 (1904). Vgl.
hierzu CROSS u. BEVAN, ibid., p. 197. — 3) LABARRAQUE, Berzelius' Jahresber.,
Bd. VIII. p. 153 (1829). — 4) F. SCHULZE. Chem. Centralbl., 1857, p. 321. —
5) HENNEBERG, Lieb. Ann., Bd. CXLVI. p. 130. — 6) J. KÖNIG, Untersuch. landwirtsch. und gewerbl. wicht. Stoffe, 2. Aufl. (1898), p. 226. Zum Weender Verfahren auch: WATTENBERG, Journ. Landwirtsch., Bd. XXVIII. p. 273 (1880);
Kritisches bei TOLLENS, Landw. Versuchstat., Bd. XXXIX. p. 401 (1891); Birk,
Journ. f. Landwirtsch., Bd. XXIV. p. 19 (1876); KÖNIG, ibid., p. 303; Holz,
FLEISS, Landwirtsch. Jahrb., Suppl.-Bd. VI. p. 103 (1877); A. STIFT, Chem. C.,
1895, Bd. I. p. 1045 (Modifikation der „Holdefleißschen Birne"); G. BAUMERT, Zeitschr. angew. Chemie, 1896, p. 408; B. TOLLENS, Journ. f. Landwirtsch., Bd. XLV.
p. 295 (1897); — 7) H. MÜLLER, Centralbl. Agrik.-Chem., Bd. XI. p. 273 (1877).
— 8) COUNCLER, Chemik.-Ztg., 1900, p. 368. — 9) W. HOFFMEISTER, Landw.
Versuchstat., Bd. XXXIII. p. 153 (1886); Landwirtschaftl. Jahrbücher, Bd. XVII.
p. 239 (1888); Bd. XVIII. p. 767 (1889); Versuchstat., Bd. XXXIX. p. 461 (1
Bd. XLVIII. p. 401 (1897); Bd. LV. p. 115 (1901). Auch KLEIBER, ibid.
LIV. p. 161 (1900).

von Verlusten bei Behandlung mit SCHULZEscher Mischung zunächst mit
Äther zu extrahieren, dann mit Salzsäure (auf 1 Teil Substanz 6 Teile
Säure von 1,05 D) zu übergießen, allmählich bis zur Sättigung chlor-
saures Kali zuzusetzen und 24 Stunden stehen zu lassen. Nach einer
späteren Vorschrift (1897) werden die Materialien in der Kälte durch
verdünnte Salzsäure und Ammoniak erschöpft, sodann mit 5—6-proz.
Natronlauge behandelt; der Rückstand wird mit Kupferoxydammon
extrahiert und das Gelöste als Cellulose berechnet. Ungelöst bleibt
„Lignin".

Die Methode von LANGE[1]) basiert auf der Widerstandsfähigkeit
der Cellulose gegen schmelzendes Ätzkali. Man bringt 5—10 g Substanz, welche früher entfettet wurde, mit dem dreifachen Gewichte
Natriumhydroxyd und 20 ccm Wasser in einen Porzellantiegel von
65 mm Höhe, erhitzt im Ölbade unter Umrühren nicht über 180°; nach
beendeter Reaktion hält man die Probe bei aufgelegtem Tiegeldeckel
noch etwa 1 Stunde auf 175—180°, läßt auf 75—80° abkühlen, verdünnt mit etwa 75 ccm heißem Wasser, läßt erkalten; man säuert
sodann mit Schwefelsäure an, macht mit Natron schwach alkalisch und
zentrifugiert. Die klare Flüssigkeit wird vom Celluloseniederschlag abgegossen, der Niederschlag nochmals in heißem Wasser verteilt, zentrifugiert, auf ein gewogenes Filter gebracht. Man wäscht ihn mit
heißem Wasser, Alkohol, Äther aus, wägt ihn, verascht und zieht das
Gewicht der Asche ab. HÖNIG[2]) schlug vor, zur Cellulosebestimmung die
Unveränderlichkeit der Cellulose in siedendem Glyzerin zu benutzen.
WISSELINGH[3]) fand, daß bei Behandlung von Gewebeschnitten mit
Glyzerin bei 300° die Cellulosemembranen allein zurückbleiben; sie lösen
sich sofort in Kupferoxydammoniak auf und geben die Jod-Schwefelsäurereaktion. So ließ sich die Cellulose in den Endospermzellwänden nach
Zerstörung der Reservecellulose als ein feines Netzwerk nachweisen,
und man kann zeigen, daß Baumwolle in 300° heißem Glyzerin nur
geringe Veränderungen erleidet. GABRIEL[4]) hat die Methoden von
LANGE und HÖNIG kombiniert und schlug vor, in einem Gemisch von
33 Teilen Kali auf 1 Teil Glyzerin auf 180° zu erhitzen. Alle
Methoden haben jedoch Verluste an Cellulose oder liefern unreine Produkte [TOLLENS und SURINGAR[5])]. Die Präparate von LANGE und HÖNIG
sind gleichfalls unrein. Das Verfahren von F. SCHULZE ist das relativ
beste, jedoch sehr langwierig, und erfordert etwa 14 Tage. Nach
ZEISEL und STRITAR[6]) bietet die Verwendung von Kaliumpermanganat
in Gegenwart von Salpetersäure als Oxydationsmittel Vorteile und man
kann (allerdings gleichfalls nicht ganz ohne Verluste) die Cellulose als
reines Präparat gewinnen und bestimmen. Sehr gute Resultate lassen
sich endlich nach dem Verfahren von KÖNIG[7]) erzielen, welches die
Aufschließung mit Glyzerin unter Schwefelsäurezusatz durchführt: 3 g
lufttrockene Substanz werden in einem 600 ccm fassenden Kolben aus
Jenaer Glas mit 200 ccm Glyzerin (D 1,230), welches pro Liter 20 g

---

1) G. LANGE, Zeitschr. physiol. Chem., Bd. XIV, p. 283 (1889); Zeitschr.
angew. Chemie, 1895, p. 561. — 2) HÖNIG, Chemik.-Ztg., 1890, p. 868, 902. —
3) WISSELINGH, Jahrbücher wiss. Bot., Bd. XXXI. p. 629 (1898). — 4) GABRIEL,
Zeitschr. physiol. Chem., Bd. XVI, p. 270 (1891). — 5) TOLLENS u. SURINGAR,
Zeitschr. angew. Chemie. 1896, p. 709; SURINGAR, Dissert. Göttingen, 1896; Bot.
Centralbl., Bd. LXVIII. p. 44 (1896). — 6) ZEISEL u. STRITAR, Ber. chem. Ges.,
Bd. XXXV, p. 1252 (1902). — 7) J. KÖNIG, Zeitschr. Untersuch. Nahr. Genußm.,
1898, p. 3; Bd. VI, p. 769 (1903); O. KELLNER, HERING und ZAHN, ibid., Bd. II,
p. 784 (1899).

englische H_2SO_4 enthält, zum Sieden erhitzt und nun 1 Stunde lang
im Sieden erhalten. Die zurückbleibende Rohfaser enthält nur noch
wenig Pentosane, aber größere Mengen von „Lignin".

Zur Beurteilung, welcher Anteil vom Trockengewicht verschiedener
Pflanzenteile auf die Zellwandsubstanzen fällt, folgt eine Zusammenstellung der von verschiedenen Analytikern ermittelten Zahlen für „Rohfaser" bei Pflanzenbestandteilen.

Samennährgewebe	Wasser-gehalt	Rohfaser in Proz. der wasser-haltigen Substanz	Trocken-substanz	Untersucher
Phoenix dactylifera	-	•	13,9	Jahresber. Agrik.-Chem. 1895, p. 375.
Cocos nucifera	6,0	2,1	2,23	COCHRAN, Just Jahresb., 1899, II, 103.
Phytelephas macrocarpa	8,8	5,0	5,48	LIEBSCHER, Just Jahres-ber., 1885, p. 84.
Weizenmehl	13,37	0,29	0,335	
Roggenmehl	13,71	1,59	1,84	
Hafermehl	9,65	1,86	2,05	cit. b. KÖNIG, l. c.
Maismehl	14,21	1,46	1,7	
Juglans regia	7,18	4,59	4,95	
Quercus Robur	22,83	6,49	8,42	A. PETERMANN, Centr. Agr.chem.,1878,p.869.
Castanea sativa	52,8	0,74	2,65	BALLAND, Just Jahresb., 1897, II, 85.
Fagopyrum esculentum	15,3	1,47	1,74	A.SUDAKOFF,JustJahres-ber., 1879, I, 399.
Myristica officinalis	7,38	9,92	10,7	
Bohnenmehl	10,29	1,67	1,86	
Erbsenmehl	11,41	1,32	1,49	KÖNIG, l. c.
Aesculus hippocastanum	13,5	1,3	1,5	
Palaquium oblongifolium	45,0	2,1	•	A. de JONG u. W. TROMP DE HAAS,Chemik.-Ztg. 28, 780 (1904).
Helianthus annuus		•	2,24	FRANKFURT, Vers.-Stat., 43, 143 (1894).

Samen mit Schale:

Picea excelsa	7,82	29,51	32,0	
Pinus Laricio	9,66	26,45	29,3	
„ silvestris	9,64	18,25	20,2	L. JAHNE, Centr. Agr.-Chem., 1881, p. 106.
„ Cembra	10,22	37,94	42,3	
Larix decidua	10,81	52,09	58,4	
Elaeis guineensis	8,4	5,82	6,35	KÖNIG, l. c.
Sorghum vulgare	•	•	7,46	STORER u. LEWIS, Centr. Agr.chem.,1879,p.73.
„ tataricum	•	•	2,04	FARSKY,Just,1886,I,197.
Oryza sativa	11,18	5,3	5,97	DWARS, Just Jahresb., 1878, I, 298.
Zea Mays	10,75	1,74	1,95	GRANDEAU, Centr. Agr.-Chem., 1879, p. 149.
Avena sativa	12,01	11,2	12,75	GRANDEAU u. LECLERC, Centr. Agr.-Chem., 1880, p. 669.

Samen mit Schale	Wasser-gehalt	Rohfaser in Proz. der		Untersucher
		wasser-haltigen Substanz	Trocken-substanz	
Amomum Melegueta	16,05	29,35	34,95	THRESH, Pharm. J. Tr., 1884, p. 798.
Betula alba	10,53	24,35	27,2	JAHNE, C. Agr.-Chem., 1881, p. 106.
Chenopodium album		·	25,68	BAUMERT u. HALPERN, Arch. Pharm., 231, 641 (1893).
Beta vulgaris		·	20,83	PELLET u. LIEBSCHÜTZ, Compt. r., 90, 1363 (1880).
Agrostemma Githago		·	7,29	ULBRICHT, Centr. Agr.-Chem., 1880, p. 34.
Brassica nigra	4,84	16,76	17,61	HASSALL, Arch. Pharm., 210, 156 (1877).
Rapa	7,86	9,91	10,7	KÖNIG, l. c.
„ glauca	·	·	15,5	
„ ramosa		·	7,25	Jahresber. Agr.-Chem., 1895, p. 375.
„ dichotoma		·	13,28	
„ juncea		·	8,5	
Thlaspi arvense	·	·	24,6	
Sinapis alba	5,36	16,3	17,23	HASSALL, l. c.
Papaver somniferum	8,15	5,58	6,08	KÖNIG, l. c.
Mespilus germanica	·	·	48,52	BERSCH, Vers.-Stat., 46, 471 (1895).
Amygdalus officinalis	6,02	6,51	6,93	KÖNIG, l. c.
Prunus persica (Steinkern)	5,53	70,63	74,7	STORER, Just Jahresb., 1877, p. 662.
Prunus (Steinkern)	10,96	48,74	54,7	
Cassia occidentalis	11,09	21,21	23,85	J. MÜLLER, Chem. Centr., 1880, p. 539.
Gleditschia glabra	10,9	10,66	11,98	J. MOSER, Centr. Agr.-Chem., 1879, p. 388.
Lupinus luteus	13,98	14,12	16,4	KÖNIG, l. c.
„ angustifol.	·	·	1,57 Cellulose	MERLIS, Vers.-Stat., 48, 419 (1897).
Robinia Pseudacacia	11,31	13,26	15,0	L. JAHNE, Centr. Agr.-Chem., 1881, p. 106.
Arachis hypogaea	6,95	2,21	2,37	KÖNIG, l. c.
Butea frondosa	6,62	3,8	4,07	WAEBER, Just Jahres-ber., 1886, II, 341.
Voandzeia subterranea	·	·	4,0	BALLAND, Compt. r., 132, 1061 (1901).
Glycine hispida	12,71	4,4	5,04	KÖNIG, l. c.
Pisum sativum	13,92	5,68	6,06	
Vicia Faba	13.49	8,06	9,32	
Phaseolus multiflorus	11,24	3,88	4,37	KÖNIG, l. c.
Linum usitatissimum	9,23	7,05	7,77	
Acer campestre	9,74	8,63	9,56	JAHNE, Centr. Agr.-Chem. 1881, p. 106.

Samen mit Schale	Wasser-gehalt	Rohfaser in Proz. der		Untersucher
		wasser-haltigen Substanz	Trocken-substanz	
Ricinus communis	6,46	1,81	1,93	KÖNIG, l. c.
Gossypium barbadense	9,76	23,46	25,9	
„ „	11,42	18,93	22,9	KÖNIG, Just Jahresb. 1884, I, 171.
Cola acuminata	11,9	29,8	33,8	HECKEL und SCHLAGDEN-HAUFFEN, Compt. r. 94, 802 (1882).
	11,59	8,67	9,81	CHODAT u. CHUIT, Just Jahresb. 1888, I, 57.
Trapa natans	10,41	1,38	1,54	NEUMANN, Chem.-Ztg. 1899, No. 3.
Gynocardia odorata	5,78	20,29	21,55	HECKEL und SCHLAGDEN-HAUFFEN, Journ. pharm. chim.(5),11,359(1885).
Fraxinus excelsior	8,84	6,86	7,54	JAHNE, l. c. 1881.
Capsicum annuum	8,12	17,5	19,0	STROHMER, Chem. Centr. 1884, p. 577.
Plantago lanceolata	13,08	23,57	27,1	KROCKER, Centr. Agr.-Chem. 1880, p. 208.
„ major	8,25	19,23	20,9	
Coffea arabica	11,16	11,59	13,05	DRAGGENDORFF, Just Jahresb. 1885, I, 77.
Cucurbita Citrullus	·	·	46,026	E. BOTH, Just 1890, II, 429.
Cucumis Melo	·	·	40,0	

Frucht und Samen von

Cannabis sativa	·	·	26,53	FRANKFURT, Landw.Ver-suchsstation, 43, 143 (1894).
Piper nigrum	12,88	64,95	74,7	KÖNIG, l. c.
Ribes rubrum	84,77	4,57	30,05	
Fragaria vesca	87,66	2,32	18,86	
Rubus Idaeus	85,74	7,44	52,0	
Pirus Malus	84,79	1,51	9,93	
Prunus persica	80,03	6,06	30,35	
„ Avium	78,17	3,6	16,5	
„ domestica	81,18	5,41	28,75	
Vaccinium Vitis Idaea	78,36	12,29	56,8	
Cucurbita pepo	90,32	1,22	12,58	
Helianthus annuus	7,51	28,08	30,4	

Früchte

Musa sapientum	·	·	1,6	MARCANO u. MUNTZ, Ber. chem. Ges. 12, 668 (1879).
Mespilus germanica, Fruchtfleisch	·	·	7,35	BERSCH, Landw. Ver-suchsstat. 1895.
Rosa canina		·	19,86 bis 25,24	WITTMANN, Chem. Cen-tralbl. 1904, I, 820.

Früchte	Wassergehalt	Rohfaser in Proz. der wasserhaltigen Substanz	Trockensubstanz	Untersucher
Phoenix dactylifera, Fruchtfleisch	·	·	2,55	Jahresber. Agr.-Chem. 1895, p. 377.
Solanum Melongena		·	0,89	ZEGA, Chem.-Ztg. 22, No. 12 (1898).
Capsicum annuum, Fruchtschale		·	22,17	BITTO, Vst. 42, 369.
Citrus, Fruchtschale		·	58,2	H. STANLEY, Chem. News 87, 220 (1903).
Blätter				
Zea Mays		·	10,6	BARRAL, Just Jahresb. 1877, p. 720.
Allium Schoenoprasum	82,0	2,46	13,66	KÖNIG, l. c.
Allium Porrum	91,3	·	12,15	DAHLEN, Landw. Jahrb. 1874, p. 321.
Elodea canadensis	·	·	16,98	W. HOFFMEISTER, Centr. Agr.-Chem. 1879, p. 915.
Populus canescens { frisch	20,88	·	26,44	
„ argentea { abgefall. Laub	18,31	·	20,46	
Salix alba „	20,27	·	19,72	
Alnus glutinosa „	17,06	·	15,74	EMEIS und LOGES, Just
Betula alba „	15,73	·	29,1	1884, I, 173.
Carpinus betulus „	17,03	·	24,83	
Fagus silvatica „	15,85	·	29,82	
Quercus Robur „	17,73	·	30,68	
„ Cerris, Septbr.	10,1	18,52	20,6	MORARA, Just Jahresber. 1891, I, 69.
Urtica dioica, 22. Mai	82,44	1,96	·	STORER u. LEWIS, Just 1878, I, 302.
Polygonum Hydropiper	10,25	·	57,45	TRIMBLE u. SCHUCHARD, Just 1885, I, 85.
Chenopodium album, 1.Aug.	80,8	3,82	·	STORER u. LEWIS, l. c.
Spinacia oleracea	84,88	1,25	·	C. BÖHMER, Versuchsstat. 28, 247 (1883).
„ „	93,38	·	8,32	DAHLEN, l. c.
Portulaca oleracea, 14. Juli	92,61	1,03	·	STORER u. LEWIS, l. c.
Brassica: Krauser Grünkohl, Mesophyll	79,69	·	8,04	
Rippen	82,30	·	12,0	DAHLEN, Landw. Jahrb.
„ Rotkraut { Mesophyll	89,43	·	12,03	1874, p. 321.
Rippen	90,86	·	14.31	
„ Weißkraut { Mesophyll	92.31	·	10.76	
Rippen	92.95	·	22.28	
Ulex europaea	57,35	·	19,85	TROSCHKE, Just 1885, I, 91.
Sarothamnus scoparius, lufttrockene Zweigspitz.	8,3	·	33,1	WITTELSHÖFER, Centr. Agr.-chem. 1879, p. 713.

Blätter	Wasser-gehalt	Rohfaser in Proz. der wasser-haltigen Substanz	Trocken-substanz	Untersucher
Vicia Cracca, lufttrocken	—	—	19,99	BAESSLER, Versuchsstat. 27, 415 (1881).
Acer Pseudoplatanus, frisch gefallenes Laub	17,74	.	28,31	EMEIS u. LOGES, l. c.
Thea sinensis	58,95	.	15,69	PECKOLT, Just 1884, I, 183.
Ilex paraguayensis	9,407	.	18,4	DAUBER, Just 1886, II, 332.
Turnera aphrodisiaca	9,06	.	5,03	PARSONS, Ber. chem. Ges. 14, 1113 (1881).
Petroselinum sativum	85,05	.	9,69	DAHLEN, l. c.
Andromeda Mariana	2,16	.	31,25	DOWD, Just 1892, II, 409.
Cuscuta Pflanze	86,49	2,37	.	} KÖNIG, Just 1874, II, 861.
Wirt: (Klee)	82,83	4,11	.	
Symphytum asperrimum	90,66	1,84	19,6	A. VÖLCKER, Just 1878, I, 302.
Plantago major, 22. Mai	81,44	2,09	11,26	STORES u. LEWIS, l. c.
Coffea arabica	10,29	.	34,51	HEHNER, Just 1879, I, 327.
Valerianella olitoria	93,4	0,57	8,7	} DAHLEN, l. c.
Cichorium Endivia	94,38	.	10,85	
Taraxacum officinale, 18. Mai	85,54	1,52	.	STORER u. LEWIS, l. c.
Lactuca sativa { Mesophyll	93,94	—	14,51	} DAHLEN, l. c.
Lactuca sativa { Rippen	94,56	—	16,13	
Ambrosia artemisiifolia	6,26	—	51,19	SCHWAB, Just 1890, II, 303.
Wurzeln, Rhizome, Knollen				
Cyperus esculentus, Knoll.	7,1	14,01	15,3	LUNA, Lieb. Annal. 78, 310 (1851).
Erythronium Dens canis, Zwiebel	9,4	2,57	—	DRAGGENDORFF, Just 1878, I, 296.
Polygonatum biflorum, Rhizom	5,9	4,9	—	GORRELL, Just 1892, II, 378.
Dioscorea dumetorum	69,62	0,51	—	THOMS, Just 1899, II, 75.
„ bulbifera	69,23	—	18,41	HECKEL und SCHLAGDEN-HAUFFEN, Just 1893. II, 464.
„ edulis	.	--	2,78	MOSER, Versuchsstat. 20, 113 (1877).
Colocasia antiquorum	82,52	0,64	3,65	} KÖNIG, l. c.
Conophallus Konjaku	91,76	0,3	3,64	
Helosis guyanensis	75,97	—	13,41	} PECKOLT, Just 1881, I, 116.
Lophophytum	49,08	—	22,88	
Hedychium spicatum	—	--	15,2	} THRESH, Just 1884, I, 187.
Alpinia officinarum	..	- —	40,72	

Wurzeln, Rhizome, Knollen	Wasser-gehalt	Rohfaser in Proz. der wasser-haltigen Substanz	Trocken-substanz	Untersucher
Zingiber officinale	12,08	4,36	4,96	König, l. c.
Rumex hymenosepalus Torr.				
Wurzel	11,07	—	4,52	Wittmack, Just 1887, II, 497.
Beta vulgaris, Zuckerrübe	82,25	1,14	6,44	König, l. c.
Nymphaea alba	6,71	- -	17,42	Grüning, Just1881,I,77.
Nuphar luteum	10,3	—	14,11	
Armoracia rusticana	76,72	2,78	11,6	König, l. c.
Brassica Napus	87,8	1,32	10,8	
Heuchera americana	8,08	—	40,99	Peacock, Just 1892, II, 389.
Apios tuberosa	70,685	3,554	—	C. Brighetti, Chem. C. 1900, I, 914.
Manihot utilissima	67,65	1,5	4,66	König, l. c.
Stillingia silvatica	15,5	—	20,06	Bichy, Just 1886, I, 89.
Vitis sessiliflora Bak.	66,25	2,02	—	Peckolt, Just 1893, II, 468.
Peucedanum eurycarpum	10,3	- -	25,73	Trimble, Just1890,I,91.
„ Canbyi	7,9	—	35,3	
Apium graveolens	84,09	1,4	9,27	König, l. c.
Daucus Carota	86,79	1,49	11,8	
Pastinaca sativa	79,34	2,05	—	Corenwinder u. Conta-mine,Just1879,I,394.
Cyclamen europaeum	73,5	—	4,23	Michaud, Just 1887, I, 183.
Ipomoea Batatas	73,4	0,98	—	Johnson, Just 1878, I, 296.
Solanum tuberosum	74,98	0,69	2,76	König, l. c.
„ peruan.	.	—	1,303	Meise, Chem.-Ztg.
„ europäisch.	.	—	3,09	1881, 651.
Stachys tuberifera	.	—	3,33	Stromer u. Stift, Just 1892, I, 446.
Cephaelis Ipecacuanha	10,85	—	11,3	Cripps u. Whitby, Just 1892, II, 376.
Scorzonera hispanica	80,39	2,27	11,6	König, l. c.
Rinden				
Populus alba	6,5	—	36,42	Schaak, Just 1892, II, 407.
Cinnamomum zeylanicum	10,4	18,59	20,76	König, l. c.
Colubrina reclinata	6,3	—	49,85	Elbome, Just 1885, I,77.
Sarcocephalus esculentus	—	—	61,8	Heckel u. Schlagden-hauffen, Just 1885, I, 88.
Stamm von				
Saccharum officinarum	75,41	7,04	28,6	König, l. c.

§ 6.
Hemicellulosen und Pentosane der Zellwand.

Im Gegensatze zu der erst bei längerem Erhitzen mit verdünnten Mineralsäuren vollständig hydrolysierbaren Cellulose, welche hierbei ausschließlich Traubenzucker ergibt, haben Gilson, sowie E. Schulze[1] für die leichter hydrolysierbaren Kohlenhydrate der Zellhaut, welche bei der Hydratation andere Zuckerarten (es ist zweifelhaft, ob Traubenzucker überhaupt hier entsteht) liefern, die Benennung „Hemicellulosen" vorgeschlagen. Schulze faßt unter dieser Bezeichnung sowohl unzweifelhafte Reservekohlenhydrate als echte Gerüstsubstanzen zusammen und unterschied Galaktan, Mannan, Araban, Amyloid, später auch Xylan. Es ergab sich sodann auch die Frage, ob nicht Mischderivate, z. B. Galaktoxylane und Galaktoarabane vorkommen, was angesichts neuer Erfahrungen der Zuckerchemie nicht unwahrscheinlich ist, jedoch noch nicht definitiv entschieden werden konnte.

Hinsichtlich der Frage, ob bestimmte Membranbestandteile den Reservestoffen oder Gerüstsubstanzen zuzurechnen sind, kann natürlich nur die Beobachtung der Resorption bei der Keimung oder beim Austreiben entscheidend sein.

Besonders wichtig ist die analytische Verfolgung der Veränderungen der Membransubstanzen während der Keimung, wie sie für Lupinus von Schulze[2] vorgenommen worden ist. Schulze stellte fest, daß

1000 St. geschälter Lupinensamen   21,80 g Glukose, 14,00 g Schleimsäure
2000 „ Kotyledonen 2 wöch. Keiml. 2,03 g   „   0,54 g   „
2000 „   „   3 wöch.   „   1,13 g   „   0,55 g   „

liefern und

1000 St. ungeschälter Samen   29,94 g stickstofffreie Substanz
2000 „ Kotyledonen 3 wöch. Keiml. 7,74 g   „   „

enthalten; ferner ergab sich in einem zweiten Versuche, daß von Lupinus luteus

1000 St. geschälter Samen   7,29 g Glukose und 3,84 g Schleimsäure
2000 „ Kotyledonen 2 wöch. Keiml.   0,38 g   „
2000 „   „   3 wöch.   „   0,88 g   „   „ 0,35 g   „

liefern; es enthielten:

2000 St. ungeschälter Samen   12,27 g unlösliche N-freie Stoffe
2000 „ Kotyledonen 3 wöch. Keiml. 5,64 g   „   „   „

Ungekeimte geschälte Samen enthielten 1,74 Proz. der Trockensubstanz Cellulose, die Kotyledonen $2\frac{1}{2}$ wöchentlicher Keimlinge zeigten eine Cellulosevermehrung bis 9,3 Proz. Das Galaktan nimmt hingegen ab und ist daher, entgegen der auf der leider häufig zu Täuschungen Anlaß gebenden mikroskopischen Untersuchung der Lösungsvorgänge allein fußenden Angabe von Elfert[3] als typischer Reservestoff zu betrachten.

1) E. Schulze, Ber. chem. Ges., Bd. XXIV, p. 2277 (1891); Zeitschr. physiol. Chem., Bd. XVI, p. 387 (1892); Bd. XIX, p. 38 (1894); Ber. chem. Ges., Bd. XXII, p. 1192 (1889); Bd. XXIII, p. 2579 (1890); Landw. Jahrbücher, Bd. XXI, p. 72 (1892); Bd. XXIII, p. 1 (1894); Chemiker-Zeitung, Bd. XIX, p. 1465 (1895). — 2) Schulze, Zeitschr. physiol. Chem., Bd. XXI, p. 392 (1896). — 3) Elfert, Auflös. sekund. Zellmembr., Bibliotheca botan., Heft 30 (1894).

Der Nachweis, daß im Pflanzenreiche Kohlenhydrate vorkommen, welche bei der Säurehydrolyse Galaktose liefern, wurde zuerst von Muntz[1]) 1882 erbracht, welcher ein dextrinartiges „Galaktin" aus Luzernensamen isolierte. Später gewannen E. Steiger und Schulze[2]) ihr Paragalaktan aus den Samen von Lupinus luteus, und die Arbeiten mehrerer Schüler Schulzes wiesen das weitverbreitete Vorkommen von Galaktose unter den Hydratationsprodukten von Zellmembranen nach. Ein gummiartiges Galaktan aus der Zuckerrübe hat v. Lippmann[3]) beschrieben. Nun ist auch zu bedenken, daß viele Pektinstoffe und Gummiarten bei der Hydrolyse Galaktose geben, so daß schon aus diesem Grunde der Begriff der „Galaktane" kein scharf umgrenzter sein kann. Auch sieht man sofort, daß es Galaktane geben muß, welche entschiedenen Reservestoffcharakter haben, während andere sicher nur Gerüstsubstanz bilden. Es dürfte daher mehrere Kohlenhydrate geben, welche Galaktosereste enthalten, sowohl unter den „Reservecellulosen" (wie das Amyloid u. a.) als unter den Gerüstsubstanzen. Heißem Glyzerin bei 300° widerstehen die Hemicellulosen nicht; verdünnte Mineralsäuren hydrolysieren sie etwa so leicht wie Stärke. Blaufärbung mit Chlorzinkjod zeigen manche Hemicellulosen, andere wieder nicht.

Mannose liefernde Hemicellulosen scheinen stets zu den „Reservecellulosen" und nicht zu den Gerüstsubstanzen zu gehören: es ist auch für die Mannane noch zweifelhafter als für die Galaktane, ob sie als Mischkohlenhydrate vorkommen. Die „Mannosocellulose", wie sie anfangs von Schulze unterschieden wurde, scheint kein reines Mannanpräparat gewesen zu sein, so wie das „Paramannan" von Gilson, welches Schulze bereits als hydratisiertes Produkt ansah. Das von Gilson[4]) aus Kaffeesamen gewonnene Mannanpräparat wurde von Cellulose mittelst der Kupferoxydammoniakmethode getrennt. Im Filtrate von dem Celluloseniederschlag war das Mannan enthalten, welches in Kupferoxydammon löslich war, keine Chlorzinkjodreaktion gab und bei der Hydrolyse nur Mannose lieferte. Es war möglich, bei langsamer Fällung das Mannan in Form kleiner, zu 4 vereinigter Sphärite zu erhalten. Nach dem Ergebnis der Elementaranalyse würde das Mannan die Formel $C_{12}H_{22}O_{11}$ haben. Da Gilsons Präparat durch länger dauerndes Auskochen des Ausgangsmaterials mit 2-proz. Schwefelsäure hergestellt war, ist der von Schulze[5]) ausgesprochene Verdacht, daß das ursprüngliche Kohlenhydrat nicht mehr vorliege, nicht unberechtigt.

Nach Schulze[6]) kann man die Menge der Hemicellulosen annähernd bestimmen, wenn man die Menge der stickstofffreien Stoffe vor dem Behandeln mit den Hoffmeisterschen Reagentien (1,5 Proz. Schwefelsäure, Salzsäure oder Eisessig bei 90°) und nach demselben bestimmt. So ergab sich für den

---

1) A. Muntz, Compt. rend., Tome XCIV, p. 453 (1882); Tome CII, p. 624 (1886); Ann. phys. chim. (5), Tome XXVI, p. 121 (1882); (6), Tome X (1887). — 2) E. Steiger, Ber. chem. Ges., Bd. XIX, p. 827 (1886); Zeitschr. physiol. Chem., Bd. XI, p. 373 (1887); Schulze und Steiger, Ber. hem. Ges., Bd. XX, p. 290 (1887); Maxwell, Amer. chem. Journ., Vol. XII, p. 5b; Schulze, Steiger u. Maxwell, Zeitschr. physiol Chem., Bd. XIV, p. 227 (1890); Schulze u. Steiger, Landw. Versuchstat., Bd. XXXVI, p. 9 (1889); Bd. XLI, p. 207 (1892); Maxwell, ibid., Bd. XXXVI. p. 15 (1889). Galaktan aus Lupinus hirsutus: E. Schulze u. Castoro, Zeitschr. physiol. Chem., Bd. XXXVII, p. 40 (1903). — 3) E. O. v. Lippmann, Ber. chem. Ges. Bd. XX, p. 1001 (1887). — 4) Gilson, l. c. u. Cellule, Tome XI, p. 19 (1895). — 5) Schulze, Zeitschr. physiol. Chem., Bd. XIX, p. 38 (1894). — 6) Schulze, Landw. Jahrbücher, Bd. XXIII, p. 1 (1894).

	Vor der Beh.	Nach Beh.	Diff.
Rückstand aus Lupinensamen	85,72 Proz.	25,71 Proz.	70,0 Proz.
„ „ Weizenkleie	92,75 „	85,34 „	61,9 „
„ „ Kokoskuchen	76,09 „	37,98 „	50,09 „
„ „ Palmkernkuchen	83,67 „	56,49 „	32,48 „

Doch bleiben bei manchen Materialien noch Hemicellulosen zurück.

Erwähnt sei auch, daß HOFFMEISTER [1]) schon vor längerer Zeit Angaben über die Vermehrung und Bildung von Cellulose und Hemicellulosen während des Vegetationsganges von Klee und Gerste in Stengeln, Blättern und Wurzeln gemacht hat. Im Stengel nimmt der Gehalt an Gesamtcellulose während der ganzen Dauer der Entwicklung zu, bei Blättern wesentlich gegen den Abschluß der Entwicklung hin.

Sehr zweifelhaft ist es, ob das von LIPPMANN [2]) in der Melasse nachgewiesene Lävulan, welches mit verdünnter Schwefelsäure nur Lävulose gab, etwas mit nativen Hemicellulosen zu tun hat. Sonst sind Lävulose liefernde Hemicellulosen nicht bekannt.

Von großer Wichtigkeit ist der Anteil von Pentosanen [3]) resp. Pentosenresten am Aufbau von Kohlenhydraten der Zellwände. Nachdem SCHEIBLER [4]) bereits 1873 die früher sogenannte „Metapektinsäure" mit der Arabinsäure, und die „Pektinose" mit Arabinose identifiziert hatte, war es TOLLENS, welcher durch den Nachweis, daß das Holzgummi ein Pentosenderivat ist, zeigte, daß Pentosane in Zellmembranen weit verbreitet sind. STEIGER und SCHULZE [5]) wiesen hierauf im Hydratationsgemisch aus Weizen- und Roggenkleie Arabinose nach und nannten die hypothetische Muttersubstanz dieses Zuckers „Metaraban". Die neuere Literatur hat die außerordentliche Verbreitung von Xylan und Araban in Holz, Samenschalen, sklerosierten und weichen Geweben in genügendem Maße erwiesen. Wahrscheinlich sind aber auch Methylpentosane verbreitet vorkommende Membranbestandteile.

Von den beschriebenen Vorkommnissen seien namhaft gemacht das allgemein verbreitete Vorkommen von Xylan im Holz und verholzten Bastfasern; in Gerstenkleie, Biertreber etc. ist viel Xylan enthalten [nach LINTNER und DÜLL [6]) Galaktoxylan] und wenig Araban [TOLLENS [7])]. Xylan wurde nachgewiesen in Weizenstroh [ALLEN und TOLLENS [8])], in Haferstroh [BERTRAND [9])], in Maiskolben 25 Proz. [JOHNSON [10])]; Araban in der Wurzel von Beta [ALLEN [8]), STOKLASA [3]), ULLIK [11])]: Xylan in Kokosnußschalen [TROMP DE HAAS und TOLLENS [12])]; in Luffa [TOLLENS [13])]; Walnußschalen [ZANOTTI [14])]; Hollunder- und Maismark [BROWNE und

1) W. HOFFMEISTER, Landw. Jahrbücher, Bd. XVIII, p. 767 (1889). — 2) LIPPMANN, Ber. chem. Ges., 1881, p. 1509. — 3) Literatur über Pentosane: GRÜNHUT, Zeitschr. analyt. Chem., 1901, p. 542; STOKLASA, Zeitschr. Zuckerind. in Böhmen, Bd. XXIII, p. 291 (1899); ib., p. 387. — 4) C. SCHEIBLER, Ber. chem. Ges., Bd. VI, p. 612 (1873); Bd. I, p. 58, 108 (1868). — 5) E. STEIGER und E. SCHULZE, Ber. chem. Ges., Bd. XXIII, p. 3110 (1890). — 6) LINTNER u. DÜLL, Zeitschr. angew. Chem., 1891, p. 538; Chem. Centr., 1891, Bd. II, p. 709. — 7) TOLLENS, Lieb. Annal., Bd. CCLXXI, p. 55 (1892). — 8) ALLEN u. TOLLENS, Lieb. Annal., Bd. CCLX, p. 289 (1890). — 9) BERTRAND, Compt. rend., Tome CXIV, p. 1492 (1892). — 10) JOHNSON, Jahresber. Agrik.-Chem., 1895, p. 167. — 11) F. ULLIK, Chem. Centr., 1894, Bd. II, p. 31. — 12) TROMP DE HAAS u. TOLLENS, Lieb. Annal., Bd. CCLXXXVI, p. 303 (1895). — 13) TOLLENS, Lieb. Annal., Bd. CCLXXI, p. 60 (1892); SCHÖNE u. TOLLENS, Chem. Centr., 1901, Bd. I, p. 1098. — 14) V. ZANOTTI, Chem. Centr., 1899, Bd. I, p. 1209.

TOLLENS[1])]. Sonst ergab sich Xylan im Quittenschleim [TOLLENS[2])], Araban neben Galaktan im Gummi von Acacia decurrens [STONE[4]], Xylan im Schleime der Samen von Plantago psyllium [BAUER[4])] und Apfel- pektin [BAUER[5])], Araban neben Galaktan im Pfirsichgummi [STONE[6])]: im Pflaumengummipentosan erblickte GARROS[7]) das Derivat einer neuen Pentose: „Prunose". YOSHIMURA[8]) wies Araban nach im Schleime junger Schößlinge von Sterculia planifolia. im Schleim des Opuntiastammes, in Stengeln und Blättern von Vitis pentaphylla, Oenothera Jaquinii, Kad- sura japonica. WIDSOE und TOLLENS[5]) fanden Pentosan im Linumsamen, Fagopyrum, Calluna. Araban ist sodann im arabischen Gummi zugegen, im Traganth Araban, Xylan und Fukan [WIDSOE und TOLLENS[9])]. Die- selben Forscher fanden auch Methylpentosan in Blättern von Platanus und Tilia. WITTMANN[10]) gab zahlreiche Daten über Pentosangehalt vieler Obstfrüchte. So ist an dem allgemeinen Vorkommen von Pento- sanen in Zellhäuten nicht zu zweifeln. Doch gilt dies vielleicht auch von Methylpentosanen, worüber bereits eine Reihe von Angaben von CHALMOT[11]) (Samenschalen), VOTOCEK (Rübensamen), SOLLIED[12]) (Blätter und Rinden) vorliegen. Baumwolle ist nach SURINGAR und TOLLENS[13]) frei von Pentosanen.

Bis jetzt ist es unbekannt, ob es Mischkohlenhydrate gibt, welche Hexose und Pentose bei der Hydrolyse liefern, und auch für die durch SCHULZE und CASTORO[14]) zuletzt aus Samen von Lupinus hirsutus dar- gestellte „Hemicellulose", welche aus 14,02 Proz. Araban und 53,34 Proz. Galaktan bestand, mußten es die genannten Autoren unentschieden lassen, ob es sich um ein „Galaktoaraban" oder ein Gemenge von Pentosan und Galaktan handelte.

Über die besten Bedingungen für die Säurehydrolyse von pentosan- haltigen Materialien sind die Angaben von HAUERs und TOLLENS[15]) einzusehen.

Zur Diagnose der Pentosen im Reaktionsgemisch ist von Wichtig- keit die charakteristische Rotfärbung pentosenhaltiger Flüssigkeiten mit Phloroglucin-Salzsäure beim Erwärmen (TOLLENS). Versetzt man eine pentosenhaltige Lösung mit einer gesättigten Lösung von Phloroglucin in einem Gemische gleicher Teile Wasser und salpetersäurefreier Salz- säure (D 1,19), so tritt beim Erwärmen eine dunkelkirschrote Färbung auf [WHEELER und TOLLENS[16])]. Xylose und Arabinose lassen sich aus ihrer alkoholischen Lösung durch heißgesättigtes Barythydrat fällen, während Rhamnose keine durch Alkohol fällbare Barytverbindung liefert

1) BROWNE u. TOLLENS, Ber. chem. Ges., Bd. XXXV, p. 1457 (1902); TOLLENS, Verhandl. Naturforsch.-Ges., 1901 (II, 1), p. 165. — 2) GANS n. TOLLENS, Lieb. Annal., Bd. CCXLIX, p. 245 (1888); SCHULZE u. TOLLENS, ibid., Bd. CCLXXI, p. 60 (1890). — 3) STONE, Ber. chem. Ges., Bd. XXVIII, Ref. 1006 (1895). — 4) BAUER, Lieb. Annal., Bd. CCXLVIII, p. 140. — 5) BAUER, Landw. Versuchstat., Bd. XXXVIII, p. 191 (1893). — 6) E. STONE, Ber. chem. Ges., Bd. XXIII, p. 2576 (1890). — 7) GARROS, Chem. Centr., 1894, Bd. II, p. 317. — 8) K. YOSHIMURA, Colleg. of Agric. Tokyo, Vol. II, p. 207 (1895). — 9) WIDSOE u. TOLLENS, Ber. chem. Ges., Bd. XXXIII, p. 132 (1900). — 10) C. WITTMANN, Botan. Centr., Bd. LXXXVII, p. 373 (1901). — 11) CHALMOT, Ber. chem. Ges., Bd. XXVI, Ref. 791 (1893). — 12) P. R. SOLLIED, Chemik.-Zeitg., Bd. XXV, p. 1138 (1901). — 13) H. SURINGAR u. TOLLENS, Journ. Landwirtsch., Bd. XLIV, p. 355 (1896). — 14) E. SCHULZE u. N. CASTORO, Zeitschr. physiol. Chem., Bd. XXXVII, p. 40 (1902). — 15) HAUERS u. TOLLENS, Ber. chem. Ges., Bd. XXXVI, p. 3306 (1903). — 16) WHEELER n. TOLLENS, Lieb. Ann., Bd. CCLIV, p. 331; B. TOLLENS, Ber. chem. Ges., Bd. XXIX, p. 1202 (1896).

[SULEIMAN BEY [1])]. Zur Erkennung der Arabinose kann das im Gegensatze zu den meisten anderen Hydrazonen in Wasser wenig lösliche Arabinose-p-Bromphenylhydrazon dienen [E. FISCHER [2])]. Zur Abtrennung von Arabinose und Galaktose eignet sich auch das Arabinosebenzhydrazid [SUBASCHOW [3])]. Zum Nachweise der l-Xylose dient die Reaktion von BERTRAND [4]): 0,2 g Substanz werden mit 1 ccm Wasser und 0,5 g Kadmiumkarbonat gemischt, 7—8 Tropfen Brom hinzugefügt, gelinde erwärmt; man läßt nun 8—12 Stunden im lose verkorkten Reagenzglase stehen, dampft sodann zur Trockene ein und vermischt den Rückstand mit 1 ccm Alkohol. War Xylose vorhanden, so scheiden sich nach einigen Stunden nadel- oder wetzsteinförmige Kristalle von Xylonsäurebromkadmium ab; amorphe Niederschläge sind für Xylose nicht beweisend. Arabinose gibt keine Kristalle. Das Arabinosazon und Xylosazon haben den gleichen Schmelzpunkt, doch wirkt das erstere nicht auf polarisiertes Licht, während Xylosazon in Alkohol gelöst stark linksdrehend ist. Die Pentosen entwickeln, mit starker Salzsäure oder Schwefelsäure erhitzt, erhebliche Mengen von Furfurol: α-Furfurol:

$$CH = C \cdot COH$$
$$CH = CH \diagdown O$$

Schon 1845 hatte FOWNES [5]) Furfurol gewonnen durch Einwirkung von Schwefelsäure auf Kleie. Hexosen und Hexosenderivate liefern unter der Einwirkung von Säuren zwar auch Furfurol, doch kann 1 g Invertzucker nach CHALMOT [6]) höchstens 0,0019 g Furfurol liefern, und der Gehalt an Hexosen in Pflanzen reicht lange nicht hin, um die mit Salzsäure zu erhaltende Furfurolmenge zu erklären. Die „Oxycellulose", welche TROMP DE HAAS und TOLLENS [7]) durch Behandlung von Fichtenholz mit Salpetersäure darstellten, lieferte gleichfalls etwas Furfurol, doch gab sie nicht die Phloroglucinprobe. Die in Pflanzen noch nicht gefundene Glykuronsäure gibt hingegen sehr reichlich Furfurol.

Das Furfurol, eine farblose, leicht flüchtige, obstartig riechende Flüssigkeit, ist in seinen bei der obigen Probe sich entwickelnden Dämpfen leicht nachzuweisen, indem man mit Anilinacetat getränkte Filterpapierstreifen den Dämpfen aussetzt; das Papier färbt sich lebhaft rot. Ein mit Salzsäure befeuchteter Holzspan wird durch Furforoldämpfe grün gefärbt. Wie andere Aldehyde, gibt auch das Furfurol eine Phenylhydrazinverbindung. Es kann ferner durch Zusatz einer salzsauren Phloroglucinlösung quantitativ gefällt werden.

Fehlingsche Lösung fällt sowohl Xylan als Araban aus alkalischen Lösungen aus [SALKOWSKI [8])]. Zum qualitativen Pentosennachweise kann auch Orcin = Salzsäure, resp. das BIALsche Reagens [9]) (1 g Orcin, 500 ccm HCl D-1,151, 25—30 Tropfen 10-proz. FeCl₃) gebraucht werden, mit letzterem entsteht beim Erwärmen eine Grünfärbung.

1) SULEIMAN BEY, Zeitschr. klin. Med., Bd. XXXIX, p. 305 (1900). — 2) E. FISCHER, Ber. chem. Ges., Bd. XXVII, p. 2486 (1894). — 3) E. SUBASCHOW, Zeitschr. Ver. Rübenzucker-Ind., 1896, p. 270. Über Arabinosesemikarbazid: W. HERZFELD, ibid., 1897, p. 604. Einwirkung von Ca(OH)₂ auf Arabinose: KILIANI u. KOEHLER, Ber. chem. Ges., Bd. XXXVII, p. 1210 (1904). — 4) BERTRAND, Bull. soc. chim. (3), Tome V, p. 546. — 5) G. FOWNES, Ann. chim. phys. (3), Tome XVII, p. 460 (1846). — 6) CHALMOT, Ber. chem. Ges., Bd. XXVI, Ref. 387 (1893). — 7) TROMP DE HAAS u. TOLLENS, Lieb. Ann., Bd. CCLXXXVI, p. 296 (1895). — 8) E. SALKOWSKI, Zeitschr. physiol. Chem., Bd. XXXV. p. 240 (1902). — 9) E. KRAFT, Chem. Centralbl., 1902, Bd. II, p. 482.

Methylpentosane liefern bei Destillation mit Salzsäure α-Methylfurfurol:

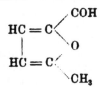

Methylfurfurolhaltige Destillate geben mit Alkohol und Schwefelsäure vorsichtig erhitzt eine Grünfärbung: Reaktion von MAQUENNE[1]). Nach WIDSOE und TOLLENS[2]) ist die Reaktion noch positiv, wenn $^1/_{16}$ Tropfen Methylfurfurol in 10 ccm alkoholischer Schwefelsäure gelöst ist; sie versagt jedoch bei der Gegenwart von 16 Teilen Furfurol auf 1 Teil Methylfurfurol. Noch $^1/_{64}$ Tropfen Methylfurfurol gibt in 10 ccm Destillat eine charakteristische Spektrallinie zwischen Grün und Blau selbst dann noch, wenn 2 Tropfen Furfurol beigemischt sind. Bei Gegenwart größerer Mengen Methylfurfurol ist der blauviolette Spektralteil verdunkelt, das Grün hell. Die Methylpentose selbst ist bisher nur vom Tragantgummi durch WIDTSOE und TOLLENS als Fukose erkannt worden. Das Osazon des Zuckers schmolz bei 168—170°. Mit p-Bromphenylhydrazin entstand schon in der Kälte nach einigen Stunden ein dichter kristallinischer Niederschlag, welcher in 50-proz. Alkohol leicht löslich war und beim Umkristallisieren aus 75-proz. Alkohol in perlmutterglänzenden Schüppchen (F 181—183°) erhalten wurde. Die nach der Methode von HERZFELD[3]) aus dem Osazon mittels Benzaldehyd frei gewonnene Fukose hatte a_D —73,4 bis 74,4°. Die Methylpentose aus anderen Gummiarten sowie aus natürlichen Zellmembranen ist bisher noch unbekannt. CHALMOT[4]) hat aus jungen Gerstenpflanzen ein wasserlösliches Pentosan angegeben, was auffällig erscheint, da die sonst bekannten Hemicellulosen nur in verdünnter Natronlauge löslich sind. In Kupferoxydammoniak ist nach SCHULZE und TOLLENS[5]) sowohl Xylan als Araban löslich. Siedendes Glyzerin zerstört alle Pentosane. Beim Erhitzen der Pentosen mit Kalilauge erhielt KATSUYAMA[6]) Milchsäure.

Darstellungsmethoden sind speziell für Xylan aufgesucht worden. SALKOWSKI[7]) erhitzte zur Gewinnung des Xylan aus Weizenstroh das zerkleinerte Material $^3/_4$ Stunde lang mit 6-proz. Natronlauge, kolierte und klärte durch Stehen, stellte hierauf durch Erwärmen mit Fehlingscher Lösung die Xylankupferverbindung dar, welche nach Zerlegen mit verdünnter Salzsäure freies Xylan (20—23 Proz. des Strohes) gab. Das Präparat war allerdings nicht ganz rein, doch bestand es zu 96—97 Proz. aus Xylan.

Man hat beim Pentoseunachweis wohl zu beachten, daß Pentosen auch aus Nukleoproteïden abgespalten werden, und die Pentosenproben sind für die Gegenwart von Membranpentosanen nur in möglichst reinen Zellhautpräparaten vollständig beweisend.

Zur quantitativen Bestimmung der Pentosane, welche bekanntlich für die Zwecke der landwirtschaftlichen Chemie eine große Bedeutung

1) MAQUENNE, Compt. rend., Tome CIX, p. 573 (1889). — 2) S. Anm. 9, p. 539. — 3) HERZFELD, Ber. chem. Ges., Bd. XXVIII, p. 440 (1895). — 4) CHALMOT, Jahresber. Agrikult.-Chem., 1895, p. 197. — 5) C. SCHULZE u. B. TOLLENS, Lieb. Ann., Bd. CCLXXI, p. 55 (1892); Landw. Versuchstat., Bd. XL, p. 367 (1892). — 6) KATSUYAMA, Ber. chem. Ges., Bd. XXXV (I), p. 669 (1902). — 7) E. SALKOWSKI, Zeitschr. physiol. Chem., Bd. XXXIV, p. 162 (1901).

erlangt hat, hat TOLLENS mit seinen Schülern zwei Methoden ausgearbeitet, welche beide auf der quantitativen Ermittlung des beim Kochen
mit Salzsäure entstehenden Furfurols beruhen. Die ältere der beiden
Methoden bedient sich der Darstellung der Furfurol - Phenylhydrazinverbindung [FLINT und TOLLENS [1]), GÜNTHER und TOLLENS [2]), CHALMOT [3])],
die zweite, in neueren Modifikationen [4]) allgemein jetzt verwendete Methode bedient sich der Wägung der Phloroglucin-Furfurolverbindung.
Man destilliert 2—5 g der Substanz mit 100 ccm Salzsäure mit 1,06
Dichte in einem 300 ccm fassenden Kolben in der Weise ab, daß man
in einem Bade aus Roses Metall (1 T. Pb, 1 T. Sn, 2 T. Bi) erhitzt
und durch Kühlvorrichtungen 30 ccm abdestilliert. Man füllt sodann
mittelst Hahnpipette neue 30 ccm HCl nach und wiederholt den Vorgang, bis 400 ccm übergegangen sind und sich kein Furfurol im Destil-
liergefäße mit Anilinacetatpapier nachweisen läßt. Sodann setzt man
dem Destillate reines diresoreinfreies Phloroglucin in mindestens doppelt
so großer Menge zu, als man Furfurol erwartet; das Phloroglucin wird
vorher in 12-proz. Salzsäure gelöst. Man rührt nach dem Zusatze durch,
läßt etwa 15 Stunden stehen, filtriert vom Niederschlage mit einem
Goochtiegel ab. Die Fällung wird mit 150 ccm Wasser so ausge-
waschen, daß der Niederschlag stets mit Flüssigkeit bedeckt ist und
nicht vorzeitig rissig wird. Nun wird im Wassertrockenschranke vier
Stunden getrocknet, man läßt in einem Wägeglas mit eingeschliffenem
Deckel erkalten und wägt samt dem Glase. Für die durch die 150 ccm
Waschwasser gelöste Niederschlagsmenge sind zum gefundenen Phloroglucid
0,0052 g als Konstante zu addieren. KRÖBER und TOLLENS haben zur
Berechnung der Pentosane ausführliche Tabellen gegeben. Es ist jedoch
zu beachten, daß die Methode die geringen aus anderen Quellen stammenden Furfurolmengen vernachlässigt und auf das Methylfurfurol keine
Rücksicht nimmt. Über die quantitative Bestimmung des Methylfurfurols
neben Furfurol, und mithin der Methylpentosane neben den Pentosanen
sind Versuche von VOTOČEK [5]) vorhanden. Es liegen äußerst zahlreiche
analytische Daten über den Pentosangehalt verschiedener Objekte vor
[TOLLENS [6]), WITTMANN [7]), DÜRING [8]), COUNCLER u. a.], welchen ich nachfolgende Zahlen entnehme (Pentosan in Prozenten der Trockensubstanz).

[1]) E. R. FLINT u. B. TOLLENS, Landwirtsch. Versuchstat., Bd. XLII, p. 381
(1893). — [2]) A. GÜNTHER u. TOLLENS, Ber. chem. Ges., Bd. XXIII, p. 1751
(1890). — [3]) CHALMOT u. TOLLENS, Ber. chem. Ges., Bd. XXIV, p. 694, 3685
(1891); CHALMOT, Chem. Centralblatt, 1893, Bd. I, p. 1009. — [4]) B. TOLLENS
u. KRÖGER, Zeitschrift Verein Rübenzuckerindustrie, Bd. XLVI, p.480; COUNCLER,
Jahresbericht Agrik.-Chem. 1894, p. 638; Chemiker-Zeitung, Bd. XXI, p. 2 (1897);
WELBEL u. ZEISEL, Monatshefte Chem., Bd. XVI, p. 283 (1895); MANN, KRÖBER
u. TOLLENS, Zeitschr. angew. Chem., 1896, p. 33; KRÖGER u. TOLLENS, Zeitschr.
Ver. Rüben.-Ind., 1896, p. 21; E. KRÖBER, Journ. f. Landwirtsch., Bd. XLVIII,
p. 357 (1901); Bd. XLIX, p. 7 (1902); KRÖBER, RIMBACH u. TOLLENS, Zeitschr.
angew. Chem., Bd. XV, p. 477, 508 (1902). Die Tabellen auch abgedruckt in Zeitschrift f. physiolog. Chem., Bd. XXXVI (1902); FRAPS, Chem. Centr., 1901, Bd. II,
p. 324; JÄGER u. UNGER, Ber. chem. Ges., Bd. XXXV, p. 4440 (1902); Bd. XXXVI,
p. 1222 (1903); TOLLENS, ibid., p. 221 (1903); WEISER und ZEITSCHEL, Phys. Arch.,
Bd. XCIII, p. 98 (1902). R. JÄGER u. UNGER (Ber. chem. Ges., Bd. XXXV, p. 4440
[1902]; Bd. XXXVI, p. 1222 [1903]) benutzen das Kondensationsprodukt von Furfurol mit Barbitursäure zur Ausfällung des Furfurol. — [5]) E. VOTOČEK, Zeitschr.
Zuckerind. Böhm., Bd. XXIII, p. 229 (1899). — [6]) TOLLENS, Journ. Landwirtsch.,
Bd. XLIV, p. 171 (1896). Nach A. VON RUDNO RUPZINSKI [Zeitschr. physiol.
Chem., Bd. XL, p. 317 (1904)] sind im Roggenstroh die Ährenspindeln am reichsten
an Pentosanen. — [7]) WITTMANN, Botan. Centralbl., Bd. LXXXVII, p. 373 (1901).
— [8]) DÜRING, Journ. Landw., Bd. XLV, p. 79 (1897).

Roggenstroh	24,84 Proz.	Birkenholz	25,21 Proz.
Erbsenstroh	17,11 ,,	Steinnuß	1,29 ,,
Buchenholz	33,12 ,,	Jute	14,9
,,	23,18 ,,	Kirschgummi	46,74 ,,
Fichtenholz	8,83 .,	Tragant	29,81 ,,
,,	9,20	Holzgummi	82,06 ,,
Eichenholz	19,69 ,,	Agar	1,66 ,,

(TOLLENS).

		Proz.		Proz.
Fichtenholz	Splint	6,16— 6,40	Holz von Juniperus virginiana	14,62
,,	Kern	6,63— 6,97	,, ,, Crataegus oxyacantha	24,93
Eichenholz	Splint	15,49—18,4	,, ,, Magnolia acuminata	17,70
,,	Kern	15,09—20,42	,, ,, Prunus pennsylvanica	19,70
Buchenholz	Splint	23,57	,, ,, Acer dasycarpum	22,10
,,	Kern	19,95	,, ,, Ilex opaca	24,60
Birkenholz		28,80	,, ,, Fraxinus americana	17,50
Ahorn, Kernholz		30,67	,, ,, Juglans cinerea	19,20
Fichtenrinde		10,32—11,0	,, ,, Salix speciosa	21,00
Eichenrinde		11,56—14,89	,, ,, Betula speciosa	23,40
Buchenrinde		15,84—16,89	,, ,, Quercus nigra	21,30
Rinde von Pinus Strobus		10,62	,, ,, Ulmus americana	17,40
Fichtennadeln je nach			,, ,, Pinus Strobus	7,50
der Jahreszeit		4,40— 6,70	,, ,, ,, mitis	8,80
Eichenblätter		8.70—10,43	,, ,, Tsuga canadensis	6,00
Buchenblätter		15,18—20,50		(COUNCLER).

Wiesenheu	Rohfaser	18,95 Proz., darin Pentosan	20,00—30,57 Proz.
Roggenstroh	,,	29,09 ,, ,, ,,	22,65—33,42 ,,
Kleeheu	,,	16,06 ,, ,, ,,	15,26—17,4 ,,
Lupinenstroh	,,	20,83 ,, ,, ,,	16,58—21,31 ,,

(DÜRING).

Quittenapfel	veredelt	1,78 Proz.	Erdnuß	4,12 Proz.
,,	wild	3,23 ,,	Dattelfleisch	3,33 ,,
Walnuß	Schale	5,92 ,,	Blätterkohl	2,05 ,
,,	Kern	1,51 ,,	Meerrettich	3,11 ,
Wacholderbeere		6,0 .	Sellerie	1,65 ,
Himbeere		2,68 ,	Wasserrübe	0,36 ,
Brombeere		1,19 ,	Gurke	0,19 ,
Johannisbeere		0,41 ,	Zwiebel	0,28 ,
Weinbeere		0,48 ,	Leinkuchen	7,73 ,,
Weizenkleie		17,91 ,	Sesamkuchen	3,72 ,,
Hagebutte		4,25 ,,		(WITTMANN).

Die Frage, ob bei der Keimung von Samen der Pentosangehalt steigt oder fällt, ist besonders an der Gerstenkeimung öfters untersucht worden. Übereinstimmend gewannen CHALMOT[1]), SCHÖNE und TOLLENS[2]), sowie WINDISCH und HASSE[3]) die Überzeugung, daß der Pentosangehalt stetig vom Tage der Keimung an steigt. CHALMOT fand, daß

---

1) G. DE CHALMOT, Americ. chem. Journ., Vol. XV, p. 276 (1894); Vol. XVI, p. 589 (1895). — 2) A. SCHÖNE u. TOLLENS, Journ. f. Landwirtsch., Bd. XLVIII, p. 349 (1901). — 3) W. WINDISCH u. R. HASSE, Wochenschr. Brauerei, Bd. XVIII, p. 493 (1901).

6 Wochen alte Gerstenpflanzen   7 Proz. der Trockensubstanz

10	„	„	„	7,7— 8,1	„	„	„
15	„	„		9,0—10,6	„	„	
21	„	„	„	11,9—13,4	„	„	
22	„	„	„	12,4—12,7	„	„	„

an Furfurol geben. Die jungen Teile erwachsener Pflanzen enthielten weniger Pentosan als die ausgewachsenen Teile derselben. Bei Mais lieferten die obersten jungen Teile der Pflanze 5,23 Proz., die ausgewachsenen Blätter 16,64 Proz., die beiden untersten Internodien 12,65 Proz. der Trockensubstanz an Furfurol. Herbstliche Blätter enthielten mehr Pentosan als grüne. Im ganzen geht also die Vermehrung der Pentosane parallel der Ausbildung der Skelettsubstanzen, und bisher deutet nichts darauf hin, daß Pentosane irgendwo den Charakter von Reservestoffen hätten. Nur bei Tropaeolum beobachtete CHALMOT eine Abnahme der Pentosane bei der Keimung. Im Dunkeln ist entsprechend der geringeren Membranbildung und Verholzung die Bildung von Pentosanen eine merklich geringere. GOETZE und PFEIFFER[1]), welche die Veränderung des Gehaltes an Pentosanen während des Wachstums bei Phaseolus verfolgten, ferner bei Pisum und Avena, kamen zu ganz analogen Resultaten. Sie geben folgende Tabelle:

	Trockensubstanz		Pentosen		Rohfaser	
	Proz.	g pro Pfl.	Proz.	g pro Pfl.	Proz.	g pro Pfl.
Bohnen:	84,225	0,3885	5,537	0,0215	6,648	0,0258
Pflanze nach 57 Tag.	87,175	0,7648	10,155	0,0776	15,91	0,1217
94 „	87,215	8,9246	11,832	1,056	23,001	2,0524
(Beg. d. Reif.) 120 „	87,810	21,039	12,441	2,6174	27,031	5,6874
Erbsen:	85,560	0,1831	5,933	0,0109	7,152	0,0181
Blühend nach 66 Tagen	90,987	1,0633	11,782	0,1238	21,562	0,2266
Reifend „ 106 „	90,025	10,915	11,994	1,3093	19,571	2,1269
Hafer:	89,225	0,0279	13,667	0,0038	10,441	0,0029
Nach 29 Tagen	87,950	0,1170	15,238	0,0175	16,088	0,0188
(Blüte) „ 64 „	86,775	4,6728	21,70	1,0096	24,560	1,1427
(Reifung) „ 93 „	85,413	8,7206	21,177	1,8470	22,713	1,9808

SCHÖNE und TOLLENS gewannen aus 500 g Gerste 39,58 g Pentosan, aus den daraus zu erhaltenden 434,88 g Malz aber 40,38 g Pentosan. 300 g Erbsen enthielten 15,25 g Pentosan, 286,6 g Erbsenmalz aber 15,97 g. Nach den Feststellungen von WINDISCH und HASSE entfällt diese Pentosanzunahme ausschließlich auf die Blattkeime und Wurzelkeime.

Über den Chemismus der Pentosanbildung ist nichts Näheres bekannt. Wahrscheinlich entstehen sie aus Hexosen. TOLLENS[2]) vermutet, daß sie durch Oxydation von Hexosenderivaten entstehen, etwa nach dem Schema:

$$5 (C_6H_{10}O_5) — H_2O = 6 (C_5H_8O_4)$$

und somit Produkte der regressiven Stoffmetamorphose wären. STOKLASA[3]) leitet die Pentosane der Zuckerrübe von der Saccharose ab.

---

1) F. GOETZE u. PFEIFFER. Landw. Versuchstat., Bd. XLVII. p. 59 (1896). — 2) TOLLENS, Journ. Landwirtsch., Bd. XLIV, p. 171 (1896). — 3) STOKLASA. Just. Jahresber., 1899, Bd. II, p. 181.

CHALMOT[1]) hat auf die bemerkenswerte Ähnlichkeit der Strukturformeln von Glukose und l-Xylose einerseits und Galaktose und l-Arabinose aufmerksam gemacht:

$$
\text{d-Glukose:}\quad CH_2OH-\overset{\overset{H}{|}}{C}\overset{\overset{H}{|}}{\underset{\underset{OH}{|}}{C}}\overset{\overset{OH}{|}}{\underset{\underset{OH}{|}}{C}}\overset{\overset{H}{|}}{\underset{\underset{H}{|}}{C}}-\overset{\overset{H}{|}}{\underset{\underset{OH}{|}}{C}}-COH
$$

$$
\text{l-Xylose:}\quad CH_2OH-\overset{\overset{H}{|}}{\underset{\underset{OH}{|}}{C}}\overset{\overset{OH}{|}}{\underset{\underset{H}{|}}{C}}\overset{\overset{H}{|}}{\underset{\underset{OH}{|}}{C}}-COH
$$

$$
\text{und d-Galaktose:}\quad CH_2OH-\overset{\overset{H}{|}}{\underset{\underset{OH}{|}}{C}}\overset{\overset{OH}{|}}{\underset{\underset{H}{|}}{C}}\overset{\overset{OH}{|}}{\underset{\underset{H}{|}}{C}}\overset{\overset{H}{|}}{\underset{\underset{OH}{|}}{C}}-COH
$$

$$
\text{l-Arabinose:}\quad CH_2OH-\overset{\overset{OH}{|}}{\underset{\underset{H}{|}}{C}}\overset{\overset{OH}{|}}{\underset{\underset{H}{|}}{C}}\overset{\overset{H}{|}}{\underset{\underset{OH}{|}}{C}}-COH
$$

Auch ist von CHALMOT hervorgehoben worden, daß einerseits Xylose und Glukose, andererseits Arabinose und Galaktose häufig miteinander als Hydratationsprodukte von Zellmembranen erhalten werden. CHALMOT denkt sich, daß die der CH_2OH-Gruppe benachbarte CHOH-Gruppe der Hexosen zu COOH oxydiert und als CO_2 abgespalten wird. Konkrete Begründungen lassen sich aber leider noch für keine dieser Ansichten beibringen.

Da Pentosane so reichlich im Zellhautgerüst der Pflanzen vorkommen und der Verwesung relativ spät anheimfallen, so erscheinen allenthalben im Humusboden erhebliche Pentosanmengen, nach CHALMOT 3,2—4 Proz.[2]).

Waldboden enthält 23,42 Proz. Humus und 0,75 Proz. Pentosan
Gartenboden „   9,85 „   „   „   0,39 „   „
Sandboden „   2,68 „   „   „   0,04 „

§ 7.
Die Pektinsubstanzen.

Die Gruppe der „Pektinstoffe" gehört entschieden zu jenen Membransubstanzen, welche einer Aufklärung am meisten entbehren; es ist ganz ungewiß, ob sie tatsächlich eine bestimmte Klasse von Zellhautsubstanzen bilden oder ob sie teilweise oder ganz unter den Begriff der Hemicellulosen oder Pentosane fallen, mit welchen sie eine Reihe

---

1) CHALMOT, Ber. chem. Ges., Bd. XXVII (III), p. 2722 (1894). — 2) CHALMOT, Americ. chem. Journ., Vol. XVI, p. 218 u. 229 (1894); Ber. chem. Ges., Bd. XXVII, Ref. 422 (1894).

wichtiger Merkmale gemein haben, und sich wesentlich, soweit bekannt, nur durch ihre gallertige Beschaffenheit von letzteren unterscheiden. Schleimige oder gallertige Zellhautstoffe wurden wohl schon von den älteren Chemikern dargestellt, und vermutlich war auch der von PAYEN[1]) aus Ailantuswurzel dargestellte Stoff ein Pektinstoff. BRACONNOT[2]) erkannte 1825 die sauren Eigenschaften von weitverbreiteten Gallertsubstanzen, besonders aus Früchten, und nannte die Substanz Pektinsäure; er gewann dieselbe Substanz durch Kalkfällung auch aus der Möhrenwurzel. GUIBOURT[3]) stellte gleichzeitig denselben Stoff aus Johannisbeersaft dar, hielt ihn für verwandt mit Gummi und nannte ihn „Grosselin". VAUQUELIN[4]) studierte die Pektinsäure aus der Daucuswurzel, und gab an, daß sie mit konzentriertem Ätzkali Oxalsäure gibt. BRACONNOT[5]) beschrieb sodann den gelatinierenden Stoff aus Fruchtsäften als „Pektin", und wies denselben auch in der Eichenrinde nach, sowie in der Runkelrübe. MULDER[6]) zeigte 1838, daß sich das Pektin von der Pektinsäure nur durch den Gehalt an unorganischen Stoffen unterscheide und als pektinsaurer Kalk aufzufassen sei. Später (1844) äußert sich MULDER (in nicht sehr klarer Weise) dahin, daß das Pektin beim Kochen der Früchte aus einer noch unbekannten „inkrustierenden" Substanz erst entstehe, und die Pektinsäure eine polymere Verbindung sei, welche aus Pektin beim Kochen der Früchte mit Alkali hervorgehe. Die damals von REGNAULT[7]), MULDER, FROMBERG[8]), CHODNEW[9]), SOUBEIRAN[10]), FRÉMY[11]) vorgenommenen Analysen der Pektinstoffe ergaben sämtlich Werte, welche von dem Verhältnisse $O:H$ in Zucker und Stärke abwichen und es wurden verschiedene Formeln aufgestellt. POUMARÈDE und FIGUIER[12]), welche Pektin aus Holz gewannen, waren demgegenüber der Ansicht, daß Pektin und Cellulose identisch seien. PAYEN[13]) hielt dafür, daß die Pektinsäure nicht erst, wie MULDER annahm, durch chemische Eingriffe gebildet werde, sondern schon fertig in Zellmembranen vorkomme; es soll die größte Menge der Wandsubstanz in den Epidermiszellen von Kakteen aus pektinsaurem Kalk bestehen und zwar hauptsächlich in den Mittellamellen vorkommen.

FRÉMY, dem wir ebenfalls weitere Aufklärungen in der Pektinfrage verdanken, erhielt aus Pektinsäure durch anhaltendes Kochen mit Alkali eine auch in Säuren lösliche Substanz von gleicher Zusammen-

1) PAYEN, Ann. chim. phys. (2), Tome XXVI, p. 329 (1824). — 2) BRACONNOT, ibid., Bd. XXVIII, p. 173; Bd. XXX, p. 96 (1825). — 3) GUIBOURT, Schweigg. Journ., Bd. XLIV, p. 136 (1825); auch SANTEN, Pogg. Ann., Bd. IX, p. 117 (1827). — 4) VAUQUELIN, Ann. chim. phys. (2), Tome XLI, p. 46 (1829). — 5) BRACONNOT, Ann. chim. phys. (2), Tome XLVII, p. 266 (1831); Tome L, p. 376 (1832); Journ. prakt. Chem., Bd. XXI, p. 28 (1840). — 6) MULDER, Pogg. Ann., Bd. XLIV, p. 432 (1838); Berzelius Jahresber., Bd. XVIII, p. 283 (1839); Journ. prakt. Chem., Bd. XIV, p. 277 (1838); Lieb. Ann., Bd. V, p. 278 (1833); Versuche ein. allg. physiol. Chem. (1844), p. 244; auch HARTING, Ann. sc. nat. Bot. (3), Bd. V, p. 326 (1846); Bot. Ztg., 1846, p. 64. — 7) V. REGNAULT, Journ. prakt. Chem., Bd. XIV, p. 270 (1838). — 8) FROMBERG, Lieb. Ann., Bd. XLVIII, p. 66 (1843); Journ. prakt. Chem., Bd. XXXII, p. 179 (1844); Berzelius Jahresber., Bd. XXV, p. 565 (1846). — 9) A. CHODNEW, Lieb. Ann., Bd. LI, p. 355 (1844). — 10) E. SOUBEIRAN, Journ. prakt. Chem., Bd. XLI, p. 309 (1847); Journ. pharm. chim., Tome XI, p. 417. — 11) FRÉMY, Journ. pharm. chim., Tome XXVI, p. 568 (1840); Lieb. Ann., Bd. LXVII, p. 257; Compt. rend., Tome XXIV, p. 1046 (1847). 12) POUMARÈDE u. FIGUIER, Compt. rend., Tome XXV, p. 17 (1847); Rev. scient. Quesneville (2), Tome XIV, p. 68 (1847), Tome XV, p. 98 (1847). — 13) Rec. sav. étrang. (2), Tome IX, p. 148 (1846); Compt. rend. (1856), Tome p. 769.

setzung, die er Metapektinsäure nannte. Später (1848)[1]) stellte FRÉMY
in seiner großen Arbeit über das Reifen der Früchte die Ansicht auf,
daß in der Pulpa grüner Früchte, auch in Wurzeln und Rinden eine in
Wasser unlösliche, die Cellulose begleitende Bildung vorkomme, die
Pektose; dieselbe wird beim Kochen mit verdünnten Säuren in Pektin
übergeführt, erleidet diese Umwandlung aber auch spontan beim Reif-
werden der Früchte. Im Gegensatze zur Cellulose sei die Pektose in
Kupferoxydammoniak unlöslich und bleibe bei Behandlung der Gewebe
mit diesem Reagens als ungelöster Rückstand zurück, als Kupferpektat.

Die PAYENsche Ansicht, daß die Pektinstoffe hauptsächlich in der
Mittellamelle vorkommen, wurde späterhin mehrfach wiederholt, so von
KABSCH[2]), VOGL[3]), WIESNER[4]), während HOFMEISTER[5]) und SCHLEIDEN[6])
die große Unsicherheit der Kenntnisse von den Pektinstoffen hervorhoben.

Als das Wesentliche dieser älteren Untersuchungen stellte sich somit heraus, daß die „Pektinsubstanz" als gallertiger Niederschlag aus
Pflanzenextrakten saurer oder alkalischer oder neutraler Reaktion erhalten wird, wenn man Alkohol zufügt. Es bleibt strittig, ob die Substanz aus einer nahestehenden nativen Substanz durch das Extraktionsmittel gebildet wurde, oder ob sie unverändert extrahiert worden war;
es bleibt unsicher, ob das Pektin ausschließlich in der Mittellamelle vorkommt, oder ob sich die mittleren Membranschichten nur durch besonderen Reichtum an Pektin auszeichnen. Es schien ferner aus den
Analysen hervorzugehen, daß die empirische Zusammensetzung der Pektin-
formel H und O nicht im Verhältnisse $2:1$ aufweist, sondern wasser-
stoffärmer ist. Bezüglich der Wirkung von Säuren auf Pektinstoffe
waren die Angaben oft widersprechend und unklar. FRÉMY wollte annehmen, daß verdünnte Säuren aus der nativen unlöslichen Pektose
zunächst wasserlösliche Pektinsäure formieren. STÜDE[7]) meinte, diese
Lösung beruhe auf Zersetzung einer in Wasser unlöslichen Pektinkalk-
verbindung. Auch stellte STÜDE das von CHODNEW behauptete Entstehen von Glykose bei der Einwirkung von Salzsäure auf Rübenmark-
pektin in Abrede.

Ein erheblicher Fortschritt war die Entdeckung SCHEIBLERS[8]),
daß die „Metapektinsäure" aus Rübenpreßlingen, welche er mittels Herstellung der Kalkverbindung isoliert hatte, mit Säuren gekocht reduzierenden Zucker liefert. Anfangs hielt SCHEIBLER den Zucker für
eine neue Zuckerart („Pektinose"); doch stellte es sich wenige Jahre
später heraus, daß die Pektinose identisch sei mit der Arabinose, welche
aus Arabinsäure von arabischem Gummi erhalten wird. REICHARDT[9])
beschrieb sodann Pektinpräparate, welche er durch Extraktion mit 1-proz.
Salzsäure aus Möhren und Runkelrüben gewonnen hatte, als „Pararabin"
$C_{12}H_{22}O_{11}$ und meinte, daß es sich um ein typisches Kohlenhydrat handle,
weswegen die Gruppe der Pektinsubstanzen kaum als besondere Klasse

1) FRÉMY, Ann. chim. phys. (3), Tome XXIV, p. 5 (1848); Compt. rend.,
Tome XLVIII, p. 203; Journ. pharm. (3), Tome XXXVI, p. 5 (1859). — 2) KABSCH,
Jahrbücher wiss. Bot., Bd. III, p. 357 (1863). — 3) A. VOGL, Wien. Akad., Bd.
XLVIII (II), p. 672 (1863). — 4) J. WIESNER, ibid., 1864 (II). — 5) W. HOF-
MEISTER, Pflanzenzelle (1867), p. 241. — 6) SCHLEIDEN, Grundzüge etc., 4. Aufl.
(1861), p. 122. — 7) STÜDE, Lieb. Ann., Bd. CXXXI, p. 250 (1864). — 8) C.
SCHEIBLER, Ber. chem. Ges., Bd. I, p. 58 (1868); ibid., p. 108; Bd. VI, p. 612 (1873).
— 9) E. REICHARDT, Ber. chem. Ges., Bd. VIII, p. 807 (1875); Arch. Pharm.,
Bd. CCIX, p. 97 (1876); Bd. CCX, p. 116 (1877). Über Rübenpektin ferner K. ANDRLIK,
Chem. Centr., 1895, Bd. I, p. 28, 833; VOTOČEK u. ŠEBOR, ibid., 1899, Bd. II,
p. 1022.

von Membranstoffen zu betrachten sei. Auch die späteren Pektinanalysen von MARTIN [1]) legen nahe, daß die früher konstatierten Abweichungen in der Zusammensetzung von Pektinstoffen und den anderen Kohlenhydraten auf Verunreinigungen mit wasserstoffarmen Substanzen beruhen könnten. Besonders aber TROMP DE HAAS und TOLLENS [2]) bemühten sich, verschiedenartige Pektinpräparate im Zustande möglichster Reinheit zu gewinnen und zu analysieren.

Es enthielt

das Pektin aus	C	H	O	H:O	Asche	N	
Äpfeln	43,41	6,36	50,22	1 : 7,9	5,95	0,245	in Proz. der Trockensubstanz
Kirschen	42,50	6,68	50,95	1 : 7,8	20,50	0,000	
Johannisbeeren	46,98	5,77	47,25	1 : 8,2	5,02	1,005	
Reineklauden	42,06	5,95	51,04	1 : 8,5	3,84	1,150	
Rhabarber	43,14	6,79	50,06	1 : 7,4	4,19	0,500	
Steckrüben	41,19	5,90	53,16	1 : 9,0	7,29	0,000	

Die Abweichung vom gewöhnlichen Verhältnis des Wasserstoffgehaltes zum Sauerstoffgehalt in Kohlenhydraten war also in der Tat viel kleiner als in früheren Analysen, jedoch (vielleicht nur infolge nicht ganz vollständiger Reinheit auch dieser Präparate) nicht ganz fehlend. TOLLENS meint, an die Tatsache anknüpfend, daß die Pektinstoffe den Charakter von Säuren zu haben pflegen, daß in ihnen eine oder mehrere Karboxylgruppen, vielleicht der Rest der Glukonsäure, enthalten seien; möglicherweise seien die Pektine laktonartige Substanzen und es wird durch Einwirkung von Alkalien der Laktonring gesprengt und pektinsaures Alkali geht in Lösung. Weniger sicher begründet sind die Ideen von B. SCHRÖDER [3]), wonach die Pektinstoffe glykoproteidartigen Charakter hätten und mit den tierischen Mucinen verwandt seien.

Seit SCHEIBLERS ersten Angaben über Entstehung von Arabinose bei der Hydrolyse von Pektinen sind Pentosen sehr häufig, ja meist als Hydratationsprodukte von Pektinstoffen festgestellt worden, besonders Arabinose, welche anscheinend häufig von Galaktose begleitet wird. HERZFELD [4]) isolierte aus den Spaltungsprodukten der Rübenpektine Arabinose und Galaktose. BAUER [5]) gewann aus Birnenpektin Galaktose, aus Pflaumenpektin Arabinose. Auch Quittenpektin lieferte Arabinose und Galaktose [JAVILLIER [6])], während das Pektin aus Apfelsinenschalen nach BAUER [7]) vielleicht l-Xylose und Galaktose ergibt. Stachelbeerpektin liefert nach BOURQUELOT und HÉRISSEY [8]) Arabinose, desgleichen Pektin aus dem Gentianarhizom, Rosenblätterpektin und Hagebuttenpektin. Arabinose wurde auch von TROMP DE HAAS und TOLLENS als Hydratationsprodukt der meisten Pektine nachgewiesen, so daß man „Galaktoaraban"- und „Araban"gruppen einen wichtigen Anteil bei der

1) MARTIN, SACHSSES phytochem. Untersuch. (1880), p. 73. — 2) R. W. TROMP DE HAAS u. TOLLENS, Lieb. Annal., Bd. CCLXXXVI, p. 278 (1895). — 3) B. SCHRÖDER, Beihefte Bot. Centralbl., Bd. X, p. 122 (1901). Zur Konstitution der Pektinstoffe auch J. F. CROSS, Ber. chem. Ges., Bd. XXVIII (III), p. 2609 (1895). — 4) A. HERZFELD, Chem. Centralbl. 1891 (II), p. 618. — 5) E. W. BAUER, Landw. Versuchstat., Bd. XLI, p. 477 (1892); Bd. XXXVIII, p. 319 (1891). — 6) JAVILLIER, Journ. pharm. chim. (6), Tome IX, p. 163, 513 (1899). — 7) BAUER, Chem. Centr., 1901, Bd. II, p. 196. — 8) BOURQUELOT u. HÉRISSEY, pharm. chim. (6), Tome VII, p. 473 (1898) (Gentianarhizom); ibid., Tome IX (1899) (Stachelbeeren); BOURQUELOT, Compt. rend., Tome CXXVIII, p. 1241

Konstituierung der Pektine zuzuschreiben hat. Vielleicht stehen die Pektine den Gummiarten von allen Membransubstanzen am nächsten [1]). Die von BOURQUELOT untersuchten Pektinpräparate waren im Gegensatze zu den älteren Angaben von FRÉMY optisch aktiv rechtsdrehend.

Ein unklarer Punkt in den Kenntnissen von den Pektinstoffen ist ferner die Koagulation von pektinhaltigen Pflanzensäften. FRÉMY [2]) hatte zuerst beobachtet (1840), daß neutrale pektinhaltige Extrakte auf Zusatz von Pflanzensäften gallertige Pektinniederschläge bilden. FRÉMY führte diese Wirkung auf ein Enzym: „Pektase" zurück. Bei dieser Enzymwirkung ist nach FRÉMY Sauerstoffgegenwart unnötig, Gasentwicklung findet nicht statt und das Temperaturoptimum liegt bei 30⁰. BERTRAND und MALLÈVRE [3]) haben sich mit der Pektingerinnung in neuerer Zeit wieder befaßt und gaben an, daß zur Wirkung der Pektase die Gegenwart eines löslichen Erdalkalisalzes (Kalk, Strontian oder Baryt) unbedingt nötig sei; der Niederschlag bestehe nicht aus Pektinsäure allein, sondern aus Calciumpektat. Der Pektasewirkung sollen ferner schon sehr geringe Mengen Säure hinderlich sein. Daraus würde sich erklären, warum FRÉMY fand, daß der Saft unreifer saurer Äpfel nicht wirksam war. FRÉMY nahm an, daß es zwei Modifikationen des Enzyms, eine lösliche und eine unlösliche, gebe, und meinte, in unreifen Früchten, wo nur das Fruchtfleisch, aber nicht der Saft wirksam ist, sei nur das unlösliche Enzym zugegen. Falls ein Enzym wirklich vorhanden sein sollte, hätte man übrigens bei der „unlöslichen Pektase" auch an die bekannten Adsorptionswirkungen zu denken, welche bei Enzymen eine große Rolle spielen und FRÉMY noch nicht bekannt waren. Nach BERTRAND und MALLÈVRE wäre die Pektase ein sehr verbreitetes Enzym bei höheren und niederen Pflanzen. Manche Säfte (Kartoffel, Klee, Luzerne, Raygras, Zuckerrübe) koagulierten 2 Proz. Pektinlösung fast augenblicklich, bei anderen (Tomate, Weinbeeren) trat die Wirkung nach 1—2 Tagen ein. Blumenkronen und junge Früchte waren weniger wirksam, bei Pinus Laricio war die Prüfung auf Pektase erfolglos. Wirksame Pektasepräparate gewannen die genannten Forscher aus Blättern, deren Preßsaft mit Chloroformzusatz 24 Stunden im Dunkeln zum Absetzen aufgestellt war. Das Filtrat wurde mit Alkohol gefällt, wodurch ein in Wasser leicht löslicher, in seinen Lösungen in verdünnten Kalksalzen kräftig Pektin koagulierender Niederschlag erhalten wurde. DUCLAUX [4]) nimmt an, daß der Kalk bei den Pektasewirkungen eine ähnliche Rolle spielen könnte, wie bei der Kasein- und Fibringerinnung. GOYAUD [5]) meint, daß die Reaktion wohl auch bei Abwesenheit von Kalksalzen erfolge, daß aber die Gegenwart von Kalksalzen durch die Bildung von unlöslichem Kalkpektat die Veränderung erst sichtbar mache. CARLES [6]) hat überhaupt

---

1) Über Pektin vgl. noch TOLLENS, Kurzes Handbuch der Kohlenhydrate. 2. Aufl., Bd. I. p. 247 (1898); MANGIN, Journ. de Bot., 1893. Von älterer Literatur noch ROCHLEDER, Z., 1868, p. 381; PAYEN, Jahresber. Chem., 1856, p. 692 (Roßkastanien- und Syringapektin); MAYER, ibid., p. 692 (Früchte von Gardenia); GIRAUD, Ber. chem. Ges., Bd. VIII, p. 340 (1875) (Tragant); ROCHLEDER u. HLASIWETZ, Journ. prakt. Chem., Bd. LVI, p. 100 (Capparisfrucht); ROCHLEDER, ibid., Bd. LXXII, p. 394 (Tropaeolum). — 2) FRÉMY, Journ. pharm., Tome XXVI, p. 292; Journ. prakt. Chem., Bd. XXI, p. 1 (1840); Ann. chim. phys. (3). Tome XXIV; Lieb. Ann., Bd. LXVII, p. 257 (1848). — 3) G. BERTRAND u. A. MALLÈVRE, Compt. rend., Tome CXIX, p. 1012 (1894); Tome CXX, p. 110; Tome CXXI, p. 726 (1895). — 4) DUCLAUX, Traité de Microbiologie, Tome II, p. 336 (1899). — 5) GOYAUD, Compt. rend., Tome CXXXV. p. 537 (1902). — 6) CARLES, Journ. pharm. chim. (6), Tome II. p. 463 (1900).

bezüglich der enzymatischen Natur der Koagulation verschiedene Bedenken geäußert. Ist ein Enzym tatsächlich im Spiele, so wäre anzunehmen, daß dasselbe den praexistierenden Pektinstoff unter Abspaltung einer Kohlenhydratsäure, Pektinsäure, zerlege, und daß keine völlige Hydrolyse in Zucker erfolgt. Der Vorgang ist weiterer Untersuchung im höchsten Grade bedürftig. Gegenwart von Kalk könnte die Enzymwirkung dadurch sehr fördern, daß die als Reaktionsprodukt entstehende Pektinsäure stetig in unlösliches Kalksalz übergeht und sich daher nicht anhäufen kann.

BOURQUELOT und HÉRISSEY [1]) haben aus Malzextrakt ein Enzym angegeben, durch welches Pektinsubstanzen unter Bildung reduzierenden Zuckers gespalten werden; dies ist bei Pektase nicht der Fall. Die „Pektinase", wie BOURQUELOT und HÉRISSEY jenes Malzenzym nannten, soll auch das von Pektase abgespaltene Calciumpektat noch weiter spalten. Umgekehrt wirkt aber Pektase nicht auf die Endprodukte der Pektinasewirkung. Bei Gegenwart von Pektinase kommt eine Koagulation in Pektinlösungen durch Pektase nicht zustande. Schon geringe Mengen Säure hemmen die Pektinasewirkung. Anderwärts hat sich die Pektinase bisher noch nicht auffinden lassen.

Pektinstoffe scheinen bei Phanerogamen, Farnen und Moosen allgemein sehr verbreitet zu sein und wurden nicht nur von jenen Geweben angegeben, deren Membran Cellulosereaktion zeigen. Das Vorkommen von Pektin bei Algen ist fraglich, weil ein ganz sicheres Erkennungsmerkmal für Pektinsubstanzen nicht existiert. Möglich ist es immerhin, daß bestimmte bei der Hydrolyse Arabinose oder Galaktose liefernde Membranstoffe der Algen in näherer Beziehung zu einzelnen Pektinstoffen von Phanerogamen stehen. Für Pilze sind Pektinstoffe mindestens sehr zweifelhaft.

Es wurde schon erwähnt, daß PAYEN zuerst an eine Lokalisation der Pektinstoffe in der Mittellamelle der Membranen gedacht habe, während MULDER annahm, daß Cellulose mit Pektin gemengt in den Zellhautschichten gleichmäßig vorkomme. PAYEN war der Ansicht, daß pektinsaurer Kalk und Kaliumpektat gleichsam als Bindemittel die Gewebszellen verkitte, weil man durch Kochen in verdünnten Säuren oder Alkalien, oft selbst Wasser die Gewebszellen trennen könne und deren Wände nachher das Verhalten von Cellulose zeigen. Späterhin gelangten KABSCH, VOGL, WIESNER auf Grund der Chlorzinkjodreaktion zu derselben Ansicht, und auch FRÉMY teilte dieselbe, weil nach der Kupferoxydammoniakbehandlung von dem Gewebe ein in Alkali lösliches Gerüst zurückbleibt, ferner sind einschlägige Angaben von KOLB [2]) und von GUTKOWSKY [3]) anzuführen. Auf die Entwicklung der pektinhaltigen Mittellamelle einzugehen, ist hier nicht der Ort; zuletzt hat besonders ALLEN [4]) darauf hingewiesen, daß sie teilweise aus sekundären Produkten bestehen muß, welche sich zwischen die zwei Spaltlamellen der primären Zellhaut einschalten. Ein direkter Beweis dafür, daß das eigentümliche Verhalten der Mittellamelle durch Pektinstoffe bedingt ist, steht aller-

1) BOURQUELOT u. HÉRISSEY. Compt. rend. Tome CXXVII, p. 191 (1898); Compt. rend. soc. biol., 1898, p. 777; Journ. pharm. chim. (6. Tome IX. No. 6 (1899). — 2) KOLB, Ann. chim. phys., 1868. — 3) GUTKOWSKY, Just Jahresber., 1885, Bd. I, p. 81. — 4) ALLEN, Bot. Gazette, Vol. XXXII, p. 1 (1901). Dort ist auf die geringe Wahrscheinlichkeit der Anschauung von DIPPEL (Abh. Senckenberg. Ges. 1878) hingewiesen, wonach sich die „Zwischensubstanz" von den Membranen der Cambiummutterzellen herleite.

dings noch aus, doch haben die trefflichen Untersuchungen von MAN-
GIN[1]) manche Gründe hierfür beizubringen vermocht. MANGIN fand
zunächst, daß die nach Extraktion von Schnitten mit Kupferoxydammoniak und Auswaschen mit· Wasser zurückbleibenden Zellhaut-
skelette die bekannten Zellstoffreaktionen nicht mehr geben und sich
auch mit Kongorot, Benzopurpurin, Orseillin BB, Naphtholschwarz nicht
wie normale Cellulosewände färben. Sie sind jedoch noch immer färbbar durch Bismarckbraun, Auramin, Malachitgrün, Fuchsin, Jodgrün,
Hoffmanns Violett, durch die vom o-Oxazin ableitbaren Farbstoffe (Nil-
blau, Naphthylenblau R), durch Methylenblau, Neutralrot, Indulin, Neu-
tralblau, Magdalablau, Mauveïn u. a. MANGIN hält diese Färbungen
für charakteristisch für Pektinstoffe. Späterhin fand er ein sehr gutes
Reagens für Pektinstoffe in dem von JOLY[2]) beschriebenen Ammoniak-
Rutheniumsesquichlorür $Ru_2Cl_6 \cdot 4NH_4Cl$, welches seither meist zu dem
gleichen Zweck verwendet wird. Die mit den letztgenannten Farbstoffen tingierbaren Membranbestandteile (Pektinstoffe) können für sich
ebenfalls aus der Membran extrahiert werden, wenn man die Schnitte
$1/_2$ Stunde mit 2-proz. Salzsäure behandelt, mit Wasser auswäscht und
sodann mit 2-proz. Natronlauge andauernd kocht. Die färbbaren Stoffe
lösen sich aber nicht nur in Alkalien, sondern auch in Ammoniumoxalat[3]). MANGIN weist darauf hin, daß die Pektinsäure in vielen
Salzen, unter anderem in Ammoniumcitrat, -oxalat, -tartrat unter Doppel-
salzbildung löslich ist, und macht dieses Verhalten der Membranskelette
für seine Ansicht, daß dieselben aus Pektinsäure bestanden, geltend.
MANGIN fand jedoch selbst, daß die Farbenreaktionen der Gelose aus
Algen, welche aber in Alkali unlöslich und in Säuren löslich ist, ganz
ähnlich ausfallen, und viele Pflanzenschleime und Gummiarten sich mit
Rutheniumrot färben. Nach MANGIN besteht die Mittellamelle hauptsächlich aus pektinsaurem Kalk. Zum Nachweise der Pektinsäure behandelt MANGIN die Schnitte mit Alkohol-Salzsäure (1 Teil HCl, 3 Teile
Alkohol), wodurch das Pektat zersetzt wird, wäscht mit Wasser aus
und färbt die Schnitte mit Naphthylenblau; die fast farblosen Zellmembranen zeigen nun an ihrem äußeren Kontur stärker gefärbte Vorsprünge, welche meist rahmenartig die Oberfläche der Zellen bedecken.
Setzt man den Schnitten Ammoniumoxalat zu, so trennen sich die Zellen
und die aus Pektinsäure bestehenden gefärbten Vorsprünge lösen sich
auf. In den Membranen junger Zellen findet sich nach MANGIN noch
kein Calciumpektat, sondern Pektose, wahrscheinlich in Verbindung mit
Cellulose, welche Verbindung durch Säureeinwirkung unter gleichzeitiger
Bildung von Pektinsäure gespalten wird. Die Pektose geht nach
MANGIN nämlich sehr leicht durch Säuren oder Alkalien in Pektinsäure
über. Wenn die Gewebe älter werden und sich Intercellularräume
bilden, so nimmt das Calciumpektat immer mehr zu, die Mittellamelle
verliert gänzlich ihren Cellulosegehalt, und es lagert sich in ihr als
unregelmäßige Massen knöpfchen- oder stäbchenartig pektinsaurer Kalk
ab. Auch kleidet ein dünnes Häutchen von Pektat die Intercellularen

---

1) L. MANGIN, Compt. rend., Tome CVII, p. 144 (1888); Tome CIX, p. 579
(1889); Bull. soc. Botan., Tome XXXVI, p. 274 (1889); Compt. rend., Tome CX,
p. 295 (1890); Journ. de Botan., Tome V, p. 400 (1891); Tome VI, p. 206 (1892);
Tome VII, p. 37 (1893); Compt. rend., Tome CXVI, p. 653 (1893). — 2) JOLY,
Compt. rend., Tome CXV, p. 1229 (1892); ferner NICOLLE u. CANTACUZÈNE,
Ann. Inst. Pasteur, Tome VII, p. 331 (1893). — 3) Dies war schon SCHLOESING
bekannt: GRANDEAU, Analys. des mat. agricol., 2. éd. (1883), p. 350.

aus. Pektose weist MANGIN dadurch nach, daß er die Schnitte mit Alkohol-Salzsäure, und dann mit Ammonoxalat behandelt, und um die Pektose weniger löslich zu machen, in Kalkwasser behandelt. Dann wird abfiltriert, der Rückstand mit ·Kupferoxydammon 1 — 2 Minuten lang behandelt, mit Wasser gewaschen und mit verdünnter Essigsäure neutralisiert. Man sieht nun bei mikroskopischer Untersuchung nach Färbung mit Jodphosphorsäure die Zellen von einer farblosen, offenbar cellulosefreien Haut umgeben; im Zelllumen finden sich Körnchen aus Cellulose. Diese Häute färben sich nun mit den „pektinfärbenden" Pigmenten. DEVAUX[1]) hat in jüngster Zeit die Ansicht ausgesprochen, daß die Mittellamelle doch nicht aus Calciumpektat bestehen dürfte, wie MANGIN annimmt, sondern aus Pektose. MANGIN hatte sich auf die unzutreffende Ansicht von FRÉMY gestützt, daß Pektose durch Säuren in der Kälte nicht angegriffen werde, während nach DEVAUX die Löslichkeitsverhältnisse der veränderten Pektose ganz dieselben sind, wie jene der Pektinsäure. In der Tat sind die Mittellamellen verschiedener Gewebe sehr ungleich gut löslich und die Säurewirkung ist, ähnlich wie bei Esterspaltungen, längere Zeit hindurch nötig, so daß es sich um keine rasche Zerlegung eines Ca-Salzes handeln dürfte. Nach DEVAUX sind übrigens die Pektosen der verschiedenen Pflanzen und Gewebe differente Stoffe einer Gruppe von Membranbestandteilen.

VAN WISSELINGH[2]) fand, daß die Pektinreaktion gebenden Membranstoffe beim Erhitzen mit Glyzerin auf 300⁰ vernichtet werden, und hatte man vor der Glyzerinprobe mit Kupferoxydammon extrahiert, so blieb in der Regel fast nichts von den Schnitten übrig. WISSELINGH meint, daß in den Zellmembranen der Rübe außer Cellulose noch mindestens zwei andere Stoffe vorkommen dürften. Der eine ist mit Rutheniumrot stark färbbar und wird in der Glyzerinprobe schon bei 200⁰ zerstört, der andere, welcher sich besonders in der Mittellamelle und in den Verdickungen der Zellecken findet, ist in schwach angesäuertem Methylenblau oder Bayers „Brillantblau extra grünlich" stark färbbar und wird erst bei 250⁰ zerstört. Pektinmembranen speichern nach DEVAUX[3]) stark Metallbasen aus Metallsalzlösungen.

Anhang: Mangins Callose. MANGIN[4]) hat auch die Substanz der Auflagerungen an den Siebplatten im Herbste und in obliterierten Siebröhren einem genaueren Studium unterzogen, und deren Hauptbestandteil als „Callose" bezeichnet. Die Callusmassen sind unlöslich in Kupferoxydammoniak, selbst nach vorheriger Behandlung mit Säure, geben keine Chlorzinkjodreaktion, sind ·leicht löslich in 1-proz. Natronlauge, kalter Schwefelsäure, Chlorcalcium, Zinnchlorid, in Ammoniak quellbar, in kalten Alkalikarbonaten nicht löslich. Die Pektinfärbemittel versagen; lebhafte Tinktion erfolgt durch Korallinsoda, Anilinblau und verwandte Farbstoffe. Kurz darauf hat MOORE[5]) die Behauptung aufgestellt, daß der Callus der Cucurbitasiebröhren aus Eiweißstoffen bestehe, und die Proteïnreaktionen, wenngleich träge, aufweise. Nach-

---

1) H. DEVAUX. Soc. Linn. Bordeaux, 4. Mars 1903; Soc. phys. natur. Bordeaux (6), Tome III (1903). — 2) C. VAN WISSELINGH, Jahrb. wiss. Bot., Bd. XXXI, p. 629 (1898). Über Pektin in der Membran von Endodermiszellen: VIDAL, Journ. de Bot., Tome X, p. 236 (1896). — 3) DEVAUX, Bot. Centralbl., Bd. XC, p. 8 (1902). — 4) MANGIN, Compt. rend., Tome CX, p. 644 (1890); Bull. soc. Botan., Tome XXXVIII. (1891); Tome XXXIX, p. 260 (1892); Compt. rend., Tome CXV, p. 260 (1892). — 5) MOORE, Journ. Linn. Soc., Vol. XXVII, p. 501 (1891).

untersucht ist diese Streitfrage noch nicht. Die „Callose" darzustellen gelang MANGIN nicht. Dessenungeachtet schrieb der letztgenannte Forscher der Callose auf Grund analoger Färbungsresultate eine große Verbreitung im Pflanzenreiche zu. Sie sollte in Cystolithen vorkommen; in Zellen, welche an Wundkork angrenzen; es sollten die lichtbrechenden Verdickungen der Membranen bei Pollenmutterzellen aus Callose bestehen; ferner wurden die Pfropfen in Pollenschläuchen, deren callusähnliche Beschaffenheit schon DEGAGNY [1]) hervorgehoben hatte, als Callose bezeichnet. Auch bei Pilzen sollte Callose sehr verbreitet sein. Charakteristisch soll für Callose häufig rasche Verquellung und Lösung in Wasser sein.

Diese Callose ist nun ganz hypothetisch, und es läßt sich nicht entfernt sagen, wie viele und welche Membranstoffe den oben erwähnten Färbungsreaktionen entsprechen. Für die Pilze hat übrigens WISSELINGH direkt erwiesen, daß der angeblichen „Callose" in Wirklichkeit oft Chitin entspricht. Der Siebröhrencallus ist nach WISSELINGH auch bei 250 ⁰ durch Glyzerin nicht zerstörbar, und daher dürfte die oben erwähnte, mit Brillantblau tingierbare Substanz der Mittellamelle des Rübenparenchyms mit dem Callusstoff nichts zu tun haben.

§ 8.
Gummibildung in Zellmembranen.

Die pflanzlichen Produkte und Sekrete, welche man als Gummi bezeichnet, und welche als Verschluß von Wunden erzeugt werden oder als Symptome anderweitiger pathologischer Zustände (Altersveränderungen, Parasiten) auftreten, dürften wohl sämtlich den Zellmembranen bestimmter Gewebskomplexe: Markparenchym, Holzparenchym, Rindenparenchym ihren Ursprung verdanken. Bekannt ist, daß das Tragantgummi sehr deutlich zellige Struktur besitzt, welche beweist, daß das Gummi verquollenen Zellmembranen entspricht [MOHL 1857 [2])].

WIESNER [3]) konnte ähnliche Strukturen im Gummi von Moringa pterygosperma und Cochlospermum gossypium entdecken. Schon KARSTEN [4]), TRÉCUL [5]) und WIGAND [6]) wiesen in der Folge auf die Wahrscheinlichkeit der Gummibildung aus den Zellmembranen hin, ebenso FRANK [7]) und PRILLIEUX [8]), sowie J. MOELLER [9]); hingegen begegnen wir weniger zutreffenden Anschauungen bei BOEHM [10]) und GAUNERSDORFER [11]). Eine richtige Schilderung der Gummibildung im Holze und deren biologischen Bedeutung als Wundsekret und Verschlußmittel hat FRANK geliefert [12]). Die Einwände, welche HÖHNEL [13]) gegen die Ent-

---

1) CH. DEGAGNY, Compt. rend., Tome CII, p. 230 (1886). — 2) MOHL, Bot. Ztg., 1857, p. 32. — 3) WIESNER, Techn. verwend. Gummiarten u. Harze (1869), p. 15, 50, 51. — 4) KARSTEN, Bot. Ztg., 1857, p. 313. — 5) TRÉCUL, Compt. rend., 1860, p. 621. — 6) WIGAND, Jahrb. wiss. Bot., Bd. III, p. 136. — 7) A. B. FRANK, Jahrb. wiss. Bot., Bd. V, p. 25. — 8) F. PRILLIEUX, Compt. rend., Tome LXXVIII, p. 135, 1190 (1874). Ann. sc. nat. (6), Tome I, p. 176 (1875). — 9) J. MOELLER, Sitzungsber. Wien. Akad., Bd. LXXII (1875). — 10) J. BOEHM, Bot. Ztg., 1879, p. 229; MERCADANTE, Ber. chem. Ges., Bd. IX, p. 83 (1876). — 11) J. GAUNERSDORFER, Wien. Akad., Bd. LXXXV (I), p. 9 (1882). — 12) A. B. FRANK, Ber. botan. Ges., Bd. II, p. 321 (1884). Über Gummibildung auch: SAVASTANO, Compt. rend., Tome XCIX, p. 987 (1884); A. MEYER, Berichte botan. Ges., Bd. II, p. 375 (1884); C. KRAUS, ibid., Generalvers.-Heft, p. LIII; TEMME, Landwirtschaftliche Jahrbücher, Bd. XIV, p. 465 (1885); K. REICHELT, Pomolog. Monatshefte, 1887, p. 269;

stehung des Gummi aus Zellmembranen erhebt, dahin lautend, daß das
Volumen der ausgeschiedenen Massen weitaus die Masse der an Ort und
Stelle vorhandenen Zellhautmaterialien übersteige, können leicht beseitigt werden, wenn man überlegt, daß es sich bei Gummosis um pathologische Hyperplasie handelt. Bei der von Vogl [1]) und von G. Kraus [2])
aufgestellten Ansicht, daß das Gummi aus dem Siebröhreninhalte stammt,
dürfte der äußerlichen Ähnlichkeit des Siebröhrensaftes und Gummi-
sekretes zu weitgehende Bedeutung beigemessen worden sein.

Wenn auch die Hauptmasse des Gummi aus Membranstoffen hervorgeht, so mischen sich doch auch andere Inhaltstoffe der in Gummosis
verfallenen Zellen bei. Darauf deutet das sehr häufige Vorkommen
amylolytischer Enzyme in Gummi hin [Wiesner[3]), Béchamp[4]), Reinitzer[5]), Lutz[6])], und auch veränderte Stärkekörner, häufig gebräunt,
lassen sich in Gummidrusen auffinden.

Die Chemie der Gummiarten wurde schon von Fourcroy und
Vauquelin[7]) zu Ende des 18. Jahrhunderts in Angriff genommen, und
letzterer wies bereits den Charakter des arabischen Gummi als organisches Kalksalz nach. Es wurde auch die Entstehung von Schleimsäure bei der Oxydation mancher Gummiarten mit Salpetersäure bekannt
(Laugier). John[8]) nannte die Substanz des Pflaumengummi Cerasin.
Guérin[9]) wollte die Schleimsäurebildung als charakteristisches Merkmal
der Gummiarten hinstellen, und drei, hinfort lange Zeit aufrecht erhaltene Gummispecies unterscheiden; Arabin, Bassorin, Cerasin. Schon
Berzelius[10]) hob hervor, daß diese auf Löslichkeitsverhältnisse basierte
Einteilung zu keinem tieferen Einblick in die chemische Beschaffenheit
der Gummiarten führe. Neubauer[11]) zeigte 1857, daß das „Arabin"
die Eigenschaften einer Säure hat.

Die neueren chemischen Studien über die Gummiarten lassen die
Meinung begründet erscheinen, daß es sich um Stoffe handelt, welche
einige Analogien mit Pektinsubstanzen zeigen, und ebenso wie letztere
einerseits Zucker, andererseits Kohlenhydratsäuren bei der Hydrolyse
liefern.

Guignard u. Colin, Bull. soc. bot., Tome XXXV, p. 325 (1888); A. Wieler, Just.
Jahresber., 1892 (II), p. 230 (Gefäßverstopfungen); L. Lutz, Bull. soc. bot., Tome
XLII (1895), p. 467; Journ. de Bot., Tome XI (1897); J. Grüss, Bibliotheca botan.,
Heft 39 (1896); Busse, Potoniès naturwiss. Zeitschr., 1901. (Ameisenbohrstiche als
Ursache der Sekretion des arabischen Gummi von Acacia Verek.) Hanausek, Ber.
bot. Ges., Bd. XX; Generalvers.-Heft, p. 81 (1902); G. Delacroix, Compt. rend.,
Tome CXXXVII, p. 278 (1903). — 13) F. v. Höhnel, Ber. bot. Ges., Bd. VI,
p. 156 (1888).

1) A. Vogl, Pharmakognosie (1880), p. 384. — 2) G. Kraus, Sitzungsber.
Naturforsch. Ges. Halle, 23. Februar 1884. Hierzu vgl. auch Wiesner, Rohstoffe,

Die Gummimassen, welche mit geringen Mengen Mineralsalzen, Gerbstoffen und anderen aromatischen Substanzen (Hadromal), Farbstoffen, Zucker, Stärke, Enzymen und anderen Zellinhaltsstoffen vermengt sind, sind manchmal in Wasser vollständig zu einer kolloidalen Lösung löslich (Acaciagummi), manchmal teilweise löslich, manchmal, wie Kirschgummi oder Tragant, nur quellbar in kaltem Wasser. Sie bilden in reinstem Zustande farblose amorphe, selten optisch anisotrope [1]) Massen; die Lösungen sind stets optisch aktiv, nach der Natur des Gummi links- oder rechtsdrehend; sie pflegen schwach sauer zu reagieren. Schon 52-proz. Alkohol löst kein Gummi. In wässeriger Chloralhydratlösung wird Gummi wie Stärke gelöst [2]). Mit Ammonsulfat kann man Tragantschleim, nicht aber arabisches Gummi aussalzen [PONL [3])]. Mit Salzsäure angesäuerte Gummilösung gibt auf Alkoholzusatz einen dichten weißen Niederschlag. Von Natronlauge werden auch die bloß in Wasser quellbaren Gummiarten gelöst. Kupferoxydammoniak löst unbedeutend. Die Cellulose-Jodreagentien sind ohne Wirkung auf Gummi. Basisches, nicht aber neutrales Bleiacetat fällt Gummilösungen. Gereinigtes Gummi entspricht der Zusammensetzung $C_{12}H_{22}O_{11}$.

In den Produkten aus der Hydrolyse von Gummi mit verdünnten Mineralsäuren sind sehr gewöhnlich Galaktose und Arabinose nachzuweisen [4]). STONE [5]) fand dies für Pfirsichgummi, BAUER [6]) für Pfirsich- und Pflaumengummi, LIPPMANN [7]) für Rübengummi, MARTINA [8]) für verschiedene Acaciagummen, STONE [9]) für jenes der Acacia decurrens, LEMELAND [10]) für das Gummi von Mangifera indica L., NIVIÈRE und HUBERT [11]) endlich für das Weingummi. Eine Ausnahme stellt das Chagualgummi dar, welches nach WINTERSTEIN [12]) bei der Hydrolyse Xylose und i-Galaktose gibt. Die Angaben über Vorkommen von Mannose [13]) unter den Hydratationsprodukten von Gummi bedürfen noch der Bestätigung. Manche Gummiarten liefern außerordentlich viel Schleimsäure bei Behandlung mit Salpetersäure nach KENT und TOLLENS oder nach MAUMENÉ [14]): nach KILIANI bis 38 Proz. Die Mengen der erhaltenen Schleimsäure und der vorhanden gewesenen Galaktose verhalten sich wie 75:100. CLAESSON stellte fest, daß jene Gummiarten, die wenig oder gar keine Schleimsäure geben, bei der Hydrolyse reichlich Arabinose liefern. Nach BAUERS [15]) Beobachtung und nach KILIANIS [16]) genauer

---

1) Vgl. WIESNER, Rohstoffe l. c., p. 55. — 2) Vgl. R. MAUCH, Phys.-chem. Eigenschaften des Chloralhydrat. Dissert. Straßburg, 1898. — 3) J. POHL, Zeitschrift physiol. Chem., Bd. XIV, p. 155 (1889). — 4) Ältere Literatur hierzu: A. BÉCHAMP, Journ. pharm. chim. (4), Tome XXVII, p. 51 (1878); CLAESSON, Ber. chem. Ges., 1881, p. 1270; KILIANI, ibid., Bd. XV, p. 34 (1882); MUNTZ, Compt. rend., Tome CII, p. 624, 681 (1886). — 5) W. E. STONE, Ber. chem. Ges., Bd. XXIII, p. 2574 (1890). — 6) R. W. BAUER, Landw. Versuchstat., Bd. XXXV, p. 33, 215 (1888). — 7) v. LIPPMANN, Ber. chem. Ges., Bd. XIV, p. 1509 (1881); Bd. XXIII, p. 3564 (1890). — 8) G. MARTINA, Just Jahresber., 1894, Bd. II, p. 415; auch HEFELMANN, Chem. Centralbl., 1901, Bd. II, p. 195. — 9) STONE, Amer. chem. Journ., Bd. XVII, p. 196 (1895). — 10) P. LEMELAND, Journ. pharm. chim. (6), Tome XIX, p. 584 (1904). — 11) G. NIVIÈRE u. HUBERT, Chem. Centr. 1896, Bd. I, p. 898. — 12) WINTERSTEIN, Ber. chem. Ges., Bd. XXXI (II), p. 1571 (1898). — 13) WIESNER, l. c., p. 62. — 14) MAUMENÉ, Bull. soc. chim. (3), Tome IX, p. 138; auch KILIANI, l. c., 1882, p. 35. — 15) BAUER, Journ. prakt. Chem., Bd. XXX, p. 379; Bd. XXXIV, p. 46; SACHSSE und MARTIN, Phytochem. Untersuch. (1880), p. 72 hatten die Arabinose aus Kirschgummi für eine besondere Zuckerart „Cerasinose" erklärt. — 16) KILIANI, Ber. chem. Ges., Bd. XIX, p. 3030 (1886).

Untersuchung kann man vorteilhaft aus Kirschgummi Arabinose gewinnen. Die genaue Vorschrift ist in KILIANIS Arbeit enthalten.

Unter den Hydratationsprodukten von Tragant fanden WIDSOE und TOLLENS [1] außer Arabinose noch Xylose und etwas Enkose. Die Gegenwart von Pentosanen wird in Gummiarten qualitativ durch die TOLLENSsche Phloroglucinprobe oder durch die blauviolette Färbung mit Orcin-Salzsäure [REICHL [2], REINITZER [3]] erkannt, und auch die quantitativen Pentosanbestimmungen sind bei Gummi anwendbar. Die Arabinose wurde aus arabischem Gummi durch Säurehydrolyse durch GUÉRIN VANRY zuerst erhalten, von SCHEIBLER benannt und von CLAËSSON zuerst von der Galaktose scharf auseinandergehalten. KILIANI erkannte ihre Pentosennatur. Die relativen Mengen der zu erhaltenden Arabinose und Galaktose schwanken selbst für einzelne Akaciengummen stark. Vorwiegend Araban scheint das Amygdaleengummi zu enthalten; Kirschgummi liefert 45,62 Proz. (GÜNTHER) bis 59,05 Proz. Arabinose (FLINT und TOLLENS). Tragant 37,28 Proz. Pentose, arabisches Gummi 27,9 Proz.

Außer Hexose und Pentose liefern aber die Gummiarten stets Säuren bei der Hydrolyse, um deren Studium sich besonders O'SULLIVAN [4] Verdienste erworben hat, und welche man als „Gummisäuren" zusammenfassen kann. Sie sind aber noch sehr unzureichend bekannt. Es soll sich um isomer nach der Formel $C_{23}H_{38}O_{22}$ zusammengesetzte Stoffe handeln, oder um solche, welche sich um die Differenz $C_6H_{10}O_5$ von dieser Formel unterscheiden. SULLIVAN hat solche Säuren aus arabischem Gummi und aus Geddagummi isoliert. Wahrscheinlich sind diese Gummisäuren im natürlichen Gummi als Ester von 5- und 6-wertigen Zuckern respektive von diesen abstammenden Kohlenhydraten vorhanden. NEUBAUERS „Arabinsäure" aus arabischem Gummi wäre nach SULLIVAN ein Arabinoseester von verschiedenen Arabinosesäuren: im Geddagummi handelte es sich um Galaktoseester verschiedener Geddinsäuren $C_{23}H_{38}O_{22}$. Im Tragant sollen Xylanester und Bassorinsäuren zugegen sein.

MANGIN [5] bringt die Gummibildung mit den Pektinstoffen der Zellmembranen in Zusammenhang. Es wäre die Gummosis nach solchen Vorstellungen gewissermaßen eine pathologische Mehrproduktion pektinartiger Substanzen. Die chemischen Kenntnisse von Pektin und Gummi sind leider noch viel zu gering, als daß eine nähere Erwägung dieser Möglichkeit gegeben werden könnte. Daß Enzyme bei der Bildung von Gummi aus Substanzen der Zellmembranen mitwirken, ist durchaus eine diskutable Vorstellung. Zuerst hat WIESNER [6] derartige Ansichten vertreten, wenngleich die hierbei herangezogenen Tatsachen anders ge-

1) WIDSOE n. TOLLENS, Ber. chem. Ges., Bd. XXXIII (I), p. 132 (1900). Über Tragant ferner HILGER u. W. E. DREYFUS, Ber. chem. Ges., Bd. XXXIII, p. 1178 (1900); GIRAUD, Compt. rend. Tome LXXX, p. 477 (1875) hatte den Hauptbestandteil als Pektin bezeichnet. — 2) REICHL, Dinglers polyt. Journ., Bd. CCXXIV, p. 232; Zeitschr. analyt. Chem., Bd. XIX, p. 357 (1880). — 3) REINITZER, Zeitschr. physiol. Chem., Bd. XIV, p. 453. — 4) C. O'SULLIVAN, Journ. chem. Soc., 1884 (I), p. 41; Ber. chem. Ges., Bd. XVII, ref. 170 (1884); Chem. Centralbl., 1884 (I), p. 584; 1892 (I), p. 137; Chem. News, Vol. LXIV, p. 271 (1891); Journ. chem. Soc., 1891 (I), p. 1029; Ber. chem. Ges., Bd. XXV, ref. 370 (1892); Proc. chem. Soc., Vol. XVII, p. 156 (1901); Chem. Centralbl., 1901 (II), p. 196. — 5) MANGIN, Journ. de Botanique, 1893, p. 34 des Sep. — 6) WIESNER, Sitzungsber. Wien. Akad., Bd. XCII, p. 40 (1885). Hierzu REINITZER, Zeitschr. physiol. Chem., Bd. XIV, p. 453 (1889).

deutet werden müssen. als es WIESNER tat. Später haben GARROS[1]) sowie LUTZ[2]) die Existenz eines „Gummifermentes" zu erweisen gesucht, doch ist bisher über das fragliche Enzym etwas Sicheres nicht bekannt.

Mehrfach ist parasitärer Ursprung bei Entstehung von Gummi angenommen worden. So hat BEIJERINCK[3]) für die Bildung des Akaziengummi eine Pleospora und für Bildung von Kirschengummi ein Coryneum verantwortlich gemacht. Nach PRILLIEUX und DELACROIX[4]) sollte der Gummifluß der Weinrebe sogar bakteriellen Ursprunges sein; doch hat diese „gommose bacillaire", wie RATHAY[5]) dargelegt hat, ihren Ursprung gewiß nicht parasitischen Bakterien zu verdanken. In neuerer Zeit hat R. GREIG SMITH[6]) hingegen für eine ganze Reihe von Fällen Bakterienformen als Erreger der Gummosis hingestellt; doch bedarf die Sache sicherlich noch eingehender Prüfung. Das im Wundgummi des Holzes häufig zu beobachtende Vorkommen von Hadromal, des aromatischen Aldehydes der verholzten Zellmembranen ist durch die Phloroglucinreaktion leicht zu zeigen [HÖHNEL[7]), TEMME]; die Reaktion tritt schon in der Kälte ein und kann deswegen, wie wegen ihres abweichenden Farbentones mit der TOLLENSschen Pentosenreaktion nicht verwechselt werden.

Die Gummiarten, welche in den gummiharzartigen Sekreten der Umbelliferen, Burseraceen, Clusiaceen u. a. Gruppen vorkommen, sind noch nicht in wünschenswertem Maße untersucht worden. Eine Übersicht über die einschlägigen bekannten Tatsachen hat TSCHIRCH[8]) gegeben. KÖHLER[9]), der das Myrrhengummi untersuchte, fand bei der Hydrolyse desselben zum größten Teil Arabinose, etwas Galaktose und angeblich auch Dextrose. FRISCHMUTH[10]) gibt als Hydratationsprodukte des Gummi ammoniacum Galaktose, Arabinose und wahrscheinlich Mannose an. Bezüglich der Ausbildung des Gummi in solchen Sekreten hat TSCHIRCH[11]) an den jungen Gummigängen der Tiliaceen und Sterculiaceen die Erfahrung gemacht, daß zunächst im Zellinhalte Gummischleim auftritt und die Membranen erst später in Gummose übergehen. TSCHIRCH[12]) hat auch an der Samenschale von Kakaobohnen einschlägige Studien angestellt.

§ 9.
Benzolderivate als Zellhautbestandteile.

Abgesehen von dem in den Zellmembranen der Gefäße und der meisten anderen Holzelemente, in vielen Bastfasern, Korkzellen, Kollen-

---

1) F. GARROS, Bull. soc. chim., (3), Tome VII, p. 625 (1892). — 2) L. CH. LUTZ, Contrib. à l'étude chim. des gommes. Thèse Paris, 1895. — 3) BEIJERINCK, Bot. Ztg., 1884, p. 135. — 4) PRILLIEUX u. DELACROIX, Compt. rend., Tome CXVIII. 1430 (1894); Just. Jahresber., 1895 (I), p. 376. — 5) E. RATHAY, Jahresber. k. k. önolog. Lehranstalt Klosterneuburg, 1896; Centralbl. Bakt. (II), Bd. II, p. 620 (1896); Botan. Centralbl., Bd. LXVIII, p. 54. — Vergl. auch MANGIN. Compt. rend., Tome CXIX, p. 514 (1895); Centralbl. Bakt. (II), Bd. II, p. 621 (1896). — 6) R. GREIG SMITH, Centr. Bakt. (II), Bd. X, p. 61; Bd. XI, p. 698 (1903). — 7) v. HÖHNEL, Bot. Ztg., 1882, p. 180; TEMME, l. c., 1885. — 8) A. TSCHIRCH, Die Harze u. Harzbehälter (1900), p. 212. — 9) O. KÖHLER, Arch. Pharm., Bd. CCXXVIII, p. 291. — 10) M. FRISCHMUTH, Just. Jahresber., 1897 (II), p. 108; Chem. Centr., 1897 (II), p. 979, 1078; 1898 (I), p. 36. — 11) TSCHIRCH, Ber. bot. Ges., Bd. VI, p. 5 (1888). — 12) TSCHIRCH, Arch. Pharm. 1887. Zu diesem Gegenstande vgl. ferner SZABO, Just bot. Jahresber. 1881 (I), p. 424; MAIDEN, Pharm. J. Tr., 1892, p. 442; Just. bot. Jahresber., 1890 (I), p. 73. Über die Schleimzellen von Marchantia: R. PRESCHER, Sitz.-Ber. Wien. Akad., Bd. LXXXVI (I), p. 132 (1882). Kakteenschleimidioblasten: LONGO, Just bot. Jahresber., 1896 (I), p. 482.

chymzellen etc. zu beobachtenden Hadromal, welches in einem der nächsten
Paragraphe seine Würdigung finden soll, sind hier und da, nach dem
Ausfalle der MILLONschen Reaktion zu urteilen, in Zellmembranen phenolartige Substanzen angetroffen worden, deren Natur aber noch gänzlich
unerforscht ist. Rotfärbung von Zellmembranen durch das Millonsche
Reagens wurde durch WIESNER[1]) und KRASSER[2]) bei einer ziemlich
großen Anzahl unverholzter pflanzlicher Gewebe angetroffen, und KRASSER
machte speziell auf das Blattparenchym vieler Bromeliaceen in dieser
Hinsicht aufmerksam; allerdings deuteten diese Autoren die MILLONsche
Reaktion als Eiweißreaktion. FISCHER[3]), welcher die letztere Ansicht
ablehnte, vermochte die chemische Natur des fraglichen Membranstoffes
nicht festzustellen, und auch CORRENS[4]), welcher an Tyrosin dachte, konnte
für seine Meinung entscheidende Beweise nicht beibringen. Die Färbung
der Membranen ist unverändert erzielbar nach Einwirkung von Eau de
Javelle, 1—2-proz. Kalilauge nach 12-tägiger Einwirkung, konzentrierten
Säuren, Äther, Chloroform, Glyzerin-Pepsin, Glyzerin-Pankreatin. Ich selbst
habe die fragliche Substanz nicht untersucht, doch ist an das Vorkommen
des anscheinend verwandten, vielleicht wenigstens manchmal damit identischen Sphagnol bei vielen Moosen zu erinnern [CZAPEK[5])].

Nach SP. MOORE[6]) rührt die Millonsche Reaktion in Zellwänden
weder von Eiweiß noch von Tyrosin her; MOORE macht darauf aufmerksam, daß auch Katechin Millons Reaktion gibt.

Ungeklärt sind ferner die Fälle, in welchen Zellmembranen ver-
harzen (Resinosis von Zellmembranen). Nach TSCHIRCH[7]) tritt in allen
Fällen das Harz erst im Zellinhalte auf und es verfallen die Membranen
erst später der Resinosis. Der Chemismus des Vorganges läßt sich
nicht näher bestimmen, und die Frage, ob der Prozeß eher als pathologische Steigerung normaler Vorgänge, oder als ganz abnormer Fall
aufzufassen ist, entzieht sich noch völlig der Erörterung.

§ 10.
Das angebliche Vorkommen von Proteïnstoffen in Zellmembranen.

Bei den älteren Pflanzenphysiologen war die Vorstellung sehr verbreitet, daß Eiweißstoffe in Zellmembranen enthalten sind, und man
bezog sich ausschließlich auf den Ausfall bestimmter mikrochemischer
Reaktionen. So tat es MULDER[8]) in Hinsicht auf die Gelbfärbung mit
Salpetersäure, desgleichen MOHL[9]), der auch den allmählichen Eintritt
von Violettfärbung bei längerer Salzsäureeinwirkung heranzog. SCHACHT[10])
hielt das Vorkommen von Proteïnstoffen in der Zellwand für eine verbreitete Erscheinung, welche mit Zuckerlösung und Schwefelsäure am
leichtesten nachgewiesen werden könne. Auch SCHLEIDEN[11]) meint, daß

1) WIESNER, Sitz.-Ber. Wien. Akad., Bd. XCIII (I) (1886), p. 17; Ber. bot.
Ges., Bd. VI, p. 33, 187 (1888). — 2) KRASSER, ibid., Bd. XCIV, p. 118 (1886);
Bot. Ztg., 1888, p. 209. — 3) A. FISCHER, Ber. bot. Ges., Bd. V, p. 423 (1887);
Bd. VI, p. 113 (1888). — 4) CORRENS, Jahrb. wiss. Bot., Bd. XXVI, p. 593, 617
(1894). — 5) CZAPEK, Flora, 1899, p. 381. — 6) SP. MOORE, Journ. Linn. Soc.,
Vol. XXIX, p. 241 (1892). — 7) TSCHIRCH, Ber. bot. Ges., Bd. VI, p. 2 (1888);
Angewandte Pflanzenanatomie, 1889, p. 216. — 8) MULDER, Physiolog. Chemie (1844),
p. 446, 462, 471, 483, 496. — 9) MOHL, Veget. Zelle (1851), p. 31. — 10) SCHACHT,
Lehrbuch d. Anat. u. Physiol., 1856, p. 34. — 11) SCHLEIDEN, Grundzüge, 4. Aufl.
(1861), p. 120.

bei der Jodschwefelsäurereaktion eine grünliche Färbung eine „Tränkung mit Proteïnsubstanzen" anzeige, die in alten Zellen oft so weit gehe, daß die Reaktion goldgelbe Färbung besitze.

Erst HOFMEISTER[1]) sprach sich dahin aus, daß im Gegensatze zu dem stets eiweißartige Stoffe enthaltenden Protoplasma die junge Zellwand aus einem stickstofffreien Körper bestehe. Nur bezüglich der cuticularisierten Membranen war HOFMEISTER geneigt, einen Stickstoffgehalt anzunehmen. Seither wurde von Eiweiß der Zellmembranen nichts mehr gesprochen, und auch in dem maßgebenden SACHSschen Lehrbuch war nichts mehr hiervon angegeben. Doch tritt hin und wieder bis in die neuere Zeit der Gedanke auf, daß Gelbfärbung mit Jod + Schwefelsäure auf Stickstoffgehalt der Membran schließen lasse.

1886 wurde nun die Lehre vom Zellhautproteïn durch WIESNER wieder aufgenommen, im Zusammenhange mit dessen Vorstellungen von der steten Gegenwart von Protoplasma in Zellhäuten, solange die Zelle noch lebt [WIESNER[2]), KRASSER[3])]. Die Kritik [FISCHER[4]), CORRENS[5]), KLEBS[6])] hat gezeigt, daß die zur Stütze herangezogenen Reaktionen teils nicht verläßlich waren, wie die KRASSERsche Alloxanprobe, teils ganz anders zu deuten sind, wie von der MILLONschen Probe dargelegt wurde. Für die Annahme eines Proteïngehaltes der Membran von lebenden Zellen besitzen wir daher durchaus keinen Anhaltspunkt.

§ 11.
Mineralische Einlagerungen in Zellmembranen.

Während sich der Aschengehalt jugendlicher Membranen nicht sehr vom Aschengehalte lebenden Protoplasmas entfernen dürfte, lagern die Zellhäute, wenn sie älter werden, häufig erhebliche Mengen von Mineralstoffen ein. worunter Kalk- und Kieselverbindungen eine große Rolle spielen. Dort, wo größere Kristalle ausgebildet sind, wie bei Einlagerungen von Calciumoxalat[7]), oder der Inkrustierung von Cystolithen mit Calciumkarbonat[8]) kann es sich sowohl um primäre Ablagerungen der betreffenden Salze handeln, als um Umwandlungsprodukte aus organischen Salzen; man könnte in manchen Fällen daran denken, daß etwa aus Calciumpektat kohlensaurer Kalk entstehen könnte. Wenn Mineralstoffe der Zellhaut gleichmäßig eingelagert sind, wird es sich wohl meist um Produkte des regressiven Stoffwechsels handeln.

Hier und da zeigt innerhalb derselben Zelle die Membran verschiedenartige mineralische Bestandteile; so sind die Brennhaare von Urtica in ihrer Spitze verkieselt, im unteren Teile aber mit Kalk im-

1) W. HOFMEISTER, Pflanzenzelle (1867), p. 239. — 2) S. Anm. 1, p. 558. — 3) S. Anm. 2, p. 558. — 4) S. Anm. 3, p. 558. — 5) S. Anm. 4, p. 558. — 6) G. KLEBS, Botan. Zeitg., 1887; Biolog. Centralbl., Bd. VI, p. 449 (1886); vgl. auch KOHL, Botan. Centralbl., 1889, No. 1. — 7) Oxalateinlagerungen: SOLMS-LAUBACH, Botan. Zeitg., 1871, p. 509; HEIMERL, Wien. Akad., Bd. XCIII, p. 231 (1886). — 8) Cystolithen: PAYEN, Compt. r., Tome XI. p. 401 (1840) beschrieb die Inkrustation der von MEYEN 1837 entdeckten „Gummikeulen"; HOFMEISTER, Pflanzenzelle, 1867, p. 265; K. RICHTER, Wien. Akad., Bd. LXXVI (I) (1877); KOHL, Kalksalze und Kieselsäure (1889), p. 71, 115; ZIMMERMANN, Ber. bot. Ges., 1890, p. 17 u. 126; Ber. Morph. Phys. d. Pflanzenzelle, Heft III (1893); GIESEN-HAGEN, Ber. bot. Ges., Bd. VIII, p. 74 (1890); MANGIN, Compt. rend., Tome CXV, p. 260 (1892); Inkrustation von Chara: PAYEN, Compt. rend., Tome XVII, p. 16 (1843).

prägniert [HABERLANDT[1])]. Nach LEITGEB[2]) sind die Membranen von
Acetabularia in den äußeren Membranschichten mit kohlensaurem Kalk
inkrustiert, in den inneren Schichten besonders mit Oxalat. Durch ver-
pünnte Mineralsäuren lassen sich wohl alle Kalkverbindungen der Membran in Lösung bringen und man kann auf diesem Wege die Zellhäute
kalkfrei machen. Die Verkieselung der Zellwände wurde zuerst von
H. VON MOHL[3]) in umfassenden Untersuchungen klargestellt. Der Nachweis von Siliciumverbindungen in Zellmembranen geschieht am einfachsten bei Gegenwart größerer Mengen derselben durch Veraschen.
MILIARAKIS[4]) behandelte die Pflanzenorgane nach Veraschung mit einem
Gemisch von konzentrierter Schwefelsäure und 20-proz. Chromsäure; man
erhält so reine Kieselskelette des Zellhautgerüstes. Man kann ferner
die Gewebe oder deren Asche mit Fluorwasserstoffsäure extrahieren und
im Extrakte die Kieselsäure durch den charakteristischen Kristallnieder-
schlag von Kieselfluornatrium erkennen[5]).

Nach MILIARAKIS findet die Verkieselung der Zellmembran in den
Haaren von Deutzia, Loasa, Urtica erst statt, wenn das Zellwachstum
abgeschlossen ist. Sehr auffällig ist u. a. das Vorkommen großmaschiger
Kieselsäuremassen im Lumen der Haare von Morus und Broussonetia.
Außer den verkieselten Haaren sind bekannte Vorkommnisse die verkieselten Cystolithen. Die von ROSANOFF, TREUB[6]) und anderen Autoren
bei Palmen, von PFITZER[7]) bei Orchideen verbreitet aufgefundenen Deck-
zellen (Stegmata) sind kleine Zellen in der Umgebung der Bastfasern,
deren Inhalt von einem unabhängig von der Zellmembran ausgebildeten
Kieselkörper gebildet wird. Nach CARIO[8]) entstehen auch die Kieselkörper der Podostemonaceen stets unabhängig von der Zellmembran durch
Ausscheidungen im Zelllumen.

Mit der Annahme von KOHL[9]), daß die Einlagerung der Kieselsäure in die Zellmembran unter Beteiligung des Protoplasmas erfolgt,
ist allerdings ein tieferes Eindringen in den Mechanismus des Vorganges
noch nicht gegeben.

Die Frage, ob nicht in Zellhäuten organische Siliciumverbindungen
vorkommen, hat zuerst LADENBURG[10]) im Verfolge seiner Studien über
die merkwürdigen Analogien der Verbindungen von Silicium und Kohlenstoff zu beantworten gesucht. Er vermutete, daß auch in der Pflanze
gewissen Kohlenstoffverbindungen ähnlich konstruierte Siliciumverbindungen vorkommen; ein beweisendes Resultat ließ sich jedoch nicht gewinnen. W. LANGE[11]) fand sich auf Grund seiner Untersuchung über
das wässerige Extrakt von Equisetum hiemale zu der Behauptung bestimmt, daß das Silicium in den Zellhäuten nur als sehr verdünnte
Kieselsäurelösung vorhanden sein könne.

1) HABERLANDT. Wien. Akad., Bd. XCIII (I), p. 124 (1886). — 2) H. LEITGEB,
Sitz.-Ber. Wien. Akad., Bd. XCIV (I) (1887). — 3) H. v. MOHL, Botan. Zeitg. 1861,
No. 30 ff. — 4) MILIARAKIS, Verkieselung der Elementarorgane, Würzburg 1884.
— 5) MOHL, Botan. Zeitg., 1861, p. 97; KOHL, l. c. (1889), p. 226. Über Verkieselung auch ZIMMERMANN, Beiträge Morph. Phys. Pflanzenzelle, Heft I, p. 306
(1893); HEINRICHER, Ber. bot. Ges., Bd. III, p. 4 (1885); BULTSCH, Just Jahresber.,
1893, Bd. I, p. 539. — 6) TREUB, Observations sur le Sklerenchyme, 1877. —
7) PFITZER, Flora, 1877, p. 245. Für Calathea: MOLISCH, Zoolog. botan. Gesellsch.
Wien., Bd. XXXVII, p. 30 (1887). Blattepidermiszellen der Marattiaceen: RADLKOFER,
Just Jahresber., 1890, Bd. I, p. 344; ferner SOLLA, Nuov. giornal. bot.
ital., Vol. XVI, p. 50 (1884). — 8) R. CARIO, Botan. Zeitg., 1881, p. 25. — 9) F.
G. KOHL, Kalksalze und Kieselsäure, 1889. — 10) A. LADENBURG, Ber. chem. Ges.,
Bd. V, p. 568 (1872). — 11) W. LANGE, Ber. chem. Ges., Bd. XI, p. 823 (1878).

Wie GÉNEAU DE LAMARLIÈRE [1]) beobachtete, geben Zellwände sehr häufig mit salpetersaurer Lösung von Ammoniummolybdat Gelbfärbung, welche oft mit dem Vorkommen der Ligninreaktion sich deckt, ohne jedoch streng an letztere gebunden zu sein. Es könnten für den Ausfall dieser Reaktion sowohl Phosphate als Silikate (Arsenate kommen nicht in Betracht) verantwortlich gemacht werden, und der genannte Forscher läßt es im ganzen auch noch unentschieden, welche Salze die Reaktion bedingen.

Es sei schließlich auf die von DEVAUX [2]) näher studierte Erscheinung kurz hingewiesen, daß pflanzliche Zellhäute aus umgebenden Metallsalzlösungen viele Metalle energisch fixieren; dies erfolgt schon in sehr verdünnten Lösungen.

§ 12.
Physiologische Chemie des Holzes.

Schon in der ersten Entwicklungsperiode der organischen Chemie war die Holzsubstanz der Pflanzen Gegenstand zahlreicher Untersuchungen. Unter den ersten Elementaranalysen von GAY LUSSAC, THÉNARD, PROUT [3]) befanden sich auch solche verschiedener Holzarten. Die Holzsubstanz wurde schlechthin als „Holz", „ligneux", „Holzfaser" bezeichnet. CANDOLLE gebraucht die seither usuelle Bezeichnung „Lignin". RASPAIL [4]) dachte sich die Gefäßzellwände aus Gummi und Kalk bestehend. CANDOLLE wirft die Frage auf, ob nicht das Lignin verschiedener Bäume dieselbe Substanz sei. AUTENRIETH und BAYERHAMMER [5]) in Deutschland, BRACONNOT [6]) in Frankreich stellten 1819 zuerst aus Holzfaser durch Kochen mit Schwefelsäure Traubenzucker her.

PAYEN [7]) verdankt man wichtige Fortschritte in der Holzchemie seit 1838. Er lieferte zahlreiche genaue Elementaranalysen, und erkannte, daß man durch successive Behandlung mit Alkohol, Äther, verdünnter Lauge und Säure aus Holz einen Rückstand gewinnt, welchen er mit Cellulose für identisch erklärte. Die extrahierbaren Stoffe nannte PAYEN matières incrustantes. Noch reinere Cellulosepräparate gewann er durch Behandlung des Holzes mit Salpetersäure und Natronlauge. Seine Versuche, die „Inkrusten" zu isolieren, waren minder glücklich; seine Lignose, Lignon, Lignin und Lignireose sind Fraktionen von unkontrollierbaren Gemischen aus Kohlenhydraten und anderen Stoffen. Spätere Arbeiter auf unserem Gebiete, wie BAUMHAUER [8]), FROMBERG [9]), CHEVANDIER [10]), PETERSEN und SCHOEDLER [11]) bestätigten die wichtigen Ergebnisse PAYENS vollständig. Ebenso MULDER [12]), welcher an den „Inkrusten" PAYENS Kritik ausübte, jedoch bessere Vorstellungen

---

1) L. GÉNEAU DE LAMARLIÈRE, Bull. soc. bot., Tome XLIX, p. 183 (1902). — 2) H. DEVAUX, Compt. rend., Tome CXXXIII, p. 58 (1901). — 3) Zusammengestellt in DECANDOLLE, Pflanzenphysiologie, Bd. I, p. 165 (RÖPERs Übersetzung). 4) RASPAIL, Journ. scienc. d'observat., Tome II, p. 415. — 5) AUTENRIETH und BAYRHAMMER, zit. Berzelius Jahresber., Bd. I, p. 107 (1822). — 6) BRACONNOT, Ann. chim. phys. (2), Tome XII (1819); Gilberts Annal., Bd. LXIII, p. 347 (1819). — 7) PAYEN, Compt. rend., Tome VII, p. 1052 (1838); Tome VIII, p. 51 u. 169; Tome IX, p. 149 (1839); Ann. sc. nat. (2), Tome II, p. 21 (1839); Mém. sur les développements des végétaux, p. 271. — 8) BAUMHAUER, Journ. prakt. Chem., Bd. XXXII, p. 210 (1844); Berzelius Jahresber., Bd. XXV, p. 585 (1846). — 9) FROMBERG, Berzelius Jahresber., Bd. XXIV, p. 462 (1845). — 10) CHEVANDIER, Ann. chim. phys. (3), Tome X, p. 129 (1844); Compt. rend., Tome XX, p. 138 (1845). — 11) PETERSEN und SCHOEDLER, Lieb. Annal., Bd. XVII, p. 142. — 12) MULDER, Physiol. Chemie (1844), p. 209, 475.

als Ersatz nicht geben konnte; MULDER wies auch die Ansicht HARTINGS zurück, wonach die Mittellamelle der Holzzellen Pektinsäure enthält und die äußere Schicht mit Cuticula übereinstimmt. Pektin wurde zu dieser Zeit im Holze übrigens auch von POUMARÈDE und FIGUIER[1]), sowie von SACC[2]) angenommen. F. SCHULZE[3]) führte 1857 das Kaliumchloratsalpetersäuregemisch als Zerstörungsmittel für die „Inkrusten" ein: er betrachtete übrigens das Holz als einheitliche Materie $C_{38}H_{24}O_{20}$, welche er Lignin nannte. Demgegenüber hatte MOHL[4]) bereits darauf aufmerksam gemacht, daß junge Holzelemente die Jodreaktion der Cellulose geben, welche hier und da selbst bei älterem Holze eintreten kann. Auch FRÉMY[5]) vertrat bis in die neuere Zeit die Auffassung, daß die Wandsubstanz der Gefäße einheitlich sei: seine „Vasculose" oder „Fibrose".

In einer trefflichen Arbeit machte ERDMANN[6]) zuerst auf die Möglichkeit aufmerksam, daß im Holze Verbindungen zwischen Cellulose und anderen Stoffen vorliegen, während man früher bei den „Inkrusten" nur an mechanische Gemengteile mit Cellulose gedacht hatte. In seinen Untersuchungen über die Steinzellen der Birne und das Tannenholz betrachtet ERDMANN die Holzsubstanz als einheitliche komplexe Verbindung $C_{30}H_{46}O_{21}$: „Glykolignose", und nahm in derselben zuckerbildende, aromatische und Cellulosegruppen an. Das Präparat war durch Auskochen des Holzes mit verdünnter Essigsäure und heißes Auswaschen bereitet worden. BENTE[7]), welcher diese Untersuchungen später wieder aufnahm, erhielt aus Holz eine kleine Menge einer der Protokatechusäure ähnlichen Substanz; hingegen konnte STUTZER[8]) aus Gramineenrohfaser keine Benzolkörper erhalten.

Es waren auch Farbenreaktionen der Holzsubstanz seit längerer Zeit wahrgenommen worden. Schon 1834 hatte RUNGE[9]) die blaugrüne Färbung von Holz mit Phenolsalzsäure gefunden, welche 1874 durch TIEMANN und HAARMANN[10]) auf einen Coniferingehalt des Holzes bezogen wurde. Die gelbe Reaktion von Holz mit Anilinsalzen wurde 1865 durch SCHAPRINGER[11]) und 1866 durch WIESNER[12]) bekannt gegeben. Einen wichtigen Markstein bilden die Arbeiten von THOMSEN[13]) und KOCH[14]), TOLLENS mit seinen Schülern WHEELER und ALLEN[15], welche zur Darstellung des Holzgummis als allgemeiner Holzbestandteil und zur Sicherstellung seiner Ableitung von l-Xylose führten. Bedeutungsvoll waren ferner die Arbeiten von HOPPE-SEYLER[16]) und LANGE[17]), welche

1) POUMARÈDE u. L. FIGUIER, Compt. rend., Tome XXIII, p. 918 (1846); Journ. prakt. Chem., Bd. XLII, p. 25 (1847); Berzelius Jahresber., Bd. XXVIII, p. 340 (1849). — 2) SACC, Ann. chim. phys. (3), Tome XXV, p. 218 (1849). — 3) F. SCHULZE, Chem. Centralbl., 1857, p. 321; Jahresber. Chem., 1857, p. 491. — 4) MOHL, Flora, 1840. Vermischte Schriften, p. 345. — 5) FRÉMY, Compt. rend., Tome XLVIII, p. 202, 862; FRÉMY u. TERREIL, Compt. rend., Tome LXVI, p. 456 (1868); Bull. soc. chim., 1868, p. 436; Ber. chem. Ges., Bd. X, p. 90 (1877); FRÉMY u. URBAIN, Compt. rend., Tome XCIV, p. 108 (1882); Ann. agron., Tome XIII, p. 353 (1882); FRÉMY, Compt. rend., Tome LXXXIII, p. 1136 (1882). — 6) ERDMANN, Lieb. Ann., Bd. CXXXVIII, p. 1; Suppl.-Bd. V, p. 223. — 7) F. BENTE, Ber. chem. Ges., Bd. VIII, p. 476 (1875); Landw. Versuchsstat., Bd. XX, p. 164 (1876). — 8) A. STUTZER, Ber. chem. Ges., Bd. VIII, p. 525 (1875). — 9) RUNGE, Pogg. Ann., Bd. XXXI, p. 65 (1834). — 10) TIEMANN und HAARMANN, Ber. chem. Ges., Bd. VII, p. 608 (1874). — 11) SCHAPRINGER, Dingl. polyt. Journ., Bd. CLXXVI, p. 166 (1865). — 12) WIESNER, Karstens bot. Unters., Bd. I, p. 230 (1866). — 13) TH. THOMSEN, Journ. prakt. Chem., Bd. XIX, p. 146. — 14) F. KOCH, Pharm. Ztg. Rußland, Bd. XXV (1886); Ber. chem. Ges., Bd. XX, Ref. 145. — 15) WHEELER u. TOLLENS, Lieb. Ann., Bd. CCLIV, p. 304 (1889); ALLEN u. TOLLENS, ibid., Bd. CCLX, p. 289 (1890). — 16) HOPPE-SEYLER, Zeitschr. physiolog. Chem., Bd. XIII, p. 84 (1888). — 17) G. LANGE, ibid., Bd. XIV, p. 15 u. 283 (1889).

zeigten. daß das Holz beim Erhitzen mit konzentrierter Natronlauge
auf 200° in reine Cellulose und in Säuren unbekannter Natur gespalten
werden kann. Erwähnt sei auch, daß die Diskussion über die Farbenreaktionen des Holzes mit Phenolen und aromatischen Aminen, sowie
über die aromatischen Holzbestandteile durch die von WIESNER und
SINGER [1]) aufgestellte Ansicht über Vorkommen von Vanillin im Holze
eingeleitet wurde; auch auf diesem Gebiete wurde durch die Auffindung
des für Holz charakteristischen Hadromal [1899 CZAPEK [2])] ein Fortschritt
erzielt. Dies sind die wesentlichen Grundlagen der heutigen Holzchemie.

Von neueren Elementaranalysen des Holzes seien als Beispiele die
Ergebnisse von GOTTLIEB [3]) angeführt, welcher folgende Zahlen gab:

	C	H	N	O	Asche	in Proz. d. Trockensubst.
Eichenholz	50,16	6,02		43,45	0,37	
Eschenholz	49,18	6,27		43,98	0,57	
Hagebuche	48,99	6,20		44,31	0,50	
Buche	49,06	6,11	0,09	44,17	0,57	
Birke	48,88	6,06	0,10	44,67	0,29	
Tanne	50,36	5,92	0,05	43,39	0,28	
Fichte	50,31	6,20	0,04	43,08	0,37	

Die Cellulose des Holzes wurde, wie erwähnt, 1838 durch
PAYEN zuerst nachgewiesen und dargestellt. Ein methodischer Fortschritt in der Cellulosegewinnung aus Holz wurde durch Einführung des
bekannten „Macerationsgemisches" von F. SCHULZE (20 Teile HNO_3 von
D = 1,16; 3 Teile $KClO_3$) erzielt. Die von SCHULZE angegebene Bereitungsweise von Cellulose ist sehr langwierig, gibt aber sehr reine
Cellulose mit geringen Verlusten. Die später von HENNEBERG [4]), HOL
DEFLEISS [5]), KERN [6]) und anderen Chemikern ausgearbeiteten Modifikationen
wurden bereits bei den Darlegungen über quantitative Rohfaserbestimmung
berührt; sie lassen sich auf Holz ohne weiteres anwenden. Dasselbe gilt
von dem Verfahren nach LANGE, welches im Erhitzen mit der 3fachen
Menge Ätzkali auf 180° besteht. Nach BÜHLER [7]) kann man auch durch
Behandeln des Holzes mit Phenol bei 180° reine Cellulose darstellen.

LANGE gibt folgende Zahlen zur Beurteilung des Cellulosegehaltes
des Holzes nach seiner und nach der SCHULZEschen Bestimmungsmethode
in Prozenten der Trockensubstanz

	LANGE:			SCHULZE:		
	I	II	III	I	II	III
Buchenholz	54	53	53,5	51	50,5	50
Tannenholz	51	50	50,6	48	48,2	49
Eichenholz	55	56	56	52	52	52,5

Da das Natronverfahren ein unreineres Celluloseprüparat ergibt, stellen
sich hierbei die Werte LANGES merklich höher als nach der Methode
von SCHULZE. Die nach letzterer Methode angestellten Bestimmungen
von BADER [8]) ergaben einen Cellulosegehalt des Fichtenholzes zwischen

---

1) M. SINGER, Sitzungsber. Wien. Akad., Bd. LXXXV (I), p. 345 (1882). —
2) CZAPEK, Zeitschr. physiolog. Chem., Bd. XXVII, p. 141 (1899). — 3) E. GOTT
LIEB, Journ. prakt. Chem., Bd. XXVIII, p. 385 (1883). Vgl. auch die Analyse von
Obstbaumhölzern durch R. OTTO, Bot. Centralbl., Bd. LXXXVI, p. 210, 331 (1901). —
4) HENNEBERG, Lieb. Ann., Bd. CXLVI, p. 130. — 5) HOLDEFLEISS, Landw. Jahrbücher, Suppl.-Bd. I, 1877. — 6) E. KERN, Journ. für Landwirtsch., 1877. Zur Kritik
dieser Methoden: TOLLENS u. SURINGAR, Zeitschr. angew. Chem., 1896, p. 712, 742. —
7) F. A. BÜHLER, Chem. Centr., 1903, Bd. I, p. 1051. — 8) R. BADER, Chem.-Ztg.,
1895, p. 856.

47,4—53,5 Proz. Der Splint war cellulosereicher (58,2 Proz.). Es ist also etwa 50—60 Proz. der Holzsubstanz gewöhnliche Cellulose.

Mit Hilfe der Jodreagentien läßt sich die Cellulose im Holz in der Regel direkt nicht nachweisen. Doch zeigen manche Hölzer (Larix decidua) mit Chlorzinkjod stellenweise Violettfärbung der Tracheiden-wände. Nach POTTER[1] ist besonders in den gelatinösen inneren Ver-dickungsschichten der Holzzellmembranen weit verbreitet direkt Cellulose-reaktion zu erzielen. Durch parasitische Pilze verändertes Holz gibt regelmäßig direkt Cellulosereaktion[2]. Mit Kupferoxydammon ist die Cellulose des Holzes unmittelbar nicht in Lösung zu bringen; wohl aber nach Behandlung des Holzes mit heißer Natronlauge, Kochen mit Säuren, Kochen mit saurem Calciumsulfit (MITSCHERLICHS Sulfitverfahren), Kochen mit Zinnchlorür (CZAPEK). Damit die Jodreaktion gelinge, ist es gar nicht nötig, die gesamten „Inkrusten" zu entfernen; sie tritt lebhaft ein bereits nach Auslaugung eines relativ kleinen Teiles dieser Stoffe, wenn auch noch starke „Ligninreaktion" zu erhalten ist. Diese Beobachtungen legen nahe, daß die Holzcellulose im Holze in ester-artigen Bedingungen vorliegt, was zuerst von ERDMANN und von BALTZER[3] ausgesprochen worden ist.

LINDSEY und TOLLENS[4] zeigten, daß die Sulfitcellulose bei der Hydrolyse Traubenzucker liefert. Über Saccharifizierung durch erhöhte Temperatur und höheren Druck in Wasser hat TAUSS[5] berichtet.

Man erhält, wie KOCH[6] fand, dieselben Cellulosewerte, wenn das Holz vorher mit 10-proz. Natronlauge behufs Entfernung des Holz-gummi behandelt worden ist: doch ist die Cellulose in Alkali dann leichter quellbar.

Von Hemicellulosen hat zuerst SELIWANOFF[7] die Existenz einer galaktanartigen Verbindung im Holze wahrscheinlich gemacht. In der Sulfitlauge haben sodann LINDSEY und TOLLENS unzweifelhaft Galaktose und Mannose nachgewiesen. Über Vorkommen von Mannan im Holze hat endlich in neuerer Zeit BERTRAND[8]), sowie KIMOTO[9] berichtet. Wie viel Galaktan im Holze vorhanden ist, ist völlig unbekannt.

Von Pentosanen ist wenigstens ein Kohlenhydrat, das Holz-gummi oder Xylan, im Holze allgemein verbreitet und häufig in erheb-licher Menge vorhanden. THOMSEN[10]) zeigte 1879 zuerst, daß verschie-dene Holzarten an Natronlauge von 1,1 D größere Mengen einer mit Cellulose isomeren Substanz abgeben. THOMSEN digerierte Sägemehl 24 Stunden mit Ammoniakwasser, wusch das Ammoniak aus, und ließ das Holz, mit 5-proz. Natronlauge übergossen, 24 Stunden unter Luft-abschluß stehen; das mit Wasser verdünnte Filtrat wurde mit Alkohol

1) M. C. POTTER, Annals of Botan., Vol. XVIII, p. 121 (1904). — 2) Vgl. CZAPEK, Ber. bot. Ges., Bd. XVII, p. 166 (1899). — 3) BALTZER, Just Jahresber. 1873, p. 295. In zahlreichen Untersuchungen über die Jutefaser haben verwandte An-schauungen auch CROSS u. BEVAN entwickelt, die sich dahin resümieren lassen, daß die verholzten Membranen Ester der Cellulose enthalten und ein Aldehyd oder Keton darin anzunehmen sei. Sie nannten die Holzsubstanz „Cellulochinon". CROSS u. BEVAN, Journ. chem. soc., 1883, Vol. I, p. 18; Ber. chem. Ges., Bd. XIII, p. 1088 (1880); Journ. chem. soc., 1889, Bd. I, p. 199; Pharm. Journ. Trans., Vol. III, p. 570 (1884); Ber. chem. Ges., Bd. XXVIII (II), p. 1940 (1895); Bd. XXIV, p. 1772 (1891); Bd. XXVI, p. 2520 (1894). — 4) LINDSEY u. TOLLENS, Lieb. Ann., Bd. CCLXVII, p. 370 (1891). — 5) H. TAUSS, Dingl. polyt. Journ., Bd. CCLXXIII, p. 286; Bd. CCLXXVI, p. 411 (1890). — 6) S. Anm. 14, p. 562. — 7) TH. SELIWANOFF, Chem. Centralbl., 1889, Bd. I, p. 549. — 8) G. BERTRAND, Compt. rend., Tomo CXXIX. p. 1025 (1899). — 9) KIMOTO, Agric. Coll. Tokyo, 1902, p. 253; auch WHEELER-TOLLENS, Ber. chem. Ges., Bd. XXII, p. 1046 (1889). — 10) S. Anm. 13, p. 562.

gefällt und die Fällung noch mit Salzsäure, Alkohol, Äther gewaschen. Die Substanz war in kochendem Wasser löslich, die Lösung wurde beim Erkalten opaleszent; Alkohol fällte aus ihr bei Gegenwart von ganz wenig Säure oder Neutralsalz das Kohlenhydrat aus. Die wässerige Lösung war stark linksdrehend, gab keine Jodreaktion. Das Holzgummi ist in Alkalien leicht löslich. THOMSEN nahm an, daß sein Holzgummi mit dem von POUMARÈDE und FIGUIER aus Holz dargestellten „Pektin" identisch sei. KOCH [1]) gewann sodann die Überzeugung, daß das Holzgummi bei der Hydrolyse einen bis dahin unbekannten Zucker liefere, und TOLLENS, in Gemeinschaft mit WHEELER und ALLEN, gelang es, diesen Zucker als neue Pentose, Xylose, zu erkennen. Seither wird das Holzgummi als Xylan bezeichnet. Mit dem Xylan ist auch DRAGGEN-DORFFS Metarabinsäure [2]) identisch.

Weil frisches Holz selbst an kochendes Wasser keine Spur von Xylan abgibt, liegt es nahe, anzunehmen, daß entweder das Xylan bereits das Produkt einer geringfügigen Hydrolyse durch das Alkali ist, oder daß es durch Verseifung einer esterartigen Verbindung frei geworden ist. WINTERSTEIN [3]) fand, daß Buchenholzmehl, vorher mit Alkohol und kaltem Wasser extrahiert, dann 12 Stunden bei 50° getrocknet, 26,46 Proz. Xylan ergab; war es 3 Stunden mit $1\frac{1}{4}$-proz. Schwefelsäure gekocht worden, so lieferte es nur mehr 8,46 Proz., nach 3-stündigem Kochen mit 5-proz. Schwefelsäure noch 10,16 Proz. Xylan; 14-tägige Maceration mit SCHULZES Gemisch hinterließ noch 21,83 Proz. Xylan. Dieses konnte durch Natronlauge nur langsam und unvollständig extrahiert werden und gab bei der Hydrolyse Xylose. HOFFMEISTER [4]) machte darauf aufmerksam, daß nach gänzlicher Erschöpfung mit Natronlauge es eine Behandlung mit Salzsäure neuerlich gestattet, aus Holz Substanzen mit Natron zu extrahieren; so gewinnt man selbst aus Coniferenholz ansehnliche Mengen natronlöslicher Kohlenhydrate.

Jodschwefelsäure färbte die trockenen Xylanpräparate THOMSONS schmutzig violett, sodann grün; die aus Coniferenholz isolierte Substanz wurde rein blau gefärbt. In Kupferoxydammon war das Xylan löslich. TOLLENS [5]), OKAMURA [6]), COUNCLER und andere Autoren gaben zahlreiche Xylanbestimmungen nach der Methode von THOMSEN, wie mit Hilfe der Furfurolmethode. Die Zahlen waren am niedrigsten bei Coniferen (0,96 Proz. bei Abies firma), am höchsten bei Fagus Sieboldii (19,72 Proz.). Den genannten Autoren seien folgende Zahlen (Xylan in Prozenten der Trockensubstanz des Holzes) entnommen.

Fichtenholz 8,83 bis 9,20		Eichenholz 19,69	Jutefaser 14,90
Buchenholz 33,12 bis 23,18		Birkenholz 25,21	TOLLENS, l. c.
Cryptomeria japonica Don.	1,742	Ginkgo biloba	2,519
Thuja obtusa B. et H.	2,357	Pinus Thunbergii Parl.	4,56
Pinus parviflora Sieb. et Z.	4,212	Torreya nucifera	2,727
Podocarpus macrophylla Don.	2,914	Magnolia hypoleuca S. et Z.	10,327
Zelkova acuminata Planch.	13,24	Cladrastis amurensis B. et H.	11,964
Castanea vulgaris japon.	4,776	Melia Azedarach L.	2,634

1) S. Anm. 14, p. 562. — 2) DRAGGENDORFF. Analyse d. Pfl. (1882), p. 87, 90, 93; vgl. auch SCHUPPE, Dissert. Dorpat, 1882; Just. Jahresber., 1882, Bd. I, p. 95. — 3) WINTERSTEIN, Zeitschr. physiolog. Chem., Bd. XVII, p. 381 (1893). Über Xylan mit R. BADER, Chemik.-Ztg., Bd. XIX, p. 55 (1895); JOHNSON, Amer. chem. journ., Vol. XVIII. p. 214 (1896). — 4) HOFFMEISTER, Landw. Jahrbücher. Bd. XVII, p. 259 (1888). — 5) TOLLENS, Journ. Landwirtsch., Bd. XLIV, p. 171 (1896). — 6) OKAMURA, Landwirtsch. Versuchstat., Bd. XLV, p. 437 (1894).

Fagus Sieboldii Endl.	19,716	Ternstroemia japonica Th.	3,813
Quercus acuta Endl.	6,609	Acanthopanax innovans S. et Z.	8,409
Alnus incana W.	6,852	Juglans mandschurica Max.	6,985
Phellodendron amurense Rupr.	6,586	Phyllostachys nigra Munr.	6,234

nach OKAMURA, l. c. Zahlen von COUNCLER, vgl. p. 543.

Manche Hölzer dürften demnach in der Tat zu 80 und mehr Prozent aus Cellulose und Xylan bestehen, und auf andere Bestandteile entfällt ein relativ geringer Anteil. Nach COUNCLER[1]) wurde übrigens häufig fälschlich der gesamte natronlösliche Teil des Holzes als Xylan gerechnet, wodurch etwa das Doppelte des richtigen Wertes herauskommt. Rotbuchenholz enthält nach COUNCLER, der auch zu verschiedenen Jahreszeiten Xylanbestimmungen vornahm, etwa $^1/_3$ seiner Trockensubstanz an Xylan. In den xylanarmen Coniferenhölzern scheint nach BERTRAND Mannan an Stelle des Holzgummi zu treten, ebenso bei den Cycadeen, während Gnetaceenhölzer keine Mannose liefern. Weißtannenholz liefert nach BERTRAND 9,6 Proz. Mannan. Im Holze von Cryptomeria japonica fand KIMOTO 6,35 Proz. Mannan.

Die Ligninsäuren. Neben Cellulose und Xylan müssen auf alle Fälle noch erhebliche Mengen anderer Stoffe im Holze zugegen sein und beachtenswerte Versuche diesen fraglichen Hauptbestandteil des Holzes zu eruieren, rühren von G. LANGE[2]) her. Dieser Forscher extrahierte Eichen- und Buchenholz (also xylanreiche Holzarten) zunächst mit Natronlauge nach THOMSEN, wusch den Rückstand sorgfältig aus und stellte fest, daß dieser keine reine Cellulose sein könne. In Kupferoxydammon waren kaum erkennbare Spuren löslich. Dieses Material wurde im Ölbade mit dem 4—5fachen Gewichte Ätzkali und dem gleichen Gewichte Wasser auf 185° erhitzt. Die erkaltete Schmelze wurde in wenig Wasser aufgenommen, wobei etwas Cellulose ungelöst blieb, und nun nach und nach verdünnte Schwefelsäure bis zur sauren Reaktion hinzugefügt. Es entstand ein feinflockiger Niederschlag, der teilweise aus Cellulose bestand, und um diese zu trennen, war es nötig, wieder alkalisch zu machen, zu filtrieren, das Filtrat anzusäuern und den Niederschlag, der nun cellulosefrei war, zu waschen und zu trocknen. Die erhaltene Substanz schien aus allen Holzarten identisch zu sein. Sie war leicht löslich in Alkali, gab mit Calcium- und Baryumsalzen unlösliche Niederschläge, und war in Wasser unlöslich. Buchenholz lieferte LANGE 12 Proz. dieser Substanz neben 64 Proz. Cellulose; Eichenholz 14 Proz. neben 61—63 Proz. Cellulose. Ihre Zusammensetzung war folgende:

Ligninsäure aus Buchenholz	61,475 Proz. C	5,48 Proz. H
„ „ Eichenholz	61,61	„ „ 4,47 „ „
„ „ Tannenholz	61,28	„ „ 4,05 „ „

was ungefähr der Formel $C_{20}H_{11}O_8$ entsprechen dürfte. Die „Ligninsäuren" waren gewiß keine Reinpräparate; ferner weiß man nicht, ob sie präformiert im Holze enthalten sind, oder ob sie aus nicht bekannten Substanzen in der Kalischmelze entstanden sind. Doch scheinen die Versuche LANGES den Weg zu dem noch fehlenden gesuchten Hauptbestandteil des Holzes angebahnt zu haben, und es wird die weitere Aufgabe sein, diese Resultate noch auszunützen. Vielleicht ist auch

1) COUNCLER, Forstl. Blätter, 1889, p. 307; vgl. auch Chemik.-Ztg. (1892), Bd. XVI. p. 1719. — 2) LANGE, Zeitschr. physiol. Chem., Bd. XIV. p. 15, 283 (1889).

eine durch STREEB [1]), ferner von LINDSEY und TOLLENS aus der Sulfitlauge gewonnene Sulfonsäure: $C_{26}H_{29}O_9 \cdot SO_3H$ ein Derivat der fraglichen
Holzsubstanz. LINDSEY und TOLLENS nehmen zwei Methylgruppen in
dieser Formel an. Die in Rede stehende hypothetische Substanz als
das für Holzmembranen charakteristische „Lignin" anzusprechen, dürfte
wohl verfrüht sein.

MÄULE [2]) hat eine Reaktion verholzter Zellhäute aufgefunden, welche
möglicherweise mit den noch unbekannten Holzbestandteilen in Zusammenhang steht. Läßt man auf Holz Kaliumpermanganat einwirken und
wäscht mit Wasser nach einiger Zeit aus, so zeigen sich die Membranen
gelb bis braun gefärbt. Auf Salzsäurezusatz werden die Zellhäute wieder
farblos; wäscht man nun aus und setzt Ammoniak zu, so färben sich
die Holzmembranen tief rot. Die Ursache dieser Reaktion ist nicht klargestellt. Jedenfalls tritt diese „Manganatreaktion" auch noch ein, wenn
das Hadromal durch eingreifende Agentien völlig zerstört ist.

Aromatische Stoffe des Holzes sind mehrfach beobachtet
worden. ERDMANN sowie BENTE fanden unter den Abbauprodukten des
Holzes Brenzkatechin und Protokatechusäure; auch LANGE beobachtete
neben seinen Ligninsäuren diese Stoffe als Produkt der Erhitzung von
Holz und konzentriertem Kali. Vielen Beobachtern fiel auch an einzelnen
Fraktionen bei Verarbeitung von Holz Vanillingeruch auf [SINGER [3]),
HOFFMEISTER [4]), NICKEL [5]), ALLEN und TOLLENS [6]), LINDSEY und TOLLENS [7])].
Die an Holz, welches mit Phenolsalzsäure befeuchtet ist, im Sonnenlichte eintretende blaugrüne Färbung wollten TIEMANN und HAARMANN
durch einen Coniferingehalt des Holzes erklären. Das Coniferin, entdeckt von TH. HARTIG [8]) im Cambialsafte der Lärche, ist ein Glykosid
des m-Methoxyl-p-oxyzimtalkohols oder Coniferylalkohols. Es gibt mit
Salzsäure eine schön blaue Reaktion und liefert mit Chromsäure oxydiert
Vanillin. Auch HÖHNEL [9]) schloß sich der Ansicht von TIEMANN an.
1878 gelang es WIESNER [10]), eine treffliche Farbenreaktion des Holzes
mit Phloroglucinsalzsäure aufzufinden, welcher viele Forscher andere,
teilweise ebenso schöne, jedoch zu praktischen Zwecken kaum so brauchbare Reaktionen mit Phenolen und Salzsäure anreihten.

Holz gibt mit Salzsäure und:

Phenol (im Sonnenlichte!)	blaugrüne	Färbung	(RUNGE).
Phloroglucin	violettrote	„	} (WIESNER).
Resorcin	violette	„	
Orcin	rotviolette	„	[LIPPMANN [11])].
Brenzkatechin	grünlichblaue	„	[WIESNER].
Pyrogallol	blaugrüne	„	[WIESNER, IHL [12])].
Gujakol	gelbgrüne	„	} (CZAPEK).
Kresol	grünliche	„	

---

1) STREEB. Chem. Centralbl., 1893, Bd. II, p. 184. — 2) C. MÄULE. Ver-
halten verholz. Memb. gegen $KMnO_4$, Habilitationsschrift. Stuttgart 1901; vgl. auch
L. GÉNEAU DE LAMARLIÈRE, Rev. génér. Botan., Tome XV, p. 149 (1903). —
3) SINGER, Sitz.-Ber. Wien. Akad., Bd. LXXXV (I), p. 349 (1882). — 4) HOFF-
MEISTER. Landwirtsch. Jahrbücher, Bd. XVII, p. 260 (1888). — 5) NICKEL, Botan.
Centralbl., Bd. XXXVIII, p. 754 (1889). — 6) ALLEN u. TOLLENS, Lieb. Annal.,
Bd. CCLXVII, p. 304 (1891). — 7) LINDSEY u. TOLLENS, ibid., Bd. CCLXVII,
p. 341 (1891); ferner Anonymus, Dingl. polyt. Journ., Bd. CCXVI, p. 372. — 8) TH.
HARTIG, Jahrbuch f. Förster, Bd. I, p. 263 (1861). — 9) F. v. HÖHNEL, Sitz.-Ber.
Wien. Akad., Bd. LXXVI (I), p. 527 (1877). — 10) J. WIESNER, Wien. Akad.,
Bd. LXXVII (I), p. 60 (1878). — 11) v. LIPPMANN zit. b. WIESNER, l. c. —
12) IHL, Chem.-Ztg., 1885, p. 206.

Holz gibt mit Salzsäure und:

Naphthol	grünliche	Färbung [IHL[1])].
Thymol	grüne	"
Anisol	grünlichgelbe	"
Anethol	grünlichgelbe	"
Indol	kirschrote	" [v. BAEYER, NIGGL[2])].
Skatol	kirschrote	" } [MATTIROLO[3])].
Carbazol	kirschrote	" }
Pyrrol	rote	" [IHL[4])].
Methylheptenon	rote	" [E. und H. ERDMANN[5])].

Zusatz von Kaliumchlorat befördert die Reaktion mit Phenol [TOMMASI[6]] oder α-Naphthol [MOLISCH[7])].

Eine zweite Reihe von Farbenreaktionen des Holzes bilden die gelben, grünen oder auch roten Reaktionen mit verschiedenen cyklischen Basen. So erfolgt Gelbfärbung mit Anilinsalzen [RUNGE, 1834[8]), SCHA-PRINGER, WIESNER, v. HÖHNEL, BURGERSTEIN, TANGL[9])]; Paratolmidin (SINGER); Xylidin, Metaphenylendiamin [MOLISCH[10])]; mit Dimethylpara-phenylendiamin Rotfärbung [WURSTER[11])]; α- und β-Naphthylamin [NICKEL[12])]; Toluylendiamin und Thallinsulfat [HEGLER[13])]; salzsaures o-Bromphenitidin [PIUTTI[14])]; Lepidin [IHL[15])]; Diphenylamin [ELLRAM[16])] färben gelb. Mit Thiophen entsteht Grünfärbung [IHL[17])]. KAISER[18] wies außerdem nach, daß Holz mit einem Gemisch von Amylalkohol und kon-zentrierter Schwefelsäure („Amylschwefelsäure") Farbenreaktionen gibt.

Als Ursache aller dieser Reaktionen, deren Zahl sich noch beliebig vermehren ließe, wurden verschiedene Substanzen angesprochen. Wie schon erwähnt, dachten TIEMANN und HAARMANN an Coniferin; SINGER machte hierfür auf Grund einiger doch unzureichender vergleichender Untersuchungen Gegenwart von Vanillin im Holze verantwortlich, eine Ansicht, welche ohne kritische Prüfung bis in die neueste Zeit in der Literatur ausgesprochen wurde. SELIWANOFF[19]) und NICKEL[20]) wiesen zwar mit guten Argumenten darauf hin, daß im Holze ein aromatischer Aldehyd vorhanden sein dürfte (Verschwinden der „Ligninreaktion" nach Behandeln des Holzes mit NaHSO₃ oder Hydroxylamin; Holz gibt die SCHIFFsche Aldehydprobe mit Fuchsin + schwefliger Säure), doch waren diese Versuche noch von keinem gelungenen Darstellungsversuch der wirksamen Substanz gestützt[21]). Am wenigsten begründet waren die

---

1) IHL, l. c.; ferner L. SCHAEFFER, Ber. chem. Ges., Bd. II, p. 91 (1869; bei β-Naphthol geht die Reaktion schneller. — 2) NIGGL, Flora, 1881, p. 545; vgl. BAEYER, Lieb. Annal., Bd. CXL. — 3) MATTIROLO, Zeitschr. wiss. Mikrosk. Bd. II, p. 354 (1885). — 4) Nach IHL die empfindlichste Reaktion: Chem.-Ztg., Bd. XIV, p. 1571 (1890); vgl. auch LUBAVIN, Ber. chem. Ges., Bd. II, p. 99 (1869). — 5) E. u. H. ERDMANN, Ber. chem. Ges., Bd. XXXII (II), p. 1213 (1899). — 6) T. u. D. TOMMASI, Ber. chem. Ges., Bd. XIV (II), p. 1834 (1881). — 7) H. MOLISCH, Ber. botan. Ges., Bd. IV, Heft 7 (1886). — 8) F. RUNGE, Pogg. Annal., Bd. XXXI, p. 65 (1834). — 9) TANGL, Flora, 1874, p. 239. — 10) MOLISCH, Verhandl. zool-bot. Ges. Wien, (1887), p. 30. — 11) WURSTER, Ber. chem. Ges., 1887, p. 898. — 12) NICKEL, Farbenreakt. der Kohlenstoffverbindungen, 2. Aufl. (1890), p. 51. — 13) HEGLER, Flora, 1890, p. 33; Botan. Centralbl., Bd. XXXVIII, p. 616 (1889). — 14) A. PIUTTI, Gazz. chim. ital., Vol. XXVIII (II), p. 168 (1898). — 15) IHL, Chemik.-Ztg. (1890), Bd. XIV, p. 1571. — 16) ELLRAM, Chem. Centralbl., 1896, Bd. II, p. 99. Phenylhydrazin: E. SENFT, Monatsheft. Chem., Bd. XXV, p. 267 (1904). — 17) IHL, Chemik.-Ztg., 1890, p. 1707. Über das Verhalten von Hydra-zinen zu Holz: E. COVELLI, Chemik.-Ztg., Bd. XXV, p. 684 (1901). — 18) A. KAISER, Chemik.-Ztg., Bd. XXVI, p. 335 (1902). — 19) SELIWANOFF, Botan. Centralbl., Bd. XLV, p. 279 (1891). — 20) NICKEL, Chemik.-Ztg., 1887, p. 1520; Botan. Centralbl. Bd. XXXVIII, p. 753 (1889). — 21) Vgl. die Literaturangaben bei

Vermutungen von IHL [1]), welcher der Reihe nach Zimmtaldehyd, Eugenol, Safrol, Anethol als Holzbestandteile ansah auf Grund äußerer Analogien der Farbenreaktion. CZAPEK hat dargelegt, daß man nicht einmal auf eine bestimmte Atomgruppe oder Seitenkette aus dem Ausfalle der Phloroglucinprobe schließen kann. Es gab endlich Autoren, welche die Ligninreaktionen gar nicht auf aromatische Substanzen bezogen, sondern als „Furfurolreaktionen" von Kohlenhydraten deuteten [2]).

Es gelingt jedoch [1898, CZAPEK [3])] die wirksame Substanz durch kochende Zinnchlorürlösung aus dem Holze abzuspalten, worauf man mit Benzol oder Äther dieselbe ausschütteln kann. Das Benzolextrakt wird im Vakuum abdestilliert, der Rückstand mit siedendem Ligroin aufgenommen; nach Erkalten scheidet sich die Substanz in unreinen Krusten aus. Durch Lösen in Äther und Herstellen der Bisulfitverbindung gelingt die weitere Reinigung und Gewinnung in kristallinischem Zustand. Das extrahierte Holz färbt sich mit Chlorzinkjod violett, zum Zeichen, daß wenigstens ein Teil desselben nun aus freier Cellulose besteht, und gibt keine Phloroglucinprobe mehr. Die Quantität der gewonnenen Substanz ist sehr klein, nicht über 1—2 Proz. der Holzsubstanz, soweit man aus der sehr verlustreichen Darstellung schließen darf. Die Substanz, das Hadromal, ist nach seinen Eigenschaften ein aromatischer Aldehyd; Elementaranalysen fehlen noch, ebenso ist die Konstitution unbekannt. Bisher ließ sich keine andere Substanz mit dem Hadromal identifizieren. Hadromal riecht nur erwärmt etwas an Vanillin erinnernd, schmilzt bei 75—80°, ist in heißem Wasser wenig löslich, sehr leicht in Alkohol, Äther und anderen organischen Solventien, am wenigsten in kaltem Ligroin. Alle Lösungen reagieren neutral. Alkalien lösen mit intensiv gelber Farbe; aus dieser Lösung ist die Substanz nicht auszuäthern, Säuren fällen sie in Flocken. Konzentrierte Schwefelsäure erzeugt eine intensiv rotviolette Färbung; ammoniakalisches Silbernitrat wird in der Wärme rasch reduziert, Fehling nicht. Eisenchlorid erzeugt rötlichbraunviolette Färbung, mit Millonschem Reagens erfolgt Rotfärbung. Von Aldehydproben fällt die SCHIFFsche und PENZOLDTsche Probe positiv aus; Hadromal gibt auch eine in Wasser leicht lösliche Bisulfitverbindung. Aromatische Amine geben dieselbe Gelbfärbung bei Hadromal wie bei Holz; auch die Phenole in salzsaurer Lösung verhalten sich gegen Hadromal genau wie gegen Holz. Phloroglucin-Salzsäure ist ein höchst empfindliches Hadromalreagens, welches in konzentrierteren Lösungen einen violetten Niederschlag erzeugt. Vielleicht bildet Hadromal bei Reduktion mit Natriumamalgam Eugenol. Aus chemischen und biologischen Gründen darf man vermuten, daß das Hadromal zum Coniferylalkohol Beziehungen hat. Der von TIEMANN und HAARMANN, später von MOLISCH [4]) vermutete Gehalt des Holzes an Coniferin selbst ist mir jedoch sehr zweifelhaft, weil die für Coniferin gedeuteten Reaktionen des Holzes mit den Reaktionen reinen Coniferins nicht stimmen. Wahrscheinlich ist das Hadromal zum größten Teile als Ester von Cellulose und anderen Kohlenhydraten („Verholzung" von Mittellamellen!) im

CZAPEK, Zeitschr. physiol. Chem., Bd. XXVII. p. 153 (1899); auch H. TAUSS, Chem. Centralbl., 1889, Bd. II. p. 445; 1890, Bd. II, p. 187.

1) IHL, Chemik.-Ztg., 1889, p. 432, 560; 1891, p. 201. — 2) Vgl. HANCOCK u. DAHL, Ber. chem. Ges., Bd. XXVIII, p. 1558 (1895); VAN KETEL, Beihefte botan. Centralbl., 1897, p. 423; REINITZER, Zeitschr. physiol. Chemie, Bd. XIV, p. 466 (1890). — 3) CZAPEK, Zeitschr. physiol. Chem., Bd. XXVII, p. 154 (1899). — 4) MOLISCH, Ber. bot. Ges., Bd. IV, p. 301 (1886). Daran wird auch durch die Arbeit von V. GRAF [Anzeig, Wien. Akad., 23. Juni 1904] nichts geändert.

Holze vorhanden: kleine Mengen freien und direkt extrahierbaren Hadromals sind aber nach meinen Erfahrungen stets außerdem vorhanden.
Manche Hölzer lassen ihr Hadromal besonders schwer zerstören (Coniferen: MÄULE; die Ursachen dieses Verhaltens sind noch nicht aufgefunden. Nach POTTER[1] läßt sich hingegen die Ligninreaktion gebende
Substanz aus den innersten Verdickungsschichten der Holzzellmembranen
bereits mit kochendem Wasser extrahieren. Die Eigentümlichkeit mancher
Hölzer, sich mit Salzsäure allein violett zu färben [HÖHNEL, LEWA-
KOWSKY[2]], beruht auf der gleichzeitigen Anwesenheit von Phloroglucin-
derivaten in manchen Parenchymzellen.

Nach HANCOCK und DAHL[3] gibt das Schwimmholz von Aeschyno-
mene aspera keine Ligninreaktion und enthält auch wenig Pentosen;
Näheres ist hierüber nicht bekannt. Von Interesse wäre auch die Untersuchung von „Schwammhölzern“, z. B. von Carica quercifolia u. a.[4].

Die Speicherung von Fuchsin durch verholzte Membranen, wie sie
durch BERTHOLD[5] als Holzreaktion verwendet wurde, hat wohl mit dem
Hadromal nichts zu tun. Erwähnt sei, daß sich in Coniferenholz die
Schließhäute der Tüpfel, wie die Mittellamellen mit Rutheniumrot, auch
mit Anilinblau, Hämalaun lebhaft färben.

Die von MORAWSKI[6] aufgefundene „Reaktion auf Fichtenholz“:
Violettfärbung beim Erwärmen mit Essigsäureanhydrid und Schwefelsäurezusatz ist eine Harzreaktion, analog der Cholestolprobe.

Eine Erwähnung verdient noch die Bedeutung der „Methylzahl“
für die Holzchemie. Verholzte Gewebe haben stets eine höhere Methylzahl als unverholzte, und es wurde durch BENEDIKT und BAMBERGER[7],
HERZOG[8] und CIESLAR[9] auf die praktische Bedeutung dieser Untersuchungsmethode hingewiesen. Das Hadromal kann nicht die einzige
Substanz sein, welche für die relativ hohe Methylzahl des Holzes verantwortlich zu machen ist; man weiß überhaupt noch nichts von den
Holzsubstanzen, welche eine Rolle hierbei spielen. HERZOG gab als
„quantitative Ligninbestimmung“ folgende Methylzahlen an:

Baumwolle	0,00	Nesselfaser		0,00
Bombaxwolle	12,99	Chinagras		1,46
Rohrkolbenwolle	18,08	Jute		40,26
Manilahanf	30,11	Papiermaulbeerbaum		4,74
Agavefaser	16,02	Flachs	russisch	0,92
Aloёhanf	17,22	„	belgisch	0,00
Kokosfaser	41,59	Hanf	gehechelt	5,88
Tillandsiafaser	21,13	„	polnisch	5,46

Ein Versuch, die Phloroglucinreaktion kolorimetrisch zur quantitativen „Ligninbestimmung“ anzuwenden, rührt von ZETZSCHE[10] her.
Natürlich ist eine derartige Methode im Falle der besten Brauchbarkeit
eine Hadromalbestimmung und keine Ligninbestimmung. Man wird auf
übrigens sogar bei der qualitativen Anwendung der Hadromalreaktion
stets vor Augen halten müssen, daß der positive Ausfall dieser Reak-

---

1) M. C. POTTER, Ann. of Botan., Vol. XVIII, p. 121 (1904). — 2) LEWA-
KOWSKY, Just Jahresber., 1882, Bd. I, p. 422. — 3) HANCOCK u. DAHL, Ber. chem.
Ges., Bd. XXVIII (II), p. 1558 (1895). — 4) Vgl. hierüber SCHORLEMMER, „Isis“, 1894.
— 5) BERTHOLD, Protoplasmamechanik p. 39. — 6) TH. MORAWSKI, Chem. Centralbl.,
1888, Bd. II, p. 1030. — 7) BENEDIKT u. BAMBERGER, Monatshefte Chem., Bd. XI,
p. 260 (1890). — 8) A. HERZOG, Chemik.-Ztg., Bd. XX, p. 461 (1896). — 9) A. CIES-
LAR, Mitteil. forstl. Versuchswes. Österr., Heft 23, (1897); Chem. Centr., 1899, Bd. I.
p. 1214. — 10) ZETZSCHE, Botan. Centr., Bd. LXX, p. 206 (1897).

tionen durchaus nicht an Membranen identischer Zusammensetzung eintreten muß. Vielmehr sind gewiß viele Zellmembranen, welche deutliche Phloroglucinprobe geben, im chemischen Aufbau von den Zellhäuten
des Holzkörpers sehr verschieden und dürfen nicht einfach mit letzteren
als „verholzt" zusammengeworfen werden. In der Tat hat v. Faber[1]
bereits gefunden, daß die Hydathodenzellwände der Blätter von Anamirta Cocculus wohl die Phloroglucinprobe geben, nicht aber die Mäule-
sche $KMnO_4$-Reaktion. Sie sind daher kaum als „verholzt" zu bezeichnen. Übrigens kann die Phloroglucinprobe selbst nicht einfach auf
Hadromal bezogen werden, da sie durch eine große Zahl aromatischer
Stoffe genau ebenso erzeugt wird.

Bezüglich der kleinen Menge stickstoffhaltiger Substanzen
im Holze, welche zahlreiche Analysen gefunden haben (es scheint stets
weniger als 1 Proz. Stickstoff bei der Elementaranalyse gefunden worden
zu sein), dürfte wohl kaum eine andere Meinung berechtigter sein als
die, daß es sich um Inhaltsstoffe von Markstrahlzellen oder anderen
lebenden Holzelementen handelt.

Der Aschengehalt des Holzes ist in der Regel sehr gering und
die Reinaschenzahlen, wie sie in Wolffs Zusammenstellungen vorliegen,
zeigen meist Werte unter 1 Proz., selbst weniger als 0,5 Proz. Die
Asche ist meist sehr kalkreich und enthält häufig 70—80 Proz. CaO,
auch der Kieselsäuregehalt ist in der Regel 3—5 Proz. Der Kaligehalt
unterliegt großen spezifischen Schwankungen, steigt bis über 20 Proz.
an und fällt bis auf 5 Proz. Ähnlich ist es mit dem Magnesiagehalt.
Der Kalkgehalt ist im Kernholze manchmal ein sehr hoher, indem daselbst
kohlensaurer Kalk sehr reichlich abgelagert werden kann, wie Molisch[2]
an guten Beispielen gezeigt hat. Das Teakholz zeigt den merkwürdigen
Fall von Konkretionen aus phosphorsaurem Kalk; infolgedessen ist der
Phosphorsäuregehalt fast zu 80 Proz. der Reinasche gefunden worden.

Unter den Farbstoffen, welche verholzte Zellmembranen oft lebhaft gelb, rot, braun, braunviolett tingieren, finden sich die verschiedensten Substanzen: Benzolderivate, wie Hämatoxylin, heterocyklische Stoffe
wie das Fisetin etc., auch Alkaloide, wie Berberin. Die meisten werden
passend an anderen Stellen verteilt zur Sprache kommen. Verbindungen
mit Membranstoffen gehen diese nur adsorbierten Pigmente nie ein, und
man kann sie durch Extraktionsmittel dem Holze ohne weiteres entziehen.

Nur das merkwürdige schwarze Pigment des Ebenholzes[3] sei hier
erwähnt. Bezüglich dessen Genese und Natur hatte sich Molisch[4]
dahin geäußert, daß die inneren Membranschichten der Tracheen Gummosis erleiden und die Gummimassen sodann „humifizieren". Im Kernholze von Diospyros Ebenum sollen 4,63 Proz. Humussäuren und 1,8
Proz. Humuskohle vorhanden sein. Auch Belohoubek[5] nahm an, daß
der schwarze Farbstoff des Ebenholzes nach allen seinen Eigenschaften
als Kohle betrachtet werden müsse, deren Muttersubstanz noch nicht
sichergestellt werden konnte. Will und Tschirch[6], von denen die

1) F. C. v. Faber, Ber. botan. Ges., Bd. XXII, p. 177 (1904). Von diesem
Gesichtspunkte wären manche auffallende Angaben, wie jene von Boodle (Ann. of
Botan., Vol. XVI, p. 180 [1902]) über Verholzung von Siebröhrenwänden nochmals
zu untersuchen. Hingegen dürfte es sich in der Verholzung von Wundgeweben (vgl.
Devaux, Soc. Linnéenne Bordeaux, 22. Avril 1903) wohl um einen der Holzbildung
analogen Prozeß handeln. — 2) Molisch, Sitz.-Ber. Wiener Akad., Bd. LXXXIV,
Juni 1881. — 3) Über Ebenholz vgl. Sadebeck, Just Jahresber., 1887, Bd. II, p. 514. —
4) Molisch, Wien. Akad., 1879, Bd. I, p. 80, Heft 1/2. — 5) Belohoubek, Bot.
Centralbl., 1884, p. 293; Just Jahresber., 1884, Bd. II, p. 399; Bd. I, p. 176 —
6) Tschirch u. A. Will, Arch. Pharm., Bd. CCXXXVII, Heft 5, p. f

wannen, welches sich mit Jodschwefelsäure leicht bläute. FRÉMY und
URBAIN [1] nahmen im Kork 43 Proz. „Cutose", 29 Proz. „Vasculose",
12 Proz. Cellulose und Paracellulose und 15 Proz. in Säuren und Alkalien lösliche Stoffe an. Ihre „Cutose" entspricht dem Suberin. HÖHNEL [2]
teilte den Korkzellen eine stark verholzte Mittellamelle zu, welche
beiderseits je eine Suberinlamelle und die Zellen innen auskleidend eine
Celluloselamelle umgibt. Das Suberin ist nach HÖHNEL ebensowohl
charakterisiert wie Cellulose und Lignin. Die tropfigen Bildungen,
welche bei der zerstörenden Einwirkung von SCHULZES Gemisch auf
Korkmembranen beobachtet werden, nannte HÖHNEL „Cerinsäurereaktion".

Die Fettsäuren des Korkes wurden 1884 durch KÜGLER [3] zuerst
mit Erfolg chemisch untersucht. Dieser Forscher erschöpfte Kork mit
Chloroform und behandelte den Verdunstungsrückstand des Extraktes
mit absolutem Alkohol. So wurde ein amorpher und ein kristallisierbarer Anteil gewonnen. Letzterer bestand aus langen farblosen Nadeln
von .F 250⁰, leicht löslich in Alkohol, Äther und von der Zusammensetzung $C_{20}H_{32}O$. KÜGLER nannte die Substanz Cerin; in der Tat dürfte
sie dem Cerin der älteren Autoren entsprechen. Nach den letzten Feststellungen von THOMS [4] haben wir es im Cerin mit einer phytosterinartigen Substanz der Zusammensetzung $C_{30}H_{50}O_2$ oder $C_{32}H_{54}O_2$ zu tun.
Cerin gibt die Cholestolreaktion und andere Cholesterinproben. Der
amorphe Anteil von KÜGLERS Korkextrakt enthielt Stearinsäure, eine
neue Fettsäure (Phellonsäure) und Glyzerin. Phellonsäure gewann
KÜGLER aus dem mit Chloroform und Alkohol erschöpften Korke durch
zweitägiges Kochen mit alkoholischer Kalilauge. Beim Erkalten des
filtrierten Extraktes schied sich ein Niederschlag aus, aus dem durch
Salzsäure und Trennung nach HEINTZ [5] Stearinsäure und Phellonsäure
$C_{22}H_{42}O_3$ erhalten wurde. Kristallisierte Phellonsäure schmilzt bei 96⁰,
ist in kaltem Alkohol sehr wenig löslich. Vom Korkrückstand gibt
KÜGLER noch Cellulose an. KÜGLERS Korkanalyse ergab in Summa:

Chloroformextrakt   13,00 Proz., hiervon 2,9 Proz. Cerin, 10,1
                                        Proz. Fettsäuren

Alkoholextrakt   6,00   „   Gerbstoffe
Alkoholisches Kaliextrakt 32,65 „   hiervon 30 Proz. Säuren, 2,65
                                        Proz. Glyzerin
Wasserextrakt   8,00
Cellulose   22,00

Wasser   5,00 Proz.
Asche   0,5   „
Rest   12,85 „   wurde von KÜGLER als „Lignin" bezeichnet.

Das Suberin ist für KÜGLER ein eigentliches Fett, welches durch
die gewöhnlichen Lösungsmittel für Fett aus Kork nur wegen des
schwierigen Eindringens der Solventien nicht extrahiert wird.

Weitere wichtige Aufklärungen über die Fettsubstanzen des Korkes
lieferte 1890 GILSON [6]. GILSON kochte Flaschenkorkpulver mit 3-proz.
alkoholischer Kalilauge ³/₄ Stunde lang auf dem Rückflußkühler. Das
heiß filtrierte Extrakt setzte beim Erkalten einen kristallinischen Rück-

1) FRÉMY u. URBAIN, Journ. pharm. chim. (5). Tome V (1882). — 2) F. von
HÖHNEL, Sitzungsber. Wien. Akad., Bd. LXXVI (I) (1877), p. 527. — 3) R. KÜGLER,
Dissert. Straßburg, 1884; Arch. Pharm., Bd. XXII, p. 217 (1884); Ber. chem. Ges.,
Bd. XVII (1), Ref. 213 (1884). — 4) H. THOMS, Chem. Centralbl., 1898 (II), p. 1102.
— 5) HEINTZ, Journ. prakt. Chem., Bd. LXVI, p. 7 (1855). — 6) GILSON, La Cellule,
Tome VI, p. 63 (1890); FLÜCKIGER, Arch. Pharm., Bd. CCXXVIII, p. 690 (1890).

stand ab. Die färbenden Bestandteile des letzteren wurden durch Behandlung mit 25-proz. schwach alkalisch gemachter Kochsalzlösung entfernt. Der nun weiße Rückstand enthielt Cerin und phellonsaures Kali, von denen das Cerin durch siedenden Äther in Lösung gebracht und abgetrennt werden konnte. Aus dem von Cerin und Phellonsäure befreiten Kalialkoholextrakte des Korkes gelang es GILSON nun in sehr geschickter Weise durch Herstellung der Fettsäure-Magnesiumsalze zwei weitere Fettsäuren zu isolieren, die kristallisierte Phloionsäure und die amorphe Suberinsäure. Die drei Korkfettsäuren charakterisierte GILSON folgendermaßen:

1. Phellonsäure. Kristallinisch, F 95—96°, Zusammensetzung $C_{22}H_{43}O_3$; geht bei 170—180° bei Luftabschluß in ein Anhydrid über. Die Säure selbst, wie ihre Salze geben mit Chlorzinkjodlösung eine rotviolette Färbung. und GILSON meint, daß frühere Forscher bei ihren Angaben über Cellulosereaktionen von Kork möglicherweise öfters nur die Phellonsäurereaktion beobachtet hätten. Phellonsäure ist einbasisch.

2. Suberinsäure. Bei gewöhnlicher Temperatur fadenziehend, halbflüssig. Formel: $C_{17}H_{30}O_3$. Das amorphe Kalisalz ist in Wasser leicht löslich.

3. Phloionsäure. Feine weiße Nädelchen, F 120—121°. Nach mehrtägigem Trocknen über Schwefelsäure war die Zusammensetzung $C_{11}H_{21}O_4$, nach mehrwöchigem Trocknen $C_{22}H_{40}O_7$.

Über die Phellonsäure haben in letzter Zeit Arbeiten von M. v. SCHMIDT[1]) weitere Aufklärungen gebracht. Nach diesem Autor ist die Phellonsäure eine einbasische gesättigte Oxysäure, für welche gegenwärtig nachstehende cyklische Formel am besten entsprechend erscheint:

$$CH-C_7H_{15}$$
$$H_2C \diagdown C(OH)-CH_3$$
$$H_2C \diagup CH-COOH$$
$$CH-C_7H_{15}$$

Bezüglich der Jodreaktion ist nach SCHMIDT zu beachten, daß Jod allein bei Gegenwart von Alkohol und Schwefelsäure eine violette Lösung gibt.

Im Korke von Quercus suber fand GILSON im ganzen 44 Proz. rohe Fettsäuren. Hiervon waren 8 Proz. unreine Phellonsäure, 36 Proz. Suberinsäure und sehr wenig Phloionsäure. Phloionsäure wurde im Korke von Ulmus suberosa gänzlich vermißt.

Das mikrochemische Verhalten von Korkgewebe ist nach GILSON folgendes. Natürlicher Eichenkork gibt Gelbfärbung mit Chlorzinkjod; gleichmäßige Rotfärbung in allen Membranschichten mit Phloroglucin-Salzsäure, in den meisten Zellen lange Nadeln von Cerin. Erschöpfung mit Chloroform ändert dieses Verhalten nicht. Wurden die Schnitte jedoch längere Zeit hindurch mit konzentrierter Sodalösung gekocht, so schienen die inneren Membranschichten mehr weniger gefaltet und von der Mittellamelle getrennt; die braunen Farbstoffe waren entfernt; Chlorzinkjod färbte alles gelb. Mehrstündige Behandlung mit 40-proz. Natronlauge oder kurzes Kochen mit dieser Lauge, hierauf Auswaschen in

---

1) M. V. SCHMIDT, Monatsh. Chem., Bd. XXV, p. 277, 302 (1904).

Wasser liefert Präparate, welche die Membranen mit Chlorzinkjodlösung rotviolett oder kupferrot färben lassen. Schaltet man hinter die Kalibehandlung jedoch eine Extraktion der Schnitte mit siedendem Alkohol ein, so bleibt die erwähnte Chlorzinkjodreaktion aus. Andauernde Einwirkung von heißen konzentrierten Ätzlaugen läßt nur die Mittellamellen zurück, welche die Phloroglucinreaktion verschieden stark geben. Umgekehrt zerstört das SCHULZEsche Gemisch früher die Mittellamellen, als die Suberinlamellen. Läßt man nach Behandlung mit dem Macerationsgemisch einige Augenblicke Kalilauge einwirken, wäscht aus und legt in Chlorzinkjodlösung ein, so färben sich die Reste der Mittellamelle blau und die Suberinlamellen kupferrot.

GILSON betont, daß es unzulässig sei, den Kork als eigentliches Fett zu betrachten und von einer Mischung von Fett und Cellulose zu sprechen. Für GILSON ist das Suberin eine Mischung von wenig löslichen zusammengesetzten Estern, vielleicht selbst von Verbindungen, Kondensations- oder Polymerisationsprodukten verschiedener Säuren.

Inwieweit die Korkfettsäuren als Glyzerinester und als freie Säuren vorkommen, ist aus den vorgefundenen Glyzerinmengen nicht zu ersehen. Es wäre auch an laktonartige Anhydride dieser Säuren zu denken. VON SCHMIDT fand, daß der durch Chloroform extrahierbare Teil des Korkes außer Cerin auch ziemlich viel Fettsäureglyzeride enthält. Der Rückstand aber enthält wahrscheinlich nur verseifbare Anhydride und keine Glyzeride mehr. Es läßt sich noch nicht entscheiden, ob andere noch unbekannte Fettsäuren verbreitete Korkbestandteile sind. Die drei von GILSON studierten Säuren könnten Oxyfettsäuren sein; Phellon- und Phloionsäure gesättigte und die Suberinsäure eine ungesättigte Säure. Doch ist nach GILSON auch daran zu denken, daß Keto- oder Aldehydogruppen in ihnen vorhanden sein könnten. Die Bildung von Korksäure ist auch sonst aus Oxyfettsäuren beobachtet; so erhält man aus Rizinusöl nach MARKOWNIKOFF[1]) bis 13 Proz. Korksäure.

Kohlenhydrate verkorkter Zellwände. Die früher ziemlich allgemein anerkannte Meinung, daß verkorkte Membranen Cellulose enthalten, hat in neuerer Zeit VAN WISSELINGH[2]) zu erschüttern versucht. Nach diesem Autor kann man an der mit Ätzkali oder Chromsäure behandelten Suberinlamelle violette Färbung nicht allein mit Chlorzinkjod, sondern auch mit Jodjodkali allein erhalten. Ferner wird durch Erhitzen von Schnitten aus Korkgewebe in Glyzerin auf 250—290° das ganze Suberin zerstört, ohne daß Cellulose nachweisbar zurückbleiben würde. Demgegenüber deuten die erwähnten mikrochemischen Beobachtungen GILSONS darauf hin, daß mindestens in gewissen Schichten der Korkmembranen Kohlenhydrate vorkommen, welche sich gegen die Jodreagentien der Cellulose analog verhalten, und es ist zu berücksichtigen, daß bei der von WISSELINGH angewendeten Methode Hemicellulose zerstört werden mußten, eventuell auch geringe Quantitäten Cellulose vielleicht übersehen werden konnten. Im Hinblick auf das Verhalten des Kaliumphellonates zu den Jodreagentien sind aber gewiß die älteren Angaben über Cellulose der Korkzellwände mit Vorsicht hinzunehmen, und die Frage noch wiederholt kritisch zu prüfen.

---

1) MARKOWNIKOFF, Journ. russ. chem.-phys. Ges., 1893 (I), p. 378; Ber. chem. Ges., Bd. XXVI (III), p. 3089 (1893). — 2) VAN WISSELINGH, Arch. néerland., Tome XII. 1. Heft (1888); Just. Jahresber., 1888, Bd. I, p. 489; Arch. Néerl., Bd. XXVI, . 305 (1893); Verhandl. Akad. Amsterdam 1892; Chem. Centr., 1892, Bd. II, p. 516.

Ob die von COUNCLER [1]) heim Destillieren von Rinden mit Salz-
säure erhaltenen nicht unerheblichen Mengen Furfurol Pentosanen des
Korkgewebes entstammen, muß gleichfalls noch untersucht werden.
Möglicherweise enthält die verholzte Mittellamelle auch Xylan. Auf
Pentosan berechnet, würde an solchen Bestandteilen nach COUNCLER
enthalten

<blockquote>
die Fichtenrinde   10,32—11,0 Proz.
„   Eichenrinde   11,56—14,89 „
„   Buchenrinde   15,84—16,89 „
„   Weymouthskieferrinde   10,62   „
</blockquote>

Aromatische Stoffe des Korkes. Gerbstoffartige und färbende
phlobaphenartige Stoffe sind in Kork immer vorhanden. Man weiß noch
nicht, welcher Anteil hiervon auf die Membran selbst kommt; partiell
handelt es sich sicher um Zellinhaltsstoffe einzelner Zellen, welche leicht
mit Wasser oder Alkohol extrahierbar sind.

Wie erwähnt, ist das Hadromal, der aromatische Aldehyd des
Holzes, ein regelmäßiger Bestandteil von Korkmembranen. Es könnte
auch hier nach GILSONS Erfahrungen als Kohlenhydratester vorkommen.
KÜGLER fand im Kork kleine Mengen von Coniferin und Vanillin auf.
BRÄUTIGAM [2]), sowie THOMS [3]) konnten in neuerer Zeit bezüglich des
Vanillins diesen Befund bestätigen.

Außerdem gewann THOMS, wie schon erwähnt, aus dem ätherischen
Korkextrakt einen phytosterinartigen Stoff. Dieser, Cerin genannt, kri-
stallisiert in atlasglänzenden Nadeln von 249° Schmelzpunkt und der
Zusammensetzung $C_{30}H_{50}O_2$ oder $C_{32}H_{54}O_2$.

Die Aschenstoffe des Korkes betragen nach KÜGLER nur
$^1/_2$ Proz. der Trockensubstanz und enthalten relativ viel Mangan.

Auf dem reichlichen Gehalte des Korkes an fettähnlichen Stoffen
beruht auch sein Speichervermögen für einige in Fett leicht lösliche
Substanzen; so für Chlorophyll und Alkanna [CORRENS [4])]; Cyanin
[ZIMMERMANN [5])], Sudan III. LAGERHEIM [6]) hat außerdem noch einige
andere Farbstoffe als Korkreagentien namhaft gemacht. Auch die Reduktion von Osmiumsäure gehört zum Fettcharakter des Korkes.

§ 14.
Cutinisierte Zellmembranen.

Die Cuticula, welche als abschließende Schutzhaut die Oberfläche
der grünen Teile bei Landpflanzen zu überziehen pflegt, und als Schutz
gegen intensivere Wasserdampfabgabe fungiert, zeigt in ihrem ganzen
chemischen Verhalten viele Analogien mit verkorkten Membranen, so
daß noch mehrere Autoren der Neuzeit sich dahin aussprachen, daß Cuticula und Kork denselben chemischen Aufbau haben dürften. So tat es
v. HÖHNEL, und auch ZIMMERMANN [7]) hob die große Übereinstimmung
hervor, welche das Verhalten von Cuticula und Kork gegen Farbstoffe:

---

1) COUNCLER, vgl. TOLLENS, Journ. Landwirtsch., Bd. XLIV, p. 171 (1896).
— 2) BRÄUTIGAM, Pharm. Centralhalle, Bd. XXXIX. No. 38 (1898). — 3) THOMS.
ibid., No. 39. — 4) C. E. CORRENS, Wien. Akad., Bd. XCVII (I), p. 658, Anm.
— 5) A. ZIMMERMANN, Zeitschr. wiss. Mikrosk., Bd. IX, p. 58 (1892). — 6) G.
LAGERHEIM, Zeitschr. wiss. Mikrosk., Bd. XIX, p. 525 (1902). Vgl. auch L. PETIT,
Botan. Literaturbl., 1903, p. 280. — 7) ZIMMERMANN, Botan. Mikrotechnik (1892).
p. 146.

Chlorophyll, Alkannin, Safranin zeigt. Hingegen konnte WISSELINGH [1]) auf mehrere bemerkenswerte Differenzen im chemischen Verhalten von Kork und Cuticula hinweisen.

Die Cuticula ist gegen zerstörende Einflüsse aller Art höchst resistent. Schon BROGNIART [2]) beobachtete die Widerstandsfähigkeit der Oberhautschicht von Landpflanzen gegen längere Fäulnis der Gewebe. MOHL [3]) sah, daß auch konzentrierte Schwefelsäure lange Zeit hindurch die Cuticula unversehrt läßt; er gab an, daß sich die Cuticula mit Jodschwefelsäure gelb färbt, und sah in der Bildung der Cuticula an den Epidermiszellen nicht nur eine chemische Umwandlung der Celluloseschichten, sondern auch eine Strukturänderung. MULDER [4]) wies gleichfalls auf die hohe Resistenz der Cuticula gegen konzentrierte Mineralsäuren hin und gab für die Epidermis von Phytolaccablättern und der dick cuticularisierten Agaveblätter folgende Zahlen:

Phytolacca decandra		Agave americana	
C 52,90 Proz.	52,70 Proz.	C 63,51 Proz.	63,28 Proz.
H 6,79 „	6,80 „	H 8,82 „	8,89 „
O + N 40,31 „	40,50 „	O + N 27,67 „	27,83 „

MITSCHERLICH [5]) erhielt durch Einwirkung von Salpetersäure auf Cuticula von Aloë lingua Korksäure und Bernsteinsäure als Oxydationsprodukte. SCHACHT [6]), welcher die Cuticula als Sekretionsprodukt der Oberhautzellen ansah, entdeckte, daß die Cuticula in der Regel von kochender Kalilauge leicht angegriffen wird und zerfällt oder gelöst wird. MOHL [7]) machte darauf aufmerksam, daß die Cuticula nach Kochen in Ätzkali Cellulosereaktionen gibt. Auch HOFMEISTER [8]) erklärte auf Grund des Verhaltens der Cuticula gegen Ätzkali oder SCHULZES Macerationsgemisch die Gegenwart von Cellulose darin für erwiesen, nahm jedoch im Anschlusse an ältere Analysen von PAYEN [9]) Stickstoffgehalt der Cuticula an, worauf nach HOFMEISTER auch das mikrochemische Verhalten hindeuten sollte; er betonte ebenfalls die Übereinstimmung von Cuticula und Kork.

FRÉMY und URBAIN [10]) beschrieben den Hauptbestandteil der Cuticula als „Cutose". Zu deren Reindarstellung wurde die Cuticula von Agave mit siedendem Alkohol und Äther extrahiert und mit Kupferoxydammon von Cellulose befreit. Starke Säuren greifen die Cutose nicht an. Bei Behandlung mit kochender Lauge soll sie die kristallisierte Stearocutinsäure $C_{56}H_{48}O_8$ (F 76°) und die flüssige Oleocutinsäure $C_{28}H_{20}O_5$ liefern. HÖHNEL [11]) untersuchte das Verhalten gegen verschiedene Reagentien, bei Cuticula und Kork vergleichend, und konstatierte, daß die Cuticula gegen heiße Kalilauge entschieden widerstandsfähiger als Kork ist, doch wurden bei den verschiedenen Laubblättern alle Übergänge zwischen leicht und schwer verseifbarer Cuticularsubstanz gefunden. Die Cuticula im engsten Sinne, d. h. das dünne,

---

1) WISSELINGH, Verhandl. Akad. Amsterdam (2), Bd. III. No. 8 (1894); Arch. Néerl., Tome XXVIII (1894), Heft 4—5; Botan. Centralbl., Bd. LXII, p. 234 (1895), — 2) A. BROGNIART, Ann. sc. nat. (1), Tome XVIII, p. 427 (1830); Tome XXI. p. 65 (1835). — 3) v. MOHL, Linnaea, 1842, p. 401; vermischte Schriften (1845), p. 266. — 4) MULDER, Physiol. Chem. (1844), p. 490. — 5) MITSCHERLICH, Lieb. Annal., Bd. LXXV (1850). — 6) SCHACHT, Lehtb. Anat. Phys., Bd. I, p. 133 (1856). — 7) MOHL. Botan. Ztg., 1847, p. 497. — 8) HOFMEISTER, Pflanzenzelle (1867), p. 249. — 9) PAYEN, Mémoir. sur les developpements, p. 114, 116. — 10) FRÉMY u. URBAIN, Ber. chem. Ges., Bd. X, p. 90 (1877); Compt. rend., Tome XCIII. p. 926 (1882); Ann. sc. nat. (6), Tome XIII, p. 360 (1882); Compt. rend., Tome C, p. 19 (1885). — 11) F. v. HÖHNEL, Österr. botan. Zeitschr., 1878, p. 81.

die äußere Oberfläche der Blätter überziehende Häutchen ist nach
HÖHNEL frei von Cellulose, während die angrenzenden cuticularisierten
Membranschichten (Cuticularschichten) der Außenwand der Epidermiszellen mit Cutin durchsetzte Cellulose darstellen. Das letztere Verhalten
wurde auch durch die Untersuchungen von WISSELINGH [1]) bestätigt,
welcher den darin liegenden Unterschied von verkorkten Membranen
hervorhebt, welche letzteren nach WISSELINGH gänzlich cellulosefrei
sind. Auch konnte WISSELINGH die aus Kork isolierbare Phellonsäure
aus Cuticula nicht erhalten. Die Fettsäuren aus Cuticula sind chemisch
noch nicht näher bekannt, doch gibt WISSELINGH an, daß es sich um
andere Säuren handeln dürfte, als jene des Korkes. GÉNEAU DE LA-
MARLIÈRE [2]) machte darauf aufmerksam, daß die Cuticula gewisse Aldehydreaktionen (mit fuchsinschwefliger Säure, mit ammoniakalischem
$AgNO_3$) gibt. Die Ursache dieses Verhaltens ist noch festzustellen.
Hadromal ist ausgeschlossen.

Cutinisiert ist gewöhnlich auch die Exine der Pollenkörner [3]).
Wahrscheinlich war die Cuticularsubstanz auch ein Bestandteil des von
älteren Chemikern [BRACONNOT, JOHN [4])] aus Pollenkörnern beschriebenen
„Pollenin“, welches schon FRITSCHE [5]) als zusammengesetztes Gemisch
erkannte. Einige Erfahrungen zeigen, daß auf Rechnung der Cuticula
ein hoher Anteil des Trockensubstanzgewichtes von Pollen fallen kann.
Nach PLANTA [6]) entfällt bei Coryluspollen 3,02 Proz., bei Pinuspollen
21,97 Proz. auf „Cuticula“. KRESLING [7]) fand in Pinuspollen 19,06
Proz. „Cellulose“. Von Pollenkörnern der Zuckerrübe gab STIFT [8])
11,06 Proz. Pentosane an, in anderen Analysen 12,26 und 7,27 Proz.
Ob sie aus Nukleoproteiden oder Zellmembranen stammen, ist unbekannt.
Als „cutinisiert“ oder „verkorkt“ wurden vielfach Membranen von
Sekretzellen [Milchzellen der Convolvulaceen: ZACHARIAS [9]), HÖHNEL [10])],
von Sekretgängen (Umbelliferen), von Kristallzellen [Comesperma: CHODAT
und HOCHREUTINER [11])] bezeichnet, aus dem einzigen Grunde, weil Chlorzinkjod diese Membranschichten gelb färbt. Über die chemische Beschaffenheit dieser „Cutinisierung“ ist bisher nichts bekannt; nur die
Auskleidung der Umbelliferenölgänge ist von WISSELINGH [12]) einem
näheren Studium unterzogen worden. Dabei hat sich ergeben, daß die
Membranschichten nicht so wie Cuticula in kochender Kalilauge gut
löslich sind, sondern nur partiell angegriffen werden. Cellulose kann
in diesen Membranschichten vorkommen oder fehlen. An diese noch
weiter zu untersuchenden Vorkommnisse schließen sich auch die „cuti-
nisierten Auskleidungen [13]) von Intercellularräumen an, welchen man

1) S. Anm. 1, p. 578. — 2) L. GÉNEAU DE LAMARLIÈRE, Bull. soc. bot.
Fr. (4), Tome III, p. 268 (1903). — 3) Über die Membran der Pollenzellen: TH.
BIOURGE, La Cellule, Tome VIII, p. 45 (1892). — 4) BRACONNOT, Ann. chim.
phys. (2), Tome XLII, p. 91 (1829); JOHN, Schweigg. Journ., Bd. XII, p. 244 (1814).
— 5) J. FRITZSCHE, Pogg. Ann., Bd. XXXII, p. 481 (1834). — 6) PLANTA, Landw.
Versuchstat., Bd. XXXII, p. 215 (1885); Bd. XXXI, p. 97 (1884). — 7) KRES-
LING, Arch. Pharm., Bd. CCXXIX, p. 389 (1891). — 8) STIFT, Österr. Zeitschr.
Zuckerind., Bd. XXIV, p. 783 (1895); 1901, p. 43; Bot. Centr., Bd. LXXXVIII,
p. 105 (1901). — 9) ZACHARIAS, Bot. Ztg., 1879, p. 637. — 10) HÖHNEL, Bot.
Ztg., 1882, p. 181 für Combretaceendrüsen. — 11) CHODAT u. HOCHREUTINER,
Bot. Centr., Bd. LV, p. 108. — 12) WISSELINGH, Arch. Néerland., Bd. XXIX,
p. 199 (1895); Bot. Centr., Bd. LXIV, p. 386 (1895). — 13) Vgl. RUSSOW, Dorpater
Naturforschenges., 23. Aug. 1884; Bot. Ztg., 1885, p. 491; SCHENCK, Ber. botan.
Ges., Bd. III, p. 217 (1885); BERTHOLD, ibid., Bd. II, p. 20 (1884); WISSELINGH,
Arch. Néerl., Tome XXI (1886); Bot. Ztg., 1887, p. 222; SCHIPS, Ber. bot. Ges.,
Bd. XI, p. 311 (1893); O. MATTIROLO u. BUSCALIONI, Malpighia, Vol. VII, p. 305
(1893); FRANK, Beitr. z. Pflanzenphysiol., (1868), p. 154; GARDINER, Nature, 1885.

früher irrigerweise öfters protoplasmatische Natur zugeschrieben hatte. Auch über diese Membranstoffe fehlen chemische Kenntnisse noch gänzlich. Nach neueren Beobachtungen von TITTMANN[1]) kann die Cuticula von Agave und Aloëblättern nach künstlicher Abtragung wieder regeneriert werden. Daß die Cuticularbildung durch physikalische Faktoren, wie Luftfeuchtigkeit, Beleuchtung, Salzgehalt des Bodens stark quantitativ beeinflußt wird, ist eine bekannte biologische Tatsache.

Die Bildung der Cuticula ist ein bis heute noch nicht gelöstes Problem. Es ist unbekannt, ob sich in den äußeren Membranschichten der Epidermis successive ein Umbildungsprozeß der Zellhaut vollzieht, welcher in völligem Verschwinden der Cellulose und gänzlicher Cutinisierung endigt, oder ob Stoffe vom Plasma fortdauernd ausgeschieden werden, die Membran durchwandern und dann gleichsam Auflagerungen bilden. Daß es sich um fettartige Substanzen handelt, würde keinen Gegengrund gegen die zweite Eventualität abgeben, da wir wissen, daß selbst fette Öle die Zellhaut in wasserdurchtränktem Zustande zu passieren vermögen.

§ 15.
Schleimige Epidermisüberzüge, fälschlich ebenfalls Cuticula genannt.

Die schleimige Oberhautdecke der Wurzeln, sowie jene aller Teile von Wasserpflanzen werden, meist nach einem nicht zu billigenden Sprachgebrauche ebenfalls als Cuticula bezeichnet. Da es sich um wasserdurchtränkte, sehr imbibitionsfähige Membranschichten handelt, welche notorisch von der Cuticula der Luftorgane von Landpflanzen ganz verschiedene biologische Funktionen erfüllen, so ist es wohl empfehlenswert, diesen Unterschied auch in der Benennung auszudrücken, und ich schlage die Bezeichnung Mucosa hierfür als Sammelbegriff vor.

In chemischer Hinsicht sind die mucösen Überzüge gänzlich unbekannt. Chlorzinkjod färbt sie allgemein gelb.

TITTMANN hat für die Transversalwände der Cladophoren gezeigt, daß die Mucosa nach Zerschneiden des Fadens daselbst künstlich erzeugt werden kann, nachdem diese Zellwände zu äußeren Begrenzungsflächen geworden sind[2]).

§ 16.
Membranschleime.

Durch Verschleimung von größeren und kleineren Schichtenkomplexen der Zellmembranen entstehen die im Pflanzenreiche nicht seltenen dicken Schleimüberzüge an der Außenfläche der verschiedensten Organe im befeuchteten Zustande. Es mag auch sein, daß manche Fälle von Schleimentwicklung im Inhalte von Zellen des Grundgewebes oder von Sekretbehältern (Schleimzellen, Schleimgänge) nicht, wie bisher angenommen wurde, auf Schleimbildung im Protoplasma, sondern auf Verschleimung der innersten Membranschichten, respektive auf Schleimbildung statt Membrandickenzuwachs zurückzuführen sind.

1) TITTMANN, Jahrbücher wiss. Bot., Bd. XXX, p. 116 (1897). Für Caulerpa vgl. auch STRASBURGER, Bau und Wachstum der Zellhäute (1882), g. 8. — 2) TITTMANN, l. c., p. 136. Biologische Literatur über die Mucosa der Wasserpflanzen ibid. u. SCHENCK. Anatomie der submersen Gewächse, 1886.

Die Blattepidermis ist bei nicht wenigen Pflanzenblättern Sitz einer diffusen Schleimbildung (z. B. Barosma, Serjania, Ericaceen), so daß entweder die ganze Epidermis oder Zellgruppen und einzelne Zellen Schleim produzieren[1]). WALLICZEK hat gezeigt, daß der Sitz der Schleimbildung in der Innenwand der Epidermiszellen zu liegen pflegt, welche sich durch sekundäre Schleimmembranschichten verdickt. Ein weiteres Vorkommen verschleimter Epidermidalmembranschichten ist häufig bei Samenschalen [Sinapis und viele andere Cruciferen, Linum, Lythraceen, Plantago u. a.[2])]. Dabei kommen manchmal sehr merkwürdige Strukturen vor, wie die sich als scheinbare Haare vorstülpenden schleimigen Verdickungsmassen der Epidermis des Cupheasamens [CORRENS, GRÜTTER[3])].

Hier pflegt sich Außen- und Innenwand der Epidermiszellen, besonders erstere an der Ausbildung schleimiger sekundärer Membranverdickungen zu beteiligen. Verschleimung der Epidermis von Früchten ist für viele Nyctaginaceen bekannt [HEIMERL[4])]. Bei den Wasserpflanzen wird der manchmal außerordentlich mächtige Schleimüberzug der jüngeren Teile und Blattstiele [Brasenia, Cabomba: GOEBEL[5])] durch besondere Schleimhaare, in anderen Fällen durch Schleimdrüsen, Zotten, durch die Ränder von Stipulargebilden oder durch sogenannte „Intravaginalschuppen" produziert[6]).

Es wurde ferner Schleimbildung durch die an Intercellularen grenzenden Zellmembranen beobachtet [alpine Primeln: LAZNIEWSKI[7])].

Hier handelt es sich überall sicher um Membranschleime. Die Angabe von GARDINER und ITO[8]), wonach die Schleimabsonderung bei den Haaren von Blechnum und Osmunda im Protoplasma ohne Beteiligung der Zellwand zustande kommt, steht isoliert da. Zu den Membranschleimen zählt sodann der Schleim der Viscumfrüchte. Jeder Schleimfaden beim Auseinanderziehen des verschleimten Fruchtfleisches entspricht einer Zelle und zeigt schraubige Struktur, die besonders nach Blaufärbung mit Chlorzinkjod deutlich hervortritt[9]).

In den Bereich der Schleimmembranen gehört ferner nach den Erfahrungen von TSCHIRCH und WALLICZEK[10]) der schleimige Inhalt der innerhalb des Gewebes liegenden sehr analog gebauten Schleimzellen der Tiliaceen, Kakaosamenschalen und Malvaceen. Den erwähnten Untersuchern zufolge wird vom Plasma eine Schleimlösung zwischen Zellwand und Hyaloplasma ausgeschieden. Hier ist also der Schleim kein sekundär auftretendes Umwandlungsprodukt der Membran wie etwa bei Samenschalen. Derselbe Entstehungsmodus gilt nach WALLICZEK auch für den

---

1) Über Schleimepidermen: BARY, Vergl. Anatomie, p. 77; RADLKOFER, Monographie v. Serjania (1875); FLÜCKIGER, Schweiz. Wochenschr. Pharm., 1873; TSCHIRCH, Angew. Pflanzenanatom., 1889, p. 251; WALLICZEK. Jahrbücher wissensch. Bot., Bd. XXV, p. 227 (1893). — 2) Schleimschicht von Samenschalen: TSCHIRCH, l. c., p. 193. — 3) CORRENS, Ber. bot. Ges., Bd. X, p. 143 (1892); W. GRÜTTER, Bot. Ztg., 1893, Bd. I, p. 1; POPOVICI, Dissert. Bonn, 1893. — 4) HEIMERL, Sitzungsber. Wien. Akad., Bd. XCVII (I), p. 692 (1888). — 5) K. GOEBEL, Pflanzenbiolog. Schilderg., II. Teil, 2. Lief. (1893), p. 232. — 6) Literatur: J. SCHRENK, Just. Jahresber., 1888, Bd. I, p. 681; SCHILLING, Flora, 1894, p. 280. — 7) W. v. LAZNIEWSKI, Flora, 1896, p. 224. Ob die von NOACK, Ber. bot. Ges., Bd. X, p. 645 (1892), von Orchideenwurzeln beschriebenen „Schleimranken" er zu zählen, ist zweifelhaft. — 8) GARDINER u. J. ITO, Ann. of Bot., Vol. Ihi p h 27 (1887). — 9) Meine diesbezüglichen Beobachtungen sind wiedergegeben bei GJOKIC, Sitzungsber. Wien. Akad., Bd. CV (I), p. 451 (1896). — 10) Vgl. TSCHIRCH, l. c., p. 125; WALLICZEK, l. c. Über Althaeaschleimbehälter ferner A. GUIRAUD, Botan. Centralbl., Bd. LXI, p. 376 (1895); für Rhamnus: HÖHNEL, Wien. Akad., 1881.

Schleim 'der Kakteen, welcher von Nägeli [1]) und von Wigand [2]) für Verdickungsschichten der Zellwand erklärt worden war, von Lauterbach [3]) hingegen als Schleim plasmatischen Ursprungs hingestellt wurde. Der Schleim der Raphidenzellen gehört jedoch zu den „Inhaltsschleimen". Ebenso entsteht der Schleiminhalt der Orchideenknollenschleimzellen, wie schon Frank [4]) dartun konnte, aus dem Plasmakörper. Die Stoffe des Orchideenschleimes sind ebenso wie die Stoffe der „Schleimendosperme" von Leguminosen als Reservekohlenhydrate anzusehen und haben dementsprechend in früheren Kapiteln ihre Behandlung gefunden. Die Membranschleime, soweit sie in den Kreis dieser Betrachtung fallen, scheinen nie die biologische Rolle von Reservekohlenhydraten zu spielen, sondern dienen als Mittel zum Festhalten des Wassers (Transpirationsschutz, Keimungsschutz, Quellungsmechanismus), zur Befestigung von Samen am Substrate, zum Schutze der Wasserpflanzen gegen tierische Feinde, als Gleitmechanismus etc. [5]).

In chemischer Hinsicht sind die Pflanzenschleime noch sehr unzureichend bekannt. Beziehungen zu Gummi und Pektinsubstanzen sind vielleicht nicht selten vorhanden, doch noch nie mit Bestimmtheit nachgewiesen. Die Membranschleime allgemein als Hydratationsprodukte der Cellulose anzusehen [Gardiner[6])], ist mindestens eine zu weitgehende Behauptung. In Wasser bilden alle Schleime kolloidale Lösungen, sie lassen sich durch Ammonsulfat in einer Reihe von Fällen aussalzen (Althaea, Linum, Cydonia: J. Pohl [7]); Chlorzinkjod färbt die Schleime meist nicht violett. Jene Schleimarten, welche violette Reaktion damit geben, hat Tschirch als „Celluloseschleime" bezeichnet (Cruciferensamen, Quittenschleim, Mistelschleim). Methylenblau und andere „Pektin färbende" Farbstoffe tingieren verschiedenen Beobachtern zufolge Pflanzenschleim sehr häufig, speziell Rutheniumrot. Mangin [8]) hat, auf das tinktorielle Verhalten der Membranschleime gestützt, verschiedene Gruppen unterschieden: Celluloseschleime, Pektinschleim, Calloseschleim und gemischte und unbestimmte Schleimarten. In die chemische Natur und Entstehung der Schleime läßt sich aber hiermit schwerlich ein tieferer Einblick gewinnen. Zu den „Celluloseschleimen" rechnete Prollius [9]) auch den Schleim der Aloëblätter.

Bei der Hydrolyse gehen die meisten Pflanzenschleime Arabinose und Galaktose. Schon Vauquelin [10]) stellte durch Behandlung von Leinsamenschleim mit Salpetersäure Schleimsäure dar, in neuerer Zeit Cullinan [11]). A. Hilger [12]) erhielt aus Leinsamenschleim bei der Hydrolyse Galaktose, Dextrose, Arabinose und Xylose. Arabinose haben aus Quittenschleim Gans und Tollens [13]) gewonnen. Nach den Untersuchungen von Yoshimura [14]) und Harlay [15]) liefert auch der Opuntia-

1) Nägeli u. Cramer, Vorkommen und Entstehen einiger Pflanzenschleime. Zürich 1855. — 2) Wigand, Jahrbücher wiss. Bot., Bd. III (1863). — 3) Lauterbach, Botan. Centralbl., 1889. — 4) A. B. Frank, Jahrbücher wiss. Bot., Bd. V (1865). — 5) Außer der zitierten Literatur vgl. noch Schröder, Biolog. Centralblatt (1903), Bd. XXIII, p. 457. — 6) Gardiner, Proc. Cambridge Phil. Soc., Vol. V. p. 183 (1886). — 7) J. Pohl, Zeitschr. physiol. Chem. Bd. XIV. p. 151 (1890). — 8) L. Mangin, Bull. soc. bot., Tome XLI, p. XI, (1894). — 9) Prollius, Arch. Pharm., Bd. CCXXII, p. 553 (1884). — 10) Vauquelin, Annal. de chim., Tome LXXX, p. 314 (1811). — 11) Cullinan, Just Jahresber., 1884, Bd. I, p. 71; vgl. auch Bauer, Landw. Versuchstat., Bd. XL, p. 480 (1892). — 12) A. Hilger, Ber. chem. Ges., Bd. XXXVI, p. 3198 (1903). — 13) Gans u. Tollens, Lieb. Ann., Bd. CCXLIX, p. 245 (1889). — 14) Yoshimura, Agric. Coll. Tokyo, Vol. II (1895), p. 207. — 15) Harlay, Journ. Pharm. Chim. (6), Tome XVI, p. 193 (1902).

schleim Arabinose und Galaktose. Insofern verhalten sich die Schleime
den Gummiarten analog.

Von den Pektinen unterscheiden sich die Schleime vor allem
äußerlich durch den Mangel der Fähigkeit Gallerten zu bilden. Von
Gummi kann man die Schleime durch chemische Gesichtspunkte heute
schwer abtrennen, da unsere Kenntnisse der Hydratationsprodukte etc.
noch viel zu lückenhaft sind. Die von KIRCHNER und TOLLENS[1]) früher
aufgestellte Ansicht, daß der Quittenschleim eine chemische Verbindung
von Cellulose und Gummi repräsentiere, dürfte den heutigen Anforde-
rungen der Wissenschaft wohl schwerlich noch entsprechen, doch können
wir derzeit eine zutreffende Anschauung an die Stelle der älteren Vorstellungen nicht setzen[2]).

§ 17.
Die Bildung von Zellmembranen.

Obwohl das Problem, wie die Zellhaut entsteht, schon von den
älteren Anatomen wie MOHL, später von PRINGSHEIM eines eingehenden
Studiums gewürdigt worden ist, und in neuerer Zeit auch mehrfach
interessante experimentelle Erfahrungen und theoretische Gesichtspunkte
hinzugekommen sind, kann man nur sagen, daß wir weit davon entfernt
sind, dieses eminent chemische Problem heute mit chemischen Methoden
erfolgreich angehen zu können. Wir wissen (zuerst haben dies wohl
1886 die schönen Beobachtungen von KLEBS[3]) über Membranbildung
um plasmolysierte Protoplasten und ausgetretene Protoplasmaballen von
durchschnittenen Vaucheriaschläuchen gelehrt), daß die Hautschicht des
Protoplasma nicht nötig ist, um Membranbildung um kernhaltige Proto-
plasmaportionen zu ermöglichen. Wir wissen hingegen, daß die bereits
von KLEBS geäußerte Vermutung, wonach kernlose Protoplasmakörper
ohne lebende Kontinuität mit dem Zellkern zur Membranbildung nicht befähigt sind, zutrifft; die letzten genauen Untersuchungen von TOWSEND[4])
haben nämlich ergeben, daß in jenen Fällen, in welchen PALLA[5]) Membranbildung um kernlose Plasmaportionen beobachtet hatte, dieser Forscher äußerst feine Plasmafäden, welche jene Portionen mit kernhaltigen
Anteilen verbanden, übersehen hatte. Lebende Kontinuität mit dem Zellkern ist also nach der heutigen Erfahrung zur Zellmembranbildung unbedingt nötig. Diese weitgehenden Abhängigkeitsverhältnisse stempeln
die Zellhautbildung zu einem schwierigen biochemischen Problem. Immerhin wäre aber an geeigneten Objekten doch noch zu versuchen, ob man
bei ausgetretenen Protoplasmaballen durch geeignete chemische Mittel:
Nährwirkungen und Reizwirkungen, eine Beeinflussung des Membran-
bildungsprozesses erzielen kann; bis jetzt wurde nur darauf geachtet,
dem Plasma eine isotonische Lösung als Medium darzubieten, z. B.
1-proz. Zuckerlösung, der man zur Färbung der neuentstandenen Membranen etwas Kongorot zusetzte. Nach KLEBS sind die jungen Zellhäute
sicher reine Cellulosehäute.

1) KIRCHNER u. TOLLENS, Lieb. Annal., Bd. CLXXV, p. 205 (1874). — 2) Von
älterer Literatur zu erwähnen: MULDER, Journ. prakt. Chem., Bd. XV, p. 293
(1838); Bd. XXXVII, p. 334 (1846); BRACONNOT, Berzelius Jahresber., Bd. XXII,
p. 280 (1843). — 3) G. KLEBS, Tageblatt 59. Vers. deutsch. Naturforsch., 1886;
Untersuch. a. d. bot. Instit. Tübingen, Bd. II. p. 500 (1888); vgl. auch HABER-
LANDT, Wien. Akad., Bd. XCVIII (1889); ferner J. CLARK, Rep. Brit. Assoc.,
1892, p. 761; Just Jahresber., 1892, Bd. I, p. 530. — 4) TOWSEND, Jahrbücher
wiss. Bot., Bd. XXX, p. 484 (1897). — 5) PALLA, Ber. bot. Ges., Bd. VII, p. 330
(1889); auch ACQUA, Malpighia, 1891, p. 3.

Wie entsteht nun die Cellulose? Die älteste Ansicht ging dahin, daß es sich um Ausscheidung von Cellulosezeichen aus dem Plasma handle. PRINGSHEIM stellte 1854 eine gänzlich abweichende Lehre auf, wonach sich die „Hautschicht" des Protoplasma direkt in Cellulose umwandelt, ... Die Streitfrage, ob „Ausscheidung, ob „Umwandlung" hat sich bis in die neueste Zeit fortgesetzt, und mehrfach wurde behauptet, daß Protoplasmastränge, welche zwei Plasmamassen verbinden, sich ganz in Zellhaut umwandeln können (KLEBS, TISCHLER). Doch hat TISCHLER, sowie BIEDERMANN in seinen sehr interessanten Untersuchungen über „geformte" Sekrete entschieden recht und der Meinung, daß es sich um Anwendung unbestimmter Begriffe handle und man in vielen Fällen ebensogut von Ausscheidung, wie von Umwandlung sprechen könne. STRASBURGER ist der Anschauung, daß bei der Ausbildung der ersten Teilungsmembran durch das aktive „Filarplasma" Kinoplasma Ausscheidung anzunehmen sei, daß aber in anderen Fällen, wie bei dem Cytoplasma, welches in die Massulasfasen von Azolla einwandere, höchstwahrscheinlich aber auch bei der Bildung der Zellhautbalken von Caulerpa, von einer direkten Verwandlung des Cytoplasma in Membranstoff gesprochen werden müsse. Von großem Interesse ist für alle Fälle die zuerst von DIPPEL festgestellte Tatsache, die seitdem mehrfach Bestätigung erfahren hat, daß beim ersten Sichtbarwerden von Membranverdickungen am Protoplasmaschlauche selbst eine genau diesen Verdickungsleisten entsprechende Zeichnung sichtbar ist. So drückt der lebende Protoplast der zu bildenden Membran gleichsam seine Form auf, oder mit BIEDERMANN zu sprechen, die Zellhaut ist ein „geformtes Sekret".

Die biochemische Forschung hätte einzusetzen mit der Eruierung derjenigen Stoffe des Plasmas, welche an der Cellulosebildung, sowie an der Bildung der Zellwandstoffe überhaupt beteiligt sind. Man weiß nur so viel, daß in vielen Fällen unverkennbar Stärkeverbrauch bei beginnender Membranbildung zu beobachten ist. Nach den Beobachtungen von NOLL sind im Zellsafte gut genährter Derbesiaexemplare Sphärite und faserartige Gebilde, beide anscheinend eiweißartiger Natur, stets zu beobachten, welche bei Verletzungen die Wundstelle verkleben. Diese Substanzen wurden von KÜSTER mit dem Wundverschlusse in biologischen Zusammenhang gebracht, während NOLL diese Wirkung als zufällige ansieht und meint, daß es sich um Reservestoffe handle.

Man könnte vielleicht an Glykoproteïde denken, welche bei der Cellulosebildung eine Rolle spielen, doch fehlen noch alle Anhaltspunkte, um wissenschaftlich brauchbare Ansichten über den Chemismus der Membranbildung aufzustellen.

1) TISCHLER, Berichte Königsberg. ökon.-phys. Gesellsch., 1899. — 2) TISCHLER, Biolog. Centralbl., Bd. XXI, p. 247 (1901). — 3) BIEDERMANN, Verworns Zeitschr. f. allg. Physiol., Bd. II, p. 160 (1902). — 4) STRASBURGER, Jahrbücher wiss. Bot., Bd. XXXI, p. 573 (1898). — 5) DIPPEL, Abhandl. naturforsch. Ges. Halle, Bd. X (1868; vgl. auch CRÜGER, Bot. Zeitg. 1855; ferner die neueren Beobachtungen von ZACHARIAS an Rhizoiden von Chara. — 6) NOLL, Ber. botan. Ges., Bd. XVII, p. 303 (1899); A. ERNST, Flora, Bd. XCIII, p. 520 (1904). — 7) KÜSTER, ibid., p. 77. Auch P. KLEMM, Flora, Bd. LXXVIII, p. 24 (1894).

Druck von Ant. Kämpfe in Jena.